市政污水处理厂设计(第5版)

第2卷：液体处理工艺

Design of Municipal Wastewater Treatment Plants

Volume 2：Liquid Treatment Processes

Water Environment Federation®(WEF®)
American Society of Civil Engineers(ASCE)
Environmental & Water Resources Institute(EWRI)

宋旭锋　译

中国石化出版社

内 容 提 要

污水处理无论是经济发展还是城市发展都是无法避绕的问题之一，尤其是我国现阶段城镇化日益深化的情况下，对于水资源的充分利用和再利用变得日益迫切。《市政污水处理厂设计》不仅涵盖了每个单元工艺过程和所述单元位置的上游和下游影响，而且还涉及所述处理工程的总体方案的综合考量。尽管本手册并非包罗万象，但实际上除了各个单元工艺原理和操作，质量控制和安全标准，日常营运相关问题之外，还涵盖了市政污水处理厂的规划选址，可持续发展，以及与社会环境的协调统一。从污水处理厂的最初论证到最终建成和运营都无不体现科学性和艺术性的结合。

因此，《市政污水处理厂设计》是当代实践惯例相对完整的参考书之一。该手册是针对熟知污水处理概念、设计工艺方法和水污染控制监管基础的设计专业人员编写的，因而，本手册注定会成为从事污水处理相关行业的规划设计和操作人员，以及环境工程、水污染控制等专业的本科生、研究生从业的参考资料。

著作权合同登记 图字 01-2010-8127

Water Environment Federation®(WEF®)

American Society of Civil Engineers(ASCE)

Environmental & Water Resources Institute(EWRI)

Design of Municipal Wastewater Treatment Plants

ISBN 978-0-07-166358-8

图书在版编目(CIP)数据

市政污水处理厂设计：第5版 / 美国水环境联合会，美国土木工程协会，美国环境与水资源研究所编；宋旭锋译. —北京：中国石化出版社，2016.1

书名原文：DESIGN OF MUNICIPAL WASTEWATER TREATMENT PLANTS

ISBN 978-7-5114-3715-0

Ⅰ.①市… Ⅱ.①美… ②美… ③美… ④宋… Ⅲ.①城市污水处理-污水处理厂-设计 Ⅳ.①X505

中国版本图书馆 CIP 数据核字(2015)第 266237 号

中国石化出版社出版发行

地址：北京市东城区安定门外大街 58 号

邮编：100011　电话：(010)84271850

读者服务部电话：(010)84289974

http://www.sinopec-press.com

E-mail:press@sinopec.com

北京科信印刷有限公司印刷

全国各地新华书店经销

*

787×1092 毫米 16 开本 123.25 印张 3138 千字

2016 年 1 月第 1 版　2016 年 1 月第 1 次印刷

全套定价：398.00 元

目　录

第 11 章　初步处理

1 概 述

初步处理的目的是去除，降低或改变原始污水进水中可导致下游工艺过程产生的运行问题或增加下游设备的维护污水组分。这些组分主要包括较大的固体物质和碎料(过筛)、磨蚀性惰性物质(砂砾)、漂浮碎渣和油脂。本章介绍了初步处理工艺过程的描述和设计考虑因素。工业预处理也可被视为初步处理，但这属于本章的范围之外。

本章包括解决送进化粪池污物(化粪池污水)的操作和可能中断下游工艺过程的高流量与污染物负荷的衰减(均衡化问题)等章节。

2 筛 滤

2.1 筛滤的益处

筛滤能够用于去除可能会损坏污水进水泵或堵塞原始污水渠道和管道系统中的液流的大物体，或者也可以去除细小物体，如人的头发，而保护敏感的下游设备，包括膜系统，布过滤器，或在整体固定膜活性污泥法(IFAS)和移动床生物膜反应器(MBBR)系统中所用的悬浮介质。碎布和碎渣穿过而进入下游工艺过程，是设备维修和由于泵叶轮卡住、污泥和浮渣堵塞管道和旋转设备不平衡运行而产生故障的最大原因之一。在下游工艺过程或接收流中的漂浮物也产生美学问题，并对试图去除之的操作人员构成安全隐患。精细固体颗粒的去除有利于实现寻求 A 级产品的商业认可的生物固体计划。随着污水工艺过程继续传送，与污水中惰性物体相关的损害变得越来越重要。由于这些原因，一般的做法是朝着安装筛板采用更小的开口。随着筛板开口变得更小，就能去除更大量的有机物，它对于提供筛板冲洗器/压实机而将有机物返回至污水流中就变得非常重要。洗涤器/压实机正逐渐成为标准设计惯例，原因是：

- 操作筛滤筛板时，操作人员的安全。
- 筛余物的处置通常采用市政垃圾填埋场填埋，为此限制越来越严格。美国环境保护署(U. S. Environmental Protection Agency)(U. S. EPA)方法 9095B(称之为“油漆过滤器液体测试”)历史上一直使用，而监管填埋筛余物的最大湿度，要求不能存在游离水。最近欧洲垃圾填埋场的规定发生了变化，要求建筑垃圾的填埋干固体含量至少 45%，而有机物低于 3%，市政废物的填埋有机物含量要小于 5%。
- 洗涤器/压实机的使用增加了下游需要可溶有机质才能正常发挥功能的营养物去除工艺过程的效率。

2.2 筛滤的分类

根据到筛孔的大小能够对污水筛滤进行分类。在本手册中，筛滤分类如下：

- 拦污栅和侧流筛：超过 36mm(1.5in)的开口。
- 粗筛：大于 6 ~36mm(0.25~1.5in)的开口。
- 细筛：大于 0.5~6mm(0.25in)的开口。

• 微滤：10μm～ 0.5mm 的开口。

2.3　筛余物的表征

2.3.1　数量

除去的筛余物数量可能根据筛孔、污水流量、污水特性、冲洗器/压实机设备的效率，以及收集系统类型、筛板和筛板清洁机制而显著不同。在使用筛孔大小相同的筛板替换时可能会使用实际操作数据，但是如果项目升级涉及放置筛孔更小的筛板时，则这些数据的价值不大。

对于 25～50mm(1～2in)的筛孔，净孔径每降低 13mm(0.5in)，筛余物体积将约增加 1 倍。对于筛孔小于 25mm(1in)，则除去的筛余物体积迅速增加而与污水特性和洗涤器/压实机设备效率更加相关。拦污栅去除率与耙开口相比，更是污水特性的函数。

去除的筛余物数量将取决于收集系统的长度和斜率、泵站数量和位置，以及泵站是否包含筛滤设备。短而微斜并具有低度湍流的收集系统相比于长而陡并具有泵站的拦截系统，因为有机固体消解的程度不同而会产生更多的筛余物。对应于泵站启动期间的段筛负荷在一些设施中已经有报道(Wodrich et al.，2005)。段筛负荷在第一次冲刷条件(尤其是干燥期之后)的汇集收集系统中和在秋季开始时的落叶树区域也很常见。

确定筛余物数量中另一个关键因素是进料至污水处理设施中的污水汇集系统类型。以往的经验表明，汇集系统相比于独立系统会产生多倍的粗筛余物。综合系统的湿季去除率以每小时为基础，可能按照平均干季条件的 20∶1 变化不等。

作为本手册开发的一部分，在 2008 年 6 月水环境联合会(Water Environment Federation)(WEF)实施了一项公共事业公司成员的调查，获得了来自美国各地 328 个污水处理设施的数据。图 11.1 和图 11.2 显示了该项调查的标准化数据，该数据区分粗筛和细筛。

基于该调查数据，产生了筛余物生成的一些一般性结论：

• 收集与污水进水流量成正比的湿筛余物量，似乎在小型污水处理设施中更高。

• 产生了各式各样的湿筛余物。设计师应该研究所有影响这些可能的湿筛余物收集量的因素，然后才作出最后的决策。对于瞬时峰值负荷应该包括足够的安全因素。

• 使用和不使用洗涤器/压实为基础的设施之间的比较表明，在湿筛余物和已经采用冲洗和压实(干筛余物)之间的州平均比率约为 25%。

• 筛余物数量的极端变化据报道，从小于 0.74 $L/1000m^3$ 至 148$L/1000m^3$(0.1 cu ft/Mgal 至 20 cu ft/Mgal)不等。

• 在美国筛余物产生量显然高于欧洲。最近在欧洲的供应商有研究发现，欧洲平均筛余物生产速度为 2.4kg/人·年，而美国为 4.5kg/人·年。这是建立在美国 40.7$L/1000m^3$(5.5 ft^3/mil. gal)的筛余物生产；378L/人·天(100 gal/人·天)污水生产速率；和 800 kg/m^3(50 lb/cu ft)的筛余物密度基础之上的。这种差异一定程度上可能归因于欧洲更广泛地使用洗涤器/压实机之故。

• 调查数据表明，42%的设施正在使用细筛，其余的则使用粗筛。

• 总计 60%的污水处理设施报告采用洗涤器/压实机进行筛余物调节；相比于采用细筛的 70%的设施，采用粗筛的 40%的设施报告使用洗涤器机/压实机。

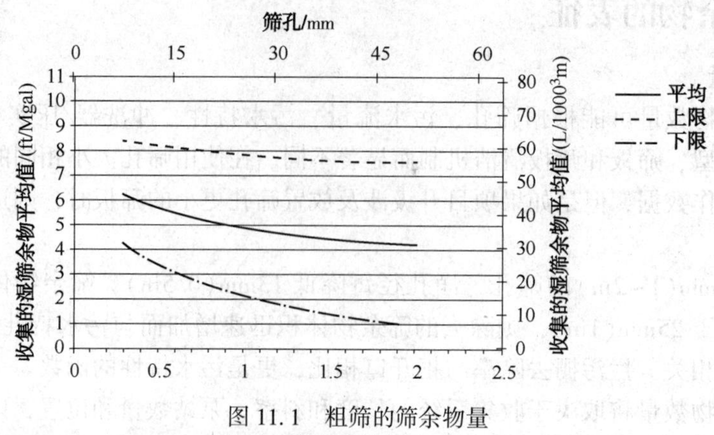

图 11.1 粗筛的筛余物量

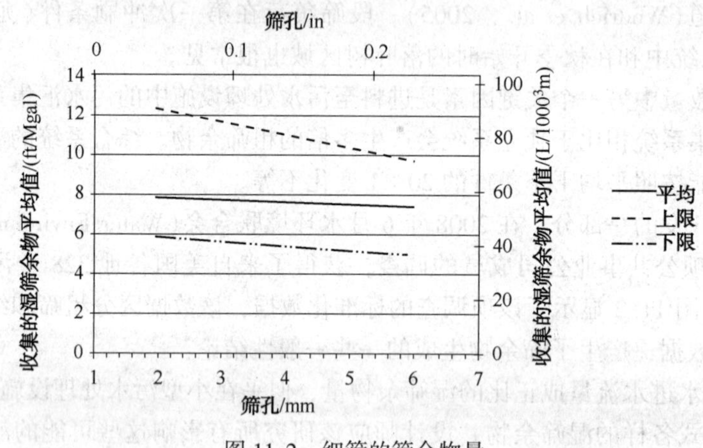

图 11.2 细筛的筛余物量

确定峰值筛余物数量足够的安全因素，在筛滤和压实机的设计中必须认真考虑。通常情况下，机械清洗筛板要承受瞬时峰值筛滤负载，尚无特殊规定。流步速调节的变频驱动可用于最小化收集设备上的磨损，同时防止瞬时高峰期间过大的压头损失。

筛余物洗涤器/压实机必须选择合适的大小尺寸才能充分应对瞬时峰值负载和进行筛余物处理。以往的研究表明，峰值因素从 4~6 至高达 15 不等(Wodrich et al.，2005)。

2.3.2 物理性质

组成，以及体积，都会影响筛余物的处置。粗筛筛余物包括碎布、枝、叶、食物颗粒、骨骼、塑料、瓶盖和岩石。6mm(0.25in)和更小的开孔，将会主要捕获无法确定原生地的颗粒物质和大量的有机物。对于 6mm(0.25in)开孔或更小的筛板，必须提供洗涤器/压实机，才能避免难以处理的筛余物并确保操作人员的安全，因为所有筛余物中都含有大量的病原微生物。细筛因为消除了高比例的固体而有利于下游工艺过程和设备，使用洗涤器/压实机溶解了粘附于筛余物上的有机物质，增加了下游脱氮除磷工艺过程的效率。如果可能，即使粗筛也应该提供洗涤器/压实器，因为它们将降低筛余物体积，因此降低运输成本。

未冲洗未压实的筛余物可能包含 10%～20%的干固体，堆积密度范围为 600～1 100 kg/m^3(40～70 lb/ft^3)。在 2008 年的世界经济论坛(WEF)成员的调查中，筛余物密度平均为 825 kg/m^3(55 lb/ft^3)。洗涤器/压实机的性能规格详细说明包括有机质含量减少 90%而干固体含量 50%。最近的欧洲供应商的研究发现，50%的干固体难以采用标准洗涤器/压实机处理。根据该调查的资料信息，30%～40%的范围内平均值为 37%。

2.4　筛板介质的类型

通常使用的有四种类型的筛滤介质，主要是条杆、楔形丝、穿孔板和丝网。

2.4.1　条杆

条杆筛是历史上最常用的介质，因为它是粗筛和拦污栅的首选。条杆提供各种形状，包括圆形、长方形、梯形和泪珠形。圆形条杆捕获效率低，而仅用于大型开孔条杆栏架。梯形条杆具有越来越宽的开孔，允许通过在筛板前面最窄开孔的固体在条杆之间物夹留地通过。泪珠形条杆将梯形条杆的优点结合更好的水力流动特性，最大限度地降低通过筛板的压头损失。条杆之间的纵向或横向的间隙，可以允许通过长而薄的物体通过。

2.4.2　楔形丝

楔形丝是在更精细的筛滤应用中使用的梯形条杆筛的增强型。宽窄相同的开孔外形用于防止开孔之间的夹留固体。楔形丝筛的较窄开孔导致介质薄得多，这就是为什么被称为“线”而不是“条杆”之故。楔形丝筛也具有长而垂直的间隙，因此，由于需要保持长而薄的物体如毛发不会在膜中累积，某些膜生物反应器厂商并不允许如此。楔形丝条如图 11.3 所示。

图 11.3　楔形丝筛介质

(从 http：//www. wedgewire. com/ wedgewirescreens. pdf 下载)

2.4.3　钻孔板

钻孔板介质(图 11.4)在需要细筛(如，脱毛发)时能够比条杆或楔形丝更有效地捕捉固体。钻孔板介质的技术不断进步，尺寸下限目前为 1mm。钻孔板介质因为有效开放面积降低，孔损失和相比于条杆或楔形丝介质堵塞增加而具有更高的压头损失。

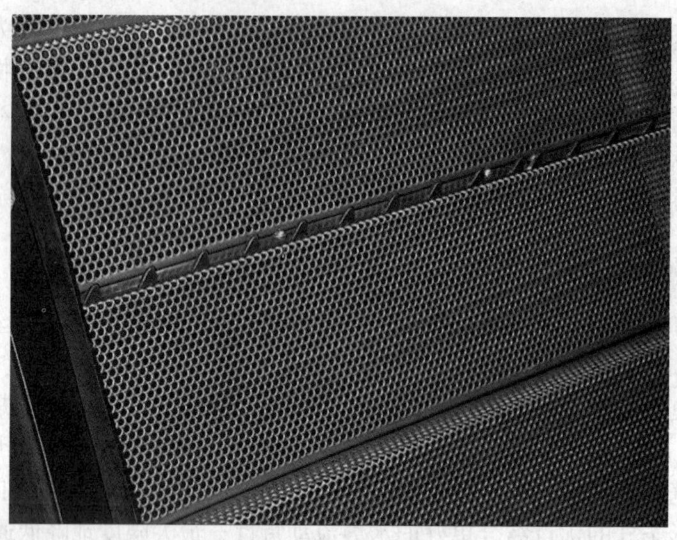

图 11.4　钻孔板面板
（经 JWC Environmental 允许）

2.4.4　丝网

因为钻孔板介质制作受限，丝网筛(图 11.5)适用于 1mm 和更细的细筛。丝网介质更加脆弱，并可能导致固体在介质中“卡钉”，干扰通过去除机制捕获的物体释放。为了避免堵塞丝网，推荐使用高压水射流进行清洗。丝网介质开口也可能是因为方形网孔的角间距稍微比侧边间距长而发生混乱。开孔通常定义为一侧到另一侧的距离。

图 11.5　转鼓型筛中的丝网介质
（经 Baycor Fibre Tech，Inc. 允许）

2.5　筛滤类型

2.5.1　拦污栅和旁路筛

拦污栅用于比较老旧的污水处理厂，适用于污水处理厂接收可能含有较大物体的合流式下水道系统的污水。这些筛滤类型是 36~144mm(1.5~6in)大型开孔的条杆筛，设计用于防止原木、木材、残根和其他大而重的碎片进入处理工艺过程。拦污栅通常是在较小筛孔的筛板之前。在空间有限时，污水处理厂有时也采用篮筐型拦废物筛，进行手动捞出和清洁。

旁路筛，通常是在机械清洗粗或细筛必须停止服务的情况下，用于应急筛滤之目的。开孔范围为 24～48mm(1～2in)。手动清理拦污栅和旁路筛通常以与垂直方向呈 30°～45°角安装，而有利于用耙子和钻孔板排水盘进行清洁。机械清理拦污栅也可以利用，并以与水平呈 75°～80°角安装。随着污水处理厂规模增大，使用手动旁路筛因为截留更大体积的筛余物而将会变得难以管理。

2.5.2 粗筛

粗筛历史上一直是最常用的污水处理厂的独立筛滤，因为粗筛提供足够的筛滤，而不会产生超量的有机物质，消除了洗涤器/压实机的需求。最小开孔的粗筛仍然可能去除有机物质，对于这些筛滤，还是应该提供洗涤器/压实机。

粗筛采用机械清洁而具有的开孔范围为 6～36mm(0.25～1.5in)。机械清洗允许筛滤介质以更垂直的位置，一般为与水平呈 70°进行安装。机械清洗降低了劳动成本；改善水流条件和筛余物的捕获；降低了干扰；以及在汇流系统中，更充分地处理大量的雨水碎片和筛余物。机械清洗的筛板几乎总是指定用于各种规模的新污水处理厂。许多类型的机械清洗条杆筛都已经生产出来，包括但不限于，链式/电缆驱动、单耙、多耙和连续筛。

2.5.2.1 链式驱动筛

这些类型的筛滤制造出了几种构造设计结构：前清洁/前返流、前清洁/后返流和背面(或通过)清洁/后返流。前清洁/前返流类型最有效地保留了筛余物，而降低了筛余物被冲走的可能。电缆驱动用于深层应用方面代替链式驱动。这种类型的筛滤因为水下链、轴承和链轮的高维护需求已经不太被人认可，但技术的进步导致这种方式会被人重新启用。多耙筛滤(图 11.6)正变得越来越受欢迎，是因为多个耙能迅速从筛滤上清除积累物质，而使之能够处理峰值流量期间的高筛余物体积。由障碍物造成的损伤能够通过机械或电扭矩传感和反复逆转耙运动而防止。当前多耙筛滤的设计可用于粗、细筛。

2.5.2.2 单耙筛

单往复耙式筛滤能够配备反清洁/返流机制，或采用最小化固体冲走的前清洁/前面返流机制(图 11.7)。虽然前清洗设计最小化了筛余物冲走，但是反面清洗不容易受到涌塞影响。由于反清洗筛的长齿有限的束强度，则这种类型的使用仅限于较大开孔的筛子。上下往复运动耙，类似于人耙动的手动条杆筛，能够最小化涌塞的可能性。

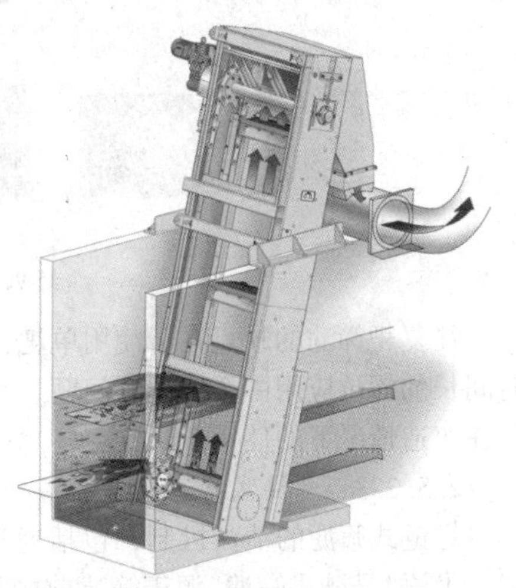

图 11.6　多耙条杆筛
(经 Huber Technology，Inc. 允许)

往复耙筛滤的净空要求大于其他类型的筛滤。估计的净空要求能够通过将筛滤的垂直深度加上高出地面排放高度再加上 0.72m(2.5in)而确定。设计工程师需要对于净空特别注意。

虽然很多驱动机制(链式和电缆式、液压和螺杆操纵)可供使用，但是最流行的设计是齿轮传动。对于这些设计，整个清洗耙装置，包括齿轮马达，都滑座安装于固定针或齿轮条上运行的齿轮上。通常驱动机制经过设计而使耙骑过在清洗划过期间遇到的障碍物。万一耙被卡住，则限位开关就被激活，并关闭驱动电机。顶部安装的驱动器也可用于这种类型的筛滤，会导致效率提高。如果需要深位安装而经受高地表水位，这些筛滤的电机需要进行防水浸泡设计。

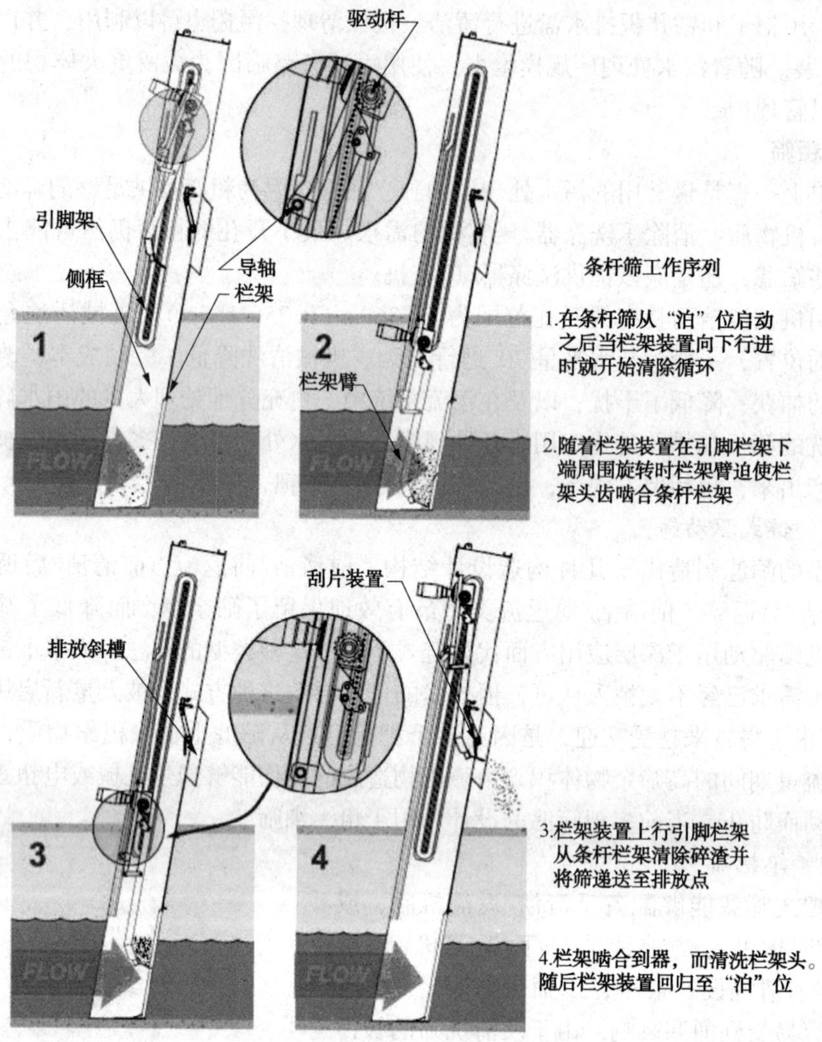

图 11.7 往复耙筛

（经 Vulcan Industries，Inc. 的允许）

往复耙筛滤的缺点在于使用单耙，限制了处理极端负荷的能力，但是这通常只是在周期时间长的深位应用中会出现的问题。此外，这些系统需要更高的过顶间隙，这潜在地限制了其在改造情况下的使用。

2.5.2.3 悬链式筛滤

悬链式筛滤的清洁机制，包括通过其链、耙的重量和耙平衡力对着筛滤而固定的重齿耙。术语“悬链式筛滤”源于筛滤前的作业链形成的悬链式环。在这种筛滤基部的弧形过渡件，使之可有效地去除底部捕获的固体。像往复耙筛滤一样，所有链轮、杆轴和轴承都位于液流之外，而降低了磨损和腐蚀，减轻了所需的维修。然而，淹没的连接链接头表面会产生磨损磨蚀和疲劳失效。因为清洗耙是主要由链的重量对着条杆进行固定，则这个耙能够拽出阻碍去除的大碎布或固体。

2.5.2.4　连续自清洁筛滤

连续自我清洗筛滤包括塑料或不锈钢组件的连续传动带，这种传动带通过污水推动而提供沿着整个筛滤的淹没长度的筛滤作用。筛滤开孔设计具有横向和纵向两个方向的有限尺寸；垂直间距稍微大于横向间距。连续筛滤可以应用于粗、细筛滤应用，开孔小至 1mm，大至 72mm(3in)。这些筛滤固体处理容量越大，就会使用更小的筛孔，由此从污水流中就会捕获更大的固体。连续筛滤在通道底部具有低链轮或导轨支持被淹没的筛滤组件。如果选择这种类型的筛滤，仔细选择材料是很重要的。在筛滤底部所在的渠道上新建凹型缺口或梯子是一个很好的做法，可以帮助防止砂粒和杂物堆积于单元装置之前。连续筛滤经过设计可以转出和转进渠道中进行维护和移除筛板之下夹留的物质。连续筛的缺点包括前清洗/后返流的设计可能将固体冲走以及背侧上难以清洗筛板组件。

2.5.2.5　弧形筛滤

弧形筛除了条杆耙架是弯曲的之外，类似于单耙筛，而耙机制在筛板正前方具有枢轴点，使之在清洗过程中能够作弧形运动。这些筛板可以安装在通道的一侧，并能够提供适合像回流下水管溢流(CSO)或卫生下水管道溢流(SSO)一样的溢流应用的必要的大表面积。弧形筛还可用于渠道水深不超过 3.5m(7in)的小型污水处理设施进水筛滤。弧形筛能够提供单耙或多耙机制，根据每个位置的的净空限制，允许全部或部分耙旋转。新的针形接头设计避免了大顶空需要。弧形筛的优点是高液压容量和设计简单。钻孔板弧形筛采用摇摆刷代替耙子，最近已引入到精细筛的应用中。

2.5.2.6　袋式筛滤

袋式筛滤是并未涉及任何移动部件清除筛余物的筛滤类型。这种筛滤包括由塑料或不锈钢制成的可拆除袋子，用于保留大于袋上网孔尺寸的传入固体。有些型号，在袋子下游具有有助于消除被夹留于网孔中的有机物的搅拌系统。网孔大小，包括小至 3mm 的粗、细筛滤应用。

袋式筛滤已在欧洲使用，但通常并不会在美国使用。这种类型可用于溢流雨水筛滤或作为粗、细筛滤应用的临时旁路筛。

2.5.3　细筛滤

细筛具有 0.3~6mm(0.02~0.25in)的开孔。这些筛板进行机械清洗是必不可少的，开孔越小，清洗性能对于正常运行越关键。水喷雾或拭刷通常用于清洗这种筛滤。热水清洗细筛能够比冷水提供更好的结果，因为热水有助于去除粘附于表面上的油脂。因为固体受到刷子的挤压，则刷子清洁的筛滤具有较低的捕获性能。洗涤器/压实机，无论整合至筛滤或是独立的组件，对于细筛必须使用，因为需要去除大量的有机物质。由于大量的筛余物和有机物质需要去除，洗涤器/压实机还必须精心设计和维护，才能防止其他运行问题。细筛通常涉及比粗筛更复杂的机制问题，因为细筛需要去除更小尺寸的固体。细筛滤与粗筛滤相比，具有更精制的清洗机制，因为附着的有机物质从较小的开孔更加难以清除。

2.5.3.1　连续组件筛滤

连续组件筛板包括具有经由不同构造设计连接至主驱动的无限清洁网格筛滤。筛余物被收集并传送至筛板顶部部件而随后释放。连续组件筛滤能够按照各种形式提供；然而，最流行的是钻孔板和带式技术。钻孔板筛滤(图 11.8)由具有遍及整个面板的塑料或不锈钢板制成，在堆叠面板构造设计中提供定期耙而防止筛余物回滚。通常开孔是圆形孔口，便于施工。适当的清洗机制(水喷和/或刷)是去除有机物质积累所必需的。

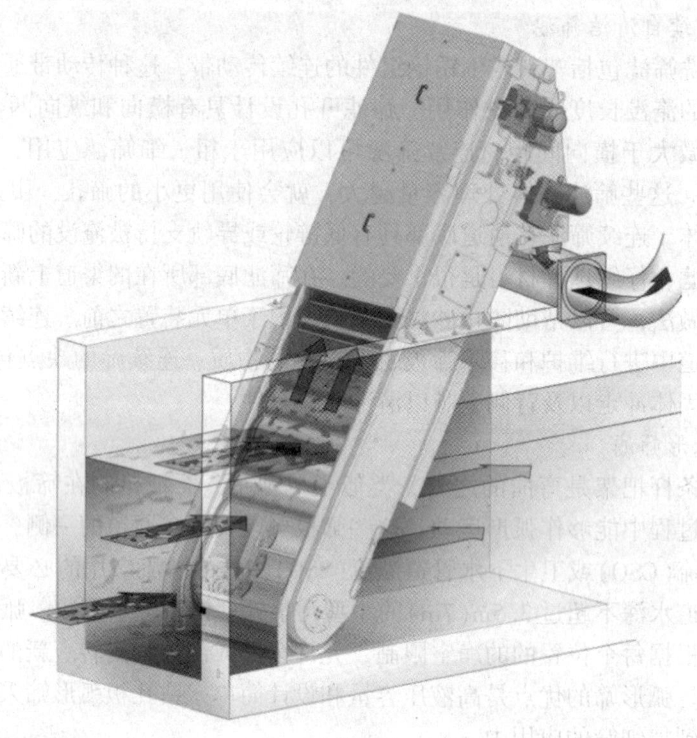

图 11.8 钻孔板筛滤
(经 Huber Technology，Inc. 允许)

钻孔板筛滤采取通流构造设计通常都需要 60°~75°的倾角，而使筛余物传送具有最大潜势。连续组件筛滤在工业上是具有最佳筛余物截留率的组件之一，经常用于下游工艺过程需要筛余物最小化而其具有相当大的压头损失之处。

2.5.3.2 多耙筛滤

多耙筛滤，已经在“粗筛滤”这节中讨论(图 11.6 所示)，在细筛滤应用中使用频率越来越高。基本施工建设与多耙粗筛滤相同；然而，因为较高的筛余物收集率，更精细筛滤的清污系统需要经过设计而在更高清洁频率下运行。多耙机制严格容限允许这种筛滤提供小至 4.8mm(3/16in)的开孔。

2.5.3.3 梯型筛滤

这种类型称之为台阶式筛滤(图 11.9)，由具有 3~6mm 净孔的长 2 ~3mm 不锈钢平行薄片构成。在阶梯式筛滤中存在两套薄层板；大多数设计都是一套薄层板固定，另一套是可移动的，能够旋进和旋出筛滤而提供了一种台阶运动模式，将所收集的筛余物向上抬升而直至将其排放至筛板顶部。移动台阶薄片，通常由链式或杠杆连接。薄的薄片很容易被大型物体、岩石、碎玻璃和砂砾损坏。有时，楔形物或较大物体一直是这一设计的难题。在底部采用柔韧薄片可防止大物体堵塞或损害。水冲洗连接处防止薄片之下砂砾堆积。梯型筛滤相比于其他细筛滤，提供了更高的开孔面积，因为这种结构从筛滤格栅底部至顶部具有开放式插槽。这种插槽的构造结构允许纤维状固体通过，这就能够通过“缠结操作”而最小化，因为筛滤能够以通过使用差压头控制而产生的累积筛余物缠绕团进行运行。这些筛滤的开孔面积越大，就越有助于最小化压头损失，使之适合关键处的改造。梯型筛滤通常需要较大的占地面积，因为这种类型的筛滤推荐使用45°倾角而防止筛余物回滚。为了减少占地面积的需求，有些设计使用带钩梯子，而使这种筛滤能够以75°倾角安装于更深的渠道。大多数梯型筛滤设计能够在渠道上面提供允许该单元从操作平台进行工作的枢轴点。

2.5.3.4 带式筛滤

带式筛滤(图11.10)类似于钻孔板筛滤，因为二者通常都使用钻孔板格栅。但这两种筛滤中带式筛滤较宽，能够容纳筛板旋转，而产生“带”状图形。每个面板上提供的抬升唇沿将筛余物抬起越过水面而排放入筛余物收集槽。对于此项技术，根据污水流接近筛滤的途径不同，市场上有几种可供使用的构造设计结构，但是在污水处理应用中使用的仅仅只是中心进料设计。中心进料筛滤采用筛板平行水流进行安装，而使筛滤面积与渠道宽度无关。与其他细筛不一样，这种筛滤通过并不提供帮助筛板旋出渠道的枢轴组件，而如果置于建筑物内进行移除则需要净空或天窗。

图11.9 梯型筛滤

(经ulcan Industries, Inc. 允许)

图11.10 带式筛滤

(经Headworks11 允许)

2.5.3.5 转鼓式筛滤

地上转鼓式筛滤是转鼓式筛滤最流行的类型。这种筛滤需要泵送进水，这种进水方式可以是内部或外部进料。对于内部进料筛滤(图11.11)而言，污水进入转鼓内的分配盘，而筛余物传送至采用大型内部回转式阶梯的筛滤前面。筛滤之后的污水随后排放出筛滤背面。转鼓在轮上连续旋转，而筛滤介质能够部分被移出进行替换。污水以外部进料模式在转鼓外送入(图11.12)，固体沉积到螺旋阶梯之下。

重力流转鼓筛滤也可供使用。这些筛滤类似于带式筛滤，只是这种类型是由按照圆形模式连接在一起的钻孔板面板构成。转鼓筛滤通常采用类似于带式筛滤的抬升唇沿进行中心进料。筛余物传送至筛滤顶部通过重力和在冲洗系统辅助下移除。转鼓筛滤必须具有足够大的直径而延伸到渠道上的工作地面之上而使筛余物被排放。这种筛滤应该延伸到渠道足够深度

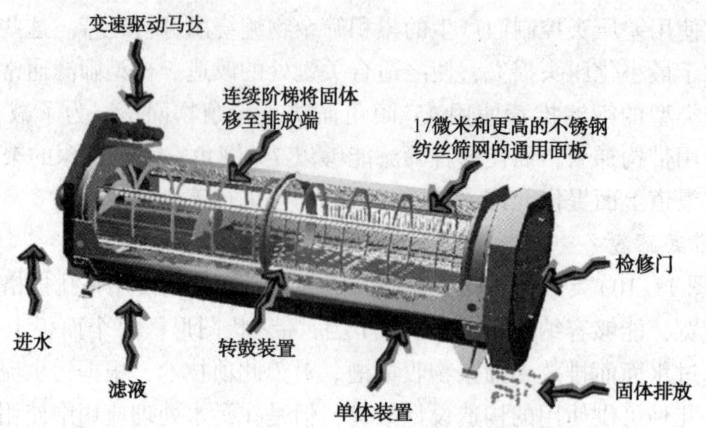

图 11.11　内部进料转鼓筛滤

（经 Baycor Fibre Tech，Inc. 允许）

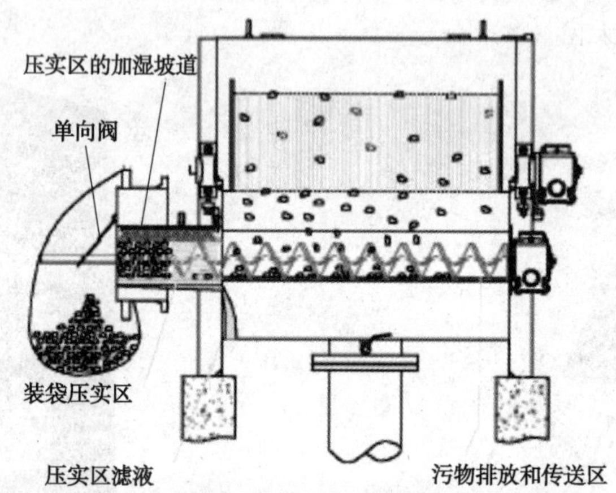

图 11.12　外部进料转鼓筛滤

（经 Andritz Separation，Inc. 允许）

而淹没足够的筛网，以使在低水位处能通过所需的流量。

立式转鼓筛滤设计，可安装于深沙井中。这些筛滤一般都有槽型开孔，使耙机制从底部收集筛余物而将其传送至水面之上。

2.5.3.6　倾斜式圆柱形筛滤

这些筛滤（图 11.13）由圆柱形筛篮构成，类似于转鼓式筛滤，具有典型属于螺旋螺杆式的内部筛余物去除机制。这种筛滤通常以 30°~45°角倾斜安装。这些筛滤类型可以是固定的而筛余物由螺旋螺杆去除或通过刷子和喷雾杆去除。筛余物下落至螺杆进料的轴定位料斗，而通过倾斜的洗涤器/压实机管传送。由于采用中心进料模式，筛余物传送较低。这种筛滤的最大优点之一在于这种类型提供了整体洗涤器/压实机。然而，这种类型比其他筛滤类型需要较大的占地和更浅的进水渠道。

2.5.3.7　静态筛滤

静态筛滤（图 11.14）具有倾斜的金属筛，起到筛滤介质之用，让水通过而同时保留顶部的固体。污水从这个通常起到堰功能的单元顶部进料，冲流而下经过金属筛，收集筛余物。这种类型的筛滤没有移动部件，完全由重力将固体移除。筛滤介质是典型的楔形线，具有

0.25~2mm 的开孔，通常提供喷嘴或刷子进行清洗。静态筛滤适用于沿着渠道使用，提供了相当大的筛滤区域。然而，这种类型的筛滤可能具有高压头损失的要求。

图 11.13　倾斜式圆柱形筛滤
（经 Huber Technology，Inc. 允许）

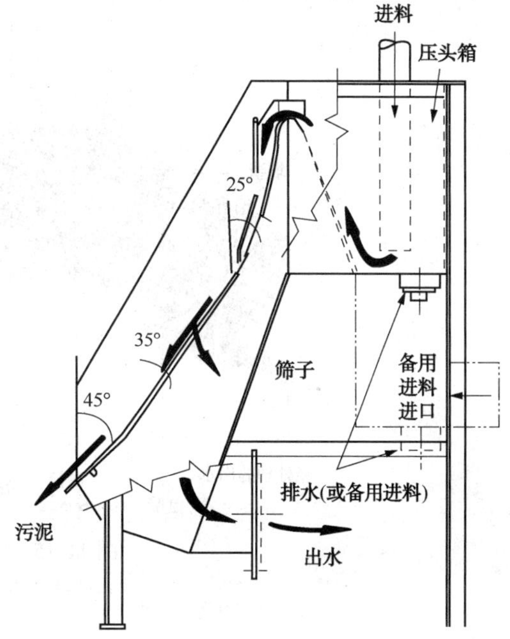

图 11.14　静态筛滤

2.5.3.8　微滤

微滤的构造结构设计类似于转鼓式筛滤，但使用了精细丝网织物作为其筛滤介质而能够去除平均 10~60μm 的固体。通常需要提供清洗这些筛滤的特殊系统并应该基于所需应用而与筛滤厂商协调一致。通常情况下，需要使用高压水射流清洗。

2.5.4　雨水/湿季流量筛滤

由于法规日益增多，雨水和湿季水流的筛滤正变得越来越普遍。大多数讨论的筛滤类型已成功地应用于这些水流。为了应对湿季流量，溢流堰通常提供于上游的污水处理设施，从而最大限度地降低通过污水处理厂的峰值流量。独立的湿季流量处理系统如压载絮凝处理系统、停留处理池(RTB)、或均衡化池，尤其是在污水处理设施对于湿季排放有严格限制的情况下，都已经成为良好的实践管理。

CSO 技术能够筛滤溢流并将收集的物质返回至污水流中而在污水处理设施进行筛滤。这就可以防止在 CSO 筛滤位置进行操作。在目前市场上还有几种湿季筛滤，包括静态的，自清洗的，水平的和垂直的筛滤。自清洗筛滤(图 11.15)和组合筛滤/除砂系统(图 11.16)可供使用。

当地条件将会决定雨水筛滤选择的类型。如果分流点不需要湿季水流筛滤，则就能够使用先前所示的标准筛滤类型。

雨水或湿季水流筛滤的筛板开孔大小取决于几个因素，包括下游的处理要求，许可规定和运营商的喜好。例如，在英国，CSO 排放点的细筛要求——为了环境和审美——尺寸大于 6mm 的固体需要去除。

表 11.1 总结了各种筛滤类型的优缺点。

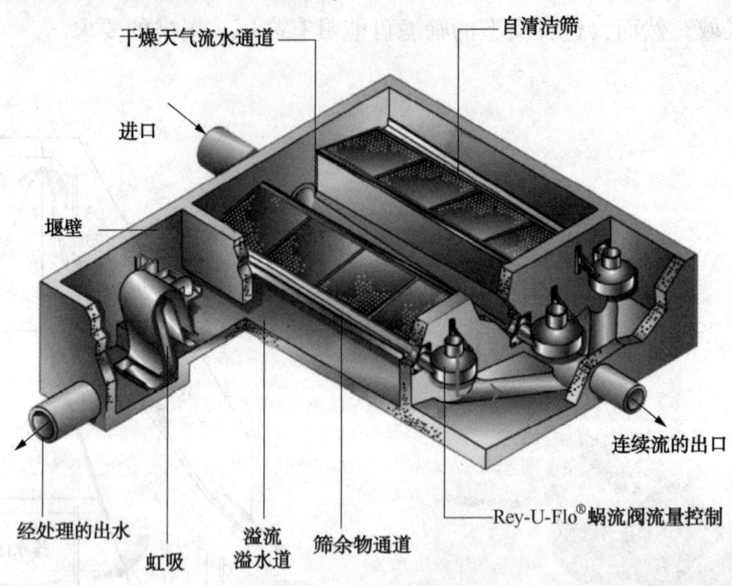

图 11.15 汇流下水道溢流筛滤

（经 Hydro International 允许）

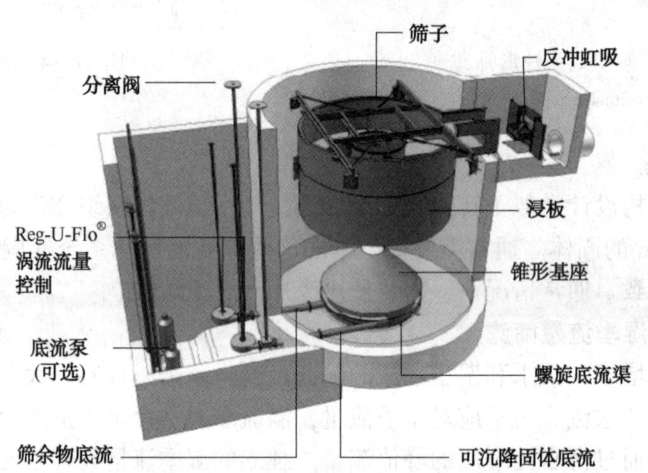

图 11.16 组合下水道溢流的筛滤/除砂

（经 Hydro International 允许）

表 11.1 粗筛和细筛设备的汇总（MBR=膜生物反应器；IFAS=集成固定膜活性污泥）

筛滤类型	优点	缺点
粗筛滤		
链式或电缆式	占据市场多年的设计	淹没组件
驱动筛滤	渠道施工简单	
	筛余物负荷率高	
	对脂肪、油和油脂（FOG）不敏感	
往复式	没有严格淹没组件	筛滤负荷率低

续表

筛滤类型	优　点	缺　点
耙式筛滤	使用广泛 为了使该单元在渠道之上工作而容许采用枢轴设计	过顶净空高，尤其是在较深的渠道中更是如此
悬链式筛滤	没有严格淹没组件	很多厂商不再供应这种类型 大固体去除可能是一个问题 需要过分的安装角度，增加了占地面积
连续自清洗筛滤	需要中度至较低的顶空 为了使该单元在渠道之上工作而容许采用枢轴设计	多个移动部件 组件要经受磨损
弧形筛滤	简单设计 较低的资本和运营成本 水下没有驱动部件 利用了 100%的渠道宽度	限制于小至中等流量的污水处理厂 不适用于深渠道
带式筛滤	移动部件有限或没有	操作员密集
	适用于暂时或应旁路应用	负荷容量有限
细筛和微筛滤		
连续组件筛滤	批准的技术 筛余物捕获率高 为了使该单元在渠道之上工作而容许采用枢轴设计	许多移动部件 某些设计具有经受磨损的组件 高压头损失要求 需要额外的马达和/或喷射杆进行清洁 存在筛余物冲走潜势
多耙式筛滤	使用广泛 高筛余物负荷率 低顶空需求	某些设计具有经受磨损的淹没组件 中等压头损失要求 高油脂堵塞潜势
梯型筛滤	低压头损失要求 为了使该单元在渠道之上工作而容许采用枢轴设计	纤维丝状固体能够通过筛滤 当预期会出现岩石或过多砂砾负荷时是不推荐的
带式筛滤	低筛余物冲走 非常适用于扩展容量 无需增加渠道尺寸	安装占地要求相当大，堪比其他筛滤类型 需要带压水进行清洗 需要专门提供将该单元从渠道中移出的装置 难以进入进行维护 大固体去除可能是一个问题
转鼓式筛滤	低筛余物冲走 对筛余物敏感的下游工艺过程是推荐的（MBRs，IFAS 等）	需要相当大的安装占地面积 安装需要提供特定的液压 需要高压头损失（通常需要泵）
螺旋篮筐式筛滤	最低筛余物冲走潜势 单个单元提供筛余物冲洗/压实 对筛余物敏感的下游工艺过程是推荐的（MBRs、IFAS 等）	需要显著的安装占地面积 不适合于深渠道

续表

筛滤类型	优点	缺点
静态筛滤	最低或无移动部件 非常适用于小型设施	高压头损失 操作员密集型 易于很快堵塞
微滤	去除非常小的固体	需要专用冲洗系统 应用于较大的开孔筛滤之后 高压头损失

2.6 筛余物处理

2.6.1 调节

移除的筛余物进行冲洗和压实，是筛滤处理工艺过程，尤其是细筛的关键功能。对于开孔小于 1.5in 的粗筛滤和所有细筛和微滤筛，推荐使用洗涤器/压实机。洗涤器/压实机有两个同样重要的功能。洗涤器从筛余物中移除有机物质，并将其返回至污水流中。压实机降低筛余物体积，从而降低了储存和处置成本。因此，即使是干固体通常不超过 10%的粗筛余物，都建议进行调理。将有机物质返回污水流中，降低了气味和筛余物中的有机物中与病原体高浓度相关的处理危险性。通过增溶作用，洗涤器/压实机提高了进入厌氧和缺氧区进水中易于生物降解碳的浓度，为脱氮除磷工艺过程提供了越来越重要的帮助。

洗涤器/压实机最常见的形式，是压缩摩擦管之前的螺旋传送器(图 11.17)。压实机可以降低筛余物中的水含量高达 50%，体积减少 60%~85%。然而，筛余物中棍棒和大物体可能会导致机械故障。比如当电机过载时，控制应该传感堵塞卡机，而自动反向机制，并驱动报警。堆叠螺旋设计，可应用于其中按照底部螺旋相反的方向螺旋传送筛余物之处，而提供额外的清洗作用。洗涤器/压实机，可以在螺旋传送之前配备碾磨机而显著降低筛余物量，并提供了最大的洗涤作用。在细筛滤应用中，经常采用单独冲洗罐而搅拌和混合冲洗水中的筛余物。对于这种类型的洗涤器/压实机，筛余物水闸渠道提供了低成本运送筛余物的方法，因为运送和冲洗二者都使用同一用水。冲洗水通过罐池底部的细筛滤排出而筛余物通过摩擦管的螺杆推出。这种水通常具有 1000~5000mg/L 的化学需氧量(COD)浓度。此外，在摩擦管中液压操作的喷嘴可以增加压力并改善筛余物的压实作用。因为洗涤器/压实机的冲洗水中将会有固体，则洗涤水排水管的设计必须防止固体积累，而可能导致堵塞。

对于细筛滤应用而言，因为大量生成筛余物，应该提供充足的洗涤器/压实机。液压冲压洗涤器/压实机提供的冲洗容量有限，并非是推荐的类型。洗涤器/压实机典型的性能规范说明是提供至少 90%的悬浮有机物去除率。

美国 EPA 方法 9095B 包括对于至少 15%的固含量和和无水情况通过约 60 目油漆过滤器进行过滤，而确定筛余物的固体含量。采用传统的总固体测试(103~105℃下干燥)分析较高的固体含量。

对于确定冲洗的、压实的筛余物的有机物含量还没有标准测试方法。因为筛余物中存在大量的废纸，在实施挥发性固体测试方面几乎没有什么价值。在欧洲，“质量因素”测试已用于量化洗涤器系统中有机物的去除。此方法和过程的讨论将在本章的“性能测试”这一节中讨论。

图 11.17　筛余物洗涤器/压实机
（经 Huber Technology，Inc. 允许）

2.6.2　运输，储存和处置

筛板清洗，无论人工还是机械方法，都涉及如何将筛余物移出并运送至处置场所。当设计手动清洗筛滤时，相对较浅的筛滤渠道（<2m[<7ft]）需要采用排水板，而在铲走之前容许筛余物排水。用于将筛余物传送至卡车或其他交通工具的容器可以是从独轮车至通过顶桥式起重机或单轨进行传送的料箱等等。无论采用哪种传送方式，操作人员的安全，包括防滑平台和栏杆，在设计过程中值得特别注意。

在机械清洗的单元装置中，耙向筛滤之上移动筛余物而直至将其排放至传送器、洗涤器/压实机或可移动的容器的桥面之上位置。筛余物一定程度的脱水，通常就是因为这些筛余物从污水中抬升而发生。当将筛余物直接从筛滤筛板排放至容器中时，卸料溜槽之下的间隙必须能够用于方便安放和拆除。排放至传送带的筛滤筛板应该提供足够的间隙，才能使之在传送机发生故障时而使用容器。

传送带是机械运送筛余物最广泛使用的方法。带式传送机是最常见的，但也采用螺杆传送机。如果在筛滤物直接排放至洗涤器/压实机，然后压实摩擦管能够延伸至筛余物收集点。摩擦管不应该太长，因为筛余物可能变得过于干燥，需要过猛用力才能将筛余物推动通过该管道。传送器能够经过设计而同时为收集/运输和作为洗涤器/压实机的第一组件发挥作用。

带式传送机并不需要维修，但根据对气味控制要求而定，可能需要覆盖和通风。带式传送机通常是直的，但如果需要方向变化，则可以使用弯曲的输送带，消除多个单元的需要。在带式传送机上应避免过度的斜坡，才能避免回滚，而防止筛余物脱落传送带。刮粉刀，有时需要配备喷雾冲洗，在传送带终点处是所需的，否则筛余物将会粘附于筛板上而在返回路径上跌落于排水盘中。在整个传送机长度内，传送带或排水盘应倾斜而进行排水。另一种方法使用钻孔输送带，而使水通过传送带下方传送；至流水槽中将水排回至污水流中。这些孔洞定位时应该防止传送装置上发生淋漓。应该使用凹槽、多楔带防止如果传送带急陡倾斜时溢溅和筛余物滑回。由于这种环境是腐蚀性的，则金属部件通常采用不锈钢。

螺旋传送器也可以应用于筛余物的运输，特别是当需要封闭系统满足气味控制要求之时。这种杆轴和无杆轴螺旋传送机两种都能使用，但是由于筛余物磨蚀性质，杆轴传送机可能首选用于避免频繁更换磨损杆轴或衬垫。螺旋传送最大的好处是能够作为洗涤器/压实机系统中排放至压实管之前的第一部件。传送器能够具有多个引入点。螺旋传送器应该倾斜进行排水。沿着螺旋传送器，尤其是在排放点之处需要精心设计的喷淋系统。排水点在堵塞的情况下必须易于接近。

筛余物传送的另一种方法是水闸渠道。筛余物采用自动冲洗水连接而冲刷通过倾斜渠道。冲刷水起到传送筛余物和作为洗涤器/压实机中的冲洗水之双重目的。为此目的，水闸系统的设计必须仔细地与洗涤器/压路机的供应商协调。水闸渠道的使用，也可能有助于研磨，在某些情况下，使之在深的湿井中收集筛余物而泵送更合适处理和去除之地。在一些CSO 应用中，湿溢流被泵送至倾斜渠道中而将筛余物冲洗至收集坑。

为了完成筛余物处理，这些物质必须按照当地、州和联邦法规运输到处置场所处置。填埋是目前最常用的处置方法；然而，对于欧洲日益严格的填埋法规，设计要求需要焚烧和其他处置方法。

就地焚烧，是另一种处置筛余物的方法，通常涉及筛余物与其他污水处理厂固体的混合。然而，因为由于不完全混合热力学差异性固体而产生的燃烧问题，很少有大型污水处理厂单独焚烧筛余物。筛余物往往会堵塞进料机制，而应该磨碎或粉碎，并在送入焚化炉之前脱水(U. S. EPA，1979)。如果筛选物与固体的体积比较小，则这些物质应该与固体按照相对恒定的比率进行混合。向焚化炉中批量加入筛余物，可能会产生不均匀的燃烧渣块和热点。

有时从污水处理厂厂区拉来的筛余物与市政垃圾混合而在市政焚化炉中焚烧。这在欧洲是常见的做法。虽然筛余物中含有更多的水分，并比市政固体废物具有较高的有机质含量，而筛余物相对体积较小，对焚烧的影响甚微(U. S. EPA，1979)。

2.7 设计考虑因素

2.7.1 设计标准

筛滤设计的考虑因素包括开孔尺寸大小、筛滤类型、设备高度和占地面积、渠道水深、宽度和行近流速，移动筛滤进行维护的装置，包括枢轴设计，压头损失，适应筛余物输送或洗涤器/压实设备的卸料高度，筛滤筛板角度，天气保护和气味控制的筛滤覆盖物，整个单元的建筑材料和涂料，驱动单元服务的因素、电机尺寸，环境评级和外壳、备件，以及冗余筛滤或旁路手动筛滤的装置。

2.7.2 设备选择的标准

下面介绍了当前污水处理厂筛滤的优先选择：

- 现在除了具有显著数量的雨水汇流系统和具有重筛滤量的封闭室之外，在粗筛和碾磨机之前很少使用拦污栅。拦污栅较为常见的用途是用于保护细筛。拦污栅格栅开口通常的范围为 38~80mm(1.5~3in)。
- 由于技术进步，大多数新项目都使用 3~12mm(0.125~0.5in)的筛滤开孔。
- 更加精细的筛滤(1~3mm)适用于先进的工艺过程，如膜生物反应器(MBRs)。
- 除了更精细的筛滤之外，洗涤器/压实机现在都是标准设备。
- 在 2008 年 6 月 WEF 公共事业单位成员的调查中，中等筛滤开孔据报道为 9.5mm (3 / 4in)而 53%的设施使用洗涤器/压实机。

2.7.3　筛滤的定位

污水处理厂筛滤设备的位置，设计惯例不尽相同。筛滤能够位于污水进水泵的上游或下游，因为最常见的原始污水泵能够泵送筛余物。筛滤通常位于沉砂池上游。当需要使用细筛时，这些筛滤设备应该位于砂砾去除装置的下游；粗筛滤应该位于砂砾去除装置之前。根据"特殊精细筛滤设计的考虑因素"这一节的讨论，细筛的位置有时需要特殊的考虑。

筛滤设备是否应该设置于封闭结构中的问题，取决于三个条件：(1)设备的设计，(2)气味控制的需求，(3)气候。在具有冻结温度的气候下，加热外壳是必要的。这种结构不仅将会保护设备，而且易于维护和提高审美情趣。无论筛滤设备是否将会加盖安置，机械清洗的栅栏筛的驱动机制应该是封闭的。在多风地区，筛滤耙和卸料溜槽区域需要覆盖，才能防止筛余物被吹走。

任何结构，只要包含未经处理的污水筛滤设备，都需要良好的通风，降低酸性和腐蚀性潮气的积累而处理气味。封闭外壳的通风率，基于通过开口保持足够的速度而防止气味气体逃逸的能力。在湿度过高的区域，良好的通风可能有必要结合空气干燥或供热单元。

通过筛滤的压头损失造成的回水效应是重要的。许多设施，包括溢流至旁路渠道的溢流堰，防止由于供电故障或机械问题导致筛滤堵塞时上游负荷过高。筛滤通常设置于流量计量装置之前，防止堵塞影响测量精度。

2.7.4　液压考虑因素

本文中所描述的液压考虑因素适用于条杆型筛滤装置。对于其他筛滤和研磨设备，设计者应遵照制造商对于渠道尺寸、容量范围、上游和下游淹没、电力需求、压头损失信息和筛余物保留的建议。

在行进渠道中的速率分布，无论筛滤类型如何，对筛滤设备性能都具有重要的影响。筛滤之前的直道渠确保通过筛板的良好速率分布和该设备的最大效能。使用除了直道渠之外的其他渠道，都可能过多分流至一侧，导致碎渣在筛滤一侧堆积。液压对称，尤其是在提供多个筛滤防止不均匀的筛余物分布时的污水进水渠设计中是很重要的。

然而，筛滤渠道中改变流动模式方向，可以提供像扰乱黏性物质对齐(平行流动的物流线)的额外受益，而防止其通过筛滤时被捕获截留。这在易于受到这类型的固体影响的下游技术(MBRs，IFAS，介质过滤器等)方面是特别重要的。

设计工程师必须确保，污水至筛滤的行进速率不低于自清洗值或超过可能迫使这些物质通过筛滤的速率。较低的速率将导致更多的物质被除去而更多的固体沉积于渠道中。在理想的情况下，筛滤之前的渠道中的速率应该在最小流量下超过 0.4m/s(1.3ft/s)，才能避免砂粒沉积。然而，对于污水流中具有典型昼夜波动的情况，这并不总是可能的。作为合理的折中处理，这种渠道可能经过设计，使之对于悬浮固体至少 0.76m/s(2.5ft/s)的速率，在高峰流量时段达到。在必须处理显著雨水的情况下，应该使用约 0.9m/s(3ft/s)的行进速率，从而在大多数需要之时防止沙粒沉降危及降雨期间的筛滤运行。解决这个问题的一个办法是提供可变的几何通道部分，在底部较窄处理低流量和平均流量而在顶部较宽处理峰值流量。由于随着渠道行进至筛滤，狭窄的底部过渡到满渠道宽度，向下倾斜，而防止筛滤之前固体沉积过多；筛滤之后又过度变换回到可变的结合结构。然而，如果预期会出现较大的砂砾负荷，因为最大多数砂砾会堆积于筛滤附近的宽敞区域，应该谨慎小心。防止固体积累的另一种方法是使用扩散空气系统而提供固体浮力(Rothman，2005)。除了解决固体问题之外，这种方法也修改了渠道中的流动流线，改善了黏性固体的收集。然而，如果下游工艺过程受到进水污水流中溶解氧浓度增加的影响(即，厌氧生物处理工艺过程)，这种方法是不太可能使用的。

在条杆筛之前和通过时的流速会显著影响条杆筛的运行。满意的设计是提供0.6~1.2m/s(2~4ft/s)的速率通过机械清洗筛滤的开孔和提供0.3~0.6m/s(1~2ft/s)的速率通过手动清洗筛滤的开孔。对于较低流量优选较低的速率；在常见的应用中峰值瞬时流量优选1.2m/s(3ft/s)的速率。然而，如果峰值与平均值流量比很显著时，则峰值流量流速通常会超过推荐的设计值，造成高于预期的筛余物冲走。在这些情况下，液压控制结构，如部分淹没的挡流板(图11.18)，已成功地用于控制在峰值条件下渠道内的水位。这就使通过筛滤的速率保持在设计值之内。在液压分布中和对于在渠道中可能收集的浮渣，必须提供额外的压头损失。罗斯曼(Rothman，2005)报道，阶梯式筛滤下游的部分淹没闸门造成浮渣过量淤积，危及到正常运行。

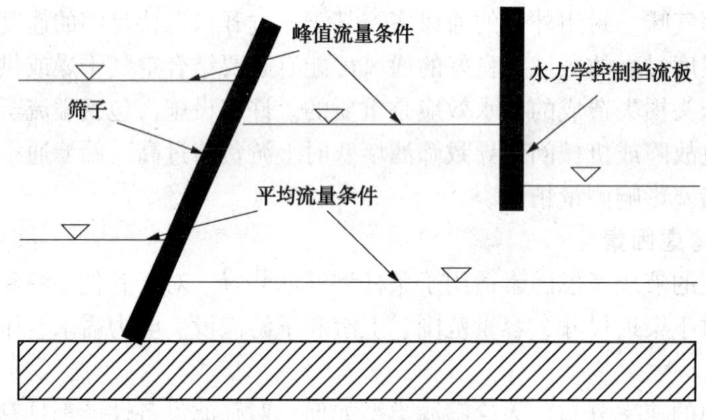

图11.18 液压控制结构实例

在渠道内水面高度低于0.15m(6in)而处于平均流量条件下的装置中，在通流设计筛滤中收集筛余物并不是最佳的。在这些情况下，结合液压控制结构，比如堰或筛滤下游的渠道收缩，提高平均和低流量条件下的表面水位高度，就可以帮助改善运行。

假设频繁筛滤检修时，通过手动清洗条杆筛的最低压头损失的余量为150mm(6in)。对于连续清洗的机械筛滤几乎恒定的压头损失，可能采用恒定流量进行维持，但这种压头损失余量，绝不应该因为间歇性的清洗循环而小于150mm(6ft)。通过筛滤设备的压头损失曲线和表格可以从设备制造商那里获得。精细筛可能要在低频率的清洗周期内运行才能在筛滤元件中促进主要是油脂和有机物质的团簇产生，提高筛余物捕获率。现在已经具有一些装置，筛滤后的污水按照使用方法已达到初步处理标准(Rusten and Lundar，2006)。然而，在潮湿天气的流量期间增加清洗频率而降低通过筛滤的压头损失，暂时容忍筛滤捕获性能降低，是可取的做法。

通过筛滤的压头损失通常为50~635mm(2~24in)，这要取决于流量和筛滤开口大小，而在峰值流量下具有细筛的大型单元装置，或当筛滤清洗频率不足时，最大压头损失可以达到1m(3ft)或更多。设计工程师必须采取措施，确保最大流量下通过筛滤装置的压头损失不会使进水下水管道负载过大而损害上游服务。为了防止由于电源故障或筛滤的其他问题使筛滤堵塞引起的筛滤区域被水淹浸，应该设计溢流堰或闸门和并联旁路渠道而允许筛滤周围发生溢流。有时在筛滤设备附近的流量测量可能因为清洗周期后产生的浪涌而不稳定。这可能通过在最低时限(一般为10min)内测量浪涌期间水位升高发生的振动而得以解决。

假设连续的二维流动通过筛滤的清洁水压头损失可以采用伯努利方程进行计算。这个方程表述为，筛滤前水流深度加上速度头等于筛滤之后水流深度加上速度头加上摩擦损失。实际的压头损失随着容许在清洗之间累积的筛余物量和组成而不同。基于通过筛滤的流量和速率，可以计算由干净或部分堵塞筛滤所致的压头损失。速率通过流量除以筛滤开口的有效面积计算。有效开口面积等于实际开口面积减去堵塞系数，这个堵塞因素取决于运行的预定模式和筛滤类型。

2.7.4.1　粗筛滤压头损失

通过完全或部分堵塞的粗条杆筛的压头损失通过以下方程表示：

$$h=\frac{k(V^2-v^2)}{2g} \tag{11.1}$$

式中　h——压头损失，m(ft)；

V——通过条杆筛滤的速率，m/s(ft/s)；

v——条杆筛上游的速率，m/s(ft/s)；

g——重力加速度，9.81 m/s^2(32.2 ft/s^2)；

k——摩擦系数(1.4 干净～1.7 部分堵塞)。

这个方程推荐用于该项目预备阶段筛滤组件还没有完全选定之时。然而，对于更准确的结果，推荐使用 Kirschmer 方程。这个方程考虑了筛滤筛板倾斜角度，这个倾斜角度显著影响通过屏幕的压头损失，因为筛滤面积直接与筛滤倾斜度成正比。通过净条杆筛的压头损失由 Kirschmer 方程表示：

$$H_L=\beta(w/b)^{1.33}h\sin\varphi \tag{11.2}$$

式中　H_L——压头损失，m(ft)；

β——条杆形状系数(表 11.2)；

w——条杆面对上游的最大横截面宽度，m(ft)；

b——条杆最小净间距，m(ft)；

h——上游速度头，m(ft)；

φ——条杆筛与水平方向的角度。

2.7.4.2　细筛滤的压头损失

对于具有槽开口的细筛滤机，压头损失可以使用上述方法进行估算。对于具有圆形或长方形开口的细筛机，压头损失可以使用孔口压头损失方程进行估算。然而，类似于粗筛滤，安装角度在计算筛滤面积时必须考虑。考虑安装角度的良好实践惯例是将淹没筛滤区域投影至垂直于水流方向的平面上并在压头损失计算中使用投影面积。如果在计算中需要高精确度，应该咨询制造商，因为筛滤面板或元件几何形状可能略有改变而允许筛滤组件旋转。

表 11.2　β 的 Kirschmer 值

β 的 Kirschmer 值		β 的 Kirschmer 值	
条杆类型		圆形	1.79
锐边矩形	2.42	具有半圆形上游和下游面的矩形	1.67
具有半圆形上游面的矩形	1.83		

孔口压头损失方程如下：

$$H_L = \frac{1}{2gC} \frac{Q^2}{\cdot A_e} \tag{11.3}$$

式中 H_L——压头损失，m(ft)；

C——排放系数(对于干净筛滤一般为0.61，然而这取决于孔口类型和筛滤施工)；

Q——条杆筛上游的流量，$m^3/s(ft/s)$；

g——重力加速度，$9.81\ m/s^2(32.2\ ft/s^2)$；

A_e——淹没筛滤的有效开口面积，$m^2(sq\ ft)$。

压头损失计算对于确定最大压头损失通常包括高达50%的开口面积降低的堵塞系数。

2.7.5 特殊细筛滤设计的考虑因素

细筛滤需要特殊的设计考虑，因为这些筛滤的运行相比于粗筛滤更容易受到进水污水组成和流量的影响。主要的考虑因素是确定：(1)细筛之前是否需要粗筛；(2)细筛滤之前是否需要除砂砾；和(3)为了正常运行是否需要油脂/浮渣清除。

在细筛之前使用粗筛通常是个好办法。然而，随着科技的进步，越来越多的设施无需粗筛滤进行预处理而采用细筛滤就能够成功运行。然而，其他细筛装置采用相同的概念却没能成功。因此，确定是否包括粗筛或除砂，属于现场特异性的。设计工程师将必须评估运行条件才能作出最终决策。以下列举了当作出这一决策时通常应该考虑的最重要的因素：

• 下水道系统的类型。相比于卫生用下水道，汇流下水道系统通常能够传送某些细筛类型可能难以去除或甚至导致损坏的较大物体。

• 细筛类型。某些类型的细筛更容易操作，而不存在其前面无粗筛时产生的问题。例如，多耙筛滤，楼梯型筛滤和快速移动的连续元件筛滤都已被证明在这些条件下能够正常工作。相比之下，带式筛滤更加需要粗筛，因为这种类型的筛滤筛余物去除机制不适应去除大物体。微筛滤依赖于上游安装的粗筛系统才能正常运行。

• 污水进水传送方法。如果污水设施的进水通过泵加压，则可能在泵站具有一定程度的粗筛或粗固体减少(要么通过粗筛设备、研磨设备、泵叶轮崩解固体，或正好通过解释说明泵只允许通过某最大尺寸固体的事实)。某种类型的泵，像阿基米德螺旋泵，自身并不提供筛滤或粗固体降低的能力，因此设计者应考虑到这一点。

• 细筛滤上有效尺寸的开口。如果细筛滤设施需要移除等于或小于3 mm的固体，那么标准的实践惯例是在细筛滤之前提供粗筛滤。此外，细筛滤之前去除砂砾在这种情况下也属于标准实践惯例。

细筛滤比粗筛滤收集更多的筛余物，这可能会导致问题。2002年水环境研究基金会(Water Environment Research Foundation)(WERF)研究发现，某些设施采用细筛滤取代了粗筛滤，经历了过量筛余物收集，这导致处理系统不堪重负，引起上游回水问题。因此，设计工程师在设计阶段应该评估这种可能性。

2.7.6 筛余物的调节和处理

调节和处理筛余物的设计考虑因素根据是否提供冲洗/压实设备而不同。筛余物如果不进行冲洗和压实，就可能在最终处置之前需要进行一定程度的脱水。将水排出的专用容器已经使用，但通常为了正常运行需要进行维护。

如果筛余物将经过洗涤和压实，则就会需要递送污水出水的装置。洗涤/压实设备经过设计能够在给定的时间范围内传送最大体积的筛余物；因此，确定捕获的筛余物，成为设备选型合适的关键因素。设计工程师应该与洗涤器/压实机制造商协商而确定设备的大小和安全措施。查阅污水处理厂的数据和咨询操作人员而确定是否存在可能摧垮该系统的特定峰值的事件，也是同样重要的。

2.7.7　自动化和仪器仪表

对于机械清洗条杆筛，以下控制类型可以单独使用或组合使用：

- 手动启动和停止，
- 定时器控制而自动启动和停止，
- 高级别开关，
- 差高位驱动启动开关清洗机制，
- 具有以下设备之一的变速运行：

-双速电机，

-变频驱动交流电动机，

-机械减速装置。

机械条杆筛装置应包括三个报警：高上游水位、筛滤启动和筛滤故障。上游水位警报可能是超声波传感器、磁泡系统、淹没传感器。浮阀设备可能会被阻塞而使之不能使用。应小心定位浮阀而避开过度涡流或主要进水渠道速率的区域。

设计良好的筛滤系统将会使辅助设备，如喷洗、输送机或筛余物压实机与筛滤联锁运行。这将确保工艺过程的操作协调完成。

2.7.8　性能测试

筛滤性能是污水筛滤行业中的一个新概念。此前，筛滤性能并非是立法所规定的。但是随着技术进步和新法规出现，如有关 CSOs 的那些筛滤性能的法律越来越普遍。其中一个实例是由高级处理工艺过程规定的最大粒径限制。保修问题也可能成为导致筛滤性能测试的问题。

信誉良好的制造商在将其投放市场之前都会对其设计进行测试；然而，出于前述缘由，验证性能要求就成为标准实践惯例。以下是目前使用的测试参数的讨论。

2.7.8.1　筛滤保留值

筛滤保留值是由筛滤截留的总进水固体的百分数。筛滤保留值能够采用以下公式进行计算：

$$SRV=\frac{TSRE_{with}-TRSE_{without}}{100-TSRE_{without}}\times 100 \tag{11.4}$$

式中　SRV——筛滤保留值，%；

$TSRE_{with}$——渠道中截留而由筛滤移除的总固体质量，kg(lb)；

$TSRE_{without}$——由渠道截留而移除的总固体质量，kg(lb)。

为这些筛滤测试进水污水的总固体质量已经通过在 6mm 网目袋中收集 30min 的样品而确立，并在称重之前使其干燥 20min(U. K. Water Industry Research Limited, 2002)。表 11.3 (Cambridge et al., 2003)介绍了不同的细筛技术性能标准。在英国对于 CSO 应用中的装置推荐使用 30%或更高的筛滤保留值(SRV)，而对于取决于系统特性的卫生用下水道应用可能是良好的指导值。

表 11.3 各种筛滤的筛滤保留值(*SRV*)

细筛技术	*SRV*	细筛技术	*SRV*
精细条杆筛	30~40	中心流式钻孔板筛	75~85
梯型筛	30~40	钻孔板式转鼓筛	75~85
前入口式钻孔板筛	65~75		

2.7.8.2 筛余物有机物测试

即使测试和量化筛余物的有机质含量并未标准化，但以下仍然大致概述了质量因素测试方法。冲洗和压实的筛余物样品悬浮于干净水中并小心搅拌。样品通过 100μm 网目过滤，而筛余物轻轻通过在过滤筛网顶部小心向下挤压样品进行脱水，目的是为了除去大部分剩余的水。此过程重复四次。分析收集的漂洗水中生化需氧量(BOD)质量，并除以剩余筛余物干固体质量。质量系数越低，则所测试的洗涤器/压实机的性能就越佳。每克干固体最大 20μg BOD_5的质量系数推荐作为可接受的洗涤器/压实机性能。以下提供了筛滤设计的实例。

筛滤设计实例

这个例子举例说明了几个设计两难抉择并明显地在一个与初始筛滤一样简单的工艺过程中如何折中通过。

假设：

(1) 筛滤设施下游的工艺过程需要去除精细固体，因为这些工艺过程对固体敏感。因此，筛滤设计应该防止在所有流量条件下固体传送通过筛滤。选择 6mm 的通流钻孔板筛开孔。

(2) 新污水处理厂将兴建于新的地方(没有历史的筛余物产生信息可用)。这就肯定进水污水中没有过量的脂肪、油和油脂(FOG)，而水流将被泵送到厂区。假设向污水处理厂进料的泵站具有粗筛能力。假设下水道系统是汇流下水道系统。

(3) 洗涤器/压实机单元将安装用于降低筛余物的体积。

(4) 下列项目已经假定(每个的数值如下)：筛余物生成峰值因数(收集系统类型的函数)；筛余物装箱体积安全系数和最大许可的堵塞筛滤系数。

(5) 该设施的污水进水渠道的最大数目由于面积限制而假设为 4。

(6) 其他假设显示如下。

输入参数(每一项目的数值如下)：

Q_{avg}(平均流量)、PF(峰值系数)、渠道数、负荷渠道数、筛滤下游的液压高度(来自液压分布曲线)、筛滤类型和开孔尺寸和筛滤推荐安装角度。

所需的制造商信息：

筛滤开孔面积和洗涤器/压实机中筛余物体积降低的百分比。

所用的方程和图形：

孔口方程(方程 6.22)、细筛压头损失(公式 E11.3)、平均筛余物数量—细筛(图 11.2)屏幕。

筛滤设备设计

$$Q_{平均总}=90800\text{m}^3/\text{d}=\text{m}^3/\text{s}$$

总进水渠道数=4

假定 1 个渠道完全冗余

负荷渠道数 $=N$ 渠道：$=3$

$$Q_{平均}=\frac{Q_{平均}}{N_{渠道}}0.35\mathrm{m^3/s}$$

$$\mathrm{PF}=3.0=峰值系数$$

$$Q_{峰}=\mathrm{PF}\cdot Q_{平均}=1.051\mathrm{m^3/s}$$

渠道设计

按照第 2.7.4 节中的概述基于以下标准选择渠道。

$V_{最大}=0.9\mathrm{m/s}$　目标渠道速率。

$V_{最小}=0.3\mathrm{m/s}$　避免渠道中沉积的最低速率。

$V_{通过筛滤的最大值}=1.2\mathrm{m/s}$　最小化固体冲走的最低速率。

$V_{再悬浮}=0.76\mathrm{m/s}$　确保固体再悬浮于渠道中(沉降固体)的最低速率。

所需的渠道面积

$$A_{最大}=\frac{Q_{峰值}}{V_{最大}}=1.168\mathrm{m^2} \qquad [E11.1]$$

由液压分布曲线分析，以下是筛滤下游的水面水位高度。

$Q_{每个渠道}/(\mathrm{m^3/s})$	0.35	0.45	0.55	0.65	0.75	0.77	0.88	0.92	0.95	1.05
h/m	0.65	0.68	0.71	0.74	0.76	0.77	0.80	0.81	0.82	0.85

$h_{最大}=0.85$ m(峰值流量下)　　$h_{平均}=0.65$ m(平均流量下)

$$宽度_{计算}=\frac{A_{\max}}{H_{\max}}=1.374\mathrm{m} \qquad [E11.2]$$

选择　　宽度 $=1.3$ m

$$V_{渠道下游平均}=\frac{Q_{avg}}{h_{avg}\mathrm{width}}=0.415\mathrm{m/s}(>0.3\mathrm{m/s}，可以) \qquad [E11.3]$$

$$V_{渠道下游峰值}=\frac{Q_{avg}}{h_{max}\mathrm{width}}=0.951\mathrm{m/s}(接近 V_{最大}就可以) \qquad [E11.4]$$

厂商信息提供了与水平呈 70°的推荐安装角度下 6mm 筛滤的有效开孔面积。对于该实例而言：

$$有效值_{筛滤面积}=51\%$$

现在，检查峰值流量条件下通过筛滤开孔的速率：

$$Cd=0.61$$

计算峰值和平均条件下渠道上游中水位高度。

峰值条件：

$$h_{通过筛滤的峰值.0}=\frac{1}{2gCd(h_{通过筛滤的峰值.0}+h_{最大})}\frac{Q_{峰}^2}{有效宽度_{筛滤面积}} \qquad [E11.5]$$

通过试差法，或采用数值法，求解 $h_{通过筛滤峰值.0}$。

$$h_{通过筛滤平均.0}：=0.273\mathrm{m}$$

$$h_{上游平均.0}=h_{平均}+h_{通过筛滤平均.0}=0.723\mathrm{m} \qquad [E11.6]$$

$$V_{渠道上游峰值}=\frac{Q_{峰值}}{h_{上游.峰值.0}度}=0.72\mathrm{m/s} \qquad [E11.7]$$

$$V_{筛滤.平均.初始}=\frac{Q_{平均}}{宽度(h_{上游.平均.0})有效_{面积.筛滤}}=1.411\text{m/s} \qquad [E11.8]$$

平均条件：

$$h_{通过.筛滤.平均.0}=\frac{1}{2gCd(h_{通过.筛滤.平均.0}+h_{平均})}\frac{Q^2_{平均}}{宽度有效_{面积.筛滤}} \qquad [E11.9]$$

通过试差法，或采用数值法，求解 $h_{通过筛滤平均.0}$。

$$h_{通过.筛滤.峰值.0}: =0.273\text{m}$$

$$h_{上游.峰值.0}=h_{平均}+h_{通过.筛滤.峰值.0}=1.123\text{m} \qquad [E11.10]$$

$$V_{渠道.上游.平均.0}=\frac{Q_{平均}}{h_{上游.平均.0}宽度}=0.373\text{m/s} \qquad [E11.11]$$

$$V_{筛滤.平均.初始}=\frac{Q_{平均}}{宽度(h_{上游.平均.0})有效_{面积.筛滤}}=0.731\text{m/s} \qquad [E11.12]$$

然后，对于不同渠道宽度，按照以上相同的方法和步骤重复进行。结果概述于下表中。

表 E11.1 渠道设计概述

宽度/m		0.9	1	1.2	1.3	1.4	1.5	1.6	1.7	1.8
峰值条件										
$h_{通过筛滤}$		0.434	0.382	0.303	0.273	0.246	0.224	0.204	0.187	0.172
$h_{上游}$		1.284	1.232	1.153	1.123	1.097	1.074	1.054	1.037	1.022
$V_{渠道上游}$	$0.3<V<0.9$	0.908	0.852	0.759	0.720	0.684	0.652	0.623	0.596	0.571
$V_{通过筛滤}$	$V<1.2$	1.781	1.671	1.488	1.411	1.341	1.278	1.221	1.168	1.120
$V_{渠道下游}$	$0.3<V<0.9$	1.373	1.235	1.029	0.950	0.882	0.824	0.772	0.727	0.686
平均条件										
$h_{通过筛滤}$		0.131	0.111	0.083	0.073	0.065	0.058	0.051	0.046	0.041
$h_{上游}$		0.781	0.761	0.733	0.723	0.714	0.707	0.701	0.696	0.692
$V_{渠道上游}$	$0.3<V<0.9$	0.498	0.460	0.398	0.373	0.350	0.330	0.312	0.296	0.281
$V_{通过筛滤}$	$V<1.2$	0.977	0.901	0.780	0.731	0.686	0.647	0.612	0.580	0.551
$V_{渠道下游}$	$0.3<V<0.9$	0.598	0.538	0.449	0.414	0.385	0.359	0.337	0.317	0.299

表 E11.1 允许选择在峰值和平均流量条件下满足第 2.7.4 节中所述的大多数 $V_{最小}$、$V_{最大}$、$V_{筛滤}$和 $V_{再悬浮}$ 标准的最低渠道宽度。通常，对于单个渠道布局设计很难满足所有约束标准，所以设计者必须评估折中方案，而确定每个具体应用的最佳解决方案。这个例子也不例外：宽度小于 1.3m，将会生成通过筛滤的额外速率；而宽度大于 1.3m，将会获得不足以再悬浮筛滤之前沉降的固体的上游速率。

最好的折中方案或许是采用宽度 1.3m——上游速率峰值将仅略低于标准再悬浮速率 0.76m/s。

然而，$V_{筛滤}$ 高于推荐值近 20%。到底采用哪种解决方案？

解决此问题的一个替代方案是，安装下游滑动闸门控制速率(液压控制结构)。该实例其余部分奉行此方案。

计算筛滤上游所需的水深度而防止采用液压控制结构冲走固体。

峰值流量条件：

在峰值流量下通过开孔的目标速率=1.2m/s 而最小化冲走的筛余物。

$$V_{最大.开孔}=1.2\text{m/s}$$

$$h_{req}=\frac{Q_{峰值}}{宽度\,V_{最大.开孔}\,有效_{面积.筛滤}}=1.321\text{m} \qquad [E11.13]$$

计算峰值条件下通过筛滤的压头损失。

$$h_{通过.筛滤.峰值}=\frac{1}{2gCdh_{req}}\frac{Q^2_{峰值}}{宽度有效_{面积、筛滤}} \qquad [E11.14]$$

$$=0.197m \quad 干将筛滤\ 0.197m$$

液压控制结构设计

需要额外的压头损失提高该高度的所需深度。

$$h_{通过.闸门}=h_{req}-h_{最大}-h_{通过.筛滤.峰值}=0.274\ \text{m} \qquad [E11.15]$$

$$压头损失_{孔口}=\frac{1}{2gCd}\frac{Q^2}{\cdot 面积} \quad 通过孔口的压头损失，方程\ 6.22 \qquad [E11.16]$$

由以上方程，求解 $h_{开口}$(面积=$h_{开口}$×宽度)，而使得

压头损失$_{孔口}$=$h_{通过闸门}$

峰值条件下液压控制结构所需的开口高度：

$$h_{开口}=\frac{Q_{峰值}}{(h_{通过.闸门}2g)^{0.5}Cd\ 宽度}=0.572\text{m} \qquad [E11.17]$$

现在，对于不同流量条件重复以上相同的方法和程序而确立滑动闸门控制范围。表 E11.2 总结了这些结果。

表 E11.2　滑动闸门控制范围

Q	m^3/s	0.35	0.45	0.55	0.65	0.75	0.77	0.88	0.92	0.95	1.05
h	m	0.65	0.68	0.71	0.74	0.76	0.77	0.80	0.81	0.82	0.85
h_{req}	m	0.44	0.57	0.69	0.82	0.94	0.97	1.11	1.16	1.19	1.32
$h_{通过.筛滤}$	m	0.07	0.10	0.13	0.16	0.19	0.20	0.20	0.20	0.20	0.20
$h_{上}$	m	0.72	0.78	0.84	0.90	0.96	0.97	1.11	1.16	1.19	1.32
$h_{通过.闸门}$	m							0.11	0.15	0.18	0.27
h_{op}	m							0.76	0.68	0.64	0.57
$V_{通过.筛滤}$	m/s	0.73	0.87	0.99	1.09	1.18	1.20	1.20	1.20	1.20	1.20

表 E11.2 表明，滑动闸门在流量达到约 0.77m/s 至 1.05m/s(峰值流量)时因为渠道中 $h_{req}<h$ 而应该进行渠道速率调节。

注意，对于流量小于 0.88m/s 的压头损失计算需要采用以上所示压头损失计算举例说明的迭代方法。

通过筛滤的压头损失

峰值条件

表面水位高度

峰值条件下筛滤上游

$$SWE_{峰值}=h_{req}=1.321\ \text{m} \qquad 干净筛滤$$

检查采用液压控制结构的峰值条件下的渠道速率。

$$V_{峰值.计算值}=\frac{Q_{峰值}}{宽度SWE_{峰值}}=0.612\text{m/s} \quad [E11.18]$$

$V_{峰值.计算值}>V_{最低}$，对于干净筛滤就可行。

假设筛滤堵塞40%并计算峰值条件下的压头损失。

$$h_{通过.筛滤.峰值.堵塞}=\frac{1}{2gCd}\frac{Q^2_{峰值}}{h_{req}宽度(1-0.4)有效_{面积.筛滤}}=0.548\text{m} \quad [E11.19]$$

$$SWE_{峰值.堵塞}=h_{最大}+h_{通过.闸门}+h_{通过.筛滤.峰值.堵塞}=1.672\text{m} \quad [E11.20]$$

筛滤下游和液压控制结构。

$$SWE_{峰值}\cdot \text{ds}=h_{最大}=0.85\text{ m}$$

平均条件：

$$h_{通过.筛滤.平均}=\frac{1}{2gCd}\frac{Q^2_{平均}}{(h_{平均}+h_{通过.筛滤.平均})宽度有效_{面积.筛滤}} \quad [E11.21]$$

通过试差法，或采用数值法，求解$h_{通过筛滤.平均}$。

$$h_{通过筛滤.平均}=0.073\text{ m} \qquad 干净筛滤$$

筛滤上游的表面水位高度，在平均条件下。

$$SWE_{平均}=h_{vg}+h_{通过筛滤.平均}=0.723\text{ m} \qquad 干净筛滤 \quad [E11.22]$$

检查平均条件下通过筛滤的速率。

$$V_{筛滤开孔.平均}=\frac{Q_{平均}}{宽度(h_{平均}+h_{通过.筛滤.平均})有效_{面积.筛滤}}=0.731\text{m/s} \quad [E11.23]$$

注意：

(1) 通过筛滤开口的速率在峰值条件下因为液压控制结构的影响低于平均条件下的速率。

(2) 滑动闸门控制应该提供上游水位指示器，而防止闸门上游出现过度堵塞(过度压头损失)时闸门出现节流。设计者也应该在渠道中提供足够的出水高度。

(3) 滑动控制在大于$0.77\text{m}^3/\text{s}$的流量下确实降低了渠道中的$V_{再悬浮}$。第2.7.4节概述了一些最小化渠道中固体沉积的控制策略。

(4) 解决两难权衡相对于$V_{再悬浮}$的$V_{通过筛滤}$的其他方案可能包括，在细筛之前放置除砂渠道而最小化将会不得不再悬浮的泥沙沉淀作用，或提供上游渠道足够的边坡和纵坡而阻止发生沉降。最终的选择取决于当地的情况。

筛余物捕获

如果没有现成的污水处理厂数据(甚至来自附近设施)可供使用，则利用图11.1或图11.2进行平均筛余物量的估算并使用筛余物生成曲线的上限估算筛余物。

对于6mm开孔筛滤：

$$筛余物_{平均}=9\frac{\text{cu}}{\text{Mgal}}=6.732\times10^{-8}\text{m}^3/\text{L} \quad [E11.24]$$

基于污水处理厂或类似设施的数据，选择合适的峰值筛滤系数。对于该实例，假设设施在秋季由于树木落叶并进入到下水道系统中产生了显著的峰值筛余物负荷。

$$筛余物_{sf}=5$$

$$筛余物_{峰值}=筛余物_{平均}筛余物_{sf}=3.36\times10^{-7}\text{m}^3/\text{L} \quad [E11.24]$$

洗涤器压实机设计

$$容量=筛余物_{峰值}=3.366\times10^{-7}m^3/L$$

假设以下压实机性能(基于厂商公布的数据)

$$V_{湿.筛余物}=筛余物_{平均}Q_{平均.总}=6.113m^3/d \quad [E11.26]$$

$$V_{干.筛余物}=V_{湿.筛余物}(1-V_{降低})=2.445m^3/d \quad [E11.27]$$

在平均条件下 4 天确定容器大小尺寸。最大的月条件余量：

$$Sf_{mm}=15\%$$

$$V_{容器}=4\ 天\ V_{干筛余物}(1+SF_{mm})=11.248\ m^3 \quad [E11.28]$$

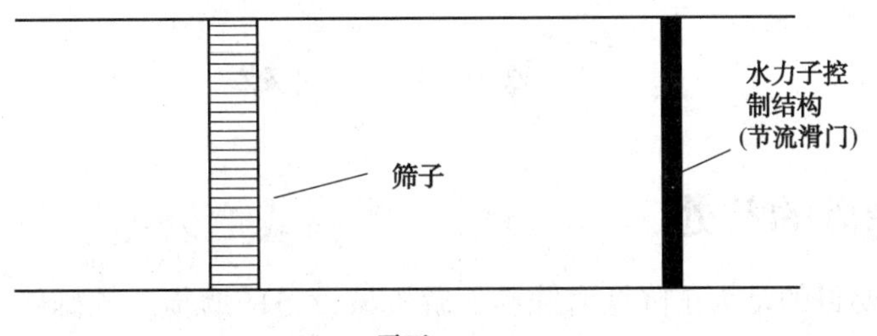

平面

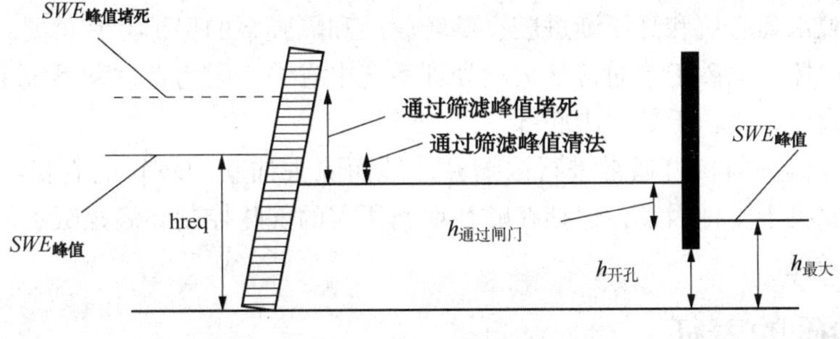

截面–峰值流量条件

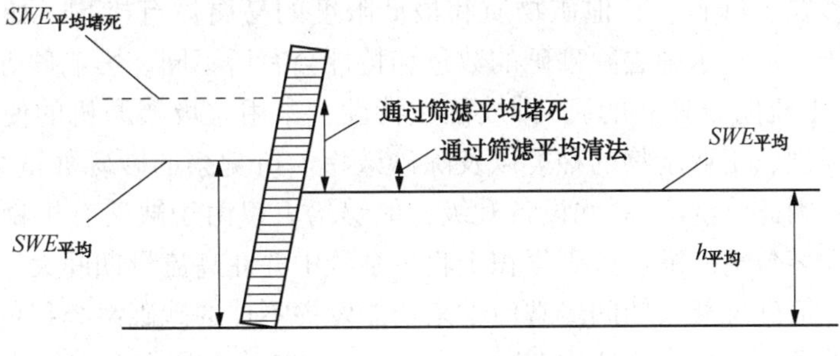

截面–平均流量条件

3　粗固体的降低

在历史上已经使用渠道内磨床或“粉碎机”，这种筛分不是将 6～19mm(0.25～0.75in)的物质筛出而是将其切碎，并不从液流中除去颗粒物质。现在，粉碎机很少用作独立筛滤的替代。粉碎机和筛滤磨床的固体已经导致下游产生了问题，包括塑料沉积于消化池和碎布累积于空气扩散器。粉碎的合成材料在消化工艺过程中不会分解，如果不及时清除，可能会使公众难以接受作为土壤改良剂重新利用的生物固体。粉碎机粉碎作用可能会产生绳子状或球状物质(特别是碎布)，可能会堵塞处理设备(例如，机械增氧机、搅拌机、泵叶轮、管道、热交换器)。因为粉碎机性能通常不太令人满意，则在新设计中都避免使用，而逐渐从现有的许多污水处理厂中消失。在原始污水下水管系统上使用的只有碾磨设备，这是一种筛滤设计，在细筛滤之前使用渠内磨床。在筛滤之前使用磨床，大大降低了冲洗和压实筛余物的数量和有机质的含量，但也可能会导致某些本不会或不能通过的物质通过。

4 除 砂

4.1 除砂的益处

除砂的主要目的是为了降低磨蚀和下游机械设备的磨损。砂砾能够积聚于管道和渠道，厌氧消化池和曝气池中。砂砾在初级沉淀池中沉降，可能会导致初级污泥的浓度过高，使其在长吸入管线中难以泵送污泥。

除砂对于脱水离心机和高压渐进腔、旋转轮凸和隔膜泵的保护尤其重要；所有这些设备都易于被砂砾损坏。除砂工艺通常从天然处理系统中省去，因为在这种系统中砂砾和生物固体适用于土地或允许累积于氧化沟底部。

移除的砂砾(砂砾料浆)通常进行浓缩并冲洗而除去捕获的较轻的有机物质。洗涤和砂砾浓缩的程度取决于多种因素，包括在贮存期间所需的气味控制和病媒吸引的程度和与处置相关的成本和法规。

4.2 砂砾的表征

4.2.1 砂砾的数量

砂砾物质包括沙粒、砾石、其他矿物质和最低限度的易腐烂有机物，如咖啡渣、鸡蛋壳、水果外皮和种子。从污水中去除砂砾的数量和特性会有所不同。影响砂砾数量的变量包括收集系统的类型(汇流的或独立的)、排放区域特性、家用垃圾碾磨机的使用、下水道系统的条件、下水道级别、工业废物的种类以及除砂效率。所觉察的砂砾数量会受到洗涤/脱水设备效率的影响；因此，洗涤/脱水设备升级，能够给人以由于缺乏有机物质而除去的砂砾较少的假象。在大多数情况下，砂砾累积于收集系统中并在高流量期间大量冲刷至污水处理厂中。由于这些峰值砂砾载入期间经常使本来功能发挥不佳的砂砾系统超负荷运作，当设计这种升级时污水处理厂数据可能使用有限。在 2008 WEF 成员调查中，报告的砂砾数量是毫无规律的。然而，当离群校正时，数量范围变成 3.7 ~ 148L/1000m^3(0.5 ~ 20ft^3/ mil · gal)而平均值为 37L/1000m^3(5.0 cu ft/mil · gal)。

4.2.2 物理性质

砂砾固体特性会随着固体含量从 35% 到 80% 而挥发物含量从 1% 到 55% 变化而变化(U. S. EPA，1979)。充分洗涤的砂砾应该能够达到 90% 的固体含量，含有最低的易腐烂固体。水分和挥发性物质含量将受到砂砾接收池洗涤程度的影响。脱水砂砾的堆积密度范围为

1400～1800 kg/m^3(90～110 lb/ft^3)。在 2008 WEF 成员调查中，报告的砂砾密度范围为 1100～2200 kg/m^3(70～140 lb/ft^3)不等，而平均为 1400 kg/m^3(90 lb/ft^3)。

4.3　除砂工艺

4.3.1　曝气沉砂池

在曝气沉砂池系统中，沿接近底部一侧引入的空气产生垂直于穿过该池液流的螺旋滚动流体。具有其相应较高沉降速率的较重颗粒沉降于底部，而该滚动悬浮较轻的有机颗粒进入该处理池的出水中。由空气扩散器所致的滚动作用独立于流过该处理池的流量，而使曝气沉砂池能够以宽泛流量范围有效运行。沉降的较重粒子，通过横穿处理池底部的螺旋形水流除去，并随后进入砂砾槽或漏斗。螺旋传送器是沿着处理池底部将砂砾传送至沙坑和泵的最常用方法。其他方法包括链板式收集器、链斗式收集器、蛤壳式铲斗和顶部安装的自吸式凹进叶轮泵。气动提升机也被使用，但鲜有成功。砂砾收集槽，根据隔间设计，需要特别设计重视。正确设计的曝气沉砂池，将产生相对干净的砂粒。

当污水进入曝气沉砂池时，颗粒会根据其尺寸和密度以及处理池中滚动的速率在一定速率下沉降于底部。空气扩散速率和处理池的形状控制滚动速率，从而控制将被除去而具有给定密度的粒子的粒径。扩散空气作为速率控制方法具有足够的灵活性，而适应于不同的条件。扩散空气通过该处理单元装置也仅仅需要最小的压头损失。适当的设计依赖于对影响空气抬升泵能量的变量的理解和其对该处理池中滚动模式的影响。一些经验表达式包括影响滚动模式的变量(Albrecht，1967)。曝气沉砂设计由 Londong(1989)进行了评估。

一些曝气沉砂池的性能欠佳，导致除去的砂砾中出现高百分比的有机物，去除效率低，而在收集设备上定期出现异常砂砾负荷。在曝气沉砂池中有几个较差的性能：不合适的处理池的几何形状(最常见)；不合适的挡流；扩散器的空气供给不恒定，导致不稳定的滚动模式和扩散器的位置不当。基于 Londong(1989)的工作，最佳曝气沉砂池设计参数列于表 11.4 中。以下是这些和其他设计标准的讨论。

表 11.4　曝气沉砂池推荐的设计标准

标　准	设 计 值	备　注
峰值小时流量停留时间	3～10 min	对于具有重砂砾负载的污水处理厂使用更长的时间并改善细砂砾去除
宽深之比	0.8～1	
深度	3.7～5m(12～16 ft)	
长宽之比	(3～8)：1	处理池更长提供的细砂砾去除更佳
底部地板斜度	30°	
扩散器方向	70%的总深度	

- 空气速率范围通常为每米处理池长度 5～12L/s(3～8 cfm/ft)。低至每米处理池长度 2L/s(1cfm/ft)的速率适用于浅而窄的处理池。速率高于每米处理池长度 8L/s(5 cfm/ft)，适用于深而宽的处理池。提供阀门和流量计，对于监控空气流量是必要的。曝气通常采用粗泡沫无障碍扩散器。单独的专用鼓风机是首选。
- 具有合适几何结构的曝气池在每小时峰值流量下 3min 的最低液压停留时间，可保证

足够的粗砂去除程度。如果需要去除细(>65 目)砂砾或如果处理池被覆盖而对气味控制工艺过程采用通风，并提供预曝气和挥发性有机化合物(VOC)去除，则应该考虑更长的时间。对于确定曝气沉砂池为10~15min的停留时间是再平常不过的事。

• 隔间长度与宽度之比为(3~8)∶1是必要的，处理池更长，提供的除砂砾更佳。方形处理池已经成功地使用了合适的空气扩散器位置(垂直于通过处理池的流动方向)和挡板防止短路(Morales and Reinhart，1984)。

• 0.8~0.9的宽度与深度之比是必要的，才能防止不受滚动模式影响的向下静态中央核心发生短路。

• 推荐使用30°的地面坡度确保砂砾快速移动进入纵向砂砾收集坑并防止螺旋形滚动再夹带细砂砾。地面坡度不足是曝气沉砂室常见的设计错误。

• 不正确的宽度—深度之比和地面坡度在曝气沉砂设计中是最常见的错误，因为摆起的弯头扩散器需要浅宽地板斜坡的处理池。出于此原因，并不推荐使用这些扩散器。

• 处理池入口和出口应该经过定位而使通过处理池的流动方向垂直于螺旋卷动模式。入口挡板经常用于将进水流调转进入螺旋卷动中。

• 当采用不合适的几何形状改建曝气沉砂池时，位于距离沿着空气扩散器的墙壁约1m(3.0ft)的纵向挡板有助于降低处理池的有效宽度。中间挡板能够用于控制过宽的处理池的向下静态中核心的短路。挡板应该在处理池底部提供足够敞开区域，避免过大速率，而导致沉降砂砾发生再悬浮。计算机流体力学(CFD)建模，能够用于确定合适的挡板位置。

• 通过适当的调整，曝气沉砂池在低于水面以下150mm(6in)的水位上，应该在处理池入口附近产生0.6m/s(2.0ft/s)的滚动速率而在处理池出口处产生0.6m/s(1.5ft/s)的滚动速率(WEF，2007)。

• 螺旋传送器通常用于将砂砾传送到处理池末端的砂砾口袋而进入水淹没的凹吸叶轮砂砾泵。杆轴和无轴传送器都能使用。杆轴传送器已淹没的轴承，需要至处理池之外入口最近处的延长润滑线；无轴传送器将需要更换磨损栅栏或衬垫。杆轴传送器使用更常见。

• 顶部安装的自吸立式或悬臂式泵也可以使用，但沿着该处理池的长度需要各个污水坑。为了避免这种情况，顶部安装或潜水泵通常采用行进桥机制进行使用。顶部安装的空中桥梁往往具有可操作性的问题而应该避免使用。

• 链板式收集器可以用于将砂砾拖上斜坡除去。用链斗式传送机也能使用；斗系统通常需要大量维修。从沉砂池中除去砂砾的最简单的方法是使用过顶蛤壳式抬升机；然而，这些系统往往是危险的，而不受操作者的青睐。这些除砂方法没有哪一种能够结合砂砾分级/冲洗使用，因此，可能会产生脱水不良的高有机质含量的砂砾。

以下提供了曝气尘沙池设计的实例。

曝气除砂工艺过程的设计实例

日均流量=63.1 m^3/min(24 mg/d)

每小时峰值流量=157.7 m^3/min(60 mg/d)

过程与步骤

(1) 基于细砂去除的6min停留时间确定除砂池的大小尺寸。

(2) 确定所需的处理池数量。

(3) 基于 MOP 8 准则，计算处理池的几何形状(WEF，1998)。

(4) 选择砂砾料浆的处理方法。

(5) 确定砂砾泵的大小尺寸。

确定沉砂池的尺寸大小—所需体积=6 min× 157.7 m^3/min=946.35 m^3

确定所需沉砂池的数目—最低 2 个沉砂池，随着污水处理厂设计流量增加会更多。预备 4 个沉砂池。

计算沉砂池几何形状

体积/沉砂池=237 m^3(62 609 gal)

沉砂池深度=4.2 m(14 ft)

W：D 比率=0.8：1(地面斜坡中点测定深度—采用 30°斜度，min)

L：W 比率=5：1

沉砂池宽度=3.4 m(11 ft)

沉砂池长度=16.8 m(55 ft)

确定砂砾料浆泵和砂砾清洗器的大小尺寸

采用 3 个圆锥形砂砾清洗器，每个额定 25 L/s(400 gal/min)和 50 L/s(800 gal/min)的可靠容量。

采用 4~13 L/s(200 gal/min)的砂砾泵(假定所有泵在重砂砾负荷期间都会进行泵送)。

提供现成的备用砂砾泵。

4.3.2　涡流沉砂去除系统

4.3.2.1　机械涡流

机械涡流除砂依赖于浅短停留时间的圆形处理池中的机械增强型涡流模式，而在中心料斗中捕捉砂砾固体。进入处理池的畅通流动模式，对于最小化处理池进口处的湍流是很关键的。在进口流水槽的末端处，斜坡产生的砂砾可能已经处于槽底而沿斜坡向下滑动，直到达到捕获之处的闸处理池地面。在处理池中心处，可调节的旋桨在该处理池内对于所有流量都保持合适的环流，并有助于从砂砾坑中抬升有机物。涡流模式在该处理池中产生砂砾沉降而有机物质保持悬浮的静态中心地带。从中心料斗通过顶部安装的自吸式或淹没充液泵除去砂砾固体。

机械涡流沉砂系统包括两种基本设计：(1)处理池平底，并用一块板子将砂坑与主要处理池分隔开，处理池通过狭窄的狭槽围住，砂砾通过这个狭槽进入沙坑；和(2)处理池底面斜坡，而砂斗具有大开口。图 11.19 显示了平底型处理池。

由于涡流引导固体朝向中心，旋桨增加速率足以提升较轻的有机物质而将其返回至流过沉砂池的污水流中。所有的砂粒都在旋桨下通过，在砂砾滑落至沉砂池之前而去除有机物质。当在沉砂池中累积足够的砂粒时，采用水冲洗管道冲刷沙坑而去除额外的有机物并流化砂砾以便更有效地实现泵送。以下是机械涡流沉砂池推荐设计准则的清单。

- 理想的情况下，流进涡流沉砂池的液流应该是平直的，光滑的和流线型的。一般，入口直渠道长度应该是入口渠道宽度的 7 倍或 4.6m(15in)，取较大值。在进水渠道中的理想速率范围为 0.6~0.9m/s(2~3ft/s)。这种理想的范围应该接近峰值流量的 40%~80%。对于低流量，最低可接受的速率为 0.15m/s，因为较低的速率不能将砂砾携带进入沉砂池。如果会经历低至 0.15m/s 的速率，则必须提供冲洗装置才能将沉降的砂砾迁入沉砂池中。冲洗系统必须避免把砂砾冲洗通过沉砂池。

- 位于沉砂池入口的挡板，有利于控制沉砂池中的流动系统，而迫使砂砾进入时向下。然而，一些涡流沉砂系统的较大模型，不需要入口挡板。沉砂池的污水出口，是进水水槽宽度的两倍，导致流速较低，从而防止开口水位以下的砂砾被拽入出水水流中。
- 确定专有涡流沉砂室的大小尺寸，要基于设备制造商提供的推荐尺寸。这个单元装置，通常以标准的标称尺寸进行销售，基于峰值流量确定额定值。对于这些单元装置在峰值设计流量下典型的停留时间较短(20~30s)。制造商应该证实给定的单元装置尺寸已经进行了实地测试而确定性能参数。在无制造商的事先批准的情况下，偏离推荐尺寸可能会导致某些性能失效。
- 在选择涡流沉砂单元装置之后，必须从厂商图纸和设计数据获得更多的信息，才能提供合适的入口和出口渠道，以及安装除砂设备的混凝土池。

4.3.2.2 诱导涡流

诱导涡流除砂系统(图 11.20)，与机械涡流系统根本不同，因为在机械涡流除砂系统中旋涡是通过强制进入流产生的。因此，诱导涡流沉砂池直径较小，而需要泵送流量。涡诱涡流系统能够经过设计而比机械涡流系统捕获更高百分比的细砂粒，但会导致更大的压头损失。对于 25μm 砂砾 95%的去除率，一般有 5~7m 的压头损失。

图 11.19 机械涡流沉砂池

(经 PISTA 360®/Smith & Lovel ess, Inc. 允许)

图 11.20 诱导涡流沉砂系统

(经 Hydro International 允许)

4.3.2.3 多盘涡流

多盘涡流系统(图 11.21)是一种专有系统，目前正越来越流行。这种系统使用了流量分配头在多个锥形托盘上进行进水流量分配。切线进料建立涡流模式，固体砂砾在该涡流模式中沉降至每个托盘上边界层中并进入泵送移除的中心底流收集池中。该系统采用斜板沉降技术通过使用叠盘产生大而集中表面区域和短沉降距离除砂。对于新系统，多盘系统能够安装于混凝土池中，占地面积比机械涡流系统更小。对于现有的污水处理厂，这种系统可以融入现有的沉砂池或均衡化池中。

4.3.3 沉渣池

最早的沉砂池之一，称之为沉渣池的恒水位短停留时间的沉降池(方形除砂池)。由于这些除砂池沉降了重有机物和砂砾，因此需要砂砾清洗步骤，去除有机物质。有些设计引入了砂砾螺旋传送器和耙而从砂砾坑中去除和分类砂砾。

沉渣池基于颗粒大小按照溢流速率进行大小确定。处理池深度的设计考虑因素包括最小化水平速率和湍流而同时维持短停留时间（通常不到 1min）。额外 150~300mm（6~10in）的深度提供于耙机制。沉渣池依靠于流进沉沙池的良好流量分配。进口和出口的湍流和短路的余量，对于确定所需的总面积都是必要的。因此，良好的设计实践通常对于所计算的溢流速率采用 2.0 的安全系数作为这些液压低效的抵消。污水处理厂如果具有宽泛的不同流量，则并不推荐使用沉渣池。

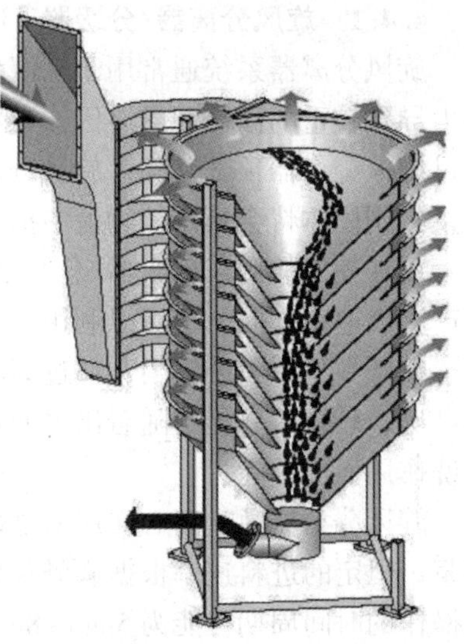

图 11.21　多盘砂砾分离器

（经 Hydro International 允许）

4.3.4　速率控制池

除砂系统最早的类型之一，是横流沉砂池，使用比例堰或矩形的控制部分（如巴歇尔水槽）改变水流深度，并保持水流速率为恒定的 0.3m/s（1ft/s）。采用链板将砂砾刮上斜坡脱水或通过泵、螺旋传送器或链斗式升降机装入去除料斗中。

在设计水平流向的沉砂池中，目标砂砾颗粒的沉降速率和流量控制部分/深度关系决定了渠道的长度。渠道的长度必须包括进口和出口湍流余量。横截面积决定于流动速率和渠道的数量。砂砾存储和去除设备的余量包含于渠道深度的确定之中。

圆形速率控制处理池流行多年。这个工艺过程采用浅圆形处理池和一系列的挡板控制速率。挡板的角度是可以改变的，从而可以优化流量控制。

4.3.5　初级污泥除砂

从初级污泥中除砂通常在老旧污水处理厂中实行。用于砂砾料浆洗涤和脱水的设备可能适用于从初级污泥中去除砂砾，比安装新的初级除砂工艺过程成本更低。传统旋风分离器/分级机已用于此目的由来已久。当进行污泥除砂时由于传统的旋风分离器需要高维护，则现在一直使用诱导涡流系统。在进行污泥除砂时，对于该工艺过程正常工作需要 0.5%~1%的污泥固体浓度。这要求频繁或连续泵送初级污泥或加入稀释水。由于砂粒与初沉污泥发生混合，这对除砂性能大打折扣。在本节后面讨论的锥形砂砾冲洗器并不是为了污泥除砂进行设计的。由于这些性能和设备的限制，初级污泥除砂现在通常仅仅用于初级除砂并不实用或负担得起的专门情况。

4.4　沙浆的加工处理

初级除砂工艺过程的目标之一是降低有机物质。然而，不同程度的有机物质，总是会随着砂砾而被除去。由于污水中的油脂和洗涤剂的影响，为了除去细砂而提供足够的停留时间就会导致有机物捕获增加。因此，每个除砂系统的设计必须权衡细砂除去的需要与更有效的砂砾冲洗设备这两者的成本。

4.4.1 旋风分离器/分级器

旋风分离器系统通常用于从沉砂泥浆中的有机物中分离砂砾。在旋风分离器中产生的离心力导致较重的砂砾和悬浮固体颗粒沿着侧边和底部浓缩；较轻的固体，包括浮渣，从中心通过旋风分离器顶部移除。旋风分离器最好在恒定的流量和压力下工作。如果流动偏离设计流量，则固体将会从浓缩物流中损失。

现在使用的旋风分离器/分级系统有两种类型。传统的旋风分离器/分级器导致旋风分离室产生高速率。同时也可以利用的改进诱导涡流技术，对于切线进入水流能够产生近旋风涡流。在圆柱型单元装置内，通过离心力和重力使颗粒物降落于底部的墙面而除去密度比水高的砂砾；较轻的有机物随着出水通过顶部出来。夹留砂砾的有机物质在该单元装置底部通过冲洗作用而部分除去。

旋风分离器通过离心作用浓缩砂砾，要求以 34~140kPa(5~20psi)的进口压力进料砂砾料浆。恒定的进料速率根据旋风分离器的尺寸大小通常为 800~1900L/m(200~500gpm)。间歇操作的时间周期可能为 5min~8h；峰值砂砾负荷可能需要连续作业。频繁除砂循环往往会降低料斗中砂砾累积及其相关的压实和堵塞，并会稀释砂砾料浆。从料斗中去除过度稀释的砂砾料会导致效率低下，包括通过渠首工程再循环污泥水的能源成本增加。

确定旋风分离器尺寸，要基于循环进料流流速和砂砾料浆的固体浓度。旋风分离器最好以不到 1%的固体进料浓度进行工作。在旋风分离器中产生的离心作用将固体含量提高至平均 5%~15%。约 90%~95%的进料流速在旋风分离器顶部通过涡流探测器排放。此流量降低，节省了运输和储存成本，并降低了所需分级器尺寸。

砂砾分级器，无论是倾斜螺杆或是自动扶梯类型，都是通过分离出易腐烂有机物而冲洗砂砾。分级器基于要发生沉降的颗粒物的沉降速率，进料流容量和耙砂能力而进行尺寸选择。对于目标颗粒粒径和流速，设计工程师选择最低处理池面积和溢流堰长度。设计工程师核查分级器斜率而确保除去所需的边际粒径的颗粒。较平坦的斜坡，将会除去更精细的砂砾颗粒。

由制造商提供的分级器与水平方向呈 15°~30°倾斜。除了斜坡，合适的链板尖速率(r/min)和间距(通常半或双倍间距)有助于砂砾去除。分段链板建设可能性能优于螺旋链板。应该采用硬化链板边沿抵抗砂砾磨蚀作用。螺杆或耙经过选型而传送预期的峰值砂砾质量负荷。典型的砂砾旋风分离器和分级器的实例如图 11.22 所示。

从沉砂池除去砂砾的砂砾料浆泵一般要经过选型，才能满足旋风分离器、静压头、管道和管件摩擦损失的高扬程要求。由于通过旋风分离器的压头损失，是流速和尺寸的函数，应该咨询制造商的压力和流量评级信息。摆动式止回阀磨损对于砂砾泵是很常见的，推荐使用橡胶夹式止回阀。

旋风分离器或分级器的进水管道经过设计才能确保每个单元装置的流量分配均匀。隔离阀是必要的，以此才能使之为了维修而从工作中拆下各个单元。旋风分离器溢流的筛分作用，通过去除累积于系统中的塑料和碎布而降低了维修要求。此外，在向处置卡车或料斗排放之上和附近放置旋风分离器和分级器能够降低运送的需要。

由于高扬程要求和与传统旋风分离器相关的维修问题，具有超大澄清池部分的分级器(图 11.23)越来越受欢迎。砂砾洗涤采用在倾斜螺旋部分上进行喷雾而完成。该单元装置比旋风分离器/分级器具有明显更大的空间要求。

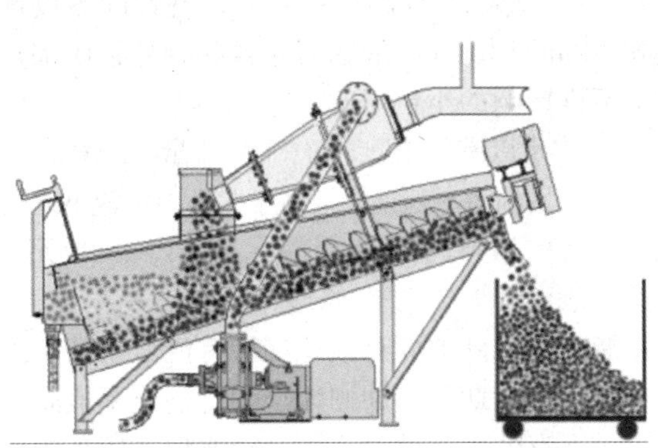

图 11.22 旋风分离器/分级器
(经 Weir Specialty Pumps 允许)

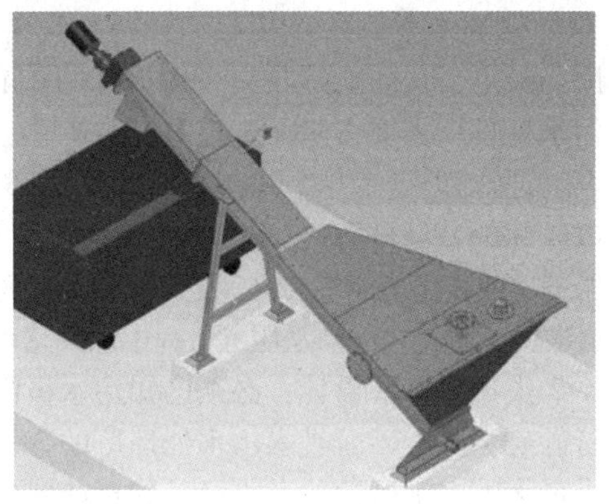

图 11.23 具有超大澄清池的砂砾分级器
(经 WesTech Engineering, Inc. 允许)

4.4.2 圆锥形砂砾冲洗器

圆锥形砂砾冲洗器技术(图 11.24),按照欧洲严格的初步处理残余物处置法规,代表了砂砾料浆处理的前沿。不锈钢圆锥形的容器用于捕获砂砾料浆而各种系统用于从砂砾中冲洗有机物。该容器内的旋转臂慢慢混合沉降的砂砾,而在该单元底部的冲洗喷嘴通过定时器上的电磁阀启动对砂砾进行强力冲洗。较轻的有机物连续从该装置溢流出而较重的有机物质从中位溢流定期吹出。这些冲洗器产生的砂砾有机物质含量低。表面流速,包括洗涤水,应该低于 25m/h(0.02ft/s)而堰溢流速率小于 $15m^2/h$($160ft^2/s$)。

图 11.24 圆锥形砂砾冲洗器
(经 Huber Technology, Inc. 允许)

4.5 运输、储存和处置

桥式抓斗、链板式收集器和螺旋传送器,都能够用于从曝气沉砂池中去除砂砾,但大多数装置都要使用机械泵送。这是因为砂砾料浆能够直接泵送至洗涤和脱水设备。

涡流或凹槽叶轮泵通常用于处理砂砾料浆。气动抬升也有使用,但具有操作问题。空气释放应该在砂砾进入旋风分离器/分级器或洗涤器之前提供,这是很重要的。水射流或压缩空气管线用于流化已在漏斗中压实的砂砾。

砂砾可直接传送至卡车、垃圾箱或储存料斗。这些容器应该加盖,防止在储存和运输过程中产生气味。传送机经常用于从处理设施至盛装容器运输砂砾。高架储存料斗向卡车容器排放砂砾,应该避免将卡车保持在该设施处的需要。

4.6 设计考虑因素

4.6.1 工艺选择标准

砂砾的数量和特性及其对下游工艺过程负面影响的潜势,在除砂工艺过程的选择中是重要的考虑因素。其他考虑因素包括压头损失、空间要求、去除效率、有机物质含量和经济学因素。

砂砾粒径,为了设计目的,传统上应该包括大于 0.21mm(0.008in)(65 目)而相对密度为2.65的颗粒(U.S.EPA，1987)。设备通常设计用于去除95%的这些颗粒。现代除砂设计因为最近公认而能够除去高达75%的0.15mm(0.006in)(100目)的物质，这些颗粒物质都是污水处理厂需要去除而避免对下游工艺过程产生不良影响的小粒子。

通常情况下，单个具有旁路渠道的除砂单元装置，将足以满足小型装置(平均流量<15000m^3/d或4 mgd)或满足下游工艺过程能够耐受含砂污水罕见流量的污水处理厂。对于大而由汇流下水道服务，或采用诸如离心机等更易于受到砂砾磨蚀的单元工艺过程的污水处理厂，多个除砂单元是必要的。这使之能够从服务过程中定期移出单元装置进行清洁、维护和修理。

类似于筛滤设计，必须已知污水极限流量才能设计沉砂池而有效地在所有流量条件下进行砂砾去除。砂粒进入污水处理厂的数量通常在峰值流量期间当冲刷速率和传输速率最高时是最大的。沉砂池的大小经过选择能够在峰值流量下有效去除砂砾，而又能避免在较小的流量下去除有机物质过多。

在新污水处理厂中最典型使用的除砂工艺过程是机械涡流除砂系统，这主要是因为其小巧的尺寸和无湍流，这就使之没有必要使用气味控制系统。因为涡流系统沙坑小，这种系统更容易在峰值流量事件期间被大量的砂砾被淹没。涡流系统日益普及，因为处理池越大就越能够处理大而突发数量的砂砾。多盘砂砾分离器能够迅速获得普及，是因为其体积小、除砂效率高。

4.6.2 砂砾处理

几个设计标准应该包括于砂砾泵送管道的管道布局设计中：

• 砂砾泵吸入管道长度应该最小化而应该尽可能使用水下吸入泵。

• 水平和垂直弯管应该尽量减少，才能降低磨损和堵塞，而应该使用长半径弯管。

• 清洗孔和可拆卸的接头应置于弯管处，随时清除堵塞。Y字形物可用于在弯管处而提供相组合的渐进弯曲/清洗。

• 维持1~2m/s(3~6ft/s)的速率保持砂砾和其他固体移动，而同时最大限度地减少管道磨损。

• 应该使用标称直径至少100mm(4in)的排放管道，避免会造成过度磨损的高冲刷压力和速率。

如果砂砾是直接运送到卡车或垃圾箱，则盛装容器应该有足够的容量应对替换车未到或离开的情况下日常峰值(即恶劣天气)砂砾的负荷。此外，推荐采用两个托架，确保如果由于卡车故障已装载容器必须保持住的情况下继续装载。

过顶存储料斗应该具有一定装备防止砂砾在料斗中架桥和如果料斗无法打开时能够旁路绕过料斗。作为防止出现架桥的良好实践惯例，料斗侧面应该与水平呈最低60°倾斜。在北方气候下，储存料斗应该设在能够加热而防止冻结的区域。

4.6.3 自动化和仪器仪表

砂坑冲洗管线上经常安装电磁阀而在泵送之前自动流化砂砾。砂砾泵和传送机使用可调定时器进行工作。特别是对于机械涡轮系统，应该考虑实施高流动性砂砾泵循环，而避免大量砂砾冲刷进入系统时淹没砂坑。每个砂砾洗涤/脱水设备都具有特定的自动化和仪器仪表设备。无论何时使用砂砾冲洗/脱水设备，都可以制成脱水砂砾传送机而实现自动化。充分洗涤和脱水的砂砾往往附着于带式传送机，而可能在端部难以去除。因此，为传送机设置独立定时器而使在传送之前容许砂砾堆积成较大砂砾堆可能是有益的。

4.6.4 性能测试

除砂系统的性能测试，具有不准确和表达失实的特点。与除砂测试相关的两个常见困难是进水和出水中的不均匀分布和与仅仅在高流量期间带入污水处理厂的砂砾相关的不稳定砂砾负荷。测试方法和步骤必须考虑目标除砂性能，而抽样方法和过程应该作相应调整。一种普遍流行的方法是，使用大小尺寸经过选择的垂直管取样器和高容量泵，而使通过采样插槽的速率等于渠道内的速率。采样的砂砾料浆在大小合适的锥形罐中沉降，溢流速率小于 7.3 $m^3/m^2 \cdot h$(3 gpm/sq ft)。采样过程必须在砂砾冲刷到污水处理厂的高流量下完成。这一点尤为重要，因为节约用水计划已经导致平均下水道速度低于需要用于悬浮砂砾的速率。对于具有初级澄清池的污水处理厂，砂砾取样最可靠的方法涉及初级污泥取样和污泥中砂砾数量分级。完成此分析的实验室，必须被告知与处理大量初级污泥相关的危害和气味。

5 脱　　脂

5.1 应用和受益

脱脂工艺过程应该应用在不使用初级澄清池的脱氮除磷处理车间。没有初级澄清池的最大缺点在于，失去了初级澄清池的脱脂能力。在营养物去除工艺过程中结合与这些工艺过程相关的长固体停留时间(SRT)，油脂是这些污水处理车间中出现泡沫问题的主要原因。具有引入至渠首工程的脱脂工艺过程的长 SRT 时间，通常不会出现泡沫问题。

5.2 脱脂工艺过程

最典型使用的独立脱脂除油工艺过程是紧接曝气沉砂池的侧渠道(图 11.25)。曝气沉砂池的滚动模式产生气浮效应而迫使漂浮的物质进入侧渠道中。该渠道通过一系列的挡板，与曝气沉砂池分隔开，并且包括沉砂池斜坡侧的上部分。油脂沿着具有一系列空气喷管的渠道长度向下移动而用螺杆除去。

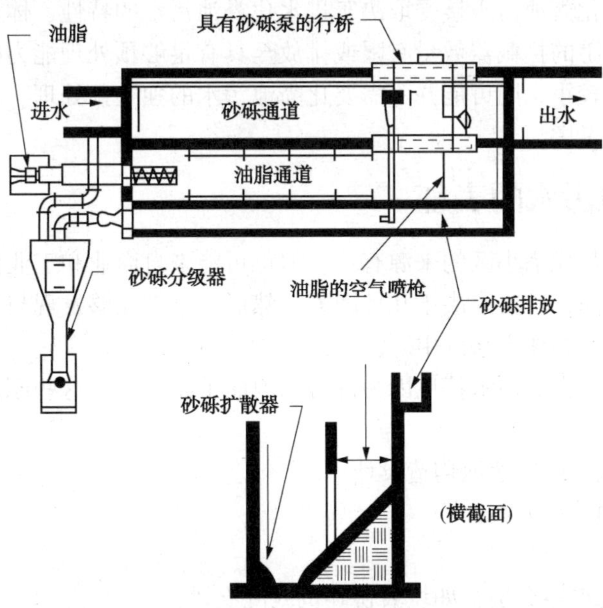

图 11.25　组合砂砾/油脂去除工艺过程

另外两个油脂去除工艺过程包括沿着曝气沉砂池宽度的旋转管撇乳器和溶气浮选(DAF)工艺过程。对于捕获显著大量油脂的旋转管撇乳器，在沉砂池末端必须降低曝气。使用独立DAF工艺进行市政原始污水除脂，通常在美国并不实施，而在欧洲小型污水处理厂中采用。

6 化粪池污水的接受和预处理

6.1 应用

从现场污水处理或收集系统泵送的残余物通常排放到就近的污水处理厂(WWTP)。这种半固体残渣被称为化粪池污水，这可能来自各种来源，包括污水池、旱厕、化粪池、油脂收集计划和暂储池。化粪池污水来源包括住宅、商业和工业活动。因此，其组成并不统一，需要对每种情况进行的具体考虑。

污水处理厂的化粪池污水接受和预处理，有以下优点：

- 提供额外的收入来源；
- 能够作为燃料来源产生能量；
- 不提供化粪池污水的接受服务，可能会招致非法废物倾倒。

最大数量的化粪池污水通常是在没有污水处理厂但却人口众多的农村，这种情况下就需要现场系统存储或处理污水。同样，在缺乏污水收集和污水处理设施的偏僻农村地区，现场存储而定期拉走是处理污水最具成本效益的替代方案。

工业化粪池污水来源，在农村或城市地区都能找到。农村工业化粪池污水由于种种原因可能选择现场存储所有或部分污水，包括因为防止由于来自工业运行的高有机物或无机物负荷搅乱现场污水处理，或降低现场污水处理设施的规模。市政工业化粪池污水通常由为遵守当地工业污水预处理标准的工业污水预处理设施的废物残余物构成。

污水处理设施的化粪池污水接受取决于进水化粪池污水的特性、体积和递送频率。如果排放至污水处理厂上游的拦截器数量有限或排放至具有足够预处理能力的大型现有处理设施渠首工程的体积相对较小，则可能并不需要化粪池污水的独立预处理。工业化粪池污水接受可能需要特殊的设计考虑。

6.2 化粪池污水的表征

化粪池污水往往与住宅小区的来源有关，但也可能来自商业和工业源。因此，化粪池污水的特性可能显著不同，这要取决于几种因素。然而，通常能够发现与化粪池污水相关的大量油脂，特别是在商业和住宅来源中。

源自住宅来源的化粪池污水特性因为许多原因而千差万别，这些原因包括：

- 用户的习惯；
- 罐池尺寸和设计或储液池构造设计；
- 泵送频率和预处理方案；
- 气候；
- 所使用的家用电器类型，如垃圾粉碎机或洗衣机；
- 地方法规；

- 收集(接收罐，真正的化粪池等)之前的原位预处理；
- 化粪池污水取样的困难；
- 季节性变化(包括高实时状态的销售)。

住宅源化粪池污水的特性描述于表 11.5 中。住宅源化粪池污水特性的见其他参考文献(WEF，1997)中。通常情况下，住宅来源的化粪池污水比典型生活污水更强烈而所有成分的浓度都较高。

商业来源的化粪池污水特性可能根据几个因素而有所不同，包括住宅化粪池污水的那些因素和其他因素，比如商业发展的类型。估计商业化粪池污水特性的实用方法是研究类似设施的历史记录。工业源化粪池污水必须基于历史记录或预测出水特性而对于每个用户进行估计。

表 11.5　典型生活污水的特性(WEF，1994)

组　分	浓度/(mg/L)	
	范　围	典 型 值
TS	5 000~100 000	40 000
SS	4 000~100 000	15 000
VSS	1 200~14 000	7 000
BOD_5	2 000~30 000	6 000
COD	5 000~80 000	30 000
氨	100~800	400
TKN	100~1 600	700
总磷	50~800	250
重金属①	100~1 000	300

① 主要是铁、锌和铝。

6.2.1　数量

化粪池污水数量根据来源不同而不同。通常情况下，污水处理厂接收的大多数化粪池污水都来自住宅源(WEF，1994)。然而，商业和工业的化粪池污水来源在给定的地点可能会高于住宅化粪池污水。

6.2.1.1　住宅源

住宅来源的化粪池污水数量是现场特异性的。送至污水处理厂的化粪池污水数量，通常与正在工作的化粪池数量和其泵送的频率有关。化粪池泵送之间的时间间隔通常与化粪池故障有关，这种故障通常每五年会发生(WEF，1994)。

在估计住宅源化粪池污水量时应该考虑以下几个因素(WEF，1994)：

- 化粪池容量：单户住宅 1900~5600 L；
- 按人均住宅化粪池污水产生的年均值：225L；
- 化粪池泵送频率：如果通过市政服务送达，那则 2~4 年，如果没有，那么平均故障率是五年；
- 运送车辆的容量：3800 L 的小型罐车，大型罐车高达 30 000 L。

6.2.1.2 非住宅源

非住宅化粪池污水来源包括商业和工业。商业源化粪池污水是由商业活动产生，包括零售商店、汽车旅馆和餐馆(WEF，1994)。估算商业源化粪池污水的准则于表11.6中提供。

因为工业源化粪池污水具有太多的变数，对其量化是不可能产生准则(WEF，1994)。因此，每一种情况需要合理工程分析和判断才能估计这种类型的数量。

表11.6 典型商业化粪池污水的数量(WEF，1998)

商业源	化粪池污水的生产量	
汽车旅馆和宾馆	0.005 61 $m^3/m^2 \cdot a$	(6 000 gal/y·ac)
餐馆	0.016 8~0.021 5 $m^3/m^2 \cdot a$	(18 000~23 000 gal/y·ac)
办公室，商店等	0.00093 $m^3/m^2 \cdot a$	(1 000 gal/y·ac)
总平均值	0.00524~0.00627 $m^3/m^2 \cdot a$	(5 600~6 700 gal/y·ac)

6.2.2 物理性质

化粪池污水的物理性质可能有很大的差异，通常是地点和来源特异性的；每一种情况都需要进行详细的分析。表11.5提供了典型的住宅源化粪池污水的特性。商业源化粪池污水比住宅源通常具有更高的BOD、总悬浮固体(TSS)、油脂和表面活性剂浓度。工业源化粪池污水有时可能是不同类型的组合，包括生活污水，高或低pH值污水、高强度废物、高油和高脂废物，或金属含量高的废物。因此，检查现有的采样记录是量化商业化粪池污水的物理性质的最好办法。

化粪池污水采样会影响污水处理厂工艺过程，因而是化粪池污水接收站的重要组成部分。在污水处理厂收到的所有化粪池污水应该记录和监测以下几种成分(WEF，1994)：

- 化粪池污水的鉴定；
- 排放量；
- 样品收集；
- 样品分析(pH值、BOD、COD、TSS、总固体、氨氮和重金属)；
- 毒性测试。

在接收站设计中必须提供采样装置，才能确保具有代表性的样品。

6.3 设计考虑因素

初步处理设施，往往必须接受运载车辆的化粪池污水负荷。这些车辆中一些配备了泵送系统用于装载和卸载，而其他的则通过重力排放。因此，对这两种类型车辆的规定应该列入设计中。以下考虑因素在设计住宅源化粪池污水接收设施中是很重要的(Segall and Ott，1980；U.S. EPA，1984)：

- 化粪池污水包含头发、砂砾、破布、黏性物质和塑料，是高度发味的；
- 化粪池污水难以按照控制速率进料，除非存在接收站；
- 化粪池污水接收和储存设施如果具有单独的筛滤和除砂工艺，则构成最佳设计排布；
- 应该提供最低150mm(6in.)管线管径(U.S. EPA，1984)。

接收设施的设计必须考虑到化粪池污水预期的数量和影响及其气味控制。如果化粪池污水源自工业源，则必须仔细关注污水处理厂的整体设计。

当将化粪池污水直接排放至污水处理厂时，推荐采用均衡化存储按比例控制污水流量。工业化粪池污水的均衡化通常是必需的，以此才能防止工艺过程干扰或合适地利用化粪池污水作为资源。例如，目前通行的做法是，对于具有高可溶性 BOD 或油脂含量的工业化粪池污水的接收提供独立设施并将这种物质直接引入厌氧消化池而提高天然气产量。均衡化作用在住宅源化粪池污水排放到污水处理厂上游足够远处的拦截器而允许与污水完全混合的情况下通常是没有必要的，条件是此时此地总量占不到 1%的污水流量。这往往可以通过避免日常低流量期间化粪池污水排放而实现。尽管如此，仍然首选污水处理厂直接接收化粪池污水而避免在收集系统中出现气味控制问题，并按照预防毒性干扰的需要正确监控化粪池污水特性。

6.3.1　接收站设计

接收站的设计必须考虑几个因素。其中一个关键因素是接收设施将要接收的化粪池污水的类型，以及如何从运载车辆上卸载下来。接收不只一种类型的化粪池污水的污水处理设施，可能需要为每种类型的化粪池污水设置独立的接收站，这因为可能需要不同的预处理并可能在不同的地点或以不同的速率引入。

接收站应该具有稍微倾斜的坡道而使卡车倾斜以便实现完全排放并使冲洗溅射液汇集至中心排放点。接收站的设计，应该鼓励运送车辆操作者通过软连接管卸载污水而防止飞溅和气味散发。运载车辆在闸门之上排放至明渠中的这种明渠设计也已被使用。这种方法提供了通过除去可能损坏下游机械设备的大岩石的化粪池污水粗筛滤作用；然而，可能还需要气味控制方面的考虑。

接收站设备的设计考虑因素包括

- 应该提供软管等冲洗设备。这包括冷冻气候下管道和阀门解冻的蒸汽设备，在方便的位置辅助清理各个运输车。
- 化粪池污水卸载连接应该有策略地设置，以促进其广泛使用。
- 应该提供倾倒站软管连接的快速释放。
- 对于寒冷气候，倾倒储室底部的加热器电缆应该进行防冻安装。
- 排放管应该延长至接收室液面以下，防止异味气体释放；管径一般为 100mm(4in)(U. S. EPA，1984)。
- 测量和记录化粪池污水数量可利用像车重地衡或流量计的这些装置。
- 对引入的化粪池污水取样的位置应该易于接近。
- 在特别容易受到气味影响的地点，可能需要为化粪池污水接收站提供封闭。
- 足够数量的装卸隔间应该基于可能同时卸载的卡车最大数量提供。
- 如果设计中使用明渠，则在明渠中防止固体沉积的恰当位置需要提供冲洗设置。

化粪池污水进入接收站的量及其通过预处理设施的速率，必须在设计过程中准确估计。接收设施的设计要求对化粪池污水体积和预期的日化粪池污水流量的范围都要进行准确估计。接收站的峰值流量容量的临界限制可能是排放点(即，装卸泊位和软管连接)的数量。因此，如果预计在高峰拖运期间会出现交通繁忙时，就值得考虑多个排放点。同样，出入口的排布，应该允许接收站区域几个拖运车辆进行有效排队。

6.3.1.1　筛滤和除砂

化粪池污水的筛滤和除砂是必不可少的。正如正常的污水处理中，筛滤之后通常紧接着就是除砂。

对化粪池污水处理提供粗筛滤，采用6mm开孔，这将去除较大的固体物质和塑料，已经成为标准。然而，需要细筛滤的新工艺技术，使得理解污水处理厂的排放地点并在选定筛滤设施尺寸中要考虑到这方面而成为关键。设计流量能够通过确定从拖运车辆的最大卸货速率进行估计。一些拖运车辆采用压缩机进行装卸，因此筛滤设施应该能够应对这种流量。有人曾提出，卸载化粪池运输车平均需要化10min(WEF，1994)。其他化粪池污水拖运车辆提供了液压千斤顶提升储罐，允许重力排放化粪池污水。在这种情况下，卸载作业开始时储罐的最大卸载速率将成为设计流量。

除砂也用于化粪池污水的预处理。因为化粪池污水在泵站之间的储罐池中长时间停留而通常大量沉积砂砾。通常情况下，在本章除砂节中所述的概念也适用于化粪池污水除砂系统设计。

在一些污水处理厂中已经使用的一种备选方案，是在筛滤和除砂设施之前排放化粪池污水。然而，由于化粪池污水存在潜在的高油脂含量及其对筛滤操作的影响，优选提供单独的化粪池污水预处理设施。

还有可供利用的打包系统，在单个单元中提供综合预处理(筛滤和除砂)(图11.26)。这些系统通常使用具有筛余物除去的筛滤传送机的旋转鼓式筛滤，接着是具有从曝气沉砂池去除砂砾的螺杆传送机的曝气除砂系统。有些设计甚至还包括浮渣清除，这对于在污水处理厂接收商业源化粪池污水可能是及其重要的。有时，这种系统可以容纳于渠首工程建筑物内，最大限度地降低额外气味控制设施的需要。

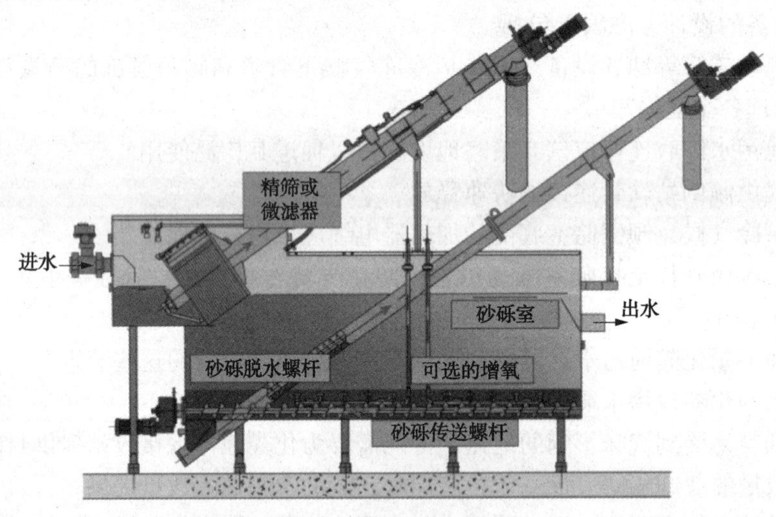

图11.26 化粪池污水预处理系统

(经 Lakeside Equipment Corp. 允许)

6.3.1.2 储存和均衡化作用

化粪池污水的存储和均衡化作用提供于配备混合器或曝气装置的储存池。这些储存设施控制化粪池污水向下游处理工艺过程的外流，而防止水力学和有机物的冲击负荷。

将存储的化粪池污水泵送至污水处理厂，可采用气动隔膜泵和离心粉碎泵。如果化粪池污水直接加入到下水道或初级处理单元装置中，则机械或扩散曝气能够改善可处理性并防止有机固体沉降。曝气倾向于加速恶化气味问题(因为空气汽提效应)，因此，需要使用封闭的罐池。在均衡化处理罐池外流并不需要恒定不变的情况下，使化粪池污水在均衡化罐池中启动混合系统的 30min 内混合至 95%的进水化粪池污水 TSS 浓度被认为是良好的实践惯例。这将防止混合设备在没有外流期间连续运行，并将会容许从该罐中排放的化粪池污水实现完全混合。

储存罐池的主要设计标准是停留时间。作为一项规则，储存罐池储存容量将至少等于一天最大的预期化粪池污水量。然而，储存数天的峰值流量，可能是必要的，这要根据下游处理工艺过程的敏感性、日常流量的预期变化和化粪池污水将被运往的最终用途或位置而定。均衡化罐池的设计需要取决于输入流变化的类型和幅度以及设施构造设计的现场特异性的方法。如果其他初步处理功能，如预曝气，要与流量均衡化相结合，则均衡池应该为这些功能提供足够的停留时间。有研究已经证明曝气 24h 后可以忽略不计细筛滤之后的化粪池污水特性的变化(Condren，1978)。少于 48h 的停留时间被认为是很好的实践惯例，但也可能因地而异。均衡化罐池的详细设计流程和注意事项将在本章的流量均衡化这节中讨论。

6.3.2　对下游工艺过程的影响

污水处理厂的化粪池污水处理，如果不仔细考虑，可能对下游工艺过程具有不良影响。化粪池污水的影响根据以下几个因素具有很大的不同：

- 化粪池污水源；
- 递送的频率；
- 化粪池污水引入处理工艺过程的位置；
- 接收站设施存在化粪池污水均衡化工艺过程或在无均衡化的设施中运输车辆的卸载速率；
- 接收站存在化粪池污水预处理设施；
- 下游工艺过程的消化能力；
- 现有的接收工艺过程的剩余容量。

为了估计化粪池污水的影响，这就有必要评估设施现有的工艺过程，确定化粪池污水新增的液压和有机物负荷，而设计均衡工艺过程减轻负面影响的影响。

化粪池污水通常对污水处理厂的有机负荷容量比对液压容量具有更大的影响，尤其是如果来源是非住宅性的情况下更是如此。相反，化粪池污水引入固体流处理工艺过程，对液压容量的影响更大(WEF，1997)。

化粪池污水引入到液体或固体处理工艺过程，最终将增加该设施中产生的固体。筛余物、沉砂、初沉污泥、废弃活性污泥、过滤器和反冲洗污泥量，都可能随着化粪池污水引入液体处理工艺过程而增加。如果化粪池污水引入到液体或固体处理工艺过程，则就可能增加需要稳定化处理、增稠和脱水的初级或生物污泥量。引入固体处理工艺过程的化粪池污水可能通过返流至液体中的固体侧流发生降解而不良影响液体工艺过程。

6.3.3　自动化和仪器仪表

化粪池污水接收车间的自动化及仪器仪表通常由流量测量、pH 值，以及可以警报或经过设计而自动关闭接收站进水阀的电导率探头构成。化粪池污水接收管线中在线探头频繁维护基于化粪池污水潜在的腐蚀性和磨蚀性是至关重要的。这种探头通常每次换班必须进行检查、维护、校准一次。

7 均衡化作用

适应流速和有机物质质量负荷的广泛变化是 WWTP 设计的主要挑战之一。厂房内的单元工艺过程是运行效率、可靠性和控制，可能会受到废弃物产生循环性质的不利影响，除非处理工艺过程考虑峰值条件，否则可能导致排放不达标。均衡化作用也能够应用于污水处理设施最小化下游工艺过程的尺寸选择。本节将仅仅介绍预处理设施的均衡化工艺。

均衡作用通常设计用于实现下游处理工艺过程更恒定的液压或有机物质负荷。均衡化作用能够产生一定程度的处理作用。例如，如果某个污水处理厂接受高浓度的工业污水，则这可能是有益的。在均衡化中实现的处理作用也可能是意料之外的，这在设计下游工艺过程时必须进行考虑。这在需要可溶解性的 BOD 最高浓度的生物养分去除（BNR）工艺过程中可能是特别重要的。

7.1 受益

均衡化作用的优点包括：

- 流量均衡化作用；
- 废物强度均衡化作用；
- 生物处理增强作用；
- 改进的二级澄清池性能；
- 改进的化学品进料和处理工艺过程的可靠性；
- 下游工艺过程的污水预调节；
- 部分初级处理；
- 有毒物质的稀释；
- pH 值抑制。

污水处理厂流量均衡化池经过构造设计而抑制潮湿的天气和昼夜峰值流量变化。另外一好处是通过在均衡化池中混合而降低污水组分的质量流量和浓度可变性。这就更均匀地将有机物、营养物和其他悬浮和溶解的组分载入下游工艺过程。

污物强度均衡化作用，通过在均衡化池中混合污物而抑制污水污物强度的可变性。为此，均衡化池的污水体积通常保持不变，而流量保持可变。

均衡化作用降低了新设施单元工艺过程的尺寸大小或减轻了现有设施单元工艺过程的过载。通过均衡化作用提供相对恒定的负荷，则均衡化作用能够提高某些类型的设施的效率、可靠性和可操作性。例如，针对峰值有机物负荷确定大小的活性污泥和滴滤过滤器就可能降低尺寸规模。均衡化作用也能够保护免受负荷冲击，这就提高了任何生物工艺过程的可靠性。

对各个处理工艺过程使用均衡化作用降低工艺过程的规模或减轻单元工艺过程的过载，在经济上很少是合理的。然而，如果考虑整个污水处理厂的均衡化作用的累积效应，则均衡化作用可能比改建现有单元工艺过程更具有成本有效性。

7.1.1 初级处理

均衡化作用对初级处理的受益，对于污水进水峰值系数超过 2：1 的污水处理厂就能够实现。对于此类系统，与初级澄清化作用相关的均衡化作用的益处包括

• 初级澄清所需的面积降低，因为这些单元将经过设计而接受均衡化的流量，而不是正常的峰值流量；

• 对于过载的初级处理系统，峰值流量降低，从而减轻这些单元装置的压力。

与初级澄清有关的另一个可能的受益，因为在均衡化池中的预曝气作用而提高了性能。研究表明，长时间预曝气作用将因为在均衡化池中的固体絮凝作用而将初级澄清池 TSS 去除性能提高，最大高达 15%(Roe，1951；Seidel and Bauman，1961)。通常流量均衡化单元工艺过程最好位于初级澄清工艺过程之后而降低操作和维护要求(Ongerth，1979)。

7.1.2 二级处理

通过抑制流量和污物强度，均衡化作用有益于二级处理单元，这使得该工艺过程在接近稳态条件下运行。由均衡化作用导致初级处理效率提高也降低了进入二级处理单元装置的负荷。

均衡化作用通过降低通常决定澄清池规模的峰值流量而直接使二级澄清作用受益。在二级澄清池中的污泥可沉降性也能够因为在曝气池中低溶解氧条件下防止形成丝状絮状物而得以改善。在现有的污水处理厂中，由均衡化作用降低峰值流量，可能会提供增加曝气系统中混合液体悬浮固体(MLSS)浓度的机会，并仍然维持对二级澄清池可接受的固体负荷。MLSS 浓度的增加，使污水处理厂能够在较小的曝气池容量下按照设计 SRT 运行，从而使处理能力提高。这就能够改善硝化的可靠性并减少生物污泥的生产。相反，均衡化作用响应较低的初级出水 BOD_5而可以容许 MLSS 降低，从而降低二级澄清池的固体负荷，并提高处理性能。

降低污水强度的变化，可以最小化曝气要求和相关的电力要求。另外，均衡化池中长时间曝气可能对于原始污水的在线池均衡化作用降低 BOD 约 10%~20%。

7.1.3 高级污水处理

通过抑制流量和质量组分的变化而产生均衡化作用，能够使敏感性的生物脱氮除磷系统的可靠性和效率从中受益。化学品絮凝和沉淀系统的质量负荷将提高化学品进料控制和工艺过程的可靠性。因此，这可能会降低仪器仪表的复杂性和成本。对于生物除磷，稳定 BOD/磷比——是性能之关键——能够提高可靠性。过滤器的恒定流量将导致固体负荷更均匀而性能水平更高。

因为脱氮除磷工艺过程在均衡化的流量和和负载条件下性能更好，综合生物脱氮能够藉此受益(Mikola et al.，2007)。

7.1.4 湿季处理

流量均衡化通过为所有超过 WWTP 峰值速率容量的流量提供均衡化容量，而已经应用于减少或消除 CSOs 和 SSOs 的频率。峰值事件平息之后，均衡化容量以受控速率排回至污水处理厂。

为此目的，均衡化池大小选择取决于雨水流量的设计置信区间。例如，某些设施经过设计，基于前一年的纪录能够每年为高达 95%的雨水流量突发事件提供流量均衡化作用。确定湿季流量储存要求的其他方法包括存储、处理、溢流和由美国陆军工程兵部队(U.S. Army Corps of Engineers)(1976)开发的径流 1 模型(Runoff 1 Model)(STORM)及其修改版本。应该对超过均衡化单元的设计容量的流量作出规定，这些规定取决于监管要求。在容许排放流量超过某一阈值的位置，均衡化池能够成为可能发生初级澄清作用的处理单元而通常采用出水流氯化和脱氯进行补充。

7.2 设计考虑因素

7.2.1 峰值流量的表征

均衡化设计方法学包括确定必要的体积容量、搅拌和曝气要求和流出均衡化池的流量控制。估计体积容量的第一步是确定污水的昼夜变化。只要有可能，这一步应该基于实际运行数据完成。昼夜流模式会在不同日期和季节有所不同，这取决于社区性质而定(例如，旅游区、冬季住宅、农业食品加工)。因此，选择确保均衡化作用足够大的体积容量的模式，考虑诸如影响流量可变性的渗透和雨水相关的流入的条件，是很重要的。

7.2.2 体积容量的确定

以下列出了几种推荐用于估算通常改变污水流量和强度所需的均衡化体积容量的方法(U. S. EPA，1974a)：

- 流量平衡(质量图)，
- 浓度的平衡，
- 汇流和浓度平衡，
- 正弦波方法，
- 矩形波的方法。

这些方法足以满足大多数污水处理厂的应用，为估算均衡化体积容量要求提供了相对简单的步骤和过程。如果需要，其他更复杂的均衡化分析的方法都可供使用(Adams and Eckenfelder，1974；LaGrega and Keenan，1974；DiToro，1975；Novotny and Stein，1976；McInnes et al.，1978；Ongerth，1979；Roe，1951；Seidel and Bauman，1961；and Wallace，1968)。对于所有这些确定大小尺寸的方法，为所计算的均衡化体积容量都增加15%~20%的安全系数都已经成为常见的实践惯例。

以下提供了均衡化设计的实例。

均衡化设计实例(计算方案)

对于以下数据确定流量均衡化体积容量：

$$日均流量=m^3/h$$

流量分配(参见下表)

步骤

(1) 由于给定的数据具有每小时的分布，则将所有流量单位都转换成体积/小时。

(2) 计算流出/流入(相对于平均流量的超额/盈余流量)。当平均流量高于污水处理厂的实际流入流量(Q)时流出流量就是过量的流量。

$$流出/流入=Q_{平均}-Q$$

(正值表示该罐池将会释放流量，而负值意味着罐池正在填充)

(3) 计算累计体积容量。

所需体积

$$体积容量=前期存储容量+(流出/流入流量)\times时间段长度$$

请注意，只有累积体积容量的正值将会列于表格。如果这该数值小于0，则就使用0。

例如，对于3~4时段：

体积容量=3 224 m^3+2 180m^3/h×1 h=5404 m^3

时段	给定数据		推导数据	
	Q_{verage}	流量分布 Q	流出/流入	累积体积
	m^3/h	m^3/h	m^3/h	m^3
0~1	3875	3385	400	400
1~2	3785	2722	1063	1463
2~3	3785	2024	1761	3224
3~4	3785	1605	2180	5404
4~5	3785	1291	2494	7898
5~6	3785	1221	2564	10462
6~7	3785	1466	2319	12781
7~8	3785	2513	1272	14053
8~9	3785	4362	(577)	13476
9~10	3785	5060	(1275)	12201
10~11	3785	5235	(1450)	10751
11~12	3785	5305	(1520)	9231
12~13	3785	5235	(1450)	7781
13~14	3785	4990	(1205)	6576
14~15	3785	4746	(961)	5615
15~16	3785	4327	(542)	5073
16~17	3785	4013	(228)	4845
17~18	3785	4013	(228)	4617
18~19	3785	4048	(263)	4354
19~20	3785	4502	(717)	3637
20~21	3785	4921	(1136)	2501
21~22	3785	4921	(1136)	1365
22~23	3785	4676	(891)	474
23~24	3785	4258	(473)	0

(4) 通过选择该时间端的最大累积体积容量。

对于此例，$V_{均衡化} = 14\ 053\ m^3$

(5)包括足够的安全系数。

均衡化池的典型安全系数为 10%~20%。

对于此例，假设为 15%

$$V_{所需的} = (1+15\%)\times 14\ 053\ m^3 = 16\ 160\ m^3$$ 使用 16 200 m^3

均衡化设计实例(图形方法)

对于以下数据确定流量均衡化体积容量的要求：

$$日均流量 = 90\ 800\ m^3/d = 3\ 785\ m^3/h$$

流量分配(参见下表)

方法和步骤

(1) 计算累计流量。

体积容量=前期储存流量+(流出/流入流量)× 时间段长度

例如，对于 3~4 这个时间段：

体积容量 = 8 131 m^3+1 605 m^3/h×1 h = 9 736 m^3

(2) 相对于时间将累计体积容量描点作图，如图 11.27 所示。

(3) 从原点至累计流量的终点画线。这条线的斜率应该就是日均流量。

(4) 在累积流量图的最低点处画出一条平均流线的平行线。请注意，如果累积体积容量也有高于平均线的峰点，则另一个切线应该画出的，应该是平均流量线的流线。

(5) 通过测定距离平均流量线或如果存在的更高切线的切点的垂直距离，而确定均衡化体积容量。

对于这个例子，$V_{均衡化}=14\ 000m^3$

(6) 包括足够的安全系数。

均衡化池的典型安全系数为10%~20%。

对于这个例子，假设为15%。

$V_{所需值}=(1+15\%)\times 14\ 000\ m^3=16\ 100\ m^3$使用16 100 m^3

一天内的时间/h	最大流量分布/(m^3/h)	累积体积容量/m^3
0~1	3 385	3 385
1~2	2 722	6 107
2~3	2 024	8 131
3~4	1 605	9 736
4~5	1 291	11 027
5~6	1 221	12 248
6~7	1 466	13 714
7~8	2 513	16 227
8~9	4 362	20 589
9~10	5 060	25 649
10~11	5 235	30 884
11~12	5 305	36 189
12~13	5 235	41 424
13~14	4 990	46 414
14~15	4 746	51 160
15~16	4 327	55 487
16~17	4 013	59 500
17~18	4 013	63 513
18~19	4 048	67 561
19~20	4 502	72 063
20~21	4 921	76 984
21~22	4 921	81 905
22~23	4 676	86 581
23~24	4 258	90 839

7.2.3 处理工艺过程内的位置

均衡化池通常位于污水处理厂中除砂和筛滤单元装置之后。为了最大限度地减少固体积累，应该放置于初级澄清池下游。此外，固体处理侧流的均衡化作用经常用于调节和降低侧流返流对液体处理系统的影响。图11.27显示了一些通常使用的均衡化处理的构造设计结构。

7.2.4 操作方法

填充-抽出模式，是操作均衡化池实现流量阻尼作用最有效的方法。这种处理池在出现峰值流量时，白天进行填充，而在污水处理厂接收低流量时的夜间就抽出用尽，因此，这种处理池更能够处理过量流量。如果均衡化池并不以填充-抽出模式工作，假设该处理池混合完全，则均衡化池仅仅起到质量负荷均衡化池的作用。

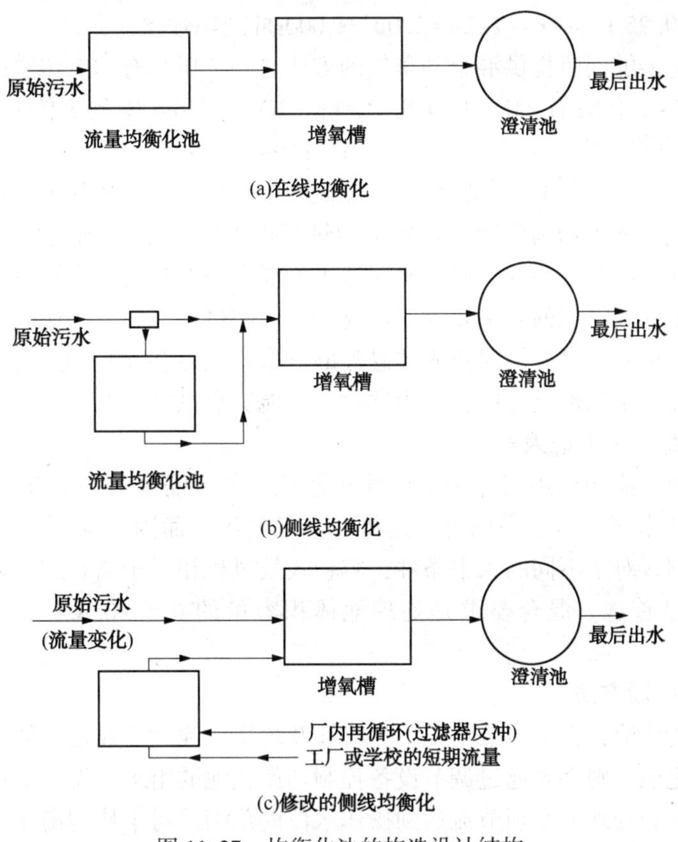

图 11.27　均衡化池的构造设计结构

7.2.5　处理池的构造设计结构

均衡化池通常是大型混凝土或泥制结构，采用斜边方便清洁。泥制处理池可能具有用土工衬膜内衬或铺面斜坡，防止水土流失。处理池底面倾斜一侧，而允许沿一面墙收集沉淀的固体。常见的实践惯例是不只提供一个均衡化池而提供灵活性。在设计中应该包括清洁装置。例如，围绕处理池周围提供软管连接是标准的做法。某些设施也使用水炮，以协助清洁活动。较大型的均衡化池通常设计有公路而容许污泥收集设备进出进行清洁。通常进水结构经过设计而容许能量耗散，防止处理池水土流失，特别是泥制处理池的情况。出水结构通常向外扩建具有系列起到如同堰的隔离或流量控制之用的滑动闸门的混凝土结构。因为均衡化池通常较大，而且很少覆盖。然而，提供旱季每日峰值和无湿季流入流量的均衡化作用的设施，通常均衡化池较小，是可以采用类似于初级澄清池所用的圆顶进行覆盖。

7.2.6　曝气和混合

均衡化池的成功运行，需要合适的混合和曝气。混合设备的设计提供对罐池内容物的混合，而防止罐池中固体发生沉淀。理想的情况下，均衡化池应该设置于筛滤和除砂之后；然而，设施成本增加对于均衡化工艺过程相对较小的操作受益通常被认为是不值得的。除非均衡化工艺过程设计用于仅仅处理稀的湿季污水流，曝气通常提供用于防止出现化粪池条件。混合含有固体悬浮物浓度约为 200 mg／L 的市政污水的混合要求范围为储量的 0.004~0.008 kW/m^3(0.02~0.04hp/1000gal)(U.S. EPA，1974a)。然而，在均衡化池中的混合要求通常取决于处理池几何结构、运行模式和使用的混合系统类型。为了维持有氧条件，空气应该按照储量的 0.156~0.25 L/m^3·s(1.25~2.0ft^3/1 000gal)速率供给。

机械增氧机是能够同时提供混合和曝气的方法之一，所具有的氧传递能力在标准条件下于净水中为从 0.5~1.0 kg O_2/MJ(3~4 lb O_2/hp·h)，但污水中的氧传递效率(OTE)较低。设计的合理 OTE 值将约为 0.16~0.39kg O_2/MJ(1.0~1.5 lb O_2/hp·h)。浮动曝气机的最低工作水平通常超过 1.5m(5ft)，并根据该单元装置的功率和设计而不同。需要低水平关断控制保护该单元装置。如果均衡化池底面经受侵蚀(泥制处理池)，则处理池底部推荐使用混凝土衬垫。挡流板可能是必要的，以此确保适当的混合，尤其是圆形构造设计的罐池结构。

防止处理池中固体沉积的功率要求，可能会大大超过混合和氧传递的需要。在这种情况下，最经济的方法可能会是提供保持固体悬浮的混合设备和供给空气需求的空气扩散系统。吸气式增氧机已经用于均衡化池中，因为这种设备能够提供横向混合组件。然而，这些单元装置的低 OTE 就是一个考虑因素。

扩散曝气系统可能会使用粗或中等泡沫扩散机。如果需要提高 OTE，也可以使用膜制(非陶瓷)细泡沫扩散器。由于采用可变的体积容量系统，而因此水深可变，则鼓风机必须具有压力调节控制。对于不同的水平条件，容积式鼓风机相对于离心式鼓风机，尤其是由于浪涌条件，通常是首选。混合要求是处理池体积容量的 0.5~0.8 L/m^3·s(30~50 cfm/1 000ft^3)。

7.2.7 流量控制方法

使用流量均衡化池，在大多数情况下，将涉及均衡化池之前或之后的泵送操作。如果流量是泵送至均衡化池，则必须通过调节设备控制均衡化池的出水。设计工程师必须认同该设备的允许流量范围和处理池必须节流达到操作水位的范围。对于从均衡化池泵送的流量，将需要变速泵送系统仔细调节液压负荷，才能向下游的工艺单元装置提供接近恒定的流量。向均衡化池泵送进水要求具有足够的泵容量处理昼夜峰值流量。

均衡化池下游的流量测定设备，必须监控均衡化的流量。应该提供仪器仪表，通过自动调节该处理池出水泵或流量调节设备而控制预选定的均衡化速率。

污物强度均衡化作用的应用，通常需要恒定的体积容量，可能需要采用可变流出流量等于流入流量向均衡化池泵送流量。另外，如果液压允许，能够使用通过连接至出水流量计量设备的调节设备(阀或闸门)调节重力排放。在处理均衡化池进出水的设备时，解决操作人员效率低下的灵活性在设计中必须考虑。

7.2.8 处理池的清洗

由于除砂很少提供于均衡化池之前，则砂砾会积聚于均衡化池中。因此在设计中应该提供收集这些固体的装置。如果均衡化池的主要目的是流量阻尼作用，则在将该处理池清空之后接着发生峰值流量事件时，初级污泥固体将会存在于处理池底部。水炮或策略性地设置清洗软管，理想地采用污水处理厂的出水供水，能够用于清洗处理池。其他并不按照填充/抽出模式工作的均衡化池类型，在一定时间之后仍然将会发生固体积聚而将不得不排空清洗。清洗操作之间的时间间隔取决于进水污水的特点，可能不得不通过污水处理厂操作员工基于工作经验而确立。

通常情况下，在均衡化池中维持最低水平才能避免过度清洗循环或保护采用表面曝气机曝气的均衡化池底部。如果需要，这个未使用体积容量必须考虑到设计中。

7.2.9　自动化和仪器仪表

流量均衡自动化取决于需要提供的均衡化类型和每个设施具体车间的控制系统。

然而，下面是流量均衡化池中所需的一些推荐的监控元件(WEF，1994)。

- 处理池液位；
- 处理池溶解氧水平；
- 进水的 pH 值；
- 搅拌机和/或曝气鼓风机状态；
- 进水/出水状态泵；
- 进水/出水的流量。

质量均衡化池的其他监控要求可能包括：

- 化学需氧量；
- 总悬浮固体；
- 总氮；
- 总磷。

在一些污水处理厂中使用的另一个成功控制策略是仅仅均衡化超过 24h 移动平均值的那些流量，使之能够更好地控制均衡化体积容量。

8　参考文献

Albrecht，A. E.（1967）Aerated Grit Chamber Operation and Design. *Water Sew. Works*，114(9)，331.

Cambridge，D.；Fullington，B.；Rom，P.；Tattersall J.（2003）Influent Fine Screening for Improved Biosolids Quality. *Proceedings of the 76th Annual Water Environment Federation Technical Exposition and Conference*[CD-ROM]；Los Angeles，California，Oct 12-15；Water Environment Federation：Alexandria，Virginia.

Condren，A. J.（1978）*Pilot-Scale Evaluations of Septage Treatment Alternatives*；EPA-600/2-78-164；U. S. Environmental Protection Agency：Washington，D. C.

DiToro，D. M.（1975）Statistical Design of Equalization Basins. *J. Environ. Eng.*，101，917.

Forstner，G.（2007）Screen Selection— Understanding your Choices. *Water Sci. Technol.* 19(10)，60.

LaGrega，M. D.；Keenan，J. D.（1974）Effects of Equalizing Wastewater Flows. *J. Water Pollut. Control Fed.*，46，123.

Londong，J.（1989）Dimensioning of Aerated Grit Chambers. *Water Sci. Technol.*，21，13.

McInnes，C. D.，*et al.*（1978）Stochastic Design of Flow Equalization Basins. *J. Environ. Eng.*，104，1277.

Mikola，A.；Rautiainen，J.；Kiuru H.（2007）Diurnal Flow Equalization and Prefermentation Using Primary Clarifiers in a BNR Plant；*Water Practice Technol*，1，(5).

Morales，L.；and Reinhart，D.（1984）Full-Scale Evaluation of Aerated Grit Chambers. *J.*

Water Pollut. Control Fed., 56, 337.

Novotny, V.; Stein, R. M. (1976) Equalization of Time Variable Waste Loads. *J. Environ. Eng.*, 102, 613.

Ongerth, J. E. (1979) *Evaluation of Flow Equalization in Municipal Wastewater Treatment*, EPA-600/2-79-096; U. S. Environmental Protection Agency, Municipal Research Laboratory: Cincinnati, Ohio.

Process Design Techniques for Industrial Waste Treatment; Adams, C. E., Jr.; Eckenfelder, W. W., Jr., Eds.; Enviro Press: Nashville, Tennessee, 1974.

Roe, F. C. (1951) Pre-Aeration and Air Flocculation. *Sew. Works J.*, 23, 127.

Rothman, M.; Norrköping, V. (2005) Screen Design: Practice In Europe. *Proceedings of the 78th Annual Water Environment Federation Technical Exposition and Conference* [CD-ROM]; Washington, D. C., Oct 29-Nov 2; Water Environment Federation: Alexandria, Virginia.

Rusten, B.; Lundar, A. (2006) How A Simple Bench-Scale Test Greatly Improved The Primary Treatment Performance Of Fine Mesh Sieves. *Proceedings of the 79th Annual Water Environment Federation Technical Exposition and Conference* [CD-ROM]; Dallas, Texas, Oct 21-25; Water Environment Federation: Alexandria, Virginia.

Segall, B. A.; Ott, C. R. (1980) Septage Treatment. *J. Water Pollut. Control Fed.*, 52, 2145.

Seidel, H. F.; Bauman, E. R. (1961) Effect of Preaeration on the Primary Treatment of Sewage. *J. Water Pollut. Control Fed.*, 33, 339.

U. K. Water Industry Research Limited (2002) CSO Screen Efficiency (Proprietary Designs); U. K. Water Industry Research Limited: London, England.

U. S. Environmental Protection Agency (1974a) *Flow Equalization*. U. S. Environmental Protection Agency Technology Transfer: Washington, D. C.

U. S. Environmental Protection Agency (1979) *Process Design Manual for Sludge Treatment and Disposal*, EPA-625/1-79-011; U. S. Environmental Protection Agency: Washington, D. C.

U. S. Environmental Protection Agency (1984) *Handbook of Septage Treatment and Disposal*, EPA-625/6-84-009; U. S. Environmental Protection Agency: Washington, D. C.

U. S. Environmental Protection Agency (1987) *Preliminary Treatment Facilities Design and Operational Considerations*, EPA-430/09-87-007; U. S. Environmental Protection Agency: Washington, D. C.

Wallace, A. T. (1968) Analysis of Equalization Basins. *J. Sanit. Eng. Div.*, *Proc. Am. Soc. Civ. Eng.*, 94, 1161.

Water Environment Federation (1994) *Preliminary Treatment for Wastewater Facilities*; Manual of Practice No. OM-2; Water Environment Federation: Alexandria, Virginia.

Water Environment Federation (1997) *Septage Handling*; Manual of Practice No. 24; Water Environment Federation: Alexandria, Virginia.

Water Environment Federation (2007) *Operation of Municipal Wastewater Treatment Plants*;

Manual of Practice No. 11; Water Environment Federation: Alexandria, Virginia.

Water Environment Research Foundation (2002) *Assessment of Technologies for Screening, Floatable Control, and Screenings Handling*; Water Environment Research Foundation: Alexandria, Virginia.

Wodrich, J.; Winkler, T.; Leaf, B.; Clark, S.; Youker, B. (2005) Wet Weather Impacts On Influent Fine Screening System Design And Operation. *Proceedings of the 78th Annual Water Environment Federation Technical Exposition and Conference* [CD-ROM]; Washington, D. C., Oct 29-Nov 2; Water Environment Federation: Alexandria, Virginia.

9 推荐读物

Anderson, M. M., *et al.* (1990) Designing to Improve Grit Removal at the Point Loma Wastewater Treatment Plant. *Paper Presented at 63rd Annual Conference Water Pollution Control Federation*; San Diego, California; Water Pollution Control Federation: Washington, D. C.

Finger, R. E.; Patrick, J. (1980) Optimization of Grit Removal at a WWTP. *J. Water Pollut. Control Fed.*, 52, 2106.

Frechen, F.; Schier, W.; Wett, M. (2006) Pre-Treatment of Municipal MBR Applications in Germany—Current Status and Treatment Efficiency. *Water Practice Technol.*, 1(3), Neighbor, J. B.; Cooper, T. W. (1965) Design and Operation Criteria for Aerated Grit Chambers. *Water Sew. Works*, 112(12), 448.

Pankratz, T. (1988) *Screening Equipment Handbook for Industrial and Municipal Water and Wastewater Treatment*. Technomic Publishing Co.: Lancaster, Pennsylvania.

Sabherwal B., Kobylinski E., Keller J., Lawrence M. (2007) Novel Approach to Storm Water Management for BNR Facilities. *Proceedings of the 80th Annual Water Environment Federation Technical Exposition and Conference* [CD-ROM]; Dallas, Texas, Oct 21-25; Water Environment Federation: Alexandria, Virginia.

U. S. Environmental Protection Agency (1974b) *Process Design Manual for Sulfide Control in Sanitary Sewerage Systems*; U. S. Environmental Protection Agency: Washington, D. C.

U. S. Environmental Protection Agency (1974c) *Process Design Manual for Upgrading Wastewater Treatment Plants*; U. S. Environmental Protection Agency Technology Transfer: Washington, D. C.

Water Environment Federation (2004) *Control of Odors and Emissions from Wastewater Treatment Plants*, Manual of Practice No. 25; Water Environment Federation: Alexandria, Virginia.

Water Pollution Control Federation (1989) Technology and Design Deficiencies at Publicly Owned Treatment Works. *Water Environ. Technol.*, 1(4), 515.

WEMCO (1990) Hydrogritter Separator. Bull. No. 11-86, Sacramento, California.

Manual of Practice No. 11; Water Environment Federation: Alexandria, Virginia.

Water Environment Research Foundation (2002) *Assessment of Technologies for Directing, Preventing, Controlling, and Recovering Handling*; Water Environment Research Foundation: Alexandria, Virginia.

Wheaton, J.; Kimbler, J.; Bogh, B.; Clark, C.; Parker, D. (2005) Two Wealth Indicators for Infant Fine Screening System Design And Operation. *Proceedings of the 78th Annual Water Environment Federation Technical Exhibition and Conference* [CD-ROM]; Washington, D.C., Oct 29–Nov 2; Water Environment Federation: Alexandria, Virginia.

9 格 栅 筛 物

Anderson, M. M., et al. (1990) Designing to Improve Grit Removal at the Point Loma Wastewater Treatment Plant. *Water Proceedings of the Annual Conference of the Water Pollution Control Federation*; San Diego, California; Water Pollution Control Federation: Washington, D.C.

Rostad, R. G.; Painter, J. (1986) Optimization of Grit Removal at a WWTP. *J. Water Pollut. Control Fed.*, **58**, 2106.

Standard, E.; Sutters, W.; West, M. (2006) Pre-treatment at Municipal MBR Applications and Removal: Current State and Treatment Efficiency. *Water Practice*, **3** (6).

Neighbor, J. B.; Cooper, T. W. (1965) Design and Operation Criteria for Aerated Grit Chambers. *Water Sew. Works*, **112** (12), 448.

Parkins, E. (1983) *Screening Equipment Handbook for Industrial and Municipal Water and Wastewater Treatment*; Technomic Publishing Co.: Lancaster, Pennsylvania.

Schuchert, B.; Kohlinski, K.; Kohler, J.; Lawrence, M. (2007) Novel Approach to Storm Water Management for MBR Facilities. *Proceedings of the 80th Annual Water Environment Federation Technical Exhibition and Conference* [CD-ROM]; Dallas, Texas, Oct 13–17; Water Environment Federation: Alexandria, Virginia.

U.S. Environmental Protection Agency (1975) *Process Design Manual for Suspended Solids Removal*; EPA-625/1-75-003a; U.S. Environmental Protection Agency: Washington, D.C.

U.S. Environmental Protection Agency (1979) *Process Design Manual for Sludge Treatment and Disposal*; U.S. Environmental Protection Agency Technology Transfer: Washington, D.C.

Water Environment Federation (1994) *Control of Odors and Emissions from Wastewater Treatment Plants*; Manual of Practice No. 25; Water Environment Federation: Alexandria, Virginia.

Water Pollution Control Federation (1989) Technology and Design Deficiencies at Publicly Owned Treatment Works. *Water Environ. Technol.*, **1** (4), 515.

WEMCO (1994) Hydrocyclone Separator; Bull. No. 11–86; Sacramento, California.

第12章　初级处理

1 概 述

初级处理涉及通过物理化学方法从污水中分离和去除悬浮固体和可漂浮物(浮渣)，这些物质包括油脂、油、塑料和肥皂。这些方法涉及悬浮固体沉降或其他进入污水的总悬浮固体(TSS)和化学需氧量(COD)、生化需氧量(BOD)负荷降低的工艺过程。COD、BOD 和 TSS 的减少，最小化了下游生物处理工艺过程中的运行问题，降低了需氧量，并降低了颗粒物质氧化的能源消耗速率(Rich，1961)。这些效应提高了曝气过程中可溶性基质的去除率并降低了污物活性污泥的产量(Rich，1961)。污水中可漂浮物的去除最小化了下游处理工艺过程中浮渣积累所致的运行问题，并通过降低视觉不雅和气味而提高了污水处理厂的整体美感。

初级处理工艺过程的选择和设计应该评估初级处理对下游工艺过程单元装置的操作和维护的经济影响。在初级处理上花费的资金，根据单位污染物的去除成本往往提供最大的投资回报率。例如，采用厌氧稳定化处理初级污泥的初级处理可能会比由于初级处理遗漏造成的负荷增加而有必要增加下游工艺过程的处理容量更加经济(Bixio et al.，2000；U. S. Environmental Protection Agency［U. S. EPA］，1975)。

初级处理最常见的形式，是采用撇除浮渣的静态沉淀(传统沉淀)；收集；和除去沉降的初级污泥、漂浮碎屑和油脂。精细筛滤和/或过筛有时适用于排放要求或下游工艺过程(如膜生物反应器)并不需要更大去除率之处的初级处理过程。强化沉淀法，如化学强化初级处理(CEPT)和高速澄清(HRC)都应用于高季节性液压负荷变化、土地利用有限和处理水平高于初级处理而又不如二级处理那么十分严格的大规模处理。化学强化初级处理已用于提高现有的污水处理能力并降低生物处理的进水负荷。高速澄清用来处理湿季和汇流下水道溢流和返流，如过滤器反冲洗。表 12.1 提供了一些可供使用的初级处理工艺过程的 TSS、COD 或 BOD、磷和细菌的典型去除率。

表 12.1 典型初级处理去除率

初级处理工艺过程	TSS 去除率/%	COD 或 BOD_5 去除率/%	磷去除率/%	细菌去除率/%	参考文献
传统的初级澄清池	50~70	25~40	5~10	50~60	Metcalf and Eddy，2003；Steel，1979；U. S. EPA，1987
化学强化初级处理(CEPT)	60~90	40~70	70~90	80~90	Metcalf and Eddy，2003；Oedegaarde，2005
具有增泽过滤器的 CEPT	60~90	40~70	80~90		Metcalf and Eddy 2003；Jiminez et al.，1999
高速澄清池	30~95	35~70	70~95		Metcalf and Eddy，2003；Stevenson et al.，2008
细筛滤或过筛	25~40	25~50			Metcalf and Eddy，2003

注意：TSS＝总悬浮固体；COD＝化学需氧量；BOD_5＝五天生化需氧量。

2 沉　　淀

沉淀、澄清、沉降和悬浮增稠是关于液体澄清或固体增稠而用来描述污水固体从液体中发生重力分离的术语。沉淀和澄清，连同诸如沉淀池、沉降池、澄清池和沉积池一起可以互换使用。重力分离比任何其他方法以更低的运营成本移除悬浮固体和 COD 或 BOD。澄清池(沉淀池)均衡化原始污水水质和流量至一定限度，从而保护了下游工艺过程的单元装置。

2.1 传统的沉淀

传统的沉淀是有效去除原始污水悬浮物的一种方法，这些悬浮物从低浓度的近离散颗粒到高浓度的絮状固体不等。这些颗粒物往往通过重力作用在静态条件下发生沉降而油脂和浮渣上浮到顶部。

传统的初级沉淀池在进入的污水中 TSS 平均去除率 50%~70%和 COD 或 BOD 平均去除率 25%~40%(Metcalf and Eddy，2003)。在峰值流量条件下去除率通常会低于此范围。初级澄清池设计历史上是基于经验推导的设计标准。当这些标准与澄清工艺过程的理论理解相结合时，就可以用于设计出可靠的有效初级澄清。

2.1.1 澄清池的类型

矩形(图 12.1)、圆形(图 12.2)、堆叠(图 12.3 和图 12.4)和管板型(图 12.5)沉降池是四种类型的澄清池。尽管具有圆形污泥收集设备(“方圆式(squircles)”)的方形罐池会偶尔使用，但是这种构造设计结构很容易出现液压和生物活性差的情况，而应该避免使用[Water Environment Federation(WEF)，2005]。矩形和圆形澄清池通常适用于污水处理。在加拿大温尼伯具有类似参数的矩形和圆形澄清池的运营，在性能上没有显着的差异(Ross and Crawford，1985)。对于给定的应用选择澄清池类型可能受限于污水处理厂的规模，地方监管部门、场地条件、设计工程师的经验和判断及经济因素。

2.1.1.1 矩形澄清池

通常情况下，矩形澄清池长 15~90m(50~300ft)，宽 3~24m(10~80ft)(Metcalf and Eddy，2003)。深度一般介于 3~4.9m(10~16ft)(Metcalf and Eddy，2003)。大多数澄清池深度为 3~3.7m(10~12ft)。采用共墙施工的矩形罐池对于具有空间限制的场地是有利的。矩形澄清池中的污泥去除相比于大小类似的圆形澄清池具有更多的维修要求，因为在矩形罐池中驱动器轴被污水淹没。本章稍后会详细讨论矩形澄清池。

2.1.1.2 圆形澄清池

圆形澄清池的直径能够小至 3m(10ft)，大至超过 60m(200ft)不等。深度一般介于 3~4.9m(10~16ft)(Metcalf and Eddy，2003)。圆形澄清池能够采用相对可靠的圆形初级污泥去除设备(驱动器轴承并未淹没于水下)(WEF，2005 年)。圆形澄清池的墙壁起到张力环作用，这就容许比长方形澄清池的墙壁更薄。由于这些优点，圆形澄清池通常单位面积比矩形澄清池更便宜。圆形澄清池通常需要比矩形澄清池更长的管道并需要流量分配和污泥泵送的独立结构。本章稍后将会更详细地讨论圆形澄清池。

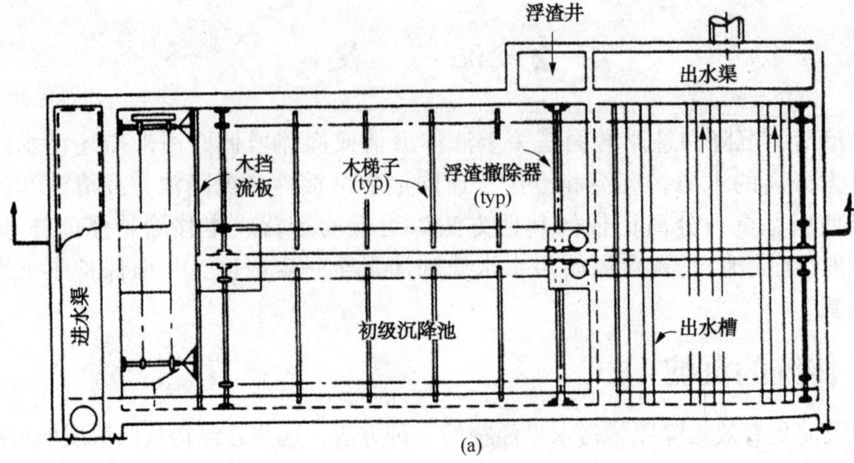

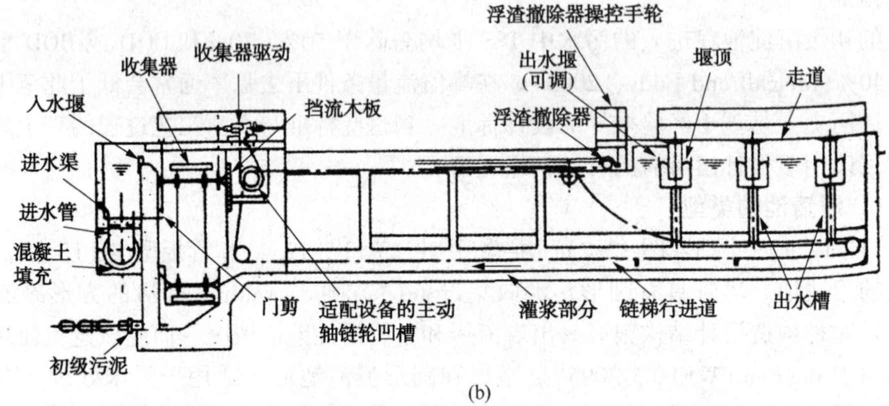

图 12.1 典型矩形初级沉淀池

(a)平面图和(b)纵剖面图(摘自 Metcalf and Eddy, Inc., *Wastewater Engineering*: *Treatment*, *Disposal*, *Reuse*. 3rd ed., Copyright . 1991, The McGraw-Hill Companies, New York, N. Y.)

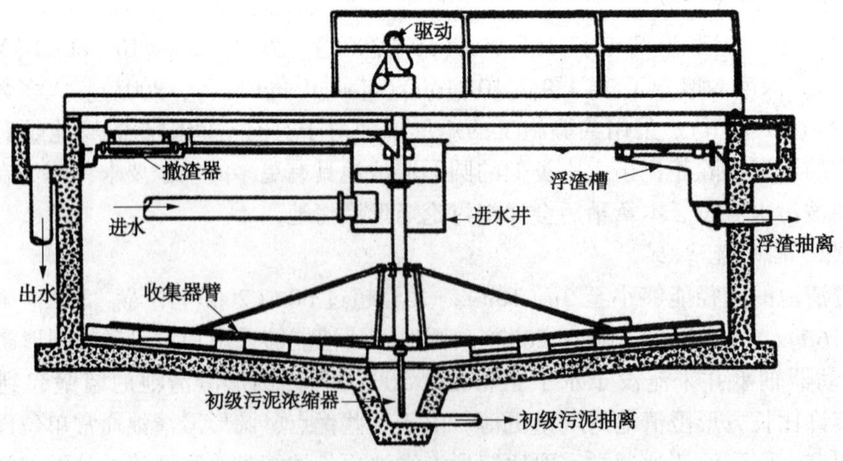

图 12.2 典型的圆形初级沉淀池

(摘自 Weber, W. J., *Physiochemical Processes for Water Quality Control*. Copyright 1972; reprinted by permission ofJohn Wiley & Sons, Inc.)

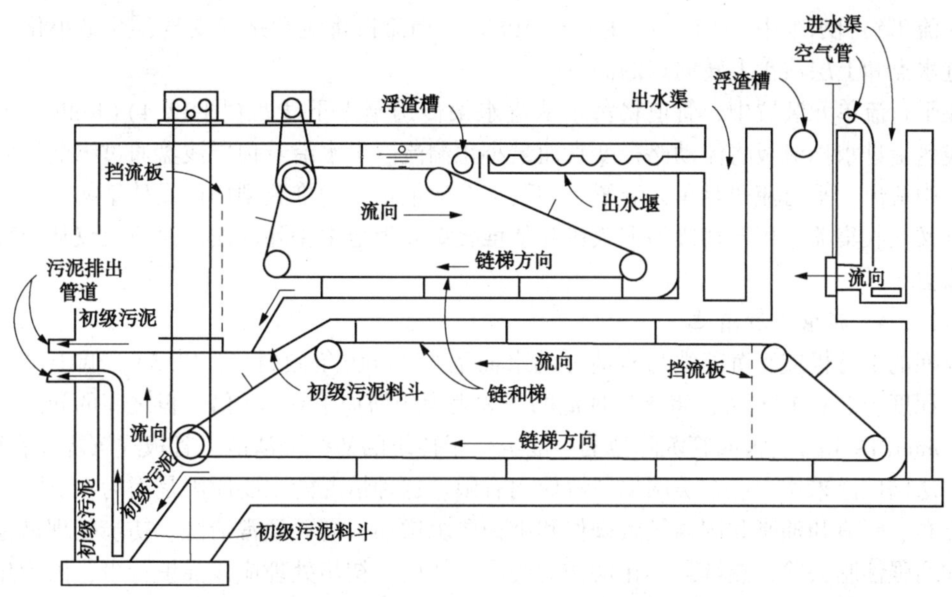

图 12.3　堆叠型沉淀池：串联流类型

（摘自 Kelly，K.［1988］New Clarifiers Help Save History. *Civ. Eng.*，58，10，经 American Society of Civil Engineers 许可）

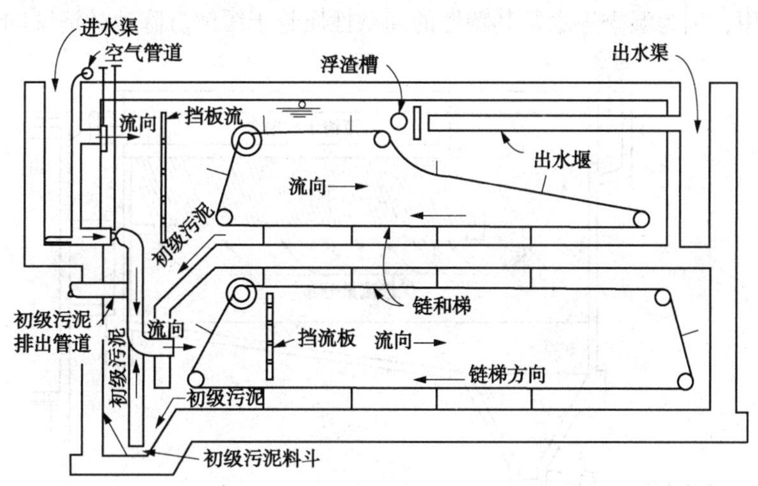

图 12.4　堆叠型沉淀池：平行流类型

（摘自 Kelly，K.［1988］New Clarifiers Help Save History. *Civ. Eng.*，58，10，with permission from the American Society of Civil Engineers）

2.1.1.3　堆叠型沉淀池

在处理设施的地皮无法获取或极其昂贵的地方，堆叠型沉淀池能够采用双层或甚至三层重叠而无需增加澄清池占地就能够增加可用的澄清池面积。据报道，采用四叠初级和二级澄清池，在马萨诸塞州波士顿的鹿岛污水处理设施 $490\times10^4 m^3/d$（1.3bdg）下降低了工艺过程 40%“立脚之处”（占地面积）（Lager and Locke，1990）。矩形沉淀池在日本 37 家污水处理厂（WWTP）中已经堆叠了两个或三个深度而提高了单位面积的处理能力（Kelly，1988；Matsunaga，1980；Yuki，1990）。串联流和平行流就是两种类型堆叠澄清池。

在串联流量单元装置中，污水进入下层浅盘中，流向另一端，而在上层浅盘中反方向流动，并流出到出水渠中(图 12.3)(Kelly，1988)。挡流板将流动路径变直，并最小化下层浅盘中进水点和上层浅盘上转向点的湍流。

在平行流单元装置中，管道将污水从进水渠传送至上下浅盘(图 12.4)(Kelly，1988)。每个浅盘上进水挡流板将流动路径变直而最小化湍流。出水沿着顶层浅盘通过纵流槽而从两个浅盘中流出。平行流浅盘单元装置是初级沉淀池最常见的堆叠型构造设计结构。

链叉式收集器适用于初级污泥收集和从堆叠型处理池中去除污泥。浮渣仅仅从顶部处理池中除去。

2.1.1.4 *板管式澄清池*

成捆的平行板或管沉降池与澄清池的水面呈 45°~60°角倾斜(图 12.5)，低于出水流水槽垂直深度约 2m(ft)安装，将该处理池的有效表面积增加了 6~12 倍。板之间的间距一般为 40~120mm(1~4in)。板或管沉降池的性能类似于传统的初级澄清池。管板式沉降池在欧洲，尤其在法国广泛采用，但在美国据了解使用有限。这种情况的主要原因是因为在沉降池中收集的碎布、碎渣和油脂和固体导致操作和维护要求增加，需要经常清洗。初步处理措施，如细筛和增强油脂去除，能够最小化清洗的要求。然而，初步处理应该谨慎行事，因为相比于传统的沉淀处理，这需要更多的工艺过程单元和设备。此外，这些额外的措施仍可能需要比较频繁的沉降池清洗(约每周一次)。然而，管板式澄清池一直更经常地适用于高速率和湿季的澄清池应用，因为湿季进水及其特性的间歇性质趋于缓解沉降池的清洗问题。

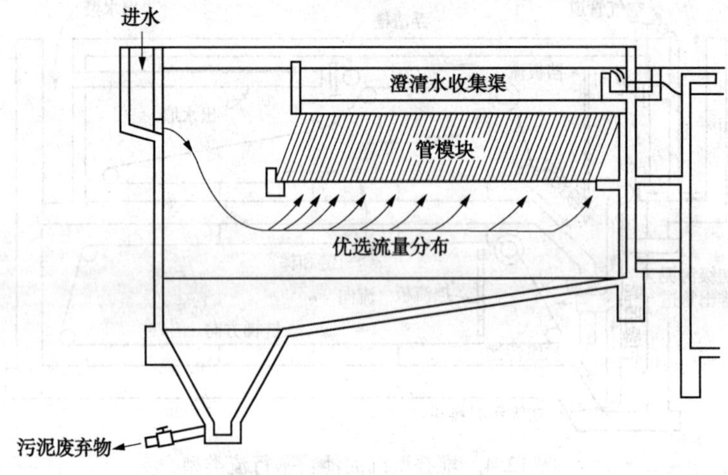

图 12.5 典型的管式沉降池

(经 CCE 656-Bisogni-Cornell University 允许)

2.1.2 设计考虑因素

初级处理在污水处理厂的设计和研究中往往被忽视，尤其是下游二级处理工艺过程能够弥补初级处理设施性能不佳的情况下，更容易被忽视。这种情况近年来随着新的法规和更高的能源成本演化已经改变，已经重新集中于工艺过程单元包括初级处理单元的优化。

从历史上看，沉淀池的设计依赖于诸如表面溢流率、水力停留时间、深度、表面几何形状和堰负荷率的标准。这些标准的设计有助于不太准确地预测实际的沉淀性能。

2.1.2.1 *表面溢流率*

澄清池的表面溢流率(SOR)能够通过以下方程表示：

$$SOR = Q/A \tag{12.1}$$

式中　SOR——表面溢流率，$m^3/m^2 \cdot d$(gpd/sq ft)；

Q——澄清池流量，m^3/d(gpd)；

A——澄清池表面积，m^2(sq ft)。

初级澄清池历史上基于 SOR 进行设计。传统沉淀池的典型 SOR 值在平均流量条件下介于 30~50 $m^3/m^2 \cdot d$(800~1200gal/sq ft)(Metcalf and Eddy，2003)。

污水中悬浮固体尺寸及其他特性各不相同。在静态沉降条件下，大而重的颗粒物比小而轻的颗粒物沉降更快。由于这两种类型的颗粒物相互传递，相互接触，它们凝聚而尺寸上长大，这就是工艺过程中的絮凝作用。絮凝作用增加了去除效率。如图 12.6 所示，对于 SOR 和相应的去除效率在数据集中还存在相当大的发散，但较低的 SOR 通常会增加 TSS 和 COD 或 BOD 去除效率。因此，一些监管机构已经建立了初级澄清池的 SOR 规定。在实际中，TSS 和 COD 或 BOD 去除效率受各种进水污水特性的影响。

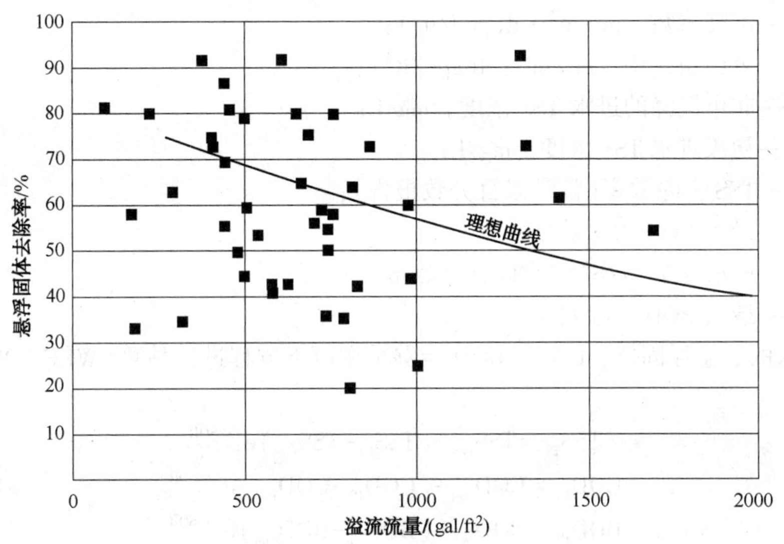

图 12.6　初级澄清池悬浮固体去除率相对于溢流率作图以数据显示理想化曲线（WPCF，1985；1989）(gpd/sq ft× 0.040 7 = $m^3/m^2 \cdot d$)

2.1.2.2　进水污水特性

基于文献 Tebbutt and Christoulas(1975)，Wahlberg et al.(2003，2005)首先提出的方程，水环境研究基金会(WERF)(2006)研究认为，TSS 和 COD 或 BOD 去除率效率可以通过 SOR 和以下的污水特性进行预测：

(1) 非可沉降的 TSS(TSSnon)浓度，这定义为 30min 絮凝和 30min 沉降之后上清液 TSS 的浓度；

(2) 非可沉降 COD 或 BOD 的浓度(COD_{non}或 BOD_{non})，包括可溶性 COD 或 BOD(sCOD 或 sBOD)和与 TSS_{non} 相关的颗粒物 COD 或 BOD(pCOD 或 pBOD)；

(3) 初级进水 TSS 的浓度(TSS_{PI})；

(4) 初级进水 COD 或 BOD 浓度(COD_{PI}或 BOD_{PI})；

(5) 可沉降固体的沉降特性或沉降参数(λ)。

TSS、COD 和 BOD 的去除效率可以采用以下方程进行评估(WEF，2005；Wahlberg et

al.，2003，2005；WERF，2006)：

总悬浮固体去除效率：

$$E_{TSS}=E_{TSS最大}(1-e^{-\lambda/SOR}) \tag{12.2}$$

$$E_{TSS最大}=1-(TSS_{non}/TSS_{PI}) \tag{12.3}$$

COD 去除效率：

$$E_{COD}=E_{COD\,max}(1-e^{-\lambda/SOR}) \tag{12.4}$$

$$E_{COD最大}=1-(COD_{non}/COD_{PI}) \tag{12.5}$$

BOD 去除效率：

$$E_{BOD}=E_{BOD最大}(1-e^{-\lambda/SOR}) \tag{12.6}$$

$$E_{BOD最大}=1-(BOD_{non}/BOD_{PI}) \tag{12.7}$$

式中 E_{TSS}——TSS 去除效率(常常以百分数报告)；

$E_{TSS最大}$——最大 TSS 去除效率；

λ——沉降参数，$m^3/m^2\cdot d(gpd/ft^2)$；

SOR——表面溢流率，$m^3/m^2\cdot d(gpd/ft^2)$；

TSS_{non}——非可沉降的进水 TSS 浓度，mg/L；

TSS_{PI}——初级进水 TSS 浓度，mg/L；

E_{COD}——TSS 去除效率(常常以百分数报告)；

$E_{COD最大}$——最大 COD 去除效率；

E_{BOD}——BOD 去除效率(常常以百分数报告)；

$E_{BOD最大}$——最大 BOD 去除效率。

初级出水的总悬浮固体、COD、BOD 能够采用以下方程进行估算(WEF，2005；WERF，2006)：

$$TSS_{PE}=TSS_{non}+(TSS_{PI}-TSS_{non})e^{-\lambda/SOR} \tag{12.8}$$

$$COD_{PE}=COD_{non}+(COD_{PI}-COD_{non})e^{-\lambda/SOR} \tag{12.9}$$

$$BOD_{PE}=BOD_{non}+(BOD_{PI}-BOD_{non})e^{-\lambda/SOR} \tag{12.10}$$

式中 TSS_{PE}——初级出水 TSS 浓度，mg/L；

COD_{PE}——初级出水 COD 浓度，mg/L；

BOD_{PE}——初级出水 BOD 浓度，mg/L。

污水特性受到收集系统的规模和坡度的影响(Oedegaard，1998；WERF，2006)。凡是现有沉淀池能够进行采样而确定在不同的流量和质量负荷下的污水特性的情况下，从方程(12.8)，(12.9)，或(12.10)最匹配的曲线由历史数据就能够估算参数(λ)。虽然沉降速率分布的测试已经用于帮助量化沉降参数(λ)，但是还需要进行更多的研究(WEF，2005)。

图 12.7 是代表性的初级进水 TSS_{PI}，TSS 去除效率和在冬天设施收集的以方程 12.2 计算曲线的 SOR 数据的描点作图。图 12.8 显示了在假设初级进水 TSS_{PI} 和 TSS_{non} 浓度分别为 280 和 60mg/L 的情况下随着 SOR 增加沉降参数(λ)对初级澄清池性能的影响。虽然上述方法代表初级澄清池设计方面的前沿，但在单独使用这种数据进行初级澄清池设计之前推荐进行 WERF 研究中的基本假设和数学技术的深入研究(Kinnear，2004)。有时能够使用计算机流体动力学建模优化尤其是大型设施的初级澄清池设计(Podczerwinski et al.，2008)

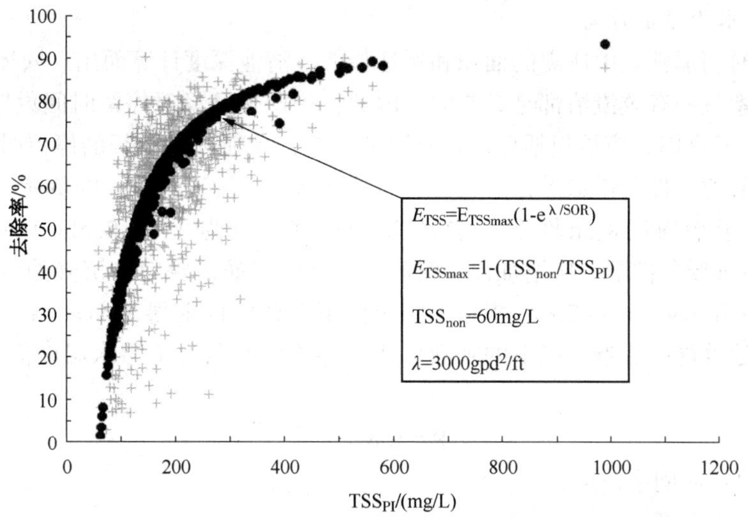

图 12.7　采用方程 12.2 计算的数据，日常冬天 TSS_{PI}(初级和进水总悬浮固体)和 SOR(表面溢流率)测定结果($m^3/m^2 \cdot d=0.040\ 75\times gpd/sq\ ft$)(WEF，2005)

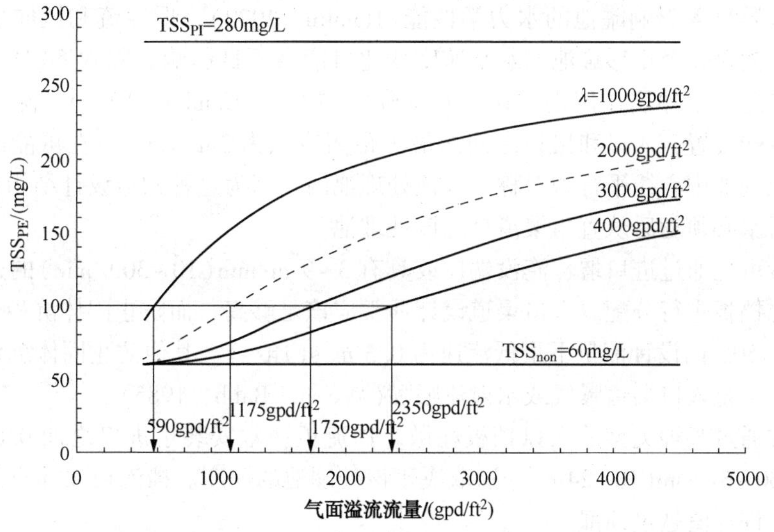

图 12.8　在初级进水 TSS_{PI} 和 TSS_{non} 浓度分别为 280 mg/L 和 60 mg/L 的假设情况下随着流量增加 λ 对初级澄清池性能的影响(WEF，2005)

2.1.2.3　深度

颗粒物和絮凝物之间的接触机会随着深度而增加。因此，去除率理论上应该随深度而增加。在实际实践中，采用更深的处理池是否能够获得更好的去除率或能够采用更高的溢流率，这是不确定的。澄清池必须足够深，才能容纳初级污泥去除的机械设备，储存沉降的固体，防止沉降的固体冲刷起来和再悬浮，并避免随着出水而将固体冲刷带起或冲走。较浅的深度对于连续初级污泥去除可能是可接受的。如果固体停留时间可能导致厌氧条件，则要避免过深的深度。典型的深度范围为 3~4.9m(10~16ft)(Metcalf and Eddy，2003)。

2.1.2.4　水力停留时间

水力停留时间通常是由所需的面积和所选择的澄清池深度计算而出。固体颗粒之间接触足够时间，对絮凝和有效澄清都是必要的。因此，一些州已经对停留时间设置了限制(高和低)。设计上的考虑因素应该包括低流量时段的影响，才能确保较长的停留时间不会造成化粪池条件。化粪池条件会增加潜在的气味，增溶和增加下游工艺过程的负荷。典型的水力停留时间范围对于平均流量条件下污水温度20℃(68℉)为1.5~2.5h(Metcalf and Eddy, 2003)。在寒冷气候条件下，应增加停留时间，才能应对妨碍颗粒物沉降的低温下较大黏度的水。Cowburn和Borneman(2008)报道了宾夕法尼亚州的匹兹堡Woods Run WWTP关于污水温度对澄清池性能的影响。以下的乘数可用于寒冷气候条件下污水温度低于20℃(68℉)的情况。

$$M=1.82e^{0.03T} \tag{12.11}$$

式中　M——停留时间乘法器，

T——污水温度，℃。

2.1.2.5　入口条件

入口应该经过设计而耗散进口端口的速度，等量分配穿过该处理池截面面积的流量和固体，并防止沉降池内的短路，而促进静态沉降前发生絮凝作用。进水和罐池内容物之间的浓度和密度的差异显著影响罐池的水力学性能(Hamlin, 1972)。惯性流和风向也可能会影响水力学性能。横跨整个矩形罐池的水平速度变化可能会不良影响去除效率(Hamlin, 1972)。垂直变化如果避免了冲刷作用则被认为对沉降影响不大(Hamlin, 1972)。除非该罐池包含防止短路的特殊装置，入口和出口之间的最小距离应该为3m(10ft)。在可能的情况下，污水应该以该处理池中心线平行和对称进入该处理池内。因为这种构造设计结构往往是不可能实现的，则污水必须随后从直角渠道靠近该处理池。

进水流量可能通过进口堰、淹没端口或具有3~9 m/min(10~30ft/min)的速度孔口、以及闸阀和钻孔挡板进行分配。入口渠道设计通常应该足够高，而防止固体沉积。入口渠道设计通常允许在50%的设计流量下最低流速为0.3 m/s(1ft/s)。其他防止固体沉积的高入口速度的备选方案，是入口渠道曝气或水射流喷嘴(Yee and Babb, 1985)。

速度通常通过某种类型的入口挡板耗散。挡流板通常安装于进口之前0.6~0.9 m(2~3ft)并淹没460~610mm(18~24in)，这取决于该处理池的深度。挡流板顶部应该足够远低于水面，才能允许浮渣越过顶部。

几种可能的组合之一，将会描述圆形澄清池中的流动模式。这种流动模式可能是中心进料中心排出，中心进料而周边排出，周边进料而中心排出，或周边进料而周边排出。中心进料周边排出是最常见的流动模式类型。周边进料的构造设计结构需要水平管道支撑，这将有损于流量分配和浮渣收集。中心进料的构造设计结构将会消除这些缺点。

圆形澄清池通常具有占处理池直径的15%~20%的进料井。制造商推荐的淹没度显著不同。实际上，进料井通常都会延伸处理池深度的至少一半。

进口挡流设备许多设计已经成功应用。图12.9~图12.11图示说明了矩形沉淀池的不同进口扩散器。图12.12图示说明了圆形沉淀池各种入口构造设计结构。

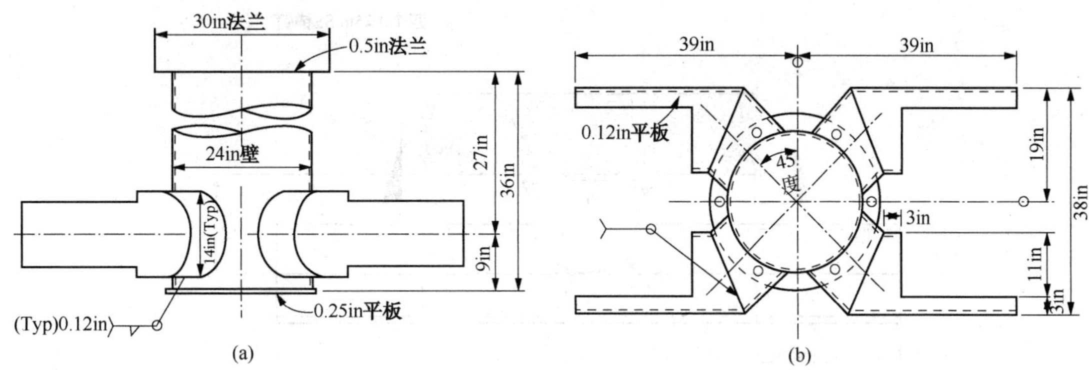

图 12.9　加州长滩市的初级沉淀池的入口扩散器

(a)平面图和(b)正面图(in×25.40=mm)

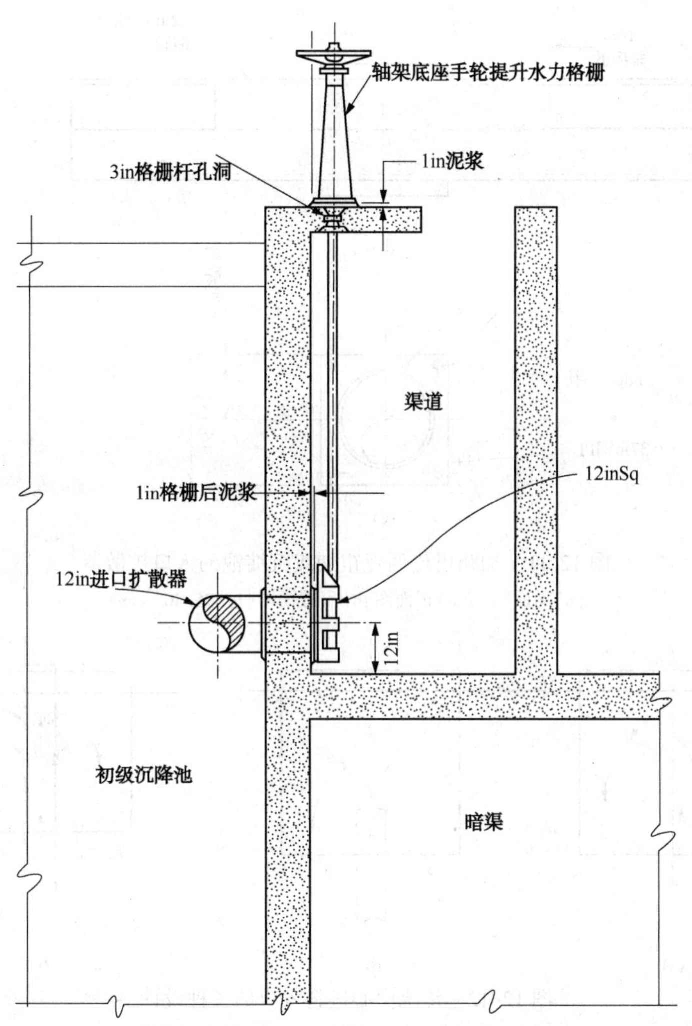

图 12.10　加州巴伦西亚市的初级沉淀池的入口构造设计结构

(in×25.40=mm)

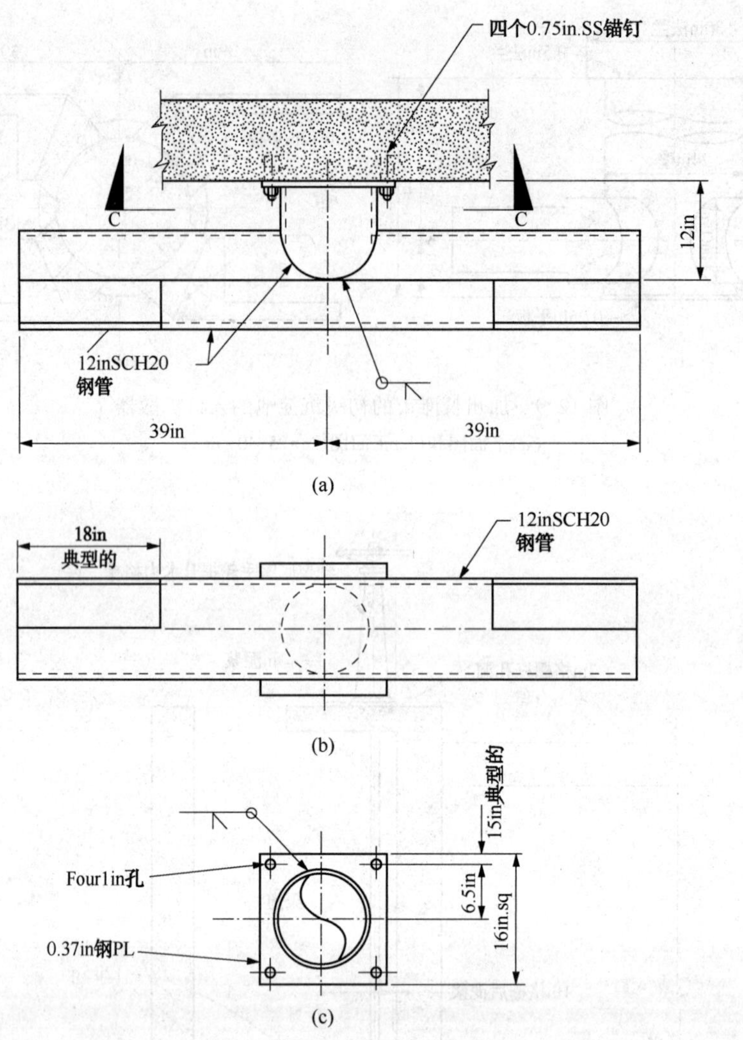

图 12.11 加州巴伦西亚市初级沉淀池的入口扩散器

(a)平面图，(b)正面图和(c)截面图(in×25.40=mm)

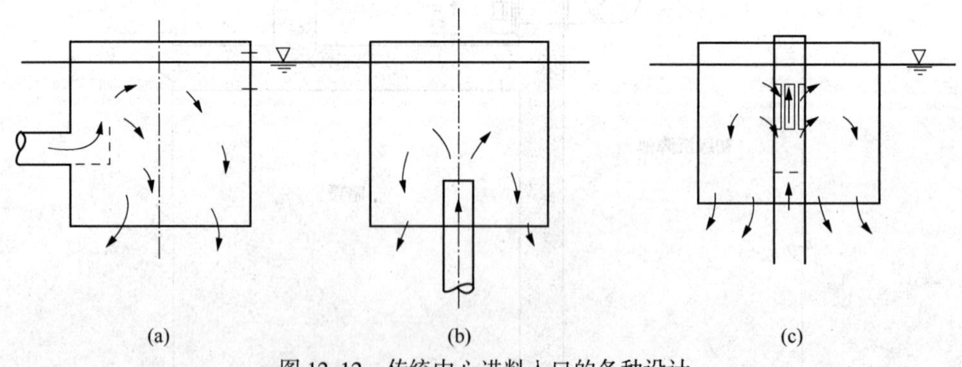

图 12.12 传统中心进料入口的各种设计

(a)侧进料，(b)垂直管进料和(c)开槽垂直管进料

实际的考虑因素通常决定开孔的尺寸大小，但射流扩散的原理也可能起到设计指导的作用(Hamlin，1972)。在处理池中倾斜流量分布的主要原因是入口渠道的流量分配不均和入

口区域挡流板的偏斜作用(Yee and Babb，1985)所致。将入口端口定位远离处理池侧面，在入口区域增加分区或挡流板而重定向进水方向，和在入口端口相对于入口渠道产生更高的压头损失，这些都能够改善流量分布的均匀性(Yee and Babb，1985)。更高的压头损失可能破坏絮凝体。在具有多个沉淀池的污水处理厂中，一般是提供处理罐池之间的流量和固体等量分配。分流器箱和共享渠道有时就是为此目的。偶尔流量分配系统包括每个处理罐池流量测定的设备，使用这些设备就能够进行等量分流。

各种设备和过程与步骤都可以影响流量分配。图 12.13 和图 12.14 显示了加利福尼亚州卡尔斯巴德市 ENCINA 污水处理厂的入口扩散器和指型挡流板的构造设计结构。加利福尼亚州森尼韦尔市采用了具有指型挡流板的入口挡流板分配进水流量(图 12.15)。华盛顿西雅图市兰顿污水处理厂使用了靶型和指型挡流板进行进水分配(图 12.16)。

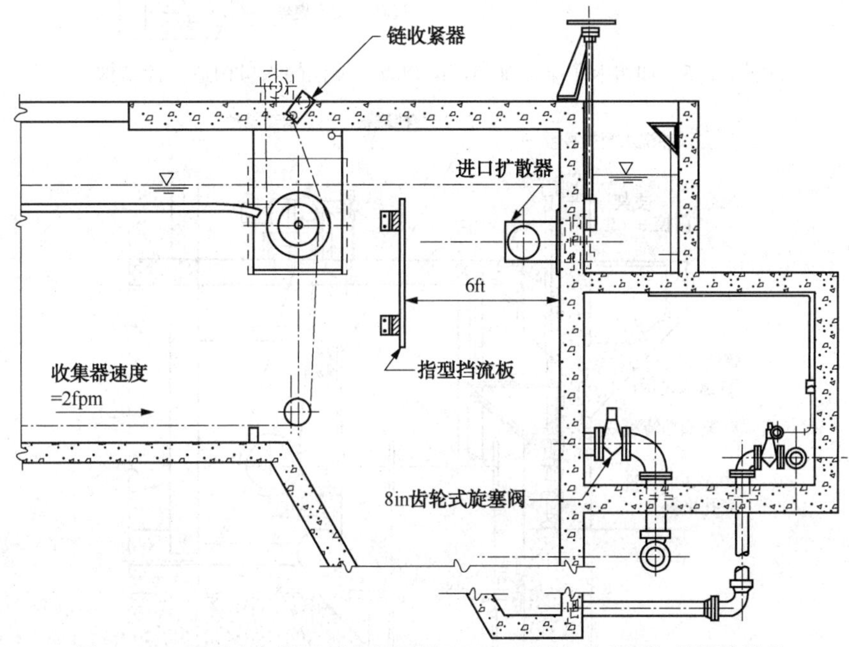

图 12.13　加州卡尔斯巴德市恩西纳(Encina)污水处理厂初级沉淀池的入口构造设计结构(ft× 0.304 8=m；ft/min× 5.080=mm/s)

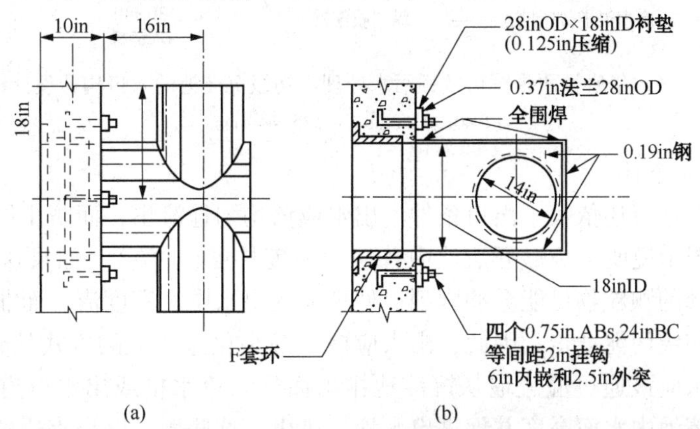

图 12.14　加州卡尔斯巴德市的 Encina 污水处理厂初级沉淀池的入口扩散器
(a)平面图和(b)截面图(in×25.40=mm)

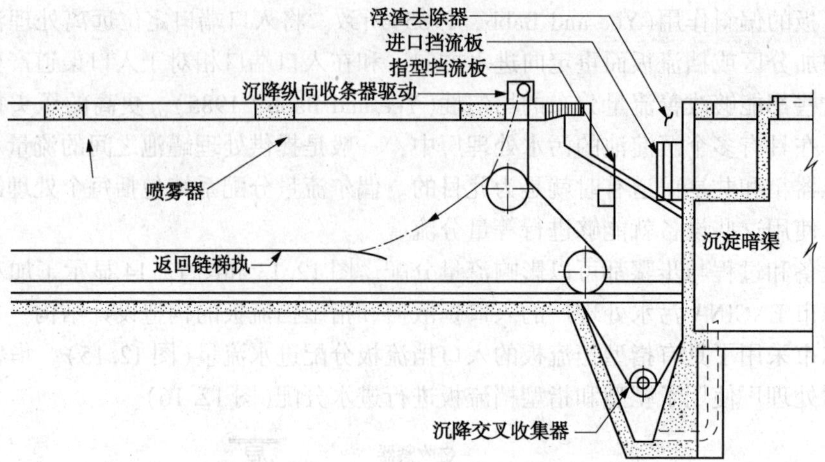

图 12.15 加州卡尔桑尼维尔市的初级沉淀池的入口构造设计结构

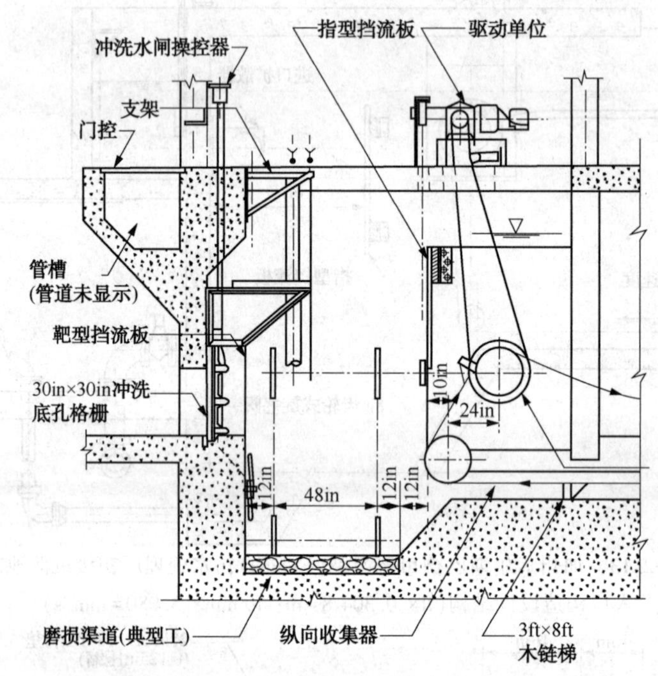

图 12.16 华盛顿西雅图市兰顿污水处理厂初级沉淀池的入口构造设计结构

(ft×0.304 8=m；in×25.40=mm)

2.1.2.6 出口条件

正常的澄清池运行还依赖于出口条件。出水应该均匀地流出，而防止局部高速度梯度和短路。图 12.17 图示说明了矩形澄清池中普遍的速度梯度(冲流)。如果这些速度梯度达到冲刷速度，则沉降的颗粒物可能会冲刷到该处理池的出水中。密度流，而非高行进流速，往往会造成出水堰初级污泥冲走。因此，出水应该以最小化这些流的方式从处理罐池中排出。通常情况下，出水应该通过溢流堰从沉淀池排出而进入流水槽或出水渠道。溢流堰必须水平，才能控制澄清池中水面高度并促进出水均匀排出。这些堰可以是直边的(图 12.18)或 V 型缺口(图 12.19)。V 型缺口堰比完全水平的直边堰为出口流量提供了更好的横向分配。

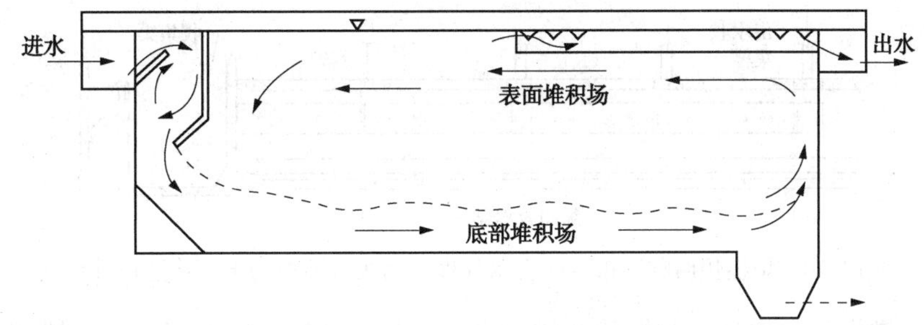

图 12. 17　实际澄清池中显示当前冲流的位移矢量

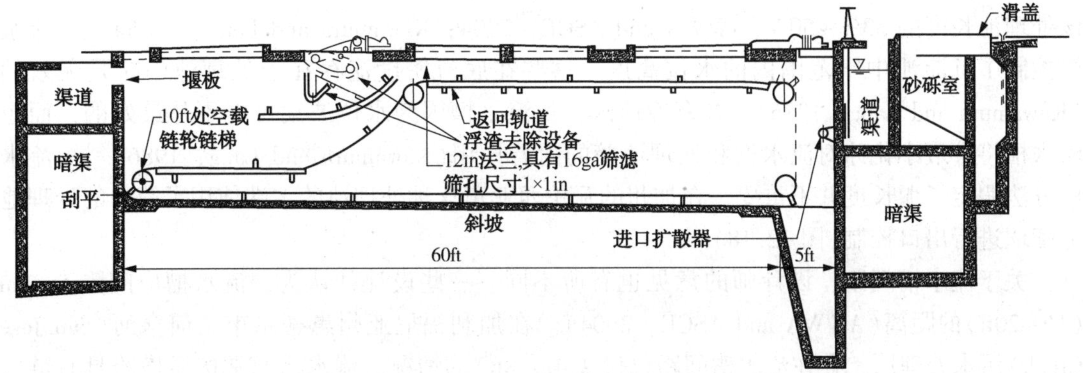

图 12. 18　加州瓦伦西亚市污水处理厂初级澄清池的典型横截面图

(ft×0. 304 8 = m；in×25. 40 = mm)

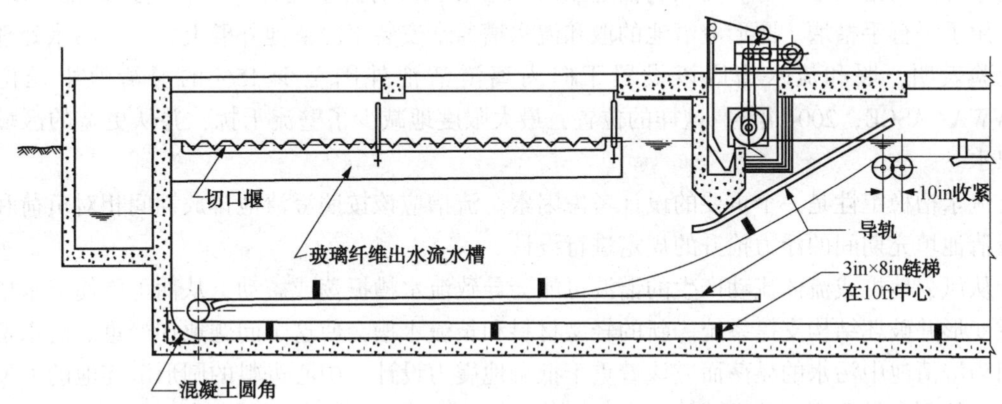

图 12. 19　加州卡尔斯巴德市恩西纳(Encina)污水处理厂初级澄清池出口构造设计结构

(ft×0. 3048 = m；in×25. 40 = mm)

淹没式流水槽也被用于出水排出(图 12. 20)。具有淹没孔口的管道和流水槽是淹没式流水槽的两种类型。孔口应该为均匀流量分配选定尺寸大小。相比于溢流堰，淹没式流水槽提供了一些优点。淹没式流水槽避免了污水自由下落和释放夹带的异味气体，并允许在处理罐池末端进行表面撇渣。淹没式流水槽的缺点是，在平均流量下为均匀流量分配而选定的孔口尺寸在峰值流量下将不会有效。因此，对于淹没式流水槽，需要单独的调节流量控制设备或初级出水泵。这些设备的位置和尺寸的选定应该适合进行有效的浮渣清除。既具有平均流量之用的淹没式孔口和溢流能力的 V 型缺口堰的独特流水槽，已经在华盛顿西雅图市的兰顿污水处理厂中使用(Uhte，1990)。

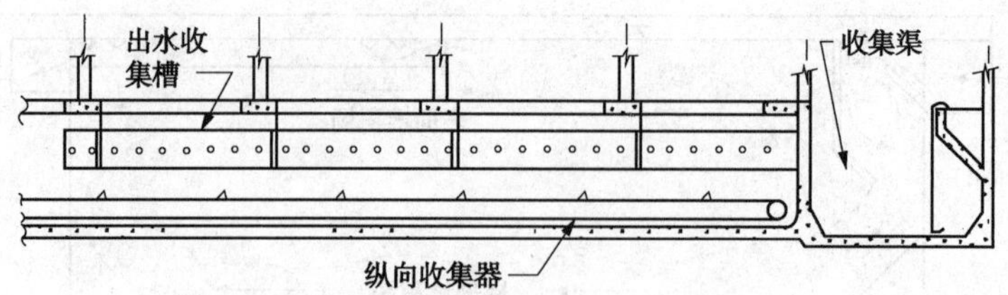

图 12.20 华盛顿西雅图市兰顿污水处理厂初级沉淀池的出口构造设计结构

堰和流水槽设计，包括长和短流水槽的方案。长流水槽方法假定了堰设置和长度与二级澄清池设计的流水槽一样重要。采用这种方法，矩形沉淀池的堰和流水槽经过设计而涵盖了该处理池长度的 33%~50%(AWWA and ASCE，2004；Kawamura and Lang，1986)。长流水槽控制了沉淀池中窄范围内的水位高度。这些在底流密度流存在于处理池中时是无效的(Kawamura and Lang，1986)。在寒冷地区，长流水槽因为水位波动可能不是最好的，而短流水槽将会最小化冰对流水槽和处理池壁的附着作用(Kawamura and Lang，1986)。短流水槽方法假定了堰长度并不重要。在加州的瓦伦西亚市这种处理池的末端使用了简单的处理池宽度堰进行出口控制(图 12.18)。

关于流水槽间距，设计师的意见也有所不同。一些设计师认为，流水槽应间隔 5~6m(16~20ft)的距离(AWWA and ASCE，2004)。在加利福尼亚州惠蒂尔市圣何塞河(San Jose Creek)污水处理厂，存在流水槽间距仅仅 2.4m(8ft)的情况。流水槽通常按照横跨具有链叉式收集设备的澄清池进行排布。如果具有横桥式初级污泥收集设备，流水槽必须纵向排列，与堰上支撑的指型堰平行。在加利福尼亚州森尼韦尔市的污水处理厂具有链叉式收集设备，则使用了平行手指堰。圆形澄清池的堰和流水槽通常安装于澄清池外壁上。一些污水处理厂的经验表明，堰和流水槽应该设置于向内离澄清池外围至少 15% 的澄清池半径位置(AWWA/ ASCE，2004 年)。这样的位置，最大限度地减少了壁流干扰，并从更宽的区域抽出出水。

流水槽稳定性是一个重要的设计考虑因素。流槽应该按照澄清池排放期间相对负荷和防止澄清池填充期间的浮力抬升的规定进行设计。

从风、地震或流体流动产生的谐波可能会导致流水槽振荡或震动，从而可能使流水槽偏转或变形并破坏结构支撑系统。新的轻型材料和长流水槽会使这个问题愈加严重。流水槽和堰因为澄清池中污水的晃荡而应该着重于抵御地震力设计。中心进料的圆形沉淀池的大型流水槽，特别容易受到这种类型的损害。在某些情况下，设计成拆卸型流水槽支撑系统，使之易于更换，可能会比设计成抵御污水晃荡带来的地震式引发的负荷更加经济和实用。拆卸式设计必须防止部件下落而跌至澄清池的底部，潜在地造成初级污泥收集和去除设备的损坏。

2.1.2.7 堰负荷率

堰负荷率对初级沉淀池的性能，尤其是侧壁深度超过 3.7m(12ft)时基本没有影响(Graber，1974；Metcalf and Eddy，2003)。典型堰负荷率范围为 125~500m^3/ m · d(10000~40 000 gpd /ft)(Metcalf and Eddy，2003)。在实践中，堰负荷率在处理 3800m^3/d(1.0 mgd)或更少的污水处理厂中往往不超过 120m^3/m · d(9 600 gpd /ft)，在处理超过 3800m^3/d(1.0 mgd)的污水处理厂则为 190m^3/ m · d(15 200 gpd /ft)(Merritt，1983)。虽然堰负荷率不应该是一个设计考虑因素，但现有的法规有时会监管堰负荷。

2.1.2.8　线性通流速率

在沉淀区的各种流可能会阻碍沉降或导致已经沉降的固体发生冲刷。在实践中，线性通流速度(冲刷速度)已被限制为 1.2~1.5m/min(4~5 ft/min)，才能避免已经沉降的固体出现再悬浮(Theroux and Betz，1959)。临界冲刷速度能够由以下公式计算(Camp，1946)：

$$V_H=\sqrt{\frac{8k(s-1)gd}{f}} \tag{12.12}$$

式中　V_H——临界冲刷速率，m/s(ft/s)；

k——冲刷颗粒物类型的常数(无单位)；

s——冲刷颗粒物的相对密度；

g——重力加速度，9.81 m/s^2(32.2 ft/s^2)；

d——冲刷颗粒物的直径，m(ft)；

f——达西魏斯巴赫(Darcy-Weisbach)摩擦系数(无单位)。

对于均匀的颗粒物质，k 值为 0.04，而对于黏性的互锁物质为 0.06。通常情况下，f 值介于 0.02~0.03。f 值是雷诺数和沉降固体表面特性的函数。

2.1.2.9　表面几何结构

表面几何结构已经用于控制由于高线性通流速度或风致固体冲刷。尽管矩形澄清池的长宽比在历史上一直用作一个这种设计工具，但并不能认为这是可靠的。宽度通常受控于是否具有初级污泥收集和去除设备。

2.1.2.10　天气条件

天气条件可能会影响沉淀池的性能，并在其设计中必须考虑(Wells，1998)。风可能会导致背风面的水面高于迎风面。风引起的湍流可能会导致堰负荷率不平衡和短路(U.S. EPA，1975)。表面撇渣器应面向着盛行风而将浮渣推向收集器。缓解风作用的设计考虑因素包括澄清池的定向、防风林或覆盖装置、澄清池干舷的增加，以及圆形澄清池直径降低至 37m(120ft)或更低。外围高度 1~1.2m(3~4ft)的池壁有时也用于初级沉淀池防风(Wall and Petersen，1986)。

寒冷的天气可能还需要表面喷洒、管道保温、在更深的深度安装地下管道(冻结线以下)的防冻保护和传送间歇水流的自动排水管道装置。因为浮渣收集设备很容易冻结，需要足够的保护。有时，这些步骤是在天寒地冻的地区是不够的；在这种情况下，可能需要沉淀池盖，才能避免运行问题。

2.1.2.11　维护装置

两个或两个以上的澄清池能够在该工艺过程保持运行的同时而将一个澄清池停工进行维护或维修(Metcalf and Eddy，2003)。美国环保局可靠性设计标准规定，应当有足够数量的大小合适的单元装置，使之在最大流量容量单元装置停工时，其余单元装置应当具有该单元工艺过程总设计流量的至少 50%(U.S. EPA，1999)。一些州已经将这个要求提高至 75%。初级处理设施应包括必要维护的装置。例如，位于建筑物或库内的泵或其他设备进行维护和修理的通道。接近措施包括架空吊眼、行桥式起重机、结构外使用起重机的出入口，以及充足的照明。在泵、计量仪、阀和其他设备周围应该提供足够清晰的空间，以便进行维护和修理。如果要更换螺杆泵的转子和定子时，这一点尤为重要。阀门从最低水平应该具有可操作性。

良好的设计将允许澄清池脱水而进行初级污泥收集设备维护或从入口挡流板清除障碍物。脱水措施可以包括斜底排水，永久泵和管道或临时设备的连接。有必要提供装置将停工的澄清池与污水处理厂其余必须仍然保持工作的工艺过程单元装置隔离开。初级污泥收集和去除机制其关键组件要保持在水位线以上，是值得考虑的。在关键三通、弯头和端口之处需要设置充足的冲洗端口和清理出口。

日常维护的需要应予以考虑。例如，污水处理厂进水湿井应该定期泵干而控制油脂及其他漂浮物质的积累。进口流量分配箱或具有淹没开孔的渠道之出入通道必须尽可能去除浮渣，而防止漂浮物质影响流量分配装置。水闸应向下敞开，尽可能避免水面上浮渣集结而防止轨道上沉积固体，阻碍闸门全封闭。应该消除角口袋和死角而最小化潜在的化粪池条件；使用圆角嵌条并在必要时应该使用引流渠。在实践中，淹没槽、梁和其他建筑物特性的顶部经常应该按照 1.4：1 倾斜，而其底部本应该倾斜 1：1；这可以减少或防止固体和浮渣积聚(Great Lakes-Upper Mississippi River Board of State Sanitary Engineering Health Education Services，2004)。例如，在维护经常性使用软管围兜和污水泵之后，应该提供清理的装置。软管围兜，应该在每个处理池、浮渣槽、油槽、泵站中按照约 15m(50ft)的间距提供。

2.1.2.12 极端流量(湿季)考虑因素

极端条件及其预测频率和持续期——高低流量，如具有循环流量的峰值雨水流量和罐池停工——对沉淀池性能的影响，应该在设计过程中进行评价，而验证其运行参数是否可以接受。

通常情况下，旱季污水处理厂的原始污水进水整天都在变化。污水处理厂的有机物负荷遵循类似的曲线，但具有两到四个小时的流量滞后(Carry and Moshiri，1984；Hamlin，1972)。旱季峰值流量与平均流量之比一般为(1.5~3)：1 或更多(Metcalf and Eddy，2003)。在极端情况下，峰值流量与低流量的比率可能高于 5：1。初级沉淀池的设计应该具有足够的灵活性，而允许在低流量启动条件和高流量条件期间进行成功运行。

湿季流量取决于降雨位置、强度和持续时间和下水道系统的特点。因此，湿季流量比旱季流量更加难以预测。来自卫生下水道的大量渗透或流入或汇流暴雨的存在，可能会导致湿季流量比正常旱季流量高出几倍。由于社区实施积极方案控制汇流污水溢流(CSOs)和卫生下水道溢出(SSOs)，这种湿季流量可能导致污水处理设施产生非常高的峰值流量与平均流量比。在某些情况下，额外的或增强的沉淀设施已用于处理在峰值流量与平均流量比大于 5：1 时的过量湿季流量(Fitzpatrick et al.，2008)。暴雨事件后排空和冲洗澄清池的装置，应该视为设施提供的额外处理池(Leffler and Harrington，2001)。

循环流量，如活性污泥或滴滤池底流，可能会引起流量浪涌，应该在初级澄清池尺寸选定时加以考虑。如果可能或在低流量期间返回至污水处理厂进水流中，这样的浪涌应该避免。进水泵一般是变速或多个恒速的，应该经过设计而向初级澄清池提供平稳的梯度流量传送。

2.1.2.13 气味控制考虑因素

气味控制是初级处理的重要设计考虑因素。气味源自高氢硫化物浓度和缺氧条件下的原始污水。硫化氢和其他类似的恶臭气味物质释放发生于诸如沉淀池进水口、出水流水槽和堰的高湍流区域。湍流增加水表面区域的气体传递而使硫化氢释放到大气中。浮渣和沉降的初级污泥处理系统也可能是气味来源。现有的气味控制策略包括源头控制，化学品处理，预曝气和遏制截留(加盖)。第 7 章包含了有关气味控制设施设计的额外信息。

2.1.2.14　腐蚀控制考虑因素

重要的设计考虑因素包括混凝土和金属表面，如入口和出口结构、结构组件、栅栏、盖子、走道和设备的腐蚀控制。大多数腐蚀问题与硫化氢气体有关。气味遏制截留可能会导致截留区域的高硫化氢浓度和湿度条件。降低硫化氢气体从污水中生产或释放，可以最大限度地降低初级处理池、筛滤和设备的腐蚀。第 10 章包含了腐蚀控制和材料选择的相关信息。

2.1.2.15　堆叠澄清池的设计考虑因素

通常情况下，堆叠型初级沉淀池的设计类似于传统的初级沉淀池(Metcalf and Eddy, 2003)。杜科斯特等(Ducoste et al, 1999)证实，计算机流体动力学可用于定量评价 800000m^3/d(211gpd)的新加坡樟宜水水再生污水处理厂(Changi Water Reclamation Plant)的不同堆叠式澄清池设计的性能。

入口和出口设计被认为是堆叠式澄清池的弱点，因为污水流动模式可能与初级污泥的流动模式相交叉(Lager and Locke, 1990)。堆叠式澄清池的下浅盘是密闭空间而要满足密闭空间进口的要求。大阪市采用的堆叠式设施运行超过了 20 年(Yuki, 1990)。

污水处理厂的规模范围为 9.5~40×$10^4$$m^3$/d(25~100 mgd)，平均溢流率 15.1~43.2 m^3/m^2·d(370~1 060 gpd/ft^2)，而堰负荷率为 84~170m^3/m·d(6 800~14 000 gpd/ft)(Kelly, 1988)。

在纽约马马罗内克市，堆叠式初级沉淀池设计用于满足进水峰值流量 350 000m^3/d(92mgd)(Kelly, 1988)。在平均流量下设计溢流率为22.3 m^3/m^2·d(550gal/ft^2)而在峰值流量下为44.6 m^3/m^2·d(1100 gal/ft^2)(Kelly, 1988)。

3　沉淀强化

初级沉淀能够通过预曝气或化学聚结和絮凝作用而增强，这些措施都将在下面进行讨论。

3.1　预曝气

3.1.1　概述

初级澄清之前原始污水预曝气能够通过促进精细筛分的固体絮凝成更加易于沉降的絮凝体而提高污水的沉降参数(λ)，从而提高悬浮固体及生化需氧量的去除效率。预曝气也提高了浮渣浮选和清除率。其他益处包括原始污水的挥发性有机化学品(VOC)的气味组分的洗涤，溶解氧增加和防止在初级沉淀期间的腐败性。在每一个沉淀池之前的曝气沉砂池，也将促进流量均匀分配并改善砂砾分离。

3.1.2　设计考虑因素

20~30min 的停留时间对于絮状物的形成和提高 TSS、COD 和 BOD 的去除率是很必要的。这个范围超过 10~15min，推荐用于气味控制。所需空气的精确数量是污水特性和处理池几何形状的函数。通常提供的最低风量为 0.82 m^3/m^3(0.11ft^3/gal)。第 11 章介绍了有关预曝气的额外信息。

3.2 化学强化的初级处理

3.2.1 概述

化学强化的初级处理(CEPT)提高了沉降参数(λ)，比传统初级沉淀允许更高的 SOR。采用 CEPT，通过降低初级沉淀池和曝气池的规模，最小化所需工艺过程装置的占地面积。这种处理措施还可以有效去除 60%~90%的 TSS，40%~70%的 COD 或 BOD，70%~90%的磷，80%~90%的细菌负荷(Oedegaard，2005；Metcalf and Eddy，2003；U.S. EPA，1987)。相比之下，传统的初级沉淀可去除 TSS 只有 50%~70%，COD 或 BOD 25%~40%，磷负荷 5%~10%，细菌负荷 50%~60%(Metcalf and Eddy，2003；Steel，1979；U.S. EPA，1987)。化学强化的初级处理也可以捕捉并移除进水中可能影响下游生物工艺过程的性能和出水水质的重金属(Johnson et al.，2008)。这种处理方法非常理想地适用于可以海洋排放或季节性负荷突然增加的地方(Rogalla et al.，2007)。采用 CEPT，尤其是在发展中国家非常具有吸引力，因为在这些国家中建设成本是污水处理厂扩建的限制因素(Harleman and Murcott 2001a，2001b；Jordão and Figueiredo，2005)。当在 CEPT 之后采用合成可压缩介质对出水进行高速过滤而精制时，CEPT 能够达到小于 2 NTU 和 TSS 去除率 84%和总 COD 去除率 47%(Jimenez et al.，1999)。处理湿季流量采用 CEPT 可能会受限于天气峰值流量时段(Krugel et al.，2005)。

原始污水的化学混凝和絮凝作用促进了细碎固体结块和凝聚成更易于沉降的絮凝体，从而提高 TSS、BOD 和磷的去除效率。第 16 章包含了有关除磷的化学品选择和应用的其他信息。

CEPT 的优点包括去除效率更高，使用较高 SOR 的能力和性能更加恒定(Mills et al.，2006)。CEPT 的缺点包括初级污泥的质量增加；更难增稠和脱水的固体生产(特别是使用石灰或铝盐混凝剂时)；以及运营成本和操作者关注的增加。根据下游工艺过程，可能还会有 CEPT 的其他特异性缺点。这些措施包括硝化或过量碱度去除，这可能会抑制硝化或磷过多，这可能导致生物处理工艺过程中的养分不足。其他下游工艺过程的考虑因素将在第 8.0 节中讨论。

去除效率和各种 CEPT 设施的混凝剂剂量列于表 12.2 和 12.3 中。在安大略省的萨尼亚和温莎(Sarnia 和 Windsor)的研究表明，对于高达 98 $m^3/m^2 \cdot d$(2 400 gpd/sq ft)的 SORs，CEPT 没有显著影响出水水质(Heinke et al.，1980)。在华盛顿州国王县，全规模试验表明，在表面溢流率高达 204 $m^3/m^2 \cdot d$(5 000 gpd /ft^2)时 CEPT 可以提供令人满意的结果，支持了分流处理的策略(即，湿季混流)(Krugel et al.，2005)。

表 12.2 增强沉淀作用的性能和絮凝剂(Harleman and Morrissey，1990)

(经美国土木工程师协会的许可)

地点	流量/mgd	深度初级处理的性能						化学品添加		
		BOD			TSS					
		进水/(mg/L)	出水/(mg/L)	去除率/%	进水/(mg/L)	出水/(mg/L)	去除率/%	类型	浓度/(mg/L)	持续期
圣迭戈诺玛角市	191	276	119	56.9	305	60	80.3	$FeCl_3$ 阴离子聚合物	35 0.26	连续

续表

		深度初级处理的性能						化学品添加		
		BOD			TSS					
奥兰治县第 1 污水处理厂②	60	263	162	38.4	229	81	64.6	$FeCl_3$ 阴离子聚合物	20 0.25	8 h 峰值流量
奥兰治县第 2 污水处理厂 2②	184	248	134	46.0	232	71	69.4	$FeCl_3$ 阴离子聚合物	30 0.14	12 h 峰值流量
JWPCP 洛杉矶县①	380	365	210	42.5	475	105	77.9	阴离子聚合物	0.15	连续
洛杉矶海波龙县①	370	300	145	51.7	270	45	83.3	$FeCl_3$ 阴离子聚合物	20 25	连续
加拿大萨尼亚安大略省	10	98	49	50.0	124	25	79.8	$FeCl_3$ 阴离子聚合物	17 3	连续

① 深度初级处理自此就已经被全面二级处理代替。

② 全面二级处理到 2012 年计划取代深度初级处理。

注意：TSS＝总悬浮固体；BOD＝生化需氧量

表 12.3　代表 1985 年挪威平均 87 家污水处理厂直接沉淀的结果

（Ødegaard，1992；根据《水科学技术》重印，经版权所有者许可，IWA）

污染物	进/(mg/L)	出/(mg/L)	降低率/%
SS	233 ±186	16.6±9.6	92.9
BOD7	167 ± 95	27.2±12.7	83.7
磷	5.24 ±2.53	0.26± 0.16	95.0

注：SS＝悬浮固体；BOD_7＝7 天生化需氧量。

3.2.2　设计考虑因素

3.2.2.1 化学混凝剂

污水特性，包括浊度、TSS、COD 或 BOD 和颗粒物重量分布，可能对非可沉降 TSS（TSS_{non}）浓度具有显著的影响（Narayanan et al.，2000；Neupane et al.，2006，2008）。加入混凝剂据发现，污水 TSS_{non} 浓度降低，从而提高总去除效率（参见方程 12.2 和 12.3）（Neupane et al.，2006，2008）。从历史上看，铁盐，铝盐和石灰是用于污水处理的化学混凝剂。铁盐通常是最常见的初级处理混凝剂。只有少数污水处理厂使用石灰作为混凝剂，因为它是 pH 依赖性的，需要大量剂量才能达到所需的 pH 值。石灰加入，比金属盐还会产生更多的初级污泥，而更难以储存、处理和进料。为了增强沉淀作用，有些污水处理厂使用铝盐（明矾）。然而，铝作为混凝剂抑制了需要进行厌氧消化大约 50%～70%的特异性产甲烷细菌活性（Noyola and Tinajero，2005）。

增强沉淀作用的混凝剂选择应该基于性能、可靠性和成本。性能评价应该使用实际污水的小试试验，才能确定剂量和有效性（Hetherington et al.，1999；Jordão and Fiogueiredo，2005；Mills et al.，2006；Wahlberg et al.，1999）。也应考虑全规模试验验证实验室规模的小试试验（Carter et al.，2003；Gerges et al.，2006）。混凝剂剂量应该在低表面溢流率下进行评价(Peric et al.，2006)。选择期间应该考虑运营经验，成本及其他污水处理厂带来的其他相关信息。

CEPT设施的设计者应该考虑工艺过程对下游生物和固体处理设施的影响。尽管额外的初级污泥生产部分由废物活性污泥生产降低而部分抵消，但是通常需要额外的固体处理设备。在明尼苏达州圣保罗市的大都会(Metropolitan)污水处理厂中，多膛焚化炉的裂纹问题已经证明归因于金属盐的加入(WERF，1999)。

3.2.2.2 化学絮凝剂

阴离子聚合物有时在絮凝步骤期间加入而促进絮凝体形成。阴离子聚合物应该作为稀释溶液加入，才能确保聚合物在整个污水中完全分散。在加州卡森市的联合水污染控制厂(Joint Water Pollution Control Plant)(JWPCP)对30种不同聚合物进行评价发现，阴离子聚合物对CEPT最有效(Parkhurst et al.，1976)。JWPCP加入聚合物(0.15mg/L)将悬浮固体捕获率从66%提高到83%。在曝气渠首工程入口渠道中的湍流经常用于提供絮凝混合作用，但是这并不是最优的。小试和全规模试验也推荐选择絮凝剂并确定所需的剂量。絮凝剂的剂量应该在高SORs下进行评价(Peric et al.，2006)。虽然聚合物的加入看起来不会影响TSS_{non}浓度，但是它优化了絮凝作用，从而降低了TSS_{non}浓度并改善了CEPT性能(Neupane et al.，2006，2008)。使用了化学絮凝剂通常有助于补偿短絮凝停留时间和增强化学品絮凝作用，这使得絮状物在处理期间更耐机械破碎。第16章包含了絮凝设施设计的额外信息。

3.2.2.3 快速混合作用

在快速混合期间，混凝工艺过程的第一步，化学混凝剂与原始污水混合。混凝剂颗粒通过降低作用力(ζ电位)、保持粒子分离，破坏胶体而使其集聚。混凝剂加入的几秒钟内就会发生失稳。在化学品加入的时候，剧烈搅拌能够确保混凝剂在整个原始污水中均匀分散。然而，必须控制搅拌强度和持续时间，以避免过度混合或混合不足。过度混合可能会因为打碎了现有的污水固体和新形成的絮凝物而降低去除率。混合不足将不能充分分散化学品，就会增加化学品用量，而降低去除效率。

速度梯度，G，是混合强度的度量。300 m /m · s(300ft/s · ft)的速度梯度通常足以进行快速混合，但有些设计师建议速度梯度采用1000s(Hudson，1981；Kawamura，1976；and Sanks，1981)。在其他参考文献(Camp，1955；U.S. EPA，1975，1987)中提出了各种混合器构造设计的速度梯度计算公式。快速混合强度在某些研究中对TSS_{non}没有明显的影响(Neupane et al.，2006，2008)。

混凝剂加入的最佳时机是尽量远离上游的初级沉淀池。图12.21显示了混凝剂加入的可能流程图。混凝剂加入的最佳进料点经常因污水处理厂不同而不同。如果可能，几个不同的进料点都应该考虑，而增加额外的灵活性。将混凝剂分散于整个污水中对于尽量降低混凝剂的投料量和对混凝土与金属的腐蚀是很重要的(Soap and Detergent Association，1989)。为了促进分散作用，可以使用多个注入点或化学溶液喷头(图12.22)。流量计量装置应安装于剂量控制的化学进料管线上。

机械搅拌机、在线搅拌机、泵、挡流隔间、挡流管或空气混合器，都可以实现快速混合(Klute，1985)。机械混合器和在线搅拌机的搅拌强度是独立于流量的，但这些混合器的成本比其他混合机高，并有可能被杂物堵塞或缠扰。空气混合消除碎片，在曝气渠道或沉砂室已经存在的情况下实现初级沉淀。泵、帕歇尔水槽、流量分配结构，挡流隔间，或挡流管道是通常用于升级现有设施的方法。这些方法为独立混合机进行新施工建设提供了低成本而不太有效的备选方案。这些方法效率相比于独立混合机，因为与独立混合机不同，则混合强度取决于流量，因而不太有效。然而，对于湿季的应用，这些低成本方法可能是最合适的，因为在高流量条件下当水力湍流较高时会使用 CEPT。第 16 章介绍了快速混合设施设计的额外信息。

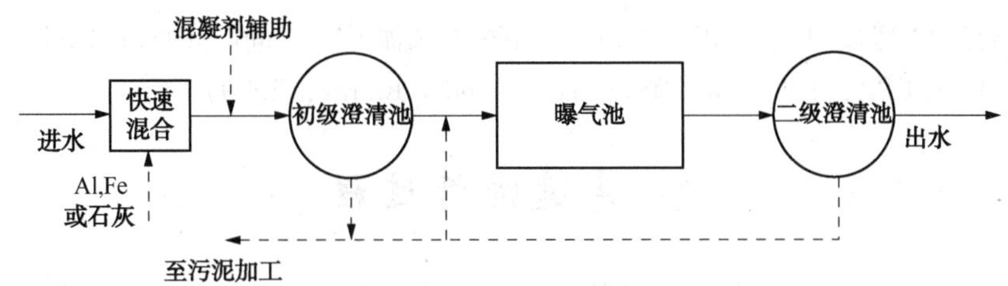

图 12.21　混凝剂加入的可能解决方案
(U. S. EPA，1987)

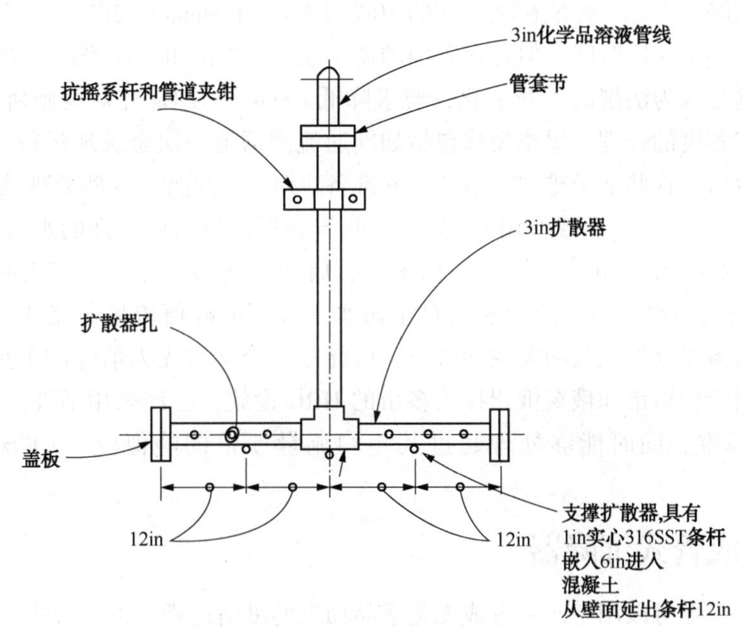

图 12.22　化学溶液扩散器
(in× 25.40=mm)

3.2.2.4　絮凝作用

在混凝工艺过程的絮凝步骤期间，失稳的粒子生长和凝聚而形成大的可沉降絮凝物。通过温和的长时间混合，颗粒物质的化学桥接或物理缠结，或这两种情况同时发生。絮凝较慢，比快速混合步骤更多地依赖于时间和搅拌。絮凝的好处取决于污水中胶状有机物质的百分比。通常情况下，40%的可溶性 COD 是胶状体(Foess，2003)。絮凝作用的典型停留时间为 20~30min。增加停留时间而超出了这个范围，则仅仅提供边际受益(Andreu-Villegas and Letterman，1976；Neupane et al.，2006，2008)。据报道，停留时间能够短至 5min。一项研究发现，絮凝作用显著降低了污水中 TSS_{non} 的浓度，从而改善了 CEPT 性能(Neupane et al.，2006，2008)。

絮凝作用能够发生于不同的结构或渠道、罐池或其他功用的现有结构的挡流区域。流量分配结构，进水井和初级沉淀池入口区域，都是促进絮凝作用而避免絮凝体破碎的区域(Parker et al.，2000)。不同构造设计结构的优缺点类似于快速混合设施。

与快速混合一样，采用每一构造设计结构实现的速度梯度，*G*，应该进行核验。对于最佳沉降作用，速度梯度应该从50~80 m/m·s(50~80ft/s/ft)逐渐降低至较低水平。各种构造结构设计的速度梯度计算公式介绍于其他参考文献中(Camp，1955；Grohmann，1985；Moll，1985；U. S. EPA，1975 and 1987；Young and Edwards，2000)。

4 高速澄清过程

高速澄清技术将化学品增强的颗粒物沉降和固体接触/再循环的技术与薄层板和管式沉降器相结合而实现快速沉降作用。非常高的沉降速率结合快速絮凝动力学，能够将所需的工艺过程占地面积降低至小于传统初级处理的10%(Jolis and Ahmad，2001)。虽然高速澄清技术已经在欧洲使用了一段时间，但是在美国的使用还是最近的事。湿季的处理策略已在许多设施中实施，这是因为法规的不断变化，要求降低CSOs和SSOs并对设施所接收的所有流量都要进行一定程度的处理。湿季设施包括如同通流澄清池一次全满地运行一样的储存池。在暴雨事件发生后，这些池子排空，清洗，并准备应对下一事件。这些处理池或湿季澄清池采用了一些增强絮凝作用(压载作用)的化学混凝剂和板或提高可容许的水力负荷率的管式沉降器的组合。高速澄清单元装置的结构紧凑，启动时间短，并能生产出高品质的出水。HRC设施可以设在污水处理厂或接受来自主污水处理厂的峰值流量分流的远程卫星设施；然而，在启动时需要操作人员的关注和注意，可能是一个通常无人值守的卫星设施的缺点。湿季在堪萨斯州劳伦斯市和俄亥俄州托莱多市的HRC设施，已经采用活性污泥并行使用而达到二级处理标准，同时能够处理超过其年均流量5倍的峰值流量(Fitzpatrick et al.，2008)。

4.1 板或管式沉降器

板或管式沉降器可以用于改善有或无化学品加入的澄清过程。板或管式沉降器通过提高可利用的沉降面积而提高了现有澄清池的容量。图12.23提供了各种所使用的沉降器流动模式。采用再循环污泥(高密度污泥工艺)或絮凝增重剂(压载絮凝作用)的化学絮凝作用和管板式沉降器允许提高SORs。虽然降低板或管角的角度和间隔将会增加总投影面积，但是管或板的角度太平或限制管板式沉降器的间隔，将会阻碍沉降固体的运动。在板管式沉降器之前使用细筛能够使较紧密的间隔距离不会发生堵塞，但间距不应该如此接近而产生高速率。在板之前需要有效的砂砾及油脂去除(Reardon，2005)。费谢尔斯托姆(Fischerstrom，1955)推荐的最小间距使板间或管内流量具有的雷诺数低于2000，弗劳德数大于10^{-5}，而停留时间超过3~5min。

参数	方程	
层流速率：	$V_l = Q/A_{tp}$	(12.13)
总投影面积：	$A_{tp} = n \cdot a \cdot b \cdot \cos\theta$	(12.14)

雷诺数：　$N_{RE}=VR/\nu$　(12.15)

弗劳德数：　$N_{FR}=V^2/(R\cdot g)$　(12.16)

式中　V_1——层流(Hazen)速率，m/h；

Q——进水流量，m^3/h；

A_{tp}——总投影面积，m^2；

n——斜板数量；

a——单板长度，m；

b——单板宽度，m；

θ——板子与水平平面的倾斜角，度；

N_{RE}——雷诺数；

V——板间水速率；

R——水力半径=截面积/板润湿面积；

ν——动态黏度；

N_{FR}——弗劳德数；

g——重力加速度。

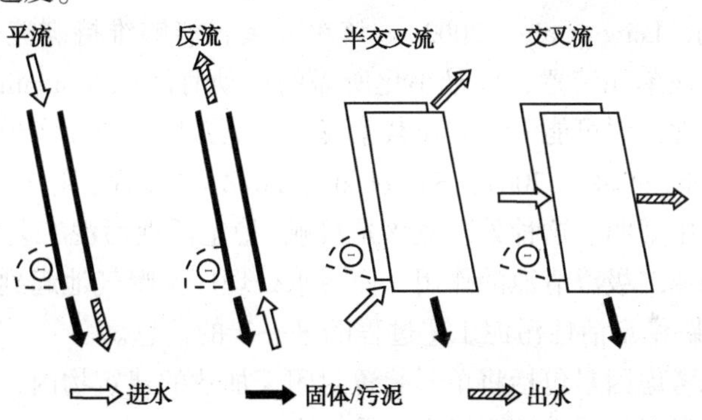

图 12.23　板式沉降器流动模式

(Buer et al.，2000)

4.2　压载絮凝作用

压载絮凝作用是与混凝剂一起向快速混合区的污水中加入诸如微沙粒压载剂的高速澄清技术的专业术语。压载絮凝工艺过程通常由进水筛滤、快速混合、絮凝、板管澄清、分离砂砾和再循环利用构成(图 12.24)。需要采用细筛滤而尽量降低板间和水力旋流器的堵塞(WEF，2005)。

微砂粒引入到絮状物中，增加了粒子密度，沉降速度和沉降参数(λ)。压载絮凝作用允许的澄清池表面溢流率更高，在平均流量下为 720~1200 $m^3/m^2\cdot d$(12~20gal/ft^2)，而在峰值流量下高达 2400~3100 $m^3/m^2\cdot d$(40~60 gpm /ft^2)。溢流率比传统的初级澄清过程高 50~90 倍(Leng et al.，2002)。雅格和爱德华兹(Young and Edwards，2000)证明了对于给定的沉降时间和 SOR 存在压载剂和化学沉淀的最佳组合。压载絮凝技术可以达到 75%~90%的 TSS 去除率，58%~78%的有机物去除率(Jolis and Ahmad，2004；Leng，2002；Leng et al，2002)。

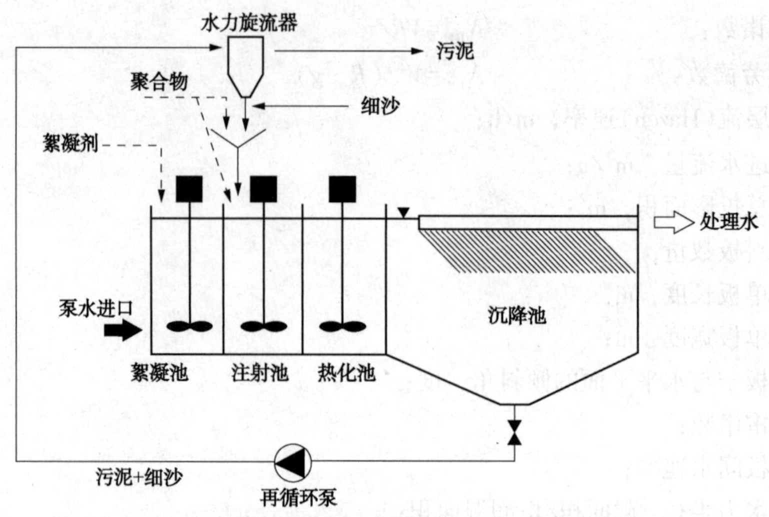

图 12.24 压载絮凝工艺过程的示意图

(WEF, 2005)

压载絮凝单元装置对湿季处理是有利的，因为这些装置可以离线，投入运行，并满足10~15min 的性能要求(Leng et al.，2002)。该单元装置能够维持满流出水，而少量流量的出水连续不断地通过该单元装置，以最小化所需的启动时间(Constantine et al.，2003)。小试规模的测试表明活性污泥可能引入到压载絮凝工艺上游接触池而实现将可溶性有机物快速吸收到生物质中(Siczka et al.，2007；Sun et al.，2008)。然而，这种变化，并没有在全规模湿季处理应用试验中证明。这种处理概念是接触-稳定活性污泥工艺过程的一个变体，压载絮凝作用起到了高速二级澄清池的作用，而污水处理厂主曝气池起到了稳定池的作用。第14 章提供了有关接触-稳定活性污泥工艺过程的进一步的信息。

冷冻保护的特殊考虑因素包括将单元装置封闭于加热的建筑物内，或部分排水和充填罐池，按照需要采用较温暖的污水处理厂出水维持水温(Jolis and Ahmad，2001)。

4.3 固体接触/污泥再循环利用

固体接触/污泥再循环利用或高密度污泥工艺过程包括筛滤，快速混合和絮凝，接着澄清(图 12.25)。污泥增稠并再循环利用到该工艺过程进水末端中，在快速混合区之前与混凝剂快速混合。聚合物加入到絮凝区。污泥回用提高了水中的颗粒物数量，从而增加颗粒密度，沉降速度和沉降参数(λ)。需要采用细筛最小化沉降区的管道堵塞(WEF，2005)。高密度污泥单元装置对于湿季处理是有利的，因为这些单元装置可以离线，投入运行，并满足20~30min 的性能要求(WEF，2005)。俄亥俄州托莱多市的弯景(Bay View)污水处理厂采用了高密度污泥工艺在 SORs 高达 2750 $m^3/m^2 \cdot d$(47 gpm/sq ft)之下，实现了 70%~95%的 TSS 去除率，55%~70%的碳 BOD 去除率和 70%~95%的总磷去除率(Stevenson et al.，2008)。

4.4 涡旋式旋流分离器

涡旋式旋流分离器是一种旋流固体-液体分离器，采用切向进口和表面溢流帮助从污水中分离出颗粒物(图 12.26)。通过重力和向心力分离的固体通常朝着其从该单元装置基部移除之处的单元装置中心移动。涡旋分离器有时会将沉淀、消毒和筛滤合并成一个单一容器。涡旋分离器在美国和欧洲通常用于湿季和 CSO 应用。除砂的涡旋分离器已经在第 11 章中进行了介绍。

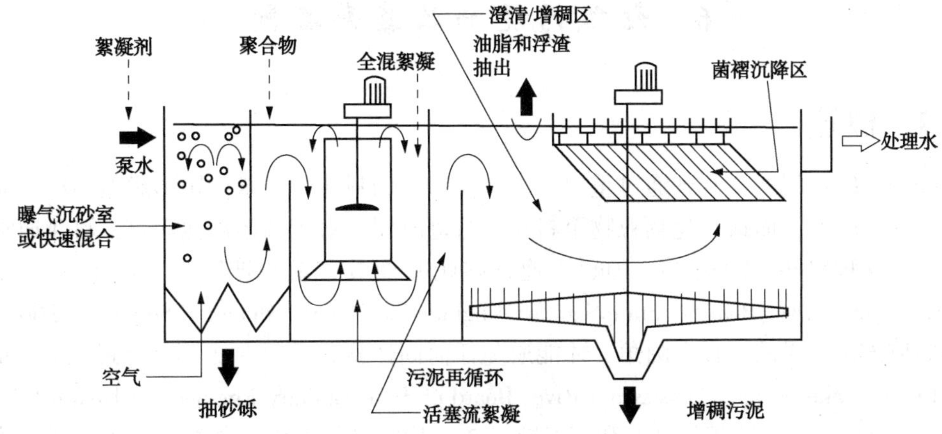

图 12.25　高密度污泥工艺过程的示意图
(WEF，2005)

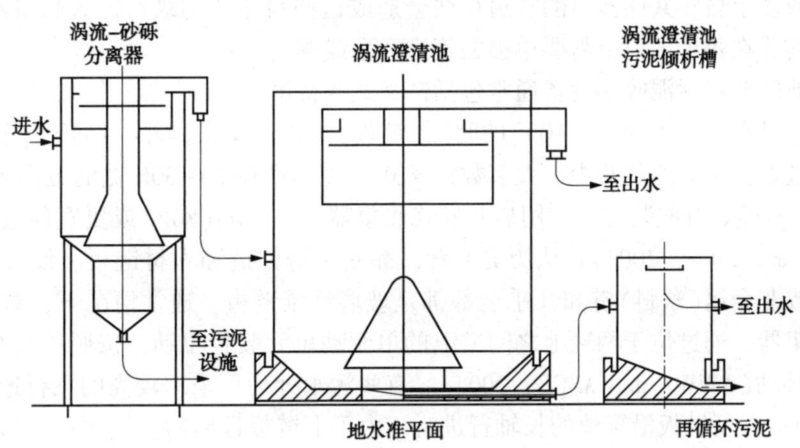

图 12.26　托特尼斯(Totnes)污水处理厂的旋流分离器工艺过程的构造设计
(WEF，2005)

5　细　筛　滤

细筛滤或过筛能够用于代替初级处理的沉淀操作，但不可能实现沉淀的去除效率(Metcalf and Eddy，2003；U. S. EPA，1975)。细网筛已经在斯堪的纳维亚国家使用，在这些国家初级处理是仅仅需要用于分别实现最低 50%和 20%的 TSS 和 COD 或 BOD 去除率的处理，然后就排放到沿海水域。类似的结果已经在加拿大和美国采用 4～6mm(0. 20～0. 25in.)开孔的旋转带式筛进行中试试验而获得(Stantec，2005；Sutton et al. ，2008)。

使用筛滤代替初级澄清池，能够显著降低空间需求和投资成本。下游处理工艺过程应该基于预期的筛滤性能进行设计。细筛滤或过筛应该采用过滤垫操作而实现最佳性能(Rusten and Lundar，2006；Bronn et al. ，2008)。筛滤的设计应该包括定期热水和压缩空气有效地去除筛布的污泥固体和油脂并维持筛布液压能力的系统(Rusten and Lundar，2006)。细筛滤已经在本章中先前进行了讨论。

6 初级污泥的收集和去除

6.1 概述

沉降的初级污泥通常刮到通过重力或泵抽而移除的料斗中。这种矩形罐池的料斗通常位于该罐池入口端部，而最小化颗粒物至料斗的行进时间。对于圆形罐池而言，料斗通常位于罐池中心。这种料斗，深达 3m(10ft)，通常陡峭侧面具有最小坡度 1.7：1(Great Lakes-Upper Mississippi River Board of State Sanitary Engineering Health Education Services，2004)。漏斗壁表面应该是光滑的，具有圆角，才能避免任何固体累积。料斗底部具有最大 0.6m(2ft)的尺寸(Great Lakes-Upper Mississippi River Board of State Sanitary Engineering Health Education Services，2004)。具有陡峭的侧面和宽度超过 3m(10ft)的沉淀池，往往需要多个料斗才能降低其深度。

从两个或多个料斗共同接出的管道往往会造成这些料斗的初级污泥去除量不同。因此，多个罐池和料斗在每个出口上需要单独的管道和泵或阀门。

矩形罐池的初级污泥收集设备通常包括链叉式或桥吊式。链叉式(图 12.18)，包括两个无极循环链，具有按照大约 3m(10ft)的间隔(链板)连接的交叉刮斗。旋转的链叉将沉降的初级污泥推进罐池末端的料斗中。大多数链叉式收集器都在 20~30ft 宽的范围内(Green，et al.，2007)。然而，有些装置，使用肩并肩式收集器，在 24m(80ft)或更宽的罐池中没有共用壁(Metcalf and Eddy，2003)。从历史上看，都使用铸铁链和木材链板。设计者现在可以选择不锈钢或非金属(塑料)链和几乎全部都是玻璃纤维链板。通常情况下，对于一对罐池的链叉式收集器，通过位于两罐池之间壁上的单驱动单元装置驱动，按照约 0.6m/min(2ft/min)的速率移动(AWWA and ASCE，2004)。有些污水处理厂采用较高的飞行速度为 0.9m/min(3ft/min)。飞行链板沿罐池的长轴行进时，由于上链板远离初级污泥料斗移动，就能够撇过表面，将浮渣漂浮物朝着浮渣去除机制推动。在罐池端部，链板下降到地面，将沉重的沉降物质拖到清除料斗中。单个罐池能够具有单个或两个料斗。多个罐池或具有不只一个初级污泥收集装置的罐池(宽度超过 6m[20ft]通常需要多个装置)经常在横槽中使用交叉收集器。交叉收集器，通常宽 1.2m(4ft)，深 0.9~1.2m(3~4ft)，在其将初级污泥传送至料斗时行驶通过一个或多个坦克的宽度(AWWA and ASCE，2004)。交叉收集器通常在 1.5m(5ft)中心上是链叉，沿横槽行进 0.6~1.2m/min(2~4ft/min)。螺旋型交叉收集器，有时也会使用，旋转速率为约 10r/min(图 12.27)(AWWA and ASCE，2004)。

桥吊式(图 12.28)，包括在按照约 1.8m/min(6ft/min)向罐池顶部安装的履带或轨道上料斗行进的桥梁或托架上安装的刮板机制。由于其按照约 3.7m/min(12ft/min)远离料斗行进，这种机制，大部分在水面之外，起到了撇渣器作用，将漂浮物质向浮渣清除机制推进。当其达到罐池末端时，该机制将下降到罐池地面，反转方向，朝着罐池的料斗末端行进，将沉降的初级污泥推向料斗。

如果在初级沉淀池上需要盖子时是不能使用桥吊式收集器的。然而，如果罐池封闭于具有能够使该设备运行和维护高度的建筑物时，这种桥吊就能够使用。桥吊式收集器可以跨过罐池宽度高达 30m(100ft)。在地震区内，应考虑使用约束机制抵御地震性地面运动产生的脱轨效应。在寒冷的气候条件下，桥吊式收集器的设计应该要避免冰雪堆积于轨道或履带。否则，这种累积作用可能会使桥吊脱轨或降低车轮与钢轨之间的牵引。

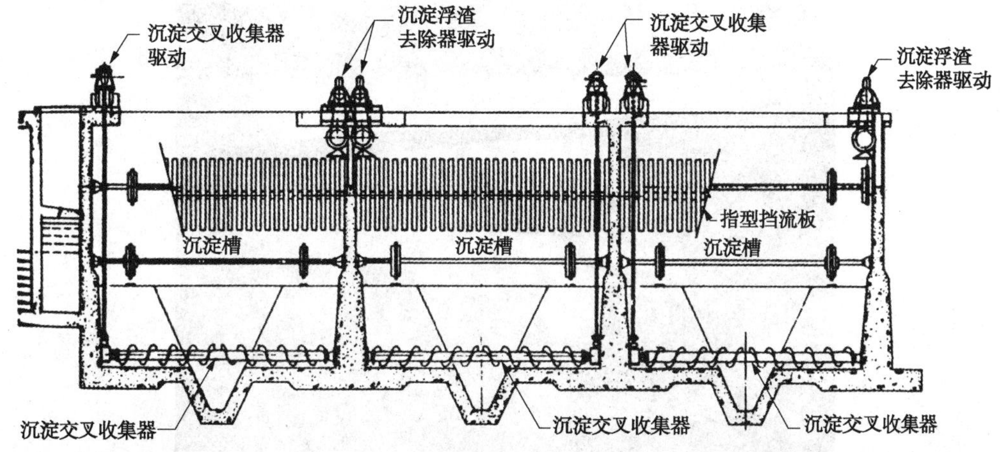

图 12.27 加州桑尼维尔市初级沉淀池的典型交叉收集器设计图

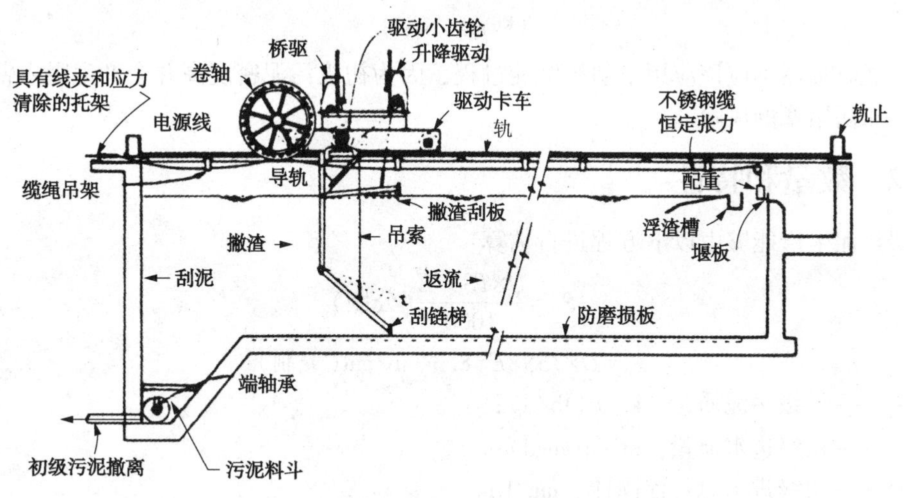

图 12.28 桥吊式初级污泥收集器的典型部分

圆形澄清池通常会具有分段耙或犁型初级污泥收集设备。传统的犁型(图 12.2)，由以 1.8~3.7m/min(6~12ft/min)的刮叶尖速度拖曳罐池底面的刮板构成(AWWA and ASCE, 2004)。随着该设备旋转，犁与迫使初级污泥向料斗移动的径向轴呈一定角度定位，这种料斗通常位于罐池中心。中心料斗通常是垂直侧面的集水坑，初级污泥由此泵送移除。该装置的旋转元件能够从罐池的中心或罐池壁外部进行驱动。必须施加足够的扭矩才能移动预期的最稠密的初级污泥。周边污泥层可能被这种犁型组件因为高尖端速度而发生再悬浮，尤其是在大直径澄清池中更是如此。某些选装需要将固体固体移到中心料斗。Alberston and Okey (1992)发现，传统的犁型刮板通常是大小尺寸不足，并证明了污泥刮板能力在接近澄清池中心时会被低速缓慢的犁型组件大大降低。

最近，较深的锥形分段螺旋式污泥刮板比传统的犁型刮板更受青睐(图 12.29)。连续锥形渐变的螺旋形刮板在同样小的一轮旋转过程中能够产生较快的运行尖端速率并将固体推向中心料斗。这使得污水处理厂操作员能够增加污泥的运输能力并提高污泥浓度。螺旋型刮板已成功地应用于直径高达 68m(225ft)的澄清池中，改善了污泥收集/运输效率(Albertson and Okey，1992；Kinnear，2002)。

图 12.29 螺旋式刮板澄清池

(Kinnear，2002)

吸入式收集器不应该应用于初级沉淀过程，因为初级污泥密度高并会产生吸入臂孔被诸如碎布等东西堵塞的风险。

6.2 数量和特性

初级污泥生产能够由以下方程进行估算：

$$S_M = \frac{Q \times TSS \times E}{1000} \text{(公制)} \tag{12.17}$$

$$S_M = Q \times TSS \times E \times 8.34 \text{ lb/gal(美制)} \tag{12.18}$$

式中 S_M——初级污泥质量，kg/d(lb/d)；

Q——初级进水流量，m^3/d(mgd)；

TSS——初级进水总悬浮固体，mg/L；

E——去除效率，份数。

初级沉淀池的 *TSS* 去除效率一般介于 40%～70%。如果不能获取实际去除率的数据，则可以假设 60%的去除效率。

化学强化初级处理(CEPT)能够将初级污泥质量提高 50%～100%(Soap and Detergent Association，1989)。在初级沉淀过程之前向渠首加入约 20mg/L 的氯化铁和 0.2mg/L 的聚合物提高了约 45%的初级污泥产量(Chaudhary et al.，1989)。这种提高约 30%是由于改善悬浮固体去除率之故而其余 15%源自化学沉淀和胶体物质的去除(Chaudhary et al.，1989)。

化学污泥量能够通过原始污水和混凝剂之间的化学计量关系进行估算。化学计量的数量对于铝盐和铁盐而言应该提高约 35%而解决那部分增加的 BOD、COD 和 TSS 的去除(Mertsch，1985；U.S. EPA，1987)。

初级污泥的组成是可变的，而取决于在收集区域的工业发展性质和程度。表 12.4 列出了典型特性。一些化学污泥(尤其是石灰和铝盐)是凝胶状的，含水量高，悬浮固体含量低，抗机械或重力脱水性高。进料固体组成在固体操作和加工处理单元装置的设计时值得慎重考虑。污泥特性的进一步介绍请参阅第 6 章和第 21 章。

6.3　增稠

初沉污泥在初级沉淀池、稳定设施或独立增稠单元装置内增稠。初级沉淀池在运行时通过容许累积 0.6~0.9m(2~3ft)厚的固体层并压实初级污泥，能够均匀地生产固体浓度为 3%~6%的增稠固体(WEF，2005)。更高浓度也能够实现，但往往会在输送系统中产生问题(WEF，1996)。

如果污水处理厂进水容易腐化或发生其他现场特异性条件而妨碍污泥充分沉降，则沉淀池运行时有时也会连续排出稀的初沉污泥，而最小化增稠，最大化去除率和防止沉降固体厌氧分解。厌氧或化粪池条件将会导致 BOD 再溶解，并可能导致污泥层抬升而固体去除率变差。可溶性 BOD 所占份数较大的原始污水去除效率将会大大低于可溶性 BOD 所占份数较小的相同污水的去除效率。在炎热气候(美国西南部和夏威夷)下和收集系统具有长停留时间的地方，溶解与腐化是特别棘手的问题。

在华盛顿州西雅图市的兰顿(Rendon)污水处理厂，在试图增稠初级污泥期间可溶性 BOD 就积累于初级沉淀池内(Uhte，1990)。这归咎于沉淀池内化粪池条件的产生和峰值流量下初级污泥层的冲刷作用。曝气池的 BOD 负荷增加了约 20%(Uhte，1990)。通常情况下，初级污泥增稠就不应该试图采用溢流率大于 100 $m^3/m^2 \cdot d$(2 500 gpd /ft)实现(Uhte，1990)。这种速率需要独立的增稠设施。水环境联合会(Water Environment Federation)(2005)建议在独立的工艺过程中实施独立的增稠和澄清。有关污泥增稠的信息，能够在第 23 章中找到。

表 12.4　初级污泥特性(U.S. EPA，1979)

特性[①]	数值范围	典型值	备注
pH	5~8	6	—
挥发性酸，mg/L 如乙酸	200~2 000	500	—
热值，kJ/kg Btu/lb	16 000~23 000 6800~10000	—	取决于挥发物质的含量和初级污泥组成；报道值是基于干物质的
		10 285	初级污泥 74%挥发物质
		7 600	初级污泥 65%挥发物质
各种固体颗粒物的比重	—	1.4	醉着砂砾和淤泥增加而增加
毛体积比重(湿)	—	1.02	随着初级污泥厚度和固体比重而增加
		1.07	来自暴雨和卫生下水道汇流系统的强污水
BOD_5 : VSS 之比	0.5~1.1	—	—
COD : VSS 之比	1.2~1.6	—	—
有机氮 : VSS 之比	0.5~1.1	—	—
挥发物质含量，干固体的重量百分比	64~93	77	无初级污泥循环，良好铺砂时由 42 个样品获得的值，标准偏差为 5

续表

特性①	数值范围	典型值	备注
	60~80	65	
	—	40	由于严重暴风雨导致值较低
	—	40	由于工业废物导致值较低
纤维素，干固体的重量百分比	8~15	10	—
半纤维素，干固体的重量百分比	—	3.2	—
木质素，干固体的重量百分比	—	5.8	—
油脂和脂肪，干固体的重量百分比	6~30	—	醚溶性
	7~35	—	醚萃取
蛋白质，干固体的重量百分比	20~30	25	—
	22~28	—	—
氮，干固体的重量百分比	1.5~4	2.5	表示为 N
磷，干固体的重量百分比	0.8~2.8	1.6	表示为 P_2O_5；由 P_2O_5 的值除以 2.29 而获得 P 的值
碳酸钾，干固体的重量百分比	0~1	0.4	表示为 K_2O，K_2O 的值除以 1.20 而获得 K 的值

①BOD=生化需氧量；COD=化学需氧量；而 VSS=挥发性悬浮固体。

6.4 运输和处理

初级污泥抽取系统的设计应该具有容许按照控制初级污泥层深度的速率连续抽出或间歇抽出的能力。如果沉淀池将要运行而实现额外的初级污泥增稠时，抽出管道和泵的设计必须能够处理更稠的污泥。抽出线应该直径至少 100mm(4in)。由于固体浓度增加至6%以上，因为增稠的初级污泥黏度较大而增大了堵塞风险，就会堵塞管道。因此，吸入管路应尽量伸直，并方便于管道通条，管内清洗，或冲洗而清除堵塞物。在初级污泥泵吸入侧必需有轻玻璃或固体密度计监测固体水平。绍瓦等(Sova et al.，2008)证实，使用固体密度仪和控制器的自动化污泥排出技术是可靠的并提高初级固体 4.5%~5.2%。初级污泥线应该包括采样口和流量计。泵应该经过定位而维持净正吸头。泵上时钟应该能够设置 30min 增量。无论何处实用，备用泵都应该提供，而不是采用可能被碎片和油脂堵塞的互连管道。第 6 章和第 21 章提供了泵更详细的介绍。

7 可漂浮固体的管理

7.1 概述

漂浮物质或浮渣的去除率，是初级处理的一项重要功能。油、油脂、塑料和其他漂浮物质增加了下游处理工艺过程的有机负荷，并可能导致各种运行问题，包括在下游处理工艺过程中视觉不雅、气味熏人和浮渣堆积。

7.2 收集

浮渣收集通常已经位于矩形初级沉淀池的出水末端(图 12.18)。然而，有一些污水处理厂，将浮渣收集定位于沉淀池进水末端，以降低至收集点的行进距离，并确保所有可漂浮物快速去除(图 12.30)(Kemp and MacBride，1990)。在一些污水处理厂中采用人工收集浮渣。初级污泥收集机制或独立设备可能会操纵自动浮渣-去除机制。浮渣-去除机制应该延伸处理池的整个宽度(半径)，才能防止漂浮物到达出水堰，并能够最小化风的影响(Gelderloss et al.，2004)。风速可能以 8°～12°角度进攻而超过径向撇渣器产生的向外速率(Albertson，2005)。撇渣器与具有两个趋同的直管扇形(弯头)的进料井相切，相对于径向撇渣器将进攻角度提高至约 25°(Albertson，2005)。入口设计应允许浮渣自由进入沉淀池，而不会夹陷于入口渠道或挡流板之后。为此目的，圆形进料井上应该提供具有分流器板的槽。在某些情况下——例如，高油和高脂含量——独立的撇渣器机制，或水喷淋系统对于中心进料井是必要的。有时需要使用热水系统保证浮渣槽清洗和料斗与管道的冲洗(Gelderloss et al.，2004)。沉淀池内应该维持几近恒定的水面高度，方便浮渣收集设备的正常运行。

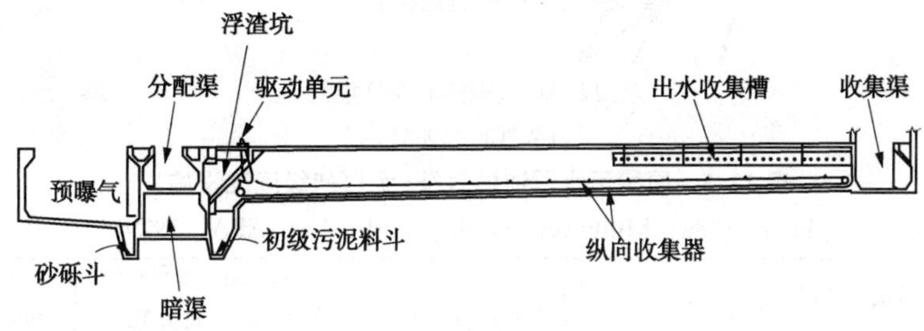

图 12.30　在沉淀池进水末端具有浮渣收集装置的初级沉淀池

倾斜槽(图 12.31)、斜管和斜滩(图 12.32)都适用于从初级沉淀池中去除浮渣。初级污泥收集器的解扣装置启动倾斜槽而允许收集流入槽中而随后进入湿井的液流表面上的物质。斜管是一侧敞开的部分淹没的管道并位于水面上。传动装置和升降螺杆轴向旋转管道，而使表面收集的物质流入管道内，然后流向湿井。湿井浮渣泵送至另一种处理工艺过程。斜滩是具有收集器槽的固定装置。漂浮物可能通过空气喷雾、水喷射喷雾、初级污泥收集机制，或独立的刮刀型刮板定向至斜滩。独立的刮刀型刮板将漂浮物移动至斜滩上并流入槽中。载流水(初级出水)冲洗浮渣通过流水槽而进入湿井，在此泵送至另一处理工艺过程。

矩形沉淀池的收集器采用杠杆、机架或齿轮、蜗杆传动装置或电机操作设备进行手动倾斜。旋转设备起到表面漂浮物质的收集器作用，这些漂浮物被推到斜滩或斜槽撇渣器。旋转臂的弹簧加载部分跨骑于斜滩上，将这些漂浮物质扫入槽中，并下落而回到远侧的水中。斜槽通常延伸到沉淀池中正好够不着旋转臂的位置。随着旋转臂或表面收集器通过，就会物理地倾斜(旋转)斜槽，而使之撇过表面。

7.3 数量和特性

表 12.5 中列出了 19 个设施的浮渣数量和化学组成。干重浮渣数量介于 0.1～19mg/L，而中值大约为 5mg/L，浮渣的数量和化学组成既高度可变的，又取决于多个因素，包括收集区域内的工业发展程度和类型、餐饮设施、商用厨房和当地人口统计状况。组成也取决于再循环的污水处理厂侧流和上游工艺过程的浮渣去除效率。其他措施包括进料烧碱而皂化浮渣的装置和泵排放而提供混合的再循环管路。

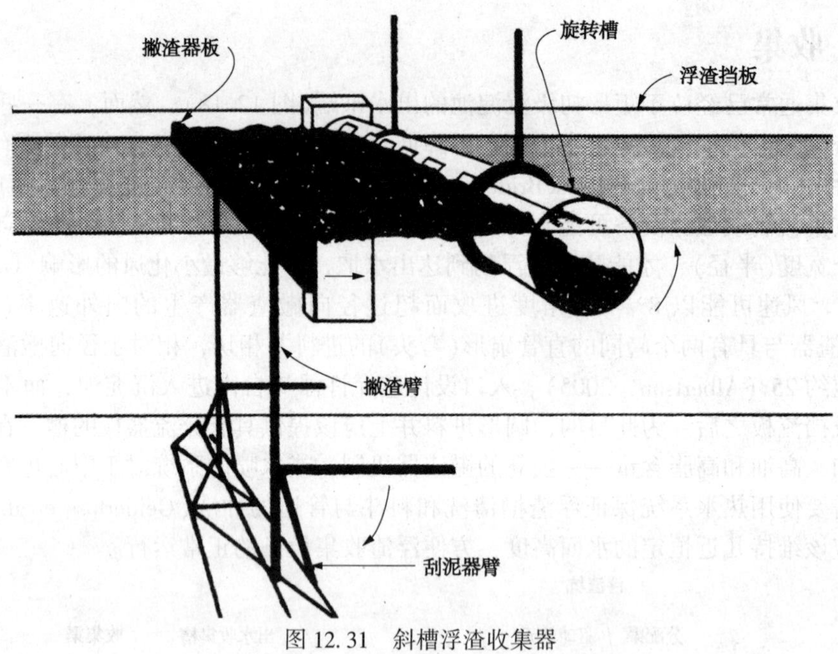

图 12.31 斜槽浮渣收集器

(WPCF, 1985)

表 12.5 原始污水浮渣的表征(源自初级沉淀设施)

(Feja, 1986; Mulbarger et al., 1989; U.S. EPA, 1979)

污水处理厂	数量 (干重)/(mg/L)	挥发物 百分数/%	油和脂的 百分数/%	燃料值	
				Btu/lb	kJ/kg
新泽西西北贝格县	2.3				
明尼苏达明尼阿波利斯-圣保罗		98		5 600	13 000
加州奥克兰东海湾	9.8	96	91	6 000	14 000
华盛顿西雅图西点	2.9				
Not Stated		89		7 200	16 800
纽约三个纽约新城污水处理厂	0.1~2.0		80		
加州洛杉矶县卫生区	10				
佐治亚奥尔巴尼	17				
威斯康辛密尔沃基	3.1				
加州科特拉科斯塔县	5.6				
加州萨克拉曼多	14.4				
新泽西帕塞伊克谷污水收集系统委员	6				
密歇根底特律	3				
纽约新城沃兹岛	4.8				
密苏里圣路易斯比塞尔	10.5				
伊利诺伊卡鲁梅，大芝加哥都市水资源再生区	1.8	平均	平均	平均	平均
伊利诺伊西南，大芝加哥都市水资源再生区	5.3	Of all	Of all	Of all	Of all
伊利诺伊西部，大芝加哥都市水资源再生区	4.8	Four is	Four is	Four is	Four is
伊利诺伊北部，大芝加哥都市水资源再生区	0.5	91	73	6 600	15 300
污水处理厂数目	19	8	7	8	8
最大值	17	98	91①	7 200	16 800
中值	4.8				
平均值	5.3	93	77①	6 500	15 000
最小值	0.1	89	73①	5 600	13 000

① 可能的可皂化物(可生物降解的)含量为 60%~70%。

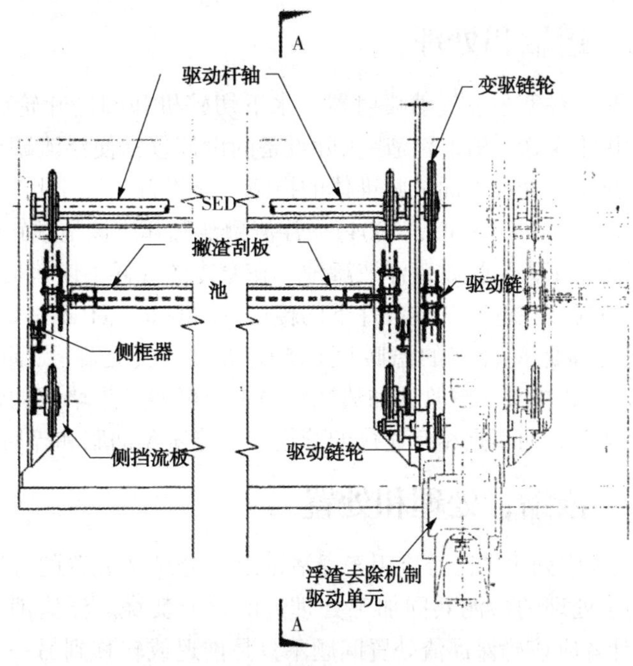

浮渣去除机制

示意图
比例尺：3/4″=1′-0″

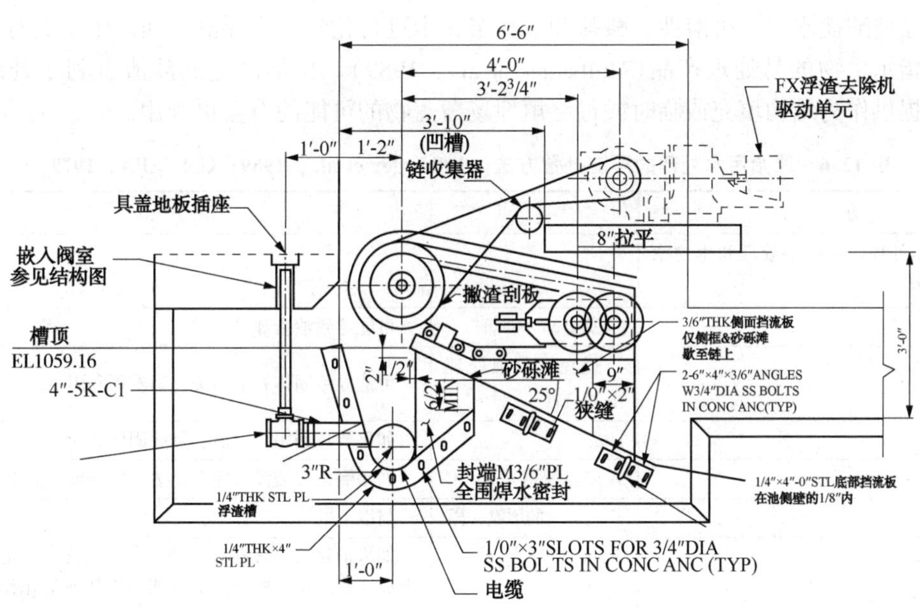

分段
比例尺：3/4″=1′-0″

图 12.32　斜滩浮渣收集器
(平面图和截面图)

7.4 运输和处理

螺杆泵、柱塞泵、气动喷射器、水下切碎机和凹进叶轮离心泵，无论有无切割杆连接件，已经用于泵送浮渣。浮渣-去除设备的设计包括使浮渣罐池或料斗内容物在泵送期间保持混合而防止结壳或卷曲成圆锥体的措施。浮渣料斗尺寸上应该相对较小，才能最小化浮渣保留时间(Gelderloss et al.，2004)。浮渣罐池底部应该是倾斜的。充分安全的装置应该包含在内，以防止工人不慎跌落浮渣罐池。在寒冷的气候下应该提供大型红外加热器保持浮渣不会冻结，而提高在寒冷气候条件下的传送(Gelderloss et al.，2004)。一些设计师使用玻璃内衬管，这能够保持合理的温暖度(15℃[59℉]或更高)，而最小化堵塞问题(U.S.EPA，1979)。嵌入式接头，清管站和清洗孔提供于可能发生堵塞的地方。每当使用时，提供浮渣泵送的备用泵，而不是相互连接的管道，才能避免油脂和碎屑堵塞管道。

7.5 浓缩，处理和处置

表12.6中列出了已经应用于浮渣浓缩、处理和处置的方法。从历史上看，浮渣采用填埋，与污水处理的污泥共同加工处理、消化或焚烧。浮渣消化产生额外的消化池气体(沼气)；设计者应该确保浮渣处置问题不只是推迟或转移到另一个工艺过程的问题。当浮渣排放至消化池中时必须提供足够的消化池搅拌而确保完全消化，并最小化浮渣层的形成。浮渣和污泥研磨，应该考虑消除影响美观的漂浮塑料和橡胶制品。浮渣可能通过浮选和自我清洁，旋转筛滤而浓缩。洛杉矶卫生区成功地使用了双料斗浓缩器而浓缩加利福尼亚州卡森市的联合水污染处理厂厌氧消化前的初级浮渣(图12.33)。在马萨诸塞州波士顿市，采用石灰、普通硅酸盐水泥、可溶性硅酸盐和水泥窑粉尘进行化学固定浮渣，而产生了具有低渗透性和无指示生物的易处理产品(Mulbarger et al.，1989)。化学固定的浮渣有利于处理和处置，并提供作为结构填充或临时或最终填埋场覆盖物的可能的有益再利用。

表12.6 原始污水处理的浮渣处置方法(Mulbarger et al.，1989；U.S.EPA，1979)

方 法	优 点	缺 点
与污水处理固体的共处理和生物稳定化作用		
增氧	发生部分降解	可能导致油脂球的形成
	避免了单独处理的复杂性	可能导致固体石油污染，影响再利用
		如果要再利用，可能会降解固体表面
	广泛使用	如果剩余残渣没有完全除去可能导致浮渣累积
厌氧	与以上的增氧一样	与以上的增氧一样
		如果消化池没有进行强烈混合，则就会一定程度地形成浮渣层；一些浮渣层可能发生任何消化作用；消化池应该为这个层量身定制。 除了清理之外浮渣层的去除是很困难的；即使进行清理，浮渣层的处置仍然是很困难的。 需要良好的滗析作用才能避免在应用于消化池时连同浮渣引入大量的水。避免引入大量的水除非采取特殊预防措施，否则就可能导致管线堵塞。

续表

方　法	优　点	缺　点
与污水处理固体的共处理和焚烧	理论焚烧成本低	需要良好的滗析作用。
		如果不以接近连续的模式引入就可能使焚烧炉产生重负。对于颗粒物和挥发性物质具有特殊的空气污染问题。
无污水固体的单独处理和焚烧	几乎没有残余灰分	与以上共处理一样。 第一次成本和维护成本高。 在小型污水处理厂是不可接受的。
无污水固体的单独处理和填埋	资金成本低	可能具有高运营成本
		需要良好的滗析才能最小化体积和流度。产物因为气味和感染特性而可能是不可接受的。
无污水固体的单独处理和作为动物饲料或低级肥皂厂进行再利用	资金成本低	因为危险（大多数有毒有机物质易于在油脂中浓缩）和优异的低成本替代方案而应用有限

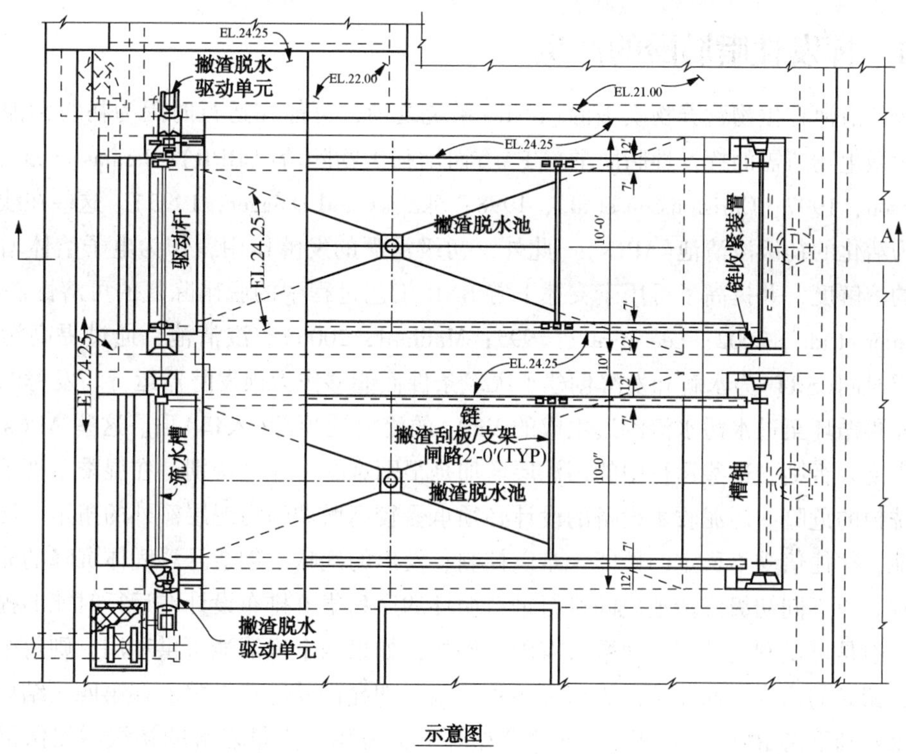

图 12.33　加州卡森市联合水污染控制厂（Joint Water Pollution Control Plant）的浮渣浓缩器

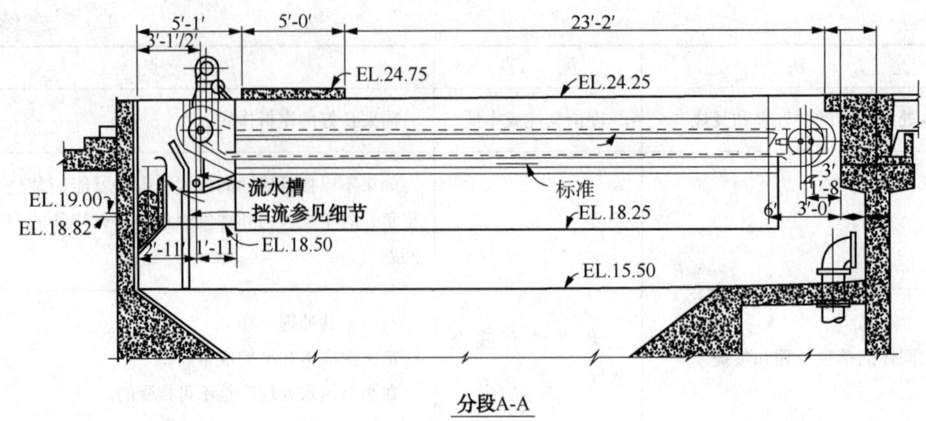

图 12.33　加州卡森市联合水污染控制厂(Joint Water Pollution Control Plant)的浮渣浓缩器(续)

8　下游工艺过程的考虑因素

初级处理系统的选择和设计应该考虑该系统的目标和对下游处理工艺过程的影响(Bixio et al.，2000)。下面将讨论特殊的下游工艺过程考虑因素。

8.1　挥发性脂肪酸的产生

初级澄清池在生物营养物质去除(BNR)系统之前，可能在运行时因为初级污泥发酵产生磷累积微生物所需的挥发性脂肪酸(VFAs)而增强生物除磷(EBPR)(Barajas et al.，2002；Christensson，1997；Christensson et al.，1998；Skalsky and Daigger，1995)。这些在线预发酵器被称为活化的初级澄清池(APCs)。此外，初级污泥的发酵作用，作为电子给体增强了初级污泥的溶解度，并提高了可用于支撑下游 BNR 工艺过程中的脱硝除氮的可溶性底物(碳)的量(Bauer et al.，2002；Lee et al.，1995；Maillard，2006)。澄清池，通过提高污泥层和固体停留时间(SRT)为水解和发酵创建了厌氧条件而能够作为预发酵器运行。发酵的污泥从底部料斗再循环至进水污水流淘选生成的 VFAs 的澄清池顶部(入口)顶。这些 APCs 必须有足够的深度。否则，这些运行中的污泥层增加是很困难的，并且特别是在湿季条件下增加了污泥冲洗掉的危险。污泥收集设备的设计必须承受较高增稠的污泥层额外的扭矩。活化的初级澄清池，往往倍受不稳定的性能、难以控制、发出的气味、创造悬浮固体沉降的非最佳条件而困扰。在不同初级澄清池之间进行进料循环的序列集群排布设计在运行时能够提供更好的控制，但是可供利用的澄清池数量有限。例如，如果四个澄清池可供利用，则每个澄清池会接收到四天的污水，而在第四天就无污水可收，却允许其继续发酵。在第四天结束时发酵的污泥泵送到下游 BNR 工艺过程，而这个循环周而复始。少量发酵的初级污泥保留而作为下一批次的种子。这就提供了一个四天的有效 SRT(Latimer et al.，2007)。通常情况下，在独立的封盖反应器中进行侧流预发酵是可优先选的，因为这更有效，更不易于出现混乱和异味，会产生更多的 VFAs，而允许更好的 SRT 控制(McCue et al.，2006)。对于 BNR 系统，包括 EBPR 和侧流预发酵的更加全面的介绍，请参阅第 14 章。

8.2　可用碳的储存

用于硝化和脱硝除氮的生物营养物去除工艺过程上游的初级处理系统如果经过专门设计或运行而进行非最佳地去除悬浮固体和 BOD，就能够为脱硝除氮保存可利用的碳（Tang et al.，2004；Parker et al.，2001）。设计者应仔细比较这种变化的优点和缺点。对于 BNR 系统的更深入全面的介绍，请参阅第 14 章。

8.3　初级和二级处理的共增稠作用

废物生物污泥有时排放至初级沉淀池的进水末端而进行共增稠作用（沉降和压实）。在几个固定膜设施（即，滴滤池、生物曝气滤池［BAF］和固体接触）中，废物固体与原始污水的共增稠作用不会不良影响初级污泥的沉降或增稠（Kemp and MacBride，1990）。这些污水处理厂，如果存在于气候温和的地区，不要具有过多的 SORs，并配备了快速污泥抽出系统，而防止因为污泥层中的生物活性提高可溶性 BOD。共增稠澄清池的典型 SORs 范围为 24～32 $m^3/m \cdot d$（600～800 gpd /ft^2）（Metcalf and Eddy，2003）。共增稠的污泥浓度范围为 2%～3.5%。共增稠作用的益处包括：因为与二级固体的絮凝作用增加而增强了初级沉淀作用，和消除和简化了独立的二级增稠设施和固体处理操作（WEF，2005）。如果不考虑铁盐的加入，与来自 BAF 的反冲洗流共沉降原始污水看起来能够将初级处理提高 10%～20%（Rogalla，2007）。应该指出，来自活性污泥工艺过程（WAS）的生物污泥的性质显著不同于固定膜工艺过程的污泥性质。独立的 WAS 增稠作用，取代了大多数活性污泥设施的 WAS 共增稠作用的做法。

8.4　消化池硫化氢的控制

初级处理系统设计如果经过设计而加入氯化铁、氯化亚铁、硫酸铁或硫酸亚铁或氯，就可能控制消化池气体中的硫化氢含量。在采用氯进行氧化时，铁盐与硫化物反应而形成不溶性的硫化铁沉淀。这就固定了硫化物而防止其从初级处理或消化工艺过程中被释放出来。这些化学物质有时最好在进行混合时存在更大湍流的上游加入。有关气味和排放控制策略，包括厌氧消化池内硫化氢控制策略的信息，可以参阅第 7 章。

8.5　毒性考虑因素

对于任何处理工艺过程，设计者必须考虑所选初级处理系统的优点和缺点。谨慎论证处理助剂的使用。诸如二级和三级处理中的阳离子聚合物混凝剂已经证明有一定的毒性（Fort and Stover，199）。在出水排放要求或接受水质目标限制氯化物加入的地方，可以使用聚合物或硫化铁代替三氯化铁作为混凝剂。使用三氯化铁作为混凝剂，可能会导致铁干扰紫外线消毒（Stevenson et al.，2008）。污水中添加聚合物可能会有助于氯化或氯胺化处理期间生成消毒副产物，如 *N*-亚硝二甲胺（NDMA）（Huitric et al.，2006；Park，2008；Sedlak et al.，2003）。

8.6 污泥处置

在权衡是否提供初级处理和选择目标 TSS 和 COD 或 BOD 去除效率时，应该考虑现场特异性污泥处置替代方案和整个污水处理厂的能量平衡。例如，焚烧通常有利于实现高的初级固体与生物固体之比，而最大化支持自体燃烧的污泥热值。此外，厌氧污泥消化产生的沼气较多(是具有相对中性的碳足迹的燃料源)，而初级固体与生物固体之比也较高。

9 设计实例

本节提供了初级澄清池的设计实例。这种设计适用于具有表 12.7 中所提供的进水特性的市政污水处理厂。这种污水处理厂在平均流量条件下需要达到至少 60%的 TSS 去除率，45%的 BOD 去除率。

表 12.7 所设计污水处理厂的进水特性

	浓度/(mg/L)							
	TSS_{PI}	TSS_{non}	COD_{PI}	COD_{non}	BOD_{PI}	BOD_{non}	温度/℃	初级进水/(m^3/d)
平均	290	90	580	290	250	125	24	80 000①

①21 mgd；峰值卫生污水流量系数=1.7；峰值暴雨流量系数=2.6。

注：TSS=总悬浮固体；COD=化学需氧量；BOD=生化需氧量；PI=初级进水；non=非可沉降。

式中 TSS_{PI}——290 mg/L；

TSS_{non}——90 mg/L。

将这些值代入方程 12.3，如下得到最大 TSS 去除效率：

$$E_{TSS最大}=1-(TSS_{non}/TSS_{PI})=1-(90/290)=69.0\%$$

沉降参数(λ)由污水处理厂的数据通过将 TSS 去除率相对于 TSS_{PI} 数据作图并随后采用方程 12.8 和 TSS_{PI}、TSS_{non}、TSS_{PE} 和 SOR 的数据拟合曲线而估计为 100 m^3/m^2 · d(2500 gpd/ft^2)。

新的污水处理厂将采用 40 m^3/m^2 · d(1 000 gpd/ft^2)的平均 SOR 进行设计。

使用方程 12.2：

$$E_{TSS}=E_{TSS最大}(1-e^{-\lambda/SOR})=0.69\times(1-e^{-(100/40)})=63.3\%(>60\% \text{ 可接受})$$

式中 COD_{PI}——580 mg/L；

COD_{non}——290 mg/L。

使用方程 12.5 和 12.4：

$E_{COD最大}=1-(COD_{non}/COD_{PI})=1-(290/580)=50.0\%$

$E_{COD}=E_{COD最大}(1-e^{-\lambda/SOR})=0.5\times(1-e^{-(100/40)})=45.9\%(>45\% \text{ 可接受})$

式中 BOD_{PI}——250 mg/L；

BOD_{non}——125 mg/L。

使用方程 12.7 和 12.6：

$E_{BOD最大}=1-(BOD_{non}/BOD_{PI})=1-(125/250)=50.0\%$

$E_{BOD5}=E_{BOD最大}(1-e^{-\lambda/SOR})=0.50\times(1-e^{-(100/40)})=45.9\%$（>45% 可接受）

对于 SOR 为 40 $m^3/m^2\cdot d$(1 000 gpd/ft^2)的设计流量，能够估计出初级出水的质量。

如下使用方程 12.8，12.9 和 12.10：

$TSS_{PE}=TSS_{non}+(TSS_{PI}-TSS_{non})e^{-\lambda/SOR}=80\ mg/L$

$COD_{PE}=COD_{non}+(COD_{PI}-COD_{non})e^{-\lambda/SOR}=291\ mg/L$

$BOD_{PE}=BOD_{non}+(BOD_{PI}-BOD_{non})e^{-\lambda/SOR}=135\ mg/L$

使用方程 12.1：

式中　SOR——Q/A；

SOR——40 $m^3/m^2\cdot d$(1 000 gpd/ft^2)；

Q——21 mgd。

然后是所需的表面积(A)，对于所有罐池而言为：

$$A=Q/SOR=79\ 500\ m^3/d/40\ m^3/m^2\cdot d=1\ 990\ m^2$$

在该实例中，污水处理厂的运营要求设备对于 6m(20ft)的矩形罐池宽度进行标准化。70m(230ft)的长度适用于初级沉淀池。因此，所需的罐池数量为：

$N=A/(6\ m\times 70\ m)=1\ 990\ m^2/420\ m^2=4.7$ 个罐池

所需罐池数=5(四舍五入)

采用 3.65 m(12 ft)的深度，就能计算出每一罐池的体积容量：

$$V_{罐池}=A_{罐池}\times 深度=420\ m^2\times 3.65\ m=1530\ m^3$$

每个罐池的设计流量$=Q_{罐池}=Q/N=79\ 500\ m^3/d/5$ 个罐池$=15\ 900\ m^3/d$/个罐池

水力停留时间$=V_{罐池}/Q_{罐池}=[1\ 530\ m^3/(15\ 900\ m^3/d]\times 24\ h/d)=2.3\ h$（注：<2.5 h 可接受，而 3m [10ft]罐池是优选的。）

使用 3 m(10 ft)的深度，也能计算出每一罐池的体积容量：

$V_{罐池}=A_{罐池}\times 深度=420\ m^2\times 3\ m=1\ 260\ m^3$

每个罐池的设计流量$=Q_{罐池}=Q/N=79\ 500\ m^3/d\cdot 5$ 个罐池$=15\ 900\ m^3/d\cdot$ 个罐池

水力停留时间$=V_{罐池}/Q_{罐池}=[1\ 260\ m^{3/}(15\ 900\ m^3/d]\times 24\ h/d)=1.9\ h$

由方程 12.17：

$$S_M=\frac{Q\times TSS\times E}{1000}（公制）$$

$$SM=[79\ 500\ m^3/d\times 290\ mg/L\times 0.722]/1000=16\ 650\ kg/d$$

由表 12.4，

式中　毛体积比重——1.02；

固体浓度——4%；

污泥体积——$[16\ 650kg/d]/[1.02(1\ 000\ kg/m^3)(0.04)]=408\ m^3/d$

10　参考文献

Albertson, O. E.; Okey, R. W. (1992). Evaluating Scraper Designs. *Water Environ.*

Technol. 4(1), 52-58.

Albertson, O. E. (2005). Clarifier Scum Removal Can Be Both Simple and Efficient. *J. Environ. Eng.*, 131(2), 225-231.

American Water Works Association; American Society of Civil Engineers(2004). *Water Treatment Plant Design*; McGraw-Hill: New York.

Andreu-Villegas, R.; Letterman, R. D. (1976). Optimizing Flocculation Power Input. *J. Environ. Eng.*, 102, 251.

Barajas, M. G.; Escallas, A.; Mujeriego, R. (2002). Fermentation of a Low VFA Wastewater in an Activated Primary Tank. *Water SA*28(1), 89-98.

Baur, R.; Bhattarai, R. P.; Benisch, M.; Neethling, J. B. (2002). Primary Sludge Fermentation-Results from Two Full-Scale Pilots at South Austin Regional(TX, USA)and Durham AWWTP(OR, USA). *Proceedings of the 77th Annual Water Environment Federation Technical Exposition and Conference*[CD-ROM]; New Orleans, Louisiana, Oct 2-6; Water Environment Federation: Alexandria, Virginia.

Bronn, T.; Newcombe, R.; Fiepke, S. (2008). Fine Mesh, Rotating Belt Sieve for Primary Treatment of Municipal Wastewater: Pilot Project Results. *Proceedings of the 81st Annual Water Environment Federation Technical Exposition and Conference*[CD-ROM]; Chicago, Illinois; Oct 18-22; Water Environment Federation: Alexandria, Virginia.

Bixio, D.; van Hauwermeiren, P.; Thoeye, C. (2000). Impact of Primary Treatment Technologies on BNR: The Case Study of the STP of Ghent. *Watermatx Gent.*, Sept 18.

Camp, T. R. (1936). A Study of the Rational Design of Settling Tanks. *Sew. Works J.*, 8, 742.

Camp, T. R. (1946). Sedimentation and the Design of Settling Tanks. *Trans. Am. Soc. Civ. Eng.*, 3(2285), 895.

Camp, T. R. (1955). Flocculation and Flocculation Basins. *Trans. Am. Soc. Civ. Eng.*, 120, 1.

Carry, C. W.; Moshiri, M. (1984). Wastewater Treatment for Ocean Disposal. Paper presented at Joint Technology Seminar on Waste Treatment Technology. Japan.

Carter, P.; Worrell, J.; Daigger, G.; Allen, E.; Land, G. (2003). Enhanced Primary Treatment: Full-Scale Pilot Answers Many Questions. *Proceedings of the 76th Annual Water Environment Federation Technical Exposition and Conference*[CD-ROM]; Los Angeles, California, Oct 11-15; Water Environment Federation: Alexandria, Virginia.

Chaudhary, M. R.; Shao, Y. J.; Crosse, J.; Soroushian, F. (1989). Evaluation of Chemical Addition in the Primary Plant at Los Angeles' Hyperion Treatment Plant. *Proceedings of the 62nd Water Pollution Control Federation Annual Conference*; San Francisco, California; Oct 16-19; Water Pollution Control Federation: Washington, D. C.

Christensson, M. (1997). Enhanced Biological Phosphorus Removal: Carbon Sources, Nitrates as Electron Acceptor, and Characterisation of the Sludge Community. Ph. D. Thesis, Lund University, Lund, Scania, Sweden.

Christensson, M.; Lie, E.; Jonsson, K.; Johansson, P.; Welander, T. (1998). Increasing Substrate for Polyphosphate-Accumulating Bacteria in Municipal Wastewater through Hydrolysis and Fermentation of Sludge in Primary Clarifiers. *Water Environ. Res.*, 70(2), 138-145.

Constantine, T. A.; Brook D.; Crawford, G., Sacluti, F., Black, S.; McKenna, D. (2003). The Disinfection Potential of Two Enhanced Primary Treatment Technologies Treating Wet Weather Flows at Edmonton, Gold Bar WWTP. *Proceedings of the 76th Annual Water Environment Federation Technical Exposition and Conference*[CD-ROM]; Los Angeles, California, Oct 2-6; Water Environment Federation: Alexandria, Virginia.

Cowburn, S.; Borneman, D. (2008). High-Rate Operation of Primary Sedimentation Tanks to Provide Additional Wet-Weather Treatment Capacity. *Proceedings of the* 81st *Annual Water Environment Federation Technical Exposition and Conference*[CD-ROM]; Chicago, Illinois; Oct 18-22; Water Environment Federation: Alexandria, Virginia.

Ducoste, J.; Daigger, G. T.; Smith, R. (1999). Evaluation of Stacked Secondary Clarifier Design Using Computational Fluid Dynamics. *Proceedings of the 72nd Annual Water Environment Federation Technical Exposition and Conference*[CD-ROM]; New Orleans, Louisiana, Oct 10-13; Water Environment Federation: Alexandria, Virginia.

Fischerstrom, C. N. H. (1955). Sedimentation in Rectangular Basins. *Sanit. Eng. Div. Am. Soc. Civ. Eng.*, 81, 1-29.

Fitzpatrick, J.; Long, M.; Wagner, D.; Middlebrough, C. (2008). Meeting Secondary Effluent Standards at Peaking Factors of Five and Higher. *Proceedings of the* 81st *Annual Water Environment Federation Technical Exposition and Conference*[CD-ROM]; Chicago, Illinois; Oct. 18-22; Water Environment Federation: Alexandria, Virginia.

Foess, G. W.; Jarrett, P.; Williams, B. G. (2003). Economic Benefits of Chemically Assisted Primary Treatment, Step Feed, and Anoxic Zones. *Proceedings of the 76th Annual Water Environment Federation Technical Exposition and Conference*[CD-ROM]; Los Angeles, California, Oct 11-15; Water Environment Federation: Alexandria, Virginia. Fort, D. I.; Stover, E. L. (1995) Impact of Toxicity and Potential Interactions of Flocculants and Coagulant Aids on Whole Effluent Toxicity Testing. *Water Environ. Res.*, 67(921), 921-925.

Gelderloss, A.; Lachlik, T.; Syed, A.; Moore, T. (2004). New Primary Scum Handling System for the City of Detroit's WWTP-An Innovative Approach. *Proceedings of the* 77th *Annual Water Environment Federation Technical Exposition and Conference*[CD-ROM]; New Orleans, Louisiana; Oct 2-6; Water Environment Federation: Alexandria, Virginia.

Gerges, H.; Cortez, M.; Wei, H. P. (2006). Chemically Enhanced Primary Treatment Leads to Big Savings Oro Loma Sanitary District Experience. *Proceedings of the* 79th *Annual Water Environment Federation Technical Exposition and Conference*[CD-ROM]; Dallas, Texas; Oct 21-

25; Water Environment Federation: Alexandria, Virginia.

Graber, S. D. (1974). Outlet Weir Loading and Settling Tanks. *J. Water Pollut. Control Fed.*, 46, 2355.

Great Lakes-Upper Mississippi River Board of State Sanitary Engineering Health Education Services(2004). *Recommended Standards for Sewage Works*. Great Lakes-Upper Mississippi River Board of State Sanitary Engineering Health Education Services: Albany, New York.

Green, W. D.; Sangrey, K.; Nowak, J.; Foisy, M.; LaVergne D. (2007). From Theory to Practice: Preliminary and Primary Treatment Residuals Handling Improvements. *Proceedings of the 80th Annual Water Environmental Federation Technical Exposition and Conference* [CD-ROM]; San Diego, California; Oct 13-17; Water Environment Federation: Alexandria, Virginia.

Grohmann, A. (1985). *Flocculation in Pipes: Design and Operation*; Verlag: New York.

Hamlin, M. J. (1972). Paper 2. Preliminary Treatment and Sedimentation. In*Advances in Sewage Treatment*, *Proc. Conf. Inst. Civil Eng*. London, England.

Harleman, D. R. F.; Morrissey, S. P. (1990). Chemically-Enhanced Treatment: An Alternative to Biological Secondary Treatment for Ocean Outfalls. *Proceedings of the American Society of Civil Engineers National Conference on Hydraulic Engineering*, Jul 30-Aug 3; San Diego, California.

Harleman, D.; Murcott, S. (2001a). An Innovative Approach to Urban Wastewater Treatment in the Developing World. *Water* 21., June 2001, 45-48.

Harleman, D.; Murcott, S. (2001b). CEPT: Challenging the Status Quo. *Water* 21. June 2001, 57-59.

Heinke, G. W.; Tay, A. J. -H; Qazi, M. A. (1980). Effects of Chemical Addition on the Performance of Settling Tanks. *J. Water Pollut. Control Fed.*, 52(12), 2946-2954.

Hetherington, M.; Pamson, G.; Ooten, R. J. (1999). Advanced Primary Treatment Optimization and Cost Benefit Documented at Orange County Sanitation District. *Proceedings of the 72nd Annual Water Environment Federation Annual Technical Exposition and Conference* [CD-ROM]; New Orleans, Louisiana, Oct 9-13; Water Environment Federation: Alexandria, Virginia.

Hudson, H. E. (1981). *Water Clarification Process: Practical Design and Evaluation.* Van Nostrand Reinhold: New York.

Huitric, S., Kou J.; Creel, M.; Tang, C.; Snyder, D.; Horvath, R.; Stahl, J. (2006). Reclaimed Water Disinfection Alternatives to Avoid NDMA and THM Formation. *Proceedings of the 79th Annual Water Environment Federation Technical Exposition and Conference* [CDROM]; Dallas, Texas, Oct 21-25; Water Environment Federation: Alexandria, Virginia.

Jimenez, B.; Chavez, A.; Leyva, A.; Tchobagoglous, G. (1999). Sand and Synthetic Medium Filtration of Advanced Primary Treatment Effluent for Mexico City. *Water Res.*, 34(2), 473-481.

Johnson, P. D.; Girinathannair, P.; Ohlinger, K. N.; Ritchie, S.; Teuber, L.; Kirby,

J. (2008). Enhanced Removal of Heavy Metals in Primary Treatment Using Coagulation and Flocculation, *Water Environ. Res.*, 80(5), 472-479.

Jolis, D.; Ahmad, M. (2001). Pilot Testing of High Rate Clarification Technology in San Francisco. *Proceedings of the 74th Annual Water Environment Federation Technical Exposition and Conference*[CD-ROM]; Atlanta, Georgia, Oct 13-17; Water Environment Federation: Alexandria, Virginia.

Jolis, D.; Ahmad, M. (2004). Evaluation of High-Rate Clarification for Wet-Weather-Only Treatment Facilities. *Water Environ. Res.*, 76(5), 474-480.

Jordão, E. P.; Figueiredo, I. C. (2005). Chemically Enhanced Primary Treatment-Pilot Investigation and Case Studies in Brazil. *Proceedings of the 78th Annual Water Environment Federation Technical Exposition and Conference*[CD-ROM]; Washington, D. C., Oct 29-Nov 2; Water Environment Federation: Alexandria, Virginia.

Kawamura, S. (1976). Considerations on Improving Flocculation. *J. Am. Water Works Assoc.*, 65(6), 320.

Kawamura, S.; Lang, J. (1986). Re-Evaluation of Launders in Rectangular Sedimentation Basins. *J. Water Pollut. Control Fed.*, 58, 12.

Kelly, K. (1988) New Clarifiers Help Save History. *Civ. Eng.*, 58, 10.

Kemp, F. D.; MacBride, B. D. (1990). Rational Selection of Design Criteria for Winnipeg South End WPCC Primary Clarifiers. Proceedings of the 63rd Water Pollution Control Federation Annual Conference; Washington, D. C.; Water Environment Federation: Alexandria, Virginia.

Kinnear, D. J. (2002). Evaluating Secondary Clarifier Collector Mechanisms. *Proceedings of the 75th Annual Water Environment Federation Technical Exposition and Conference*[CD-ROM]; Chicago, Illinois, Sept 28-Oct 2; Water Environment Federation: Alexandria, Virginia.

Kinnear, D. J. (2004). Comparing Primary Clarifier Design and Modeling Techniques Favors Traditional Techniques Over Recent Water Environment Research Foundation Studies. *Proceedings of the 77th Annual Water Environment Federation Technical Exposition and Conference*[CD-ROM]; New Orleans, Louisiana, Oct 2-6; Water Environment Federation: Alexandria, Virginia.

Klute, R. (1985). Rapid Mixing in Coagulation/Flocculation Processes-Design Criteria. *Chemical Water Wastewater Treatment*; Grohmann, A., Hahn, H. H., Klute, R., Eds.; Gustaf Fischer Verlag Publishers: Stuttgart Germany, New York.

Krugel, S.; Melcer, H.; Hummel, S.; Butler, R. (2005). High Rate Chemically Enhanced Primary Treatment as a Tool for Wet Weather Plant Optimization and Re-Rating. *Proceedings of the 78th Annual Water Environment Federation Technical Exposition and Con-ference* [*CD-ROM*]; Washington DC; Oct 29-Nov 2; Water Environment Federation: Alexandria, Virginia.

Lager, J. A.; Locke, E. R. (1990). Design Management Keeps Boston's Wastewater Program on Track. *Public Works*, 121, 13.

Latimer, R.; Pitt, P. A.; van Niekerk, A.; Houk, T.; Deacon, S. (2007). Review of Primary Sludge Fermentation Performance in South Africa and the USA. *Proceedings of the* 80*th Annual Water Environment Federation Technical Exposition and Conference*[CD-ROM]; San Diego, California, Oct 13-17; Water Environment Federation: Alexandria, Virginia.

Leffler, M. R.; Harrington, J. (2001). SSO Elimination through Expanded Primary Treatment Capacity and Blended Effluent. *Proceedings of the 74th Annual Water Environment Federation Exposition*and*Conference*[CD-ROM]; Atlanta, Georgia, Oct 13-17; Water Environment Federation: Alexandria, Virginia.

Lee, S.; Koopman, B.; Park, S.; Cadee, K. (1995). Effect of Fermented Wastes on Denitrification in Activated Sludge. *Water Environ. Res.*, 67(7), 1119-1122.

Leng, J. (2002). High Rate Primary Treatment— Emerging Technologies. *Proceedings of the 75th Annual Water Environment Federation Technical Exposition and Conference*[CD-ROM]; Chicago, Illinois, Sept 28-Oct 2; Water Environment Federation: Alexandria, Virginia.

Leng, J.; Strekler, A.; Bucher, B.; Gellner, J.; Kennedy, K.; Neethling, J. B. (2002). High Rate Primary Treatment— Emerging Technologies. *Proceedings of the 75th Annual Water Environment Federation Technical Exposition and Conference*[CD-ROM]; Chicago, Illinois, Sept 28-Oct 2; Water Environment Federation: Alexandria, Virginia.

Mallaird, S. (2006). Fermentation of Primary Sludge for Volatile Fatty Acids Production. Masters Thesis, Cranfield University, Cranfield, Bedfordshire, United Kingdom.

Matsunaga, K. (1980). Design of Multistory Settling Tanks in Osaka. *J. Water Pollut. Control Fed.*, 52, 950. McCue, T. M.; Randall, A. A.; Eremektar, F. G. (2006) Contrasting the Benefits of Primary Clarification versus Prefermentation In Activated Sludge Biological Nutrient Removal Systems. *J. Environ. Eng.*, 132(9), 1061-1067.

Merritt, F. S. (1983). *Standard Handbook for Civil Engineers*, 3rd ed.; McGraw-Hill: New York.

Mertsch, V. (1985) Characteristics of Sludge from Wastewater Flocculation/Precipitation. New York.

Metcalf and Eddy, Inc. (1991). *Wastewater Engineering: Treatment, Disposal, Reuse*, 3rd ed.; McGraw-Hill: New York.

Metcalf and Eddy, Inc. (2003). *Wastewater Engineering: Treatment, Disposal, Reuse*, 4th ed.; McGraw-Hill: New York.

Mills, J. A.; Reardon, R. D.; Chastain, C. E.; Cameron, J. L.; Goodman, G. V. (2006). Chemically Enhanced Primary Treatment for Large Water Reclamation Facility on a Constructed Site—Considerations for Design, Start-up, and Operation. *Proceedings of the 79th Annual Water Environment Federation Technical Exposition and Conference*; Dallas, Texas, Oct 21-25; Water Environment Federation: Alexandria, Virginia.

Moll, H. G. (1985). *Fluid Mechanical Principles of Flocculation in Pipes*; Verlag: New York.

Mulbarger, M. C.; Trubiano, R.; Pape, L.; Gallinaro, G. (1989). Scum Management: Past Practices/New Approaches. Proceedings of the 62nd Water Pollution Control Federation Annual Conference, San Francisco, California, Oct 16-19; Water Pollution Control Federation: Alexandria, Virginia.

Narayanan, B.; Karam, W.; Leveque, E. G.; Besett, T.; Baadsgarrd, M. (2000). A New Approach for Defining the Limits of Chemically Enhanced Primary Treatment. *Proceedings of the 74th Annual Water Environment Federation Technical Exposition and Conference* [CD-ROM]; Atlanta, Georgia, Oct 13-17; Water Environment Federation: Alexandria, Virginia.

Neupane, D. R.; Riffat, R.; Murthy, S. N.; Peric, M. R. (2006). Influence of Source Characteristics, Chemicals and Flocculation on Non-Settleable Solids and Chemically Enhanced Primary Treatment. *Proceedings of the 79th Annual Water Environment Federation Technical Exposition and Conference*; Dallas, Texas, Oct 21-25; Water Environment Federation: Alexandria, Virginia.

Neupane, D. R.; Riffat, R.; Murthy, S. N.; Peric, M. R., Wilson, T. E. (2008). Influence of Source Characteristics, Chemicals and Flocculation on Chemically Enhanced Primary Treatment. *Water Environ. Res.*, 80(4), 331-338.

Noyola, A.; Tinajero, A. (2005). Anaerobic Thermophilic Digestion of Sludge from Enhanced Primary Treatment of Municipal Wastewater. *Proceedings of the 78th Annual Water Environment Federation Technical Exposition and Conference* [CD-ROM]; Washington D. C., Oct 29-Nov 2; Water Environment Federation: Alexandria, Virginia.

Ødegaard, H. (1992). Norwegian Experiences with Chemical Treatment of Raw Wastewater. *Water Sci. Technol.* 25(12), 255-264.

Ødegaard, H. (1998). Optimized Particle Separation in Primary Step of Wastewater Treatment. *Water Sci Technol.*, 37, 43-53.

Ødegaard H. (2005). Combining CEPT and Biofilm Systems. *Proceedings of the International Water Agency Specialised Conference on BNR*; Krakow, Poland, Sept 2005; IWA Publishing: London, England.

Park, S. H. (2008). Effect of Amine-Based Water Treatment Polymers on the Formation of N-Nitrosodimethylamine (NDMA) Disinfection Byproduct. Ph. D. Thesis, Georgia Institute of Technology, Atlanta, Georgia.

Parker, D.; Esquer, M.; Hetherington, M.; Malik, A.; Robison, D.; Wahlberg, E.; Wang, J. (2000). Assessment and Optimization of a Chemically Enhanced Primary Treatment System. *Proceedings of the 73rd Annual Water Environment Federation Technical Exposition and Conference on Water Quality and Wastewater Treatment* [CD-ROM]; Anaheim, California; Oct 14-18; Water Environment Federation: Alexandria, Virginia.

Parker, D.; Barnard, J.; Daigger, G.; Tekippe, R.; Wahlberg, E. (2001). The Future of Chemically Enhanced Primary Treatment: Evolution Not Revolution. *Water* 21, June, 49-56.

Parkhurst, J. D.; Stahl, J. F.; Wuerdeman, D. J.; Yunt, F. W. (1976). Wastewater Treatment for Ocean Disposal. Paper presented at American Society of Civil Engineers National Conference of Environmental Engineering Research, Development and Design; Seattle, Washington; American Society of Civil Engineers: Washington, D. C., Jul 12-14.

Peric, M.; Riffat, R.; Murthy, S. N.; Cassel, A.; Neupane, D. R.; Wilson, T. E. (2006). Laboratory Clarifier test to Predict and Optimize Full Scale Chemically Enhanced Primary Treatment(CEPT) Process. *Proceedings of the 79th Annual Water Environment Federation Technical Exposition and Conference*[CD-ROM]; Dallas, Texas, Oct 21-25; Water Environment Federation: Alexandria, Virginia.

Podczerwinski, E.; Brosious, E.; Weber, T.; Garcia, M.; Liu, X.; Brunner, C.; Cockerill, E. (2008). CFD Modeling Optimizes the Design of Primary Settling Tanks at MWRDGC's Calumet Water Reclamation Plant. *Proceedings of the 81st Annual Water Environment Federation Technical Exposition and Conference*[CD-ROM]; Chicago, Illinois, Oct 18-22; Water Environment Federation: Alexandria, Virginia.

Reardon, R. (2005). Clarification Concepts for Treating Peak Wet-Weather Wastewater Flows. *Fla. Water Res. J.*, January, pp. 25-30.

Rich, L. G. (1961). Unit Operation of Sanitary Engineering; Wiley & Sons: New York.

Rogalla, F.; Chan, T. F.; Michelet, F.; Jolly, M. (2007). Troubleshooting and Optimisation of a Large Lamella and High Rate BAF Plant for Ocean Discharge. *Proceedings of the 80th Annual Water Environment Federation Technical Exposition and Conference*[CDROM]; San Diego, California, Oct 13-17; Water Environment Federation: Alexandria, Virginia.

Ross, R. D.; Crawford, G. V. (1985). The Influence of Waste Activated Sludge on Primary Clarifier Operation. *J. Water Pollut. Control Fed.*, 57, 1022.

Rusten, B.; Lundar A. (2006). How a Simple Bench-Scale Test Greatly Improved the Primary Treatment Performance of Fine Mesh Sieves. *Proceedings of the 79th Annual Water Environment Federation Technical Exposition and Conference*[CD-ROM]; Dallas, Texas, Oct 21-15; Water Environment Federation: Alexandria, Virginia.

Sanks, R. L. (1981). *Water Treatment Plant Design*; Ann Arbor Science: Chelsea, Michigan.

Sedlak, D. L.; Deeb, R. A.; Hanley, E. L.; Mitch, W. A.; Dubin, T. D.; Mowbray, S.; Carr, S. (2003). Sources and Fate of Nitrosodimethylamine and Its Precursors in Municipal Wastewater Treatment Plants. *Water Environ. Res.*, 77(1), 32.

Siczka, J.; Sandino, J.; Onderko, R.; Sigmund, T. (2007). Biologically and Chemically Enhanced Clarification for Improved Treatment of Wet-Weather Flows. *Proceedings of the 80th Annual Water Environment Federation Technical Exhposition and Conference*[CD-ROM]; San Diego, California, Oct 13-17; Water Environment Federation: Alexandria, Virginia.

Skalsky, D. S.; Daigger, G. (1995). Wastewater Solids Fermentation for Volatile Acid Production and Enhanced Biological Phosphorus Removal. *Water Environ. Res.*, 67(2), 230–237.

Soap and Detergent Association(1989). *Principles and Practices of Nutrient Removal from Municipal Wastewater*; Soap and Detergent Association: New York.

Sova, R.; Wilson, R.; Crisler, C. (2008). Automated Primary and Secondary Solids Control Using Solids Density Meters. *Proceedings of the 81st Annual Water Environment Federation Technical Exposition and Conference*[CD–ROM]; Chicago, Illinois, Oct 18–22; Water Environment Federation: Alexandria, Virginia.

Stantec Consulting Ltd. (2005). *Capital Regional District Pilot Testing of Wastewater Treatment Technologies*, Final Report; Stantec Consulting Ltd.: Victoria, British Columbia.

Steel, W. E. (1979). *Water Supply and Sewerage*; McGraw–Hill: New York.

Stevenson, R.; Nitz, D.; Middlebrough, C.; Dyson, J. (2008) Operation of the Largest High Rate Clarification System for CSO Control in North America. *Proceedings of the 81st Annual Water Environment Federation Technical Exposition and Conference*[CD–ROM]; Chicago, Illinois, Oct 18–22; Water Environment Federation: Alexandria, Virginia.

Sun, J.; Townsend, R.; Parke, S.; Dillon, J. (2008). Biologically Enhanced HRC System Solving Peak Wet Weather Flow Challenges. *Proceedings of the 81st Annual Water Environment Federation Technical Exposition and Conference*[CD–ROM]; Chicago, Illinois, Oct 18–22; Water Environment Federation: Alexandria, Virginia.

Sutton, P.; Rusten, B.; Ghanam, A.; Dawson, R.; Kelly, H. (2008). Rotating Belt Screen: An Attractive Alternative for Primary Treatment of Municipal Wastewater. *Proceedings of the 81st Annual Water Environment Federation Technical Exposition and Conference*[CD–ROM]; Chicago, Illinois, Oct 18–22; Water Environment Federation: Alexandria, Virginia.

Tang, C. C.; Prestia, P.; Kettle R.; Chu, D.; Mansell, B.; Kuo, J.; Horvath, R. W.; Stahl, J. F. (2004). Start–Up of a Nitrification/Denitrification Activated Sludge Process with High Ammonia Side–Stream: Challenges and Solutions. *Proceedings of the 77th Annual Water Environment Federation Technical Exposition and Conference* [CD – ROM]; New Orleans, Louisiana, Oct 2–6 ; Water Environment Federation: Alexandria, Virginia.

Tebbutt, T. H. Y.; Christoulas, D. G. (1975). Performance Relationships for Primary Sedimentation. *Water Res.*, 9, 347.

Theroux, R. J.; Betz, J. M. (1959). Sedimentation and Preaeration Experiments at Los Angeles. *Sew. Ind. Wastes*, 31, 1259.

Uhte, W. R. (1990). Personal Communication. U. S. Environmental Protection Agency (1975)*Process Design Manual for Suspended Solids Removal*, EPA–625/1–75–003a; U. S. Environmental Protection Agency: Washington, D. C.

U. S. Environmental Protection Agency(1979). *Process Design Manual for Sludge Treatment and Disposal*, EPA–625/1–79–011; U. S. Environmental Protection Agency: Washington, D. C.

U. S. Environmental Protection Agency (1987). *Design Manual for Phosphorus Removal*, EPA-625/1-87-001; U. S. Environmental Protection Agency: Cincinnati, Ohio.

U. S. Environmental Protection Agency (1999). *Design Criteria for Mechanical, Electric, and Fluid System and Component Reliability*, EPA-430-99-74-001; U. S. Environmental Protection Agency: Washington, D. C.

Wahlberg, E. J.; Wunder, D. B.; Fuchs, D. C.; Voight, C. M. (1999). Chemically Assisted Primary Treatment: A New Approach to Evaluating Enhanced Suspended Solids Removal. *Proceedings of the 72nd Annual Water Environment Federation Technical Exposition and Conference*; New Orleans, Lousiana, Oct 9-13; Water Environment Federation: Alexandria, Virginia.

Wahlberg, E. J.; Sheridan, C.; Koho, S. (2003). Determine the Affect of Individual Wastewater Characteristics and Variances on Primary Clarifier Performance. *Proceedings of the 76th Annual Water Environment Federation Technical Exposition and Conference*[CD-ROM]; Los Angeles, California, Oct 11-15; Water Environment Federation: Alexandria, Virginia.

Wahlberg, E. J.; Stallings, R. B.; Appleton, A. R. (2005). Primary Clarifier Design Concepts and Considerations. *Proceedings of the 78th Annual Water Environment Federation Technical Exposition and Conference*[CD-ROM]; Washington DC, Oct 29-Nov 2; Water Environment Federation: Alexandria, Virginia.

Wall, D. J.; Petersen, G. (1986). Model for Winter Loss in Uncovered Clarifiers. *J. Environ. Eng.*, 12, 1.

Water Environment Federation (1996). *Operation of Municipal Wastewater Treatment Plants*, Manual of Practice No. 11; Water Environment Federation: Alexandria, Virginia.

Water Environment Federation (2005). *Clarifier Design*, 2nd ed.; Manual of Practice No. FD-8; Water Environment Federation: Alexandria, Virginia.

Water Environment Research Foundation (1999). Establishing Primary Sedimentation Tank and Sedimentation Clarifier Evaluation Protocols. *Research Priorities for Debottling, Optimizing and Rerating Wastewater Treatment Plants*, Final Report, Project 99-WWF-1; Water Environment Research Foundation; Alexandria, Virginia.

Water Environment Research Foundation (2006). Determine the Effect of Individual Wastewater Characteristics and Variances on Primary Clarifier Performance. Final Report, Project 00-CTS-2; Water Environment Research Foundation; Alexandria, Virginia.

Water Pollution Control Federation (1985). *Clarifier Design*, 1st ed.; Manual of Practice No. FD-8; Water Pollution Control Federation: Washington, D. C.

Water Pollution Control Federation (1989). Technology and Design Deficiencies at Publicly Owned Treatment Works. *Water Environ. Technol.*, 1(4), 515.

Weber, W. J. (1972). *Physiochemical Processes for Water Quality Control*; Wiley & Sons: New York.

Wells, S. A.; Liberte, D. M. (1998). Winter Temperature Gradients in Circular Clarifiers.

Water Environ. Res., 70(7), 1274-1279.

Yee, L. Y.; Babb, A. F. (1985). Inlet Design for Rectangular Settling Tanks by Physical Modeling. *J. Water Pollut. Control Fed.*, 57, 12.

Young, J. C.; Edwards, F. G. (2000). Fundamentals of Ballasted Flocculation Reactions. *Proceedings of the 73rd Annual Water Environment Federation Technical Exposition and Conference* [CD-ROM]; San Diego, California, Oct 14-18; Water Environment Federation: Alexandria, Virginia.

Yuki, Y. (1990). Design of Multi-Story Sewage Treatment Facilities in Osaka City. *Sew. Treat. Works Jap.*, 110.

11 推荐读物

Buer, T.; Herbst H.; Marggraff, M. (2000). Enhancement of Activated Sludge Plants by Lamella in Aeration Tanks and Secondary Clarifiers. In*Nopon Aeration Conference on Applied Techniques to Optimize Nutrient Removal and Aeration Efficiency*; Helsinki, Sweden.

Kemira Water Treatment Inc. (1989). *Sewage Treatment the Scandinavian Way*; Kemira Kemi AB: Helsingborg, Sweden.

Linvil, R. G. (1980). *Low-Maintena.*

第13章　生物膜反应器技术和设计

1　概述：市政污水处理中的生物膜和生物膜反应器

处理市政污水的生物系统要求：(1)在生物反应器中积累活性微生物和(2)从处理后的出水中分离出微生物。在悬浮生长的反应器，诸如活性污泥工艺过程，微生物生长和生物絮凝，以及由此产生的絮凝体自由悬浮于本体相中。絮凝细菌然后通过沉淀或膜从本体液体中分离出来。澄清池耦合连接的悬浮生长反应器依赖于澄清池返流的活性污泥或底流，而提供生物反应器中所需的活性生物质浓度。因此，澄清池单元装置可能是水力学的或固体限制性的(参见第 14 章的其他信息)。生物膜反应器将细菌细胞保留于连接至固定或活动载体的生物膜内。生物膜基质由水和各种各样的可溶性颗粒组分构成，这些组分包括可溶性微生物产物、惰性物质和胞外聚合物(EPS)。

如果无悬浮生物质，生物反应器就会与固体分离单元装置分开。相比于悬浮生长反应器中的 3~8g 挥发性悬浮固体(VSS)/L 反应器体积，生物膜的活性生物质浓度范围为 10~60g VSS/L 生物膜。悬浮生长反应器系统中的生物质通过污泥流失去除而产生平均固体停留时间(SRT)。如果暂悬浮生物质 SRT 不足，则系统不能维持增长缓慢或温度敏感性的细菌大量存在。这些细菌分别包括自养型硝化细菌和甲醇降解异养细菌。这种特异性细菌群的失去就是已知的洗脱。在生物膜反应器中，细菌附着到载体，保护这些细菌不被洗脱而长时间使之不会从生物膜上脱离并可能在其食物供给保持充分的地方生长。脱离下来的生物膜片段将会随着出水流流出系统。

生物体浓度将会只有在悬浮的生物质洗脱率大于生物具体群体的增长速率时才发生累积。如果悬浮生物质 SRT 小于发育的具体生物质所需的最低值时，细菌将会选择性地生长于生物膜上。然而，很少有研究描述在悬浮生物质和生物膜隔间都用于单个生物反应器(例如，集成的固定膜活性污泥生物反应器)中转化底物时悬浮细菌和生物膜夹带细菌之间的相互作用。图 13. 1 提供了不同的生物膜反应器类型的概念性图示说明。生物膜反应器能够根据所涉及的相数——气、液、体——根据在反应器内固定或移动进行分类。这些生物膜反应器也能够根据电子供体或受体如何应用于以下所列的 7 种基本类型而进行分类(Harremös and Wilderer，1993)：

(1) 三相系统——固定生物膜负载的载体材料、本体水和空气。水滴流生物膜表面之上而空气在第三相中上下移动(例如，滴滤池)(图 13. 1a)。

(2) 三相系统——固定(或半固定)生物膜负载的载体材料、本体水和空气。水流动通过生物膜反应器时气体鼓泡(例如，好氧生物活性过滤器[BAFs])。砾石是固定介质而聚苯乙烯珠粒半固定(图 13. 1b 和图 13. 1c)。

(3) 三相系统——移动生物膜负载的载体材料、本体水和空气。水流动通过生物膜反应器。引入空气产生气泡(例如，好氧移动床生物膜反应器[MBBRs])(图 13. 1g)。

(4) 两相系统——移动生物膜负载的载体材料和本体水。水流动通过具有电子给体和电子受体的生物膜反应器(例如，脱硝除氮流化床生物膜反应器[FBBR])(图 13. 1g)。

(5) 两相系统——固定生物膜负载的载体材料和本体水。水流动通过具有电子供体和电子受体的生物膜反应器(如，脱硝除氮过滤器)。

(6) 三相膜系统——具有生物膜的微孔中空纤维膜，水在一侧而气体在另一侧扩散通过膜进入生物膜(如，膜生物膜反应器)(图 13.1h)。

(7) 两相膜系统——将隔间化生物膜负载的阳极与隔间化阴极分隔开的质子交换膜，两侧都有水，但一侧是电子给体而另一侧是电子受体(如，生物膜基微生物燃料电池[MFC])。

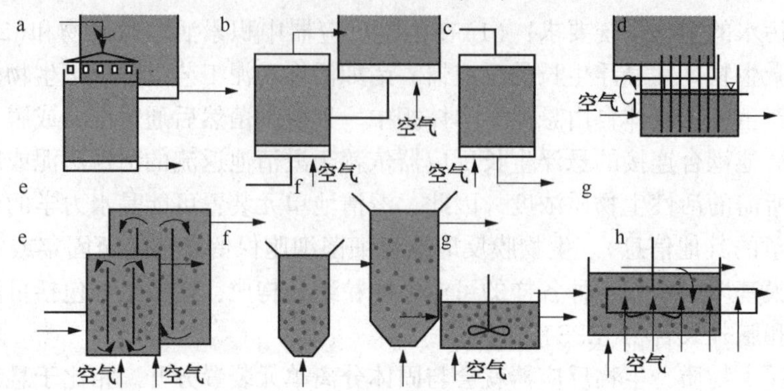

图 13.1 生物膜反应器的类型

(a)滴滤池；(b)上流运行的浸没式固定床生物膜反应器或(c)下流运行的浸没式固定床生物膜反应器；(d)旋转生物接触器；(e)包括空气抬升反应器的悬浮生物膜反应器；(f)流化床反应器；(g)移动床生物膜反应器；和(h)膜附生生物膜反应器(Morgenroth，2008；经 IWA Publishing 许可重印)

在本章中将介绍 MBBR、BAF、FBBR、滴滤池(TF)和旋转生物接触器(RBC)工艺过程的详细设计标准、物理性质、优点和缺点。本章还对新兴的生物膜反应器工艺过程进行了概略综述。

生物膜在工程系统上无处不在，对于市政污水处理有益。生物膜和悬浮生长反应器能满足碳氧化、硝化、脱氮和脱硫的处理目标，都是相同的微生物承担活性污泥法和生物膜系统中的生化反应，并对局部环境条件(即 pH 值、温度、电子供体、电子受体和常量营养利用度)以同样的方式作出反应(Morgenroth，2008a)。生物膜反应器设计人员应该考虑多种底物和生物质组分的影响及其受到传质限制影响的方式，而进行系统性能的评估。在生物膜反应器设计期间通常考虑的底物有：

(1) 水溶性化合物，包括电子供体(例如，易于生物降解的化学需氧量[COD]、NH_4^+、NO_2^-和 H_2)、电子受体(例如，O_2、NO_3^-、NO_2^-和 SO_4^{2-})、养分和缓冲剂(例如，PO_4^{3-}、NH_4^+和 HCO_3^-)。

(2) 颗粒化合物，包括电子供体(例如，缓慢生物降解的 COD)、活性生物质组分(例如，异养细菌及自养细菌)、惰性生物质和 EPS。

1.1 生物膜反应器隔间

生物膜反应器有五个主要的隔间：(1)进水污水(配送)系统；(2)防泄漏结构；(3)具有生物膜的载体；(4)出水收集系统；和(5)曝气系统(例如，好氧工艺过程和冲洗)或混合系统(适用于需要本体液体曝气和生物膜载体分配的厌氧工艺过程)。因为这种设计是系统特异性的，则在随后的章节中每个都相对于具体生物膜反应器进行讨论。五个组成部分确定了生物膜的局部环境条件：(1)载体表面(即底层)；(2)生物膜(同时包括微粒和液体组分)；(3)传质边界层(MTBL)；(4)本体液体；和(5)气相(如果比较显著)。这些组成部分如图 13.2 所示。

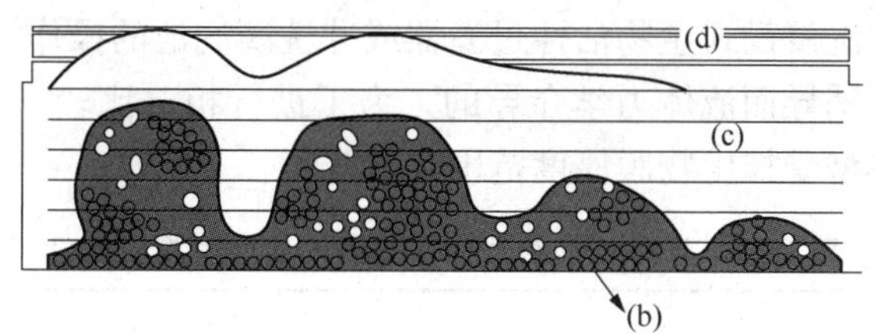

图 13.2　生物膜组件的示意图
(a)载体表面(即，底层)介质；(b)生物膜(颗粒物和液体成分)；(c)传质边界层；
(d)本体液体；和(e)气相(Wanner et al.，2006；经 IWA Publishing 许可重印)。

1.2　生物膜工艺过程、结构和功能

两个工艺过程——传质和生化转化——是所有生物膜反应器的特性并影响生物膜的结构和功能。生物膜内的传质受控于分子扩散作用。如果生物膜的传质相对于生化转化过程比较缓慢，则该结果就会导致传质边界层和生物膜内底物出现强的浓度梯度。这些传质限制，在生物膜内产生了惰性区而都可能涉及生物膜反应器和微生物生态的设计和运行。传质是生物膜和悬浮生长反应器之间的主要机械性差异。通常情况下，全规模运行的悬浮生长系统动是动力学(即生物质)限制性的，而生物膜反应器是扩散(即表面积)限制性的。因此，了解传质和底物转化工艺过程的相互作用关系对于完全评估生物膜系统是非常必要的。

生物膜中的微生物竞争基于局部底物浓度和不同细菌群的位置。细菌越接近表面，就具有更高底物浓度的优势。但这些细菌也最容易受到剪切和磨损脱落并随后随着出水流而被除去。细菌生活于也称为底层的载体的附近，就会接受到一些防止脱离的保护但会导致底物利用度降低。

在污水处理应用中生物膜是传质有限性的。但是，对于高本体液体浓度或低降解率，则有限的底物完全能够渗透生物膜。即使通常在产生传质限制性的生物膜的条件下运行的系统，都可能定期经历导致生物膜完全被渗透的条件。这是由于有机物冲击负荷，或载体/颗粒碰撞，引起的非连续脱离所致。生物膜内的浓度梯度允许出现不同的氧化还原带，而部分渗透可能导致生物膜同时具有好氧、缺氧和厌氧区。生物膜内好氧和缺氧区的存在，例如，在促进工艺过程诸如同步硝化和脱硝化作用过程中是有益的。一旦生物膜被部分渗透，增加其厚度(L_F)，对于去除传质限制性的废弃底物方面不会具有处理受益。因此，生物膜反应器的性能是表面积依赖性的而并不依赖于系统内的生物质总量。

在某些情况下，生物膜渗透可以通过增加本体相浓度(例如，通过增加有氧本体相 O_2浓度的生物膜反应器)而增加。文献(Boltz et al.，2006 和 Boltz and La Motta，2007)证明，有机和无机颗粒物的去除也是生物膜表面积的函数。大部分有机物在市政污水中都是颗粒物。

细菌增长和脱离之间的平衡，将会产生具有一定厚度范围的生物膜。生物膜厚度如果超过速控的底物渗透深度，通常会限制系统的性能。过大的生物膜厚度可能对依赖于被动或专用生物膜厚度控制机制的全规模反应器具有两方面的不利影响。首先，它会降低生物膜表面积。第二，它可以剥离电子给体、电子受体或常量营养物的载体附近的生物质。因此，内部生物膜有可能成为厌氧性的，可能会产生气味而导致尺寸上等于其厚度(L_F)的生物膜片段的失控脱离生物膜段。后者被称为掉皮。被动生物膜厚度控制机制在标准生物膜反应器工作条件下是一定存在的，例如，混合作用导致 MBBR 中产生连续载体碰撞。专用生物膜厚度

控制机制需要诸如反冲洗浸没式生物活性过滤器或冲洗滴滤池的操作循环。大多数生物膜厚度控制机制都是机械性诱导而流体力学介导的。为了进行相对比较，表 13.1 列出了本章中描述的反应器类型的典型受控生物膜厚度范围。

表 13.1 各种生物膜反应器类型的典型生物膜厚度

生物膜反应器的类型	典型生物膜厚度/μm	
	下限估计值	上限估计值
移动床生物膜反应器	50	500
生物活性过滤器	20	300
流化床生物膜反应器	20	400
旋转生物接触器	200	2 000
滴滤池(碳氧化单元装置)	200	2 000
膜生物膜反应器	20	500

1.3 本体液体流体力学

本体液体流体力学是生物膜反应器的设计和仿真的一个重要组成部分，而经常被忽视。先前所描述的 7 种类型的生物膜反应器之间的主要区别在于混合条件和本体液体流体力学。具有复杂本体液体流体力学的系统，诸如滴滤池，就会使数学模型应用于工艺过程设计和评价成为一项复杂而艰巨的任务。然而，相对简单的本体液体流体力学，如浸没式全混系统，在生物膜反应器的设计过程中却能促进机械原理的使用。反应器规模的流体力学会受到罐池和生物膜载体构造设计结构、类型、附属物(如挡流板，混合器和曝气系统)和运行模式(例如，连续流，序批式和定期反冲洗)的影响(Grady et al. 1999)。本体液体流体力学在生物膜的发展(Lewandowski，2000)和生物膜反应器的设计各个阶段通过(1)生物膜的发展和控制和(2)生物膜表面积负荷(即，通过影响生物膜外部传质阻力的程度和可利用载体面积内的负荷分布)对生物膜产生影响。仿真和设计方法通常独立地评估本体液体的混合，传质边界层和生物膜工艺过程。然而，这是一种简化方法，因为本体液体湍流影响生物膜的密度和发展。

湍流，是高剪切应力的环境导致产生平面更致密的生物膜，而静态低切应力的环境导致产生粗糙不太致密的生物膜(Van Loosdrecht et al.，1995)。伯厄斯曼等(Boessmann，2004)提出，平面致密的生物膜相比于粗糙不太致密的生物膜可能能够改善扩散作用。正如表 13.1 中所示，不同生物膜反应器类型如果要设计达到相同的处理目标，则可能因为反应器质量而具有不同的特性。本章重点介绍生物膜反应器规模的流体力学。生物膜规模的流体力学在其他出版物中进行了更详细的讨论(Wanner et al.，2006)。

生物膜外部的传质阻力导致进入生物膜内的通量降低。在某些情况下，这可能是速率控制的过程，如在硝化 MBBR 中(Hem et al.，1994)。外部传质阻力的程度可能在生物膜反应器类型和运行条件中会有所不同，并采用假设的传质边界层而概念化。这种扩散层机械地连接生物膜(微观)而生物反应器(宏观)按比例放大。如图 13.3 所示说明了全混本体液体、传质边界层、生物膜和载体组件(或生长底层)的截面图。传质边界层厚度(L_L)是本体液体流体力学和底物浓度的函数。

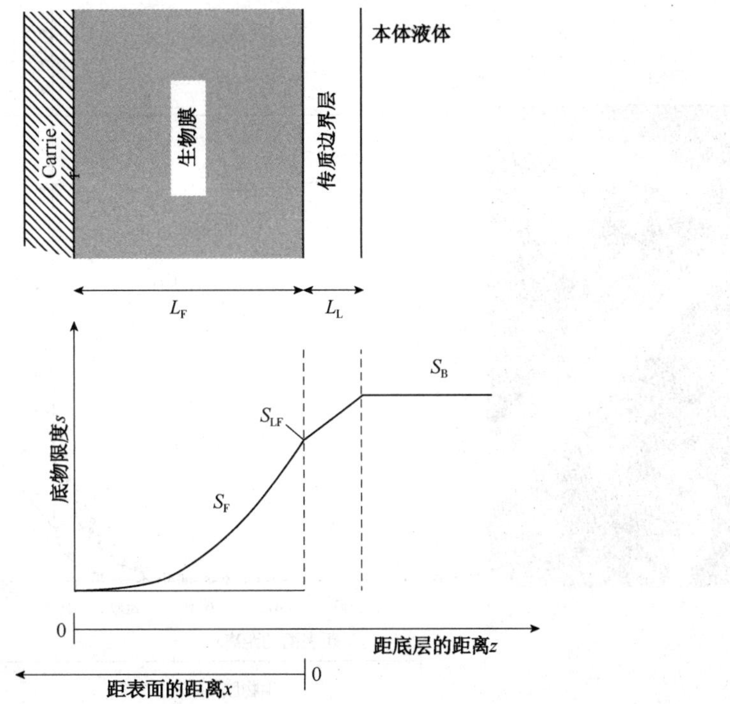

图 13.3　传质边界层和本体相中生物膜厚度(L_F)内的浓度。由生物膜载体(z，通常用于数值模拟)或生物膜的表面(x，简化手动计算的求解)能够测定空间坐标(Morgenroth，2008；经许 IWA Publishing 可重印)。

图 13.4 中，显示了生物膜外部和内部的氧分布(Zhang and Bishop，1994)。这是基于观察到的传质边界层厚度的概念性分布。虽然照片显示的生物膜是非平面的多孔异质生物结构，但是本文中讨论的简化基本概念适用于捕获反应器中控制底物转化的机制。增加本体液体的涡流有助于降低外部传质阻力的影响，或传质边界层厚度。然而，即使采用强力搅拌，还将会存在一定程度的外部传质阻力，这在设计生物膜反应器时是必须考虑的。

1.4　生物膜的发育和脱落

五个因素影响生物膜的发育：

(1) 本体相环境条件(即，pH 值、温度、电子供体、电子受体和常量营养素的可用性)；

(2) 生物膜外部传质阻力的程度；

(3) 生物膜内部传质电阻的程度；

(4) 由生物膜内的微生物转化过程所产生的转化过程动力学和化学计量学；

(5) 脱落。

反应器中生物膜的生态影响其活动。例如，冷污水增加溶解度(从而增加扩散速度)，但阻碍生化转化过程。因此，可溶性底物渗透到生物膜内导致反应器可以支撑更具活性的生物质。图 13.5 图示说明了对于硝化 MBBR 在寒冷的天气期间随着活性生物质浓度升高的影响。

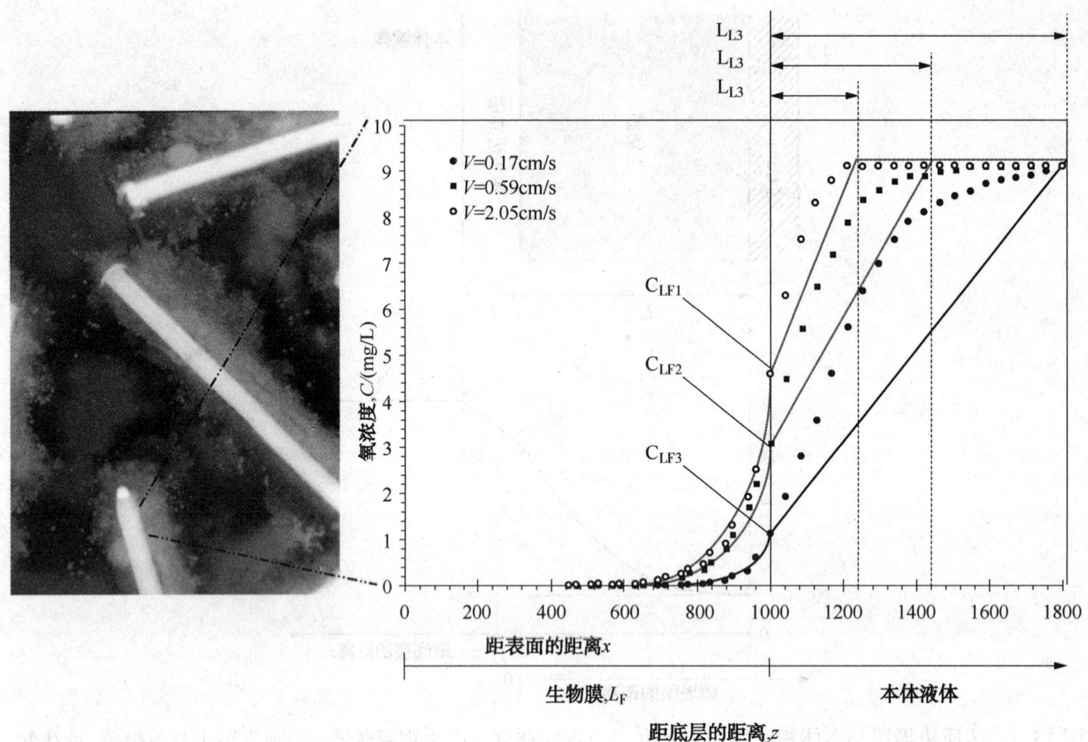

图 13.4 生长于商购载体上的生物膜的照片和所测定的氧浓度(圆圈/方块)和计算的传质边界层厚度(线型)的对比(Zhang and Bishop，1994；根据《水科学与技术》(*WaterScience and Technology*)重印，经版权所有者 IWA 许可)。

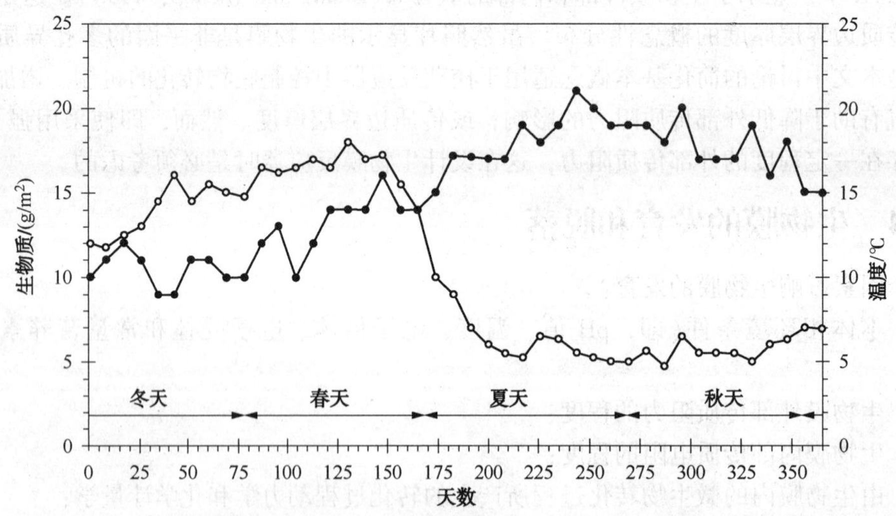

图 13.5 硝化移动床生物膜反应器中的季节性生物质的生长。随着温度升高，生物膜质量降低

生物膜发育积累于细菌细胞内，但所有的生物膜实际上会使颗粒组件松散。颗粒组件的损失及其引入到本体液体中被称为脱落。拜尔斯(Bryers，1984)描述了四种生物膜脱落过程：(1)磨损、(2)冲蚀、(3)脱皮和(4)掠食者摄食。磨损和冲蚀如图 13.6 所示。由粒子碰撞引起的磨损和由生物膜表面附近动力学剪切引起的冲蚀，是小细胞群的去除。掠食性高级生命形式如宏观和微动物会摄食生物膜(Boltz et al.，2008)。磨损、冲蚀，以及一定程度

上的动物摄食与运行良好的生物膜反应器有关。脱皮和过度摄食对生物膜反应器的性能是不利的。避免过量掠食性动物的积累并促进小生物膜碎片连续脱落可以通过适当的厚度控制实现，这会出现于并未经受过度传质阻力的稳定环境中。

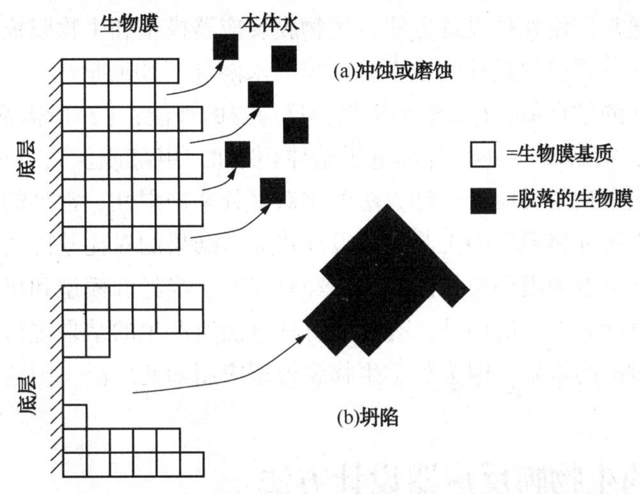

图 13.6　冲蚀和磨损

(a)和脱皮生物膜脱落过程(b)(Morgenroth，2003；经 IWA Publishing 许可重印)

生物膜脱落机制可能会影响生物膜反应器的性能。图 13.7 对于以下三种脱落模式比较了模拟的细菌质量(即，非甲醇降解的异养生物质和自养硝化生物质)和底物通量(COD 和 NH_3-N)：(1)产生恒定的生物膜厚度的恒定脱落，(2)每天反冲洗，和(3)BAF 中 7 天反冲洗时间间隔(是指捕获生物膜脱皮)。摩根若斯和维尔德尔(Morgenroth and Wilderer，2000)的分析表明，异养生物平均质量的增加不会产生较高的 COD 通量。这反过来表明，生物膜部分被渗透并且该系统是进行扩散而不是生物质限制性的。平均氨氮通量和自养硝化生物质经过 7 天反冲洗而显著降低。快速生长(非甲醇降解的异养生物质)和缓慢生长(自养硝化生物质)细菌物种的快速损失对于前者有利。生物膜的形成和脱落对混合培养生物膜中底物的细菌竞争具有显著影响(Morgenroth，2003)。

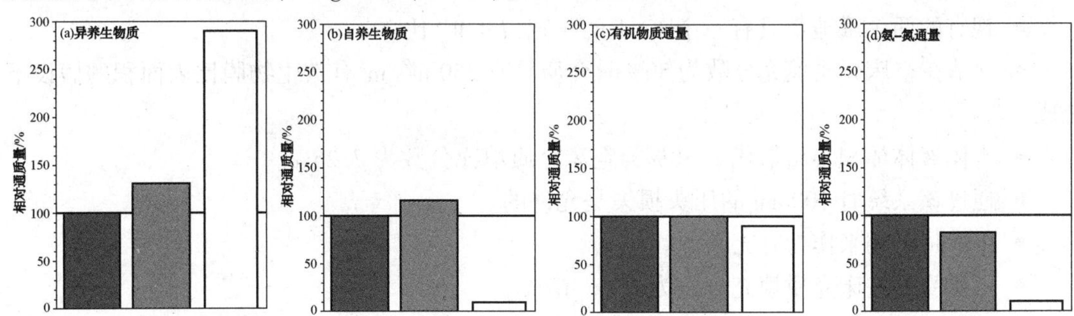

图 13.7　混合培养生物膜内对于不同脱落间隔的模拟细菌质量和底物通量。黑条表示恒定的厚度；灰条表示一天的反冲洗频率；而白条表示 7 天的反冲洗频率(100%等于恒定生物膜厚度的结果)

(Morgenroth and Wilderer，2000)

2 简化的生物膜反应器设计方法和考虑因素

在工程实践中通常使用几种设计方法，生物膜反应器模型和生物膜模型类型。生物膜或生物膜反应器模型的主要目的是预测进入生物膜的水溶性底物通量(J)。该通量信息能够用于获取以下几个方面的估计值：(1)整个生物膜反应器的性能；(2)所需活性生物膜表面积；(3)电子受体(例如，溶解氧)；(4)外部电子给体(例如，甲醇或氢)；(5)生物固体管理要求。本节介绍了一般生物膜反应器设计方法的相对好处和局限性。常见的做法是使用多个生物膜反应器的设计方法并将最终的工艺过程设计建立在结果的对比基础之上。本文中介绍的设计方法和生物膜反应器的模型包括图解法、经验模型、半经验模型和机械数学模型。这些用于证明所描述的设计方法的适用性，有利于每种方法所产生的结果进行对比，并提供了相对优点和缺点进行讨论的基础。因为数学生物膜模型应用如此广泛，则这种方法将会在本章后面更加详细地介绍。

2.1 简化的生物膜反应器设计方法

基于以年均值为基础的更严格的 3mg/L 总氮限制，采用以上概述的设计方法评价假设的水回收设施(WRF)。评价两个单级的或一个双级 MBBRs 的二级污水出水脱氮。该系统必须在小于 1mg/L 的出水流中产生的 NO_3-N 浓度要满足 3mg/L 的出水总氮目标。在本章后面将会介绍 MBBRs 的详细设计标准。每个实例应用了几个假设：

- 反硝化 MBBR 的年均进水日流量为 34 000(m^3/d)。
- 年均污水温度为 24℃。
- 以下年均二级(澄清池)出水特性已经由操作人员记录：

-NO_3-N = 8 mg/L

-溶解氧 ≈ 0 mg/L

- 存在两个 650m^3空床液体体积容量的罐池，并能够平行或串联运行。
- 现有的两个罐池都具有一个 1∶1 的长宽(L∶W)比。
- 评估在空床介质填充分数为 50%时介质具有 250 m^2/m^3有效生物膜比表面积的假设下完成。
- 本体液体体积容量取代了 50%，空床介质填充分数为 7.25%。
- 通过该系统时 100mm 的压头损失是允许的。
- 甲醇将被用来作为补充碳源。
- 可接受的空床介质填充分数为 25%~67%。
- 下游过滤单元装置经过了充分尺寸选择而接收反硝化过程期间产生的固体。

2.1.1 图解法

图解法能够用于确定需要降低底物浓度的总水力学负荷(THL)和通过定义确定提供出水水流中保持所需底物浓度所需的生物膜表面积。这些内容可以直接确定。图解法可以用来确定来自任何系列连续流动搅拌罐池(生物膜)反应器(CFSTRs)的出水底物浓度和需要达到出水水流中保持的所需底物浓度所需的大小尺寸。

在要使用系列 CFSTRs 法时必须使用逐步法。安托万（Antoine，1976 年）和格雷迪等（Grady et al.，1999）开发出了本文中描述的图解法而这种方法对于任何生物膜基的 CFSTR 都有效。如果预期多个级将会有不同的特点，则这种图解法需要不同的通量曲线描述每个 CFSTRs 中的系统响应。

这种方法需要将底物通量（J）图形表示为本体液体底物浓度的函数。通量和本体液体底物浓度之间的这种关系能够从数值模拟或全规模或中试试验观察结果中获得。在实践中，这种图解法通常用于将中试试验放大至全规模生物膜反应器的设计标准。工艺过程设计者应该认识到，通量和本体液体底物浓度之间的关系是基于系统和位置的。因此，需要用于实施图解法的通量曲线不可能由此获得或与文献报告值非常相关或从不同的系统获得。因此，工艺过程设计人员在应用这些结果之前应该仔细考虑通量曲线产生的这些条件。通量曲线如果代表具体系统和操作模式的传质和环境条件特性，就可能无法代表设计而满足相同处理目标的不同生物膜反应器类型。然而，对于类似运行条件下的相同生物膜反应器类型产生的通量曲线，在没有系统特异性数值模拟或中试/全规模试验观察结果的情况下，可以提供一些方向性指导。

当使用图解法评估中试结果时，通量应该对比于全规模系统中的比率。显著偏离的任何通量或出版的研究中报告的那些通量都应该慎重考虑之后才使用。中试或实验系统可能会支持比预期更大的通量。

图解法的基础是关于生物膜基的 CFSTR 的物料平衡：

$$0=\underbrace{Q\cdot S_{\mathrm{in,i}}}_{\text{每次输入的质量}}-\underbrace{Q\cdot S_{\mathrm{B,i}}}_{\text{每次输出的质量}}-\underbrace{J_{\mathrm{LF,i}}\cdot A}_{\text{生物膜转化速率}}-\underbrace{r_{\mathrm{B,i}}\cdot V_{\mathrm{B}}}_{\text{悬浮生长转化速率}}\tag{13.1}$$

式中　Q——通过系统的流量，m^3/d；

$S_{\mathrm{in,i}}$——出水可溶性底物 i 的浓度，g/m^3；

$S_{\mathrm{B,i}}$——出水，或本体液体，可溶性底物 i 的浓度，g/m^3；

$J_{\mathrm{LF,i}}$——可溶性底物 i 跨生物膜表面的通量，$g/m^2\cdot d$；

A——生物膜表面积，m^2；

$r_{\mathrm{B,i}}$——由于悬浮生物质的底物 i 的转化速率，$g/m^3\cdot d$；

V_{B}——本体液体体积容量，m^3。

假设本体液体中发生的这种转化是可以忽略不计，则“悬浮生长的转化速率”（方程 13.1）就能够忽略。重新整理方程 13.1 为图解法提供了理论基础：

$$J_{\mathrm{LF,i}}=\underbrace{\frac{Q}{A}\cdot S_{\mathrm{in,i}}}_{\text{常数}}-\underbrace{\frac{Q}{A}}_{\text{斜率}}\cdot S_{\mathrm{B,i}}$$

斜率，或$\left(-\dfrac{Q}{A}\right)$，被称为作业线，并代表每级的总水力学负荷［对于实例的条件，= $34000m^3/d\div(250\ m^2/m^3\times650m^3\times0.5)=0.4\ m/d$］。图 13.8 图示说明了反硝化 MBBR 实例的图解方法。这假设了通量曲线已经基于类似于该实例处理二级出水的中试规模反硝化 MBBR 的第一阶段和第二阶段观察结果而建立。分别基于 3∶1（g MeOH∶g NO_3-N）和 1.5∶1（g MeOH∶g O_2）的硝酸盐氮氧质量比还有 50%的空床介质填充分数和补充甲醇（MeOH）剂量。图解法表明，第一阶段的反硝化 MBBR 出水 NO_3-N 的浓度大约是 3.9mg/L。第二阶段出水 NO_3-N 浓度约为 1.1mg/L，而在第一阶段和第二阶段的通量率分别为约 1.6 $g/m^2 \cdot d$ 和1.1 $g/m^2 \cdot d$。

图解法取决于底物通量的图示。如果各个阶段差异显著，则该方法需要设计多个通量曲线。当使用中试数据产生通量曲线时，则在设计中试单元装置和实验时必须考虑合适的规模。

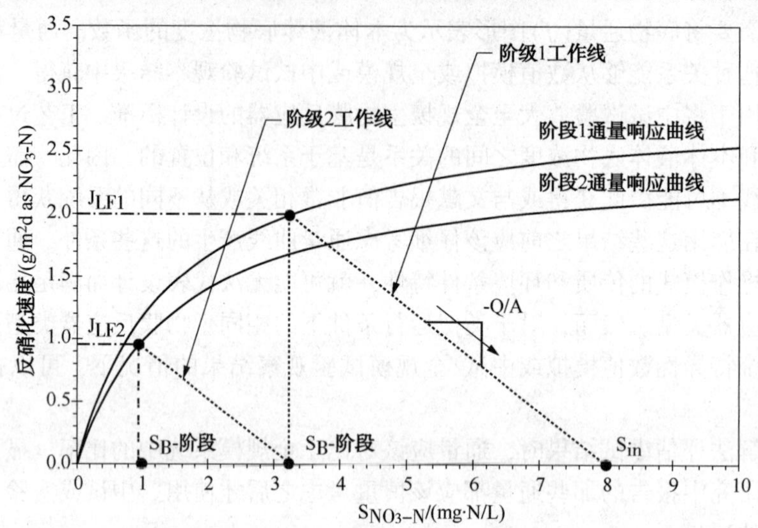

图 13.8　描述反硝化移动床生物膜反应器响应所定义的条件的图解法

包括(1)第一和第二阶段作业曲线和(2)基于中试规模反硝化移动床生物膜反应器的观察结果的通量曲线

2.1.2　经验和半经验模型

经验模型能够很轻松地通过手动或使用电子表格进行实施，但由于其简单地“黑匣子”式考虑系统参数所以适用性有限。由于环境条件和生物反应器的构造设计结构影响生物膜反应器的性能，则系统能够从经验模型提供的描述产生不同的响应。经验模型的有限描述能力，通常是根据从少数几个系统装置或操作条件获得的数据而由参数值和模型性质产生。因此，工艺过程设计人员应该意识到该系统特异性模型参数定义的条件。取值可变性，包括生物膜载体类型和构造结构方面的差异，外部传质阻力范围和生物膜组成。尽管其容易实施，但是经验模式可能相比于实际系统性能产生 50%～100%的偏差。设计师必须确定这样的误差是否是可以接受的。

系数值，以及有时的经验模型，通常建立而描述具体物质去除率的系统响应(例如，五天生化需氧量[BOD_5]去除率，硝化和反硝化)。该模型相对于控制转化过程的具体工艺过程而能够用作满足处理目标系统可行性的指示。然而，经验模型不足以描述复杂的工艺过程，如两步氨硝化成亚硝酸盐而随后成为硝酸盐。因此，经验模型在定义促进或阻止的生物系统中复杂工艺过程的条件时应用有限。

从历史上看，生物膜反应器已经使用经验标准和模型进行设计。虽然这种趋势正在发生变化，但是本章所介绍的大多数设计模式甚至对于较新的生物反应器类型如 MBBR 和 BAF 本质上仍然是经验性的。在实践中，生物膜模型通常适用于工艺过程设计。生物反应器特异性的经验模型在本章相对应的反应器具体部分中介绍。然而，方程 13.3 描述了适用于反硝化 MBBR 实例的经验模型。

$$J_i = J_{i,max,T} \cdot \left(\frac{S_{B,i,EA}}{S_{B,i,EA}+K_{i,EA}}\right) \cdot \left(\frac{S_{B,i,ED}}{S_{B,i,ED}+K_{i,ED}}\right) \tag{13.3}$$

式中　J_i——可溶性底物 i 的通量 $i(g/m^2 \cdot d)$；

$J_{i,max,T}$——反应速率常数，对于这个经验模型，是在温度 T 下可溶性底物 i 的整体最大通量；

$S_{B,i}$——在出水流中保持的可溶性底物 i 的浓度(g/m^3)；

K_i——合并传质阻力和其他局部环境条件的系统特异性半饱和系数(g/m^3)；

EA——电子受体；

ED——电子给体。

温度系数经常引入阿累尼乌斯(Arrhenius)函数，该函数在这种情况下适用于整体最大通量$(J_{i,max,T})$：

$$\frac{k_{T_2}}{k_{T_1}} = \theta^{(T_2-T_1)} \tag{13.4}$$

式中　k——温度 T_1 和 T_2 下的反应速率常数(因函数而异)；

θ——温度系数 = 1.1。

方程(13.3)包括多个类莫诺速率表达式。设计人员应该意识到，半饱和系数 K 包括系统和多倍位置特异性的传质阻力(Grady et al.，1999)。出于这个原因，该值通常不同于文献报道的表观或本征值。为了举例说明，方程 13.3 具有的模型参数，包括最大 NO_3-N 通量 5.2 $g/m^2 \cdot d(J_{i,max,T})$，作为 COD 的甲醇半饱和系数$(K_{i,ED})$18mg/L，和作为 N 的 NO_3-N 半饱系数$(K_{i,EA})$1.5 mg/L，这都是由非线性回归分析而获得。第一阶段进水甲醇浓度为 23mg/L。这些值由中试脱硝 MBBR 获得而应用于方程 13.3 建立如图 13.8 所示的通量曲线。与图解法的图示应用一致，补充碳假设以 3∶1(g MeOH∶g NO_3-N)和 1.5∶1(g MeOH∶g O_2)硝酸盐氮和氧的质量比而被消耗。方程 13.1 能够应用于通量计算，但方程 13.1 必须重新变形，忽略本体相转化过程，才能计算出出水中剩余的物质浓度：

$$S_{B,i} = S_{in} - \frac{J_{LF,i} \cdot A}{Q} \tag{13.5}$$

将方程 13.3 和 13.5 应用于反硝化 MBBR 实例，需要一个迭代过程，这个迭代过程通过手动或使用优化工具如 Excel™ 程序可以轻松完成。应用下列方程：

阶段 1

$$J_{NO_{3-N}}^{STAGE\ 1} = 5.2\,\frac{g}{d \cdot m^2} \cdot \left(\frac{S_{B,NO_{3-N}}^{STAGE1}}{S_{B,NO_{3-N}+K_{NO_{3}-N}}^{STAGE1}}\right) \cdot \left(\frac{S_{B,M}^{STAGE1}}{S_{B,M}^{STAGE1}}+K_M\right)$$

$$S_{B,NO_{3-N}}^{STAGE1} = \underbrace{8\,\frac{g}{m^3}}_{S_{in}} \cdot \underbrace{\frac{J_{NO_{3-N}}^{STAGE1} \cdot \overbrace{\overbrace{250\,\frac{m^2}{m^3}}^{SSA} \cdot \overbrace{0.5}^{FIll} \cdot \overbrace{(650m^3 - 650m^3 \cdot 0.0725)}^{v_r}}^{A}}{34,000\,\frac{m^3}{d}}}_{\frac{J \cdot A}{Q}}$$

$$S_{B,M}^{STAGE1}=\underbrace{23\frac{g}{m^3}}_{S_{in}}-\underbrace{\left\{\left(8\frac{g}{m^3}-S_{B,NO_3-N}^{STAGE1}\right)\cdot 3\frac{g_M}{g_{NO_3-N}}\right\}}_{ÄS_{NO_3-N}\cdot i_{MeOH}}$$

阶段 2

$$J_{NO_3-N}^{STAGE2}=5.2\frac{g}{d\cdot m^2}\cdot\left(\frac{S_{B,NO_3-N}^{STAGE2}}{S_{B,NO_3-N}^{STAGE2}+K_{NO_3-N}}\right)\cdot\left(\frac{S_{B,M}^{STAGE2}}{S_{B,M}^{STAGE2}+K_M}\right)$$

$$S_{B,NO_3-N}^{STAGE2}=S_{B,NO_3-N}^{STAGE1}-\frac{J_{NO_3-N}^{STAGE2}\cdot 250\frac{m^2}{m^3}\cdot 0.5\cdot(650m^3-650m^3\cdot 0.0725)}{34,000\frac{m^3}{d}}$$

$$S_{B,M}^{STAGE2}=\underbrace{S_{B,M}^{STAGE1}}_{S_{in}}-\underbrace{\left\{8-\frac{g}{m^3}-S_{BNO_3-N}^{STAGE2}\cdot 3\frac{g_M}{g_{NO_3-N}}\right\}}_{ÄS_{NO_3-N}\cdot i_{MeOH}}$$

迭代后，在预定的误差标准下方程收敛。该方法近似地产生的第一和第二阶段硝酸盐氮通量分别为 1.6 $g/m^2\cdot d$ 和 1.2 $g/m^2\cdot d$。这些值堪比图解法获得的结果。

如果有充足的数据容许开发出的参数值和数学关系式能够描述处理市政污水时预期出现的整个范围的条件，则就能够使用经验模型。加入解释具体现象的模型组件，超出了机械数学模型开发的前提。为此，经验模型和半经验模型仍有差别。古吉尔和伯勒尔(Gujer and Boller，1986)，森和兰德尔(Sen and Randall，2008A；2008c)提供了描述消化滴滤池(MBBRs 和 BAFs)的实例。文献和本章“生物膜反应器特异性”这节提供了有关这些半经验方法的额外信息。一些系统开发商会开发和使用专有半经验模型，这些模型都是基于从各种具体生物膜反应器类型的装置收集的足够数据。因此，工艺过程设计人员通常交叉引用制造商推荐的设计标准，并寻求调和这些差异。

2.2 专业人员的数学生物膜模型

先前描述的传质和生化转化过程对于所有生物膜都是共同的；因此，生物膜能够通过统一的数学表达式描述。沃纳等(Wanner et al.，2006)描述了一般生物膜模型。因为污水组成所产生的不确定性和复杂性，生物膜反应器构造设计结构的差异、附属物、操作和本体液体流体力学都导致普通生物膜反应器模型进行工程设计是不切实际的。因此，各种简化，主要是在假设的生物膜结构和空间复杂性方面，为克服这些因素几个数学生物膜模型已被提出。然而，这些生物膜模型尽管实施了这些简化仍然是很复杂的。此外，很少有文献辅助专业人员选择和应用生物膜模型，满足具体建模目标。因为生物膜模型的复杂性和应用指导有限，则这些生物膜模型并未广泛应用于工程设计中，但是这种情况正在发生变化。

2.2.1 我们何以使用生物膜模型作为设计工具

生物膜模型应该用于回答具体的问题。然后应该根据其回答问题的有用性判断其质量。例如，改进的维尔兹(Velz)方程，主要开发用于描述滴滤池的碳氧化过程(Eckenfelder，1961)。经验模型并不适用于其他生物膜反应器类型，也不足以以任何方式描述复杂的工艺过程。以下问题与生物膜反应器的设计和运行有关：

• 在生物膜反应器内给定的位置作为本体液体底物浓度什么是底物去除速率？

• 在该系统的每一阶段中哪些因素控制底物去除率？可能的因素包括可利用的生物膜表面积，生物质的总量或生物膜内具体微生物类型的数量。

• 整个系统会发生多大的底物去除率？

• 反应器应该如何设计和运行，才能确保保留足够的生物膜而同时避免由于过度生物膜积累而造成的流量分配问题？

• 什么是生物膜反应器中的水混合条件以及它们如何影响反应器性能？混合条件直接影响流量分配，与短路相关的问题和从水中至生物膜表面的传质阻力。

现有的生物膜模型能够回答这些问题中的一些问题。此外，生物膜反应器的数学建模能够建立在理解开发用于悬浮培养系统(参见第 7 章)的建模方法的基础上。在开发生物膜系统的数学模型时，必须考虑生物膜行为根据悬浮培养基而变化的两个关键环节。首先，前面所讨论的而施加于扩散到生物膜的可溶性底物、扩散出生物膜的生化反应产物上的传质阻力和由此在生物膜内产生的浓度梯度。在生物膜内任何点的浓度，是由于这些梯度所致，可能显著不同于本体液体的浓度。其次，在生物膜内的颗粒化合物(如，细菌，颗粒状有机物质)不能通过扩散运输至生物膜内。然而，颗粒物能够附着于表面上，并根据生物膜的结构，较小的颗粒能够通过空隙和通道运送至生物膜内(Janning et al.，1997；Morgenroth et al.，2002)。

相比之下，生长于悬浮生长反应器中的微生物聚集体的结构是更加开放的，而颗粒物迅速沉浸于污泥絮凝体中。理想的情况下，数学生物膜模型考虑到颗粒物和可溶性组分的不同传质性质。因此，在评估生物膜模型在整个污水处理厂建模计划中的实用性时要考虑到现有污水表征方案中污水的特性和缺陷，是十分关键的。通常情况下，在工程设计中使用的现有生物膜模型能够准确地描述可溶性底物通量。因此，这种模型理想地非常适合设计三级生物膜反应器，化学强化初级处理(CEPT)单元装置下游的生物膜反应器，或混合生物反应器(例如，集成的固定膜活性污泥)。

2.2.2　单维生物膜中的扩散和反应：生物膜反应器中的第一区和零区

在本章中每个反应器特异性的小节介绍了促进第一级或零级动力学的局部环境条件。描述生物膜内任何底物 i 的动力学累积的偏微分方程如下：

$$\underbrace{\frac{\partial S_{F,i}}{\partial t}}_{\text{累积}}=\underbrace{D_{F,i}\frac{\partial^2 S_{F,i}}{\partial x^2}}_{\text{扩散}}\underbrace{-r_F}_{\text{生化反应}} \tag{13.6}$$

式中　S_F——生物膜内底物 i 的浓度，g/m^3；

x——离生物膜表面的距离，m；

t——时间，d；

$D_{F,i}$——生物膜内底物 i 的扩散系数，m^2/d；

r_F——单位生物膜体积的底物转化速率，$g/m^3 \cdot d$。

给出方程 13.6 是为了强调一维生物膜模型的基础是同时出现分子扩散和生化反应。分子扩散基于菲克定律(Fick's Law)。莫诺型动力学通常适用于描述生化转化速率。方程 13.6 的分析求解仅仅可用于第一级和零级速率表达式，并假设为稳态。如果本体液体底物浓度远高于半饱和浓度(即 $S_{B,i}>K_i$)零级动力学是有效的，而第一级动力学适用于低底物浓度(即 $S_{B,i}<K_i$)。二阶微分方程(方程 13.6)的求解需要由两个边界条件能够推导出的常数。第一边界条件的考虑可能涉及，假设非反应性和非可渗透性的载体，载体无进出通量：在 $x=L_F$ 时 $\frac{ds_{F,i}}{dx}=0$。第二边界条件涉及，提供生物膜-液体的底物 i 界面浓度，$S_{F,i}(X=0)$，基于方程 13.6 中的定义，同样在 $x=0$ 时 $S_{F,i}=S_{LF,i}$。

在部分渗透的平板生物膜中对于零级动力学求解方程 13.6 而产生方程 13.7。第二个平方根表明该通量关于底物 i 的生物膜-液体界面浓度为“0.5(半级)”。第一个平方根适用于 Harremoës(1978 年)提出的方法的“半级”速率常数。

$$J_{F,i,p}^{0}=\sqrt{2\cdot D_{F,j}\cdot k_{0,F,i}\cdot X_{F,k}}\cdot\sqrt{S_{LF,i}} \tag{13.7}$$

式中 $J_{F,i}^{0}$——进入部分渗透的生物膜中的零级底物通量，g/m²·d；

$k_{0,F,i}$——底物 i 的零级比转化速率，g/g·d；

$X_{F,k}$——生物质类型 k 的生物膜生物质浓度，g/m³；

$S_{LF,i}$——底物 i 的生物膜—液体界面浓度，g/m³。

方程 13.7 并不适用于完全渗透生物膜，而以下关系式必须用于描述零级通量：

$$J_{F,i,c}^{0}=L_F\cdot k_{0,F,i}\cdot X_{F,k} \tag{13.8}$$

式中 $J_{F,i}^{1}$——进入完全渗透生物膜的零级底物 i 通量，g/m²·d；

$k_{0,F,c,i}$——底物 i 的零级比转化速率，g/g·d。

对于生物膜内第一级速率，求解方程 13.6 产生描述进入平板膜的底物 i 通量的方程 13.9：

$$J_{F,i}^{1}=\frac{k_{1,F,i}\cdot X_{F,i}\cdot L_F\cdot S_{LF,i}}{k_i}\cdot\varepsilon \tag{13.9}$$

式中 $J_{F,i}^{1}$——进入部分渗透生物膜的第一级底物 i 通量，g/m²·d；

$\varepsilon=\frac{\tanh\alpha}{\alpha}$——效率因子，无量纲；

α——$\sqrt{\frac{k_{1,F,i}X_{F,k}\cdot L_F^2}{D_{F,i}\cdot k_i}}$ 生物膜常数，无量纲；

$k_{1,F,i}$——底物第一级比转化速率，g/g·d。

当假设为第一级动力学时，由于底物浓度并未到达生物膜内零级区，则不可能计算出生物膜渗透深度。设计者不能一般性假设第一级或零级动力学表达式是有效的，而生物质类型 k 的浓度，$X_{F,k}$，并不容易确定。如果假设生物膜是均质的，则就能够使用生物质平衡和优化方法计算各自的生物质浓度。底物 i 的通量就能够采用第一和零级通量的重均值，或更简单地通过采用方程 13.7、13.8 和 13.9 的最小值进行计算(Perez et al.，2005；Boltz et al.，2009a；2009b；2009c；Morgenroth，2008a)。

本体液体浓度在生物膜表面之外立即逐渐增大，如图 13.4 所示。这种浓度梯度通常被描述为传质阻力而数学上表示为：

$$J_{MTBL}=\frac{L_L}{D_w}(S_B-S_{LF}) \tag{13.10}$$

在稳态下，通过传质边界层的底物通量，J_{MTBL}，通过横穿生物膜表面的底物通量平衡。因此，需要额外的方程(边界条件)计算底物 i 生物膜-水界面浓度是未知值：J_{MTBL} = JLF。采用方程 13.7、13.8、13.9 和 13.10 计算的通量曲线提供于图 13.9 中，随着异养生物膜消耗 COD 而增加传质边界层厚度($L_F = 200$ μm；$X_F = 12\ 000$ g/m^3；$K_S = 4$ g/m^3；$k_{0,F,S} = 6$ 1/d；$k_{1,F,S} = 1.5$ 1/d；$D_{F,S} = 0.000\ 070$ m^2/d；$D_{W,S} = 0.000\ 087\ 5$ m^2/d)。为了举例说明，采用图 13.9，外部向生物膜内的传质阻力影响假设本体液体浓度为 5 g/m^3。在这种情况下，如果忽略不计外部传质阻力，通量从约 11 g/m^2·d 降低至 5 g/m^2·d，传质边界层厚度为 160μm。显然，生物膜表面附近的浓度梯度对生物膜反应器中转化过程的速率具有显著影响。

传质边界层厚度(L_L)能够采用 Morgenroth(2008a)和 Boltz 等(2009b)提出方法的类似方法进行计算。这个关系能够通过方程 13.11 从数学上表示。

$$L_L = \frac{L_c}{Sh} \tag{13.11}$$

式中　L_L——传质边界层厚度；

L_c——特征长度；

Sh——无量纲舍伍德数。

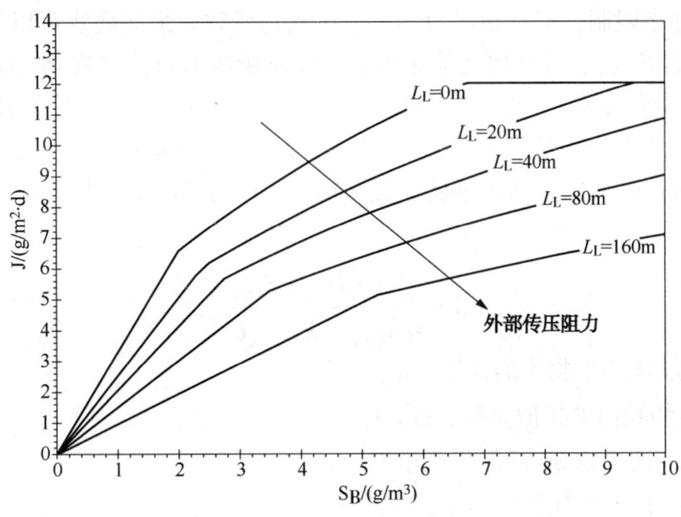

图 13.9　不同传质边界层厚度下由于异养菌而横跨生物膜表面的模拟可溶性底物通量降低

(L_F =200μ m；X_F =12 000 g/m^3；K_S =4 g/m^3；$k_{0,F,S}$ =6 1/d；$k_{1,F,S}$ =1.5 1/d；$D_{F,S}$ =0.000 070 m^2/d；而 $D_{W,S}$ =0.000 087 5 m^2/d)

在 MBBR 中所用的塑料生物膜载体的情况下，例如，L_c 等于生物膜载体的通流距离(L_{c-K1} = 0.0045 m 而 $L_{c-羟基-Pa}$ ~ 0.005 m)(Rusten et al.，2006)。类似于弗罗斯林(Frösling，1938)提出而洛厄等(Rowe et al.，1965)开发的经验关系，能够用于估算外部扩散层厚度(L_L)。基于这种关系，舍伍德数能够使用以下方程计算：

$$Sh = A + B \cdot Re^m \cdot Sc^n \tag{13.12}$$

式中　A——2；

B——0.8；

m——1/2；

n——1/3，对于球形颗粒物周围流体流的情况而言；

Re——雷诺数$\left(=\frac{U\cdot L_c}{v}\right)$；

Sc=施密特数$\left(=\frac{v}{D_{aq,i}}\right)$。

A，B，m和n的值都是经验确定的参数。这些参数适用于30<Re<2000(Rowe et al.，1965)。大多数经验参数值是对于非生物膜系统测定的，而生物膜的影响并不能明晰理解(Wanner et al.，2006)。在生物膜附近的速率U，通常要假设。各种经验关系可以从许多手册和化学工程文献中找到。然而，很少有关开发用于本章中描述的商购可实现的生物膜载体。还需要额外的研究才能确定哪些参数是重要的(如曝气、搅拌、生物反应器的构造设计结构)和尤其是在现代生物膜反应器的背景下其对L_L影响的描述(Boltz et al.，2008)。

这里的讨论仅限于横向浓度梯度被认为是边缘影响的一维生物膜。因此，仅仅在z方向浓度分布发生降低。事实上，生物膜是非平面的和非均匀结构，但这种分析足以进行基本讨论并引入适用于生物膜反应器设计的相。

2.2.3 确定速控底物

生化转化过程因为由于底物扩散进出生物膜而产生的浓度梯度出现在生物膜反应器内。生化转化过程的速率限制，通常是因为单一最终底物所致。最终底物可以是电子给体(如氨氮)、电子受体(如氧气)、或任何其他完成生化反应所需的可溶性底物(通过生物膜扩散)，(例如，碱度或常量营养素)。底物渗透生物膜的深度，δ(m)，可以进行计算和比较。扩散底物的速率限制渗透生物膜的程度最低(Szwerinski et al.，1986)。如果假设为零级动力学，可溶性物质在一维生物膜中渗透深度就定义为物质浓度为零时的生物膜厚度，并能够通过方程13.13描述：

$$\delta_i=\sqrt{\frac{2\cdot D_{F,i}\cdot S_{LF,i}}{k_{0,F,i}\cdot X_{F,k}\cdot L_F^2}} \tag{13.13}$$

式中 δ_i——底物i渗透生物膜的深度，m；

$D_{F,i}$——在生物膜内的扩散系数，m^2/d；

$S_{LF,i}$——底物i的生物膜-液体界面浓度，g/m^3；

$k_{0,F,i}$——底物i的零级比转化速率，g/g·d；

$X_{F,k}$——对于生物质类型k的生物膜生物质浓度，g/m^3；

L_F——生物膜厚度，m。

渗透生物膜的底物是扩散率、生物膜-液体界面底物浓度、反应动力学和描述性生物膜特性X_F和L_F的函数。对于生物膜渗透深度比较的基础是连接转化速率的化学计量关系。例如，电子给体和电子受体的反应速率是根据方程13.14和13.15从化学计量上进行关联的。

$$r_{0,F,ED}=k_{0,F,ED}\cdot X_{F,k} \tag{13.14}$$

和，

$$r_{0,F,EA}=v_{ED,EA}\cdot k_{0,F,ED}\cdot X_{F,k} \tag{13.15}$$

式中 $r_{0,F}$——电子给体(ED)或受体(EA)的零级转化速率，($g/m^3\cdot d$)；

$v_{ED,EA}$——相对于电子受体消耗关联电子给体消耗的化学计量常数，(g_{O_2}/g_{ED})。

将方程13.12除以方程13.13而得到将电子给体关联至电子受体应用的系数，或

$\left(\frac{r_{0,F,ED}}{r_{0,F,EA}}=\frac{1}{v_{ED,EA}}\right)$。与计算电子给体和受体的生物膜渗透深度相除(方程 13.11)，合并这个化学计量关系，并消去某些相而得到方程 13.16。

$$\gamma_{ED,EA}=\frac{\sqrt{\frac{2\cdot D_{F,i}\cdot S_{LF,i}}{k_{0,F,i}\cdot X_{F,k}\cdot L_F^2}}\Big|_{ED}}{\sqrt{\frac{2\cdot D_{F,i}\cdot S_{LF,i}}{v_{ED,EA}k_{0,F,i}\cdot X_{F,k}\cdot L_F^2}}\Big|_{EA}}=\sqrt{v_{ED,EA}\cdot\frac{D_{F,ED}}{D_{F,EA}}\cdot\frac{S_{LF,ED}}{S_{LF,EA}}} \tag{13.16}$$

本文中，$\gamma_{ED,EA}$是电子给体生物膜渗透深度与电子受体生物膜渗透深度之间的无量纲比率。概念上，方程(13.14)能够产生三种情形：

(1) $\gamma_{ED,EA}<1$：电子给体估计为生物膜内潜在的速率限制底物。电子受体将通过扩散完全渗透生物膜。

(2) $\gamma_{ED,EA}>1$：电子受体估计为生物膜内潜在的速率限制底物。电子给体完全扩散渗透生物膜。

(3) $\gamma_{ED,EA}\oplus 1$：两种底物具有相同的生物膜渗透深度而相互限制。采用详细建模的周密分析，需要确定速控底物。这个比率也能够解释为改变速控底物的过渡点。

第三种情形提出的以下数学定义，可用于计算底物浓度，或底物浓度之比，速控底物之间的那种过渡：

$$\sqrt{\frac{2\cdot D_{F,i}\cdot S_{LF,i}}{k_{0,F,i}\cdot X_{F,k}\cdot L_F^2}}\Big|_{ED}=\sqrt{\frac{2\cdot D_{F,i}\cdot S_{LF,i}}{v_{ED,EA}\cdot k_{0,F,i}\cdot X_{F,K}L_F^2}}\Big|_{EA} \tag{13.17}$$

或

$$\frac{S_{LF,ED}}{S_{LF,EA}}=\frac{1}{v_{ED,EA}}\cdot\frac{D_{F,EA}}{D_{F,ED}}$$

工艺过程设计者应该注意，此方法假设了生物膜传质受限。还应该强调的是，这些计算的基础是生物膜-水界面的浓度，这个浓度小于本体液体浓度。在没有详细建模的情况下，使用本体液体浓度，将提供速控物质的初步估计值。然而，本体液体底物浓度通常与本体相浓度并不是等比例的。因此，工艺过程设计者必须考虑采用由这种分析技术产生的结果而作出决策。

2.2.4　工程设计中所用的生物膜模型

通常情况下，工艺过程设计涉及生物膜数学模型的使用，因为：(1)仿真模型是有效工具，可以快速评估各种方案；(2)经验方法不足以提供现在被广泛认为对于生物膜反应器设计是必要的信息(例如，作为本体液体底物浓度的函数的局部通量，生物膜组成和多种底物的竞争，以及各个工艺过程对几种细菌类型之间相互作用的影响)。

现代生物膜反应器有助于工程设计中使用生物膜模型。例如，MBBRs 不存在流体力学或运行复杂性，这种复杂性在历史上曾经阻碍使用生物膜数学模型为基础的工艺设计。这是因为它们包含的各个区，本质上分别是完全混合的和连续流动的系统。浸没的全混生物膜反应器允许应用现代生物膜知识，而有利于现有的生物膜模型的仿真。因此，大多数现有的整个污水处理厂(WWTP)的建模方案已扩大到包括由生物膜数学模型构成的浸没式全混生物膜反应器模块。在设计中使用这些模型之前，工艺过程设计者应该了解生物膜数学模型的基础，其支撑假设和局限性。不幸的是，选择提供合适水平的复杂性而满足建模目标的建模方法，可能是非常困难的。以下提供了适用于生物膜反应器设计的不同模型方法。

• 一维均质生物膜(单种限制性底物)：这种方法考虑到传质限制和对浓度分布和进入生物膜的底物通量的相应影响。这假设了活性细菌在整个生物膜厚度内均匀分布。只有对限制性底物进行计算才是有效的，这种限制性底物不得不先行确定。非限制性底物的通量能够采用方程 13.6~13.10 进行计算。更多的信息，请参阅文献 Morgenroth(2008a)。

• 一维均匀生物膜(多种底物和多个生物质组件)：生物膜建模的一个关键方面，就是要评估不同细菌群(例如，碳氧化异养菌、硝化自养菌)的竞争与共存和局部工艺过程条件(例如，好氧，缺氧或厌氧条件)。通过计算不同可溶性底物(例如，COD、氨氮、氧气和硝酸盐-氮)渗透生物膜的深度，就能够确定局部工艺过程的条件。各种细菌群的生长能够基于通量确定。为了简化计算，可以假设所有的细菌群在生物膜厚度内均匀分布(Rauch et al.，1999；Boltz et al.，2009a；2009b；2009c)。

• 一维异质生物膜：不同细菌群在生物膜内对底物和空间进行竞争。一维异质生物膜模型必须保持不同细菌群局部生长和衰亡的轨迹和整个生物膜厚度内生物质分布的脱落(Wanner and Reichert，1996)。

不同尺度的异质性对于生物膜反应器的设计是相关的。生物膜厚度的长度范围，对于 100~1 000μm 的数量级，应该考虑到一维和多维生物膜模型中。来自这些模拟的底物通量随后可以整合到描述整个反应器性能的模型中，在这些模型中长度范围为 1m 的数量级。但是，非均质性也能够在超出这些范围的生物膜反应器中观察到。例如，在某些情况下，发育出斑片状生物膜。这可能发生于任何负载不足的生物膜反应器中，如一些硝化滴滤池的下游。这些观察结果证实，生物膜载体的某些部分是裸露的，而其他的则含有致密发育。这些微观和宏观尺度之间的非均质性通常没有在生物膜模型中考虑，而目前尚不清楚它们多大程度上相关。

沃纳等(Wanner et al.，2006)提供了不同建模方法的详细描述和比较。沃纳等(Wanner et al.，2006)和 Boltz 等(Boltz et al.，2009d)认为，一维生物膜模型足够进行反应器设计。目前，大多数适用于生物膜反应器设计和评估的商业软件都考虑了多种底物和在一维异质或均质生物膜中的生物质分数。表 13.2 中总结了一些软件和参考文献的例子。

生物膜数学模型，尽管比先前介绍的图解法、经验和半经验模型法更为复杂，但是现在已经成为标准的设计工具。

2.2.5 从业者的生物膜模型局限性

生物膜数学建模具有先进的反应器设计。而且，这些模型有助于解释和揭示导致传质限制、生物膜厚度内(和整个生物膜反应器)细菌分层化、细菌群之间的竞争和影响多维异质生物膜形态发育的因素的机理。生物膜模型的采纳已经变慢；需要更多的研究和开发才能克服现有模型的局限性。以下是工艺过程设计者应该警醒的一些局限性：

· 生物膜模型比较复杂，而这些模型通常排除了许多重要因素。大多数模型都强调生物膜内的小规模非均质性，以便更好地描述可溶性底物通量。然而，许多方法却未能将整个反应器的运行(例如，反冲洗、流量分配)描述为系统附属物的功能(如曝气系统、搅拌装置)。

· 太多的模型可供选择。建模方法的选择取决于要解决的具体问题。这就不同于活性污泥建模，在活性污泥建模中可以直接应用数学模型。设计工程师必须意识到正在使用的生物膜模型的类型，其简化假设，以及由此产生的局限性。如果此信息并未明确记载，则该模型的结果应该谨慎使用。

· 校准生物膜模型的方法中存在显著的缺陷。由于模型校准没有可靠的透明方法，则开发的模型将不会被接受为强大的设计工具。

· 现有生物膜模型充分描述了可溶性底物通量，但很少存在基本的研究而使之能够开发描述颗粒物去向的数学模型。

· 传质边界层如果连接具有生物反应器隔间的一维生物膜模型将很好理解。不幸的是，基于对影响生物膜外部传质阻力的性质的基本理解，几乎没有数学描述。

表 13.2　实践中所用的生物膜模型

软件	公司	生物膜模型类型和生物质分布	参考文献
AQUASIM™	EAWAG，Swiss Federal Institute of Aquatic Science and Technology，Dübendorf，Switzerland (www.eawag.ch/index_ EN)	1 - D，DY，N；异质的	Wanner and Reichert (1996) (modified)
AQUIFAS™	Aquaregen，Mountain View，California (www.aquifas.com)	D，DY，SE 和 N，异质的	Sen and Randall (2008a，b，c)
BioWin™	EnviroSim Associates Ltd.，Flamborough，Canada (www.envirosim.com)	1 - D，DY，N，异质的	Wanner and Reichert (1996) (modified)，Takács et al. (2007)
GPS-X™	Hydromantis Inc.，Hamilton，Canada (www.hydromantis.com)	1 - D，DY，N，异质的	Hydromantis (2002)
Pro2D™	CH2M HILL Inc.，Englewood，Colorado (www.ch2m.com/ corporate)	1-D，SS，N(A)，同质的(恒定 L_F)	Boltz et al. (2009a，b，c)
Simba™	ifak GmbH，Magdeburg，Germany (www.ifak-system.com)	1 - D，DY，N，异质的	Wanner and Reichert (1996) (modified)
STOAT™	WRc，Wiltshire，England (www.wateronline.com/ storefronts/wrcgroup.html)	1 - D，DY，N，异质的	Wanner and Reichert (1996) (modified)
WEST™	MOST for WATER，Kortrijk，Belgium (www.mostforwater.com)	1 - D，DY，N (A)[a]，N[b]，同质的[a]，异质的[b]	Rauch et al. (1999)[a]，Wanner and Reichert (1996) (modified) b

注：1-D=一维；DY=动力学；N=数值；N(A)=采用分析通量表达式数值求解。

2.2.6 污水的表征

生物膜反应器的污水进水特性影响系统性能和所产生的残余生物固体量。进水污水特性对于不同市政污水可能略微不同(Melcer et al.，2003)。污水的表征是指原始污水流的组分确定。大多数工艺模型将 COD、总凯氏(Kjeldahl)氮(TKN)和总磷细分为有限象限。由于其在功能化滴滤池设计模型中的用途，溶解的污染物分子量的区分也进行了讨论。使用共同的术语定义各种工艺过程的分类，可以帮助设计师更好地了解现有设计模型的适用性之间的差异。大多数生物膜反应器模型未能对市政污水中 COD 包括胶体的微粒形式达成共识。引入到生物膜反应器设计和模拟的复杂性因为颗粒物质而已经进行讨论。

有机物质可分为可生物降解和非生物可降解的COD。非生物可降解的COD由可溶性(S_I)和颗粒物(X_I)惰性物质构成。可生物降解的COD由易于生物降解的COD(S_S)(rbCOD)和可生物缓慢降解的COD(sbCOD)构成。rbCOD据推测，包含低分子量分子如挥发性脂肪酸(VFAs)和低分子碳水化合物等。另外，sbCOD由需要在内部扩散和生化反应之前采用EPS包封和水解的复杂物质构成(Dold et al.，1980)。环境工程文献已指定了这些参数的物理意义。从本质上讲，rbCOD相当于可溶性底物(通过0.45μm过滤器的)而sbCOD就是颗粒状底物。对于rbCOD和sbCOD，属于下一级水平的划分。rbCOD可能是可发酵的(复杂的)(S_F)或短链的VFAs(S_A)。这些rbCOD，或溶解的底物能够分为五个分子量范围(MWRs)(Logan et al.，1987a)：(1)$3\times10^3\sim30\times10^3$原子质量单位(amu)；(2)$30\times10^3\sim50\times10^3$ amu；(3)$50\times10^3\sim100\times10^3$amu；(4)$100\times10^3\sim500\times10^3$ amu；(5)$500\times10^3\sim1000\times10^3$amu。

洛根等(Logan et al.，1987a)指定了每种MWR的扩散率。sbCOD可能是胶体状的，超胶体状的，或可沉降的。为了更具体描述生物系统中的大小范围，超胶体状颗粒的子集，巨胶体颗粒，尺寸范围为1~10μm(Levine，et al.，1985；1991)。图13.9说明了可生物降解的和非可生物降解的COD的划分。“可溶性”底物的污水处理定义，是指通过0.45μm过滤器的物质。对通过这种过滤器的样品实施的测试称之为“过滤的”或“滤液”(例如，过滤的COD)而可能是高度可变的。胶体状COD包含总COD中的大部分。通常一部分这些胶体被截留于滤饼中。现有几种方法能够量化这种污水样品的溶解的，或可溶性的内容物。

下一组有关进水含氮物质并依据TKN提出。TKN划分的最高水平介于游离的和盐水氨之间而有机结合TKN。有机结合的TKN可进一步分为可生物降解的和非可生物降解的部分。类似于COD，可生物降解的和非可生物降解的TKN这两部分都包含可溶性的和颗粒状的组分部分。设计师必须考虑，有机氮始终存在于生物市政污水处理系统中。

讨论的最后分组是基于进水污水流的磷含量，或总磷。总磷包括正磷酸盐和有机结合磷。有机结合磷含有可生物降解的和非可生物降解的部分。可生物降解的和非可生物降解的总磷部分包括可溶性的和颗粒状部分。据推测，每种营养颗粒物部分都由对COD介绍的划分构成。然而，很少有研究支持这个概念。因此，生物膜反应器是不完整的生物絮凝单元装置，耦合的生物膜反应器-固体分离系统的出水可能包含显著的胶体部分。其他参考文献提供了测试方法的清单，以及有关所介绍的污水组分划分量化过程的详细讨论(Melcer et al. 2003)。

3 移动床生物膜反应器

MBBR是具有漂浮的自由移动速率生物膜载体的两相(厌氧)或三相(好氧)系统，需要能量(即，机械搅拌或曝气)确保整个罐池均匀分布。这些系统可用于市政和工业污水处理。这个工艺过程包括浸没式生物膜反应器和固-液分离单元装置。2008年大约有500个MBBRs在50个不同的县市内运行(Øegaard，2008)。该装置包括几个工艺构造设计结构和对于碳氧化、硝化和反硝化的出水质量标准。MBBR的工艺过程能够使所处处理的污水满足出水水质标准范围，例如，从美国环境保护局定义的二级处理(每月平均30 mg/L的总悬浮固体[TSS]和30mg/L的BOD_5)至更严格的氮限制(高级污水处理标准总氮小于3mg/L)。根据Rusten等(Rusten et al.，2006)，定期检查挪威已安装的第一个MBBR(参见欧洲专利No. 0. 575，314号和美国专利No. 5458779)，而在连续运行15年之后，没有观察到塑料生物膜载体磨损。MBBR的优点包括：

• 作为对于碳氧化、硝化和反硝化的活性污泥系统，能够满足类似的处理目标，但需要的处理池体积通量却小于澄清池偶联的活性污泥系统。

• 生物质停留与澄清池无关。因此，载入到液-固分离单元装置的固体相比于活性污泥系统显著降低。

• 因为这是一个连续流动过程，对于生物膜厚度控制并不需要特殊的运行周期。水力学压头损失和操作复杂性降至最低。

• 它提供了许多与活性污泥工艺过程相同的灵活性操作系统工艺流程(而满足具体的处理目标)。多个反应器能够串联设计配置而不需要中间泵送或返流活性污泥泵送(并积累混合液)。

• 它可以与各种不同的液-固分离过程，包括沉淀池、溶气浮选，压载絮凝和膜分离过程耦合。

• 它非常适合装置改造而融入现有的市政污水处理厂。

从北欧国家之间的协议获得支持 MBBR 工艺过程商业化的研究和开发，使向北海排放营养物质从 1985 年至 1995 年大幅下降了约 50%(Hem et al.，1994)。从那时起，许多自由移动的塑料生物膜载体已被用于不同 MBBR 构造设计装置。

3.1　概述

MBBR 可能是单反应器或多个串联反应器。通常，每个 MBBR 具有的长-宽比(长：宽)为(0.5~1.5)：1。如果采用 $L:W$ 比大于 1.5：1 的方案，可能会导致自由移动的塑料生物膜载体分布不均。MBBRs 包含的塑料生物膜载体体积容量范围为 25%~67%的液体体积。这个参数称之为载体填充量。通常对一面 MBBR 壁安装筛子，而使处理后的出水流动通过进入下一个处理步骤，而同时保留自由移动的塑料生物膜载体。碳氧化、硝化，碳氧化和硝化混合的 MBBRs，使用扩散曝气系统而均匀分配塑料生物膜载体并满足工艺过程中的氧气要求。在反硝化 MBBRs 中塑料生物膜载体通过机械混合器进行均质化。每个组件都被淹没。在排水和维护或维修空气扩散器之前，必须移除塑料生物膜载体。图 13.10 描绘了科罗拉多州商贸城的威廉姆斯摩纳哥(Williams-Monaco)污水处理厂，其中两序列生物反应器分别包含串联的四个 MBBRs。

3.1.1　塑料生物膜载体

本文中描述的生物膜载体通常是由原始的或再生高密度聚乙烯挤出或模铸成型而成。表 13.3 总结了几种市售塑料生物膜载体的特性和制造商。载体晒为具有浮力，所具有的比重为 0.94~0.96 g/cm³。原生的和生物膜覆盖的塑料生物膜载体具有漂浮于静水中的特性。在运行的 MBBRs 中，这些载体通过曝气系统，液体再循环或机械搅拌均匀分布于整个液体本体中。生物膜主要发育于塑料生物膜载体内受保护的表面上。为此之由，表 13.3 中所列出的塑料生物膜载体的比表面积排除了并不在塑料载体内侧的面积。塑料生物膜载体具有堆积比表面积，净比表面积，本体液体容积排量和净液体容积排量。这些术语定义如下。

图 13.10　科罗拉多州威廉姆斯摩纳哥污水处理厂的移动床生物膜反应器。这个装置包含两序列平行的生物反应器，每序列具有四个串联的移动床生物膜反应器

• 堆积比表面积：单位塑料生物膜载体体积的生物膜面积，或

$\left(\frac{\text{生物膜面积的 m}^2}{\text{塑料生物膜载体体积的 m}^3}\right)$；

- 净比表面积：单位生物反应器体积的生物膜面积，或 $\left(\frac{\text{生物膜面积的 m}^2}{\text{反应器体积的 m}^3}\right)$；
- 本体液体容积排量：单位塑料生物膜载体体积的排出液体体积，或 $\left(\frac{\text{排出液体体积的 m}^3}{\text{塑料生物膜载体体积的 m}^3}\right)$；
- 净液体容积排量：单位生物反应器容积的排出液体体积，或 $\left(\frac{\text{排出液体体积的 m}^3}{\text{反应器体积的 m}^3}\right)$。

堆积比表面积，基于100%载体填充量，具体塑料生物膜载体的特性，并按比例降低。因此，净比表面积是具体塑料生物膜载体的特性和载体填充量。例如，如果塑料生物膜载体具有500m²/m³的堆积比表面积，则50%载体填充量下的净比表面积为250 m²/m³。类似地，在50%的载体填充量下对于具有特性0.15本体液体容积排量的塑料生物膜载体，净液体容积排量则为0.0725。

图13.11说明了塑料载体的生物膜厚度如何随着反应器条件而变化。生物膜厚度因为反应器中载体的湍流运动而不会变得过度较厚。因此，由于生物膜厚度增厚所致的有效面积降低，并不是设计工程师考虑的关键因素。生物膜系统中可溶性底物转化速率是依据质量通量(J)进行定义的，这个质量通量的单位为g/m²·d。因此，在类似的项中很方便进行负荷率的量化。塑料生物膜载体的净比表面积直接关联MBBR污染物负荷的计算。容积负荷能够乘以净比表面积(a)，计算出表面负荷率。表示为方程13.18。

$$\text{负荷率} = \frac{Q \cdot S_{in}}{V_B \cdot a} [=] \frac{g}{m^2 \cdot d} \tag{13.18}$$

表13.3中列出的塑料生物膜载体使保护的堆积比表面积最大，并保持了足够的开放空间，这些空间能够通过显著的对流。如前所述，除其他因素外，如果在这一区域具有足够高的水流速，生物膜表面外部的传质阻力就会降低。此外，在MBBR中的条件会促进相当薄而致密的生物膜发育，这就是有效的生物膜厚度控制的特征(其他讨论参见第13.1节)。塑料生物膜载体越大，容许构造而成的筛孔就越大。因此，单位筛滤面积的水力学压头损失将会降低。影响MBBR塑料生物膜载体属性的其他因素还包括生产和运输成本。

表13.3 塑料生物膜载体特性①

厂商	名称	堆积比表面积，重量，重力	标称载体尺寸（深度；直径）	载体照片
Veolia Inc.	AnoxKaldnes™ K1	500 m²/m³ 145 kg/m³ 0.96~0.98	7.2 mm；9.1 mm	

续表

厂商	名称	堆积比表面积，重量，重力	标称载体尺寸（深度；直径）	载体照片
Infilco Degremont Inc.	AnoxKaldnes™ K3	500 m^2/m^3 95 kg/m^3 0.96~0.98	10 mm；25 mm	
	AnoxKaldnes™生物膜片（M）	1，200 m^2/m^3 234 kg/m^3 0.96~1.02	2.2 mm；45 mm	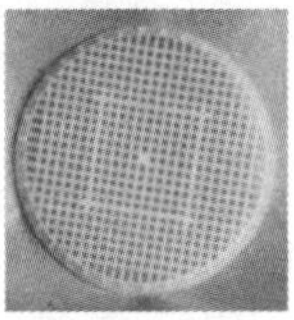
	AnoxKaldnes™生物膜片（P）	900 m^2/m^3 173 kg/m^3 0.96~1.02	3 mm；45 mm	
	ActiveCell™450	450 m^2/m^3 134 kg/m^3 0.96	15 mm；22 mm	
	ActiveCell™ 515	515 m^2/m^3 144 kg/m^3 0.96	15 mm；22 mm	
Siemens Water Technologies Corp.	ABC4™	600 m^2/m^3 150 kg/m+ 0.94~0.96	14 mm；14 mm	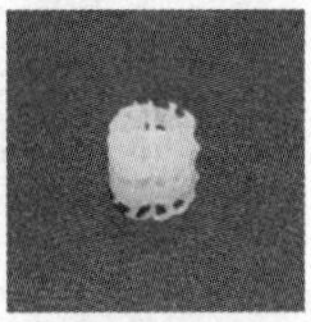
	ABC5™	660 m^2/m^3 150 kg/m^3 0.94~0.96	12 mm；12 mm	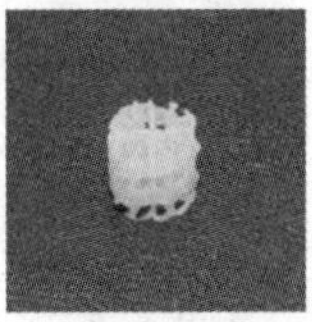
Entex Technologies Inc.	BioPortz™	589 m^2/m^3	14 mm，18 mm	

① 厂商报告

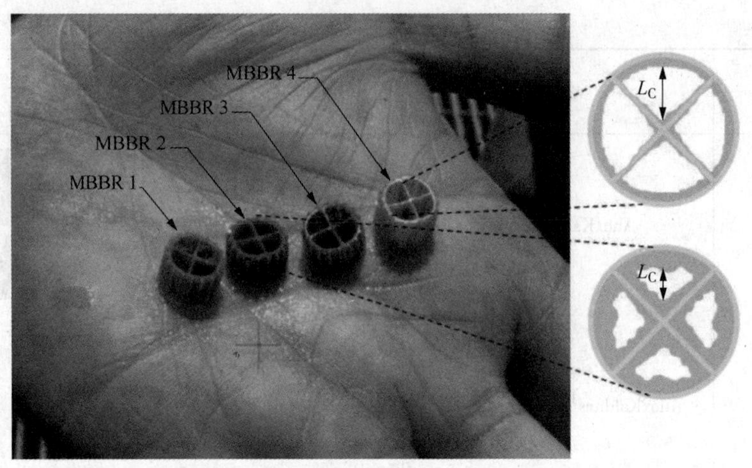

图 13.11 从串联的移动床生命反应器(MBBR)拍摄的生物膜载体的照片并图示说明了载体上生物膜厚度如何能够基于电子受体和给体条件根据反应器不同而变化(Boltz et al., 2009b)

3.1.2 介质保留筛

塑料生物膜载体通过水平构造设计的圆柱形筛或垂直构造设计的平板筛而保留于 MBBR 中(图 13.12)。好氧区通常包含圆柱筛，缺氧区包含平壁筛。圆柱筛水平延伸到由扩散网格所产生的上流空气泡中。因此，空气冲刷筛表面上的累积碎屑。通过机械混合器产生的能量不足打跑筛壁上积累的碎片。因此，平筛冲刷在反硝化 MBBR 中采用喷射空气头就能够完成。移除保留于筛上的碎片，有助于维持水力学通过量。筛及其配套的结构组件，如果需要，通常是由不锈钢制成，并可能由楔形丝、网或穿孔板构成。

图 13.12 粗泡曝气器网格上方的水平圆柱形筛(左)和具有喷射空气头的垂直平板筛(右)

3.1.3 曝气系统

低压扩散空气施加于好氧 MBBRs。气流通过连接到罐池底部的空气管道网络和扩散器进入反应器。气流具有满足工艺过程中氧气需求和均匀分配整个好氧 MBBR 内塑料生物膜载体的双重目的。为了促进塑料生物膜载体的均匀分配，扩散器的网格布局设计和下悬喷管的排布，提供了如图 13.13 所示的滚动水循环模式。细和粗泡曝气器适用于自由浮动的塑料生物膜载体反应器(见图 13.14)。

从历史上看，工艺过程的氧气要求和 MBBRs 中塑料生物膜载体的分布采用粗泡曝气系统就已实现。通常用于 MBBRs 中的粗泡扩散器是塑料或不锈钢管，沿着底侧有圆形开孔。

这些粗泡扩散器不太会受到因为大尺寸和通过排放孔口的湍流气流而产生的生锈或结垢的影响(Stenstrom and Rosso，2008)。因此，粗气泡曝气器比细气泡曝气器需要的维护较少。图13.14说明了粗泡扩散器设计，所具有的结构端部支撑使之能够在MBBR停工而排出时承受塑料生物膜载体的重量。

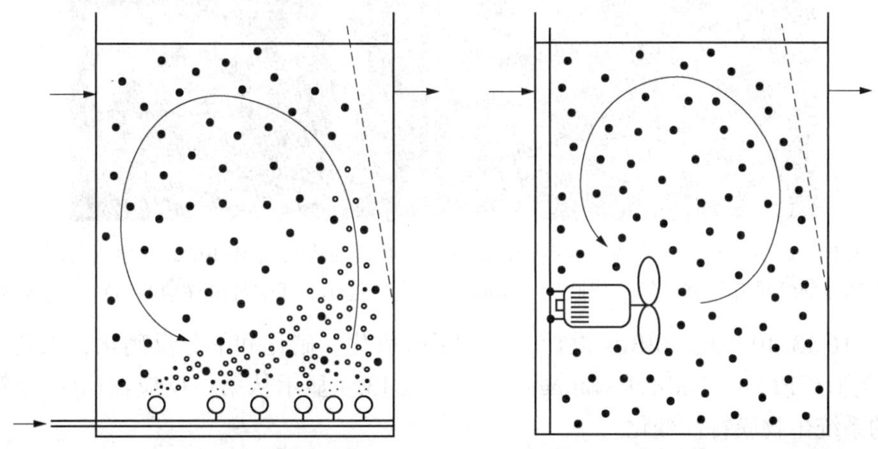

图13.13　扩散曝气系统(左)和机械搅拌器(右)诱导的滚动水循环模式
(Ødegaard et al.，1994；由《水科学与技术》(*Water Scienceand Technology*)重印，经版权所有者IWA许可)

图13.14　移动床生物膜反应器(MBBR)的粗泡曝气器(左)和MBBR中细泡管曝气器(右)

3.1.4　机械混合设备

脱氮MBBRs使用机械混合器搅拌本体液体并均匀分配塑料生物膜载体。机械混合器可安装平台(干式电机)的双曲线式或轨道安装的水下(湿式电机)单元装置。通常情况下，这些混合器搅拌液体，生物固体悬浮物浓度高达10 000 g/m^3。最先进的水下机械混合器通常具有最大120r/min叶轮速度和最低每叶轮3个叶片。这些功能设计才能满足工艺过程的目标，而尽量减少叶轮因为塑料生物膜载体产生的磨损而造成损害的可能性。图13.15显示了反硝化MBBR和MBBR中的水下机械混合器。

3.2　工艺流程图和生物反应器构造设计结构

选择MBBR构造设计结构时的考虑因素包括现场特异性处理目标、污水特性、现场布局设计、现有处理池构造设计结构(如果改造)、系统水力学系统，现有处理方案(如适用)，以及改造现有罐池的潜势。图13.16说明了碳氧化、硝化和反硝化MBBR流量表。虽然MBBR的工艺过程机械功能通常是一致的，但是在碳氧化、硝化、反硝化作用和碳氧化和硝化的组合 MBBRs 中的生物膜生长都是可变的，并取决于局部环境条件(其他信息参见第 13.1 节)。

图 13.15 缺氧移动床生物膜反应器(MBBR)(左)和摆动式缺氧 MBBR 的处理池内部(右)。模铸成形的玻璃纤维叶轮属于第一代脱硝 MBBRs。这些叶轮许多都被自由移动的塑料生物膜载体损坏

例如，图 13.10 中的 MBBRs 设计，实现了碳氧化、硝化和部分反硝化，工艺过程构造设计结构类似于改型的 Ludzack-Ettinger 工艺。表 13.4 显示从第一反应器(R1)至第四反应器(R4)的系统生物膜特性变化。

在第一次反硝化 MBBR(R1)中的塑料生物膜载体，呈棕褐色，而包含了比第二反硝化 MBBR(R2)中的黑色生物质多 150%的生物质。第一个好氧 MBBR(R3)，具有串联的最厚生物膜发育，而最后的 MBBR(R4)只有第一好氧 MBBR(R3)约 50%的生物质。

3.2.1 碳氧化

可生物降解的水溶性有机碳在 MBBR 中能够快速消耗。图 13.17 说明了过滤后的 COD 通量(即可溶性 COD)作为两种塑料生物膜载体类型(具有不同比表面积)的函数。图 13.18 说明了对于两种类型的塑料生物膜载体，作为总 COD 负荷的函数的单位生物膜面积的“可实现的”COD 去除率。颗粒状有机物被生物膜包埋；随后部分包埋的可生物降解的有机颗粒物被水解，而所得的水溶性有机碳被利用。其余包埋的颗粒物在被水解之前随着脱落的生物膜碎片退出生物膜。悬浮的有机颗粒物在出水水流中与脱落的生物膜碎片一起被出 MBBR，并在液-固分离装置中除去。

表 13.4 横跨四个串联移动床生物膜反应器(MBBR)的生物膜变体的实例(SS=悬浮固体)

参数/反应器(R)	R1-缺氧	R2-缺氧	R3-好氧	R4-好氧
功能	反硝化	反硝化	碳氧化	组合的碳氧化和高速硝化
单位净比表面积的生物质	9.4 g SS/m^2	6.1 g SS/m^2	28 g SS/m^2	12.9 g SS/m^2
载体填充量	57%	57%	60%	60%
单位处理池容积的固体量	2 680 g SS/m^3	1 740 g SS/m^3	8 400 g SS/m^3	3 870 g SS/m^3
从处理池中拍摄的介质照片				

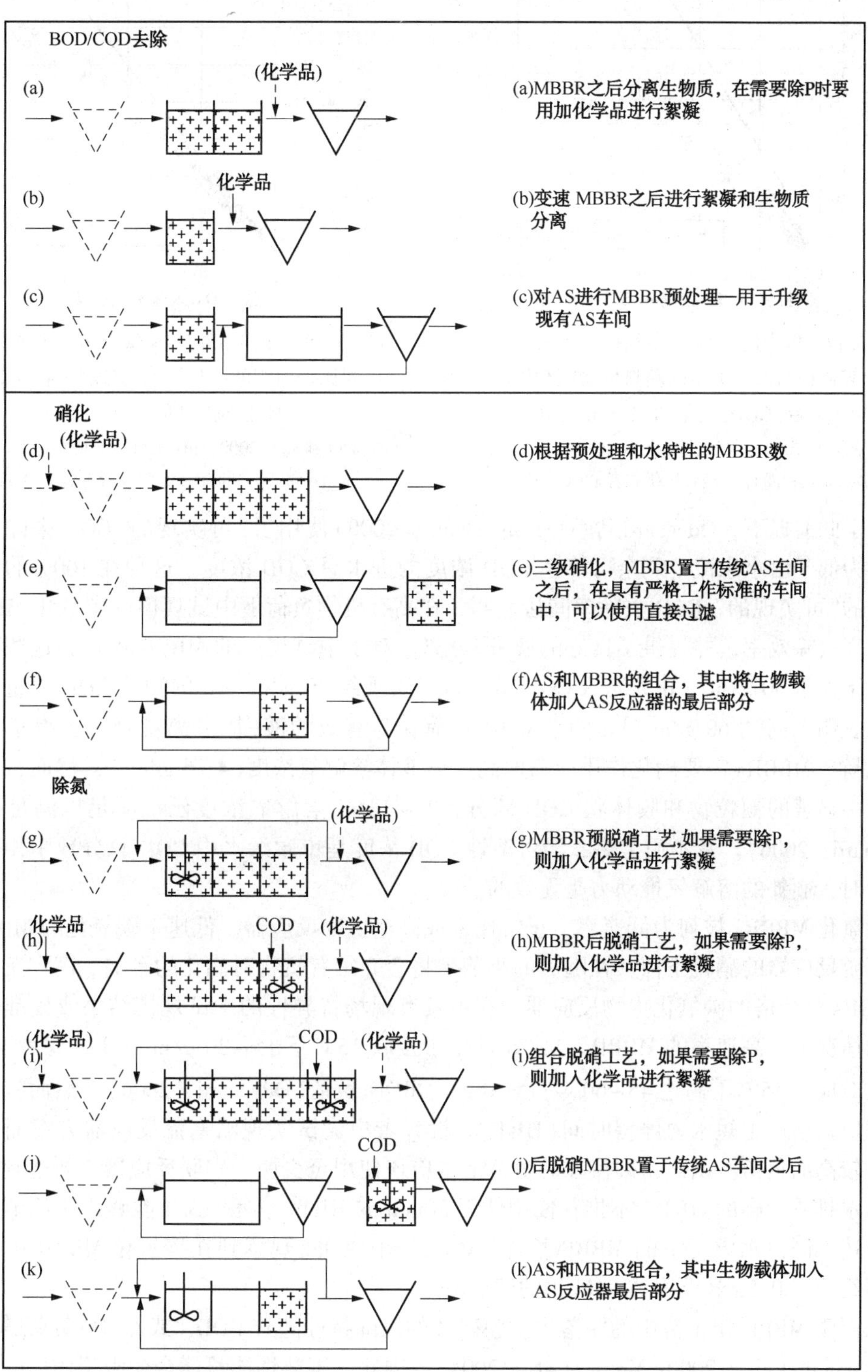

图 13.16　市政污水 MBBR 处理中的碳氧化、硝化、碳氧化和硝化的组合和反硝化的典型工艺流程图（Ødegaard，2006；经 IWA Publishing 许可重印）。具有十字形的矩形处理池是 MBBRs 而具有混合器的矩形处理池是缺氧型的（COD＝化学需氧量；BOD＝生化需氧量；P＝磷；而 AS＝活性污泥）

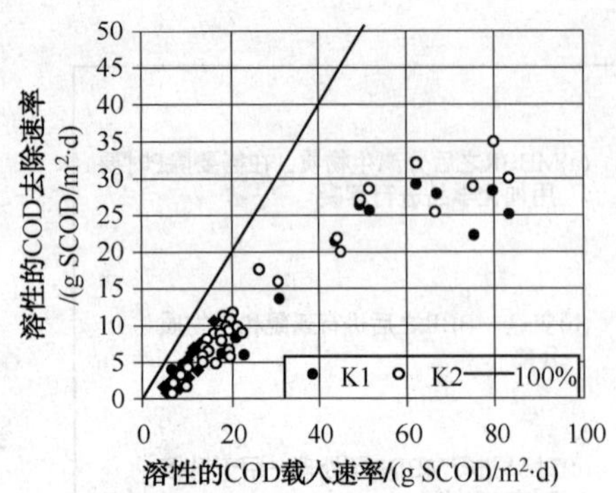

图 13.17 作为滤后 COD 负荷的函数具有不同比表面积的两种类型的塑料生物膜载体的滤后化学需氧量(COD)通量(1.2-μm 孔道开孔)

(Øegaard et al., 2000；由《水科学与技术》(*Water Science and Technology*)重印，经版权所有者 IWA 许可)

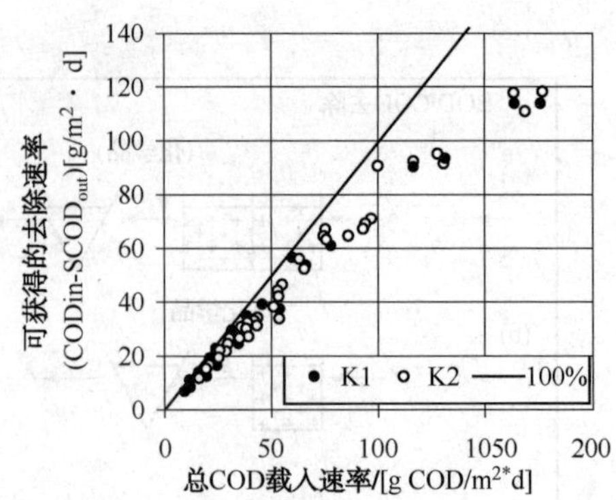

图 13.18 作为本体液体 COD 浓度的函数具有不同比表面积的两种类型的塑料生物膜载体的总化学需氧量(COD)通量

(Øegaard et al., 2000；由《水科学与技术》(*Water Science and Technology*)重印，经版权所有者 IWA 许可)

基于此前提下，Ødegaard 等(Øegaard et al., 2000)使用了“可实现的”COD 去除率，这被定义为低于出水水流中剩余可溶性 COD 浓度的进水总 COD 浓度。这种在 100%的生物质分离时的“可实现的” COD 去除率间接表明，在高有机物负荷下中试规模的碳氧化 MBBR 中获得了高去除效率，并提供了良好的液-固分离。对于中试规模的 MBBR 评估，这些图表表明，对于大于 30 g/m^2 · d 的滤后 COD 负荷可以实现约 30 g/m^2 · d 的滤后 COD 通量。这些图表还表明，高达 60 g/m^2 · d 的总 COD 负荷在与有效的液-固分离耦合时获得了显著的 COD 去除。MBBRs 需要硝化作用所需的高本体液体溶解氧浓度(4~6 g/m^3)；然而，由于市政污水中显著的颗粒物和胶体状 COD 部分，2 ~3g/m^{3}溶解氧浓度已证明足以满足碳氧化(Ødegaard, 2006)。从本质上讲，当可溶性 COD 浓度是市政污水中 COD 总分数中相对较小的部分时，额外的溶解氧推动力是无效的。

碳氧化 MBBRs 被列为低速率，正常速率或高速生物反应器。低速率碳氧化的 MBBRs 有利于下游反应器的硝化条件。在随后的小节中将会介绍有机物对硝化的影响。高和正常速率的 MBBRs 是严格的碳氧化生物反应器。在不具有现场特异性的中试规模结果或校准的数学模型的情况下，高速率的 MBBRs 通常设计用于接收 15℃下 15~20 g/m^2 · d 的滤后 BOD_5负荷。这对应于 15℃下高达 45~60 g/m^2 · d 的总 BOD_5负荷(Ødegaard, 2006)。然而，这种高表面积负荷会产生短水力停留时间(HRT)。设计者应尝试实现活塞流反应器方案而使之可能容许较高的负荷。因此，即使在高负荷下也应该使用至少两个串联反应器。要达到二级处理的出水排放标准的 HRT，不推荐使用低于 30min 的 HRT。方程 13.4 能够用于调节这些速率并描述不同污水温度下的 MBBR 性能。Ødegaard(2006)观察到在碳氧化 MBBR 中的生物质产率约等于 0.5g 悬浮固体/g 转化的滤后 COD。

悬浮于 MBBR 出水流中的脱落生物膜碎片的沉降特性随着 BOD_5(或 COD)负荷增加而变差(Ødegaard et al., 2000; Melin et al., 2004)。因此，工艺性能可能会受限于固体分离单元装置。如果与高效率固体分离，如化学强化二次澄清，溶气气浮耦合，或与固体接触反应器澄清池耦合时，增加的 BOD_5(或 COD)负载可能传递到 MBBR 上。市政污水中大多数有机物是胶体状的或颗粒状的(Levine et al. 1985; 1991)。然而，MBBRs 中的生物膜生长容易消耗可溶性有机物质，像其他生物膜反应器一样，MBBRs 可能是较差的生物絮凝单元装置。

为满足基本二级处理标准的中速 MBBRs 通常设计用于 10℃下 5~10g BOD_5/m^2 · d 的负荷，这取决于最终分离方法的选择。当混凝在分离单元装置之前发生时使用较高范围内的值；如果发生混凝，则使用较低范围内的值。设计得当，则化学强化的二级澄清单元将会通过降低碳基需氧量、悬浮固体和磷而改善水质。表 13. 5 总结了四家污水处理厂采用 MBBR 接着使用化学强化二级澄清的 BOD、COD 和磷的去除率。每个正常速率的 MBBR 装置设计用于接收在 10℃下 7~10 g/m^2 · d 的总 BOD_5 负荷率。

表 13. 5　MBBR 耦合化学强化二级澄清池的性能

（BOD7=7 天生化需氧量；COD=化学需氧量；WWTP=污水处理厂）（Ødegaard et al.，2004）

WWTP	BOD7①		COD		总磷	
	进水/(g/m^3)	出水/(g/m^3)	进水/(g/m^3)	出水/(g/m^3)	进水/(g/m^3)	出水/(g/m^3)
Steinsholt②	398	10	833	46	7. 1	0. 3
Tretten③	361	4	—	—	7. 3	0. 1
Svarstad③	—	—	403	44	5. 1	0. 25
Frya③	181	5	—	—	8. 6	0. 21

① BOD5/BOD7~0. 86。

② 1996~1997。

③ 数据源自 2000~2002。

3. 2. 2　硝化

MBBRs 中的硝化作用已经采用人工合成和市政污水进行广泛地研究（Hem et al.，1994；Rusten et al.，1995a；Æsøy et al.，1998）。像所有的生物膜反应器一样，MBBR 中的氨氮氧化速率受到有机负荷、本体液体溶解氧浓度、本体液体氨氮浓度、温度、pH 值和碱度的影响。氨氮氧化已经在图 13. 16（d~e）中 MBBR 工艺流程图中实现。本章将（三级）硝化（图 13. 16e）定义为处理满足以下标准的二级出水的生物膜反应器中的氨氮氧化工艺过程：BOD_5：TKN≤1. 0 而可溶性 BOD_5≤12 g/m^3。碳氧化和硝化的组合 MBBR（图 13. 16d）被定义为一个接收超出这些条件的有机负荷的单元装置。足够的本体液体总 BOD_5 和氨氮浓度导致混合培养的生物膜内生长的异养和自养硝化微生物之间产生竞争。当在碳氧化和硝化的组合 MBBR 中为溶解氧竞争时，生长较快的异养生物可能在高本体液体可溶性 BOD_5 浓度下超过发育较慢的自养硝化菌的生长（Wanner and Gujer，1984）。如果存在高本体液体可溶性 BOD_5 浓度而本体液体溶解氧浓度不足以渗透生长较快并已经超过自养硝化菌的异养菌时，则生长较慢（自养）的细菌会被冲洗出生物膜。因此，随着生物膜反应器 BOD_5 负荷增加，本体液体溶解氧浓度必须增加，才能保持恒定的氨氮通量。

图 13. 19 说明了在 MBBR 中对于各种 BOD_5 负荷和本体液体溶解氧浓度的（总）氨氮通量。尽管是研究接受初级出水的中试规模的组合碳氧化和硝化 MBBR，接收二级出水并维持两个单元装置中 4~6g/m^3 本体液体溶解氧浓度的（三级）硝化 MBBR，但是 Hem 等（1994）观察到：

- 1~2 g/m^2 · d 的总 BOD_5 负荷，导致 0. 7~1. 2 g/m^2 · d 的硝化速率，
- 2~3 g/m^2 · d 的总 BOD_5 负荷，导致 0. 3~0. 8 g/m^2 · d 的硝化速率，

• 大于 5 $g/m^2 \cdot d$ 的总 BOD_5负荷，实际上并没导致硝化。

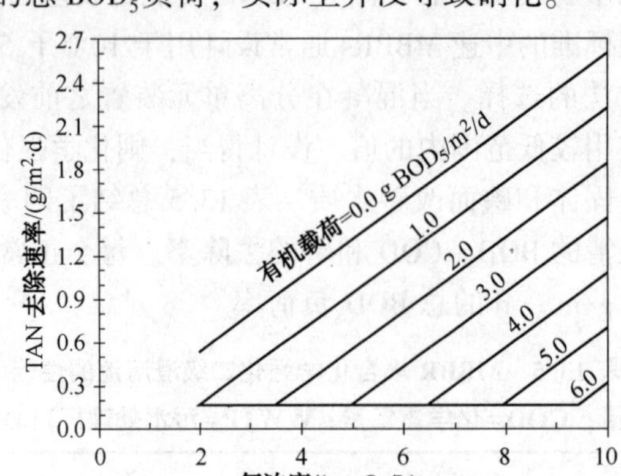

图 13.19 有机负荷和本体液体溶解氧浓度对氨(或氨-氮)通量的影响

(Rusten et al.，2006)

当本体液体氨氮是速控底物时作为一级过程，Rusten 等(1995)将氨氮通量描述为 MBBR 中本体液体氨氮浓度的函数。当本体液体溶解氧为速控底物时，他们将其描述为零级过程。研究人员使用了方程 13.19 描述 MBBR 中的氨氮通量。

$$J_{NH_3-N}=k\cdot(S_{B,NH_3-N})^n \tag{13.19}$$

式中 J_{NH_3-N}——氨氮通量($g/m^2 \cdot d$)；

k——速率常数(m/d)；

S_{B,NH_3-N}——本体液体氨氮浓度(g/m^3)；

n——反应级数常数。

对于 MBBRs，反应级数常数 n，赋值为 0.7(Hem，1991)。然而，速率常数值 k，因为其依赖于局部环境条件，如主要可溶性的 BOD_5负荷而变化。Rusten 等(1995)报道了处理 10℃预沉淀的初级出水而采用的中试规模的组合碳氧化和硝化 MBBRs 的 k 值范围为 0.4~0.7m/d。以下 10℃的 k 值和不同条件能够应用于碳氧化和硝化的组合 MBBR 设计：k=0.40m/d，无初级澄清池；k=0.47m/d，具有初级澄清或前置反硝化作用；k=0.50m/d，具有初级澄清和前置反硝化作用；k=0.53m/d，具有化学强化初级澄清作用。速率常数在 15℃下为 0.6~0.7m/d，可用于二级处理之后的三级硝化 MBBR 应用。

当应用方程 13.19 描述 MBBR 中的硝化时，比值$\frac{\text{本体液体溶解氧浓度}}{\text{本体液体氨氮浓度}}$，$\frac{S_{B,O_2}}{S_{B,NH_3-N}}$用于确定由此氨氮通量从作为限制的氨氮转化成限制为反应器出水中本体液体氨氮浓度函数的氧的过渡。这个比值由 Rusten 等(Rusten et al.，1995b，2006)赋值为 3.2m/d。计算的氨氮通量采用方程 13.4 进行调节而反映了现场特异性污水温度的影响。

实践中，设计者可能假设一个常量的比值$\frac{S_{B,O_2}}{S_{B,NH_3-N}}=3.2$。然而，这个过渡点受到电子受体和给体的化学计量系数影响，而物质扩散率受到液体温度的影响程度较小。物质 i 的扩散率通过水相扩散系数 $D_{水,i}\left(\approx\frac{D_{F,i}}{0.8}\right)$进行表征，其中 $D_{F,i}$是生物膜内底物 i 的扩散系数(m^2/d)

(Stewart, 2003; Horn and Morgenroth, 2006)。$D_{水,i}$的温度依赖性采用以下关系式进行计算:

$$\frac{D_{水,i}\text{黏度}}{T}=\text{常数，或 } D_{水,i,T}=D_{水,i,25℃}\cdot\frac{T}{25℃}\cdot\frac{\text{黏度}_{25℃}}{\text{黏度}_{T}}$$

式中　T——温度,℃;

黏度——动态黏度, m^2/d。

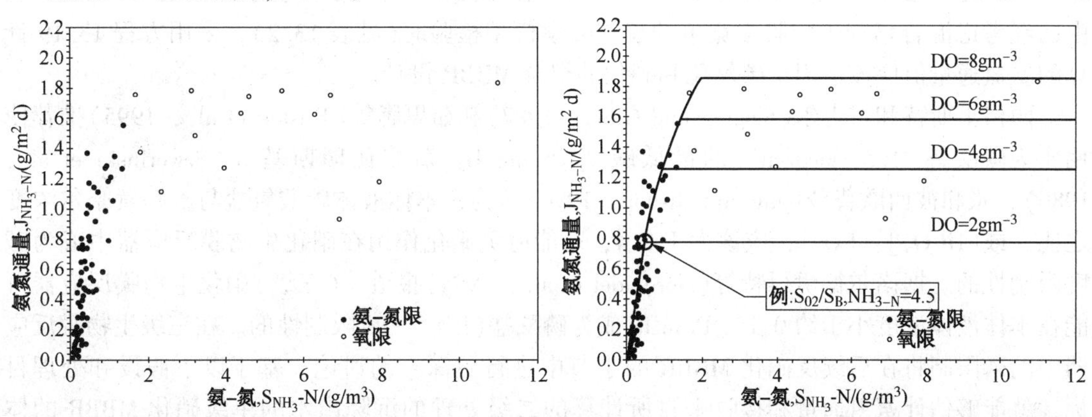

图 13.20　按照由方程 13.14 定义的速控底物进行分类的第二阶段硝化移动床生物膜反应器(MBBR)中观察到的氨氮浓度(左)。对于各种本体液体溶解氧浓度的经验硝化 MBBR 模型(模型: $J_{NH_3-N}=k\cdot\theta^{(T-20)}(S_{B,NH_3-N})^n$, $n=0.7$, $\theta=1.10$, $k=0.7$, $T=18℃$)。采用 DataFit. v9.0.59 实施非线性回归分析(加州 Oakdale 工程; www.curvefitting.com)。在氧控制区观察的平均本体液体溶解氧浓度为 $6.8g/m^3$(Hem et al., 1994)

利用方程 13.17 基于系统特异性条件计算通量过渡点。图 13.20 说明了中试规模的三级硝化 MBBR 中观察到的硝化速率(Kaldate et al., 2008)。根据方程 13.17,数据被确定为氨氮速控区或氧速控区。图 13.20 说明了先前所描述的经验 MBBR 硝化模型。方程 13.19 适用于中试工厂的数据和四种对应于本体液体溶解氧浓度 $2g/m^3$、$4g/m^3$、$6g/m^3$和 $8g/m^3$的不同氧速控区域。为了说明这一点,以下计算了溶解氧为 2 g/m^3时附近第一级和零级响应之间的过渡(水平线):

$$S_{B,NH_3-N}=\frac{1}{v_{ED,EA}}\cdot\left[\frac{D_{F,O_3T}}{D_{F,NH_3-N,T}}\right]\cdot S_{B,O_2}$$

$$=\frac{1}{4.57\,\dfrac{g\ o_2}{g_N}}\cdot\left[\frac{0.000200\,\dfrac{m^2}{d}\cdot\dfrac{18℃}{25℃}\cdot\dfrac{0.077\,\frac{m^2}{d}}{0.081\,\frac{m^2}{d}}}{0.000197\,\dfrac{m^2}{d}\cdot\dfrac{18℃}{25℃}\cdot\dfrac{0.077\,\frac{m^3}{d}}{0.081\,\frac{m^2}{d}}}\right]\cdot 2\,\frac{g_{o_2}}{m^3}$$

$$=0.44\,\frac{g_N}{m^3}$$

图 13.20 说明在较高溶解氧浓度下运行如何提高氧速控区域内的氨氮通量,而一旦氨在约 2.5 g/m^3下变为速控时却几乎不提供任何受益。

设计本体液体溶解氧浓度不完全适用于碳氧化和硝化的组合 MBBR 中的氨氮氧化。由于存在可降解有机物质所致的异养生物活性，降低了氨氮氧化可供利用的溶解氧浓度。据茹思腾等(Rusten，1995a)观察，0.5 $g/m^2 \cdot d$ 的可溶性 BOD_5 负荷降低了 0.5g/m^3 的硝化可利用溶解氧浓度。据茹思腾等(Rusten，2006)估计，1.5$g/m^2 \cdot d$ 的可溶性 BOD_5 负荷会降低 2.5 g/m^3 的硝化可利用溶解氧浓度。只要(1)k 值代表现场特异性环境条件，或(2)该通量值由已经考虑混合培养生物膜中竞争的校准数学模型检验时(见表 13.2)，采用方程 13.19 计算的氨氮通量值应该适用于碳氧化和硝化的组合 MBBR 设计。

西格里斯特和古吉尔(Siegrist and Gujer，1987)和茹思腾等(Rusten et al.，1995)推荐使用作为碳酸钙(1.5－meq/m^3)的最低碱度 75 mg/L。斯兹瓦瑞斯基等(Szwerinski et al.，1986)，张和彼西欧普(Zhang and Bishop，1996)认为，本体液体碳酸氢盐与溶解氧摩尔浓度之比，或$[HCO_3^-]:[O_2]$，应该大于 2.4，才能避免硝化作用在硝化生物膜反应器中成为碱度限制性的。据诺尔德伊得特等(Nordeidet et al.，1994)报道，(三级)硝化生物膜反应器可能在本体液体浓度小于约 0.15g P/m^3时成为磷酸盐(PO_4^{3-}-P)限制性的。在三级生物膜反应器中的磷限制将在后续反硝化 MBBR 的小节中进行更深入的讨论。基于以下假设和处理目标，就能够估计氨氮通量和接收来自所计算的二级处理的沉降出水的单级硝化 MBBR 的体积容量。

- 污水温度=10℃；
- 目标出水氨氮浓度=<2 g/m^3；
- 本体液体溶解氧浓度在 6 g/m^3下保持不变；
- 可溶性 BOD_5负荷小于 0.5 $g/m^2 \cdot d$；
- 硝化 MBBR 接收 3785m^3/d 部分硝化的二级出水；
- 出水流中 16 g/m^3氨氮浓度；
- 塑料生物膜载体堆积比表面积在 50%的载体填充量下为 500 m^2/m^3。

(1) 采用方程 13.17 和给定的 6 g/m^3本体液体氧浓度，估算对应于通量由此从氧限制过渡至氨氮限制的氨氮浓度点。本体液体溶解氧浓度降低 0.5 g/m^3 而限制生物膜内异养菌活性。

$$S_{B,NH_3-N}=\frac{1}{v_{ED,EA}}\cdot\left[\frac{D_{F,O_3T}}{D_{F,NH_3-N,T}}\right]\cdot S_{B,O_2}$$

$$=\frac{1}{4.57\dfrac{go_2}{g_N}}\cdot\left[\frac{0.000200\dfrac{m^2}{d}\cdot\dfrac{10℃}{25℃}\cdot\dfrac{0.077\dfrac{m^2}{d}}{0.081\dfrac{m^2}{d}}}{0.000197\dfrac{m^2}{d}\cdot\dfrac{10℃}{25℃}\cdot\dfrac{0.077\dfrac{m^2}{d}}{0.081\dfrac{m^2}{d}}}\right]\cdot\left(6\frac{g_{o_2}}{m^3}-0.5\frac{g_{o_2}}{m^3}\right)$$

$$=1.2\frac{g_N}{m^3}$$

(2) 反应器出水氨氮浓度 1.2 g/m^3 适合给定的低于 2 g/m^3 的设计目标。作为以上定义

(步骤 1)的本体液体氨氮浓度的函数计算氨氮通量。

零级氨氮通量小于 0.5 g/m^2 · d。因此，对于给定设计实例估算的氨氮通量为 0.5 g/m^2 · d。

$$J_{B,HN_3\text{-}N}=k\cdot\theta^{(T_2-T_1)}\cdot(S_{B,N})^n$$
$$=0.7\cdot 1.1^{(10-15)}\cdot(1.2)^{0.7}$$
$$=0.5\ \frac{g}{m^2\cdot d}$$

(3) 方程 13.1 变形并计算满足处理目标所需的生物膜面积。

$$A=\frac{Q\cdot(S_{in,NH_3\text{-}N}-S_{B,NH_3\text{-}N})}{J_{NH_3\text{-}N}}$$
$$=\frac{3,785\ \frac{m^3}{d}\left(16\ \frac{g}{m^3}-2\ \frac{g}{m^3}\right)}{0.5\ \frac{g}{m^2\cdot d}}$$
$$=105980m^2$$

(4) 计算硝化 MBBR 体积容量。

$$A=\frac{A}{a}$$
$$=\frac{105,980m^2}{500\ \frac{m^2}{m^3}\cdot 0.5}$$
$$=424m^2$$

如果有中试污水处理厂数据可供使用时，选择硝化 MBBR 尺寸大小的备选方法是在第 13.2 节中描述的图形生物膜反应器设计方法。图 13.21 介绍了从由两个串联的反应器构成的中试规模系统收集的中试数据获得的氨氮通量曲线(Kaldate et al.，2008)。采用中试规模的硝化 MBBR 数据并假设设溶解氧浓度为 6 g/m^3，则第一级 MBBR 工作线与氨氮通量曲线相交于 1.04 g/m^2 · d。对于第二个反应器，假设溶解氧浓度为 4 g/m^3，就能够确定氨氮通量曲线，而第二级 MBBR 工作线与氨氮通量相交于 0.36 g/m^2 · d。对于这个图形设计的例子，以上对于单个反应器(424m^3)测定的反应器体积容量被细分成串联的两个等体积反应器。

(1) 通过使用来自图 13.21 的 R1 通量确定为反应器 1(R1)设计负荷率。确保所需的氨氧化在 R1 中实现而使反应器 2(R2)的进水氨氮浓度处于 4 g/m^{3}范围。

$$\text{R1 设计负荷率}=\frac{J_{HN_3\text{-}N}}{\left(\frac{S_{in,NH_3\text{-}N}-S_{B,NH_3\text{-}N}}{S_{in,NH_3\text{-}N}}\right)}$$
$$=\frac{1.04\ \frac{g_N}{m^2\cdot d}}{\left(\frac{16\ \frac{g_N}{m^3}-4\ \frac{g_N}{m^3}}{16\ \frac{g_N}{m^3}}\right)}$$

$$= 1.39\ \frac{g_N}{m^2 \cdot d}$$

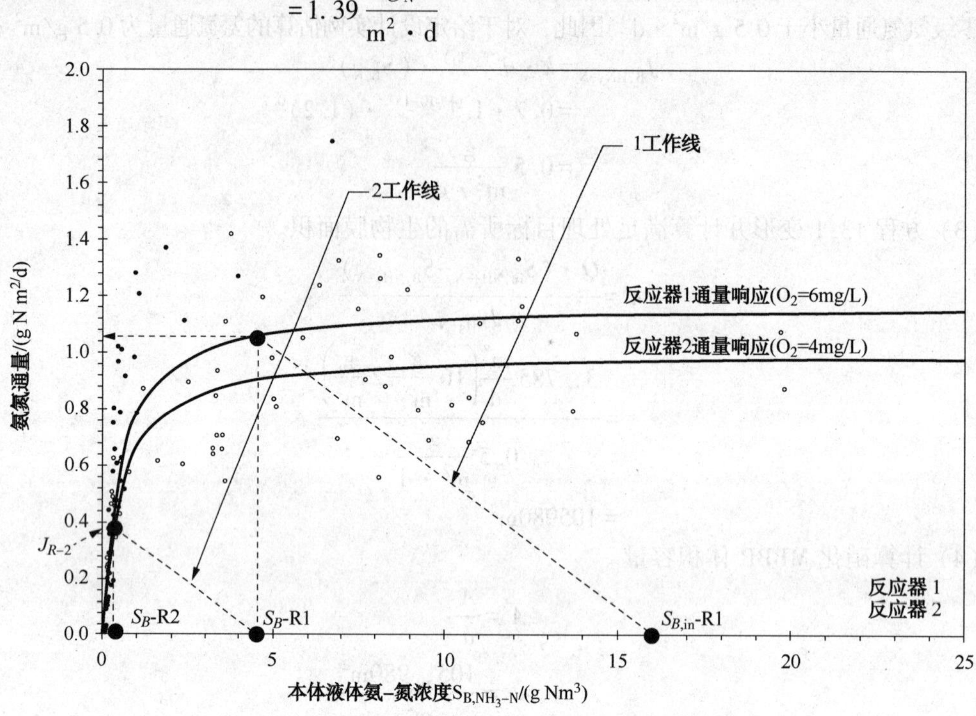

图 13.21　适用于硝化移动床生物膜反应器(MBBR)
实例的图形设计方法。氨氮通量曲线基于由中试两级硝化 MBBR 获得的数据
(Kaldate et al., 2008)

(2) 确定 R1 中给定进水氨负荷所需的载体面积，以及步骤 1 的设计表面积负荷率(SALR)。

$$A = \frac{Q \cdot S_{in.NH_3-N}}{SALR}$$

$$= \frac{3785\ \frac{m^3}{d} \cdot 16\ \frac{g}{m^3}}{\left(1.39\ \frac{g_N}{m^2 \cdot d}\right)}$$

$$= 43\ 568m^2$$

(3) 基于 $500m^2/m^3$的介质比表面积(SSA)确定给定 R1 体积的填充分数和所需的载体面积量。

$$填充分数 = \frac{A}{V \cdot a}$$

$$= \frac{43\ 568m^2}{\left(212m^3 \cdot 500\ \frac{m^2}{m^3}\right)}$$

$$= 41\%$$

(4) 采用相同的计算方法确定设计负荷率、载体面积和 R2 的填充分数。

反应器 2 在 212 m^3中需要 31540m^2的载体面积，而产生 30%的介质填充分数。设计者应该注意相对于单个反应器设计的两个反应器设计所需的载体面积差异。

3.2.3 反硝化

MBBR 中的反硝化作用人们也采用人工合成和市政污水进行了广泛的研究(Rusten et al.，1995b；Rusten et al. 1996；Aspegren et al.，1998；Bill et al.，2008)。像所有的生物膜反应器一样，MBBR 中反硝化速率受外部碳源、本体相碳-氮之比(C∶N)、污水温度、本体液体溶解氧浓度和本体液体常量营养浓度(主要是磷)的影响。采用 MBBR 工艺过程除氮，使用图 13.16(g~k)中说明的流程图同时进行前置反硝化和后置反硝化而实现。

前置反硝化通常应用于活性污泥工艺过程中。前置反硝化活性污泥法，如改进的 Ludzack-Ettinger(MLE)法，已经有据可查(Grady et al.，1999)。前置反硝化 MBBRs 位于碳氧化和硝化的组合 MBBR 上游。通过内部循环流引导硝化的 MBBR 出水进入前置反硝化 MBBR 而提供电子受体硝酸盐/亚硝酸盐氮。内部循环流比率，或$\frac{Q_n}{Q_{in}}$，通常为 2~4，但可能高达 6。关于有效的再循环流之比还存在实际上限，但是这必须基于现场特异性进行评价。超过有效上限的再循环流量的额外增加量据发现会降低整个反硝化效率(Ødegaard2006 年)。

前置反硝化 MBBR 性能主要取决于进水污水流中可溶性 BOD_5的可用性。当充足的可溶性 BOD_5浓度存在时，前置反硝化 MBBRs 可以达到 50%~70%的脱氮率。溶解氧抑制缺氧生化转化工艺过程。碳氧化和硝化的组合 MBBRs 以相对高的本体液体溶解氧浓度(即，3~6 g/m^3)运行。因此，内部再循环流，也可能有较高的溶解氧浓度。有氧反应比反硝化作用更具有能量优势，而将比反硝化作用优先导致可溶性 BOD_5降低。因此，在分配前置反硝化 MBBR 体积容量和评估可溶性 BOD_5对于反硝化的可用性时必须考虑内部再循环流中存的溶解氧。溶解氧以 2.86∶1 的溶解氧/硝酸盐氮质量比(gO_2∶gNO_3-N)转化成其硝酸盐当量。表 13.6 列出了反硝化速率的范围，设计者可以预期在前置反硝化 MBBR 中观察到。前置反硝化 MBBR 中硝酸盐/亚硝酸盐氮转化速率的范围通常为 0.3~0.6 g NO_3-N_{eq}/m^2·d(10℃)。

表 13.6 前置反硝化 MBBR 性能的对比(WWTP=污水处理厂)

参考文献	硝酸盐/亚硝酸盐-氮通量/(g NO_3-Neq/m^2·d)
Gardermoen WWTP(Rusten et al.，2007)	0.40-1.10
FREVAR WWTP(Rusen et al.，2000)	0.15~0.50
Crow Creek WWTP(McQarrie and Maxwell，2003)	0.25~0.80
NRA WWTP	0.20~0.40

所观察到的硝酸盐氮转化速率的变化是因为不同的污水特性和环境条件所致。

后置反硝化 MBBRs 需要增加补充的电子供体(即外部碳源)，但并不要求硝化的出水流再循环而接收电子受体的体硝酸盐/亚硝酸盐氮。当前置反硝化 MBBR 的进水流所具有的可溶性 BOD_5浓度不足以促进所需的硝酸盐/亚硝酸盐氮的转化时，这些 MBBRs 都是有益的。比尔等(Bill et al.，2008)证实，一些市售的易生物降解的电子供体比先前对于前置反硝化 MBBRs 所述的电子供体能够导致更高的硝酸盐/亚硝酸盐氮通量。他们使用易于生物降解的低分子量化合物，这些化合物通常在原始污水中作为可溶性 BOD_5测量。因此，后置反硝化 MBBR 在需要高容积效率的设计满足紧凑占地面积的处理目标是有益的。后置反硝化的 MB-

BRs 在短的水力停留时间内能够实现降低几乎全部硝酸盐/亚硝酸盐氮(Ødegaard, 2006)。为后置反硝化 MBBR 设计所选的硝酸盐/亚硝酸盐负荷和通量受到(1)所用外部碳的类型,(2)污水温度,(3)可接受的残留可溶性 BOD_5浓度,和(4)磷可用性的影响。

四个构造设计中用于采用四种不同补充碳源——甲醇、乙醇、甘油和硫化物——模拟后置反硝化作用的小试 MBBRs(处理人工合成污水)中于图 13.22 中证明了硝酸盐/亚硝酸盐氮的去除率是硝酸盐/亚硝酸盐氮负荷的函数。乙醇导致了最显著的生物膜发育(见图 13.23),且具有所观察的最高硝酸盐/亚硝酸盐氮通量,这在 20℃下接近最高速率 2.5g $N/m^2 \cdot d$。同样,阿斯佩格伦等(Aspegren et al., 1998)报道,当分别使用甲醇和乙醇作为补充电子给体时中试后置反硝化 MBBR 具有的最大反硝化速率约等于 2.5g $N/m^2 \cdot d$ 和 2.0g $N/m^2 \cdot d$(16℃)。补充碳源的选择通常依赖于商业电子供体的可用性,而有时,也依赖于低温下所需的反硝化速率。尽管使用乙醇作为补充的电子供体提高了反硝化效率,但是运营成本通常会导致设计因为性能、资本和生命周期成本而需要进行优化。废弃物产品的有益再利用,如用废弃的飞机除冰液,已经作为外部碳源用于后置反硝化 MBBRs 中(Rusten et al., 1996)。通常情况下,后置反硝化 MBBR 设计的负荷速率范围为 1~2g $NO_3-N_{eq}/m^2 \cdot d$。

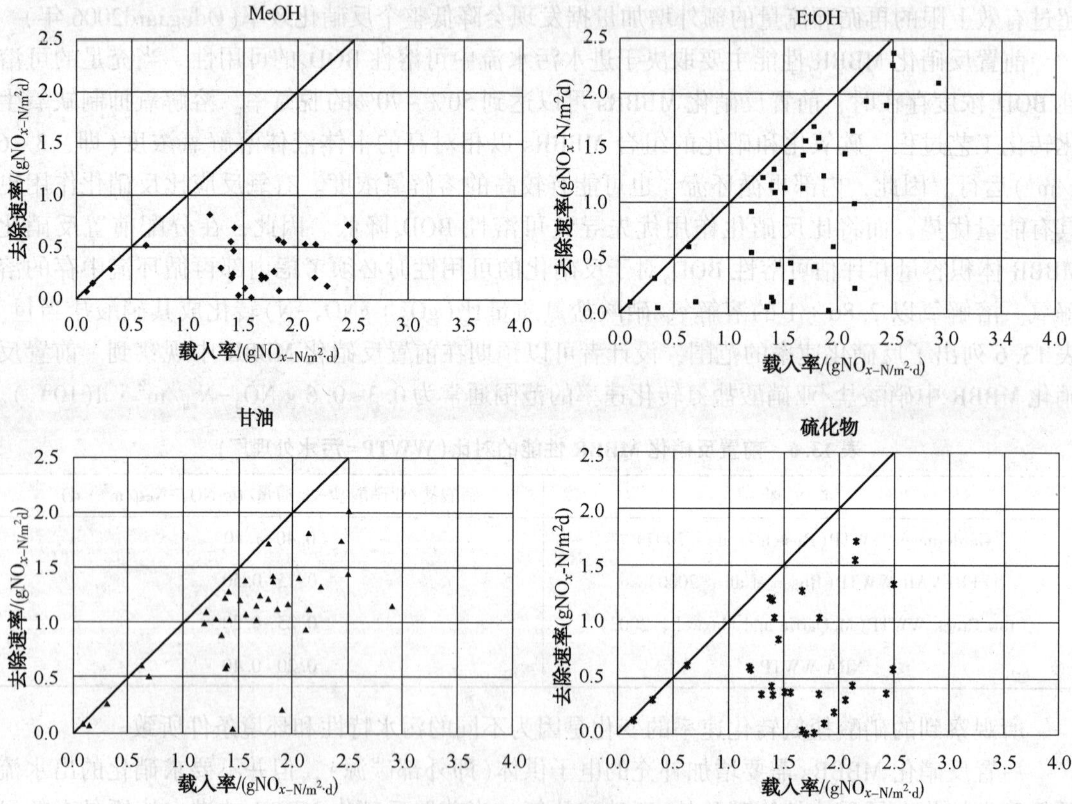

图 13.22 20℃下对于电子给体甲醇(MeOH),乙醇(EtOH),甘油(Glyc)和硫化物作为小试移动床生物膜反应器负荷率的函数的硝酸盐/亚硝酸盐去除率

图 13.24 说明了从中试后置反硝化 MBBR 收集的 24h 流量比例样品中的出水硝酸盐/亚硝酸盐-氮浓度。该图说明了采用碳氮之比(C:N)为 4~6g COD/g NO_3-N_{eq} 运行后置反硝化 MBBR 时出水硝酸盐/亚硝酸盐氮浓度接近渐进最小值。

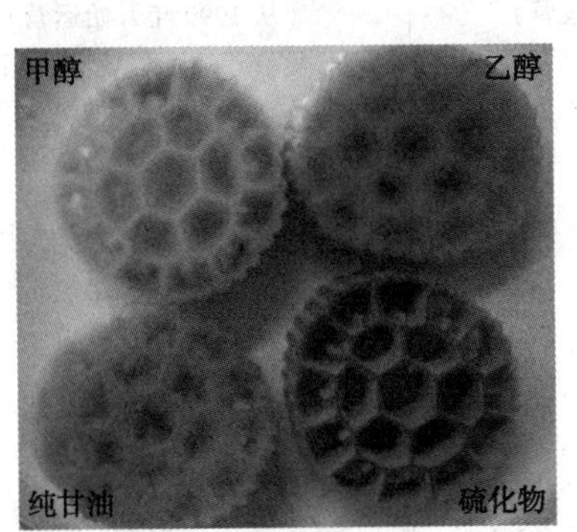

图 13.23　在相同负荷条件下运行并使用（从左上角逆时针方向）甲醇、乙醇、纯甘油和硫化物作为电子给体的小试移动床生物膜反应器中具有生物膜生长的商购塑料载体

（Bill et al.，2008）

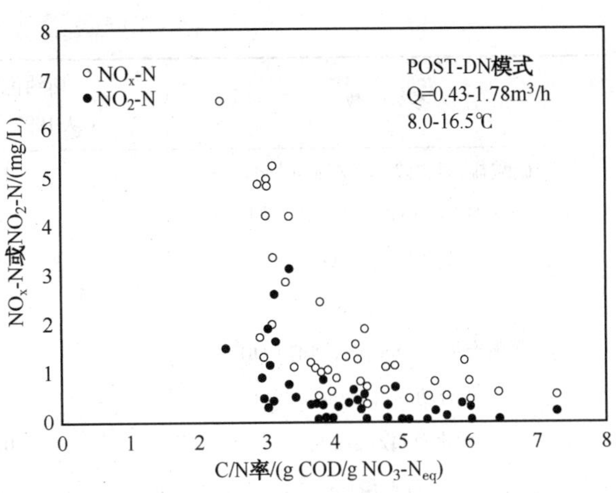

图 13.24　作为碳-氮之比（C：N）的函数的后置反硝化移动床生物膜反应器出水硝酸盐/亚硝酸盐-氮和亚硝酸盐-氮浓度

（Rusten et al.，1995b）

这些观察结果与其他中试规模的后置反硝化 MBBR 研究和全规模运行的结果一致（Aspegren et al.，1998；Täjemark et al.，2004）。较低的 C：N 比值适用较宽松的硝酸盐/亚硝酸盐-氮的出水水质标准。较高的 C：N-比可能适用于提高反硝化速率。采用高于 4~6g COD/g NO_3-N_{eq}的 C：N 比运行反硝化 MBBR 提高了最终缺氧池出水水流中残余可溶性 COD 浓度的风险。可接受的可溶性 COD 浓度依赖于外部碳源成本、对下游工艺过程的影响和出水水质标准。含介质的后曝气区可能需要用于氧化剩余的 COD。后置反硝化 MBBRs 通常具有两个同样大小的缺氧区，以及有时还有后曝气区。

阿斯佩格伦等（Aspegren et al.，1998）报道了在后置反硝化 MBBR 中采用乙醇或甲醇作为外部碳源在 0.2~0.3 g 悬浮固体/g 转化的 COD 从硝酸盐-氮去除中观察到了生物质产生。目前还没有关于后置反硝化 MBBR 出水流中剩余硝酸盐/亚硝酸盐-氮浓度准稳态的启动时间的信息。茹思腾等（Rusten et al.，1995c）报道，利勒哈默尔（Lillehammer）污水处理厂需要大约 4 至 6 周才能使硝酸盐氮完全转化。

瑞典马尔默（MalmÖ）的第七天（Sjöunda）污水处理厂和克拉格斯哈姆恩（Klagshamn）污水处理厂都运营全规模后置反硝化 MBBRs。表 13.7 总结了塔杰马克等（Täjemark，2004）报道的有关设计特点和运行观察结果。参见所引述的研究数据。

表 13.7　瑞典马尔默（MalmÖ）的斯约伦德和克拉格斯哈姆恩污水处理厂全规模后置反硝化移动床生物膜反应器设计特点和运行观察结果的对比（COD＝化学需氧量；SS＝悬浮固体）（Täjemark et al.，2004）

参　数	斯约伦德 WWTP（从 1997 年开始运营）	克拉格斯哈姆恩 WWTP（从 1999 年开始运营）
流量/（m^3/d）	126 000	23 800
硝酸盐-氮负荷/（kg/d）	1 960	310
出水总氮/（g/m^3）	6.8	5.8

续表

参　　数	斯约伦德 WWTP （从 1997 年开始运营）	克拉格斯哈姆恩 WWTP （从 1999 年开始运营）
硝酸盐-氮去除速率/($g/m^2/d$)	1.05	1.05
C：N/(g 加入的 COD/g 除去的 NO_3-N)	4.4：1	5.4：1
载体填充量/%	50	36
补充碳	甲醇	乙醇
总污泥产量/(g SS/g 去除的 COD)	~0.2	~0.2
混合功率/(W/m^3)	23	31
出水总磷/(g/m^3)	0.21	0.15
补充磷	磷酸	磷酸

这些后置反硝化 MBBRs 通常采用 10~20℃的污水温度运行。反应器的性能当负荷率为 0.8~1.2 $g/m^2 \cdot d$ 时通常硝酸盐/亚硝酸盐氮的降低会超过 90%。这两个后置反硝化 MBBRs 中后续连接后-曝气反应器而氧化污水流中都没有剩余任何可溶性 COD。在这两个后置反硝化 MBBRs 中，每隔一段时间硝酸盐/亚硝酸盐-氮的去除是受磷可用性控制的速控过程。

在可能的情况下，前-和后-反硝化的组合 MBBRs 在需要高水平除氮时应该考虑。这有助于优化性能，效率和运行灵活性。大多数设计用于高水平脱氮的 MBBRs 都使用前-和后-反硝化组合反应器(Ødegaard，2008；Rusten and Ødegaard，2007)。使用组合的前-和后-反硝化的好处是，去除效率与可生物降解碳源的可用性和原始污水温度无关。此外，利用外部碳源使出水氮达标实现了最小化。

3.2.4　磷限制(重点反硝化)

常量营养素，如磷，需要用于完成生化转化过程，包括硝化和反硝化。电子受体(即，硝酸盐-氮或亚硝酸盐-氮)，外加碳源(如甲醇或乙醇)，或常量营养素(主要是磷)，在后置反硝化生物膜反应器中可能是速度控制的。可溶性物质正磷酸盐是磷的指示剂，很容易在生物膜反应器获得利用。颗粒状磷同化和内源呼吸是其他的磷源。同时目前还没有将磷和氮降低至低浓度的应用信息。然而，设计工程师必须意识到后置反硝化 MBBR 进水中低正磷酸盐浓度的可能影响。他们必须充分评估需要用于确保该系统能够满足在预期的运行条件范围内处理目标的额外工艺过程组件的需要。

德巴巴迪洛及其合作者(deBarbadillo，2006)报道认为，在进水正磷酸盐浓度与进水硝酸盐/亚硝酸盐-氮浓度之比，$\frac{S_{in,PO_4-P}}{S_{in,NO_3-N}}$，小于 0.02g P /g N 时中试反硝化过滤池出水流中剩余的硝酸盐/亚硝酸盐-氮浓度(使用甲醇作为外加碳源)就会升高。结果如图 13.25 所示。

当引入到污水处理厂中产生低硝酸盐-氮和总磷浓度的出水水质时，上游单元工艺过程可能需要进行优化，才能满足后置反硝化生物膜反应器中的磷要求。在某些情况下，可能需要提供补充的磷源(例如，市售磷酸)。安德森等(Andersson et al.，1998)报道，向全规模后后置反硝化 MBBR 进水流中注入市售磷酸能够提高反硝化速率。研究人员发现，当进水正磷酸盐浓度为 1.0g/m^3时出水 0.1g/m^3的正磷酸盐浓度会导致硝酸盐氮的去除率达到约 70%。虽然这种机制尚不明确，但是通常可以接受的是，当磷利用度低于化学计量要求时反硝化作用就能进行。卡列里等(Callieri et al., 1984)认为，当磷不足以可供生化转化过程利用时细菌可能会降低其生物质产量而改变其磷含量。然而，这样的条件可能会导致反硝化速率降低或系统对动态负荷条件的响应较差。

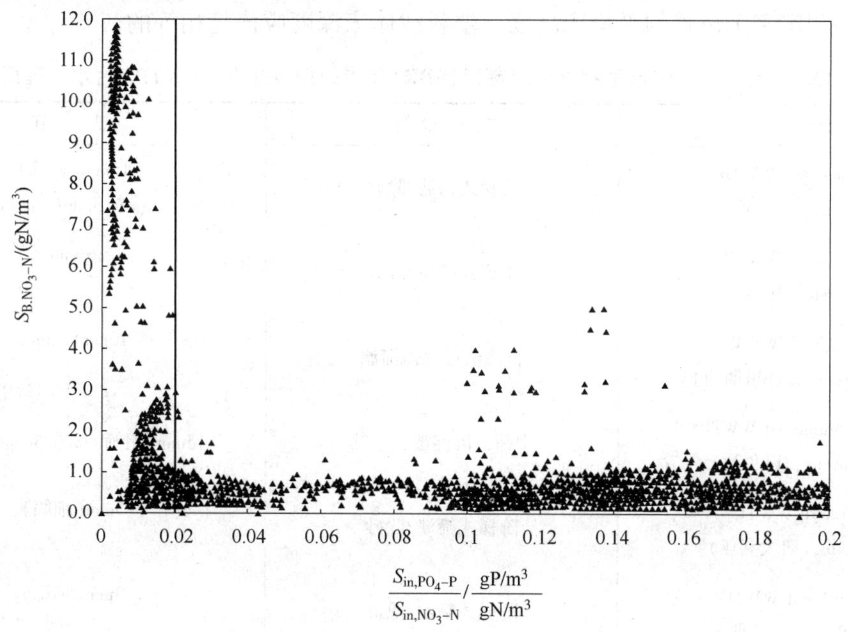

图 13.25　作为进水正磷酸盐浓度与进水硝酸盐/亚硝酸盐-氮浓度的函数的中试规模后置反硝化生物膜反应器出水流中剩余的硝酸盐-氮浓度(使用甲醇作为外部碳源)(deBarbadillo et al., 2006)。从$\frac{S_{in,PO_4-P}}{S_{in,NO_3-N}}=0.02$垂直画出的线经验上代表低于出水流中剩余硝酸盐-氮浓度开始增加时的比率。

3.3　设计考虑因素

成功的 MBBR 设计包括合适的预处理、处理塑料载体的装置、精心设计的曝气系统和介质停留筛滤、正确指定的混合器，以及合适的固体分离。

3.3.1　初步和初级处理

生物膜反应器，包括 MBBR，需要适合适的初步处理。推荐使用强大的筛滤和除砂，才能防止罐池中惰性物质，如碎布、塑料和沙子堵塞筛滤和长期积累。一旦发生积累，这些物质难以去除。如果还提供初级处理，则制造商通常推荐不大于 6~12mm 的筛滤间隔。细筛(3mm)推荐用于没有初级处理的二级处理装置。浮渣必须从系统中去除，因为可能堵塞介质停留筛。三级处理或附加的 MBBR 工艺过程如果是接收了上游处理的大量污水，则就不需额外的筛滤处理。表 13.8 提供了引入 MBBR 工艺过程的所选全规模污水处理厂的装置筛滤间隔的清单。

3.3.2　塑料生物膜载体介质

塑料生物膜载体通常是按已知体积的袋装运送至现场的。载体简单地通过提升麻袋，允许塑料生物膜载体滑落至池中而引入到 MBBR 中(见图 13.26)。凹式叶轮泵可用于将塑料载体传送出充水 MBBR 而进行曝气系统的维护。MBBR 曝气或搅拌系统应该保持啮合，而同时泵将载体传送至临时储存之处。理想的情况下，专用池或容器必须可供临时塑料生物膜载体存储，才能确保原始载体填充量返流至空池。如果载体填充量转移至另一 MBBR 进行临时储存时，则确保恢复原始载体填充量的最好方式是将塑料载体泵送回至空池中，排干两个 MBBRs，并测定多个位置的平均床高度。塑料载体床深度应该是相等的。

表 13.8 全规模移动床生物膜反应器(MBBR)装置的初步处理(WWTP=污水处理厂)

设　施	初步处理	细　节
Lillehammer WWTP① (Lillehammer，挪威)	阶梯式筛滤/除砂	15mm(初筛) 接着 3mm(细筛)
Gardemoen WWTP① (Oslo，挪威)	阶梯式筛滤/除砂	6 mm
Crow Creek WWTP① (Cheyenne，怀俄明州)	自清洁过滤器筛滤	10mm×15mm
Yavne Municipal WWTP③ (Yavene，以色列)	中筛，沉淀池，细筛	15mm(粗筛)接着 6mm(筛滤)
Western WWTP② (Perth，澳大利亚)	阶梯式筛滤/除砂	3mm(细筛)
Mao Point WWTP[a] (Wellington，新西兰)	阶梯式筛滤/除砂	3mm(细筛)

① 设施包括初级处理。
② 设施没有初级处理。
③ 三级 MBBR 工艺过程。

图 13.26 启动之前干移动床生物膜反应器中塑料生物膜载体安装和 50%的载体填充量

在 MBBR 启动期间常见轻泡沫漂浮于水面上而同时发育成成熟的生物膜。如果有必要，可以使用消泡剂。然而，必须通过咨询厂商而确保消泡剂与塑料载体相容。即使在搅拌的时候，塑料生物膜载体当引入到充水池中时都会具有漂浮的倾向，但在几天之内就会消失。碳氧化可能在 2~15d 之后就会观察到；氨氮氧化在约 4 星期之后继续进行，但也可能需要花 60~120d，才能达到准稳态生物膜厚度、质量和氨氮通量。在硝酸盐/亚硝酸盐-氮去除之前大约可能需要 4~6 个星期，因为反硝化生物膜要直到有足够的硝酸盐-氮存在时才会发育。

3.3.3　曝气系统

MBBRs 与通常用于好氧(生物)市政污水处理的所有市售扩散曝气系统不相容。管道网络和空气扩散器必须：(1)提供满足工艺过程中氧气要求的空气；(2)具有合理的氧传递效率；(3)促进滚动水流通模式均匀分布塑料生物膜载体；(4)在处理池排干时结构上承受生物膜覆盖塑料载体的重量(单位生物膜重量约等于单位水重量)；(5)严格满足非频繁的维护要求。

粗气泡扩散器产生的气泡直径 6~12mm(相比于细气泡扩散器的典型气泡直径 2mm)。这些气泡通过塑料生物膜载体负载水柱迅速升起。因此，滚动水循环模式能够生成粗泡沫扩散器网格而覆盖绝大部分处理池底部，但是并不推荐达到完全底面覆盖。具有各个调节阀的多个下悬喷管，增加了引起水滚动模式的灵活性。通常在 MBBRs 中所用的粗气泡扩散器是直径为 25mm 不锈钢管，沿着这种扩散管的底侧具有间隔约 50mm 直径 4~5mm 的开孔(见图 13.27，上方)。空气扩散器通常固定于处理池底部之上约 0.25m 处。粗泡沫扩散孔口必须小于塑料生物膜载体，才能避免空气管和孔口堵塞。潘等(Pham et al.，2008)报道，2m 深的处理池(长宽比等于 1)当分别含有 0.25%和 50%的载体填充量时以 13.6m^3/h 的空气流量每米水淹没度能够产生 2.1%、3.1%和 2.5%的清洁水氧传递效率。对于这些测试的条件，这些清洁水试验证明，塑料生物膜载体的存在增加了 20%~40%的粗泡曝气系统氧传递效率。对于具有粗气泡扩散器的全规模运行 MBBRs 的清洁水氧传递效率设计值为每米水淹没度 3.0%~3.5%。MBBR 具体粗气泡扩散器一般设计成具有 α 系数 0.8 和 β 系数 0.95。

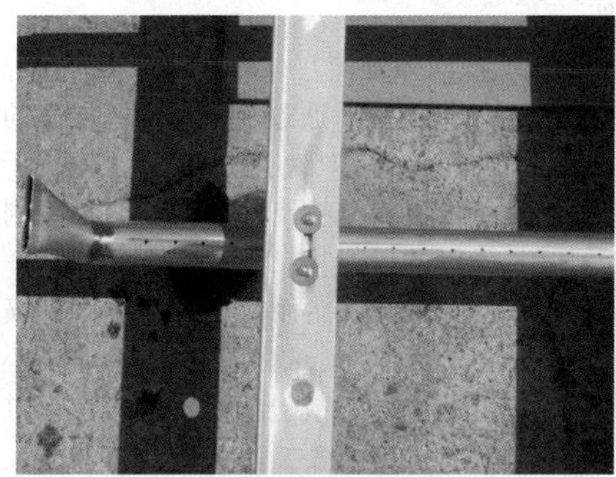

图 13.27　通常用于显示结构支撑的移动床生物膜反应器(MBBRs)(左)中的粗气泡空气扩散器下侧的照片。按 T 型图案构造设计而促进滚动水循环模式和塑料生物膜载体均匀分布的盘式细气泡空气扩散器网络(右)

当使用细气泡扩散器时，生物膜载体必须定期移出而进行扩散器维护或替换。理想的 MBBR 扩散空气系统将以优化氧传递效率和混合容量的方式运行。制造商已经检测了细气泡扩散器满足空气诱导塑料载体混合要求的容量和过去应用于 MBBRs 中的典型粗气泡扩散器的所需维护特性。细气泡扩散器特征气泡上升速率，不会产生均匀分布塑料生物膜载体所需的滚动水循环模式。因此，扩散器的网格布局，可能需要修改，才能促进滚动水循环模式(参见图 13.28，左)。细气泡扩散器构造设计结构，需要促进滚动水循环模式，对氧传递效率具有负面影响。Pham 等(Pham et al.，2008)报道，当分别含有 0、25%和 50%的载体填充量时以 13.6m^3/h 的空气流量，每米水淹没度能够产生 7.1%、5.8%和 4.9%的清洁水氧传递效率。对于这些测试条件，清洁水试验证明，塑料生物膜载体的存在降低了 20%~30%的细气泡曝气系统氧传递效率。

图 13.28 反硝化移动床生物膜反应器的轨道安装(左)和顶安装(右)的机械混合机

3.3.4 介质保留筛

如果需要，用于保留介质的筛滤，及其支撑结构装置，通常用不锈钢建造。筛滤可以是具有约 6mm 间隔的楔形丝或网，也可以是具有 5 和 6mm 直径孔口的钻孔板。通常在 MBBRs 中使用双筛构造设计结构：水平方向构造设计圆柱型筛(碳氧化/硝化 MBBRs)而垂直方向安装墙筛(反硝化 MBBRs)。水平筛通过原位浇铸壁支撑环或通过在反应器壁上浇铸或钻孔插入壁套管而附着于反应器壁。圆柱筛通常淹没侧水深 35%~65%(参见图 13.12，左)。根据选定的筛长度，可能有必要增加结构筛支撑组件。

垂直安装的平板筛附着于墙上固定支架。支架从墙壁向外延伸，并产生约 0.15 至 0.3m 的筛板与反应器壁间距(见图 13.12，右)。正向流穿过筛板，然后通过筛板和墙壁之间的空隙，而最后通过位于液体表面处的混凝土墙开口进入下一个处理步骤。整个混凝土墙用于细分 MBBRs 是出于两个缘由：(1)混凝土墙提供筛支架和筛板的结构支撑；(2)MBBRs 刚性隔离促进本体液体完全混合(即，消除了与下游 MBBR 返混的可能)。

筛面积基于穿过 MBBR 壁的许可水力学压头损失进行定义。然而，典型的筛设计横穿每个含筛的壁允许最大 50~100mm 的压头损失(在峰值水力流量下，这通常测定为峰值小时流量)。正确的筛设计主要与系统的流体力学有关。关键的设计参数包括筛负荷率、行进速率和 MBBR 长宽之比。这些因素定义如下：

- 筛负荷率：单位筛面积施加的污水流量(包括再循环流)，或$\left(\dfrac{\text{流量}}{\text{筛面积}},\ \dfrac{\frac{m^3}{h}}{m^2}\right)$。

- 行进速率：MBBR 中污水流量(包括再循环流)除以反应器横截面积，或$\left(\dfrac{\text{流量}}{\text{侧深度处理池宽度}},\ \dfrac{\frac{m^3}{h}}{m^2}\right)$。

- 长宽之比：反应器 $L:W=(0.5\sim1.5):1$；MBBR $L:W>1.5$ 也是可能的，但也可能导致塑料生物膜载体发生迁移。设计者必须确保行进速率低于推荐的限度。

基于横跨每一含筛 MBBR 壁的水力学设计压头损失，相应的筛负荷率由 MBBR 厂商利用基于筛材料和塑料生物载体填充影响的经验标准进行选择。筛负荷通常为 50~60m/h，但高达 85m/h 的值已适用于足够低的行进速率。一旦确定，总筛面积除以由标准楔形丝(或钻孔板)面板长度构成的筛面积。通常情况下，圆柱筛具有 16~24in 的直径。它们长度不一，但通常有 12ft。峰值流量条件下，这种行进速度应低于 30~35m/h。更高的行进速度会引起介质随水流迁移并积累于筛上。这种后果将会降低筛水力学吞吐量，增加水力学压头损失，在介质累积区域内氧传递差，并可能因为 MBBR 容积使用不完全而产生缺氧。当无法避免行进速率大于 30m/h 时，可能谨慎的做法是降低筛负荷率。

用于 MBBR 处理序列的填充和排水装置是必要的。具有筛的墙开口通常安装于靠近反应器地面之处而允许填充和排水期间反应器之间的水位实现平衡化。设计者还必须考虑如何将处理池排干而不用移出塑料生物膜载体。或许水能够从紧挨最后的 MBBR 墙下游的位置或采用暗渠系统排出。

3.3.5　机械搅拌混合

对于反硝化 MBBRs 的合适机械混合机设计，具有特殊的要求。早期 MBBR 设计使用模压玻璃纤维叶片，这种叶片并不能承受由塑料生物膜载体引起的磨蚀环境（见图 13.15）。这些早期的设计也使用油漆保护的电机和齿轮箱，这些都会最终迅速承受到磨蚀环境，而将金属表面暴露于腐蚀性条件。最先进的混合器的布设和处理池定位都是经过全规模运行经验总结而成。早期的设计将混合器放置于处理池底部附近。因此，塑料生物膜载体混合较差导致水面上和处理池的角落出现塑料生物膜载体累积。

制造商已经开发出一种专门设计用于抵御磨蚀性 MBBR 环境的机械混合器。混合器使用不锈钢后曲叶轮，沿着其前缘焊有圆杆而避免损坏塑料生物膜载体和叶轮磨损。这种混合机具有大直径叶轮，转速相当低（在 50Hz 下 90r/min，60Hz 下 105r/min）。与活性污泥法不一样，本节中所述的塑料生物膜载体漂浮于静水中。因此，混合器需要位于水面附近，但却不能过于接近而产生夹气涡流，因为溶解氧会抑制反硝化作用。此外，混合器方向具有轻微负倾角有助于保持滚动水循环流通模式和均匀分布塑料生物膜载体（见图 13.28）。使用轨道式安装的单元装置在需要维护时有助于接近混合器。这些专门设计的机械混合器通常经过尺寸设计而能够输入 25 W/m^3。然而，在表 13.9 中列出的参考文献为设计者提供了估算单位 MBBR 体积容量的混合能量要求的全规模运行基础。

表 13.9　所观察到的单位移动床生物膜反应器体积容量所需的混合能量（WWTP=污水处理厂）

污水处理厂	运行模式，混合能量（介质填充分数）
NRA WWTP①（Oslo，挪威）	前置反硝化，10 W/m^3（54%）
	后置反硝化，8 W/m^3（52%）
	后置反硝化，5 W/m^3（14%）
Sjolunda WWTP②（Malmo，瑞典）	后置反硝化，23 W/m^3（50%）
Klagshamn WWTP②（Malmo，瑞典）	后置反硝化，31 W/m^3（50%）
South Adams County②（科罗拉多州）	前置反硝化，19 W/m^3（57%）

① 测定的消耗值。

② 电机标签。

3.3.6　固体分离

MBBR 工艺过程的性能，与液-固分离单元装置无关。然而，MBBR 中的生物质积累，与澄清池无关。因此，MBBR 工艺过程，根据能够适用于液-固分离的工艺过程类型，提供了相当大的灵活性。通常情况下，MBBR 出水流中悬浮固体浓度至少低于典型活性污泥生物反应器一个数量级。因此，各种不同的固体分离工艺过程都配对使用 MBBRs。紧接 MBBRs

之后的固体分离典型实例总结于表 13. 10 中。MBBR 能够与紧凑的高速固体分离技术，如溶气浮选和压载絮凝组合应用。三级处理单元装置可以直接排放到过滤装置或混凝/絮凝/沉淀(薄层板沉降池)池中。也可以使用圆形或矩形二级沉淀池(尤其是在现有澄清池而加装应用的情况下)。图 13. 29 和图 13. 30 描述了设计和选定大小用于除氮的 MBBRs 之后传统澄清池沉降和溶气浮选的典型长期性能。这些图显示的长期性能，为设计者提供了双液-固分离技术一定范围的预期出水悬浮固体浓度。

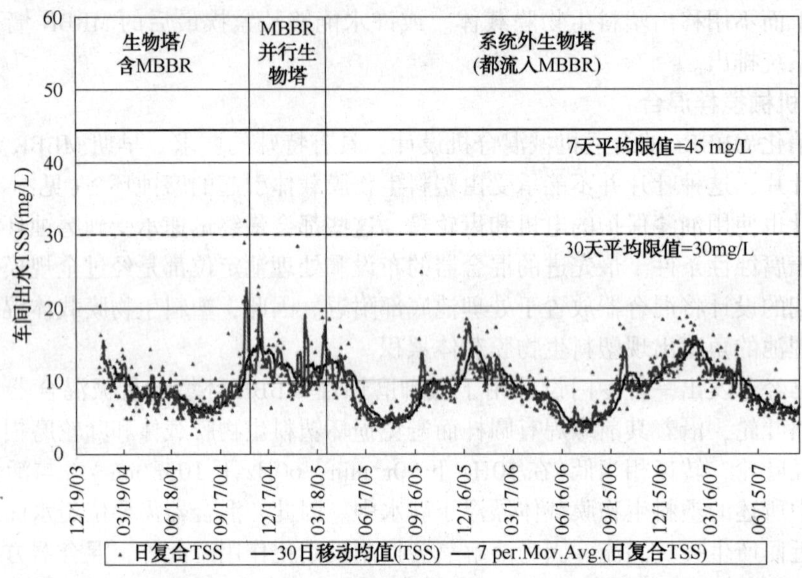

图 13. 29 移动床生物膜反应器之后的澄清池沉降后的出水悬浮固体浓度

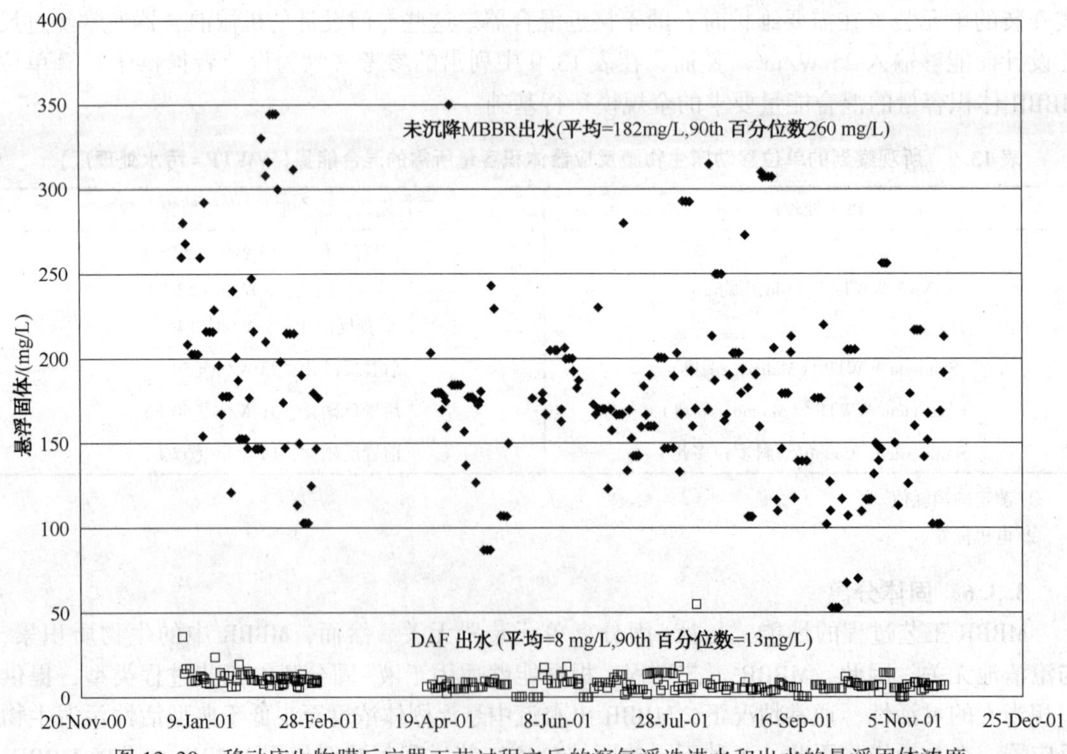

图 13. 30 移动床生物膜反应器工艺过程之后的溶气浮选进水和出水的悬浮固体浓度

4　生物活性过滤器

污水生物处理和悬浮固体的去除，无论有氧或缺氧条件下都能在生物活性过滤器(BAF)中进行。在 BAF 中，介质同时起到支撑生物质生长和作为过滤介质而保留过滤固体的作用。累积的固体从 BAF 通过反冲洗而除去。在介质特性和工艺过程之间具有直接的相互作用，因为这种构造设计结构(浸泡的介质或浮动介质)，以及正向流和反冲洗方案都取决于介质密度。介质可能是天然矿物、结构化塑料或无规塑料。

BAF 反应器能够适用于碳氧化或 BOD 去除，无论是单独的，还是组合的 BOD 去除和硝化，组合的硝化和反硝化，三级硝化，以及三级反硝化。一旦原始污水经过筛滤、除砂和初级处理，BAF 工艺过程就能够包括设施的整个二级处理，或能够施工建设与现有的二级处理工艺过程平行运行。使用 BAF 作为三级处理工艺过程进行硝化和/或反硝化，作为现有二级处理工艺过程升级的硝化和/或反硝化，都是常见的。四个不同 BAF 方案的典型工艺流程图如图 13.31 所示。

表 13.10　在移动床生物膜反应器(MBBR)装置中的固体分离实例

MBBR 设施	分离技术	设计流量/($m^3/m^2 \cdot h$)
Yavne Municipal WWTP②	矩形澄清池	1
South Adams WWTP①	再利用现有的澄清池	1.0~1.8
Crow Creek WWTP(1)	再利用现有的澄清池	1.1~2.2
Lillehammer WWTP(1)	絮凝/沉降	1.3~2.2
Gardemoen WWTP(1)	絮凝/漂浮	3.1~6.4
Nordre Follo WWTP①	絮凝/漂浮	5~7.5
Sjolunda WWTP②	溶气浮选	—
Skreia WWTP①	压载絮凝	45~70

① 多级 MBBRs。

②三级 MBBR。

4.1　生物活性过滤器构造设计结构

历史上，首字母缩写 BAF 曾经是指“曝气生物过滤器”而该术语通常指二级处理中的曝气生物滤池。然而，首字母缩写 BAF 在本文中已经扩大而涵盖所有的“生物活性过滤器”，包括在缺氧条件下进行反硝化的那些生物活性过滤器，这曾经称为反硝化过滤器。BAF 反应器能够根据其介质构造设计和流动状态进行特征分类：

• 具有比水重的介质的溢流式 BAF。这种一般性类型包括 20 世纪 80 年代市售二级和三级处理的 Biocarbone ®反应器和填充床三级反硝化反应器如 Tetra Denite®过滤器。这些 BAFs 采用间歇逆流进行反冲洗。

• 具有比水重的介质的上流式 BAF。这包括使用膨胀黏土和其他矿物介质，如 Degremont Biofor®进行二级和三级处理的 BAF 反应器。这些 BAFs 采用间歇并发流进行反冲洗。

• 具有漂浮介质的 BAF。这包括具有诸如 Kruger Biostyr ®的聚苯乙烯、聚丙烯或聚乙烯介质的 BAF。这些 BAF 采用间歇逆流进行反冲洗。

• 连续反冲洗过滤器。这些过滤器以上流模式运作并由比水重且连续向下移动而与污水流成逆流的介质构成。介质连续地引入中心空气吸扬，在此受到冲刷、冲洗，并返流至介质床顶部。

• 非反冲洗的水下过滤器。这些工艺过程包括淹没的静态介质，通常被称为水下曝气过滤器(SAF)，但是在最近的研究中有人将这种技术应用于缺氧条件下进行反硝化处理。固体有目的地传送通过反应器，并通过专用的固体分离工艺过程而去除。

本节提供了每种类型的 BAF 反应器的详细描述，以下是实用的设计考虑因素和指导。

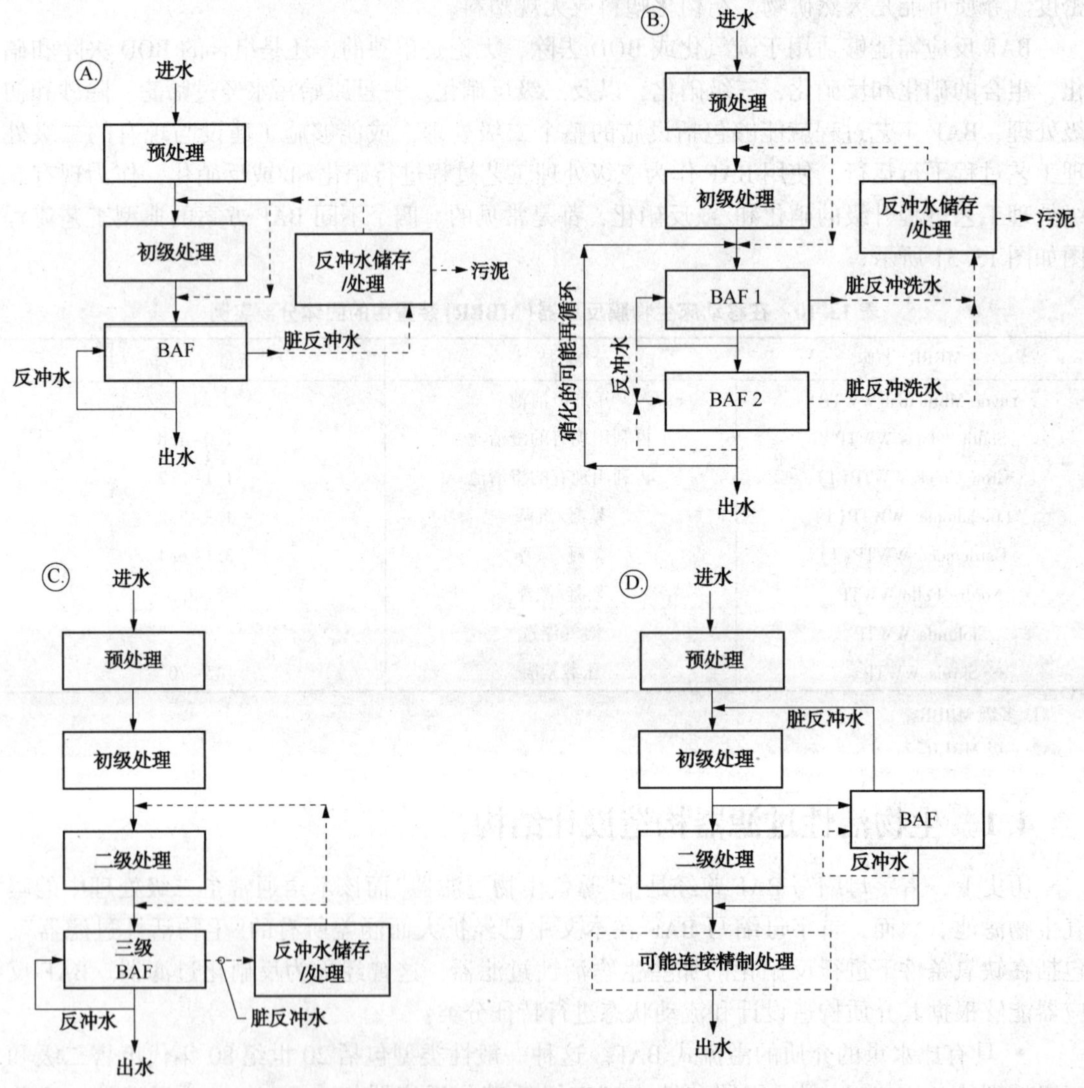

图 13.31 四种不同生物活性过滤器方案的典型工艺流程图

4.1.1 水下介质的溢流式生物活性过滤器

溢流式 BAF 的一般性工艺过程排布设计如图 13.32 所示。空气喷射至溢流的下部区域，溢流淹没膨胀页岩颗粒床，而通过逆流气-液流和由介质所产生的迂回路径获得良好的氧传递效率。过滤器经过逆流反冲洗而去除累积的固体和过多的生物膜生长物。Biocarbone®是全世界 20 世纪 80 年代初开始在 100 多家污水处理厂中安装使用的市售溢流式 BAF。

虽然这种类型 BAF 反应器的工艺性能在过去的实践过程中进行了改进，但是逆流空气和水流限制了其 BOD 去除和硝化的应用。空气将包埋于表面上和介质顶部的累积固体中。压头损失可能随之不可预知地升高而反冲洗将会是必要的。采用一些补救措施，如以较高的速率间歇曝气膨胀处理床，或微小反冲洗而从表面除去过量的固体，能够改变这种境况。对于二级处理的应用，溢流式 BAF 由上流式构造设计代替，这种上流式结构能够在较高的水力速率下运行并能处理较宽范围的水力学变化。

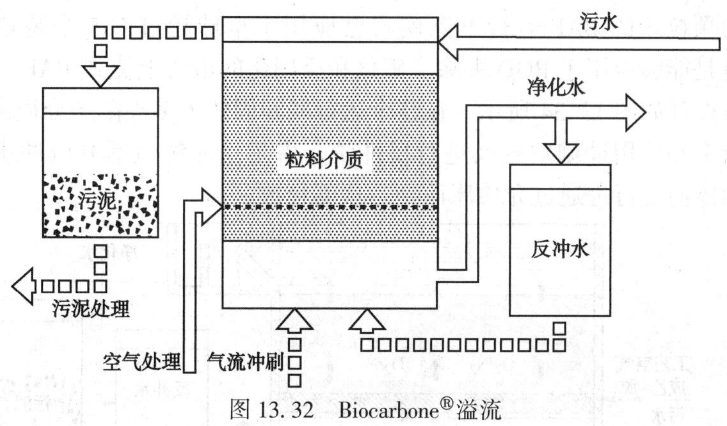

图 13.32 Biocarbone®溢流

然而，对于三级反硝化处理应用，已经成功地开发出了具有水下介质的溢流式 BAF 构造结构设计(图 13.33)。Denite®工艺过程构造设计自从 20 世纪 70 年代末以来就一直沿用至今，在提供过滤后的出水的同时满足严格的总氮限制。甲醇或其他碳源添加到进水污水中而提供反硝化的底物。典型装置包括 1.8m(6ft)的 2~3mm 砂介质铺盖于 457mm(18in)的分级支撑砾石之上。宾夕法尼亚州 Zelienople 市的 F. B. Leopold Co.，也提供了类似的反硝化 BAF 结构设计。几种传统的深床过滤器装置为此应用已经进行了多年改造。这些装置使用了各种暗渠支撑。

图 13.33 溢流式反硝化过滤器(经 Severn Trent Services 许可)

在溢流式反硝化 BAF 中，反冲洗周期一般由一个简单的空气冲刷接着空气-水反冲洗和清水漂洗周期构成。设计反冲洗水和空气冲刷流速分别为 15 $m^3/m^2 \cdot h$(6gpm/ft^2)和 90 $m^3/m^2 \cdot h$(5 cfm/ft^2)。这种过滤器进水和反冲洗管道类似于传统的过滤器管道。反冲洗水通常使用 2%~3%的当时平均流量。氮气积聚于介质中并通过短时间内向上泵送反冲洗水穿过介质床而释放。氮释放周期之间的脱氮能力通常处于 0.25~0.5kg NO_x-N/m^2(0.05~0.10lb NO_x-N/ft^2)的范围(Severn Trent, 2008)。

4.1.2 水下介质的上流式生物活性过滤器

穿过淹没的颗粒床的 BAF 运行上流模式已应用于全球超过 185 个装置中。Degremont Biofor®反应器就是能够应用于 BOD 去除、硝化和反硝化的市售上流式 BAF。这种 BAF 的一般工艺过程排布设计如图 13.34 所示。在整个运行期间固体大多夹陷于介质床下部，按照需要增加水力负荷率和使用冲刷空气而进行反冲洗。由于反冲洗包括并流冲刷空气和反冲洗水，则累积的固体向上行进通过介质床而到达顶部释放。

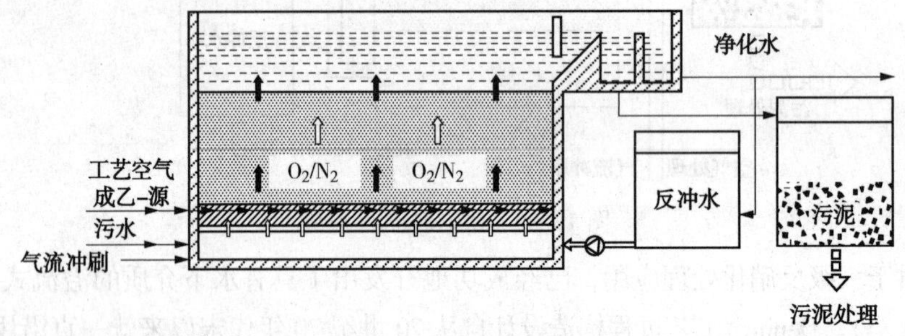

图 13.34 Biofor®上流

根据应用目的，Biofor®中能够使用三种类型的介质。这些介质由膨胀黏土或膨胀页岩构成，呈球形颗粒(有效尺寸 3.5 或 4.5mm)或角状颗粒(有效尺寸 2.7mm)形式。介质构成了反应器底部的水下固定床，通常高度为 3~4m(9.8~13.1ft)，高于固定床约 1m(3.3ft)的干舷区。颗粒物的表面面积大约是 1640 m^2/m^3(500ft^2/ft^3)。进水通过过滤器的增压间和喷嘴空气/水分配系统引入介质床。喷嘴安装于位于过滤器底面以上约 1m(3.3ft)的活地板。进水流必须经过细筛才能防止喷嘴堵塞。反冲洗水和冲刷空气都通过相同的增压间/喷嘴系统引入。工艺过程空气通过位于介质床中高于入口喷嘴的独立空气扩散器引入。

为了降低反冲洗水量和介质损失的风险，反冲洗采用析漏开始。析漏持续时间受到固体积累水平的影响，并决定了更强烈反冲洗的需要。并流反冲洗则包括空气冲刷打破了介质，接着空气/水冲洗，最后是水漂洗。在反冲洗期间，固体从介质床底部被推出来，而被传送至顶部介质水平和排放之间的干舷区，置于废弃物之上。

反冲洗水量，需要用于将固体水平降低至将其直接从过滤器释放的排放限制，等于干舷区体积的几倍。这些固体排放的影响取决于实际处理目标和 BAF 池的数量。这个问题可以在反冲洗周期结束时通过结合一个"过滤器至废弃物"的步骤而解决。另外，增加冲洗水的总量可能对于提高反冲洗之后出水水质是必要的(Michelet et al., 2005)。

水下介质系统反冲洗的关键问题是反冲洗期间"沸腾"的可能。甚至对于反冲洗，都必须充分分配水流而横穿 BAF 的规划区域，因此，穿过整个分配系统的压头损失必须大于通过床的压头损失。如果介质床因为高负荷或反冲洗不充分而被堵塞，则其压头损失就成为控制因素。流量将通过阻力最小的路线而出现流短路。这将导致“沸腾”，或通过阻力最小点的流量猛烈喷发。如果喷嘴堵塞，也可能发生类似的短路和沸腾。这些反冲洗期间发生的沸腾可能会导致介质过度损失。

4.1.3　漂浮介质的上流式生物活性过滤器

这些工艺过程使用了介质漂浮床，提供生物表面积和过滤。这个工艺过程首先应用于工业过滤和饮用水脱硝(Roennefahrt，1986)。在介质底部引入粗气泡曝气扩散器，加强空气、水和生物质的接触(Rogalla and Bourbigot，1990)。虽然 Biostyr®工艺过程使用轻质发泡聚苯乙烯(相对密度 0.05)，但是该工艺过程采用相对密度略低于 1 的再生聚丙烯，Biobead®(Brightwater FLI)，也已在英国应用。

Veolia Water Biostyr®单元装置(见图 13.35)，是一种部分填充小(2~6mm)的聚苯乙烯珠的反应器。工艺过程目标决定选用的珠粒粒径；较大的珠粒能够负载更重而较小的珠粒，通常能够实现更高的工艺性能。这种珠粒比污水轻，能够在反应器上部分形成漂浮的床，通常具有 3~4m(9.8~13.1ft)的高度，低于床的自由区大约 1.5m(4.9ft)。介质床的顶部受限于配备均匀收集处理后的污水的过滤喷嘴顶棚。球形珠珠粒净表面的面积为 1000~1400 m^2/m^3。

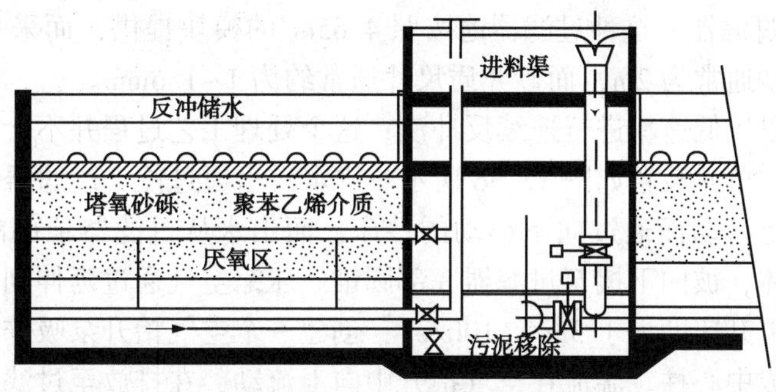

图 13.35　Biostyr®过滤器

在反应器底部，进水通过池子底部形成的流水槽进行分布。这些流水槽覆盖着板子，这些板子按照一定间隔具有间隙而容许水流进入池子和收集反冲洗污水。因为介质并不需要支撑，则就没有过滤器暗渠地漏的需要。通过沿着反应器底部设计安装的扩散器或介质床中的曝气网格进行工艺过程空气的分配；如果需要缺氧区进行脱氮，则使用曝气网格。只有经过处理的污水与喷嘴接触。反冲洗由逆流的空气冲刷和反冲洗水流构成。固体通过反应器底部的最短路径移除。自 1993 年以来，当托伊特鲁普等(Toettrup et al.，1994)介绍了有关工艺过程状态的信息时，Biobead® BAF 工艺过程就已经广泛地应用于欧洲和美国。Biobead® BAF 工艺过程类似于 Biostyr®，但是介质相对较大较重，使用的聚丙烯或聚乙烯相对密度约 0.95。污水流进入反应器底部，而由网格或专门设计的分配系统实施流量分配。对于较小的池子，使用中心进料和分配板排布设计的简单系统就足以满足这些要求。对于较大的处理池(大于 5.5m× 5.5m(18ft×18ft)，需要更复杂的排布设计，如横跨整个处理池交错排布水平槽。水平槽尺寸需要仔细设计，尤其是在低流量条件下才能实现均匀分布(Cantwell and Mosey，1999)。

为了防止介质损耗，金属网格固定于反应器的顶部附近。工艺过程用空气从位于介质床之下或之内的网格供给。通过将工艺过程的空气网格放置于介质中，就有可能从介质床底部去除一些固体。由于比重之故，比较容易释放反冲洗过程中积累的悬浮固体，仅仅只需要相对较低的压头。通常情况下，反冲洗由部分排水、空气冲刷和逆向流水冲洗的组合而构成。在出口堰或通过底部暗渠将脏的反冲洗水除去。反冲洗之后保留固体的回收可能要花一些时间，才能将介质床再次充分填充，在此期间，反应器的出水可以再循环通过该污水处理厂。

上流式漂浮 BAF 也可能需要一定数量的小型反冲洗装置(通常为 4~8 个，在极端情况下，超过10)冲刷过滤器，除去一些固体，而降低压头损失，以实现 24 或 48h 的完整过滤周期(两次“正常”的反冲洗之间间隔的时间)。小型反冲洗加上正常反冲洗的要求，可能会产生大量的反冲洗污水。在加利福尼亚州圣迭戈市单级 BOD 去除应用测试证明期间，漂浮介质 BAF 产生的反冲洗污水体积占进水流量的 10.3%~13.9%，相比之下，水下介质 BAF 产生的反冲洗废水量只占 7.4%~7.9%(Newman et al.，2005)。

4.1.4 移动床连续反冲洗过滤器

移动床连续反冲洗过滤器按照上流模式运行并由比连续向下移动的逆流流动水更重的介质构成。这些过滤器广泛地适用于三级固体去除和浊度清除，但是也同时应用于独立的阶段式硝化和反硝化。对于硝化系统，加入空气或纯氧；对于反硝化系统，加入易于生物降解的碳源，如甲醇。有两种采用这种技术的商购系统，分别是 Parkson Dyna 砂子® 过滤器和 Paques Astra 砂子®过滤器。这种过滤器池按照 4.65m^3的模块提供，而采用中心空气抬升组装。有效的介质深度通常为 2m，而砂介质尺寸通常约为 1~1.6mm。

移动床过滤器以较低速率进行连续反冲洗；这个处理工艺过程并不会被分立的反冲洗清洗周期中断。典型的单元装置如图 13.36 所示。进水污水通过位于过滤器底部的辐板进入过滤器滤床。水流向上移动而通过向下移动的沙床，而出水从过滤器顶部的堰之上流出。介质，随着累积的固体，被向下拽至过滤器底部圆锥。压缩空气通过延伸到过滤器锥形底部的空气抬升管引入，上升速度大于 3m/s(10ft/s)，创建一个空气抬升泵吸作用，将过滤器底部的砂子向上抬升形成中心柱。湍流在空气抬升中向上流动，在排放至过滤器冲洗箱之前提供了从介质中有效分离出固体的涤洗作用。

液体进入洗涤箱的上升流量恒定(反冲洗水)，通过冲洗箱排放堰进行控制。这种排放堰高度低于滤液堰高度，从而保证越过反冲洗堰的流量恒定。因此，反冲洗水流速保持相对稳定，而与过滤器正向流量无关。介质将会下降到过滤器的表面，同时较轻的固体悬浮物将会随着反冲洗液一起被冲洗出来。移动床过滤器制造商通常设置渣浆堰而提供约 10~12gpm/个过滤器模块的洗涤水流量。这在平均过滤器负荷率 4.9m/h(2 gpm/ft^2)下相当于正向流约 10%的冲洗水流量。

反冲洗频率通过介质床周转率进行量化。如果仅用于固体清除，则移动床过滤器介质周转率范围为 305~460mm/h 或每天 4~6 床周转。为了在过滤器中保持足够的生物质进行反硝化，则介质床周转率必须降低至每天约 1~3 次周转或 100~250mm/h。

4.1.5 非反冲洗开放式结构的介质过滤器

这些工艺过程包括水下静态介质，支持 BOD 去除、硝化或反硝化的生物膜生长，但是专门将固体通过反应器传载。这种类型 BAF 通常被称为水下曝气过滤器(SAF)。如果悬浮固体的去除需要在生物膜外吸附和捕捉，则在独立的下游工艺过程中进行。典型的简单水下活性过滤器(SAF)系统图如图 13.37 所示。这种系统布局设计取决于供应商和 SAF 的服务。本节由 Rundle(2009)进行了部分改编。

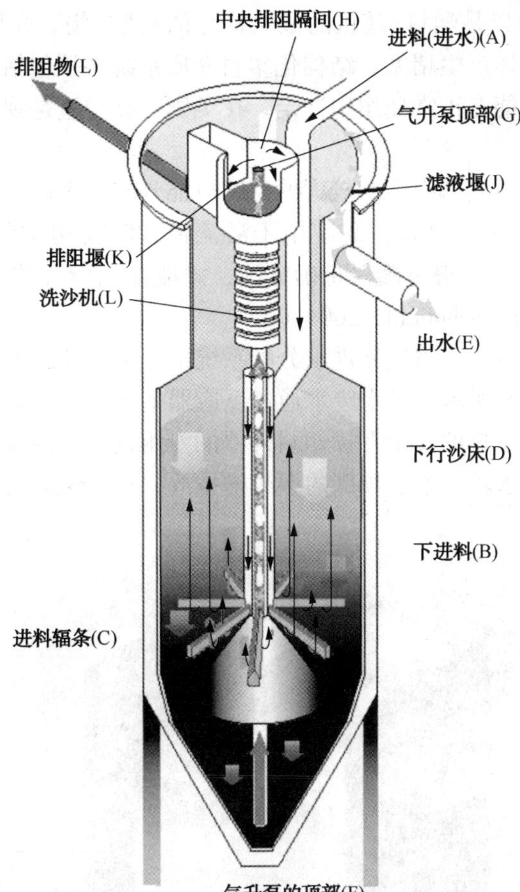

图 13.36　移动床反硝化过滤器的示意图

（经 Parkson Corp. 许可）

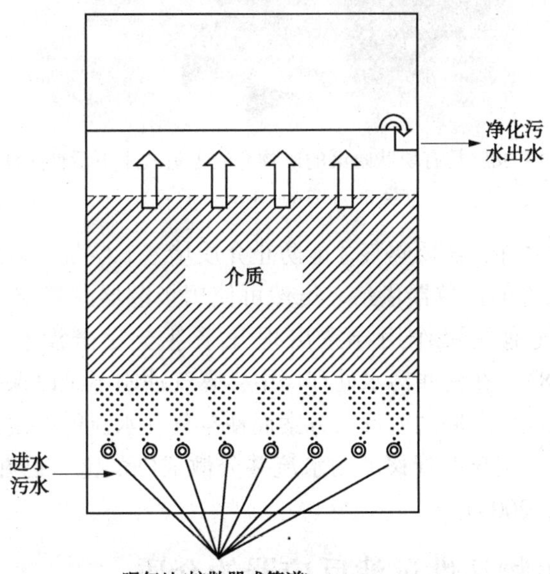

图 13.37　非反冲洗开放式结构的介质过滤器示意图

（Rundle，2009）

所使用的SAF介质可以是塑料(随机的或结构化的)或矿物。介质在结构上必须是开放式的，才能防止积累的固体产生堵塞。结构化塑料介质系统必须包括介质保留的装置。矿物介质具有较高的密度，不能在正常使用中冲走。在英国，高炉渣是现成的，能够同时适用于碳和硝化的应用。

进水污水通常在反应器底部引入。较大的系统可能具有多个串联池，或具有更复杂的流量分配系统，这类似于上流式BAF，或应用于溢流模式时使用空气和压头损失分配流体(Sulzer Biopur®)。水和空气不得不确保正确分配，才能冲刷所有的介质部件而防止外区的厌氧生产(Cooper-Smith and Schofield, 2004)。

对于使用矿物介质的SAF，空气和进水分配系统结合了设计用于支撑较重介质的地板系统。该系统结构如图13.38所示。进水废水通过反应器基部的中心渠道进入，这种中心渠道由板子覆盖。这些板子被成排的安上互锁塑料外罩的专用设计的混凝土暗渠砖块覆盖。对于上流式SAF，处理后的出水越过池子顶部的堰或槽排放。对于溢流式SAF，底部的管道或渠道收集经处理后的出水。

图13.38 具有块状暗渠的矿物介质上流式水下活性过滤器

(经Severn Trent Services许可)

除了工艺过程需要之外，需要曝气才能防止介质堵塞。空气可以通过由穿孔配水管组成的网格或安装于SAF底部的扩散器供给。虽然可使用扩散器改善空气分配，但是一些研究表明，在填充床中，气泡凝聚作用导致出现几乎甚至完全没有氧气传递优势的情况(Hodkinson et al., 1998)。在一些污水处理厂中，曝气冲刷不足以保持介质干净，反而导致性能变差。因此，一般保持反冲洗或反吹方案而使空气和水流能够定期增加以冲刷介质。射流曝气，将空气注入经由文丘里管移动的水流并分散成细气泡，已在SAF污水处理厂运行(Daude and Stephenson, 2004)。

4.2 适用于生物活性过滤反应器的介质

几种介质类型可供BAF反应器使用。介质选择对于处理目标、流量和反冲洗方案，以及专用工艺设备的制造商都是不可或缺的。介质通常能够分为矿物介质和塑料介质。在大多数情况下，矿物介质比水密度大，而塑料介质蓬松而漂浮。介质需要抵御在反冲洗期间磨蚀所致的破损作用和由市政污水组分产生的化学降解作用。市售 BAF 系统及其介质都列于表 13.11 中。

表 13.11 市售生物活性过滤反应器系统及其介质

工艺	供应商	流态	介质	相对密度	尺寸/mm	比表面积/(m^2/m^3)
Astra 砂子®	Paques/Siemens	上流式，移动床	砂子	>2.5	1~1.6	
Biobead®	Brightwater F. L. I.	上流式	聚乙烯	0.95		
Biocarbone®	OTV/Veolia	溢流式	膨胀页岩	1.6	2~6	
Biofor®	Degremont	上流式	膨胀粘土	1.5~1.6	2.7，3.5 and 4.5	1 400~1 600
Biolest	Stereau	上流式	浮石/火山灰	1.2		
Biopur	Sulzer/Aker Kvaerner	溢流式	聚乙烯		结构化	
Biostyr®	Kruger/Veolia	上流式	聚苯乙烯	0.04~0.05	3.3~5	1 000
Colox™	Severn Trent	上流式	砂子	2.6	2-3	656
Denite®	Severn Trent	溢流式	砂子	2.6	2~3	656
Dyna 砂子®	Parkson	上流式，移动床	砂子	2.6	1~1.6	
Eliminite®	FB Leopold	溢流式	砂子	2.6	2	
水下活性过滤器	Severn Trent	上/下	熔渣 水磨砾石	2~2.5 2.6	28~40 19~38	240

4.3 反冲洗和空气冲刷作用

反冲洗过滤器最大化捕获和运行次数，而保证合适的出水水质。正确的反冲洗需要滤床扩张和严格的冲刷，接着还要高效的清洗。过滤器清洗较差将会导致过滤器运行短截，固体积累和性能变差。固体和介质积累(成泥球)会产生水流短路，并可能导致过多的介质损失。

BAF 提供的进料特性和处理类型影响固体物质生产和反冲洗的频率。对于高固体悬浮物浓度的污水，通过过滤除去大部分固体。惰性固体将保留于介质中直到通过反冲洗去除，但生物学固体根据停留时间而定，可能会发生降解。铁或铝无机盐能够加入到除磷的进水中，将会在介质窗中形成沉淀，而增加反冲洗的频率。三级 BAF 系统的固体生长，通常较低，因此反冲洗次数相对较少(每 36~48h 进行一次反冲洗)。当固体含量低时，污水中的洗涤剂产生的泡沫可能成为一个问题，因为冲刷曝气会集中在一个小表面上。泡沫还可能在工艺过程启动时产生问题。在整个池子表面上推荐结网，以防止现场吹出泡沫。

反应器特性和介质类型影响反冲洗频率。越开放的结构化介质捕获的固体越少。这就降低了反冲洗频率，但出水污水可能含有较高的悬浮固体浓度。细矿物介质通常具有最好的固体保留特性，但往往需要更频繁的反冲洗。

激烈的反冲洗方案已经发展到用于饮用水处理的清洁快速重力过滤器(Fitzpatrick，2001)。处理床通常经过流化而允许颗粒物分离并自由移动，随尽可能多的积累物质除去。然而，流态化在BAFs中是要避免的；相反，过量生物质和累积固体的去除在反冲洗期间通过强烈的介质接触并在略微膨胀的介质床中进行空气冲刷而实现。

表13.12提供了典型BAF反冲洗要求和第4.1节描述每一种类型的BAF构造设计结构的反冲洗之间的对比。最终的反冲洗要求和持续时间通常是与BAF制造商共同制定的。例如，上流式水下介质BAF的反冲洗序列通常包括漏排、空气冲刷、空气和水冲刷(可能包括仅仅空气和仅仅空气/水冲刷之间的循环)、仅用水漂洗，和反冲洗池最初反向放置运行时的过滤器向废弃物的冲洗。因此，在总持续时间的一部分时间内反冲洗水仅仅递送至BAF池。介质，水力学和有机负荷率，以及处理目标都会影响每一个步骤的频率和持续时间。在设施试运行和长期运行中要经常进行调整。

表13.12　生物活性过滤器(BAF)反冲洗(BW)要求的总结
(Degremont，2008；Kruger，2008；Severn Trent，2004；Parkson，2004)

	反冲洗水流速/m/h(gpm/ft^2)	空气冲刷速率/m/h($scfm/ft^2$)	总持续时间/min③	每池总反冲洗水体积③	每池总反冲洗污水体积④
上流式水下介质	20(8.2)	97(5.3)	50	9.2 m^3/m^2 (225 gal/ft^2)	12 m^3/m^2 (293 gal/ft^2)
标准BW强力BW①	30(12.3)	97(5.3)	25	9.2 m^3/m^2 (225 gal/ft^2)	10 m^3/m^2 (245 gal/ft^2)
上流漂浮式介质					
标准BW	55(22.5)	12(0.65)	16	2.5 m^3/m^3介质⑤ (18.7 gal/ft^2介质)	2.5 m^3/m^3介质⑤ (18.7 gal/ft^2介质)
小型BW②	55(22.5)	12(0.65)	5	1.5 m^3/m^3介质⑤ (11.2 gal/ft^2介质)	1.5 m^3/m^3介质⑤ (11.2 gal/ft^2介质)
溢流式水下介质	15(6)	90(5)	20~25	3.75~5 m^3/m^2 (90~120 gal/ft^2)	3.75~5 m^3/m^2 (90~120 gal/ft^2)
上流式移动床⑥	0.5~0.6 (0.2~0.24)	连续 通过空气抬升	连续	55~67 m^3/d (14，400~17，300 gpd)	55~67 m^3/d (14，400~17，300 gpd)

① 强力反冲洗根据正常反冲洗之后“清洁床”压头损失的趋势每1~2个月一次。
② 小型反冲洗在污染物负载超过设计负载时作为临时措施实施。
③ 反冲洗持续期反映了典型反冲洗循环的总持续期，包括阀循环时间和泵送与非泵送步骤。每一步骤的持续时间可以经由可编程逻辑控制器和监控与数据采集控制系统进行调节。
④ 总反冲洗污水体积包括排放和过滤至可以实施的废弃物步骤的水体积。
⑤ 上流漂浮式介质BAF的反冲洗体积要求通常基于介质体积而不是处理池面积，因为处理池深度是经常变化的。
⑥ 连续反冲洗过滤器的反冲洗基于4.65 m^2池标准和为约2.3~2.8m^3/h/个池(10~12gpm/ft^2/个池)筛渣流设置的典型堰。

4.4　生物活性过滤工艺过程的设计

几个因素会影响BAF系统的工艺设计。正如前面的讨论，向生物膜内的传质限制，往往限制底物去除性能，而可供生物膜附生的介质比表面积和底物通量会影响生物膜反应器的设计。BAF 系统内的多个物理条件也显著影响性能，包括氧气可用性和空气流速，过滤速度，介质堆积密度和反冲洗效率。这些因素都影响外部传质，并间接地影响向生物膜内的渗透作用。由于这些参数的重要性，以及还因为实际的介质比表面积的不确定性，BAF 性能测试结果通常表示为底物体积负荷率的函数，而非表面积的函数。

基于动力学表达的 BAFs 确定性建模是很复杂的，因为生物膜是复杂的并具有高度动态的结构。因此，由于预测涉及影响可溶性的颗粒状底物扩散的程度，生物质生长速率，生物膜密度和生物膜中微生物的类型和数量的许多变量，其不确定性仍然存在。BAFs 的过滤能力使量化颗粒物水解程度已经成为十分困难的任务，因为量化颗粒物的任务在 BAFs 中比活性污泥系统或其他具有下游固体分离的生物工艺过程更加重要。然而，尽管需要对生物膜模型进行不断发展和校准，但是这些模型设计为更具针对性的设计进行评估和发展提供了优异的工具。

决定 BAF 处理能力的参数如下：

• 底物负荷(按照 kg BOD/m^3 · d 或 kg N/m^3 · d 的容积负荷率)，这将决定介质体积。设计负荷率的准则由文献汇编，如以上讨论的生物膜反应器中污水特性、底物通量、温度和物理条件的函数。设计准则是基于不同 BAF 反应器中适用的流态与典型介质和反冲洗实践惯例而提供的。

• 滤过速率，或单位时间单位介质面积使用的污水总体积(m^3/m^2 · d)，也可用于确定过滤表面积。过滤速度影响系统压头损失，固体捕获和介质内空气和水的分布、扩散以及停留时间。

• 固体保留能力，这将决定反冲洗频率。

4.4.1　二级处理

本节回顾了二级处理中设计用于碳氧化和悬浮固体去除的 BAFs 的标准。

文献中对于二级处理而设计的上流式 BAFs 的 BOD 体积负荷率千差万别，其范围为 1.5~6 kg/m^3 · d。表 13.13 提供了适用的 COD 和 BOD 负荷率和几个中试和全规模参考文献的去除效率。

二级处理系统的平均和峰值水力负荷率通常范围分别为 4~7m/h 和 10~20m/h。由于二级处理的 BAFs 通常都设计放置于初级澄清池的紧接下游，则适用的容积质量负荷率几乎总是限制性设计参数(见表 13.14)。

对于同时进行的二级处理和硝化，在较低温度下的碳负荷需要限制小于 2.5kg BOD/m^3 · d (Rogalla et al.，1990)。同时，能够获得 0.4kg N/m^3 · d 的总凯氏氮(Kjeldahl nitrogen)(TKN)负荷去除率。

表 13.13　对于所选的全规模和中试规模的生物活性过滤(BAF)设施适用的化学需氧量(COD)和生化需氧量(BOD)负荷率和去除效率

污水处理厂	BAF 适用的体积负荷		去除效率/%	来源和注释
	kg BOD5/m^3 · d	kg COD/m^3 · d		
弗吉利亚 Roanoke(上流式水下介质)	2.8		80(2001) 80~96(2006)	第一级 BAF 性能测试数据来自双级 C+N BAF 系统(2006)(Degremont, 2008).

续表

污水处理厂	BAF 适用的体积负荷		去除效率/%	来源和注释
	kg BOD5/m^3·d	kg COD/m^3·d		
法国科伦布 Seine Centre（上流式水下介质）	2.8（平均）	5.9（平均）	86 72	2000 全规模数据
华盛顿西雅图 King County（中试，上流式水下介质）	4.4		80	Neethling et al.（2002）（平均负荷和去除效率）
纽约 Binghamton（中试，上流式水下介质）	BOD5：3.7~7.8		60~75	5 个月的中试测试期间 3 个测试阶段的平均值，1999.03 1999-1999.07

为二级处理而设计的 BAFs 反冲洗频率与适用的有机物和 TSS 负荷，介质中发生的颗粒物水解的程度，生物质产量和介质的固体保留能力有关。由于异养菌的高等生物质产率和较高的适用 TSS 负荷率，二级处理的 BAFs（BOD 去除率）需要每天至少一次反冲洗。更频繁的反冲洗作用会导致颗粒 BOD 水解不充分，这反过来导致需氧量较低和反冲洗废固体物量较高。菲普斯和洛夫（Phipps and Love，2001）计算出所观察的生物质产量，每毫克底物产生的 COD，为 0.43~0.48mg 生物质。他们还确定了在全规模 Biofor® 处理的传统初级澄清池对于碳去除的出水中 40%~46%的适用颗粒物都经过了水解（反冲洗频率每天一次）。任何 BAF 的主要限制仍然是固体存储容量。反冲洗之间能够积累的体积根据介质选择、水流速和水温度而定，可以达到 2.5~4kg TSS/m^3·d（Degremont，2007）。

表 13.14 典型二级处理的生物活性过滤器（BAF）负荷率

BAF 类型	适用的体积负荷率/（kg/m^3·d）（lb/d/1000ft^3）	水力负荷率/（m^3/m^2·h）（gpm/ft^3）	去除效率/%
上流式水下或漂浮式介质，反冲洗①,②	BOD：1.5~6（94-370）	3~16（1.2~6.6）	BOD：65%~90%
	TSS：0.8~3.5（50-220）		TSS：65%~90%
上流式水下介质③	10		
上流漂浮式介质③	8		
淹没的，非反冲洗④	BOD：0.8~1.5（50~94）@ 20℃	2~12（0.8~5）@ 20℃	BOD：85%~95%

注：设计负荷率取决于具体污水特性和所需的处理水平。

① Degremont，2007。

② Kruger，2008。

③ 德国水，污水和废弃物协会（German Association for Water，Wastewater and Waste），1997。

④ Severn Trent，2008。

反冲洗水通常含有 500~1500 mg / L 的悬浮固体，但这随着处理类型、循环时间和所使用的水而定。BOD 去除会产生来自将可降解物质转化成新细胞、CO_2和水的微生物生长的生物质，类似于活性污泥法。污泥产量通常每公斤去除的 BOD 为 0.7~1kg 固体。在阿伯丁的双级 SAF/BAF 中，成功地应用了预测活性污泥法固体的德国 ATV 标准方程（Jolly，2004；

German Association for Water, Wastewater and Waste [ATV-DVWK], 2000)。

以下是无硝化二级处理的水下上流式 BAF 系统的设计实例:

确定处理生活污水时达到至少 90%的 BOD_5和 TSS 去除率(E_{BOD}和 E_{TSS})所需的 BAF 介质总体积、总 BAF 反应器过滤面积和 BAF 池的数量。确定 BAF 反冲洗污水量和固体浓度。假设以下条件适用于该实例:

- 进水(包括返流水)最大月流量: $Q_0=94,800\ m^3/d$;
- 进水(包括返流水)流量峰值系数: $PF=2.8$;
- 初级沉降后 BOD_5: $C_{BOD5}=220\ mg/L$;
- TSS after primary settling: $C_{TSS}=150\ mg/L$;
- BAF 介质高度: $H_M=4\ m$;
- 用作反冲洗水的 BAF 出水;
- BAF 反冲洗返流流量均衡化并与污水处理厂渠首其他返流流量汇合。

(1) 计算 BAF 系统的 BOD_5和 TSS 负荷:

BOD_5负荷 $=(Q_0)(BOD_5)/1000=(94\ 800)(220)/1000=20\ 856\ kg/d$;

TSS 负荷 $=(Q_0)(TSS)/1000=(94\ 800)(150)/1000=14\ 220\ kg/d(31\ 284\ lbs/d)$。

(2) 假设适用的最大体积负荷率(表 13.14):

BOD5 $=3\ kg/m^3\cdot d$,对于 90%去除效率;

TSS $=1.6\ kg/m^3\cdot d$,对于 90%去除效率。

(3) 计算所需的 BAF 介质体积(V_M):

$V_{1BOD}=20\ 866/3=6955\ m^3$;

$V_{2TSS}=14\ 220/1.6=8888\ m^3$TSS 负荷是限制性的。

(4) 基于体积负荷和过滤器深度计算所需的总 BAF 过滤面积(A):

$A_{vol}=V/H_M=8888/4=2222\ m^2(23\ 909\ ft^2)$。

(5) 基于 20m/h 的最大水力负荷率计算总 BAF 过滤面积:

$A_{hyd.}=(94\ 800/24)(PF)/20=(3950)(2.8)/20=553\ m^2<2222\ m^2$, A_{vol}是限制性的。

(6) 选择标准池尺寸, $A_{池}(144\ m^2)$,由 BAF 厂商提供。

(7) 假设每池每 24h 进行一次反冲洗,计算 BAF 池的数目:

$n=2222/144=15.4$

$N=15.4+15.4/24=16$ BAF 个处理池

注:根据相比于设计能力的初始能力需要,为了可靠性和维护便利性设计者应该考虑引入充足的 BAF 单元。

(8) 检查 BAF 介质保留容量(参见表 13.13)。

假设 $2.5kg/m^3$的循环固体保留容量:

总介质保留容量 $=(2.5)(16)(144)(4)=23\ 040$ kg/个循环;

生物质产量 $=Y=0.7-1$ kg TSS/kg 去除的 BOD(假设 $Y=1.0$);

固体产量 $=(Y)(BOD_5负荷)(E_{BOD})$;

$=(1.0)(20\ 856)(0.90)=18\ 770\ kg/d=782\ kg/h$;

反冲洗频率 $(23\ 040)/(782)=29$ h。

(9) 检查一个处理池反冲洗而另一个处理池停工时的最大水力负荷率:

$(Q_0)(PF)/(N-2)(A_{池})=(94\ 800/24)(2.8)/(16-2)(144)=5.5\ m/h<20\ m/h$

(10)计算基于每天每池一次反冲洗的 BAF 反冲洗污水体积和固体浓度(根据表 13.12，单位介质体积产生的反冲洗污水体积，Vol_{BW})：

假设 $Vol_{BW}=3\ m^3/m^3$ 介质；

$V_{BW}=(Vol_{BW})(H_M)(A_{池})=(3)(4)(144)=1728\ m^3$。

反冲洗污水物体浓度，C_{BW}；

$C_{BW}=(Y)(BOD_5负荷)(E_{BOD})/(N)(V_{BW})$；

$C_{BW}=(1.0)(20\ 856)(0.9)(1/16)(1/1728)=679\ kg/m^3=679\ mg/L$。

这一套计算代表了 BAF 设施规模尺寸确定的初步估计。制定最终设计通常是设计工程师和工艺设备制造商之间考虑的一个反复过程。通常通过制造商的经验和更详细的工艺过程模拟结果相结合而进行优化。

4.4.2 硝化作用

温度、出水要求、流体速率(空气和水)和负荷都影响硝化的能力。正如在第 2 节中的讨论，生物膜中发生的生化转化过程依赖于扩散进出生物膜的底物。反应速率或实现的处理水平是由速控底物定义的。本体相氨、碱度、氧气和 COD 浓度都影响硝化。随着 COD 负荷增加，氧趋于变成速控底物。对氧的竞争加剧，且生物膜外层的异养呼吸将会降低深层硝化所需氧的可用性(Wanner and Gujer，1985)。罗佳拉等(Rogalla et al.，1990)发现，当可生物降解的 COD 负荷接近 400 $kg/m^3\cdot d$ 时硝化就会趋于下降。C / N 之比对硝化的影响如图 13.39 所示(Rother，2005)。

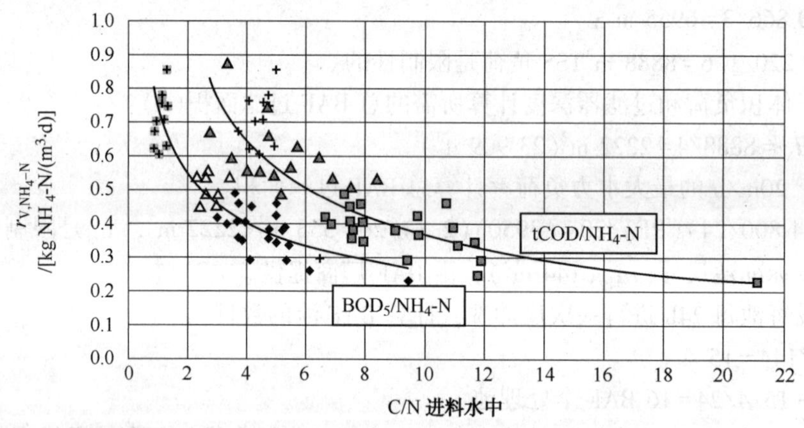

图 13.39 不同预处理的原始污水的硝化速率作为 C/N 之比的函数

(温度调节至 12℃，；膨胀黏土 vw=8 ~8.5 m/h，vG=20 m/h)(Rother，2005)(BOD=生化需氧量；COD=化学需氧量)

在 BAFs 中，增加流体流速，将会增加外部传质，从而导致较高的硝化速率(Tschui et al.，1993)。在 1.3~1.4kg NH_3-N/m^3·d 和 0.65±0.2kg $CBOD_5$/m^3·d 的恒定容积负荷率下，休索维兹等(Husovitz et al.，1999)观察到，随着水力负荷率从 1.5m/h 增加至 15.8m/h，氨去除率增加了 17%(高达 1.26kg NH_3-N/m^3·d)。如果温度、出水水质和去除效率是非限制性因素时，则在 2.5~2.9kg/m^3·d 的氨负荷下能够达到 80%~90%的氨水去除率

(Peladan, et al., 1996; Peladan et al., 1997)。在 22℃下一个全规模的试验池单元(表面积 $144m^2$),在高达 2.3kg/m^3·d 的负荷下观察到 91%的 NH_3-N 去除率(Pujol et al., 1994)。硝化应用典型负荷率总结于表 13.15 中。

表 13.15　硝化的典型生物活性过滤器(BAF)负荷率

BAF 类型	所加体积负荷/(kg/m^3·d)(lb/d/1000ft^3)	水力负荷/(m^3/m^2·h)(gpm/ft^2)	去除效率/%
初级处理之后的上流式水下或漂浮式介质,反冲洗①,②	BOD:<1.5~3(<94~188) TSS:<1.0~1.6(<62~100) NH_3-N:<0.4~0.6(<31-62)@10℃<1.0~1.6(<62~100)@ 20℃	3~12(1.2~5)	BOD:70%~90% TSS:65%~85% NH_3-N:65%~75%
二级处理之后上流式水下或漂浮式介质,反冲洗①,②	BOD:<1~2(<62~125) TSS:<1.0~1.6(<62~100) NH_3-N:<0.5~1.0(<31~62)@10℃<1.0~1.6(<62~100)@ 20℃	3~20(1.2~8.2)	BOD:40%~75% TSS:40%~75% NH_3-N:75%~95%
二级处理之后上流漂浮式介质,反冲洗③	NH_3-N:1.5(94)		
二级处理之后上流式水下介质,反冲洗③	NH_3-N:1.2(75)		
二级处理之后水下非反冲洗④	NH_3-N:0.2~0.9(12~56)@ 20℃	2-12(0.8~5)@ 20℃	NH_3-N:85%~95%

注:设计负荷率取决于具体污水特性、上游处理工艺过程和所需的处理水平。

① Degremont, 2007。

② Kruger, 2008。

③ 德国水,污水和废弃物协会(German Association for Water, Wastewater and Waste), 1997。

④ Severn Trent, 2008。

类似于水速率,工艺过程空气流速的增加也会提高硝化速率,因为较高的工艺过程空气速率将会增加湍流和外部传质(图 13.40)(Tschui et al., 1993; Tschui et al., 1994)。

当在氨负荷降低的条件下 BAFs 运行显著的一段时间时,生物质的库存也将降低。这样的例子如 Tschui 等(Tschui et al., 1994)的测试,其中氨氮体积去除率在非 NH_3-N 限制性条件下运行过渡到较低的 NH_3-N 体积负荷率之后下降了 30%。这对于分离阶段硝化 BAF 应用是一个重要的考虑因素,因为在这种应用中一些硝化作用在夏季月份期间出现于主要的二级处理中。当温度下降而上游硝化降低时 BAF 将需要能够处理更高的氨负荷。

硝化性能也取决于反应器的长期负荷。过量的生物质积累于介质中,在应用峰值时可能是可以利用的,因为它们通常都与更高的速度或浓度有关,这些速度或浓度越高就使底物向生物膜内渗透更深。图 13.41 说明了最大瞬时去除率可能达到所施加平均负荷的两倍,最高达到反应器最大容量。

较低的操作温度对硝化具有显著影响。比较三种类型的三级硝化 BAFs(溢流式矿物介质和浮动或模块化的上流式塑料介质),建立以下的硝化长期温度依赖性(Tschui et al., 1994):

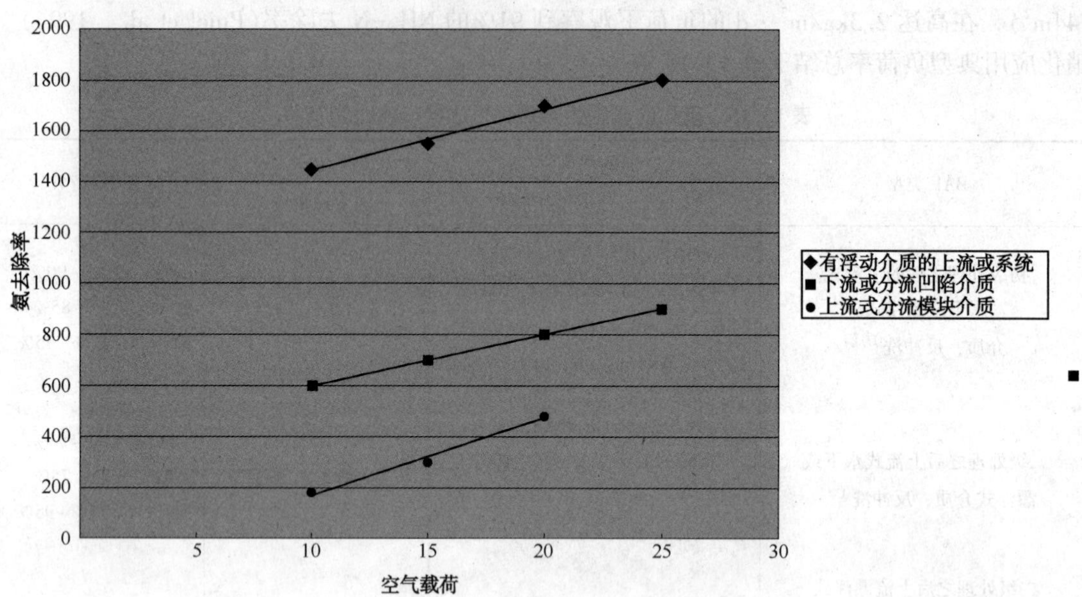

图 13.40 空气速率对硝化作用的影响

（Tschui et al.，1993）

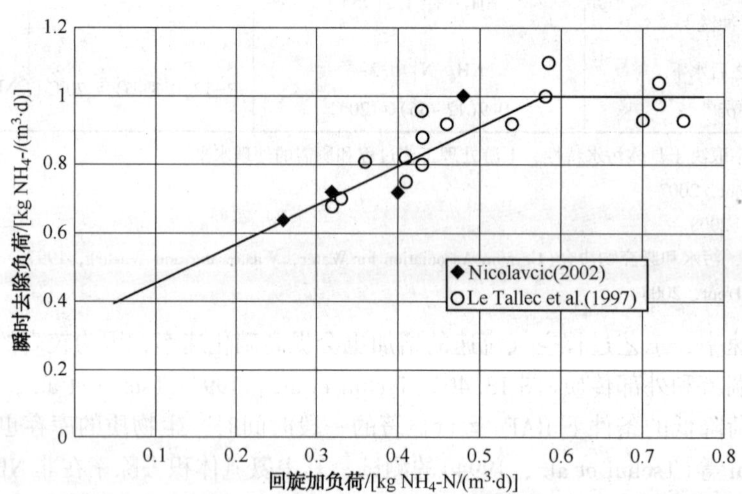

图 13.41 相对于长期平均负荷的最大硝化作用

（Rother，2005；由文献 Le Tallec et al.［1997］and Nicolavcic［2002］制定）

$$T_{V,NH_4\text{-}N(T)}=T_{V,NH_4\text{-}N(T-10℃)}\cdot e^{k_T(T-10)} \quad (13.22)$$

式中 $T_{V,NH_4\text{-}N(T)}$——在温度 T(℃)下的硝化体积速率；

$T_{V,NH_4\text{-}N(T=10℃)}$——在温度 T=10℃下的硝化体积速率；

k_T——温度系数(阿累尼乌斯因子)= 0.03/℃。

这些作者发现，对于所研究的所有 3 种介质类型温度系数都为 0.03/℃(对应于 1.04 的阿累尼乌斯因子)。

硝化生物具有相对较低的固体产量［约 0.05kg/kg 去除 N(Downing et al.，1964a；

1964b)]。大多数油三级 BAFs 产生的污泥都来自过滤移除的悬浮固体。这些固体部分都经过水解和异养降解。净污泥产量约 0.5~0.8kg/kg 除去的固体。

4.4.3　组合的硝化和反硝化作用

脱氮可以通过在第一阶段氧化氨接着在加入外部碳源的第二阶段降低硝酸盐(简称为后置反硝化)，或通过将硝化的出水再循环至硝化之前的反硝化阶段(前置反硝化)。在前置反硝化中，硝化的出水再循环至位于该反应器上游独立的厌氧 BAF 反应器。在一些上流式漂浮介质 BAF 构造设计结构中，硝化的出水部分可以再循环至介质底部的厌氧区(美国专利 No. 6632365)。

如果有足够的碳可供利用且厌氧区足够大，则氮去除率与循环成正比，但是返流量逐渐降低。因为过度的水力负荷和氧再循环，再循环通常限制比率为 3，或总氮去除率为 75%。假设完全硝化和反硝化并忽略由于细胞合成的氮吸收，可达到的最低硝酸盐浓度由下式给出：

$$NO_3\text{-}N_{EFF}=\frac{NH_3\text{-}N_{INF}}{R+1} \tag{13.23}$$

式中　$NH_3\text{-}N_{INF}$——进水中的氨浓度；

$NO_3\text{-}N_{EFF}$——出水中的硝酸盐浓度；

$R(=Q_R/Q_{进})$——再循环比率。

再循环的处理污水具有同时提高前置反硝化和硝化反应器中上流速率的优点，从而增加了反应速度。

瑞亨尔等(Ryhiner et al., 1993)采用低氮和悬浮固体的水下结构化介质 BAFs 测试了前置反硝化的构造设计结构。在这种前置反硝化反应器中采用 0.1~0.6kg NO_3-N/m^3·d 的负荷率达到了约 60%~70%的 NO_3-N 去除率率。普约尔和 Pujol 和塔拉罗(Pujol and Tarallo, 2000)采用普通污水进料至前置反硝化 BAF 中实现了约 68%的 NO_3-N 去除率(或 0.9kg NO_3-N/m^3·d)，而当另外加入底物(甲醇)时获得了高达 90%的去除率。再循环率(150%~350%)和相应的过滤速度(9.4~16.9 m^3/m^2·h)的范围也进行了测试。前置反硝化 BAF 系统的设计指导见表 13.16。

表 13.16　前置反硝化的典型生物活性过滤器负荷率(BAF)

BAF 的类型	所施加的体积负荷/kg/m^3·d(lb/d/1000ft^3)	水力负荷/m^3/m^2·h(gpm/ft^2)	去除效率/%
上流式水下介质①分离 BAF 阶段(前置反硝化+硝化)	N-NO_3：1~1.2(62~75)	10~30(4~12)	NO_3-N：75%~85%
上流漂浮式介质②组合的厌氧/曝气 BAF 阶段	1~1.2(62~75)	12~21.5(4.9~8.8)	NO_3-N：无补充碳时 70%；有补充碳时 85%

注：设计性能取决于污水特性、上游处理工艺过程、出水目标和易于可生物降解的碳底物。

① Degremont，2007。

② Ninassi et al., 1998。

4.4.4　三级反硝化作用

本节侧重于后置反硝化 BAF 的工艺设计标准，包括半级脱氮动力学，温度，补充碳和氮释放周期的要求，以及水力学、容量传质和固体负荷。

容积负荷率(及去除率)变化很大，范围为0.2~4.8 kg/m^3(15~300 lbs/1000ft^2)(美国环境保护署[U.S. Environmental Protection Agency][U.S. EPA]，1993；WEF，1998；Tchobanoglous，2003；Degremont，2007)。许多后置反硝化过滤器都置于活性污泥生物除磷脱氮工艺过程之前。因为一些反硝化过程在上游实现，则过滤器进水 NO_x-N 浓度通常小于10 mg/L。在这种情况下，水力学因素决定了后置反硝化的设计，而许多装置都在质量负荷率约0.3~0.6 kg/m^3·d(20~40 lbs/d/1000ft^2)下运行。对于上流式后置反硝化BAF反应器的负荷率往往要高于后置反硝化砂子过滤器，因为它们并未对相同水平的TSS去除率进行设计，也并不一样受限于水力学。对于不同类型的反硝化过滤器的典型容积和水力负荷标准见表13.17。

表13.17 后置反硝化的典型生物活性过滤器(BAF)负荷率

BAF的类型	施加的体积负荷/(kg/m^3·d)(lb/d/1 000 ft^3)	水力学负荷/(m^3/m^2·h)(gpm/ft^2)	去除效率/%
溢流式水下介质①	NO_3-N：0.3-3.2(20-200)	4.8-8.4(2-3.5)平均 12-18(5-7.5)peak	NO_3-N：75%~95%
上流式水下介质②	NO_3-N：0.8-5(50-300)	10-35(4 to14)	NO_3-N：75%-95%
上流式水下介质③	2(125)		
上流漂浮式介质③	1.2-1.5(75-94)		
移动床连续反冲洗④	NO_3-N：0.3-2(20-120)	4.8-5.6(2-4)平均 13.4(6)峰值	NO_3-N：75%-95%

注：选择的负荷率取决于处理目标、上游处理工艺过程、污水特性和碳源。

① Severn Trent，2004；美国环保署(U.S. Environmental Protection Agency)，1993。

② Degremont，2007。

③ German Association for Water，Wastewater and Waste，1997。

④ deBarbadillo et al.，2005。

哈瑞莫伊斯(Harremoes，1976)认为，反硝化过滤动力学依赖于底物向生物膜中的孔道的扩散作用。在仅仅部分渗透底物的孔道中零级多相反应导致对于硝酸盐浓度产生半级反应动力学。对于活塞流式反应器半级反应动力学具有以下表达式(Harremoes，1976；Hultman et al.，1994)：

$$r_{DN}=\frac{dS}{dt}=-k_{\frac{1}{2}}\cdot\sqrt{S_{B,NO_3-N}}$$

或 (13.24)

$$\sqrt{S_{B,NO_3-N}}-\sqrt{S_{in,NO_3-N}}=-\frac{1}{2}\cdot k_{\frac{1}{2}}\cdot\bar{t}$$

式中 r_{DN}——单位过滤器体积的反硝化速率，mg/L·min，或g/m^3·min；

S_{B,NO_3-N}——本体液体硝酸盐-氮的浓度(出水)，mg/L；

$S_{进,NO_3-N}$——进水流中硝酸盐-氮的浓度，mg/L；

$k_{\frac{1}{2}}$——单位过滤器体积的半级反应系数，$(mg/L)^{1/2}$·min，或$(g/m^3)^{1/2}$·min；

$\bar{t}=\frac{h}{q_A}$——过滤器空床保留时间，min；

h——过滤器介质高度，m；

q_A——过滤器表面水力负荷率，$m^3/m^2 \cdot min$。

用 S_T——0.87 溶解氧，mg/L+2.47 NO_3-N，mg/L+1.53 NO_2-N mg/L 代替 S_B 和 $S_{进}$ (McCarty et al.，1969)：

$$\sqrt{S_{B,T}}-\sqrt{S_{in,T}}=-\frac{1}{2}\cdot k_{\frac{1}{2}}\cdot\frac{h}{q_A} \tag{13.25}$$

或

$$\sqrt{\frac{S_{B,T}}{S_{in,T}}}=1-\frac{a\cdot h}{\sqrt{S_{in,T}}} \tag{13.26}$$

其中，

$$a=\frac{k}{2\cdot q_A}$$

在不同的介质深度哈瑞莫伊斯(Harremoes，1976)，哈尔特曼等(Hultman et al.，1994)和简宁等(Janning et al.，1995)实施的分布采样表明，半级动力学模型与观测值相符。对于几个后置反硝化 BAF 的半级动力学常数总结于表 13.18 中。由于在全规模设施中关于半级速率常数的信息相对有限，则也将几个例子列入其中。由于早期研究中已经证明，在实现活塞流条件的假设下由进水和出水数据计算速率常数。

表 13.18　三级反硝化过滤器的半级动力学常数(BAF=生物活性过滤器)

污水处理厂	温度/℃	半级速率常数①(基于 NO_3-N)/[$(mg/L)^{1/2}\cdot min$]	半级速率常数②(使用 NO_3-N，NO_2-N 和 DO)/[$(mg/L)^{1/2}\cdot min$]	注　释
中试规模溢流式过滤器，3~4 mm 砂砾介质②	6~19℃	0.25~0.90	N/A	基于通过介质深度的剖面分布
全规模水下介质反硝化 BAF，D 丹麦③	11.7℃	0.09~0.15	N/A	基于通过介质深度的剖面分布。取值由单位介质表面积报道的半级速率常数转换而得。
De Grote Lucht STP，荷兰(全规模)④	9~16℃	0.28	0.46	基于进口和出口浓度。2003 年 2 月至 3 月。
De Grote Lucht STP (全规模)④	19~24℃	0.32	0.50	基于进口和出口浓度。2003 年 7 月至 9 月。
Hagerstown，马里兰(中试规模)④	14~15℃	0.23	0.38	基于进口和出口浓度。平均负荷条件，全反硝化。
Hagerstown，马里兰(中试规模)④	14~15℃	0.36	0.64	基于进口和出口浓度。峰值负荷条件。

① 半级反应系数按单位体积报道。

② Harremoes，1976。

③ Janning et al.，1995。

④ deBarbadillo et al.，2005。

在对上流式后置反硝化 BAF 和用作最后过滤步骤的后置反硝化 BAFs(通常是采用淹没式介质或移动床连续反冲洗过滤器的溢流式 BAF)设计水力负荷率时是有显著差异的。反硝化砂子过滤器的水力学平均负荷率通常范围为 4~9m/h。一个处理池停工进行反冲洗时，峰值时速率通常被限制为 18m/h。当上流式 BAF 适用于后置反硝化应用时，较大的介质允许 10~35m/h 的较高水力负荷率，但可能会降低固体保留能力。

水力负荷率也影响到过滤器内的接触时间。初始反硝化过滤器的设计曲线将 NO_3-N 去除百分率相关于空床停留时间(EBDT)(Savage，1983)。叠加到现有曲线上的中试和全规模系统的数据间接表明，在 13~21℃的温度范围内于 10min 的水力停留时间就能够达到 90%的 NO_x-N 去除率(deBarbadillo et al.，2005)。

除了进水污水的固体去除率之外，过滤器内也产生生物质。通常情况下，生物质产生系数为 0.4g 生成的生物质 COD/g 消耗的甲醇(约 0.4gVSS/ g 消耗的甲醇)，对于使用甲醇作为碳源的后置反硝化系统是足够的。当估算固体量时，就假设去除和生成的可生物降解的固体大约 10%发生了水解。

后置反硝化砂子过滤器(溢流式水下介质和移动床)通常作为最后的固体分离步骤，并且能够产生平均 TSS 为 5mg/L 或更小的出水。溢流式水下介质过滤器制造商已经发现，高达 9.8 kg/m^{2}固体在反冲洗之间能够被捕获(Severn Trent，2004)。标准设计方法基于 4.9 kg/m^{2}解释了反冲洗频率。来自马里兰州黑格斯敦市的移动床连续反冲洗的反硝化过滤器中试测试数据间接表明，过滤器固体负荷率应该限制于平均 2.45 kg/m^{2}或更小，才能保持平均 5 mg / L 或更低的出水 TSS 浓度(Schauer et al.，2006)。此限制专属在该测试的条件下和介质再循环率下的反硝化模式。其他 BAF 构造结构设计，包括上流式水下介质和漂浮式介质，具有能够达到最终出水 TSS 低至 5mg/L 的装置；然而，采用更大的介质尺寸，总固体过滤并不如此强大，而出水却可媲美高质量二级澄清池出水。

对于三级反硝化系统，如过滤器，BAFs 和具有后置厌氧固定膜区的 MBBRs，补充碳源对于系统运行至关重要。甲醇进料要求，可以使用方程 13.27 进行估算，如下所示(McCarty et al.，1969)。

$$S_M = 2.47(\text{去除的 } NO_3\text{-N}) + 1.53(\text{去除的 } NO_2\text{-N}) + 0.87(\text{去除的溶解氧}) \tag{13.27}$$

方程 13.27 专适用于甲醇。反硝化的 COD 要求取决于使用的碳底物。1mg 氧气稳定的底物 COD 量为(Copp and Dold，1998；Melcer，2003)：

$$COD/NO_3\text{-N} = 1/(1-Y) \tag{13.28}$$

式中 Y——异养产率系数(每单位所用的底物 COD 形成的生物质 mg 数)。

0.66 的取值通常适用于好氧呼吸。对于反硝化，2.86 的转换系数引入方程中，而对应需要接受相同数量电子的硝酸盐量。这就得到以下厌氧生长 COD 要求的表达式：

$$COD/NO_3\text{-N} = 2.86/(1-Y) \tag{13.29}$$

估计补充碳底物的要求，可以通过将合适的厌氧产率系数分解到计算中而完成。针对不同底物测定厌氧产率系数最近已经成为了一个研究课题(Mokhayeri et al.，2006；Nichols et al.，2007；Cherchi et al.，2008)。例如，向方程 13.29 中引入 0.38 的甲醇厌氧产率系数产生了 4.6mg COD/ mg 反硝化 NO_3-N 的需求。COD 与甲醇按 1.5 的比率，甲醇的需求为 3.07mg 甲醇/mg 反硝化的 NO_3-N。

4.4.5　除磷考虑因素

类似于活性污泥系统讨论的内容，有几种方法可供用于除磷：

· 在初级沉降池中使用金属盐(通常为铁或铝)进行预沉淀；

· 在生物过滤器阶段使用金属盐进行沉淀；

· 生物除磷。

初级阶段的沉淀作用被广泛使用，因为高速沉降经常与 BAFs 结合使用，这在化学强化初级处理中实现了一定程度的除磷。多点剂量进料能够使用而达到低出水浓度，但要防止磷限制，才能允许发生高效生物反应(Odegaard，2005)。通过向生物过滤器中加入铁盐就成为可能，但通过生物过滤器除去的固体物质量的增加会导致需要较高的反冲洗频率。当在双级污水处理厂中使用三氯化铁而沉淀剂在第二阶段(硝化)加入时，过滤器的运行时间降低而需要较小的介质保留絮状物(Sagberg et al.，1992)。

生物除磷已经开发用于悬浮生长系统，在这种系统中通过交替循环厌氧和好氧区利用生物质，促进磷吸收(Barnard，1974)。为了实现采用固定生物质进行生物除磷，这种交替进行仅仅是按时间而非空间实现。因此，双反应器交替系统，要使用两个中试串联的生物过滤器，厌氧和好氧的，并采用 6h 循环周期进行测试(Gonçlves and Rogalla，1992)。该系统成功地实现了生物除磷，并被改造成五中之一切换至厌氧模式进行除氮(Gonçlves et al.，1994a；1994b)。然而，在阀的排布设计中额外费用已经限制了其全规模应用。

在一些设施中，需要满足严格出水总磷限制而同时运行三级硝化或反硝化工艺过程是困难的。微生物的生长需要充足的磷，而磷不足将限制三级 BAF 的能力，无法达到处理目标。评价中试和全规模后置反硝化 BAF 性能的数据表明，在正磷酸盐与硝酸盐/亚硝酸盐-氮比率为 0.02 时在实践中就能实现硝酸盐的去除目标(deBarbadillo et al.，2006)。这个主题见本章 3.2.4 节。

4.5　设施生物活性过滤器车间的设计考虑因素

在设计 BAF 反应器、支撑设施和上下游工艺过程时有几个问题必须考虑。

4.5.1　初步和初级处理

如果可能，根据所使用的 BAF 类型，在污水处理厂的多个位置应该实施细筛。尽管 BAF 进水可以筛滤几次，但是当务之急是在底部地面喷嘴化的上流式 BAFs 进口的上游设置一个筛滤。如果在最前面提供自动细筛，则小于 2.5mm 筛孔的简单袋式细筛或手动平板筛滤就能够保护 BAF。然而，如果进水污水筛滤较差，某些进口并没有进行筛滤(例如，化粪池，输入的污泥)，污水处理厂周围都有树木，或者渠道都为封盖，则专用自动筛滤是必要的。

对于占地面积较小的污水处理厂，经常需要使用高速初级处理。这通过化学强化初级处理(CEPT)，高速薄板沉降池，或压载(砂子或密集污泥)絮凝和沉降作用都能够实现。

4.5.2　实施反冲洗的设施

BAF 反冲洗设施和设备，通常包括出水清水池、反冲洗水泵(只用于并流系统)、空气冲刷鼓风机、反冲洗污物均衡池和返流水泵，以及所有的自动阀门、仪器仪表和需要自动启动和定序的控制。设备和设施，必须尺寸选择充分得当才能提供有效反冲洗所必需的空气和水速率和体积。在反冲洗期间，BAF 的出水流量可能会停止或减少，这必须在设计和运行任何下游的处理工艺过程，如紫外线消毒时加以考虑。

在具有不同要求的多级 BAF 系统中，设施和设备的大小尺寸要基于最大处理池，才能避免每级使用单套设备。直接选取多级 BAF 系统的最后阶段的渠道出水或经过最后清水池的出水作为反冲洗水。反冲洗返流的影响必须在设计中考虑。如果使用级间清水池，则必须考虑保持下游 BAF 池最小流量而避免流中断和对上下游和消毒工艺过程的影响。

混合装置应该考虑用于大型反冲洗污物池防止固体沉降。反冲洗污物可能包含一些介质，这些介质可能随着时间的推移而积累。反冲洗污物返流泵送系统的设计应避免将介质抽入泵和主排水管中。有些装置使用包括输送泵、沉降区或篮状设备的介质回收系统。

反冲洗污物返流到污水处理厂的渠首工程而固体在初级沉淀池中去除。这就提高了初级沉淀池的性能，因为生物曝气过滤器(BAF)的生物固体吸附一些 BOD 并通过改善流变学性质而简化了泵送和对初级固体的处理(Michelet et al.，2005)。

另外，反冲洗污水流能够采用专用的固体分离系统进行处理。这在较大型的设施(超过约 $100\times10^4m^3/d$[26 mgd])中如果现有初级沉淀池固体处理有限，或如果有多个 BAF 处理阶段，可能是特别有益的。有一些技术，如压载絮凝和沉淀系统，固体接触/污泥循环系统，或溶气浮选增稠池(DAF)都能够加以利用。DAFs 在这种应用中已在许多欧洲装置中使用。

4.5.3 工艺过程曝气

鼓风机或压缩机供应工艺过程的空气，通过管道网格或通过位于反应器底部或附近的扩散器进行分配。当空气在反应器中向上流动通过介质时，则氧气溶解于水中并扩散到生物膜内。气泡通过时，也有助于维持介质通过的明显流路通道(Rundle，2009)。

所有有关 BAF 的曝气研究已经观察到氧摄取速率通常比活性污泥工艺过程中发现的氧摄取速率更高，这与体积和水力停留时间降低是一致的。斯特恩瑟尔等(Stensel et al.，1984)在 1.7m 高的反应器中测定了 121~250mg/L·h 的氧摄取速率(OUR)，这个速率比在相同设备的干净水中观察到的速率高出 3.0~3.2 倍。这是由于水中的溶解氧向生物质传递并在直接接触生物膜的区域喷射气泡，容许氧从空气气泡向生物膜直接传递的第二机制。李和斯特恩瑟尔(Lee and Stensel，1986)和坎兹安妮(Canziani，1988)也有类似的发现。

在现场试验中，采用尾气法(off-gas method)在全深度 3.6m 下的 BAFs 的氧传递测试显示，对于漂浮介质(平均直径 4mm)每米工艺过程水氧传递效率(OTE)为 1.6%~5.8%(每英尺 0.5~1.8%)而在标称设计条件下对于矿物介质(3~5mm)每米 3.9%~7.9%(每英尺 1.2%~2.4%)(Redmon et al.，1983)。

其他研究得出的结果如下：

·罗佳拉和斯伯尼(Rogalla and Sibony，1992)测量的氧气传递效率为 7%~15%。

· 皮尔斯(Pearce，1996 年)在溢流式 BAF 中试试验中采用 2m 深度和 3.3mm 带角介质测得水氧传递效率为 10%~17%。

·谢菲尔德等(Shepherd et al.，1997)在上流式 BAF 中采用 4m 深度的 2~3mm 氧化硅砂子介质测得氧传递效率为 7.9%~10.3%。

·劳伦斯等(Laurence et al.，2003 年)报道在新纽约城并行中试测试期间采用尾气法测试 3m 深度的上流式漂浮介质的 BAF 和 4m 深度的上流式水下介质 BAF 测得氧传递效率为 20%。

·斯特恩斯特罗姆等(Stenstrom et al.，2008)在中试反应器中对于 3.6m 深的 3~5mm 岩石介质测得氧传递效率为 5.8%~21.1%，而对于 3.6m 深的 4mm 聚苯乙烯泡沫塑料球测得氧传递效率为 13.1%~29%。

BAFs 中工艺过程中的空气分配系统包括(Rundle，2009)：

(1) 钻喷射孔的简单管道，按照一定间隔位于介质或过滤器底面附近。通过喷射管进行粗泡曝气已被广泛使用。

(2) 扩散器，放置于反应器地面上的管道网格上而以低空气流速获得均匀空气分布，而不是产生更小的气泡提高氧传递效率。尽管扩散器对于氧传递效率比开放式曝气池的粗泡沫喷射更有效，粗泡和细泡曝气之间的对比并未显示出任何差异(Harris et al.，1996)。在有无塑料随机介质的反应器中对比粗泡和细泡曝气，细泡扩散器据发现在没有填充时更有效而在没有填充时粗泡效率不高(Hodkinson et al.，1998)。介质剪切粗气泡有利于分散成具有更大表面积的较细小的气泡而改善氧传递。然而，细气泡会聚结成较大气泡而降低氧传递。

(3) 增压下的空气注射，经常用于反冲洗期间冲刷过滤器，也能够在过滤过程中使用。在本设计中，在增压式中的活动地板下形成空气包层；空气经由专门设计的汇合喷嘴的孔进入处理池内。在低气流量下，只使用上部气孔(图 13.42)，但随着空气流量和压力增加，覆盖空气包层深度也增加，则就使用更多的气孔。该系统提供了高效曝气，但需要定期化学清洗而防止阻塞的空气孔出现生物生长，导致空气分布变差和能源成本不断增加(Holmes and Dutt，1999；Springer and Green，2005)。

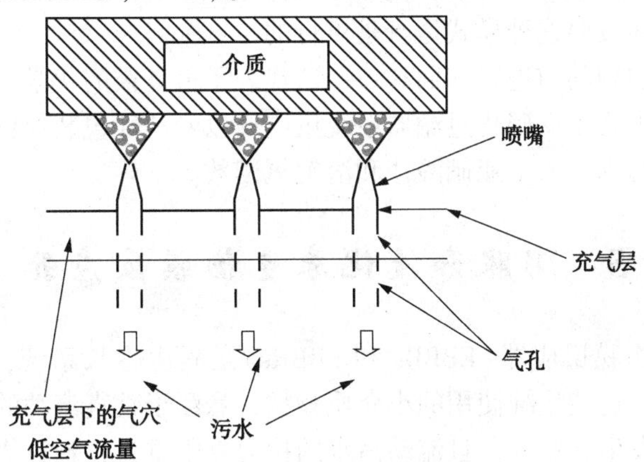

图 13.42　低空气流速下汇合喷嘴的运行(Rundle，2009)

有几个因素使 BAF 反应器中的工艺过程控制变得复杂(Rundle，2009)：

(1) 该工艺过程主要按照活塞流系统运行，而使反应器顶部的溶解氧并不代表介质内部的溶解氧浓度。

(2) 氧传递不仅从水中的溶解氧发生，而且还发生从气体到生物膜界面的直接传递，这并不能通过溶解氧探头解释说明。

(3) 在通过粗气泡空气网格进行曝气的系统，提供有效空气分配的最小流量可能超出了工艺过程的要求。

鼓风机的选择对于有效运行是很重要的。由于固体在介质中累积，过滤器压头损失增加，这可能会影响空气流动。当几种 BAF 池接收来自共同的空气干管时，反冲洗池将会具有最低压头损失，并会获得更多的空气流量。这种平衡问题能够通过为每个 BAF 池提供单独的鼓风机而得以缓解。对于较大型的污水处理厂，具有共同的空气压力干管的集中风机站，进料每个处理池的空气管道都配有质量流量计(测定速率、压力和温度)。这种计量仪用于控制平衡各个池空气流量的调节阀。

4.5.4 补充碳进料设施

在三级反硝化系统，以及在一些预反硝化中，外部碳底物(电子供体)必须计量加入BAF。甲醇通常被用于此目的。越来越多的设计人员正在考虑的替代碳源，包括乙醇、乙酸和糖溶液。所选碳源的化学性质必须进行评估才能纳入设计中。

碳计量控制对于三级反硝化系统是很重要的。进料过多的废弃化学品可能增加出水中的BOD，这对于BOD限制约5mg/L或更低的污水处理厂可能会带来问题。进料碳源不足，会降低本应该除去的硝酸盐量，而该污水处理厂就不可能实现所需的出水硝酸盐或总氮浓度要求。BNR工艺过程碳计量控制的现有几个备选方案如下：

· 手动控制——对于化学品计量的手动控制，所有泵送速率的调整和采样都需要手动实施。

· 流量步速控制——基于进水硝酸盐浓度和硝酸盐去除的所需水平，确定平均碳剂量要求。然后设置控制系统，随着污水流量波动调节泵送速率。流量步速控制通常只适用于干燥天气的运行。

· 前进料控制——一种前进料控制方案，其中测定反硝化进水硝酸盐浓度并结合流量使用而改变碳进料速率，提供下一水平的自动控制。由于碳计量既基于污水流量，又基于浓度，则在干湿天气期间按照这种模式运行是可行的。

· 采用出水浓度控制的前进料和回料——这代表了最复杂的化学进料控制水平。具有这种能力的系统目前是由几个反硝化过滤器系统供应商以专利性包装提供的。有些仅仅基于流量和硝酸盐，而其他的则引入了亚硝酸盐和溶解氧读数。

5 膨胀和流化床生物膜反应器

膨胀和流化床生物膜反应器(EBBRs和FBBRs)是附生生长系统，应用范围属于好氧、缺氧和厌氧生物处理。这些系统使用的小介质颗粒，悬浮于垂直流动的污水中，而使介质变成流化状态，介质床发生膨胀。一旦流动污水的拉力克服重力，颗粒物就会悬浮而使之相互分离。这些颗粒处于连续相对运动中，但并不会被以相对较快的速率(30~50m/h)通过介质床的污水带走。在理想的情况下，污水以活塞流模式通过，返混最小，但是大多数系统都会有一定程度的再循环，才能维持垂直速率。这项技术已用于工业和市政污水的厌氧消化、碳氧化、硝化和反硝化。在市政污水应用中，通常用于具有较低总氮出水要求的污水处理厂中的三级反硝化。

空气抬升和移动床生物反应器有时被误称为“流化床”，然而，这并非真正意义上的流化床，因为颗粒物并未悬浮于垂直流中。随着空气抬升作用，这些颗粒物随着流体流在内部对流路径中传载(图13.1e)；然而，采用MBBRs，介质在水平流中传载(图13.1g)。这意味着，在每一系统中介质和污水之间几乎没有相对运动；与真正的膨胀或流化床不一样(图13.1f)，在真正的膨胀或流化床中存在相当大的相对运动(30~50m/h)。

颗粒物流化作用在垂直流施加的拉力克服重力时就会实现。介质的悬浮作用最大化微生物与污水之间的接触面积。这也通过改善传质而提高处理效率，因为固体(生物膜)相和流动污水之间存在显著相对运动。因为介质往往是天然材料，则它们相对便宜。由于颗粒物硫化和床膨胀时所涉及到的力平衡，在顶部会发现最小颗粒物而在底部会发现最大的颗粒物。因此，介质颗粒物应该按相对严格的尺寸范围分级。

床膨胀程度决定该床被视为膨胀或流化。在静态床高度范围过渡状态处于 50%至 100%的膨胀。这个讨论假设了上限：小于双倍静态床高度(100%膨胀)的床被认为是膨胀的；大于两倍静态床高度的那些床(膨胀>100%)就被认为是流化的。床膨胀程度较低是有利的，因为需要流速较低，能量更少，而有效生物质浓度增加，从而降低了占地面积。然而，在好氧工艺过程中，却因为生物质浓度升高而增加了体积需氧量。

从部分填充该塔的静态床开始，选择垂直流流速而将床膨胀至其最初的设计高度，通常是 50%的可利用高度。微生物附着于介质颗粒并生长而形成生物膜。这就导致粒径增加，而复合颗粒(生物粒子)密度下降。因此，尽管最初存在差异，但是所有的介质都倾向于随着生物膜厚度增加而相比密度(约 1.1)降低(图 13.43)。由于粒径增加而密度下降，则这种床继续膨胀直至其达到生物膜厚度必须进行控制的设计高度。

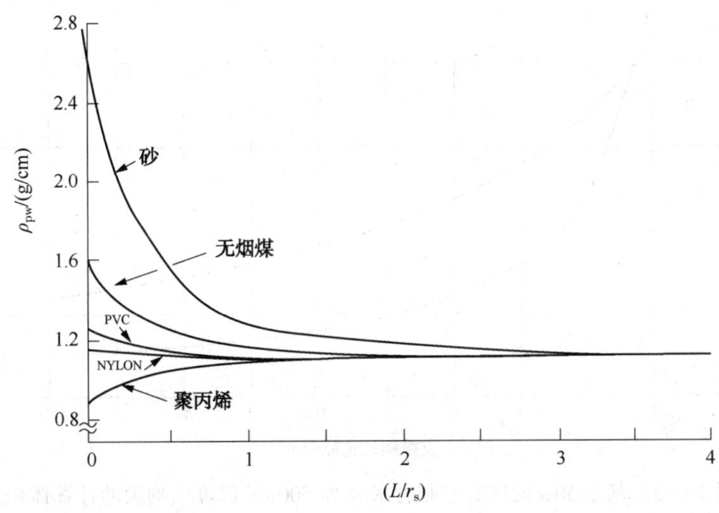

图 13.43　附有生物质的固体支撑颗粒物的总密度

(Atkinson and Black，1981)

由于生物膜厚度控制是将膨胀的床约束控制于反应器的界限之内的必要措施，则这就有可能藉此更好地控制生物反应器的性能。例如，通过基于所加入的支撑介质的体积和床层膨胀程度选择生物粒子浓度，就能够控制生物膜的厚度而保持最佳厚度和最大反应速率。

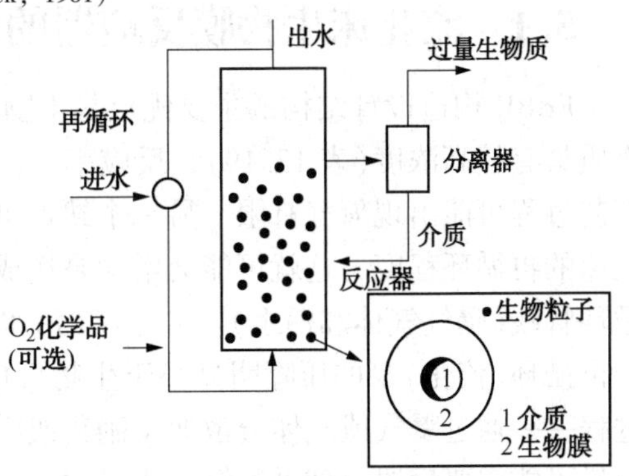

图 13.44　流化床生物反应器的工艺流程图

(Shieh and Keenan，1986［经 Springer Science+Business Media 友好许可］)

无论这种共性技术是应用于好氧、缺氧、还是厌氧过程，都是基于相似的基本设计(图 13.44)。这种设计由其中粒子经过流化而床发生膨胀的塔和用于维持固定的垂直水力流动的再循环管线构成。按照这种方式，床膨胀保持恒定而无论进水流量如何，生物粒子都会被保留。

缺氧和厌氧设计最简单，好氧设计需要系统供给氧。在再循环期间通常实施曝气，在这个过程中进水污水与来自床顶部的再循环出水混合。如果在流化床中进行曝气，则显著大量的气体就会干扰流化状态而导致湍流出现，并增加颗粒物之间的碰撞力。这可能会使生物膜移位。然而，这种做法有时也会使用。向再循环流中增加空气的优点在于生物质并不会因为气泡升起的湍流而从介质中被汽提，因此，经处理后的出水通常具有较低的悬浮物浓度(Jeris et al.，1981；Oppelt and Smith 1981)。

工艺流程进入反应器底部，而流动通过分配系统才能确保均匀分散和均匀流化。通常会使用石英砂(直径 0.3~0.7mm)和颗粒状活性炭(GAC；0.6~1.4mm)。然而，其他物质，已在中试规模中使用，如 0.7~1.0mm 的玻璃态焦炭(McQuarrie et al.，2007)。小载体颗粒(1mm)为生物膜生长提供了大比表面积(当膨胀 50%时就高达 2400$m^2 \cdot m^{-3}$)，这是这一工艺过程技术的关键优点之一(图 13.45)。

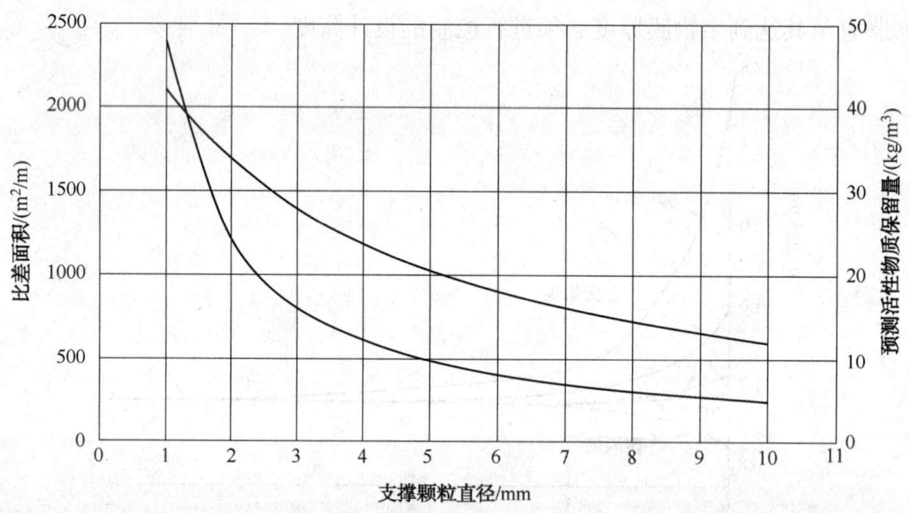

图 13.45　基于 50%的床膨胀和含水 80% 500μm 深度生物膜的计算体积，生物质支撑物质颗粒比表面积和预测生物质的保留量(干重)

5.1　流化床生物膜反应器的优点和缺点

FBBR 构造设计结构的主要优点是生物膜生长具有大的比表面积。这个面积导致活性生物质具有较高浓度(表 13.19)，反应率高，而占地面积小。然而，由于生物质浓度高，好氧工艺过程可能出现氧气有限。另一个缺点可能是用于维持床膨胀和生物粒子流化所需的向上流速的再循环程度，这就可能会增加泵送成本。然而，再循环泵仅仅必须克服摩擦阻力和再循环管线(曝气气体和污水)与膨胀床(污水和生物膜涂层的介质)之间的密度差异之和。整个再循环(流化)泵的压降明显小于生物反应器中的流体高度。对于床内具有气体相的工艺过程——通过曝气或气体分散如反硝化或厌氧消化——处理后的出水生物粒子损失和生物质过量可能需要后置处理进行沉淀或过滤。

FBBR 中的比表面积依赖于介质尺寸(0.3~1.4mm)和床膨胀程度(50%~100%)，而通常范围为 1000~3000 m^2/m^3，这高于其他系统(表 13.20)。这种大的比表面积，允许在

FBBR 中维持 15 000~40 000 mg/L 的生物量浓度，VSS 将维持在 FBBR(Grady et al.，1999)。因此，FBBR 的体积效率能够高达活性污泥系统的 10 倍(Rabah and Dahab，2004b)。由于其生物量浓度高，FBBR 在反硝化过程中的停留时间短(小于 3min)，甚至对于高硝酸盐负荷率(大于 70kg NO_3^--N/m^3 · d)都能够有效运行(Green et al.，1994)。

表 13.19　流化床生物膜反应器中的生物质浓度(MLVSS=混合液体挥发性悬浮固体)

处理方法	MLVSS/(mg/L)	处理方法	MLVSS/(mg/L)
碳氧化	12 000~15 000	反硝化	30 000~40 000
硝化	8 000~40 000		

相比于填充床中使用小介质，堵塞和由此所致的高压头损失能够在 FBBRs 中得以避免(Shieh and Keenan，1986)。另一个优点在于，流化床保留围绕整个粒子的薄活性生物膜；而在固定床中，只有未与其他粒子接触的部分介质才能够发育成生物膜。因此，FBBRs 提供的表面积，超过了相当的溢流式固定床中提供的比表面积 10 倍之多(U. S. Filter / Envirex，1997)。

表 13.20　流化床生物膜反应器优缺点的总结(BAF=生物活性过滤器；MBBR=移动床生物膜反应器)

特　性	优　点	缺　点	相　比　于
比表面积/(m^2/m^3)	1000~3000		BAF：1 200
生物质浓度/(mg/L)	40 000	高氧耗	活性污泥：3 000
生物膜比表面积/(m^2/m^3)	3 000		滴滤池：300
生物质龄 F：M 之比	对于三级硝化几周龄 0.001		活性污泥：10 天 活性污泥：0.2~0.4
污水再循环		对于干天气流量需要或污染物浓度升高	BAF 和 MBBR：正常情况下不需要再循环
反冲洗	不需要		BAF 需要使用 10%处理后的出水
曝气	能够使用高效反流系统	正常情况下需要氮耗尽空气，富氧空气或纯氧	上流式 BAF 中的曝气是不太有效的并流。MBBR 高度无效，因为 80%的曝气能量是介质悬浮所需

1993 年美国 EPA 认可的流化床系统的主要缺点是：

· 反应器尺寸大小的限制(依据保持高度与直径之比)；

· 能量要求(由于泵送而维持较高的再循环比率)；

· 生物质控制和介质选择困难(损耗介质和生物质处于通过的颗粒物尺寸太小或比重不足的出水中，并使生物膜变得太厚)；

· 因为生物质浓度难以监测而工艺过程不能精确控制。

此外，液体分配器对于大型系统常常成本较高，生物膜的形成需要漫长的启动，而在流动分配器中发生的堵塞可能妨碍均匀流化(Rabah and Dahab，2004a)。萨顿和米什拉(Sutton and Mishra，1994)认为，FBBR 技术的广泛使用已然经历了机械规模化问题，经济上有吸引力的商业系统发展缓慢和专利性限制的阻碍。然而，这种技术不断发展而一些解决方案已经出台。例如，玻璃焦碳介质和使用内部生物粒子再循环系统的生物膜厚度被控制在三级硝化过程中，容许移除的生物膜被系统中的原生动物和后生动物消耗(Dempsey 2003，2007；Dempsey et al.，2006)。

5.2 流化床生物膜反应器技术状态

5.2.1 历史沿革

俄亥俄州辛辛那提市的曼哈顿学院(Manhattan College)(纽约)，美国环保署市政环境研究实验室(MERL)和英国麦德门汉姆(Medmenham)水资源研究中心联合开发污水处理的FBBR技术。在1980年英国曼彻斯特会议结束后，尽管当时还没有全规模的污水处理厂，但是流化床技术被人誉为过去50年污水处理领域最重大的进展(Cooper and Atkinson，1980；Sutton and Mishra，1994)。在20世纪80年代初，美国第一个完整规模的FBBR安装于Reno-Sparks污水处理厂，而截止到2009年仍然是美国生活污水处理最大的全规模FBBR。

5.2.2 装置

1999年，超过80个的全规模FBBRs已落户于北美和欧洲。其中三分之二用于处理工业污水；其余都是处理市政污水。尼克勒拉等(Nicollela et al.，2000)指出，使用颗粒生物膜反应器可以认为是适用于良好设计和规模放大的一项成熟技术。

然而，这项技术的广泛使用，最近已经停滞。实验室和中试规模已经在研究各种污水的处理，这可能使污水处理厂进行扩建或升级，才能满足未来更严格的标准，尤其是氨氮，硝酸盐，碳生化需氧量(CBOD)和TSS。具体而言，厌氧FBBRs已经找到了处理COD浓度大于1000 mg/L的高强度工业污水的市场，因为这可以避免高成本充氧并能够回收宝贵的沼气。FBBRs的紧凑性质可能会允许现有结构升级，因为完整的滑道安装系统可以直接运到现场，仅仅需要管道和电气连接就能使之满足全面运行。此外，还能够增添模块而扩增当前工艺过程或增加新的工艺过程(Shieh and Keenan，1986)。

5.3 工艺过程设计

5.3.1 典型设计参数

5.3.1.1 垂直流流速

美国环保署建议，对于0.5mm石英砂上流速率范围为36~60m/h；其余的推荐范围为30~36m/h(U.S. EPA，1993；Tchobanoglous et al.，2003)。虽然上流速度可接受的范围似乎合适为30~60m/h，但是许多中试规模的反应器都在30~36m/h下运行(Shieh and Keenan，1986)。上流速度根据支撑介质颗粒的粒径和相对密度(表13.21)进行选择。基本上，垂直拉力必须大于向下的重力，才能使颗粒物流化并使床膨胀。一旦达到这种状态，就进一步提高流速而增加床层膨胀程度。随着生物膜的发育，粒子的大小会增加(图13.43)。颗粒物物理特性的这两个变化会导致床连续膨胀直至达到设计高度，在这一点上必须启动生物膜厚度控制。

表13.21 流化不同介质所需的向上流速

介　质	粒径/mm	U_{mf}/(m/h)	$U_{50\%}$/(m/h)	参考文献
玻璃态焦炭	0.7~1.0	9.0	30	Dempsey et al.(正在出版)

续表

介　质	粒径/mm	U_{mf}/(m/h)	$U_{50\%}$/(m/h)	参考文献
颗粒状活性碳	1.7	10.2	—	Coelhoso et al.(1992)
石英砂	0.5~1.0	22.2	90	Dempsey et al.(正在出版)

注：U_{mf}=最低流化的向上流速。

$U_{50\%}$=床膨胀 50%的向上流速。

污水向上流动的速度由于层流条件而对 FBBR 中的生物质剪切没有产生显著影响。格拉蒂等(Grady et al.，1999)指出，FBBRs 中所用的浅层速率导致雷诺数较低(小于 10)，因此表面剪切力较小，导致生物膜相对较厚。然而，如果存在显著的气相，则通过气泡汽提的生物质(单，群和絮凝的)就可能比较严重。然而，通常情况下，生物膜流化床介质上生物膜的积累主要受到生物粒子碰撞的影响，而不是通过生物膜表面的流体流速(Shieh and Keenan，1986)。为此，床膨胀程度可以影响生物膜的脱落率，而由此影响额外的生物膜控制程度。也就是说，床膨胀程度越大，生物粒子之间存在的空间越多，就导致粒子间碰撞更少而生物膜磨损就越少。

一个可以影响向上流速的关键因素是包夹的气体量，因为其会影响流体密度。大多数污水处理厂都具有根据不可避免地影响床膨胀程度的溶解氧浓度而改变气体流量的控制系统。对于床内曝气系统，气体流速越高，由于流体(气体和液体)密度降低，床膨胀就越低。对于外部曝气的系统，会产生相同的效果，因为上升气泡的向上拉力增加会降低泵进口压力。因此，最好的作法是在流化(再循环)泵和床之间安装流量计，而将其控制于正确的值(例如，使用变频器改变泵转速)。这种方法也使床层膨胀的能耗降至最低。

5.3.1.2　再循环

为了维持床恒定的膨胀程度，通过将部分工艺过程出水进行再循环而解决固定情况下的垂直流速和进水流速之间存在的差异。对于三级硝化，基本的设计规则是选定反应器大小尺寸而使之在极端潮湿的天气期间当污水处于最稀状态时能够采取无再循环的满流进水速率。

尽管用于反硝化的实验反应器经常在使用时不采用再循环，但是这种模式不适用于污水处理厂。在污水处理厂中采用 2~5 倍进水的再循环流量在白天流量变化期间维持恒定的上流速度，同时能够防止由于进水稀释作用而产生的冲击负荷。例如，海门麦尔弗雅登(Himmerfjarden)污水处理厂(图 13.46)的反硝化 FBBR 就采用再循环补偿白天的流量变化，并确保上流速度恒定(Bosander and Westlund，2000)。在好氧工艺过程中，因为污水中氧溶解度较低，也需要再循环进行重新曝气。

5.3.1.3　流量分配

进水分配歧管是 FBBR 中的关键设计特征。这种分配系统必须进行平衡，才能：

· 通过实现整个反应器横截面的流量均匀分布而分散进水动能；

· 支撑介质并防止其脱落进入通过歧管；

· 避免堵塞；

· 最小化因为湍流或粒子碰撞产生的生物膜剪切作用，从而促进整个介质均匀地构建生物膜；

· 最小化压头损失。

关于污水流量分配的两个重要设计方面都应该进行检测。首先，横穿基部并垂直于水流的进入污水实现均匀分配要避免由于污水上升的升高喷射而产生的喷流（Rabah and Dahab，2004a）。喷流往往会中断生物粒子的分布，而显著增加床基部生物粒子的碰撞频率。这可能阻碍生物膜的形成，而导致磨损引起介质损失。这也增加了通过反应器的短路数量。在极端情况下，反应器底部的部分床可能维持静态，而主要呈现惰性。其次，与进入污水相关的动能必须耗散才能确保在该区内的湍流最少。

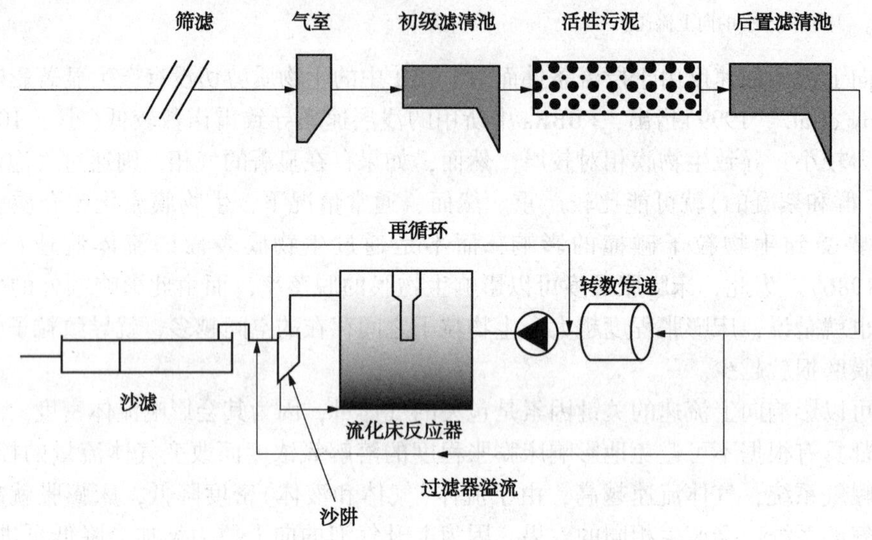

图 13.46 瑞典海门麦尔弗雅登污水处理厂流程图

（Bosander and Westlund，2000；由《水科学与技术》重印，经版权所有者 IWA 许可）

大多数中试规模的 FBBRs 将污水向上通过穿孔板引入反应器。一些中试规模的反应器在板上面包含一层砂砾层，用于改善分配并防止介质堵塞板（Jeris et al.，1981）。然而，很可能会出现由污水流中包夹的物质通过生物膜生长或化学沉淀或结晶（如鸟粪石的形成）而堵塞静态砂砾床。与此相反，向下喷嘴已被西格蒙德（Sigmund，1982）和德姆普瑟等（Dempsey et al.，2006）使用。在全规模下，污水通过具有向下喷嘴的大口径管道引入。递送至反应器的污水进行一个 180°转弯，其大部分动能都被耗散。西格蒙德（Sigmund，1982）描述了两个全规模的分配系统并认为，通过歧管的压头损失应该至少与通过流化床的压头损失相当。

与分配歧管相关的大多数问题都可以归结于堵塞作用。然而，这可以通过从进水流中除去固体并设计防止介质返流的分配歧管而防止（U.S. EPA，1993）。然而，在可能形成鸟粪石的工艺过程中，系统必须经过设计而使之能够进行拆卸以便维修。

因为成功的进口设计绝不允许固体堵塞开口，这就排除了多孔板和小直径分配系统的使用。设计者必须以通过分配器最小的压头损失实现流量均匀分配。西格蒙德（Sigmund，1982）对比了三种歧管孔口区域（2%，0.5%和 0.1%）的压头损失。当上流速度为 30m/h，而孔口区域为 2%时，横跨整个歧管的压头损失为 0.02m 水柱。0.5%的区域导致 0.32m 的压头损失；0.1%的区域导致 8m 的压头损失。

利用分形几何的创新分配器（图 13.47）已经开发出来，而用于化学吸附系统中流化离子交换树脂珠（Kearney，2000）。除了出色的流量分配之外，这种设计具有相对较低的压降（0.7~1.4m 水柱）。工艺过程已建成高达 6m（20ft）的直径，如果匹配收集器应用于床顶部而确保垂直流流速时，直径与高度之比为 2∶1 都是可能的。此外，相比于离子交换珠所用的分形图案，需要这种分形图案重复率较低，才能产生口径足够大的渠道，而不至于发生堵塞。然而，这个分配器的成本，与其截面积相关，而使大规模应用代价高昂。

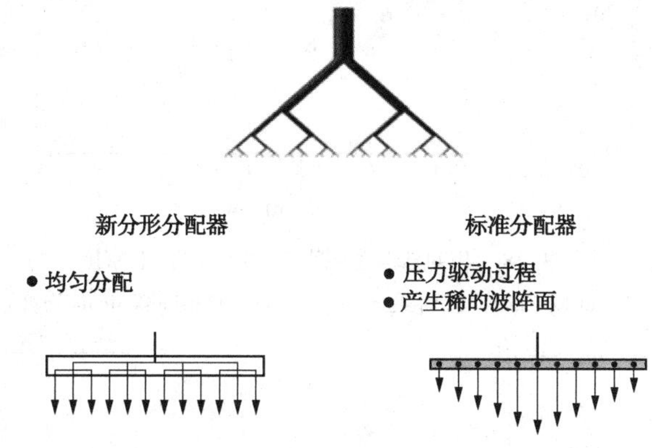

图 13.47　分形流量分配器和传统流量分配器

5.3.2　介质

介质应该允许各种可能发育成牢固附着生物膜的微生物定植。小颗粒提供大比表面积，而这些物质应在狭窄的尺寸范围内使用，才能最小化对流化作用的分级(分层)。为了最小化泵送能量，污水和这些物质之间的相对密度需要具有足够的差异，才能容许在不会导致过大再循环比率的上流速率下产生足够的床膨胀。然而，粒子相对密度需要一定不能具有与水相对密度需要太接近的相对密度需要，否则因为粒子太小而发生漂浮，或相互连接而形成凝聚物。此外，这些物质应该比较廉价。由于这些原因，通常使用标称直径约 1mm 的矿物颗粒。

在市政污水处理的 FBBR 技术首次试验中，欧普厄尔特和斯密斯(Oppelt and Smith，1981)报道，因为“流体床经常分离，堵塞塔和互联管道，以及在出水中介质损失过量”，则无烟煤(1mm)和煤渣(0.5mm、1.2mm 和 2.0mm)不适合 cBOD 氧化。然而，一些这些问题可能是由于规模运行(塔直径只有 10cm)和曝气方法所致，这涉及床上部基部的氧注入，可能会造成床内搅动涡流。然而，当使用较细小(0.5mm)的石英砂时，他们取得更大的成功，这种石英砂价格低廉，容易获得。然而，杰瑞斯等(Jeris et al.，1974)发现，活性炭比石英砂更为适合。

在 FBBRs 中使用的石英砂通常直径为 0.3~0.7mm，而 GAC 为 0.6~1.4mm。谢赫和基南(Shieh and Keenan，1986)发现，0.3mm GAC 产生了最高生物质浓度。GAC 具有的一些特性，例如，密度低、孔率大、吸附特性良好，沿着反应器的生物膜厚度均匀，以及易于启动或重启，而使之比石英砂更理想。为了响应表层流速变化，床高度稳定性随着介质尺寸和密度增加而增加(图 13.48 和图 13.49)(Shieh and Keenan，1986)。这两个图中的 y 轴都代表床膨胀，而 x 轴代表上流速度。图 13.49 包括三条随着介质大小(τ_m)变化的曲线。图 13.50 包括三条随着介质密度(ρ_m)变化的曲线。虽然较小的介质颗粒能够降低流化所需的能量并提供生物膜形成的较大比表面积，但是如果介质是太小(0.3~0.9mm 的石英砂)而生物膜过厚(大于 200μm)，则生物粒子可能聚结成“高尔夫球”而致使运行可能变得不稳定(Grady et al.，1999；Cooper，1986)。

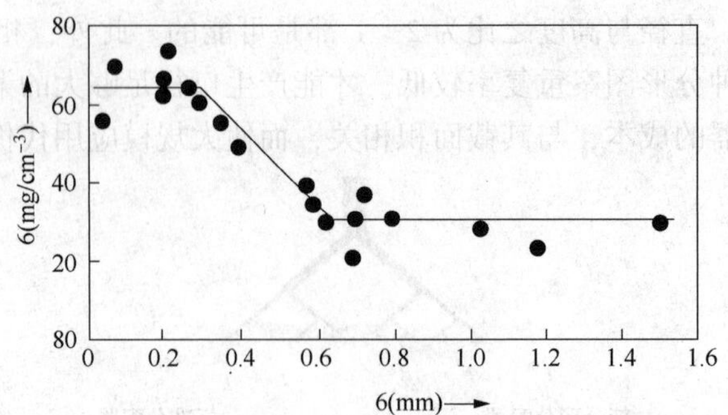

图 13.48 相对于生物膜厚度的生物膜干密度

(Shieh and Keenan, 1986 [经 Springer Science+Business Media 许可])

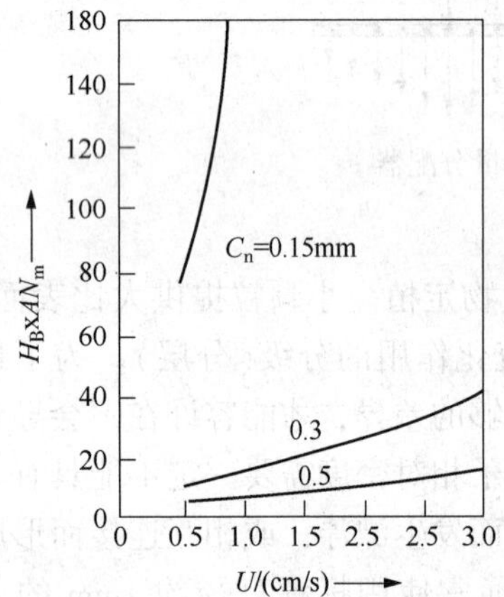

图 13.49 介质尺寸对流化床生物膜反应器床膨胀的影响

(Shieh and Keenan, 1986 [经 Springer Science+Business Media 许可])

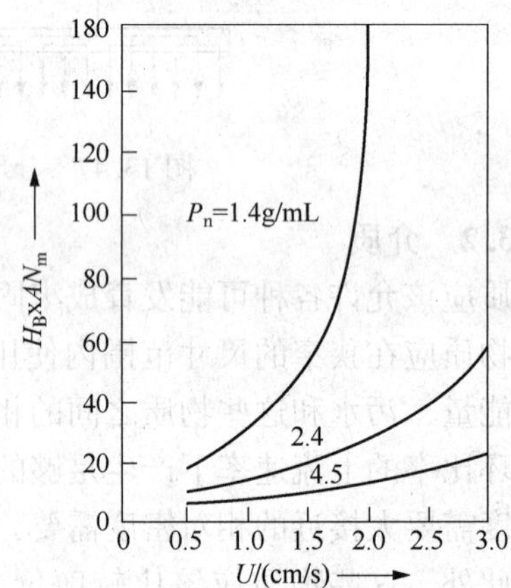

图 13.50 介质密度对流化床生物膜反应器床膨胀的影响。y 轴代表床膨胀而 x 轴代表垂直流流速。三条曲线显示了介质密度变化的影响

(Shieh and Keenan, 1986 [经 Springer Science+Business Media 许可])

科埃霍索等(Coelhoso et al., 1992)证明了生物膜厚度出现的差异，传质阻力，以及相比于石英砂对于 GAC 的固体生产的影响。当厚生物膜(800μm)允许在 GAC 上发育时，反应器在扩散控制的状态下运行。相比之下，当使用石英砂且反应器在动力学控制的状态下发生作用时，生物膜就会薄得多。当灰色生物膜 3 天之内形成时，观察到更早的启动。虽然观察到很多差异，但是 N 去除率并没有显著不同：GAC 处于 5.3~8.6kg NO_3^--N/m^3·d；石英砂处于 5.4~10.4kg NO_3^--N/m^3·d。

GAC 相比于石英砂最重要的优点，是快速启动时间。这可能是因为其吸附能力，不规则的形状和孔隙度(孔道内细菌免受剪切力作用)。在一项研究中，初始生物膜的发育几天内就出现于 GAC 介质上，而几个周内生物膜也没有发育于石英砂介质上(Jeris and Owens, 1975)。在以后的研究中，初始生物膜的发育也发现比石英砂更快地出现在 GAC 上。科埃霍索等(Coelhoso et al., 1992)报道，GAC 床在整个反应器中都显示出均匀的生物膜厚度(800μm)，因为生物膜和介质太过接近。然而，当使用石英砂时，比重的差异引起分层——生物膜较厚的颗粒移动至床顶部而生物膜较薄的粒子移动至底部。因为这个原因，

GAC 或具有 GAC 类似孔隙率和相对密度的介质，如玻璃态焦炭，通常比石英砂更好。

对微生物粘附和结垢的基本研究表明，易于形成生物膜的物质表面粗糙或多孔。在石英砂(无孔)与三种类型的多孔硅藻土(所有四种介质直径约 0.4~0.6mm)的对比中，叶等(Yee et al.，1992)发现，具有 6~30μm 孔道的介质甲烷生物膜形成和有机碳的去除速度最快。这种尺寸的孔道显著大于细菌和古细菌的典型尺寸(二者都约 1μm)，并对初始附着作用提供保护区。尽管硅藻土还没有在膨胀或流化床中广泛使用，但是另一种多孔材料，由烟煤生产的玻璃态焦炭，已经成功地应用于中试规模的市政污水三级硝化处理(Dempsey et al.，2006)。由于焦炭是碳基多孔的材料，具有比二氧化硅基无孔砂显著更低的相对密度，这意味着颗粒流化和床膨胀的能耗降低(见表 13.21)。焦炭含约 90%的碳(C 原子量=12)和 10%的灰分；而石英砂主要是二氧化硅(SiO_2分子质量=46)。

5.3.3　生物膜厚度控制

生物膜的持续增长导致生物粒子体积和床膨胀程度增加，从而导致床超过其设计体积。因此，具有一定系统，控制生物膜厚度而防止生物粒子随着处理后的出水离去，是必要的。膨胀的床高度必须不断控制于某个固定高度或间歇地控制于上限和下限之间的高度。为了维持恒定的生物质库存，生物质废弃速率必须与其生长速度平衡。因此，对于生长较快的系统，如碳氧化或异养反硝化，生物膜生长和随之而来的床膨胀速度比生长较慢的系统，如硝化、自养反硝化和厌氧消化更高。

任何控制系统都应该保持初始的粒子库存。阿特金森(Atkinson，1981)指出：“在床的顶部不得不增加叶轮才会产生渐升的磨损，或来自床的淘洗颗粒必须通过剪切场再循环，或通过床的流不得不通过再循环增加才能进一步膨胀和搅拌床”。另一种方法是专门从床的顶部附近除去生物粒子，剥离生物膜并返流清洁的粒子。各种各样的系统已经开发，使用如阿特金森(Atkinson，1981)主张的内部控制，或外部控制，用于控制生物膜厚度。内部控制的实例涉及床顶部的旋转钻孔盘剥离多余的生物质并允许清洁后的颗粒下沉返流于床中；处理后的出水随后载走剥离的生物膜(Bosman and Hendricks，1981)。

从历史上看，通用办法都涉及生物粒子的去除和进行外部控制。例如，在行初级出水的 CBOD 氧化的 FBBR 中，杰瑞斯等(Jeris et al.，1981)采用泵将生物粒子从床顶部传送至振动筛上，而除去过量的生物膜。这个系统的变化适用于无烟煤-基流化床进行反硝化核工业污水。在这种情况下，从床淘洗而具有厚生物膜的颗粒物在被泵送回床基部之前就在振动筛上捕获；沉淀池捕获剥离的生物膜(Francis and Hancher，1981)。在 Dorr-Oliver oxitron 工艺过程中，通过“使用橡胶衬垫的离心泵结合旋风分离器和介质冲洗器运行”而间歇地从床上部区域泵送生物粒子，将流化的砂床高度控制于 0.6~0.7m(Sutton et al.，1981)。

为了避免机械泵和筛滤运行时的问题，巴神水/恩威洛根(Basin Water/ Envirogen)的流化床反应器使用了空气抬升系统进行生物膜控制(Frisch，1998a；1998b)。更新的方法是通过喷射器泵将生物粒子从床顶部再循环回到床底部，过量的生物膜当通过喷射器和床基部的湍流区时被剥离(McQuarrie et al.，2007)。这种系统的优点包括其简洁性，因为这种系统并不需要传感器、驱动器或移动部件；在三级硝化工艺过程中，剥离的生物膜在其向上通过床的期间被原生动物和后生动物消耗(Dempsey et al.，2006)。

膨胀床高度控制提供了最直接、最方便的手段，维持最佳生物膜厚度。在传统的反硝化中，膨胀床高度并非连续控制的，因为如果进行连续控制，则分离的生物质会当作最后处置之前需要进一步增稠的稀污泥而被冲走，从而增加了成本。为了最小化这些成本，床高度允许在一定范围内波动，而每天进行一次控制，以产生可以捕获的增稠污泥。

瑞典海姆摩尔福佳登污水处理厂中的反硝化 FBBR 会产生平均 0.5g VSS/g NO_3^--N (Bosander and Westlund，2000)。在早期的工作，美国 EPA(U.S.EPA，1993)报道，在硝化 FBBRs 中产生的生物质有 0.4~0.8g TSS/g NO_3^--N 被消耗。在海姆摩尔福佳登的 FBBR 中，采用床顶部中心圆锥内侧的泵将生物质从介质上剪切下来，产生 2000~4 000 mg/L VSS 的污泥。相比之下，美国 Filter/Envirex 专有 FBBR 增长控制系统则产生 5000~15000 mg/L TSS 的废气固体浓度(U.S.Filter/Envirex，1997)。在海姆摩尔福佳污水处理厂中，过量的生物质在床顶部除去，在那里沙阱会捕获任何逸出的粒子而清洁的石英砂颗粒返流落入到床中。相比之下，加州 Rancho 的反硝化 FBBR 则采用定期反冲洗对生物膜厚度进行控制(MacDonald，1990)。

5.3.4 曝气

供氧有两种方法，要么在床内供氧，要么在再循环回路上供氧。通常采用空气，氮耗尽空气，富氧空气或纯氧进行氧供给。使用空气供氧，可能并非最便宜的解决方案。由于氧气难溶，高浓度活性生物质是 EBBR 和 FBBR 工艺过程的特征，这通常意味着在床入口采用空气达到的溶解氧浓度不足以维持整个床氧量充足。通过增加曝气气体的氧含量，溶解氧浓度可以增加相同的比例。例如，如果采用空气，氧饱和度(20.9% O_2)为 10mg/L，则使用纯氧(100% O_2)几乎能达到 48mg/L。采用真空或压力振动分子筛技术从空气中除去氮，这种技术近来已经大大改善，而降低了成本。另一种方法是向低温源空气中加入氧，近来这种方法也变得更加便宜。虽然通过加压也能够提高溶解氧浓度，但是压力容器价格昂贵，而对于污水处理通常并不认为是切实可行的。气相向污水中进行氧传递的主要影响因素包括气泡表面积和气气液相之间的相对速度。

5.4 中试测试

床内曝气的优点是氧能够从上升气泡中溶解而补充微生物所消耗的溶解氧。然而，要实现氧传递速率(OTR)至少匹配微生物耗氧速率(OCR)是很困难的。如果 OTR 小于 OCR，则溶解氧浓度沿着床在生物膜内会出现下降，直到变成速控性的。此外，因为气泡和污水均上升，则其相对速度低于反流气泡接触器中的相对速率。事实上，丰塞卡等(Fonseca et al.，1986)引用的一项研究表明，1mm-粒子流化床的 OTR 是泡沫塔的 20%，相比之下使用粒径 6mm 的粒子 OTR 则为 200%。因此，FBBR 中提高氧传递的主要理论优势在使用较小(约 1-mm)介质时却具有实践上的限制。

床内曝气的另一个显著缺点在于，气泡上升可能传送生物粒子并将其包夹在再循环流或出水流中。引起这种现象的原因可能是小气泡附着于生物粒子上并使之漂浮，或气泡凝聚而形成气体及其蓬松的气泡，或气泡凝聚和形成气体气穴，通过本体流传送生物粒子。例如，在高气化率(表观液速/表观气速之比小于 0.4)下，出现流失湍流，流化状态崩解，而粒子可能被传送走(Lee and Buckley，1981)。此外，这项研究表明，与流失湍流相关的剧烈运动可能使最初生物形成或其停留产生问题。因此，增加湍流可能会导致生物膜剥离而使处理后的出水中 TSS 增加。

如果生物粒子退出床，就必须捕获才能避免随着出水失去，或如果进入再循环流中，可能会损害流化泵或在通过的过程中被破坏。因此，为了防止上升气体产生运载作用，欧普厄尔特和史密斯(Oppelt and Smith，1981)在 CBOD 氧化的多级中试规模的床内曝气 FBBR 顶部安装了泡沫阱。另一种方法是通过使用，例如，静态混合器产生亚毫米级气泡而产生足够小或稀疏的气泡而在其上升通过床时不会凝聚。因此，谨慎选择工艺技术，否则麻烦的运行问题无以克服。

床内曝气的另一种方法是通过使用圆锥形的鼓泡塔或静态混合器在再循环流中生氧(Jeris et al.，1981；Cooper and Wheeldon，1981；Dempsey et al.，2006)。这种方法有几个优点：避免了气泡湍流产生的生物膜中断，防止由于气体气穴传送生物粒子，和最大化摄氧的驱动力。由于这些系统采用逆向流进行工作，则最大化了两相之间的相对速度。通过明智的设计，向下的速度能够使湍流条件在曝气设备中占据优势，而使注射气体被打破成细小气泡。这增加了氧气传质的气-液界面面积，由此增加了 OTR。此外，还有可能在向下流气泡柱中获得高达 25%的气含率，这通常在静态混合系统中作为理想状态而接受。如果使用纯氧，则有可能溶解几乎所有的气体，但难以汽提代谢产生的二氧化碳，从而会抑制生物过程。相反，当使用氮耗尽的空气或富氧空气时，气泡上升时氧气耗尽，但二氧化碳由剩余的惰性气体(氮气和氩气)汽提而运送出系统。

表 13.22 介绍了使用石英砂介质的反硝化 FBBRs 的典型设计标准。

表 13.22　反硝化流化床生物膜反应器的设计标准(FBBRs)

参　数	单　位	范 围 值	典 型 值
填充：			
类型		砂	砂
有效粒径	mm	0.3~0.5	0.4
球形度	无单位	0.8~0.9	0.8~0.85
均匀系数	无单位	1.25~1.50	1.4
比重	无单位	2.4~2.6	2.6
初始深度	m	1.5~2.0	2.0
床膨胀度	%	75~150	100
空床上流速率	m/h	36~42	36
水力负荷率	m^3出水/m^2生物反应器面积·d	400~600	500
再循环比率	无单位	(2：1)~(5：1)	(2：1)~(5：1)
NO_3^--N 负荷：			
13℃	kg/m^3·d	2.0~4.0	3.0
20℃	kg/m^3·d	3.0~6.0	5.0
空床接触时间	min	10~20	15
甲醇-NO_3^--N 之比	无单位	3.0~3.5	3.2
比表面积①	(m^2/m^3)	1 000~3 000	2 000~3 000
生物质浓度	mg/L	15 000~40 000	30 000~40 000

来源：Metcalf and Eddy(2003)；U.S. EPA，1993；Sadick et al.，1994；Sadick et al.，1996。

① Grady et al.，1999。

5.5 流化床生物膜反应器设计模型

由于流化床生物膜反应器生物活性的数学建模的复杂性，读者对于该主题应该参阅现有文献。谢赫和基南(Shieh and Keenan，1986)提供了 FBBR 建模理论的广泛讨论，而格雷迪等(Grady et al.，1999)提供了该主题更新的综述。

5.6 设计考虑因素

5.6.1 硝化

对于采用 1mm 玻璃态焦炭颗粒物作为支撑介质的活性污泥污沉降出水(5~25mg/L，NH_3-N)的三级硝化，去除每天每公斤 NH_3-N 需要 $1m^3$ 的膨胀床。然而对于污泥滤液(1000mg/L，NH_3-N)或滤清液，仅仅需要 $0.5m^3$，因为这个工艺过程中会产生加入的碱一样多的酸，因此，这个过程可以运行于最佳 pH 值(7.8~8.0)下。然而，对于三级硝化很可能太过昂贵而不能采用 pH 控制，因为需要处理的污水体积很大，这通常是整个工程的流量。

由于硝化细菌耗氧速率很高，最大床深度通常为 5~6m。甚至当使用氮耗尽或富氧空气时，所有氧气届时都被消耗。在这些条件下，每米床深度能够氧化高达 2mg/L 的 NH_3-N。因此，5m 深的床每个循环都能够氧化高达 10mg/L 的 NH_3-N。

尽管硝化之氧的化学计量量为 4.6kg O_2/kg N，但氧供应需要超过此值(例如，5kg O_2/kg N)，才能容许异养生物消耗有机物质。然而，实际的氧供应将取决于需要从进水中去除的有机物量(CBOD+TSS)。另外，控制 CBOD 和 TSS 去除程度并不总是可行的，因此，可能需要 5kg/kg 左右的氧。由于对氧气的竞争，水力负荷率应该小于 $40m^3$ 二级出水/m^3 膨胀床/天，才能实现小于 5 mg/L NH_3-N；而水力负荷率小于 25 $m^3/m^3 \cdot d$，只能够实现小于 0.5mg/L NH_3-N(Dempsey et al.，2006)。

在技术层面上，据发现，速控溶解氧浓度和 NH_3-N 浓度在床顶部都为 1mg/L(Dempsey et al.，2005)。这一发现意味着，如果出水 NH_3-N 浓度低于 1mg/L，则负荷率必须降低。这也意味着，如果溶解氧浓度低于 1mg/L，NH_3-N 的出水浓度将会上升。因此，如果该工艺过程中将在最大效率下使用，则在生物反应器必须经过设计能够足够快速供氧，才能满足硝化细菌的代谢要求。这包括基于床顶部溶解氧浓度和使用氮耗尽空气或富氧空气和反向流鼓泡塔或静态混合器而控制氧供给。

5.6.2 三级反硝化

在美国环保署的《氮控制手册》(U.S. EPA，1993)中介绍了经验设计方法。推荐采用现场中试测试结果建立设计标准。设计者必须首先定义以下设计准则：

- 进水流量，
- 进水和出水硝酸盐浓度，
- 最低工作温度。

图 13.51 表明，在 FBBR 中的氮去除率在 10℃ 为 6.4kg NO_3^--N/$m^3 \cdot d$(400 lb/d/1000ft^3)，这是美国环保署(1993)推荐的设计值。这个去除率假定甲醇作为碳源并使用砂作为介质(0.3~0.6mm)。美国环保署(1993)也依据表面积提供了 0.8~3.4kg NO_3^--N /1000 $m^2 \cdot d$的负荷率，平均为 1.84 kg NO_3^--N/1000$m^2 \cdot d$。然而，Tchobanoglous(2003)建议设计

负荷率为 2～6kg NO_3^--N/m^2·d。所有这些设计负荷率都基于未膨胀的床体积。对于反硝化 FBBRs，负荷和清除率都对于未膨胀的床体积进行计算，但是相比于其他基于生物反应器体积的工艺方法和技术使用膨胀床体积将使之更容易。

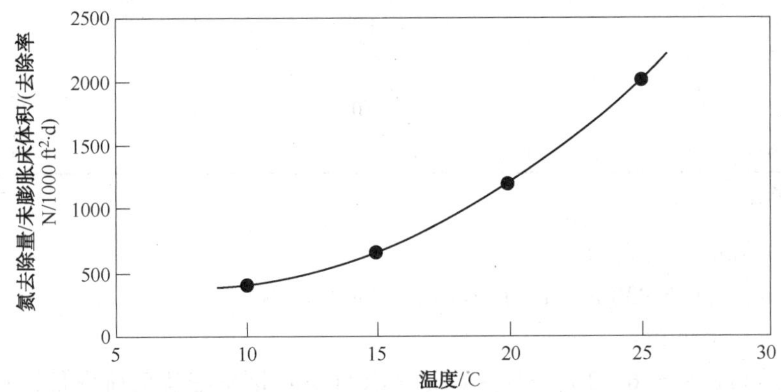

图 13.51　相对于温度的流化床生物膜反应器的氮去除率

（U. S. Environmental Protection Agency[美国环保署]，1993）

水力负荷率(HLR)的概念对于 FBBRs 可能令人迷惑，因为在 FBBRs 中反应器直径和所需的上流速度决定了通过床的流量(HLR)。因此，HLR 等于进水加上再循环的流速。对于单次通过的操作(例如，极端潮湿天气)进水 HLR 等于床 HLR，而没有循环。然而，在正常操作期间，进水流量小于床 HLR，因此，存在一定程度的再循环。再循环流量是可变的，等于床 HLR 减去进水流量。这是自动变化的，而不需要电子监控。所需的氮去除率，预期的生物质浓度，及其具体处理速率决定了给定工艺过程的氮负荷率。美国环保署(1993)推荐使用 880～1470 m^3/m^2·d(36～61m/h)的床水力负荷率，而格雷迪等(Grady et al.，1999)推荐使用 576～864 m^3/m^2·d(24～36m/h)的床水力负荷率。

5.7　反硝化的设计实例

这个设计实例(表 13.23)改编自 U. S. EPA(1993)。它采用了通过经验推导的 6.4kg NO_3^--N/m^3·d的硝酸盐负荷率。假设介质比表面积为 2000 m^2/m^3，这就获得 3.2kg NO_3^--N/1000m^2·d 的负荷率。然而，其他来源推荐使用较低的负荷率。Tchobanoglous(2003)建议依据温度将 2.0～6.0 kg/m^3·d 作为氮负荷率的合适范围。推荐采用现场特异性的污水进行中试测试而确证流化床工艺过程的效率，并确定适用于污水处理厂设计的硝酸盐负荷率。

表 13.23　反硝化流化床生物膜反应器(FBBR)的设计标准(TSS=总悬浮固体，CBOD=碳生化需氧量，COD=化学需氧量，TKN=总凯氏(Kjeldahl)氮，TN=总氮)

特　性	进水-FBBR	出水限制
每月最低温度	15℃	
平均流量/(m^3/d)	18 930	
周峰值流量/(m^3/d)	28 396	
TSS/(mg/L)	15	30
CBOD/(mg/L)	3	30

续表

特　性	进水-FBBR	出水限制
COD/(mg/L)	33	—
TKN/(mg/L)	1.8	—
$(NO_3+NO_2)-N$/(mg/L)	23.4	7
NH_4^+-N/(mg/L)	0.05	2
TN/(mg/L)	26.5	10

来源：U.S. EPA，1993。

(1) 计算去除的硝酸盐：

$(23.4-7\ mg/L)(18\ 930\ m^3/d)/1\ 000=311\ kg\ NO_x-N/d$

(2) 计算反应器体积：

假设硝酸盐负荷率= 6.42 kg $NO_x-N/m^3\cdot d$(注意：该硝酸盐负荷率是针对未膨胀的介质体积提供。参见图 13.51 而对温度影响进行校正。)

计算反应器体积：

体积$=(311\ kg\ NO_x-N/d)/(6.42\ kg\ NO_x-N/m^3\cdot d)=48.4\ m^3$

假设两个反应器工作而一个备用；3.65m(12ft)直径的反应器(面积=10.5m^2(113ft^2))。

计算床高度：

$(48.4\ m^3)/[(10.5\ m^2/$反应器$)(2$ 反应器$)]=2.3\ m$

基于厂商的标准，使用 3m 高的床，采用 1.8m 的干舷对 4.9m 高的反应器进行固体分离。

工作反应器的总体积$=2(10.5\ m^2)(3\ m)=63\ m^3$

(3) 计算周峰值流量下的 HRT：

$(63\ m^3)(1440\ min/d)/28\ 396\ m^3/d=3.2\ min$

(4) 检查总水力负荷：

总水力负荷=进水流量/面积

$(18\ 930\ m^3/d)/(10.5\ m^3)/2=901\ m^3/m^2\cdot d$，在平均流量下

$(28\ 396\ m^3/d)/(10.5\ m^3)/2=1\ 352\ m^3/m^2\cdot d$，在周峰值流量下

(5) 基于所选反应器计算实际氮负荷率：

$(311\ kg\ NO_x-N/d)/(63\ m^3)=4.94\ kg\ N/m^3\cdot d$

计算再循环率：

维持反应器流量等于 20m^3/min 的峰值流量，因为峰值流量在该实例中为介质提供了足够的流化作用。总水力负荷应该为 880~1470 m^3/m$^2\cdot$d。

(6) 计算所需的甲醇：

计算去除的硝酸盐：311 kg/d；

假设 3kg 甲醇/kg 去除的 N；

甲醇=(311 kg/d)(3 kg 甲醇/kg 去除的 N)=933 kg/d；

(933 kg/d)(1 L/0.79 kg)=1 181 L/d；

甲醇剂量=50 L/h。

另外，甲醇的要求能够由以下方程计算：

甲醇=2.47(NO_3-N)+1.53(NO_2-N)+0.87 溶解氧。

如果反硝化进水溶解氧假设为 3 mg/L，则

甲醇的要求(忽略残余甲醇)为：

(311 kg)(2.47)+(0.87)(3)(18 930 m^3/d)/1000=818 kg(1800 lb)

(7) 计算所生成的生物质：

对于悬浮生长系统，采用 0.18 kg VSS/kg 去除的 COD；

去除的 COD=(933 kg 甲醇/d)(1.5 kg COD/kg 甲醇)= 1400 kg/d；

VSS=(0.18 kg VSS/kg COD)(1400 kg COD/d)= 252 kg 生成的 VSS /d。

在 75%的挥发度下：

产生的 TSS=252/0.75=336 kg TSS/d=1.08 kg TSS/kg NO_3^--N；

典型生物质产量为 0.4-0.8 kg TSS/kg NO_x-N。

计算过量的生物质流量(假设固体为 1%)：

流量=(336 kg TSS/d)(1/0.01)(1 L/kg)(1/1 440 min/d)= 23.3 L/min

(8) 计算泵的马力数(hp)：

流化泵：总泵容量为 19 720 L/min(峰值流量)；

对于两个泵：19 720/2=9860 L/min。

典型的流化床构造设计结构需要约 12.2m 总动压头(TDH)的流化泵。这应该对实际的反应器构造结构进行验证。

kW=[(Q)(ρ)(a)(TDH)]/[(泵效率)(电机效率)]

其中

Q=流量(m^3/s)，

ρ=水密度，

a=重力加速度，

TDH=12.2 m(假设)，

泵效率=75%(假设)。

(注意，hp=kW/0.746)

kW=[(9 860 L/min)/(1 000 L/m^3)/(60 s/min)](1 000 kg/m^3)

(9.81 m/s^2)(12.2 m)]/[0.75×0.9]=29 kW

(hp=29 kW/0.746=39 hp)

计算生长控制泵的马力数：

对于每个泵流量都基于 11.5L/min 的生物质流量。

kW=[(11.5 L/min)/(1 000 L/m^3)/(60 s/min))(1 000 kg/m^3)(9.81 m/s^2)(12.2 m)]/[0.75×0.9]=0.03 kW

(hp=0.03 kW/0.746=0.04 hp)

5.8　流化床生物膜反应器生物群的性能

在采用中试规模的 EBBR 研究活性污泥沉降出水的三级硝化时，德姆普西等(Dempsey et al.，2006 年)发现，这个工艺过程从进水中去除了高达 56%的 CBOD 和 62%的 TSS。这些

物质的去除归咎于原生动物(自由生活的和杆状的)和后生动物(轮虫、线虫、寡毛类)的活性，如图13.52所示。可溶性有机物可能是由异养菌代谢的，这些异养菌由此被原生动物和轮虫消耗。从前面的工艺过程传载而来的活性污泥絮凝体和从EBBR脱落的生物膜可能主要被蠕虫消耗。按照这种方式，约90%传入的有机质(可溶性或暂停)被矿化成二氧化碳，水和氨，从而增加了超过采用进口和出口氨氮浓度之差测定的表观速率的实际硝化速率。玛多尼(Madoni，1994)对这些现象及其与天然水体中类似过程的关系提供了恰如其分的解释。

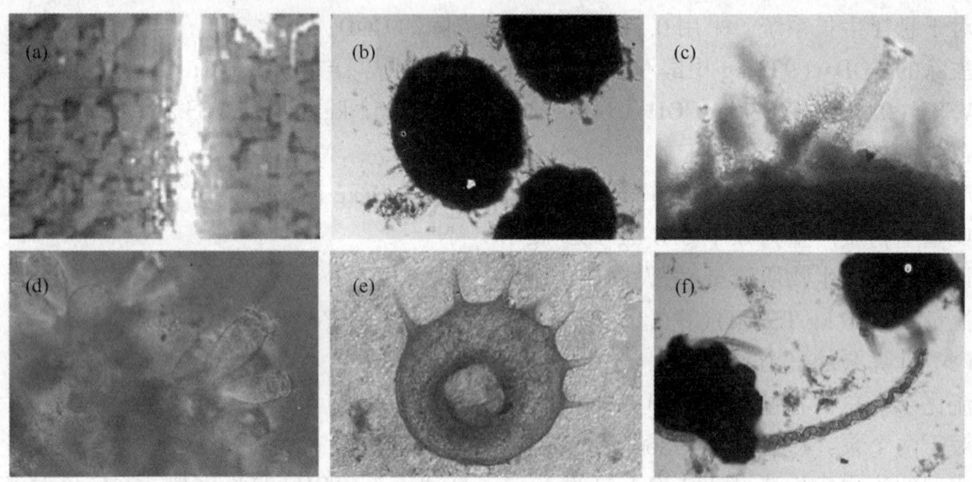

图13.52 来自膨胀床而具有相关原生动物和后生动物的颗粒状生物膜

(a)膨胀床中的生物粒子；(b)表面附生的生物粒子；(c)连接到生物粒子的近距离轮虫；(d)颗粒生物膜表面的矮秆原生动物；(e)生物膜上摄食的有壳变形虫；(f)生物粒子上摄食的寡毛类蠕虫(Dempsey et al.，2006；转载自《水科学与技术》，经版权持有者IWA的许可)。

伯格托尔德等(Bergtold et al.，2007)报道了由生物群落的线虫蠕虫产生的破坏作用；拉特萨卡和沃奎群(Ratsak and Verkuijen，2006)，李昂等(Liang et al.，2006)和黄等(Huang et al.，2007)都观察到寡毛类蠕虫。

5.9 工艺过程性能

5.9.1 氮去除率

氮去除率是量化反硝化FBBR性能的最重要的单一参数。此参数是有用的，因为这个参数解释了各个FBBBR系统之间床体积和氮负荷率的差异。氮去除率取决于生物质的浓度，生物质的表面积、温度、碳源、本体硝酸盐浓度、养分有效性和流体力学与物理条件。

格林等(Green et al.，1994)报道，当硝酸盐负荷率为10.8 mg NO_3^--N/m^3·d而保留时间为3min时，硝酸盐的去除效率始终大于97%，而出水中硝酸盐浓度为3mg/L，亚硝酸盐浓度小于1mg/L。这些作者还证明这种FBBR在低于3min的停留时间下硝酸盐负荷率高于15.8kg NO_3^--N/m^3·d时能够有效地运行。事实上，当这种FBBR以21.7kg NO_3^--N/m^{3}的负荷率而水力停留时间为1.5min进行工作时，去除进水NO_3^--N能够接近100%。然而，该系统需要小心控制生物膜的厚度，才能达到性能可靠。中试规模的FBBR所达到的最大硝酸盐去除率为30.5kg NO_3^--N/m^3·d。尽管是基于地下水处理，但是如果有机物(CBOD)含量并不太高时这一研究结果可能适用于二级出水。

表 13.24 显示了各个中试和全规模试验研究中观察到的一些脱氮率。所有的去除率都是采用未膨胀床体积进行计算的。

表 13.24　文献中报道的氮去除率

试验规模	温度/℃	$S_{进}$/(mg N/L)	N 去除率/ g N/g VSS · d	N 去除率/ kg N/m^3 · d	文献
中试	18-23	5-100	N/A①	5.4-20.7	Jeris and Owens, 1975
中试	N/A	6.6-30	0.033-0.243	0.69-3.28	Hermanwicz and Cheng, 1990
中试	30	15-300	0.141-2.575	3.23-18.7	Hirata and Meutia, 1996
中试	N/A	676-1 500	N/A	11.8-17.7	Chen et al., 1996
中试	23	1 000	0.41	12	Rabah and Dahab, 2004b
中试	N/A	N/A	N/A	5.3-8.6	Coelhoso et al., 1992
全规模	10-20	18	N/A	1.7	Bosander and Westlund, 2000
全规模	20	20	0.1	3.5	MacDonald, 1990

① N/A=不可用。

在 FBBR 中观察到的反硝化速率相对于通常在硝化的市政污水中发现的硝酸盐水平可能会变成传质控制的(Shieh and Keenan, 1986)。一些引述的 FBBR 研究经验性地推导出 N 去除率高达 15~30kg NO_3^--N/m^3 · d。然而，应该指出，这些研究中的一些并不能代表全规模运行，因为这些研究都是在最佳温度(20~30℃)、高硝酸盐负荷率、高出水硝酸盐浓度和非限制性的磷酸盐浓度(P>1mg/L)下运行。在全规模的污水处理厂中脱氮率由于温度较低、本体液体硝酸盐浓度较低和硝酸盐负荷率较低而大大低于这些研究中所观察到的脱氮率。

加州兰砌污水处理厂中的反硝化率在 20℃ 下为 3.5 kg NO_3^--N/m^3 · d(MacDonald, 1990)。海姆摩尔福嘎登 FBBR 中的反硝化率为 1.7 kg NO_3^--N/m^3 · d。该污水处理厂在低至 10℃ 的温度下接收 18mg/L NO_3^--N 的进水而生产 1.9mg/L 的平均出水 NO_3^--N 浓度。

5.9.2　温度

在 15~25℃ 温度下，每升高 5℃ 脱氮率会加倍(图 13.51)。谢赫和基南(Shieh and Keenan, 1986)报道，反硝化生物膜发育的最佳温度是 20~30℃。大多数的中试规模的研究都是在最佳温度下完成的。科埃柳索等(Coelhoso et al., 1992)在 26℃ 下完成实验，而拉巴和达哈布(Rabah and Dahab, 2004b)在 21~25℃ 温度下运行中试污水处理厂。然而，伯三德尔和威斯特拉得(Bosander and Westlund, 2000)报道了 10~20℃ 下恒定的污水反硝化作用。

从微生物生态学的角度来看，可能在任何特定的温度范围内的运行都将选择这个范围内微生物适宜的最佳温度(如低温菌最佳温度低于 15℃)。因此，在实验室条件下进行的中试研究可能会产生误导，应该在污水处理厂进行实践，才能确保设计标准是在典型的工艺过程温度下获得的。

6　旋转生物接触器

6.1　概述

本章介绍的旋转生物接触器(RBC)设计标准仅限于碳氧化和硝化。作为二级处理工艺过程，RBC 适用的平均出水水质标准小于或等于 30mg/L BOD_5 和 TSS。当 RBC 结合出水过滤使用时，这个工艺过程就能够满足更严格的 10mg/L BOD_5 和 TSS 的出水水质限制。硝化 RBC 能够产生出水水流中剩余氨氮低于 1 mg / L 的出水。这种 RBC 采用了安装于水平轴上的圆柱形合成介质纤维束。图 13.53 说明了这种轴装式介质。这种介质部分淹没(通常为 40%)并缓慢(1~1.6rpm)旋转，而将生物膜交替暴露于本体液体中的底物(淹没时)和空气(未淹没时)中。在 RBC 出水水流中悬浮的脱落 RBC 碎片会由固体分离单元装置除去。这种 RBC 工艺过程通常串联设计，多级运行。每个串联的反应器可能具有一个或多个轴。并行处理序列为生物膜发育提供额外的表面积。

图 13.53　安装于水平轴上的旋转生物接触器圆柱形合成介质纤维束(左)和旋转生物接触器外壳(右)的照片

介质支撑轴通常通过机械驱动进行旋转。空气扩散的驱动系统和包夹空气杯阵列固定于介质(捕捉扩散空气)的外围，用于旋转该轴。这种 RBC 工艺过程具有以下优点：操作简单，能源成本低，并且从冲击负荷恢复迅速。文献记载的几个 RBC 故障的实例都源自轴、介质或介质支撑系统的结构性故障，处理性能不佳，积累有害的广动物区系，生物膜厚度控制不佳，轴旋转的空气驱动系统性能不足。最先进的生物膜反应器，如 MBBR 和 BAF，能够提供相当的或改善的出水水质，而易于出现广动物区系横行的易感性降低，物理占地面积降低。

6.2　碳氧化

为了描述碳氧化，已经提出了几个 RBC 的经验模型和设计方程。本章的模型和方程都是基于可溶性 BOD_5 介绍的。

6.2.1　莫诺动力学模型(*Monod Kinetic Model*)

以下关系式由 Clark 等(Clark et al.，1978)推导：

$$\frac{Q}{A}\cdot(S_{in,i}-S_{B,i})=J_{max,i}\frac{S_{B,i}}{S_{B,i}+K_i} \tag{13.30}$$

式中　$J_{max,i}$——底物 i 的通量，$g/m^2 \cdot d$；

Q_i——第 i 级的污水流量，m^3/d；

A——反应器中生物膜面积，m^2；

$S_{B,i}$——出水水流中剩余可溶性 BOD_5 的浓度，g/m^3；

S_i——进水水流中可溶性 BOD_5 浓度，g/m^3；

K_i——系统的或反应器的特异性半最大速率的浓度，g/m^3。

基于 11 个 RBC 设施中对各级间可溶性 BOD_5转化的分析，测定最大去除率($J_{max,i}$)的值和半最大速率浓度。大多数 RBCs 都是空气驱动的，而这些系统没有任何一个会被认为是有机过载的(即，第一级(first-stage)总 BOD_5负荷低于 $31\text{-}g/m^2 \cdot d$)。$J_{max,i}$和 K_i值如下对于四级中的每一级进行确定：

- 第 1 级

$J_{max,I,1}=40\ g/m^2 \cdot d$

$K_1=161\ g/m^3$

- 第 2 级

$J_{max,I,2}=27\ g/m^2 \cdot d$

$K_2=139\ g/m^3$

- 第 3 级

$J_{max,I,3}=16\ g/m^2 \cdot d$

$K_3=82\ g/m^3$

- 第 4 级

$J_{max,I,4}=4\ g/m^2 \cdot d$

$K_4=25\ g/m^3$。

6.2.2　二级模型

描述 RBC 性能的二级动力学模型，基于两个全规模设施的级间数据分析而开发出来(Opatken，1980)，并能够从数学上采用方程 13.31 表示。

$$S_{B,S,N}=\frac{-1+\left[1+4\cdot k\cdot\frac{V}{Q}\cdot S_{B,S,N-1}\right]^{0.5}}{2\cdot k\cdot\frac{V}{Q}} \tag{13.31}$$

式中　$S_{B,S,N}$——第 N 级出水水流中剩余的本体液体可溶性 BOD_5浓度，g/m^3；

k——反应速率常数，$m^3/g \cdot d$。

研究人员认为，反应速率常数 K 的值为 $1.0\ m^3/g \cdot d$，适合用于描述市政污水处理的 RBC。

6.2.3　经验模型

Benjes(Benjes，1977)提出的经验关系式用于描述 RBC 性能：

$$\frac{S_{B,i}}{S_{in,i}}=e^{-k\left(\frac{V_M}{Q}\right)^{0.5}} \tag{13.32}$$

式中　$S_{B,i}$——出水总 BOD_5，g/m^3；

$S_{in,i}$——进水总 BOD_5，g/m^3；

V_M——介质体积，m^3；

Q——平均流量，m^3/d；

k——反应速率常数$(1/d)$ ~0.3。

6.3 硝化

旋转生物接触器设计用于硝化和碳氧化和硝化的组合。帕诺等(Pano et al., 1983)提出了方程 13.33 而用于描述 RBC 中的硝化。

$$J_{NH_3-N,N}=J_{max,NH_3-N}\cdot\left[\frac{S_{B,NH_3-N}}{K_{NH_3-N,N}+S_{B,NH_3-N}}\right] \tag{13.33}$$

式中 $J_{NH_3-N,N}$——第 N 级中的氨氮通量，g/m² · d；

J_{max,NH_3-N}——最大氨氮通量，g/m² · d；

S_{B,NH_3-N}——第 N 级本体液体的氨氮浓度，g/m³；

$K_{NH_3-N,N}$——系统或反应器特异性的半最大速率氨氮浓度，g/m³。

对于 $J_{NH_3-N,N}$和 $K_{NH_3-N,N}$分别为 0.5 g/m² · d 和 0.4 g/m³的值，是由 15℃下中试数据确定的(Brenner et al., 1984)。

6.4 介质和介质支撑轴

RBC 池通常对于低密度单元确定尺寸为 4.9×10^3 m³介质/m²。盘通常具有 3.5 米的直径，坐落于 7.5 米长的旋转轴上。这种 RBCs 可能含有低或高密度的介质。低密度介质具有 118-m²/m³生物膜活性比表面；高密度单元有 180 m²/m³的比表面。低密度介质通常设计用于 BOD_5去除而降低介质堵塞和由大量生物累积产生的 RBC 系统的第一级的重量问题。高密度介质通常适用于进行硝化作用。

机械轴驱动器由电动马达、减速机和皮带或链条传动构成。通常情况下，3.7kW 机械传动已经能够提供了全规模的 RBCs。气动轴需要远程鼓风机进行空气输送。集气管配备粗泡沫扩散器。空气流速每轴约 4.2~11.3m³/min。然而，基于场地特异性，必须对使用空气驱动的轴旋转系统所需的空气量进行估算。机械驱动装置被设计成 1.2~1.6 r/min 下运行；空气驱动单元设计为 1.0~1.4 r/min。轴转速理想地应该是一致的。均匀分布的生物膜发育是合乎要求的，才能避免重量分布不均，如果出现不均匀分布就可能导致气动轴系统中的机械驱动系统的循环负荷和脉动(不平衡旋转)。脉动条件经常加会加速转速，如不及时修正，可能导致处理不充分和无法维持轴旋转。

空气驱动系统应该提供充足的储备空气供应，维持转速，重启停转的轴，并提供短期增速(2~4 倍正常运行)并控制过量或不平衡的生物膜厚度。现有数据表明，每轴需要超过 11.3m³/min 的空气流速才能在峰值有机负荷条件期间维持 1.2r/min 的转轴转速(Brenner et al., 1984)。大容量的空气杯(直径 150mm)通常提供于该工艺过程的第一级中对轴施加更大的扭矩才能降低脉动。

6.5 外壳

RBC 工艺过程需要进行封盖，而避免紫外线照引起的介质变差和藻类生长，以防止过度冷却，并提供气味控制。RBCs 有安装于建筑物内或安装于预制玻璃纤维增强塑料外壳之下。建筑物由砖石，处理过的木材和预先设计的金属构造而成。玻璃纤维增强塑料盖按部件进行设计，以方便运输和万一机械设备需要维护或维修时进行拆卸。利用建筑物包纳 RBC

单元的设计应该包括移除顶棚部分和更换轴的装置。此外，设计者必须考虑通风、冷凝控制、热损失，以及建筑物或外壳内潮湿气氛引起的腐蚀作用。

6.6　生物膜厚度控制

生物膜厚度过厚可能会导致因为过度或不均轴重量的工艺过程受损，气动系统脉动，介质堵塞，过量的能耗，有害广动物区系和气味。设计应包括操作人员监测作为生物膜累积指示的轴重量的装置。称重传感器设备能够适用于采用手动水力学泵和压力传感器装置的手动称重轴重量。也可使用电子应变计称重传感器。过厚的生物膜可以通过去除级间挡板或分步进料降低过度发育级上的有机负荷而进行控制。此外，生物膜厚度可控制在一个 RBC 中通过以下措施进行控制：提高轴(而由此提高转盘)的转速，暂停某序列而使生物膜挨饿，补充曝气(即，冲刷)，交替反转，化学剥离介质。

7　滴　滤　池

在第一个 50 年使用中，滴滤池包括土壤和岩石生物膜载体而其设计是分散的，本质上是经验性的。在 20 世纪 50 年代和 60 年代，陶氏化学公司(美国密歇根州米德兰，Dow Chemical Co.)开始采用模块化塑料填充介质进行早期实验(Bryan，1955；Bryan and Moeller，1960)。在这段时间里的其他研究也制定出已被接受的设计方案(Howland，1958；Schulze，1960；Eckenfelder，1961 and 1963；Atkinson et al.，1963；Galler and Gotaas，1964；Germain，1966)。在 20 世纪 70 年代初，当美国环保署发布二级处理标准的定义时，滴滤池被视为无法生产出始终符合公布标准的水质(Parker，1999)。这部分是因为二级沉淀池设计较差之故。在 1979 年俄勒冈州科瓦利斯，诺雷斯及其同事(Norris et al.，1980，1982)仿效岩石介质滴滤池，采用了小曝气池和絮凝澄清池。研究人员证实，污水处理厂的出水水质能够通过固体接触池中的生物絮凝作用而显著提高，并能够改善澄清作用。研究人员将这种组合的单元称为滴滤池/固体接触工艺过程。第 14 章中介绍了组合的悬浮生长和生物膜生物反应器。瞬时水力应用速率的德国定义(German definition)，或 *Spülkraft*(*SK*)，在 1983 年由 ATV-DVWK 提出。艾伯森(Albertson，1995)采用一个电驱动调整旋转分配器速度的计时机制推进了 *Spülkraft* 的使用。

7.1　概述

滴滤池是采用固定生物膜载体的三相系统。污水通过分配系统进入生物反应器而在生物膜表面之上滴下，空气在三相中向上或向下运动。生物膜发育于生物膜载体上。滴滤池组件通常包括分配系统、外壳封闭结构、岩石或塑料生物膜载体、暗渠和通风系统。图 13.54 说明了现代化的滴滤池截面图。滴滤池处理污水后产生 TSS，这意味着需要进行固-液分离。这采用圆形或矩形二次沉淀池就能够实现。滴滤池工艺过程的辅助部分通常包括进水泵站、滴滤池、滴滤池再循环泵站和液-固分离单元的工艺过程。

7.1.1　分配系统

初级出水(细筛和除砂污水)泵送或靠重力流动至滴滤池分配系统。分配系统均匀地将污水按照间歇剂量分配至滴滤池生物膜载体上。分配器可以水力学或电力驱动。间歇性的施加允许实施周期性地休眠，或曝气。有效的进水污水分配，能够产生适当的介质润湿。介质润湿较差，可能会导致介质过干，处理区低效，并产生气味。这种系统具有两种类型：固定喷嘴和旋转分配器。由于采用固定喷嘴的分配效率较差，而不要使用(Harrison and Timpany，1988)。

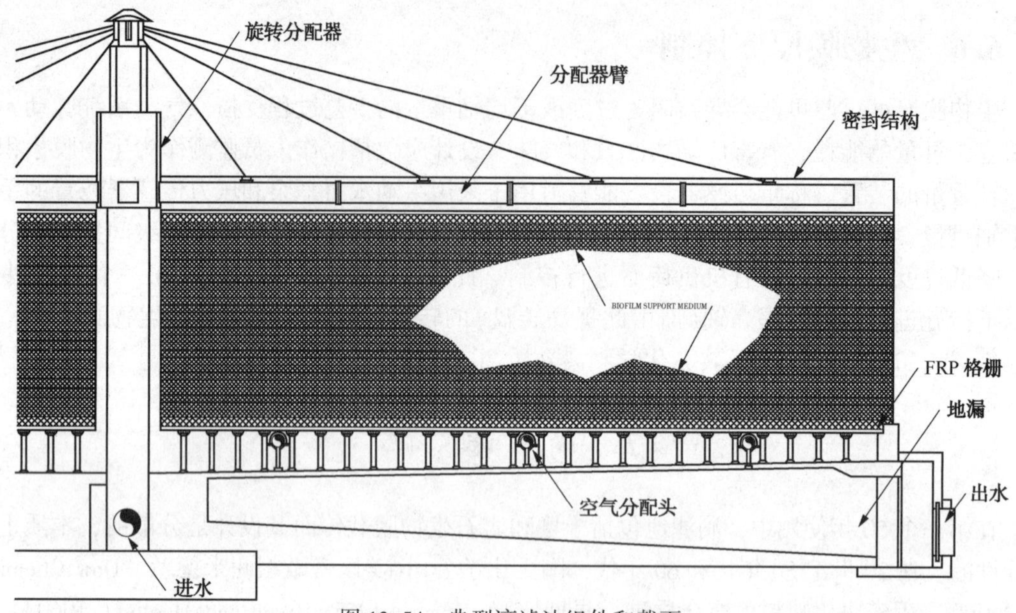

图 13.54 典型滴滤池组件和截面

水力学旋转分配器采用阻滞回喷孔口，减缓旋转速度，同时保持所需的泵流量。图13.55 说明了一个使用闸门打开或关闭分配器孔口而调整转速的现代水力学驱动旋转分配器和一个电驱动的旋转分配器。使用变频驱动，允许更精确地控制分配器臂旋转。电力驱动的旋转分配器具有电机动驱动装置，控制分配器速度而与污水流量无关。

图 13.55 水力学驱动旋转分配器使用气动控制闸门打开或关闭分配器孔口，调整不同泵流量，而保持恒定的预设转速(左)。右边是电驱动旋转分配器

(WesTech Engineering，Inc. 提供)

7.1.2 生物膜载体

理想的滴滤池生物膜载体，或介质，能够提供高比表面积、低成本、高耐用性和足够高的孔隙率，而避免堵塞并促进对流(Tchobanoglous et al.，2003)。滴滤池生物膜载体，包括

岩石，随机(合成)的、垂直流(合成的)和 60°交叉流(合成)介质。垂直流和交叉流介质采用波纹塑料板构建。一些垂直流介质只采用波纹板制造，而其他的则具有其他波状瓦垅(结构是光滑的塑料板)。图 13.56 说明了滴滤池介质。另一种人工合成的介质，可以商购获得，是垂直悬挂的塑料条，但是通常不安装。水平红木或加工处理的木质板条也已被用作滤池介质，但因为成本高和供应有限而不再考虑。

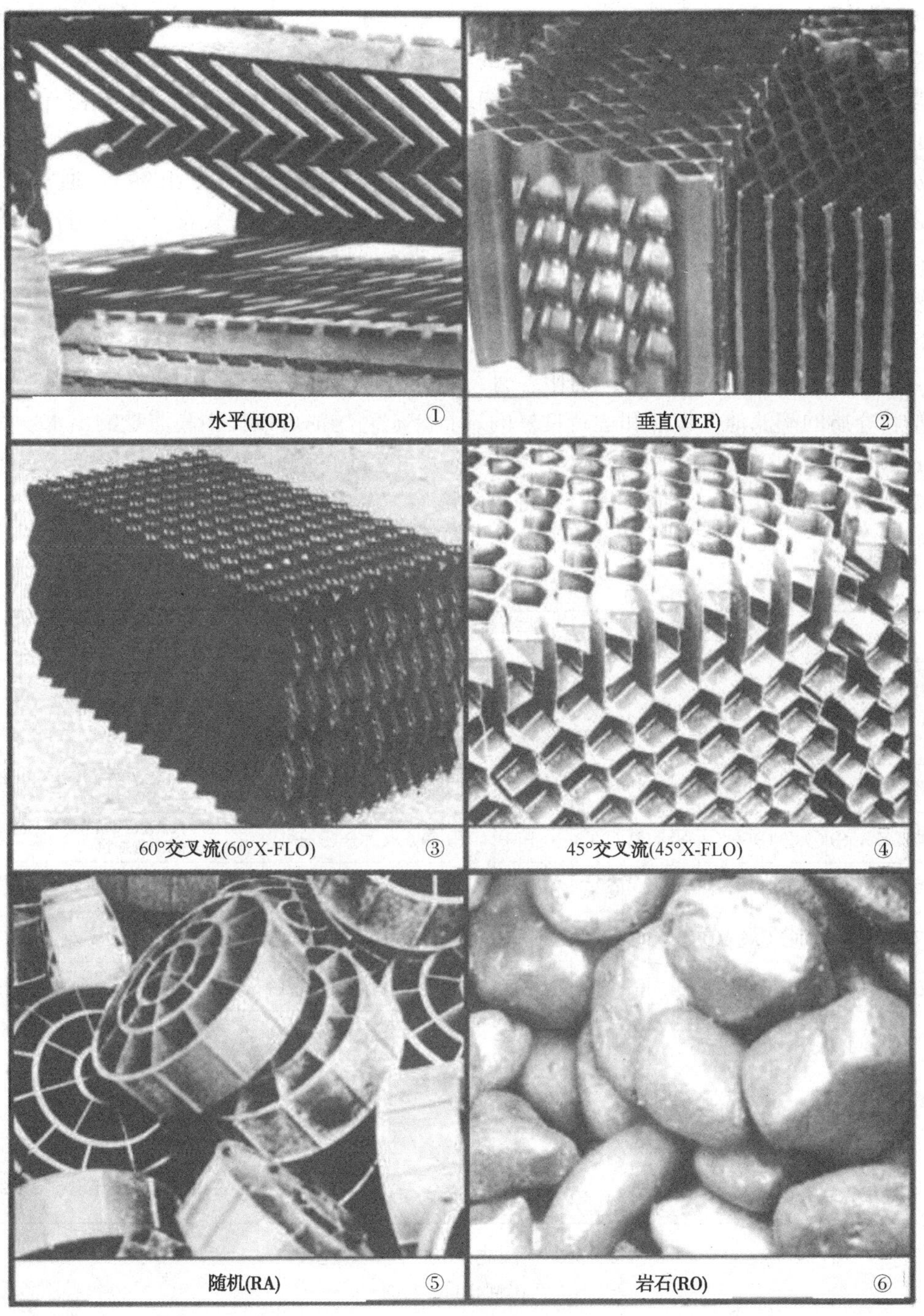

图 13.56　滴滤池介质

模块化塑料滴滤池介质(即，自支撑垂直流或交叉流模块)几乎专用于新滴流池基的污水处理厂。现有采用岩石介质的几种滴滤池，如果正确设计和运行则能够提供提供良好的服务。图 13.57 对滤池介质进行了对比；表 13.25 介绍了各种介质类型的物理性质。图 13.58 说明了自支撑交叉流模块化塑料滴滤池介质。合成介质相比于岩石介质，因为比表面积和空隙空间较高，允许较高的水力负荷，增强了氧传递。岩石介质，理想地，直径为 50mm，但可具有一定尺寸范围。圆角岩石滴滤池介质有助于缓解与坚硬的岩石(渣)介质相关的问题。渣型岩石包含了大量的缝隙，可以保留水和积累生物质。由于与大单位重量的岩石介质相关的结构要求，滴滤池相比于合成介质塔会比较浅，很容易遭受冷却过度。渣型岩石介质缝里保留的水随后发生膨胀而会崩裂岩石碎片。这可能会导致细料产生和积累。细料和保留的生物质发生积累，是岩石介质滴滤池发生堵塞的主要原因(Grady et al.，1999)。通常情况下，岩石介质，比表面积低，空隙空间大而单位重量高。虽然再循环比较常见，但是岩石介质滴滤池孔隙比较低，限制了水力学施加速率。水力学施加过量，可能会导致积水，这种积水会导致氧传递有限，生物反应器的性能变差。有时通过提供强制通风、固体接触渠道、或包括能量耗散进口(EDIs)和絮凝器型进料井的二次沉淀池的深化，可能改善现有的岩石介质滴滤池。如果岩石介质质量差，空间有限，且污水处理厂预计将扩建，则常常需要更换或深化采用塑料介质的滴滤池。设计和运行良好的岩石介质滴滤池可以提供高质量的出水。格雷迪等(Grady et al.，1999)建议，对于小于 1kg $BOD_5/d \cdot m^3$ 的有机负荷，岩石和合成介质的滴滤池能够达到同等性能。然而，随着有机负荷增加，合成介质导致的滋扰问题将会较少，堵塞降低。

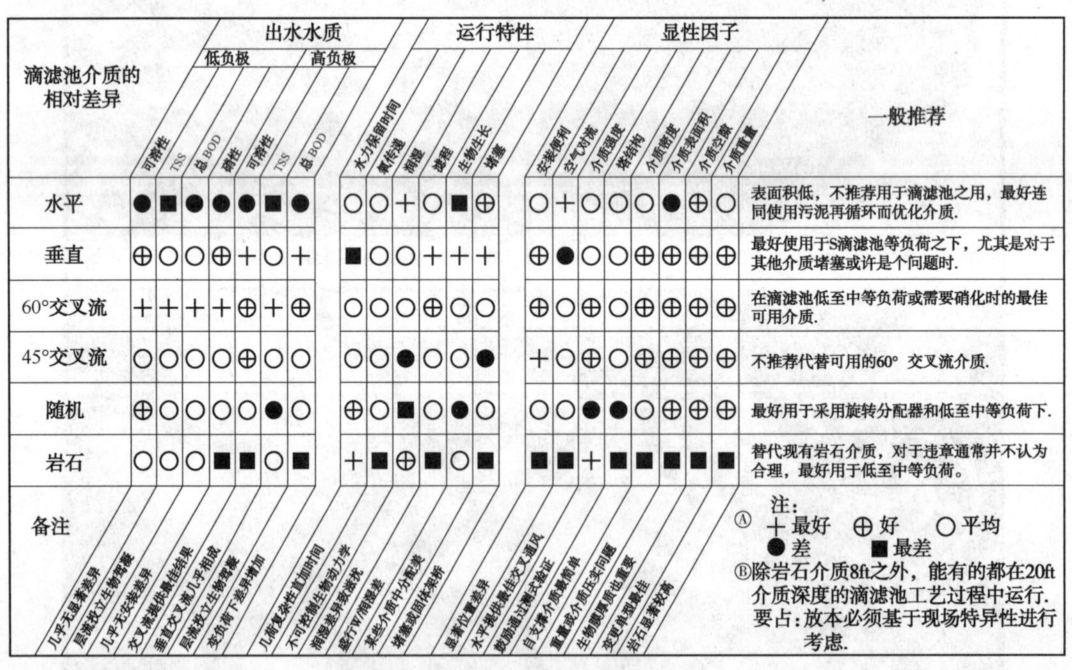

滴滤池介质的相对差异	出水水质							运行特性						显性因子								一般推荐
	低负极				高负极																	
	可溶性	TSS	总 BOD	硝性	可溶性	TSS	总 BOD	水力保留时间	氧传递	润湿	滤程	生物生长	堵塞	安装便利	空气对流	介质强度	塔结构	介质密度	介质表面积	介质空隙	介质重量	
水平	●	■	●	●	●	■	●	○	○	＋	○	■	⊕	○	＋	○	○	○	●	⊕	○	表面积低，不推荐用于滴滤池之用，最好连同使用污泥再循环而优化介质.
垂直	⊕	○	○	⊕	＋	○	＋	■	○	○	＋	＋	＋	⊕	●	○	○	⊕	⊕	⊕	⊕	最好使用于S滴滤池等负荷之下，尤其是对于其他介质堵塞或许是个问题时.
60°交叉流	＋	＋	＋	＋	⊕	＋	⊕	○	○	○	⊕	○	○	⊕	○	⊕	○	⊕	⊕	⊕	⊕	在滴滤池低至中等负荷或需要硝化时的最佳可用介质.
45°交叉流	○	○	○	○	⊕	○	○	○	○	●	○	○	●	＋	○	⊕	○	⊕	⊕	⊕	⊕	不推荐代替可用的60° 交叉流介质.
随机	⊕	○	○	○	○	●	○	⊕	○	■	○	●	○	○	○	●	●	○	⊕	⊕	⊕	最好用于采用旋转分配器和低至中等负荷下.
岩石	○	○	○	■	■	○	■	＋	■	⊕	■	○	■	■	■	＋	■	■	■	■	■	替代现有岩石介质，对于违章通常并不认为合理，最好用于低至中等负荷。
备注	几乎无显著差异	层流投立生物驾蘖	几乎无安装差异	交叉流提供最佳结果	垂直交叉流几乎相成	层流投立生物驾蘖	变负荷下差异增加	几荷复杂性直加时间	不可控制生物动力学	润湿差异致滋扰	旋行W/润湿差	某些介质中分配差	堵塞或固体架桥	显著位置差异	水平提供最佳交叉通风	鼓励通过测式验证	自支撑介质最简单	重量或介质压实问题	生物膜厚质也重要	变更单型最佳	岩石显著较高	注：Ⓐ ＋最好　⊕好　○平均　●差　■最差 Ⓑ除岩石介质8ft之外，能有的都在20ft介质深度的滴滤池工艺过程中运行. 要占：放本必须基于现场特异性进行考虑.

图 13.57　滴滤池介质的相对比较

(CH2M HILL，1984)

表 13.25　常用滴滤池介质的物理性质($lb/ft^3 \times 16.02 = kg/m^{3b}$ $ft^2/ft^3 \times 3.281 = m^2/m^3$)

介质类型	材质	标称尺寸/m(ft)	堆积密度/(kg/m^3)(lb/ft^3)	比表面积/(m^2/m^3)(ft^2/ft^3)	空隙空间/%
岩石(河流)		0.024~0.076 (0.08~0.25)	1442(90)	62.3(19)	50
岩石(渣型)		0.076~0.128 (0.25~0.42)	1601(100)	45.9(14)	60
波纹状塑料模块①					
60°交叉流	PVC	0.61× 0.61×1.22 (2× 2× 4)	24.0~44.9(1.5~2.8)	100 和 223.1 (30，48 和 68)	95
垂直流	PVC	0.61× 0.61× 1.22 (2×2×4)	24.0~44.9(1.5~2.8)	101.7 和 131.2 (31 和 40)	95
随机填充②	PP	0.185ø×0.051 H 7.3″ø×2″H	27.2(1.7)	98.4(30)	95

① 波纹状塑料模块厂商是(以前)BF Goodrich，American Surf-Pac，NSW，Munters，(目前)Brentwood Industries，Jaeger 和 Marley(SPX Cooling)。

② 随机介质的厂商是(以前)NSW Corp. 和(目前)Jaeger。

③ 塑料条的厂商是(以前)NSW corp. 和(目前)Jaeger。

合成滴滤池介质具有高比表面积和空隙空间，而单位重量较低。由于单位重量降低，则可以在超过相当尺寸的岩石介质滴滤池深度的 3 倍深度处构建成合成介质的滴滤池。生产的模块化塑料介质具有以下比表面积：对于高密度，223-m^2/m^3(68 ft^2/ft^3)；对于中等密度，138 m^2/m^3(42 ft^2/ft^3)；对于低密度，100m^2/m^3(30 ft^2/ft^3)。垂直流和交叉流介质据报道，能够有效去除 BOD_5 和 TSS(Harrison and Daigger，1987；Aryan and Johnson，1987)。然而，研究表明，不同的合成介质尽管生产时几乎具有相同的比表面积，但却提供不同的处理效率。设计者应仔细考虑介质类型和构造设计结构对滴滤池的出水水质的影响。

图 13.58　自支撑交叉流模块化塑料滴滤池介质 (Brentwood Industries，Inc. 提供)

具有 89~102 m^2/m^3 比表面积的塑料模块，非常适合碳氧化和碳氧化和硝化的组合。帕克等(Parker et al.，1989)推荐使用中等密度的交叉流介质而反对三级硝化使用高密度交叉流介质。这种争议得到中试应用数据和文献(Gujer and Boller，1983，1986)和(Boller and Gujer，1986)的结论支持，这表明低密度介质硝化速率较低。研究人员声称，因为在介质上低于中断点的干点出现，对于高密度介质会出现较低的速率。高密度介质具有更多中断，因此，润湿不太有效。使用中等密度的介质将降低堵塞。垂直取向的模块化塑料介质，适用于高强度的污水(也许是工业污水)，或高有机负荷，如粗过滤的污水。垂直流的其他优点包括，生物质冲洗更有效，几何形状不太复杂，从而提高空气流动。在某些情况下，交叉流介质置于顶层，以增强污水分配。

7.1.3 封闭外壳结构

岩石和随机塑料介质，如果采用堆叠方式时，并非是自支撑的，而需要结构支撑，才能将介质包含于生物反应器内。封闭外壳结构通常是预制或面板式混凝土罐池。当使用自支撑介质如塑料模块时，其他材料，如木材、玻璃纤维和涂层钢板能够用作封闭外壳结构。封闭外壳结构避免飞溅，并提供介质支撑、防风、防洪。滴滤池对于滋扰性广动物区系，如苍蝇和蜗牛，是臭名昭著的。设计合理的封闭外壳结构，能够提高操作灵活性，并能控制滋扰性广动物区系。它可以包括各种计量方案和过滤池可能的洪涝防护。

图 13.59 滴滤池封闭外壳结构的混凝土地面上的现场可调型塑料支柱和玻璃纤维增强的塑料格栅。混凝土和介质底部之间构成的体积创建暗渠（Brentwood Industries，Inc. 提供）

7.1.4 暗渠系统和通风

滴滤池暗渠系统的设计，要满足两个目标：收集处理后的污水运送到下游工艺单元装置和创建一个允许空气传送整个介质的增压室(Grady et al.，1999)。粘土或混凝土暗渠块通常适用于岩石介质，因为岩石介质需要结构性支撑。各种支撑系统，包括混凝土墩和强化玻璃纤维格栅，适用于其他介质类型。图 13.59 说明了滴滤池封闭外壳结构的混凝土地面上的现场可调型塑料支柱和玻璃纤维增强的塑料格栅。混凝土和介质底部之间构成的体积就创建了暗渠。

通过机械手段(强制或风扇通风)或自然空气通风就能够引起通过介质的空气产生垂直流动。滴滤池内外部环境空气温度差异而产生自然空气通风。当温度加热空气时就使空气膨胀而当冷却空气时就使空气收缩。这最终结果是整个滤池出现空气密度梯度。根据这种差示条件，空气锋面无论是上升或下降，这都导致空气连续流动通过生物反应器。自然通风可能不太可靠，或不足以满足工艺过程的空气要求，因为中性温度梯度并不会产生空气流动。这种条件可能是日常性或季节性的，而可能导致异味厌氧生物膜条件和性能不佳。因此，通常会包括机械强制空气对流系统。强制空气对流通过需要添加低压风机不断循环空气才能够实现。当使用通风时，设计者应该确保空气均匀分布，对反应器中的所有生物膜都提供氧。

7.1.5 滴滤池泵站

泵站抬升初级出水并将未沉降的滴滤池出水(也被称为溢流)再循环至进水流。通常情况下，滴滤池溢流被再循环至分配系统而达到合理的介质润湿和生物膜厚度控制所需的水力负荷。再循环生物反应器出水之目的是为了分离水力和有机负荷。尽管二级澄清池的出水能够进行再循环，但是这并不是常见的作法，因为这可能会导致二级澄清池水力学过载。通常选择进水泵送而允许溢流通过重力流动至悬浮生长反应器(或固体接触池)，二级澄清池，或其他下游工艺过程。可以使用水下泵或立式涡轮泵。定位于湿井的堰通常允许一个泵站。

7.1.6 水力和污染物负荷

滴滤池按照污染物降解和负荷的预定模式进行分类，包括碳氧化、碳氧化和硝化组合，或硝化。有机负荷作为 BOD_5或 COD 表示为 $kg/d \cdot m^3$过滤介质。一般的作法是忽略由再循环流引入的有机负荷，但设计者应考虑再循环流和污染物负荷(尤其是氨氮)对处理效率的影响。总有机负荷(TOL)能够采用下式进行计算：

$$TOL=\left(\frac{\text{施加的}BOD_5}{\text{介质体积}}\right)=\left(\frac{Q_{进}\cdot S_I}{V_M}\right)\cdot\frac{1kg}{10^3g} \tag{13.34}$$

式中　V_M——滴滤池介质体积，m^3；

$Q_{进}$——滴滤池进水流量(通常是初级出水)，m^3/d；

S_I——进水 BOD 浓度，g/m^3。

滴滤池硝化数据依据表面氨氮负荷率进行表示。表面负荷率可以利用方程 13.17 计算。滴滤池水力负荷率按照有和无再循环进行计算。污水水力负荷(WHL)不包括再循环，可以使用下面的方程计算($m^3/d\cdot m^2$)。

$$WHL=\frac{Q_{进}}{A} \tag{13.35}$$

式中　A——反应器中生物膜面积，m^2；

$Q_{进}$——来自上游单元工艺过程的进水流量。

总水力负荷(*THL*)用于计量介质润湿和生物膜厚度控制，并考虑上游单元工艺过程流入的滴滤池进水，$Q_{进}$，和再循环流，Q_R。总水力负荷在数学上能够通过方程 13.36 表示。

$$THL=\frac{Q_{进}+Q_R}{A} \tag{13.36}$$

式中　Q_R——再循环流流量。

目前的实践惯例，以及在本节中的标准，都是按照立方米/天/平方米平面滴滤池面积为单位($m^3/m^2\cdot d$)注明水力负荷，而不是注明所需水力应用/单位生物膜生长面积。

7.2　工艺流程图和生物膜反应器构造结构设计

7.2.1　工艺流程图

滴滤池工艺过程通常包括初步处理(包括筛滤和除砂)、初级澄清、生物反应器、二次澄清和消毒单元工艺过程。再循环方法影响工艺流程。再循环有两种类型。第一种是直接再循环至滴滤池，而第二种是在进入滴滤池之前先流动通过初级澄清池。图 13.60 中示意性地显示了四个滴滤池工艺流程图，包括单级和双级滴滤池。再循环稀释了进水污水，并由于昼夜波动而抑制了进水中有机物的可变性。滴出出水的澄清作用将增强双级运行中后续滴滤池的性能。设计者必须确保，润湿和生物膜厚度控制所需的再循环流量不超过沉淀池的水力负荷率的限制。当两个滴滤池串联运行(而不是并行)时，一些研究表明，第二级滴滤池性能不会因为第一和第二级单元装置之间没有澄清池而受到不利影响。然而，有迹象表明，某些含有高浓度可溶性 BOD_5(可能来自工业源)的污水将会导致过量生物膜生长和随后的过度生物质生产。这些固体如果不通过中间沉降而去除掉，就可能对二级滴滤池产生不利影响。在双级滴滤池系统中的沉降池设计也会受到再循环模式的影响。设计师应该考虑确保可接受的出水水质最经济的方法。

在初级-二级滴滤系统中交替使用引领滴滤池的做法被称为交替双级过滤(ADF)系统。这个概念在应用于模块化塑料滴滤池时是很有益的。Gujer 和 Boller(Gujer and Boller，1986)和帕克等(Parker et al.，1989)在中试规模的滴滤池硝化(NTFs)下段中观察到斑驳的生物膜生长。研究人员将此归咎于枯斑。Boller 和 Gujer(Boller and Gujer，1986)主张使用 ADF 模式，提高 NTF 性能。斯佩格伦等(Aspegren et al.，1992)采用 ADF 模式，相比于单级 NTF，因为消除生物膜斑块，也观察到硝化改善。串联两个滴滤池的 ADF 方法的使用有助于两个滴滤池中进行全深度生物膜发育。引领滴滤池应该每隔 3~7 天进行切换，才能确保两个滴滤池都包含沿着整个生物反应器长度发育稳态的生物膜。串联运行滴滤池(而不是并行)可能会导致附加的硝化作用，而无需 ADF 操作。

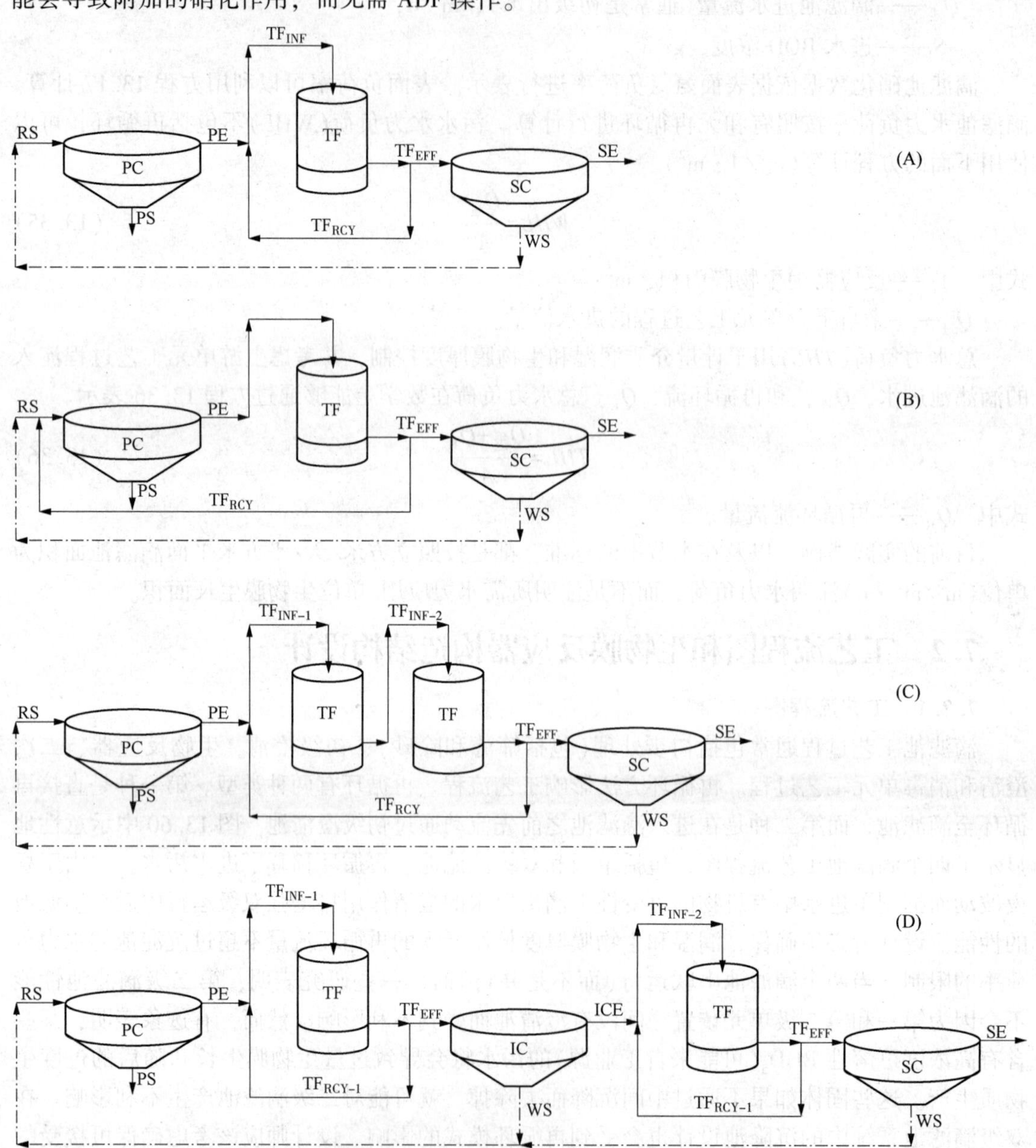

图 13.60　滴滤池工艺过程的典型流程图

(a 和 b)单级滴滤池工艺过程，(c)双级滴滤池工艺过程，(d)具有中间澄清池的双级滴滤池工艺过程(RS=原始污水，PC=初级澄清池，PS=初级污泥，PE=初级出水，TFIN=滴滤池进水，TF=滴滤池，TFEFF=滴滤池出水，TFRC=滴滤池再循环，SC=二级澄清池，WS=废弃物污泥，SE=二级出水，IC=中间澄清池，和 ICE=中间澄清池出水)

污泥的处理也影响滴滤池工艺过程。如图 13.60 所示的每个工艺流图都间接表明，废弃生物固体在从系统中分离出来之前通过与初级污泥共沉降而除去。现有许多设施，都能独立处理初级和二级污泥。例如，初级污泥可能要通过重力增稠机和借助重力带式增稠机对滴滤池腐殖质进行增稠。设计师必须要对这种受益进行评估。然而，原则上污泥共沉降是合理的做法。但是，这要求操作者始终从工艺过程中抽出固体，并且如果必要，还要求设计师提供设备和措施维持接近零污泥层。由固体库存维持不当产生的常见操作问题是“污泥上涨”。在任何导致硝化的滴滤池应用中，所产生的硝酸盐(NO_3^-)可以在缺氧污泥层大环境中进一步还原成氮气(N_2)。N_2(g)能够包夹于污泥层和沉淀池表面的生物质漂浮团块中。生物质能够漂浮过堰而降低二级出水水质。初级澄清池污泥层维持不当，也是一个考虑因素。当与废弃生物污泥混合时，存在于初级污泥中的 sbBOD$_5$可能会产生异味。气味控制策略的机制将在后面进行讨论。另外，sbBOD$_5$可能会发生水解，并作为 rbBOD$_5$重新进入本体液体。这可能会导致滴滤池 TOL 增加而降低生物反应器性能。

7.2.2　生物反应器分类

滴滤池可以按照四种运行或应用的模式进行分类：(1)粗过滤，(2)碳氧化，(3)碳氧化和硝化，和(4)硝化。表 13.26 为每种运行模式总结了通常可接受的定义标准。

表 13.26　滴滤池分类

设计参数	粗过滤	碳氧化(cBOD)	cBOD 和硝化	硝化
所用介质	VF	RA，RO，XF 或 VF	RA，RO 或 XF	RA 或 XF
污水源	初级出水	初级出水	初级出水	二级出水
水力负荷，$\frac{m^3}{d \cdot m^2}$/(gpm/ft^2)	52.8~178.2 (0.9~2.9)	13.7~88.0 (0.25＊~1.5)	13.7~88.0 (0.25＊~1.5)	35.2~88.0 (0.6~1.5)
污染物负荷，$\frac{kg}{m^2 \cdot d}$/(lb BOD$_5$/d/1000ft^3)	1.6~3.52 (100~220)	0.32~0.96 (20~60)	0.08~0.24 (5~15)	N/A
$\frac{g}{m^2 \cdot d}$/(lb NH$_3$-N/d/1000 ft^3)	N/A	N/A	0.2~1.0(0.04~0.2)	0.5~2.4(0.1~0.5)
出水水质，mg/L (除非另外注明)	40%~70% BOD$_5$转化率	15~30 BOD$_5$和 TSS	<10 BOD$_5$ <3 NH$_3$-N	0.5~3 NH$_3$-N
摄食	无明显生长	有利的	有害的(硝化生物膜)	有害的
过滤池蚊蝇	无明显生长	无明显生长	无明显生长	无明显生长
深度/m(ft)	0.91~6.10(3~20)	≤12.2(40)	≤12.2(40)	≤12.2(40)

注：(VF=垂直流；RA=随机填充；XF=交叉流；RO=岩石；和 TSS=总悬浮固体)

① 适用的浅滴滤池；gpm/ft^2=加仑/分钟每平方英尺滴滤池平面面积 gpm/ ft^2× 58.674=m^3/m^2·d(立方米/天/平方米 TF 平面面积)，lb BOD$_5$/d/1000 ft^3× 0.016 0=kg/m^3·d(千克/天/立方米介质)，和 lb NH$_3$-N/d/1000ft^2 × 4.88=g/m^2·d(克/天/平方米介质)。

粗过滤器接收高水力学和高有机负荷，而需要适配垂直流介质，才能最小化堵塞的发生。虽然可能提供单位体积的高有机负荷量的去除，但是其沉降的出水仍含有大量的 BOD$_5$。粗过滤器提供了约 50%~75%的可溶性 BOD$_5$转化率，并可能会接收 1.5~3.5kg BOD$_5$/d·m^{3}的总负荷。碳氧化滴滤池提供 BOD$_5$和 TSS 为 15~30mg/L 的沉降出水，并可能会接收 0.7~1.5kg/d·m^{3}的 BOD$_5$负荷。碳氧化和硝化组合的滴滤池提供 BOD$_5$小于 10 mg/L 而 NH$_3$-N 大于或等于 0.5~3mg/L(固体分离后)的出水。这些滴滤池可能接收小于 0.2 kg/d・m^3的 BOD_5负荷，0.2~1.0g/d・m^2的 TKN 负荷。三级硝化滴滤池，当接收澄清的二级出水和 0.5~2.5 g/d・m^2的 NH_3-N 负荷时，能提供 NH_3-N 为 0.5~3mg/L 的出水。

7.2.3 水力学

再循环，分配器运行，生物膜厚度和宏观动物群的积累，都会影响滴滤池介质的润湿作用。艾伯森和艾肯菲尔德(Albertson and Eckenfelder，1984)推测，滴滤池中活性生物膜表面积取决于生物膜厚度和介质构造设计结构，并认为生物膜厚度增加将会降低活性表面积。生物质过量积累的最终结果将降低滴滤池性能。研究人员表示，对于具有 98 m^2/m^3比表面积的中等密度的交叉流介质，假设整个介质都已合理湿润，4mm 厚度的生物膜将导致活性生物膜面积减少 12%。

滴滤池介质润湿较差，会导致出水水质降低。克莱恩等(Crine et al.，1990)发现，滴滤池润湿面积与比表面积之比为 20%~60%不等。润湿的最低值出现在高密度随机填充介质中。许多较新的水力学基设计方案引入了允许比表面积降低的项，因为介质润湿中分配器效率变差。液体停留时间，计量和介质构造设计结构对 BOD_5去除动力学的相互关系并没有得到解决，而需要进行更多的研究。提高平均水力应用率会降低液体停留时间，但已证明能够提高润湿效率。

常规的做法是直接再循环滴滤池溢流。采用再循环沉降出水的再循环系统和直接再循环在爱荷华州韦伯斯特市的污水处理厂中进行了对比(Culp，1963)。当滴滤池在冬季或夏季条件下对相同沉降污水同时运行时，结果没有显著差异。研究人员认为，对于岩石介质的滴滤池性能优化，更为重要的是再循环的量，而非排布设计。第一和第二滴滤池串联运行时其间没有中间沉降作用的情况下，并不会对第二级单元装置的性能产生不良影响。再循环比通常为 0.5~4.0。陶氏化学公司(Dow Chemical Co.)的研究结果总结于图 13.61 中，证明了垂直流波纹状介质需要的平均应用率超过 0.5L/m^2・s 才能提供最大 BOD_5去除效率(Bryan et al.，1955，1960，1962)。使用交叉流介质的浅塔使用了水力学速率为 0.39~1.08 m^3/m^2・h。

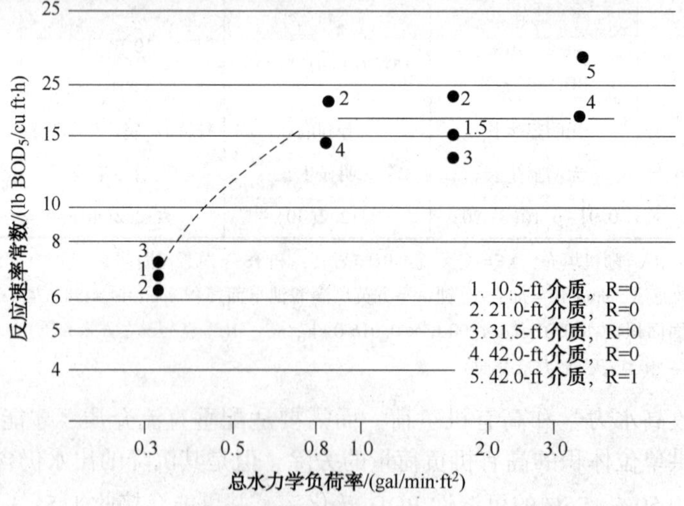

图 13.61 水力学施加速率对 5 天生化需氧量去除率的影响

(Bryan et al.，1955，1960，1962)

减缓分配器运行，因为流动中断(周期性计量加料)，对滴滤池设施有利，提高了润湿效率(介质润湿百分比)，并能控制生物膜厚度。设计者应考虑再循环能力，反向射流或使用速度控制对分配器的影响，提高性能或改善操作。另一个有用的工艺过程控制参数是剂量率，*Spülkraft*。剂量率(毫米/通道)的计算方法由方程 13.37 和 13.38 提供。

$$DR=\frac{Q_1+Q_R}{A}\cdot\frac{1000\,\frac{\text{mm}}{\text{m}}}{N_a\cdot\omega_d\cdot 1440\,\frac{\text{min}}{\text{天}}} \tag{13.37}$$

或

$$DR=\frac{THL\cdot 1000\,\frac{\text{mm}}{\text{m}}}{N_a\cdot\omega_d\cdot 1440\,\frac{\text{min}}{\text{天}}} \tag{13.38}$$

式中 N_a——分配器上的臂数量；

ω_d——分配器转速，r/min。

本文中，*Spülkraft* 以 mm/通路计。在北美典型水力驱动的分配器按照 2~10mm/通路的范围运行。表 13.27 列出了旋转分配器的推荐操作和冲洗计量速率。较高的计量速率推荐用于较高的有机负荷率，而提供生物膜厚度控制。污水特性、温度或介质类型可能影响剂量率。24h 运行期内定期使用 5%~10%的较高冲洗剂量率也可能是有益的。艾伯森(Albertson，1989a；1989b；1995)和帕克等(Parker et al.，1995，1997，1999)证实，当使用运行和冲洗剂量率值时，生物膜控制措施增强了滴滤池工艺过程。这些增强作用包括性能改善，异味降低，再循环功率使用降低，滋扰生物降低，和消除了严重的脱落周期(Albertson 1989a，1989b，1995a)。帕克等(Parker et al.，1995)描述了两个分配器速率控制和变频驱动控制的再循环泵维持恒定滴滤池水力学应用的使用。中试研究证明，机械驱动的分配器剂量并未改善硝化滴滤池的性能。还几乎没有研究描述水力瞬变对合成滴滤池介质的影响及其对介质寿命的影响。

表 13.27 分配器的运行和冲洗剂量率

总有机负荷/(kg/m³·d) (lb BOD₅/d/1000 ft³)	运行剂量率/ (mm/通道)(in/通道)	冲洗剂量率/ (mm/通道)(in/通道)
<0.4(<25)	25~75(1~3)	100(4)
0.8(50)	50~150(2~6)	150(6)
1.2(75)	75~225(3~9)	225(9)
1.66(100)	100~300(4~12)	300(12)
2.4(150)	150~450(6~18)	450(18)
3.2(200)	200~600(8~24)	600(24)

注：实际值是现场特异性的，并根据介质类型而变。

7.3 氧气要求和空气供给方案

滴滤池需要氧气维持好氧生化反应。一些研究人员已经证实，至少一些粗筛滤，碳氧化，碳氧化和硝化组合以及 NTFS 的部分可以在氧受限条件下运行(Schroeder and Tchobanoglous，1976；Kuenen et al.，1986；Okey and Albertson，1989b)。通风对于维持好氧条件是很至关重要的。当前的设计实践需要足够尺寸的暗渠和出水渠道，允许空气自由流动。通风设备的无源器件，包括周边通风孔栈，通过侧壁暗渠的延伸，通风沙井，暗渠附近塔侧壁上的天窗和出水排出至开放渠或部分填充管的后续沉淀池。然而，如果需要高性能或存在低自然通风存在下，这些方法可能是不足够的。

7.3.1 自然通风

一种确定自然通风量的方法，是遵照每 3~4.6m 滴滤池外围需要 $1m^2$ 通风面积。另一个标准是每 $1000m^3$ 介质 $1\sim2m^2$ 的通风面积。岩石介质暗渠的入口开口具有推荐的非淹没汇合区，其大小等于至少 15%的滴滤池表面积。排水沟、渠道和管道也应该确定尺寸而防在止设计水力负荷下超过 50%的横截面面积被淹。对于封盖的滴滤池应该提供强制通风。本齐等(Benzie et al.，1963)研究了密歇根州 17 个岩石介质基污水处理厂并证明，当环境和污水温度相等时气流停滞不动。研究人员由此推导得出结论认为，在冬季月份期间，再循环对自然通风具有冷却效果。

斯科罗德和特科巴诺格罗斯(Schroeder and Tchobanoglous，1976)提出了下列方程确定合成介质滴滤池中的自然通风。

$$\Delta P = 353 \cdot D \cdot \left(\frac{1}{T_c} - \frac{1}{T_H}\right) \tag{13.39}$$

式中 ΔP——由温度差产生的压头，mm H_2O；

T_c——较冷的温度(环境空气或滴滤池内的空气)，K；

T_H——较热的温度(环境空气或滴滤池内的空气)，K；

$T_m = \dfrac{T_c - T_H}{\ln\left(\dfrac{T_c}{T_H}\right)}$滴滤池内部的平均温度，K；

D——介质深度，m。

对数平均的气孔温度，T_m，能够被较热温度，Th，代替而对气孔空气温度的不太保守的估计进行平均。有些滴滤池在该年至少一部分时间内没有充足的日氧量。气滞会导致气味和性能变化。此外，现在还没有数据可供用于对通过岩石或合成介质滴滤池的自然气流量的确定提供指导。空气流速，除了在空气和污水温度之间存在较大差异时或如果滴滤池较深(6~12m)时，都比较低。在自然通风的情况下，如果污水温度比周围空气冷，则空气将会向下流动。另外，如果周围的空气比污水更冷，则气流将向上流动。因为恒定的温差不会自然而然地出现，则推荐使用机械手段的电力通风。

7.3.2 强制通风

大多数以新的和改进的滴滤池为基础的污水处理厂，都使用低压风扇强制空气流动。这种做法，被称为动力通风，提供了冬季限制寒冷空气流动和最小化污水冷却的受益。电动通风和封闭的滴滤池也能够破坏进水污水的气味化合物，并防止冬季或高空气-水温差期间内的空气过度对流。滴滤池可以按照向上或向下空气流动模式通风。陶氏化学(Dow Chemical)提出了一种计算方法，确定作为自然通风和机械风扇通过 VFM 的空气流速($m^3/m^2 \cdot h$)的函数的压差。自然通风的空气压差通常在一天中的某些时段是不足的。无论滴滤池是 1.5m

(5ft)还是 6m(20ft)深，驱动力都较低。当环境空气和水之间的温差小于±2.8℃(5℉)时，滴滤池中的空气流动就会停滞。湿度差也能推动气流，但环境空气值变化很大，并且是不可预知的。如果结合使用良好的冲洗水力学，向下流动可能会减少或消除滴滤池的气味。

动力通风设计推荐的最低气流已经制定。然而，还需要更多的研究，才能确定最大化动力学所必需的气流速率。进水 BOD_5和出水 $rbBOD_5$用于确定所需的气流速率。用于确定气流的氧传递速率，对于碳氧化滴滤池为 5%，而对于碳氧化和硝化的组合和 NTFs 这两者都是 2.5%。NTFS 所用的较高空气速率将确保滴滤池所有区域都具有空气流动。通过垂直波纹化介质的压头损失能够采用以下方程进行描述：

$$\Delta P = R \cdot \left(\frac{v^2}{2 \cdot g}\right) \tag{13.40}$$

式中 v^2——浅层空气流速，m/s；

g——重力加速度，9.81 m/s^2；

R——塔阻力，单位塔深度的速度头损失，kPa/m；

ΔP——总压头损失，kPa。

术语，R，是通过滴滤池的各个压头损失的总和。假设进口和暗渠开口足够，则通过滴滤池的主要压头损失将是滤料填充压头损失(R_p)。陶氏化学公司(Dow Chemical)提出，采用对于介质密度(89 m^2/m^3)VFM 的方程 13.41 能够确定 R(Tchobanoglous，2003)：

$$R_p = 10.33 \cdot D \cdot e^{(1.36\times10^{-5})\left(\frac{L}{A}\right)} \tag{13.41}$$

式中 R_p——依据速度头的填充压头损失；

L——液体负荷，kg/h；

A——滴滤池平面(混凝土板层)面积，m^2；

D——滴滤池介质深度，m。

为了估计通过滴滤池的总压头损失，方程 13.39 所确定的 R_p值应乘以 1.3~1.5 的一个系数而考虑轻微的压头损失，如进口和暗渠的压头损失。因为对于其他介质类型还几乎没有任何数据，应该使用以下乘数确定 R_p(Tchobanoglous，2003)：

- 交叉流：100 m^2/m^3(30 ft^2/ft^3)= 1.3×R_p
- 交叉流：138 m^2/m^3(42 ft^2/ft^3)= 1.6×R_p
- 岩石：39~49 m^2/m^3(12~15 ft^2/ft^3)= 2.0×R_p
- 随机：100 m^2/m^3(30 ft^2/ft^3)= 1.6×R_p

7.4 滴滤池设计模型

许多研究者试图通过在影响运行的变量之中找到某些关系而描绘滴滤池工艺过程的基本原理。现有的工艺过程模型从简单的经验表述到复杂的数值模型不等。运行数据的分析，已经建立了方程或曲线，并已经找到各种经验公式。遗憾的是，存在诸多模型却没有行业标准。滴滤池模型可分类成溶解的有机负荷模型，颗粒状有机负荷模型，水力学负荷模型，传质模型。虽然这些公式包含许多影响运行的变量，但是还没有人能够预测实际性能。设计师需要评估哪一个方程最适合于某个具体情况，尤其是满足排放许可要求时。下面将会讨论几个公式：国家研究理事会(National Research Council)公式，嘉乐-郭塔阿斯(Galler-Gotaas)

公式，金侃农-斯托弗耳(Kincannon-Stover)公式，维尔兹(Velz)方程，斯库尔兹(Schulze)方程，戈尔曼(Germain)方程，艾肯菲尔德(Eckenfelder)公式，水与环境管理学会(Institution of Water and Environmental Management，IWEM)公式和洛根(Logan)模型。

7.4.1 国家研究理事会公式

国家研究理事会(NRC)公式(1946)源于用于军事设施的岩石介质滴滤池污水处理厂运行记录的分析。NRC 的分析基于两个原则：介质和去除的有机物之间的接触量取决于滴滤池尺寸和通道数；有效接触越多，性能效率越高。然而，施加的负荷越大，效率越低。因此，滴滤池效率的主要决定因素是有效接触和所施加负荷的综合结果。有机负荷主要影响滴滤池效率。水力学负荷改变效率；增加的速率就等于提高了效率。对于该研究所选定的 34 个污水处理厂，最佳匹配"每单位有效接触面积所施加的负荷"(W/VF)的参数描点作图的效率曲线体现于分别对应单级和双级滴滤池的方程 13.42 和 13.43 中。

$$E_1=\frac{100}{1+0.0085\cdot\left(\frac{W_1}{V\cdot F}\right)^{0.5}} \tag{13.42}$$

和，

$$E_2=\frac{100}{\frac{1+0.0085}{1-\frac{E_1}{100}}\cdot\left(\frac{W_2}{V\cdot F}\right)^{0.5}} \tag{13.43}$$

式中 E_1——通过第一级和沉降池的 BOD_5 去除效率，%；

W_1——第一或单级的 BOD5 负荷，不包括再循环，kg/d；

V——级体积(横截面积×介质深度)，acft(注：1 ac ft=1 233 m^3)；

F——有机物质通道数$=\frac{1+\frac{Q_R}{Q}}{\left[1+(1-P)\cdot\left(\frac{Q_R}{Q}\right)\right]^2}$

$\frac{Q_R}{Q}$——无量纲再循环比率；

P——权重系数，对于军事滴滤池，岩石介质=0.9；

E_2——通过第二级和沉降池的 BOD_5 去除效率，%；

W_2——第二级的 BOD_5 负荷，不包括再循环，kg/d。

方程 13.42 和 13.43 是经验方程，但代表了岩石介质滴滤池基污水处理厂有无再循环两种情况下的平均数据。由于其发展的性质，NRC 公式包括一些限制和条件：

(1) 军事性污水比平均生活污水强度更高(250~400mg/L)。

(2) 不考虑温度对性能的影响(大部分研究都在中西部和南部完成)。

(3) 在制定这些公式时澄清池实践惯例有助于水力学负荷高于目前实践许可的浅窄单元，导致 BOD_5 和 TSS 的损失过多。

(4) 适用性可能仅限于比标准生活污水更强的污水，因为还没有任何因素包含在内而考虑区分低强度污水的可处理性。

(5) 第二级滴滤池的计算公式是以第一级之后中间沉淀池的存在为基础的。图 13. 62 将再循环比为 0~2 的滴滤池运行数据与采用第一级或单级 NRC 公式以类似范围的再循环比预测的值进行了对比(NRC, 1946)。该图表明，实际的滴滤池性能可能严重偏离预测的去除率。负荷小于 0. 3 kg/m^3 · d(20 lb/d/1000ft^3)的分散数据可能是因为缺少抑制硝化的 BOD_5 测试使其失之偏颇。冲洗不足、通风不良或低效澄清池设计，却可能导致性能数据不佳。因此，上述变量在基于图 13. 63 的 NRC 公式曲线进行滴滤池设计时，应该加以考虑。

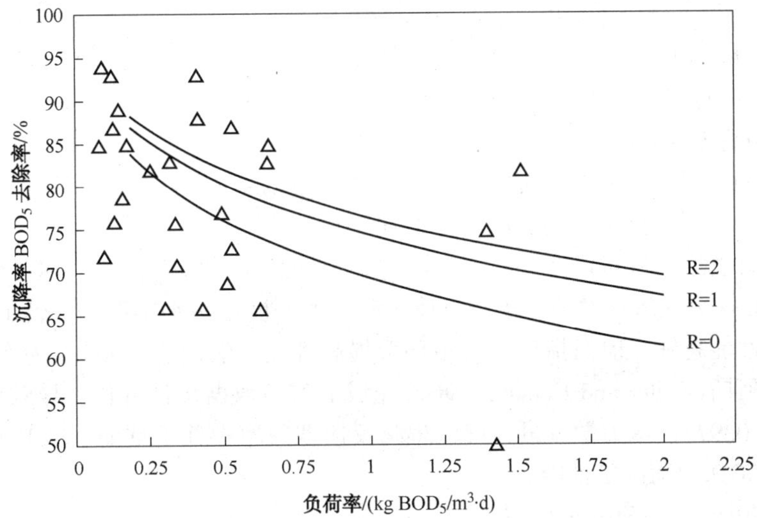

图 13. 62 滴滤池运行数据与通过国家研究理事会公式预测的性能之比较

(kg/m^3 · d× 0. 0624 = lb/d/ft^3) (NCR, 1946)

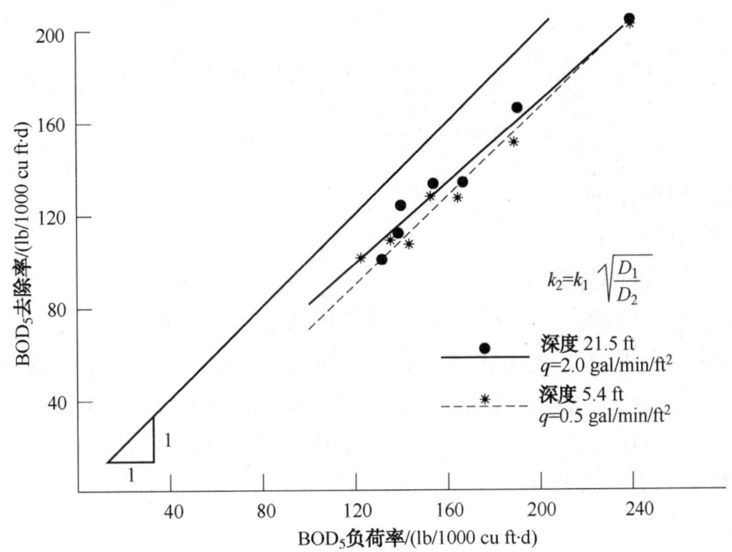

图 13. 63 由密歇根州米德兰污水处理厂同时负荷研究的相对于塑料介质负荷和深度的生化需氧量去除率

(lb/d/ 1 000 ft^3× 0. 016 02 = kg/m^3 · d; gpm/ ft^2×0. 679 = L/m^2 · s)

7. 4. 2 Galler-Gotaas 公式

嘉乐和郭塔阿斯(Galler and Gotaas, 1964)试图采用现有污水处理厂的数据多次回归分析描述岩石介质滴滤池的性能。基于广泛的数据(322 次的观测结果)分析，提出了以下公式：

$$S_e=\frac{K\cdot(Q\cdot S_i+Q_R\cdot S_e)^{1.19}}{(Q+Q_R)^{0.78}\cdot(1+D)^{0.67}\cdot r_a^{0.25}} \tag{13.44}$$

式中 K——系数$=\dfrac{0.464\cdot\left(\dfrac{43560}{\pi}\right)^{0.13}}{Q^{0.28}\cdot T^{0.15}}$；

Q——流量(ML/d)；

Q_R——再循环流量(ML/d)；

D——滴滤池深度(m)；

S_e——20℃下作为 BOD_5 的沉降滴滤池出水(mg/L)；

S_i——20℃下作为 BOD_5 的滴滤池进水(mg/L)；

r_a——滴滤池半径(m)。

Galler-Gotaas 公式将再循环，水力负荷，滴滤池深度和污水温度作为性能的重要变量。滴滤池越深，性能越好。他们指出，再循环会提高性能，但确立了 4∶1 为实践中的上限。由嘉乐和郭塔阿斯(Galler and Gotaas，1964)完成的实验数据统计分析，导致例如多重定值的高系数($R^2=0.97$)。水力学流量在确定生物反应器效率中并不重要。BOD_5 的负荷与性能相关最紧密；BOD_5 负荷决定性能。

7.4.3 Kincannon-Stover 模型

金侃农-斯托弗耳(Kincannon and Stover，1982)基于特异性底物使用率和总有机负荷之间的关系开发出一个数学模型，这个数学模型根据莫诺(Monod)曲线图而确定所需的生物膜面积(A_s)：

$$A_s=\frac{\left(\dfrac{8.345\cdot q\cdot S_i}{\mu_{max}\cdot S_i}\right)}{S_i-S_e}-K_b \tag{13.45}$$

式中 S_i——进水 BOD_5，mg/L；

S_e——出水 BOD_5，mg/L；

K_b——比表面积的比例常数，m^2。

生物动力学参数，即最大特异性底物使用率和莫诺型半饱和常数(或分别为 $\mu_{最大}$ 和 K_b)，都是基于中试测试、全规模结果或早期实验的总结而进行报道。当从测试数据中提取这些参数时，他们可能会通过将 BOD_5 负荷相对于去除的 BOD_5 的倒数作图的作图法确定。研究者指出，在相关数据中的变化是正常的。生化需氧量去除率通过体积负荷和可处理性进行控制，而 BOD_5 去除率并不受介质深度的影响。

7.4.4 Velz 方程

维尔兹(Velz，1948)相比于以前基于数据分析的经验尝试，提出了第一个描绘基本定律的表述。Velz 方程通过以下公式从数学上关联了深度 D 处的剩余 BOD_5：

$$\frac{S_e}{S_i}=10^{-k\cdot t} \tag{13.46}$$

式中 S_i——进水 BOD_5，mg/L；

S_e——深度 D(m)处去除的 BOD_5，mg/L；

t——停留时间，d；

k——Velz 一级速率常数，d^{-1}。

方程(13.44)描述的公式意味着 k_V对于所有的水力速率都是常数；然而，艾伯森和戴维斯(Albertson and Davies，1984)提出证据表明，k_V随着水力速率而变化。Velz 方程因为是目前使用的设计公式，即 Schulze-Eckenfelder 方程的基础而被提出。

7.4.5　Schulze 公式

斯库尔兹(Schulze，1960)推测，与生物质接触的液体接触时间直接与滴滤池深度成正比而与水力负荷率成反比。这能够通过方程 13.47 表示。

$$t_c = \frac{c \cdot D}{THL^n} \tag{13.47}$$

式中　t_c——液体接触时间，d；

c——常数(无量纲)；

D——滴滤池深度，m；

THL——水力负荷率，$m^3/m^2 \cdot d$；

n——水力负荷指数(无量纲)。

舒尔茨在 Velz 理论的改编中将接触时间与 BOD_5的一级方程组合，而推导出以下公式：

$$\frac{S_e}{S_i} = e^{\frac{-k_s \cdot D}{THL^n}} \tag{13.48}$$

式中　S_e——滴滤池出水流可溶性 BOD_5，mg/L；

S_i——滴滤池进水流可溶性 BOD_5，mg/L；

k_s——Schulze 系数，当 $n=1$ 时 d^{-1}；

D——滴滤池深度，m；

n——水力负荷指数(无量纲)；

THL——水力负荷率，$m^3/m^2 \cdot d$。

方程(13.46)类似于 Velz 提出的方程。然而，Velz 常数，k，表述时并未考虑水力学负荷。对于给定的污水强度，水水力学速度与负荷率成正比。因此，体积有机负荷仍可能是控制工艺过程的变量。由舒尔茨(Schulze)(根据美国常用单位)出版的 k 值对于 20℃ 深度为 1.8-m(6-ft)的岩石介质滴滤池为 0.69d^{-1}。岩石介质滴滤池的无量纲阐述特性，n，据发现为 0.67。常见的温度修正值 $\theta=1.03$，能够适用于通过下式如下确定 k_t：

$$k_t = k_{20} \times 1.035^{(T-20)}，\text{对于 } k_s \tag{13.49}$$

和

$$k_t = A_s \times k_s$$

式中　k_t——温度相关的系数值，当 $n=1$ 时为 d^{-1}；

k_s——舒尔茨系数，当 $n=1$ 时为 d^{-1}；

A_s——介质的清洁表面积，m^2。

7.4.6　Germain 公式

戈尔曼(Germain，1966)将舒尔茨公式应用于合成介质的滴滤池：

$$\frac{S_e}{S_i}=e^{\frac{-k_G \cdot D}{THL^n}} \quad (13.50)$$

式中 S_i——滴滤池进水流的可溶性 BOD_5（通常是除了再循环之外的主要出水），mg/L；

THL——水力学负荷率，$m^3/m^2 \cdot d$；

k_G——戈尔曼系数，当 $n=1$ 时为 d^{-1}。

k_G和 n 的值与介质构造设计结构、澄清效率、剂量循环和水力学负荷率有关；k_G是污水特性，介质深度，比表面积和介质构造设计结构的函数。因此，因为 k_G和 n 之间存在高度相互依赖性，这必须在数据比较时加以考虑。戈尔曼（Germain，1966）报道，对于处理市政污水深度为 6.6m（21.5ft）的合成介质滴滤池，n 的值为 0.5 时 $k_G=0.24(L/s)^n \cdot m^2$（$0.088\ gpm^n/ft^2$）。这种垂直流介质具有 89 m^2/m^3（$27ft^2/ft^3$）的干净表面面积。由水和环境管理学会（Institution of Water and Environment Management）（IWEM）的模型，$k_G\left(\frac{150}{360}\right)^{0.5}$ 表示高 BOD_5浓度的 k_G修正，产生了对于 20℃下 0.2~1.5kg/$m^3 \cdot d$（12.5~93.6 lb/d/1000ft^3）的负荷范围内运行的塑料介质的这两个模型类似的预测值。

在设计用于确定再循环对 BOD_5去除率的影响时，戈尔曼（Germain，1966）发现，没有统计显著性差异。然而，相对较高的 6.6-m（21.5-ft）塔产生高进水施用速率，确保了充分润湿介质。这符合使用浅滤池再循环的实践惯例，进水水力学负荷率较低，润湿效率可能会受到影响。方程（13.48）广泛适用于合成介质滴滤池的分析和设计。k_G数据由陶氏化学完成的 140 多个中试研究确定而其余许多由其他介质供应商确定。这些测试大多数都使用 6~7m（20~22ft）深度的滴滤池。

7.4.7 Eckenfelder 公式

艾肯菲尔德（Eckenfelder，1961）和艾肯菲尔德和巴恩哈特（Eckenfelder and Barnhart，1963）描述了考虑滴滤池介质比表面积（a，m^2/m^3）的改进滴滤池公式。对于可溶性 BOD_5去除率提出的公式能够从数学上表示为方程（13.51）。

$$\frac{S_e}{S_i}=e^{\frac{-k'_s \cdot a^{1+b} \cdot D}{THL^n}} \quad (13.51)$$

式中 k'_s——基于可溶性 BOD_5的总可处理系数（$((m^3/d)^{0.5}/m^2)$）；

D——深度（m）；

THL——水力学负荷率（$m^3/m^2 \cdot d$）。

b——随着面积增加的表面损失的表面积修正量。

采用再循环，方程（13.51）能够进行拓展并在数学上表示为方程（13.52）。

$$\frac{S_e}{S_i}=\frac{e^{\frac{-k'_s \cdot D}{WHL^n}}}{\left(1+\frac{Q_R}{Q}\right)-e^{\frac{-k'_s \cdot D}{WHL^n}}} \quad (13.52)$$

使用 Eckenfelder 公式和 $k'_s=a \times k_s$，方程（13.52）能够写成方程（13.53），这就是已知的改进 Velz 方程。

$$S_e=\frac{S_i}{\left(\frac{Q_R}{Q}+1\right) \cdot e^{\frac{k_s \cdot a \cdot D \cdot \theta^{(T-20)}}{\left[WHL\left(\frac{Q_R}{Q}+1\right)\right]^n}}-\frac{Q_R}{Q}} \quad (13.53)$$

7.4.8　水与环境管理学会公式

水与环境管理学会(IWEM)确定了描述具有岩石、随机填充塑料介质(岩石与随机合成的)模块化塑料介质的滴滤池中 BOD_5的公式。由多重回归分析获得的方程(13.54)如下：

$$\frac{S_i}{S_e}=\frac{1}{1+k_{IWEM}\cdot\theta^{(T-15)}\cdot\left(\frac{a^m}{VLR^n}\right)} \tag{13.54}$$

式中　S_i——进水 BOD_5，mg/L；

k_{IWEM}——动力学系数，$m^{m-1}d^{n-1}$；

θ——温度系数；

a——介质比表面积，m^2/m^3；

m——随着面积增加表面损失的降低系数；

VLR——滴滤池介质的体积水力学负荷率，$m^3/d\cdot m^3$；

n——水力学负荷率的指数。

方程 13.52 报道的系数考虑了 90%的数据可变性：

- k_{IWEM}——0.0204(岩石和随机介质)；0.40(模块化塑料)
- θ——1.111(岩石和随机介质)；1.089(模块化塑料)
- m——1.407(岩石和随机介质)；0.732(模块化塑料)
- n——1.249(岩石和随机介质)；1.396(模块化塑料)

该模型采用从对初级出水浓度为 360mg/L BOD_5、240mg/L TSS 和 52mg/L NH_3-N 的强生活污水实施的测试收集的数据进行开发。该模型从由低到高的负荷率预测了连续性能曲线。样品收集处的滴滤池深度为 1.74～2.10m，生物膜生长面积为 1.0～5.0m^2，而负荷为 0.3～16 kg/m^3·d。IWEM 模型是温度敏感性的，这可能是由场地特异性的污水特性和数据简化方法引起的。NRC 方程基于 360mg/L 的 BOD_5负荷强度在高达 1.0 kg/m^3的负荷下与 IWEM 的预测值是一致的。

7.4.9　洛根(Logan)滴滤池模型

洛根滴滤池(LTF)模型是以将模块化塑料滴滤池介质表征为一系列覆盖部分钻孔的生物膜的厚斜板为基础的。可溶性 COD 去除率采用数值模型求解，描述从薄液膜扩散进入生物膜而获得的生物化学转化速率的转运方程进行确定。虽然这个模型采用仅仅一种类型的塑料滴滤池介质的单一数据组进行校正，但是各种实验室、中试和全规模滴滤池的研究声称，LTF 准确地预测了可溶性 COD 去除率(Logan et al.，1987a，1987b；Bratby et al.，1999；Logan and Wagenseller，2000)。与动力学模型不同，LTF 不能加合成一个单方程。因此，需要计算机程序使用这种方法。以下将对 LTF 模型的理论基础进行综述并提供计算实例。洛根等(Logan et al.，1987a；1987b)的计算机模型开发用于预测作为塑料介质几何结构的函数的塑料介质滴滤池可溶性 BOD_5去除率。LTF 模型尚未进行测试或许适用于岩石或随机介质滴滤池设计之用。

动力学模型的缺点，如 Velz 方程，在于新动力学(k_{20})和水力(n)常数可能对每种类型的滴滤池介质都要进行确定。LTF 模型仅仅需要测定介质几何结构和输入。因此，没有必要重新为新塑料介质类型而校正该模型。实际上基于计算机程序代码的模型(用 Fortran 编写的)提供的名称为 TRIFIL2；LTF 计算机程序使用了具体介质一定条件范围内的表列值。污水中包括可溶性 COD 的溶解有机物假定平均分配成了五-组分的分子尺度。由于污水流过生物膜，溶解的有机物就扩散到生物膜内并以接近预测值的速率被除去。小分子扩散速度比较大分子速率快，而预测将会更有效地被除去。溶解性 COD，因为假定被颗粒状生物絮凝物除去而并未包括在模型中。温度影响水黏度(μ)，水黏度会影响流体膜厚度，从而影响滴滤池介质内的保留时间。化学扩散系数(D)随温度(T)的变化通过$\frac{D \cdot \mu}{T}$为常数的这个通常假设进行调整(Welty et al.，1976)。该模型在网址 http：//www. engr. psu. edu/ ce/enve/ logan/ bioremediation/ trickling_ filter/model. htm 可免费获取。关于该模型的其他信息可从以下列举的原出版物，以及书籍洛根(Logan，1999)的章节中获得。

7.4.10 滴滤池设计模型的选择

设计工程师可以使用各种经验标准和设计公式确定滴滤池的尺寸。NRC(方程 13.42 和 13.43)或 Galler-Gotaas 公式(方程 13.44)通常用于岩石介质滴滤池设计。舒尔茨(Schulze)方程(方程 13.47 和 13.48)，Eckenfelder 方程和 IWEM 方程对于岩石和塑料介质滴滤池设计在很宽的介质比表面积和深度范围内二者都适用。然而，系数 k 和 n 是变化的(“系数”这个词是用于描述 k[或 K]和 n，因为它们既不是常量，也非可处理性因素。)。布鲁斯和莫肯斯(Bruce and Merkens，1970，1973)同时实施了两个滴滤池的测试，这两个滴滤池流量和 BOD_5负荷相同，但应用速率之比为 4：1，因为一个滴滤池深度为 7.41m(24.3ft)，另一个为 2.1m(6.9ft)(Bruce and Merkens，1970，1973)。从这项研究得出的结论是 BOD_5效率与滴滤池深度无关。进一步的工作表明，BOD 强度也影响 BOD_5去除效率。因此，水力学驱动方程的 k 值通过其中 D_1为 6.1m(20ft)而 L_1为 150mg/L 的方程 13.53 修正为介质深度(D)和进水 BOD 强度(L)的函数：

$$k_2 = k_1 \cdot \left(\frac{D_1}{D_2}\right)^{0.5} \left(\frac{L_1}{L_2}\right)^{0.5} \tag{13.55}$$

式中 k——Velz 常数；

D——深度，m；

L——长度，m。

陶氏化学(Dow Chemical)采用 1.65m 和 6.55m 滴滤池进行了同时测试。这些研究的结果(图 13.63)证实，滴滤池的性能受控于有机负荷，而深滴滤池 k 值精确地为浅滴滤池的 50%(即$(1.6/6.6)^{0.5}=0.5$)。

k 随滴滤池深度的变化是一个重要的考虑因素。为具体深度确定的 k 值不应该未经适当修正就应用于不同的深度。艾伯森和戴维斯(Albertson and Davies，1984)使用源自这些装置和同步测试的数据证明，如果进行了深度校正，k 可以适用于任何滴滤池构造设计。然而，这项研究还表明，润湿不足可能产生低于最佳值的 k 值。

Eckenfelder、Germain、Schulze 和 Velz 方程是相似的。因为系数 k(或 K)和 n 必须或已经是经验推导的，背景数据受诸如水力学负荷率、剂量模式、温度、污水表征、介质构造结构和深度、通风和其他未知测试特异性因素的变量影响。这些方程已经证明在具体污水处理厂数据的建模中是有效的，而且也已证明对所观察的结果具有显著偏差。当修改构造设计结构时，处理常数，$k_?$(或 $K_?$)发生了变化，即使考虑相同滴滤池介质和污水也是如此。

NRC、Germain 和 Eckenfelder 方程可用于岩石介质的滴滤池，但是结果高度充满变数。

设计人员可以在作出决策之前使用这些模型中的每一个模型。水力学施加系统改进的提供了对积水、区系动物群滋扰和气味的控制。设计者可能想尝试增加剂量率改善性能。良好的设计和运行的岩石介质滴滤池能够提供高品质的出水。格雷迪等(Grady et al., 1999)建议,低有机负荷(不到 1kg $BOD_5/d \cdot m^3$)的岩石-和合成-介质滴滤池在低至中等的有机负荷下能够达到同等效能。

合成介质 CTFs 采用 Eckenfelder、Germain 或 LTF 模型进行设计。使用 Germain 系数 k(对于 $A_s k$)是合理的,因为缺乏足够的适当编撰的数据库考虑有效分离 A_s 和 k。中试和全规模的历史数据因为缺乏合适的剂量强度和水力学负荷率而大打折扣。此外,许多所用的中试厂均配备连续流喷嘴,这众所周知是低效的。Eckenfelder 方程往往用于定义 rbCOD 去除效率。再循环的有益效果体现于这个从标准速率的岩石介质滴滤池的低施加速率推导的公式中。n 的文献值均来源于连续流动的研究;为了正确比较 k 值,建议使用 n=0.5。

市政污水 k_{20} 值由陶氏化学(Dow Chemical)的研究获得,在该研究中,密度为 89 m^2/m^3,垂直流介质水力应用速率范围为 0.176~0.244$(L/s)^{0.5}/m^2$ 而滴滤池介质深度为 6.55m。这已推演至 6.1m(20ft)下的常见设计 k_{20} 值$(0.203L/s)^{0.5}/m^2$。这 k_{20} 值适用于最低润湿速率 0.51 $L/m^2 \cdot s$。由于滴滤池深度降低,再循环必须增加,才能维持最低润湿流量。当采用不到 4m(13.1ft)深的合成介质代替岩石介质时,这个标准不容忽略。水力学负荷率一直是陶氏化学确定的 20%~50%最低润湿率。因此,在重新分级或优化现有设施时应该考虑润湿效率。很少有证据解决润湿效率为应用模式的函数的问题;这还需要更多的研究。德鲁里等(Drury et al., 1986)证明了通过简单地用合成介质替换浅床滴滤池(约 1m)中的岩石介质能够改善工艺性能。设计者必须认识到,1~2.4m 深度的交叉流介质滴滤池的性能因为润湿限制(即,现有的再循环泵送设施)不会超过岩石介质滴滤池。

7.5　碳氧化和硝化的组合

碳氧化和硝化组合滴滤池可以使用合成的或岩石介质完成。碳氧化和硝化的组合在岩石介质的滴滤池中的影响,是基于可溶性 COD 的低载人为因素。帕克(Parker, 1998)指出,合成介质滴滤池中碳氧化和硝化组合的设计是经验性的。

美国环保署(U.S. EPA, 1991)进行了 10 个碳氧化和硝化组合设施的调查研究,其中六个使用了滴滤池/固体接触的工艺。《氮控制手册》推荐 BOD_5 负荷$(g/m^2 \cdot D)$要单一滴滤池实现同时完成碳氧化和硝化。BOD_5 去除和硝化组合的动力学是复杂的。缺乏支持组合碳氧化和硝化工艺过程的基本原理研究,彰显了本文介绍的经验设计方法。由于异养生物膜是兼性寄生的,诸如比斯特菲尔德等(Biesterfeld et al., 2003)研究人员已经证明,再循环有时会产生反硝化作用。

碳氧化和硝化组合滴滤池中的硝化速率将会受到许多因素,如进水污水特性、水力学、通风和介质类型的影响。美国环保署(U.S. EPA, 1975)总结了来自明尼苏达雷克菲尔德市;宾夕法尼亚的艾伦镇市;佛罗里达的盖恩斯维尔市;俄勒冈州的科瓦利斯市;马萨诸塞的费奇堡市;印第安纳的福特本杰明哈里森市;南非的约翰内斯堡;英国的萨尔福德这些城市的全规模和中试规模的岩石介质滴滤池数据。图 13.64 说明了这些数据,并显示了 BOD_5 体积负荷率与硝化效率之间的关系。

美国环保署(U.S. EPA, 1975)所提出的建议包括需要用于达到约 75%的硝化率的

0.16~0.19kg BOD_5/m^3 · d 有机物负荷限。异养菌细菌细胞生长所产生的细菌细胞合成氨作用，增加了滴滤池中硝化(NH_3-N)估算的复杂性。图 13.64 表明，再循环，尤其是效率大于 50%的情况下，通常会提高硝化作用。斯腾奎斯特等(Stenquist et al.，1974)报道了合成的-和岩石-介质滴滤池两种滴滤池中的碳氧化和硝化组合，将有机负荷相关于所达到的硝化水平。这些研究人员确定，89%NH_3-N 去除率发生于有机负荷为 0.36 kg/m^3 · d 时。滴滤池的硝化能力据发现是表面 BOD_5负荷(kg BOD_5/m^2 · d 的滴滤池介质)的函数。布鲁斯等(Bruce et al.，1975)证明，出水 BOD_5和 COD 必须分别小于 30 和 60mg/L，才能启动硝化而出水 BOD_5小于 15mg/L 时发生完全硝化。哈瑞莫伊斯(Harremöes，1982)推断，可溶性 BOD_5将会不得不低于 20mg/L 才能启动硝化作用而出水过滤后的或可溶性 BOD_5为 4~8mg/L 时将达到最高速率。图 13.65 说明了美国加利福尼亚州斯托克顿的全规模和中试规模的研究结果。该图提供了垂直流介质的数据并支持哈瑞莫伊斯的研究工作(Harremöes，1982)。

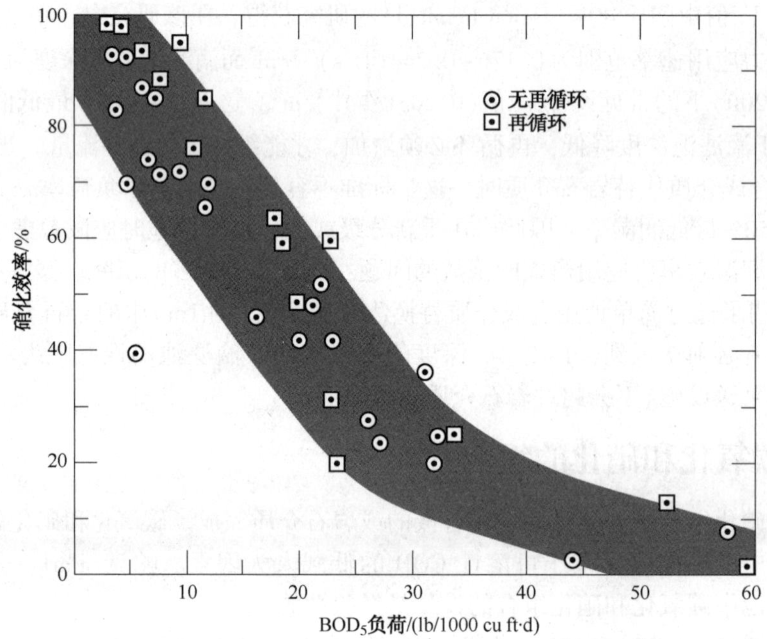

图 13.64 有机负荷对岩石滴滤池硝化效率的影响

(lb/d/1000 ft^3×0.016 02=kg/m^3 · d)

林和赫克(Lin and Heck，1987)报道了组合碳氧化和硝化滴滤池设计在 13℃下出水 NH_3-N为 1.5mg/L 时滴滤池/SC 工艺的成功运行。这种滴滤池设计基于 0.2kg BOD_5/m^3 · d，TKN 负荷 0.051kg/m^3 · d，并使用 98m^2/m^3的交叉流介质。完全硝化发生于夏季的 BOD_5负荷高达 0.32 kg/m^3 · d 之时。

帕克和理查德(Parker and Richards，1986)提出了介绍得克萨斯州加兰市和佐治亚州亚特兰大市进行的试验结果。这些结果描述为相对于平均 BOD_5负荷(lb/d/1000ft^3)的氨氮去除百分比，如图 13.66(a)和(b)所示。戴格等(Daigger et al.，1994)介绍了实现组合碳氧化和硝化的三个全规模交叉流介质滴滤池的评价，如图 13.66(右侧)所示。

据报道，有机氮去除率的变化范围为 21%~85%(U.S. EPA，1975)。盖恩斯维尔和约翰内斯堡岩石介质滴滤池的研究表明，BOD_5负荷必须低于 0.2 kg/m^3 · d 才能去除 60%~85%

的氨氮。伊利诺伊州布卢姆(Bloom)乡的研究表明，硝化是温度依赖性的(Baxter and Woodman，1973)。在 10~23℃的温度范围内，去除率在 30%~70%的范围内变化。

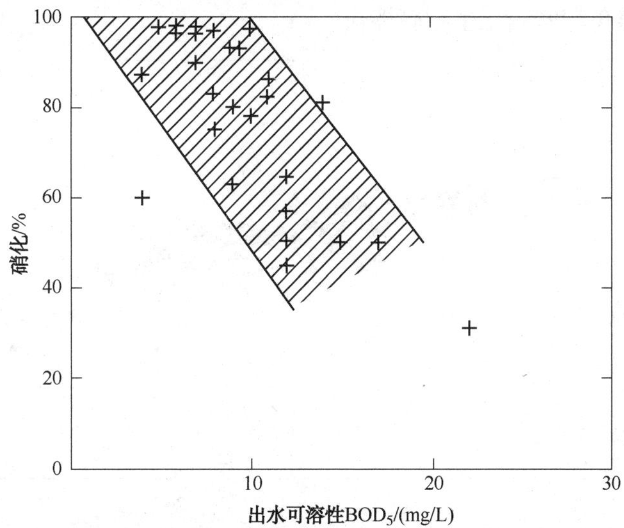

图 13.65 加州 Stockton 市的垂直流介质滴滤池硝化效率和出水中可溶性生化需氧量之间的关系

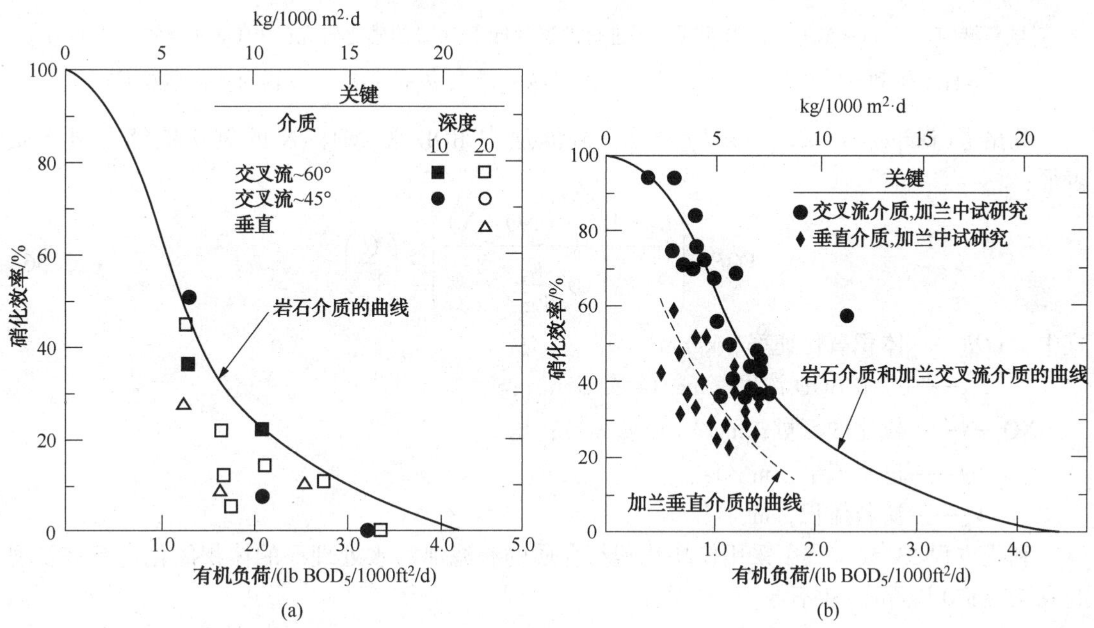

图 13.66 (左侧的 a 和 b)有机负荷对组合碳氧化和硝化滴滤池中硝化速率的影响(Parker and Richards，1986)而(右侧)采用碳氧化和硝化的组合在塑料介质滴滤池中的实际经历(Daigger et al.，1994；根据《水科学于技术》(*Water Science and Technology*)重印，经版权所有者 IWA 许可)。

例如，伊利诺伊州沃康达(Wauconda)设施，就采用经验法方法进行设计，这种经验方法考虑了有机负荷和进水的 BOD_5 和 TKN。这些方法并没有完全考虑进水的 BOD_5：TKN 对硝化速率的影响。图 13.67 是 TKN 去除率 vs. 所施加的 BOD_5：TKN 之比的图解说明。TKN 的去除是由合成和硝化综合作用的结果。

滴滤池需要通过水浸、冲洗或二者都要实施的生物膜控制，才能产生最低的氨氮浓度。在碳氧化和硝化组合的滴滤池情况下，设计人员必须包括控制异养生物膜生长的装置，并提供捕食控制，才能避免精密硝化生物膜擦伤。

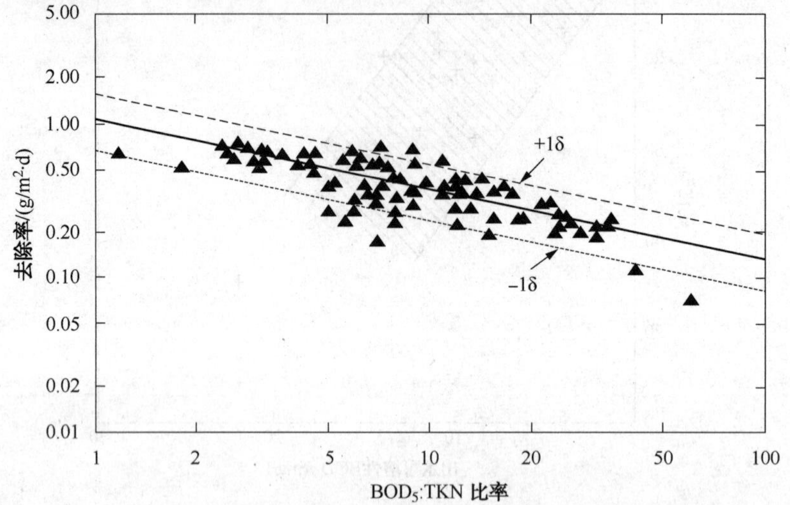

图 13.67 在加州的斯托克顿和奇诺和德克萨斯州加兰的污水处理厂以及明尼苏达州圣保罗市的双城新城(Twin Cities Metro)污水处理厂中进行的温度低于 20℃ 的硝化研究(中值 $\bar{y}=0.460\pm0.175$；$\bar{x}=11.081$ 和≈15℃ $TKN_{OX}=1.086\,[BOD_5: TKN]^{-0.44}$；$g/m^2\cdot d\times 0.2048=lb/d/1000\ ft^2$)

戴格等(Daigger et al., 1994)发现，滴滤池中 BOD 和 NH_3-N 的氧化能够通过下式表征：

$$VOR=\left(\frac{L_{进}+4.6\cdot(NO_x-N)}{10^3\,\frac{g}{kg}}\right)\cdot\left(\frac{Q}{V_m}\right) \tag{13.56}$$

式中 VOR——体积氧化速率，$kg/m^3\cdot d$；

$L_{进}$——进水 BOD 浓度，mg/L(或 g/m^3)；

NO_x-N——氧化的氨量，mg/L(或 g/m^3)；

Q——进水流量，m^3/d；

V_m——滤料体积，m^3。

利用方程 13.56，三个采用模块化塑料介质的滴滤池污水处理厂的体积氧化速率据发现为 0.75~1.0 $kg/m^3\cdot d$ 不等。

7.6 硝化滴滤池

使用一个硝化滴滤池或 NTF 才能处理二级出水(相对于先前讨论的初级出水)，是一种控制 NH_3-N 的可靠而具有成本有效性的手段。穆尔巴格(Mulbarger, 1991)对该文献进行了评价，以便了解污水的生物处理工艺过程。研究者推测，NTFs 在出水 NH_3-N 浓度大于或等于 2mg/L 的范围内都是有效的。NTFs 会受到氧气可用性、温度、进水污水流中有机物和 NH_3-N、介质类型和工艺过程水力学的影响。下面的设计实践惯例有助于优化 NTF 性能：

- 中等密度的交叉流介质，能够优化水力学分布和氧合作用，

- 动力通风，能够避免停滞，
- ADF，能够促进更完整的生物膜发育，
- 精制二级出水，能够避免生物膜中对底物的细菌竞争，
- 最大润湿效率，能够避免形成干点，
- 对固体处理操作的 NH_3-N 加载上清液的存储和控制，能够均匀消除昼夜 NH_3-N 的变化性(Parker et al.，1997)。

NTFs 的几个优点是能耗低，稳定，操作简单，污泥产率降低，并改善了污泥可沉降性。因为硝化生物膜而污泥产量降低，导致构成 NTFs 固体分离。摄食的广动物区系可能不良影响性能；因此，设计者必须包括一种方法管理固体和来自掠食者处理循环的掠食者负载水。随后的章节将会介绍专门用于广动物区系控制的设计和运行特性。目前的设计实践惯例可能包括交替双过滤(ADF)操作。霍克斯(Hawkes，1963)，古杰尔和伯勒尔(Gujer and Boller，1986)，帕克等(Parker et al.，1989)和维克(Wik，2000)已经证实，交替的串联 NTFs 序列能够提高系统性能。研究人员在 NTFs 底部附近观察到补丁状生物膜生长。ADF 可能会允许两种生物反应器中更完整的生物膜覆盖。这个主导 NTF 通常每 3~7 天进行交替；因此，目前的实践惯例推荐至少构建两个 NTFs。虽然合理的机理尚不明确，但是使用 6~12m(20~40ft)介质深度的高 NTFs 都已经证实具有良好的性能。某些已建成的 NTFs，深度高达 12.8m(42ft)，具有优异的效果。再循环应该最小化，才能维持高达 12mg/L 的最大进水 NH_3-N 浓度，并降低 pH 值对硝化的抑制作用。为了最大化硝化作用，6~12m(20~40ft)的深度通常最适于产生高水力学负荷率而维持最大零级动力学的区。较浅的滴滤池能够串联使用。

帕克(Parker，1998，1999)进一步证明，滴滤池介质类型之间的性能差异对于三级 NTFs 最明显。表 13.28 表明，基于单位面积，零级硝化速率对于交叉流介质会大于垂直流介质。因为 NTFs 基于单位面积进行比较，则对于设计师而言，更易于对逐个现场的数据进行评估。在表中所列的每种情况下，氨氮通量对于交叉流要大于垂直流介质。正如先前的讨论，要推测有助于增强交叉流性能的因素，因为介质中断(混合)节点数目提高增大了氧传递效率(Gujer and Boller，1986；Parker et al. 1989)。由于与自养硝化生物膜相关的生物膜累积较低，更致密的交叉流介质通常适用于 NTFs。中高密度交叉流介质的较高比表面积特性产生的体积硝化速率会升高。较高的氨氮通量和介质密度的综合效应可能导致体积摄取速率高于采用垂直流介质的预期值约三倍(Parker，1998)。这些观察结果都来自中试规模的滴滤池研究，通常采用连续水力应用。有关材料的推荐内容因为其是可靠的而介绍于本章中。性能梯度的全规模验证还没有报道，建议进行更多的研究。

表 13.28　垂直流(VF)和交叉流(XF)介质的硝化速率(Parker，1998，1999)

地　　点	研究人员	介质类型	$J_N^0\left(\frac{gN}{d \cdot m^2\ 生物膜}\right)$	温度范围/℃
Central Valley，犹他州	Parker et al.(1989)	XF 140	2.3-3.2	11-20
Malmo，瑞典	Parker et al.(1995)	XF 140	1.6-2.8	13-20
Littleton/Englewood，科罗拉多州	Parker et al.(1997)	XF 140	1.7-2.3	15-20
Midland,，密歇根州	Duddles et al.(1974)	VF 89	0.9-1.2	7-13
Lima，俄亥俄州	Okey and Albertson(1989a)	VF 89	1.2-1.8	18-22
Bloom Township，伊利诺伊州	Baxter and Woodman(1973)	VF 89	1.1-1.2	17-20

7.6.1 动力学与设计方法和步骤

滴滤池生物反应器先前已描述为具有大型轴向分散而容许不与物理系统边界之外的环境发生反应物交换的 PFR。由于分离生物反应器功能区的复杂性，如外部扩散和内部扩散/反应，在测试期间，大多数设计表达公式都没能分离出功能区。NTF 设计模型基于通量，这与现有技术的生物膜工艺过程建模是一致的。现有基于生物膜动力学的高级 NTF 模型，并已在专门针对设计模型和公式表述的章节中引述。这些模型都基于可能会限制其适用性，或需要并无现存可用的信息的这个假设。然而，这些模型提供对工艺过程的深入理解远远超出了本节所介绍的设计公式的表述。工程师应该参照适用性和程序方法的决策文献。在本节中介绍了三种简单的 NTF 设计模型：

- Gujer-Boller 模型(Gujer and Boller，1986)，
- 改进的 Gujer-Boller 模型(Gujer and Boller，1986)，
- Albertson-Okey 模型(Albertson and Okey，1988)。

NTF(硝化)动力学状态，从生物反应器入口平面至出口随着 NH_3-N 浓度降低而从零级至第一级发生变化。然后，NH_3-N，而不是氧气，成为第一级动力学状态的速控底物。

欧克和艾伯森(Okey and Albertson，1989b)提出的结果，如图 13.68 所示，获自 5 个不同的 NTF 设施。这些数据并未对温度进行校正，而所有测试滤池都靠自然通风换气。因此，污水特性、温度、底物可用性、介质类型和水力学应用率都可能会在日期内引起变化。这些数据表明，NH_3-N 通量对于小于 1.2 g/m^2 · d 的负荷将接近 100%去除率。

NFT 上部分的典型 NH_3-N 分布曲线将表示出 NH_3-N 以氧可用性控制的速率直线降低。去除率会随着速控底物由氧切换至 NH_3-N 而降低。因此，NTF 中的硝化速率对于生物反应器深度并不是恒定不变的。

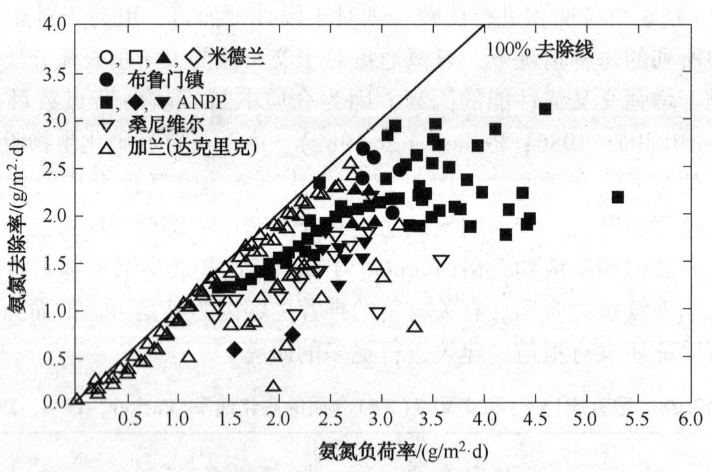

图 13.68 相对于所观察的氨氮去除率的面积氨氮负荷

(g/m^2 · d× 0.204 8 = lb/d/1000 ft^2)

在二级出水中 TSS 浓度对三级硝化生物膜反应器具有明显的影响(Parker et al.，1989)。悬浮于本体液体中的生物质将与生物膜对可利用的底物，特别是对氧展开竞争。

安德森等(Andersson et al.，1994)证明，当出水 TSS 浓度超过 15mg/L 时，中试规模的 NTF 中最大的零级硝化速率明显地从 2.6g N /d · m^{2}下降至 1.8g N/d · m^2。这些研究结果如

图 13.69 所示。根据该图，在本体液体 TSS 低于 15mg/L 时，NTFs 中的硝化作用将会接近氧速控的条件。

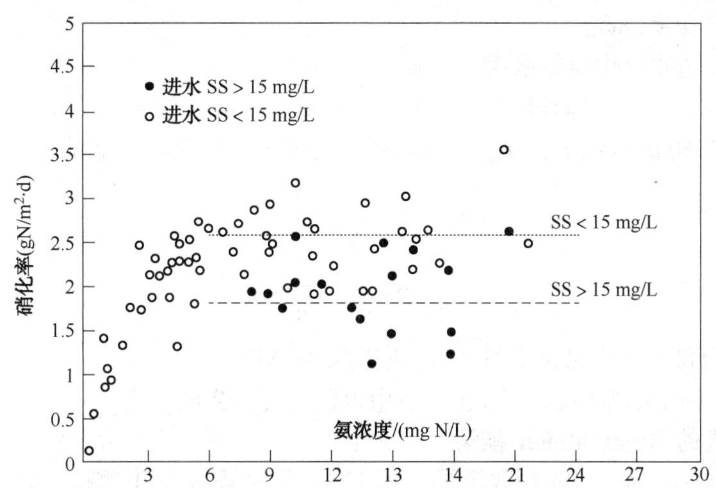

图 13.69　本体液体总悬浮固体浓度对中试规模的硝化滴滤池中硝化作用的影响

（Anderson et al.，1994；根据《水科学于技术》（*Water Science and Technology*）重印，经版权所有者 IWA 许可）

很少有研究描述受益的程度，因为 TSS 浓度降低至远低于 15mg/L。

7.6.2　Gujer-Boller 模型

Gujer-Boller NTF 模型基于化学计量学、Fick 定律和莫诺型动力学而开发出来。古杰尔和伯乐（Gujer and Boller，1986）提出了 NTF 设计的方程 13.57。

$$J_N(S,\ T)=J_{N,\max}(T)\cdot\frac{S_{B,N}}{K_N+S_{B,N}}\cdot e^{-k\cdot z} \tag{13.57}$$

式中　$J_N(S,\ T)$——$S_{B,N}$ 下的氨氮通量，g N/m²·d；

$J_{N,\max}(T)$——在温度 T 下的最大氨氮通量，(g N/m²·d)$=\dfrac{J_{O_2,\max}(T)}{4.3}$；

$J_{O_2,\max}(T)$——在温度 T 下的最大溶解氧通量（g O_2/m²·d），由文献或中试试验确定；

$S_{B,N}$——本体液体氨氮浓度，g/m³；

K_N——氨氮的半饱和系数，(g N/m³)＝1.0 g N/m³；

T——温度，℃。

基于"线性拟合"的关系，$J_N(z,\ T)=J_N(0,\ T)\cdot e^{-K\cdot z}$，研究人员对 NTFs 的设计开发了两个求解方案。第一个求解方案考虑了硝化速率随着 NTF 深度的变化（$k>0$）（方程 13.58），而第二方案假设了硝化速率没有随着 NTF 的深度而降低（$k=0$）（方程 13.58）。

$$\frac{\alpha\cdot J_{N,\max}(T)}{k\cdot v_h}\cdot(1-e^{-k\cdot z})=S_{in,N}-S_{B,N}+K_N\cdot\ln\left(\frac{S_{in,N}}{S_{B,N}}\right) \tag{13.58}$$

式中　$k=0$。

$$\frac{z\cdot a\cdot J_{N,\max}(T)}{v_h}=S_{in,N}-S_{B,N}+K_N\cdot\ln\left(\frac{S_{in,N}}{S_{B,N}}\right) \tag{13.59}$$

式中　a——比表面积，m²/m³；

k——描述硝化速率降低的经验参数，1/m；

——0~0.16，通常为0.1；

v_h——NTF水力学负荷(有无再循环的情况下)，$m^3/d\cdot m^2$；

z——NTF深度(m)；

$S_{in,N}$——NTF进水流中氨氮浓度，g/m^3。

这些方程可以直接求解而确定NTF对于所需$S_{B,N}$的大小尺寸。当使用再循环时，需要使用包括方程13.60的迭代子程序，因为再循环对v_h和$S_{in,N}$都具有影响：

$$\left.\begin{aligned} S_{N,i}&=\frac{S_{0,N}+R\cdot S_{B,N}}{1+R}\\ R&=\frac{S_{0,N}-S_{in,N}}{S_{in,N}-S_{B,N}}\end{aligned}\right\} \tag{13.60}$$

式中　$S_{0,N}$——与再循环流混合之前进水流中的氨氮浓度。

NTF进水流中的氨氮浓度，$S_{in,N}$，在使用再循环时将会低于$S_{0,N}$。

7.6.3　改进的Gujer-Boller模型

帕克等(Parker et al.，1989)改进了方程13.57而考虑模块化塑料介质类型和运行条件之中氧转移效率的可变性。改进之后的表达式如下。

$$J_N(z,\ T)=E_{O_2}\cdot\frac{J_{o_2,max}(T)}{4.3}\cdot\frac{S_{B,N}}{K_N+S_{B,N}}\cdot e^{-k\cdot z} \tag{13.61}$$

式中　E_{O_2}——无量纲NTF介质效率系数。

古杰尔和伯乐(Gujer and Boller，1986)报道，基于其实验，对于$K_{S,O_2}=0.2\ g\ O_2/m^3$和温度为5~25℃的范围，$E_{O_2}$值处于0.93~0.96的范围。帕克等(Parker et al.，1989)，在另一方面，观察到较低的E_{O_2}值(0.7~1.0)并声称，从$E_{O_2}=1.0$开始就导致润湿效率低下，捕食性的广动物区系对生物膜摄食，或自养硝化和异养菌之间对溶解氧竞争。研究人员建议，NTF的应用中应该使用中等密度的交叉流介质，并且E_{O_2}可能范围为0.7~1.0。高密度交叉流介质所具有的对应E_{O_2}约等于0.4(Parker et al.，1995)。根据帕克等(Parker et al.，1995)，$E_{O_2}\cdot\frac{J_{O_2,max}(T)}{4.3}$是零级氨氮通量。最大溶解氧通量反映了所选模块化塑料介质的氧传递效率，这是通过研究者利用洛根滴滤池模型(Logan et al. 1987a)进行确定的。对于犹他州的中心谷污水处理厂，能确定的系数$K_{S,O2}$处于1~2mg/L的范围内(Parker et al.，1989)。还需要另外的研究才能确立各种运行条件下的值。

7.6.4　Albertson-Okey模型

艾伯森和欧克(Albertson and Okey，1988)所提出的经验设计过程可以概括为中等密度的NTF介质对于零级和一级区求和。这个设计过程包括两个步骤：

(1) 基于零级动力学使用中等密度(138-m^2/m^3)介质和NH_3-N通量(J_N)1.2 g/m^2在10~30℃下确定滴滤池介质体积。低于10℃时，采用θ=1.045调整该速率。

(2) 基于一级动力学使用速率(J_N)确定滴滤池介质体积，这等于以下的公式表达而并没有进行7~30℃之间的温度校正：

$$J'_N=J_N^{avg}\cdot\left(\frac{S_{N,e}}{S_{N,TRAN}}\right)^{0.75}=1.2\ \frac{g}{d\cdot m^2}\left(\frac{S_{N,e}}{S_{N,TRAN}}\right)^{0.75} \tag{13.62}$$

式中　$S_{N,TRAN}$——从图13.70能够确定的过渡区NH_3-N浓度，mg/L。

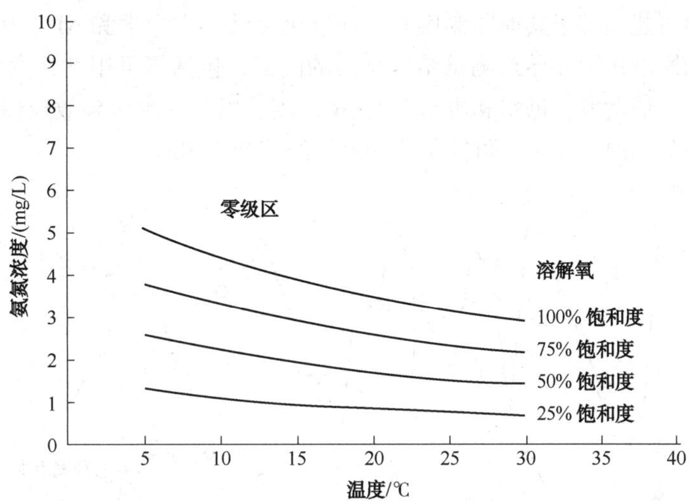

图 13.70 作为温度之函数的过渡区氨氮浓度

(低于 100%饱和线的过渡区域可能是零级或一级反应，这取决于氧浓度)

这个浓度取决于氧饱和度和温度。设计者可以通过对于零级和一级动力学区两个区都加入所需体积而确定介质总体积。上述设计过程规定了几个需要满足的条件：

- BOD_5与 TKN 之比 ≤1.0；
- 过滤后的 BOD_5≤12 mg/L；
- $Q(1+R)/A \geq 0.54$ L/m^2 · s(0.8 gpm/ ft^2)；
- 对于中等密度和(138m^2/m^3)(42ft^2/ ft^3)介质，碳 BOD_5和 TSS ≤30 mg/L；
- 动力通风；
- 分配器控制而提供即时应用速率，DR=25~75 mm/通道而冲洗时大于等于 300 mm/通道。

7.6.5 NTF 模型的比较

沃尔等(Wall et al., 2001)发现，Gujer-Boller 模型(1986)和 Albertson-Okey 模型(1988)这两种模型都为平均 NH_3-N 负荷条件下一般 NTF 性能提供了良好的预测。设计人员应该注意，通过沃尔等(Wall et al., 2001)实施的比较并不包括由帕克等(Parker et al., 1989)对 Gujer-Boller 模型(Gujer and Boller, 1986)提出的改进。然而，对于出水氨氮，这些模型通常比样品数据显示出更显著的峰值和极小值。

Gujer-Boller 模型预测的峰值比 Albertson-Okey 模型(1988)更夸张。对于这些模型，不能解释说明峰值 NH_3-N 负荷条件，还没有任何论证说明。帕克等(Parker et al., 1995)表明，修改后的 Boller-Gujer 模型(方程 13.60)有效地预测了平均和峰值条件下 NTF 出水 NH_3-N负荷浓度。由帕克等(Parker et al., 1995)进行的研究实例结果如图 13.71 所示。

7.6.6 温度效应

温度的影响在 NTFS 中是变化的。据报道，温度对零级(更高)硝化速率的影响超过了一级(低更)硝化速率。如果温度的影响因为液体粘度(外部扩散阻力限制)或生化反应而受到抑制，则还没研究对此作出解释。图 13.72 总结了来自几个试验的三级 NTF 数据，这表明温度对硝化速率具有显著的影响。犹他州的中心谷污水处理厂数据是根据比通常更高的水力学负荷率产生的，而排除了出水 NH_3-N 浓度小于 5 mg/ L 的的数据。欧克和阿尔伯特森(Okey and Albertson，1989a；1989b)发现，硝化速率和温度之间几乎没有关联，并得出推论认为，其他人指出的速率变化可能归结于其他限制因素，如氧可用性、水力学和 NH_3-N 浓度。这些可能歪曲或掩盖温度的影响作用并导致测试结果扰动的因素，包括氧可用性，竞争性的异养活性，固体脱落循环周期，捕食者，进水和出水 NH_3-N 浓度，以及污水诱导效应(抑制作用)。硝化反应速率对温度变化的混合反应，可能是这些因素的综合作用所致。

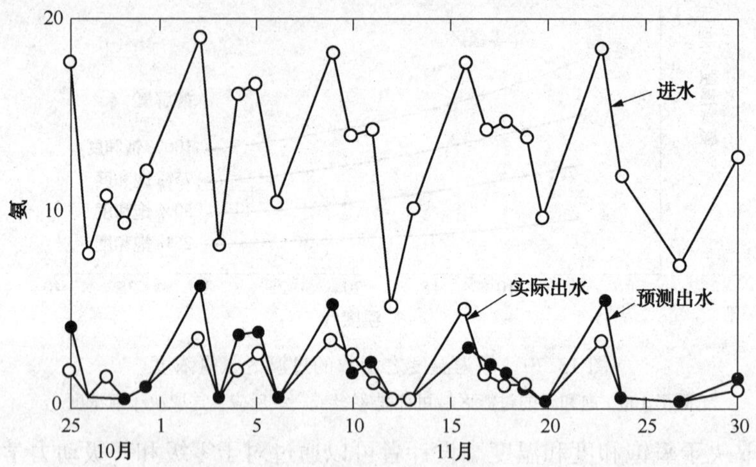

图 13.71 硝化滴滤池的实际和预测的出水(Parker et al.，1992)。预测的出水采用改进的 Gujer-Boller 模型进行计算

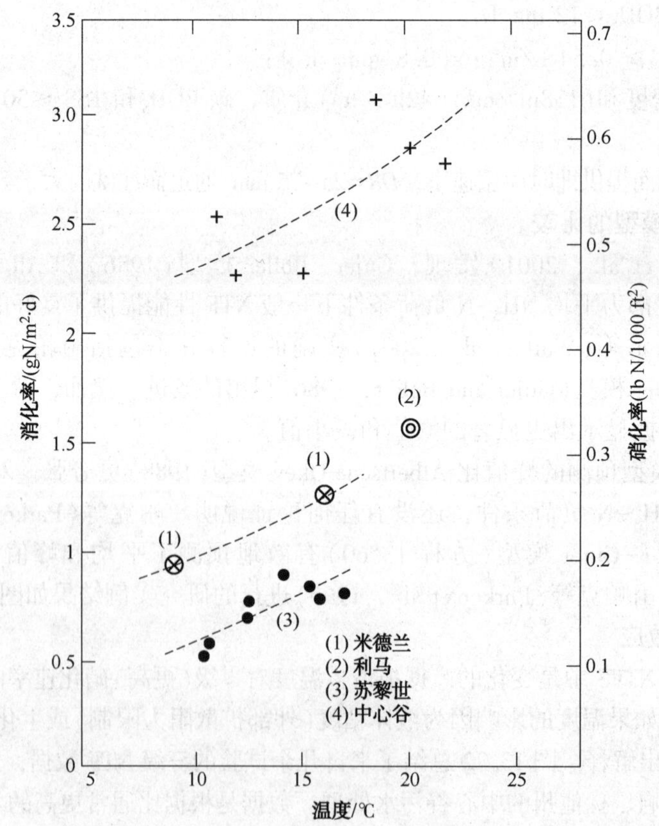

图 13.72 温度对硝化滴滤池的硝化速率的影响

7.6.7　水力学应用

促进最大硝化速率的最佳水力学要求，仍然还是一个未知数。欧克和艾伯森(Okey and Albertson，1989b)与古里克斯和克利阿斯比(Gullicks and Cleasby，1986；1990)从研究中提出的数据表明，水力施加速率(L/m^2·S)增加，就会提高 NH_3-N 氧化速率。施加速率超过 1 L/m^2·d，就会产生最佳结果。欧克和阿尔伯特森(Okey and Albertson，1989b)指出，水力效应可能是复杂的，或许与氧可用性相互交织。水力效应据发现在零级范围内更显著，而在低于 4mg/L NH_3-N 的一级范围内则难以察觉。从亚利桑那州的核中试厂研究中选取的重排数据举例说明了出水 NH_3-N 浓度对硝化速率和水力应用的影响(Okey and Albertson，1989a and 1989b)。硝化速率取决于出水 NH_3-N 浓度和可利用的氧。如果出水 NH_3-N 的浓度超过 5mg/L，则硝化速率就高，这与帕克等(Parker et al.，1990)的研究结果一致。

7.7　设计考虑因素

以下小节将介绍与滴滤池有关的反应器和设备的选择及施工相关的具体信息。

7.7.1　分配系统

向滴滤池分配器提供污水的方法包括重力进料，计量虹吸管和泵送。所选的传送方式取决于可供利用的水力梯度和分配器。分配器要求在管道输送系统和滴滤池分配系统之间使用泵送。凡是滴滤池不需要设计成连续计量的情况下，泵或计量池和虹吸管可以应用于分配系统之前。

流量分配是滴滤池系统中的一个重要特征。流量必须按照保持介质润湿而不被堵塞的速率进行分配。不均匀分配流量和生物膜充分控制的流量不足，都会导致性能不佳。气味也会随着固体累积和滴滤池堵塞而产生，而滋扰性生物体的生长也会增加。大多数新滴滤池是圆形的，以容纳旋转分配器。岩石介质滴滤池也可以使用旋转分配器，固定喷嘴，连续进料，或采用虹吸管或序列化泵排布设计定期计量。新设施应该使用旋转分配器，在本节中将会讨论这种旋转分配器。如果矩形单元采用旋转分配器进行升级，则应该提供专用装置对超出旋转分配器直径之外介质提供润湿作用，或未被润湿的介质应该移除，因为干-湿区将为有害动物，如滤池蚊蝇提供繁衍之地。提供瞬时应用速率(D_R)控制措施的需要和益处，已经在水力学的讨论中进行了概述。

7.7.2　水力推进分配器

传统的旋转分配器是由泵送水接触防溅板的水力排放产生的推动作用而推进的。这种分配器的尾侧分枝管如图 13.73 所示。很少有人注意旋转速度，这个旋转速度部分决定了瞬时剂量(mm/一个分枝管的通道)。传统旋转分配器典型的剂量率在 0.2~1.5min/r 的转速下为 2~10mm/通道。旋转分配器通常配备 2~6 个分枝管。分配的流量可能会每分枝管错开而达到全覆盖。也就是说，每个分枝管每转可提供 50%或 100%的覆盖率。对于在 0.2~0.6m^3/m^2·h(0.08 ~0.25 gpm/ft^2)的典型施加速率下运行的岩石介质，提供合适的冲洗强度是很难的。对于水力推进分配器，并没有指定最低速度。为了增加冲洗作用，分配器速度将随着反向推进喷射而降低，如图 13.74 所示。在 4~20min/r 的速度下，某些水力驱动的单元已经停止或停止旋转。除非采用水力推动分配器的滴滤池接收几乎恒定的流量，然而，大多数不能在平均至峰值昼夜负荷期间以最低速度运行。这种适应作用会导致在低流量期间分配器停止。因此，即使采取反向喷射，传统的水力推动分配器往往会不可预知地出现维持所需的

D_R的能力有限，尤其是在波动情况下这种能力更加有限。无论是机械 VFD 或水力驱动旋转分配器，采用可编程的逻辑控制(PLC)控制的滑动闸门，有助于避免这些局限性。

图 13.73 水力推进旋转分配器

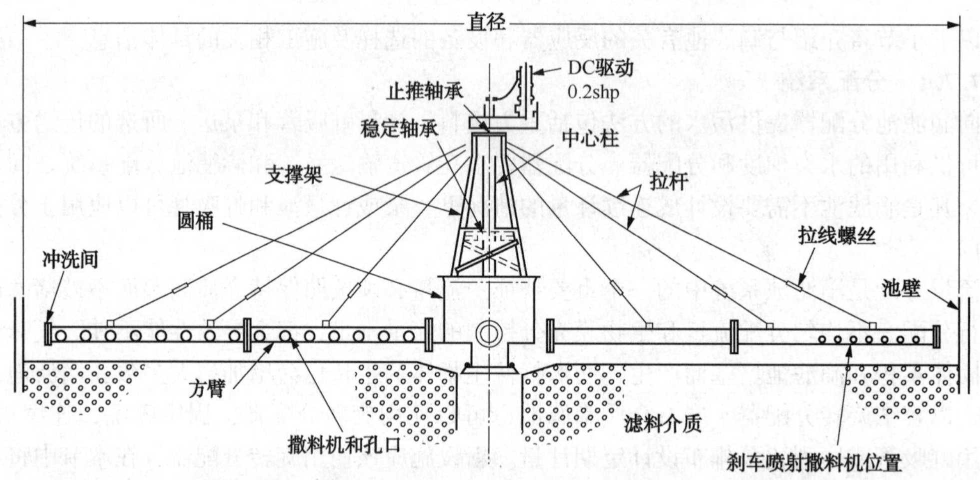

图 13.74 具有刹车喷射和电力驱动器的典型旋转分配器

7.7.3 电子或机械驱动分配器

电力驱动的旋转分配器可能有一个中心或外部驱动器。这种仪器通常可以很容易低成本改装。这些单元能够经过编程而在不同的 D_R 下按优化 BOD_5 去除率、硝化或广动物区系控制之需而运行。中心驱动的单元将被固定至进水结构的非旋转部件，如图 13.75 所示。凡不存在上部稳定轴承的情况下，必须安装支撑架支撑固定轴而对驱动单元提供一个平台。这能够定位于分枝管绷绳的桅杆式支撑架中。在存在上部稳定轴承的情况下，该装置中的固定轴能够延伸而支撑该驱动装置。

可以使用外围安装的电力驱动器代替中心驱动器。牵引驱动器能够在壁内部或顶部使用。通过弹簧加载驱动器轮，就能够在墙上不规则地运行。旋转联轴节用于转换电力。这样的布局设计类似于牵引驱动澄清池的设计。应该强调的是，具有等宽速度范围的水力驱动马达可以用于代替电力推进单元。

具有远程变速控制器和计时器的电力推进单元，都能够独立于流量进行运转。这对于污水处理厂没有再循环流或无足够循环流最小化旋转转速时是尤其有利的。采用两个单元，就能够确定最佳 D_R 和生物膜控制要求。例如，冲洗最好在低流量和加载负荷期间进行，如上午 1：00 至 6：00。巧合的是，这也适合澄清容量最大之时。最佳 D_R 可以通过同时在不同的运行 D_R 下运行，评估 $rbBOD_5$ 去除率和相应地调节各个滴滤池分配速度而进行确定。每日高强度冲洗程序也可以对这些单元装置进行编程并定义最佳冲洗 D_R 和持续时间，以最大限度地提高性能。这两个 D_R 条件一经定义，就能够控制各单元装置而优化运行条件。此外，改变作为流量函数的速度，可能会获得最佳性能。

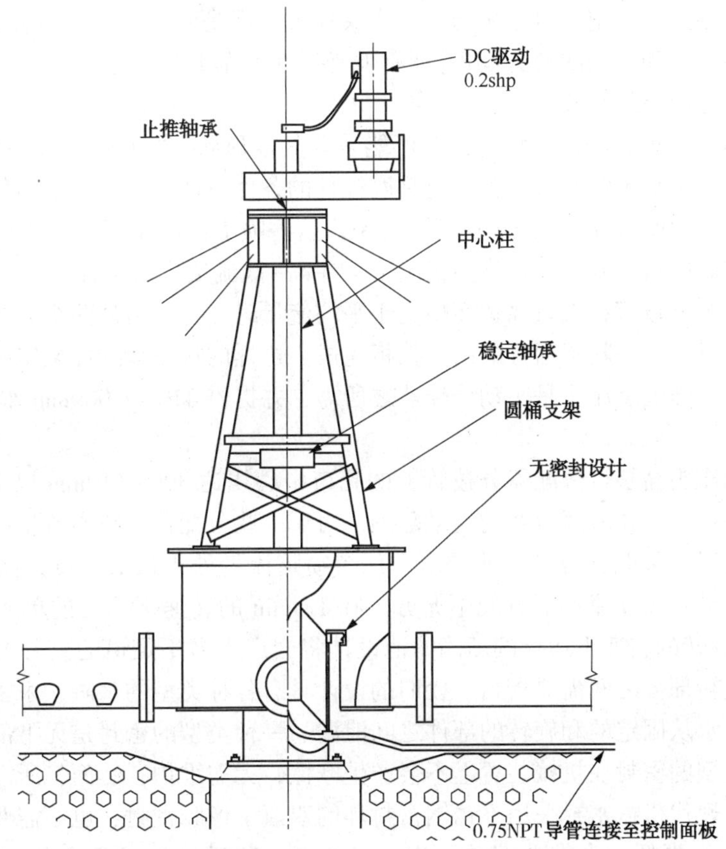

图 13.75　具有溢流(无密封)排布设计的电驱动分配器
(hp× 0.7457＝kW)(NPT＝美国国家标准管螺纹)

7.7.4　分配器速度控制的其他措施

其他分配器维持水力推进而无电子或电机驱动。这种驱动器采用气动控制闸门的打开/关闭而保持所需的转速。水力驱动的分配器仍然提供了电驱动固有的速度控制。这种系统具有安装于每一分枝管外部的前后孔口上的 PLC 控制闸门而按比例调节正向和反向方向之间的流量而实现速度控制。

7.7.5　滴滤池泵站或计量虹吸管

大多数滴滤池使用再循环泵，这种再循环泵通常是恒速的低压头离心式单元，经过设计能够满足滴滤池介质深度的总压头，2.0~3.0m 静压头和摩擦损失的运行要求。VFD 控制的电机现在是工艺流程泵上的典型装置。淹没或非淹没(干坑)立式泵已广泛使用。泵进水口筛网通常是不必要的，因为循环流通常并无堵塞性的固体物质。水力学计算总是必要的。最小流量的计算，对于确保具有足够的压头驱动水力学驱动分配器是必要的，而最大流量的计算指示确保足够排量所需的压头。在分配器支管和其他点的水平中心线上可供利用的净压头，可以通过扣除以下来自可供利用的静压头的可适用损失而计算：入口损失，由于分配器管道填充在计量槽中水位处的压降(仅仅适用于计量虹吸管)，分配器管道中的摩擦损失，轻微压头损失的合理余量，通过分配器立管和中心端口的压头损失，分配器分枝管中的摩擦损失，和通过启动水力驱动旋转分配器所必需的喷嘴进行排放的速度损失。滴滤池分配头的要求通过系统的制造商设定。尽管泵送产生压头损失，但是滴滤池工艺过程的功率要求(包括分配器、再循环泵和辅助的动力设备)通常低于活性污泥工艺过程。

7.7.6 旋转分配器的构建

旋转分配器分枝管通常是管状的，但可能采取其他形状(如矩形)。镀锌软钢和铝是最常见的构建材料，但是不锈钢可能会在更具腐蚀性的条件下使用。系列喷嘴位于分枝管上而提供该分枝每通道50%或100%的该单元覆盖率。这些喷嘴都配备了对于流量和污水分配的防溅板的手动控制的滑动闸门。在许多情况下，在高-低流量排布设计中分配器可能会配备四个分枝管。两个分枝管在流量高达而略高于平均流量时运行。另外两个分枝管在峰值流量期间运行。这通过进水进料管附近的内部挡板完成。这样的排布设计如果实施，就能提供最大污水分配和冲洗强度。压头是驱动分配器之所需，并提供410~1 000mm 水柱(16~40in.)的分布范围。

最小流量的压头会超过分配器分枝管上的孔口中心线达300~610mm 以上(12~24in.)。需要稍微更大的压头，才能适应宽的流量范围。对于一些分配器，在高流量期间使用额外的分枝管的溢流装置，可能会降低压头要求。保持喷嘴流量处于最低速度，能够增强分配功能。高速度将会导致较高流量下分配不充分。在1r/min 的转速下运行的单元可能施加离心力；在8~50min/转的转速下运行的新滴滤池设计将会产生微不足道的离心力。分配器在固定的进水柱和旋转部分之间需要密封。较旧的设计具有各种类型的水阱、汞密封或填充的机械密封，而防止水从固定的和旋转的部件之间泄漏。一种类型的密封是无下部密封的溢出排布设计。这种类型的密封在机械装置上不会产生摩擦，无需维护；然而，所需的压头高于现代的机械密封。现代机械密封采用不锈钢密封环的双氯丁橡胶密封，也不需要维护，比无密封设计需要的压头更低。当较老旧单元进行升级时，改进措施通常会包括这些排布设计之一。

7.7.7 过滤介质(滤料)

正如先前的介绍，理想的滴滤池介质要提供高比表面积、低成本高耐用性和足够高的孔率，才能避免堵塞并促进通风换气(Tchobanoglous et al.，2003)。

7.7.7.1 介质选择

对于具体滴滤池应用，包括新设施的建设和现有设施的改造，有关介质选择，设计工程师必须作出明智的决定。岩石介质滴滤池的常见升级是现有滤池介质用人工合成的介质进行更换。在某些情况下，现有的岩石介质可能需要垂直墙扩展而包含额外的合成介质。德鲁里等(Drury et al.，1986)证明，现有的岩石介质滴滤池能够简单地通过利用现有体积而采用合成介质更换岩石而改善。这是因为比表面积增加，能够增加水力学负荷，并提高了控制生物膜生长的能力。更换介质，可能有助于解决某些问题，如严重异味产生和介质变差，或利用现有占地面积和资产扩大容量等问题。表13.29提供具体应用可供使用的最佳合成滴滤池介质的准则列表。交叉流介质通常将比在中低有机负荷情况下的垂直流介质性能更佳。然而，如果 TOL 变得显著时，则生物膜积累如此之大而致使滴滤池性能将受到交叉流介质的影响。帕克(Parker，1999)认为，这种效率的变化说明了这种在其他研究中并未观察到的高 TOLs 下效率随着交叉流介质向垂直流介质更换而发生转换的“更换效应”。

表 13.29　滴滤池介质的应用

类　型	比表面积/(m^2/m^3)	粗加工	碳氧化	碳氧化和硝化	三级硝化
岩石介质	40~60		√	√	
木材介质	45	√	√	√	
随机介质	85~110		√	√	
	130~140				√
垂直流介质	85~110	√	√	√	
交叉流介质	130~140				√
	85~110		√	√	
	130~140				√

古里克斯和克里阿斯比(Gullicks and Cleasby，1986)已经证明了合成介质润湿的重要性。科瑞妮等(Crine et al.，1990)已经证明，熔岩和随机介质润湿的有效性随着比表面积增加而降低。研究人员发现，润湿的有效性只有 0.2~0.6。在某些情况下，介质经过组合而使在水力分配中有效的介质处于上层而其余的则构成了不太易于出现过度生物膜积累的介质。滴滤池上部分将接收较高的有机负荷而下层将接收很少的有机负荷。许多报告表明，密度较大的介质，如随机和交叉流介质，能够有效进行流量再分配，更容易产生固体停留和结垢(Boller and Gujer，1986；Crine et al.，1990；Gullicks and Cleasby，1986 and 1990；Onda et al.，1968；Parker et al.，1989)。诸如处理强度高的污水，采用细筛滤的预处理和粗加工的应用，往往会产生较厚的生物膜。垂直流介质类型，对于这些应用是首选的。介质类型可能因为介质表面的润湿和用途被更深入的理解而发展演变。

通常情况下，岩石介质并不适用于新污水处理厂；然而，现有的单元往往可能成为扩展或升级的一部分。通过改进分配器速度或动力通风或通过增加固体接触或使用双重生物工艺过程，如前面所述，就可能提高性能。

7.7.7.2　过滤介质(滤料)深度

在北美，岩石介质滴滤池通常深度为 1~2m，但可能深度达 2.4m。这种深度的限制与由于自然通风产生的通风不足和积水之势增加是相关的。在欧洲，更深的过滤池是常见的；在荷兰阿恩海姆污水处理厂的单元装置，建造了 4.9m 深，但配备了动力通风。对于深的动力通风岩石介质过滤池和浅的自然通风岩石介质过滤池，还缺乏对比数据。

合成介质滴滤池通常建造 5~8m 深，但是也存在高达 12.8m 深的单元装置。深度受限，是因为高度方面的美学、适用性、泵送要求和结构设计方面所致。增加深度对于生物处理效率并没有影响。增加滴滤池深度，通常对于降低高润湿效率所需的最低流量而言是值得的。在具有高负荷的较高滴滤池中，最上层可能会出现氧不足。然而，足够的通风和生物膜充分控制措施能够防止产生气味问题。

滴滤池介质深度对生物反应器性能的影响在以往的设计手册中是作为有争议的问题进行处理的。一些研究人员认为，如果不考虑深度，就是体积控制性能(Bruce and Merkens，

1970，1973；Galler and Gotaas，1964；Kincannon and Stover，1982；NRC，1946）。最近的研究表明，性能依赖于比表面积(当考虑相同的介质类型时，这可能转化为生物反应器的体积)，而不是滴滤池深度。本质上，性能是由底物的可用性决定的。在碳氧化和硝化组合而具有分层深度的滴滤池中，碳氧化兼性异养生物控制介质顶层附近生物膜。多品种生物膜，包括兼性异养和自养硝化细菌，生活在中心附近，而自养硝化生物膜中可能较大量地存在于下层。表面附近的兼性异养为主的生物膜，作为碳基的底物和氧的函数而存在；自养硝化生物膜作为氨氮和氧的函数而存在(碳基底物不存在除外)。具有给定的细菌密度的给定生物膜将具有氧化有限质量的碳基底物的能力。因此，含有碳氧化生物膜的滴滤池“层”将作为进水负荷的函数而变化。这在理论上可以采用高或浅的滴滤池而实现。实际的限制，对于浅滴滤池是基于介质润湿和场地限制的，而对于高滴滤池则是基于上述限制的。即使并非全部，则也是大多数由一些研究人员认为是因为深度而性能提高的情况，可能是因为水力分配改善所致。平均水力学负荷率应该超过 0.5 L/m^2 · s 才能确保最大的性能。

7.7.7.3　结构完整性

岩石介质的选择往往是由当地可用材料或运输成本决定的。石场、砾石、碎石、高炉矿渣和无烟煤都已被使用。无论选择何种材料，应该是健全的、坚硬的、干净的、无尘的，并不溶于污水中的组分的。至于最佳尺寸，还存在一些意见分歧。一个共同的规格要求是95%或更多的介质能够通过2600mm^{2}筛目的筛子而保留在1600mm^{2}筛目的筛子上。这些片粒通常被指定要尺寸均一，所有三维尽可能接近相等。这种材料在工作条件下不应该解体。通常情况下，指定的材料通过硫酸钠健全性试验确定应该是基本健全的。对于防止岩石介质的规格包括：(a)铺设滴滤池介质时，必须防止破损和离析不同尺寸的颗粒；(b)介质将进行筛分而在铺设之前立即清洗而尽可能除去许多细颗粒泥沙，或石碎片；(c)介质铺设将通过在那些已经铺设的介质顶部不需要任何类型的重型车辆的方法完成；(d)通过皮带式输送机、手推车或斗式起重机铺设介质是可以接受的。

合成滴滤池介质，特别是捆扎型(0.61m×0.61m×1.22m)，在新污水处理厂是最常见的。捆扎介质由 PVC 生产而随机介质是由聚乙烯或聚丙烯生产而成。本文中的测试方法适用于捆扎型介质，但同样重要的是，随机介质应该具有足够的强度抵御由于介质、水和生物质的总重量所产生的下沉作用。

应考虑到长期(96 小时)和短期(不到 2 小时)的测试和任何预期介质强度有望超过 20 年最低寿命的能力。只要变形或蠕变的负荷不超标，PVC 适合作为结构材料。尽管这在负荷一直维持时变形可能是一个比较缓慢的过程，但材料仍会因为变形而失效。

新滴滤池介质比 10 岁龄滴滤池介质强度更高，因为随着时间的推移 PVC 强度变差。此外，增塑剂耗散而介质变脆。由于初始强度-重量比高，特别薄的介质可能不足，而可能会缩短使用寿命。通常情况下，这是一个不理解短期测试结果和长期负荷能力之间的关系的问题。测试温度是很重要的，因为 PVC 随着温度超过 18~21℃而失去强度。在最高水温下应该实施负荷试验。介质供应商的数据库温度是(23±1)℃[(73±2℉)]；然而，这个温度可能并不满足具体的功能负荷要求。马博特(Mabbott，1982)推出了评价介质强度的短期压缩试验并报道了弹性模量和相应的介质强度随温度升高而急剧下降的结论(见表 13.30)。

表 13.30　塑料介质强度随温度的变化

温度，T/℃	21	40	49	60
在 T/T_{70} 下弹性模量比/%	100	85	75	50
相当的最低试验负荷/(lb/ft^2)	500	425	375	250

当污水温度超过 30℃(86℉)时，所有结构试验应该在介质的最高工作温度下进行测试。设计者必须仔细考虑恰逢滴滤池停工的热累积及其对模块化塑料介质结构完整性的影响。这个问题在滴滤池由圆顶覆盖而可能阻止空气很容易逸出之时会被放大。

好氧生化反应通常在 5~40℃的温度范围内进行，这是嗜温菌生长的上限(Grady et al.，1999)。在活性污泥系统中就可以观察到这些温度，但对于滴滤池并非是常见的工作温度。孔道(内部生物膜)温度与滴滤池内的空气温度接近平衡，这个温度可能的范围为 10~30℃。除了环境条件之外，现有生物质的量，生物质条件和通气模式都会影响滴滤池内部温度。哈里森(Harrison，2007)证明，温度控制是在应急停工或安装滴滤池介质期间的一个重要考虑因素。当采购介质时，一个良好的设计实践惯例是，指定超过实际水温的工作温度而在意外条件期间提供充分的保护作用。工作温度 38~49℃(100~120℉)，对于温暖的气候，高有机负荷率，或对于部分堵塞或存在温度问题的滤池，并非是不合理的。另一种方案是在圆顶封盖滴滤池内提供旋转喷头而在停工期间，紧急情况下，或其他条件下进行散热。

7.8　设计实例

以下是基于前面小节中介绍的方程和材料确定滴滤池大小尺寸的实例。

7.8.1　实例 13.1：碳生化需氧量限制的生物滤池设计

采用提供二级出水的塑料滤料确定滴滤池的大小尺寸，这将提供平均可溶性 BOD(S_e) 15mg/L 的出水。

其中，

q=6630 m^3/d 或 76.7 l/s；　　R=0.75；

L_i=135 mg/L；　　S_i=75 mg/L 或 75 g/m^3；

比表面积=90 m^2/m^3(27ft^2/ft^3)；　　k_{20}=0.19(l/s)$^{0.5}$/m^2；

D=5.49 m(18 ft)；　　水温=14℃。

(1) 确定滴滤池的大小尺寸。

(a) 利用方程 13.55 确定 k_{20}：

$$k_2=k_1\cdot\left(\frac{D_1}{D_2}\right)^{0.5}\cdot\left(\frac{L_1}{L_2}\right)^{0.5}$$

$$k_2=k_1\left(\frac{6.1\text{m}}{5.49\text{m}}\right)^{0.5}\left(\frac{150\text{g/m}^3}{135\text{g/m}^3}\right)^{0.5}$$

$$k_2=(0.19)(1.054)(1.054)$$

$$k_2=0.21(\text{l/s})^{0.5}/\text{m}^3$$

(b) 利用方程 13.49 对 k_2 进行温度校正：

$$k_t=k_{20}\cdot 1.035^{(T-20)}$$

$$\theta_{14}=1.035^{(14-20)}$$

$$=0.814$$

(c) 利用方程 13.53 计算以下许可的总水力学负荷，*THL*：

$$\ln\left[\frac{R+1}{S_i/S_e+R}\right]=\frac{-KsD1.035^{(T-20)}}{(THL)^n}$$

$$\ln\left(\frac{0.75+1}{75/75+1}\right)=-\frac{(0.21)(5.49m)(0.814)}{(THL)^{0.5}}$$

$$\ln(0.292)=-1.232$$

$$THL^{0.5}=\frac{-0.938}{-1.232}=0.762$$

$$THL=0.580\ L/m^2\cdot s$$

因为 $R=0.75$，则

$$\gamma=q\times R=(76.71/s)0.75$$

$$-57.51/s$$

$$THL=\frac{(76.7+57.5)}{A}=0.580L/m^2\cdot s$$

则 $A=231\ m^2$

(2) 基于实验基标准的检查而确定该滴滤池 BOD 负荷和尺寸是否合理。

(a) 利用方程 13.32 计算有机负荷率，*TOL*：

$$TOL=\frac{施加的\ BOD}{介质体积}$$

$$TOL=\frac{(6630m^3/d)(135g/m^3)1kg/10^3g}{(231m^2)(5.49m)}$$

$$=\frac{895kg/d}{1268m^3}$$

$$=0.706kg/m^3\cdot d(44lbBOD/d\cdot 1000ft^3)$$

将 $TOL=0.706\ kg/m^3\cdot d$ 的建模结果与表 13.26 的实验值进行比较。表 13.26 表明，对于 *TOL* 高达 $0.96kg/m^3\cdot d$，二级质量标准的出水是可能的。考虑进行处理的地区内的当地条件和其他滴滤池的历史案例。这对于有理方程式可能是不正确的假设，要重新评价假设，考虑使用不同的方程，进行中试试验，或尊重实际的滴滤池实验。

7.8.2 实例 13.2：硝化滴滤池设计

设计三级硝化的塑料介质滴滤塔。

其中，

流量，$m^3/d=37\ 840$(438 L/s 或 10 mgd)；

进水 BOD，$L_i=20$ mg/L(757 kg/d)；

进水 SBOD，$S_i=8$ mg/L(303 kg/d)；

SAA-138 m^2/m^3；

进水 TKN-N=28 mg/L(1060 kg/d)；

进水 $NH_4^+-N_i=25$ mg/L；

出水 TKN-$N_e=1.5$ mg/L；

水温=12 ℃。

(1) 检查是否满足三级硝化设计的标准。

BOD_5 与 TKN 之比=20/28 kg BOD/kg N；

=0.71 kg BOD/kg N，该值小于 1.0 kg BOD/kg N；

可溶性 $BOD_5=8$ mg/L，该值小于 12 mg/L。

(2) 利用设计方法步骤的第一步以 138-m^2/m^3的介质和 k_n = 1. 2 g/m^2 · d 确定零级硝化的介质表面积。由图 13. 70，在 75%的饱和度和 12℃下过度氨氮(*NT*)浓度约为 3. 2mg/L。

总凯氏氮(Kjeldahl nitrogen) = [(438 L/s)/(1 000 L/m^3)](86 400 s/d)

[(25× 3. 2 mg/L)/(1 000 mg/g)](1 000 L/m^3)

= 825 000 g/d

介质表面积 = (825 000 g/d)/(1. 2 g/m^2 · d)

= 687 500 m^2

(3) 利用方程 13. 62 采用设计方法的第二步确定一级硝化的介质表面积。

总凯氏氮(Kjeldahl nitrogen) = (438/1 000)(86 400)(3. 2× 1. 5/1 000)(1 000)

= 64 330 g/d

kn = 1. 2$(N_e/N_t)^{0.75}$

= 1. 2$(1.5/3.2)^{0.75}$

= 0. 68 g/m^2 · d

介质表面积 = (64 330 g/d)/(0. 68 g/m · d)

= 94 600 m^2

(4) 确定所需的总介质体积。

总介质表面积 = 687 500+94 600

= 782 100 m^2

总介质体积 = (782 100 m^2)/(138 m^2/m^3)

= 5 670 m^3

(5) 基于设计方法规定的最低 0. 54L/m^2 · s 的流量计算最大塔表面积。

最大塔表面积 = (438 L/s)/(0. 54 L/m^2 · s)

= 811 m^2

最低深度 = 5 670 m^3/811 m^2

= 6. 99 m

(6) 确定塔的数量和尺寸。推荐使用并行运行总面积 775m^2(8330ft^2)的双生物塔。

直径 = $[(4/\rho)(775)]^{0.5}$

= 22. 2 m

深度 = 5 670 m^3/775 m^2 = 7. 32 m

WHL = (438 L/s)/(775 m^2)

= 0. 57 L/m^2 · s

TOL = 0. 13 kg/m^3 · d

7. 8. 3　实例 13. 3：有机和水力学负荷

确定现有滴滤池污水处理厂的 *TOL*、*SOL*、*WHL* 和 *THL*。

其中,

两个直径 25. 9m(85ft)的塑料介质滴滤池具有 4. 27 m(14 ft)的介质深度。

q = 15 000 m^3/d；　　r = 7 500 m^3/d；

$S_{i,总}$ = 140 mg/L；　　$S_{i,可溶}$ = 90 mg/L 或 90 g/m^3；

比表面积 = 98 m^2/m^3(30 ft^2/ft^3)；　　S_i-90 mg/L。

（1）找到滴滤池进水 BOD 负荷。

（a）计算进水总 BOD 和可溶性 BOD 负荷，以 kg/m³·d 计。

施加的 BOD $=q\ L_i=(15\ 000\ \mathrm{gm^3/d})(140\ \mathrm{g/m^3})1\ \mathrm{kg}/10^3\mathrm{g}$

$=2\ 100\ \mathrm{kg/d}$

施加的 SBOD$=q\ S_i=(15\ 000\mathrm{m^3/d})(90\ \mathrm{g\ /m^3})1\ \mathrm{kg}/10^3\mathrm{g}$

$=1\ 350\ \mathrm{kg/d}$

（b）确定滴滤池介质面积和体积。

面积$A_1=\pi$(直径)$^2/4$

$A_1=3.14(25.9\mathrm{m})^2/4$

$A_1=526.6\mathrm{m}^2$

总面积$=$(# 单元)$(A_1)=2(525.6\mathrm{m}^2)$

$A_T=1053.2\mathrm{m}^3$

总体积$V_T=A_T(D)$

$=(1053.2\mathrm{m}^2)(4.27\mathrm{m})$

$=4497\mathrm{m}^3$

（c）利用方程 13.38 计算滴滤池总有机负荷和可溶性有机负荷（分别为 *TOL* 和 *SOL*）。

$$TOL=\frac{\text{施加的 BOD}}{V_{\mathrm{M}}}=\frac{2100\mathrm{kg/d}}{4497\mathrm{m}^3}$$

$=0.467\mathrm{kg\ BOD/d\cdot m^3}$

$$SOL=\frac{\text{施加的 SBOD}}{V_{\mathrm{M}}}=\frac{1350\mathrm{kg/d}}{4497\mathrm{m}^3}$$

$=0.30\mathrm{kg\ SBOD/d\cdot m^3}$

（2）确定滴滤池系统的水力学负荷率。

（a）利用方程 13.40 计算滴滤池的污水水力学负荷。

$$WHL=\frac{q(1000\mathrm{m^3/ML})}{A}$$

$$WHL=\frac{(15000\mathrm{m^3/d})}{1053\mathrm{m}^2}$$

$=14.2\mathrm{m^3/d\cdot m^2}$

（b）利用方程 13.39 计算滴滤池的总水力学负荷。

$$THL=\frac{\text{总泵送流量}}{A}=\frac{q+r}{A}$$

$$THL=\frac{(15000\mathrm{m^3/d}+7500\mathrm{m^3/d})}{1052\mathrm{m}^2}$$

$=21.4\mathrm{m^3/d\cdot m^2}$

（c）计算再循环率。

$$R=\frac{r}{q}=\frac{7500\mathrm{m^3/d}}{15000\mathrm{m^3/d}}=0.5$$

（d）利用方程 13.39 计算滴滤池的表面负荷率。

$SLR = TOL/SSA = 0.467\ kg/d \cdot m^3/98^2/m^3 = 4.76\times 10^{-3}\ kg/d \cdot m^2$

7.8.4　实例 13.4：生物滤池分类和分配器调节

确定实例 13.1 中滴滤池的滤池分类和分配器速度的调节。

其中，

分配器在 1.5 rpm（N=0.667 min/r）下运行。二级系统经历了极端粗加工情况。该分配器具有四个分配器分枝管。

q=1.1 ML/d 或 1100 m^3/d；　r=0.55 ML/d 或 550 m^3/d；

$S_{i,总}$=140 mg/L　$S_{i,可溶}$=90 mg/L 或 90 g/m^3；

比表面积=98 m^2/m^3（30 ft^2/ft^3）；　$S_{i,可溶}$=90 mg/L。

（1）通过相对于表 13.26 中的值对比实际负荷值而确定滴滤池的类型

（a）有机负荷：TOL 计算值 0.467 $kg/m^3 \cdot d$ 处于碳氧化滴滤池（0.32~0.96 $kg/m^3 \cdot d$）的较低范围内，间接表明这是一种轻微负荷的传统滴滤池。

（b）水力学负荷：THL 计算值为 21.4 $m^3/m^2 \cdot d$，处于推荐范围（13.7~88 $m^3/m^2 \cdot d$）的较低范围内。为了提高水力学负荷和负荷率，一种方法就是提高再循环。考虑减缓分配器或建立定期冲洗循环也是可行的。最后，应该联系滤料或分配器的厂商，与之进行咨询。

（2）计算分配器剂量速率并确定是否应该对泵或分配器速度作出变化。

（a）计算现有的剂量率

$$DR = \frac{(N)(q+r)(1000mm/m)}{A(9)(1440min/d)}$$

$$= \frac{(0.667min/rev)(15000m^3/d+7500m^3/d)1000}{(1053m^2)(2\ 个臂)(1440)}$$

$$= 4.95mm/通道$$

（b）将以上剂量率与表 13.27 中推荐值进行比较，推荐的剂量率为 50~150mm/通道，该值小于所需值 10~30 倍。可能应该增加机械驱动分配器和/或提高再循环泵送作用。

（3）与分配器供应商的讨论表明，对于传统运行正常转速将是 10min/转而对于冲洗时应该为 40min/转。如果 R=1.0 并维持厂商的旋转速度时确定剂量率。

（a）酸现有的剂量率。

$$DR_{normal} = \frac{(10min/rev)(15000m^3/d+15000m^3/d)1000}{(1053m^3)(2\ 个臂)(1440)}$$

$$= 142mm/通道$$

这些变化的评价表明，减缓分枝管或增加再循环可能能够增强冲洗作用并可能降低脱落问题的严重性。

8　新兴生物膜反应器

本节着重介绍了美国新的、新兴的或现有而并未广泛使用的生物膜工艺过程。这些讨论分为两个议题：（1）膜生物膜反应器，一种固定床生物膜反应器的类型，和（2）悬浮生物膜反应器。

8.1 膜生物膜反应器

膜一直应用于水过滤，气体分离和进出液体气体交换。在 20 世纪 80 年代后期，研究人员发现，气体交换膜可用于向膜外部表面上自然形成的生物膜递送气态底物，如氧、氢或甲烷(Timberlake et al.，1988；Clapp et al.，1999；Lee and Rittmann，2000)。当用于递送氧时，一些研究人员称他们为曝气膜生物反应器(MABR)；更常见地被称为膜生物膜反应器(MBfR)(Brindle and Stephenson，1996a；Lee and Rittmann，2000；Nerenberg and Rittmann，2004；Syron and Casey，2008)。为了保持一致，在本章中，都将被称为 MBfRs。

中空纤维膜通常用于 MBfRs 中，因为随着其外径低至 100μm，中空纤维膜能够提供高达 5000 m^2/m^3的比表面积(Pankhania et al.，1999；Adham et al.，2004)。人们也已经开始使用膜板材(Semmens，2005)。微孔疏水性材料非常适合 MBfR 应用，因为这种材料具有高气体交换速率(Yang and Cussler，1986)。与膜生物反应器(MBRs)中膜起到水过滤器的作用不同的是，MBfRs 的孔道都充满气体，因此，不易于出现固体或细菌结垢。然而，在某些情况下，这些孔道可能会被湿润，而大大降低了气体交换速率。此外，这些材料还必须有小孔，才能在较低的供气压力下防止产生气泡(Weiss et al.，1996)。

图 13.76 显示了中空纤维膜束示意图和单根微孔中空纤维的截面图。这种纤维将供气进气管一端集中到一起并将另一端密封。纤维内腔(内部)的加压气体扩散通过干燥孔道而进入涂层于纤维的生物膜中。当按照这种“死端”模式使用时，所有供给到 MBfR 的气体就传送进入生物膜，而提高了气体利用效率。生物膜的气体流量就可以通过控制膜内气体压力而进行调节。

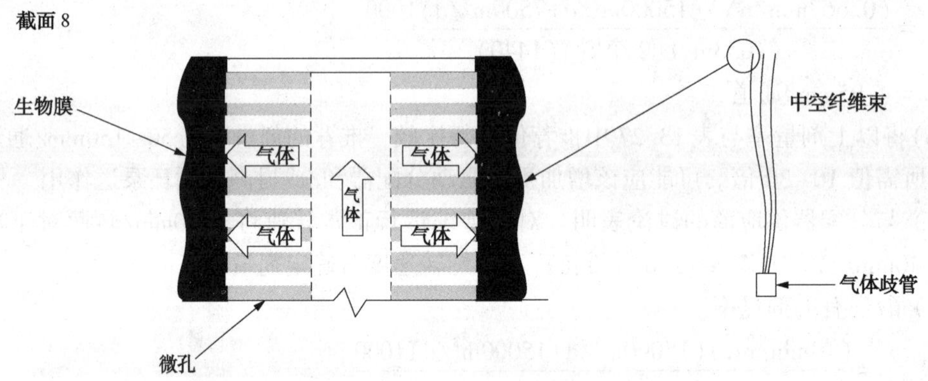

图 13.76 纤维的截面(左)和中空纤维膜束的示意图(右)

MBfR 生物膜受到底物反扩散，其中一种底物(电子供体或受体)从本体液体扩散进入生物膜，而其他底物从连接表面，或膜发生扩散。膜供给的气态底物进入生物膜内而并未没有横穿液体边界层，这就使之具有更大的通量。此外，在生物膜-液体界面上的液体扩散层有助于保持生物膜内的气体底物。连接表面附近的富底物条件可能有利于如下所述的某些微生物过程。

MBfR 底物反向扩散的缺点在于厚厚的生物膜可能会显著降低底物的通量。由于生物膜厚，供体和受体可能在生物膜的反面变成速控性的，只有中间部分才会具有代谢活性(Essila et al.，2000)。这意味着控制生物膜的积累对于 MBfRs 尤其重要。

研究人员已经考虑 MBfRs 的各种应用和不同气体的使用。例如，甲烷基的 MBfRs 已研究用于三氯乙烯和苦味酸的共代谢降低，而空气基 MBfRs 已经用于污水硝化和反硝化的研究（Clapp et al.，1999；Grimberg et al.，2000；Syron and Casey，2008）。氢（H_2）基 MBfRs 已经用于砷酸盐、溴酸盐，铬酸盐、硒酸盐和三氯乙烷等的研究（Chung et al.，2006a；Downing and Nerenberg 2007a；Chung et al.，2006b；Chung et al.，2006c；Chung and Rittmann，2007）。

8.1.1　氢基 MBfRs

H_2基 MBfRs 最初开发用于需要加入电子供体而降低硝酸盐或其他氧化性污染物的还原性饮用水处理（Ergas and Reuss，2001；Lee and Rittmann 2002；Nerenberg and Rittmann 2004）。

H_2优于有机电子供体的优点包括

- 不会对人类健康产生毒性。
- 使用无特殊接种需要的土生细菌。
- 溶解度低，防止过量。
- 低生物质产率（$Y_{氢气} \oplus 0.4\ Y_{乙醇}$），这就使得生物质不会太过量。
- 现场发生 H_2。

缺点包括

- 使用可燃性气体。
- 当膜高密度填充时各个膜会聚结成单一生物膜。
- 缺乏全规模性的实验。

早期中试规模试验表明，MBfRs 可以有效地去除地下水中的硝酸盐和高氯酸盐（Adham et al.，2004；Rittmann et al.，2004）。更多中试规模试验侧重于从饮用水中去除硝酸盐和高氯酸盐（图 13.77）。由弗吉尼亚州亚历山德里亚的水资源再利用基金会（WaterReuse Foundation）资助而正在进行的中试规模研究，正在研究 H_2-基 MBfRs 用于污水三级反硝化。

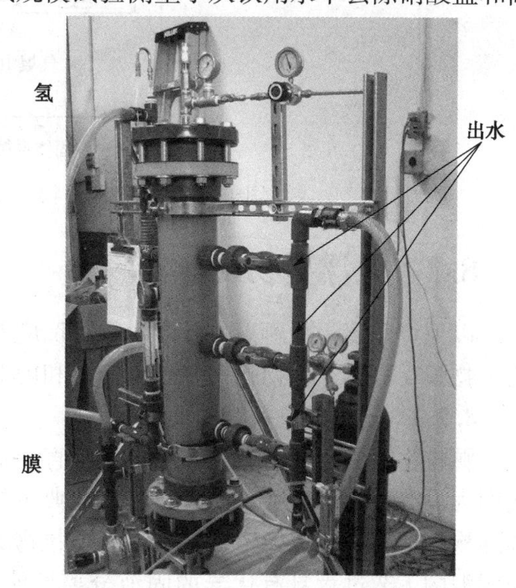

图 13.77　地下水处理的小试膜生物膜反应器
（Aptwater，Pleasant Hill，CA 提供）

8.1.2　氧基 MBfRs

氧基 MBfRs 能够用于提供"被动曝气"，自从 20 世纪 80 年代后期以来，就已经进行实验室和中试规模的研究。实验室规模的试验表明，这些 MBfRs 能够同时实现 COD 去除硝化和反硝化（Timberlake et al.，1988；Suzuki et al.，1993；Brindle and Stephenson，1996b；Brindle et al.，1998）。硝化通常发生于生物膜的内部部分，接近空气或充氧膜，而反硝化和 BOD 去除发生于外层部分本体液体中溶解氧浓度较低之时（Schramm et al.，2000；Semmens et al.，2003）。

O_2基 MBfRs 也进行了中试规模试验。在一项研究中发现，MBfR 能够有效地去除高强度啤酒污水中的 COD，有机物去除率达到 71g $COD/m^2 \cdot d$(Brindle et al.，1999)。其他中试规模的 MBfRs 研究了采用中空纤维和膜片材同时去除 COD 和总氮，硝化速率达到 0.5 $gN/m^2 \cdot d$。然而，COD 去除率和硝化速率因为膜渗漏和生物膜脱落事件随时间推移而降低(Semmens，2005)。

有关混杂 MBfRs(HMBP；悬浮和附生生长)从污水中去除 BOD 和氮也进行了实验室小试和中试规模的试验(Downing and Nerenberg，2007b)。中试规模 HMBP 的概念图如图 13.78 所示。这个工艺过程类似于线绳型 IFAS，其中中空纤维膜不再是线绳而经过改装适用于活性污泥池。这个工艺的优点包括：

- 能够进行改装而安装到现有的活性污泥池。
- 能够在短的本体液体固体停留时间下实现硝化。
- 最大限度使用进水 BOD 进行反硝化。
- 降低了能源需求，因为通过被动扩散取代鼓泡曝气，并避免了水再循环。
- 通过亚硝酸盐实现氮去除(Downing and Nerenberg，2008a；Downing and Nerenberg，2008b)。

对于所有 MBfRs，还需要展开全规模应用的高效和成本有效性的构造结构设计的开发研究。理想的构造设计结构应该具有高比表面积，同时还容许实现良好的混合和生物膜累积的有效管理。

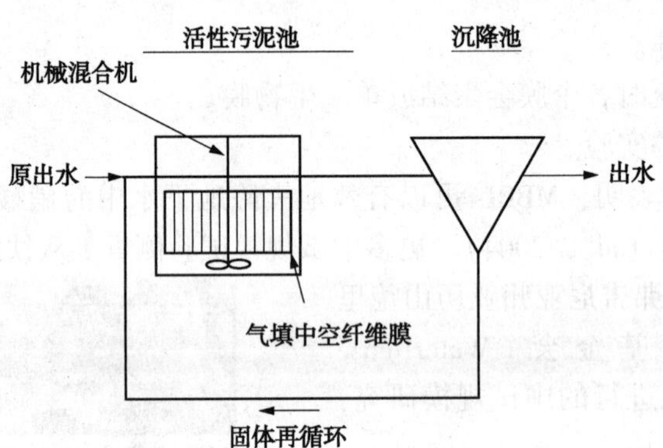

图 13.78　混杂膜生物膜反应器工艺过程的设计布局图

8.2　悬浮生物反应器

以下将介绍一些新兴的悬浮生物膜反应器，包括基于好氧颗粒污泥的反应器、厌氧氨氧化生物膜反应器、生物膜气升式反应器和内部再循环反应器。

8.2.1　基于好氧颗粒的反应器

颗粒物是大而密的微生物聚集体，直径通常为 1~3mm(Liu and Tay，2002)。虽然颗粒物因为没有生长于惰性基质上而并非经典生物膜，但是其活动行为与其一样，以其微生物群落结构的梯度而形成稳定的聚集体。颗粒物的沉降速度比活性污泥絮凝体高得多，而基于颗粒污泥的工艺过程具有优异的固液分离性能，高生物质保留和高体积处理能力(Morgenroth et al.，1997)。

在厌氧系统中的颗粒物最早应用于上流式厌氧污泥层(UASB)反应器和厌氧序批式反应器(SBR)(Lettinga et al.，1980；Wirtz and Dague，1996)。UASB 反应器将在第 14 章中更详细地讨论。

最近，在好氧反应器，主要是 SBRs 中也已经发现了颗粒物(Morgenroth，et al. 1997；Beun et al.，2002；Liu and Tay，2007)。一个重要的优点是，颗粒物污泥系统比传统活性污泥系统具有更小的占地面积。有利于形成好氧颗粒污泥的条件，包括高剪切条件，短沉降时间和低生长速率(Liu and Tay 2002；Morgenroth et al.，1997；de Kreuk and van Loosdrecht，2004)。除磷条件有利于形成颗粒，因为内源性聚羟烷酸的生长速率较低。颗粒污泥系统通常不满足无后处理的悬浮固体的出水要求。

好氧颗粒工艺过程是热点研究领域，而阿道夫等(Adav et al.，2008)提供了这项技术最新综述。好氧颗粒工艺能够同时转化有机底物，氮化合物和磷(de Kreuk and van Loosdrecht 2004；de Kreuk et al. 2005；Yilmaz et al. 2008)。研究人员已经用于处理市政、奶制品、有毒有机物和含锕系元素的污水研究(de Kreuk and van Loosdrecht，2006；Schwarzenbeck et al.，2005；Zhu et al.，2008；Nancharaiah et al.，2006)。为了改善出水悬浮固体，研究人员最近提出组合应用颗粒物 SBR 工艺与膜生物反应器(Wang et al.，2008)。由 STW［荷兰应用技术研究基金(Dutch Foundation for Applied Technology)］和 STOWA［荷兰应用水研究基金会(Dutch Foundation for Applied Water Research)］资助的中试规模的研究已经在荷兰实施。这项研究的目的就是引向全规模示范项目。

8.2.2　厌氧氨氧化生物膜反应器

厌氧氨氧化工艺是一种新型技术，这项技术利用独特的厌氧氨氧化菌的代谢而从污水中除氮(Strous et al.，1999a)。采用絮凝体或生物膜就能够完成厌氧氨氧化过程。这种工艺是由荷兰代尔夫特工业大学(Technical University of Delft)和帕克环保 BV 二者共同开发的。厌氧氨氧化菌，是化能自养菌并属于浮游内胞酶目(Planctomycetales)的成员，使用铵作为电子供体而亚硝酸盐作为电子受体，不需要碳源或电子供体就能够产生氮气(Strous et al.，1999b)。约 12%的进水 N 生成作为副产物的硝酸盐。这个工艺过程对于高强度铵污物(大于 0.2g N/L)和低有机碳(C：N 比大于 0.15)，如消化池上清液，是非常理想的。这个工艺过程通常与产生亚硝酸盐的工艺过程如 SHARON 串联协同运行(van Kempen et al.，2001)。

厌氧氨氧化菌生长缓慢，倍增时间为约 11 天，但是采用固定膜厌氧氨氧化工艺过程能够获得高体积负荷(Strous et al.，1998；Hippen et al.，2001)。厌氧氨氧化过程已经采用 MBBRs、旋转生物接触器(RBCs)、厌氧生物过滤器和颗粒物污泥反应器展开研究(Abma et al.，2007)。

在欧洲已经建成一些全规模污水处理厂，并正进行试验。第一个是在 2002 年安装于荷兰 Waterboard Hollandse Deltain 鹿特丹污水处理厂，容量 500kg N/d。其他污水处理厂处于食品加工，制革和半导体行业。在荷兰的污水处理厂，脱水后的污泥消化池出水径流通过现有的 SHARON 反应器，沉降，并径流通过厌氧氨氧化反应器。消化池出水含有 1000~1500mg/L 的 NH_4^+-N，而 SHARON 反应器的出水含有等量的 NH_4^+ 和 NO_2(Abma et al.，2007)。这种构造设计结构类似于内部循环反应器，在这种内部再循环反应器中进水底部引入，而出水从塔顶部离开。进水在底部混合，而随后通过颗粒物污泥床，在此完成大多数厌氧氨氧化活动。内部循环通过生成的氮气气泡产生，这起到气体抬升作用。氮气气泡在塔顶除去。第二隔间进一步对下隔间出水进行精制而除去其余的 NH_4^+ 和 NO_2^-。由于厌氧氨氧化菌的生长速度缓慢和缺乏种子污泥，预计启动时间为两年。因为运行困难，这包括与亚硝酸盐的毒性和硫化物抑制有关的问题，则实际的启动时间为3.5年。未来污水处理厂的启动应该更快，因为现有的污水处理厂将会提供厌氧氨氧化菌的接种。这种厌氧氨氧化工艺过程的一个重要方面是形成颗粒污泥，这大大增加了生物质浓度。负荷率高达10kg N/m^2·d。出水NH_4^+浓度为60~130mg N/L，而NO_2^-为5~10mg N/L，NO_3^-为约130mg N/L(Abma et al.，2007)。

厌氧氨氧化工艺过程的第二种类型，DEMON工艺过程，开发用于完成单一反应器中的部分硝化和厌氧氨氧化(Wett，2007)。这个工艺过程在奥地利采用SBR工艺过程进行了全规模试验(Wett，2006)。在这个系统中，溶解氧浓度必须小心控制，才能防止浓度过高，因为如果溶解氧浓度过高，就可能促进硝化速率升高而产生NO_2^-毒性。

8.2.3 生物膜气升式反应器

生物膜气升式反应器是在20世纪80年代末在荷兰开发用于好氧污水处理的工艺方法，包括BOD、硫化物和氨的氧化(Heijnen et al.，1993)。生物膜气升式反应器通常采用塔式构造设计，这种结构垂直分成立管和降液管部分(图13.79)。空气在立管部分的底部引入，横穿整个反应器，并在顶部出来。气泡向上运动，响应于上流速率而提供混合作用，产生污泥颗粒物，而洗出较细小的颗粒物。这个工艺过程中的商业版本，包括CIRCOX，具有较高的负荷容量(4~10kg COD/m^3·d)，较短的HRTs(0.5~4h)，高生物质沉降速度(50m/h)，和高生物质浓度(15~30g/L)(Frijters et al.，2000；Nicolella et al.，2000)。采用这个工艺过程，很容易实现硝化作用。一种包括缺氧反硝化隔间的改进CIRCOX，已经进行中试和全规模的试验(Frijters et al.，2000)。氮的体积负荷为1~2kg N/m^3·d。生物膜气升式反应器的厌氧版本，称为气升式反应器，使用气体如甲烷、氢气、氮气代替空气而提供循环流通。这些气体可以是在反应器中形成的降解副产品(如甲烷)。

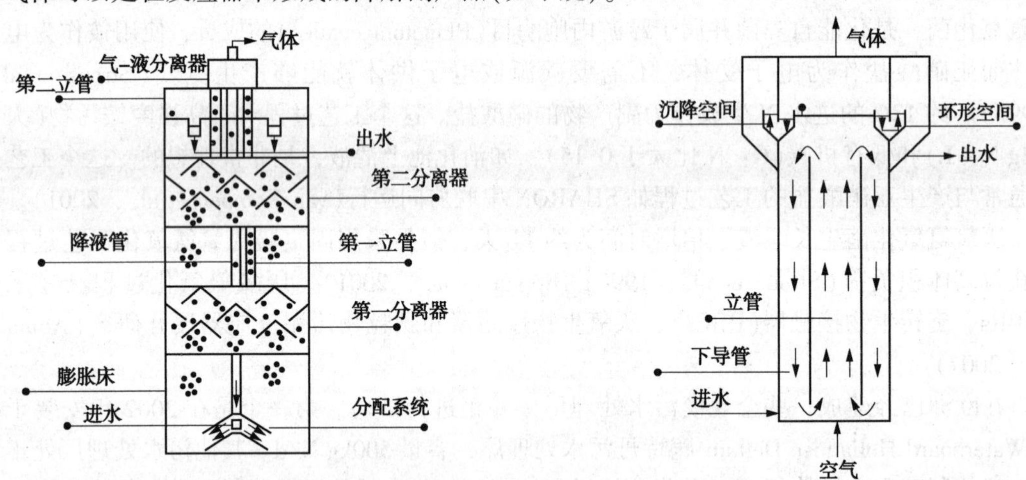

图13.79 (a)生物膜气升式反应器的构造设计结构和(b)内循环流通式反应器的构造设计结构 (Nicolella，2000)

8.2.4 内循环流通式反应器

内循环流通式反应器由两个连续UASB反应过程构成，一个高速率过程和一个低速率过程(Pereboom and Vereijken，1994)。反应器采用塔式构造结构设计，其中下部包含了高速率反应器而上部包含低速率反应器(图13.79)。低速率反应器精制高速率反应器的出水。在较低的塔中，颗粒污泥膨胀床将有机物转化成沼气。这些沼气气体在分离器中收集，并将水和污泥抬升至上层隔间，在那里气体分离出来而污泥通过降液管返流。

9　参考文献

Abma, W.; Schultz, C. E.; Mulder, J. W.; ven der Star, W. R. L.; Strous, M.; Tokutomi, T.; van Loosdrecht, M. C. M. (2007) Full-Scale Granular Anammox Process. *Water Sci. Technol.*, 55(8-9), 27-33.

Abwassertechnische Vereinigung (ATV) (1983) *German ATV Regulations—A*135; Grundsätze für die Bemessung von einstufigen Tropfkörpern und Scheibentauchkörpern mit Anschluwerter über 500 Einwohnergleichwerten, D-5205; St. Augustine, Germany.

Adav, S. S.; Lee, D. J.; Show, K. Y.; Tay, J. H. (2008) Aerobic Granular Sludge: Recent Advances. *Biotechnol. Adv.*, 26(5), 411-423.

Adham, S.; Gillogly, T.; Nerenberg, R.; Lehman, G.; Rittmann, B. E. (2004) *Membrane Biofilm Reactor Process for Nitrate and Perchlorate Removal*; AWWA Research Foundation: Denver, Colorado.

Æsøy, A.; Ødegaard, H.; Bentzen, G. (1998) The Effect of Sulphide and Organic Matter on the Nitrification Activity in a Biofilm Process. *Water Sci. Technol.*, 37(1), 115-122. Albertson, O. E. (1989a) Slow Down That Trickling Filter! *Wat. Env. Tech.* (Oper. Forum.) 6(1), 15-20.

Albertson, O. E. (1989b) Slow Motion Trickling Filters Gain Momentum! *Water Environ. Technol.* (*Oper. Forum.*) 6(8), 28-29.

Albertson, O. E. (1995a) Excess Biofilm Control by Distributor-Speed Modulation. *J. Environ. Eng.*, 121(4), 330-336.

Albertson, O. E. (1995b) Is CBOD5 Test Viable for Raw and Settled Wastewater? *J. Environ. Eng.*, 121(7), 515-520.

Albertson, O. E.; Davies, G. (1984) Analysis of Process Factors Controlling Performance Plastic Bio-media. *Proceedings of the 57th Water Pollution Control Federation Conference*; New Orleans, Louisiana, October; Water Pollution Control Federation: Washington, D. C.

Albertson, O. E.; Eckenfelder, W. (1984) Analysis of Process Factors Affecting Plastic Media Trickling Filter Performance; *Proceedings of the Second International Conference on Fixed Film Biological Processes*; Washington, D. C.

Albertson, O. E.; Okey, R. W. (1988) *Design procedure for Tertiary Nitrification.* Prepared for American Surfpac Inc.: West Chester, Pennsylvania.

Andersson, B.; Aspegren, H.; Nyberg, U.; la Cour Jansen, J.; Ødegaard, H. (1998) Increasing the Capacity of an Extended Nutrient Removal Plant by Using Different Techniques. *Water Sci. Technol.*, 37(9), 175-183.

Andersson, B.; Aspregren, H.; Parker, D. S.; Lutz, M. (1994) High Rate Nitrifying Trickling Filters. *Water Sci. Technol.*, 29(10-11), 47-52.

Antoine, R. L. (1976) *Fixed Biological Surfaces—Wastewater Treatment*; CRC Press Inc.:

Cleveland, Ohio.

Aryan, A. F.; Johnson, S. H. (1987) Discussion of a Comparison of Trickling Filter Media. *J. Water Pollut. Control Fed.*, 59(915).

Aspegren, H. (1992) *Nitrifying Trickling Filters, A Pilot Study of Malm, Sweden*; Malmö Water and Sewage Works: Malm, Sweden.

Aspegren, H.; Nyberg, U.; Andersson, B.; Gotthardsson, S.; Jansen, J. (1998) Post Denitrification in a Moving Bed Biofilm Reactor Process. *Water Sci. Technol.*, 38(1), 31-38.

Atkinson, B.; Busch, A. W.; Dawkins, G. S. (1963) Recirculation, Reaction Kinetics and Effluent Quality in a Trickling Filter Flow Model. *J. Water Pollut. Control Fed.*, 35(1307).

Barnard, J. L. (1974) Cut P and N without Chemicals. *Water Waste Eng.*, 11, 41-44.

Baxter and Woodman Environmental Engineers (1973) *Nitrification in Wastewater Treatment: Report of the Pilot Study*; Prepared for the Sanitary District of Bloom Township: Illinois.

Benjes, H. H., Jr. (1977) *Small Community Wastewater Treatment Facilities - Biological Treatment Systems*; Prepared for the U. S. Environmental Protection Agency Technology Transfer National Seminar Small Wastewater Treatment System; Culp/Wesner/Culp: El Dorado Hills, California.

Benzie, W. J.; Larkin, H. O.; Moore, A. F. (1963) Effects of Climactic and Loading Factors on Trickling Filter Performance. *J. Water Pollut. Control Fed.*, 35(4), 445-455.

Beun, J. J.; van Loosdrecht, M. C. M.; Heijnen, J. J. (2002) Aerobic Granulation in a Sequencing Batch Airlift Reactor. *Water Res.*, 36(3), 702-712.

Biesterfeld, S.; Farmer, G.; Figueroa, L.; Parker, D.; Russell.; P. (2003) Quantification of Denitrification Potential in Carbonaceous Trickling Filters. *Water Res.*, 37(16), 4011-4017.

Bill, K.; Bott, C.; Yi, P. H.; Ziobro, C.; Murthy, S. (2008) Evaluation of Alternative Electron Donors in Anoxic Moving Bed Biofilm Reactors (MBBRs) Configured for Post - Denitrification. *Proceedings of the 81st Annual Water Environment Federation Technical Exposition and Conference* [CD-ROM]; Chicago, Illinois; Oct 18-22; Water Environment Federation: Alexandria, Virginia.

Boessmann, M.; Neu, T. R.; Horn, H.; Hempel, D. C. (2004) Growth, Structure and Oxygen Penetration in Particle Supported Autotrophic Biofilms. *Water Sci. Technol.*, 149(11-12), 371-377.

Boller, M.; Gujer, W. (1986) Nitrification in Tertiary Trickling Filters Followed by Deep Filters. *Water Res.*, 20, 1363.

Boltz, J. P; La Motta, E. J. (2007) The Kinetics of Particulate Organic Matter Removal as a Response to Bioflocculation in Aerobic Biofilm Reactors. *Water Environ. Res.*, 79, 725.

Boltz, J. P.; La Motta, E. J.; Madrigal, J. A. (2006) The Role of Bioflocculation on Suspended Solids and Particulate COD Removal in the Trickling Filter Process. *J. Environ. Eng.*, 132 (5), 506-513.

Boltz, J. P.; Goodwin, S. G.; Rippon, D.; Daigger, G. T. (2008) A Review of Operational Control Strategies for Snail and Other Macrofauna Infestations in Trickling Filters. *Water*

Pract., 2(4).

Boltz, J. P.; Johnson, B. R.; Daigger, G. T.; Sandino, J. (2009a) Modeling Integrated Fixed Film Activated Sludge (IFAS) and Moving Bed Biofilm Reactor (MBBR) Systems I: Mathematical Treatment and Model Development. *Water Environ. Res.*, 81, 576-586.

Boltz, J. P.; Johnson, B. R.; Daigger, G. T.; Sandino, J.; Elenter, D. (2009b) Modeling Integrated Fixed Film Activated Sludge (IFAS) and Moving Bed Biofilm Reactor (MBBR) Systems II: Evaluation. *Water Environ. Res.*, 81, 555-575.

Boltz, J. P.; Daigger, G. T.; Johnson, B. R.; Hiatt, W.; Grady, Jr., C. P. L. (2009c). Expanded Process Model Describes Biomass Distribution, Free Ammonia/Nitrous Acid Inhibition and Competition Between Ammonia Oxidizing Bacteria (AOB) and Nitrite Oxidizing Bacteria (NOB) in Submerged Biofilm and Integrated Fixed-Film Activated Sludge Bioreactors. *Proceedings of the Water Environment Federation Nutrient Removal Conference* [CD-ROM]; Washington, D. C., Jun 28-Jul 1; Water Environment Federation: Alexandria, Virginia.

Boltz, J. P.; Morgenroth, E.; Sen, D. (2009d) Mathematical Modeling of Biofilms and Biofilm Reactors for Engineering Design. *Water Sci. Technol.*, (in press).

Bosander, J.; Westlund, A. D. (2000) Operation of Full-Scale Fluidized Bed for Denitrification. *Water Sci. Technol.*, 41(9), 115-121.

Bosman, J.; Hendricks, F. (1981) The Technologies and Economics of the Treatment of a Concentrated Industrial Effluent by Biological Denitrification Using a Fluidised-Bed Reactor. In *Biological Fluidized Bed Treatment of Water and Wastewater*, Cooper, P. F., Atkinson, B; Ellis Horwood for Water Research Laboratory, Stevenage Laboratory: Chichester, United Kingdom, 222-233.

Bratby, J. R.; Fox, B.; Parker, D. S.; Fisher, R.; Jacobs, T. (1999) Using Process Simulation Models to Rate Plant Capacity. *Proceedings of the 72nd Annual Water Environment Federation Technical Exposition and Conference* [CD-ROM]; New Orleans, Louisiana, Oct 10-13; Water Environment Federation: Alexandria, Virginia.

Brenner, R. C.; Heidman, J. A.; Opatken E. J.; Petrasek A. C. (1984) *Design Information on Rotating Biological Contactors*; EPA-600/2-84-106; U. S. Environmental Protection Agency: Washington, D. C.

Brindle, K.; Stephenson, T. (1996a) The Application of Membrane Biological Reactors for the Treatment of Wastewaters. *Biotechnol. Bioeng.*, 49(6), 601-610.

Brindle, K.; Stephenson, T. (1996b) Nitrification in a Bubbleless Oxygen Mass Transfer Membrane Bioreactor. *Water Sci. Technol.*, 34(9), 261-267.

Brindle, K.; Stephenson, T.; Semmens, M. J. (1998) Nitrification and Oxygen Utilisation in a Membrane Aeration Bioreactor. *J. Membr. Sci.*, 144(1-2), 197-209.

Brindle, K.; Stephenson, T.; Semmens, M. J. (1999) Pilot-Plant Treatment of a High-Strength Brewery Wastewater Using a Membrane-Aeration Bioreactor. *Water Environ. Res.*, 71(6), 1197-1204.

Bruce, A. M.; Merkens, J. C. (1970) Recent Studies of High Rate Biological Filtration. *J.*

Water Pollut. Control, 2, 449.

Bruce, A. M.; Merkens, J. C. (1973) Further Studies of Partial Treatment of Sewage by High-Rate Biological Filtration. *J. Water Pollut. Control*, 5, 499.

Bruce, A. M.; Merkens, J. C. (1975) Pilot Studies on the Treatment of Domestic Sewage by Two-Stage Biological Filtration—With Special Reference to Nitrification. *J. Water Pollut. Control*, 80.

Bryan, E. H. (1955) Molded Polystyrene Media for Trickling Filters. *Proceedings of the 10th Purdue Industrial Waste Conference*; Purdue University: West Lafayette, Indiana; pp. 164-172.

Bryan, E. H. (1962) Two-Stage Biological Treatment: Industrial*Experience. Proceedings of the 11th South Municipal Industrial Waste Conference*; University of North Carolina: Chapel Hill, North Carolina; 136.

Bryan, E. H.; Moeller, D. H. (1960) Aerobic Biological Oxidation Using Dowpac. *Proceedings of the Conference on Biological Waste Treatment*; Manhattan College: New York.

Bryers, J. D. (1984) Biofilm Formation and Chemostat Dynamics: Pure and Mixed Culture Conditions. *Biotech. Bioeng.*, 26, 948-958.

Callieri, D. A. S.; N ez, C. G.; Díaz Ricci, J. C.; Scidá, L. (1984) Batch Culture of *Candida utilis*in a Medium Deprived of a Phosphorus Source. *App. Microbiol. Biotech.*, 19, 267-271.

Cantwell, A.; Mosey, F. (1999) Recent Applications and Developments of the Biobead System; *Proceedings of the BAF3 Conference*; Cranfield University: Cranfield, England.

Canziani, R. (1988) Submerged Aerated Filters IV-Aeration Characteristics. *Ingegneria Ambientale*, 17(11/12), 627-636.

CH2M HILL (1984) *A Comparison of Trickling Filter Media Internal Project Report*; CH2M HILL: Denver, Colorado.

Cherchi, C.; Onnis-Hayden, A.; Gu, A. Z. (2008) Investigation of MicroCTM as an Alternative Carbon Source for Denitrification, *Proceedings of the Water Environment Federation 81st Annual Technical Exposition and Conference*[CD-ROM], Chicago, Illinois; Oct 18-22; Water Environment Federation: Alexandria, Virginia.

Chung, J.; Rittmann, B. E. (2007) Bio-reductive Dechlorination of 1, 1, 1-Trichloroethane and Chloroform Using a Hydrogen-Based Membrane Biofilm Reactor. *Biotechnol. Bioeng.*, 97 (1), 52-60.

Chung, J.; Li, X. H.; Rittmann, B. E. (2006a) Bioreduction of Arsenate Using a Hydrogen-Based Membrane Biofilm Reactor. *Chemosphere*, 65(1), 24-34.

Chung, J.; Nerenberg, R.; Rittmann, B. E. (2006b) Bioreduction of Soluble Chromate Using a Hydrogen-Based Membrane Biofilm Reactor. *Water Res.*, 40(8), 1634-1642.

Chung, J.; Nerenberg, R.; Rittmann, B. E. (2006c) Bioreduction of Selenate Using a Hydrogen-Based Membrane Biofilm Reactor. *Environ. Sci. Technol.*, 40(5), 1664-1671.

Clapp, L. W.; Regan, J. M.; Ali, F.; Newman, J. D.; Park, J. K.; Noguera, D. R. (1999) Activity, Structure, and Stratification of Membrane-Attached Methanotrophic Biofilms Cometabolically Degrading Trichloroethylene. Water Sci. Technol., 39(7), 153-161.

Clark, J. H.; Moseng, E. M., Asano, T. (1978) Performance of a Rotating Biological Contactor under Varying Wastewater Flow. *J. Water Pollut. Control Fed.*, 50, 896.

Coelhoso, I.; Boaventura, R.; Rodrigues, A. (1992) Biofilm reactors—An Experimental and Modeling Study of Wastewater Denitrification in Fluidized-Bed Reactors of Activated Carbon Particles. *Biotechnol. Bioeng.*, 40(5), 625-633.

Cooper, P. F. (1986) The Two Fluidized Bed Reactor for Wastewater Treatment. In*Process Engineering Aspects of Immobilized Cell Systems*; Webb, C., Black, G. M., Atkinson, B., Eds.; The Institution of Chemical Engineers: Rugby, United Kingdom, 179-204.

Cooper, P. F.; Wheeldon, D. H. V. (1981) Completer Treatment of Sewage in a Two-Fluidised Bed System. In*Biological Fluidized Bed Treatment of Water and Wastewater*; P. F. Cooper and B. Atkinson. Cooper, P. F., Atkinson, B., Eds; Ellis Horwood for Water Research Laboratory, Stevenage Laboratory: Chichester, United Kingdom, pp. 121-144.

Cooper-Smith, G.; Schofield, I. (2004) Submerged Aerated Filters, Coming of Age for AMP4; *Proceedings of the 2nd National CIWEM Conference*; September; Wakefield, United Kingdom; Chartered Institution of Water and Environmental Management: London, England.

Copp, J. B.; Dold, P. L. (1998) Comparing Sludge Production under Aerobic and Anoxic Conditions. *Water Sci. Technol.*, 38(1), 285-294.

Crine, M.; Schlitz, M.; Vandevenne, L. (1990) Evaluation of the Performances of Random Plastic Media in Aerobic Trickling Filters. *Water Sci. Technol.*, 22(1/2), 227-238.

Culp, G. L. (1963) Direct Recirculation of High-Rate Trickling Filter Effluent. *J. Water Pollut. Control Fed.*, 35(6), 742-747.

Daigger, G. T.; Heinemann, T. A.; Land, G.; Watson, R. S. (1994) Practical Experience with Combined Carbon Oxidation and Nitrification in Plastic Media Trickling Filters. *Water Sci. Technol.*, 29(10-11), 189-196.

Daude, D.; Stephenson T. (2004) Cost-Effective Treatment Solutions for Rural Areas; Design of a New Package Treatment Plant for Single Households. *Water Sci. Technol.*, 48(11), 107-113.

de Kreuk, M. K.; van Loosdrecht, M. C. M. (2004) Selection of Slow-Growing Organisms as a Means for Improving Aerobic Granular Sludge Stability. *Water Sci. Technol.*, 49(11-12), 9-17.

de Kreuk, M. K.; van Loosdrecht, M. C. M. (2006) Formation of Aerobic Granules with Domestic Sewage. *J. Environ. Eng.*, 132(6), 694-697.

de Kreuk, M.; Heijnen, J. J.; van Loosdrecht, M. C. M. (2005) Simultaneous Cod, Nitrogen, and Phosphate Removal by Aerobic Granular Sludge. *Biotechnol. Bioeng.*, 90(6), 761-769.

deBarbadillo, C.; Rectanus, R.; Canham, R.; Schauer, P. (2006) Tertiary Denitrification And Low Phosphorus Limits: A Practical Look At Phosphorus Limitations On Denitrification Filters. *Proceedings of the 79th Annual Water Environment Federation Technical Conference and Exposition*[CD-ROM]; Dallas, Texas, Oct 21-25; Water Environment Federation: Alexandria, Virginia.

deBarbadillo, C.; Shaw, A.; Wallis-Lage, C. (2005) Evaluation and Design of Deep-Bed Denitrification Filters: Empirical Design Parameters vs. Process Modeling. *Proceedings of the 78th Annual Water Environment Federation Technical Conference and Exposition*, Washington, D. C., Oct 12-15; Water Environment Federation: Alexandria, Virginia.

Degremont (2007) Water Treatment Handbook, 7th ed.; Lavoisier SAS: France.

Degremont (2008) E-mail communication providing recommended design loading ranges for Biofor BAF.

Dempsey, M. J. Nitrification Process, U. S. Patent 6, 572, 773, 2003.

Dempsey, M. J. Fluid Bed Expansion and Fluidization, U. S. Patent 7, 309, 433, 2007.

Dempsey, M. J.; Porto, I.; Mustafa, M.; Rowan, A. K.; Brown, A.; Head, I. M. (2006) The Expanded Bed Biofilter: Combined Nitrification, Solids Destruction, and Removal of Bacteria. *Water Sci. Technol.*, 54(8), 37-46.

Dempsey, M. J.; Lannigan, K. C.; Minall, R. J. (2005) Particulate-Biofilm, Expanded-Bed Technology for High-Rate, Low-Cost Wastewater Treatment: Nitrification. *Water Res.*, 39(6), 965-974.

Dold, P. L.; Ekama, G. A.; Marais, G. v. R. (1980) A General Model for the Activated Sludge Process. *Prog. Water Technol.*, 12(6) 47-77.

Downing, L.; Nerenberg, R. (2007a) Kinetics of Microbial Bromate Reduction in a Hydrogen-Oxidizing, Denitrifying Biofilm Reactor. *Biotechnol. Bioeng.*, 98(3), 543-550.

Downing, L.; Nerenberg, R. (2007b) Performance and Microbial Ecology of the Hybrid Membrane Biofilm Process (HMBP) for Concurrent Nitrification and Denitrification of Wastewater. *Water Sci. Technol.*, 55(8-9), 355-362.

Downing, L.; Nerenberg, R. (2008a) Effect of Oxygen Gradients on the Activity and Microbial Community Structure of a Nitrifying, Membrane-Aerated Biofilm. *Biotechnol. Bioeng.*, 101(6), 1193-1204.

Downing, L.; Nerenberg, R. (2008b) Total Nitrogen Removal in a Hybrid, Membrane-Aerated Activated Sludge Process. *Water Res.*, 42(14), 3697-3708.

Downing, A. L.; Tomlinson, T. G.; Truesdale, G. A. (1964a) The Effect of Inhibitors on Nitrification in the Activated Sludge Process. *J. Inst. Sewer Purif.*, 6, 537.

Downing, A. L.; Painter, H. A.; Knowles, G. (1964b) Nitrification in the Activated Sludge Process, *J. Inst. Sewer Purif.*, 2, 130.

Drury, D. D.; Carmona, J.; Delgadillo, A. (1986) Evaluation of High Density Cross Flow Media for Rehabilitating and Existing Trickling Filter. *J. Water Pollut. Control Fed.*, 58(5) 364-366.

Eckenfelder, W. W, and Barnhart, E. L. (1963) Performance of a High-Rate Trickling Filter Using Selected Materials. *J. Water Pollut. Control Fed.*, 35(12), 1535-1551.

Eckenfelder, W. W. (1961) Trickling Filter Design and Performance. *J. San. Eng. Div., Am. Soc. Civ. Eng.*, 87, 33-45.

Eckenfelder, W. W. (1963) Performance of a High Rate Trickling Filter Using Selected Materials. *J. Water Pollut. Control Fed.*, 35, 1536.

Ergas, S. J.; Reuss, A. F. (2001) Hydrogenotrophic Denitrification of Drinking Water Using a Hollow Fibre Membrane Bioreactor. *J. Water Supply Res. Technol. Aqua*, 50(3), 161-171.

Essila, N. J.; Semmens, M. J.; Voller, V. R. (2000) Modeling Biofilms on Gas-Permeable Supports: Concentration and Activity Profiles. *J. Environ. Eng.*, 126(3), 250-257.

Fitzpatrick, C. S. B. (2001) Factors Affecting Efficient Filter Backwashing. *Proceeding from the International Conference on Advances in Rapid Granular Filtration in Water Treatment*, Chartered Institution of Water and Environmental Management: London, England.

Francis, C. W.; Hancher, C. W. (1981) Biological Denitrification of High-Nitrate Wastes Generated in the Nuclear Industry. In*Biological Fluidized Bed Treatment of Water and Wastewater*; Cooper, P. F., Atkinson, B., Eds.; Ellis Horwood for Water Research Laboratory, Stevenage Laboratory: Chichester, United Kingdom, pp. 234-250.

Frijters, C.; Vellinga, S.; Jorna, T.; Mulder, R. (2000) Extensive Nitrogen Removal in a New Type of Airlift Reactor. *Water Sci. Technol.*, 41(4-5), 469-476.

Frisch, S. (1998a) Biomass Separation Apparatus and Method, U. S. Patent 5, 788, 842, 1998.

Frisch, S. (1998b) Biomass separation apparatus and method with media return. U. S. Patent 5, 750, 028, 1998.

Frössling, N. (1938) über die Verdunstung Fallender Tropfen (About the Evaporation of Falling Drops). *Gerlands Beiträge zur Geophysik(Gerland's Contributions to Geophysics)*, 52, 170-215(article published in German).

Galler, W. S.; Gotaas, H. G. (1964) Analysis of Biological Filter Variables. *J. Sanit. Eng. Div., Am. Soc. Civ. Eng.*, 90(6), 59.

Germain, J. E. (1966) Economical Treatment of Domestic Waste by Plastic Medium Trickling Filters. *J. Water Pollut. Control Fed.*, 38, 192.

German Association for Water, Wastewater and Waste [ATV-DVWK] (1997) Biologische und Weitergehende Abwasserreinigung [German], 4th ed.; Ernst & Sohn: Berlin.

German Association for Water, Wastewater and Waste [ATV-DVWK] (2000) Standard ATV-DVWK-A 131 E, Dimensioning of Single-stage Activated Sludge Plants, German ATV-DVWK Rules and Standards.

Gonçalves R.; Rogalla, F. (1992) Continuous Biological Phosphorus Removal in a Biofilm Reactor. *Water Sci. Technol.*, 26(9-11), 2027-2030.

Goncalves, R. F.; Le Grand, L.; Rogalla, F. (1994a) Biological Phosphorus Uptake in Submerged Biofilters with Nitrogen Removal. *Water Sci. Technol.*, 29(10-11), 135-143.

Goncalves, R. F.; Nogueira, F. N.; Le Grand, L.; Rogalla, F. (1994b) Nitrogen and Biological Phosphorus Removal in Submerged Biofilters. *Water Sci. Technol.*, 30(11), 1-12.

Gönenç, I. E.; Harremoës, P. (1985) Nitrification in Rotating Disc Systems-I. *Water Res.*, 19(9), 1119-1127.

Grady, L. E.; Daigger, G. T.; Lim, H. (1999) *Biological Wastewater Treatment*, 2nd ed.; Marcel Dekker: New York.

Green, M.; Shnitzer, M.; Tarre, S.; Bogdan, B.; Shelef, G.; Sorden, C. J. (1994) Fluidized-Bed Reactor Operation for Groundwater Denitrification. *Water Sci. Technol.*, 29(10-11), 509-515.

Grimberg, S. J.; Rury, M. J.; Jimenez, K. M.; Zander, A. K. (2000) Trinitrophenol Treatment in a Hollow Fiber Membrane Biofilm Reactor. *Water Sci. Technol.*, 41(4-5), 235-238.

Gujer, W.; Boller, M. (1983) Operating Experience with Plastic Media Tertiary Trickling Filters for Nitrification. In*Design and Operation of Large Treatment Plants*, de Emde, V, Tench, H. B., Eds.; Pergamon: Oxford, United Kingdom.

Gujer, W.; Boller, M. (1986) Design of a Nitrifying Trickling Filter Based on Theoretical Concepts. *Water Res.*, 20, 1353.

Gullicks, H. A.; Cleasby, J. L. (1986) Design of Trickling Filter Nitrification Tower. *J. Water Pollut. Control Fed.*, 58(1), 60-67.

Gullicks, H. A.; Cleasby, J. L. (1990) Cold-Climate Nitrifying Biofilters: Design and Operation Considerations. *J. Water Pollut. Control Fed.*, 62(1), 50-57.

Halvorson, H. O. (1936) Aero-Filtration of Sewage and Industrial Wastes. *Water Works Sewer.*, 83, 307-313.

Harremoës, P. (1976) The Significance of Pore Diffusion to Filter Denitrification. *J. Water Pollut. Control Fed.*, 48(2), 377-388.

Harremoës, P. (1978) *Biofilm Kinetics in Water Pollution Microbiology*, Vol. 2; Michell, R., Ed.; Wiley and Sons: New York.

Harremoës, P. (1982) Criteria for Nitrification in Fixed Film Reactors. *Water Sci. Technol.*, 13, 167.

Harremöes, P.; Wilderer, P. A. (1993) Fundamentals of Nutrient Removal in Biofilters. *Proceedings from the 9th Annual EWPCA-ISWA Symposium*; München, Germany, May 11-13; Abwassertechnische Vereinigung e. V.: St. Augustin, Germany.

Harris S. L.; Stephenson, T.; and Pearce, P. (1996) Aeration Investigation of Biological Aerated Filters using Off-Gas Analysis. *Water Sci. Technol.*, 34, 307.

Harrison, J. R. (2007) Personal Communication. Shutdown of Covered Biofilters.

Harrison, J. R.; Daigger, G. T. (1987) A Comparison of Trickling Filter Media. *J. Water Pollut. Control Fed.*, 59, 679.

Harrison, J. R.; Timpany, P. L. (1988) Design Considerations with the Trickling Filter Solids Contact Process. *Proceedings of the Joint Canadian Society of Civil Engineers*, *American Society of Civil Engineers National Conference on Environmental Engineering*; Canadian Society of Civil Engineers: Vancouver, British Columbia.

Hawkes, H. A. (1963) *The Ecology of Waste Water Treatment*; Pergamon Press: Oxford, England.

Heijnen, J. J.; van Loosdrecht, M. C. M.; Mulder, R.; Weltevrede, R.; Mulder, A. (1993) Development and Scale-Up of an Aerobic Biofilm Airlift Suspension Reactor. *Water Sci. Technol.*, 27(5-6), 253-261.

Hem, L. Nitrification in a Moving Bed Biofilm Process. Unpublished Ph. D. Dissertation, The Norwegian Institute of Technology, Trondheim, Norway, 1991.

Hem, L.; Rusten, B.; Ødegaard, H.; (1994) Nitrification in a Moving Bed Reactor. *Water Res.*, 28(6), 1425-1433.

Hermanowicz, S. W.; Cheng, Y. W. (1990) Biological Fluidized Bed Reactor: Hydrodynamics, Biomass Distribution and Performance. *Water Sci. Technol.*, 22(1-2), 193-202.

Hippen, A.; Helmer, C.; Kunst, S.; Rosenwinkel, K. H.; Seyfried, C. F. (2001) Six Years' Practical Experience with Aerobic/Anoxic Deammonification in Biofilm Systems. *Water Sci. Technol.*, 44(2-3), 39-48.

Hodkinson, B. J.; Williams J. B.; Ha, T. N. (1998) Effects of Plastic Support Media on the Diffusion of Air into a Submerged Aerated Filter, *J. Chart. Inst. Water Environ. Manage.*, 12, 188.

Holbrook, R. D.; Hong, S. N.; Heise, S. M.; Andersen, V. R. (1998) Pilot and Full-Scale Experience with Nutrient Removal in a Fixed-Film System, *Proceedings of the 70th Annual Water Environment Federation Technical Exposition and Conference*Orlando, Florida; Oct 3-7; Water Environment Federation: Alexandria, Virginia.

Holmes, J.; Dutt, S., (1999) Coln Bridge(Huddersfield) WWTW Biopur Plant Process Design and Performance. *Proceedings of the BAF3 Conference*; Cranfield University: Cranfield, England.

Horn, H.; Morgenroth, E. (2006) Transport of Oxygen, Sodium Chloride, and Sodium Nitrate in Biofilms. *Chem. Eng. Sci.*, 61(5), 1347-1356.

Howland, W. E. (1958) Flow Over Porous Media as in a Trickling Filter. *Proceedings of the 12th Purdue Industrial Waste Conference*; Purdue University: West Lafayette, Indiana.

Huang, X.; Liang, P.; Qian Y. (2007) Excess Sludge Reduction Induced by*Tubifex tubifex*in a Recycled Sludge Reactor. *J. Biotechnol.*, 127(3), 443-451.

Hultman, B.; Jonsson, K.; Plaza, E. (1994) Combined Nitrogen and Phosphorus Removal in a Full-Scale Continuous Upflow Sand Filter. *Water Sci. Technol.*, 29(10/11), 127-134.

Husovitz, K. J.; Gilmore, A.; Delahaye, N. G.; Love, K. R.; Little, J. C. (1999) The Influence of Upflow Liquid Velocity on Nitrification in a Biological Aerated Filter. *Proceedings of the Water Environment Federation 72nd Annual Water Environment Federation Technical Conference and Exposition* [CD-ROM]; New Orleans, Louisiana, Oct 10-13; Water Environment Federation: Alexandria, Virginia.

Hydromantis, Inc. (2002) Attached Growth Models. In(unpublished) *GPS-X Technical Reference*, pp. 157-185.

Janning, K. F.; Harremoes, P.; Nielsen, M. (1995) Evaluating and Modelling of the Kinetics in a Full-scale Submerged Denitrification Filter. *Water Sci. Technol.*, 32(8), 115-123.

Janning, K. F.; Mesterton, K.; Harremoës, P. (1997) Hydrolysis and Degradation of Filtrated Organic Particulates in a Biofilm Reactor under Anoxic and Aerobic Conditions. *Water Sci. Technol.*, 36(1), 279-286.

Jeris, J. S.; Owens, R. W. (1975) Pilot-Scale, High-Rate Biological Denitrification. *J. Water Pollut. Control Fed.*, 47(8), 2043-2057.

Jeris, J. S.; Beer, C., et al. (1974) High-Rate Biological Denitrification Using a Granular Fluidized-Bed. *J. Water Poll. Control Fed.*, 46(9), 2118-2128.

Jeris, J. S.; Owens, R. W., et al. (1981) Secondary Treatment of Municipal Wastewater with Fluidized Bed Technology. In*Biological Fluidized Bed Treatment of Water and Wastewater*; P. F. Cooper and B. Atkinson. Cooper, P. F., Atkinson, B., Eds; Ellis Horwood for Water Research Laboratory, Stevenage Laboratory: Chichester, United Kingdom, pp. 112-120.

Jolly, M. (2004) Aberdeen (Nigg) Wastewater Treatment Works-1st Year of Operation. CIWEM 2nd National Conference, Wakefield.

Kaldate, A.; Holst, T.; Pattarkine, V. (2008) Moving Bed Biofilm Reactor Pilot Study for Tertiary Nitrification of HPOAS Wastewater at Harrisburg AWTF. *Proceedings of the 81st Annual Water Environment Federation Technical Exposition and Conference*[CD-ROM]; Chicago, Illinois; Oct 18-22; Water Environment Federation: Alexandria, Virginia.

Kearney, M. M. (2000) Engineered Fractals Enhance Process Applications. *Chem. Eng. Prog.*, 96(12), 61-68.

Kincannon, D. F.; Stover, E. L. (1982) Design Methodology for Fixed-Film Reactors, RBCs and Trickling Filters. *Civ. Eng. Pract. Design*, 2, 107.

Kruger (2008) Email correspondence with Michele Kline of Kruger/Veolia regarding BAF design practices.

Kuenen, J. G.; Jøgensen, B. B.; Revsbech, N. P. (1986) Oxygen Microprofiles of Trickling Filter Biofilms. *Water Res.*, 20(12), 1589-1598.

Laurence A.; Spangel A.; Kurtz W.; Pennington R.; Koch C.; Husband, J. (2003) Full-Scale Biofilter Demonstration Testing in New York City. *Proceedings of the 76th Annual Water Environment Federation Technical Exposition and Conference*[CD-ROM], Los Angeles, California; Oct 11-13; Water Environment Federation: Alexandria, Virginia.

Lazarova, V.; Manem, J. (1996) An Innovative Process for Waste Water Treatment: The Circulating Floating Bed Reactor. *Water Sci. Technol.*, 34(9), 89-99.

Lazarova, V.; Manem, J. (1994) Advances in Biofilm Aerobic Reactors Ensuring Effective Biofilm Activity Control. *Water Sci. Technol.*, 29(10-11), 319-327.

Le Tallec, X., Zeghal, S., Vidal, A., Lesouef, A. (1997). Effect of Influent Quality Variability on Biofilter Operation. *Water Science & Technology*, Vol. 36, No. 1, pp. 111-117.

Lee, J. S.; Buckley, P. S. (1981) Fluid Mechanics and Aeration Characteristics of Fluidised Beds. In*Biological Fluidized Bed Treatment of Water and Wastewater*; P. F. Cooper and B. Atkinson. Cooper, P. F., Atkinson, B., Eds; Ellis Horwood for Water Research Laboratory, Stevenage Laboratory: Chichester, United Kingdom, pp. 62-74.

Lee, K. M.; Stensel, H. D. (1986) Aeration and Substrate Use in a Sparged Packed-Bed Biofilm Reactor. *J. Water Pollut. Control Fed.*, 58, 1066-1072.

Lee, K. -C.; Rittmann, B. E. (2000) A Novel Hollow-Fiber Membrane Biofilm Reactor for Autohydrogenotrophic Denitrification of Drinking Water. *Water Sci. Technol.*, 41(4-5), 219-226.

Lee, K. -C.; Rittmann, B. E. (2002) Applying a Novel Autohydrogenotrophic Hollow-Fiber Membrane Biofilm Reactor for Denitrification of Drinking Water. *Water Res.*, 36(8), 2040-2052.

Lettinga, G.; Vanvelsen, A. F. M.; Hobma, S. W.; Dezeeuw, W.; Klapwijk, A. (1980) Use of the Upflow Sludge Blanket (USB) Reactor Concept for Biological Wastewater Treatment, Especially for Anaerobic Treatment. *Biotechnol. Bioeng.*, 22(4), 699-734.

Levine, A. D.; Tchobanoglous, G.; Asano, T. (1985) Characterization of the Size Distribution of Contaminants in Wastewater: Treatment and Reuse Implications. *J. WaterPollut. Control Fed.*, 57, 805-816.

Levine, A. D.; Tchobanoglous, G.; Asano, T. (1991) Size Distribution of Particulate Contaminants in Wastewater and Their Effect on Treatability. *Water Res.*, 25(8), 911-922.

Lewandowski, Z. (2000) Structure and Function of Biofilms. In*Biofilms: Recent Advances in their Study and Control*, Evans, L. V., Ed.; Harwood Academic Publishers: Australia.

Liang, P.; X. Huang, et al. (2006) Excess Sludge Reduction in Activated Sludge Process through Predation of*Aeolosoma hemprichi*. *Biochem, Eng. J.*, 28(2), 117-122.

Lin, C. S.; Heck, G. (1987) Design and Performance of the Trickling Filter/Solids Contact Process for Nitrification in a Cold Climate. *Proceedings of the 60th Annual Conference of the Water Pollution Control Federation*; Philadelphia, Pennsylvania; Water Pollution Control Federation: Alexandria, Virginia.

Liu, Y.; Tay, J. H. (2002) The Essential Role of Hydrodynamic Shear Force in the Formation of Biofilm and Granular Sludge. *Water Res.*, 36(7), 1653-1665.

Liu, Y. Q.; Tay, J. H. (2007) Cultivation of Aerobic Granules in a Bubble Column and an Airlift Reactor with Divided Draft Tubes at Low Aeration Rate. *Biochem. Eng. J.*, 34(1), 1-7.

Logan, B. E. (1999) *Environmental Transport Processes*; John Wiley and Sons: New York.

Logan, B. E.; Wagenseller, G. A. (2000) Molecular Size Distributions of Dissolved Organic Matter in Wastewater Transformed by Treatment in a Full-Scale Trickling Filter. *Water Environ. Res.*, 72(3), 277-281.

Logan, B. E.; Hermanowicz, S. W.; Parker, D. S. (1987a) Engineering Implications of a New Trickling Filter Model. *J. Water Pollut. Control Fed.*, 59(12), 1017-1028.

Logan, B. E.; Hermanowicz, S. W.; Parker, D. S. (1987b) A Fundamental Model for Trickling Filter Process Design. *J. Water Pollut. Control Fed.*, 59(12), 1029-1042.

Mabbott, J. W. (1982) Structural Engineering of Plastic Media for Wastewater Treatment by Fixed Film Reactors. *Proceedings of the First International Conference on Fixed Film Processes*; Kings Island, Ohio; U. S. Environmental Protection Agency: Washington, D. C. MacDonald, D. V. (1990) Denitrification by Fluidized Biofilm Reactor. *Water Sci. Technol.*, 22(1-2), 451-461.

Madoni, P. (1994) A Sludge Biotic Index (SBI) for the Evaluation of the Biological Performance of Activated-Sludge Plants Based on the Microfauna Analysis. *Water Res.*, 28(1), 67-75.

McCarty, P. L.; Beck, L.; Amant, P. S. (1969) Biological Denitrification of Wastewaters by Addition of Organic Materials, *Proceedings of the 24th Industrial Waste Conference*, Purdue University, 1271-1285.

McQuarrie, J.; Maxwell, M. (2003) Pilot-Scale Performance of the MBBR Process at the Crow Creek WWTP, Cheyenne, Wyoming. *Proceedings of the 76th Annual Water Environment Federation Technical Exposition and Conference* [CD-ROM]; Los Angeles, California, Oct 12-15; Water Environment Federation: Alexandria, Virginia.

McQuarrie, J.; Dempsey, M. J.; Boltz, J. P.; Johnson, B. (2007) The Expanded Bed Biofilm Reactor (EBBR)—An Innovative Biofilm Approach for Tertiary Nitrification. *Proceedings of the 80th Annual Water Environment Federation Technical Exposition and Conference* [CD-ROM]; San Diego, California, Oct 13-17; Water Environment Federation: Alexandria, Virginia.

Melcer, H.; Dold, P. L.; Jones, R. M.; Bye, C. M., Takacs, I.; Stensel, H. D.; Wilson, A. W.; Sun, P.; Bury, S. (2003) *Methods for Wastewater Characterization in Activated Sludge Modeling*; IWA Publishing: London, England; Water Environment Federation: Alexandria, VA.

Melin E.; Ødegaard, H.; Helness, H.; Kenakkala, T. (2004) High-Rate Wastewater Treatment Based Nitrification MBBRs. In *Chemical Water and Wastewater Treatment VIII*; Hahn, H., Hoffman, E., Ødegaard, H., Eds.; IWA Publishing: London, England, pp. 39-48.

Metcalf, L.; Eddy, H. P. (1916) *American Sewerage Practice, Volume III—Disposal of Sewage*; McGraw-Hill: New York.

Michelet, F.; Jolly, M.; Chan, T.; Rogalla, F. (2005) Troubleshooting SAF and BAF Biofilm Reactors on Full Scale, Proceedings of the Water Environment Federation 78th Annual Conference and Exposition, Washington, D. C.

Min, K. N.; Ergas, S. J.; Harrison, J. M. (2002) Hollow-Fiber Membrane Bioreactor for Nitric Oxide Removal. *Environ. Eng. Sci.*, 19(6), 575-583.

Mokhayeri, Y.; Nichols, A.; Murthy, S.; Riffat, R.; Dold, P.; Takacs, I. (2006) Examining the Influence of Substrates and Temperature on Maximum Specific Growth Rate of Denitrifiers, *Water Sci. Technol.*, 54(8), 155-162.

Morgenroth, E. (2003) Detachment: An Often Overlooked Phenomenon in Biofilm Research. In *Biofilm in Wastewater Treatment*; Wuertz, S., Bishop, P., Wilderer, P., Eds.; IWA Publishing: London, England

Morgenroth, E. (2008a) Modelling Biofilm Systems. In: *Biological Wastewater Treatment—Principles, Modelling, and Design*; Henze, M.; van Loosdrecht, M. C. M., Ekama, G.; Brdjanovic, D., Eds.; IWA Publishing: London, England.

Morgenroth, E. (2008b) Biofilm Reactors. In: *Biological Wastewater Treatment—Principles, Modelling, and Design*; Henze, M.; van Loosdrecht, M. C. M., Ekama, G.; Brdjanovic, D., Eds.; IWA Publishing: London, England.

Morgenroth, E.; Sherden, T.; van Loosdrecht, M. C. M.; Heijnen, J. J.; Wilderer, P. A. (1997) Aerobic Granular Sludge in a Sequencing Batch Reactor. *Water Res.*, 31(12), 3191-3194.

Morgenroth, E. T.; Wilderer, P. A. (2000) Influence of Detachment Mechanisms on Competition in Biofilms. *Water Res.*, 34(2), 417-426.

Morgenroth, E.; Kommedal, R.; Harremoës, P. (2002) Processes and Modeling of Hydrolysis of Particulate Organic Matter in Aerobic Wastewater Treatment—A Review. *Water Sci. Technol.*, 45(6)25-40.

Motsch, S.; Fetherolf, D.; Guhse, G.; McGettigan, J.; Wilson, T. (2007) MBBR and IFAS pilot program for denitrification at Fairfax County's Norman Cole Pollution Control Plant. *Water Pract.*, 5(1), 1-11.

Mulbarger, M. C. (1991) Fundamental Secondary Treatment Insights. *Proceedings of the 64th Annual Conference of the Water Pollution Control Federation*; Toronto, Canada: Water Environment Federation: Washington, D. C.

Nancharaiah, Y. V.; Joshi, H. M.; Mohan, T. V. K.; Venugopalan, V. P.; Narasimhan, S. V. (2006) Aerobic Granular Biomass: A Novel Biomaterial for Efficient Uranium Removal, *Current Sci.*, 91(4), 503-509.

National Research Council (1946) Sewage Treatment at Military Installations. *Sew. Works. J.*, 18, 787.

Neethling, J. B.; Bucher, B.; Smyth, J.; Norton, M.; Willey, B.; Wallis-Lage, C. (2002) Treatment schemes for multiple reuse objectives. *Proceedings of the 75th Annual Water Environment Federation Technical Exposition and Conference* [CD-ROM]; Chicago, Illinois; Oct 18-22; Water Environment Federation: Alexandria, Virginia.

Nerenberg, R.; Rittmann, B. E. (2004) Reduction of Oxidized Water Contaminants with a Hydrogen-Based, Hollow-Fiber Membrane Biofilm Reactor. *Water Sci. Technol.*, 49(11-12), 223-230.

Newman, J.; Occiano, V.; Appleton, R.; Melcer, H.; Sen, S.; Parker, D.; Langworthy, A.; Wong, P. (2005) Confirming BAF Performance for Treatment of CEPT Effluent on a Space Constrained Site. *Proceedings of the 78th Annual Water Environment Federation Technical Conference and Exposition*, Washington, D. C., Oct 12-15; Water Environment Federation: Alexandria, Virginia.

Nichols, A.; Hinojosa, J.; Riffat, R.; Dold, P.; Takacs, I.; Bott, C.; Bailey, W.; Murthy, S. (2007) Maximum Methanol-Utilizer Growth Rate: Impact of Temperature on Denitrification, *Proceedings of the Water Environment Federation 80th Annual Technical Exposition and Conference* [CD-ROM], San Diego, California; Oct 13-17: Water Environment Federation: Alexandria, Virginia.

Nicolavic, B. (2002) Stickstoffelimination in Biofiltern. Wiener Mitteilungen Wasser-Abwasser-Gewasser, Vol. 172, ISBN 3-85234-063-2.

Nicolella, C.; van Loosdrecht, M. C. M.; Heijnen, J. J. (2000) Wastewater Treatment with Particulate Biofilm Reactors. *J. Biotechnol.*, 80(1), 1-33.

Ninassi, M. V.; Peladan, G.; Pujol, R. (1998) Pre-Denitrification of Municipal Wastewater: The Interest of Up-flow Biofiltration, *Proceedings of the 70th Annual Water Environment Federation Technical Exposition and Conference*, Orlando, Florida; Oct 3-7; Water Environment Federation: Alexandria, Virginia.

Nordeidet, B.; Rusten, B.; Ødegaard, H. (1994) *Phosphorus Requirements for Tertiary Nitrification in a Biofilm. Water Sci. Technol.*, 29(10-11), 77-82.

Norris, D. P.; Parker, D. S.; Daniels, M. L. (1980) *Efficiencies of Advanced Waste Treatment Obtained with Upgrading Trickling Filters. J. Environ. Eng.*, 50(9), 78-81.

Norris, D. P.; Parker, D. S.; Daniels, M. L.; Owens, E. L. (1982) High Quality Trickling Filter Treatment without Tertiary Treatment. *J. Water Pollut. Control Fed.*, 54(7), 1087-1098.

Ødegaard, H. (2006) *Innovations in Wastewater Treatment: The Moving Bed*; IWA Publishing: London, England.

Ødegaard, H. (2008) The Use of the Moving Bed Biofilm Reactor (MBBR) Technology for Industrial Wastewater Treatment. Proceedings of the International Water Association Specialized Conference on Industrial Water Treatment Systems; Amsterdam, The Netherlands, Oct 2-3; IWA Publishing: London, England.

Ødegaard, H.; Gisvold, B.; Strickland, J. (2000) The Influence of Carrier Size and Shape in the Moving Bed Biofilm Process. *Water Sci. Technol.*, 41(4-5), 383-391.

Ødegaard, H.; Rusten, B.; Wessman, F. (2004) State of the Art in Europe the Moving Bed Biofilm Reactor (MBBR) Process. *Proceedings of the 77th Annual Water Environment Federation Technical Exposition and Conference* [CD-ROM]; New Orleans, Louisiana, Sep 16-18; Water Environment Federation: Alexandria, Virginia.

Ødegaard, H.; Rusten, B.; Westrum, T. (1994) A New Moving Bed Reactor—Applications and Results. *Water Sci. Technol.*, 29(10-11), 157-165.

Ødegaard, H.; Rusten, B.; Wessman, F. (2007) Optimization of Nitrogen Removal by the Use of Combined Pre- and Post-Denitrification. *Proceedings of the 10th Nordic/ NORDIWA Wastewater Conference*; Hamar, Norway, Nov 12-13; Norwegian Water and Wastewater BA: Hamar, Norway.

Okey, R. W.; Albertson, O. E. (1989a) Diffusion's Role in Regulating Rate and Masking Temperature Effects in Fixed-Film Nitrification. *Water Environ. Res.*, 61(4), 500-509.

Okey, R. W.; Albertson, O. E. (1989a) Diffusion's Role in Regulating Rate and Masking Temperature Effects in Fixed-Film Nitrification. *Water Environ. Res.*, 61(4), 500-509.

Okey, R. W.; Albertson, O. E. (1989b) Evidence of Oxygen Limiting Conditions During Tertiary Fixed-Film Nitrification. *J. Water Pollut. Control Fed.*, 61, 510.

Onda, K.; et al. (1968) Mass Transfer Coefficients Between Gas and Liquid Phase in Packed Columns. *J. Chem. Eng. Jpn.*, 1(56).

Opatken, E. J. (1980) Rotating Biological Contactors-Second Order Kinetics. *Proceedings of the 1st National Symposium on Rotating Biological Contactor Technology*, Vol. I, EPA-600/9-80-046a; U. S. Environmental Protection Agency: Washington, D. C.

Oppelt, E. T.; Smith, J. M. (1981) United States Environmental Protection Agency Research and Current Thinking on Fluidised-Bed Biological Treatment. In*Biological Fluidized Bed Treatment of Water and Wastewater*; Cooper, P. F., Atkinson, B.; pp. 165-178.

Pankhania, M.; Brindle, K.; Stephenson, T. (1999) Membrane Aeration Bioreactors for

Wastewater Treatment: Completely Mixed and Plug-Flow Operation. *Chem. Eng. J.*, 73(2), 131-136.

Pano, A.; Middlebrooks, E. J. (1983) Kinetics of Carbon and Ammonia Nitrogen Removal in RBCs. *J. Water Pollut. Control Fed.*, 55(7)956-965.

Parker et al. (1990) New Trickling Filter Applications in the USA. *Water Sci. Technol.*, 22, 215.

Parker, D. S. (1999) Trickling Filter Mythology. *J. Environ. Eng.*, 125(7), 618-625.

Parker, D. S. (1998) Establishing Biofilm System Evaluation Protocols. WERF Workshop: Formulating a Research Program for Debottlenecking, Optimizing, and Rerating Existing Wastewater Treatment Plants. *Proceedings of the 71st Annual Water Environment Federation Technical Exposition and Conference* [CD-ROM]; Orlando, Florida, Oct 3-7; Water Environment Federation: Alexandria, Virginia.

Parker, D. S.; Jacobs, T.; Bower, E.; Stowe, D. W.; Farmer, G. (1997) Maximizing Trickling Filter Nitrification Through Biofilm Control: Research Review and Full Scale Application. *Water Sci. Technol.*, 36(1)255-262.

Parker, D. S.; Lutz, M.; Andersson, B.; Aspegren, H. (1995) Effect of Operating Variables on Nitrification rates in Trickling Filters. *Water Environ. Res.*, 67(7), 1111-1118.

Parker, D. S.; Lutz, M.; Dahl, R.; Berkkopf, S. (1989) Enhancing Reaction Rates in Nitrifying Trickling Filters through Biofilm Control. *J. Water Pollut. Control Fed.*, 61(5), 618-631.

Parker, D. S.; Richards, T. (1986) Nitrification in Trickling Filters. *J. Water Pollut. Control Fed.*, 58(9), 896-902.

Parkson (2004) Email communication with M. Gutierrez regarding loading rates for DynaSand filters operating for post-denitrification, May.

Pearce, P. A. (1996) Optimisation of Biological Aerated Filters. *Proceedings of the BAF2 Conference*; Cranfield University: Cranfield: England.

Pearse, L. (1938) *Modern Sewage Disposal*; Lancaster Press: Lancaster, Pennsylvania.

Peladan, J. G.; Lemmel, H.; Tarallo, S.; Tattersall, S.; Pujol, R. (1997) A New Generation of Upflow Biofilters With High Water Velocities. Proceedings of the International Conference on Advanced Wastewater Treatment Processes; Leeds, United Kingdom; Aqua Enviro Ltd.: Wakefield, United Kingdom.

Peladan, J. -G.; Lemmel, H.; Pujol, R. (1996) High Nitrification Rate With Upflow Biofiltration. *Water Sci. Technol.*, 34(1-2), 347-353.

Pereboom, J. H. F.; Vereijken, T. (1994) Methanogenic Granule Development in Full-Scale Internal Circulation Reactors. *Water Sci. Technol.*, 30(8), 9-21.

Pérez, J.; Picioreanu, C.; van Loosdrecht, M. C. M. (2005) Modeling Biofilm and Floc Diffusion Processes Based on Analytical Solution of Reaction-Diffusion Equations. *Water Res.*, 39, 1311-1323.

Pham, H.; Viswanathan, S.; Kelly, R. (2008) Evaluation of Plastic Carrier Media on Oxygen Transfer Efficiency with Coarse and Fine Bubble Diffusers. *Proceedings of the 81st Annual*

Water Environment Federation Technical Exposition and Conference[CD-ROM]; Chicago, Illinois; Oct 18-22; Water Environment Federation: Alexandria, Virginia.

Phipps, S. D.; Love, N. G. (2001) Quantifying Particle Hydrolysis and Observed Heterotrophic Yield for a Full-Scale Biological Aerated Filter. *Proceedings of the 74th Annual Water Environment Federation Technical Exposition and Conference*[CD-ROM]; Atlanta, Georgia, Oct 13-17; Water Environment Federation: Alexandria, Virginia.

Pujol, R.; Hamon, M.; Kandel, X.; Lemmel, H. (1994) Biofilter: Flexible, Reliable Biological Filters, *Water Sci. Technol.*, 29(10-11), 33-38.

Pujol, R.; Lemmel, H.; Gousailles, G. (1999) High Denitrification Rates With Fixed Film Cultures. *Proceedings from the Conference on Biofilm Systems*, New York, Oct 17-20; IWAQ: United Kingdom.

Pujol, R.; Tarallo, S. (2000) Total Nitrogen Removal in Two-Step Biofiltration, *Water Sci. Technol.*, 41(4-5), 65-68.

Rabah, F. K. J.; Dahab, M. F. (2004a) Biofilm and Biomass Characteristics in High-Performance Fluidized-Bed Biofilm Reactors. *Water Res.*, 38(19), 4262-4270.

Rabah, F. K. J.; Dahab, M. F. (2004b) Nitrate Removal Characteristics of High Performance Fluidized-Bed Biofilm Reactors. *Water Res.*, 38(17), 3719-3728.

Ratsak, C. H.; Verkuijlen, J. (2006) Sludge Reduction by Predatory Activity of Aquatic Oligochaetes in Wastewater Treatment Plants: Science or Fiction? A Review. *Hydrobiologia*, 564 (1), 197-211.

Rauch, W.; Vanhooren, H.; Vanrolleghem, P. A. (1999) A Simplified Mixed-Culture Biofilm Model. *Water Res.*, 33(9), 2148-2162.

Redmon, D. T.; Boyle, W. C.; Ewing, L. (1983) Oxygen Transfer Efficiency Measurements in Mixed Liquor Using Off-Gas Techniques. *J. Water. Pollut. Control Fed.*, 55, 1338-1347.

Rittmann, B. E.; Nerenberg, R.; Stinson, B.; Katehis, D.; Leong, E.; Anderson, J. (2004) Hydrogen-Based Membrane Biofilm Reactor for Wastewater Treatment. *Water Sci. Technol.* (in press).

Roennefahrt, K. W. (1986) Nitrate Elimination with Heterotrophic Aquatic Micro organisms in Fixed-Bed Systems with Buoyant Carriers. *Aqua*, 5, 283-285.

Rogalla, F.; Bourbigot, M. -M. (1990) New Developments in Complete Nitrogen Removal with Innovative Biological Reactors, *Water Sci. Technol.*, 22(1-2), 273-280.

Rogalla, F.; Sibony, J. (1992) Biocarbone Aerated Filters-Ten Years After: Past, Present and Plenty of Potential. *Water Sci. Technol.*, 26(9-11), 2043-2048.

Rogalla, F.; Ravarini, P.; DeLarminat, G.; Courtelle, J. (1990) Large Scale Biological Nitrate and Ammonia Removal. *Water Environ. J.*, 4(4), 319-329.

Rother, E. (2005) Optimising Design and Operation of the Biofiltration Process for Municipal Wastewater Treatment, Ph. D. dissertation, Schriftenreihe WAR, Band 163, Darmstadt, ISBN 3-932518-59-4.

Rowe, P. N.; Claxton, K. T.; Lewis, J. B. (1965) Heat and Mass Transfer from a Single Sphere in an Extensive Flowing Fluid. *Trans. Inst. Chem. Eng.*, 43(13), 31.

Rundle, H. (2009) Good Practice in Water and Environmental Management: Biological and Submerged Aerated Filters, Chartered Institution of Water and Environmental Management (CIWEM), Aqua Enviro Technology Transfer, Wakefield, U. K.

Rusten B.; Hellstrom, B. G.; Hellstrom, F.; Sehested O.; Skjelfoss, E.; Svendsen B. (2000) Pilot Testing and Preliminary Design of MBBRs for Nitrogen Removal at the FREVAR Wastewater Treatment Plant. *Water Sci. Technol.*, 41(4-5), 13-20.

Rusten B.; Hem L.; Ødegaard, H. (1995a) Nitrification of Municipal Wastewater in Moving Bed Biofilm Reactors. *Water Environ. Res.*, 67(1), 75-86.

Rusten B.; Hem L.; Ødegaard, H. (1995b) Nitrogen Removal from Dilute Wastewater in Cold Climate Using Moving-Bed Biofilm Reactors. *Water Environ. Res.*, 67(2), 65-74.

Rusten, B.; Ødegaard, H. (2007) Design and Operation of Nutrient Removal Plants for Low Effluent Concentrations. *Water Pract.*, 1(5), 1-13.

Rusten, B.; Siljudalen, J. G.; Bungun, S. (1995c) Moving Bed Biofilm Reactors for Nitrogen Removal: from Initial Pilot Testing to Start-Up of the Lillehammer WWTP. *Proceedings of the 73th Annual Water Environment Federation Technical Exposition and Conference* [CD-ROM]; Miami, Florida, Oct 14-17; Water Environment Federation: Alexandria, Virginia.

Rusten, B.; Wien, A.; Skjefstad, J. (1996) Spent Aircraft Deicing Fluid as External Carbon Source for Denitrification of Wastewater: from Waste Problem to Beneficial Use. *Proceeding of the 51st Purdue Industrial Waste Conference*; Purdue University: West Lafayette, Indiana.

Rusten, B.; Eikebrokk, B.; Ulgenes, Y.; Lygren, E. (2006) Design and Operations of the Kaldnes Moving Bed Biofilm Reactors. *Aquacult. Eng.*, 24, 322-331.

Ryhiner, G., Sørenson, K.; Birou, B.; Gros, G. (1993) Biofilm Reactors Configuration for Advanced Nutrient Removal. *Proceedings of the 2nd International Specialized Conference on Biofilm Reactors*, Paris, France; IWAQ: United Kingdom.

Sadick, T.; Semon, J.; Palumbo, D.; Keenan, P.; Daigger, G. (1996) Fluidized-Bed Denitrification. *Water Environ. Technol.*, 8(8), 81-85.

Sagberg, P.; Dauthille, P.; Hamon, M. (1992) Biofilm Reactors; a Compact Solution for Upgrading of Waste Water Treatment Plants. *Water Sci. Technol.*, 26(3-4), (733-742).

Savage, E. S. (1983) Biological Denitrification Deep Bed Filters. Paper presented at the Filtech Conference, Filtration Society, London, England.

Schauer, P.; Rectanus, R.; deBarbadillo, C.; Barton, D.; Gebbia, R.; Boyd, B.; McGehee, M.; (2006) Pilot Testing of Upflow Continuous Backwash Filters For Tertiary Denitrification and Phosphorus Removal. *Proceedings of the 79th Annual Water Environment Federation Technical Exposition and Conference* [CD-ROM]; Dallas, Texas, Oct 21-25; Water Environment Federation: Alexandria, Virginia.

Schramm, A.; De Beer, D.; Gieseke, A.; Amann, R. (2000) Microenvironments and Distribution of Nitrifying Bacteria in a Membrane-Bound Biofilm. *Environ. Microbiol.*, 2(6), 680-686.

Schroeder, E. D.; Tchobanoglous, G. (1976) Mass Transfer Limitations on Trickling Filter Design. *J. Water Pollut. Control Fed.*, 48, 772.

Schulze, K. L. (1960) Load and Efficiency of Trickling Filters. *J. Water Pollut. Control Fed.*, 32, 245.

Schwarzenbeck, N.; Borges, J. M.; Wilderer, P. A. (2005) Treatment of Dairy Effluents in an Aerobic Granular Sludge Sequencing Batch Reactor. *Appl. Microbiol. Biotechnol.*, 66(6), 711-718.

Semmens, M. I. (2005) *Membrane Technology: Pilot Studies of Membrane Aerated Bioreactors*; Water Environment Research Foundation: Alexandria, Virginia.

Semmens, M. J.; Dahm, K.; Shanahan, J.; Christianson, A. (2003) Cod and Nitrogen Removal by Biofilms Growing on Gas Permeable Membranes. *Water Res.*, 37(18), 4343-4350.

Semon, J.; Sadick, T.; Palumbo, D.; Santoro, M.; Keenan, P. (1994) Biological Upflow Fluidized Bed Denitrification Reactor Demonstration Project-Stamford, CT, USA. *Water Sci. Technol.*, 36(1), 139-146.

Sen, D.; Randall, C. W. (2008a) Improved Computational Model (AQUIFAS) for Activated Sludge, Integrated Fixed-Film Activated Sludge, and Moving-Bed Biofilm Reactor Systems, Part I: Semi-Empirical Model Development. *Water Environ. Res.*, 80, 439-453.

Sen, D.; Randall, C. W. (2008b) Improved Computational Model (AQUIFAS) for Activated Sludge, Integrated Fixed-Film Activated Sludge, and Moving-Bed Biofilm Reactor Systems, Part II: Multilayer Biofilm Diffusional Model. *Water Environ. Res.*, 80, 624-632.

Sen, D.; Randall, C. W. (2008c) Improved Computational Model (AQUIFAS) for Activated Sludge, Integrated Fixed-Film Activated Sludge, and Moving-Bed Biofilm Reactor Systems, Part III: Analysis and Verification. *Water Environ. Res.*, 80, 633-646.

Severn Trent (2004) E-mail correspondence from David Slack of Severn Trent-TetraProcess Technologies, May.

Severn Trent (2008) E-mail correspondence from Don McCarty of Severn Trent Water Purification, December.

Shepherd, D.; Young, P., Hobson, J (1997) Biological Aerated Filters and Lamella Separators: Evaluation of Current Status, WRc Report No. PT2061; Water Research Commission: Swindon, United Kingdom.

Shieh, W. K.; Keenan, J. D. (1986) Fluidized Bed Biofilm Reactor for Wastewater Treatment. *Adv. Biochem. Eng. Biotechnol.*, 33, 133-169.

Siegrist, H.; Gujer, W. (1987) Demonstration of Mass Transfer and pH Effects in a Nitrifying Biofilm. *Water Res.*, 20, 971.

Sigmund, T. W. Simulation of Diurnal Operation of the Fluidized Bed System for Wastewater Treatment, M. S. Thesis, University of Wisconsin, Madison, Wisconsin, 1982.

Springer, A.; Green S (2005) Colne Bridge BAFF Process Improvements, Proceedings of conference on The Design and Operation of Activated Sludge and Biofilm Systems, Horan, Aqua Enviro Ltd.

Stenquist, R. J.; Parker, D. S.; Dosh, T. J. (1974) Carbon Oxidation-Nitrification in Synthetic Media Trickling Filters. *J. Water Pollut. Control Fed.*, 46(10), 2327-2339.

Stensel, H. D.; Brenner, R. C.; Lubin, G. (1984) Aeration Energy Requirements in Sparged Fixed Film Systems. *Proceedings of the International Biological Fixed Film Conference*, Washington, D. C., July; U. S. Environmental Protection Agency: Washington, D. C.

Stenstrom, M. K.; Rosso, D. (2008) Aeration and Mixing. InBiological Wastewater Treatment - Principles, Modelling, and Design; Henze, M., van Loosdrecht, M. C. M., Ekama, G., Brdjanovic, D., Eds.; IWA Publishing: London, England.

Stenstrom, M. K.; Rosso, D.; Melcer, H.; Appleton, R.; Occiano, V.; Langworthy, A.; Wong, P. (2008) Oxygen Transfer in a Full-Depth Biological Aerated Filter. *Water Environ. Res.*, 80(7), 663-671.

Stewart, P. S. (2003) Diffusion in Biofilms. Guest Commentaries. *J. Bacteriol.*, 185(5), 1485-1491.

Strous, M.; Fuerst, J. A.; Kramer, E. H. M.; Logemann, S.; Muyzer, G.; van de Pas-Schoonen, K. T.; Webb, R.; Kuenen, J. G.; Jetten, M. S. M. (1999a) Missing Lithotroph Identified as New Planctomycete. *Nature*, 400(6743), 446-449.

Strous, M.; Heijnen, J. J.; Kuenen, J. G.; Jetten, M. S. M. (1998) The Sequencing Batch Reactor as a Powerful Tool for the Study of Slowly Growing Anaerobic Ammonium-Oxidizing Microorganisms. *Appl. Microbiol. Biotechnol.*, 50(5), 589-596.

Strous, M.; Kuenen, J. G.; Jetten, M. S. M. (1999b) Key Physiology of Anaerobic Ammonium Oxidation. *Appl. Microbiol. Biotechnol.*, 65(7), 3248-3250.

Suidan, M. T.; Rittmann, B. E.; Traegner, U. K. (1987) Criteria Establishing Biofilm-Kinetic Types. *Water Res.*, 21(4), 491-498.

Sutton, P. M.; Mishra, P. N. (1994) Activated Carbon-Based Biological Fluidized-Beds for Contaminated Water and Wastewater Treatment: A State-of-the-art Review. *Water Sci. Technol.*, 29(10-11), 309-317.

Sutton, P. M.; Shieh, W. K.; et al. (1981) Dorr-Olivers' Oxitron SystemTM Fluidised-Bed Water and Wastewater Treatment Process. In*Biological Fluidized Bed Treatment of Water and Wastewater*; Cooper, P. F., Atkinson, B., Eds; Ellis Horwood for Water Research Laboratory, Stevenage Laboratory: Chichester, United Kingdom, pp. 285-305.

Suzuki, Y.; Miyahara, S.; Takeishi, K. (1993) Oxygen-Supply Method Using Gas-Permeable Film for Wastewater Treatment. *Water Sci. Technol.*, 28(7), 243-250.

Syron, E.; Casey, E. (2008) Membrane-Aerated Biofilms for High Rate Biotreatment: Performance Appraisal, Engineering Principles, and Development Requirements. *Environ. Sci. Technol.*, 42(6), 1833-1844.

Szwerinski, H.; Arvin, E.; Harremoës, P. (1986) pH-Decrease in Nitrifying Biofilms. *Water Res.*, 20, 971.

Taljemark, K.; Aspegren, H.; Gruvberger, N.; Hanner, N.; Nyberg, U.; Andersson, B. (2004) 10 Years of Experiences of a Nitrification MBBR Process for Post-Denitrification. *Pro-*

ceedings of the 77th Annual Water Environment Federation Technical Exposition and Conference[CD-ROM]; New Orleans, Louisiana, Sep 16-18; Water Environment Federation: Alexandria, Virginia.

Tchobanoglous, G.; Burton, F.; Stensel, H. D. (2003) *Wastewater Engineering: Treatment and Reuse*, 4th ed.; McGraw Hill: New York.

Tchobanoglous Inc.; (2003) *Wastewater Engineering: Treatment and Reuse*, 4th ed.; McGraw-Hill: New York.

Timberlake, D.; Strand, S.; Williamson, K. (1988) Combined Aerobic Heterotrophic Oxidation, Nitrification and Denitrification in a Permeable-Support Biofilm. *Water Res.*, 22(12), 1513-1517.

Toettrup, H.; Rogalla, F.; Vidal, A.; Harremoes, P. (1994) The Treatment Trilogy of Floating Filters: From Pilot to Prototype to Plant. *Water Sci. Technol.*, 29(10-11), 23-32.

Tschui, M.; Boller, M.; Gujer, W.; Eugster, J.; Mäder, C. (1993) Tertiary Nitrification in Aerated Biofilm Reactors. *Proceedings of the European Water Filtration Congress*, Ostend, Belgium.

Tschui, M.; Boller, M.; Gujer, W.; Eugster, C.; Mäder, C.; Stengel, C. (1994) Tertiary Nitrification in Aerated Biofilters. *Water Sci. Technol.*, 29(10-11), 53-60.

U. S. Environmental Protection Agency (1975) *Process Design Manual for Nitrogen Control*; U. S. Environmental Protection Agency, Office of Wastewater Management: Washington, D. C.

U. S. Environmental Protection Agency (1991) Assessment of Single-Stage Trickling Filter Nitrification, EPA - 430/09 - 91 - 005; U. S. Environmental Protection Agency, Office of Wastewater Management: Washington, D. C.

U. S. Environmental Protection Agency (1993) *Nitrogen Control Manual*, EPA/625/R-93/010; U. S. Environmental Protection Agency, Office of Wastewater Management: Washington, D. C.

U. S. Filter/Envirex. (1997) The Fluid Bed for Denitrification of Municipal and Industrial Wastewater. U. S. Filter/Envirex: Waukesha, Wisconsin.

van Kempen, R.; Mulder, J. W.; Uijterlinde, C. A.; Loosdrecht, M. C. M. (2001) Overview: Full Scale Experience of the Sharon(r) Process for Treatment of Rejection Water of Digested Sludge Dewatering. *Water Sci. Technol.*, 44(1), 145-152.

van Loosdrecht, M. C. M.; Eikelboom, D.; Gjaltema, A.; Mulder, A.; Tijhuis, L.; Heijnen, J. J. (1995) Biofilm Structures. *Water Sci. Technol.*, 32(8), 35-43.

Vayenas, D. V.; Lyberatos, G. (1994) A Novel Model for Nitrifying Trickling Filters. *Water Res.*, 28(6), 1275-1284.

Vayenas, D. V.; Pavlou, S.; Lyberatos, G. (1997) Development of a Dynamic Model Describing Nitrification and Nitritification in Trickling Filters. *Water Res.*, 31(5), 1135-1147.

Velz, C. J. (1948) A Basic Law for the Performance of Biological Filters. *Sew. Works J.* 20, 607.

Wall, D.; Frodsham, D.; Robinson, D. (2001) Design of Nitrifying Trickling Filters. *Pro-*

ceedings of the 74th Annual Water Environment Federation Technical Exposition and Conference[CD-ROM]; Atlanta, Georgia, Oct 13-17; Water Environment Federation: Alexandria, Virginia.

Wang, J. F.; Wang, X.; Zhao, Z. G.; Li, J. W. (2008) Organics and Nitrogen Removal and Sludge Stability in Aerobic Granular Sludge Membrane Bioreactor. *Appl. Microbiol. Biotechnol.*, 79(4), 679-685.

Wanner, O.; Gujer, W. (1984) Competition in Biofilms. *Water Sci. Technol.*, 17, 27-44.

Wanner, O.; Gujer, W. (1985) A Multispecies Biofilm Model. *Biotech. Bioeng.*, 28, 313-328.

Wanner, O.; Reichert, P. (1996) Mathematical-Modeling of Mixed-Culture Biofilms. *Biotech. Bioeng.*, 49(2), 172-184.

Wanner, O.; Eberl, H.; Morgenroth, E.; Noguera, D.; Picioreanu, C.; Rittmann, B.; Van Loosdrecht, M. C. M. (2006) *Mathematical Modeling of Biofilms*, Scientific and Technical Report No. 18; IWA Publishing: London, England.

Water Environment Federation (1998) *Biological and Chemical Systems for Nutrient Removal, Special Publication*; Water Environment Federation: Alexandria, Virginia.

Water Environment Federation (2005) *Clarifier Design*, 2nd ed.; Manual of Practice Number FD-8; Water Environment Federation: Alexandria, Virginia.

Weiss, P. T.; Oakley, B. T.; Gulliver, J. S.; Semmens, M. J. (1996) Bubbleless Fiber Aerator for Surface Waters. *J. Environ. Eng.*, 122(7), 631-639.

Welty, J. R.; Wicks, C. E.; Wilson, R. E. (1976) *Fundamentals of Momentum, Heat and Mass Transfer*, 2nd ed.; John Wiley and Sons: New York.

Wett, B. (2006) Solved Upscaling Problems for Implementing Deammonification of Rejection Water. *Water Sci. Technol.*, 53(12), 121-128.

Wett, B. (2007) Development and Implementation of a Robust Deammonification Process. *Water Sci. Technol.*, 56(7), 81-88.

Wik T. (2000) Strategies to Improve the Efficiency of Tertiary Nitrifying Trickling Filters. *Water Sci. Technol.*, 41(4-5)477-485.

Wik, T. On Modelling the Dynamics of Fixed Biofilm Reactors with Focus on Nitrifying Trickling Filters, Ph. D. Dissertation, Chalmers University of Technology, Goeteborg, Sweden, 1999.

Wirtz, R.; Dague, R. (1996) Enhancement of Granulation and Startup in the Anaerobic Sequencing Batch Reactor. *Water Environ. Res.*, 68, 883-892.

Yang, M. -C.; Cussler, E. L. (1986) Designing Hollow-Fiber Contactors. *Am. Inst. Chem. Eng. J.*, 32(11), 1910-1916.

Yee, C. J.; Hsu, Y.; et al. (1992) Effects of Microcarrier Pore Characteristics on Methanogenic Fluidized-Bed Performance. *Water Res.*, 26(8), 1119-1125.

Yilmaz, G.; Lemaire, R.; Keller, J.; Yuan, Z. (2008) Simultaneous Nitrification, Denitrification, and Phosphorus Removal from Nutrient-Rich Industrial Wastewater Using Granular Sludge. *Biotechnol. Bioeng.*, 100(3), 529-541.

Zhang, T. C.; Bishop, P. L. (1994) Experimental Determination of the Dissolved Oxygen

Boundary Layer and Mass Transfer Resistance Near the Fluid - Biofilm Interface. *Water Sci. Technol.*, 30(11)47-58.

Zhang, T. C.; Bishop, P. L. (1996) Evaluation of Substrate and pH Effects in a Nitrifying Biofilm. *Water Environ. Res.*, 68(7), 1107-1115.

Zhu, L.; Xu, X.; Luo, W.; Cao, D.; Yang, Y. (2008) Formation and Microbial Community Analysis of Chloroanilines-Degrading Aerobic Granules in the Sequencing Airlift Bioreactor. *J. Appl. Microbiol.*, 104(1), 152-160.

第 14 章　悬浮生长生物处理

1　概　述

悬浮生长系统是基于微生物悬浮体生长和停留的生物处理工艺过程。这些微生物将可生物降解的有机污水组分和某些无机部分转化成新的细胞和副产物，这二者随后通过沉淀、汽提等物理手段就能够去除。污水处理的悬浮生长系统主要是好氧工艺过程，具有各种反应器的构造设计结构和流动模式。液相处理也使用严格的厌氧悬浮生长工艺过程。

本章介绍了好氧活性污泥处理的基本原理和能够使用的工艺过程构造结构设计。本章涵盖了碳底物氧化和氨硝化的工艺设计，脱氮除磷的工艺改进和构造设计结构，厌氧工艺，膜生物反应器，湿季条件的设计考虑因素，氧传递系统和二次澄清设计。本章最后以一个综合的工艺过程设计实例，举例说明了几个针对不同应用和性能要求的好氧悬浮生长系统。

1.1　工艺过程简介

图 14.1 描述了流动通过悬浮生长活性污泥工艺过程的一般原理示意图。

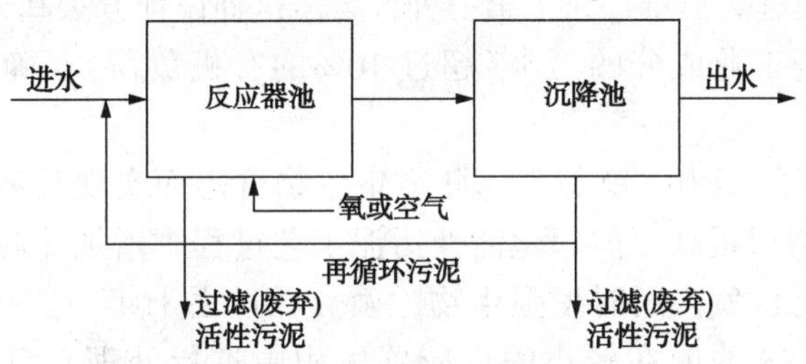

图 14.1　典型活性污泥工艺过程的示意图

污水在反应器中汇合着生物质和其他固体，然后进行混合和曝气。通常情况下，这个工艺过程按照连续流动模式运行，但也可以按照间歇式过程运行。反应器的内容物，称为混合液，包含污水、微生物(活的和死的)和惰性的可生物降解的和非可生物降解的悬浮及胶状物质。混合的液体微粒物部分称之为混合液悬浮固体(MLSS)。悬浮生长厌氧过程在概念上相似，但没有导致微生物污泥层分层的曝气或固体混合。

生物反应足够时间后，混合传送至单独的沉降池(澄清池)或其他固液分离步骤而从所处理的污水中分离出 MLSS 并产生澄清的出水。沉降的 MLSS 随后作为返回污泥再循环至曝气池而维持根据经济性选定尺寸的反应器中的进水污水组分实现有效降解的浓缩微生物群落。微生物和细胞碎片连续产生，必须通过废弃而从系统中除去。废弃过程可能是连续的或周期性的，而通常是从澄清池中废弃或返回至污泥管线中，但是作为一种备选方案，也能够从曝气池中除去。MLSS 的停留和出水澄清也能够利用合成的微滤膜完成。MLSS 的再循环和废弃要求与这种备选方案是一致的。

1.2　历史纵览

活性污泥工艺是基于英国曼彻斯特进行的一系列实验而开发出来的，因此而得名。这个工艺过程直到 20 世纪 40 年代才开始广泛使用。曝气池的水力停留时间(HRT)是所使用的首选设计参数之一；选择短的 HRTs，是考虑污水较弱，而长 HRTs 则针对强污水。负荷标准的最终制定，通常与曝气池中存在的每天单位质量的微生物固体应用的生化需氧量(BOD)质量有关。

在过去 40 年里，设计方程基于微生物的生长动力学和质量平衡概念进行了开发。艾肯菲尔德(Eckenfelder，1966)，默克金妮(McKinney，1962)，劳伦斯和默克卡迪(Lawrence and McCarty，1970)，以及拉马纳坦和高迪(Ramanathan and Gaudy，1971)开发出的设计方法，都获得了类似的结果(Gaudy and Kincannon，1977)。这些设计方法都是基于活性污泥工艺过程的微生物行为和性能，这种行为和性能都以一定测量值如生化需氧量，总悬浮固体(TSS)和代表各种生物种群的动力学参数和系数进行表征。最近 20 年来已出现了各种基于详细进水特性的表征及各种微生物的复杂工艺过程模拟模型的开发和应用(Water Environment Federation，2009)。

虽然中试和全规模试验的研究能够用于确定具体污水和工艺过程构造结构设计的反应速率和参数，但是这种研究通常并不针对市政污水应用进行实施，除非这涉及新的工艺过程或其他特殊情况。这类研究具有替代方案：(1)假设某些污水特性，实施半经验设计，(2)使用依赖于州或其他准则的完全经验方法，或(3)开发基于详细污水特性表征和校正或假设常数和系数的工艺过程模型。本章探讨了第一种方案。这种设计方法基于生物质量和固体停留时间(SRT)。具有显著工业成分的污水(超过 10%的有机负荷)，确立系数值时值得特别注意。

活性污泥工艺过程的能力，就是其以此富集生物群落而实现具体目标的能力，在过去 30 多年的时间里已经得以提高。向硝化活性污泥工艺过程中增加非曝气区，能够通过生物反硝化作用有效去除无机氮，同时增强生物除磷。在过去十年中，孔径 0.1μm 的膜应用，允许较高的反应器 MLSS 浓度在较小的反应器体积中进行处理，而出水却具有极高的澄清度。

在各种各样的活性污泥工艺过程构造结构设计及其现今使用的应用中，发挥功能的基本生物处理过程是相同的。

1.3 活性污泥环境

活性污泥工艺过程采用各种微生物悬浮体处理污水。这些微生物干重在组成上是 95%以上的有机物质。活性污泥工艺过程中的微生物悬浮体，因为污水中的惰性材料通常含有 70%~90%的有机物质和 10%~30%的无机物质。生物质有机部分的组成能够通过实验式 $C_5H_7O_2NP_{0.2}$ 进行近似。成功的污水处理厂性能取决于将污物氧化而形成易于通过重力分离去除的絮状生物质的微生物群落。

异养生物需要可生物降解的有机物质用于能量和新细胞合成，通常占绝大部分的微生物种群。自养菌能够将氨氧化成亚硝酸盐和硝酸盐，能够利用无机物获取能量和进行细胞合成。这种自养生物通常以不同浓度存在。设计良好的活性污泥系统能够提供促进所需微生物生长而抑制那些有助于污泥可沉降性变差和发泡的微生物环境；这也能够控制可能出现的滋扰性生物体。

大多数膨胀性微生物都是丝状菌。从絮体凸出的过量细丝能防止生物质压实。一些研究人员认为，理想的絮状物只包含丝状微生物和絮状模板的合适混合物，丝状体构成絮状物的骨架(Jenkins et al.，2003；Sezgin et al.，1978)。

对生物处理系统的微生物学进行的详细讨论在其他文献中有介绍(Jenkins et al.，2003；Grady et al.，1999；Metcalf and Eddy，2003；U. S. Environmental Protection Agency [U. S. EPA]，1987)。

通过氨氧化接着反硝化，通过生物质利用硝酸盐作为电子受体而氧化碳底物，就能够实现生物脱氮。这个工艺过程的最终结果是硝酸盐转化为氮气而释放到大气中。

过量的生物质必须废弃，将会去除引入到生物质中的部分进水磷。通过富集细菌培养物而产生能够比典型需氧生物质保留更大量磷的生物，从而能够增强生物除磷。鉴于要废弃的生物质预期的磷含量，根据经过该系统的质量平衡就能够估算其去除率。

1.4　系统构成要素

基本的悬浮生长系统由若干相互关联的构成要素组成，包括：

- 单个或多个反应器，按照全混流，活塞流或中间模式设计并选定尺寸而提供足够的SRT、有机负荷或其他获得最低 2~3h 最高 24h 或更高 HRT 的标准。
- 氧源和设备，用于向曝气池中以足以保持系统有氧的速率分散大气的、加压的或富氧的空气。
- 混合曝气池而保持固体悬浮的装置和措施。
- 沉降而从处理的污水中分离出悬浮固体的澄清池，膜，或时间周期。
- 从澄清池中收集和返回污泥或从膜区将浓缩固体再循环返回曝气池的方法。(这对于序批式反应器(SBR)系统或一些膜的构造设计结构并不需要。)
- 从系统中废弃过量的生物质和累积的非可生物降解的进水固体的装置和措施。

2　工艺过程的构造设计结构和类型

悬浮生长反应器，适用于活性污泥和生物脱氮除磷的污水处理厂，已经设计出许多不同的构造结构设计。这些设计结构可以根据处理池形状、负荷率、进料和曝气方式、曝气类型、以及其他特性而进行分类。根据几种类型综合各种特性，就能为设计人员提供一批选择方案。基本的活性污泥处理单元常常通过这种反应器描述而称为：

- 全混反应器；
- 活塞流反应器；
- 氧化沟反应器；
- 组合反应器(能够在不只一个构造设计结构中运行)。

对于规模较小的污水处理厂，低负荷工艺过程(如氧化沟和 SBRs)是常见的，部分原因是因为操作简单，性能可靠。对于规模较大的污水处理厂，传统活塞流(一些具有构造结构设计上的灵活性)备受青睐。活塞流往往受到青睐，是因为全混式活性污泥(CMAS)反应器可以促进丝状菌的生长，而防止污泥压实。然而，这种增长是与溶解氧浓度和其他诸如底物施加速率和总可用生物等因素相关的现场特异性的问题。活塞流反应器如果因为生物脱氮除磷而需要进行转换时，一般能够提供更多的灵活性。具体而言，就是能够创立厌氧和缺氧区。通过使用挡板或处理池内的墙壁分割产生隔间，就能够为中间区提供灵活性，而使这些中间区能够应用于多个反应器。

SBRs 也被广泛使用，尤其是规模较小的污水处理厂。超过 500 家污水处理厂都在运行。结合操作灵活性的设计，可以将营养物去除至较低水平(Young et al.，2008)。

2.1 处理池形状

按形状分类处理池能够产生全混、活塞流、氧化沟、曝气池氧化沟反应器和深井的定义。这些定义每一个依次会具有子类。

2.1.1 全混反应器

根据定义，CMAS 反应器在整个反应器的内容物中具有均匀的特性。在这种构造设计结构中，如图 14.2 所示，CMAS 进水污物迅速分布于整个处理池中，而 MLSS 的运行特性、呼吸速率和生化需氧量都变得完全均匀。因为处理池液体的总体具有处理池出水相同的质量，则对于所存在的大量微生物在任何时候都只有低水平的食物可供利用。这一特点被解释为 CMAS 为何能够处理有机负荷和毒性冲击(有限程度)中的喘振而不会出现出水水质变化的主要原因。如上所述，CMAS 系统能够促进沉降较差的丝状菌生长。然而，许多 CMAS 污水处理厂如果运行正常仍能够产生极好的效果。因为整个反应器具有近似均匀的需氧量，则采用 CMAS 的几何形状进行溶解氧控制就变得更加简单。

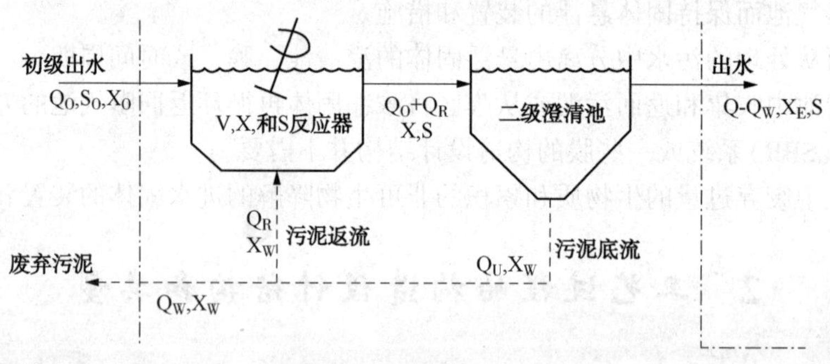

图 14.2 全混反应器

CMAS 处理池通常是方形的、圆形的、或矩形的。氧化沟具有其固有的高内部再循环率，动力学行为上就如同全混反应器。处理池外形尺寸通过曝气设备的尺寸和混合模式和当地现场的考虑因素进行控制。CMAS 处理池采用表面涡轮单元提供曝气很通行，但是扩散空气正变得越来越常见。影响机械曝气混合效率的因素包括长宽比，单位体积的搅拌功率，以及进料点和出口结构的位置。在实际处理池中实现全混是很困难的，但可以尝试。任何具有合理的停留时间和搅拌强度水平的方形或圆形处理池，就能够视为全混反应器，而无论其使用何种类型的曝气系统。处理池的长宽比一般应该保持低于 3：1，才能在采用机械曝气而无挡流板时保持基本全混。在狭长—例如长宽比大于 5：1—的处理池中多个机械曝气单元创建的混合模式启动时就类似于活塞流。如果使用扩散空气，则作为良好的实践惯例，通常会提供整个处理池宽度的进水进料和出水移除堰结构，能够使用沿着矩形曝气池对边的多个进料点和排流堰实现这一目的。氧化沟即使具有一定活塞流特性，仍可视为全混反应器。有人视之为全混是因为底物进水浓度立即被大量的混合液体流稀释至几乎等于曝气池出水底物浓度值。为了精确模拟这种闭合环流，需要使用 10 个或更多个从最后一个至第一个具有任意再循环速率的串联 CMAS 池。

2.1.2 活塞流

活塞流和串联处理池将放在一起讨论，因为活塞流反应器能够视为几个小的全混串联处理池。适用于市政活性污泥污水处理厂的活塞流处理池具有 5～9m(15～30 ft)的宽度而长度高达 120m(400ft)(长宽比大于 10：1)。长处理池可以构建成单通道处理池，肩并肩，或采取折返的排布设计(参见图 14.3)

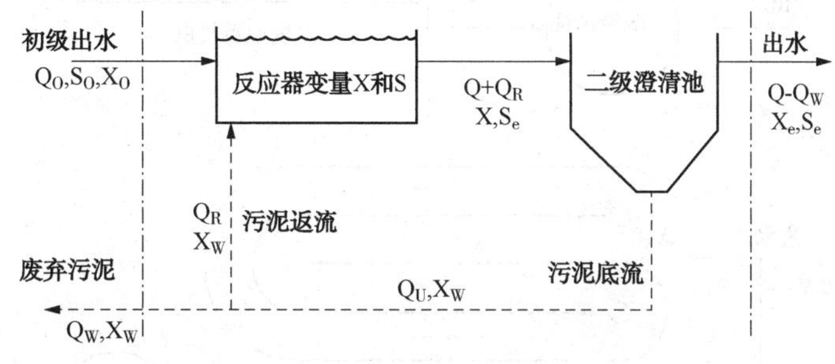

图 14.3 活塞流反应器

理想的活塞流构造结构设计在处理池进水端具有相对较高的有机负荷。食物-微生物沿着处理池的长度因为污水中有机物质被吸收而降低。在处理池的下游端，耗氧量逐渐向内源呼吸攀升。这个工艺过程首端的高有机负荷，抑制了大多数类型的丝状菌生长，而相比于全混反应器，如果维持足够的溶解氧浓度则会出现更好的污泥沉降。然而，如果保持低溶解氧水平时间太长，就可能促进丝状菌生长。正如本章其他地方的讨论，多糖的形成可能是因为进口端的高负荷和低溶解氧浓度所致。

尽管全混反应器能够应付负荷喘振，但是活塞流构造结构设计具有优异的能力，能够避免峰值流量期间出现“渗出”或未处理的底物通过。活塞流反应器还具有的优点是其中具有所需的高出水溶解氧浓度。在全混型构造结构设计中，整个处理池内容物将必须维持高溶解氧水平才能实现目标。如果预期需要量范围较宽和处于多个位置，则活塞流系统中的溶解氧浓度控制可能会变得比较复杂。

2.1.3 氧化沟

在传统的氧化沟系统中，污水和混合液通过刷子、转子或其他机械曝气装置或位于沿着流动路径的一个或多个点上的泵送设备围绕椭圆形(赛马场)路径进行泵送。图 14.4 显示了具有备用水平或垂直杆轴的增氧机维持处理池运行而对氧化沟内容物曝气的氧化沟。由于混合液通过增氧机曝气，溶解氧浓度急剧增加，尔后随着液流横穿流路而降低。氧化沟一般按照延长的曝气模式运行，具有长 HRTs(24h)和 SRTs(20～30d)。根据污水进口的相对位置、混合液体出口、污泥回流和曝气设备和控制的不同，氧化沟也能够实现硝化和反硝化作用。对于 BOD 去除或硝化，进水通常进入增氧机附近的反应器而出水流出入口上游的处理池。

氧化沟深度约 0.9～5.5m(3～18ft)而渠道速度范围约 0.24～0.37m/s(0.8～1.2ft/s)。氧化沟的几何形状必须与曝气和混合设备相容，并应该与厂家进行协调。机械刷、表面涡轮机和喷射装置用于增氧，并使液体流流动。扩散增氧和水下混合机的组合也已经得到应用

(Christopher and Titus，1983)。渠内澄清池的几种备选设计方案已经开发用于提供氧化沟的 MLSS 分离和返流。不能随时修改活性污泥(RAS)返回率，独立选取反应器或澄清池停工的灵活性降低，导致渠内澄清池的概念逐渐夭折。

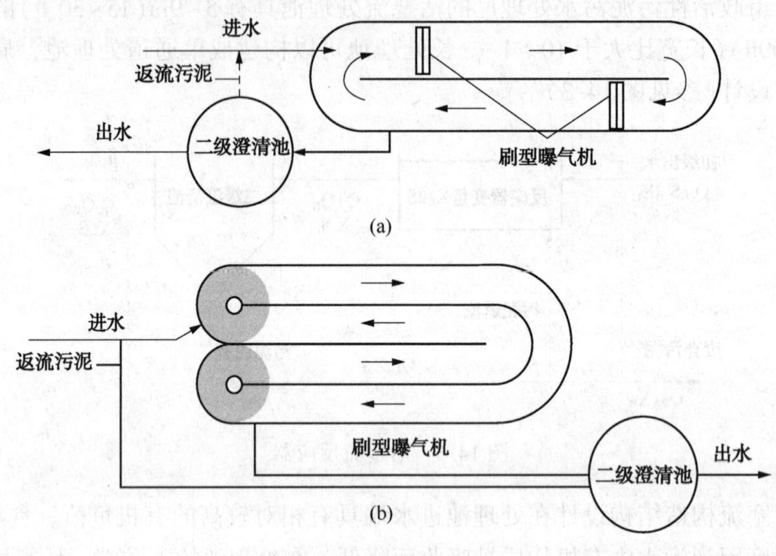

图 14.4 氧化沟反应器

(a)单回路；(b)折返式回路

自 1973 年以来，在美国已建成大约 1 万个氧化沟污水处理厂。这些污水处理厂广泛用于小至中型的社区(550 万人)，流量约 1900~19000m³/d(0.5~5.0mg/d)，但是有些却大得多。这种污水处理厂的优点包括操作简单，性能可靠，而成本效益高。

垂直回路反应器(VLR)如图 14.5 所示，是一种好氧活性污泥生物处理工艺过程，类似于氧化沟。VLR 中的污水循环流动于围绕水平分水挡板的垂直回路中。倡导者声称，VLR 总氧传递效率高于相当的传统氧化沟。

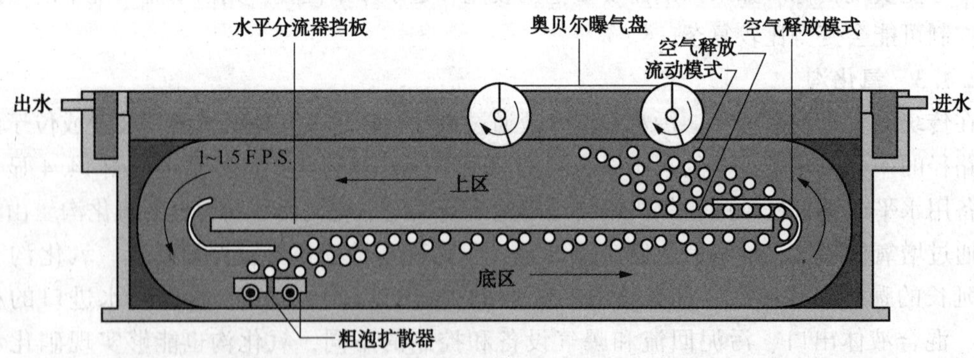

图 14.5 垂直回路反应器

氧化沟的概念的另一个变化是同心回路。这些系统在美国具有 500 个以上。在这种工艺过程中，混合液体通过具有蜂窝状格栅表面的部分淹没盘进行曝气增氧并围绕系列同心回路或单个回路推进。它们将氧携带至混合液体中，而使之由于拉力作用而保持移动。在每一内墙上的开口，允许液流从一个渠道穿过而进入串联的下一渠道。在每一回路中就能够维持不同的溶解氧浓度，从而容许生物脱氮。

折返式氧化沟概念，源于挡流板墙端部使用垂直涡轮增氧机，在此位置上引导液流反向流动。这使之比使用大型污水处理厂的刷式增氧机时使用的较大增氧机数量更少，提高了曝气区的功率-体积比，而在运行时进入该区的溶解氧浓度较低，从而提高了氧传递效率。

一些设计师选择实施增进氧传递效率的扩散曝气与控制氧化沟内速率的独立机械混合的组合。不同构造结构设计的水下混合器包括喷射孔、水平螺旋桨、分水器墙两端竖井上的桨等。在空心轴上的吸气螺旋桨，无论有无空气供给的鼓风机，已经被使用。

氧化沟和 SBR 技术相结合，产生了分相隔离沟。图 14. 6 图示说明了分相隔离沟渠的三种构造结构设计；表 14. 1 描述了这些构造设计结构的主要特性。这些设计结构主要应用于丹麦，但是这些污水处理厂在美国佛罗里达州的欧科伊和北卡罗莱纳州的路易斯堡，以及德国，希腊，中国和澳大利亚都已经建成(Tetreault et al. , 1987)。图 14. 7 显示了具有三个平行设计结构的单元装置，其中两个用于曝气和混合而第三个用于沉降。垂直铰链墙的移动消除了打开和关闭增氧机或反向的需要。

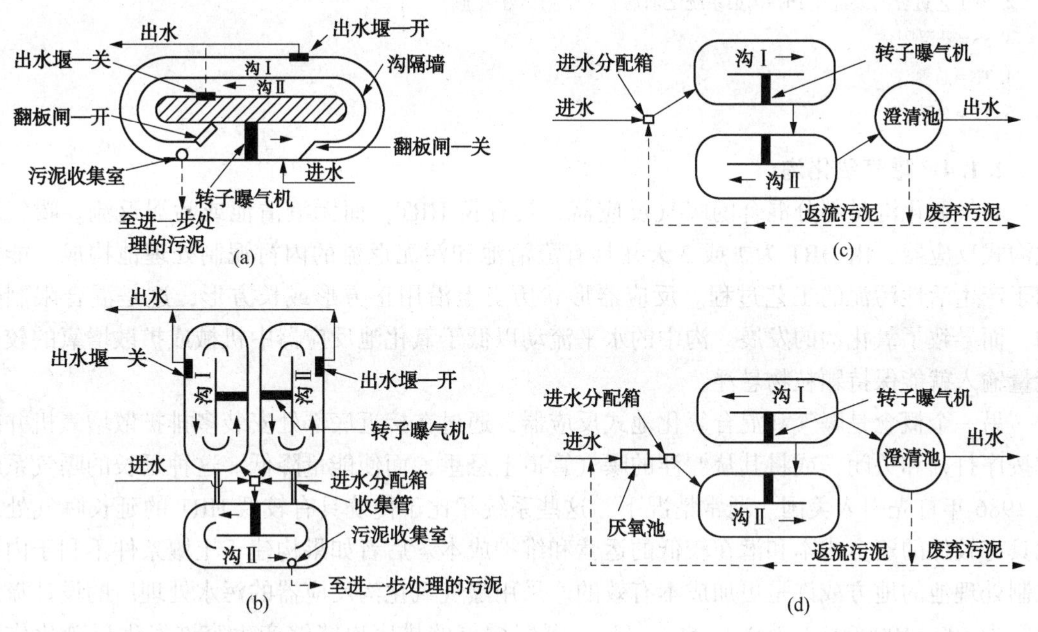

图 14. 6　分相隔离沟工艺备用方案的示意图

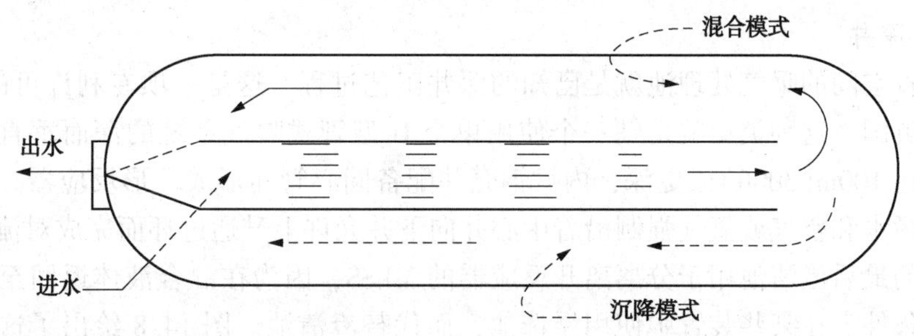

图 14. 7　具有三个平行装置的分相沟和可移动旋转壁的增氧机

表 14.1 分相隔离沟技术的关键特性(Tetreault et al., 1987)

沟渠类型①	工艺改进	处理目标	沟渠数	独立澄清池
VR-	—	BOD_5, SS, ③NH_3-N	2 氧化 沉淀	否
T-	—	BOD_5, SS, NH_3-N	3 氧化 沉淀	否
T-	Bio-Denitro™	BOD_5, SS, TN④	3 氧化 反硝化 沉淀	否
DE-	Bio-Denitro™	BOD_5, SS, TN	2 氧化, 反硝化	是
DE-	Bio-Denipho™②	BOD_5, SS, TN, TP⑤	2 氧化/磷摄取 反硝化	是

① 参见图 14.6。

② 该工艺过程的改进在 DE-沟渠系统之前需要一个初始好氧池。

③ SS=悬浮固体。

④ TN=总氮。

⑤ TP=总磷。

2.1.4 曝气氧化沟

曝气氧化沟是部分混合的曝气反应器，具有长 HRT，而无澄清池或污泥返流。曝气氧化沟式反应器，由 HRT 为 1 或 2 天并具有澄清池和污泥返流的内衬泥制处理池构成，能够用于产生活性污泥的工艺过程。反应器形状历史上沿用正方形或长方形，这是混合限制性的，而导致了氧化沟的发展。沟中的水平流动以低于氧化池反应器中机械或扩散增氧的较低能量输入就能保持颗粒物悬浮。

另一个概念是曝气和混合氧化池式反应器，通过在接近底部处安装多排扩散增氧机并随后按序打开和关闭，或将其从漂浮的曝气管道上悬垂，而使能量降低。这种延长的曝气系统在 1986 年首先引入美国。通常情况下，这些系统相比于传统具有较低 HRT 的延长曝气处理池具有较低的资金成本和潜在较低的运营和维护成本。后者如果构建于土壤条件不利于内衬泥制处理池的地方或许是更加成本有效的。采用曝气氧化沟反应器的污水处理厂的设计流量通常为 400~190000m^3/d(0.1~50mg/d)。曝气增氧的排序也能够产生容许发生反硝化作用的条件。

2.1.5 深井

另一节省空间的曝气处理池就是已知的深井工艺过程。这是一项专利许可的工艺过程，最初开发于英国。这种类型就是钻一个使用单个 U 型管式曝气系统的深而垂直的井。这种井的深度高达 100m(300ft)或更深，内衬钢壳并配备同心管而形成环形反应器。混合液体悬浮的固体，污水和空气或氧气强制沿着中心井向下并允许上升通过环而完成对流循环。具有真空脱气机的最后澄清池用于分离离开反应器的 MLSS，因为在混合液体返回至表面时普遍存在过饱和条件。在某些装置中使用浮选池，而代替澄清池。图 14.8 给出了这一工艺过程的示意图。

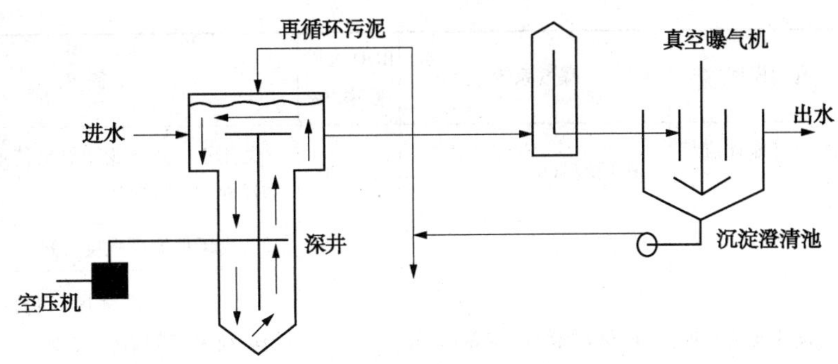

图 14.8　深井工艺过程的示意图

由于涉及高压，氧传递效率有人认为是传统空气活性污泥系统的三倍。这个工艺过程的优点在于：

- 低资本和运营成本；
- 土地要求降低；
- 具有处理强工业污水的能力；
- 不受气候因素影响。

截至 2008 年，据报道有超过 80 家深井污水处理厂在运行。大约有一半的污水处理厂正在处理市政污水。

2.2　负荷率

活性污泥工艺过程能够根据负荷或有机进料率进行分类。常用的术语有传统负荷率，低负荷率和高负荷率。表 14.2 提供了各种工艺过程的一般特性的总结。表 14.3 列出了相关设计参数的典型范围。

表 14.2　活性污泥工艺过程的运行特性

工艺改进	流动模型	曝气系统	BOD 去除效率/%	备　注
传统的	活塞流	扩散空气，机械增氧机	85~95	适用于低强度生物垃圾；工艺过程易受冲击负荷
全混	连续流搅拌罐反应器	扩散空气，机械增氧机	85~95	适用于一般应用，工艺过程能够抵御冲击负荷但是易于出现丝状菌生长
分步进料	活塞流	扩散空气	85~95	适用于污物范围较宽的一般应用
改进曝气	活塞流	扩散空气	60~75	适用于出水中细胞组织并不令人厌烦的中度处理
接触稳定化	活塞流	扩散空气，机械增氧机	80~90	适用于现有系统扩建和预组装件的污水处理厂
延长曝气	活塞流	扩散空气，机械增氧机	75~95	适用于小社区、预组装件污水处理厂、及其需要硝化组件之处；工艺过程灵活

续表

工艺改进	流动模型	曝气系统	BOD 去除效率/%	备注
高速曝气	连续流搅拌罐反应器	机械增氧机	75~90	适用于采用涡轮增氧机传递氧和控制絮凝物尺寸的一般应用
Kraus 工艺	活塞流	扩散空气	85~95	适用于低氮高强度污物
高纯氧	串联的连续流搅拌罐反应器	机械增氧机(喷淋器涡轮机)	85~95	适用于具有高强度污物的一般应用和现场可利用空间有限之处，工艺过程能够抵御可供使用土地区域的蛞蝓负荷；工艺过程灵活
氧化沟	活塞流	机械增氧机(水平轴型)	75~95	适用于小社区或大片土地可供利用之处，工艺过程灵活
序批式反应器	间歇流搅拌罐反应器	扩散空气	85~95	适用于土地使用有限之处的小社区，工艺过程灵活并能够脱氮除磷
深井反应器	活塞流	扩散空气	85~95	适用于具有高强度污物的一般应用，工艺过程能够抵御蛞蝓负荷
单级硝化	连续流搅拌罐反应器或活塞流	机械增氧机，扩散空气	85~95	适用于并不存在抑制性工业污物之处进行氮控制的一般应用
独级硝化	连续流搅拌罐反应器或活塞流	机械增氧机，扩散空气	85~95	适用于升级现有系统，氮标准要求严格之处，或存在限制性工业污物而能够在早期阶段除去之处

摘自 Metcalf & Eddy，Inc. 的《污水工程：处理与再利用》，第四版，R. Tchobanoglous［Ed.］，版权.2003，经 McGraw-Hill Companies 许可。

表 14.3 活性污泥工艺过程的设计参数

工艺改进	θ_c/d	F：M/(lb 施加的 BOD_5/d/lb MLVSS①)	体积负荷/(lb $BOD_5/d/10^3ft^3$)	MLSS/(mg/L)	$V/Q\cdot h$	Q_r/Q
传统工艺	5~15	0.2~0.4	20~40	1500~3000	4~8	0.25~0.75
全混	5~15	0.2~0.6	50~120	2500~4000	3~5	0.25~1.0
分步进料	5~15	0.2~0.4	40~60	2000~3500	3~5	0.25~0.75
改进曝气	0.2~0.5	1.5~5.0	75~150	200~1000	1.5~3.0	05~0.25
接触稳定化	5~15	0.2~0.6	60~75	(1000~3000)② (4000~10000)③	(0.5~1.0)② (3~6)⑤	0.5~1.50
延长曝气	20~30	0.05~0.15	10~25	3000~6000	18~36	0.5~1.50
高速曝气	5~10	0.4~1.5	100~1000	4000~10000	2~4	1.0~5.0
Kraus 工艺	5~15	0.3~0.8	40~100	2000~3000	4~8	0.5~1.0
高纯氧	3~10	0.25~1.0	100~200	2000~5000	1~3	0.25~0.5
氧化沟	10~30	0.05~0.30	5~30	3000~6000	8~36	0.75~1.50

续表

工艺改进	θ_c/d	F：M/(lb 施加的 BOD_5/d/lb MLVSS①)	体积负荷/(lb $BOD_5/d/10^3ft^3$)	MLSS/(mg/L)	V/Q·h	Q_r/Q
序批式反应器	NA	0.05~0.30	5~15	1500~5000④	12~50	NA
深井反应器	NI	0.5~5.0	NI	NI	0.5~5	NI
单级硝化	8~20	0.10~0.25 (0.02~0.15)④	5~20	2000~3500	6~15	0.50~1.50
独级硝化	15~100	0.050~0.20 (0.04~0.15)④	3~9	2000~3500	3~6	0.50~2.00

① MLVSS=混合液体挥发性悬浮固体。

② 接触单元。

③ 固体稳定化单元。

④ 总凯氏氮/MLVSS。

⑤ MLSS 依据工作循环的部分而变化。

注：$lb/10^3\ ft^3 \times 0.0160 = kg/m^3 \cdot d$。

lb/d/lb=kg/kg·d。

NA=不适用。

NI=无信息。

摘自 Metcalf & Eddy，Inc. 的《污水工程：处理与再利用》，第四版，R. Tchobanoglous [Ed.]，版权 . 2003，经 McGraw-Hill Companies 许可。

2.2.1　传统负荷率

传统负荷率，适用于活塞流或 F：M 负荷约 0.2~0.5kg BOD/d/kg 的混合液体挥发性悬浮固体(MLVSS)(0.20~0.5 lb BOD/d/lb MLVSS)的 CMAS 系统。这些系统能够达到的 BOD 去除效率为 85%~95%。传统负荷率系统的 MLSS 设计浓度常常为 1500~3000mg/L。由于曝气装置的氧传递能力、澄清性能和系统概念的理解得到改进，MLSS 设计浓度这几年来大大提高。

传统系统的设计中一个重要的考虑因素是，甚至在并非所需要时，可能发生硝化作用。这往往在夏季或高 SRTs 期间因为废弃的做法而采取低负荷条件时发生。当发生硝化时，反硝化作用就可能出现在最后的澄清池中而在氮气上浮而使生物质絮凝物漂浮时导致“上升污泥”的问题。用于限制硝化作用和有害反硝化作用的方法包括，降低 SRT 或 HRT 和溶解氧浓度而降低硝化作用或在澄清之前增加溶解氧。在温暖的气候下，防止硝化作用而降低 SRT，可能会不良影响絮凝物的形成和二级澄清池的性能。

2.2.2　低负荷率

低负荷率(也称为延长曝气)污水处理厂的特征在于直接将预处理(例如，筛滤和除砂)污水引入具有长 HRT、高 MLSS 浓度、高 RAS 泵送速率和低污泥损耗的曝气处理池。这种系统，最初在美国应用于约 $4000m^3/d$(1mg/d)或更低的流量，经常结合全混反应器使用。在过去的几十年中，低负荷率系统已应用于较大规模的氧化沟渠和类似的形状。

使用长 HRTs(通常是 16~36h)的优点是，它们允许污水处理厂在广泛变化的流量和污物负荷以及较低的总固体生产下有效地运行。稳定的固体对于随后的固体处理过程往往是有利的。二级澄清池的设计必须处理与此工艺过程相关的水力负荷变化和高 MLSS 浓度。

这个工艺过程的目标之一是保持高度内源呼吸相中的生物质。因为微生物在曝气处理池中正进行好氧消化，比其他单级系统需要更多的氧气。许多低成本，低速率污水处理厂在污物负荷较高时因为设计不可能按照负荷比例自动增氧或操作员工未能维护这种装置而都会招致溶解氧缺乏。在某些情况下，长 SRT 和夜间过量溶解氧将允许产生一定硝化作用，导致每天出现而非同时发生的硝化/反硝化循环。

对于长的延长曝气系统的一些常见问题包括连续损失细微絮状物和在短期低进水负荷强度之后如在周末之后损失 MLSS 的趋势。结合长澄清时间的 HRTs 也可能会引起反硝化作用，从而导致二级澄清池出现污泥上升现象。这种情况，加之缺乏去除漂浮物的初级沉淀作用，就需要在最后的澄清池中使用有效撇渣的设备。郭等(Guo et al.，1981)认为，平均 MLSS 浓度不应该低于 2 000mg/L。在寒冷的气候下，除非热损失得以控制，气温低可能会损害延长曝气工艺过程的性能。使用开放式表面增氧机时，将会使之不利的是需要对增氧机或扩散空气和机械速度控制混合器进行覆盖。

专利性的 Cannibal™固体还原工艺方法除了侧流的物理和生物固体处理之外类似于延长曝气活性污泥。虽然这些系统已运行了好几年，但是对该工艺过程的认知还在不断发展(Johnson et al.，2008；Novak et al.，2006；Roxburgh et al.，2006)。侧流中 MLSS 的物理处理包括细筛除去纤维材料和采用旋风分离器定期去除重颗粒。筛余物主要是挥发性物质和纤维，而占 20%~30%传统工艺过程中可能预期的 MLSS。主反应器操作在 8~10 天的中等 SRT 下运行，而 MLSS 废弃至第二反应器，第二反应器是作为具有间歇曝气的 SBR 而运行的。由该系统观察到的最终结果是生物质产量低。

2.2.3 高负荷率

高负荷率是应用于特征为短 HRT 和高有机负荷率的活性污泥系统的术语。混合液悬浮固体浓度可能为 800 至 10000mg/L 不等；F：M 比率高于传统系统。工艺过程完整性取决于维持生物质于相对较高的生长速率。尽管高负荷率系统能够产生接近传统系统的出水水质，但是这些系统比更高 SRT 系统促进更高分数的分散生物。这可能会导致出现混浊澄清池出水。因此，高负荷率系统必须特别小心地操作运行。例如，RAS 流速不足，废弃不充分和污泥通量率高，都会使这些系统的澄清池对冲走更加敏感。

2.3 进料和曝气模式

改变活性污泥曝气池进料点的数量和位置能够明显改变可接受的负荷率和澄清池的出水水质。

2.3.1 传统工艺

传统的活性污泥的设计，通常会将进水引入至长方形处理池的头端。这种 RAS 可以在处理池之前与进水混合或单独加入。如果这种转换灵活性是很重要，则保持 RAS 独立有利于后续转换成其他进料模式(例如，分步进料或接触稳定化)。如果 RAS 在多个并行运行的曝气池之前与进水混合，则必须小心行事才能确保在进行分流之前进水充分混合。

2.3.2 接触稳定化

接触稳定化是活性污泥工艺过程的改进，其中进料点被移到曝气池中的下游(或移动至独立池中)。这对于 MLSS 在混合液体离开反应器实现固体分离之前与进料流接触提供了相对较短的停留时间。RAS 独立加入到处理池进口并在与主流进水混合之前进行曝气。由于曝气池上游端是含有 RAS 浓度而不是 MLSS 浓度的液体，给定的曝气池体积会包含更大的混合液固体质量，因此，SRT 更长。更长的 SRT 提高了微生物处于曝气下的时间而允许底物发生代谢，否则底物将因为工艺过程的 HRT 缩短而未能除去。降低 HRT，导致氨氧化而去除有机氮的机会减少。最初该工艺过程开发用于除去易于吸收的可溶性 BOD，但颗粒状 BOD 也被去除。短 HRT 区中微生物吸附或绊住的可溶性有机物和悬浮有机物，会随后在返回至复氧区时而被稳定。因此，如果进料点位置、独立 RAS 返流和充足的曝气容量和分布存在灵活性，则现有的曝气处理池容量很容易通过转换至接触稳定化而提高。

2.3.3 分步进料

分步进料或分步曝气工艺，也就是活塞流反应器的改进，允许沿着曝气池长度存在两个或两个以上的进水污水入口点。采用这种排布设计，氧摄取率在整个处理池中就变得更加均匀。其他运行参数类似于传统工艺过程。返回活性污泥通常将在处理池进口端独立的导管中加入至曝气处理池。分布曝气构造结构设计通常采用扩散曝气。现有的活塞流反应器能够通过简单地将处理池分成隔间并重新引导液流而使每个隔间都接收污水输入就改造成分步进料。分步进料池构造结构设计如图 14.9 所示。

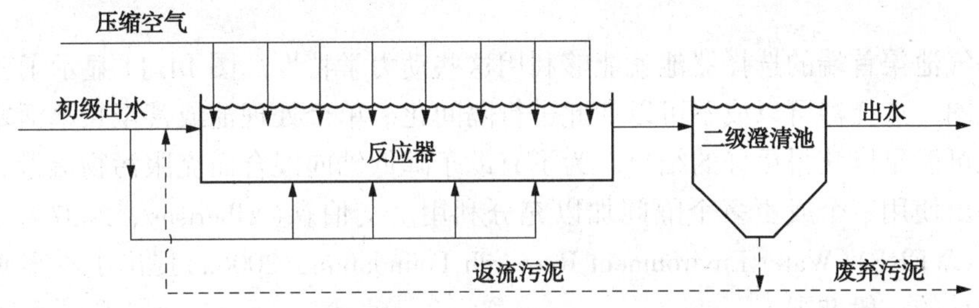

图 14.9 分步进料工艺过程

布赫尔等(Buhr et al.，1984)分析了分布进料位置和二级澄清池的负荷之间的关系。因为 RAS 独立地在曝气池渠首进入，混合液浓度在下游作为进水进料点的数量和位置的函数而降低，每一进料点都稀释了混合液。作者发现，曝气池渠首附近进料增加了二级沉淀池的负荷，因此，提高了 RAS 浓度。将进水转移至下游进料点，降低了固体负荷率和 RAS 浓度，从而容许更高的水力负荷率，降低了澄清池固体过载的危险。

2.3.4 渐变曝气

沿着活塞流反应器的长度调节氧气供应的曝气系统设计经常称为渐变曝气(图 14.10)。然而，在活性污泥工艺过程中分配曝气而匹配需氧模式，被考虑用于所有反应器构造设计结构。渐变曝气方法通常与扩散空气系统相关。活塞流反应器的设计，具体而言，因为沿着其长度需氧量变化范围很宽，则应该引入渐变曝气进行操作控制。混合要求，在某些情况下，决定了最小送风速度。

渐变曝气工艺过程的设计参数与常规活性污泥处理是一致的。在曝气池进水端加入比出水端更多的空气(例如，通过提高扩散器的密度)，能够产生一些有益的结果：

- 降低溶解氧，防止细气泡扩散器在需氧量较高的进口端出现生物结垢；
- 更大的操作控制；
- 通过降低曝气池下游部分中溶解氧的浓度能够抑制硝化作用。

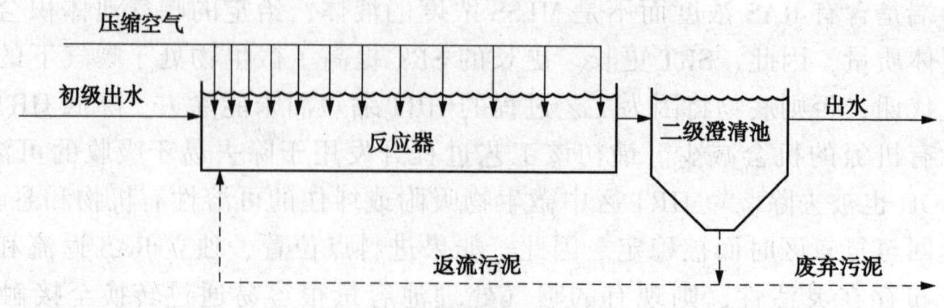

图 14.10 渐变曝气工艺过程

2.4 选择器

各种各样的微生物都会影响 MLSS 的可沉降性，环境条件能够改变而有利于或选择超过其他类型的细菌类型(Jenkins et al.，2003)。混合液体在营养成分、溶解氧、或 F：M 方面都较低，倾向有利于具有高表面积-体积比的丝状菌生长。许多这些丝状菌，会阻碍沉降，如果混合液体经过高 F：M 时期则可能导致生长速率不利。具有最大快速摄取可溶性底物并将其内部储存以便后期低浓度条件下使用的生物，往往是那些更加絮状的和沉降更好的生物。

在主曝气池渠首端的选择器池就能够利用这些动力学特性。图 14.11 显示了三个串联选择器的示意图。选择器可以或不可以如此进行隔间化。单个处理池或甚至长窄活塞流曝气池的渠首端就可能足以获得更好的结果。为了有助于降低轴向混合而克服污物流量和强度的变化，有人提出使用三个或更多个隔间加以充分利用。艾伯森(Albertson，2007 年)和水环境研究基金会(WERF)(Water Environment Research Foundation，2006a)提出了本案研究和选择器实施和设计的一般准则。

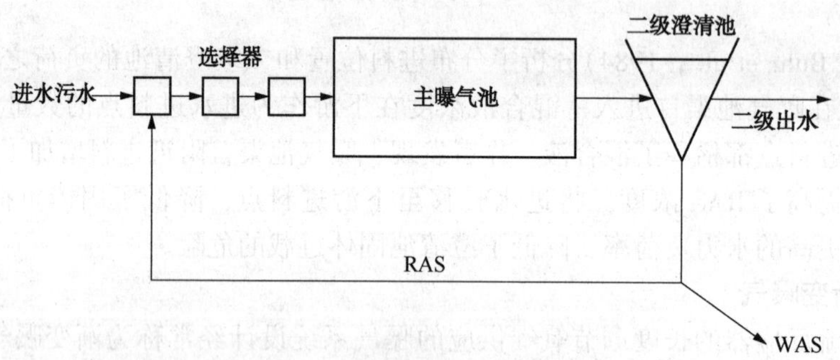

图 14.11 选择器系统的构造设计

选择器可能是好氧的、缺氧的或厌氧的。詹金斯等(Jenkins et al.，2003)建议选择器至少具有三个区。对于好氧选择器，第一隔间 F：M 应该为 10~12kg 化学需氧量(COD)/kg MLSS/d，而总选择器 F：M 为 3~6kg COD/kg MLSS/d。对于缺氧选择器，第一隔间 F：M 应该为 6kg COD/kg MLSS/d，而总选择器 F：M 为 1.5kg COD/kg MLSS/d。对于厌氧选择器，HRT 通常为 0.75~2.0h。在每一种情况下，前两个隔间在大小尺寸上应该相等而在汇流时应该等于总选择器体积的一半。

好氧选择器的设计应该允许 1~2mg/L 的溶解氧浓度。

缺氧选择器能够进行机械或空气混合，而对于后者溶解氧应该限制至低水平。如果硝酸盐浓度可能会干扰缺氧选择器性能，则或许需要选取反硝化作用。

以高 F：M 和低溶解氧运行，可能会形成多糖——在试图代谢 BOD 中由微生物形成的中间产物。多糖并不容易在消化中发生生物降解，并可能通过降低生产量和使饼状固体浓缩物脱水而不良影响固体脱水。中试规模或污水处理厂性能数据可以用于进一步改善选择器设计并对给定的情况定义预期的性能。表 14.4 总结了三种类型的生物选择器的优点和缺点。

表 14.4　生物选择器的对照（Sykes，1993）①

选择器类型	优　点	缺　点
好氧	工艺过程简单，除了 RAS 没有额外的内部循环流 取决于处理池几何形状，无硝化	未降低氧要求。需要更复杂的曝气系统设计才能满足初始高 F：M 区中的最大氧摄取速率
缺氧	倾向于缓冲硝化（作为 $CaCO_3$/lb 的反硝化的 NO_3^--N 回收约 3.5lb 的碱度） 在消化工艺过程中需氧量较低（回收约 2.86 lb O_2/lb 还原的 NO_3^-） 初始高 F：M 区出现在缺氧区，而通过 NO_3^- 而不是氧满足高需氧量	不能与并不发生硝化的工艺过程一起使用 使用额外的再循环流 需要谨慎设计和操作才能最小化缺氧区的氧引入；系统设计差可能导致低 DO 膨胀
无氧	设计简单，除了 RAS 之外无内部再循环 操作最简单的选择器系统 能够适用于生物除磷	并未降低氧要求 不可能与长 SRTs 相容 需要谨慎设计和操作才能最小化无氧区的 NO_3^- 和氧的引入 系统设计差可能导致低 DO 膨胀

① 再循环流对于选择器可能不需要。但要延长反硝化作用（lb/lb = kg/kg）。

2.5　其他变化

2.5.1　纯氧

巴德和兰贝斯（Budd and Lambeth，1957）评价了纯氧（也称为高纯氧）而不是空气对活性污泥工艺过程进行曝气的应用。这个工艺过程在 1970 年取得了商业地位。该工艺的生产厂家声称的主要优点包括将氧溶解至混合液体中所需的功率降低，改善了生物动力学，能够处理高强度可溶性污水，溶解氧缺乏应力所致的膨胀问题降低，以及采用加盖反应器使废气排放和气味得到控制。

在过去，纯氧系统的特征在于高 MLSS 浓度（3000～8000mg/L）和相对较短的 HRTs（1～3h）。许多市政污水的这些系统运行时 MLSS 的浓度为 1000～3000mg/L，同时保持相对较短的 HRTs。这可能部分是由于一些市政污水处理长反应器在高 MLSS 浓度下运行时累积了诺卡氏菌泡沫。在较低的 MLSS 下运行旧设施，也可能是基于溢流速率选定尺寸的二级澄清池的固体综合限制或未考虑污泥体积指数（SVI）对固体处理能力的影响所致。

对于封闭的反应器，富氧气体同时与污水流一起进料至顶空。机械增氧机夹带富氧气泵进入混合液体中，而维持处理池罐内气压恒定就能维持氧进料（图 14.12）。混合液体中通常维持 4～10mg/L 的溶解氧浓度。从系统的最后阶段通风进入的进口氧低于 10%。

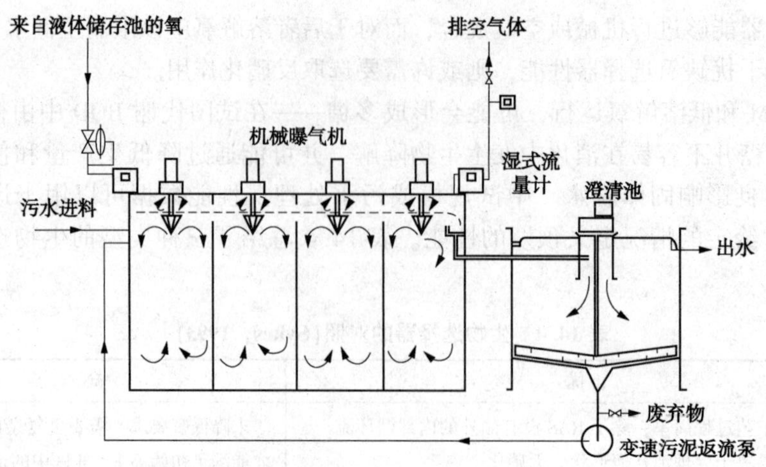

图 14.12　封闭罐池高纯氧系统的示意图

对于开放式反应器系统，氧气注入或夹带至液体流中而进入反应器(U. S. EPA，1979)。许多开放式反应器系统在网上是全球性的，但大多数较小并适用于市政应用，但是也有很多大型开放式罐池应用于工业污水处理系统。开放罐式纯氧系统能够结合表面曝气使用而消除了由于碳酸形成所致的 pH 值。通常情况下，接收纯氧的开放式罐池是第一个好氧池，占总曝气量的 25%~40%。在所有处理池包括表面或扩散曝气而适应平均和较低污水处理厂负荷的系统中，可以注入纯氧满足峰值负荷曝气需求。封盖罐式纯氧系统因为二氧化碳高分压而降低了 pH 值，这种高分压二氧化碳并不会如同传统曝气池那样被空气中的氮气汽提而离开液体的表面。

当 pH 值低于 6.5~7.0 时，硝化作用将减弱，该系统可能需要更长 SRT、容积更大的曝气池，也许还需要额外的最终澄清池容量。这些影响导致使用氧气时需要考虑分开碳 BOD 去除和硝化的阶段。一些设计工程师建议双级系统的第一级接收氧而第二级接收空气。另一种方案处理序列的最后处理池向空气敞开而不是采用纯氧。

使用氧的加盖罐池具有对由于进水污水中存在可燃挥发性烃而可能存在的潜在爆炸发出警报的装置。检测器系统在易挥发性碳氢化合物水平过量时自动利用空气吹扫这个罐池。封盖罐池捕获挥发性有机化学品(VOC)的排放；因此，纯氧系统的废气量大约占离开典型空气系统的 1%。

反应器处理池中的高纯氧和二氧化碳的气氛，需要精心挑选建筑材料。与空气相比，这种气氛对于有机化合物如油和脂更具腐蚀性和反应活性。有些污水处理厂在下游传送渠道和二级澄清池中所用的材料已经经历了腐蚀作用。高纯氧系统供应商已经评估了适合安全和可靠施工的材料。

机械表面涡轮机保持反应器进行混合。对于深的罐池，使用水下涡轮机或具有延长轴的表面涡轮机提供接近底部的额外搅拌叶片。

2.5.2　序批式反应器

SBR 工艺涉及在单一反应器同时进行曝气和澄清的充排式全混反应器。当曝气关闭时就开始澄清。当沉降时间结束时，采用滗水器装置排出上清液。连续阶段组成一个实现一定目标而定义时间间隔的循环。MLSS 本体在定期废弃的循环期间仍然保留在反应器中。具体

处理阶段，在图 14.13 中作为反应器体积的百分比进行举例说明。每个循环的各个阶段包括

- 填充(原始污水或沉降污水进料至反应器中)；
- 反应(反应器内容物曝气/混合)；
- 沉降(MLSS 从所处理的污水中静态沉降和分离出来)；
- 排出/滗析(经处理的污水从反应器中排出)；
- 闲置(延迟一定时间，然后再开始下一个循环，并可能包括从反应器底部除去废弃污泥)。

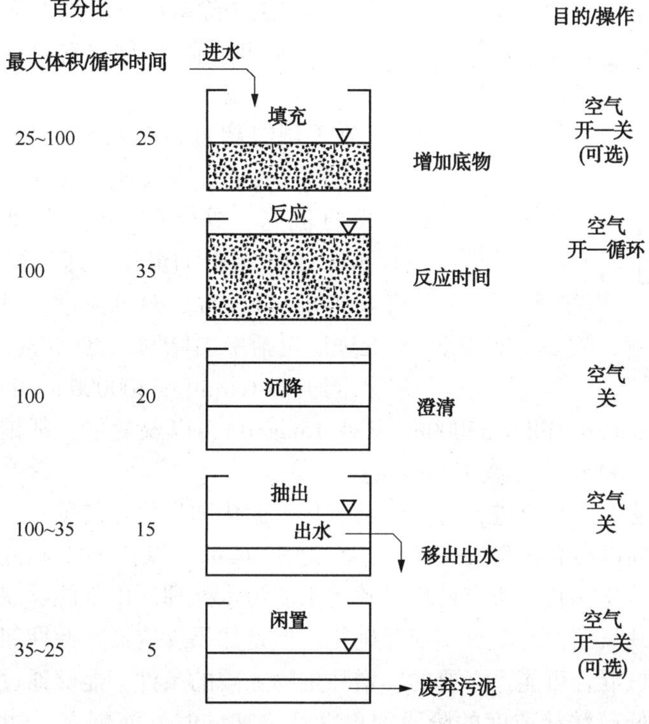

图 14.13　典型序批式反应器的一个运行循环

空闲阶段可以省略，而在反应器排出阶段结束时废弃污泥。循环和各个阶段可能随着每个反应器会有所不同。由于这个工艺过程的间歇性质，流量均衡化或多个反应器都需要适应设施的污水连续和变化的进水流量。

SBR 法的优点包括消除了二级澄清池和 RAS 泵送系统的需要，对短期峰值流量和冲击负荷具有高耐受性，操作灵活，以及在接近理想的静态条件下发生的澄清作用。其缺点包括：在低 F∶M 比下污泥膨胀的潜势，无法有效地氯化 RAS 而进行丝状菌控制，以及需要多个反应器才能满足可靠性、充足的均衡化作用或适应长时间的峰值流量。对于后续下游处理、传送或对于向小的水力限制性接收水体排放，也可能需要出水滗析的均衡化作用。间歇循环延长曝气系统(ICEAS)是在澳大利亚作为一个典型 SBR 的改进而开发出来(Goronsky，1979)。进水正如在连续流系统中的所有循环期间连续进料至反应器中，但排放是间歇性的，类似于 SBR 系统。图 14.14 给出了 ICEAS 系统操作的示意图。

另一种 SBR 概念是循环活性污泥系统(CASS)的专利工艺。其特点是活塞流起始反应条件和全混反应器处理池。每个反应器处理池由挡流板墙分为三个部分(1 区：选择器，2 区：二级曝气，3 区：主曝气)。对于市政污水处理，这些部分约占 5%，10% 和 85% 的大致比

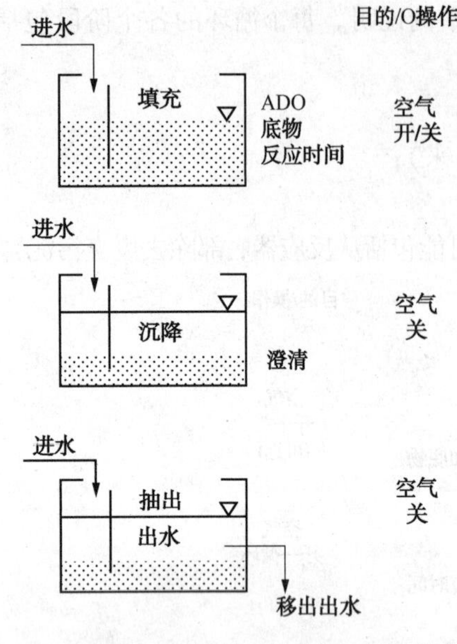

图 14.14　间歇循环延长曝气系统的操作

例。MLSS 连续从 3 区向 1 区选择器再循环而去除容易降解的可溶性底物，并有利于形成絮状物的微生物生长。污泥返流率导致主曝气区内生物质近似日再循环量通过选择器区。支持者认为对于任何负荷情况选择器会自我调节，并在有氧期间的缺氧条件下和未曝气期间的缺氧条件下都正常工作。这种系统能够运行而使之实现生物除磷得以增强。主反应器的全混性质提供了流量和负荷平衡和对冲击或毒性负荷的耐受性。

在美国有超过 200 家 SBR 型污水处理厂正在运行。大约 80%的污水处理厂具有 4000m^3/d(1mg/d)或更低的流量，70%的污水处理厂具有 1900m^3/d(0.5mg/d)或更低的流量。即使存在，也很少具有大到 40000m^3/d(10mg/d)的流量。现已经建成的较大污水处理厂包括中国昆明(190000m^3/d 或 50mg/d)、威尔士卡迪夫(Cardiff)(300000m^3/d 或 80mg/d)、和澳大利亚公谊会山(Quakers Hill)(57000m^3/d 或 15mg/d)、以及爱尔兰都柏林的林森德(Ringsend)污水处理厂(490000m^3/d 或 130mg/d)。

序批式反应器能够进行改进，而提供碳氧化，硝化和生物除磷脱氮。在反应阶段和实施曝气时部分填充期间以最高速率发生硝化。因为 SBRs 都是以长 SRT 和低 F∶M 进行设计和运行，部分或完全硝化在几乎所有处理市政污水的污水处理厂中都能够观察到。在降低曝气或停止曝气后形成缺氧条件时能够实现反硝化，但是如果反应器在此期间不彻底混合，反应速率将会下降，机械混合可能是必要的。增强生物除磷的条件，能够通过引入一个不曝气而具有现成的碳源和低硝酸盐浓度的阶段如再循环之初的时候而创立。SBR 法的灵活性，允许从常规碳氧化升级至生物脱氮除磷，而无需成本高昂的施工建设。

2.5.3　活性炭的加入

在 20 世纪 70 年代初，杜邦公司(特拉华州威尔明顿)的工程师开发 PACT 工艺并最终获得专利，其中向活性污泥处理厂的曝气处理池添加了粉末活性炭(PAC)。PAC 的添加形成了基质，这已经证明了具有一定的有益性质，包括：

- 改进固体沉降特性。
- 提高废弃污泥可脱水性能。
- PAC 吸附有毒化合物而降低冲击负荷影响的能力。
- 减少气味、发泡和膨胀的问题。
- 改进 COD 和有机化合物的去除率，而降低污水颜色而获得较高的总体水质。

这种工艺过程的一个主要缺点是需要再生重用或如果污水处理厂缺乏再生设施时需要购买原生 PAC。作为另一缺点，是具有 PAC 再生的 PACT 工艺过程通常需要三级过滤。

PACT 最成功的应用已经工业化应用，其中 PAC 已经基于单程应用而无再生。许多早期工作主要集中于响应严格美国环保局出水准则限制而炼油污水处理的应用。石油工业考虑 PAC 增强作用而代替传统二级处理之后的颗粒活性炭吸附的推荐最佳可利用技术。随着美国预处理法规的实施，许多污水处理厂目前很少需要加碳降低工业排放的毒性而 PACT 工艺很少用于新的市政污水处理厂。

2.5.4 集成系统

集成固定膜活性污泥系统(IFAS)将惰性支撑介质引入活性污泥反应器。这使固定膜生物质在介质上生长并增加混合液体的微生物群落。第 16 章将介绍集成系统。

2.6 固体分离

所有悬浮生长系统都依赖于 MLSS 从工艺过程出水中成功分离。自从活性污泥工艺过程在近一个世纪前的发展以来，澄清作用已被用于此目的。MLSS 停留的膜过滤已开发并在最近几年已经广泛应用。在特殊情况下，也使用浮选和离心。

2.6.1 澄清池

澄清池设计的许多方面都涉及使该工艺过程有效地适用于分离活性污泥工艺过程中的悬浮固体。该技术已发展到几乎所有这样的澄清池是圆形或长方形的程度，并配备了能量耗散入口，表面撇渣和刮板或液压吸污泥去除机制。

2.6.2 膜

将膜分离技术添加至活性污泥工艺过程和由此产生的膜生物反应器(MBR)的构造结构设计中，现在能与主流工艺过程进行竞争。这在需要过滤或进一步膜处理实现所需的高水质出水，或需要紧凑的占地面积时，尤其如此。

MBR 工艺过程的构造结构设计的优点，包括近无固体出水的模块化构造设计结构，占地面积小，降低了下游消毒要求，能够改造现有反应器，和消除了不利的污泥沉降性能。缺点包括资本成本高，增加了曝气功率要求，正在进行的膜更换要求和适应峰值流量的限制能力。

2.6.3 浮选

溶气浮选(DAF)在活性污泥工艺过程中作为 MLSS 分离方式广泛使用并不多见，而已与深井反应器设计一起使用。这些单元可应用于圆形或长方形构造设计结构中。市政应用中使用的大多数单元涉及在分隔室内加压主流进水或再循环流，并随后将液流释放至大气压下的分离室。压降导致过饱和空气作为连接至颗粒物的泡沫释放，导致其浮到表面而由机械撇渣设备中除去。工艺变量包括分离池的大小和形状、空气-固体之比、悬浮固体的性质和浓度、以及撇渣机制。化学混凝剂可以加入而提高该工艺过程的效率。

3 碳氧化和硝化的工艺过程设计

艾肯菲尔德(Eckenfelder，1966)，劳伦斯和麦克卡迪(Lawrence and McCarty，1972)，麦克金妮(McKinney，1962)，以及麦克金妮和乌藤(McKinney and Ooten，1969)主导了活性污泥工艺过程定量理解发展的潮流。劳伦斯和麦克卡迪的工作，在提供更加统一的方法强调 SRT 重要性方面，意义非凡。这种方法是碳氧化和硝化工艺过程设计的基础，并产生了更复杂的软件模型[水环境联合会(Water Environment Federation)，2009]。

3.1 碳氧化

图 14.15 说明了典型的悬浮生长系统流程图。具有一定体积(V)的反应器，接收进水流

量(Q)，再加上再循环流量(Q_R)。进水流量包含一定浓度(S_0)的可生物降解的底物和一定浓度(X_{oTSS})的固体。固体包括微生物(X_0)和其他颗粒物，包括非挥发性(也称为无机)固体(Z_{io})，非可生物降解的挥发性(也称为有机)固体(Z_{no})，和可生物降解的挥发性固体(Z_{bo})。再循环流包含可生物降解的可溶性底物，微生物和惰性固体。

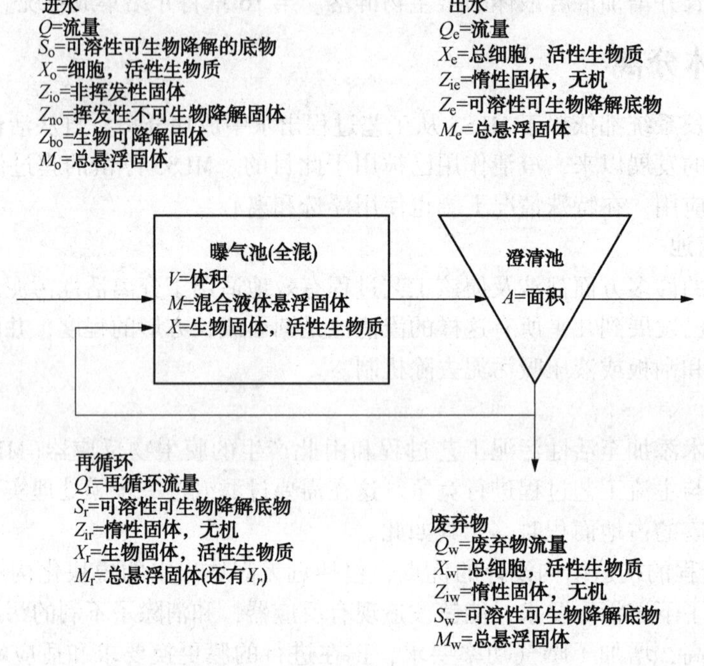

图 14.15 活性污泥工艺流程图的术语

(挥发性物质和非挥发性物质分别代表有机和无机固体)

碳氧化的基本关系表达和设计方程的开发，都能够在参考文献中找到(Grady et al.，1999；Lawrence and McCarty，1970；和 Metcalf and Eddy，2003；Ritmann and McCarty，200)。基于全混反应器的系统尺寸大小选定的一组设计方程介绍如下。

$$HRT=\frac{V}{Q} \tag{14.1}$$

$$\frac{1}{\mathrm{SRT}}=\frac{\mu_{\max}S_e}{K_s+S_e}-b \tag{14.2}$$

$$X=\frac{\mathrm{SRT}}{\mathrm{HRT}}Y_{\mathrm{net}}(S_o-S_e) \tag{14.3}$$

$$Y_{\mathrm{net}}=\frac{Y}{1+b\mathrm{SRT}} \tag{14.4}$$

$$M_{\mathrm{wTSS}}=Q\left\{\frac{Y_{\mathrm{net}}(S_o-S_e)}{fv}+\left[fd\ b\ \mathrm{SRT}\frac{Y_{\mathrm{net}}(S_o-S_e)}{fv}\right]+Z_{io}+Z_{no}\right\} \tag{14.5}$$

$$X_{\mathrm{MLSS}}=\frac{\mathrm{SRT}}{\mathrm{HRT}}\left\{\frac{Y_{\mathrm{net}}(S_o-S_e)}{fv}+\left[fd\ b\ \mathrm{SRT}\frac{Y_{\mathrm{net}}(S_o-S_e)}{fv}\right]+Z_{io}+Z_{no}\right\} \tag{14.6}$$

$$\mathrm{SRT}=VX_{\mathrm{TSS}}/M_{\mathrm{wTSS}}=VX_{\mathrm{TSS}}/X_{\mathrm{wTSS}}Q_w \tag{14.7}$$

$$\alpha r=\frac{Q_{\mathrm{r}}}{Q}=\frac{X}{X_{\mathrm{r}}-X}=\frac{X_{\mathrm{TSS}}}{X_{\mathrm{rTSS}}-X_{\mathrm{TSS}}} \tag{14.8}$$

$$R_{\mathrm{c}}=Q(S_{\mathrm{o}}-S_{\mathrm{e}})-B[QY_{\mathrm{net}}(S_{\mathrm{o}}-S_{\mathrm{e}})(1+fd\ b\ \mathrm{SRT})] \tag{14.9}$$

式中　V——曝气池体积，长度^3；

Q——污水进水流量，长度^3/时间；

Q_r——污泥再循环流量，长度^3/时间；

X——反应器生物固体，质量/长度^3；

X_r——污泥再循环流量生物固体，质量/长度^3；

Y——实际处理池产率，质量/质量；

S_o——进水可生物降解底物，质量/长度^3；

S_e——出水可溶性的可生物降解底物，质量/长度^3；

Q_w——污泥废弃物流量，长度^3/时间；

K_s——半速度系数，质量/长度^3；

$\mu_{最大}$——最大生长比速率，1/时间；

b——内生腐败系数，1/时间；

fd——细胞碎片系数，质量/质量；

fv——生物质挥发性固体含量，通常为 0.85，质量/质量；

$Y_{净}$——占腐败的净细胞产率，质量/质量；

X_{TSS}——混合液总悬浮固体，质量/长度^3；

X_{rTSS}——污泥再循环流总悬浮固体，质量/长度^3；

X_{wTSS}——废弃污泥流总悬浮固体，质量/长度^3；

Z_{io}——进水非挥发性悬浮固体，质量/长度^3；

Z_{no}——进水挥发性非可生物降解的固体，质量/长度^3；

α_r——返流污泥再循环比，无量纲

R_c——单位时间满足碳氧化所需的氧质量，质量/时间；

M_{wTSS}——每天作为出水悬浮固体和废弃活性污泥产生或去除的总固体质量，质量/时间；

B——细胞质量的氧当量，经常计算为 1.42 O_2质量/挥发性悬浮固体(VSS)质量，质量/质量。

在上述定义中，每个变量的单位依据质量、长度和时间的基本量纲表示。表 14.5 给出了这些系数的范围和典型值。只要所选系数单位正确，底物的单位可以是 COD 或 BOD。由方程(14.9)决定的碳需氧量需要使用进水底物浓度 S_0的可生物降解 COD 或最终 BOD。读者请注意，报道系数的质量单位可能依据总的或挥发性固体，并基于活性生物质，包括细胞碎片的总生物质或总质量。

在设计中，重要的是要考虑引入污水的所有组件，那将会影响固体生产和需氧量。进水微生物可以相对于反应器中的微生物而假设忽略不计，但可能影响系统的曝气池中的需氧模式(Grady et al.，1999)。非挥发性悬浮固体可估计为进水 TSS 和 VSS 之差。非可生物降解的挥发性(有机)悬浮固体约为进水有机或挥发性悬浮固体的 40%(Dague，1983)。非可生物

降解的挥发性固体不能直接测量，但必须估计。

表 14.5 20℃下异养菌的活性污泥动力学系数①

系　数	单　位	范　围	典 型 值
μ_m	g VSS/g VSS · d	3.0-13.2	6.0
K_s	g bCOD/m^3	5.0-40.0	20.0
γ	g VSS/g bCOD	0.30-0.50	0.40
bn	g VSS/g VSS · d	0.06-0.20	0.12
fd	无单位	0.08-0.20	0.15
θ 值			
μ_m	无单位	1.03-10.08	1.07
k_d	无单位	1.03-1.08	1.04
K_s	无单位	1.00	1.00

① 摘自 Henze et al., 1987a; Barker and Dold, 1997; 和 Grady et al., 1999。

摘自 Metcalf & Eddy, Inc.,《污水工程：处理与再利用》，第四版，R. Tchobanoglous [Ed.]，版权 2003，由 McGraw-Hill Companies 提供。

可生物降解的 VSS 假定能够迅速吸附到生物质而随后水解(溶解)和以进水 COD 和 BOD 反映或作为悬浮固体的具体组分而被忽略。然而，缓慢可水解的可生物降解挥发性固体能够显著影响系统动力学和质量平衡。

上述方程使之能够估算工艺过程的体积、废污泥产量、RAS 比和碳 BOD(cBOD)去除的活性污泥系统所需的氧量。系统的设计需要确定以下几个因素：

- 曝气池体积，V；
- 废弃污泥量，M_{wTSS}；
- 总需氧量，R_c；
- 污泥再循环要求；
- 澄清池尺寸。

按照惯例，悬浮固体生长反应器所述的 HRT 通常排除了返流活性污泥流量，而仅仅基于工艺过程进水。HRT 或其他参数的其他定义能够使用，但其基础必须指明。通过反应器的实际流量，包括再循环流量，经常报告为设计或运行参数。在这种情况下，应该指出流量的基础。

方程(14.2)的 SRT 代表需要达到所需的出水可溶性底物浓度的理论 SRT。典型的设计是基于更高的 SRT 值而提供具有所需沉降性质的生物固体。对于通过异养生物去除碳底物，理论 SRT 很少使用。相反，是基于经验进行 SRT 选择，也可以应用安全系数确立设计值(Rittmann and McCarty, 2001)。

方程(5.7)将 SRT 定义为系统固体总质量除以固体废弃速率。这仅仅基于反应器体积。包括二级澄清池固体，总体上将是一个更基本的正确方法，但需要估算澄清池中的固体，这是一个运行变量，并超出了设计者的控制。对于具有低 SRT 和短期 HRT 的系统，诸如纯氧活性污泥系统，SRT 计算两种方法之间的差异可能是很显著。在任何情况下推荐明确表示这种计算的基础。

以上方程的真实和净产率系数表征了生物质的产量。另一个术语，表观产率，Y_{obs}，是运行的活性污泥污水处理厂的经验值，等于废弃物固体，M_{WTSS}，除以相同时间内去除的底物质量。

由方程(14.9)确定的氧要求，仅仅考虑碳需氧量。在该方程中，第二项是生物质加细胞碎片的氧当量。活性污泥系统，如果预想去除的 cBOD 所具有的设计或运行 SRT 等于或大于硝化的理论最低 SRT 时，将会硝化至一定程度，因此将会遇到额外的需氧量，则 Y_{obs}将包括硝化池生物质。在这种情况下，硝化池生物质和生成细胞碎片的氧当量应该从硝化的额外需氧量中减去。硝化需氧量和生物质生产将在下一节中进行讨论。

重要的是，固体处理的装置内再循环流应该考虑到进水的浓度和可变性中。尽管好氧和厌氧消化或废弃活性污泥脱水的返流流量通常将预计较低的可溶性 BOD，但是颗粒 BOD 和非可生物降解的固体可能会很显著。也应该考虑工艺过程故障的不同潜在模式，包括在经历设计条件而无系统适应较高氮负荷的足够时间时不能发挥功能的低载污水处理厂。

上述方程是针对单一全混反应器。活塞流反应器对活性污泥过程中发生的一级反应更有效，但数学上采用简化模型直接求解太复杂。正如 WEF(2009)所提，需要进行工艺过程建模评估活塞流和其他反应器构造结构设计。全混反应器中 cBOD 去除率的方程因为颗粒底物去除的速度缓慢而可能是典型污水的活塞流系统的合理近似值(Metcalf and Eddy, Inc. 2003)，而返流活性污泥的流动导致反应器中的底物浓度更为均匀。

3.2　硝化

市政原始污水中所含的氮主要以有机和氨氮形式发生。对于中等强度 40mg/L 市政污水中总氮的典型浓度范围为 20~85mg/L(Metcalf and Eddy, 2003)。总量大约 40%是有机氮而 60%为氨。通常情况下，除非受工业废物的贡献影响，小于 1%是以硝酸盐或亚硝酸盐存在。与其他组分一样，进水氮浓度随着节水增加或渗透和进水流量降低而具有上升趋势。有关进水质量特性的附加信息将在第 3 章中介绍。请注意，本章中的氮浓度除非另外说明将以 mg N/L 表示。

新细胞的生长将会除去一些进水氮。此脱氮率将会有约 12%的净生物质生成。进水总氮的额外分数是非可生物降解的或作为微粒去除。因此，仅约 80%的进水氮可能用于氧化。对于 SRT 和碳 BOD 去除的给定条件，同化作用的氮去除率能够作为净生物质加上所生成的细胞碎片的百分比进行估计。氮同化作用取决于进水中 BOD 与氮之比，从而在处理高浓度有机碳的污水系统中可能是很显著的。

氨氮通过由亚硝化菌和硝化菌表示的自养物种发挥活性而氧化为硝酸盐。每克氧化为硝酸盐的氨(均表示为 N)将导致

- 4.57g 耗氧量；
- 7.14g 损坏的碱度(作为碳酸钙)；
- 0.15g 生成的新细胞(硝化细菌)。

生物硝化程度将取决于系统中容许保留的硝化生物质量。这些生物质的存在依赖于所涉及的自养菌群相对生长速率，系统 SRT 和其他条件，如温度、氨、有机底物和溶解氧浓度。对于给定的最大 MLSS 浓度，自养生物质的部分将会基于存在的异养生物质而受限。反硝化作用，无论是预想作为工艺过程的部分还是偶然发生的——如在澄清池中发生的或好氧反应

器的低溶解氧区——将会导致耗氧和碱度消耗降低。

氨生物氧化成硝酸盐，能够在 cBOD 去除和硝化(单级)的组合系统中，或在独立的硝化(双级)系统中完成。在单级组合工艺过程中的硝化程度取决于系统的 SRT，条件是能够维持硝化自养菌群。因此，硝化程度很大程度上由设计参数(硝化系统的 HRT 和 SRT)决定。双级系统容许一定程度分离碳和氮氧化的工艺过程。在第一级(具有澄清和污泥再循环的曝气池)中，发生 cBOD 去除并限制硝化作用。第二级(独立曝气池和具有污泥再循环的澄清池)保持更有利的硝化条件。据发现，双级系统成本更加昂贵。

有关硝化的设计方程的基本关系和开发的介绍能够查阅许多参考文献(Grady et al., 1999；Metcalf and Eddy，2003；和 Ritmann and McCarty，2001；U. S. EPA，1993)。以下将介绍全混悬浮生长系统中硝化的设计方程。

$$\mathrm{SRT}_{N\min}=\frac{1}{\mu_N-b_N} \tag{14.10}$$

$$\mu_N=\mu_{N,\max}\ \frac{N_e}{K_N+N_o}\ \frac{DO}{K_o+DO} \tag{14.11}$$

$$\mathrm{SRT}_{\mathrm{design}}=SRT_{N\min}(SF) \tag{14.12}$$

$$Y_{N\mathrm{net}}=\frac{Y_N}{1+b_N\ \mathrm{SRT}_{\mathrm{design}}} \tag{14.13}$$

$$M_{\mathrm{NTSS}}=Q\left\{\frac{Y_{N\mathrm{net}}(N_o-N_e)}{fv}+\left[fd\ b_N\mathrm{SRT}_{\mathrm{design}}\frac{Y_{N\mathrm{net}}(N_o-N_e)}{fv}\right]\right\} \tag{14.14}$$

$$R_N=4.57(N_o-N_e)-2.86(N_o-N_e-N_{3e})-B\ fv\ M_{\mathrm{NTSS}} \tag{14.15}$$

式中 $\mathrm{SRT}_{\mathrm{N\,min}}$——硝化的最低 SRT，时间；

μ_N——硝化菌比生长速率，1/时间；

$\mu_{N,最大}$——最大硝化菌比生长速率，1/时间；

N_o，N_e——进水和出水可氧化氮浓度，质量/长度^3；

K_N，K_o——氨和氧的半速率常数，质量/长度^3；

Y_N——硝化产率系数，质量/质量；

$Y_{N净}$——净硝化产率系数，质量/质量；

DO——反应器溶解氧浓度，质量/长度^3；

$\mathrm{SRT}_{设计}$——设计 SRT，时间；

SF——安全或设计因子，无量纲；

b_N——基于曝气区生物质的自养菌内生腐败系数，1/时间；

fd——细胞碎片系数，质量/质量；

fv——生物质挥发性固体含量，通常为 0.85，质量/质量；

M_{NTSS}——每天作为出水悬浮固体或废弃固体生成或去除的总自养固体质量，质量/时间；

R_N——单位时间满足硝化需氧量所需的氧质量；

NO_{3e}——出水硝酸盐氮，质量/长度^3；

设计悬浮生长的硝化工艺过程的基本方法与碳氧化是相同的，而都是以确定合适设计的 SRT 开始。表 14.6 列出了动力学系数的范围和典型值。亚硝化细菌生长相对缓慢导致硝化系统因为低溶解氧、pH 值降低和毒性抑制或进水可氧化氮浓度较大变化而颠倒工艺过程之后恢复缓慢。基于氮负荷、工艺性能要求和环境因素的变化考虑，安全因素适用于提高性能可靠性的最低必要 SRT。峰值安全系数等于峰值-平均值进水总氮浓度之比，或等于负载变化和额外的安全系数的总和，已经有人举例说明（U. S. EPA 1993；Metcalf and Eddy，2003）。

方程（14. 14）用于估计生成或废弃的总自养固体质量。对于碳氧化和硝化的组合，这个量增加至针对所生成总质量的方程（14. 5）的结果之中。

重要的是，来自固体处理的装置内再循环流应该在进水氮的浓度和可变性中加以考虑。也应该考虑工艺过程故障的潜在模式，这可能包括在经历设计条件而无系统适应较高氮负荷的足够时间时不能发挥功能的低载污水处理厂（WERF，2006b）。

表 14. 6　20℃下活性污泥硝化动力学系数①

系　数	单　位	范　围	典型值
μ_{mn}	g VSS/g VSS · d	0. 20~0. 90	0. 75
K_N	$g\ NH_4 \cdot N/m^3$	0. 5~1. 0	0. 74
γ_N	$g\ VSS/g\ NH_4 \cdot N$	0. 10~0. 15	0. 12
b_n	g VSS/g VSS · d	0. 05~0. 15	0. 08
K_O	g/m^3	0. 40~0. 60	0. 50
θ 值			
μ_n	无单位	1. 06~1. 123	1. 07
K_N	无单位	1. 03~1. 123	1. 053
K_{dn}	无单位	1. 03~1. 08	1. 04

① 摘自 Henze et al.，1987a；Barker and Dold，1997；and Grady et al.，1999。

摘自 Metcalf & Eddy，Inc.，《污水工程：处理和再利用》，第四版，R. Tchobanoglous [Ed.]，版权 2003，经 McGraw-Hill Companies 许可。

对于方程（14. 11），溶解氧浓度被认为是系统平均值。这是公认的，一些硝化可以发生于溶解氧可能较低的部分曝气池中（Albertson and Coughenour，1995；Applegate et al.，1980；和 Smith，1996）。相反，溶解氧渗透至生物絮凝体中的机理将会限制包类的自养生物可利用的溶解氧，这可能会在相对高含量有机氮导致产生大生物絮凝体时导致平均反应器溶解氧超过预测硝化性能（Metcalf and Eddy，2003）。

3. 3　设计考虑因素

温度、溶解氧、营养物质、有毒的抑制性废弃物、pH 值和污水固有的可变性，都会影响活性污泥系统的性能。

3. 3. 1　温度

温度会影响反应速率，化学计量常数和氧传递速率。生物处理设计中所用的大多数温度校正都遵循改进的范特霍夫-阿累尼乌斯（van't Hoff-Arrhenius）方程：

$$K_{T_2}=K_{T_1}\Theta^{(T_2-T_1)} \tag{14.16}$$

式中　K_{T_1}——温度为 T_1 时的特征动力学、计量学或传质系数；

K_{T_2}——温度为T_2时的特征动力学、计量学或传质系数；

Θ——温度校正系数，无量纲。

表 14.5 和表 14.6 包括异养和自养菌动力学的 Θ 值。在曝气氧化沟中对于 k 的 Θ 值范围为 1.06~1.12。注意，温度校正系数是近似的，应该检查合适性。此外，硝化动力学系数常规上都是按照 15 或 20℃提出；这个基础应该予以确认。

3.3.2 溶解氧

在设计用于去除 cBOD 的系统中，0.5mg/L 的最低平均罐池溶解氧浓度在峰值负荷条件下是可以接受的而在平均条件下 2.0mg/L 是可以接受的。使用较低的值能够提高氧传递效率，但可也可能导致丝状菌的生成而使可沉降性变差。在硝化的系统中，最低平均罐池溶解氧浓度为 2.0mg/L 在所有条件下都是合理的。

3.3.3 养分

充足的养分平衡对于确保活性生物质充分沉降是必要的。养分是指氮，磷，生物生长所必需的微量金属(Metcalf and Eddy，2003)。因为在内生呼吸期间释放的养分可供活性生物质生长之用，则较高的 SRT 预期在进水中需要较少的养分。由于养分要求取决于 SRT，它们可能以过量的生物质和产生的细胞碎片为基础。最低氮要求应该为过量生物质和生成的细胞碎片的 12%而磷要求应该为过量生物质和生成的细胞碎片的 2%。标准生活污水通常含有充足的养分。具有大量工业贡献的废弃物，可能需要另加养分。

3.3.4 有毒的抑制性废弃物

某些无机和有机成分的存在可以抑制或破坏悬浮生长系统的微生物。许多这样的物质在其他文献中有介绍(Grady et al.，1999)。硝化过程尤其对有毒抑制性物质很敏感(U.S. EPA，1993；Water Research Commission，1984)。

3.3.5 pH

对于 cBOD 去除系统中最佳细胞生长，混合液体的 pH 值范围为 6.5~7.5。硝化系统对于系统 pH 值更敏感，因为这些微生物的生长速率是 pH 值在 6.5~7.5 之间的函数(U.S. EPA，1993)。纯氧系统往往比空气系统更降低 pH 值，因为前者缺乏有助于从混合液中汽提溶解的二氧化碳(呼吸中生成)的氮气流动。除非由下游渠道曝气或类似的工艺过程汽提，至少一些二氧化碳通过澄清池进行再循环而返回至反应器中。

为了避免 pH 值降低，对于纯氧或经典的曝气系统，应该提供残余碱度至少为 60mg/L (作为碳酸钙)。以 50mg/L 的水平运行时，是最小的，而在各种情况下，80~100mg/L 的值，将更好地维持稳定的 pH。

3.4 设计方法

3.4.1 进水特性

市政负荷和污水特性通常随季节、每周之日，每日之时而变化。进水特性表征在第 3 章中进行了讨论。除非这些变化都在污水处理厂的设计中得到了解决，否则工艺性能就可能受到显著影响。曝气池/最后的澄清池组合对于高水平的这种变化是很脆弱的。过度水力峰值将曝气池存量固体转移至澄清池，这种澄清池是不可能能够容纳那么多固体的。温度变化可能会对澄清池中的固体沉降产生不利影响，导致出水固体损失，而影响反应速率。有机负荷的增加可能导致混合液体沉降变差和浑浊出水悬浮固体含量升高。在进水中周期性有毒化合物可能显著降低曝气池中的生物活性而导致工艺过程性能变差。在一些区域，由于降低进水流量向收集系统的渗透或由于节水而长期显著增加污水强度的趋势，可能降低设施的标称水力容量。进水浓度增加的这种趋势，仅仅只通过检测跨距几年的数据或许就会显而易见。

活性污泥污水处理厂可以包括考虑进水变化的特性。这些特性包括流量均衡化、更大澄清池、备用曝气池进料曝气模式和更大返流活性污泥容量。

工艺过程模型能够用于评价流量和负荷模式而量化峰值流量的影响，如固体存量的转移和出水质量的变化。此外，更高水平的装置内的传感和自动化有助于分流策略而允许不太复杂的工艺过程单元装置的规模尺寸缩小。

3.4.2　曝气反应器池的体积

曝气池大小尺寸的确定基于两个重要因素。首先是去除可溶性的颗粒底物(和如果需要还要氧化氨氮)并允许生物质活性恢复至生长下降或内生水平的足够时间。第二个因素是通过重力沉降能够维持有效去除充分沉降的絮状 MLSS。

对于市政系统，有人推荐工艺过程的设计应该基于 $Se=0$。经验已经证明其精确值具有一定的不可预知性。通过假设较高的 Se 值而降低曝气池体积是不可取的，因为排放许可通常是基于总 BOD 或 COD 的，其中包括了由生物质和微生物产物构成的出水有机固体的贡献。

方程(14.2)是基于莫诺(Monod)动力学关系而并没有通过全规模活性污泥系统的数据充分支持。为此之由，由方程(14.2)给出的 Se 和 SRT 之间的关系通常并不适用于设计。如果使用时，SRT 的值预期将低至不切实际，则只能将安全系数按比例放大(Dague，1983；Grady et al.，1999；Lawrence and McCarty，1970；Metcalf and Eddy，2003；U.S. EPA，1993；Water Research Commission，1984)。另外，来自文献的类似污水处理厂或中试研究的信息可能适用于估算 SRT 和其他动力学参数。

从实践的角度而言，cBOD 去除系统的 SRT 选择并未基于动力学的考虑因素，而是经验。设计通常基于提供足够高的系统 SRT 值，产生絮状污泥实现充分沉降，产生清澈出水。图 14.16 代表了生长于可溶性废弃物(葡萄糖+酵母提取物)上的非丝状菌污泥，表明需要的最小 SRT 值约为 3 天(Bisogni and Lawrence，1971)。在实践中，1~5 天的 SRT 值通常用于温暖的天气而在寒冷的冬季则长达 15 天。硝化很可能在这些范围内发生，并应该在设计过程中加以考虑。如果在环境或性能条件容许较高或较低值的情况下选择的 SRT 值可能超出这个范围。

一旦选定 SRT 设计值，方程(14.7)就能够用于估算所需的曝气池体积。

MLSS 的选择可能会在设计过程中通过试差法确定。优化的曝气池和澄清池设计应该基于污水处理、氧传递限制、固体沉降特性和二级澄清池可容许的固体负荷率所需的 SRT。传统的空气活性污泥系统经常使用的 MLSS 浓度范围为 1500~3000mg/L。然而，对于这些系统，适应更高的浓度也是可能的。延长曝气系统的设计经常高达 4000mg/L 的 MLSS。纯氧系统能够在 MLSS 浓度超过 10000mg/L 下运行，但对于采用机械表面增氧机的系统超过 2000mg/L 的值时就可能观察到泡沫的问题。

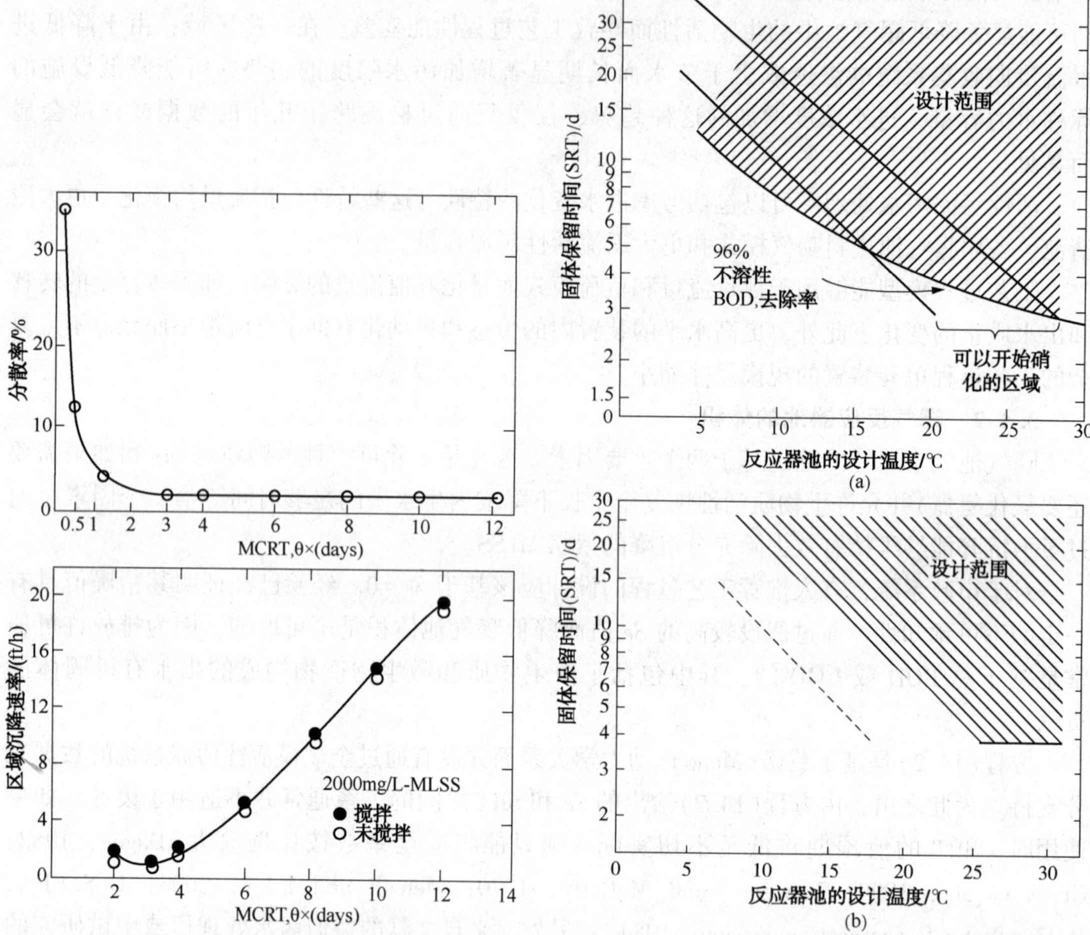

图 14.16 平均细胞停留时间(MCRT)对活性污泥出水中的分散生长和活性污泥混合液体的沉降速率(ft/h×0.304 8=m/h)的影响

图 14.17 (a)碳生化需氧量去除率和(b)单级硝化(不存在毒性，混合液体悬浮固体冲走控制于 pH 7.5~9.0)的设计固体停留时间

固体沉降和增稠性能往往决定二级澄清系统 MLSS 浓度的最终选择。对于空气活性污泥系统，浓度超过约 5000mg/L 的设计很少属于经济性的(Eckenfelder，1967)。图 14.18 和图 14.19 证明了这些值是 SVI 和温度的函数。在后面本章将讨论基于 MLSS 的沉降和增稠特性的评价方法。在纯氧气系统中，这些图上边界可能更高，因为可能会生成更好的沉降污泥；然而，在美国大多数污水处理厂并未不超过 5000mg/L 的 MLSS。对于一些这样的污水处理厂运行 MLSS 水平，在温暖的气候下为 1500mg/L 或更低。MBRs 设计适用的 MLSS 浓度比后续章节中讨论的 MLSS 浓度高得多。

3.4.3 曝气氧化沟

具有后续澄清和污泥再循环的曝气氧化沟模式的反应器设计能够基于以前介绍的全混系统提出设计方程。虽然曝气氧化沟类似于延长曝气系统，但是固体沉积和部分混合性质导致了反应器构造设计结构较复杂。因此，前面给出的方程不能直接应用。设计无二级澄清和污泥再循环的曝气氧化沟的常见实践惯例是假设所观察到的 BOD 去除率(总的或可溶性的

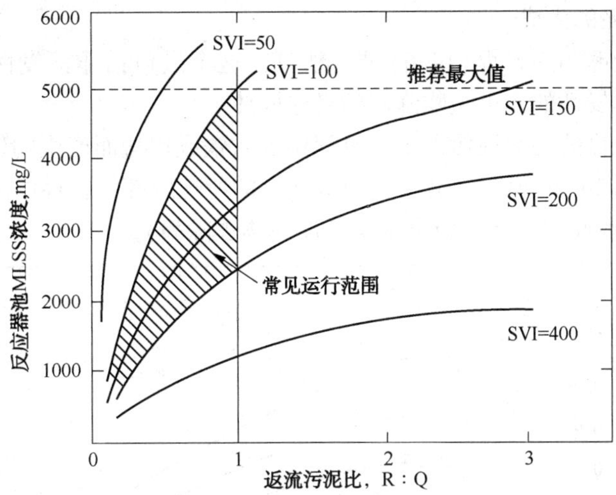

图 14. 18　在 20℃的反应器池温度下相对于污泥体积指数(SVI)和返流污泥比的设计混合液体悬浮固体(MLSS)

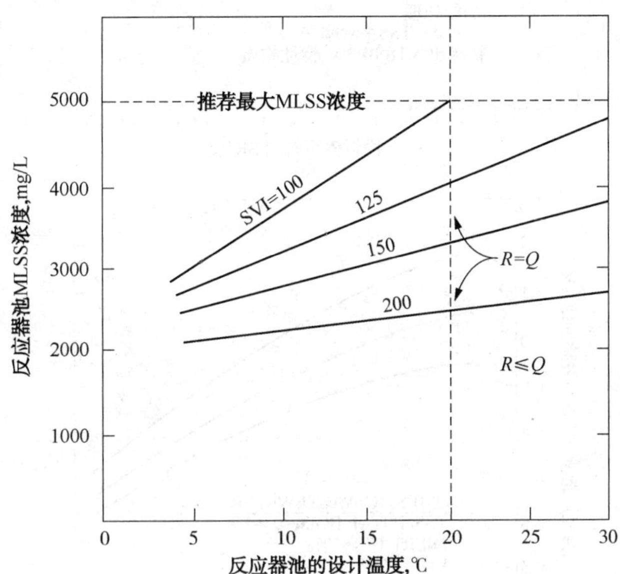

图 14. 19　在增氧机温度而非环境温度(例如，在 20℃和 SVI = 150 mL/g，MLSS 不应该超过 3 300 mg/L)下相对于温度和污泥体积指数(SVI)的推荐最大混合液体悬浮固体(MLSS)设计

BOD)能够通过一级动力学描述。对于单级全混氧化池，一级动力学方程如下(Metcalf and Eddy，2003)：

$$\frac{S_e}{S_o}=\frac{1}{1+k_1\ HRT} \tag{14.17}$$

式中　k_1——观察到的 BOD 去除速率常数(1/t)。

温度影响报告的 k_1 值，对于总 BOD 去除这个值范围为 0. 25 ~ 1. 0 d^{-1}(Metcalf and Eddy，2003)。曝气氧化沟设计上的更多细节可查阅其他文献(Reed et al.，1995)。

3.4.4 废弃污泥的生成

生成的污泥量能够利用方程(14.6)进行估算，这个量包括非挥发性的、挥发性的可生物降解悬浮固体和挥发性的非可生物降解的悬浮固体。

由向除磷或其他目的的活性污泥工艺过程中加入铁或铝盐而产生的任何沉淀，也应该包括在这个计算中。图14.20说明了有无初级沉淀时的所述废弃物特性的净二级处理系统污泥生产量(被视为废弃活性污泥和二级出水量悬浮固体去除率)。

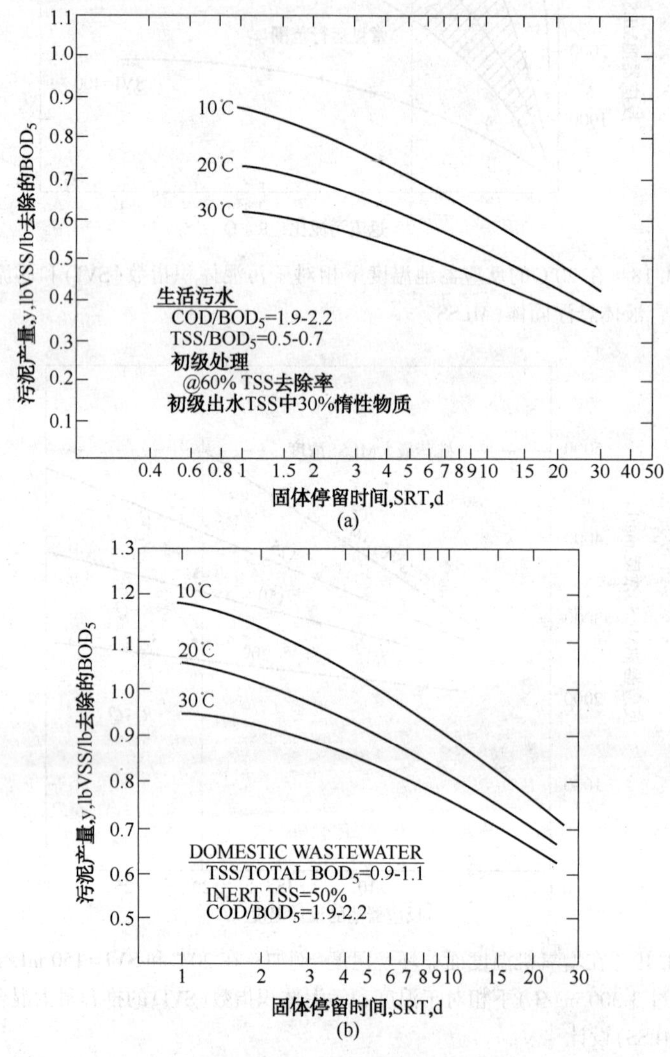

图 14.20 (a)具有初级处理和
(b)无初级处理下相对于固体停留时间和温度的净污泥生产率(lb/lb=kg/kg)

3.4.5 需氧量

利用方程(14.9)和方程(14.14)能够估算活性污泥工艺过程的需氧量。额外的需氧量也可能源自进水中易氧化化合物如具有约每mg/L硫化物2mg/L需氧量的硫化物(作为S)。在悬浮生长系统中需氧量通常在空间和时间上是变化的。时间变化能够由对于进水负荷(cBOD和氮需氧量)收集的数据进行统计分析而估算。空间变化取决于生物质生长速率和底物去除速率和溶解氧浓度之间动态关系。这些时空上的变化还取决于流态和工艺过程的 HRT。变化能够由 WEF(2009)或文献数据中描述的工艺过程计算机模型进行估算。表 14.7 介绍了在英国收集的长而窄的(活塞流)曝气池(L/W 大于 20)的数据(Boon and Chambers, 1985)。氮需氧量的估算假设了硝化沿着整个处理池长度均匀地进行。估计需氧量的更多细节能够查阅其他文献(S. EPA, 1989; Water Pollution Control Federation, 1988)。

表 14.7　沿着活塞流曝气池(L/W>20)成比例的需氧量变化(Boon and Chambers, 1985)

曝气池体积的比例/%	碳需氧量		碳+氮需氧量	
	需氧量比例/%	每日范围/%	需氧量比例/%	每日范围/%
20	60	40-85	46	33-62
20	15	5-20	17	10-20
20	10	5-15	14	10-17
20	10	5-15	13	10-16
20	5	<1-10	10	7-13

设计的总需氧量应该基于预期的峰值负荷。作为最低值，传统系统的要求应该基于峰值月平均日的 24h 需氧量。有些设计师宁愿使用的高峰日或峰值月的平均日峰值 4h 需氧量。基于峰值日需氧量的要求，有人推荐加上峰值日的 50%的峰值 4h 速率(Young et al., 1978)。

3.4.6　返流活性污泥的要求

在不存在现场特异性固体沉降特性时对于假设的澄清池底流浓度由方程(14.8)能够估算 RAS 泵送容量的要求。返流污泥流量与进水流量之比(αr)影响最终澄清池的大小，而不会影响曝气池的大小尺寸。作为准则，αr 的设计值对于传统系统应该处于平均设施设计流量的 20%~100%，而对于某些取决于峰值流量因子和预期的澄清池性能的系统则高达 150%。

3.4.7　固体/液体分离

固体分离系统的设计，无论是膜或二级澄清池，都是一项重要功能，是与悬浮生长系统其他组件的设计密不可分的。膜系统设计和澄清池大小尺寸确定的详细信息将在本章后面出现。

4　养分控制的工艺设计

4.1　强化的生物除磷工艺过程

磷是生物生长必需的营养物质。所有的生物过程不同程度上能够从污水中去除磷。每磅生产的 VSS(干重)含有 1.5%~2.5%的磷。假设每毫克去除的 BOD 生成 0.5mg 的 VSS 具有 2%的磷含量(0.02mg/mg VSS)，则每 100mg/L 的去除 BOD 将约 1.0mg/L 的磷会转化成细胞质量，而传统活性污泥过程将降低 1~2mg/L 的进水磷。

4.1.1　工艺原理

在过量的代谢需求下除磷能够通过使用强化的生物除磷(EBPR)或化学品的加入而实

现。本节概述了 EBPR 的细节，EBPR 取决于能够储存超过其最低生长要求的专用异养微生物群落的选择和增殖。这些生物，统称为磷酸盐累聚生物(PAOs)，能够累聚高达 0.38mg/mg 的 VSS(Henze et al.，2008)。因此，EBPR 系统的混合液体能够含有 0.06～0.15mg/mg 的 VSS(Henze et al.，2008)。混合液体 PAO 分数越高，废弃污泥的磷含量越大而去除的磷量就越大；因此，EBPR 系统的设计和操作目的就会最大限度地提高 PAO 生长。

EBPR 工艺过程包括厌氧和好氧区。根据定义，厌氧区包含无用的溶解氧或硝酸盐。在这个区内，PAOs 并不生长，而消耗和转化现成的有机物质(即挥发性脂肪酸[VFAs])，将其转化为称为聚羟基烷羧酸酯(PHA)而富含能量的碳聚合物。这种反应所需的能量通过打破所储存的聚磷酸盐(聚磷)分子而产生，这导致磷释放和厌氧阶段本体液体可溶性磷浓度的增加。镁和钾离子与磷酸盐一起同时释放至厌氧培养基中。此外，对于生产 PHA 的 PAOs，需要大量的还原能力。内部碳储存的另一种形式，肝糖原，发生分解时，能够产生还原能力(Erdal et al.，2004；Filipe et al.，2001；Mino et al.，1987)。

在随后的好氧区，PAOs 代谢内部存储的 PHA 并使用能源而摄取厌氧区释放的可溶性原始磷和进水中存在的额外磷而更新所存储的聚磷酸盐池。超过代谢要求的磷吸收是可能的，因为通过 PHA 氧化释放出的能量显著高于 PHA 存储所需的能量。PAOs 也可以使用 PHA 作为碳源进行生长。

EBPR 反应器的出水磷含量低，因为去除的可溶性磷储存在于生物质中。当富含磷的污泥从系统中根据设计 SRT 进行废弃时，就实现了净除磷率。返流污泥含有存储的聚磷酸盐，被再循环至厌氧区渠首而作为引入流量中的种子。当混合液体循环至厌氧区的渠首时，一些能量和碳用于恢复继续进行反应的糖原池。在厌氧和好氧阶段发生的事件汇总于表 14.8 中，并如图 14.21 所示。

表 14.8 关键的 EBPR 事件

化合物/生物	厌 氧 区	好 氧 区
进水易于可生物降解的底物(VFAs)	摄取	使用
PHA	储存	氧化而用于生长
磷酸盐	释放	过量摄取
镁和钾	释放	摄取
糖原	使用	恢复
异养生物：PAOs	选择的	代谢 PHA
异养生物：非 PAOs	生产 VFAs	代谢剩余的外来底物

4.1.2 工艺过程构造结构设计

在本节中，阐述了常见的 EBPR 工艺过程的构造结构设计。这些工艺过程的优点和局限性总结于表 14.9 中，而在表 14.10 中提供了典型的设计标准(Metcalf and Eddy，2003)。组合的脱氮除磷系统将涵盖于后续章节中。

4.1.2.1 厌氧/好氧

厌氧/好氧工艺过程作为“phoredox”系统首次开发于 20 世纪 70 年代，后来在 20 世纪 80 年代初作为一个 A/O 工艺方法申请了专利。这种工艺方法需要一个由厌氧区接着是好氧区构成的简单工艺过程的构造设计结构(图 14.21)。通常情况下，对于 PAOs 选择的厌氧区

HRT 为 30~45min。在这个区中为了改进性能促进发酵经常需要更长的厌氧 HRTs。这种 A/O 构造设计结构能够与任何好氧反应器一起而在整个有氧 SRTs 范围内使用。

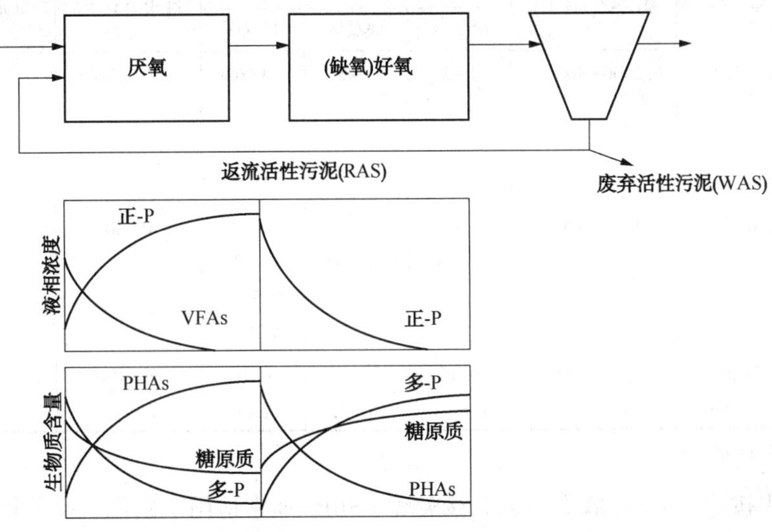

图 14.21　在普通强化的生物除磷(EBPR)系统中观察到的典型浓缩模式

表 14.9　EBPR 工艺过程的优点和局限性

工　艺	优　点	局　限　性
A/O(Phoredox)	• 操作相对简单 • 可能的 BOD：P 之比低 • HRT 相对较短 • 产生良好的沉降污泥 • 除磷较好	• RAS 因为硝酸盐而压实 • 工艺过程控制灵活性有限
SBR	• 工作固体洗出自动化而与水力冲刷期间并不一样 • 静态条件能够产生较低的出水 TSS	• 引入厌氧条件的处理池体积太大 • 设计更为复杂 • 更适合较小的流量
PhoStrip	• 操作灵活 • 能够方便引入现有的系统	

由 Metcalf & Eddy, Inc. 提供，《污水工程：处理与再利用》，第四版，R. Tchobanoglous [Ed.]，版权 2003，经 McGraw-Hill Companies 许可。

表 14.10　常用的生物除磷工艺的典型设计参数①

设计参数/工艺过程	SRT/d	MLSS/(mg/L)	τ/h			进水 RAS/%	进水内部再循环/%
			厌氧区	缺氧区	好氧区		
A/O	2~5	3000~4000	0.5~1.5	—	1~3	25~100	
A^2/O	5~25	3000~4000	0.5~1.5	0.5~1	4~8	25~100	100~400
UCT	10~25	3000~4000	1~2	2~4	4~12	80~100	200~400(缺氧) 100~300(好氧)

续表

设计参数/工艺过程	SRT/d	MLSS/(mg/L)	τ/h			进水 RAS/%	进水内部再循环/%
			厌氧区	缺氧区	好氧区		
VIP	5~10	2000~4000	1~2	1~2	4~6	80~100	100~200（缺氧）100~300（好氧）
Bardenpho（5~级）	10~20	3000~4000	0.5~1.5	1~3（第1级）2~4（第2级）	4~12（第1级）0.5~1（第2级）	50~100	200~400
PhoStrip	5~20	1000~3000	8~12		4~10	50~100	10~20
SBR	20~40	3000~4000	1.5~3	1~3	2~4		

① 摘自 WEF(1998)。

在 SBR 中按序厌氧/好氧条件也能够实现。SBRs 通常适用于硝化、反硝化和 BOD 去除，但是 SBRs 也能够经过改进而进行除磷(图 14.22)。这是通过消耗好氧阶段产生的硝酸盐而使之产生厌氧条件实现的。能够完成这个过程的两种方式有：(1)在好氧时期之后增加一个缺氧期，(2)在反应阶段周期性开关空气而创建几个短的有氧-无氧序列。这两种方法都将硝酸盐在填充循环开始之时就消除。这将允许厌氧条件在初始反应阶段可生物降解底物(VFAs)易于可供利用之时产生(Metcalf and Eddy，2003)。这些改进通常将 SBR 循环降低至每天 3~4 个。如果 SBR 工艺对脱氮进行优化，则取决于进水特性在恒定的基础上可能达成小于 0.7mg/L 的总磷。

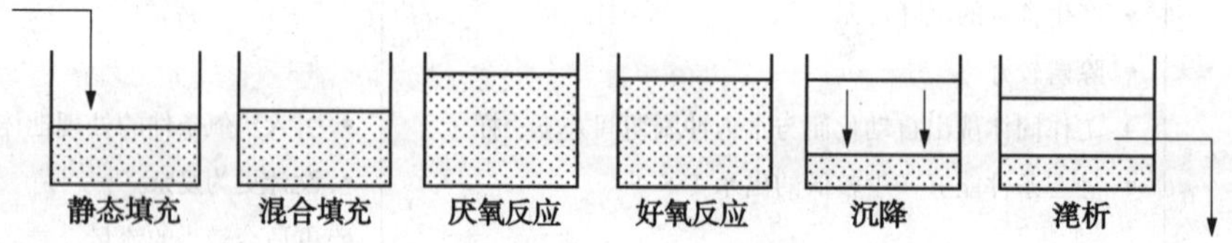

图 14.22　实现 cBOD 去除和除磷的序批式反应器

虽然在氧化沟或类似的循环反应器中通过控制溶解氧水平或许能够维持非正式的但局部化的厌氧/好氧区，但是最常见实施的 EBPR 构造结构设计如图 14.23 所示(WEF et al.，2005)。该图显示了 PAO 选择的外部厌氧处理池而接着是发生磷摄取的氧化沟。这代表了以上所述的 A/O 工艺过程。

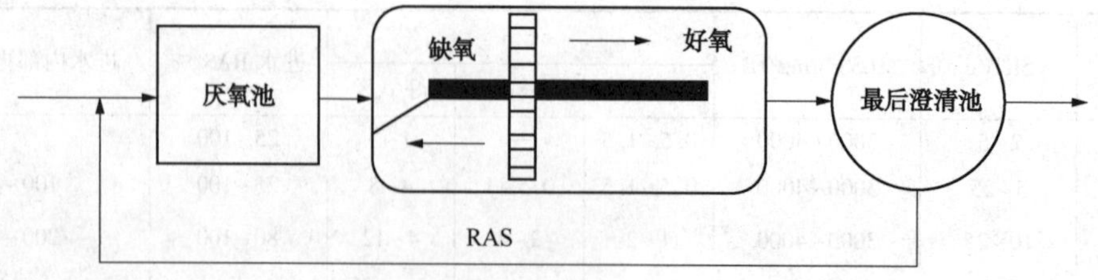

图 14.23　强化生物除磷的氧化沟设计(RAS=返流活性污泥)

在丹麦开发的这种时间循环的阶段化分离氧化沟工艺构造结构使用了一对按照交替模式运行的氧化沟实现 EBPR。

4.1.2.2　生化法沉淀除磷(PhoStrip)工艺

PhoStrip 工艺，如图 14.24 所示，结合了生物和化学除磷。这种工艺将富磷返流活性污泥(进水流量约 10%~30%)转移至厌氧汽提塔而将磷释放至溶液中。富磷汽提塔的上清液随后用石灰沉淀，而同时汽提掉磷的生物质返回到曝气池中。PhoStrip 工艺过程结合了生物和化学除磷，是第一个获得专利授权的商业系统。然而，这种方法通常在现代 EBPR 设施中并未使用。

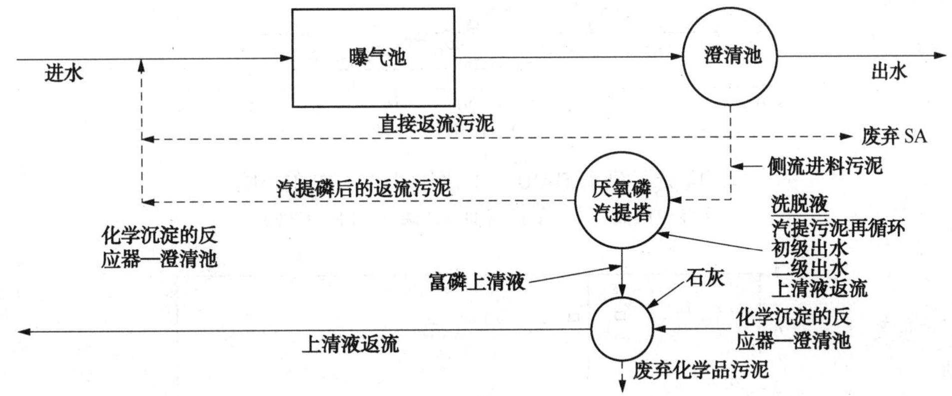

图 14.24　实现养分控制的集成生物工艺过程

PhoStrip 工艺过程无需过量始终能够实现出水总磷低于 0.5mg/L 的水平；然而，在进行这种低浓度设计时，过滤仍是一种良好的实践惯例。

4.1.3　影响性能的因素

4.1.3.1　进水特性

EBPR 工艺过程是由需要有机物进行代谢的异养生物介导的。VFAs 是由 PAOs 摄取的特异性有机碳。根据埃卡玛等(Ekama et al., 1984)，在厌氧区需要将超过 25mg/L 作为 VFA 而完成显著的 EBPR。在实践中，每 mg/L 除磷需要 VFA 5~10mg/L。

进水 VFA：总磷之比是 EBPR 潜力的指示。现在有人认为易于可生物降解的 COD(rbCOD)是一种更好的度量，因为这部分代表了进水 VFAs 和可能在反应器厌氧区内潜在地被发酵成 VFAs 的有机化合物。

由于 BOD 是一个测量参数，则 BOD：总磷之比经常用作 EBPR 碳底物充足度的一个近似。几个全规模和中试规模研究的数据，如图 14.25 所示，证明了 BOD：总磷之比需要为 20：1 或更大时才能在无出水过滤时可靠地达到出水总磷浓度为 1.0mg/L 或更低。

COD 是更为恒定的测量值而是大多数市政污水的最终 BOD 最接近的近似值。采用图 14.25 中相同的数据组，图 14.26 表明需要总 COD(TCOD)：总磷之比为 45 或更高时才能可靠地产生 1.0 mg/L 或更低的总磷。此处所示的 TCOD：总磷和总 BOD(TBOD)：总磷结果是相对于具有良好设计和操作实现结果的保守值。

通常用于量化最低底物与磷之比的比率总结于表 14.11 中。应该指出的是，这些比率是针对反应器进水的，应该考虑再循环负荷和初级澄清池中的去除率。

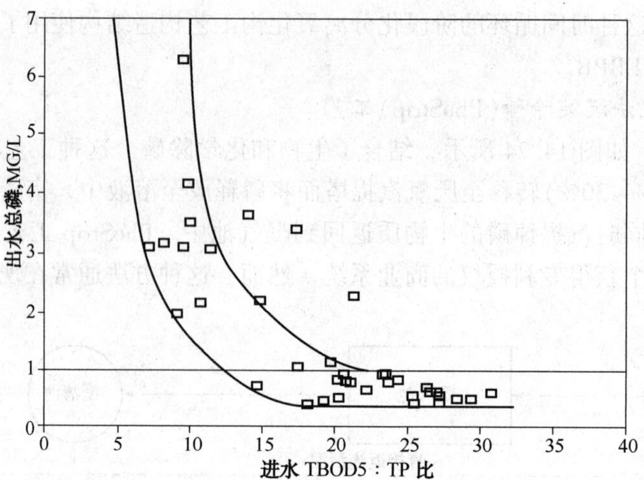

图 14.25　进水 TBOD：TP 之比对出水 TP 的影响
（TBOD＝总升华需氧量而 TP＝总磷）（WEF，1998）

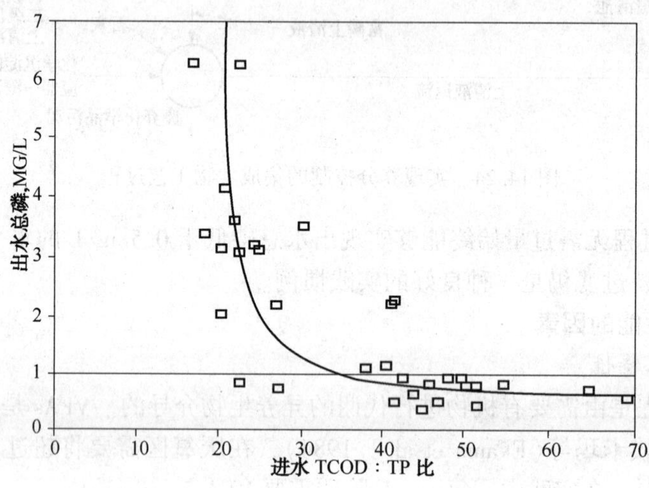

图 14.26　磷作为进水 TCOD：TP 的函数的影响
（TCOD＝总化学需氧量而 TP＝总磷）（WEF，1998）

4.1.3.2　厌氧区的完整性

EBPR 工艺过程厌氧区最重要的功能是 PAO 的选择，如果存在可供利用的快速可生物降解的底物，这是一个快速反应。在某些情况下，也需要厌氧区通过发酵生成 VFAs。这是一个慢反应。虽然厌氧条件的定义是零溶解氧，但是在实践中这样的条件在低于 0.2mg/L 的水平就能够建立。氧化还原电位（ORP）也能够用于确认厌氧环境。厌氧条件的典型 ORP 值约为-300mV 或更低。

溶解氧和硝酸盐影响到厌氧区的完整性，其来源列于表 14.12 中。这两个氧源的存在导致实际厌氧区体积降低。因此，这将会降低 PAOs 和底物（VFAs）之间的厌氧接触时间，从而可能潜在地危及除磷。此外，硝酸盐和溶解氧的存在将为竞争生物体提供接近底物途径。例如，1.0mg 硝酸盐-N 通过支持反硝化作用而会消耗 0.7mg 磷去除所需的易于可生物降解的有机物。同样，存在 1.0mg 的溶解氧，将会通过有助于标准异养生物活动（BOD 氧化）而消耗 0.3mg 磷去除所需的底物。此外，厌氧区的溶解氧可以引发丝状菌生长。设计工程师必须采取措施，避免向厌氧区引进溶解氧和硝酸盐。

表 14.11　EBPR 的最低底物与磷之比的要求

底物测量	底物：P 之比①	备　注
$cBOD_5$	20：1	提供了粗略/初始估计值。 基于典型的可利用的污水处理厂数据。
$sBOD_5$②	15：1	比 $cBOD_5$ 更好的指示
COD	45：1	比 cBOD 更加精确 并非所有的污水处理厂都测量
VFA	7：1~10：1	比 COD 更精确。 涉及专业化实验室分析。
rbCOD③	15：1	更精确。测定 VFA 生成潜势。考虑了 VFA 在厌氧区的形成。专业化实验室分析。

① 最低要求

② 可溶性 BOD

③ 易于可生物降解的 COD

表 14.12　DO 和硝酸盐的常见来源

来　源	引入物质
预曝气	溶解氧
进水螺旋泵	溶解氧
过堰自由下落①	溶解氧
过度湍流①	溶解氧
厌氧区强烈混合	溶解氧
RAS 流	硝酸盐和溶解氧
从好氧至厌氧区的返流	溶解氧
内部混合液体再循环②	硝酸盐和溶解氧

① 厌氧区的上游。

② 在脱氮系统中。

4.1.3.3　好氧区的影响

除磷发生在好氧区。全规模试验观察结果清楚展示了好氧区在实现可靠 EBPR 中所起到的关键作用（Narayanan et al.，2006）。在厌氧 PAO 选择之后，随着 MLVSS 进入好氧区，PAOs 富集了所储存的 PHA，而周围的混合液体具有高水平的可溶性磷。此时，如果溶解氧足量提供，则能够保证快速磷吸收动力学。杰亚娜亚加姆（Jeyanayagam，2007 年）报道了类似的发现结果，如图 14.27 所示，这些结果表明约 75% 的可溶性磷去除率发生于第一个 20% 的曝气体积内而 EBPR 几乎占了该曝气池的第一半。

当初始磷吸收因为溶解氧的限制而较差时，对于除磷在随后的好氧区内即使维持足够的溶解氧实现“亡羊补牢”都是不可能的。出现这种情况的原因是这两个驱动力，PHA 水平和本体液体可溶性磷浓度，将会显著降低而导致较高的出水可溶性磷水平（Narayanan et al.，2006）。有人还推论，好氧区分阶段运行，会由于改进活塞流条件而增强 EBPR。这可能归功于浓度梯度所致的较高反应率。

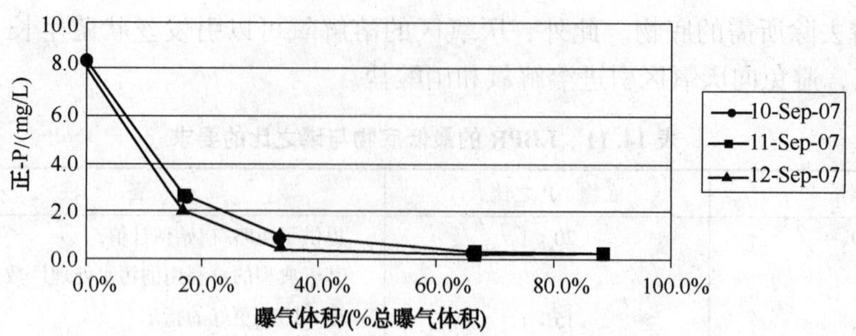

图 14.27 好氧区的磷摄取分布曲线(Jeyanayagam，2007)

4.1.3.4 pH

EBPR 的最佳 pH 值出现在 7.5~8.0 的范围(Stensel，1991)。特拉斯和佛拉米诺(Tracy and Flammino，1985)的研究表明，pH 值在 6.5 和 7.0 之间对 EBPR 没有明显的影响(图 14.28)。PAO 活性在 pH 值低于 6.5 时下降，当 pH 值低于 5.2 时没有活性或活性最低。夏平(Chapin，1993)已经证实了这一结果。

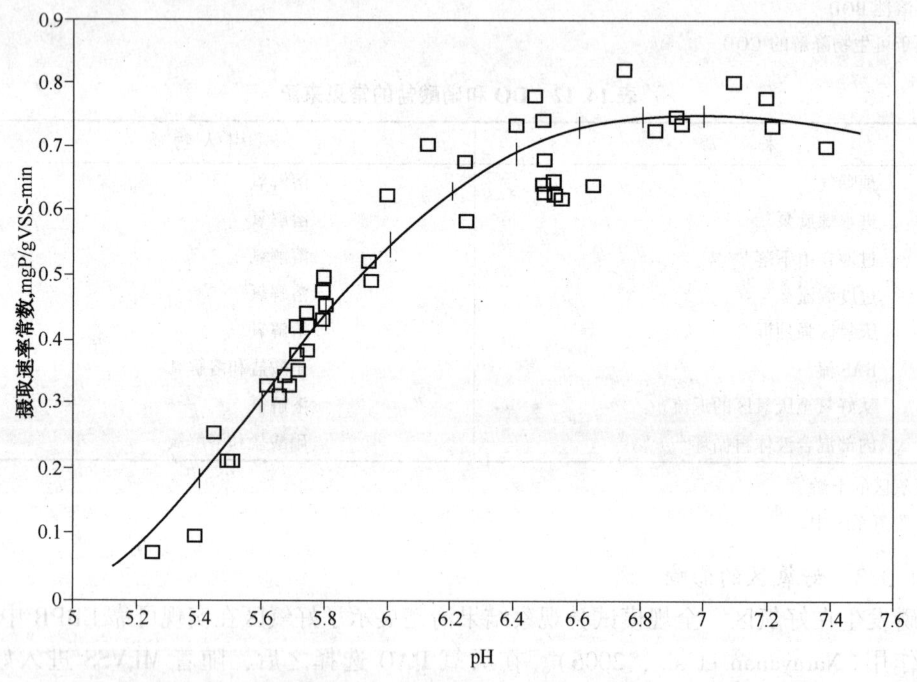

图 14.28 pH 值对磷摄取速率常数的影响(Tracy and Flammino，1985)

4.1.3.5 固体和水力停留时间

固体停留时间是生物体与底物接触的时间；HRT 是底物与生物体接触的时间。由于固体分离和再循环，生物体多次接触到新鲜底物，有效地实现了一个相对较长的接触时间(天数)。进水底物流经反应器仅仅一次，因此，与生物体的接触显着减少。

根据亨齐等(Henze et al.，2008)认为 SRT 对 EBPR 性能的影响是复杂的。SRT 增长伴随着(1)非 PAO(异养菌)活性增加，导致 VFA 生产增加和除磷增强；(2)富磷 PAOs 废弃速率降低，导致除磷降低；(3)因为 PAO 分数增加，MLVSS 磷含量增加。温特泽尔等(Wentzel et al., 1988)将此归因于 PAOs 的低内生腐败速率(相比于好氧异养生物的 $0.24d^{-1}$，基于 COD 为 $0.05d^{-1}$)。在低 SRTs(不超过 3 天)下，SRT 的增加导致非 PAO 活性的增加。由于 SRT 增加，富磷 PAOs 废弃降低，而 MVLSS 磷含量的增加产生了更大的影响。这些反应的综合效应，如图 14.29 所示，表明了 SRTs 范围内的除磷适度依赖性(Henze et al., 2008)。对于给定的 SRT，该图还显示了除磷增加，厌氧区体积(f_{AN})由于 VFA 生产增强而增加。

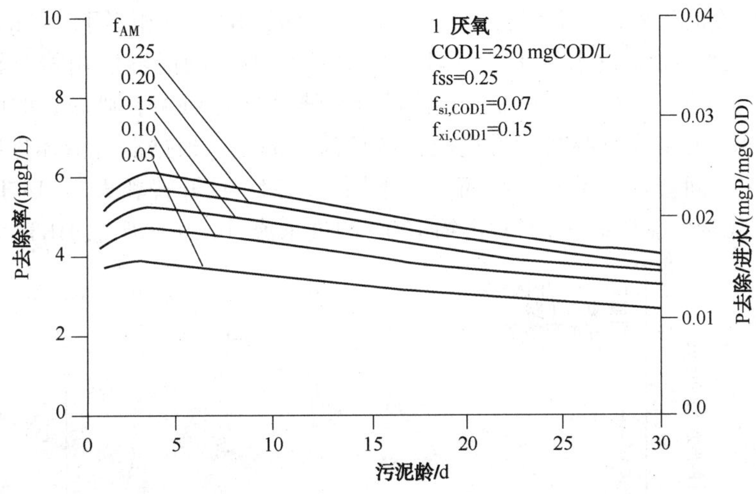

图 14.29　对于各种厌氧区功能(f_{AN})相对于污泥龄的预测除磷率

(Henze et al., 2008；经 IWA Publishing 许可重印)

SRT、底物与磷之比和生物质磷含量的相互作用如图 14.30 所示(Stensel, 1991)。对于给定的 BOD：TP 之比，随着 SRT 增加，由于以上所述的原因 MLVSS 会富集于 PAOs。此外，该图表明，MLVSS 磷的含量越低，每单位除磷的底物(BOD)要求越大。这是因为当 MLVSS 磷含量较低时，需要较大的 PAO 群落才能去除给定量的磷，这将需要更多的底物。这些观测结果表明，要达到相同程度的除磷，具有较长 SRTs 的系统将比在较短 SRT 下运行的系统需要更多的底物(Stensel, 1991；Fukase et al., 1982)。

在超过 4 天的 SRT 值和温度大于 15℃下，往往倾向于发生硝化作用，则必须使用包括再循环流中进行硝酸盐反硝化缺氧区的工艺过程构造设计结构。

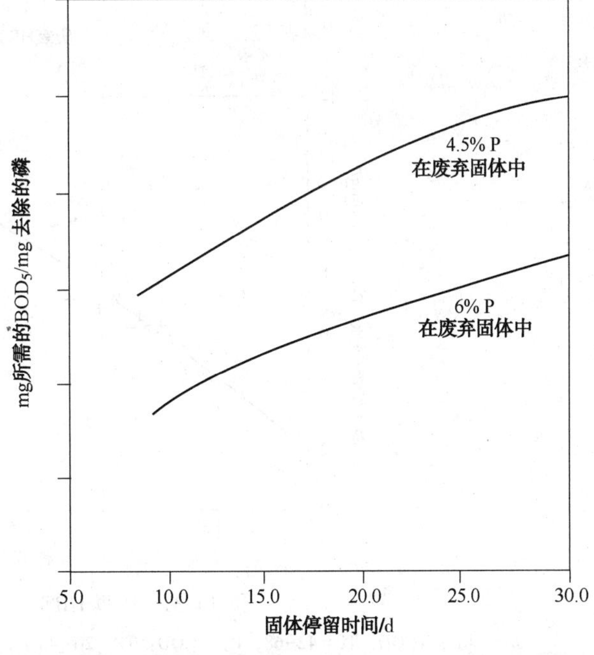

图 14.30　去除 1mg 磷的生化需氧量(BOD)计算值

厌氧释磷和好氧吸收，必须考虑到整个系统和各个区的 HRT 值的选择。全规模和中试规模的试验数据，绘制成图 14.31 所示的两个曲线图，证明了 EBPR

性能对厌氧区标称的 HRT 和厌氧区底物：磷之比发生变化非常敏感。随着厌氧 HRT 的变化，EB PR 性能的变化在 TCOD：TP 之比从 42 变化至 68 时相对较小(磷限制)。然而，当 TCOD：TP 之比为 20~43 时，厌氧 HRT 在 0.5~2.7h 之间的变化对 EBPR 性能具有巨大的影响(底物限制)。如前所述，VFA 的吸收是一个相对快速的反应，需要厌氧区 SRT 为 0.3~0.5 天。大部分时间，这相当于 0.75h 或更少的标称厌氧区 HRT。易于可生物降解的有机物发酵，是一个缓慢的过程，一般需要 1.5~2 天的厌氧区 SRT。这相当于 1~2h 或更长时间的厌氧区 HRT。因此，如果进水污水含有显著浓度的 VFAs，则能够使用相对较短的厌氧区 SRT 和 HRT。另一方面，如果需要在厌氧区进行发酵而产生 VFAs，则较长的厌氧区 SRT 和 HRT 应予以考虑。在应用这些指导准则时，应该注意的是，根据混合液体生物质浓度，所需要的水力停留时间会针对不同系统而有所不同。例如，在开普敦大学(UCT)的工艺过程中，厌氧再循环(缺氧至厌氧区)通常占约 100%的进水流量，实际厌氧 HRT 大约为厌氧/好

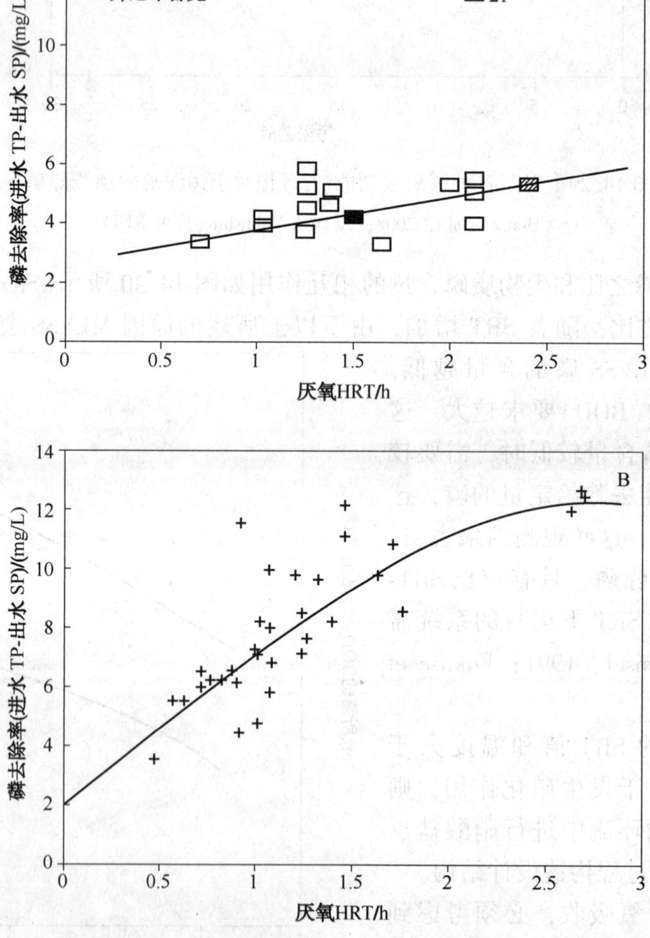

图 14.31 厌氧 HRT 对生物除磷的影响

(A，TCOD：TP=42-68；B，TCOD：TP=20-43 [York River A/O™，A2/O™和 VIP™)(源自文献 Randall，C. W.，et al. [1992] Design and Retrofit of Wastewater Treatment Plants for Biological Nutrient Removal. 经弗吉尼亚州兰开斯特的 Technomic Publishing Co.，Inc. 许可)

氧(A/O)系统的 HRT 的两倍之多。这是因为在 UCT 工艺过程中生物质经由混合液体再循环而不是 RAS 从缺氧区传送至厌氧区，因为 RAS 具有较高的 MLSS 浓度。因为在两个系统中 VFA 的吸收程度相同，相同的固体存量(MLSS 固体的质量)应该都存在于这两个系统的厌氧区。因此，这两个系统应该具有大致相同的厌氧 SRT。然而，因为厌氧再循环存在稀释效应，UCT 工艺过程将需要更大的厌氧体积。最后，在硝化系统中 RAS 能够是显著的硝酸盐来源。厌氧区体积应该增加而对 RAS 进行反硝化。RAS 的反硝化作用将消耗一些 VFAs 而降低可供 EBPR 利用的 VFA 量。

4.1.3.6　温度

研究人员并不同意 EBPR 性能的温度效应。亨齐等(Henze et al.，2008)将发现结果的不一致性归咎于使用了不同的底物、工艺过程构造设计结构和测量方法。

麦克克林托克等(McClintock et al.，1991)表明，在温度 10℃ 和 5 天的 SRT 下，EBPR 功能将在其他异养功能之前"冲刷出"。玛美斯和詹金斯(Mamais and Jenkins，1992)也表明 SRT 温度综合作用低于某一临界值时 EBPR 停止。艾尔达等(Erdal et al.，2002，2003)研究了这一现象并证明 EBPR 系统中 SRT 主要影响 PHA 和糖原聚合反应。虽然 PAOs 冲刷出该系统之外，普通异养生物(非 PAOs)，尽管并不表现出糖原代谢作用，能够持续生长于好氧区直至更短的 SRTs。

早期的研究者报道，温度为 5~24℃，相对于较高的温度，EBPR 效率在较低的温度下无变化(Barnard et al.，1985；Daigger et al.，1987；Ekama et al.，1984；Kang et al.，1985；Sell，1981)。玛美斯和詹金斯(Mamais and Jenkins，1992)发现，好氧区磷吸收的最佳温度为 28~33℃。琼斯和史蒂芬森(Jones and Stephenson，1996)认为，对于厌氧释磷好氧吸磷的最佳温度为 30℃。布雷德贾诺维奇等(Brdjanovic et al.，1997)利用小试试验的序批式反应器，发现厌氧释磷和醋酸摄取的最佳温度为 20℃。然而，随着温度值升高至高达 30℃，好氧吸磷连续升高。EBPR 化学计量值据发现对温度变化并不敏感。

潘斯沃德等(Panswad et al.，2003)报道，在较高的温度下 EBPR 性能较低，这可能归咎于较长的厌氧接触时间所造成的磷含量和 PHA 存储降低。由王和帕克(Wang and Park，1998)报告了类似的结果。基于全规模试验的污水处理厂数据和小试试验规模的研究，据拉比诺维奇等(Rabinowitz et al.，2004)报道，在超过 30℃ 的温度下 EBPR 速率下降。这主要是由于磷的释放和吸收速率降低所致。研究人员推论，因为厌氧区并未起到选择器的作用(非溶解性 COD 摄取)，则 EBPR 的损失可能会导致污泥膨胀。在微生物的水平上，在温暖气温下 EBPR 性能低的原因可能与增加糖原积累性生物(GAO)对厌氧区底物竞争增加有关。较冷的温度对 PAOs 提供了选择性优势，但是较高的温度会导致群落由 PAOs 向 GAOs 转换。

改进的寒冷天气的 EBPR 性能已经有几个研究人员进行了报道。赫尔墨和坤奇(Helmer and Kuntz，1997)和艾尔达等(Erdal et al.，2003)报道，尽管反应速率放缓，EBPR 性能相比于 20℃ 而在 5℃ 下可能显着更高。斯滕塞尔(Stensel，1991)援引其他研究者报道的工作，将寒冷天气的更好 EBPR 性能归咎于菌落向较高产率而生长更慢的嗜冷生物的转换。艾尔达等(Erdal et al.，2002)的结果描述于图 14.32 中而显示了寒冷天气适应的重要性和由此所得的 EBPR 性能提高。

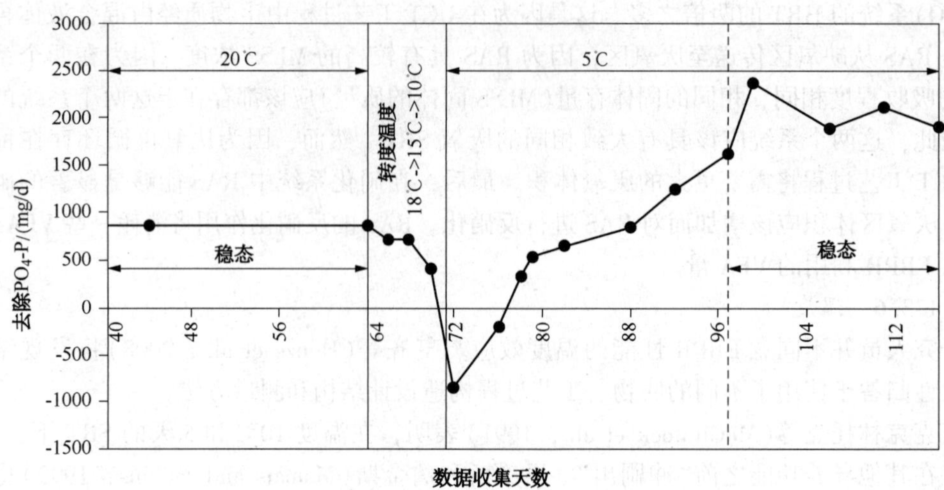

图 14.32 气候适应对富磷强化生物除磷(EBPR)群落的冷气温性能的影响

(Erdal et al., 2002)

4.1.3.7 固体捕获

出水总磷由两部分组成：可溶性磷和颗粒状磷。高效 EBPR 能够降低出水可溶性磷至约 0.1mg/L。颗粒状磷代表了固体相关的磷。因此，出水总固体和固体的磷含量决定了其取值。出水固体对出水总磷的影响如图 14.33 所示(Water Environment Federation, 2005b)。例如，如果出水 TSS 为 10mg/L，而 VSS 含量为 75%且混合液体的磷含量为 0.06 mg/mg VSS(6%)，则出水颗粒状磷的浓度为 0.45mg/L。因此，通过最终澄清池和出水过滤池的设计和运行而控制出水固体，对于实现低出水总磷是很重要的。

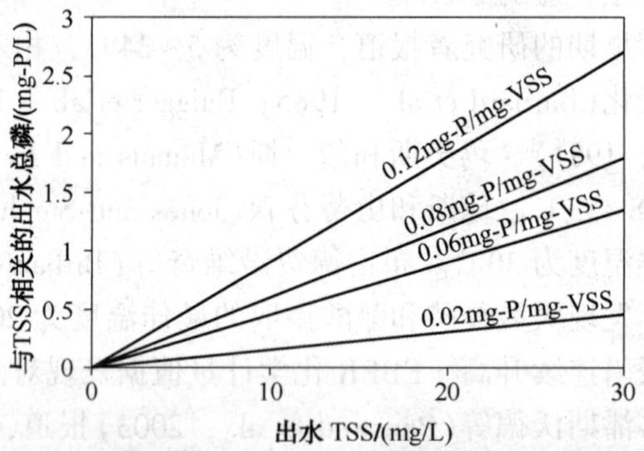

图 14.33 对于混合液体悬浮固体(MLSS)中不同磷含量，出水总悬浮固体(TSS)对出水中总磷的贡献(假设 VSS/TSS 为 75%)(WEF et al., 2005)

4.1.3.8 二级释放和再循环负荷的管理

EBPR 工艺过程中产生的生物污泥含有两种类型的磷：新陈代谢的结合磷和成为异染质的存储聚磷酸盐颗粒。前者源于正常的微生物合成，但是聚磷酸盐是一种在厌氧区消耗(磷释放)的不稳定储存产物而作为 EBPR 机制的的一部分重新储存于好氧区(吸磷)。这“主要”厌氧释放与伴随的碳(VFA)吸收和储存(PHA)相关而对于 PAO 的选择是所需要的和必要的。相比之下，“次要”磷释放在无碳储存下发生。因此，这种磷释放与 PAO 选择并无关联而将并不会在好氧区吸收。因此，如果发生显著的二次释放，则导致出水磷升高。尽管所储存的聚磷酸盐是不稳定的，通常与二次磷释放相关，这些引起细胞分解的条件将导致代谢磷也发生释放。表 14.13 列出了 EBPR 工艺过程中二次释放的位置和潜在的原因。

表 14.13 二次磷释放的位置和潜在原因

位置	磷释放的原因
初级澄清池	初级污泥和 EBPR 污泥的共沉降
	增稠和脱水期间固体捕获较差
	运行时可能向可能发生二次释放的初级澄清池返流富磷固体
厌氧区	由于厌氧区过大而产生 VFA 消耗
缺氧区	由于缺氧区过大导致硝酸盐消耗
好氧区	长 SRT 导致细胞消解
最终澄清池	污泥层过深导致化粪池条件
初级污泥重力增稠器	污泥层过深导致化粪池条件
污泥储存	由于较差或未曝气污泥储存产生化粪池条件
	由于长时间曝气储存导致的细胞消解
厌氧消化	厌氧条件和细胞消解
好氧消化	大多数情况是由于细胞消解
脱水	无显著释放。然而，上游处理过程中释放的磷将会在滤液/离心液中
	固体捕获较差可能将富磷固体返回至可能发生二级释放的初级澄清池中

虽然以上表中列出了所有二次释放的所有潜在的位置，但是来自污泥操作如脱水产生的返流是特别值得关注的。图 14.34 图示说明了典型污水处理厂(WWTP)固体处理设施产生的再循环流。这些流的数量和质量根据固体处理操作中采用的技术不同而不同。例如，厌氧消化有可能比好氧消化释放出更多的磷；然而，大量释放的磷可能潜在地沉淀成导致厌氧消化池液体中磷更少的鸟粪石、蓝铁矿和钙磷石。采用带式过滤器脱水的污泥增稠，相比于离心脱水，因为在脱水操作中所用的清洗水量，一般会产生 2 倍以上的再循环流量(滤液)。这将影响再循环水力负荷，但是返流的磷质量负荷将保持不变。总的再循环流可达 20%~30% 的污水处理厂进水磷负荷。

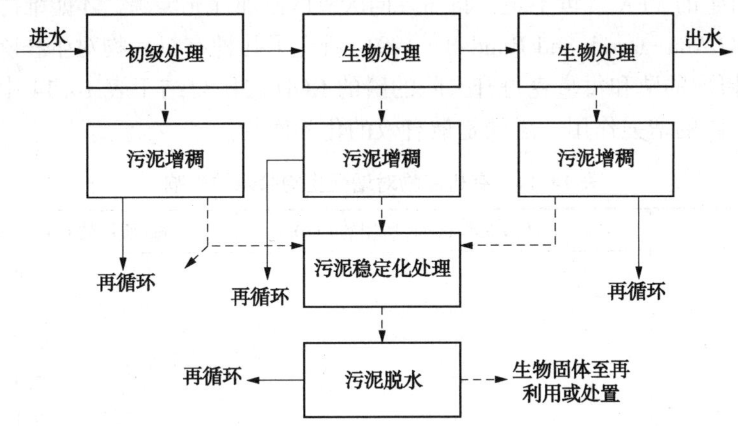

图 14.34 典型污水处理厂固体处理设施中产生的再循环流(WEF et al., 2005)

返流经常在许多设施中间歇出现而造成营养物负荷和短期峰值负荷发生显著变化，可能会使 EBPR 工艺过程出现制肘而难以应付。例如，如果脱水操作在每周 5 天的一次轮换中进行，则再循环负荷可能潜在地是由 24/7 操作所产生的负荷的 4 倍。在单个污泥系统中的复杂微生物与生群通过自我调节快速响应进水变化的能力有限。这种适应期直接受 SRT、MLSS 和峰值负荷的大小和持续时间影响。在一定范围内，更高的 SRT 和 MLSS 会增强微生物多样性和系统的可靠性，但是极高的持续负荷可能颠覆 EBPR 的容限，而可能导致潜在的监管违规。

如果使用厌氧消化，在 EBPR 设施中是值得特别关注的。源自厌氧消化污泥脱水的再循环流可能含有高达 900~1100mg/L 的氨和 100~800mg/L 的磷。实际再循环负荷将取决于释放的氮多少，而磷却化学沉淀为鸟粪石（$MgNH_4PO_4$），钙磷石（$CaHPO_4 \cdot 2H_2O$）和蓝铁矿[$Fe_2(PO_4)_3 \cdot 8H_2O$]。这可能会导致厌氧消化池中磷增溶的程度明显降低。在汉普顿路卫生区（Hampton Road Sanitation District）的约克河污水处理厂中，进入厌氧消化池的磷约 30% 在滤液中进行再循环。在剩余的生物质中的磷和化学沉淀的磷都与脱水污泥一起被处置。鸟粪石是否会产生不良影响在四年的试验期内还未见报道（Randall et al.，1992）。

再循环的磷将会降低工艺过程进水的 BOD：TP 之比，这可能潜在地将典型磷限制（过量底物）的 EBPR 系统转换成可能出现出水磷升高的底物限制的条件。

4.1.3.9 *碳源*

如上所述，易生物降解的碳源，如 VFAs，对于 EBPR 工艺过程是很关键的。污水衍生的 VFA 是以下设施和工艺过程的碳源：

- 收集系统。如果收集系统具有长停留时间和相对温暖的条件，则就会发生发酵而导致易可生物降解的有机物转化为 VFAs。这是 VFAs 的最常见来源之一。
- EBPR 池的厌氧区。通常情况下，厌氧区尺寸大小确定有助于发酵和增强 VFA 池。
- 离线污泥发酵。通过在离线发酵池中对初级和/或废弃活性污泥固体进行发酵就有可能产生 VFAs。
- 初级澄清池。在长固体停留时间下运行的专用初级澄清池（活性初级污泥）能够产生 VFAs。初级污泥发酵发生于累积的污泥层中，而将 VFAs 释放到上清液中。
- 装置内再循环。初级污泥重力增稠的上清液也是 VFAs 潜在的来源。

如果污水衍生的 VFA 含量不足，将需要向厌氧区添加补充碳源，才能维持 EBPR。阿布-格拉霍和蓝戴尔（Abu-garrah and Randall，1991）研究了几种有机底物对生物除磷的影响。每次使用的 COD 摄取的磷和每毫克每升去除的磷的 COD 之比总结于表 14.14 中。这项工作表明，对于生物除磷的增强作用，醋酸是最有效的化学底物。

表 14.14 有机底物对增强生物除磷的影响①

底　物	mg/L 磷摄取②/mg/L 所用的 COD	mg 所用的 COD③/mg 去除的 P
甲酸	0	Infinity
乙酸	0.37	16.8
丙酸	0.10	24.4
丁酸	0.12	27.5
异丁酸	0.14	29.1
戊酸	0.15	66.1
异戊酸	0.24	18.8
市政污水	0.05	102④

① 所有实验都采用 13 天的 SRT，来源：Abu-garrah and Randall（1991）。
② 好氧区的总磷摄取。
③ 在整个系统中所用 COD 和去除的磷。
④ 采用高氧含量污水获得的值。

醋酸(CH_3COOH)通常可以以 100%(冰醋酸)，56%或 20%的溶液可供利用。这些醋酸溶液的化学性质列于表 14. 15 中(Water Environment Federation，2005b)。除非使用显著低于 84%的稀溶液(接近水的性质)，乙酸贮存设施的设计必须包括防冻结措施。冰醋酸存储设施将会最有可能需要加热的装置，而在温暖的气候下因为闪点较低可能有必要考虑使用惰性气体保护层或浮动盖。储存罐、管道和附属物必须耐腐蚀而设施必须满足所有适用的规范要求。

表 14. 15　乙酸的性质

化学式	CH_3COOH		
COD 当量，mg/L	1. 07×1. 07×乙酸，mg/L		
分子量	60. 05g/mol		
描述	无色液体，强醋味		
溶液强度	100%(冰醋酸)	56%	20%
比重	1. 051	1. 061	1. 026
密度，kg/L(lb/gal)	1. 05(8. 76)	1. 06(8. 85)	1. 03(8. 56)
闪点,℃(℉)	42. 8(109)	63. 3(146)	80. 6(177)
凝固点,°C(°F)	16. 6(61. 9)	−23(−9. 4)	−6. 5(20. 3)

尽管有关纯底物的研究已经表明醋酸与最高磷释放相关，但继续使用这种碳源可导致 GAOs 的增殖，增殖的 GAOs 将会与 PAOs 发生竞争而降低 EBPR 效率。为此之由，人们经常推荐使用乙酸和丙酸的混合物。此后将进一步讨论这些影响，来源和碳的生成。

由于加入纯化学品如醋酸的费用较高，一些污水处理厂已经考虑使用工业废弃物作为补充碳源。这些措施包括糖废物，废糖蜜和药物生产的废弃醋酸溶液。当使用这样的来源时，确保这些来源没有污染物且供给可靠是很重要的。

4. 1. 3. 10　关键设计考虑因素

EBPR 过程的复杂本质特性，决定了需要慎重考虑设计决策的影响。设计者应该引入足够的灵活性，才能使污水处理厂营运者能够应对不利的运行条件。污水处理厂的工作人员，因此负责设施按照预想要现实现的出水目标运行。以下是可靠的 EBPR 性能的关键设计考虑因素的总结。

EBPR 工艺过程对于进水特性很敏感。为了表征进水之目的，应该使用至少两年的污水处理厂数据。污泥操作的再循环负荷能够显著改变工艺过程进水特性。大多数 EBPR 系统也需要实现硝化。硝化必须首先进行优化，因为这种硝化是控制过程；其次，通过消除工艺过程和操作上的瓶颈和在需要之时考虑添加化学品可以最大化 EBPR 能力。这种方法将降低化学品的使用，但是会增强除磷的可靠性。

厌氧区应该进行适当调整，而适应 PAO 选择、VFA 生产和 RAS 反硝化(在硝化 EBPR 系统中)。过多的厌氧体积可能导致(1)由于 VFAs 消耗而发生二次释磷和(2)由磷摄取完成(磷限制条件)之后剩余在厌氧区内的 VAFs 导致 GAO 增殖。

结构应该经过设计而实现均匀分流。不均衡的流量分配可能会在运行方面产生挑战，而导致效率低下。例如，低负荷澄清池的性能改善，通常并不能弥补过载单元的性能降低。

运营商需要确保工艺过程进水和具有不同密度的返流污泥之间进行适当混合。如果混合较差，会降低生物和底物之间接触的持续时间。这可能潜在地导致厌氧区 VFA 生产率下降和 EBPR 效率低下。如果在关键的位置上放置挡流板，能够增强 EBPR 性能。

尽管初级澄清池除去了固体并增加了 MLSS 活性生物质的分数，但是这些单元装置中过量的 BOD 去除可能使 EBPR 丧失可生物降解的底物。如果预期会出现显著的进水负荷波动，则能够考虑使用厌氧/好氧摆动池(swing cells)。

如果设计条件夹带反应器上游空气(例如，未注液螺旋泵、自由下落堰、湍流等)，则应该避免这种设计条件的出现。

从曝气区末端就需要提供废弃污泥的入口。生物质的磷含量在此处将是最高的。此外，这能够保持污泥新鲜，并防止/最小化二次释磷。这种废弃的策略也将会使 SRT 控制更加严格。然而，这将会导致废弃污泥的体积更大。

增强可沉降性和最小化起泡的策略也可以引入其中。丝状菌生长的原因和控制将在本章其他地方提供。

有利于磷释放的还有几个条件是应该避免的：

- 在该工艺过程中的长厌氧或好氧停留时间；
- 混合和储存初级和二级污泥；
- 在初级澄清池中共沉降 EBPR；
- 由于污泥层深而在最终澄清池中产生化粪池条件；
- 初级和 EBPR 废弃污泥的厌氧或好氧消化；
- EBPR 污泥的未曝气存储或长时间曝气存储。

污泥加工处理操作的再循环流，可能会施加显著的额外营养物负荷，抑制 EBPR 工艺过程。这个问题的严重程度取决于污泥加工处理和装卸作业的类型。再循环流的影响能够通过以下措施实现最小化：

- 均衡化再循环流量，
- 调度污泥加工处理/调节操作，
- 采用化学品处理侧流而沉淀磷，
- 通过鸟粪石沉淀回收磷。

4.2 脱氮工艺过程

4.2.1 工艺原理

生物脱氮是一个两步工艺过程，需要在有氧环境下硝化而接着在缺氧环境中脱氮。缺氧环境定义为含氧水平较低而存在充足的电子受体如硝酸盐的环境。在缺氧区内的氧化还原电位通常范围为-150~-250mV。与所有的生物活性一样，这些反应会受到反应器中的具体环境条件影响，包括 pH 值、污水温度、溶解氧浓度、底物类型和浓度，以及有毒物质的存在或缺乏。设计工程师主要对微生物生长的化学计量方程和动力学或速度表达式感兴趣。化学计量学为设计师提供将发生的反应和反应发生程度的信息；动力学表达式描述反应如何快速发生(Characklis and Gujer，1979)。设计师可以利用这些信息，就能够确定所需的反应器大小和类型，反应器中需要维持的环境条件，和必须提供的诸如氧气或甲醇的外加反应物用量。

硝化是氨氮依次氧化成亚硝酸盐和随后氧化成成硝酸盐氮。生物反硝化将硝酸盐氮还原成氮气，因为反硝化将微生物呼吸当作最终电子受体。反硝化生物主要是兼性异养菌在物分子氧或其他氮源存在时还原硝酸盐。相对广谱的异养菌和一些自养菌能够进行反硝化作用。由于异养机理决定污水处理，这方面的讨论限制于使用有机物作为能量来源的途径。同化和异化酶系统参与硝酸盐的还原。同化硝酸盐还原将硝酸盐氮转换成氨氮，随后氨氮就用于生物合成。这种反应仅仅在更具还原性的氮形式不可获得时才会发生。异化硝酸盐还原将硝酸盐氮转化成微溶性氮气(N_2)，氮气随后就从溶液中释放出来。异化硝酸盐还原可能会导致整个系统的氮降低，而不仅仅是状态上的转化，正如硝化中的那种转化。异化途径在污水反硝化作用中是最重要的；因此，进一步的讨论将重点集中于这个反应上。硝酸盐还原的同化途径并不会显著影响脱氮；然而，这在高水平氨氮去除系统中确实具有显著的影响作用。如果反应器中氨水平较低，而硝酸盐仍然存在，则系统因为同化途径而将不会相对氮养分是限制性的。

生物脱氮的生物机理和化学计量学建立相对完善。硝酸盐还原成氮气的基本反应如下：

(1) 还原序列

(2) 总还原

$$NO_3^- + \frac{5}{6}CH_3OH \longrightarrow \frac{1}{2}N_2 + \frac{5}{6}CO_2 + \frac{7}{6}H_2O + OH^-$$

$$NO_3^- \rightarrow NO_2^- \rightarrow NO \rightarrow N_2O \rightarrow N_2$$

(3) 总反应，包括细胞合成($C_5H_7O_2N$)：CH_3OH 碳源和硝酸盐氮源。

$$NO_3^- + 1.08CH_3OH + 0.24H_2CO_3 \longrightarrow 0.056C_5H_7O_2N + 0.47N_2 + 1.68H_2O + HCO_3^-$$

(4) 总反应，包括合成：CH_3OH，碳源和氨氮源。

$$NO_3^- + 2.5CH_3OH + 0.5NH_4 + 0.5H_2CO_3 \longrightarrow 0.5C_5H_7O_2N + 0.5N_2 + 4.5H_2O + 0.5HCO_3$$

(5) 总反应，包括合成：市政污水碳源和氨氮源。

$$NO_3^- + 0.345C_{10}H_{19}O_3N + H^+ + 0.267HCO_3^- + 0.267NH_4^+ \longrightarrow$$
$$0.655CO_2 + 0.5N_2 + 0.612C_5H_7O_2N + 2.30H_2O$$

对于更多信息，请阅读教科书和参考文献(Barnes and Bliss，1983；Ekama et al.，1984；Grady et al.，1999；McCarty et al.，1969；Parker et al.，1975；Pitter and Chudoba，1990；Sharma and Ahlert，1977；Stensel et al.，1973；Tchobanoglous and Burton，2003；and U.S. EPA，1993)。

设计工程师感兴趣的总反硝化结果能够归纳为以下几点：

- 按照分步方式硝酸盐转化为氮气；NO 和 N_2O 也是气态而能够从溶液中释放；N_2O 是污水处理厂严重关注的温室气体显著来源。
- 氧回收率为 2.856 mg O_2/mg 转化成 N_2的 NO_3-N。对于其他步骤，氧当量为：

(1) 还原成 NO_2-N 的 NO_3-N = 1.142 mg O_2/mg 还原成 NO_2的 NO_3-N；

(2) 还原成 N_2的 NO_2-N = 1.713 mg O_2/mg 还原成 N_2的 NO_2-N；

(3) 还原成 NO-N 的 NO_2-N = 0.571 mg O_2/mg 还原成 NO-N 的 NO_2-N；

(4) 还原成 N_2O-N 的 NO-N = 0.571 mg O_2/mg 还原成 N_2O-N 的 NO-N；

(5) 还原成 N_2的 N_2O-N = 0.571 mg O_2/mg 还原成 N_2的 N_2O-N。

- 碱度恢复率为 3.57mg $CaCO_3$/mg NO_3-N。

• 异养生物质产率约为 0.4mg 挥发性悬浮固体(VSS)/mg 去除的 COD。

由于硝化仅仅将铵盐氧化成硝酸盐和亚硝酸盐，则反硝化必须用于实现总氮降低。这种反硝化步骤比硝化稍为难以实现，因为前者需要同时存在可降解碳源和硝酸盐。这能够按照三种方式实现：

(1) 向反硝化区或反应器中提供外源性碳源如甲醇或醋酸。

(2) 通过以下措施将污水池中的 cBOD 用作可降解的碳源

• 将大量硝化出水再循环返回至流程图渠首的缺氧反应器；

• 将原始进水或初级出水流的绝大部分转移到含硝酸盐的区内。

(3) 将细胞团内存在的内生碳用作可降解的碳源。

通过二级处理系统去除的硝化量受限于设施进水中存在的和在生物处理工艺过程中产生的高熔点可溶性有机氮(RDON)量(Water Environment Research Foundation [WERF], 2008)。RDON 是可溶性化合物中的有机氮，不易于通过生物处理除去。污水处理厂出水中 RDON 典型水平范围为 0.5~1.2mg N/L，而最高值位于 1~2mg N/L 的范围内(Pagilla, 2007)。图 14.35 总结了几个设施的污水处理厂出水 DON。即使系统经过设计而去除了所有的氨和硝酸盐，但是在最好的情况下仍将维持显著可溶性残留总氮。

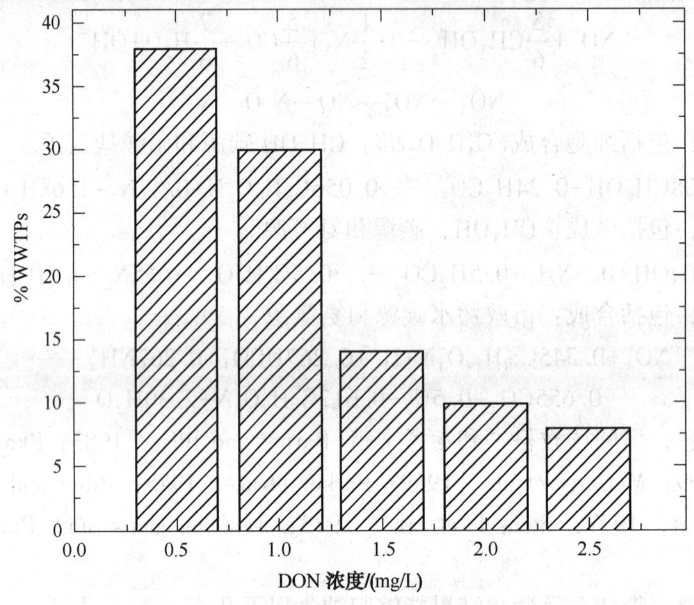

图 14.35 来自 188 家马里兰和弗吉尼亚污水处理厂的出水溶解有机氮(DON)浓度(0.45μm 过滤)的汇总(Pagilla, 2007)

生物反硝化速率，无论是在实验室还是全规模运行，已经有研究人员进行过评估和研究。如图 14.36 所示，已经有人报道了宽范围速率(Christensen and Harremoes, 1972; Parker et al., 1975)。有人已经证明，有几个变量会显著地影响生物反硝化动力学，包括：

• 碳底物的类型和浓度，

• 溶解氧浓度，

• 碱度和 pH 值，

• 温度。

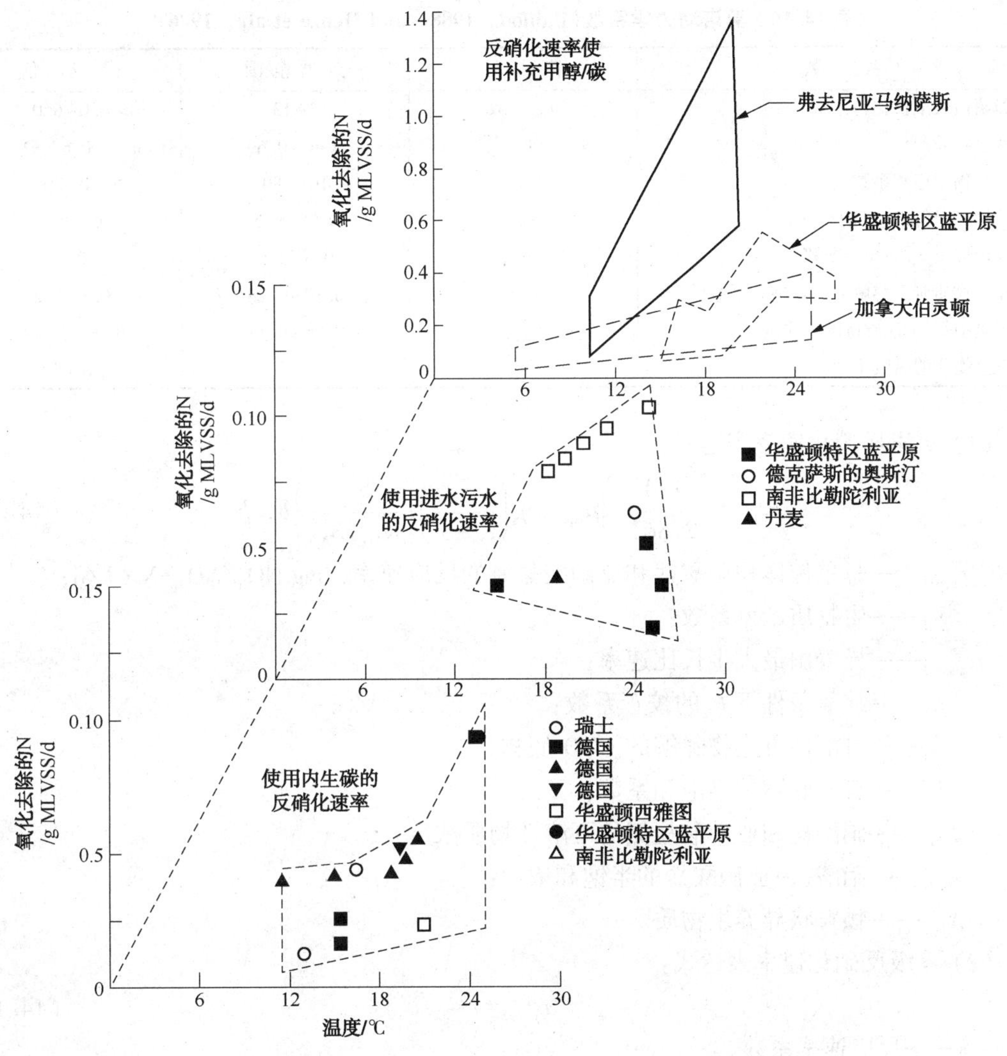

图 14.36 关于悬浮生长系统的具体反硝化速率

最关键的变量是混合液体中可以利用的碳底物类型和浓度。对于悬浮生长的反硝化已经确定了两个主要的底物条件(Grau，1982)：

(1) 在非碳限制性条件下的反硝化，

(2) 在碳限制性条件下的反硝化。

在生物脱氮除磷系统中，第一套条件通常对应于预曝气缺氧池中发现的那些条件(第一缺氧或预曝气池)；第二套条件对应于后曝气缺氧池(第二缺氧池)或 RAS 内生反硝化池中的条件。

预测反硝化速率的几个数学模型中，最常见的有：

- 莫诺(Monod)型关系式，
- 零级方程(关于硝酸盐)。

以下方程(基于 20℃温度)列出了常用的动力学表达式(Grau，1982)。表 14.16 总结了莫诺动力学系数的典型值。

表 14.16 莫诺动力学系数(Baillod，1988，and Henze et al.，1986)

系数	符号	典型范围	推荐值
异养菌最大生长比速率	$\mu_{max}\cdot H$	3~13	4.0~6.0
异养生物质产率	Y_H	0.46~0.69	0.67
有机底物半饱和系数	K_{COD}	10~180	10~20
硝酸盐-亚硝酸盐半饱和系数	K_{NO}	0.06~0.5	0.2~0.5
缺氧条件下 μ_H 的校正系数	η_g	0.5~1.0	0.8
异养生物质对于溶解氧的半饱和系数	$K_{O,H}$	0.10~0.28	0.1~0.2
生物质中每 COD 质量的氮质量	$C_{X,B}$	0.06~0.12	0.06~0.086
异养生物质的腐败系数	b_H		0.05

(1) 莫诺反硝化速率表达式：

$$r_{v,NO}=\left(\frac{1-Y_H}{2.86Y_H}\right)\mu_{max,H}\eta_g\left(\frac{S_s}{K_s+S_s}\right)\left(\frac{S_{NO}}{K_{NO}+S_{NO}}\right)b,\ h \tag{14.18}$$

式中 $r_{v,NO}$——每单位体积硝酸盐和亚硝酸盐氮的反应速率，mg NO_3/NO_2-N·L/d；

Y_H——生物质产率系数；

$\mu_{max,H}$——异养菌最大生长比速率；

η_g——缺氧条件下 θ_H 的校正系数；

S_s——可溶性可生物降解的 COD 底物；

K_s——有机底物的半饱和系数；

S_{NO}——硝酸盐和亚硝酸盐氮的可溶性物质浓度；

K_{NO}——硝酸盐-亚硝酸盐的半饱和浓度；

$X_{b,h}$——颗粒状异养生物质。

(2) 零级反硝化速率表达式：

$$r_{V,NO}=k \tag{14.19}$$

式中 k——反应速率系数。

按照文献中的报道，表 14.17 中列出了所选的零级速率常数。

表 14.17 零级反硝化系数

k	单位[①]	温度范围/℃	底物	系统类型	文献
0.720	mg NO_3-N/mg VSS·d	12~24	原始和沉降的污水	修正的 Ludzack-Ettinger 活塞流(k_1)	Ekama et al.(1984)
0.1008	mg NO_3-N/mg VSS·d	12~24	原始和沉降的污水	修正的 Ludzack-Ettinger 活塞流(k_2)	Ekama et al.(1984)
0.072	mg NO_3-N/mg VSS·d	—	内生的	Wuhrmann 活塞流(k_3)	Ekama et al.(1984)
0.086	mg NO_3-N/mg TSS·d	17~25	污水(第一缺氧的)	Bardenpho™	Barnard(1975)
0.062	mg NO_3-N/mg VSS·d	22	初级出水	气候适应性活塞流	Kang et al.(1990)
0.031	mg NO_3-N/mg TSS·d	17~25	内生的(第二缺氧)	Bardenpho™	Barnard(1975)
0.68	mg NO_3-N/mg VSS·d	20	柠檬酸钠	小试	Dawson and Murphy(1972)
0.03~0.11	mg NO_3-N/mg VSS·d	15~27	污水	各种类型	Parker(1974)

续表

k	单位[①]	温度范围/℃	底　物	系统类型	文　献
0.21~0.32	mg NO_3-N/mg VSS · d	25	甲醇	实验室全混	Becarri et al. (1983)
0.12~0.60	mg NO_3-N/mg VSS · d	20	甲醇	各种类型	Parker(1974)
0.192	mg NO_3-N/mg MLVSS · d	9	活性污泥	中试	Mulbarger et al. (1970)
0.593	mg NO_3-N/mg MLVSS · d	22.5	活性污泥	中试	Mulbarger et al. (1970)
0.062	mg NO_3-N/mg VSS · d	22	甲醇	气候适应性活塞流	Kang et al., (1990)
0.15	mg NO_3-N/mg VSS · d	20	甲醇	实验室全混	Sutton et al. (1975)
0.062~0.070	mg NO_3-N/mg TSS · d	—	葡萄糖		Paskins et al. (1978)

① MLVSS＝混合液体挥发性悬浮固体，TSS＝总悬浮固体，和 VSS＝挥发性悬浮固体。

有人提出适用于异养菌的生长比速率的校正因子(η_g)是因为观察到缺氧条件下异养菌生长降低(Batchelor，1982；Henze et al.，1987)。这种降低是因为(1)不能将硝酸盐用作电子受体的异养生物质的部分，和(2)相比于氧在硝酸盐存在下微生物缓慢生长的综合数字解释。

反硝化的最佳 pH 范围为 6.5~8.5。以下方程已经用于 pH 对生长比速率的影响建模。pH 值对反硝化速率的影响举例说明于图 14.37 中。

$$r_{X,NO}=r_{X,NO,\max}[1/(1=10^{5.5-\mathrm{pH}}+10^{\mathrm{pH}-9})] \tag{14.20}$$

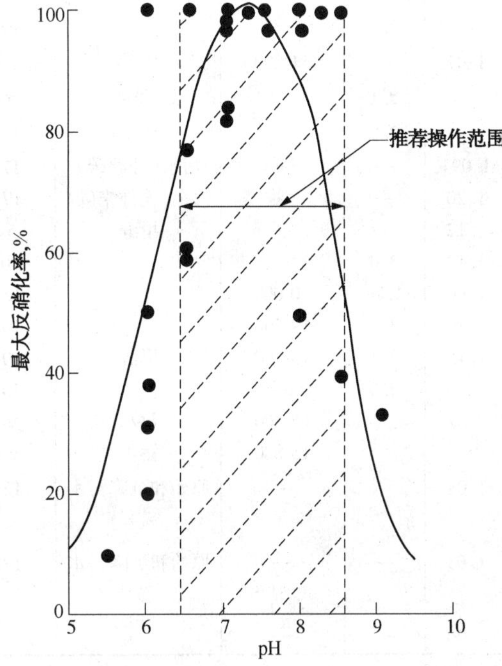

图 14.37　pH 对反硝化最大比速率的动力学系数

反硝化速率明显受温度影响；因此，必须慎重选择温度校正因子。温度对反硝化速率的影响利用不同方程进行建模(Characklis and Gujer，1979；Grady et al.，1999)。最常见的表达式如下：

$$r_{X,T}=A_0\exp[-E_a/RT] \tag{14.21}$$

式中　$r_{X,T}$——反硝化反应速率；

E_a——活化能，kJ/mol；

R——通用气体常数＝8.31 J/mol/°K；

T——温度，°K 或°C；

A_0——阿雷尼乌斯频率因子。

$$\ln\frac{r_{X,1}}{r_{X,2}}=\Theta^{(T_1-T_2)}\text{其中}=E_a/RT_1RT_2 \tag{14.22}$$

式中　Θ——经验温度系数。

$$Q_{10}=\left(\frac{r_{X,1}}{r_{X,2}}\right)_{\Delta T=10℃}=\exp[E_a(10)/RT_1(T_1-10)]$$

$$Q_{10}\cong\exp[E_a(0.014)] \tag{14.23}$$

$$r_{X,T}=r_{X,20}\Theta^{(T-20)}$$

$$r_{X,T}=\exp(T_1-T_2) \tag{14.24}$$

式中 κ——经验温度系数。

Q_{10}——对于10℃的温度升高反应速率的分数变化。

萨顿等(Sutton et al.，1975)汇编的温度校正因子(Θ)的值如表14.18所示。图14.38举例说明了帕克等(Parker et al.，1975)报道的反硝化速率随温度的变化。

表14.18 反硝化温度系数(Sutton et al.，1975)

Θ值	Q_{10}值	活化能/(kJ/mol)	底物	温度范围/℃	系统类型	参考文献
1.09	—	15 900	甲醇	6~25	6-天SRT悬浮生长	Sutton et al.(1975)
	2.5			6~16		
	2.5			10~20		
1.07	—	11 090	甲醇	5~25	上流填充柱	Sutton et al.(1975)
	2.1			5~15		
	2.0			10~20		
1.094	—	—	污水(外源碳)	17~25	悬浮生长	Barnard(1975)
1.20	—	—	内生(无外来碳)	17~25	悬浮生长	Barnard(1975)
1.12	—	—	甲醇	5~27	小试	Dawson and Murphy(1972)
1.10	3.0			10-20		
1.06	1.74	10 000		15~25	间歇活性污泥，SRT=2天	Stensel(1970)
1.13	3.3	19 500		10~20	连续活性污泥	Stensel(1970)
1.15	3.3	19 000	甲醇	10~20	悬浮生长，SRT=7.6天	Mulbarger et al.(1970)
	2.0	—		10~20	活性污泥	Johnson and Vania(1971)
		15 300	污水	6~25	独立污泥	Murphy and Sutton(1975)
		15 880	污水	6~25	单一污泥	Murphy and Sutton(1975)
1.08	—	—	原始和沉降污水	12~24	悬浮生长(第一缺氧)(SRT=10~25天)	Ekama et al.(1984)
1.03	—	—	原始和沉降污水	12~24	悬浮生长(第一缺氧)(SRT=10~25天)	Ekama et al.(1984)
1.06	—	—	—	—		Dawson and Murphy(1972)

在方程(14.17)的各项中，温度依赖性完全受控于最大生长比速率$\mu_{max,H}$(Grady et al.，1999)。

$$\mu_{max,h,T}=\mu_{max,h,20}\Theta^{(T-20)} \tag{14.25}$$

式中 Θ——温度系数。

T——水温度,℃。

生物脱氮的单元工艺过程构造设计能够通过使用国际水协会(International Water Association)(IWA)型活性污泥模型(ASM)的工艺过程建模技术进行模拟。工艺过程建模详细描述于其他文献中(Water Environment Federation，2009)。然而，对于脱氮建模，还有几个需要注意的具体考虑因素。

生物处理构造设计常见的脱氮关键设计标准包括SRT、温度、再循环速率和整个工艺过程的溶解氧浓度。这些标准应该在使用工艺过程模拟器之前建立，但可以随着设计细节优化时在整个建模任务中进行完善。

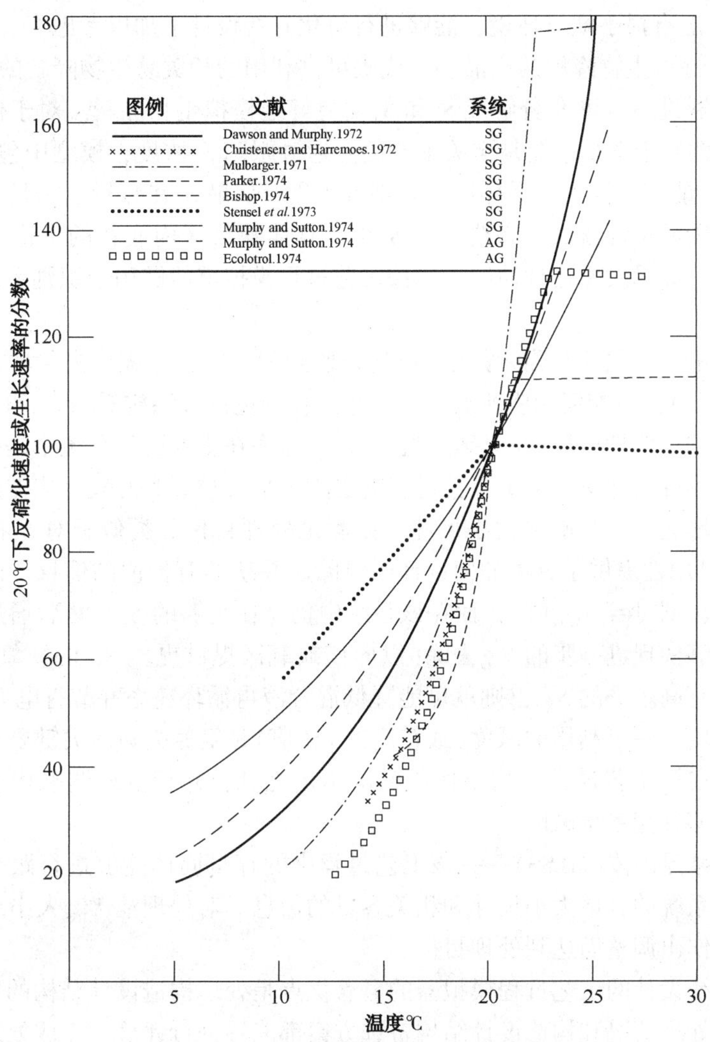

图 14.38　pH 温度对反硝化速率的影响
(SG=悬浮生长和 AG=附生生长)(Parker et al.，1975)

对于生物脱氮处理系统，典型工艺过程构造设计结构的初步筛选(例如，修正的 Ludzack-Ettinger 或 Bardenpho)应该在使用过程模拟器之前完成。筛选过程可能会推敲需要建模的构造设计结构数目。使用工艺过程模拟器的好处在于任何数量的不同构造设计结构都能够在合理的短时间内进行模拟，但初筛选可能会导致建模工作更高效。然后，就能够使用工艺过程模拟器进行设计优化，而辅助设计人员选择处理系统的合适构造设计结构。

初始大小尺寸选择应该基于行业标准(每个反应器的 SRT，MLR 等)。这提供了所选构造设计结构的基础模型，再次改善了建模任务的整体效率。根据基础模型，各种迭代和构造设计结构的修改能够进行评价而完成设计优化。

几种在设计和评价过程中应该监测的关键污水参数(按照 ASM 模型中的常见术语提出)有：

- S_0，溶解氧—在建立总氮去除时所需的缺氧或有氧环境中很重要。通过反应器的 S_0 分布曲线就可以指定并能够解决构造设计结构的局限。这些问题，例如在混合液体再循环中

高的 S_O水平，可能有损于缺氧环境，能够进行量化并在设计上加以考虑。

• S_S，可溶性可生物降解的产品——代表可供利用的相关易生物降解的 COD 和 VFA 浓度。大多数模拟器进一步将 S_S分解成 S_F和 S_A而更好地模拟生物除磷。对于任何生物营养物系统，S_S的可用性对于系统系能是至关重要的。通过跟踪 S_S浓度，模型中包括的各个区(或反应器)的大小，能够连同内部循环流一起进行优化。如果 S_S在数量上不足以满足处理目标的需要，则补充碳源也许就成为必要。当 S_S小于具体缺氧区内底物的半饱和值时就能够看到碳限制的条件。如果发生这种情况，则该工艺过程模拟就能够用于识别系统缺陷并优化补充碳的增加。

• S_{NH}，在每个区可溶性氨的浓度能够进行监测和调整，并优化去除率。通过该处理池的 S_{NH}的分布曲线将会对如何响应所选定的工艺过程构造设计结构提供有价值的信息。

• S_{NO}，S_{NO}的可溶性硝酸盐/亚硝酸盐的 N-去除率在生物脱氮系统中是必不可少的，而工艺过程模拟器容许设计量化整个工艺过程的去除水平。缺氧和好氧反应器随后就能够相应地连同内部再循环速率一起确定大小尺寸，而满足处理目标。类似于对 S_S描述的方法，在缺氧区内的 S_{NO}可用性提供了有关如何设计脱氮除磷系统的有价值的信息。例如，如果缺氧区 S_{NO}的水平较低(即小于 K_{NO}值)，而在该系统中仍存在足够的 S_S，然后通过增加混合液体再循环速率而能够实现进一步的 S_{NO}去除(以向该缺氧区提供更多 S_{NO}的缺氧区)。反之，如果缺氧区表明具有高水平的 S_{NO}，则就可能降低混合液再循环速率并节省电力。

• S_{ALK}，碱度——可利用的碱度(或较高的 pH 值)是氨氮去除的关键要求。工艺过程模拟器允许设计师在该工艺过程中找出任何碱度不足之处，并相应地调整构造设计。如前所述，生物脱氮能够补充系统碱度。

• X_{TSS}，总悬浮固体(MLSS)——该工艺过程中的存量固体能够进行跟踪，而为设计者提供有关该处理系统的合适大小尺寸和相关容量的信息。对处理池 X_{TSS}大小尺寸确定的影响很容易量化，并作出调整而达到处理目标。

利用处理系统设计的工艺过程模拟器的显著优点是处理构造设计结构的优化能够藉此实现的效率。多种处理情况和构造设计结构备选方案都能够进行评价。完成处理池构造结构设计的敏感性分析，是一种常见的实践惯例，能够有助于确定最终的处理池布局设计。理想的情况下，有时进行某个参数调整，能够使设计人员洞悉所产生的影响。然而，敏感性分析能够对任意数量的变量完成。以此为例的是基于混合液体再循环流量范围的性能量化。大多数商业化工艺过程模拟器可以提供动态模拟，这可能有助于进行敏感性分析。

4.2.2 工艺过程构造结构设计

脱氮的悬浮生长处理工艺过程能够分成三类：单重污泥、双重污泥和三重污泥。

4.2.2.1 单重污泥工艺过程

(一) 伍霍曼(Wuhrmann)和路德扎克-艾汀格(Ludzack-Ettinger)

伍霍曼(Wuhrmann，1954)提出的脱氮单重污泥构造结构设计如图 14.39 所示。伍霍曼方法通常被称为后反硝化。

这种设计无需加入外源电子供体，而是依赖于通过第一阶段或生物质内源呼吸有关的剩余有机物质提供反硝化的能源。如果实现完全硝化(因此，全部碳氧化)，则内源呼吸将会提供主要的能源。在小试和中试规模的研究中已经实现了 29%~89%的脱氮率(Christensen and Harremöes，1972；Christensen et al.，1977；Gundelah and Castillo，1976；Horstkotte et al., 1974; Johnson and Schroepfer, 1964; Timmermans and Van Haute, 1982; Wuhrmann, 1954 and 1964)。

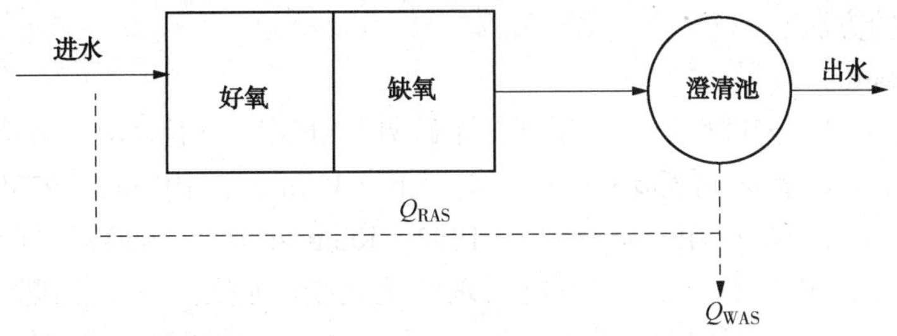

图 14.39　伍霍曼脱氮工艺过程(RAS=返流活性污泥和 WAS=废弃活性污泥)

伍霍曼设计的变体已经开发出来而向缺氧阶段提供外源电子供体。这些包括采用部分(例如，15%)进水流量绕流第一阶段或向该缺氧区直接提供合适的碳补充，如甲醇。

图 14.40 所示的路德扎克-艾汀格构造设计结构颠倒了伍霍曼设计中缺氧和好氧阶段的顺序(Ludzack and Ettinger, 1962)。这种设计的优点在于向缺氧阶段提供了进水 BOD 作为外源电子供体。

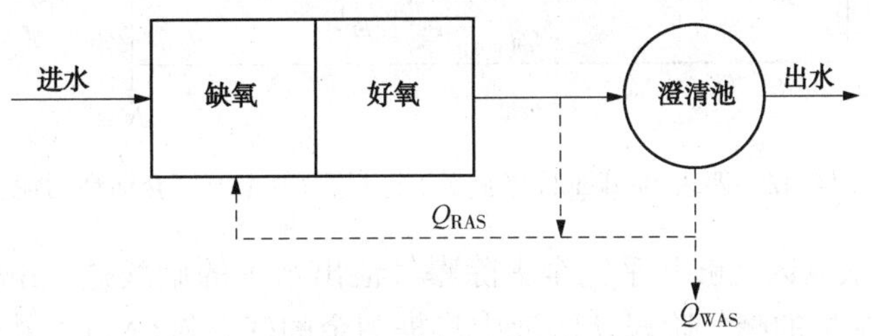

图 14.40　路德扎克-艾汀格脱氮工艺过程(WAS=废弃活性污泥)

这个工艺过程中的总氮去除效率是 RAS 流量的函数。当使用 RAS 之比为 8∶1 时，有报道称 130mg/L 的进水中总氮降低 88%(Sutton and Bridle, 1980)。出水氧化的氮浓度 15mg/L 接近这个 RAS 比的理论效率。

巴纳德(Barnard, 1973a)提出的修正路德扎克-艾汀格(MLE)构造设计结构引入了一个从曝气阶段到缺氧阶段的混合液内部再循环(Q_{IR})(图 14.41)。这种修正增加了反硝化速率和总氮去除效率，并提供了对通过内部再循环比变化去除的硝酸盐部分的控制。此外，因为缺氧反应器接收了易可生物降解 COD 之源而因此获得了更高的反硝化速率。这对于给定的硝酸盐去除要求，相对于伍霍曼和路德扎克-艾汀格工艺过程使之容许缺氧区体积更小。

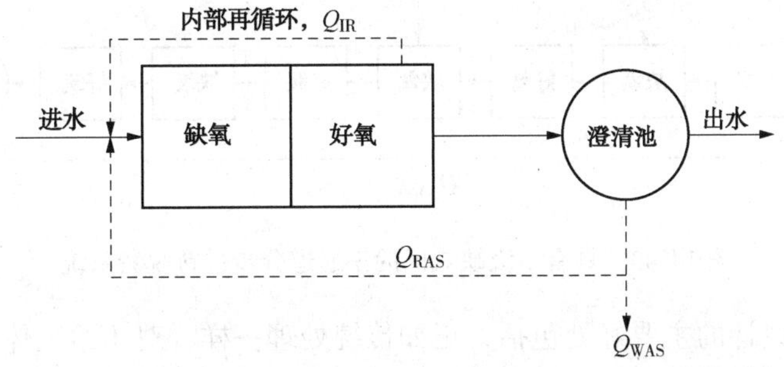

图 14.41　修正路德扎克-艾汀格脱氮工艺过程(WAS=废弃活性污泥)

当发生硝化时，就能够使用这个工艺过程，并需要反硝化恢复所需的碱度，降低整体需氧量，并提供更好的污泥沉降。这个工艺过程的出水通常会包含 6~10mg/L 的硝酸盐氮，是实现脱氮最常用的方法。

（二）四级 Bardenpho™

四级 Bardenpho™工艺过程包括一系列四个缺氧和好氧区，混合液体以高至 4~6 倍进水流量的速率从第一好氧区再循环至第一缺氧区（Barnard，1973a，1973b，1974，1976，1983a；Ekama et al.，1984；Irvine et al.，1982；Kang et al.，1990）。这个工艺过程（图 14.42）旨在实现比二或三级工艺过程可能实现的更完全的脱氮。采用预曝气缺氧区，不能实现完全反硝化，因为好氧阶段的部分出水并未再循环通过缺氧区。第二缺氧区提供了额外反硝化作用，利用好氧阶段产生的硝酸盐作为电子受体而内生有机碳作为电子给体。

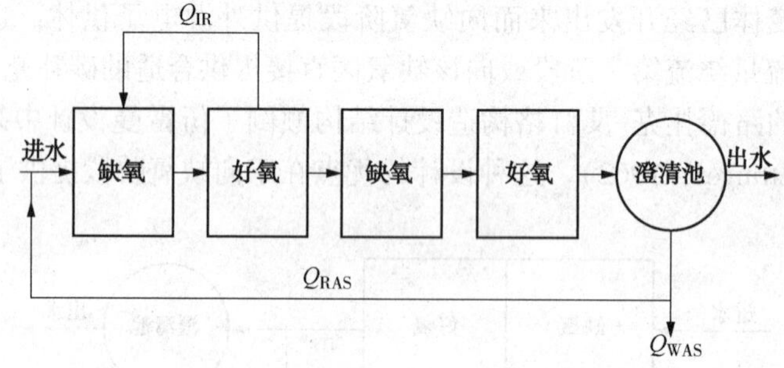

图 14.42　四级 Bardenpho™脱氮工艺过程（WAS＝废弃活性污泥）

第二（后曝气）缺氧区能够几乎完全去除曝气池出水中的硝酸盐，条件是其尺寸大小足够并增加补充碳。最后的曝气阶段从溶液中汽提剩余的气态氮（N_2），并通过增加氧浓度而最小化最后澄清池中的磷释放。

成功使用 Bardenpho™工艺过程而达到低至 2~4mg/L 的出水总氮浓度的能力，取决于活性污泥工艺过程进水中可氧化氮与碳之比和是否使用补充碳。艾克马等（Ekama，1984）报道，总凯氏氮（TKN）：COD 之比必须小于 0.08，才能获得完全反硝化。

（三）分步进料

这个工艺过程本质上与工艺过程部分进水进料至反应器渠首下游一点或多点的常规分步进料相同。分步进料脱氮的区别在于，每个进料点都具有脱氮的缺氧区。分步进料脱氮按照各种构造结构设计和进料点数目在几个全规模设施中已经实施。图 14.43 显示了具有附加后缺氧区的三通道分步进料系统（类似于 Bardenpho 工艺过程）的示意图（Johnson et al.，2003）。

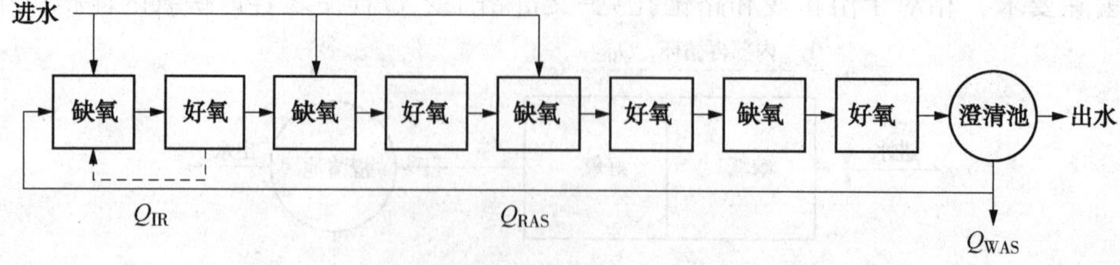

图 14.43　具有二级缺氧区的三通道分步进料脱氮系统

分步进料构造设计的主要好处包括，正如传统处理一样，对于给定体积提高了容量或对于具体容量降低了反应器体积。此外，对于脱氮，分步进料工艺过程降低或消除了将硝酸盐再循环返回至缺氧区的需要。除了第一通道之外，硝酸盐从上游好氧反应器直接供给至缺氧区。在第一通道中，硝酸盐供应仅仅来自 RAS 流。为此，有时候需提供从第一通道末端至第一通道渠首的硝化再循环方能充分利用现有的碳。

(四) 同步硝化与反硝化

在这个工艺过程中，曝气池中的溶解氧水平将会降低而使异养菌进行反硝化，而自养菌将氨转化成硝酸盐/亚硝酸盐。通常情况下，这些处理池中的溶解氧水平小于 1 mg/L，而或许低于溶解氧探头的可靠检测限。这个工艺过程的优点是消除了曝气池中再循环流的需要，并降低了曝气的要求(因为并不需要较高的溶解氧水平)。然而，并不如 MLE 或 Bardenpho 工艺过程那样有效地利用进水碳。此外，由于氧水平较低并同时存在高水平的可溶性 COD，还会存在污泥可沉降性降低的一些风险。有研究表明，这些条件可能会导致丝状菌膨胀(Jenkins et al.，2003)。

(五) 氧化沟

延长曝气氧化沟系统容易适应如上所述的碳氧化、硝化和反硝化(Barnes and Bliss，1983；Barnes et al.，1983；Stensel，1978；Van der Geest and Witvoet，1977)。氧化沟是一些反应器，这种反应器采用轨道寻踪型构造设计结构，在处理池中能够产生显著的速度和再循环流量。水平转子、慢速机械增氧机或旋转盘，或通风管增氧机提供曝气和力而使混合液体在氧化沟内的一个或多个位置移动。此外，水下混合器和传统扩散曝气能够组合而提供相互独立的曝气和搅拌功率。溶解氧浓度在曝气点最高，随后随着混合液体围绕环状反应器移动而因为生物质摄取氧溶解氧浓度发生降低。经过足够的行进时间之后，将会形成同步硝化和反硝化区，并可能进入曝气设备上游的真正缺氧条件，如图 14.44 所示。进料点通常位于缺氧区而提供反硝化的碳。这些缺氧区的位置和大小尺寸将随时间而变化，因为氧吸收和传输速率将随污水的质量和流量而变化。因此，对反硝化的这种机制的依赖性需要综合的控制系统监测和控制整个处理池的溶解氧。另一种控制机制是基于系统中烟酰胺腺嘌呤二核苷酸(NADH)水平的还原形式的监测。NADH 的水平直接对应于硝化和反硝化的程度，而在低溶解氧水平下运行时是比溶解氧更可靠的测量措施。

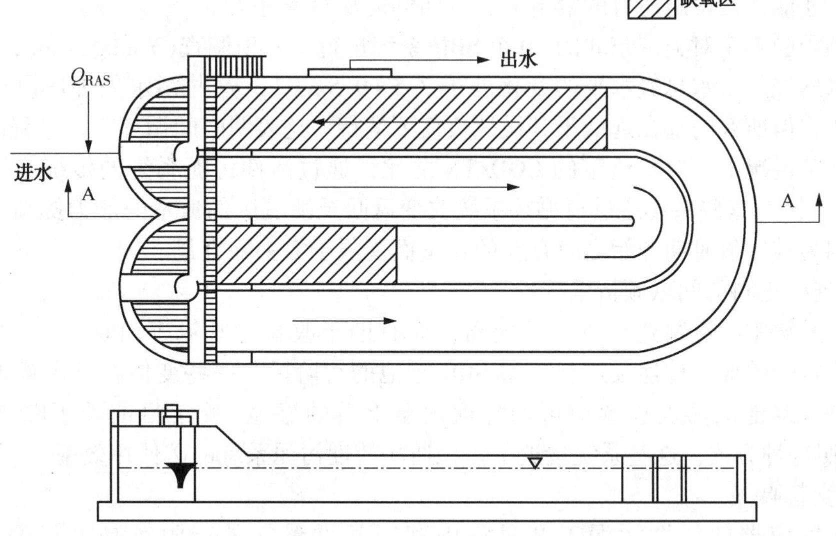

图 14.44　反硝化的氧化沟工艺过程

对于混合和曝气必须控制能量输入，才能维持混合液体处于悬浮状态。这种系统必须采用可调堰，变速，或改变氧输入而匹配昼夜季节性需氧量变化的双速增氧机而赋予足够的操作灵活性。否则，在低负荷期间，将会不能产生所必需的缺氧区。

氧化沟中存在的可变氧水平，能够用于促进同步硝化和反硝化或在单一氧化沟中出现真正的缺氧区。此外，氧化沟能够经过构造设计而在每一个氧化沟中配置具有不同氧水平的系列同心反应器，或简单地与前述脱氮工艺过程中的好氧反应器一样。

在适用于脱氮的典型氧化沟反应器中，硝化和反硝化的速率将会因为硝化所需的相对较长 SRTs，易于生物降解的 COD 浓度低，以及硝化或反硝化的边界溶解氧浓度而较低。氧化沟系统在脱氮方面具有与其他悬浮生长工艺过程相同的局限性，能够经过设计而用于去除几乎所有最低水平的硝酸盐/亚硝酸盐，能够经受碳可用性变化。系统中混合液的巨大聚集体可以弥补反应速率低。至于其他脱氮工艺过程，高度可变的进水流量构成了实现恒定低出水氮浓度的挑战。对于氧化沟工艺过程，已有人报道超过 90% 的脱氮率，但大多数都在 5~10mg/L 的出水硝酸盐的水平下运行(Rittmann and Langeland，1985)。

4.2.2.2 时间循环工艺

(一) 序批式反应器

通过在一个反应器中按照时序创建好氧和缺氧条件的合适循环而在 SBRs 中能够完成生物脱氮(Abufayed and Schroeder，1986；Alleman and Irvine，1980；Arora et al.，1985；Irvine et al.，1983；Palis and Irvine，1985；Silverstein and Schroeder，1983)。生物脱氮除磷的控制策略，需要考虑反应时间，处理罐池水位和混合液体溶解氧浓度。序批式反应器似乎非常适合具有高度可变的污水流量和强度的相对较小系统。与传统工艺过程类似，成功的运行取决于有效澄清作用，这都是在同一反应器中完成的。对于脱氮，填充和反应阶段都被细分成静态填充，混合填充和混合反应。在这种构造结构设计中，碳氧化和硝化将发生于好氧反应阶段而反硝化将发生于缺氧填充和反应阶段。在缺氧反应阶段需要用于支持反硝化的碳源，这种碳源存在于进料循环的每一循环开始之时。硝酸盐由前一有氧循环供给。正如在任何悬浮生长的生物处理系统中，在 SBRs 中通过设计如同本章前面讨论的合适好氧 SRT 而实现硝化。反硝化作用源自于选择静态填充、混合填充和混合反应的时间，这个时间周期需要足够长的时间，才能使之使用所有的溶解氧，从而创造缺氧条件。

有人利用脱氮率对美国东北的 10 个 SBR 系统进行了一项调查(Young et al.，2008)。据发现，污水处理厂出水总氮水平的变化处于 2.5~9.5mg/L。这些污水处理厂没有任何一家添加补充碳，但所有的都在远低于其设计负荷下运行。这表明时间循环工艺过程能够实现低氮水平。通常情况下，对于给定的 COD/TN 之比，通过活性污泥系统的传统流量将会实现低 TN 水平，因为这些系统通过再循环系统改变返回至缺氧区的氮量的能力提高。时间循环工艺过程因为其缺氧时期开始之时存在的氮量而受限于氮去除容量。

(二) 连续进料的间歇倾析系统

在这些系统中，进料连续进入反应器，而有助于改善总脱氮率(Peters et al.，2004)。这些系统通常分隔成一种连续进料下游 SBR 罐池的首阶段。一些变体在单个罐池中实施连续进料。SBR 罐池的污泥连续地再循环返回至上游的罐池(源于目前处于曝气模式下的 SBR)。按照这种方式，这些系统接近了传统通流活性污泥系统的碳使用效率。

(三) 交替曝气

在单一反应器的活性污泥工艺过程中利用间歇曝气进行脱氮是可行的(Barth and

Stensel, 1981; Schwinn and Hotaling, 1988)。所需的设备和操作要求包括：

- 鼓风机或增氧机上提供好氧/缺氧循环(15min)的定时器；
- 硝化和反硝化的合适容积和固体存量。

分阶段隔离沟工艺(图 14.6)在多个氧化沟反应器中交替曝气而创建好氧/缺氧循环。在反应器之间也实施循环进料，而使缺氧时期恰逢反硝化碳引入之时。

(四) 双重污泥与集成系统

独立污泥系统，从定义上而言，将各种工艺过程阶段纳入物理独立的罐池中，每一罐池具有其自己的澄清池和污泥返流系统。由于 EBPR 取决于单个生物质群落对各种处于不同工艺过程阶段的环境条件的暴露情况，则多重污泥系统通常最适合于仅仅脱氮的情况。

图 14.45 显示了双重污泥系统的构造设计结构。图 14.45a 中，好氧系统首先执行碳氧化和硝化。然后，在接触缺氧系统中反硝化生物质之前外部碳源补充负载硝酸盐的流。图 14.45b 中的系统利用了相同的构造结构设计，但是进料至第二级的部分进水污水向缺氧系统供应有机碳。虽然这个系统消除了补充碳的需要，但是因为进料中的氨在缺氧区内并不会被氧化而导致一些 TKN 将会通过缺氧区。

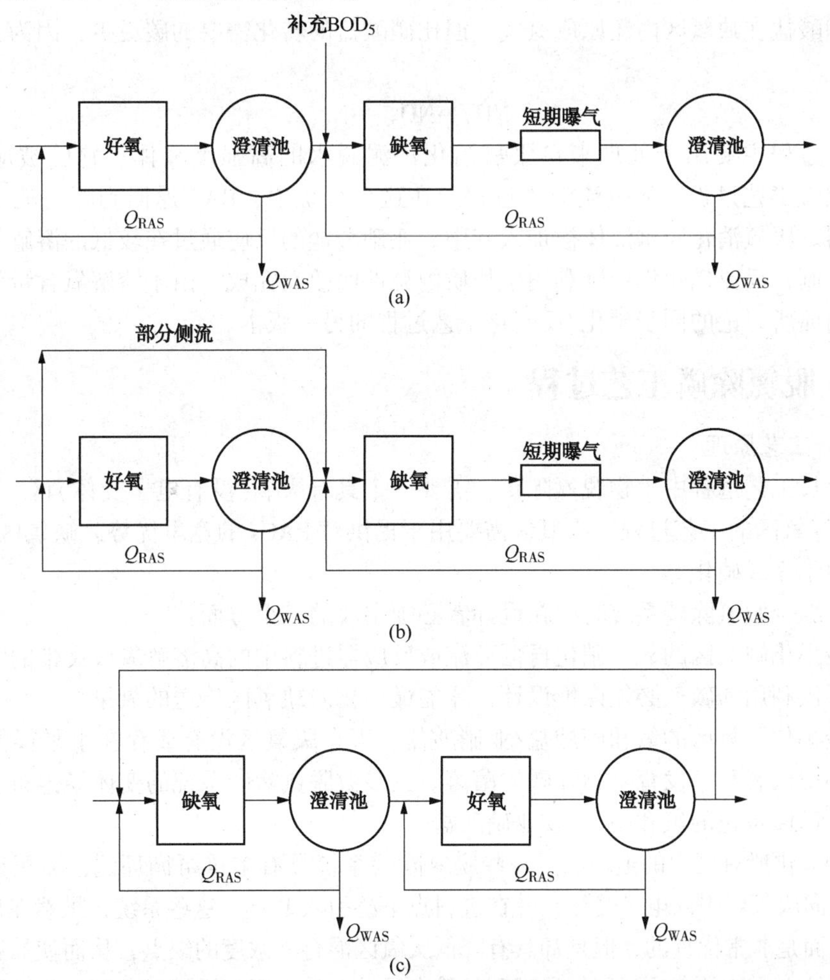

图 14.45　双重污泥脱氮工艺过程(WAS=废弃活性污泥)(Grady and Lim, 1980)

第三构造结构设计中，如图 14.45c 所示，也消除了补充碳的需要。在此结构设计中，缺氧系统在好氧系统之前，从而提供了反硝化的足够 BOD。附加的再循环流供给硝酸盐。这种流程图提供了降低曝气需要的可能性，因为相当一部分 BOD 能够在缺氧系统中发生氧化。虽然一些氧化的氮会被排出，但是其程度将与所使用的再循环流量有关。

在第 13 章和第 15 章中详细讨论的生物膜工艺过程，也能够用于脱氮。这系列的工艺过程包括集成的固定膜活性污泥(IFAS)、移动床生物膜反应器(MBBR)、反硝化过滤器、流化床反硝化和水下旋转生物接触器。IFAS 和 MBBR 工艺过程利用了悬浮生长系统相同的脱氮原理。

IFAS 介质加入缺氧区，将会增加反硝化区中可供利用的生物质。附加的生物质将会改善这个区内的净反硝化速率。悬浮生长的 SRT 通过二级澄清池系统的 RAS 再循环而维持于 IFAS 系统中。

与 IFAS 相反，MBBR 系统并不具有再循环的活性污泥，而没有必要包括澄清过程。MBBR 系统有时用作具有下游好氧区硝酸盐再循环的主要二级处理工艺过程。

4.2.3 亚硝化和反亚硝化作用

亚硝化作用，或氨向亚硝酸盐(NO_2^-)的转化，降低了去除氨氮所需的氧量。对于脱氮而言，亚硝酸盐在缺氧区内还原成氮气，但比硝酸盐的转化需要的碳更少，因为亚硝酸盐的氧化态较低。

$$NH_3 \rightarrow NO_2^- \rightarrow N_2$$

此工艺过程主要用于处理来自厌氧消化污泥脱水的高强度液体。它已被应用于仅仅 RAS 重新曝气工艺过程中的主流液体过程。在这个系统中，RAS 返回到曝气池之后被引回至主反应器。厌氧消化脱水液体被加入其中。亚硝酸盐的反应通过在较低的溶解氧水平下运行而进行控制，反亚硝化作用则利用生物质内源性腐败而完成。由于溶解氧含量低，这个工艺过程是前面所讨论的同步硝化/反硝化工艺过程的另一版本。

4.3 脱氮除磷工艺过程

4.3.1 工艺原理

悬浮生长工艺过程中生物脱氮除磷，需要一个具有厌氧(没有电子受体)区、缺氧区(低氧水平)和好氧区的工艺过程。厌氧区需要用于提供对 PAOs 的竞争优势，缺氧区用于脱氮，而好氧区用于完成硝化。

在设计综合脱氮除磷系统时存在设计者必须主攻的三个方面：

(1) 最小化缺氧区的氧。硝化再循环流或反应器进料中的高溶解氧或夹带的空气，会降低反硝化可供利用的碳。必须谨慎设计，才能最小化向缺氧区传送的氧量。

(2) 最小化厌氧区的氧和硝酸盐/亚硝酸盐。当在厌氧区没有或存在水平很低的电子受体时厌氧环境最有利于发育生物除磷的菌落。大多数脱氮除磷系统的变体经排布设计而最小化向厌氧区返回带送的氧和硝酸盐/亚硝酸盐。

(3) 最大化所有区内的生物质。一些脱氮除磷系统具有多重再循环流，而正如以上的讨论，最小化向厌氧区引入电子受体，并在进料点下游引入 RAS。这些系统，虽然在最小化电子受体的量方面是非常优良的，但是却具有降低厌氧区混合液浓度的缺点，从而使暴露于厌氧条件的生物质较少。这种方法是不是最有利的排布设计，应该通过设计工程师进行评估。

装置内再循环流在二级处理系统进水中可能是养分的重要来源。再循环的量可能高达 50%

的进水负荷。该再循环量同时取决于养分和设施的固体处理系统。通常情况下，没有固体消化系统的这些污水处理厂具有较低水平的养分返回。具有好氧消化的污水处理厂通常具有低水平的氨返，但可能还有需要考虑的较高硝酸盐返。磷在脱水液体中较高水平的磷也很常见，但通常并未处于很高水平。虽然不存在硝酸盐，但是厌氧消化设施一般在返流中都具有最高水平的氨返和磷返。厌氧消化污水处理厂，并未进行生物除磷，通常具有类似于好氧消化污水处理厂的水平。然而，具有生物除磷的厌氧消化污水处理厂，可能在其脱水液体中具有高水平的可溶性磷。具有消化的所有脱氮除磷设施必须考虑再循环系统对主体除磷脱氮工艺设计的影响。

综合脱氮除磷系统通过生物、化学和物理方法相结合，能够达到低水平营养物的污水处理厂出水标准(总氮小于 5 mg/L，总磷小于 0.1mg/L)。在悬浮生长的二级处理系统中，能够实现早期描述的低水平出水的氮含量，而仅限于工艺过程出水中高溶解有机氮(RDON)含量(通常为 1~2mg N/L)。这对于目标定向于低氮水平的污水处理厂向二级处理工艺过程中添加碳，并非是不寻常的。

在这种综合系统中，对于除磷还有两个方案可选——生物和化学方法。基于化学品的系统，前面已经进行了讨论，并不依赖于生物系统；因此，这种系统能够对这一工艺过程进行单独优化，而对于化学品的添加(混合和注射点)不大需要太多的考虑。相比之下，生物除磷脱氮是相互联系的。生物除磷取决于厌氧区缺乏硝酸盐/亚硝酸盐，因此在脱氮工艺过程中反硝化水平越高，越有利于生物除磷(BPR)系统。相反，脱氮工艺过程性能不佳，可能会大大降低 BPR 的性能。

综合脱氮除磷系统的固有的复杂性使之难以定量设计。几乎所有这种系统设计之时都是使用基于 IWA ASM 型模型的全装置模拟器(Henze et al.，2000)。

综合生物脱氮除磷系统如前面所述进行评估。值得注意的变量在设计综合脱氮除磷系统时必须进行跟踪和量化。使用工艺过程模拟器的优点是明显的。如前所述，在这些系统中一个重要的问题是 NO_x-N 对除磷的影响。这些影响能够在工艺过程模拟器中进行量化。

4.3.2　工艺过程的构造结构设计

4.3.2.1　五级 Bardenpho™

五级 Bardenph™工艺过程(图 14.46)提供了去除磷、氮、碳的厌氧、缺氧和好氧阶段(Barnard，1973b，1974，1975，1976，1983a；Burdick，1982；Ekama et al.，1984；Irvine et al.，1982；Tetreault et al.，1986)。在四级和五级 Bardenpho™工艺过程之间的区别在于，后者在生物除磷的开始之处包括了厌氧阶段。

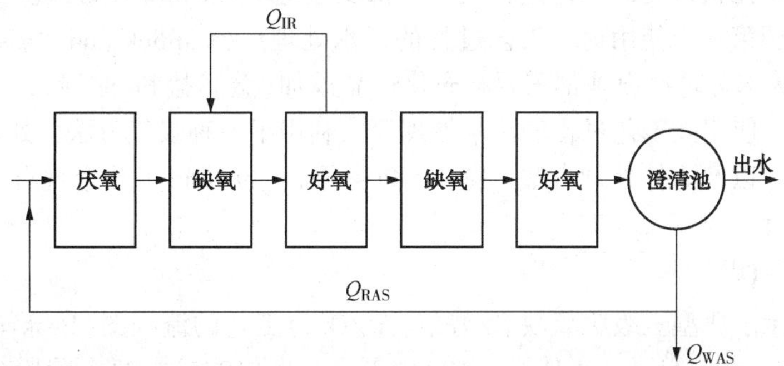

图 14.46　修正的 Bardenpho™脱氮除磷工艺过程(WAS=废弃活性污泥)

表 14.19 现有的修正 Bardenpho™系统的基本设计信息

参 数	佛罗里达 Palmetto	加拿大不列颠哥伦比亚 Kelowna	佛罗里达 Orange 县（阶段Ⅲ）	佛罗里达中心迈尔斯堡	佛罗里达可可阿市	佛罗里达 Tarpon Springs	南非约翰内斯堡（Goudkoppies）
设计流量/(m^3/d)	5 300	22 500	28 400	41 600	17 000	15 100	150 000
最后出水标准							
总氮/(mg N/L)	3	6	3	3	7.3	6.3	3
总磷/(mg P/L)	1	2	1	0.5	0.7	3.1	1
曝气方式	水下涡轮	水下涡轮	Carrousel™机械表面曝气机	Carrousel™机械表面曝气机	Fine-bubble	Carrousel™机械表面曝气机	机械表面曝气机
初级沉降	是	是	否	否	否	否	是
污泥处理	初级污泥厌氧消化	DAF①增稠的WAS②—土地应用重力增稠初级污泥	带式压滤脱水—填埋	带式压滤脱水—填埋	带式压滤脱水—填埋	带式压滤脱水—填埋	初级污泥的厌氧消化
厌氧体积/m^3	228	1760	2271	3680	1440	1500	6240
第一缺氧体积/m^3	614	3520	4013	3500	1500	2300	14400
曝气体积/m^3	1060	7920	12643	18900	6000	5800	44100
第二缺氧体积/m^3	496	1760	2196	4100	1300	2600	14400
第二曝气体积/m^3	228	2640	379	1000	260	200	8100
总体积/m^3	2626	17600	21501	31200	10500	12300	87240
澄清表面积/m^2	230	1960	2100	3220	2100	930	12350
过滤	是	是	是	否	是	是	
化学品添加	是	是	是	是	是		
类型	明矾	明矾	明矾	明矾	明矾		
剂量内部循环	90gpd		20~40mg/L	50mg/L			
类型	垂直轴流	垂直轴流	水平轴流	垂直涡流	水平轴流	垂直涡流	阿基米德螺旋
比率	4∶1	(4~6)∶1	(4~6)∶1	4∶1	(4~6)∶1	4∶1	(4.5~18)∶1

① DAF=溶解气浮动。
② WAS=废弃活性污泥。

表 14.19 总结五几个已经运行几年的五级污水处理厂的基本设计信息。五级 Bardenph™工艺过程在北美是比较常见的工艺过程之一。佛罗里达 Palmetto 污水处理厂，1979 年 10 月开始运行，是美国第一个使用这一工艺过程的污水处理厂(Burdick and Moss，1980；Stensel et al.，1980)。大部分这些设施都需要补充化学品添加(金属盐和/或碳)，才能满足出水磷限低于 1.0mg/L。使用此工艺过程的污水处理厂，利用了各种曝气方法，处理罐池构造设计结构，泵送设备，以及固体处理方法。图 14.47~图 14.49 描述了几个现有五级设施的典型出水的氮和磷浓度。

4.3.2.2 A^2/O^{TM}

图 14.50 显示了典型三级厌氧缺氧/好氧(A^2/O^{TM})工艺的流程图(Deakyne et al.，1984；Irvine et al.，1982；Krichten and Hong，1981；Paepcke，1985)。每个阶段都能够设计为全混，活塞流，或二者的组合。混合液体从硝化阶段(有氧)之末以通常为100%~400%进水流

量的内部再循环速率再循环至反硝化的缺氧阶段。澄清池底流返回至具有反应器进料的厌氧反应器的第一阶段。

两个使用 A^2/O^{TM} 工艺的现有设施的典型出水氮和磷浓度如图 14.51 和图 14.52 所示。拉哥(Largo)磷和氮数据代表了 1984 年 1 月至 1987 年 11 月的月均值(CH2M Hill，1988)。费耶特维尔(Fayetteville)氮数据是从 1985 年 1 月至 12 月运行的 $5.5m^3/d$(1gpm)中试污水处理厂的月均值；磷数据是从 1988 年 10 月起的日均值。在此期间，费耶特维尔通常使用约 15mg/L 进行出水精制的明矾剂量。A^2/O^{TM} 工艺过程颇为流行。它能够到达低至 1～2mg/L 的二级出水总磷浓度和低至 8.0mg/L 的二级出水总氮浓度。对于现有 A^2/O^{TM} 系统的典型设计参数都包含于表 14.20 中。

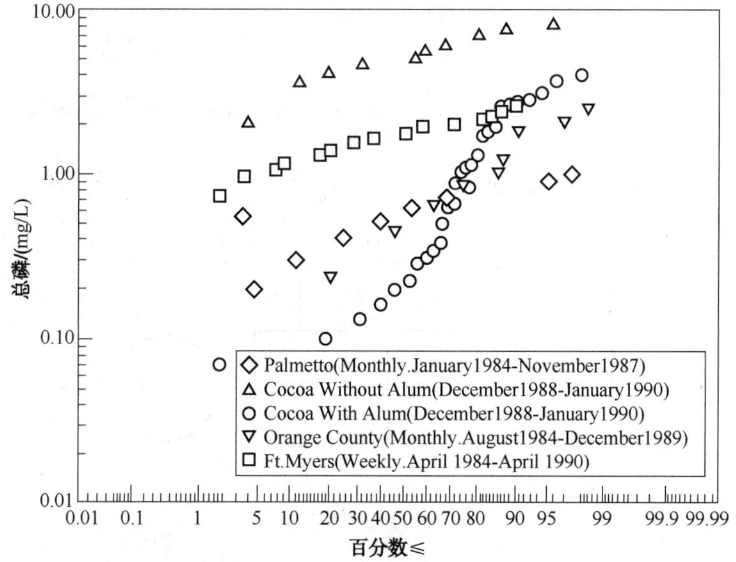

图 14.47　修正的 $Bardenpho^{TM}$ 工艺总出水磷的频率曲线

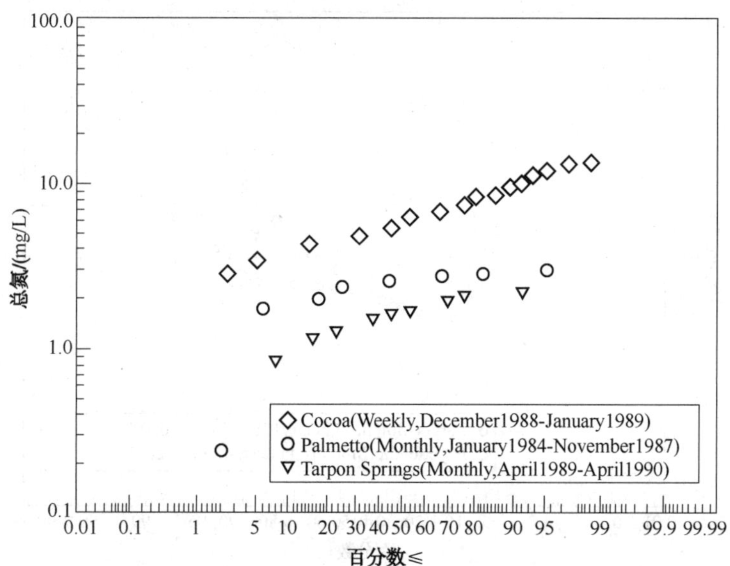

图 14.48　修正的 $Bardenpho^{TM}$ 工艺总出水氮的频率曲线

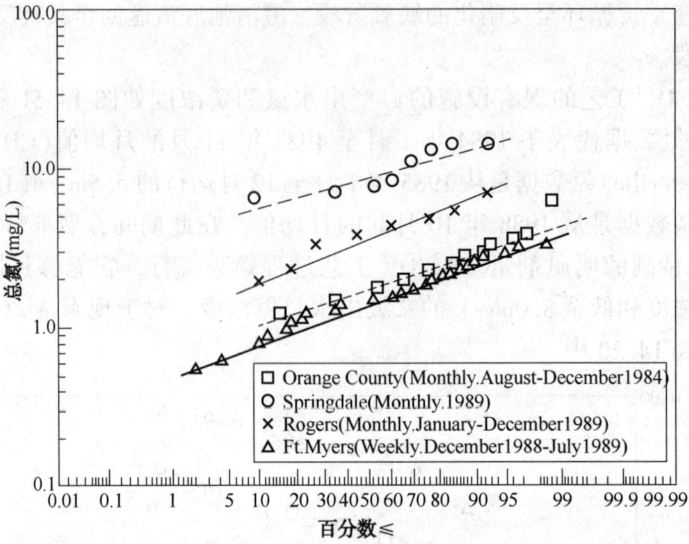

图 14.49 修正的 Bardenpho™工艺(四个厂)总出水氮的频率曲线

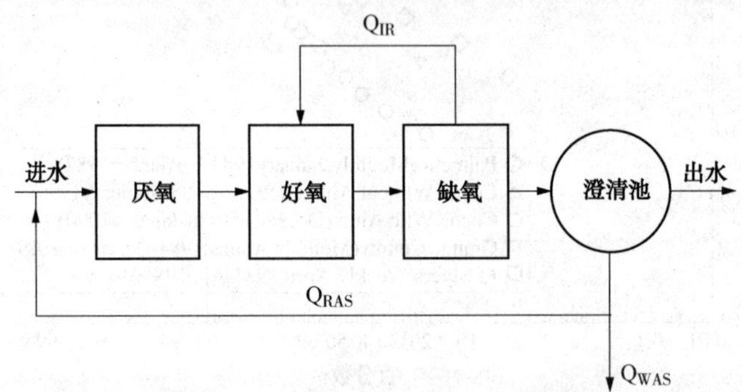

图 14.50 A^2/O™除磷工艺过程(WAS=废弃活性污泥)

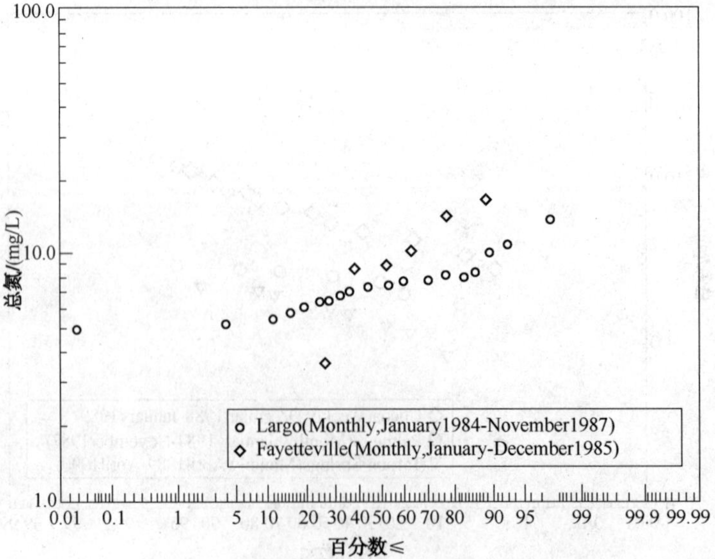

图 14.51 A^2/O™工艺总出水氮的频率曲线

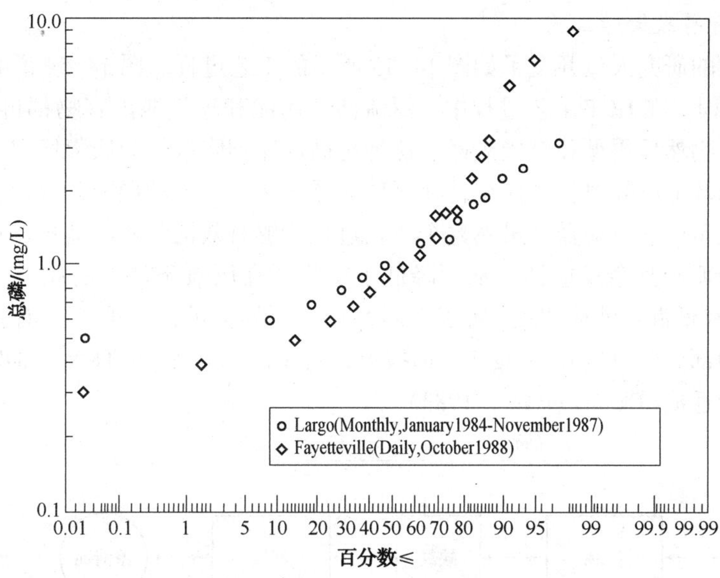

图 14.52 A^2/O^{TM}工艺总出水磷的频率曲线

表 14.20 3-级系统的基本设计信息

参　　数	佛罗里达拉哥	阿肯色州费耶特维尔	宾夕法尼亚蒙哥马利县	俄亥俄纽华克	宾夕法尼亚沃明斯特	弗吉尼亚朗伯点
工艺过程类型	A^2/O^{TM}	A^2/O^{TM}	A^2/O^{TM}	A^2/O^{TM}	A^2/O^{TM}	A^2/O^{TM}
设计流量/(m^3/d)	51100	65900	32200	30300	30900	151400
最终出水标准				10(NO_3)		
总氮/(mg/L)	18	2S，5W	3S，9W	无限制	1S，3W	
总磷/(mg/L)	9	1	无限制		2.0	
曝气方式	慢速机械增氧机	机械	细泡	细泡	细泡	细泡
初级沉降	是	是	是	是	是	是
污泥处理	带式压滤脱水—粒化	好氧消化带式压滤土地应用	焚化	带式压滤土地应用	厌氧消化离心—填埋	离心—焚化
好氧区体积/m^3	1953	2370	136	770	1954	7300
缺氧区体积/m^3	1298	2370	136	1540	1437	7300
曝气区体积/m^3	6689	21950	7086	11148	9814	26500
总计	9940	26690	7359	13458	12906	41100
澄清表面积/m^2	934	2920	883	2191	19006	5700
过滤	是	是	否	否	否	否
化学品添加	否	偶尔	否	否	是	否
类型		明矾			苛性碱	
典型剂量		可变化			对于 pH	
内部再循环						
第一缺氧	1 : 1	未使用	1 : 1	1 : 1	1 : 1	1 : 1
厌氧	—	—	—	—	—	1 : 1

4.3.2.3 开普敦大学工艺

开普敦大学的研究人员开发了如图14.53所示的工艺过程。图14.54说明了修正的UCT(MUCT)工艺过程。在UCT工艺过程中，返流活性污泥和曝气池内容物都再循环至缺氧区，而缺氧区的内容物然后再循环至厌氧区。这种再循环序列降低了向厌氧区引入残留硝酸盐的机会。内部再循环能够经过控制而维持缺氧反应器出水中近零的硝酸盐含量，从而确保几乎没有硝酸盐返流至厌氧反应器。虽然这个工艺过程能够有效消除硝酸盐再循环至厌氧区，但是生物质浓度却低于其余反应器，从而降低了生物质在厌氧条件下的质量。这两个抵消项(低硝酸盐返流和低混合液体浓度)对于不同污水在差异上进行了平衡抵消。UCT工艺可以同时实现除磷和部分脱氮至6~8mg/L。据报道，对于高达0.14的TKN：COD之比能够维持接近零的硝酸盐返流(Ekama et al.，1983)。

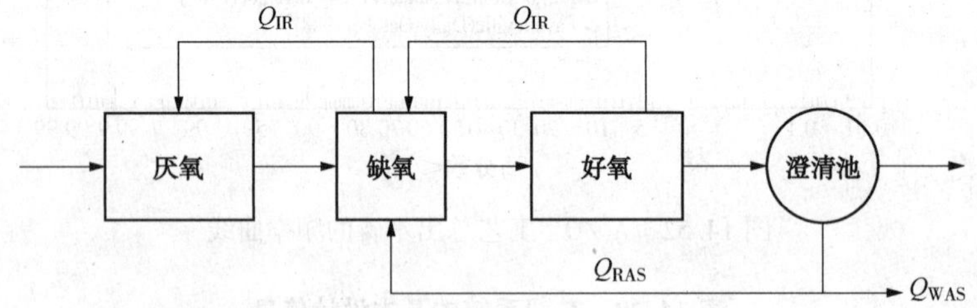

图14.53 开普敦大学脱氮除磷工艺过程(WAS=废弃活性污泥)

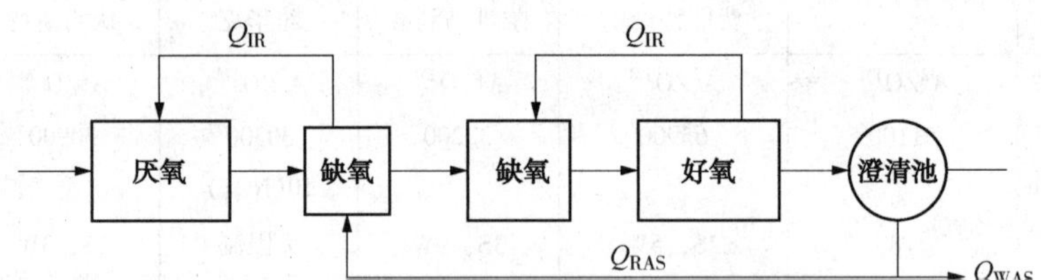

图14.54 开普敦大学脱氮除磷的修正工艺过程(WAS=废弃活性污泥)

在修改的UCT工艺中，缺氧区分为两个反应器。返流污泥进入第一反应器，而来自曝气池的内部再循环进入第二缺氧反应器。至厌氧区的内部再循环源自第一缺氧反应器。修正的UCT工艺预想消除厌氧池的硝酸盐再循环，而同时将缺氧区内实际水力停留时间限定至1h。

4.3.2.4 VIP污水处理厂

VIP工艺，如图14.55所示，是UCT工艺的进一步精炼改进(Daigger et al.，1988；Grady et al.，1999)。正如MUCT工艺过程中那样，缺氧区被分成两个反应器。RAS和混合液体再循环返回至第一缺氧区，但并不是将反硝化混合液从第一缺氧区返回至厌氧区(正如UCT和MUCT工艺过程那样)，厌氧返流取自第二缺氧区。

4.3.2.5 约翰内斯堡(JHB)工艺

约翰内斯堡(JHB)工艺过程，如图14.56所示，开发于南非(Nicholls et al.，1987)。这一工艺过程的显著特点是RAS反硝化区处于厌氧区之前。这个工艺过程隐含的概念是RAS之内的内源性呼吸提供了RAS进入厌氧区之前进行反硝化所需的碳。虽然内源性呼吸是一个相对缓慢的过程，但是在反硝化区内RAS厚度的增加，提高了足以获得良好NO_x去除率的速率。与其他综合去除系统相比，这个工艺过程主要有三个优点：(1)厌氧区混合液是最大浓度；(2)采用脱氮的内源呼吸就不需要从进料中获取碳，从而导致碳高效利用；和(3)消除了反硝化的混合液再循环流。

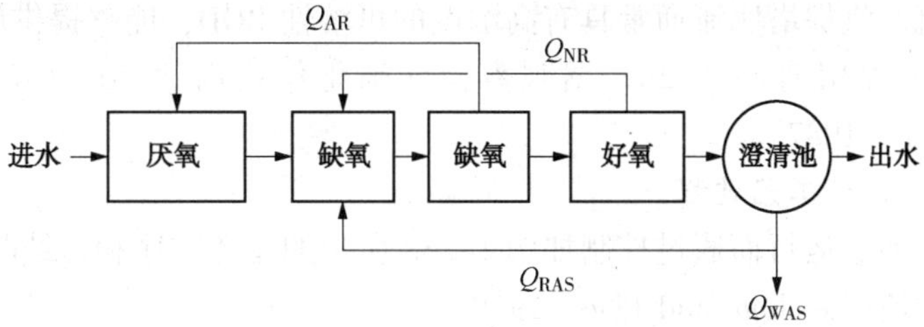

图 14.55　脱氮除磷的 VIP 工艺过程

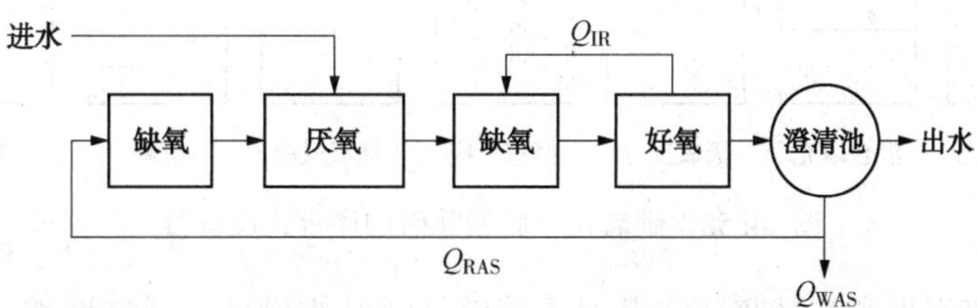

图 14.56　脱氮除磷的 JHB 工艺过程

JHB 工艺过程经过修改，就变成西岸(Westbank)工艺过程(Stevens et al.，1999；Oldham et al.，2001)。这个工艺过程旨在通过增加小部分的工艺过程进水或向 RAS 反硝化区补充碳而提高反硝化速率。

4.3.2.6　PhoStrip II™

这种 PhoStrip II™工艺过程包括实现综合去除率低于 1.0mg/L 总磷和 10.0mg/L 总氮的缺氧区(见图 14.57)。脱氮需要为硝化和反硝化提供额外的反应体积。

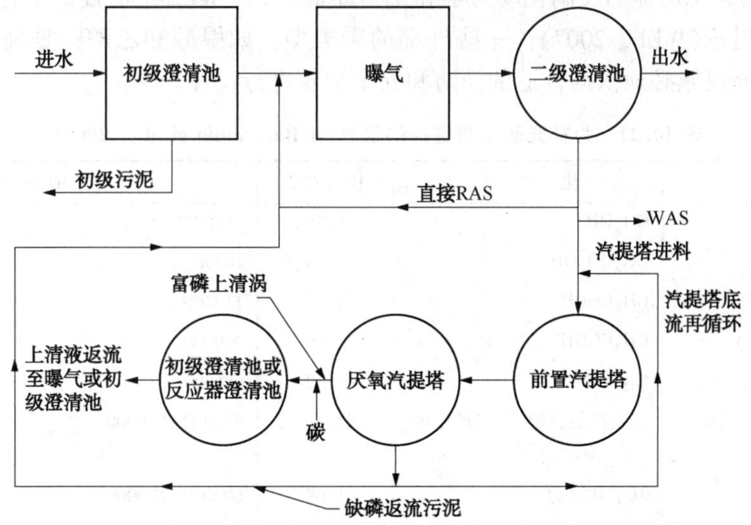

图 14.57　脱氮除磷的 PhoStrip™ II 工艺过程(WAS=废弃活性污泥)

在 PhoStrip II™工艺过程中的反硝化作用通过在磷汽提塔之前增加一个再汽提塔罐，增加汽提塔内的保留时间，而提供磷释放的系列反应器。在返流污泥中的高浓度硝酸盐需要增加厌氧停留时间，因此需要一个更大的汽提塔。前置汽提塔罐接受包含硝化中产生的硝酸盐的二级澄清池底流。汽提塔底流通常具有高浓度的可溶性 BOD，能够提供反硝化的碳源。前置汽提塔罐的水力停留时间约 2h。据观察，反硝化作用高达 70%(Kang et al.，1988；Matsch and Drnevich，1987)。

4.3.2.7 时间循环工艺过程

序批式反应器能够运行而通过控制如图 14.58 所示的循环顺序和持续时间实现综合碳和氮氧化，脱氮和除磷(Ketchum and Liao，1979)。

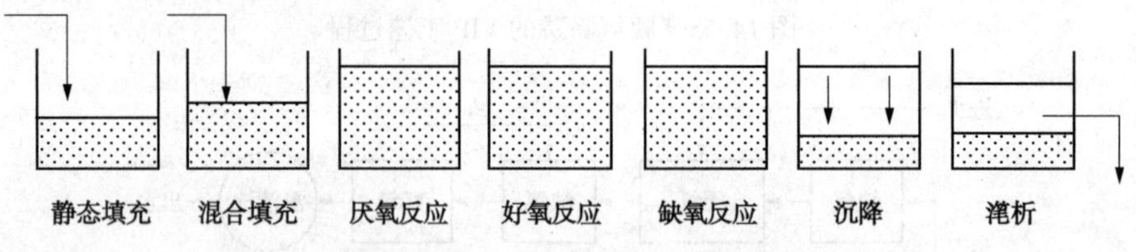

图 14.58 碳氧化和脱氮除磷的序批式反应器

分阶段的隔离沟渠和交替曝气工艺过程能够经过结构设计而通过增加一个初始 EBPR 厌氧区实现综合脱氮除磷。

4.4 悬浮生长脱氮除磷的外加碳

向生物脱氮或除磷工艺过程中添加外部碳，能够改善营养物去除。对于本次讨论的目的，外部碳定义为向某个工艺过程加入的生物可氧化的碳，无论是作为进料流的补充，或是作为针对特定区的单独流。此外，外部碳源能够是导入到污水处理设施的独立流，如甲醇，或装置内创建的流，如初级污泥的发酵物。表 14.21 显示了选定碳源范围内的典型特性。表 14.22 列出备选碳源选择的反硝化动力学和化学计量系数。WEF 手册提供了有关 EBPR 使用补充碳的极佳讨论(WEF，2007)。一些外部的碳类型，如甲醇和乙醇，是高度易燃的。处理这些化学品的设施必须依据合适的消防和安全法规进行设计。

表 14.21 为补充碳源所选择的信息(deBarbadillo et al.，2008)

碳　　源	化 学 式	相对密度	估计的 COD 含量，mg/L
甲醇	CH_3OH	0.79	1188000
乙醇	CH_3CH_2OH	0.79	1649000
乙酸(100% 溶液)	CH_3COOH	1.05	1121000
乙酸(20% 溶液)	CH_3COOH	1.026	219000
糖(蔗糖)(50%溶液)	$C_{12}H_{22}O_{11}$	1.22	685000
MicroC™，MicroCm™，MicroCg™	专利产品，包括 5%的甲醇	1.16~1.22	630000~670000
UnicarbDN	基于甘油的	1.09	600000~1000000
MicroCglycerine		1.18	1000000
初级污泥发酵产物	VFAs(主要是乙酸和丙酸)	1.0	400~800(可溶性 COD，取决于洗脱液的量)

如果在原始工艺过程进料中碳不足时添加外部碳有利于营养物去除，则这些加入的外部碳可以作为脱氮的电子供体或作为挥发性脂肪酸(VFAs)源驱使可溶性磷的生物释放和随后的摄取。

在脱氮中，当碳有限时，通过添加外部碳直接作为反应的电子给体，能够改善反硝化作用。在许多情况下，碳基于化学计量关系能够进行剂量加量。相比之下，外部碳对除磷的影响，正如前面的讨论，并非直接发生作用。外部碳有两种途径增强生物除磷：

(1) 如果外部碳进料包含 VFAs 并加入至具有厌氧条件的区，则外部碳将起到 PAOs 的碳源作用，从而提高了整体生物除磷。

(2) 如果外部碳源不包含 VFAs 或添加到缺氧区，则主要用途有可能是用于反硝化作用，降低了反应器中硝酸盐/亚硝酸盐水平及其将会通过内部再循环流返流至厌氧区的量。

此外，如果碳源包含少于生物生长所需的营养物质，正如对于甲醇的情况，额外的营养物去除将会通过将营养物引入生物质(同化途径)的微生物生长而实现。

此处还存在两个其他的潜在负面影响。首个影响是因为曝气需求增加所致的能源使用量增加。在脱氮中，大部分碳将在缺氧区内用尽。然而，屡见不鲜的是一些碳渗透出来而进入好氧区，从而增加了曝气要求。生长于外部碳上的外加生物质内源性呼吸也增加了曝气要求。在除磷中，VFAs 的加入直接增加需求。这是在厌氧区内 VFAs 储存为聚羟基脂肪酸酯(PHA)及其在好氧区的后续代谢之结果。因此，虽然 VFAs 添加在厌氧区，但是其需氧量却表达于下游好氧区。

表 14.22　备选碳源所选的反硝化动力学和化学计量系数(deBarbadillo et al., 2008)

碳源	最大反硝化器生长比速率		产率，Y (g 生物质 COD/g 底物 COD)	COD/NO_3-N 之比
	m_{max}/(1/d)	温度/℃		
甲醇[(a)]	0.5	13	0.38	4.6
	1.0	19		
甲醇[(b)]	1.3	20(确定的阿累尼乌斯系数为 1.13)		
甲醇[(d)]	0.52	10		
	1.86	20		
甲醇[(e)]	1.25	20(确定的阿累尼乌斯系数为 1.13)	0.4	4.79
甲醇[(f)]			0.45	5.2(计算值)
乙酸酯(盐)[(a)]	1.3	13	1.18	3.5
	3.7	19		
乙酸酯(盐)[(b)]	4.0	20		
乙酸酯(盐)[(c)]			0.192	3.6
乙酸酯(盐)[(f)]			0.18	3.5(计算值)

第二个影响在于，增加碳会增加生物质的量，从而降低了二级处理能力，并对固体处理系统带来额外的负荷。

4.4.1　剂量加入位置

对于脱氮除磷之目的，在悬浮生长工艺过程中有三个显著的位置，用于外部碳添加是有利的。

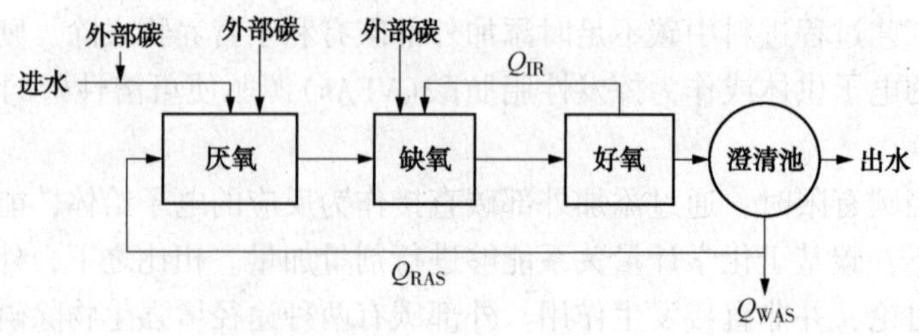

图 14.59 补充碳潜在的加入位置

4.4.1.1 工艺过程进料

外部碳能够直接添加到进料至工艺过程的污水流中。这可以直接发生于反应器之前或在上游工艺过程之一中。向反应器进料中加入碳通常能够很简单地完成。然而，根据反应器构造设计结构和处理目标不同，向反应器进料加入可能会降低外部碳添加对营养物去除的受益。例如，如果外部碳加入的目标是从生物脱氮除磷工艺过程降低硝酸盐的量，则直接将外部碳加入缺氧区并确保充分混合将会是最有利的。由于这些系统大多数都是向厌氧区加入原始进料，则通过补充反应器进料而向下游缺氧区增加碳进料将是不太可能的。

此外，如果采用发酵创建外部碳源，则通常有气味的发酵产物返流至渠首上游或初级澄清工艺过程，可能会增加气味。

4.4.1.2 缺氧区进料

当这些缺氧区碳不足时，直接将外部碳进料至缺氧区可能对脱氮和除磷都是有利的。在这两种情况下，外部碳的加入提高了脱氮率。对于氮，直接降低了氮含量。对于除磷而言，氮(硝酸盐+亚硝酸盐)水平的降低，减少了再循环回到厌氧区的氮含量，从而提高了厌氧区的效率。

外部碳添加系统需要进行设计才能最大化外部碳源在缺氧区内的分布，并最小化下游好氧区进口的任何短路。这些目标能够通过将外部碳释放点定位于进口附近合并于缺氧区内，或通过串联设计多个缺氧区并将碳加入到第一个缺氧区而实现。

4.4.1.3 厌氧区进料

如果工艺过程进水没有包含足够的 VFAs 支持所需的生物除磷水平，则向厌氧区加入 VFAs 通常能够提高生物除磷。VFA 的加入在某种程度上会改善混合液中的竞争优势，而因此改善下游好氧区内的磷吸收。类似于外部碳加入缺氧区，促进和最小化下游缺氧或好氧区的 VFAs 短路是很重要的。

添加到厌氧区的大多数 VFA 流包括纯醋酸或乙酸和丙酸的混合物。纯醋酸的外部碳进料能够促进 GAOs 的生长。GAOs 直接与 PAOs 发生竞争，从而提高了生物除磷发生混乱的机会(Neethling et al.，2005)。相比之下，通常发酵产物的乙酸和丙酸混合物，据发现，将更有利于 PAOs(Randall et al.，1997)。

对于向厌氧区过量加入 VFA 也是可能的(Neethling et al.，2005；Johnson et al.，2006)。GAOs 将会使用任何过量的 VFA，需要过量的 VFA 才能达到所需的出水磷水平，从而提高了其在混合液中的竞争优势。因此，厌氧区 VFA 的计量应该小心控制至可靠实现出水磷目标所需的最低值。

4.4.2 发酵

初级或废弃活性污泥发酵导致颗粒物质转化为水溶性的 VFAs。发酵产物通常是乙酸和丙酸的混合物，是除磷脱氮的碳源。对于这两种应用使用发酵产物的好处在于，一旦资本投资，发酵相比于购买外部碳源具有运行成本低的优点。此外，因为发酵源自该设施进水负荷，则对于该系统没有净碳添加。这相比于加入外部碳源，降低了整体的污泥产量。应该注意的是，总污泥产量由于通过将发酵产物转移至悬浮生长工艺过程而产生的额外 WAS 负荷将会偏高，因为 WAS 负荷通常在硝化中表现出较低的可降解性。

RAS 发酵产物的缺点在于，通常包含一定水平的氨和可溶性的磷。这可能阻碍其在继发缺氧区中的使用，因为氨和磷将直接通过进入出水中。图 14.60 提供了来自达勒姆高级污水处理设施(Durham Advanced Wastewater Treatment Facility)[俄勒冈 Tigard，清洁水务(Clean Water Services)]关于发酵产物营养物含量的数据。这些数据表明，氨为 30~40mg/L，正磷酸盐为 5~15mg/L。另一个设计问题是发酵过程中的水温敏感性。较冷的水对于给定的 SRT 通常会降低发酵过程中生成的 VFAs 量；在冬季就能够预计会出现较低的 VFA 产量，这可能会导致脱氮和/或除磷降低。

初级污泥发酵的构造结构设计如下所述。由于 RAS 发酵一直不太常用且在文献中也不易找到，则本文中将不会进一步进行讲述。

初级污泥发酵设计，要基于标准污水温度下需要实现 3~5 天 SRT 的需要，而使形成的 VFAs 不被消耗并转化为甲烷。VFA 的产量可能为 0.1~0.2g VFA/g VSS，导致额外 10~20mg/L 的 VFAs 可供除磷脱氮工艺之用(Metcalf and Eddy，2003)。

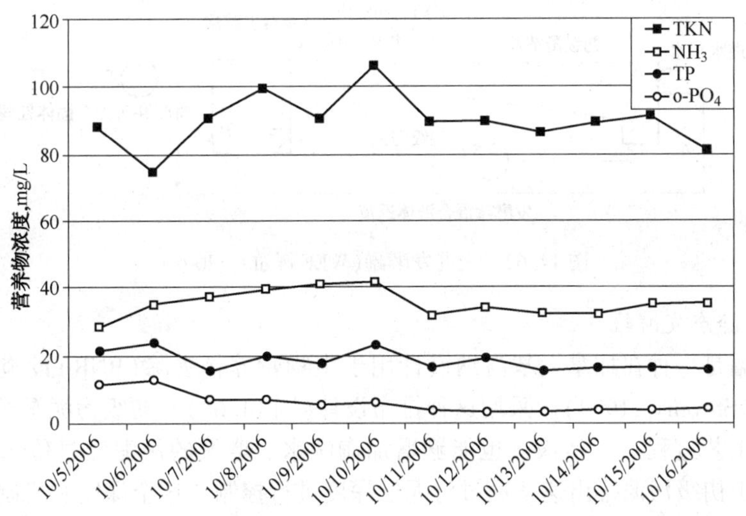

图 14.60 发酵产物营养物含量，俄勒冈 Tigard 的达勒姆高级污水处理设施

(TKN=总凯氏氮，TP=总磷)

巴纳德(Barnard，1994)和拉比诺维茨(Rabinowitz，1994)描述了四种初级污泥发酵的构造设计结构，并开发出了另一种设计而获得专利(Baur，2002a)。这些构造设计结构分别如下所述。

4.4.2.1 活性初级沉淀

活性初级沉淀使用初级澄清池(图 14.61)。初级澄清池的初级污泥再循环返回至澄清池入口(有或无淘洗)，而使污泥层中能够发生发酵(Barnard，1984；Randall et al.，1992)。这种方法虽然不需要额外的工艺单元过程，但是可能会导致初级澄清池高固体负荷率。这也可以很难控制发酵污泥的SRT和HRT，而甲烷和硫化物形成具有上升潜势。与所有的发酵罐和污泥增稠器一样，纤维物质可能会积累，污泥收集机制和罐池深度必须能够容纳深厚的污泥层。

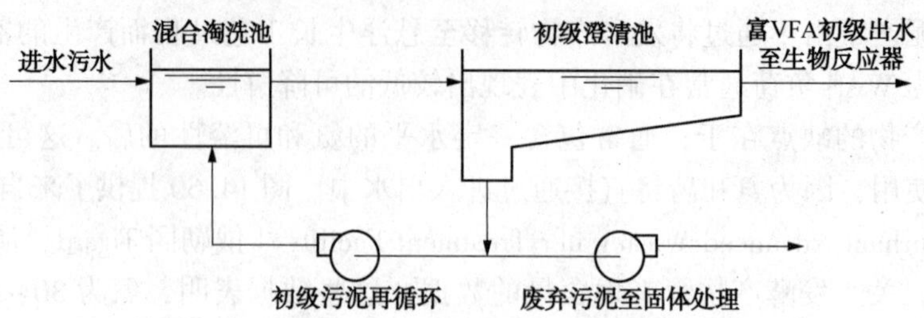

图14.61 活性污泥初级沉淀池(WEF et al., 2005)

4.4.2.2 全混发酵罐

在全混发酵中，污泥进料至全混罐中，全混罐向初级澄清池进口溢流(图14.62)(Rabinowitz et al., 1987)。初级污泥直接从发酵罐废弃。发酵罐HRT基于初级污泥进料速率而SRT则基于发酵罐中的污泥质量和和污泥排出进行后续处理的速度。按照这种构造结构设计，就可以控制SRT和HRT，由此减少甲烷和硫化物生成的潜力。其缺点包括纤维物质积累和发酵罐和初级澄清池过载时产生浮渣。混合措施是必需的。

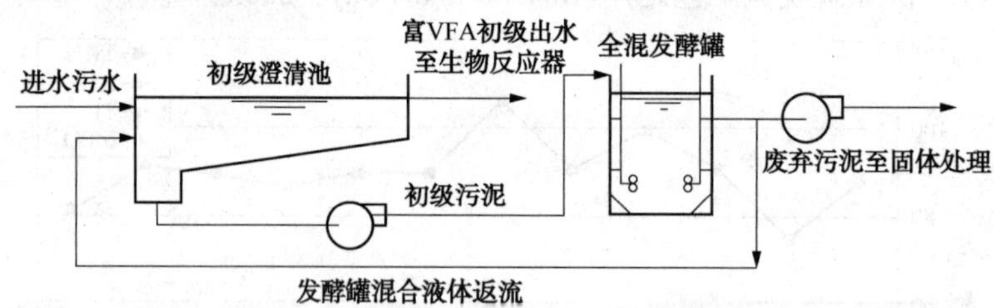

图14.62 全混发酵罐(WEF et al., 2005)

4.4.2.3 静态发酵罐

静态发酵罐是一种在加拿大基洛纳设计用于生物营养物去除(BNR)设施中的重力增稠器(Oldham and Stevens, 1984)。采用这种排布设计(图14.63)，初级污泥泵送至发酵罐而代替了返流至主工艺过程的上清液，也能够增加淘洗水。增稠的污泥经过传送而进行后续处理，SRT相对于初级污泥排出速率通过污泥层深度进行控制。这个深度和机制需要容纳必要SRT所需的更深更厚的污泥层。

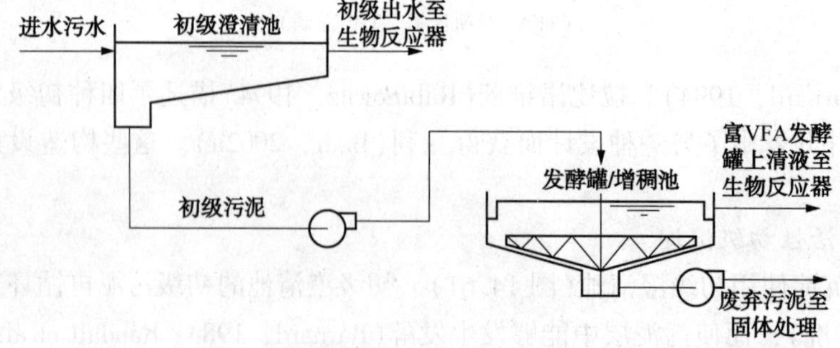

图14.63 单态静态发酵罐(WEF et al., 2005)

4.4.2.4　2-级发酵罐

这种发酵的构造结构设计包括一个全混发酵罐，接着包含一个重力增稠器(图 14.64)。第一个大型全规模应用的排布设计在加拿大卡尔加里的伯尼布鲁克(Bonnybrook)污水处理厂，由弗雷伊斯及其同事的文献介绍(Fries et al.，1994)。初级污泥泵送至全混发酵罐，发酵罐溢流至增稠器。增稠器的底流再循环至发酵罐而按照维持所需 SRT 实施废弃。

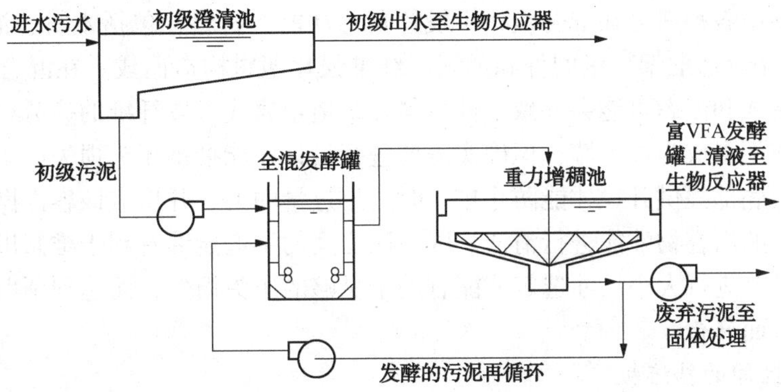

图 14.64　2-级发酵罐/增稠器(WEF et al.，2005)

4.4.2.5　联合发酵和增稠

发酵和增稠(UFAT)的联合工艺过程包括两个串联的增稠器(图 14.65)。第一个增稠器是无混合的发酵罐，其内容物被转移至第二个增稠器。第二增稠器中具有 VFAs 的上清液引向 BNR 工艺过程并废弃增稠的固体。

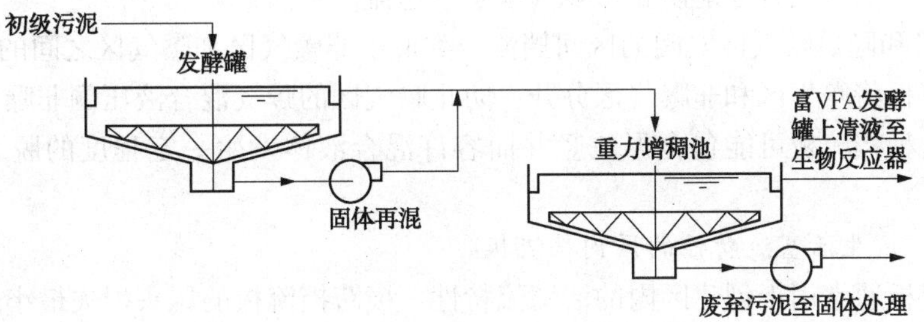

图 14.65　发酵和增稠的联合发酵罐(WEF et al.，2005)

发酵罐的 SRT 能够通过改变固体泵送速率而进行控制。增稠器按照满足下游固体处理条件的需要进行操作。VFA 浓度在第一发酵阶段之后为 250~350mg/L，而在该增稠阶段之后为 400~550mg/L(Baur，2002b)。

对于所有的构造设计结构，固体处理系统需要容纳一定范围的流量和稠厚的固体流。也应考虑有害硫化物以及如果发生产甲烷反应时的甲烷产生潜势。

4.5　其他设计考虑因素

4.5.1　挡流板

挡板之目的是改变反应器内的水力学特性。在反应器中使用的挡流板有以下几种类型：

- 反应器中分离非曝气和曝气区而防止曝气和非曝气区之间发生返混的区间挡流板。
- 反应器中产生“活塞流”特性的区内挡流板。

- 曝气区内防止具有两种不同扩散体密度的通道内发生短路的区内挡流板。
- 产生“跑道”区的区内挡流板。
- 在两流进入某个区之前混合两流的混合竖井。
- 降低再循环至缺氧区的氧量的硝化混合液体再循环泵挡流板。
- 引导浮渣/泡沫至废弃之处的浮渣/泡沫截留挡流板。

挡流板能够由各种适合在混合液体中发挥预想功能的材料，包括木材、混凝土(原位浇铸或预制)和采用合适框架、紧固件和锚固的纤维强化塑料构造而成。在混合或曝气反应器中可变的流量模式和流态可能会导致柔性材料如织造金属或合成纤维的疲劳相关的失效。

挡流板往往不会成为保水墙，但确实需要进行设计才能抵御压头损失产生的压差。设计时应该在挡流板底部提供开口才能防止排水时产生过量的力。开口应该容许操作者冲洗从一个区到另一个区的内容物才能进行清洁。区与区之间的主道能够有利于维修出入。溢流挡流板的下部开口应该进行大小尺寸选定才能有助于足够的压头损失，而达到预期的溢流和在大多数流量下的水面分布。

4.5.1.1　区间的挡流板

厌氧和缺氧区之间的区间挡流板应该是溢流挡流板。厌氧区和缺氧区之间应该存在正压头损失，才能防止再循环至缺氧区前面的硝化混合液体渗进厌氧区。

区间挡流板将后续曝气区与非曝气区分开，防止曝气混合液体再循环至非曝气区。如果不能达到此目的，就可能会抑制磷释放或反硝化，或促进低溶解氧膨胀。本体流应该越过挡流板顶部通过。当在好氧区打开空气时，水位将会上升(约1%)。跨越该挡流板的压头损失必须考虑到这个水位上升才能防止从曝气区发生返流。

“振动区”和随后曝气区之间的区间挡流板类似于非曝气区和曝气区之间的挡流板。

区间挡流板将曝气区和非曝气区分开，防止曝气区的曝气混合液压倒非曝气区。在深层曝气池中，这种挡流板可能包含形成竖井而容许混合液体发生一定程度的脱氧作用的两个挡流。

4.5.1.2　产生活塞流特性的区内挡流板

区内挡流板通常用于创建区内的活塞流特性。横跨挡流板的压头损失最小。设计要取决于混合器类型或正在使用的曝气类型。

当使用水下水平螺旋桨混合器时，流动模式往往主要从第一挡流板之下流过，而后主要从第二挡流板之上流过。分流的平均流量不应该少于所需流径的50%~75%。例如，进入该区的流量至少75%将会在上游挡流板之下通过而离开该区的流量75%将在下游挡流板之下通过。

这种类型的排布设计常常用于生物动力学是二级(例如，磷释放)或“选择器”效应是所需的区。这些在深层曝气池(超过8m的深度)用于在曝气区中创建活塞流特性，也是很常见的。

防止曝气诱导短路的区内挡流板，是不同于用于产生活塞流特性的挡流板。这些挡流板往往始于高出地面0.6m，而终止于水平面之下0.6m。这些挡流板往往用于具有较高扩散密度的区和具有较低密度的区之间。这种挡流板用于降低具有两种不同扩散体密度的曝气通道的纵向短路。

4.5.1.3　产生“赛道”区的区内挡流板

通过创建赛道型缺氧区而混合长而窄的缺氧区是比较容易的。英国泰晤士河水(Thames Water)的工作人员开发出这种方法。通过大型叶片混合机混合该区而维持平均线速度超过0.3m/s。这种挡流板应该位于水面以下至少50mm，因为浮渣将会倾向于截留于水下水平螺旋桨混合机的上游。

4.5.1.4　混合竖井

混合竖井之目的是：(1)引导低于水面的液流，或(2)混合两个液流(例如，返流活性污泥和初级出水)。竖井能够在生物除磷构造设计结构中起到预缺氧区的作用。这种竖井也可用于将挥发性脂肪酸流或甲醇进料在其分散之前混合成混合液体。

如果流量在不同的反应器之间发生分流，则应该检查液压系统，确保动量等分固体。

4.5.1.5　硝化的混合液体泵挡流板

当硝化混合液泵吸头处于细气泡曝气区内时，吸头用挡流板装盒。这种挡流板的高度是离地米数的2倍。进入挡流板的净流量应该小于气泡的上升速率(例如，25~30cm/s)。在没有如此措置的情况下，缺氧区溶解氧为0.5mg/L，会刺激污泥膨胀。

4.5.2　混合

混合之目的，是掺混液流，保持固体悬浮，或在沉降之前对混合液体“脱气”。

混合器和处理池的形状/挡流不能进行单独考虑。混合器的选择和位置应该与有资质的供应商合作完成。混合器应该经过位置确定才能使之不会导致局部返流至前面的区。混合器不应该夹带氧气进入混合液体中。

4.5.2.1　液流掺混

两个流的汇合，需要进行搅拌混合。在某些情况下，重要的是，这两个流在进入某个区之前需要进行搅拌混合。最常见的两种情况是VFAs在厌氧区之前加入时，和当污水进料和RAS在小的反硝化区内混合时。这往往是在混合竖井中完成，而无需使用机械设备。当液流进入竖井时发生的水头损失就提供了混合能量。

4.5.2.2　机械混合—维持固体悬浮

通过垂直涡轮混合机传送至混合液体所需的净功率为12~16 W/m^3；水平混合机需要5~7 W/m^3。对于赛道型区，渠道内的速度应该为0.3m/s。

4.5.2.3　曝气—维持固体悬浮

曝气系统的体积输入功率不应该太高而使之剪切絮状物，然而，也不能太低，而使固体开始沉降。这方面格雷迪及其同事(Grady et al，1999)进行了更详细的讨论。

对于机械增氧机，混合的最小输入功率为14 W/m^3。应该向设备制造商咨询各个细节。

对于全覆盖的曝气系统，典型值为2.2m^3/h·m^{2}占地面积。这个值根据应用不同，其范围可能介于1.2~3.0m^3/h·m^{2}之间。应该咨询扩散器的制造商，因为：(1)还有维持空气向网格分配所需的最低空气流量和(2)需要防止扩散器堵塞。基于扩散密度、MLSS浓度和曝气池深度，该值将发生改变。也还有由横跨扩散器的压力损失确定的推荐最大流量。

速度梯度的均方根，G，是研究曝气池混合情况时的是一个基本参数。如果MLSS浓度大于5 000 mg/L时，则应该用悬浮液的黏度，而不是以下给出的方程中水的黏度。

对于扩散空气系统：

$$G=[(Q\times\gamma\times h)/(60\times V\times\mu_w)]^{0.5} \quad (14.26)$$

式中 G——速度梯度均方根，s^{-1}；

Q——空气流量，m^3/min；

γ——液体比重，N/m^3；

h——扩散器之上的水深度，m；

60——分秒换算；

V——处理池体积，m^3；

μ_w——绝对黏度，$N/s\cdot m^2$。

对于机械曝气系统：

$$G=[(1000\times P)/(V\times\mu_w)]^{0.5} \quad (14.27)$$

式中 1000——瓦特数，kW；

P——增氧机输出功率，kW；

V——处理池体积，m^3；

μ_w——绝对黏度，$N/s\cdot m^2$。

一旦 G 超过 $125s^{-1}$，出水悬浮固体浓度趋于上升，而超过 $260s^{-1}$时就会发生崩解。在正常的曝气系统中，活性污泥在 G 值为 $20\sim75s^{-1}$之间时仍将处于悬浮状态。

在赛道型系统中，一些制造商使用机械混合机保持搅拌和曝气网格提供曝气。为了防止气泡干扰混合模式，必须保持混合机和下游曝气网格之间的最小距离。混合机或扩散器供应商可以将此提供给设计师。典型值是渠道宽度或水深度，这要取决于赛道型处理系统的尺寸。

4.5.2.4 脱气

当曝气池深度超过 8m 时，往往需要提供脱气区。这个区通过空气或机械手段进行混合而在 MLSS 进入澄清池之前从其中汽提溶解气体。对于细泡沫扩散的空气反硝化装置，这通常采用要么曝气要么混合的浅区完成。平均流量下典型的停留时间为 20min。

4.5.2.5 浮渣/泡沫控制

反应器中的挡流板应该促进浮渣或泡沫通过反应器时向通过浮渣/泡沫废弃堰或选择性废弃而从系统中能够将其废弃的位置运动，或不应该限制到某种可能的程度。浮渣/泡沫废弃堰需要底流挡流板截留浮渣而同时容许液流从挡流板之下通过。这种挡流板的深度应该至少低于水面 1m，才能防止浮渣被水流带走。浮渣和泡沫控制之目的是从工艺过程中废弃漂浮生物质至丝状生物体的累积限制，否则将不良影响系统性能，其目的还包括降低需要手工清除的漂浮物质。

这些系统有两种类型：(1)专用系统，仅仅去除足够的 MLSS 而去除浮渣和(2)选择性废弃系统，去除足够的 MLSS 而维持 SRT。选择性废弃系统要么是连续的，要么每天很大一部分时间都在运行。专用系统可能每天仅仅运行几个小时。这两种系统之间的区别在于每天去除的水量；选择性系统往往会更有效，因为这种系统会去除更多的水。

詹金斯及其同事(Jenkins et al.，2003)对浮渣和泡沫的控制进行了详细讨论。对于反应器控制浮渣和泡沫最有效的手段是截留浮渣和泡沫并将其去除；设计将专用于具体反应器的构造设计结构。浮渣/泡沫必须能够移动通过反应器；在浮渣/泡沫可能累积之处应该设计放置喷水装置。

平均流量下，越堰水深度应该至少 25mm，才能防止浮渣/泡沫挂在堰上。如果水流对着堰流动则浮渣渠道最起作用，而必要时增加水喷，才能防止浮渣/泡沫在渠道内架桥。渠道应该加盖，而降低浮渣/泡沫层硬化。

浮渣/泡沫去除常见的问题包括去除所需的水量，去除前在渠道中架桥或硬化，以及出现超过能够去除的生产量。

专用系统通常能够在从返流的活性污泥管道中去除 WAS 的污水处理厂中找到。这种系统也能适用于在事后增加浮渣/泡沫去除的污水处理厂。水量是一个问题，因为废弃活性污泥增稠工艺过程并未涉及用于废弃之用的大量水。浮渣/泡沫一旦采用专用系统去除，则在增稠之前就必须夹带于 WAS 之中。

在浮渣/泡沫形成风险高的污水处理厂中，浮渣室和渠道易于出入而进行手工清理和利用真空卡车服务都是很重要的。

5　污水厌氧处理

5.1　概述

人类适应厌氧微生物分解进行污水处理已经超过 100 年；然而，仅在过去 20 年内将其应用于工业和市政污水处理才成为常用的处理方法（McCarty，2001）。厌氧技术的发展，包括化粪池（1895），依姆荷夫（Imhoff）池（1916），澄清消化池（Clarigester）（1966），厌氧过滤器（1972），上流式厌氧污泥层（UASB）反应器（1978）和膨胀颗粒污泥反应床（EGSB）反应器（1985）（McCarty，2001）。1983~1991 年之间，出现了市政污水厌氧处理的初步应用，而到 1997 年，已经有约 160 个市政污水厌氧处理设施，主要分布于拉丁美洲和亚洲的热带和亚热带地区（Hulshoff Pol et al.，1997）。在 2008 年公布的一项调查发现约 3000 家污水处理厂（所有都是工业的）利用了厌氧处理工艺过程（Totzke，2008）。从 1981 年到 2007 年，50%的装置都使用了 UASB 工艺过程。然而，从 2002 年到 2007 年，55%的新装置都采用了膨胀床反应器，相比于 34%的 UASB，使之成为工业污水处理的主导厌氧技术（van Lier，2008）。由于厌氧细菌的生长速度缓慢，则市政污水的厌氧处理现在主要用于污水温度超过 15℃的温暖气候。

在寻求能够提供负担得起的污水处理方式中，印度和拉丁美洲的社区一直在推动使用厌氧处理生活污水的处理。在这个时候，众多容量达 70000m^3/d 的全规模污水处理厂在这些地区运行而使用 UASB 工艺过程或这种工艺过程的变体（Draaijer et al.，1992；Florencio et al.，2001；Giraldo et al.，2007；Monroy et al.，2000；Schellingkhout and Collazos，1992；Seghezzo，2004；Sato et al.，2006；Vieira et al.，1994）。

市政设施中污水厌氧处理的有限用途已经在美国和加拿大有文献记载，但在美国南方，冬季污水温度大于 15~20℃仍有其应用潜力。市政污水厌氧处理的进展，包括利用 2-级反应器、耦合厌氧反应器/消化池组合、UASB/混合反应器和 EGSB 反应器，有可能将这种技术的应用扩大到更多的温带气候（Switzenbaum，2007）。

厌氧处理工艺过程可分为悬浮生长、固定生长和混合过程。大多数具有液流厌氧处理的现有全规模市政污水处理厂都使用 UASB 工艺过程，这被认为是一种混合的工艺过程（Sutton，1990；Malina and Pohland，1992）。对于高强度污水，由微生物团构成的致密颗粒是这种 UASB 工艺过程的特征。然而，当应用于市政污水时，通常并不形成颗粒状污泥，而 UASB 工艺过程可能被认为是悬浮生长的工艺过程。

厌氧处理相对于传统曝气活性污泥系统，提供了许多优点，包括能耗较低，具有能源回收的潜力，污泥产量低，操作简便，地皮要求低，污泥脱水改善，具有污泥长期存放的能力，设计简单，以及机械设备的噪音较小。虽然厌氧处理提供了许多益处，但是也存在着显著的局限性，包括对有机物、悬浮固体和病原体的去除效率较低，以及采用基本的工艺过程构造设计结构基本上没有营养物质去除功能。因此，厌氧处理需要有氧后置处理，才能满足二级和高级处理的标准出水标准。

在厌氧处理中，不需要曝气，从而消除了需要提供在好氧工艺过程中工艺空气的大能源需求。由于有机物转化为甲烷，这个工艺过程中可以产生设施所需的能源。厌氧处理工艺过程对于较高强度的污水(大于约 300mg BOD/L)通常更具能量效率，因为在这些条件下，溶解于污水中的甲烷分数相对于总甲烷产量变得微不足道(Cakir and Stenstrom，2005)。

有机化合物的厌氧分解对于微生物产能较少，导致生物质产率较低。通常情况下，相比于好氧处理，厌氧处理降低了总生物质产率 6~8 倍的系数(Tchobanoglous et al.，2003)。生物质降低，导致污泥产量降低，从而降低了污泥处理和运输成本，相比于好氧工艺过程，将获得约10%的成本节省(Speece，1996)。由于污泥产量低，营养物要求也低于好氧生物处理。厌氧处理能够降低约 65%~80%的进水 BOD 和 TSS，而获得约 40~130mg/L 的出水浓度(Oliveira et al.，2006；von Sperling and Oliveira，2008；Khalil et al.，2008；Noyola et al.，2006)。

5.2 微生物学

与厌氧污泥稳定化工艺过程一样，污水处理的厌氧工艺过程依赖于兼性厌氧细菌聚生体降解有机物质。在厌氧处理工艺过程中，系列反应将污水中的有机物质转化成二氧化碳，甲烷和其他生物质。正如在图 14.66 所示，四个主要类型的生物反应都包括厌氧分解：(1)水解、(2)产酸、(3)产乙酸、(4)产甲烷。在水解中，严格厌氧的兼性厌氧细菌将可生物降解的 COD(大有机聚合物，包括蛋白质，碳水化合物和脂质)转化成简单的易溶单体化合物，如氨基酸、糖和长链脂肪酸。在产酸中，会出现进一步断裂成 VFAs。经过水解和产酸之后，酵母菌将水解产物转化成乙酸酯(盐)、二氧化碳和氢。在最后的步骤中，产甲烷菌将乙酸酯(盐)转化成甲烷、二氧化碳和水。有关厌氧分解细节的更多信息，可以查阅这几个文献(Grady et al.，1999；Henze et al.，2008；Jordening and Winter，2005；Pavlostathis and Giraldo-Gomez，1991；Speece，1996；Vaccari et al.，2006)。

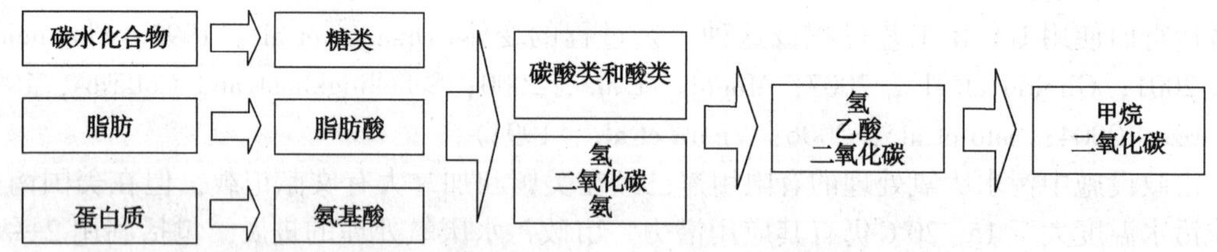

图 14.66 厌氧分解的四种主要生物反应类型

(经 Alex Marshall，Clarke Energy [www.nationmaster.com/encyclopedia/Image：Stages-of-an 好氧-digestion.JPG]许可。依据 GNU Free Documentation 许可证重印[http：//creativecommons.org/licenses/by/3.0/])

5.3 工艺过程构造结构设计

厌氧处理消除了好氧工艺过程中出现的对工艺过程负荷的 3 个最大约束条件：(1)氧传送速率、(2)固体通量限制和(3)抑制絮凝体形成的曝气高能量输入(Speece，1996)。虽然在厌氧工艺过程中缺乏这些限制因素使之能够获得高得多的质量负荷率，但是在现存的微生物群落聚生体中由于细菌生长速率低和半饱和系数高而产生了不同的约束条件。厌氧细菌生长速率缓慢及其对温度的敏感性，使之诱使生物质停留；高半饱和系数促进了提高性能的分级反应器应用。

厌氧处理现有各种广泛的反应器类型，而其中一些如图 14.67 所示。对于市政污水应用，然而，大多数装置都是基于 UASB 反应器。因此，本文其余部分的讨论都将集中于 UASB 工艺过程。有关其他厌氧反应器类型的信息，可查阅其他文献（Chernicharo，2007；Malina and Pohland，1992；Nicolella et al.，2000；Speece，1996；van Haandel et al.，2006）。

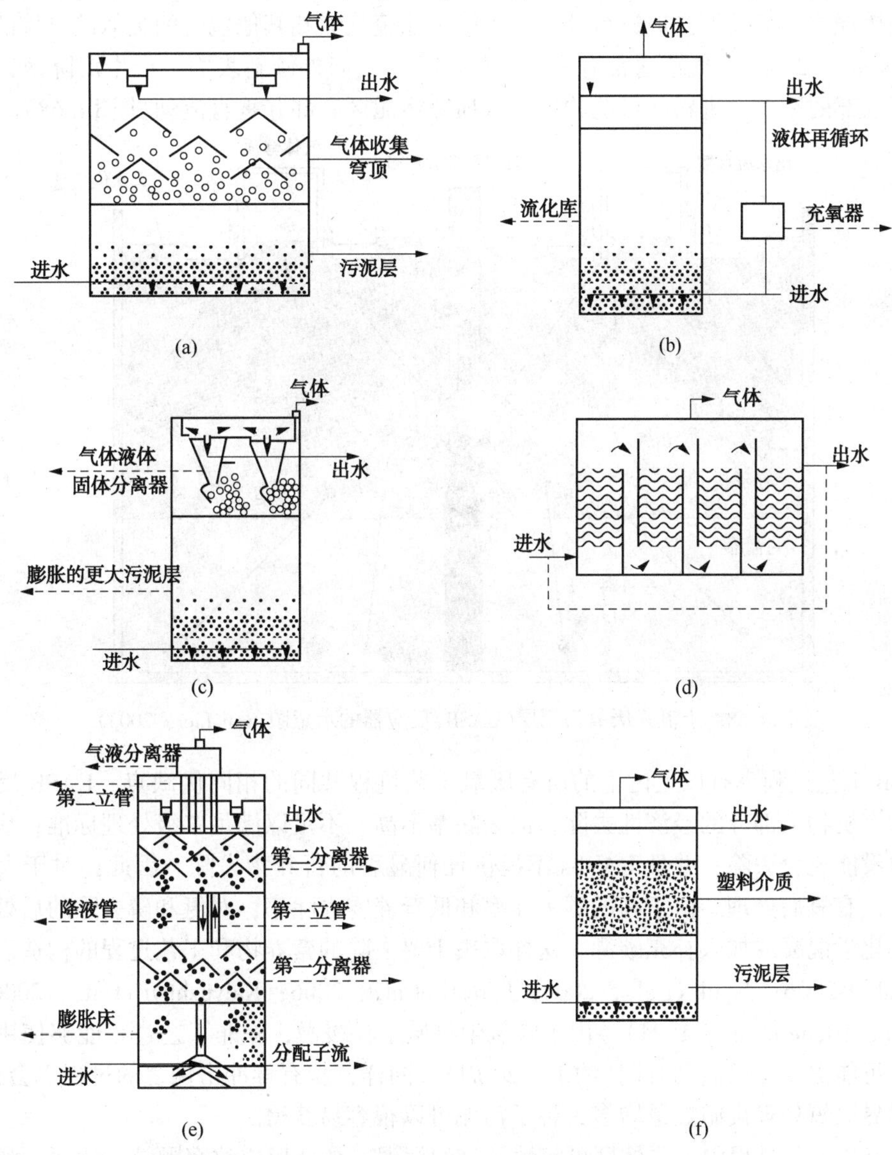

图 14.67　几种类型的厌氧反应器构造设计结构的示意图

（a）上流式污泥层；（b）生物膜流化床；（c）膨胀颗粒污泥床；（d）厌氧挡流反应器；（e）内循环；（f）厌氧混合反应器（Nicolella，2000）

5.4 上流式厌氧污泥层

5.4.1 概述

UASB 工艺过程是一种厌氧污水处理技术，这种技术采用在一个结构中引入两个垂直堆叠的区。在底部是一个包含污泥的厌氧反应器，而在上面是一个气-液-固(GLS)分离器。在 GLS 区内，偏转板和收集罩用于收集沼气，同时使悬浮固体沉降而返回到反应区。UASBs 成功应用的关键之一是高效 GLS 设计。反应器顶部收集的气体，可以排空，火炬燃烧，或加热或燃烧发电。向大气直接排气是不推荐的，因为甲烷是一种强效温室气体。燃烧沼气需要特殊的燃烧器，以及潜在地进行处理，才能去除硫化氢和其他包含的类似硅氧烷的污染物(Noyola et al., 2006)。气罩通常有三角形截面而使之向外倾斜表面，产生沉降区，增加距离消化区顶部的距离。进料尽可能均匀引入横穿污泥区底部并垂直流动(图 14.68)。

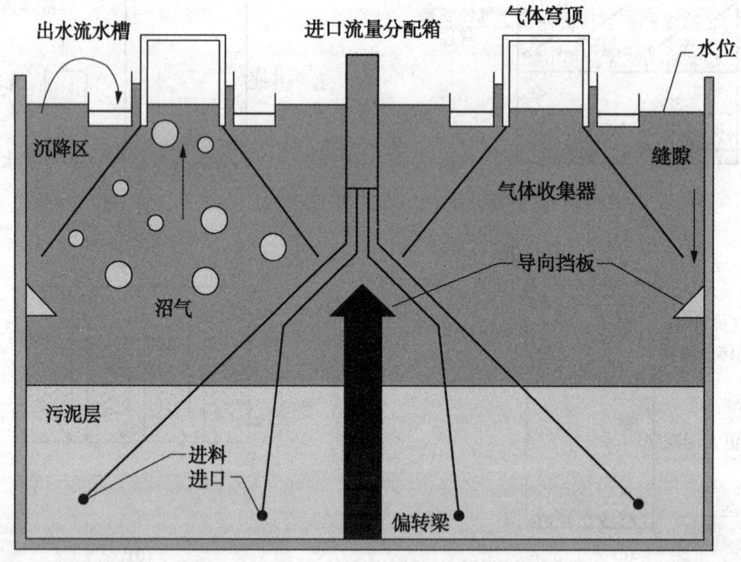

图 14.68 上流式厌氧污泥层(UASB)反应器的示意图(van Lier, 2003)

UASB 工艺过程享有以上讨论的所有厌氧工艺过程共同的相同优缺点。UASB 反应器提供了进水有机物大部分的经济性去除；但去除率不高，不足以满足二级处理标准；病原和胶状固体也没能充分去除；并且 UASBs 不提供任何显著的营养物去除。因此，对于大多数应用必须提供有氧后处理。由于高的碳去除率和低营养物去除率，对氮和磷去除的后处理可能需要使用化学混凝或加入补充碳源，这样取决于要去除的营养物和工艺过程的构造设计结构(Ahn et al., 2006；Aiyuk et al., 2004；Foresti et al., 2006；Kalyuzhnyi et al., 2006；Li et al., 2007；Tilche et al., 1994)。由于厌氧生物质生长缓慢，除非工艺过程能够使用厌氧污泥做种，可能需要延长启动时期(约 12~20 周)。同样，从有毒冲击恢复的过程也会很缓慢。由于全世界厌氧处理设施数量增多，种子污泥可以很容易获得。

在 UASB 工艺过程中主要处理可溶性污物的污泥，往往形成致密颗粒；然而，颗粒化污泥，并非采用含有低浓度 COD 和高浓度 TSS 的稀污水构成(Hulshoff Pol et al., 2004)。采用絮状(非颗粒化)污泥，上流速度限制于最大约 1.0m/h，而使大部分的污泥保留在在反应区。污泥层和缓慢沉降的污泥颗粒中产生的气体从污泥区向上流动而进入收集气体的 GLS

区，悬浮固体排出工艺过程后返流至反应器中。如果容许沼气从气体收集系统逸出，气味是一个潜在的问题。污泥层中生长的生物质仍然保持于此，直到直接从污泥区废弃，或逐渐地容许填充污泥区，重新截留于液体流中而允许在出水流中排出反应器。

仅仅只有泵送需要电力，而使之在有可供利用的足够压头容许借重力流动时，功率要求很低。由于维持于反应器中的相对高浓度生物质(30~40g/L)，污泥区的深度(2~4m)，以及反应器区顶部的 GLS 构建结构，地皮要求明显比大多数其他废水处理技术低。虽然通过 UASB 工艺过程处理生活污水产生的沼气相对量由于进水污水 COD 浓度低而较低，但是在温暖的气候下可供利用的数量也足以产生足够的能量，而使各工艺过程自给自足(van Haandel and Lettinga，1994)。

5.4.2　装置

荷兰瓦格宁根大学的伽兹勒廷加(Gatze Lettinga)及其同事在 20 世纪 70 年代首次将 UASB 工艺开发成独特的厌氧处理技术。在 1983 年至 1992 年间，UASBs 经过了实验室小试研究和后来的示范规模研究。最初 UASB 工艺全规模开发应用于工业应用中，因为这个工艺过程非常适合处理温暖而含高可溶性 COD 的污水。UASB 反应器已经证明能够成功适用于如啤酒厂、酿酒厂和食品加工等行业的高强度污物。虽然工业上已经有成千上万的成功全规模化高速厌氧工艺过程，但是对于全规模的市政设施的设计和运营经验仍然比较有限。在 1989 年，印度坎普尔，成为第一个全规模 UASB 技术处理市政污水的示范，而到 2004 年据报道已经有超过 50 个装置(Draaijer et al.，1992)(见表 14.23)。大多数这些污水处理厂仍在印度和拉丁美洲。尽管安装了这个数目的 UASBs 用于处理市政污水，但是从运营的全规模污水处理厂中可供获得而藉此判断 UASBs 处理市政污水的效率和性能的设计和性能数据仍然有限。

表 14.23　所选的现有全规模市政污水处理 UASB 反应器

污水处理厂	国家	设计流量(MLD)	反应器体积/m^3	启动日期(年)	备　注
Bucaramanga	哥伦比亚	31~47	3×3300	1990	UASB 和兼性生物池(Giraldo et al.，2007，Seghezzo 2004，Schellingkhout et al.，1992)
Cali	哥伦比亚	0.2~0.6	64	1983-1989	示范厂(Giraldo et al.，2007)
Campina Grande	巴西	0.6	160	1989	Pedregal Township(Giraldo et al.，2007)
Sumare	巴西	0.228	67.5	1992	(Vieira et al.，1994)
Sao Paulo	巴西	0.7	120	1986-1991	示范厂(Giraldo et al.，2007)
Recife	巴西	28	810	1997	(Florencio et al.，2001)
Mirzapur	印度	14		1994	采用 FAL 后处理(Seghezzo 2004)
Kanpur	印度	5	1 200	1989	示范厂(Draaijer et al.，1992)，(Giraldo et al.，2007)
Kanpur	印度	36		1994	混合的制革和生物垃圾(Seghezzo，2004)
Faridabad	印度	20，45 和 50	7000，16000 和 18000	1998，1998 和 1999	精制池后处理(Sato，et al.，2006)
Sonipat	印度	30	11000	1999	精制池后处理(Sato et al.，2006)
Gurgaon	印度	30	11000	1998	

续表

污水处理厂	国家	设计流量(MLD)	反应器体积/m^3	启动日期(年)	备　注
Panipat	印度	35 和 10	13000 和 10000	2000 and 1999	精制池后处理(Sato et al., 2006)
Yamunanagar	印度	25 和 10	9000 和 3500	2000 和 2002	精制池后处理(Sato et al., 2006)
Karnal	印度	40	14000	2000	精制池后处理(Sato et al., 2006)
Ghaziabad	印度	56 和 70	20000 和 26000	2002 和 2002	精制池后处理(Sato et al., 2006)
Noida	印度	27	14000	2000	精制池后处理(Sato et al., 2006)
Agra	印度	78	10000	2004	精制池后处理(Sato et al., 2006)
Saharanpur	印度	38	28000	2000	精制池后处理(Sato et al., 2006)
Tapeyanco-Atlamaxac. Tlaxcala	墨西哥	2.6	2200	1990	通过氧化池后处理(Monroy et al., 2000)
Fideicomiso Alto Rio Blanco. Istaczoquitlan	墨西哥	108	5×16740	1994	(Monroy et al., 2000)
Ezperanza	墨西哥	0.4	135	1995	(Monroy et al., 2000)

从这些研究中选择的结果列于表 14.24 中。充其量 UASBs 提供约 80%的 BOD_5 和 TSS 去除率，由此证明 UASB 出水需要进行后处理才能满足二级和高级处理标准。对来自巴西污水处理厂性能数据的粗略统计评价发现，BOD_5 和 TSS 去除率分别为 72% 和 67%(von Sperling and Oliviera，2008)。然而，UASB 工艺过程如果具有好氧后处理，则平均 BOD_5 和 TSS 去除率为 88%和 82%。这堪比使用活性污泥工艺过程的污水处理厂报道的平均值(BOD_5 为 85%而 TSS 为 76%)。偶尔，UASB 工艺过程如果没有后处理，则悬浮固体去除率较差，这归因于污泥洗脱。萨托及其同事(Sato et al., 2006)建议，全规模单元装置的去除效率可以通过适当的操作和维护而提高。

表 14.24　拉丁美洲和印度报道的平均 UASB 性能
(Khalil et al., 2008，Giraldo et al., 2007)

参　数	报道的去除率/%	参　数	报道的去除率/%
COD 去除率	56~79	大肠杆菌	70~90
BOD 去除率	45~81	蠕虫卵	高达 100
TSS 去除率	45~81		

5.4.3　设计考虑因素

厌氧处理的成功应用需要进水污水和生物质之间的良好混合，接触，以及反应器中生物质的停留(van Haandel et al., 2006)。第一个市政污水的全规模 UASB 反应器是基于中试研究的实验结果进行尺寸确定的(van Haandel and Lettinga，1994)。甚至随着全规模装置数量的增多，在设计一个新 UASB 之前，对污水的全面表征被认为是必要，中试试验是合乎需要的(Henze et al., 2008)。当前全规模装置在发展中国家力求低成本和简单，通常只有筛滤和除砂进行预处理，而后处理只有好氧或兼性菌氧化池。去除脂肪、油和悬浮固体的预处理，应该能够增强性能，在许多情况下，是必不可少的。有人已经提出了更复杂的工艺过程构造结构设计而保持厌氧处理的基本优势的同时增加了溶解有机物、悬浮固体和营养物的强化去除。关键的设计考虑因素包括反应器的尺寸确定、上流速度、GLS 设计、污泥和沼气生产量的估计、流量分配的设计、气味控制、浮渣清除装置和物料选择。

5.4.3.1　反应器尺寸确定

与任何生物悬浮生长的处理工艺过程一样，预期的细菌生长率控制反应器生物质存量，而同时最低生物质沉降速度决定固体分离器的表面积，而对于 UASB 反应器，是反应器的截面积。对于厌氧工艺过程，控制的生长速率是具有反应级数为 $0.12d^{-1}$ 的最大比生长速率的最慢生长的产甲烷菌生长速率。由于生长速率低且难以预测污泥层中微生物多样菌落的最低生长速率，对于厌氧工艺过程的 SRT 的推荐安全因素很高，约 3~10(Henze，2008；Speece，1996)。图 14.69 提供了所需的 SRT 估计值作为温度的函数，用于 UASBs 反应器中处理生活污水。从示范和全规模 UASBs 获得的运行经验，而不是污泥沉降速度的明确测定值，提供了反应器和 GLS 分离器大小尺寸确定现行准则的基础。

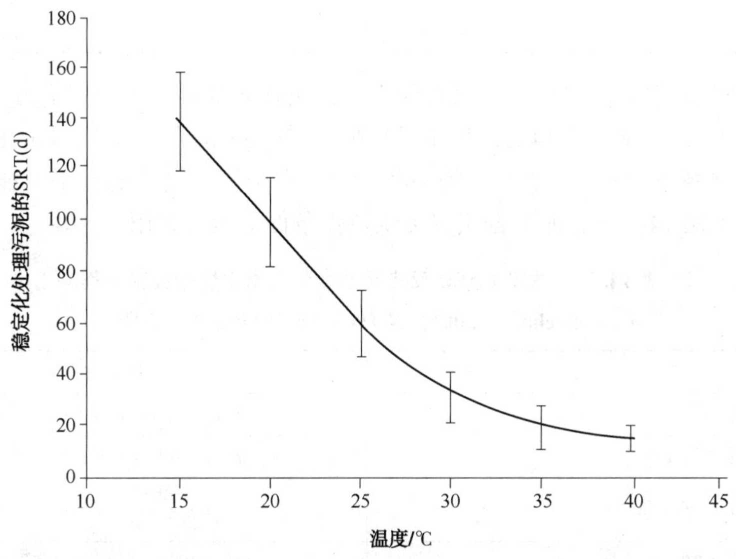

图 14.69　生活污水处理作为温度的函数所需的固体停留时间(SRT)

(Henze et al.，2008；经 IWA Publishing 许可重印)

对于生活污水，基于 HRT 确定反应器大小尺寸，提供了一种实用的方法，因为对于低强度污水(COD<1000mg/L)水力负荷限制了设计(Chernicharo，2007；Henze，2008)。对于处理生活污水的单级 UASB 的平均 HRT 为约 6h。文献中报道的值为 4~10h。对于 UASB 反应器的 HRT，目前的设计标准提供于表 14.25 中。无论采用何种方法确定这种反应器的大小尺寸，预期的 SRT 仍然必须进行估计，才能确保设计充分。

表 14.25　处理生活污水的 UASBs 反应器的推荐水力停留时间

(Lettinga and Hulshoff Pol，1991；由《水科学与技术》重印，经版权所有者 IWA 许可)。

污水温度(℃)	水力停留时间(h)	
	日均值	最小值(在 4~6h 期间)
16~19	>10~14	>7~9
20~26	>6~9	>4~6
>26	>6	>4

有机负荷率(OLR)的使用，适合于高强度的生活污水，因为对设计的限制是有机负荷，而不是水力负荷。然而，在定义和应用 OLR 时必须小心谨慎，因为这个项可能涉及到所施

加的负荷，去除的负荷，或转化的负荷(van Haandel and Lettinga，1994)。对于生活污水，由生物质沉降速率施加的约束作用会将 OLR 限制于 1.5~3.0kg 施加 COD/m³·d。对于具有大量颗粒状 COD 的高强度污水的 OLRs 列于表 14.26 中，并作为这种工艺过程 OLR 限制的实例进行介绍。

表 14.26　对于悬浮固体中具有 30%~40%COD 的污水与温度相关的单步 UASB 反应器中的许可 OLRs(摘自 Henze et al.，2008)

温度/℃	OLR(kg 施加的 COD/m³/d)	温度/℃	OLR(kg 施加的 COD/m³/d)
15	1.5~2	30	6~9
20	2~3	35	9~14
25	3~6	40	14~18

直到厌氧处理的数学模型有了更深入的进展，出水水质的预测必须使用 HRT 和性能之间的经验关系才能完成(表 14.27 和图 14.70)(Chernicharo，2007；van Haandel et al.，2006)。在使用这些经验关系时必须仔细判断，因为在全规模设施的有限性能数据中存在相当大的分散性(见图 14.71)，而数据仅仅可供热带条件下运行之用。

表 14.27　估算 UASB 反应器性能和出水水质的经验方程(Chernicharo，2007；经 IWA Publishing 许可重印)

参　数	经验方程①
COD 的去除效率	$E_{COD}=100\times(1-0.68\times t^{-0.35})$
BOD 的去除效率	$E_{BOD}=100\times(1-0.70\times t^{-0.50})$
最终出水 BOD 和 COD	$C_{eff}=S_o-\frac{E\times S_o}{100}$
最终出水 TSS	$C_{ss}=102\times 2^{-0.24}$

① 经验方程(污水温度 20~27℃)。

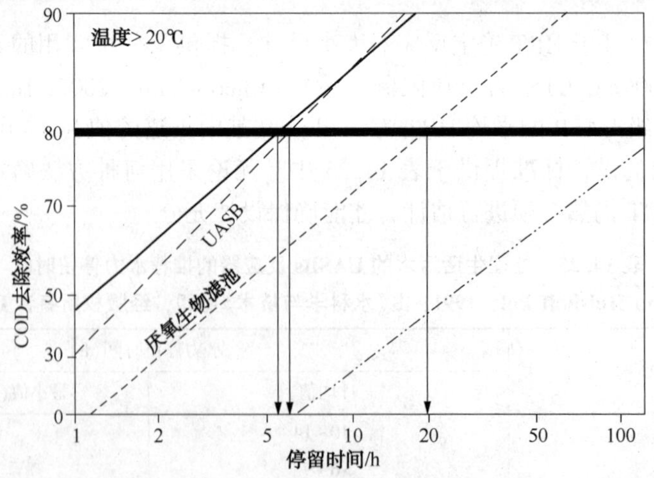

图 14.70　关于上流厌氧污泥层(UASB)反应器中作为水力停留时间的函数的 COD 去除效率的实验数据(van Haandel et al.，2006)

对于生活污水，目前的标准要求浅层上流速度维持低于约 1.0m/h，而平均速率为 0.4～0.8m/h。0.75m/h 的设计值在印度已被广泛用于 UASB 反应器。UASB 反应器的尺寸和上流速度是相互关联的。典型反应器高度范围为 3～5.0m 而 4.5m 是一个常见的值。然而，对于具有高悬浮固体浓度的污水，可能需要更高的高度（Wiegant，2001）。沉降池隔间高度占这个总高度的 1.5～2.0m。

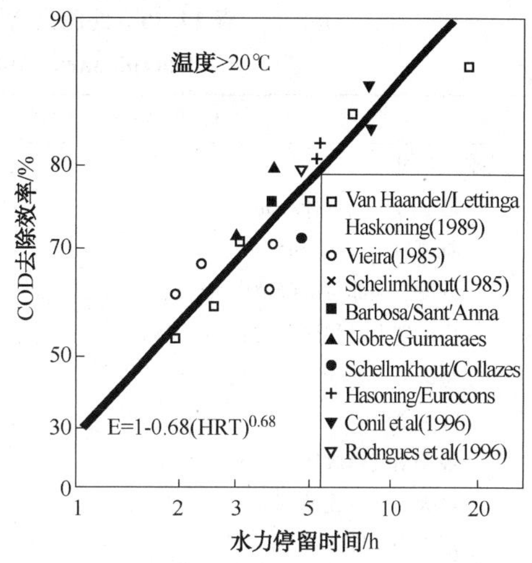

图 14.71　关于上流厌氧污泥层（UASB）反应器中作为水力停留时间的函数的 COD 去除效率的实验数据（van Haandel et al.，2006）

成功的 UASB 运行取决于进料流正确的水力分布，才能防止污水通过污泥层冲成沟渠并避免在反应器中形成死角。流量必须对每个反应器按比例划分，然后均匀地分布到位于整个污泥层底部的众多进料点。进料进口点的推荐密度目前约为 1 个/m^2。对于低进水有机物浓度，由于较低的气体产生而增加了冲成渠道和短路的风险，推荐使用更高的密度。表 14.28 描述了有关进水流量分配的准则。表 14.29 描述了主要的水力学标准总准则而表 14.30 提供了处理生活污水的 UASB 反应器的其他设计标准。

表 14.28　UASB 反应器中流量分配的初步准则（Lettinga and Hulshoff Pol，1991；根据《水科学与技术》重印，经版权所有者 IWA 许可）

污泥类型	OLR/（kg 施加的 COD/m^3/d）	每个分配器的影响面积/m^2
相对致密和絮凝	<1.0～2.0	1.0～2.0
（浓度 20～40kg TSS/m^3）	>3.0	2.0～5.0
致密和絮凝	<1.0	0.5～1.0
（浓度>40kg TSS/m^3）	1.0～2.0	1.0～2.0
	>3.0	2.0～3.0
颗粒状	<2.0	0.5～1.0
	2.0～4.0	0.5～2.0
	>4.0	>2.0

表 14.29　处理生活污水的 UASB 反应器设计的主要水力学标准的总结（Chernicharo，2007；经 IWA Publishing 许可重印）

标准/参数	取值范围，作为流量函数		
	对于 $Q_{平均}$	对于 $Q_{最大}$	对于 $Q_{峰值}$①
水力体积负荷/（m^3/m^3/d）	<4.0	<6.0	<7.0
水力停留时间/h②	6～9	4～6	>3.5～4
上流速率/（m/h）	0.5～0.7	<0.9～1.1	<1.5
沉降池空隙内的速率/（m/h）	<2.0～2.3	<4.0～4.2	<5.5～6.0
沉降池内表面负荷率/（m/h）	0.3～0.8	<1.2	<1.6
沉降池内水力停留时间/h	1.5～2.0	>1.0	>0.6

① 持续 2～4h 的峰值流量。

② 污水温度范围 20～26℃。

表 14.30 处理生活污水的 UASB 反应器的其他设计标准
（Chernicharo，2007；经 IWA Publishing 许可重印）

标准/参数	取值范围
进水流量分配	
进水分配管直径/mm	75~100
管道出口直径/mm	40~50
分配管顶部与沉降池内水位之间的距离/m	0.20~0.30
反应器出口和底部之间的距离/m	0.10~0.15
每一分配管的影响面积/m^2	2.0~3.0
沼气收集器	
最小沼气释放速率/($m^3/m^2/h$)	1.0
最大沼气释放速率/($m^3/m^2/h$)	3.0~5.0
沼气中甲烷浓度/%	70~80
沉降池隔间	
沉降池开口相关的气体导向板的重叠	0.10~0.15
沉降池壁的最小斜率/(°)	45
沉降池比的最佳斜率/(°)	50~60
沉降池隔间的深度/m	1.5~2.0
出水收集器	
浮渣挡流板或钻孔收集管的淹没度/m	0.20~0.30
三角堰的数目/(个/m^2反应器)	1~2
污泥的生产和取样	
固体生产率/(kg TSS/kg 施加的 COD)	0.10~0.20
依据 COD 的固体生产率/(kg COD 污泥/kg 施加的 COD)	0.11~0.23
过量污泥中预期固体浓度/%	2~5
污泥密度/(kg/m^3)	1020~1040
污泥排放管的直径/mm	100~150
污泥取样管的直径/mm	25~50

5.4.3.2 气/液/固体的分离

与任何悬浮生长的生物处理过程一样，UASB 工艺过程中固体停留是至关重要的。在 UASB 反应器中，需要从液流中分离出固体和气体，使沉降池设计变得复杂化。GLS 推荐的准则将会提供沉降池底部最小坡度为 45°~60°，而为 15%~20%反应器表面积的气体收集器之间的开口提供表面积，并提供 1.5~2.0m 的气体收集器高度(van Lier，2003)。

5.4.3.3 气体生产

因为 COD 转化，生产的甲烷预期质量能够由整个反应器的 COD 平衡而进行如下估算：

$$COD_{T,O}=COD_{T,e}+COD_{T,s}+COD_M\cdot\Delta COD_R \tag{14.28}$$

$$COD_M=Q(COD_{进水}-COD_{出水})-Y_{obs}QCOD_{进水}-V_R(\Delta X_R) \tag{14.29}$$

式中 COD_M——转化成甲烷的 COD(kg COD/d)；

$COD_{T,O}$——进水总 COD 浓度(kg COD/m^3)；

$COD_{T,e}$——出水总 COD 浓度(kg COD/m^3)；

COD_R——反应器中 COD 存量变化(kg COD/m^3)；

Q——平均流量(m^3/d)；

Y_{obs}——根据 COD 的固体生产的系数 = 0.11 ~ 0.23 kg COD 污泥/kg 施加的 COD；

V_R——反应器中污泥层的体积(m^3)；

ΔX_R——反应器中固体浓度的变化(kg/m^3)。

废弃污泥项($Y_{obs}QS_o$)只适用于固体单独废弃之时。如果固体在出水中废弃，则这项是没有必要的。在评价运行设施时，必须注意反应器中固体存量的净变化。为了设计之目的，假设为稳态运行($\Delta X_R = 0$)。

在反应器运行的温度和压力条件下甲烷的摩尔体积数，可以根据理想气体定律计算：

$$V_m = \frac{nRT}{P} \tag{14.30}$$

式中　V_m——气体摩尔体积，m^3；

n——气体摩尔数 = 1；

P——压力，atm；

R——气体普适常数 = $8.20574587 \times 10^{-5}$ atm-m^3/mol · K；

T——运行温度，K。

生成的甲烷体积则能够根据甲烷的 COD 当量计算：

$$Q_M COD_M = \frac{V_m}{K_{COD}} \tag{14.31}$$

式中　K_{COD}——对应于 1mol 甲烷的 COD(64g COD/mol)；

Q_M——生成的甲烷气体体积，m^3/d。

如果假设沼气中甲烷占 70%，尽管总沼气产量为约 0.5m^3/kg 去除的 COD，但是由厌氧处理生产的甲烷理论产量为 0.35Nm^3 CH_4/kg 去除的 COD(NM^3 = 在 273K 和 1 个大气压下的体积)。甲烷的实际产率将取决于底物组成，硫酸盐浓度，水的温度(因为水温将会改变甲烷的溶解度)，和一些底物转化成 COD 测试中未氧化的物质的转化率。据报道，生产率从 0.06m^3 CH_4/kg 去除 COD 至 0.25m^3 CH_4/kg 去除 COD 不等(Arceivala，1995；Giraldo et al.，2007；Noyola et al.，1988)。

甲烷在水中的溶解度在 1atm 下约 1mmol/L，这相当于 64mg/L 进水转化 COD(van Haandel and Lettinga，1994)。出水和反应器表面的甲烷损失，可能占低强度生活污水产生的总甲烷量的显著分数。

5.4.3.4　*污泥生产*

厌氧系统中的污泥产率直接相关于转化成甲烷的 COD，降解的有机物类和进料中惰性固体的浓度。厌氧工艺过程中生物质的产率范围从对于碳水化合物的 0.35g/g COD 和对于蛋白质的 0.20g/g COD 至低至对于蛋白质的 0.038g/g COD 不等(Speece，1996)。市政污水厌氧处理的污泥产量将会由于惰性固体的存在而更高。处理生活污水的 UASB 工艺过程报道的污泥产率值范围从 0.10g TSS/g 施加的 COD 至 0.20g TSS/g 施加的 COD 不等，但是据报道还有更高的值(van Haandel and Lettinga，1994；Yu et al.，1997)。因为出水中悬浮固体的损失可能比较显著，则实际的污泥产量可能较少。

5.4.3.5　*碱度*

由于在封闭的厌氧反应器中存在相对较高的 CO_2 分压，则污水中必须存在足够的碱度，才能防止 pH 值低于 6.0~6.5。然而，对于低强度的生活污水，通常不需要补充碱度(van Haandel and Lettinga, 1994)。从 UASB 反应器的污泥层底部到顶部，碱度可能会有所不同。为了维持反应器底部具有较低碱度、低氮和高有机物浓度的污水中性 pH 浓度，可能需要补充碱度。通过从反应器顶部再循环部分流量至反应器底部能够降低碱度的要求(Speece, 1996; Wentzel et al., 1994)。有关厌氧反应器中化学平衡的更多信息能够查阅文献(Speece, 1996)和(van Haandel and Lettinga, 1994)。

6 膜生物反应器

6.1 概述

膜生物反应器(MBR)是悬浮生长活性污泥生物处理和实施严格固体/液体分离功能的膜过滤设备的组合，这种严格的固/液分离功能传统上是采用二级澄清池才能实现的。在 MBRs 中通常使用低压膜[微滤(0.1~10μm)或超滤(0.01~0.1μm)]。

现有两种普通类型的膜系统能够应用于 MBRs 中：(1)压力驱动型(位于生物反应器外部的管内暗盒系统)和(2)真空驱动型(设计安装于生物反应器内部的浸没系统)。浸没膜技术，使用中空纤维或平板膜，是最流行的类型，因为这种类型的膜在较低的压力(或真空)下运行，能够更容易地适应固体内的变化，而且，特别是市政设施，通常提供更低的生命周期成本。压力驱动型系统在工业系统中废弃物特性如高温需要使用陶瓷膜的情况下更为普遍。在最简单的形式下，浸没 MBR 能够在单一处理池中发挥活性污泥曝气系统，二级澄清池和三级过滤的综合功能。然而，在大多数情况下，膜需要浸没于独立于生物反应器的处理池中。

6.2 组件和构造结构设计

膜生物反应器主要是使用活性污泥工艺从要处理的污水去除可溶性颗粒物的生物处理工艺过程。正如在任何活性污泥工艺过程中那样，正确操作的关键是成功地从混合液体中分离出生物固体，生产所需的出水，而同时建立这个工艺过程连续运行必不可少的 RAS。

不同于澄清池基的活性污泥工艺过程，MBRs 使用膜从混合液体中分离生物固体。膜孔径比较微小——往往小于实验室分析用的滤纸孔径——因此从液体中分离固体基本完全，而所有的生物固体都保留在工艺过程中作为返流污泥备用或废弃。

虽然孔径在微滤或超滤范围内很微小，但是并不能捕捉水溶性的有机化合物、金属或微量污染物，如制药和个人护理产品(PPCPs)，优先控制污染物，或内分泌干扰物(EDCs的)。虽然 MBR 的生物过程可能吸附或降低这种污染物，但是过滤机制并不足以直接从污水中过滤出这些物质(WERF, 2007; Ternes and Joss, 2006)。

了解膜设备系统和 MBRs 之间的区别是很重要的。膜生物反应器是使用膜从将要排放的水中分离出混合液体的固体的生物工艺过程。根据现行实践惯例，膜设备系统包括膜、框架、可编程逻辑控制器(PLCs)和其他关键元件，如渗透泵和浊度仪器仪表。有几个厂家生产适用于 MBRs 的膜和膜设备系统。也有几家公司代表了专业制造商和/或提供成套的 MBR 系统，包括生物工艺过程设计以及膜设备。大多数装置仅仅购买设备，或购买包括设备的成套设备和工艺设计。

6.2.1　工艺过程性能的可靠性

膜生物反应器系统的工艺过程性能往往受控于出 BOD、COD、氨、总氮、磷、TSS 和浊度的出水浓度。膜设备只能控制 TSS 和浊度这两个的浓度。其余的标准是由生物工艺过程的设计和受 SRT、溶解氧浓度、工艺过程中的再循环率、挥发性酸浓度和其他设计参数影响的面积决定的。图 14.72 显示了膜生物反应器的简单示意图，包括相对于膜设备基本液/固分离功能的工艺过程设计复杂性。

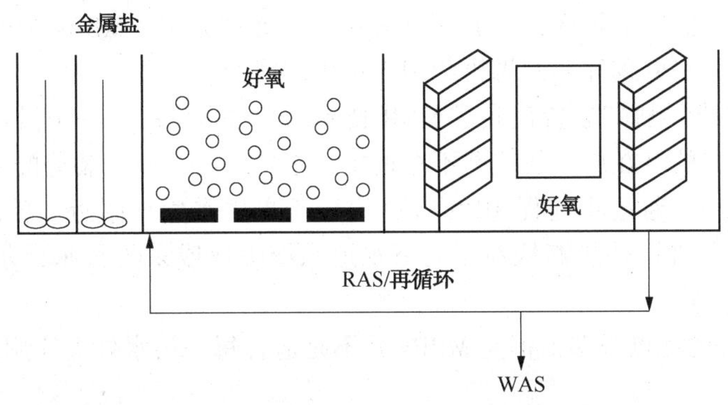

图 14.72　膜生物反应器系统的一般流程图

6.2.2　历史纵览和应用

膜生物反应器既适用于处理市政污水又适用于处理工业污水。MBR 系统有许多潜在的益处：

- 生物质完全保留，产生恒定高品质最终出水，悬浮固体浓度低于 1 mg/L，而合适的质量适用于作为反渗透系统的进料。
- 相比于具有澄清池的传统活性污泥(CAS)污水处理厂，出水质量对混合液体浓度和污泥性质依赖性更低。
- 二级澄清池和出水过滤器可以不使用，从而减少厂房占地面积。
- 由于系统能在高混合液体浓度下运行，对于给定的生物质存量，曝气池体积能够缩小，进一步降低了污水处理厂的占地面积。
- 对于给定的 SRT，生物反应器的体积较小，因为混合液体浓度较高。另外，对于给定的工艺过程体积，MBR 工艺过程能够在比 CAS 污水处理厂更长的 SRT 下运行，降低了污泥产量。
- 资本成本大幅下降，但是钢筋混凝土的成本增加。新 MBR 的资本成本，往往堪比或低于具有利用颗粒物介质或膜的三级过滤的传统相当的污水处理厂。
- 模块化性质使之扩建便利，构造结构设计灵活，对于寻求扩建较老旧技术的污水处理厂使之成为很受欢迎的选择。
- 系统能够在较宽范围的 SRT 内运行，导致灵活性增加和优化的选择更多。
- 系统足够强大，能够应对短时间内 MLSS 浓度升高，而允许灵活的固体废弃计划方案。
- 工艺过程易实现自动化；操作者需求降低，因为操作者不需要密切管理污泥可沉降性问题。

• 提供了去除病原体的物理机制。

• 低浊度出水降低了下游的消毒要求；高透射率意味着减少紫外线消毒所需的能量降低。出水具有如此较低的最低氯需求量而使之易于实现目标残留浓度。

膜生物反应器对于需要进行再利用或排放到敏感接收水体的高出水质量的设施和具有显著土地面积限制的设施(新污水处理厂和改建的污水处理厂)常常是可行的。

膜生物反应器对于滑雪场，高尔夫球场和其他没有连接到市政下水道系统和对灌溉水具有特别高的需求的度假胜地社区，能够提供有吸引力处理方案。MBRs 为度假胜地提供了在紧凑的设施中原位污水处理和非便携再利用水再生的能力。

下水道“挖掘”或“粗筛”装置代表了 MBR 技术用于水再生的另一个潜在的应用。在快速扩张的郊区，再生水的潜在用户往往并不靠近主污水处理厂，而安装分配系统传送再生水可能很困难或成本高昂。通过将远程 MBR 设施定位于再生水用户附近，就能避免这些问题。“卫星”或粗筛污水处理厂就能够从断路的下水道系统提取或采集污水，尔后将这种经过处理的出水直接递送至用户。

虽然 MBR 系统的优点很多，但是 MBRs 并不是适合每一污水处理应用。MBRs 的一些潜在的缺点包括：

• 超过 CAS 污水处理厂设计容量的流量通常会导致处理不彻底，并可能导致二级澄清池产生溢流。然而，在膜污水处理厂中，会存在膜能够生产有限处理水的水力学限制。如果实际流量超过设计值或膜在高流量期间被淤塞，则超出系统容量的流量将需要转移到另一个地点进行处理或容纳于收集池中。作为一种备选方案，MBR 系统处理池能够设计紧急情况下保持容量的额外干舷。

• 根据在任何膜系统中固有的液压局限性，就必须特别注意所有系统组件的备件的冗余度和可用性。

• 处理典型进水峰值流量条件的峰值能力有限。因此，MBRs 往往都设计有 2.0~2.5 的最大日或时峰值流量系数。超过此临界值的任何流量，能够在上游控制收集池中进行均衡化，在生物反应器池的干舷体积中均衡化，或能够安装额外的膜而提供所需的峰值容量。

• 在某些情况下，峰值流量容量可能受到引入污水处理厂返流流中的聚合物或受到原始污水中污染物的影响。

• 由于膜生物反应器是一种相对较新的技术，验证其长效性能可供利用的数据量有限。

• 由于可供利用的数据有限，则很难预测寿命预期和长期性能。

• 运行条件往往有利于形成泡沫。更新的 MBR 设施在设计阶段正将此纳入考虑之中，而包括泡沫管理方案，如表面废弃而防止积累。

• 必须适当小心谨慎地优化膜清洗的化学品使用，而限制化学品购买对运营成本的影响。

• 这种污水处理厂在相当的 SRT 下比 CAS 污水处理厂消耗更多的能源。主要的能源消耗包括空气冲刷鼓风机和 RAS 再循环泵。

• 膜更换成本影响生命周期成本分析。

• 虽然高度自动化，而常常能够进行远程控制，但是 MBRs 必须密切监测，才能在其逐渐劣化之前检测出通量率和渗透率的变化。维持积极主动的清洁计划方案能够有助于避免出现这些情况。

• 膜设备系统是独特的，根据不同的制造商，会具有不同的构造结构和形状。因此，在完成设计阶段之前需要预购或预选膜厂商。

• 为了实现可靠的膜性能，在 MBR 中需要最低 SRT 才能在污水组分暴露于膜之前将其吸附和合成。对于有效的膜性能所需的最小 SRT 正好与硝化相关的最低 SRT 一致。因此，这种系统更经济地适用于硝化系统。

6.2.3　进水质量

正如与任何其他活性污泥工艺过程一样，MBR 的进水污水质量可能随着地理位置和组成(生活/工业污水的比例)而显著不同。虽然去除砂粒和可滤出物质的预处理对于膜系统的操作和维护是至关重要的，但是在许多方面，进水质量并不是与 MLSS 浓度和 SRT 一样重要。这些参数定义了膜将会暴露和预期在其中运行的材料的质量。

6.2.4　出水质量

MBR 工艺过程的出水基本上没有悬浮固体和大胶体状物质。MBR 设施也能够经过设计而仅仅作出稍微的修改就能够从污水中去除营养物质，这类似于传统的生物营养物去除工艺过程。

通常情况下，MBR 设施的出水含有小于 1mg/L 的 TSS，低于 5mg/L 的 cBOD，小于 0.2 的散射浊度单位(NTUs)和低水平的细菌。当使用孔径为微孔和超滤范围的膜时，膜生物反应器不会单独去除水中溶解固体，而膜本身不会对 pH 或碱度具有影响。

MBR 设施的出水可排入敏感地区，在公共接入点上再利用，或通过纳滤或反渗透进行进一步处理。表 14.31 总结了由设计用于实现营养物去除的市政 MBR 设施生产的典型的出水质量。

表 14.31　典型的市政 MBR 出水水质

参　数	单　位	取　值
$cBOD_5$	mg/L	<5
TSS	mg/L	<1
氨	mg/L 作为 N	<1
总氮(具有前置缺氧区)	mg/L	<10
总氮(具有前置和后置缺氧区)	mg/L	<3
总磷(添加化学品)	mg/L	<0.2(典型值)<0.05(最大值)
总磷(具有生物除磷)	mg/L	<0.5
浊度	NTU	<0.2
细菌	log 去除率	高达 6 log(99.9999%)
病毒	log 去除率	高达 3 log(99.9%)

6.3　工艺过程和设备设计的方法

6.3.1　生物工艺过程的设计

生物 MBR 系统的设计已经报道了对于各种有关氨，总氮和磷的出水标准的不同组合。因此，设计标准可供独特的处理应用类型利用，这些应用类型包括：硝化、具有化学品加入除磷的硝化、通过硝化和反硝化脱氮、具有化学除磷的脱氮和组合的生物脱氮和除磷。

图 14.73~图 14.76 提供了 MBR 系统简化的流程示意图，图示说明了几种基本的工艺过程构造结构设计。

除了上面所示的构造结构设计之外，各种先进的生物工艺过程能够进行组合或合并至 MBR 设计中。其中一些包括：

• 脱氮结合混合液体再循环至上游好氧区，与从正好在缺氧区之前再循环混合液体组合(图 14.74)。按照这种方式，正再循环至缺氧区的液流中的氧浓度可能会较低。双重循环构造结构设计的额外受益是能够完全从反硝化要求中排除固体再循环要求。缺点是与两套而不是一套的再循环泵相关的资本和运营成本较高。降低再循环流中溶解氧浓度的一种备选方案是在缺氧区上游设计一个小脱氧区。

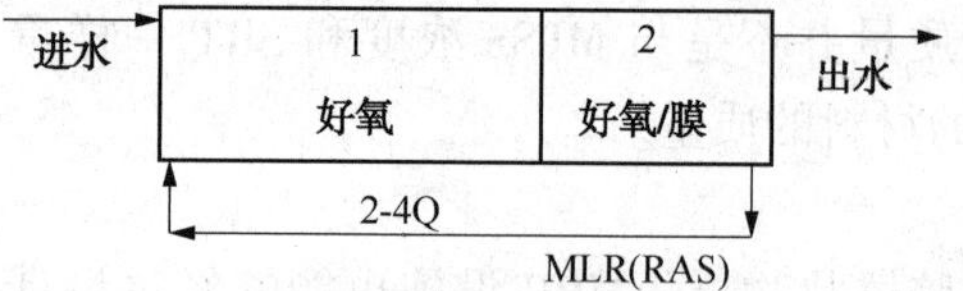

图 14.73 硝化膜生物反应器

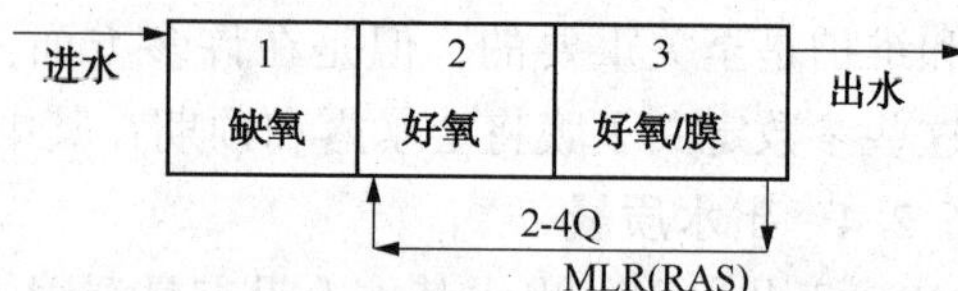

图 14.74 具有针对氮的 2-级泵送作用的膜生物反应器

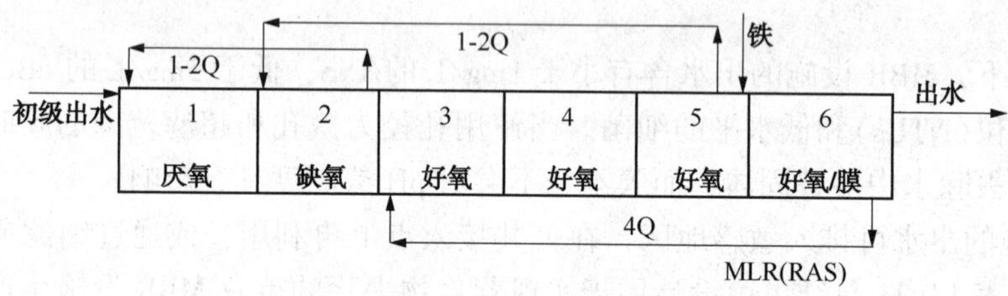

图 14.75 特拉弗斯的脱氮除磷膜生物反应器

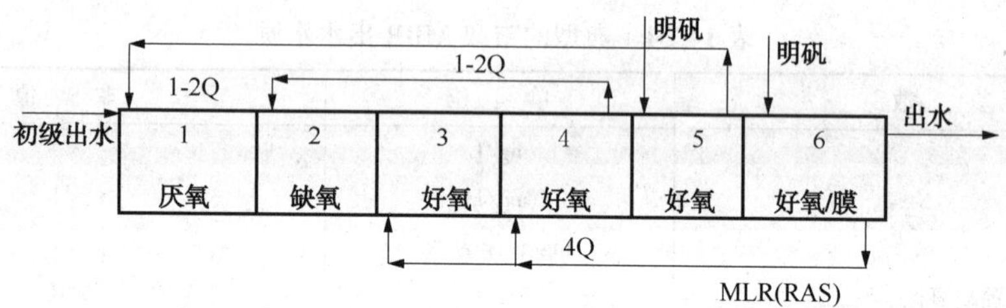

图 14.76 弗吉尼亚的娄盾(Loudon)县生物膜反应器

• 向后置缺氧区补充加入诸如甲醇的外部碳源，进一步增强反硝化作用，尤其是在需要将总氮降低至小于 5mg/L 的污水处理厂中可能是很有效的。

• 化学品添加除磷，能够按照类似于 CAS 工艺过程的模式与 MBRs 一起实施。因为实际上所有的颗粒磷在 MBR 中已经除去，需要达到一定处理目标的的金属盐剂量可以采用 MBRs 降低。有时候，除磷的金属盐对于膜渗透性具有有利的影响，因为这些金属盐的加入增加了絮体的大小，使之更容易地过滤混合液体，并降低膜结垢。最大的化学品计量可能受到膜设备限制。

• 生物除磷能够利用证实支持 PAOs 生长的许多工艺过程而实现。在这种情况下，可溶性有机物质的保存比脱氮更重要，并且必须避免将溶解氧意外地再循环回到缺氧区。操作者还将需要进行监测并避免将硝酸盐从缺氧区转移到厌氧区，并应该能够调节再循环流量。

对于实现生物除磷，还存在许多备用的构造设计结构。图 14.75 和图 14.76 显示了两种运行的构造设计结构。

6.3.1.1　固体停留时间

大多数最初的 MBR 系统都设计有极长的 SRT，从 30~70 天不等。最近，MBRs 已经设计成和运行小于约 20 天的 SRT。一个最初的问题是，渗透性降低可能源自短 SRT 运行所致，这大概是由于未成熟污泥胞外分泌产生的结垢效应所致(WEF，2006；WERF，2001)。据发现，较低 SRT 是可以实现的，但条件是其保持在通常与硝化相关的范围内。目前设计实践表明，设计 MBR 的 SRT 堪比处理相同污水而实现相同的过滤出水质量的传统活性污泥系统的 SRT。

对于浸没膜最近的经验表明，生物聚合物的污染并非强烈相关于 SRT，条件是 SRT 至少具有足够长的时间完成硝化。在这种情况下，结垢能够通过自动化原位膜清洗进行控制。因此，基于处理要求的 SRT 选择现在成为可能，而最近的中试试验研究表明，低至 8~10 天的 SRT 是可行的。正如在任何活性污泥工艺过程中一样，硝化速率是高度温度依赖性的。虽然 12 天的 SRT 可能适合于 18℃(64℉)，但是为了实现相同的硝化水平，在 10℃(50℉)下可能需要 20 天的 SRT。

为了维持膜性能，在暴露于膜之前原始污水需要最低停留时间。需要经历这个停留过程才能使进水胶状物质在到达膜之前吸附到絮凝体中。

6.3.1.2　混合液体悬浮固体浓度

浸没 MBR 系统通常以膜池中 8000~12000mg/L 的 MLSS 浓度运行，而有时也在 15000~18000mg/L 的浓度下运行。在此范围内运行降低了生物反应器所需体积并最小化废弃污泥的处理和稳定化操作。然而，高 MLSS 浓度已经证明会降低膜渗透性，并降低曝气 α 因子，导致更高的曝气能源需求。目前的设计实践惯例是假设 MLSS 接近 8000~10000mg/L，而确保合理的氧传递效率。操作者应该仔细监测 MLSS 浓度，才能确保其不会过高而不超过厂商的推荐值。

6.3.1.3　氧传递

在高于设计预定的 MLSS 浓度下，对氧的需求可能因为较高浓度的生物活性和较高的相关 SRT 而显著增加。在某些情况下，需氧量可能会超过典型的增氧系统的体积容量。操作者可以观察到好氧区能够维持的溶解氧浓度的降低。曝气系统的氧传递能力也必须仔细了解。此外，如图 14.77 表示，高 MLSS 浓度本身可能会通过降低 α 因子而影响氧传递效率(WERF，2002)。浸没膜通常通过提供的浅层粗泡沫空气搅动该膜而作为一种控制结垢的手段。这种“膜曝气”提供了一定程度的充氧，但效率很低。

在 MBR 工艺过程的各个区内典型的溶解氧浓度为：

- 厌氧：0.0~0.1mg/L；
- 缺氧：0.0~0.5mg/L；
- 好氧：1.5~3.0mg/L；
- 膜：2.0~6.0 mg/L。

6.3.2　设备系统设计

膜生物反应器相比传统的生物悬浮生长的主要区别在于使用膜能够将微生物更完全地从水中分离出来，导致采用二级澄清池和颗粒介质过滤器能够实现的出水水质更高。

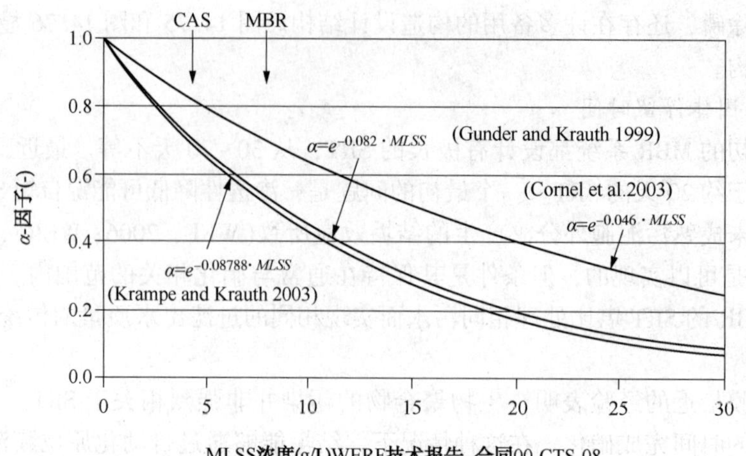

图 14.77 MLSS 浓度对曝气 α 因子的影响[WERF，2002；经水环境研究基金会（Water Environment Research Foundation）许可重印]

为了成功运行，MBRs 的膜设备系统应该包括空气冲刷、反冲洗、松弛和维持性能和渗透性的化学清洗系统的各种组合。只要能够提供足够的跨膜压差，膜能够在整个流量或通量范围内运行工作。浸没 MBR 系统具有有限的压差（小于 10psi），而因此，通量率比采用外部压力驱动的 MBRs 更加受限。对于 MBR 膜设备的经验表明，$14\sim25L/m^2 \cdot h$（8～15 日 gpd/ft^2）的平均流量在 MLSS 为 15000mg/L 或更低时是可以维持的。典型的膜设备系统组件可能包括但不仅限于膜和支撑框；渗透物和反脉冲泵；PLCs，仪器仪表与控制；空气冲刷输送系统；和膜清洗输送系统。

MBR 构造设计结构的两个主要子结构是浸没膜系统和内嵌膜系统。虽然内嵌系统运行的通量较高，并能够比浸没 MBR 系统需要更小的占用空间，但是后者在市政应用中则是较为常见的，因为后者运营成本显著较低而清洗要求不太频繁。

膜生物反应器中应用的有些类型的浸没膜包括

- 非支撑中空纤维膜；
- 强化中空纤维膜；
- 固定式平板膜；
- 旋转平板膜。

然而，根据制造商不同，膜孔径、组成、带盒构造结构、操作程序和维护要求也可能不同。有关具体产品的细节必须直接从制造商获得。（注：在本手册中，术语“带盒”是指通过起重机可拆卸的最大膜组件。根据厂商不同，这也可能被称为支架或模块。）

6.3.3 设备系统的采购

采购膜设备系统的理想时间，可能是在完成初步工艺过程设计和设施布局设计之后而在设施结构或设备系统详细设计之前。完整的初步工艺过程设计应该确定 SRT，工艺流程图，和生物反应器区的体积，以相关的 MLSS 浓度，并对预测的处理出水质量加以完善。此信息定义了膜设备将需要完成其固体/液体分离功能，以及需要包含在膜设备的投标文件中的具体条件，如 SRT、温度、MLSS 浓度、以及如果需要的金属盐加入。在这一点上，不同的设计流量和持续时间是已知的，这是冗余度的要求。这种早期采购也允许竞争，并定义每一方的责任。

MBR 污水处理厂的许多设计方面都依赖于所选定的膜设备的具体要求和构造设计结构。这种设备特异性的信息在最终设计启动之前就需要。这对于浸没膜系统，其中处理池体积和形状及设备管道的设计对于每个制造商都是独特的，是特别真实的。膜处理池尺寸，性质和反向脉冲和化学清洗系统的设计，设备的建设布局，以及送风冲刷膜的鼓风机大小和操作，都受到膜设备具体类型选择的影响。

6.4　预处理

6.4.1　细筛滤

细筛滤设备，最大 1~2mm 的筛孔，提供用于保护膜不受碎片和纤维材料破坏，这是标准的实践惯例。通常情况下，这些筛滤安装于 6mm 筛滤的下游，要么是在渠首工程，要么是在初级澄清之后。其他措施包括在膜处理池上加盖，或用细筛滤出部分混合液体，因为这些混合液体将从膜处理池返流回到生物反应器。

6.4.2　初级澄清池

MBR 并没有明确规定需要初级澄清，但是，就像对于其他活性污泥系统一样，初级澄清能够降低曝气所需的总能量和生物反应器的总体积。初级澄清提供了额外的受益，沉降和撇除一些有害垃圾或要不然将会通过细筛滤除去的浮渣和漂浮物。如果在工艺过程中包含了初级澄清过程，则有些膜制造商将允许细筛滤较宽松。

6.5　膜生物反应器的设计

6.5.1　混合液体的再循环泵送

正如在任何常规活性污泥过程中一样，污泥必须从固体/液体分离设备再循环返回至生物工艺过程之前进行生物质再分配。在 MBRs 的情况下，再循环可能为 200%~400%的污水处理厂流量，而需要最低再循环流冲洗膜区域并控制这部分膜区域内的 MLSS 浓度。如果再循环率太低，则在膜处理池中的 MLSS 逐渐攀升迅速，而使运行变得不可持续。高再循环率的主要目标是重新分配污泥存量并最小化与 MLSS 浓度升高相关的膜结垢。

应该注意到混合液体从膜区域再循环可能包含高浓度的溶解氧，约 2~6mg/L，而不是澄清池的返流污泥中实质上不存在溶解氧。这种氧不能被控制，因为通过空气冲刷递送系统提供的空气气流必须足够提供跨膜表面的最低剪切作用。如果混合液体从膜处理池再循环至缺氧区，则反硝化过程的效率就会变低。为了顾及到再循环流中溶解氧浓度逐渐攀升的问题，具有单再循环流而没有专用脱氧区的 MBRs 中的缺氧区必须较大，才能弥补反硝化效率的降低。尽管 CAS 污水处理厂可以具有 15%~20%的总生物反应器体积的缺氧区，但是具有单一再循环流的 MLE-基 MBR 污水处理厂却能够具有 20%~40%的缺氧区。另外，混合液体能够从膜处理池再循环至好氧区，而随后在较低的溶解氧浓度下的曝气混合液体可泵送到缺氧区。这就降低了缺氧区体积要求，并节省了反硝化的可溶性底物。

MBR 系统中混合液体再循环能够按照以下两种方法之一进行设计：

(1) 从该生物反应器将混合液体泵送至膜处理池并通过重力将混合液体从膜处理池返流流回至生物反应器。

(2) 允许混合液体从生物反应器通过重力流至膜处理池并将混合液体从膜处理池泵送至生物反应器。

图 14.78 再循环泵(CH2M Hill 提供)

第一种方法需要泵送$(R+1)Q$，而第二种方法需要泵送RQ(其中R是混合液体再循环率，而Q是进水流量)。不同类型的泵都能够用于混合液体再循环，但是水下泵或高排量端吸离心泵是最常见的(图 14.78)。轴流式泵因为其高流量和低压头要求而非常适合于这个方面应用。

再循环泵规格的确定应该确保：

- 足够的流量，避免 MLSS 累积于处理池，并确保生物工艺过程处理池和膜处理池之间的合理固体分配；
- 生物反应器渠首非曝气区足够的硝酸盐返流流量，实现前置反硝化所需的水平和目标出水硝酸盐浓度。

有的膜制造商采用专利性射流曝气系统冲刷膜设计其设施。在这些系统中，再循环泵通过膜模块底部的射流实现合适的混合液体流量和压头。这些系统需要混合液体从生物反应器泵送至膜处理池。

在混合液再循环仅用于稀释膜处理池中固体的系统中，再循环泵所确定的规格为年均或最大月流量的 2~4 倍。如果泵也用作反硝化系统的一部分，则这些泵的尺寸选择应该定为日均流量的 3~8 倍。有些系统使用再循环泵作为两相喷射系统的部件，这种系统将流体传递与空气冲刷能量结合起来。总动力压头则基于通过泵和管道系统，包括喷射头(如适用)的压头损失。

6.5.2 混合

在生物反应器中的非曝气区通常在每个区内配备专用混合机而保持固体悬浮。非曝气区可能包括脱氧(或除氧)区、预缺氧和后置缺氧区和厌氧区。虽然水下混合器是常见的，但是也可以使用垂直轴固定安装的混合器。混合器确保每个区内对于生物质、底物以及氧源(硝酸盐或氧)和整个体积应用之间的正确接触实现充分混合，而不会在任何区内发生短路。

6.5.3 曝气(生物反应器、膜处理池)

通过传统活性污泥过程中使用的典型曝气系统，包括细气泡曝气、粗泡曝气和射流曝气而提供生物工艺过程的曝气。具有整装置覆盖的细气泡扩散曝气系统因为其高的氧传递效率而成为生物反应器好氧区内使用的最常见曝气系统类型(图 14.79)。最通常使用的还有管状或圆盘式膜细泡扩散器。

浸没膜系统使用空气冲刷产生剪切力和涡流通过膜的表面，以保持固体远离膜而维持过膜流量的最佳条件。典型的空气冲刷速率为 0.2~0.6$Nm^3/h \cdot m^2$膜面积(0.01~0.03$scfm/ft^2$)。大部分空气冲刷系统连续运行，但是有些系统也包括间歇性或变化的流量。如果空气冲刷系统出现故障，则跨膜压力(TMP)将迅速上升，可能会引发报警而需要清洗，才能恢复正常运行。

6.5.4　泵送渗透液和重力渗透作用

膜过滤的推动力，可以通过泵送系统或通过重力完成。外部膜系统只能使用泵送系统，因为混合液体必须跨越膜表面实施泵送。采用浸没膜时，通过施加微吸作用就能够实现渗透而将干净水吸过膜。如果现场条件适合，可以使用重力虹吸系统；而在任何情况下都能够使用泵送渗透系统。

许多构造设计结构都可以用于渗透泵送系统和许多不同类型的渗透泵类型。最简单的构造结构是每一个膜组一个专用的渗透泵(图 14.80)。渗透泵可以是端吸离心式或正排量转子式。每个膜组配备了一个渗透头，连接膜组内所有的膜带盒。当使用端吸式离心泵时，从渗透液中除去夹带的空气的一些装置需要包含在内而防止泵损失灌注。连接至真空泵或文氏管系统的空气分离器能够用于去除夹带空气。

图 14.79　细气泡曝气系统(CH2M Hill 提供)

图 14.80　渗透泵(CH2M Hill 提供)

由于转子泵能够处理较高百分比的夹带空气，渗透头通常直接连接至自灌注转子泵的吸头侧而不需要任何空气分离器。

转子泵的特点是，能够通过颠倒转子旋转方向而使流动方向转向。当转子泵应用于 MBR 系统中时，经常既起到渗透泵作用又起到反冲洗泵作用。

通常渗透泵配备变频驱动(VFD)。专用的磁流(mag)计量仪和浊度计通常位于每个渗透泵的下游。

所有渗透泵排放至常见的渗透液收集头进行下游消毒(可选)和排放。

6.5.5　仪器仪表和工艺过程控制系统

每个膜设备制造商组装其系统时，包括了各种监测和控制仪器和设备。可编程逻辑控制器(PLCs)提供了几个关键功能：监控设备警报和设定值、确定运行信息如跨膜压力和流量的趋势、控制或关闭设备、自动化某些操作程序的控制和操作者引发或事故触发的活动。

膜 PLC 通常连接到污水处理厂的 PLC 或监控和数据采集(SCADA)系统，交换运行信息并传递设计膜和一般装置内设备的事件控制和排序命令。后者一般包括阀门、泵、和膜处理池隔离而进行化学清洁程序的逻辑门的协调。

据推荐，设计人员要熟悉不寻常的事件如电源故障、电器控制面板维修和高流量事件期间膜设备 PLC 系统的运作和行动。

6.6 膜生物反应器系统的设备

正如本章前面所述，一个包括 MBR 系统的典型污水处理厂由以下主要的单元工艺过程构成：

- 初步处理系统(渠首)，
- 生物工艺过程罐池(生物反应器)，
- 生物工艺过程鼓风机，
- 膜过滤系统，
- 空气冲刷鼓风机，
- 反脉冲系统(依赖于制造商)，
- 混合液体的再循环系统，
- 清洗系统，
- 后置处理，
- 废弃污泥处理与处置。

完整膜生物反应器设施的主要单元工艺过程(组件)的示意图如图 14.81 所示。本节中描述的设备将仅限于 MBR 工艺设备，尤其是用于生物反应器和膜过滤系统中的设备。

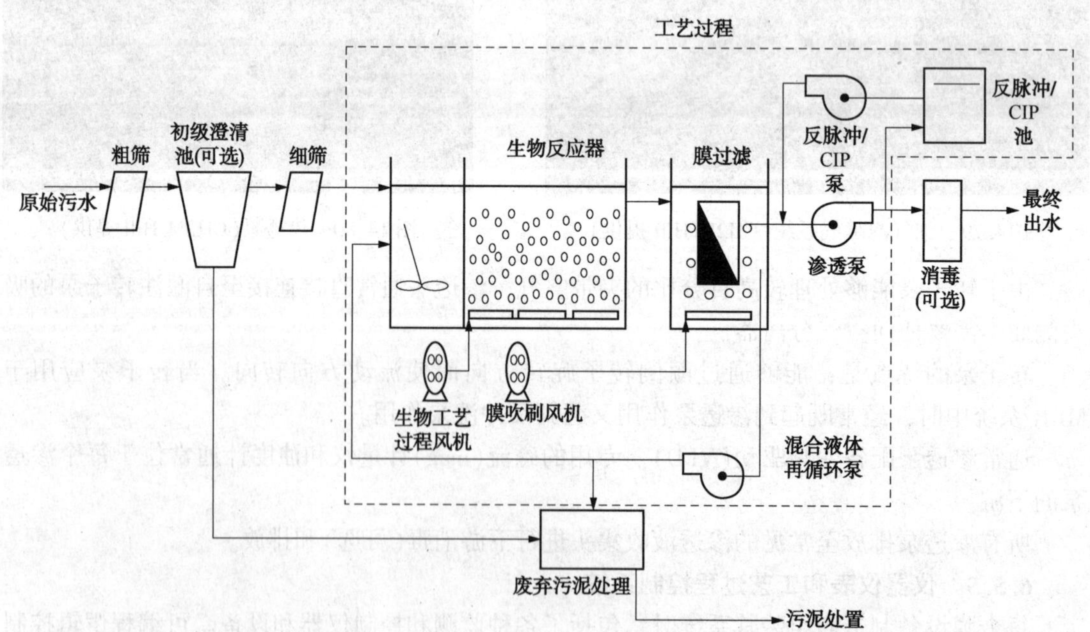

图 14.81 典型膜生物反应器设施的工艺流程图(CH2M Hill 提供)

6.6.1　工艺过程空气和空气冲刷设备系统

6.6.1.1　生物工艺过程鼓风机

根据污水处理厂的规模，工艺过程曝气鼓风机既可以是正排量式也可以是离心式类型。工艺过程鼓风机系统设计成向所有生物工艺过程序列组提供空气的常见鼓风机组(现役+在线备用)。所有鼓风机都排入共同的空气供应管，将空气递送至每个好氧区的各个扩散器网格。工艺过程曝气鼓风机通常独立于空气冲刷鼓风机，但是这两个系统可以共享相同的备用机。

6.6.1.2　空气冲刷鼓风机

膜空气冲刷鼓风机系统通常设计成安装了备用单元的常见鼓风机组。常用的有正排量式或离心式鼓风机(图 14.82)。所有鼓风机排放至共同的膜空气歧管，而将空气递送至每个膜处理池(工作组)的空气头。每个膜带盒利用软管或刚性管道连接至每个膜处理池上面的空气头。

图 14.82　空气冲刷的鼓风机系统
(CH2M Hill 提供)

膜制造商决定空气冲刷鼓风机的设计空气流量。一旦指定每个膜带盒的空气流量，空气冲刷鼓风机的规格就基于处理池内最大膜带盒空间和膜处理池中最大可能的液位而确定。为了初始安装的膜带盒数量提供合适的空气流量，鼓风机的气流速度就可以通过调整变频器、进气控制阀或进气口控制叶轮或通过重新反转鼓风机而降低。这种方法使鼓风机超规格，却能提供增加膜数量(如果需要)的灵活性，而无需增加鼓风机容量。这也允许膜具有足够的空气，并使之在膜内液位超过正常工作水平的情况下保持于生产状态。

空气可以连续或间歇地提供于这些膜(有时也称之为循环曝气)。当使用间歇曝气时，鼓风机在固定速率下连续运行，利用任何驱动阀或空气积累和释放设备而使空气流量与曝气头无关，或与部分膜组件无关。这使空气流量在处理序组、处理序组的膜带盒组或部分膜带盒之间进行变化。

空气冲刷鼓风机是射流曝气系统的一部分，在这种系统中双相喷射系统位于每一膜模块底部，既引入空气又引入混合液体。气泡混合与混合液体掺混而通过膜卷束上升，向膜表面提供冲刷能量并流化膜表面，而防止固体积累。

6.6.2　清洗系统

膜必须定期维护和清洗，才能确保其提供所需的系统过滤容量。从表面去除残留物的推荐清洗方法和步骤，包括化学品的使用。酸溶液用于清洗膜上的惰性沉积物而稀氯溶液消除了有机物生长和污垢。

因为膜实施反冲洗或能够原位清洗(CIP)，化学清洗剂能够在线注入。反脉冲池的清洗溶液与化学品流进行混合之后才反冲洗至膜或传送至处理池。

其他能够在 MBR 装置使用的化学品进料系统包括：

- 除磷混凝剂[例如三氯化铁、硫酸铝(明矾)、铝酸钠];
- pH 和碱度控制的氢氧化钠或石灰。

6.6.3 化学品进料系统

化学清洗操作包括完全手动清洗过程及不同程度的半自动或全自动系统。最根本的任务是相同的:任何膜序组都能够进行化学清洗,但是必须不会影响其他膜序组的运行(不增加流量,维持容量)。这种清洗作用通过向膜内外加入(手动或自动)化学品溶液而同时原位保持膜带盒处于膜处理池中,这就是已知的 CIP。对于较小的系统,各个膜带盒能够暂时设在专用的膜带盒清洗槽。使用化学清洗的频率和清洗持续时间,对于不同膜系统是不同的。

膜化学清洗可分为两种类型之一:维护或恢复清洗。维护清洗从每天一次到每周一次不等,而每次持续时间不到 2h。维护清洗的目的是增大恢复清洗之间的时间间隔。维护清洗使用的化学品浓度低于恢复清洗化学品浓度。对于各个膜制造商和装置恢复清洗频率是不同的,但一般为每两个月一次至每半年一次不等。恢复清洗的时间为 6~24h。

图 14.83 反脉冲泵(CH2M Hill 提供)

全自动清洗系统包括反脉冲水储存罐、反脉冲泵(图 14.83)、流量计和化学计量系统。反脉冲罐所储存的渗透液以指定的流速反脉冲通过膜,而合适的化学品采用化学计量泵直接注入渗透头,而达到所需的化学品浓度。在某些情况下,反脉冲储存罐配备加热系统,而容许进行热水清洗。

对于每种所用的清洗化学品,包括次氯酸钠和柠檬酸,都使用独立的化学品计量系统。每个计量站都配备合适的化学品储存罐,一对化学计量泵(一个处于工作状态、一个在线备用)和标度柱。化学计量站经过设计用于递送化学品而实现以下功能:

- 递送次氯酸钠,进行维护清洗,恢复清洗,并冲刷 CIP/反脉冲罐而防止罐内污染和发生生物生长;
- 递送柠檬酸,进行维护和恢复清洗。

6.6.4 反脉冲泵送和反冲洗

反脉冲系统只包括于使用中空纤维膜的 MBRs 中。这些系统要么配备独立的反脉冲泵,要么使用反脉冲的渗透泵。在反脉冲期间,流动方向是相反的,而膜采用储存于反脉冲罐中的渗透液从内向外冲洗。在某些系统中,这种反脉冲泵也可用于 CIP。可逆的自灌注泵能够实现双重工作负荷:渗透和反脉冲。离心渗透泵也能够用于反脉冲,而不需要通过使用自动阀门和管道改变流动方向的独立反脉冲泵。

对于需要反脉冲的系统,部分出水被转移到储存罐,这种储存罐用作标准的和化学强化的反脉冲储液池。具有多个序组的较大 MBRs,如果渗透头就是一个足够大的储液池,则可能不需要反脉冲罐。因为有时只有一个序组处于反脉冲模式,而如果有足够的序组处于运行状态时,则渗透液的供应将总是超过需求量。

6.6.5　工作空气系统

这些系统通常设计成具有共同的空气压缩机组(一个或多个处于工作状态，一个在线待机备用)，每一个都利用专用的接收罐工作。这种系统通常在压缩机下游，包括常见的空气干燥机。压缩机和空气干燥机系统设计用于向所有气动阀门电动装置和化学计量空气隔膜泵递送表压 550kPa(80psig)的空气(在压力调节阀之后)。

6.6.6　处理池的隔离和排水泵

一些膜系统需要膜处理池在清洗周期前要排水。排水泵设计用于在 30min 或更少时间内排干任何膜处理池。排干处理池所花费的时间是至关重要的，因为如果膜暴露于空气太长的时间，就可能出现膜变干。

通常情况下，一对端吸式离心泵就能满足此目的。大多数系统如此设计使任何膜处理池能够被隔离出来而无需中断其他膜序组工作就能排干水。每个处理池的排水管线经由自动阀门连接到共同集水管。常见的排水集水管连接到排水泵的吸头侧。该系统应该能够将膜处理池的内容物传送至生物反应器或污泥废弃池。

如果混合液体再循环泵是干坑泵并将这种系统设计成每序组经由专用泵完成，则这些泵也可以充当排水泵，而消除了独立泵组的需要。

6.6.7　废弃活性污泥管理系统

大多数 MBR 已经应用于具有好氧污泥稳定化处理接着进行生物固体处置的较小污水处理厂中，这些生物固体处置，要么通过液体土地施用，要么进行生物固体脱水。在较大的污水处理厂中，废弃的厌氧或好氧消化的污泥进行增稠，然后进行生物固体脱水，是比较常见的。迄今为止，还几乎没有有关废弃 MBR 污泥增稠和/或高速稳定化的研究。有人已经进行的研究还没有发现在污泥增稠或稳定化特性方面的任何显著差异。然而，据发现，重力增稠并非如此成功，因为在增稠之前混合液体中已经存在较高的固体浓度(WEF 2006；WERF，2002)。

少数污水处理厂在进一步处理或处置之前也使用膜进行 WAS 增稠。这些膜增稠应用通常使用 MBR 中使用的相同类型的膜，但在低得多的通量($3\sim8L/m^2\cdot h[2\sim5gpd/ft^2]$)下运行。这些系统能够将废弃活性污泥增稠至高达 4%~5%的总固体浓度。

7　湿季考虑因素

7.1　概述

自从 1972 年的《清洁水法》通过以来，在美国几乎所有的市政设施已实施二级处理的最低标准。监管的注意力已经转移到湿季溢流和可能显著影响接收水质的旁路流量的捕获和处理。

悬浮生长系统通常并非设计用于处理湿季峰值流量和负荷。因此，这些设施在出现显著湿季条件时，无法提供足够的处理。悬浮生长系统对于峰值流量特别敏感，因为当二级澄清池过载时会出现潜在的生物质冲走。生物质损失可能会导致过量出水悬浮固体，降低了处理作用，而延缓暴雨后的恢复。硝化和 EBPR 工艺过程对于补充所涉及的关键微生物是很缓慢的。

一般对所有流量，二级处理工艺过程的旁路过量峰值湿季流量和与旁路流量混合的二级出水，在消毒和排放之前提供初步和初级处理。这种做法对现有的或新污水处理设施要经过监管部门的批准。

本节概述的湿季管理策略能够用于加强处理并最小化溢流。这些方法有的已经成功进行全规模化应用，但是其他的跟踪记录却有限。

7.2 流量降低

悬浮生长工艺过程的湿季流量能够在混合或排放前通过均衡化作用或并行的初步和初级处理工艺过程分流降低。处理和储存的综合作用应该作为大多数湿季处理项目的一部分进行研究，以便确立优化成本和污染物去除效率的潜力。

7.3 曝气池

以下方法降低了二级澄清池进料中 MLSS 浓度，这也降低了固体负荷而增加了能够容纳适应的峰值流量。

7.3.1 曝气池沉降

曝气池沉降(ATS)，如图 14.84 所示，介绍了峰值流量期间关闭所有或仅仅靠后的部分曝气池的空气的实例(Nielsen et al.，2000)。不经过曝气，MLSS 开始沉降，而送至二级沉降池的固体浓度降低。通过降低峰值流量事件的悬浮固体浓度，在最需要的时间增加了澄清池容量。关于这个问题，很多最近的文献是关于 STAR795 ATS 的曝气池沉降的专利的制造商(Water Environment Federation，2005a)。该系统将曝气池沉降与内部混合液体再循环流和高水平工艺过程控制系统相结合。再循环流将混合液体从曝气池的最后区(没有空气或混合)传送至预曝气缺氧区，并延长曝气池沉降的时间。

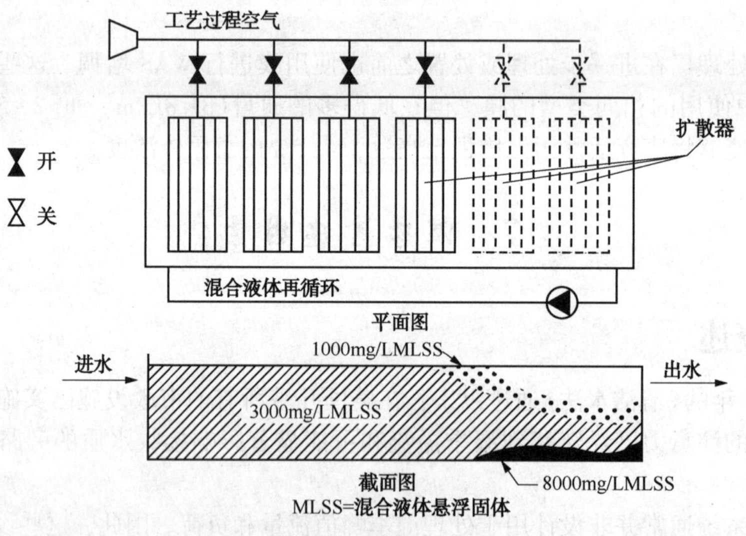

图 14.84 曝气池沉降

(Nielsen et. al，2000；根据《水科学与技术》重印，经版权所有者 IWA 许可)

在另一种 ATS 概念中，工艺过程的空气被关闭而 RAS 流量降低至约 20%的进水流量。降低的混合液体浓度和 RAS 流量的综合作用是将暴雨期间澄清水力容量提高了 50%

(Reardon，2004)。

曝气池沉降效应的评价，基于美国的一般惯例，使用具有沉降系数戴格(Daigger)SVI 相关性的维斯林德(Vesilind)方程完成，这描述于图 14.85(WEF，2005)中。该图显示了由于混合液体浓度降低的澄清池容量增加的估计。假设二级沉降池澄清有限，则曝气池沉降的效果在更高的混合液体浓度下最显著。对于 150 的 SVI 和 3000mg/L 的混合液体浓度，混合液体浓度下降 50%，增加的澄清池容量超过了 80%。

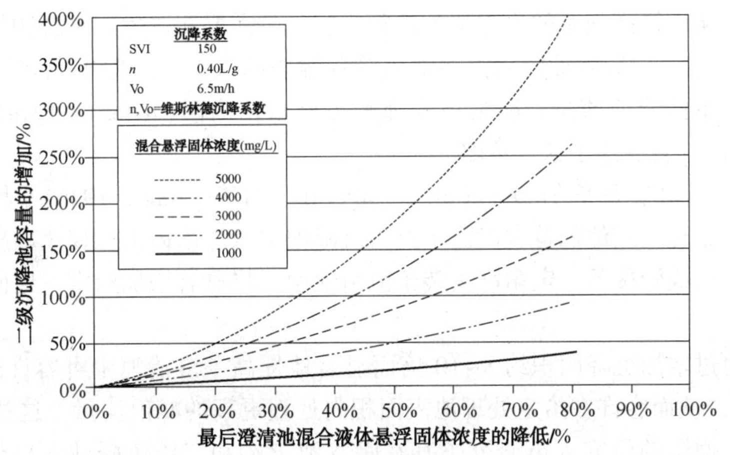

图 14.85　曝气池沉降处理峰值流量的潜力

(n=利用 Daigger 污泥体积指数[SVI]关系式计算的 Vesilind 系数，SVI 为 150)

7.3.2　分步进料或接触曝气模式

在峰值流量期间切换到分步进料或接触曝气模式，允许更大质量 MLSS 储存于初始部分的曝气池中，而最小化了进料至二级澄清池的 MLSS 浓度。分步进料操作能够提供相当高程度的处理，而同时能够容纳更高的容量。通过改变湿季流量事件期间曝气池进料点的数目和位置，能够降低曝气池出水中悬浮固体浓度并显著提高二级沉降池的容量。

在传统和全混活性污泥工艺过程中，曝气池进水和 RAS 都被加入至曝气池开始的位置，导致整个悬浮固体浓度相对均匀。通过转换成分步进料，能够产生从开始处的高固体浓度至终端低浓度的 MLSS 梯度。这就最小化了施加于二级澄清池的固体负荷，并提供了更大的固体存量和给定罐池体积下较大的 SRT。在所有进水流量将分步进料的构造设计结构加入曝气池末端时，变成一种接触稳定工艺过程。采用接触稳定的运作模式，因为接触区体积下降在澄清池容量增加和工艺过程性能下降之间必须保持平衡。虽然工艺性能可能会受到影响，但是保留在曝气池的固体有助于高流量消退后工艺过程的快速恢复。

研究和全规模实施分步进料进行湿季流量控制已经证明，二级处理标准能够满足，而同时传统和分步进料运行模式之间能够进行切换(WEF et al.，2005)。切换到分步进料模式可能对于需要保持硝化和 EBPR 能力的 BNR 工艺过程很困难。将现有的 CAS 污水处理厂工艺过程修改成能够在峰值流量期间切换至分步进料构造结构，要取决于每一设施的设计。必须小心谨慎，才能在这些起初没有设计接收进水流量的区内提供足够的曝气容量。同样，对最后澄清池的暂时性固体负荷的影响，在切换至分步进料和从分步进料切换出来时必须能够适应。

7.4 二级澄清池

二级澄清池经常会限制污水处理厂处理湿季峰值流量的能力。增加二级澄清容量而使之能够处理更高的峰值流量的备选方案包括：

- 加入聚合物。最简单的湿季管理策略之一就是向混合液体中加入聚合物而提高固体沉降速率并降低 SVI，由此提高现有的后澄清池增加聚合物的混合液体，增加固体沉降速度和降低 SVI 值，从而提高现有的后澄清池的额定容量。需要测试确定聚合物的类型和剂量。
- 湿季澄清池。建造附加的后澄清池来管理湿季的流量。这些单元装置按照需要在线放置，以适应湿季的峰值流量。路易斯安那州杰弗森帕内西(Jefferson Parish)的东岸(East Bank)污水处理厂，就使用了这一策略。
- 斜板和管。由哈森等(Hazen et al.，1904)和卡姆普(Camp，1946)早期发表的论文开发了沉淀池设计的理论。他们首次确定了重力沉降池中悬浮固体去除仅仅取决于表面积而不是处理池深度。板或管按照一定角度安装于澄清池中，将显著增加给定占地面积内可以利用的沉降面积。

斜板或管通过增加沉降面积约 8~10 倍而显著地提高了澄清池中可容许的上流速率(基于卧式贮罐区)，从而容许在给定处理池表面积内处理更高的峰值流量。这些设计已经应用于二级沉淀池。德国的研究人员研究了其在曝气池末端和二级沉降池入口处的应用(Plass and Sekoulov，1995；Buer，2002)。在这些位置的板和管降低了进入二级澄清池的 MLSS 浓度，由此增加了二级沉降池峰值流量的容量。因为应用于高浓度悬浮固体时可能存在堵塞问题和藻类的生长，斜板或管最好用于不太常用的湿季澄清池。

8 氧传递系统

8.1 概述

表 14.32 总结了五年或五年以上使用的主要类型的氧传输设备的一般特征。更详细的信息可以查阅文献获取(Water Pollution Control Federation［WPCF］，1988；U. S. EPA，1989)。

表 14.32 曝气设备的特征(Arora et al.，1985；Boyle，1996；Goronsky，1979；Groves et al.，1992；and Wilford and Conlon，1957)

设备类型	设备特性	使用之处的工艺过程	优点	缺点	报道的清洁水你性能①	
					SOTE/%	SAE/[kg/(kW·h)]②
扩散空气						
多孔扩散器	陶瓷、塑料、柔性膜、圆顶、盘状、板管、板状构造结构、全地面网格、单或双辊、细泡	高速率；传统的，延长的，分步的，接触稳定化，活性污泥系统	高效；良好的运行灵活性；衰减率约 5.1	潜在地存在空气或水侧堵塞；通常需要空气过滤；高初始成本；低 α 值	15~45	1.9~6.6

续表

设备类型	设备特性	使用之处的工艺过程	优　点	缺　点	报道的清洁水你性能①	
					SOTE/%	SAE/[kg/(kW·h)]②
非多孔扩散器	固定孔、穿孔管、喷头、开槽管、带阀孔、静态管、粗泡沫、典型的单或双辊、一定程度的全地面网格	与钻孔扩散器一样	通常不易于发生堵塞，易于维护；高α值	低氧传递效率；高初始成本	9~13	1.3~1.9
其他喷头	压缩空气和泵送液体在喷嘴中混合而排放细泡	与多孔扩散器相同	良好的混合性能，高 SOTE	喷嘴具有有限的几何堵塞；需要鼓风机和泵；需要初级处理；低 SAE	15~24	2.2~3.5
U 型管	30~300ft 轴吹制成下部腿进口	具有有限几何形状的活性污泥	因为驱动力增加而高效	有限几何形状；对于强污物通常	NA	NA
机械表面径向流，低速(20~100r/min)	低输出速率；大直径涡轮；漂浮，固定桥，或安装的平台；与齿轮减速器一起使用	与多孔扩散器的相同	处理池设计具有灵活性，高泵送容量	气溶胶在寒冷气候下有一定程度的结冰；初始成本比轴流曝气机高；齿轮减速器可能导致维护问题		15~21
轴流高速(900~1800r/min)	高输出速度；小直径螺旋桨，安装于漂浮结构上的直接电机驱动单元	曝气氧化沟和再曝气	低初始成本；可以调节改变水位；灵活操作	在寒冷气候下有一定程度的结冰；维护可达性差，混合容量可能不足	—	11~14
水平转子	低输出速度；与尺寸减速器一起使用；钢或塑料杆，塑料盘	氧化沟，作为曝气氧化沟或火星污泥应用	中等初始成本；良好的维护可达性	要经受操作变量，这可能影响效率；处理池几何形状有限	—	1.5~2.1
水下涡轮	这些单元装置含有低速涡轮并向扩散器环、开口管，或空气调节装置提供压缩空气；固定桥应用；可以使用空气调节管	与多孔扩散器、氧化沟的相同	混合良好；每单位体积的容量输入高；深处理池应用；操作灵活性；无结冰或飞溅	需要齿轮减速器和鼓风机；高总功率要求；高成本	—	1.1~2.1(典型值) 2.0~3.0(排水管涡轮)
吸气式	与轴流相同；高速度	曝气氧化沟；临时装置	低成本操作灵活	与轴流相同，高速度	—	0.5~0.8

① 标准条件下清洁水中的厂商数据；扩散空气单元表示为 SOTE 而 SAE 机械设备表示为 SAE。取值范围涉及不同设备、几何形状、气体流量、功率输入和其他因素(SAE—线-至-水)

② 由其中环境温度=30℃，淹没度=4.3，大气压=100ha(1atm)，而鼓风机/电机效率=70%的压缩关系计算的扩散空气的线-至-水 SAE。

扩散空气系统的传递速率被报道为氧转移效率(OTE)，以百分比表示；氧传递速率(OTR)，按照质量/时间的单位表示；或曝气效率，以质量/时间/单位功率表示。机械设备通常基于 OTR 或曝气效率额定工作负荷。

作为辅助功能，曝气设备提供了混合的足够能量。理想的情况下，混合能量应该是足够彻底地将溶解的底物和氧分散于整个曝气池的给定分段中，而保持 MLSS 悬浮。这并不一定意味着可溶性的和悬浮的物质都应该在整个曝气池中均匀混合。例如，活塞流式处理池和加入点源氧的反应器并不依赖于正常运行的稳定性。

满足需氧量所需的功率取决于底物和生物质浓度、流速和反应器体积；混合功率取决于曝气池的体积，并在较轻度的程度上取决于 MLSS 浓度。对于生物质和底物浓度和以上列出的其他变量的某些组合，混合的功率要求可能会超过氧传递的要求。在高生物质浓度的系统中，需氧量将会控制功率的要求；在活塞流系统中，混合可以控制至曝气池出水端附近；对于曝气氧化沟，混合经常会决定功率的要求。

8.2 扩散曝气

扩散曝气，定义为低于液面下的气体注射(空气或氧气)，涵盖本节中描述的所有设备。综合设备，将气体注射与机械泵送或混合设备组合起来，本文中任意分类为扩散曝气设备。这些综合设备，包括射流曝气机和 U 型管增氧机。另一种综合设备，组合的涡轮喷头增氧机。这些将在稍后章节进行讨论。

早期扩散曝气应用将空气引入通过位于曝气池底部的开口管或钻孔管。对更高效率的期望，促进了产生小气泡的多孔板扩散器的发展。这些扩散器，早在 1916 年就开始使用，到 20 世纪 30 年代时已经成为最流行的曝气方法。不幸的是，发生了严重的结垢问题，这逐渐使人对其应用丧失热情。维护要求不高的系统在能量相对廉价时代(1972 年以前)占据主导地位。通常情况下，这些低维护要求的设备使用固定孔[直径 6mm(0.25in)或以上]，而产生相对较大的气泡。电力成本在 20 世纪 70 年代开始迅速升级，导致多孔介质设备重新发展，并引发了提高所有类型的曝气系统的 OTE 的兴趣。

污水处理行业已经目睹了各种各样的空气扩散设备的引进。在过去，各种设备通常被列为细气泡或粗气泡，据信这是反映 OTE 的名称。不幸的是，粗与细气泡之间的划分是很难界定的(U.S. EPA，1985)。此外，将这种分类应用于具体设备也会产生的混乱和争议。由于这些原因，该行业中现在宁愿根据设备的物理特性进行空气扩散系统的分类。在下面的讨论中，设备已被分为三种类型：多孔扩散器、无孔扩散器和其他类型的扩散器。性能不能仅仅基于这些分类，其更多地涉及组织化。

8.2.1 多孔扩散器系统

多孔扩散器的使用已经开始重新流行，因为其具有相对较高的 OTE。美国环保署与美国土木工程师学会(ASCE)委员会对氧转移(美国环保局，1989 年)合作出版了关于这个主题的优秀参考书。在本节所介绍的信息大部分来自这个来源。鼓励读者查阅这份报告和其他有关具体主题的进一步信息的资料(Groves et al.，1992；U.S. EPA，1985；WPCF，1988)。

许多材料已经用于制造多孔扩散器。它们通常可分为两类：陶瓷或塑料的刚性材料和热塑性塑料或弹性体的穿孔膜。

最古老和最常见的刚性微孔扩散器是由陶瓷介质生产的，包括氧化铝，铝硅酸盐和二氧化硅。介质包括结合在一起的圆形或不规则形状的矿物颗粒，而产生互联通道的网络，通过这些通道而压缩空气流过。由于空气从扩散器表面冒出，孔径、表面张力和气流速度相互作用而产生特征气泡尺寸。目前，大多数刚性多孔扩散器都是由氧化铝生产。多孔塑料都由热固性聚合物制成。两种最常见的热固性塑料是高密度聚乙烯(HDPE)和苯乙烯-丙烯腈。多孔塑料材料重量较轻，组成上呈惰性；而且，根据实际的材料，可能有更大的抗破裂性。但缺点是一些塑料发脆而其他一些缺乏质量控制。

膜扩散器不同于刚性扩散器，因为前者不包含网络互联通道。相反，机械方法在膜中能够创建小孔口(穿孔)而容许气体通过。在过去的几年中，穿孔膜不断改变组成、形状和穿孔图案。有两种类型的膜材料正在使：热塑性塑料和弹性体。膜扩散器在现在市场上是弹性体占主导地位，主要是乙烯丙烯二聚物(EPDM)，其中包含炭黑、氧化硅、黏土、滑石粉、油和各种固化和处理剂。油占混合物显著比例并赋予膜柔软性。每个制造商都有自己的配方，具有独特的特性，包括拉伸强度、硬度、断裂伸长率、弹性模量、耐撕裂性、蠕变、压缩变形和耐化学腐蚀。因此，为具体应用选择膜材料，需要彻底分析这种材料才能确保这种材料有效完成其预期寿命。

穿孔的大小、数量和图案千差万别。穿孔是通过在膜中切片，冲压，钻孔或切缝生产而成。缝隙或孔洞尺寸将会影响气泡尺寸(而因此影响 OTE)和背压。典型的缝隙或孔的尺寸为 1mm，但是薄聚氨酯穿孔膜片材能够穿出更小的狭缝(Boyle，1996)。

多孔扩散器可以以片材、面板、圆顶、浅盘和管道；如图 14.86 和图 14.87 所示。虽然片材曾经是最流行的，但是下垂成为圆顶、浅盘和面板结构，逐渐成为流行趋势。

圆顶，开发于 1954 年，通常向下弯边的直径为 180mm(7in)的浅盘。圆顶，由陶瓷材料构成，安装于聚氯乙烯(PVC)鞍形物上，通过中心螺栓连接。浅盘已经基本取代了圆顶，直径从陶瓷和多孔塑料材料的 180~500mm(7~20in)至钻孔膜的约 180~240mm(7.0~9.5in)不等。与圆顶一样，浅盘通常被安装于 PVC 马鞍形物上，但可以用中心螺栓或外设卡环固定。

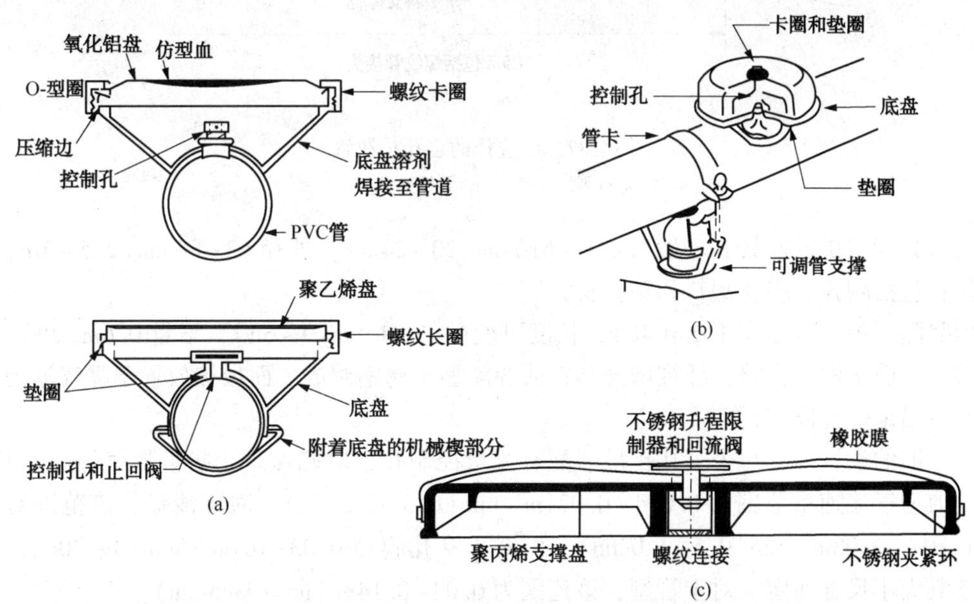

图 14.86　所选择的多孔扩散器

(a)浅盘；(b)圆顶；(c)钻孔膜

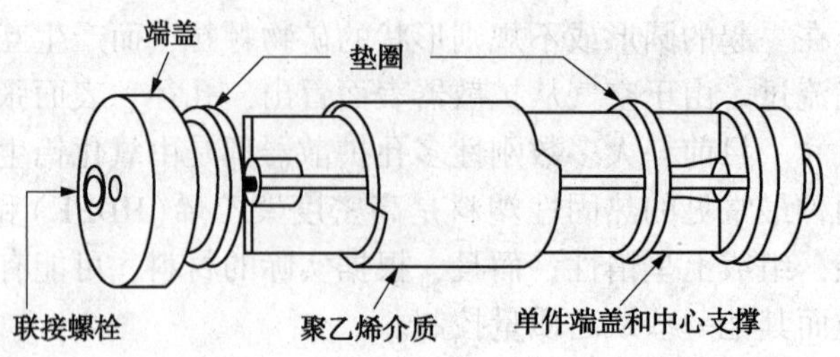

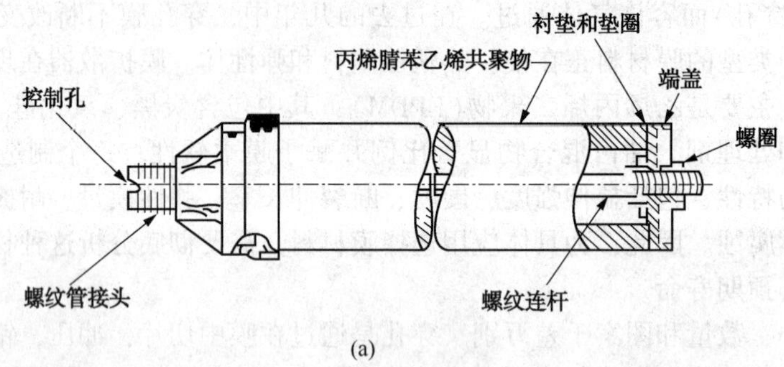

(a)

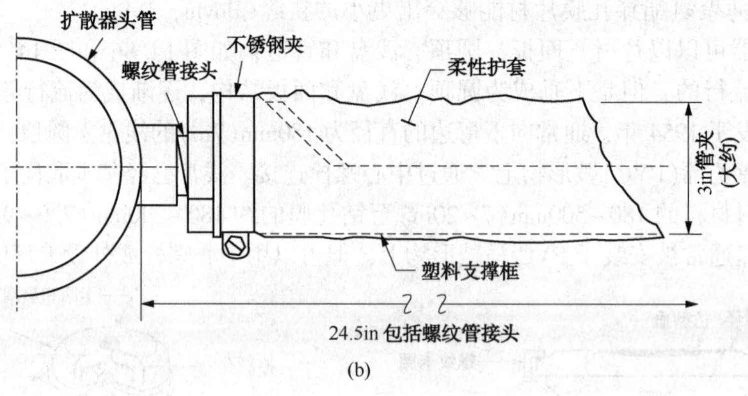

(b)

图 14.87 所选择的多孔扩散管

(a)刚性速率；(b)柔性钻孔膜

大多数管型扩散器具有一般长 500～610mm(20～24in)，外径 63～80mm(2.5～3in)。使用的材料包括陶瓷、多孔塑料和钻孔膜。

聚氨酯膜板一般宽度 1.2m(4ft)，长度可变(1.2～1.8m[4～6ft]，增量 0.6m[2ft])。基板能够由钢筋水泥复合物，纤维增强塑料或 304 型不锈钢制成。面板被放置于曝气池的平底表面并用锚定螺栓固定(图 14.88)。

除了旧的设计外，每个多孔扩散器配有流量控制孔，以确保每个扩散器气流分布均匀。圆顶的典型气流速率范围为 0.014～0.071m^3/min(0.5～2.5cfm)。对于浅盘，该范围对于陶瓷为 0.014～0.08m^3/min(0.5～3.0cfm)，而对于穿孔膜为 0.03～0.6m^3/min(1～20cfm)，这取决于其大小尺寸而定。对于管型，该范围为 0.03～0.14m^3/min(1～5cfm)。

材板、面板、圆顶和浅盘，通常安装于整个地面覆盖的结构内，但板材已沿着曝气池的两侧放置而生成单或双辊螺旋混合模式。浅盘和圆顶按照既有一定变化但均匀间隔而最大化

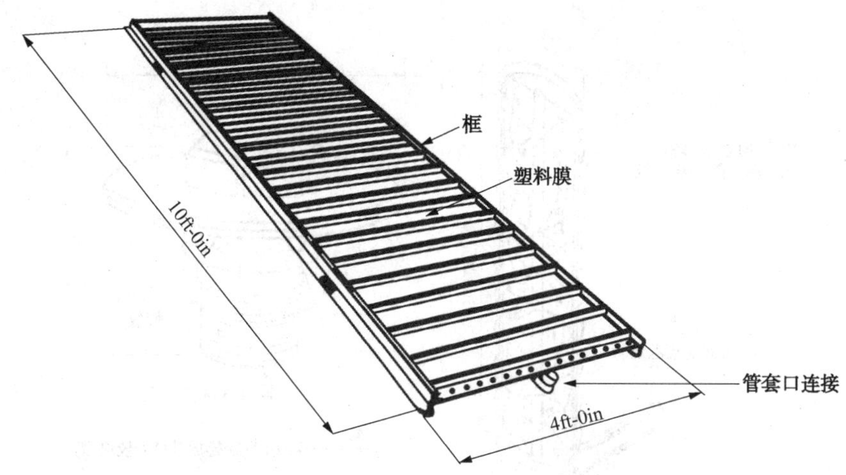

图 14.88　膜面板(ft×0.3048=m 而 in×25.4=mm)

氧传递效率的网格模式排布设计。如果条件变换，应该考虑扩散网格的布局设计，容许增加支管和扩散器。管式扩散器沿着曝气池的一侧或两侧由可拆除滴管安装而成。这种类型的扩散器也能够放置于更有效的地面覆盖的结构设计中。扩散器网格和构造设计结构能够经过设计而容许拆卸扩散器进行清洗，而无需中断工艺过程。

8.2.2　非多孔扩散器

非多孔扩散器具有各种形状和材质，都可以使用，并具有比多孔扩散器更大的孔(图 14.89)。固定的孔，从管道上简单的钻孔到金属或塑料制品上专门设计的开口不等。管道穿孔、喷头和开槽管，都是典型的非多孔扩散器的设计。

孔口加阀的扩散器，包括防止空气关闭时返流的单向阀。还有其他类型的扩散器，也允许通过改变空气通过的孔口的数量或尺寸而调节空气流量。

固定的和加阀的非多孔扩散器的典型系统布局设计紧密平行排列多孔扩散器系统。最普遍的构造设计是单辊和双辊螺旋模式，使用了窄或宽的带式扩散器布局。机械抬升头，具有摆动接头或可拆卸扩散器，容许拆卸进行清洗，而无需中断工艺过程，这是很常见的。还可以使用交叉辊和全地面覆盖模式。固定式和加阀式孔口扩散器应用于产生结垢问题之处。这些用于曝气除砂池、渠道曝气、污泥和化粪池储存池曝气、絮凝池混合、好氧消化和工业污物应用。

静态管，是另一种类型的非多孔扩散器，类似于空气抬升泵，但是管道会干扰放置于立管中的挡流板。这些挡流板可用于混合液体和空气，剪切粗气泡，并增加接触时间。采用这种类型的系统，通常长约 1.0m(3ft)的管道锚定于全地面覆盖模式的处理池底面上。

8.2.3　其他扩散曝气系统

8.2.3.1　喷射曝气

喷射系统将液体泵送与空气扩散结合起来。泵送系统在曝气池中再循环混合液，通过喷嘴组件喷射。通常由鼓风机提供的空气引入到混合液中之后将其通过喷嘴排放。通常情况下，喷射按照如图 14.90 所示成簇或定向排布设计而进行设计。分配管道和喷嘴通常由玻璃纤维制成。

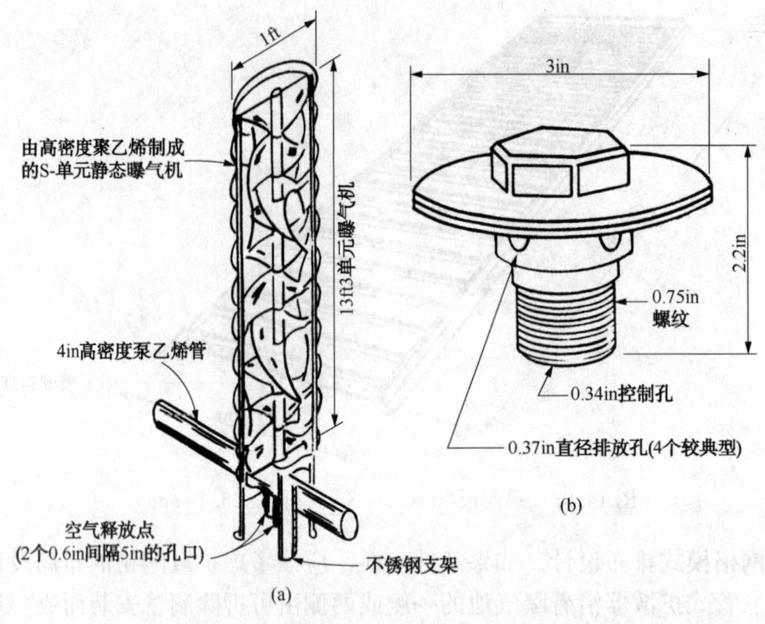

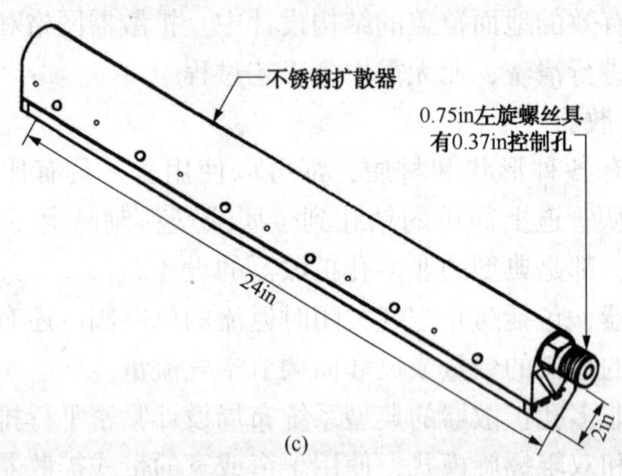

图 14.89 所选择的非多孔扩散器

(a)静态管；(b)孔口；(c)管道(in×25.4=mm)

通常情况下，再循环泵是恒容设备。增氧机的关闭是通过改变相关鼓风机的空气供给速率而完成的。典型的喷嘴具有 30mm(1in)的滴水槽，空气和混合液体通过该滴水槽。为了克服可能堵塞问题，一些系统都配有自清洗功能。

8.2.3.2 U 型管

U 型管系统由 9~150m(30~500ft)深分成内区和外区的杆轴构成。空气加入降液管区内的进水混合液体中。混合物行进至管道的底部，然后通过移出出水返流区而返回至表面。大的混合液体深度会产生可能增强 OTE 的较高氧分压。

U 型管曝气的成本效率可能与污物强度、土地成本和钻井成本相关。对于标准强度的污水(100~200mg/L 的 BOD)，需要通过杆轴管空气流通混合液的空气决定所加入的空气量，而不是需氧量。对于高强度污水(大于 500~600mg/L 的 BOD)，污水的需氧量决定了所加的空气量。在这些情况下，强行加入溶液中的大多数氧可能被消耗。对于这种有效的功率使用，U 型管工艺过程对于处理较强的污水可能在成本效率上更具竞争力。

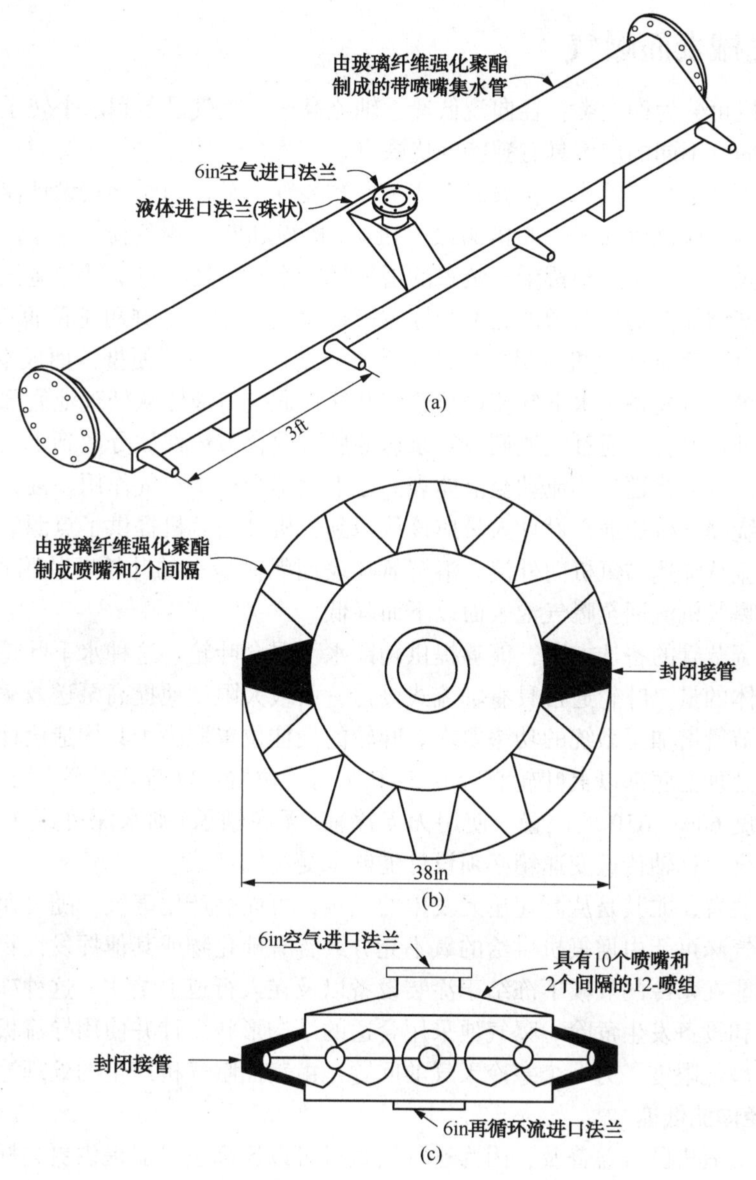

图 14.90　喷射扩散器

(a)弯机型；(b)径向型的平面图；(c)径向型的正面图(in×25.4=mm 而 ft×0.3048=m)

8.2.3.3　逆流曝气

逆流曝气是一种独特的曝气池构造设计结构。这种结构涉及使用具有中心枢轴行进桥支撑空气扩散器的循环曝气池。旋转式增氧机不断悬浮混合液固体同时留下细泡层提供曝气。还有另一套固定的气泡增氧机，而且这种上升的气泡将会连同通过行进的扩散器产生的旋转液体流一起扫过。液体的旋转速度会从两个源头产生气泡并从其释放点拉出或带走，从而消除了传统的静态扩散器常见的空气抬升的垂直抬升行为。这还降低了气泡聚结。其结果导致气泡更小，升速较慢，而传递效率更好；然而，旋转扩散器机制必需的能量输入抵消了这一优势。

8.3 机械表面曝气

表面曝气机可分为四大类：径向流低速、轴流高速、吸气设备和水平转子。每一种被广泛使用，并根据其不同的应用具有独特的优缺点。

表面曝气机通常是漂浮式、桥梁式、或平台式装置。平台和桥梁式设计应该解决扭矩和振动问题。桥梁式应该设计至少4倍的最大扭矩(扭矩和叶轮侧负荷)。增氧机制造商能够提供该扭矩的大小值。平台和桥梁式装置的增氧机效率和功耗，对于叶轮淹没深度的变化非常敏感。淹没度增加在功耗的增加之下会导致液体泵送量增加，并可能降低变速箱的寿命。高速(径向与轴向)表面曝气机是最常见的浮动安装结构，提供了便携性而成本较低。

一些表面曝气机配备了水下气流调节管，其往往通过将液体从处理池底部带上来通过该管而进入叶轮进行混合。通过气流调节管泵送的所有混合液体都被分散到空气中。如果不使用气流调节管，部分泵送流体流动至液体表面之下而不会产生曝气作用。混合液体产生液体动量，往往围绕曝气机流通。设计人员应该认识到，机械增氧机提供了点源氧输入。泵送混合液体呈径向流从降速增氧机向外流。溶解氧在表面涡流最大的叶轮叶片附近达到最大值，而因为液体向曝气机流回至曝气池表面以下而降低。

作为气流调节管的备选方案，能够提供辅助水下混合叶轮。这种水下叶轮将增加从处理池底部泵送液体的量。叶轮通常具有轴流式设计，而最大限度地提高泵送效率。然而，水下叶轮和气流调节管增加了系统的功率要求。叶轮的最佳位置取决于其构造设计结构。径向流叶轮通常位于处理池底部以上叶轮直径0.5~0.7倍的位置；轴流式叶轮位于从水面进行测定的处理池深度60%~65%的位置。使用无支撑轴(无底轴承)则水深可达9m(30ft)。采用这种无支撑长度，杆轴传送变速箱必须设计能够承受高侧负载。

表面曝气装置，尤其是从高速单元发生的飞溅，可能会产生雾气，随之而来的还有健康问题和气味。气味可能由增氧机供给的氧不充分或含有硫化物或其他挥发性物质的进水污水所致。薄雾可能在寒冷的气候下冻结于涂装设备以及在人行道上结冰。这种冻冰作用可能会导致设施人员和设备发生危险。曝气池采用合适的结构形状设计并使用导流板，飞溅的影响可能能够降到最低限度。另一个寒冷天气的问题是由表面曝气机产生的处理池热损失问题。

8.3.1 径向流低速

低速机械增氧机已日益普及，因为这种增氧机可以比高速机器提供更高标准的曝气效率(SAE)，属于优良的混合装置。

这些增氧机通常在20~100r/min的转速范围内运行，包括将叶轮转速降低至低于电机转速的变速箱。变速箱，是一个关键的部件，需要2.0或更高的工作额定功率因子，才能确保机械运行可靠性。如果不采用这个工作因子，以不同的速度或放置在靠近处理池壁的单元装置运行的相邻增氧机，可能会导致驱动器过载。

制造商能够按照几种构造结构设计生产这种类型的增氧机。最简单的是水面运行的叶轮。在另一构造设计结构中，叶轮淹没度能够经过调节，而控制功耗和氧传递。活动的堰(手动或自动)，通常是这类系统的一部分，就是这种控制所需的。这些增氧机，无论是浮动的或固定的安装结构，可用于将功率增高至高达150kW(200hp)。这种增氧机也能够用作双速单元装置，在较低的速度下功率下调比率约50%。叶轮直径可达3.7m(12ft)，而运行时的顶级圆周速率可达4.6~6m/s(15~20ft/s)。

这些单元基于线-至-水传递的清洁水 SAEs 的范围为 0.42~0.59kg O_2/MJ(2.5~3.5lb O_2/hp·h)。效率取决于许多变量，包括叶轮本身的设计、处理池几何形状、相邻墙壁的影响、输入功率/处理池容积、叶轮的尺寸和速度、单元装置的数量、位置、以及其他还未能充分理解的因素。从实验室至现场应用的按比例放大很难实现，需要对全规模试验进行正确的评估。

8.3.2　轴流高速

高速增氧机，通常用于稳定分散生物生长或水底沉积物耗尽需氧量的氧化沟。这种有限的应用源于对有关污泥絮体的剪切的问题，这可能会削弱沉降作用。结冰和气溶胶的产生也值得关注。

高速曝气机具有的混合深度和氧传递容量有限。通常情况下，高速单元装置比低速设备(0.2~0.38kg/MJ[1.0~2.25lb/hp·h])表现出较低的线-水 SAEs。与低速设备一样，高速单元的性能，受到处理池的几何形状和其他因素的影响。高速单元装置能够获得高达 93kW(125hp)的标准电机增量，最常见安装于漂浮结构上。

8.3.3　吸气设备

另一种曝气装置是马达驱动的螺旋桨吸气器。这样的一种设备，如图 14.91 所示，由 1.2m(4ft)长的空心轴构成，轴的一端是电动马达而另一端是螺旋桨。螺旋桨旋旋转时从大气中通过杆轴吸入空气。空气流速和螺旋桨转动产生涡流，形成小气泡，由此氧气发生溶解。这些设备可以按照不同的角度放置，而达到不同层次的曝气，混合，或流通。便携单元装置可以安装于曝气池和氧化沟的吊杆或漂浮物上。具有浅盘而不是螺旋桨的吸气机按照 90°角向杆轴分散气泡。在寒冷的天气下运行，据报道，会导致空气进口端的吸气机管道结冰，而封闭空气供给。制造商们由此采取了解决冻冰问题的许多方案，包括伴热。对于这些设备典型的线-至-水 SAEs 范围为 0.13~0.21kg O_2/MJ(0.75~1.25lb O_2/hp·h)。

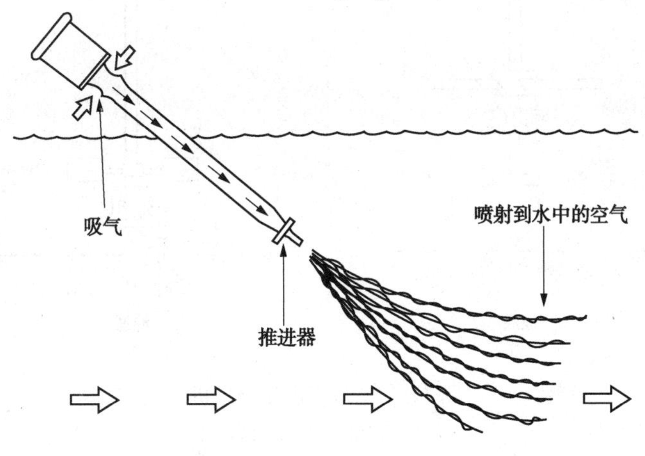

图 14.91　吸气器

8.3.4　水平转子

这种类型的单元装置，可以按照几种构造设计结构利用，具有水平的叶轮(转子)(图 14.92)。叶轮搅拌处理池表面，传递氧，而同时在水平方向上推动液体。

这些转子的干净水线-至-水 SAEs 近似于低速表面曝气机：0.42~0.59kg O_2/MJ(2.5~3.5lb O_2/hp·h)。转子淹没度的较小变化不影响传递效率，但会影响功耗。较微小的淹没度将会降低总氧传递效率；尽管如此，每单位输入功率的传递氧质量仍然大致相同。单元装

图 14.92 渠道曝气的表面曝气机

置能够按照高达约 7.6m(25ft)最大长度的各种尺寸制成。两个转子，其中一个居中定位驱动器，能够曝气 15m(50ft)宽，3.7m(12ft)深的沟。正如采用其他表面曝气装置一样，结冰、气溶胶、热损失，都是潜在的问题。

8.4 水下涡轮曝气机

水下涡轮机由安装于处理池中的电机和变速箱驱动器，一个或多个水下叶轮和从鼓风机至低于叶轮位置的管道空气构成。叶轮设计有所不同，但通常都是轴向或径向流的类型(图 14.93)。对于轴流式叶轮，泵送的混合液体具有足够的速度，推动释放的空气向下而分散到处理池底部。在径向流的设计中，空气流入叶轮，由叶轮叶片带动，与液体混合，并向外分散。无论使用哪种类型，操作者必须小心地控制气流速度。过多的空气会导致涡轮机泛洪，降低氧传递量和叶轮的泵送容量，并可能导致机械损坏。

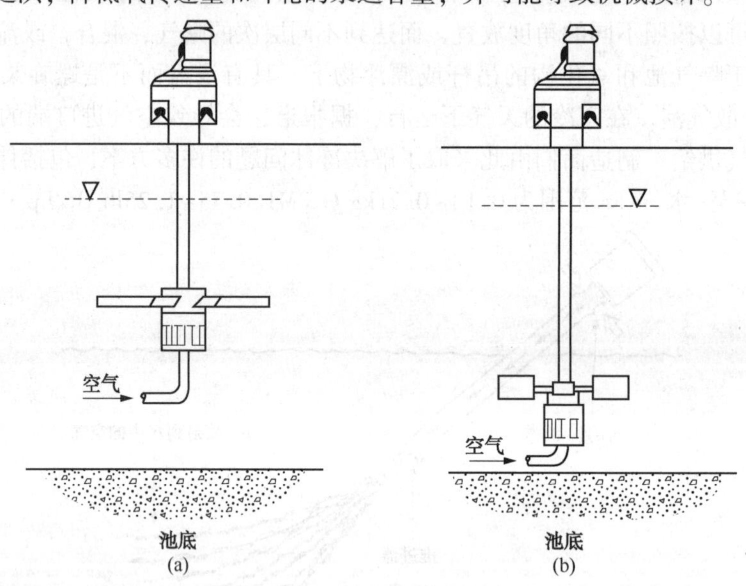

图 14.93 水下涡轮曝气机
(a)轴流；(b)径向流

空气通过开口管道或扩散器环进入涡轮机。尽管轴流单元装置能够比径向流单元装置传递更高百分比的氧，但是后者每千瓦功率能够处理更高体积的空气。这两种单元装置经过设计而能够在干净水中按照高达几百 mg/L·h 的速率传送氧。这种最大速度超过通常所需要的速度，因为甚至具有高 BOD 污水的工业应用也很少使用大于 200~300mg/L·h 的速率，而市政污水处理厂通常按照 30~100mg/L·h 的需求进行设计。

水下涡轮影响的区域(曝气的处理池区域)稍微小于表面曝气机。低速轴流单元装置影响最大。该所影响的区域会有所不同，4~12 m^2/kW(30~100ft^2/hp)不等，这取决于反应器的几何形状和大小而定。使用的涡轮速度是叶轮设计和输入功率的函数。大多数都在 37~180r/min 内运行。变速箱工作因子应该为 2.0 或更高，才能适应相邻的墙壁和其他增氧机所施加的水力负荷。

水下涡轮机传送不同的氧量，这取决于空气与混合机之间的功率比、混合机的设计和处理池几何形状。涡轮机的干净水线-至-水 SAEs 据报道的范围为 0.30~0.59kg O_2/MJ(1.75~3.5lb O_2/hp · h)，包括空气和混合器的电源要求。这些 SAEs 略低于低速表面曝气机，但水下涡轮通过调节空气流速从而总氧输入可调节。当使用增氧机或混合机(正如组合的硝化-反硝化反应器)，水下单元装置有一些优点。

处理池冷却是这些区域一个值得关注的问题，水下涡轮仅仅微微搅动表面，处理池温度损失最低。在圆形或方形处理池中使用水下涡轮需要使用挡流板才能防止整个处理池的内容物发生旋转。矩形槽挡流板要求可能低于圆形处理池。无论如何，都应该咨询涡轮机制造商。

可供利用的水下涡轮增氧机匹配普通电机规格可达 112kW(150hp)。具体设计包括高达和大于 260kW(350hp)的电机。气流速度各不相同，每个曝气机从 0.23m^3/min 至 8.0m^3/min(8~300scfm)不等，而 OTEs 在干净水中的范围为 15%~35%，这取决于叶轮构造设计结构和深度。

另一种水下涡轮曝气机包括空气调节管中的向下泵送的翼型螺旋桨，空气喷射环直接安装于螺旋桨之下(图 14.94)。粗气泡由高泵送速率的螺旋桨产生的流动能量剪切成更小的气泡。气泡被迫向下通过气流调节管和挡流板之后上升至表面。这种设计的主要元件是轴流螺

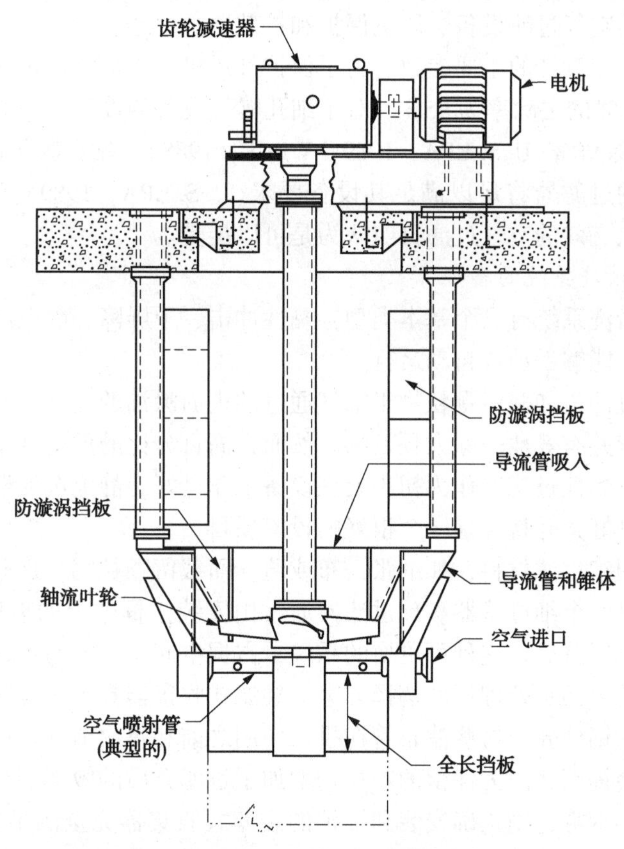

图 14.94　气流调节管水下涡轮曝气机

旋桨。空气的引入破坏了轴流状态，导致泵送效率有些降低。这种增氧机，通常甲板式安装于处理池上面，能够安装于传统的 CMAS 处理池中或具有 J 型管的整体阻隔氧化沟中。处理池深度 7.6~9.0m(25~30ft)的范围都能够用于 CMAS 应用中。这些单元装置都配有高速叶轮(高达 180r/min)，能够处理气流量高达 $18m^3/min$(650scfm)。清洁水线-至-水 SAEs 据报道在 CMAS 中的范围为 0.56~0.8kg O_2/MJ(3.3~5.0lb O_2/hp·h)(Updegraff and Boyle, 1988)。然而，在整体障碍氧化沟的构造设计结构中，气流调节管涡轮产生的低清洁水线-至-水 SAEs 的范围为 0.24~0.3kg/MJ(1.4~2.0lb/hp·h)(Boyle et al., 1989)。

8.5 空气供给系统

虽然空气扩散系统的选择和设计通常最受关注，但是空气供应系统的设计也需要注意才能确保整个工艺过程的目标得以实现。空气供给系统由三个基本部分组成：空气过滤器和其他调节设备(包括扩散器清洗系统)、鼓风机和空气管道。空气过滤器从进口空气中去除颗粒物，如灰尘和污垢，保护风机和扩散器免于机械损伤和堵塞。鼓风机设计用于产生足够的压力而克服静压头、扩散器和管道损失，而同时按照所需流量向扩散系统提供气体。管道将空气传送至扩散器。

8.5.1 空气过滤

所需的空气清洁程度取决于供应空气质量、安装的鼓风机和扩散器。传统的空气进气口系统都设计有集成的空气过滤设备、风机保护和扩散器。

清洗效率是过滤器设计的主要参数。为了保护鼓风机，入口空气过滤的最低要求是颗粒直径为 10μm 或更大时的去除率为 95%。对于细孔曝气设备的设计中一般标准是所有直径大于 1μm 的颗粒物去除 90%(U.S. EPA, 1989; WPCF, 1988)。钻孔膜扩散器的制造商指出，设计旨在保护风机的过滤器将足以满足其设备要求(U.S. EPA, 1989)。然而，设计师应该注意，提供比其不太有效的空气过滤目前认为是可以接受。

8.5.1.1 空气清洗系统的类型

在使用的空气清洗系统有三个基本类型：黏性冲击、干屏障和静电沉淀。这些系统可制成各种形式和大小，能够手动或自动运行。

黏性过滤器通过冲击和截留颗粒物于空气通过的表面涂油的迷宫，而去除尘土。这些单元装置能够处理灰尘并有效地去除大颗粒物。然而，高百分比的低密度小颗粒，将会通过这些单元装置。因此，黏性过滤器作为初步处理设备工作良好。静电沉淀器之前的粗黏性过滤器在粉尘区域性能良好，并将会是一个很好的投资项目。

干屏障系统使用细过滤材料，如纸张，布或毡，而截留颗粒物。这些系统通常包括一个粗预过滤器，接着是一个细过滤器。预过滤器通常由安装于框架上的玻璃纤维布薄板构成。细过滤器置于预过滤器背后。这种可更换的系统，占据空间小，并为维修提供了方便。

袋滤式收集器是大污水处理厂的选择方案。袋滤式收集器具有干屏障单元，作为容纳多套长筒袜型滤布管的钢外壳。这些滤布管在投入使用之前和每次清洗之后预涂助滤剂。在过滤器运行期间效率会提高，因为保留的颗粒物增加了过滤介质的效率。如果空气中并未负荷太多的精细颗粒物和烟雾，则正确安装和维护的袋滤式收集器完全满足推荐性标准。然而，滤袋式过滤系统的大小、费用和预涂要求降低了新装置对其的选择。

静电沉淀器向颗粒物传递电荷，而使其能够通过对带相反极性元件的吸引作用而被除去。这些单元仅仅需要袋滤面积的 30%~50%，并且需要的维修也相对简单。这种类型的设备在低于 120m/min(400ft/min)的速度下运行时能去除细微尘粒而完全满足推荐标准。这些设备尤其适用于负载颗粒物的大气领域。在过滤器增压室内有时也使用预过滤器，静电除尘器和最后的滤袋式过滤器的组合。这种除尘器有助于降低最终过滤器的更换频率。

8.5.1.2　过滤器的选择

在可供利用的空气清洗系统中，可更换的过滤单元装置构建和运行最简单。这些过滤单元装置的资金成本约为静电除尘器的 12%。袋滤式除尘器笨重，昂贵，但是相对而言几乎不用维护。可更换的空气过滤器是一个很好的选择，但是在空气质量较差的地方将需要更频繁地更换精细组件，每年不止一次。在这种情况下，静电除尘器可能是有成本更低的。预过滤器和最后过滤器或具有静电除尘器的预过滤器和最后过滤器的组合可能在空气质量欠佳的情况下具有优势。

8.5.1.3　设计考虑因素

除了过滤器制造商的设计推荐之外，其他需要也要特别注意。由于污水处理厂必须连续运行，则设备维修和进气结构气象保障的设施都是必要的。良好的遮光格栅和遮光格栅与过滤器之间的宽敞隔间都是必不可少的。在严寒的气候下，有必要进行空气预热才可能防止雪或水蒸气冻结于过滤器上。简单的预热方法依赖于鼓风机楼宇内部气流引导部件的导管和减震器。其他预防冻结的措施包括维持低表面速度和在吸入负荷或遮光格栅之下的低吸入速度。设计师需要小心定位过滤器入口才能防止过量吸入潮湿的空气。百叶窗可以防止在雨天夹带水分，这些水分可能浸泡过滤介质而降低其性能和生产能力，导致吸入管路崩塌。空气过滤器的外壳需要由耐腐蚀材料构成。

8.5.2　鼓风机

术语鼓风机通常适用于空气输送设备，这些设备能够产生压力高达约 210kPa(30psi)。如图 14.95 所示，现有许多不同类型的鼓风机可供利用。用于单级和多级曝气的两种类型的鼓风机是旋转正排量式和离心式单元。高速低容量涡轮鼓风机仅仅近年来才开始使用，没有长期的记录。

正排量式鼓风机是恒定容积的设备，能够在较宽范围的排放压力下运行。具有较低的初始成本，并需要相对简单的控制方案。然而，这种鼓风机的效率最低。此外，这种类型的鼓风机更难以在变速气流下运行(虽然可变容量可通过具有多速度马达的多台机器提供)，需要更多的维护，并且可能噪声较大。离心式鼓风机，被视为恒压机，不会产生太大噪声，并且较为紧凑。不幸的是，离心式鼓风机工作压力范围有限，并且随着由扩散器堵塞引起的任何背压升高就可能导致递送的空气体积降低。

鼓风机的容量能够制定为标准或实际的气体流速。标准条件由美国机械工程师学会定义为 20℃，100kPa(1atm)的压力和相对湿度 36%的空气。描述风机容量最实用的方法是使用单位时间的实际空气体积。正排量鼓风机所具有的容量在 7~100kPa(1~15psig)的排放压力下为 0.14~1400m^3/min(5~50000acfm)。离心风机容量范围一般为 14~4200m^3/min(500~150000acfm)。离心单元的叶轮，对于较高的排放压力能够分级排布(多级系统)。单级高效集成变速箱压缩机(涡轮压缩机)现在能够用于高容量(11~2000m^3/min[400~70000acfm])、中压(27~210kPa[4~30psig])的应用。这些高效机器，利用谐调的入口导向叶片和可变的扩散器(排放叶片)，而具有 100%~45%(或更低)的独特倒排容量。

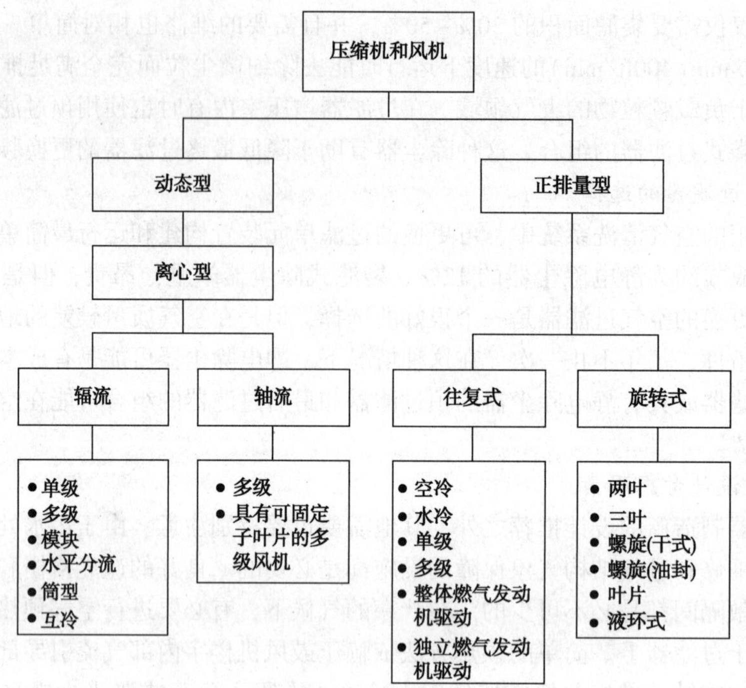

图 14.95 鼓风机的选择

8.5.2.1 倒排

所选的风机系统必须能够提供必要的空气量，才能在设施设计寿命期间内满足不同的氧需求。因此，风机的选择应考虑以下几个因素：

- 基于实际 BOD 负荷的初始最大和最小的空气要求；
- 基于设计的将来最大和最小的空气要求
- 根据在用的扩散器和曝气池的数目，初始和将来混合的空气要求；
- 在最宽的范围和最常见的预期条件下实现最大效率的鼓风机组合的能源效率。

8.5.2.2 选择

正如以上所述，每种类型的风机具有鲜明的工作特性。鼓风机必须与处理系统的正常运行模式相容。其他因素，如噪音，维护和操作者的偏好，也应该在考虑之列。如果曝气系统被设计为典型的大多数曝气池的相当恒定的水深度和清洁而维护扩散器下运行，则离心鼓风机将是一个不错的选择。相反，如果该系统将在较宽范围的深度内运行，如在 SBR 中那样，则正排量鼓风机可能是一个更好的选择。

排气压力和空气的重量都是随着入口温度而变化。因此，选择离心鼓风机提供预期最大排放空气的温度下的所需空气流量。鼓风机马达规格经过选定而在没有提供自动进口控制之处提供预期最低入口温度下的所需空气流量。在较大的装置中，使用自动进气控制，而电机尺寸按照最大的入口温度进行选择。

8.5.2.3 控制

因为正排量鼓风机提供整个排放压力范围内流量相对恒定的空气，多个单元或多级速度马达应该提供速率控制。使用变频交流驱动器允许正排量鼓风机作为变容、变压机器运行。

离心鼓风机的气流速度控制通常通过使用变速驱动器，进口或双叶片的调整，或进气节流阀而实现。双叶片技术于 20 世纪 80 年代引入。进口导流叶片根据环境温度变化、压力差和机容量优化机器的效率。可变扩散器提供了容量控制(Vinton and Mace，1996)。在 20 世纪 90 年代，系统仪器仪表取得的进展，包括开阀控制，优化了曝气工艺过程。压缩机的运行基于恒定的空气头压力和使用级联控制的多级压缩机的运行(Vinton and Mace，1996)。进口节流是最复杂的方法。速率控制通过使用手动或电动操作阀由一些系统其他测量参数如溶解氧浓度而完成。采用鼓风机下游的阀也能够节流控制空气流量和排放压力。然而，这种方法比入口阀需要更多的功率。风机选择、系统设计、维护和控制的细节，可查阅其他出版物(U. S. EPA，1989；WPCF，1988)。

8.5.3　空气管道材料

管道材料选择的主要考虑因素是强度和因为腐蚀、热效应和其他环境因素的可能退化。通常所用的管道材料包括碳钢和不锈钢、铸铁、玻璃纤维强化塑料，HDPE 和 PVC。由于鼓风机排气压力通常低于 100kPa(15psi)，则经常使用薄壁管，这种管道需要充分保护免受物理损坏。超过 93℃(200℉)的温度在鼓风机排气中是罕见的；温度随着排气压力的增加而升高。因此，管道及配件(支架、阀门、垫片、等等)，必须进行相应的设计。因为热应力可能很在，需要针对管道膨胀和收缩的装置。鼓风机排气管道经常需要隔热而保护工人避免可能产生的烧伤，并有助于衰减噪声，在控制之下保持鼓风机处于室温。空气吸入管道也经常进行隔热处理而防止结露(在寒冷的气候条件下)并有助于衰减噪声。

由于在曝气池中大气和液体之间的界面存在腐蚀的可能，不锈钢管材料通常用适用于气体分流管(dropleg)。处理池内水面之下，管道分支到歧管和管头的系统中。这种管道通常也是不锈钢或 PVC，这取决于曝气系统。材料的选择取决于扩散器类型的结构要求，扩散器的连接，以及是否将会提供扩散器清洗系统。对于细孔径系统，设计者必须检查管道材质与清洗气体或液体的相容性。聚氯乙烯通常被选择是因为其惰性特征。然而，在温暖的气候和深处理池应用中需要考虑 PVC 温度限制。通常情况下，PVC 只被用于水位线之下。

因为扩散器施加的悬臂负荷及其耐腐蚀性，通常选择不锈钢用于管式扩散器系统。然而，聚氯乙烯也有使用。聚氯乙烯因为其通常安装于集气管顶部，则通常用于浅盘或圆顶扩散器；因此，通过连接传递给渠首的重量和浮力都是最小的。

处理池定期排水而保持空置。如果选择 PVC 管作为歧管和渠首材料，则必须防止阳光的降解退化作用。二氧化钛和炭黑通常用于 PVC 管道防紫外线。其他设计考虑因素包括处理池空置时的冻结和解冻效应。

8.5.4　空气管道的设计

管道应该确定规格大小才能使之在供给管线和集气管中的压头损失相对于整个扩散器的压头损失而较小。通常情况下，如果最后的正流量分流(阀或控制设备)和最远扩散器之间的空气管道的压头损失低于整个扩散器压头损失的 10%时，则在处理池中就能够维持良好的空气分配。扩散器的控制孔口在管道设计中是一个重要的设计考虑因素。

基本的流体力学原理适用于空气管道系统的规格选定。设计者通常使用标准计算方法如由 Darcy-Weisbach 开发的那些方法。几本手册描述了这些方法(Hoffman，1986；Streeter and Wylie，1979；和 U. S. EPA，1989)。计算必须包括对压缩期间的温度、海拔高度(气压)和设计温度和压力下空气密度的校正。压头损失计算应该考虑最高夏季空气温度和最大预期空气流量下空气压缩产生的温度升高。

通过接头和阀门时的压头损失能够利用压头损失系数和速度头进行计算。典型的系数能够查阅教科书和手册(Hoffman, 1986; Streeter and Wylie, 1979; 和 U.S.EPA, 1989)。所选的实际值应该通过制造商进行核实。设计者还必须考虑因为结垢或多孔扩散器堵塞产生的压头损失。

8.5.5 纯氧的生成

纯氧(也称之为高纯氧)的现场生产能够通过低温手段、压力振动吸附(PSA)或真空振动吸附(VSA)而实现。低温空气分离工艺过程通过空气液化，接着分馏而分离空气组分，主要是氮和氧而生产液氧(图 14.96)。过去有使用压力振动吸附系统，在某些污水处理装置内还有保留，但因为更具成本效益的 VSA 工艺(图 14.97)，压力振动吸附系统已成过往。

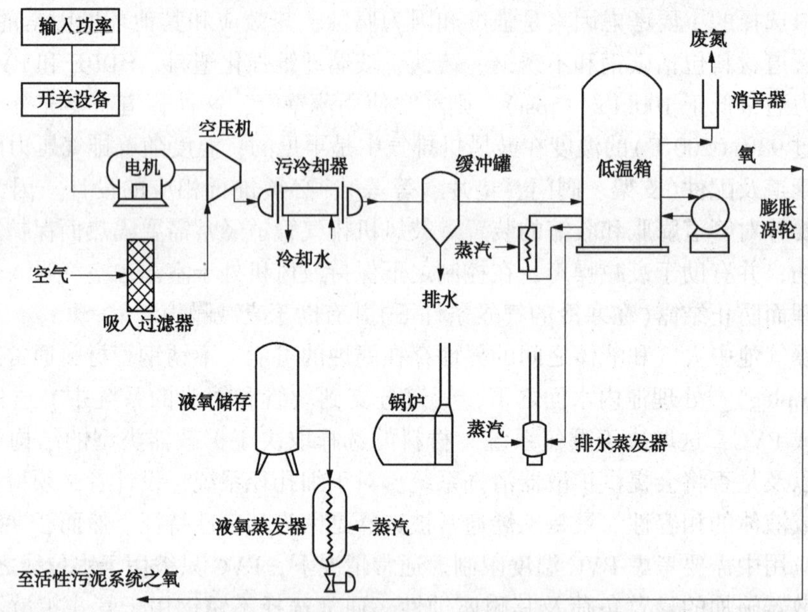

图 14.96 简化的低温生氧系统的示意图

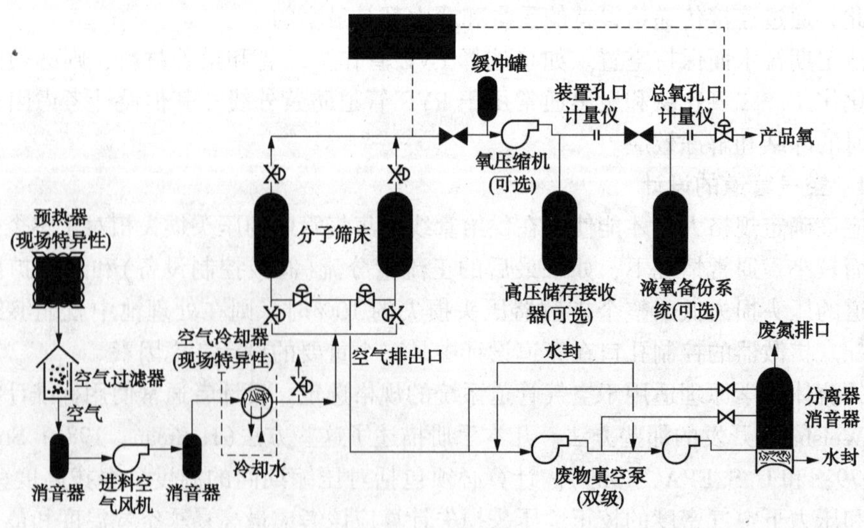

图 14.97 典型的双床真空振动吸附工艺过程的示意图

VSA 工艺是一种成熟 PSA 工艺的简单变体。这两种系统都类似地在相对低的工作压力(通常小于 340kPa[50psig])和在或近室温的温度(10~27℃[50~80℉])下工作。在 VSA/PSA 工艺过程依赖于沸石分子筛床从吸附阶段(高压)至解吸和再生阶段(低压),而随后返回吸附阶段(高压)的周期性压力振动。

这个工艺过程通过提供环境空气穿过吸入过滤器进入鼓风机或压缩机开始。加压的空气通过冷却器之后而被送至沸石分子筛床上由分子筛材料吸收氮、二氧化碳、水蒸气和任何可能存在的残留烃。剩余的氧气通过沸石分子筛床,而再传送至应用点之前储存于收集压力容器中。

VSA 和 PSA 系统之间的主要区别在于 VSA 系统运行时的压力较低,在某些情况下,是因为分子筛的专利性质。真空振动吸附系统使用真空鼓风机而从沸石分子筛介质中去除氮和其他气体。这种真空条件使富氮床更快和更有效的净化(或“解吸”)。

VSA 系统通常使用备份液氧(LOX)储罐,而用于当需要更多的氧时的紧急情况或高峰时期。现场 LOX 储罐能够购买或租赁,大小约 57 000~80 000L(15000~20000 gal)的容量(约 64~86Mg[70~95t]氧),立式或坐式的构造设计结构。灌装卡车通常运载现场 LOX 罐,这种储罐需要进行定期重新充氧,要考虑挥发性损失。在一些大的工业城市的区域,一些厂商具有地下送氧管道网络系统,为其主要的工业和市政客户输送氧气。

低温氧气发生和 VSA 分离是有效的。生氧的功率数(0.00119MJ/kg O_2[0.15kWh/lb O_2])是这些技术的代表值(相比于 PSA 单元装置生氧的约 0.0015MJ/kg O_2[0.20kWh/lb O_2])。低温单元的最小连续产量为 27000~36000kg/d(30~40ton/d);而对于 VSA 单元装置,这为 450~900kg/d(0.5~1ton/d)。这两种系统的转产设计是非常重要的。对于 VSA 系统,转产至全生产容量的 20%是可能的。对于低温系统,预期仅仅能够转产全负荷生产率的 50%。对于这两个系统,LOX 存储能够提供需氧量高峰期和氧气发生设备停机时之用。

相对于低温系统,VSA 系统的优点包括能耗降低(依据每生产单位体积的纯氧的美元数),设备和操作简单,维护要求低。真空振动吸附系统可以更好地保护工人,因为工作压力和温度都接近于正常的环境条件。

8.6 混合要求

维持固体悬浮的必要空气是固体和曝气系装置几何特征的函数。充分除砂的系统下游的污水能够在较低的混合速率下运行。然而,高密度固体(砂砾)通过任何曝气系统都不能产生充分的悬浮作用。无除砂的设施设计可能会增加活性污泥反应器中沉淀大量累积和相关操作和维护问题的概率。

在至少 0.15m/s(0.5ft/s)的曝气池中混合液速度往往是规定的。不同扩散器的结构会表现出不同的混合特性。螺旋辊系统往往设计头部长度的最低空气流量为 0.28~0.65 m^3/min · m(3~7 scfm/ft)或 0.25~0.42 L/m^3 · s(15~25 Sscfm/1000ft^3)(WPCF, 1988)。随着处理池宽度的增加,充分混合的空气要求也将增加。对于全地面覆盖的网格构造结构设计,经常使用 0.61 L/m^2 · s(0.12scfm/ft^2)的值(U.S. EPA, 1989)。对加州洛杉矶-格伦代尔设施的陶瓷圆顶扩散器网格结构的评价表明,在空气流量 0.25L/m^2 · s(0.05scfm/ft^2)下运行两个星期之后,扩散器之下没有发现污泥累积(Yunt, 1980)。

对于机械曝气系统,通常使用两个标准定义混合:(1)最低的底部流速和(2)每单位体积的最小输入功率。对于具有垂直混合方式的机械曝气系统，最小输入功率是常用的。对于生物质夹带不是很严重(一些氧化沟应用)的简单氧分散，尽管大多数工程师将会使用更高的值，但是也可以使用 12~20W/m^3(0.45~0.75hp/1000ft^3)的值(WPCF，1988)。对于生物质的混合，输入功率取决于设备的构造设计结构和处理池的几何结构，尽管已经引述了较低的数值，但是也经常使用 16~30W/m^3(0.6~1.15hp/1 000ft^3)的值(WPCF，1988)。推荐与机械曝气系统的生产厂商进行协商，而确保获得充分而有效的设计。对于氧化沟，最低速度用于定义可接受的混合。氧化沟中最低流速假设为 0.24~0.37m/s(0.8~1.2ft/s)。

因为需氧量要求通常决定传统的空气系统，则需要自动提供足够的能量进行混合。对于纯氧气系统，需要进行补充混合。同样，在延长曝气设施中，氧摄取率(OURs)通常较低，而混合要求往往依据曝气机的效率而决定能量输入率。

8.7 曝气机设计和试验

历史上，已经使用了许多方法测试和确定曝气设备，从而导致设备性能的混乱和失实陈述。此外，设备供应商、顾问和用户在报告容量时经常使用不同的术语。

编制明确的设备规格说明书对于高效而又有成本效益的设备安装是至关重要的。为了使供应商能够合理指定和报价曝气设备，潜在的用户或设计工程师必须对有关的系统要求和约束提供详尽而又准确的信息。然后，供应商就能够基于可靠的清洁水试验数据和以前现场实验得到的可靠清洁水试验数据提供设备性能的信息。

可靠的清洁水氧传递试验数据的评价仅仅是理解曝气系统功能的一个步骤。在实际工艺条件下运行的曝气设备上现场测定氧传递是强制性的。工程师必须在各种现场试验的方法中仔细选择可供使用方法并谨慎使用。在接下来的章节中将会讨论规范和试验方案，这将增强对曝气设备的性能测定的理解，这能够简化供应商、顾问和用户之间的交易，而这些在签订合同之前应该进行了解。

8.7.1 设备考虑因素

作为合适设备选择中的第一步骤，设计工程师应该确定曝气系统现场的要求。在定义这些要求中的重要要素有：

- 现场位置，海拔高度和夏季高温和冬季气温低下的环境气氛；
- 曝气池体积，工艺过程的水深度和处理池的构造设计结构；
- 需氧量的最小值，平均值和最大值，加上时空分布；
- 混合要求——维持指定的 MLSS 浓度处于悬浮状态的能力；
- 工艺过程的水温度——最低值，平均值和最大值；
- 工艺过程水传送特性-预期的 α 和 β 因子的范围；
- 运行时溶解氧浓度(mg/L)；
- MLVSS 浓度(mg/L)——最低值，平均值和最大值；
- 系统所需的类型，指定的效率(标准氧传递效率[SOTE]，SAE)、建筑材料、所需的性能测试和安装所必要的质量控制；
- 不符合履约担保的处罚。

设备供应商应该为用户提供设备的详细机械和结构要求和性能特性，包括可靠的清洁水性能数据。清洁水试验的数据提供了在大多数情况下曝气设备规范的主要依据。这些数据必须是在标准条件下，并补充推导的条件。这些信息将允许潜在用户对具体的应用判断数据的有用性。工程师和用户应该坚持，基本数据的收集和分析符合 ASCE 标准对于清洁水中氧传递测定方法(1992)概述的方案是一致的，这总结于以下小节中。

准用户或设计工程师必须将清洁水性能试验结果翻译成可适用的现场条件。工程师必须指定可直接扩展至现场的试验或具有支持从装置到现场几何形状的放大的证据。例如，全地面覆盖网格如果淹没度、扩散器密度和气体流量对于全规模设计属于真实情况时通常是可以放大的。其他扩散空气和机械曝气系统更加复杂。通常情况下，工程师在放大质疑时需要进行全规模清洁水测试。

使用最合适的 α 值的重要性不能被夸大；因此，工程师必须基于曝气的基本因素、所考虑的设备和过去的经验作出合理的判断。基于对设备应用的经验，供应商应该确证所考虑的 α 值的合理性。

对于扩散空气系统曝气设备的设计过程见文献(U. S. EPA，1989)中。相同的工艺过程，可能适用于机械或其他曝气系统，达到了为正确处理池构造结构和设计负荷而计算标准的氧传递速率(SOTRs)的目的。在此点上，设计者可以使用 SAEs 估计数单元装置的数目和标准功率要求。增氧机的间距可根据所选定的传输设备的特性而决定。最后，混合可以基于设备的布局进行评价。

作为设计过程的一部分，工程师必须了解到许多因素影响氧的传递性能。表 14.33 总结了一些这些因素。

表 14.33　将清洁水信息转换成工艺过程条件的校正因子和来源

因　子	考虑的影响	信息来源
α	工艺过程污物对 K_La 的影响	现场试验；经验
β	工艺过程污物对 $C_{st}{}^*$ 的影响	基于总溶解固体进行计算
θ	混合液体温度对 K_La 的影响	1.024 或实验
τ	混合液体温度对 $C_\infty{}^*$ 的影响	计算
Ω	大气压对 $C_{st}{}^*$ 的影响	计算
C	工艺过程 DO	选择
F	扩散器结垢/退化	现场试验；经验

一旦通风系统完成设计，工程师就可以制定曝气设备的规格和报价。报价应包括以下信息：

- 要求满足关键设计条件的单元装置数目，包括减速容量的充足度；
- 如果合适，需要用于运行曝气单元装置的功率；
- 如果合适，需要用于运行曝气单元装置的总空气；
- 如果合适，空气分配系统的设计，包括压头损失计算、最大风机压力，以及管道和孔口尺寸；
- 如果合适，空气鼓风机所需的功率；
- 如果合适，入口空气过滤要求；
- 具有用于建立最低、平均和最大需氧量的 SOTRs 的测试条件的清洁水试验数据；
- 将 SOTR 转换成现场条件的氧传递速率(OTR_f)的计算(见下文的讨论)；
- 设备的构建材料，包括概述设备机械和结构完整性的详细图纸和规格；

• 在设备制造、运输、储存和安装中使用的质量保证/质量控制方案；

• 如果可行，证明设备性能保证的装置或全规模试验（氧传递的最低、平均和最大需氧量的条件）；

• 如果合适，现场混合的要求。

8.7.2 清洁水试验

ASCE 清洁水标准（1992）介绍了 OTR 测定方法，作为在单位体积的清洁水中每单位时间的溶解氧质量，在给定气体流量和输入功率条件下通过氧传递系统运行而测定。这种方法适用于几升水的实验室规模设备和全规模系统，并对于许多不同的混合条件和工艺过程构造设计结构均是有效的。

该方法基于试验水体积中溶解氧的去除率，这种方法包括加入具有钴催化剂的亚硫酸钠，接着进行重新生氧至接近饱和水平的传递研究。试验水体积中溶氧存量在重新生氧期间通过测定几个点来代表处理池内容物的浓度而进行监测。这些溶解氧浓度测量能够原位测定或从处理池泵送样品进行测定。该法确定了每个测定点溶解氧测定的最低数量、分布和范围。

在每个采样点获得的数据，然后通过简化的传质模型进行分析而估算表观的体积传质系数（K_La）和平衡空间平均溶解氧饱和浓度（C^*）（ASCE，1992；Brown and Baillod et al.，1982）。采用非线性回归分析，将每个采样点在重新生氧期间测定的溶解氧分布拟合至该模型的数学方程中。按照这种方式，在每一个采样点就能够获得 K_La 和 $C*$ 估计值。在这些估计值经过调节至标准条件之后，系统的 SOTR 由曝气池的体积（V）和 n 个采样点的每一个点的 K_La 和 C^* 按照如下进行计算：

$$\mathrm{SORT}=V\frac{\sum_{i=1}^{n}K_La_{20i}C^*_{\infty 20i}}{n} \tag{14.32}$$

式中 K_La——体积传质系数；

C^*——平衡空间平均溶解氧饱和浓度；

V——曝气池体积；

n——取样点数。

通常 SAE 是按照 SOTR 除以输入功率进行计算。对于扩散的空气系统，标准氧传递效率（SOTE）（按%计）也能够通过下式进行估算：

$$\mathrm{SOTE}=\frac{\mathrm{SORT}}{W_{O_2}}\times 100 \tag{14.33}$$

式中 W_{O_2}——气体进料流中氧的质量流量。

在曝气测试期间，后续的数据分析和最终结果报告过程中，使用一致的定义是很重要的。采用更具逻辑性和可理解的术语学已建立一致性的的命名，这将消除很多解读曝气文献的困难（ASCE，1992）。对于氧传递试验的标准条件，定义为水温 20℃，气压 100 kPa（1atm）而溶解氧浓度为 0。

8.7.3 清洁水试验数据转换成工艺过程水条件

具体曝气设备的氧传递速率通常表示为 SOTR 或 OTR_f。从标准值计算现场传递速率能够如下完成（U.S. EPA，1989）：

$$\mathrm{ORT_f}=\alpha \mathrm{SORT}^{T-20}\frac{(\tau\beta\Omega C_{20}^{*}-C)}{C_{20}^{*}} \tag{14.34}$$

式中 OTR_f——工艺条件下运行系统估算的氧传递速率，质量/时间；

SOTR——新扩散器的标准氧传递速率，质量/时间；

α——平均工艺过程水的 K_La/平均清洁水的 K_La（二者都是采用新扩散器）；

β——工艺过程水的 C_{st}^*/清洁水的 C_{st}^*；

C_{st}^*——在实际工艺过程水温度、100kPa（1.0atm）的压力和相对湿度 100%下的溶解氧饱和浓度的表值，质量/长度^3；

C——平均工艺过程水体积的溶解氧浓度，质量/长度^3；

Θ——经验温度校正系数，假设等于 1.024，除非曝气系统的测试证明是不同的因子；

F——结垢因子，给定工作时间之后扩散器的工艺过程水 SOTR/同一工艺过程水中新扩散器的 SOTR；

C_{20}^*——20℃和 100kPa（1.0atm）下无限时间的溶解氧饱和浓度的稳态值，质量/长度^3；

τ——溶解氧饱和浓度的温度校正因子，C_{st}^*/C_{S20}^*；

C_{S20}^*——在 20℃和 100kPa 气压相对湿度 100%下溶解氧的饱和浓度，质量/长度^3；

Ω——P_b/P_s（深度低于 6m［20ft］的处理池）；或 $\Omega=(P_b+\gamma_{wt}d_e-P_{vt})/(P_s+\gamma_{wt}d_e-P_{vt})$（处理池深度超过 6m［20ft］）；

wt——在工艺条件下水的重量密度，质量/长度^3；

P_{vt}——工艺温度下水的饱和蒸气压，力/长度^2；

P_b——现场条件下的大气压，力/长度^2；

P_s——标准大气压，力/长度^2；

d_e——有效饱和深度，长度，$=1/\gamma_{wt}[C_{\infty}^*/C_{st}^*(P_s-P_{vt})P_b+P_{vt}]$。

表 14.33 起到了应用方程（14.34）的指南作用，并指出了估计 OTR_f所需参数的来源。从以上所述的清洁水测试而获得了 C_{20}^*和 SOTR 的值。C 值应该代表处理池整个体积内平均的所需工艺过程水的溶解氧浓度。温度和大气压力校正因子由工艺过程设计进行估算。

以该方程可以得出引入细孔曝气技术分析中的参数（F）（U.S.EPA，1989）。此参数试图解释由于结垢或材料退化所致的扩散器性能受损。这个结垢因子，是一个动态项，取决于扩散器类型和污水的特性。其值并无文献记载。在细孔隙扩散器（陶瓷，多孔塑料和穿孔膜）的研究中，F 的值介于 0.5~1.0（U.S.EPA，1989）。这个值的变化速率，对于评价也是很重要的，是通过结垢速率项（f_F）进行描述的。对于有关这个参数的进一步细节，请参阅文献（U.S.EPA，1989）。在过去，扩散器结垢和退化与工艺过程水对氧传递的影响，都被包括于 α 这个项中。表观 α 项经常用于描述这种双重效应（U.S.EPA，1985）。采用当前的术语学，表观 α 被方程的 F 这个项代替。

α 是用于氧传递研究的最具争议的参数之一。最近的信息表明，α 取决于污水特性、扩散器类型、气流速度、扩散器布局、处理池几何结构、系统运行参数和流动状态。此外，α 的值随时间和空间而变化。采用相同的污水，α 对于产生细气泡的曝气设备是最低的，而对于产生粗气泡和表面曝气的曝气设备是最高的。市政设施 OTR_f 测量结果表明，细孔设备的 F 值平均为约 0.4，其范围为 0.1~0.7(U.S. EPA，1989)。这些都是整个曝气池的加权平均值。各个测量值在活塞流式反应器的进水端均显著较低。加权平均 F 值的昼夜变化由约 1.2 的最大与平均值之比和约 0.86 的最低与平均值之比表示(U.S. EPA，1989)。有关 α 的信息，对于机械通风设备是很缺乏的，当可供利用时，某些却没有细孔设备的可靠。文献报道的值为 0.3~1.1(Boyle et al.，1989)。其他文献讨论了其他系统和污水的 α(Doyle and Boyle，1985；Mueller and Boyle，1988；Stenstrom and Gilbert，1981；U.S. EPA，1983，1989；WPCF，1988)。

8.8 工艺过程水试验

一旦曝气设备在工艺条件下运行，其性能应该与计算的设计估算值进行对比。工艺过程水试验提供了有关 F 和对系统设计影响的最佳且最可靠的数据来源。工艺过程运行期间对于试验设备的所有方法都称之为呼吸系统测试。美国土木工程师学会出版了《工艺过程内氧传递试验的标准准则》(1997)。

通常情况下，试验方法能够根据溶解氧浓度关于给定反应器(或反应器段)中的时间变化的速率进行分类。溶解氧变化速率为零的系统为稳态条件；其他均为非稳态。如果进水污水从反应器改道而进行试验，则这些试验被称为间歇测试。术语"连续试验"适用于进水污水流不改道的情况。

几种不需要直接测定 OUR 的呼吸系统试验方法分为质量平衡法、废气法、惰性示踪剂法和非稳态状态法。质量平衡法要求测定进水和出水液体的流量。废气法是基于整个系统的氧质量平衡，并需要在入口和出口气体流中进行测定。惰性示踪剂法通过确定放射活性或稳定惰性气体示踪剂的传递速率而间接测定 OTR。对于非稳态状态法，反应器溶解氧水平在试验开始时调节至高于或低于稳态的溶解氧浓度。氧摄取速率数据，尽管并不是所需的，而往往经常会收集，确保在评估期间处于相对稳定的运行条件。一些参考文献介绍了可供现场氧传递测定之用的试验方法(ASCE，1997；Doyle and Boyle，1985；U.S. EPA，1983，1989)。表 14.34 和表 14.35 提供使用稳态或非稳态状态试验的必要假设。最佳方法的选择往往取决于经济学、所需的精密度和准确度、工艺过程条件和其他考虑因素。

表 14.34　开发稳态和非稳态状态连续试验的方程所必要的假设
(ASCE，1997；Doyle and Boyle，1985；和 U.S. EPA，1983b and 1989)

假　设	试验条件
曝气体积 DO 恒定而反应器内容物完全混合(均匀)	试验时间短，对于非稳态状态试验并不需要
反应器进水流量恒定	试验时间短，进水污水流量的变化在试验期间可以忽略；再循环污泥流量保持恒定
进水 DO 恒定	试验时间短，进水污水流量和 DO 的变化在试验期间可以忽略；再循环污泥流量保持恒定
曝气体积内氧摄取恒定	试验时间短；进水污水流量和 DO 的变化在试验期间可以忽略(注意，摄取速率，对于高有机负荷的系统，如果不是不可能，则可能很难稳定确定)
有效氧传递速率恒定	试验时间短；α 值在试验期间保持恒定

表 14.35　开发稳态和非稳态状态间歇试验的方程所必要的假设
（ASCE，1997；Doyle and Boyle，1985；and U.S. EPA，1983 and 1989）

假　设	试 验 条 件
爆气体积 DO 恒定而反应器内容物完全混合(均匀)	已经获得和维持着稳态条件，对于非稳态状态试验需要之
再循环污泥流量恒定为零	再循环流量维持恒定或不连续
再循环 DO 恒定	如果试验期间再循环流处于使用之中则稳态运行(例如，污泥层水平恒定)
曝气体积氧摄取速率恒定	曝气体积生物固体和再循环污泥流量维持恒定；碳和氮底物在试验期间接近为零(如果在试验系统中发生硝化)
有效氧传递速率恒定	碳底物在试验期间接近零；α 值在试验期间维持恒定

8.9　曝气系统的维护

在曝气系统设计中的主要目标是开发一套有效的系统，而实现尽可能最低的成本，维持初始投资和长期运营和维护费用之间的平衡。许多长期维护的特点，是由设计到系统中的功能和约束条件决定的。然而，在工作人员控制之下的因素可能会影响长期运营和维护的成本。对于细孔扩散器的操作和维护的充分总结可以查阅其他参考文献（U.S. EPA，1989；WPCF，1988）。

9　二级澄清

9.1　概述

重力澄清历来都用于从悬浮生长系统的出水中分离出 MLSS。表 14.36 列出了许多影响澄清池性能的因素。解决这些澄清池各种形状和大小尺寸常见的设计考虑因素将在以下各段中进行介绍。这些之后是有关矩形和圆形澄清池的独立小节。二级澄清池设计的进一步细节和更深入的分析，可查阅水环境联合会的《实践手册》No. FD-8（WEF，2005）。

表 14.36　影响澄清池性能的因素（Ekama et al.，1997；经 IWA Publishing 许可重印）

类　别	因　素
水力学和负荷因素	污水(ADWF，PDWF，PWWF)①、表面溢流速率、固体负荷速率、水力停留时间、底流再循环率
外部物理特性	处理池构造设计结构、表面积、深度、流量分布、传送结构中的湍流
内部物理特性	存在絮凝区、污泥收集机制、进口排布设计、堰类型、长度和位置、挡流设计、水力流量模式和湍流、密度和连接流
现场条件	风和波行为、水温变化
污泥特性	MLSS 浓度、污泥龄、絮凝、沉降和增稠特性、生物工艺过程的类型

① ADWF=平均干季流量，PDWF=干季峰值流量，和 PWWF=湿季峰值流量。

9.2　悬浮特性和可澄清性

9.2.1　悬浮特性

图 14.98 说明了用于分类悬浮液的沉降特性。所有四种类型的沉降都发生于活性污泥澄

清池中。Ⅰ型和Ⅱ型代表了发生于澄清池上部分导致出水悬浮固体低的各个离散絮凝颗粒物的沉降。Ⅲ型，或区沉降，发生时因为水随着悬浮液沉降而被代替，浓缩的悬浮液沉降速率较低。其结果是沉降区之上的液体清澈，而沉降速率随着浓度增加而降低。污泥层的Ⅲ型沉降对于澄清池设计是最重要的，而代表了其中浓度随深度增加但是固体在底流浓度下作为RAS不断去除的污泥层的行为。在Ⅳ型，或压缩沉降中，颗粒物相互接触，而通过压缩才能进一步发生沉降。Ⅳ型可能存在于处理池底部的污泥区。

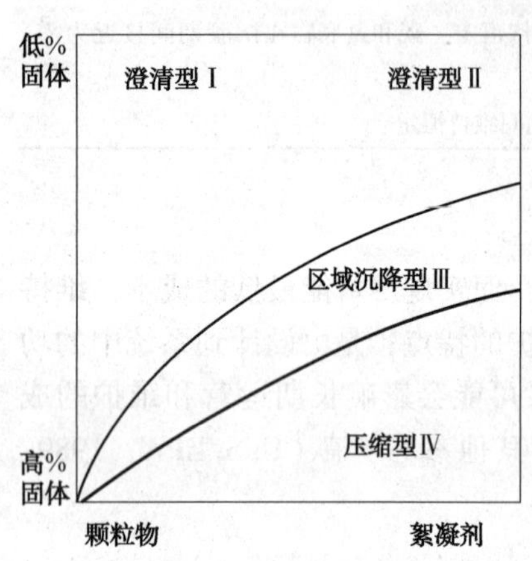

图 14.98　固体特性和沉降工艺过程之间的关系

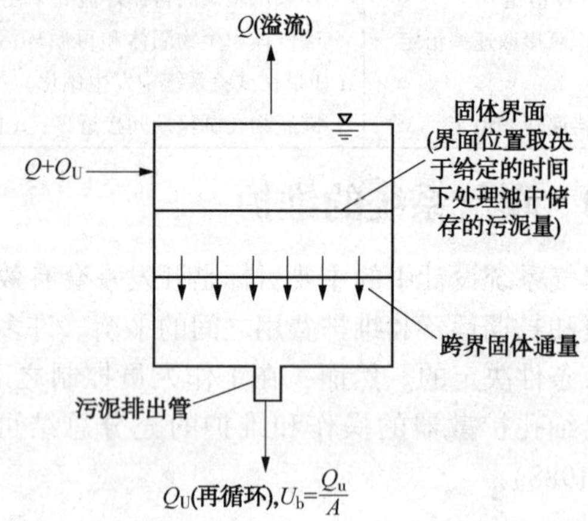

图 14.99　稳态的沉降池（u_b = 向下膨胀的速率，m/h 或 ft/h，而 A = 所需面积，m^2 或 ft^2）

（源自 Metcalf & Eddy，《污水工程：处理与回用》(*Engineering：Treatment and Reuse*)，第四版。版权 2003，经纽约 N. Y. 的 McGraw-Hill Companies 许可）

柯怡和科勒温格(Coe and Clevenger，1916)，迪克和埃文(Dick and Ewing，1967)，迪克和杨(Dick and Young，1972)和吉冈(Yoshioka et al.，1957)的工作推进了澄清的固体通量方法。对于稳态下运行的澄清池，通量恒定的固体向下移动(图 14.99)。固体的总质量通量是由于重力的受阻沉降所产生的质量通量和悬浮液本体运动所产生的质量通量之和。由受阻沉降所产生的穿过任意边界的固体通量为：

$$SF_g = X_i V_i \tag{14.35}$$

式中　SF_g——重力产生的固体通量，kg/m² · h(lb/h · ft)；

X_i——问题之处的固体浓度，g/m³(lb/ft³)；

V_i——浓度为 X 的固体沉降速率，m/h(ft/h)。

底流产生的固体通量为：

$$SF_u = X_i U_b \tag{14.36}$$

和，

$$U_b = Q_u / A \tag{14.37}$$

得到，

$$SF_u = X_i Q_u / A \tag{14.38}$$

式中　SF_u——底流产生的固体通量，kg/m² · h(lb/h · ft²)；

U_b——本体下移速率，m/h(ft/h)；

Q_u——底流流量，m³/h(ft³/h)；

A——所需面积，m²(ft²)。

总固体通量，SF_t，按照 kg/m²·h(lb/h·ft²)计，等于这两个组分之和：

$$SF_t = X_i V_i + X_i U_b \quad (14.39)$$

总固体通量表示固体能够施加于给定底流速率、MLSS 浓度和浓度为 X_i 下的特征沉降速率的澄清池的最大速率。反之，特征沉降速率是固体可沉降性的函数。

9.2.2　影响可沉降性的因素

无法预测具体悬浮液每天的微生物沉降特性。微生物的构成是影响活性污泥沉降的主要因素。设计和运行良好的活性污泥系统提供了促进容易絮凝和控制可能促进污泥沉降变差和发泡的生物生长所需的微生物增殖的环境。

健康的混合液包括细菌、原生动物和后生动物的混合物。丝状菌以不同含量存在而能够妨碍污泥沉降和增稠的能力。在显微镜下观察时，它们在外观上通常较长而成丝状。理想的絮状物只包含丝状微生物和絮状物构成的混合物，丝状物构成絮状物的骨架(图 14.100a)。如果絮状物缺乏足够的丝状物，则其就很可能断裂(图 14.100b)而出水质量将变差。如果存在太多的丝状物，则会发展膨胀作用，而阻碍和压缩沉降(图 14.100c)(Jenkins et al.，2003；Sezgin et al.，1978)。

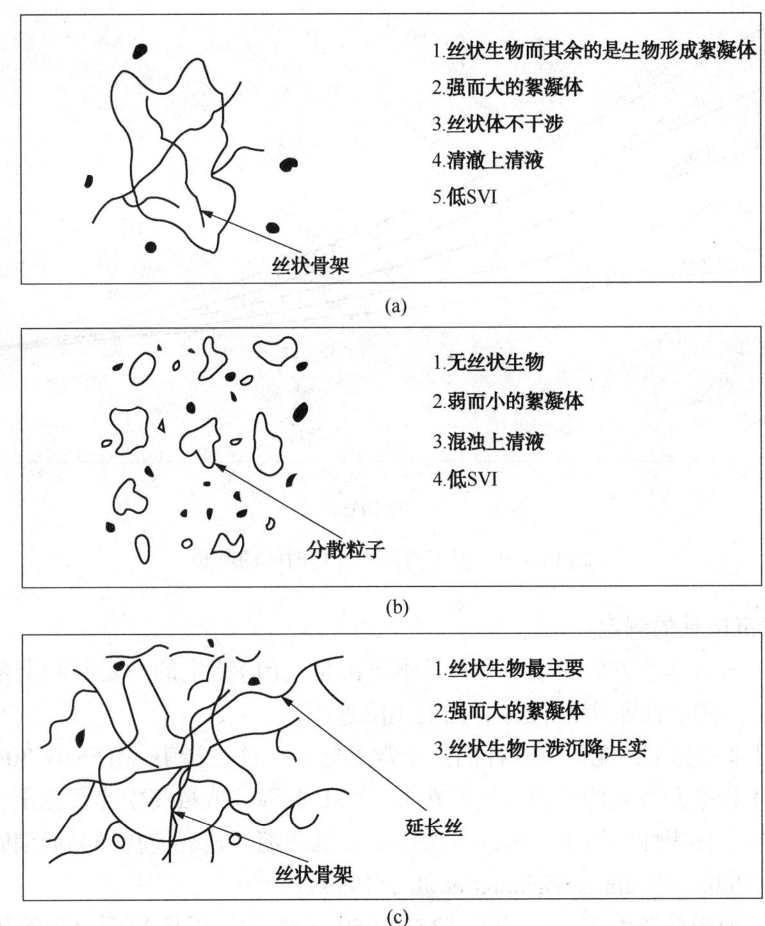

图 14.100　丝状生物对活性污泥结构的影响

(a)理想的非膨胀絮凝物；(b)极其微小的絮凝物；(c)丝状，膨胀

(Ekama et al.，1997；经版权所有者 IWA 许可而重印)

沉降的活性污泥包含一些非可沉降的固体，这些固体要么因为其粒径太小，要么因为其密度太靠近周围流体，可以忽略的速率发生沉降。许多这些固体在最后澄清池中不能去除。这种固体发生絮凝的倾向较低或因为曝气池或输送系统中过度湍流而受到絮状颗粒的剪切。

活性污泥混合液中悬浮固体在温暖的气温下沉降更好。Reed 和 Murphy（Reed and Murphy，1969）对此进行了研究，并指出，相比于 20℃下 MLSS 浓度 2000mg/L 的情况，在 0℃下沉降时间增加了 1.75 倍（图 14.101）。随着固体浓度增加，这种效应变得不太明显。威尔逊（Wilson，1996）也量化了这种温度效应。

由于混合液经过曝气，输送到澄清池并进行沉降，絮凝物形成的程度和状态可能会发生改变。通过诸如沃霍尔伯格（Wahlberg，2001）提出的诊断测试，可提供有关系统的性能和缺陷的有用信息。

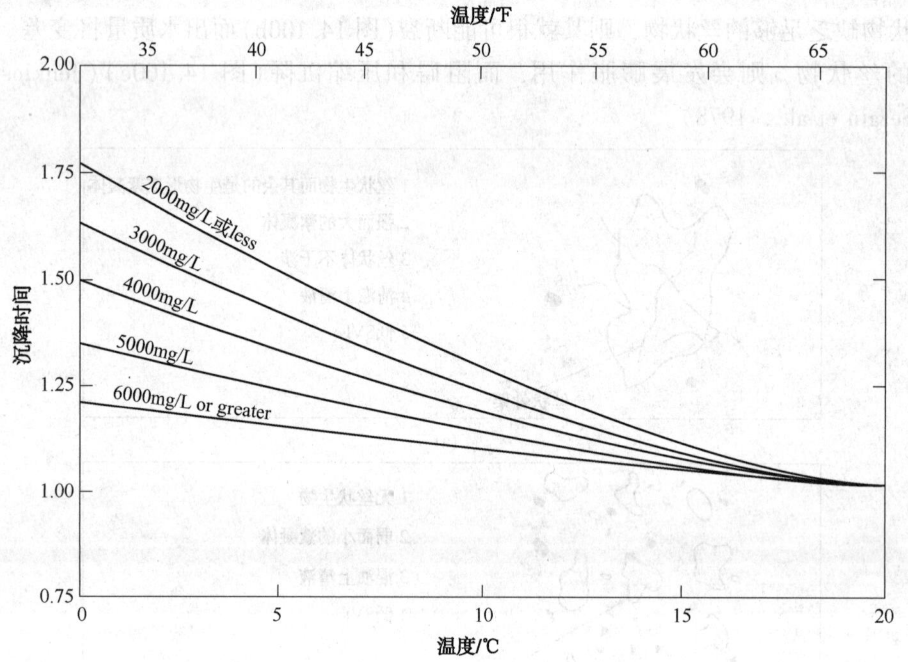

图 14.101 温度对沉降停留时间的影响

9.2.3 可沉降性的测定

在测定污泥可沉降性方面使用了两种基本方法是：（1）给定的一定时间期限后沉降的污泥量和（2）在区域沉降期间污泥/液体界面的沉降速率。

SVI 长期以来成为了污泥可沉降性的一个常见标准。这是指 1g MLSS 在 30min 的静态沉降之后所占的体积毫升数。传统的方法是在 1L 或 2L 沉降柱或量筒中完成测定，但其他方法也能够产生更具有代表性的结果。标准方法指定在沉降期间轻轻搅拌样品而消除或最小化壁效应（American Public Health Association et al.，1999）。

通过将悬浮液稀释产生 30min 沉降的 150～250mL/L 的污泥体积而得到的稀污泥容积指数（DSVI）是为了克服浓度。由于 DSV30 对固体浓度相对不敏感，这就提供了一个比较不同时间和设施的污泥可沉降性的共同基础。

另一项测量手段是在 3.5g MLSS/L 下的搅拌污泥体积指数($SSVI_{3.5}$)。这被定义为标准初始浓度 3.5g MLSS/L 下 1g 固体在微微搅拌(1r/min)沉降柱中沉降 30min 后所占的体积。$SSVI_{3.5}$的测定需要(1)在 2000~6000mg/L 的各个 MLSS 值下完成一定范围的沉降测试，(2)对每一浓度计算 SSVI，(3)作出 SSVI-浓度图，(4)在 3500mg/L 下通过插值法获得大 SSVI 的值。

9.2.4　改善可沉降性的技术

活性污泥混合液固体悬浮液的可沉降性可能受到生物反应器的负荷，运输和澄清池/RAS 系统设计的影响。

9.2.4.1　食物-微生物之比的控制

食物-微生物之比(F：M)是一个相对于可沉降性的重要设计考虑因素。高值可能会导致提供的是由游动偏好的分散生长和其他既不能充分沉降也不能有效引入絮凝体中的微生物生长。降低该负荷参数会导致丝状微生物和内源性的呼吸和腐烂，所产生的分解碎片并不容易沉降出来。在 F：M 的中间值下，MLSS 可能或不可能充分沉降，这取决于其他变量，如营养成分，溶解氧水平，湍流和可能的毒性。

9.2.4.2　溶解氧浓度

在活塞流反应器中，在处理池渠首末端需要更多的氧，才能防止溶解氧浓度下降而出现污泥膨胀的条件。詹金斯等(Jenkins et al.，2003)描述了相对于全混反应器的膨胀条件曝气池溶解氧和 F：M 之间的相互作用(图 14.102)。该图表明，如果溶解氧浓度保持相对较高，则采用合理的沉降特性能够达到较高的负荷率。这在一定程度上解释了为什么纯氧气反应器能够负荷较重并仍然产生可沉降的污泥。

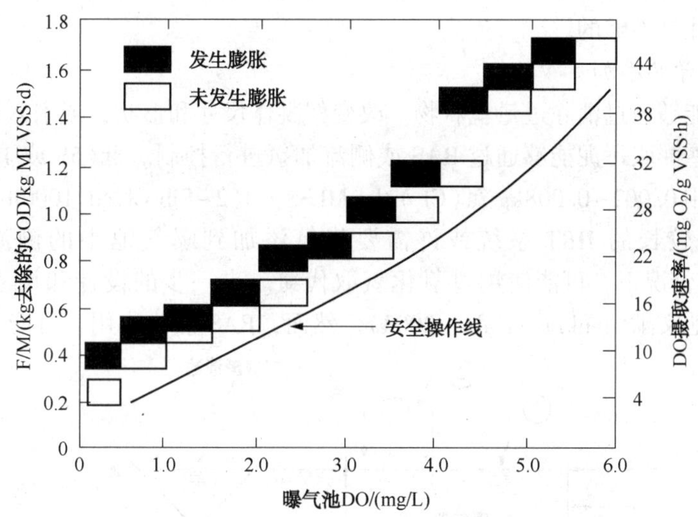

图 14.102　在全混曝气池中的膨胀和非膨胀条件

(COD=碳需氧量；DO=溶解氧；和 MLVSS=混合液挥发性悬浮固体)

(Jenkins et al.，2003；经 IWA Publishing 许可重印)

9.2.4.3　选择器

在本章前面已经讨论论过，选择器有助于控制混合液体悬浮液的可沉降性。

9.2.4.4　工艺过程构造结构设计

如果具有充足的设计灵活性，操作者就能够可以采取积极的步骤，确保充分沉降。

在低 F：M 系统中，一个良好的方法是，在活塞流构造结构设计中运行至少第一部分曝气池。这种构造结构设计创建的环境稍微有点像一个选择器而限制低 F：M 膨胀生物的生长。

按照分步进料模式运行而使部分或全部进水流量能够在沿曝气池长度上的几个点处加入，有时是很有利的。通常情况下，进水在 2~4 个点中被等分，而返流污泥仅仅加入到曝气池的第一通道，正如本章前面的介绍。这种类型的设计，对于给定的处理池容积和 F：M（或 SRT），在最后的澄清池上容许较低的固体负荷率（SLRs）。分步进料还允许需氧量沿着曝气池长度更均匀地分布。

9.2.4.5 选择性废弃和泡沫控制

诺卡氏菌型生物，能够在混合液体反应器、开放渠和最后的澄清池表面发生累积而臭名昭著。许多具有超过 5 天污泥龄污泥的污水处理厂都有这个问题。曝气池通常都设计有溢流堰出口，而将漂浮物向下游移动至进料澄清池的分流槽结构或曝气渠中。如果在上游不去除，则这些滋扰性的丝状生物体进入最后澄清池中而会上升至表面，在此必须撇除才能防止发味或向出水中损失固体。帕克等（Parker et al.，2003）引入了增加机械撇渣设备，如螺旋式或链叉式刮板将漂浮物向岸边移动而进入位于曝气渠末端的料斗中。另一个泡沫和漂浮物的控制方法，包括喷嘴，这对于诺卡氏菌型泡沫是无效的。

如果泡沫传送至澄清池中，则泡沫往往会积累于絮凝区的挡板后面。有人建议利用一种装置使用自动化机械设备，通过降低挡板而使其在小时峰值流量下溢流一些，或通过定期降低挡板中的闸门，而去除泡沫。喷嘴旨在通过在挡板的小端口去除浮渣，可能有一些帮助，但单独使用时往往是不够的。

9.2.4.6 化学品添加

化学品添加能够通过消除过量丝状物，改变絮凝体尺寸和形状，或引入絮凝作用而提高澄清池性能。有些膨胀污泥能够通过 RAS 或侧流加氯进行控制。低（5h 或 10h）HRT 系统的典型设计就是使用 0.002~0.008kg 氯（Cl_2）/kg MLSS·d（2~8lb Cl_2/d/1000lb 污泥）的氯添加到 RAS 系统中。较长的 HRT 系统或许需要将氯添加到曝气池中的侧流或多个点（图 14.103）。在许多情况下，可能使用过氧化氢取代氯。进一步的设计和尺寸大小确定的细节，可以查阅其他文献（Jenkins et al.，2003）。然而，RAS 氯化作用，可能干扰硝化。一个

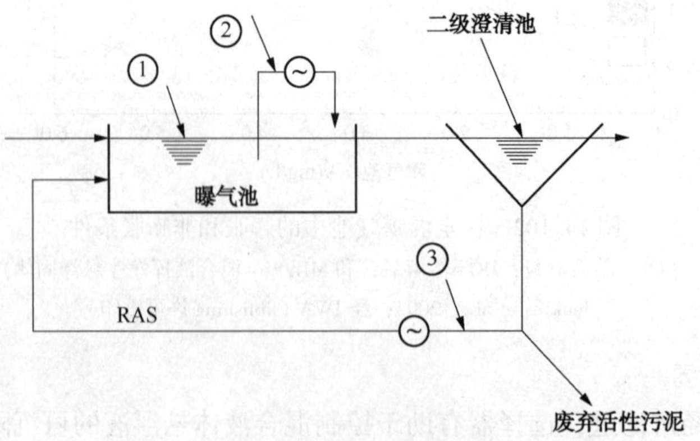

图 14.103 膨胀控制的计量加氯位置

（Jenkins et al.，2003；经 IWA Publishing 许可重印）

全规模的研究表明，为了维持 BNR 能力，需要的氯剂量要小于 0.001kg Cl_2/kg MLSS · d (1lb/d/1000lb 混合液体挥发性悬浮固体)(Ward et al., 1999)。这项研究还报道，由于氯的抑制作用，硝化作用在停止加氯之后比 EBPR 恢复更快。

为了改善絮凝作用，加入浓度低于 1mg/L 的阳离子聚合物，已经证明能够改善混合液体的可沉降性。在极少数情况下，使用明矾。无机盐、聚合物或其他絮凝助剂的选择应该基于实验室研究，包括小试试验。

9.2.4.7　能量梯度优化

能量梯度优化对于生长 MLSS 絮凝体或在从曝气池向澄清池的沉降区传送中对其保护是很重要的。随着混合液体离开曝气池，如果在反应器中使用轻度混合，如采用细气泡曝气实现，则能够充分形成絮状物。使用喷射，高或低转速的机械曝气，或水下涡轮都可能撕掉絮状物。在混合液体进入澄清池静态区进行沉降之前应该完成重新构形。这可能通过在曝气混合液体传送渠道中的足够停留时间就能够实现。

如果采用越堰分流，则需要注意下降高度。高达 1m 的落差并不会损坏某些混合液体，但絮状物的性质可能会影响结果。

在澄清池内，入口必须耗散进水混合液体能量，均匀分配流量，降低密度短路和流路效应，最小化污泥层扰动，并促进絮凝。达斯等(Das et al., 1993)证实，超过 0.6m/s(2ft/s)的速度会导致抗絮凝作用。传入的能量可以用于促进絮凝，这将稍后讨论。

9.3　澄清池尺寸确定方法

在澄清池设计中，提供足够的表面积和深度是至关重要的。两个定义面积要求的标准是表面溢流速率(SOR)和固体负荷率(SLR)。SOR 是澄清池的出水流量除以有效表面积，这个有效表面积定义为内胆壁的尺寸，而不是堰或孔口位置。SLR 是固体的质量负荷(澄清池总流量，包括 RAS，乘以 MLSS 浓度)除以此面积。

有些条例规定了表面积大小选定的数值限制；其他则接受负荷的论证计算。反过来，这些可能包括固体通量分析和其他此类现场特异性信息。

9.3.1　溢流速率

设计工程师使用的 SOR，基于平均干季流量(ADWF)和表面面积，对于活性污泥澄清池，范围为 0.5~2m/h(300~1000gpd/ft^2)。有些污水处理厂已知在整个范围的上限之下运行毫无困难，并能够产生高质量出水。在有据可查的个案中，昼夜或最大泵送峰值速率 2.7~3.1m/h(1600~1800gpd/ft^2)不会超过容量。在其他情况下，澄清效率较差将会在较低的平均和峰值 SORs 时遇到。

咨询公司的调查获得了优选的 SORs，如表 14.37 所示。兰道尔等(Randall et al., 1992)推荐基于清水区的平均和最大 SORs，这是污泥层最大高度之上的自由沉降区。他们的建议值，如表 14.38 所示，表明峰值标准是平均值的 3 倍，这在许多情况下可能不适用。

要用到十个州立标准或类似的准则(Great Lakes - Upper Mississippi River Board [GLUMRB], 2004)。在某些情况下，这些额定容量根据运行几十年前的澄清池设计制定而出，并没有反映对入口和出口结构、深度、污泥收集和已经证实将会提高可容许速率的污泥去除率的设计中的可能的改善。据预测，全面优化澄清池设计将会具有比 1970 之前具有相同侧水深度的澄清池设计高 15%~20%的水力容量(WEF, 1998)。

表 14.37　优选的溢流速率($m^3/m^2 \cdot h$[gpd/ft^2])(WEF，1988)

流　量	圆形澄清池		矩形澄清池	
	范　围	平均值	范　围	平均值
平均值	168~119 (400~700)	0.95	~1.19 (400~7000)	
峰值	1.70~2.72 (1000~16000)	2.09 (12.30)②	170~272 (1000~16000)	210 (12.30)

① 15 个公司中 10 个使用 2.04$m^3/m^2 \cdot h$(1200gpd/ft^2)。

② 13 个公司中 8 个使用 2.04$m^3/m^2 \cdot h$(1200gpd/ft^2)。

表 14.38　澄清池溢流速率限制(Randall et al.，1992)

水力条件	中等 CWZ① 1.83~3.05m	深度 CWZ 3.05~4.57m
平均 SOR($m^3/m^2 \cdot h$)	0.091 CWZ^2	0.278 CWZ
最大 SOR($m^3/m^2 \cdot h$)	0.182 CWZ^2	0.556 CWZ

① CWZ=清洁水区。

出水悬浮固体和几个污水处理厂制定的 SOR 之间的相关性表明，小于 20mg/L 的出水 TSS 能够在 1.0~2.0m/h 的 SORs 下实现(图 14.104)。这种相关性可能会产生误导，因为这种相关性并没有考虑温度影响，峰值因素，SVIs，几何结构细节，RAS 流量和 RAS 浓度。因为文献有限，针对具体现场的设计应该是保守的或基于实验测试的(Tekippe and Bender，1987)。鼓励在正进行扩建的现有污水处理厂实施不平衡负荷测试(以不同速率对多个澄清池加载而评估性能)。如果这样的测试是不可行的，则柱式沉降研究的实施可能有助于建立设计标准。

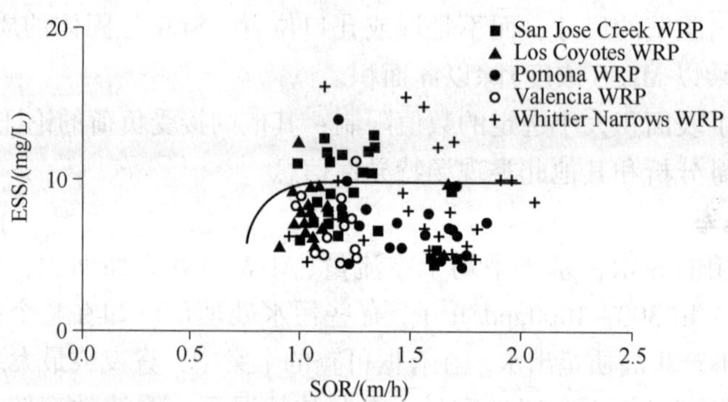

图 14.104　通量分析中假设的典型固体浓度—深度分布图

(Ekama et al.，1997；经 IWA Publishing 许可重印)

9.3.2　固体负荷率

在建立允许的最大 SLR 中，大多数设计工程师宁愿保持 100~150 $kg/m^2 \cdot d$(20~30$lb/d \cdot ft^2$)的平均 SLR 范围(包括整个 RAS 容量)和 200~240 $kg/m^2 \cdot d$(40~50$lb/d \cdot ft^2$)的峰值 SLR 范围。在一些具有低 SVI、设计良好的澄清池和有效固体去除率且运行良好的污水处理厂中已经观察到超过 240 $kg/m^2 \cdot d$(50$lb/d \cdot ft^2$)或更高的负荷率。现在以下将介绍确定限制性 SLR 的方法，并包括固体通量分析和运行策略。

固体通量分析在确定简单固体负荷标准求精是否值得和有助于操作者运行澄清工艺过程

方面是很有价值的。通量理论的假设是，随着固体达到设计的底流浓度，固体连续从澄清池中去除并且悬浮液沉降特性是已知的。通量理论的详细数学分析可以查阅“水环境联合会”(Water Environment Federation)的 MOP FD-8(2005a)。

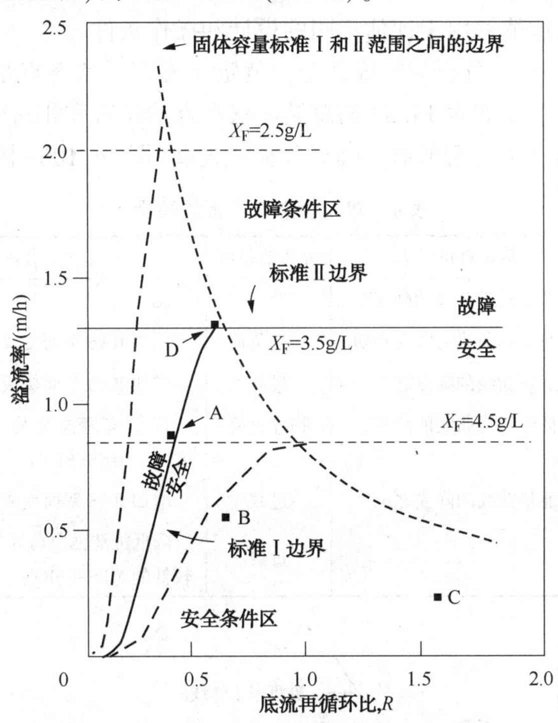

图 14.105　基于通量方法和连接搅拌区沉降速率(SZSV)和污泥具有 V_o = 5.93m/h 和 N = 0.43 m^3/kg的固体浓度的半对数表达式的二级沉降池(SSTs)的设计和运行图。固体容量的标准Ⅰ和Ⅱ的边界对于所选的进料浓度(X_F = 2.5，3.5 和 4.5g/L)如所示。对于进料浓度为 3.5 g/L，如果溢出率(水平)和再循环比(垂直)线相交于标准Ⅰ和Ⅱ结合区域的内侧，之处或外侧，则运行条件分别是安全的、临界的、或过载的。溢流率 q_R 是再循环比(R)和溢流率(q_A)在图中任何具体点下运行的结果；图中双曲线，也就是虚线，代表常量 q_B(Ekama et al.，1997；经 IWA Publishing 许可重印)

固体浓度-深度的曲线图包括四个区：(1)清水区(h_1)、(2)隔离区(h_2)、(3)污泥储存区(h_3)和(4)增稠和污泥去除区(h_4)(Ekama et al.，1997)。通量理论的基本前提是，在过载条件(适用于超限通量的固体通量)下，临界区沉降层(污泥储存区，h_3)在污泥层中发展出来，这限制了固体向处理池底部的传输。因此，从隔离区进入存储区的所有固体都没有转移到增稠区之下，而在储存区内累积了过量的固体，导致固体发生膨胀。因为固体膨胀，固体浓度在存储层内保持恒定。然而，分离和增稠区(h_2和 h_4)的深度并未没有大幅增加。存储层的不断扩大将导致污泥层达到出水结构水平附近，造成固体随着出水损失。在这一点上，存储层不能进一步扩大，否则澄清池的存储容量将被耗尽。无法通过存储层转移的固体通量，会随着出水而损失。

当施加的固体通量小于临界通量(低负荷条件)，所有施加的固体能够转移到处理池底部，消除了固体存储的需要。因此，污泥层仅仅构成了分离(h_2)和增稠(h_4)区。

9.3.2.1 状态点分析

状态点分析(SPA)是一种由固体通量理论推导而来的图形化方法(Keinath 1985；Keinath et al.，1977)。SPA 将 MLSS 浓度和悬浮液沉降特性，增稠的可用表面积，以及进水和 RAS 的流量结合至模型中。这能够用于评估不同的设计和操作条件。

图 14.106 说明了状态点分析的组成部分。就定义而言，状态点是澄清池溢出率(OFR)和底流率(UFR)的交点。正如表 14.39 的总结，状态点的位置和相对于下降通量曲线降支的 UFR 线定位，确定了澄清池是否低载，临界负荷或过载(图 14.106~图 14.111)。

表 14.39 状态点分析的解释

状态点位置	底流线的位置	澄清池条件	潜在的校正措施
流量曲线内(图 14.14)	低于通量曲线的降支	低载	无
通量曲线内(图 14.15)	与通量曲线的降支相切	临界负荷	增加 RAS 率而变成低载
通量曲线内(图 14.16)	通量曲线的降支之上	过载	增加 RAS 率而变成低载
通量曲线上(图 14.17)	低于通量曲线的降支	临界负荷	降低澄清池负荷固体而变成低载转化成??? 或??? MLSS(SRT)
通量曲线上(图 14.18)	通量曲线的降支之上	过载	增加 RAS 率而变成临界负荷
通量曲线外(图 14.19)		过载	降低澄清池负荷固体而变成低载转化成??? 或较低的 MLSS(SRT)

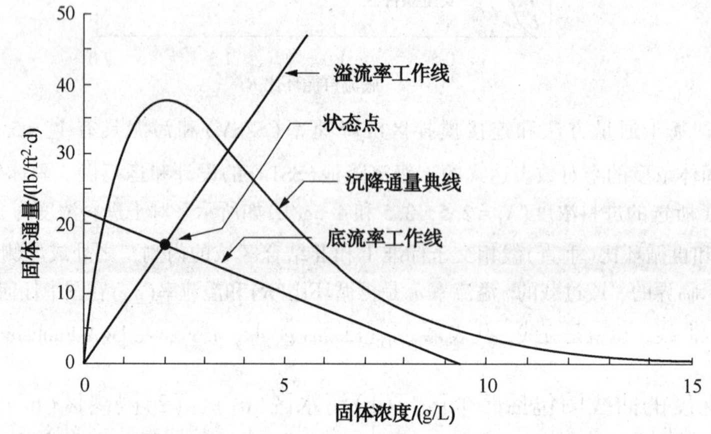

图 14.106 状态点分析的要素(WERF，2001)

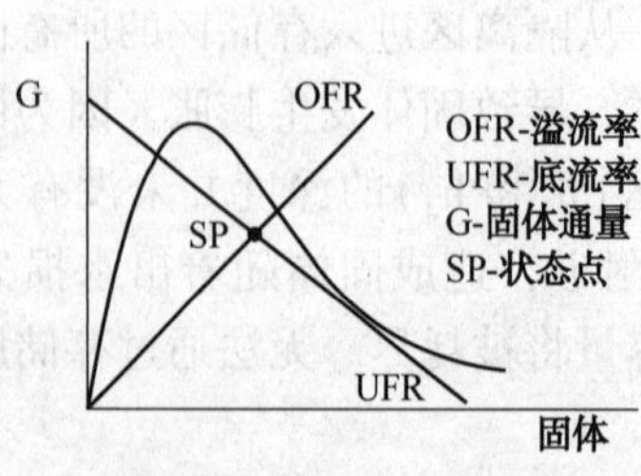

图 14.107 临界负荷澄清池

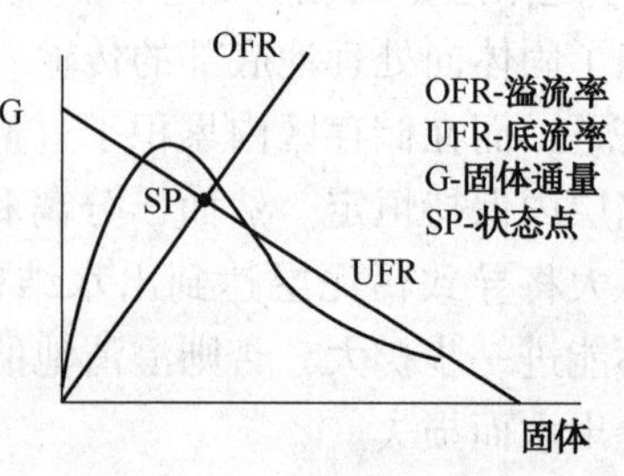

图 14.108 过载澄清池

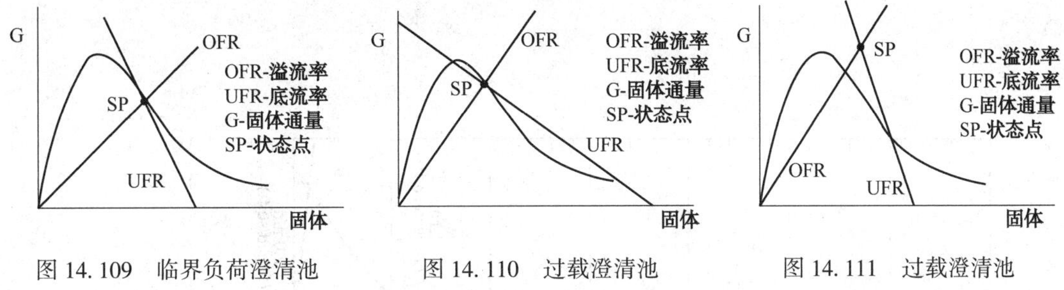

图 14.109　临界负荷澄清池　　图 14.110　过载澄清池　　图 14.111　过载澄清池

水环境研究基金会(Water Environment Research Foundation)的澄清池研究技术委员会(Clarifier Research Technical Committee)(CRTC)议定书提供了有关状态点分析的开发和应用的准则(WERF, 2001)。梅特卡夫和埃迪(Metcalf and Eddy, 2003)介绍了有关在运行作和设计中使用状态点分析的实例。

9.3.2.2　戴格尔(Daigger)方法

戴格尔(Daigger, 1995)和戴格尔和若珀尔(Daigger and Roper, 1985)通过基于 SPA 和预测未搅拌 SVI 的函数的悬浮液沉降速率，将 SLR 描点作图成 RAS 固体浓度的函数而开发出澄清池工作图(图 14.112)。线代表所示 SVI 的限制通量。代表不同底流率(RAS)的线被叠加。利用 $SSVI_{3.5}$ 和 DSVI 值能够产生类似的工作图(Daigger, 1995)。

澄清池工作点能够通过利用两个以下工作参数而定位于图中：实际 SLR、底流率、或 RAS 固体浓度。第三个参数，如果能够利用，则可以用于检查。如果工作点处于对应于当前 SVI 的线之下或之左，则澄清池就在低于与工作 SVI 相关的限制通量下运行。如果工作点落在代表当前 SVI 的线上，则澄清池固体负荷就等于限制通量而澄清池正在其故障点上运行。如果工作点落在代表工作 SVI 的线之上和之右，则澄清池过载而有可能发生增稠故障。詹金斯等(Jenkins et al., 2003)介绍了这种方法应用的详细图解。

9.3.2.3　凯纳斯(Keinath)方法

沃霍尔伯格和凯纳斯(Wahlberg and Keinath, 1988)和凯纳斯(Keinath, 1990)结合悬浮液沉降行为较广泛的数据库作为搅拌 SVI 的函数而开发出图 14.113 中所示的设计和工作图。该数据库包括了 21 个在规模、地理位置、运行模式、曝气方法和工艺污水输入的类型和数量上不同的全规模污水处理厂的信息。测试的悬浮液没有进行任何化学修饰和改变。

利用凯纳斯工作图获得的结果基本不同于戴格尔方法，因为与搅拌和未搅拌的 SVIs(尤其是在高取值下)相关的沉降速率之间存在差异。戴格尔(Daigger, 1995)找出来了这种搅拌与未搅拌试验数据之间的相关性，但这种良好的相关性不同的污水处理厂之间既没有可转移性，在宽 MLSS 浓度范围内也不具有有效性。

凯纳斯(Keinath, 1990)根据增稠标准而制作了二级澄清池沉淀池的设计和运行图(图 14.113)并评估各种经济指标而确定出有成本效益的设计。凯纳斯还介绍了一些例子，说明校正策略，如 RAS 控制或向分步进料转换对改善运行的二级澄清池增稠过载条件的影响。这样的一个例子见“水环境联合会”MOP FD-8(2005a)中。

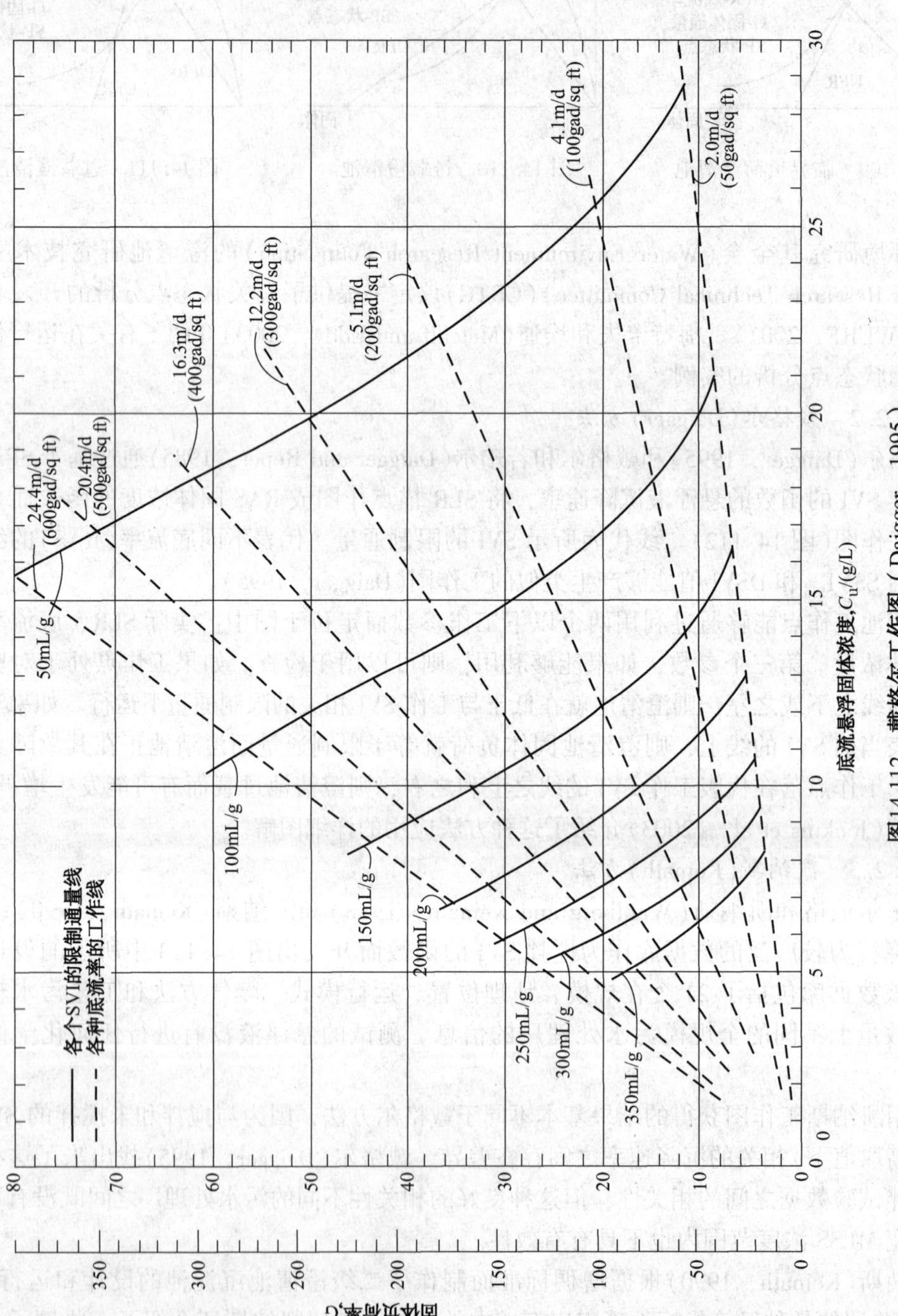

图14.112 戴格尔工作图（Daigger，1995）

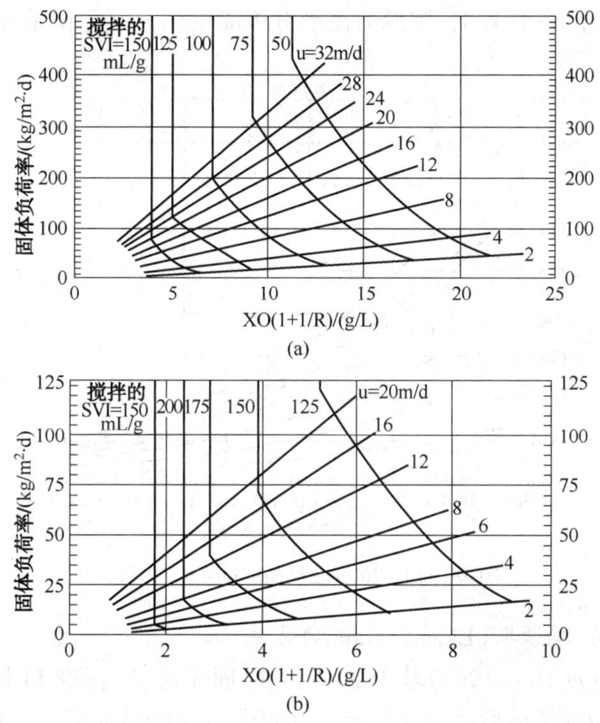

图 14.113　Keinath 工作图(Keinath，1990)

9.3.2.4　威尔逊(Wilson)方法

威尔逊(Wilson，1996)提出了一种利用 30min 沉降试验的沉降污泥体积(SSV 或 V_{30})评价二次沉淀池性能的简化方法。威尔逊认为，SSV 相关于的初始沉降速度(ISV)，这也代表了所需的 SOR，但前提是在适当情况下要对于温度，挥发性固体含量和化学品添加进行调节。这种方法的关系式有：

$$R_{\min} = SSV/(10^3 - SSV) \tag{14.40}$$

$$ISV = V_0 \times \exp(-4 \times SSV/10^3) \tag{14.41}$$

式中　$R_{\min}$——最小 RAS 率，%；

ISV——初始沉降速率，m/h；

SSV——30min 沉降体积，mL/L；

V_0——污泥沉降特征速率，m/h。

图 14.114 介绍了一组对于各个 V_0 值将 SVI(或澄清池 SOR)关联于 SSV 的曲线，假设了 V_0 为摄氏温度的 0.3～0.5 倍。威尔逊推断，这种模型堪比经验验证的德国 Abwassertechnische Vereinigung(“ATV”)方法以及由 Daigger(Daigger，1995)开发的模型。

威尔逊方法需要利用图 14.114 或方程(14.41)确定 ISV，这也就是最大表面溢流率(SOR_{max})；$R_{\min}$ 可以从方程(14.40)推导。这些值然后就与从污水处理厂运行数据确定的 SOR 和 RAS 率进行比较。最后，CSF 和返流安全系数(RSF)如下进行计算：

$$RSF = \text{污水处理厂 RAS 率}/R_{\min} \tag{14.42}$$

$$CSF = SOR_{max}/\text{污水处理厂 SOR} \tag{14.43}$$

CSF 值小于 1.0，表明澄清池过载。如果 CSF 和 RSF 均大于 1.0，则是澄清池低载。如

果 CSF 大于 1.0 而 RSF 小于 1.0，则澄清池最有可能过载，而工作条件应该利用其他方法，如戴格尔方法，进行证实。

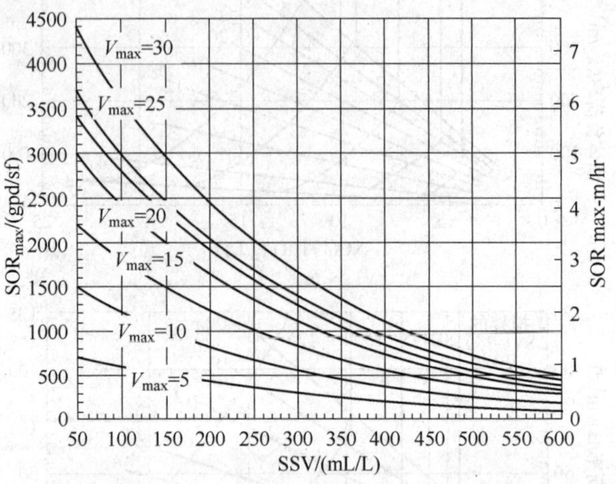

图 14.114 威尔逊模型(Wilson，1996)

9.3.2.5 埃卡玛-玛蕾斯(Ekama-Marais)方法

埃卡玛等(Ekama et al.，1997)基于受限于(1)固体通量(标准 I)和(2)表面溢流率(标准 II)的固体负荷而表征了最后澄清池性能。这两个限制性标准定义为可沉降性试验数据的函数，依据 Vesilind 系数 V_o 和 N、溢流率、底流率和搅拌区沉降速度(SZSV)进行表示。对于给定污泥的数学关系按照设计和运行图的形式而通过图形化表示(图 14.115)。这就定义了在不同 MLSS 和 RAS 率下的限制性溢流率。该图说明，随着溢流率增加，再循环比也必须沿着标准 I 边界增大至前者限制性的最大值。这种方法采用例证其 SPA 与其他方法的关系的进一步介绍可以查阅其他文献(Ekama et al.，1997)。

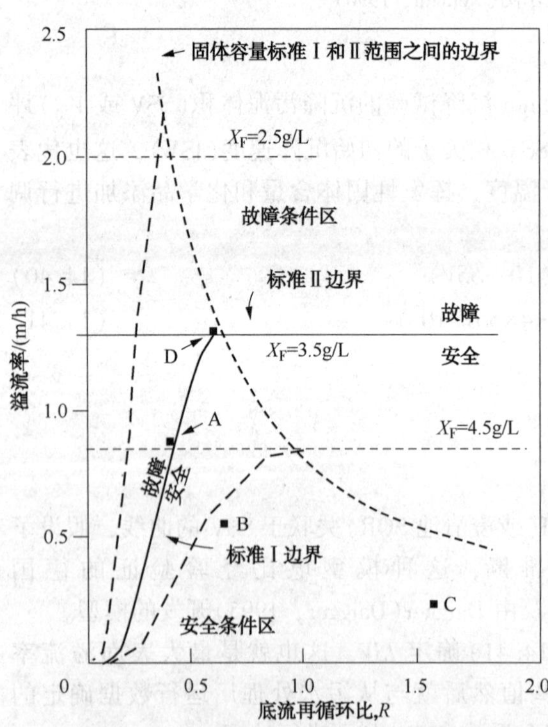

图 14.115 设计和运行图。曲线图基于 V_o = 5.93 m/h 和 n = 0.43 m^3/kg 的悬浮液(Ekama et al.，1984)

9.3.3 侧水深度

对于任何活性污泥澄清池的良好稳定的性能，提供足够的处理池深度是至关重要的。侧水深度的选择基于单元装置的规模或这种单元装置之前的生物处理过程的类型。在设计实践惯例中的趋势是，使圆形澄清池比以往更深。作为直径的函数，推荐值范围为 3～4.6 m(10～15ft)。到出水堰污泥的距离，直接关系到出水水质(Miller and Miller，1978)。对于圆形水澄清池，基于历史运行数据，帕克(Parker，1983)证明了深度对出水水质具有积极影响。在类似的 SORs 下，沉降池出水中悬浮固体的平均浓度随着深度增加而降低。出水质量的变化也随深度增加而降低。

在 ATV 标准中，处理池深度是由四个功能深度进行计算的：(1)清洁水区，(2)隔离区，(3)污泥储存区，和(4)增稠和污泥去除区。由这种方法确定的侧水深度(SWD)，一般超过 4m(13ft)。几大工程咨询公司和美国污水处理厂设计专业化的设备供应商的 2008 个电话调查发现，直径为 4~5m(14~16ft)的最大活性污泥二级澄清池的深度可达 50m(150ft)。最佳深度是处理池形状的函数，本章稍后进行介绍。

9.3.4　堰负荷

许多监管法规，都在设计标准中包括了堰负荷。大多数设计工程师认为，较高的堰负荷率不会损害性能，而尤其是堰附近不存在过量污泥层深度和高流动能量的情况下，布局和构造设计结构对澄清池性能具有更大的影响。未对齐的堰和过量藻类生长可能会引起澄清池内流动不平衡。

许多法规将小型污水处理厂(小于 4000m^3/d[1mgd])最大(小时峰值)许可的堰负荷限制至 250m^3/m·d(20000gpd/ft)而将更大型的污水处理厂则限制为 375m^3/m·d(30000gpd/ft)。

9.3.5　冗余度

所有活性污泥澄清池应该能够定期停工维护和维修。并非所有的处理池设计在这个方面都是相当的。长方形处理池，如果具有一套或多套链叉式机制，则被认为问题更多，而需要更频繁的维护。相反，圆形设计从表面上可以接近，而能够包括许多备选方案，其中收集器刮刀和支撑组件都能够吊到表面。

许多监管机构对某些装置规定了一定的冗余度，这些冗余度容许一个或多个单元装置停工而同时维持全面达标处理。在一些容许再生水利用的州中，污水处理厂需要有备用的冗余单元装置，才能确保所生产水的用户不会被中断供应。有些条例规定，如果最大的并行单元装置停工，必须维持至少 75%的单元工艺设计容量。

9.3.6　流量变化的影响

澄清池大小尺寸的确定是以平均和峰值流量为基础。虽然这样的方法可能在某些情况下产生极端保守的设计，但是这被认为是必要的，因为关于流量变化影响澄清池效率的机理还鲜为人知，广义的定量关系是不可利用的。然而，预期澄清池的性能会反映瞬时峰值流量负荷是合理的，但是一些缓冲效应也是不可避免的。

9.3.7　确定规模尺寸的步骤总结

以上讨论的许多设计原理能够整合成一种同时满足众多目标的方法。下面将给出这种步进式方法。

(1) 确定污水处理厂的运行污泥浓度范围，才能维持各种流量和质量负荷条件下可接受 F：M 之比，SRT 和出水质量。对于大多数市政污水处理厂，这个范围为 1 000~4 000mg/L。

(2) 确定预期的 MLSS SVI(或 ISV)的范围。选择几乎不被全规模运行的污水处理厂超过的统计学上之高取值。最大设计值应该基于现有记录、中试厂数据或类似全规模污水处理厂信息的分析。如果不存在这些数据，则大多数美国工程师都将使用 SVI=150mg/L，其中 2/3 认为 100mg/L 是可以接受的；而其余的则建议使用的保守值=250mg/L(WPCF，1989)。在 2008 年，作者联系了几个大型企业的工艺过程专家发现，大多数都使用从现有的工厂数据统计分析而获得的 90%~95%的值。如果没有数据存在，则他们对于传统和延长曝气系统使用的 SVI 值为 150～200mg/L，而对于具有选择器的系统使用的 SVI 值为 150～200mg/L。对于使用 90%的那些，有些对设备所表面积使用了 20%的安全因子。

（3）提供 20%～100%的平均干季流量（ADWF）RAS 泵送率容量（对于延长曝气系统高达 150%，否则其他则使用高 MLSS 浓度）。RAS 率升高超过 ADWF 的 80%，则可能是反生产性的，因为澄清池的水力负荷也会升高。

（4）使用固体通量分析确定最大理论固体负荷率，才能获得固体负荷限制和由此获得的表面积。这个结果应该针对可能对固体负荷设限的政府法规进行检查。如果这些法规值比通过所讨论的方法推导的值更小，则这种情况有时需要获得容许更高负荷的豁免。

（5）基于进水污水流量特性选择溢出率而达到所需的出水质量。产生具体出水 TSS 浓度的溢出率尚未得到广泛研究，但众所周知，其将随着处理池入口结构和深度的几何形状而变化。这个速率可能不会超过步骤 4 中所确定的固体限制值。对选取处理池停工进行维护或维修应该为之作出容限（见上文对于标准的内容）。

（6）选择也一定深度而提供足够的固体澄清、增稠和储存。允许 0.6～0.9m（2～3ft）进行增稠；1m（3ft）或更深进行缓冲；2.4m（8ft）进行澄清。如果昼夜或进水泵送流量变化或峰值流量条件通过较大（例如，大于 2∶1），则需要更深的缓冲深度。应该增加约 0.6m（2ft）的干舷而确定整个处理池壁的高度。澄清池深度要求分析的更详细的方法另外还可以利用 CFD 建模应用（ATV，1973，1976；Ekama et al.，1997）。

（7）提供合理的堰长度并将这些堰置于关键位置。封闭处理池出口端处矩形槽流水槽的缺口，并根据需要增加挡流板而消除 MLSS 在出水结构附近上升的问题。

（8）选择污泥清除的机制。犁型工具，弧形螺旋刀片，链叉式或水力吸入系统，根据形状都可以利用。

（9）提供其他细节完成设计：

- 絮凝入口区，优选通过挡流板与处理池其余部分隔开；
- 中等长度或中等半径的能量耗散挡流板（如果充分提供絮凝进料，则这些可能就不需要）；
- 全半径撇渣器（旋转槽或小型处理池的海滩型地带），长方形处理池的全宽度，或大辐流式处理池的部分半径海滩型地带（可以增加多个桨叶，防旋转挡流板和喷嘴）；
- 提供接近污泥收集驱动机制，撇渣设备和流水槽区域之通道的轨道和人行道；
- 如果必要，提供流水槽盖，除藻机制，或加氯设备进行藻类控制；
- 水龙带的活门；
- 照明和电器插座，为便携式维修设备提供电源；
- 安全救生圈和围栏，防止人跌出升降梭箱。

9.3.8 形状

设计工程师目前的共识是，如果所有涉及细节都做的很充分并依据诸如水环境联合会的 MOP FD-8（2005 a）的那些现代准则，则圆形和矩形澄清池之间并没有显著的形状优势。

设计工程师认为两个基本形状是可行的：纵向流和交叉流。迄今为止，最常见的是纵向流设计（WEF，2005）。大多数设计工程师和操作员对于活性污泥和具体悬浮生长系统处理市政污水喜欢使用圆形澄清池。圆形处理池的机制可靠性通常是首要原因。有关这些设计的细节和教科书在本章的以下小节和水环境联合会 MOP FD-8（2005a）中进行了介绍。

除了几种方形设计外，方形、六角形和八角形形状都设计有中心或周边进料，而建立内部径向流模式。一些方形处理池可能在一侧上加载而在相反一侧出水，但这些都是少见的。

对于采取径向流的方形设计，从角落区域清扫污泥是一个问题。角落清扫机制存在，但其中许多都存在机械问题，并已经不受人喜欢。在近年来，消除角落清扫的变化已成为普遍现象。木折在角落中能够简单地进行圆形清扫，已经在某些新的圆形内部垂直墙壁中使用，现在也已经在其他形状中使用。六角形和八角形处理池通常需要有足够的角落木折，才能满足这种简单的圆形机制。

这种径向流、非圆形分类中的所有设计，流水槽形状都有问题。如果制成圆形的，则就会产生难以撇渣的角落区域。如果沿着直墙壁放置堰，则流动模式就会扭曲，并不可能实现藻类控制的自动清刷。鉴于所有这些考虑因素，这一类的处理池已变得非常不受欢迎。

9.3.9　间歇式澄清和其他澄清方式

序批式反应器(SBR)工艺过程深受一些工程师的青睐，因为这种工艺过程并不需要单独的澄清池，使之变得很经济。尽管如此，还是需要适当的装置，确保曝气和混合终止时产生清澈高品质的上清液。在本章前面小节中已经对 SBR 工艺进行了介绍。

几种滗水设备在美国环保署报告中已经进行了图解说明(James M. Montgomery Consulting Engineers，1984)。虽然大部分市售滗水设备的功能相当不错，但是一些最初的设计在滗水周期的开始时已经出现过度 TSS 排放。曝气的湍流将 MLSS 传送到了滗水器中，而随后在启动汲取/滗水循环时将 TSS 留在处理池中。通过改变滗水器设计或将初始滗水上清液返回至反应器而不断返流直至清澈度提高至满意的水平，就能够解决这个问题。许多 SBR 污水处理厂有时都经历了显著的泡沫堆积；因此滗水系统应该作出相应的设计。最成功的设计是通过在滗水器周围引入挡流板或从液体表面之下进行滗水而保持泡沫不会进入出水排放。随后泡沫仍然保留在反应器中，或能够通过单独的撇渣设备将泡沫除去。

管板式沉降器已经加入到活性污泥澄清池中，试图提高性能，但作者并未获知这种类型的任何新处理池设计用于活性污泥的沉降。MLSS 和藻类生长的厚稠特性，往往会堵塞这些设备的间隙，这随后需要经常清洗，才能保持效率。额外的运营成本被认为太高而不能证明采用较高的溢流率有可能节约成本。

污泥再循环和压载物的加入允许相当较高的水力负荷和优良的悬浮固体去除率。然而，这些优势都被聚合物、压载物微砂和再循环能量的高成本抵消。据发现，对于这些设计，相对低水平的进口几何形状的复杂化是必要的。它们通常不会用于澄清活性污泥混合液体，而一些已经成功地进行试验，能够临时用于处理湿季流量调峰。

9.4　矩形设计

矩形澄清池用于活性污泥混合液体沉降，已经接近一个世纪，并频繁发现应用于大型工污水处理厂，但是这种澄清池却能够适用于各种规模的污水处理厂。共享墙壁修建和节省空间的占地面积，都是有吸引力的功能特性。此外，这种设计的走廊可容纳管道和泵。大型污水处理厂中的矩形进料渠，也可以参与某种程度的共同墙壁修建。

9.4.1　流动模式

大多数活性污泥矩形澄清池具有纵向流动模式(图 14.116)。横向流动方案最近已经出台，但这种类型还几乎没有建立和运行单元装置。一个重要的区别在于，纵向处理池可能具有并流、逆流、或交叉流污泥清除。当主要的液体流自身逆转时，这被称为折流模式。矩形澄清池相互顶部放置，被称为叠式澄清池；一种排布设计就是在垂直排布设计中引入了折流模式。

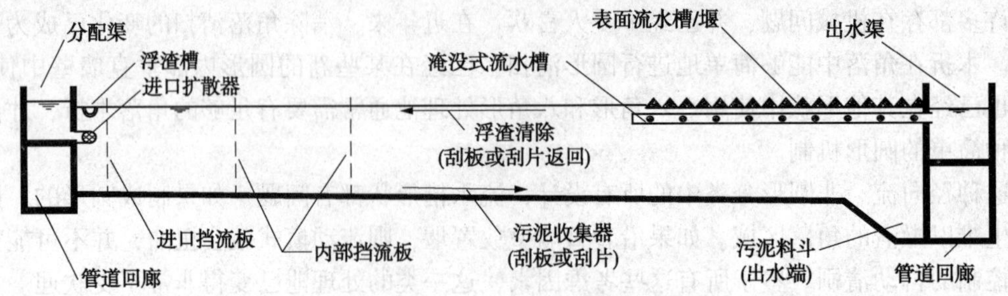

图 14.116 矩形澄清池设计特点和命名(料斗位置可以变化)
(Ekama et al.，1997；经 IWA Publishing 许可重印)

纵向流是一种进水流沿着平行于处理池长轴的方向行进的流动模式。这种流动模式理论上类似于活塞流，但是沿着垂直轴会发生沉淀。采用染料研究已经证明，矩形设计没有达到理想的活塞流模式，因为存在一定程度的短路。

在横向流的设计中，进水流沿着矩形处理池的长边从渠道进入。出水堰放置于处理池的相对的长边侧而提供传统的横向流动模式(图 14.117)。如果出水堰沿着处理池进水侧定位，则这就变成折流模式。在横向流澄清池的设计中，污泥撤出通过行进吸走机制而实现，这使得污泥料斗装置变得并非必要。或者，料斗可以放在沿着处理池短宽度相距约 10m(33ff)之处，能够放置具有孔口的嵌入式收集头。

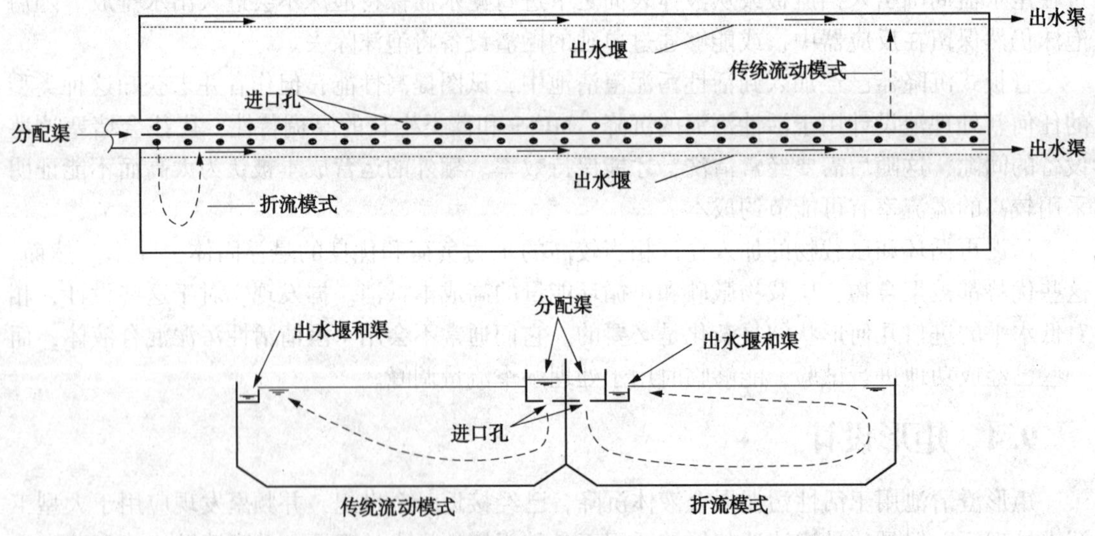

图 14.117 横向流矩形澄清池的平面截面图

叠式澄清池包括沉降池，相互顶部叠放，并行运行，常常具有共同的水面。在这个意义上，叠式澄清池变成模块化单元装置。堆叠增加了澄清池表面面积，却未增加设备的占地面积。这种设计还称为托盘式澄清池，而能够是双层或甚至三层设计。大多数叠式澄清池设计根据进水和出水流量模式和固体收集和清除，类似于传统的矩形澄清池。叠式澄清池在第

12 章中和本节后面进行更详细介绍。

在纵向流澄清池中的并发流中，澄清的液体和污泥流向处理池长度相同方向向下流动。入口挡板或扩散器经过设计而横跨处理池宽度进行流量分配并耗散进口能量。混合液体固体本体发生沉降，而形成污泥层界面。固体的沉降行为和污泥流的去除，沿着处理池底部产生密度流。密度流赋予将污泥沿着澄清池长度有效移动至下游端料斗的动量。刮泥机或刮板有助于污泥移动。

污泥料斗能够置于进水端而使污泥更快递被去除。在这种情况下，污泥流自身逆转，被称为逆流污泥清除流动模式。污泥料斗可大致放置于处理池中部而使污泥没有必要行进至处理池末端才进行清除。在大多数矩形二级澄清池中，污泥料斗处于出水对面一端或处理池中间。

9.4.2　尺寸规格

一旦确立了处理池冗余度和标准尺寸约束所需的面积和数量，就能够定义具体处理池几何结构的细节。有效限制矩形处理池最大尺寸的长宽之比存在可接受的最小值。纵向流矩形澄清池的长宽之比可以为(1.5~15)：1。有人认为使用最小长宽之比为 3：1，才能防止短路，但通常会大于 5：1(U.S. EPA，1974a)。一些参考文献认为，矩形澄清池的长度不应该超过深度的 10~15 倍(Metcalf and Eddy，2003)。然而，这个长度与深度之比在更大的污水处理厂中已经成功地超越。长度、宽度和深度的规格尺寸应该成比例才能使水平流速不会过限。

9.4.2.1　*长度*

矩形澄清池长度很少超过约 100m(300ft)，而通常是 30~60m(100~200ft)。在较小的澄清池中，例如包装厂所用的那些澄清池，从进口至出口的长度应该使用 3m(10ft)的最小流程才能防止短路(U.S. EPA，1974a)。随着澄清池长度缩短，堰上水力流量增加，对于悬浮固体可能的载走，也成为一个难题。处理池的最终长度受限于收集机制上的压力和整个处理池长度上传送污泥的需要。对于长处理池和具有池中部料斗的处理池，能够使用多个收集器系统。

9.4.2.2　*宽度*

多年来，木质链式刮泥机的挠度、浮力和重量制约了具有标称宽度 6m(20ft)的单链式刮泥机的矩形澄清池。玻璃纤维复合材料使得宽度达 10m(33ft)的单链式刮泥机系统成为可能。多个并行的链式刮泥机能够构建于较宽的处理池内，而提供柱子和部分墙壁以支撑并行收集器链齿轮。

多个平行链式刮泥机的缺点是选取停工进行维修单个机械装置的单元装置所占百分比较大。此外，流动模式相比于长窄的处理池可能不太稳定。因此，宽处理池的各部分之间应该考虑使用挡流板进行纵向引导液流。

9.4.2.3　*深度*

目前的惯例是，为活性污泥矩形澄清池提供约 4~5m(约 12~16ft)的深度。差异取决于峰值流量、污泥负荷的存储要求，以及可利用的再循环容量。有人报道了成功使用了仅仅 3m(10ft)深度的矩形澄清池(Stahl and Chen，1996；Wahlberg et al.，1993，1994)。科若斯柏(Crosby，1984a，1984b)研究污泥层及其维持的影响，并发现，污泥层顶部决定了澄清可供利用的深度。这意味着，具有最低层污泥层水平的相对较浅处理池与具有较稠厚污泥层的较深处理池性能一样良好。在溢流堰位于密度流向上翻之处的情况下，堰下面的底部深度应该至少有 4m(12ft)(WPCF, 1959)。

浅澄清池可能限制二级澄清池在活性污泥系统中的存储和增稠能力。反过来，这可能会降低 RAS 浓度，并增加泵送需求。在持续的峰值流量期间和固体负荷超过再循环容量之时，推荐使用充足的深度储存固体和进行增厚(Boyle, 1975)。

9.4.2.4 并行单元装置的流量分配

澄清池之间流量均匀分配是良好性能的关键。一旦过载，处理池就开始失去其部分污泥层，其他平行低载处理池的性能改进不足。

从反应器至多个矩形澄清池应该提供开放的曝气分配渠实现混合液体的传送。流量应该按照每一个处理池各自的表面积比例向每一个处理池分配。堰进口垂直排放至处理池应该加以避免，因为这可能会加剧密度流的影响。不需要固定的水下孔口就能够容纳预期的流量范围或包括暴雨进口闸门。水下入口闸门为流量范围提供灵活性，并允许进行处理池隔离。

所有处理池实现均等流量分配是必需的。整个闸门或孔口的压头损失应该为进料渠道或管道总压头损失的至少 10 倍。

与自动阀门偶联的正向流分流结构水槽和流量计已经使用。对称性和出水流水槽的高度不应依赖于流量分配。

混合液体进料渠道，应该采用最大速率 20~40cm/s(0.7~1.3fps)进行微微曝气，才能防止絮凝体解体。

9.4.2.5 入口几何形状

入口消散能量，最小化密度流的影响，跨槽宽度分配流量，并促进絮凝作用。对于前端料斗布局设计，进口和相关挡流板不应该引起污泥层扰动或冲刷。

混合液体通过达到澄清池进口这段时间形成絮凝体的程度，根据污水处理厂的不同而变化。在入口端实施挡流的絮凝区使用了一些入口容量完成混合(Barnard et al., 2007; Kalbskopf and Herter, 1984)。这些絮凝区的入口与没有这种内部挡流的处理池中是相当不同的。

9.4.2.6 澄清池中的流量分配

通过多个选定位置和尺寸大小的入口在整个澄清池宽度内均匀分配流量而完成向各个处理池引入流量。在 6m(20ft)宽的处理池中，通常有 3~4 个入口开口。入口之间的最大水平间距为 2~3m(6.5~10ft)。入口挡流板或扩散器元件通常放置于入口流的流动路径内。固体目标挡板使流偏转或穿孔挡板(指状物)中断任何喷射行为，并将打破任何喷射行为而将液流分散。单排和双排开槽板挡流板代表了另一种选择方案。这些功能特性建立流动冲击而耗散能量，促进絮凝作用。

通过横向打孔或开槽的进口板压头损失应该约为行进液流动能或速度头的 4 倍(WPCF, 1985)。这往往导致槽开口宽度小于 5cm(2ft)。

进口设计对于横向流处理池更为复杂，因为进口渠道延长了处理池的长度；详细的水力分析是很合理的。

9.4.2.7 进口设计

对于纵向流矩形处理池，有许多不同的入口设计(图 14.118~图 14.123)。一些包括从处理池静态部分挡流的絮凝区，而另外的却并非如此。对于由卡尔布斯科夫和赫特尔(Kalbskopf and Herter，1984）观察的絮状物形成程度，图 14.124 中的数据表明，处理池部分渠首的挡流产生了最佳结果。斯塔霍尔和陈（Stahl and Chen，1996）的数据表明，在几个仅仅配备冲击诱导扩散器的并流浅澄清池中获得了良好的出水质量（图 14.119）。这些研究结果在 WERF 报告（2001）概述的现代试验方案之前就已经发表；因此，在每种情况下絮状物形成的程度没有进行量化。斯塔霍尔和陈报道了细气泡曝气装置，采用低速曝气渠道向澄清池传输混合液体。因此，充分形成絮状物是可能的。这意味着，如果进入处理池的絮状物充分形成，则冲击扩散器就可以提供优异的结果。然而，如果絮状物没有充分形成，则独立的挡流区域，如科勒布斯等（Krebs et al.，1995）和巴纳德等（Barnard et al.，2007）的推荐（图 14.125）将是具有成本效益的。

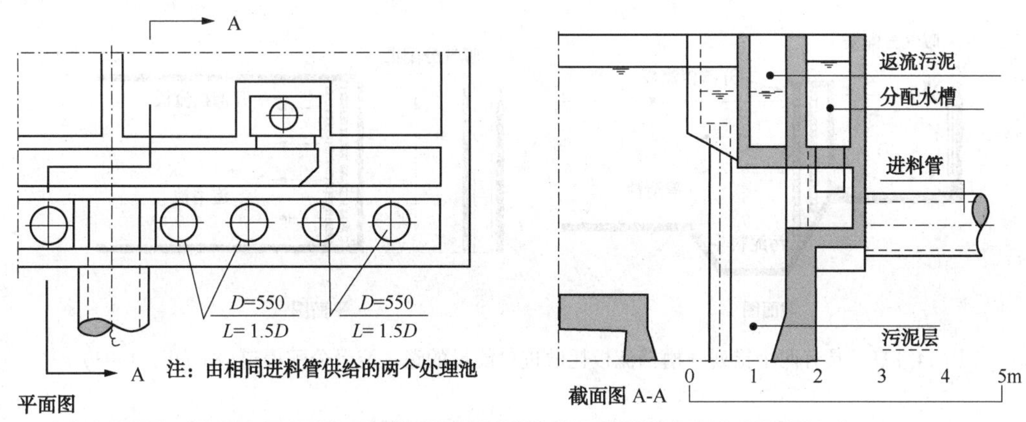

图 14.118　Larsen（1977）的进口设计避免絮凝物解体（注意，D 以 mm 计）

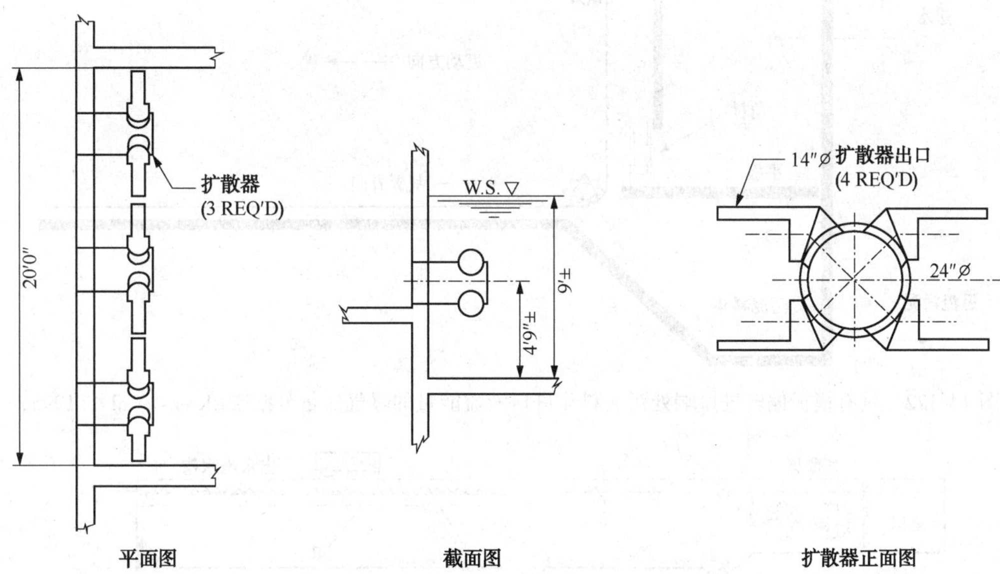

图 14.119　洛杉矶县卫生区（Los Angeles County Sanitation Districts）使用的二级澄清池进口

（1in. = 52.54cm；1ft×0.3048 = m）

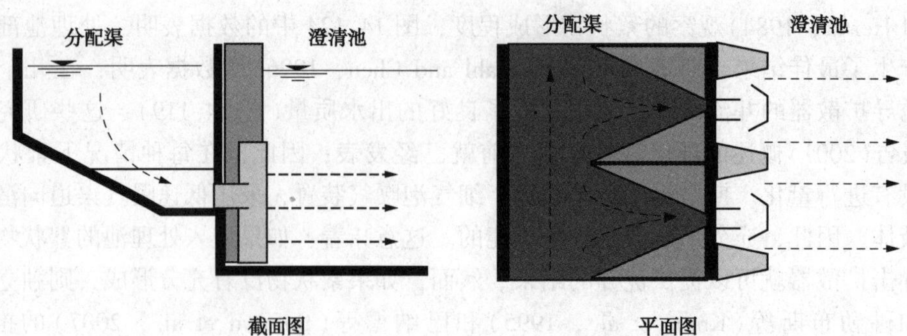

图 14.120 具有含 Stuttgart 进口的漏斗形结构面的流量分配渠道(Popel and Weidner, 1963)

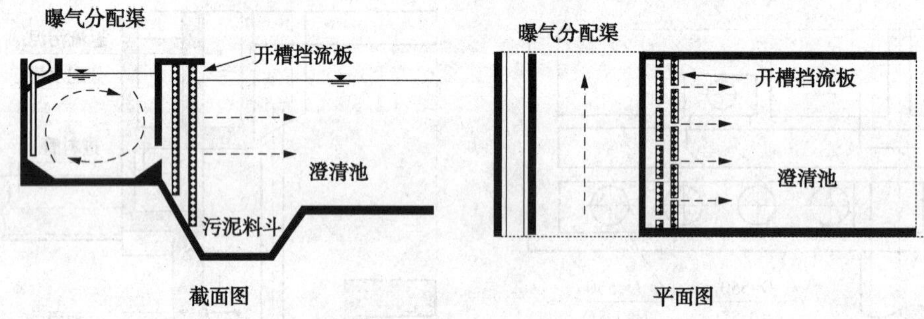

图 14.121 具有两个错列开槽挡流板耗散进口能量的曝气流量分配渠道(Krauth, 1993)

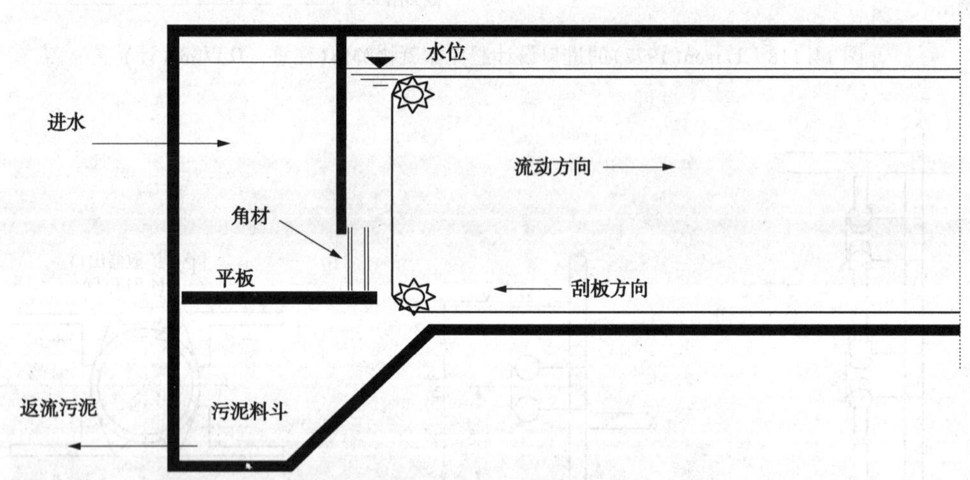

图 14.122 具有横板偏转进口端处污泥料斗进口液流能量的曝气流量分配渠(Krebs et al., 1995)

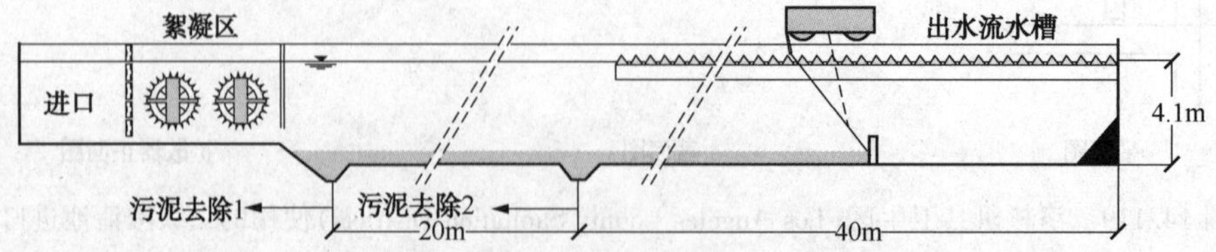

图 14.123 具有桨叶的絮凝器进口区。污泥在进口附近和处理池长度以下三分之一处排出(Kalbskopf and Herter, 1984)

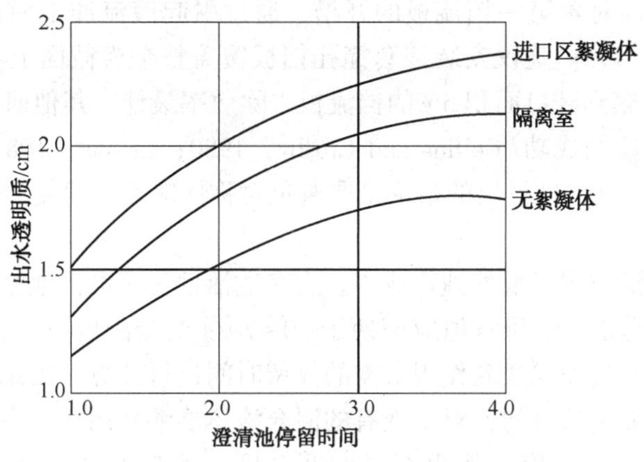

图 14.124　采用絮凝区改善出水透明度(Kalbskopf and Herter, 1984)

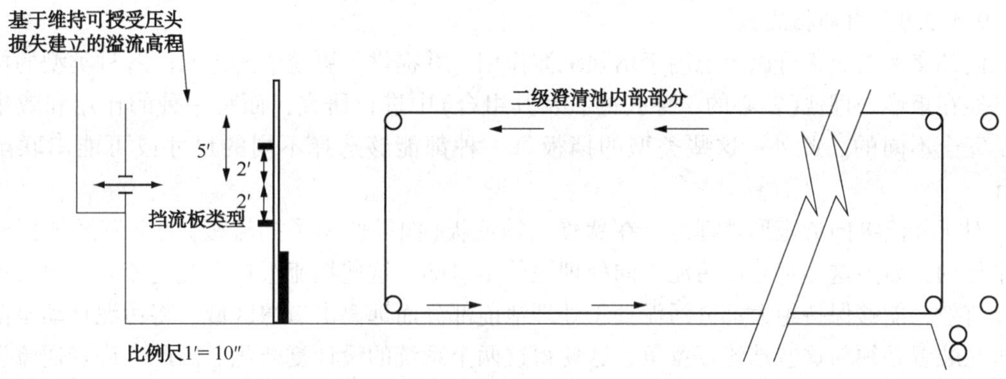

图 14.125　新二级澄清池的进口(Barnard et al., 2007)

对于并流处理池，通过将进口定位于处理池中下部而不是将其放置于增稠区能够最小化密度流问题，这个增稠区通常预定处理池底部 1m(3ft)。将进口定位太低，可能会冲刷底部上的固体，而产生悬浮。进水孔应该位于约 2m(6.5ft)的深度至处理池中部深度。科勒布斯等(Krebs et al., 1995)提供了一种计算进口高度的方法。

对于冲击诱导扩散器，进口端口速度限于 0.075~0.150m/s(0.25~0.5ft/s)。达斯等(Das et al., 1993)证明了超过 0.6m/s(2ft/s)的速度可能会导致活性污泥固体的抗絮凝作用。

对于在进口端具有污泥料斗的逆流澄清池，推荐使用水平挡板，防止密度流液流进入料斗。见图 14.122 和图 14.125。

9.4.2.8　进口挡流板和絮凝区

如果设计挡流的絮凝区，则通常就不使用入口扩散器。挡板位于进口开口紧接的下游，而防止液流喷射进入处理池。目标挡板能够是简单的墙壁，实心的或穿孔的，跨越澄清池的宽度。科勒布斯等(Krebs et al., 1995)在处理池上部分提出使用实心挡板而在下部分使用双排开槽开口。巴纳德等(Barnard et al., 2007)在研究几个选择方案之后建议使用类似的设计。

玛巫(Mau, 1959)证明了，单排垂直开槽挡流板能够有效地分配流量。然而，第二排垂直开槽挡流板，其板面对着第一挡流板的开槽，通过引起液流冲击而改善了能量耗散和性能。川村(Kawamura，1981)建议安装三套穿孔挡板覆盖整个横截面上。奥野和福田(Okuno and Fukada，1982)观察到开口面积5%的挡流板去除效率最佳。其他研究者曾尝试更复杂的设计，获得了不同程度的成功(Collins and Crosby，1980；Crosby，1984b；Rohlich，1951)。普莱斯等(Price et al.，1974)得出的结论是要避免对称性缺乏，而复杂的入口不一定比简单的进口提供更好的效果。

机械絮凝作用广泛应用于水处理行业中。大多数活性污泥澄清池絮凝区已经通过定向引入的液流而实现了充分混合。推荐值应该处于 30~70/s 的范围内(Parker et al.，1971)。进口絮凝区所需的体积通过完成絮凝作用所需的停留时间进行计算。巴纳德等(Barnard et al.，2007)推荐使用8min或更长时间；对于现有的混合液体能够使用实验室小试试验对此进行量化。对于峰值流量和短路，应该作出充裕的冗余度。其结果可能会提高至 20min 或更长时间。

9.4.2.9 内部挡流板

内部交叉挡流板可以考虑用于增强沉淀作用，并提供了更澄清的出水。各种类型的挡流板已经在矩形处理池(实心的、穿孔的、及其组合)中进行研究，而每一种的作用和效果可能是完全不同的。此外，这些类型的挡板每一种都能够选择不同的尺寸或可能串联配置设计。

对于并流纵向流矩形处理池，在絮凝区挡流板(如果使用了挡流板)的下游增加挡流板是罕见的，因为这样将会使污泥流向处理池的出口端。这些挡流板在有些逆流处理池设计中可能有效，能够保持绝大部分污泥处于处理池前部分而远离出口堰区域。将污泥移动至前端的机械装置必须与这些挡流板竞争，这使得这两个系统的设计复杂化。因此，许多逆流设计最初并不具有交叉挡流板，而是后来改装。二级澄清池内部挡流板的资料是由 WEF(2005a)提供的。

9.4.2.10 叠式澄清池

卡姆普(Camp，1946)最初提出叠式澄清池应用于初级和二级澄清池。这种叠式澄清池也称为托盘澄清池，可以是双层或三层的，并可用于空间受限的地方。

叠式二级活性污泥澄清池在20世纪60年代初首次在日本建成。由于空间所限，矩形澄清池堆叠成两层或三层深。大阪市已经运行了叠式设施，令人满意的性能已经超过20年前(Yuki，1990)。在美国，1993年叠式澄清池首次建造于纽约马马罗内克(Mamaroneck)污水处理厂，并在马萨诸塞州塞勒姆南部埃塞克斯污水区建成。最近引入叠式澄清池的污水处理厂包括马萨诸塞州波士顿市的鹿岛处理厂，新加坡的乌鲁班丹(Ulu Pandan)和樟宜东(Changi East)两家污水处理厂，以及香港的昂船洲(Stonecutters)污水处理厂。从理论上讲，溢流和堰负荷率都应该类似于传统的矩形和二级澄清池(Metcalf and Eddy，2003)。

有两种叠式澄清池流态：并联和串联。并流是最常见的叠式澄清池构造设计结构(参见图14.126)。尽管所示的是逆流污泥去除，但是这种概念将会也适用于并流。在不太常见的串联流构造设计结构中，污水进入下层，而流向另一端，与上层方向相反，流出出水渠道(图14.127)。

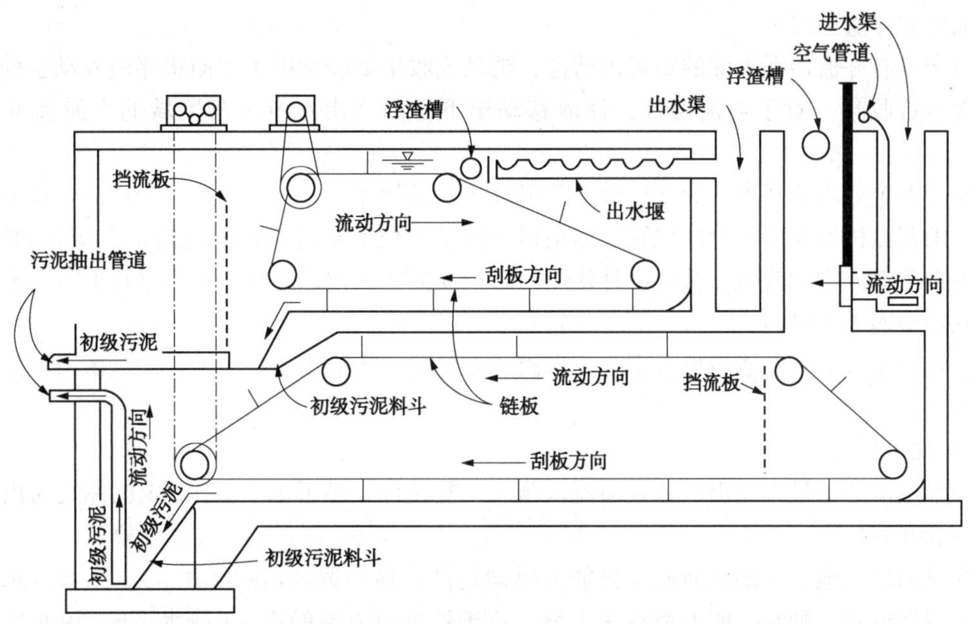

图 14.126　叠式矩形澄清池，串联流型（Kelly，1988）

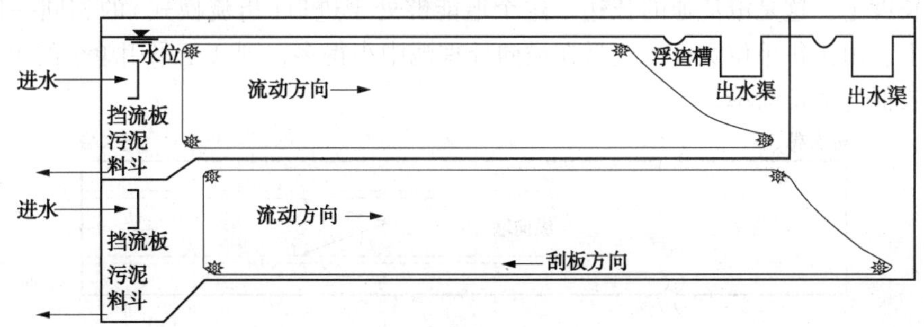

图 14.127　叠式矩形澄清池，并联流型显示了处于相同水位高度的双侧堰（Kelly，1988）

链叉式机械装置适用于从叠式处理池中收集和去除污泥。新加坡樟宜东（Changi East）污水处理厂这种叠式二级澄清池的排布设计使污泥从澄清池长度下半路排出。在那里，刮泥机将固体移动至位于每一个处理池中点处的横向钻孔管道。穿孔管的排布设计，容许处理池是平底。因为下层被淹没，则浮渣仅仅从上层除去。

因为这种叠式澄清池的设计更集中，则需要的整个管道更少，降低了泵送要求。如果需要盖子进行气味控制，则所需加盖的表面也较少。然而，这种叠式澄清池确实使其结构设计更加复杂和施工成本变高。叠式构造设计结构通常会导致结构较深，需要更大量的挖掘和处理池停工时要密切注意当地地下水条件所造成的浮力作用。下层的运行观察结果将被排出而其维护更加困难。叠式澄清池的其他细节和介绍可查阅 WEF MOP FD-8（2005a）和 Kelly 的论文（Kelly，1988）。

9.4.2.11　浮渣清除

收集和清除澄清池中的漂浮物，同时关系到处理池的进口和出口区域，因为泡沫会通过畅通的处理池中部。如果使用进水挡流板，则这些挡流板应该表面开槽或包含小的向下开的闸门而容许浮渣通过。

对于具有并流污泥去除的矩形澄清池，链叉式收集器经常用于表面将浮渣移动至处理池的前部进行收集。对于逆流设计，浮渣移动至下游而在出水流水槽区域的上游需要收集挡板。

位于整个处理池宽度上的开槽辊轧管可以用来清除浮渣。这种装置位于浮渣通过澄清池表面上的刮泥机移动而集中的位置。当槽口在低于水位下旋转时浮渣流向水平安装的管道。管道可以手动或自动旋转。其他设计使用一套独立的链叉或螺旋链叉排布设计而将浮渣向上移动到岸滩而进入槽内。

可调的平底锅式撇渣器也可用于矩形澄清池。喷水能够用于将浮渣移动到撇渣器而防止起泡沫。

9.4.2.12 出口

矩形澄清池的最常见出口是表面流水槽。一些设计提供了水下流水槽(也称之为出口管或水下含孔管)。

在纵向处理池中，出水面流水槽能够纵向定向或横向取向(图 14.128)。纵向流水槽如果不是对墙放置，则每一侧上都有一个堰。位于处理池末端的横向(或水平向)流水槽是单面的，而位于端墙上游的横向流水槽则是双面的。在横向流处理池中，单面流水槽提供于出口壁整个长度上，这是澄清池的长边。这个堰能够处于进口(折流模式)的相同一侧上或处于另一侧上。由于每单位宽度的流量在横向处理池中小得多，则甚至采用单个的单侧堰也会获得相对较低的堰负荷率。

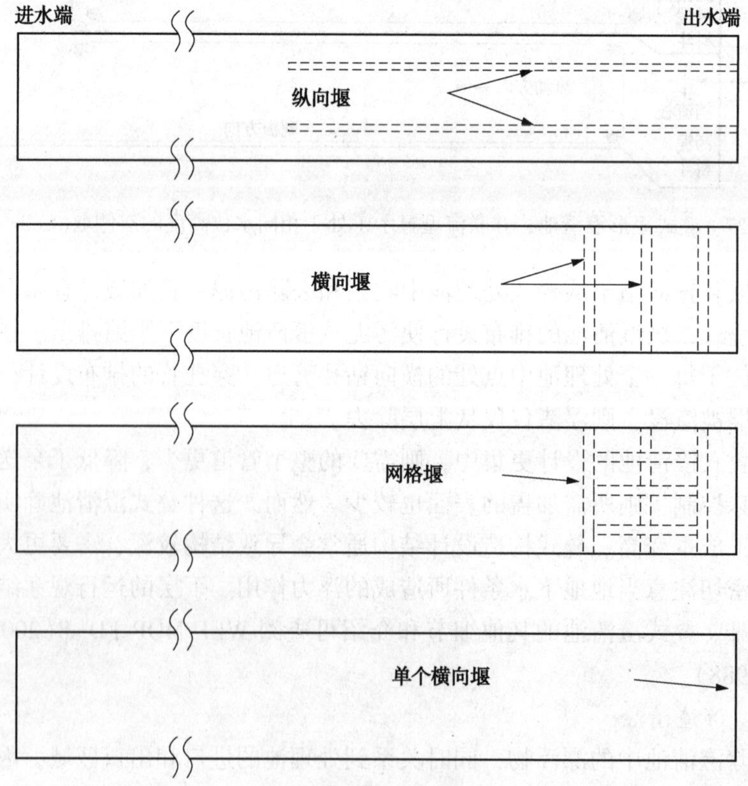

图 14.128 典型表面堰构造设计结构的平面图

9.4.2.13　端墙效应和其他流水槽设计考虑因素

入口密度流会导致污泥层之上的液体流速更高，并可能会造成沿端墙的上吸(Anderson，1945)。为了使这种上吸带走的絮凝体颗粒物重新沉降，就要在距离端墙的这段等于处理池深度的距离内消除溢流(ATV，1991)。另外，偏转挡流板可以安装于堰之下而偏转密度流引起的的上涌作用。

开放式处理池上的重交叉风，很容易造成越堰水的晃动和浪涌。为了消除这个问题，玻璃纤维流水槽能够基本上实现支撑或覆盖，或这些堰区域能够通过更高的干舷而加以防护。也能够使用具有玻璃纤维堰板的混凝土流水槽。桥型机械装置能够架设于流水槽之间而随后离地支撑。

可调堰板应该与流水槽一起使用，而使这些堰板能够与并行澄清池的出口堰一起精确确定水位(Institute of Water Pollution Control，1980)。V 型切口堰优于直边堰，因为这种堰对于高度上的细微差异和由风引起的流量不均不太敏感。堰槽设计应该使之不会在最大设计流量下和板设计流量下速率至少 0.3m/s(1ft/s)时不会淹没，防止了固体沉积(GLUMRB，2004)。

9.4.2.14　堰负荷率

在纵向矩形澄清池中的表面流水槽延伸贯穿长处理池下游 20%~35%；对于短至中度长处理池，这可能会增长至 50%以上。间隔 3m(10ft)的流水槽与宽度至少 20ft 的较大型处理池类似。

对于小型处理池，峰值小时堰负荷率应该限制于 $250m^3/m^2 \cdot d$(20000gpd/ft)。此限制可能适用于较大型处理池的上升区。在较大型处理池端壁效应上升区之外，堰负荷率可能限制于 $375m^3/m^2 \cdot d$(30000gpd/ft)。在任何情况下，在堰紧接附近的上流速度应该限制于 3.7~7.3m/h(12~24ft/h)。

9.4.2.15　水下流水槽

水下流水槽可以纵向或横向定向。为了消除端壁效应，从这一区域省掉出口。水下流水槽需要自动阀门或控制下游水位的堰。图 14.129 显示了水下出口管的典型排布设计。

几种压头损失的分析能够作为出口管系统设计的基础。这些压头损失包括由孔口流量汇流、通过孔口和通过管道的摩擦作用引起的压头损失。ATV(ATV，1995)和刚索尔特和戴宁格尔(Gunthert and Deininger，1995)提出了以下水力标准：

- 孔直径：25~45mm(1.0~1.75in)；
- 管出口的最大速率：0.6m/s(2fps)；
- 过孔口的最大速率：0.6~1.0m/s (2.0~3.3 fps)。

管放置于水面以下 30~35cm(12~14in)。因为管以上水层不能视为清洁水区

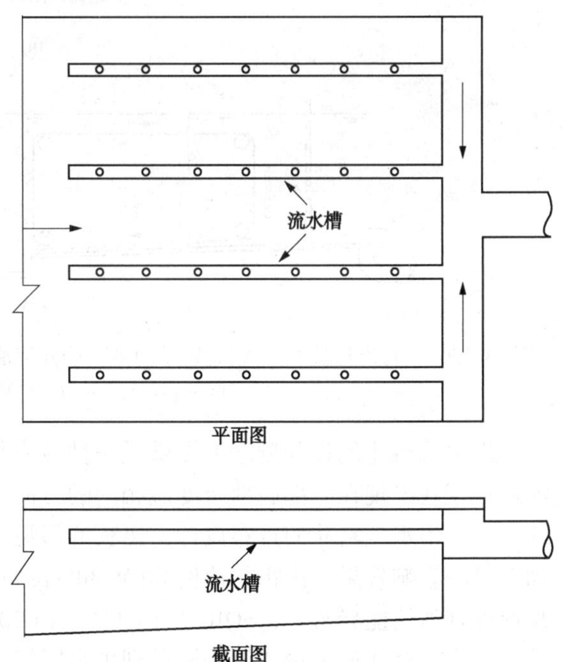

图 14.129　由具有等间距孔口的管道构成的水下流水槽

的部分，则澄清池的整个水深度应该增加至超过具有流水槽的传统澄清池水深度一定程度(Ekama et al.，1997)。

水下流水槽允许浮渣聚集于处理池远端。采用水下出口，在设计浮渣清除系统时应该考虑水位的变化。

9.4.2.16 污泥排放

大多数矩形澄清池具有斜坡地面并在一个或多个位置具有料斗。地板的坡度通常为1%。在处理池任一端的料斗如果通过走廊达到再循环泵的流程更短时是更有效的。在提供内部挡流板时，有时也使用处理池中部料斗，因为由料斗提供的间隙和污泥收集器之间的间隙，对于挡流板是合适的位置。处理池中部料斗也能够具有横向收集系统，而使不同处理池的污泥去除稍微存在差别。

纵向矩形二级澄清池的的发展趋势一直是遵循 Gould 的概念(图 14.130)，在这种设计概念中料斗置于处理池中部或出水端。这些处理池一般用于大型污水处理厂中，被设计成最小化密度流，以避免其他水力学问题。

矩形澄清池典型的料斗形状是顶部具有矩形开口的倒金字塔形状。两侧推荐与水平方向呈至少 52℃的斜坡，而防止固体积累于上部墙壁。单个矩形处理池可以具有两个或多个排卸料斗，每个都配备排出管。每个料斗绝对有必要实施分开控制。

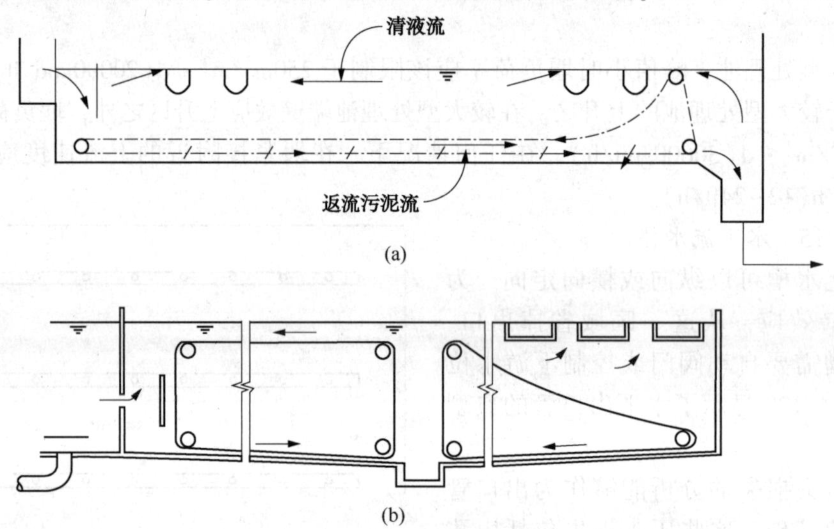

图 14.130 (a)出口端具有污泥料斗的 I 型 Gould 澄清池和(b)中点处具有污泥料斗的 II 型 Gould 澄清池(Ekama et al.，1997；经 IWA Publishing 许可重印)

出水端料斗的设计概念上提供了一种最小化生物絮凝体解体的更理想解决方案，因为污泥运输现在出现在底部底部密度流相同的方向。污泥保持于不出入口的相对湍流的区域。此外，由于出水端料斗的排布设计，更长的污泥停留时间可以增强絮凝作用和对絮状颗粒物的动态过滤影响效果。沃霍尔伯格等(Wahlberg et al.，1993 年)证实，具有出水端污泥收集的矩形处理池性能异常好，SORs 高达 3.4m/h(2000 gpd/ft)。

出水端料斗使大量的固体输送到出水区域，从而提高了固体冲走的潜势。此外，通过处理池的水平本体流既包括出水也包括 RAS；为除去额外污泥而升高 RAS 率可能会弄巧成拙。

在长度超过 40m(130ft)的矩形处理池中，污泥料斗位于朝着端墙的二分之一至三分之二距离上。这被称为 Gould-Ⅱ型澄清池。两个链叉式机械装置将污泥按照处理池第一半中的流动方向移动，而与第二半的流动方向相反[图 14. 130(b)]。表面上产生的逆流模式(主要由底面上的密度流，而相对于主要的流动方向)导致出水行进一条长而迂回的路径，而最小化了短路。

两个或更多的料斗可放置于处理池中部，第一料斗接收污泥上的本体。在去除本体污泥和出水之后，余下的速度是如此之小以至于较轻的污泥能够很容易传送至第二料斗(Wilson and Ballotti，1988)。在处理池的第一和第二部分中存在不同的污泥负荷条件，而能够使用不同的链叉刮泥机速度。

矩形处理池的污泥清除系统通常采用链叉式刮泥机。移动桥、液压吸和往复链叉收集系统都已被使用。

在链叉式刮泥机中，叉斗连接两条平行链，由链轮带动，缓慢沿着澄清池地板移动，将沉降污泥刮向收集料斗。链轮安装于旋转轴上。在其返回路径上，叉斗的设计链轮可以设计成空距而将浮渣传送至收集器。这就需要使用四个旋转点或链轮。如果不使用叉斗移动表面上的浮渣，则只需要三个旋转点。第五链轮有时可以用于帮助引导方向并扣住沿着长处理池底部的叉斗。

从历史上看，红木或金属叉斗和钢链已被使用，但不锈钢或非金属的叉斗，链条和链轮已变得越来越普遍。典型的叉斗根据澄清池宽度，测量的长度为 5~6m(16~20ft)。较新的叉斗能够为 10m(33ft)长，而整个系统可高达 90m(300ft)长。叉斗一般间距 3m(10ft)而行进速率为 5~15mm/s(1~3 fpm)。固定于叉斗的塑料耐磨鞋使之在表面附近的轨道上滑动而在澄清池底部上磨成带状，使链条并不会支撑叉斗的全部重量。可调节橡胶刮板应该连接至底部边沿和至少一些叉斗的侧面，提供完全的刮动以避免不必要的固定污泥沉积。叉链的总长度受到链上所施加的应力限制。链的数目和移除方向取决于料斗的位置。

移动桥收集器可以配备刮泥机或抽吸系统。这些系统开发用于解决链叉维护时必须处理的处理池排水问题。然而，在美国还很少有这种二级澄清池装置。

9. 5　圆形和其他径向流设计

配备旋转机械装置的澄清池已普及几年，因为这种设计结构简单和可靠性高。在悬浮生长中使用的大多数处理池，二级澄清池应用从平面图上看是圆形的而具有径向流模式。方形、六角形和八角形处理池按照通常建立的水力学流态形式有点像圆形，但有一定程度的差异限制了其知名度。如果在角落使用方格网花边并使用简单的收集机械装置，则这些替代物的形状几乎都具有圆形处理池的优点。这些形状的处理池被认为实质上等同于圆形水池。

圆形处理池相对于采用共享墙壁建设的等容量矩形单元，具有占地面更宽的缺点。前者需要更多的进口、出口和污泥管道。方形、六角形、八角形的单元具有一些共同修建的墙壁，但是这种相对于圆形处理池的优点被需要较厚墙壁的要求抵消。

圆形要求独立结构，在处理池之前需要进行分流和供给污泥泵站。对于分流，最常见的有效的单元是低高度的进料结构，导致流量垂直上升而随后越过两个或多个堰流动而细分。另一办法是沿着具有较低水平速度的曝气渠提供溢流堰或孔口。在一些大型污水处理厂中，操作者已经成功使用采用计算机控制的蝶阀闸门调节。

对于污泥清除，重要的是每个澄清池具有独立测量和控制的排放。许多工程师会发现，测量水力流量就足够实现目的。一些包括固体浓度测量而使之无需采样就能够实现质量通量监测。这种仪器仪表通常位于独立的泵站而服务多个圆形处理池。

9.5.1 流动模式

圆形处理池从中心进口管或通过端口或外围入口挡流板进料。出水越堰排出或通过处理池表面附近的孔口或从远离墙体的支撑流水槽排出。图 14.131 描述了这些变化的简化图示说明。所示的速度矢量代表了澄清池底部具有薄污泥层时的正常位移。

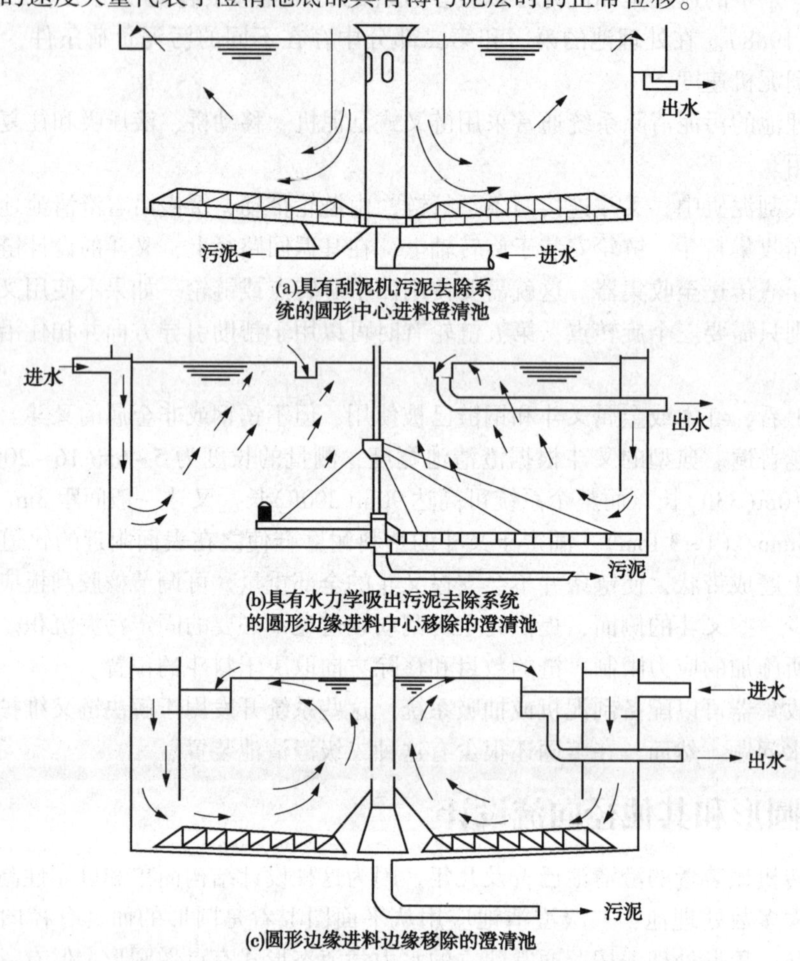

图 14.131 典型圆形澄清池构造设计结构和流动模式

对于中心进料的处理池，进气速度和密度流综合作用而产生“卷盘水带(donut roll)”的流动模式，其中矢量方向在整个底部(或污泥层表面)向外呈放射状，沿墙壁向上而在表面径向向内。在外围进料的处理池中，会产生反向滚动模式。如果存在通过进口设计细节产生的切向速度，则上述辊将具有螺旋模式。收集和撇渣机械装置的移动，能够进一步增加处理池中液体旋转和螺旋速度模式。这些内部速度的认知是非常重要的，能够防止其过度和从污泥层产生固体冲刷，而降低出水质量。

9.5.2 直径

澄清池直径是所需总面积和单元数目的函数。可供利用的机械装置直径可以超过 70m (200ft)，但是上限则认为是 50m(150ft)。对于直径较大的澄清池，风可能产生表面流而搅动径向流模式，并在下风向集中浮渣。

9.5.3 侧壁深度

20世纪80年代初之前，圆形二级沉淀池经常具有2.4~3.0m(8~10ft)的深度。性能数据表明，向更深的深度推移会导致出水悬浮固体较低而更耐受水力峰值产生的搅动作用。增加RAS的浓度也随着深度的增加而出现，实践数据见表14.40。

表14.40 活性污泥澄清池最低和推荐的侧水深度

处理池直径/m(ft[①])	侧水深度/m(ft)	
	最 低 值	推 荐 值
高达12(40)	3(10)	3.7(12)
12~21(40~70)	3.3(11)	3.7(12)
21~30(70~100)	3.7(12)	4(13)
30~43(100~140)	4(13)	4.3(14)
>43(140)	4.3(14)	4.6(15)

在1984年的调查中，美国一些最大的环保工程咨询公司报道过活性污泥澄清池使用4~5m(12~15ft)的设计深度(Tekippe，1984)。近25年后，笔者联系了许多相同的企业，而发现这些表格化的值仍在遵循，但是有些人甚至建议采用最大尺寸，更深的池底。在欧洲，如果看见新处理池设计没有这个深度，也很常见。

在20世纪80年代初，由帕克(Parker，1983)和其他人的数据量化了更深的圆形水池的深度值(图14.132和图14.133)。结果表明，为了获得10g/L的出水悬浮固体浓度，对于超过0.85m/h(500gpd/ft²)的溢流率可能需要超过5m(15ft)的深度。其他数据和支持更大深度优点的讨论，在水环境联合会MOP FD-8(2005)中介绍。

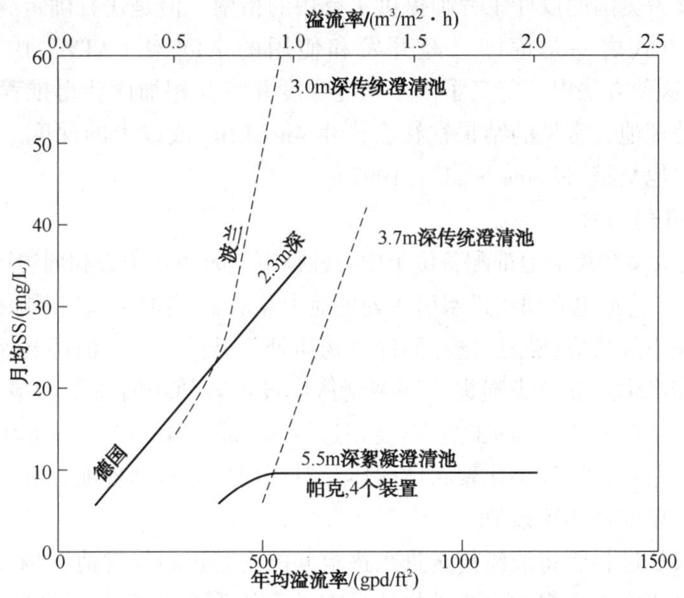

图14.132 传统的絮凝澄清池的性能响应曲线(gpd/ft²×0.001 698 4=m³/m²·h)

(Tekippe and Bender，1987；Parker and Stenquist，1986)

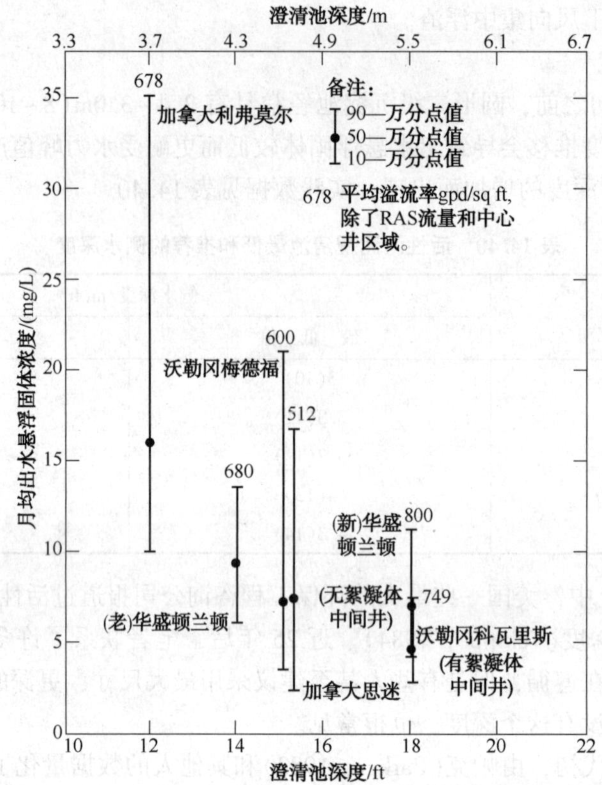

图 14.133　澄清池深度和絮凝器中心井对出水悬浮固体的影响

($gpd/ft^2 \times 0.001\ 698\ 4 = m^3/m^2 \cdot h$)(Parker, 1983)

虽然表 14.40 为美国的设计工程师提供了有用的指南，但是还有确定深度要求的更复杂方式。最复杂的方式之一是德国已经开发和使用的 ATV 法(ATV，1973，1975，1976，1988，1991)。在这种方法中，定义了四个功能深度并将其相加而获得推荐的最低处理池深度。对于较大的处理池，常见的结果往往会产生 4m(12ft)或以上的深度。更多的细节和设计实例可以查阅其他文献(Ekama et al.，1997)。

9.5.4　进口几何形状

在美国设计的大多数澄清池都配备位于中心柱顶端同时满足中心和周边进料模式的机械装置。对于中心进料，管道也必须将进水引入处理池中并从驱动器将旋转扭矩传送至底部基座。

进水管道的大小规格应该经过选择而保持物质处于悬浮状态，但还要保持速度低至足以避免絮状物解体和产生过度压头损失。许多制造商设计峰值小时流量和最大 RAS 流量下的进水速度，如果一个单元装置停工时，不会超过约 1.4m/s(4ft/s)。一些其他设计师则将此降低至该值的一半左右，以最小化絮状体解体。对于周边进料处理池，分配进料槽或踢脚线上的进流速度也应该保持小于该值。

对于采用端口从进料管将液流传送进入进料井的中心进料处理池，端口速度不应该超过上面讨论的进料管速度。大多数中心进料柱具有 4 个矩形敞开端口。这些端口通常被淹没，但是有些设计可能使端口顶部几厘米保持暴露。

如果不使用端口，则使用另一种流行的进料管开口连接两个管段，四个垂直结构的钢槽焊接到每个管外部。

对于外周进料处理池，一些设计在其底部具有含多个端口的水沟。其他的则有敞开水沟，进水切线分配通过引入定向螺旋进料模式而实现。对于具有多个端口的那些入口，端口间距和规格大小都是由设备制造商完成，为此目的还会利用计算机化的水力学模型。大多数设计工程师对于给定的范围会根据总流量除以端口数指定离开不同端口的相对流量变化不会超过 5%(或就是该值)。

在许多中心进料口设计中，进口端口自由排放到入口进料井中。然而，在某些情况下，在紧接下游构建导向挡流板而耗散进入进口挡流区域的喷射速度。同样，对于具有多个端口底部开口的周边进料处理池中，导流板通常位于每一端口开口紧接的下游。这能够扩散流入液流并防止液流向下喷射进入进水套管并进入沉降区。

如图 14.134 所示，中心进料处理池也能够采用在其端部自由排放的水平或垂直管道进料。这些管道中一些也能够配备钟口型出口，以降低进入处理池中心的释放速度。

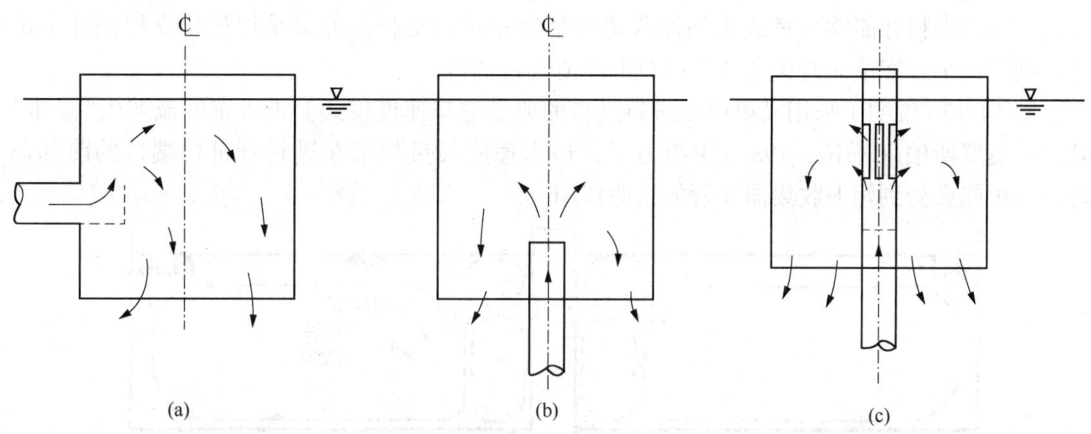

图 14.134　各种传统中心进料进口设计
(a)侧进料；(b)垂直管进料；(c)开槽垂直管进料

在水平进料管上具有终止挡板或上翘弯管是很重要的，这样能够使液流不会出现还有任何剩余水平速度的排放。这种不平衡的速度矢量可能会干扰澄清池内部的流动模式，而影响出水质量。

9.5.4.1　中心进料

20 世纪 80 年代之前，当絮凝中心井变得常见时，标准中心进料进口设计(如图 14.135 所示)通常用于活性污泥澄清池和初级澄清池。对于活性污泥设施中，进料井规格通常为处理池直径的 20%~25%。液流向下流动的速度标准决定简单进料井的直径。一些设计师和制造商建议，无论处理池大小如何，进料井直径不应该超过 10~15m(35~45ft)。同样，离开进料井的向下流动速度通常限制为约 0.7m/min(2ft/min 或 2.5ft/min)。

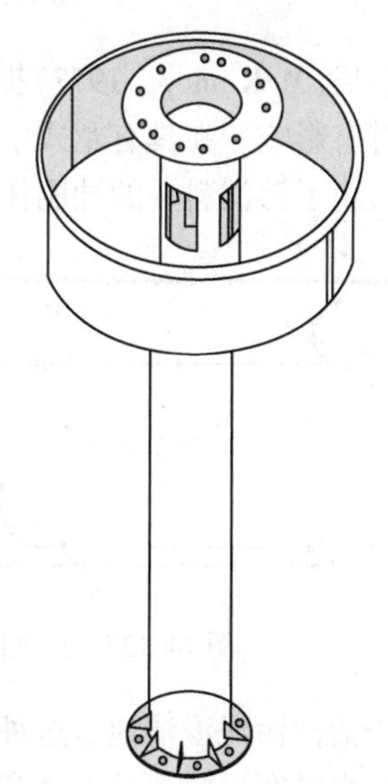

图 14.135　标准中心进口设计

进料井顶部高度一般设计成在某一单元停工时延长而超过峰值小时流量的水面。几个端口被切成挡流板的顶部部分而容许浮渣从进料井移动至处理池的合适位置。围绕挡流板等距放置四个这种开口，是很常见的。

典型的中心进料井从低至处理池 30%向高达 75%的处理池深度向下延伸。一些制造商建议，淹没度为侧水深的25%~50%。常见的是，这种中心进料井底部边沿位于中心进料管道端口底部以下约 0. 3m(1ft)。这必须足够低，才能使液流喷射出端口时不会低于挡流板而溅入沉降区。

有的设计概念建议，低于进料井的圆柱形区域约等于进料井的横截面积。这能够防止理论速率随着液体进入澄清池下部分而增长。在这种情况下，进料井之下的开口将作为测水深度减去进料井深度而进行测量。这项规定可能会与以上讨论的澄清池进料井速度标准和测水深度标准发生冲突。因此，为了找到同时满足大多标准的折中方案，这往往是必要的。

在一些传统的处理池中，进料井随着污泥刮泥机机械装置而旋转；而在其他处理池中却保持固定。进料井能够架桥或由污泥收集机械装置进行支撑。如果采用架桥支撑而并不旋转，则应该小心谨慎而避免进料管口对准浮渣端口开口。

图 14. 136 说明了采用简单中心进料进口的典型进口速度模式。进入密度流产生“瀑布”效应。克罗斯柏(Crosby，1980)也报道了，进水速度矢量如果在进料管进口端口的前部通过，则可能会受到污泥收集器立管的扭曲作用。

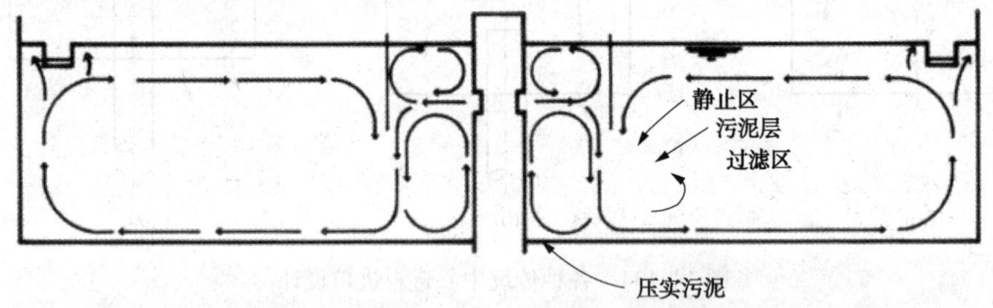

图 14. 136　中心进料处理池的典型速度模式

麦金尼(McKinney，1977)提出平面圆形挡流板(图 14. 137)降低活性污泥、混合液体进水流的有害影响。在具有犁式中心污泥去除料斗的处理池中这种挡流板是最有价值的。这种挡流板防止了污泥料斗的冲刷作用并有助于污泥在进水流反方向移动时径向向内犁式推进。

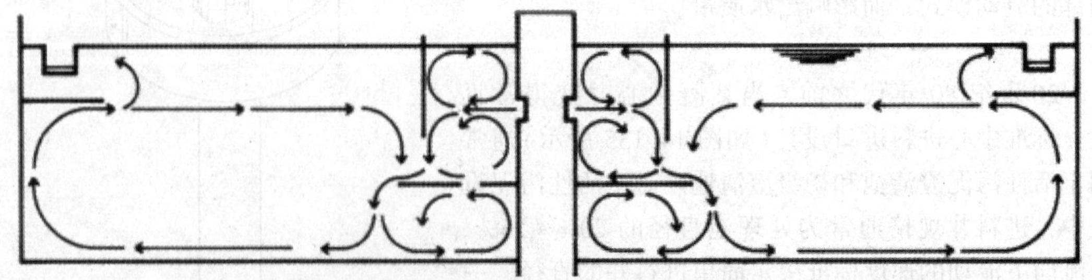

图 14. 137　提供用于降低进水混合液体流中级联效应的圆形挡流板

对于活性污泥澄清池，这种中心进料井的底部高度对性能有显著影响。因此，污泥层表面的相对水平在澄清池的设计和运行中都必须考虑。索伦森(Sorenson，1979)研究了澄清池中维持深度污泥层的策略。其数据表明，相对于具有手动控制的处理池，利用自动操作控制维持高污泥层能够产生更好的出水质量。克罗斯柏(Crosby，1980)证实，中心进料井底部充分高出污泥层或稍微低于污泥层顶部，能够获得更好的性能。与井底分开的浅层污泥对于充分沉降的污泥是最佳的，但并非对于沉降较差的污泥就不是最佳的。在后者的情况下，对于操作者通过传载相对较厚的污泥提供一定程度的固体过滤和沉降作用而改进性能则也是可能的。如果采用进料井底部接近污泥层顶部的相同高度进行操作，结果相当令人沮丧。

在许多污水处理厂的设计中，混合液体悬浮液到达澄清池时并没有完全实现絮凝。然而，通过使用独立的絮凝区就能够提高性能。简单地提高中心进料井的大小规格也是一种方法。此有人在该区域内提供机械絮凝器，而其他人却提供能量耗损进口(EDI)而将流量分配进入絮凝区(图 14.138)。

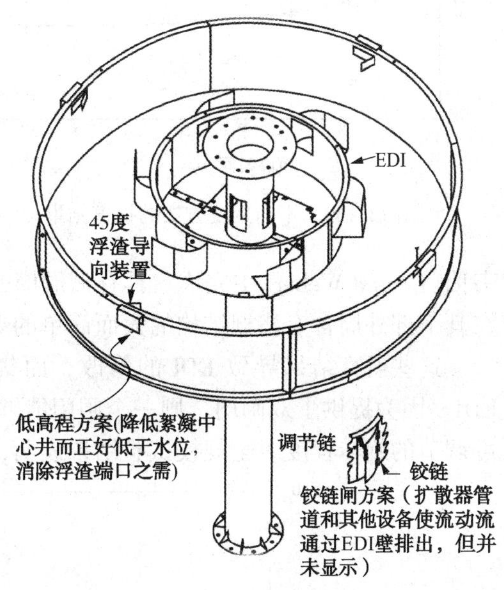

图 14.138　中心柱能量耗散进口(EDI)和絮凝挡流板

金尼尔(Kinnear，1998)，沃霍尔伯格等(Wahlberg et al.，1994)，帕克等(Parker et al.，1971)，及其他人已经研究了絮凝中心井的大小定规。据证实，约 20min 的停留时间能够充分实现可达到的絮凝物形成程度超过 90%。因此，经验法则一直用于确定絮凝井大小而在平均干季流量下获得 20min 的停留时间，RAS 流量的额外余量为 50%。更简单的方法是将其设置等于澄清池直径的 30%～35%。如果这个井过大，则进水可能会冲入其中而使井短路。

絮凝井突出到澄清池中的深度，也是一个重要的设计标准。许多设计工程师将其任意设置成等于挡流板的位置处约处理池深度一半的值。对于具有斜坡的地面，这将稍微超过侧水深度的一半。在通过计算机流体动力学建模的结果支持的最新设计中，已经使用了更浅的絮凝挡流板渗透。这些中有些是不到半侧水深度。如果挡流板太浅，则一些 EDI 的残余喷射可能下落到低于絮凝挡流板的底部，而干扰沉降的平静区。

在一些早期的设计中，提供了几种缓慢移动的斜桨垂直涡轮机用于形成絮凝体。这种系统的并行工作已经证明，混合机打开或关闭时都能够获得相当的结果。近年来，EDIs 已经用于在絮凝去内而获得充分混合作用，而机械混合器已经很少使用。

德克皮(Tekippe，2002)报道过许多澄清池进口和 EDI 的设计。图 14.138 显示了一种使用简单铰链闸门备选方案的流行设计。设计师旨在使操作者设置调节链而增加或降低进入絮凝区的速度。收紧链会增加压头损失，进口速度和搅拌作用。实际上，许多操作者简单地将铰链闸门设置于某一位置(例如二分之一或三分之二敞开)，而并没有做进一步的调节。

EDI 的直径通常设置成处理池直径的约 10%～13%。有些设计工程师使用 8～10s 的停留时间。太大的 EDI 则要从絮凝区的体积中减去而增加向下的速度。

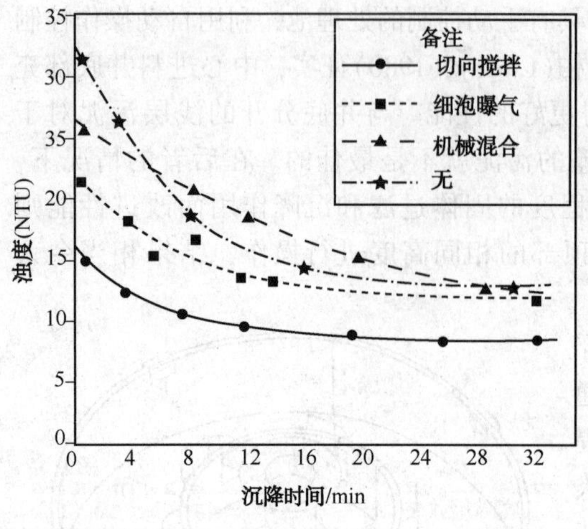

图 14. 139　不同絮凝方法的报道结果

如图 14. 139 所示的数据，支持 EDIs 使用时流量切向释放。搅拌已经证实是形成絮凝体并提供低浊度出水的最好方法。因为很多操作者并未调节铰链闸门，则设计师们试图通过用弧形槽替换铰链闸门而改进性能，这已成为一种流行的备用方案(图 14. 138)。

在一些最近的对照中，据发现，弧形槽会导致向絮凝区产生过度喷射。在海波(Hyperion)(洛杉矶市)埃尔瑟(Elser，1998)、豪格等(Haug et al.，1999)和其他人已经证明，对 EDI 提供这种弧形槽实际上比邻近根本上无 EDI 的处理池性能更差。滴滤池最后澄清池的类似比较在犹他州奥格登(Ogden)的中央韦伯(Central Weber)中完成。具有弧形槽的 EDI 及其相关的絮凝挡流板并没有底部和扩散器在其下部外周含有格栅结构的大而简单的老旧进口井的性能那样优良(Tekippe，2002)。

这些研究结果导致 EDI 的修改，而集中于能量耗散的撞击作用。一个例子是双闸门 EDI。因为提供了双闸门，则一个闸门能够比另一个敞开程度更大，并在絮凝挡流板内产生可调节的旋转程度。全规模试验结果表明，这种设计比使用弧形槽的性能更好(图 14. 140)。

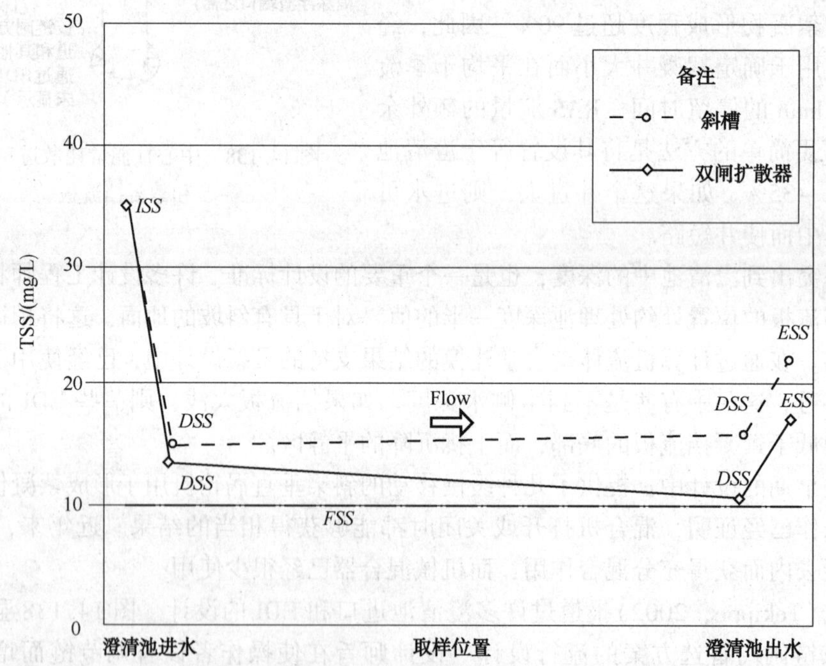

图 14. 140　在犹他州中央韦伯进行的不同能量耗散进口设计诊断试验的结果

(溢流率[OFR] = 1. 4m/h[825gpd/ft^2])

(ISS = 进水悬浮固体；DSS = 分散的悬浮固体；FSS = 絮凝的悬浮固体；和 ESS = 出水悬浮固体)

加州洛杉矶营运的海波(Hyperion)污水处理厂中进行的并行全规模研究，产生了围绕 EDI 底部周边定位的多个扩散器的创新设计(图 14. 141)(Haug et al.，1999)。在这种排布设计中，EDI 出水向下实施而通过具有 32 个直径 0.35m（14in）的小扩散器管的 8 个 0.6m（24in）开口，这些小直径扩散器管成对相互冲击。在其表面留有小开口以便浮渣通过。这种设计据发现，远远优于使用弧形槽的方案，并比根本不提供 EDI 的设计更佳。在海波污水处理厂的全部 36 个澄清池都转换成这种设计，这在同行业中被称为“LA EDI”。关于这种设计的研究的更多细节，在文献水环境联合会（Water Environment Federation）MOP FD－8（2005）中有介绍。

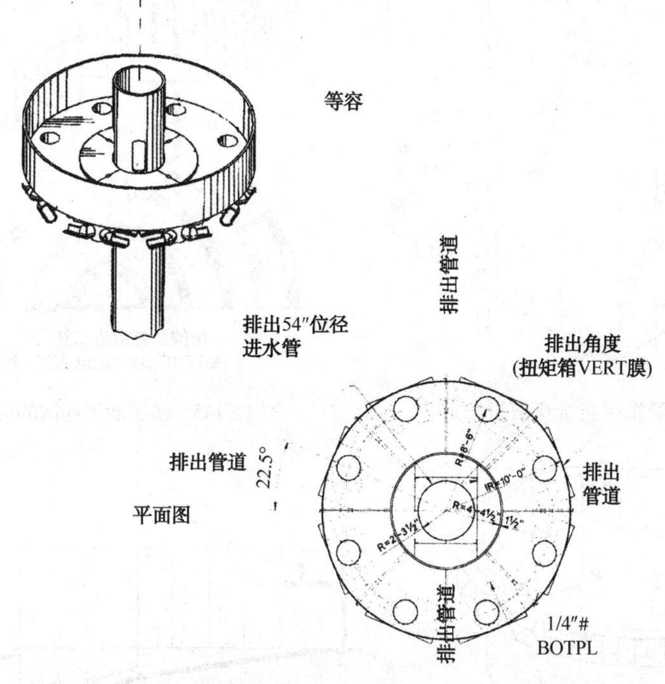

图 14.141　加州洛杉矶的能量耗散进口（EDI 专利制图和平面视图

图 14.142 说明了另一个最近开发和销售的 EDI 设计（絮凝能量耗散进料口井［FEDWA］）。在这种排布设计下，液流从进料管通过四个端口进入。每个端口的对面是一对垂直挡流板，而形成一个角。开口留在这个角的中路，而临近角落的液流当其通过开口时产生冲击作用。离开这个开口之后，液流将被分流成 90% 再次被迫从相邻的开口流出而产生冲击作用。这个过程在混合液体排放至絮凝区之前重复 1 次以上。FEDWA 进口的开发商报告了良好的结果，然而，全规模并行试验尚未实施，只是报道用于大多数备选方案的比较。

图 14.143 显示了另一种使用多行同心抵消开槽板挡流板冲击的能量梯度逐渐降低的最新 EDI 设计。这种设计应用于澳大利亚墨尔本，据报道很有效，但公开版的全规模对比数据还正在等待。图 14.144 描述了另一种概念，在这种概念下所有从进料管端口进入的流量都被迫垂直上升而使 EDI 通过表面的脉络化开口。叶片的倾斜在周围絮凝区内创建了切向流模式。

巴纳德等（Barnard et al.，2007）和德克皮（Tekippe，2002）提出了几个 EDI 设计和不使用 EDI 而向絮凝区垂直释放中心进料进口流量的概念的讨论。全球现有 100 多个如图 14.145 所示的中心井的装置。这被称为 SOLE（侧出口低能量）消能井设计。

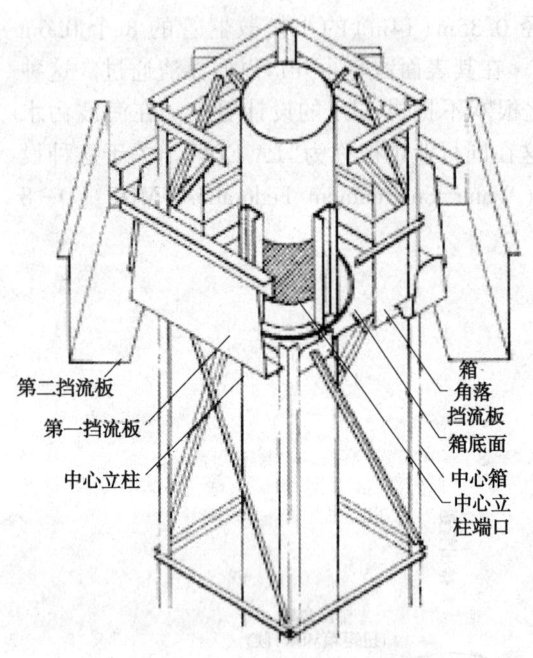

图 14.142 絮凝作用能量耗散进料井

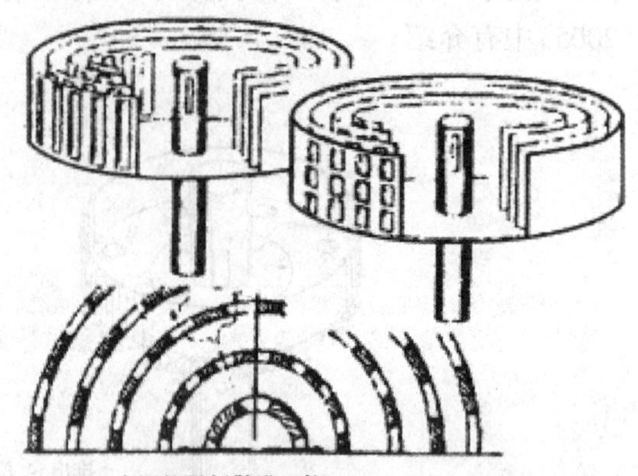

图 14.143 多层能量耗散的进口柱(MEDIC)设计

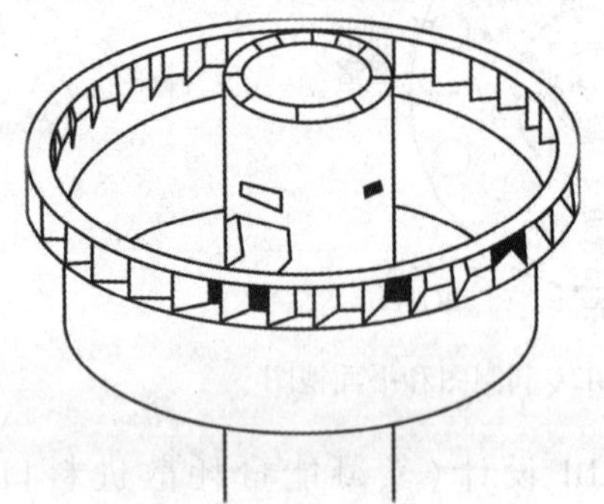

图 14.144 具有顶部释放叶片的能量耗散进口

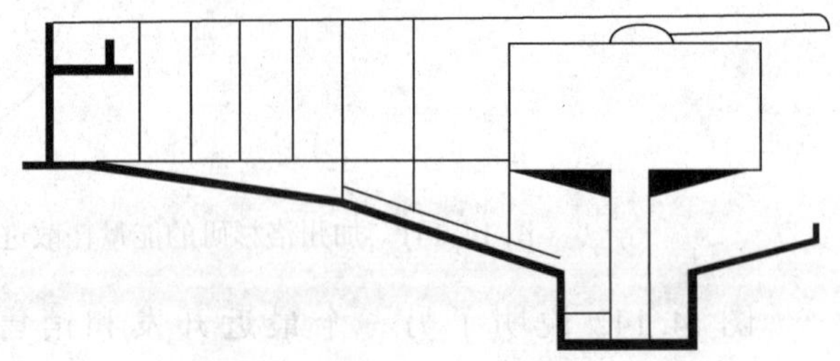

图 14.145 侧出口低能量(SOLE)消能井 (Barnard et al., 2007)

德克皮(Tekippe，2002)提供的数据显示了钟口型垂直释放进口管，这种进口管在表面创建微微的沸腾，性能优于英国的大型活性污泥污水处理厂具有 EDI 的并行全规模澄清池。巴纳德等(Barnard et al.，2007)类似地报道了伊利诺伊州芝加哥市的大芝加哥都市水回收区(MWRDGC)的斯蒂克尼(Stickney)污水处理厂的良好性能，其中进口管是一种锥形混凝土结构，允许向絮凝区垂直释放，而不使用进料端口。这种设计使用了中心驱动机械装置，其扭矩通过垂直杆传递到混凝土锥。在溢流率 2.0~2.2m/h(1200~1 300gpd/ft^2)下观察到出水 TSS 为 5~7mg/L。

为了防止异味和有碍观瞻(图 14.146)，将漂浮物移出絮凝区是很重要的。在最初几年的设计中，絮凝挡流板顶部高度设置成所有流量下都突出到水面以上。即使提供浮渣端口，这样的设计也会导致泡沫和其他漂浮物的围堵聚集。在其他现场，将顶部高度降低至等于 V 形槽出水堰的底部高度。这允许漂浮物越过絮凝挡流板的顶部而通过，但会引导内侧大部分流量向下流动。然而，在高流量时，上清液将越过挡流板流入絮凝区。当然，这将会冲淡絮凝区的内容物，而缩短流入液流的停留时间。

图 14.146　截留漂浮物的絮凝挡流板产生气味

为了避免这一问题，一些设施已将絮凝挡流板设计成向上可调的。这允许操作者提高其水平，而使之凸出水面，但在高流量下可能冒顶而将漂浮物冲刷进入处理池。在某些设计中，安装絮凝挡流板于刚性位置并在顶部用螺栓拴住可调节的板是最具成本效益的。小心调节这个板而将使絮凝挡流板仅仅在所需的峰值流量期内出现溢流。一些设计师也正在改变喷嘴设计，而将浮渣更有效地移动通过端口，或如果其设置足够高而防止过顶漫溢时在絮凝挡板内提供浮渣清除机械装置。

几种中心进料澄清池设计用于将流量释放到邻近处理池底部的区。在某些设计中，使用了具有垂直插槽的挡流板。在其他设计中，使用了具有几个端口性开口的旋转臂而恰好在污泥区上面对流入流量进行分配。然而，这些设计在美国已很少使用，因而没有进一步讨论。

9.5.4.2　外周进料

在 20 世纪 60 年代，将进口能量铺散到整个处理池体积的大部分内的理念，促进了周边进料的澄清池的发展。正如图 14.147 和图 14.148 所示，通过使用具有底部端口的渠道或产生螺旋辊模式而使进水围绕周边分配。

在外周进料澄清池上已经完成了几个模型和全规模染料试验(Dague，1960)。结果表明，周边进料处理池比中心进料模型具有更高的水力学效率。具体而言，在南达科他州苏福尔斯(Sioux Fall)实施的全规模活性污泥法试验结果表明，除了水力学效率更好之外，外周进料处理池也获得了比现有的中心进料设计更高的悬浮固体去除率。然而，后者没有采用最近几年开发的絮凝中心井概念。

在某些设计中，在平均流量下采用横跨约 25mm(1in)孔口的压头损失合理地获得沿着处理池外周的均匀流量分配。对于具有大的调峰因子的污水处理厂，会出现一定程度的流量和固体分配不均。设计标准发生了变化，而在平均流量下提供更多的压头损失(约 60mm，或 2.5in.)换取更好的流量分配。超过 3∶1 的峰值流量能够接受更高的压头损失。在低流量下，整个孔口的压头损失可能很低，而并没有达到良好的分配。然而，在这些情况下，溢流率较低而澄清池性能可能仍然是令人满意的。因此，最小流量的分配通常不考虑限制性的设计标准。对于具有极端调峰因子的污水处理厂，能够在挡流墙或处理池壁上添加特定的溢流装置(图 14.147b)。

对于这些入口设计，进料渠道/区挡掉沉降液体本体。同样，漂浮物可能累积于进口区表面上而产生气味，如果不去除就会有碍观瞻。对此提供的装置将在该节中有关撇渣系统中进行介绍。

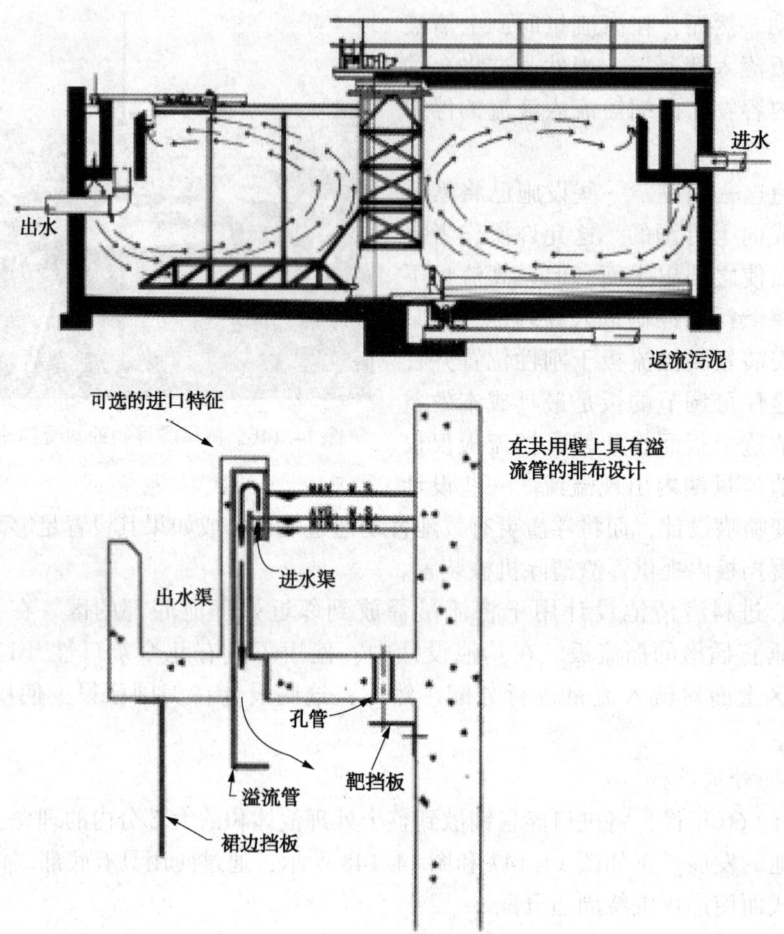

图 14.147 外周进料澄清池流动模式

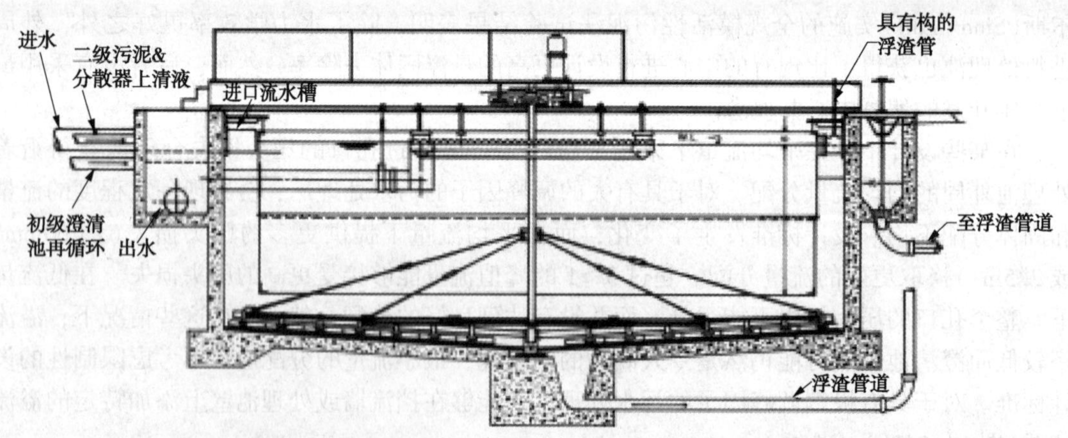

图 14.148 具有螺旋辊模式的流量分配的外周进料澄清池

9.5.5 内部挡流板

多年来，圆形澄清池除了进口井之外都采用无内部挡流板进行构建。在 20 世纪 70 年代和 80 年代初期，研发工程师，其中包括克罗斯柏(Crosby，1980)，麦金尼(McKinney，

1977)，和其他人发现，通过使用内部定位挡板可能显著提高活性污泥澄清池的性能。图 14.149 图示说明了另一个发现能够有效将污泥层限制于澄清池中央部分的挡流板。克罗斯柏(Crosby，1980)率先开发出这种从底部延伸出来的挡流板。这种挡流板被他称之为“中径”挡流板，但是其最佳位置却并不可能处于半径中点位置。

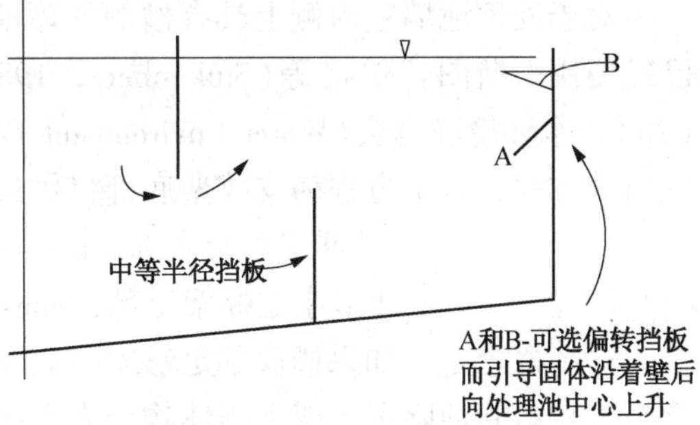

图 14.149　提供用于降低外墙反弹和上流效应的挡流板

(注意，处理池通常并不会设置多余的这种挡流板)

中心进料的活性污泥澄清池往往会产生沿着外墙的悬浮固体上升流。安德森(Anderson，1945)在伊利诺伊州芝加哥市的早期研究揭示了这一运动过程的存在。他的应对措施是从墙壁以足够的距离构建双流水槽，而容许上升流固体在出水到达堰之前重新沉降。克罗斯柏(Crosby，1980)和麦金尼(McKinney，1977)独立地获得了另一种解决方案：创建一种外围挡流板将液流折回转向处理池中央。这两个方案的概念设计如图 14.150 所示。在图 14.150a，b 和 c 中展示了这种设计的进一步完善。对于在处理池壁外墙上开槽的设计，克罗斯柏如图 14.150a 所示的设计是最合适的。

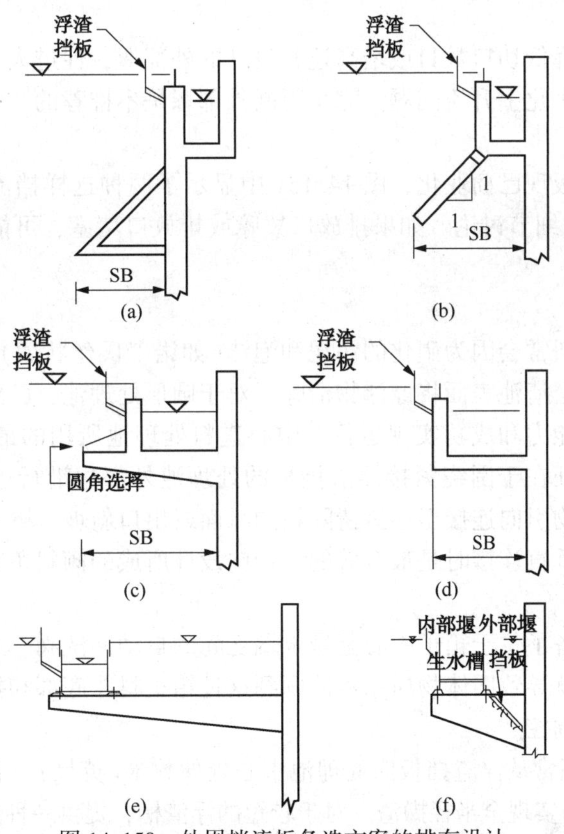

图 14.150　外周挡流板备选方案的排布设计

(a)斯塔姆福德；(b)未命名；(c)麦金尼(Lincoln)；(d)内部槽；(e)悬臂式；(f)具有导向挡板的悬臂

对于处理池墙壁内侧上具有槽的处理池，如图 14.150b，c 和 d 所示的三种设计方案都已经使用。斯图肯伯格等(Stukenberg，1983)建议，槽底部架子从出口堰半径突出 0.63m(2ft)。水环境联合会(Water Environment Federation，1998)介绍了艾伯森(Albertson，1995)提出的方程，这个方程为支撑架底部提供最低尺寸。笔者按照如下修改了该方程：

最低支撑架底部，mm=460mm(25mm/m)(直径 9m)

[最小支撑架底部，mm=18in+(0.3in/ft)(直径 30ft)]

这个概念是，如果槽底部足够宽，就不需要向内突出的支架(横隔板)。消除支架将简化施工材料并消除了支架上固体物令人生厌的沉积作用。有些工程师通过增加如图 14.150c 所示的嵌条选择而降低了后者的问题。另一些人认为，即使艾伯森最低 SB 标准得到满足，如果提供的支架至少达到浮渣挡板的半径而或许远离斯图肯伯格的 0.63m(2ft)值时，处理池会产生较低的出水 TSS 值。

对于建造时过于接近处理池墙的悬臂式双流水槽，上升流固体通常逃脱。帕克等(Parker et al.，1993)开发了与水平呈 45°的特殊开槽挡流板，而将上升流固体从墙壁在低于这种设计的澄清池出水槽下折向转移(图 14.150f)。这种挡流板由条状玻璃纤维屋面材料构建而成，支撑架之间间隔一定距离。这个间距约 35~50mm(1.5~2in)，可以允许少量流量上升，而离开外部堰。然而，绝大部分流量都转向至内部堰，而悬浮固体向处理池中心喷射。在内布拉斯加的林肯市(Lincoln)，这种排布设计将出水悬浮固体从 35mg/L 降低至 28mg/L。

其他人试图通过降低切口数目或增高这种设计的外部堰，促进大多数流量通过内部堰的方式离开处理池而最小化上升流问题。完全阻断外部堰是不推荐的，因为这会在外部堰和墙壁之间创建死角。

方便的外围挡流板现已商业化，图 14.151 中显示了两种这样挡流板。WEP MOP FD-8(2005a)提供了更多的细节讨论。如果排放口故障或排放口堵塞，可能会导致这种玻璃纤维面板发生结构损坏。

9.5.6　浮渣清除

活性污泥澄清池通常会因为硝化的污泥和泡沫(如诺卡氏丝状菌)而形成浮渣。在美国，通常的做法是从二级澄清池表面将漂浮物清除。对于圆形处理池，已经设计了各种撇渣机械装置而以不同程度的能力和成功实现运行。中心进料处理池所用的最常见系统如图 14.152 所示。这种系统的特征在于围绕紧接浮渣挡板的处理池外部边沿行进的旋转撇渣臂和刮水器。这种系统将漂浮物引向连接至浮渣清除箱的滩面或出口斜坡。撇渣器叶片如果切向连接至进料挡流板而不是垂直连接时是最有效的。切向设计所成的倾斜角有助于将漂浮物移动至处理池的外围区域。

一些浮渣箱都配备了位于箱子中心至最末端之间的自动冲洗阀。这种阀随着撇渣器每次通过都机械启动。这就导致固体物质用水冲刷到这种箱子料斗底部和排放管中。冲洗量和持续时间通常可以进行调控。

这类型的浮渣槽通常从浮渣挡板向处理池中心延伸数米(英尺)。有些设计将此延伸至絮凝或中心进料井，从而实现全半径撇渣。对于较短的浮渣槽，提供一种系统将漂浮物移向外部浮渣挡板。采用固定而柔韧的抗扭挡板，由支架桥支撑并向下延伸至处理池表面。这种挡板以与撇渣壁成一定角度放置而与处理池水面相交。所产生的类似剪裁运动推动浮渣向外移动。

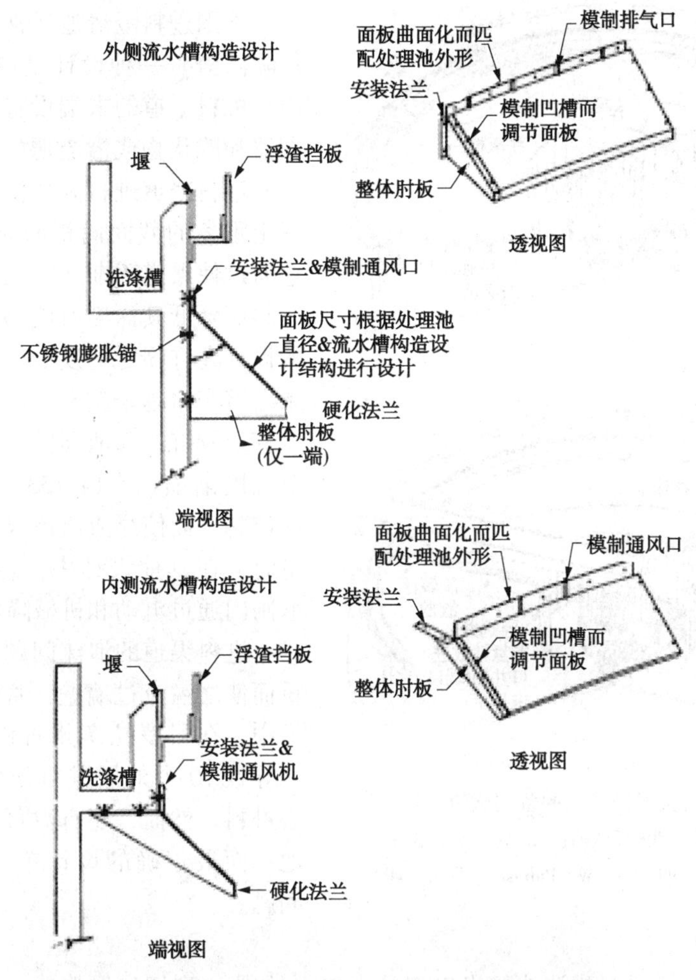

图 14.151　市场上可买到的两种外围挡流板类型

另一种将浮渣向外朝浮渣挡板移动的方法是使用水面喷洒。将固定浮渣滩定位于处理池的下风向侧面是一个很好的想法。室外管道排布设计可能会使这种方案更具经济吸引力。

另一种撇渣概念，已知为“入水撇渣器”，如图 14.152b 所示。在这个设计中，撇渣器板通过铰链式平衡重量的装置连接至污泥清除机制。这种系统将漂浮物向固定的旋转槽推动，随着撇渣器板接近这种固定旋转槽旋转至合适的位置而触发开关。当撇渣板达到旋转槽时，向下入水至旋转槽下面，而其平衡重量将其转回至表面，继续围绕处理池旋转。这种设备具有提供全半径浮渣清除的优点。不需要单独冲洗，但有些设计采用在旋转槽内部端切下更深的切口以附带更多的水，而使得漂浮物移动进入旋转槽另一端的收集箱。

据报道，一些装置具有与入水撇渣器相关的大量维护问题。这些问题包括旋转槽的控制、轴承、传动装置和固定。后续设计已经使之更加牢实耐用。

第三种类型的撇渣器涉及使用随着驱动支架旋转而向中心环形井排放的全半径移动滩，从这个中心环形井泵抽出浮渣。固定的悬挂挡带，下边沿略低于水面，按照需要弯曲，将浮渣箱上推至行进低位时的滩上。

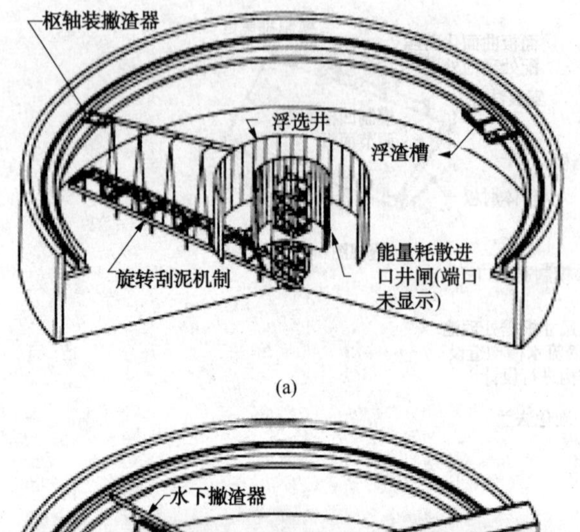

(a)

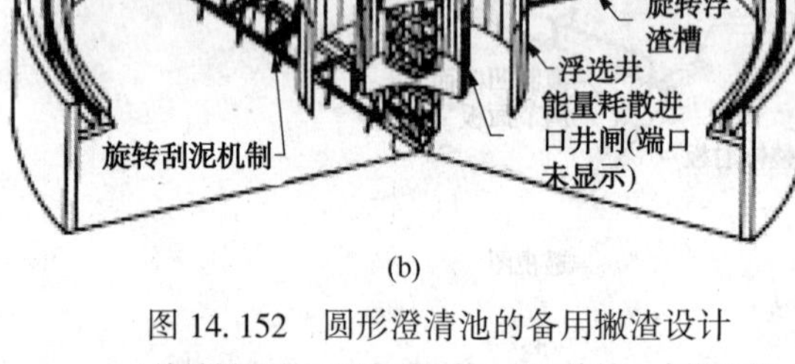

(b)

图 14.152 圆形澄清池的备用撇渣设计
(a)旋转撇渣器和固定浮渣槽；(b)旋转入水撇渣器
(Ekama et al.，1997；经 IWA Publishing 许可重印)

外围进料澄清池通常从外围进料通道清除浮渣。一种设计是单向进料处理池，而在进料渠道的末端设置以上所述的小刮扫器和滩状物或溢流堰的排布设计。通过单向进料渠道进料并降低围绕处理池具有一定距离的截面面积而有助于浮渣清除。这通过使渠道逐渐变窄或通过使地面向上倾斜而降低其深度就能够可以实现。后者的设计允许固定宽度的叶片适应渠道。如果渠道变得越来越窄，则使用狭窄的固定柔韧或铰链式撇渣器叶片排布设计，以应对宽度渐缩(图 14.153)。堰闸门可以精细调整，而使浮渣溢流仅仅出现在峰值流量时。在其他设计中，随着撇渣臂接近，堰闸门通过电动和机械降低。

进料渠道的泡沫问题已经变得如此严重而使之溢流过墙壁，直接滴落至出水渠道中。在科罗拉多州丹佛 Metro，这个问题导致 10 个外周进料处理池转化成了中心进料。然而，还有数百个外周进料处理池，而最正确的设计单元没有出现这个问题。

9.5.7 出口

大多数圆形中心进料澄清池的出口都是由单个外周 V 型切口堰构成，由此溢流进入出水槽。对此的方案包括悬臂式或悬挂式双堰槽和水下孔口收集管。

对于外周进料设计，在一个设计概念中使用单个外周堰。另一概念包括从支架桥或其他处理池中心附近的结构支撑悬挂的方形、八角形或圆形双面流水槽装置。

在许多州，法规允许简单建成的周边堰产生的堰负荷。在其他州，这些规定还包括流量除以堰长度表示的堰负荷限制。例如，10 个州立标准对于平均流量小于 $0.04m^3/s$(1mg/d)的污水处理厂将堰负荷限制于 $250m^3/m^2 \cdot d$(20000gpd/ft)而对于更大型的污水处理厂则限制于 $375m^3/m^2 \cdot d$(30000gpd/ft)(GLUMRB，2004)。

9.5.7.1 外周堰

对于圆形处理池的外周堰出口具有两种常见的设计。在第一种设计中，混凝土槽构建于处理池墙内侧面上。堰板随后用螺栓固定于槽壁向内面的顶部。在第二种设计中，堰板螺栓固定于处理池壁内侧。然后在处理池壁外面构建混凝土出水槽。如果处理池外部土壤高度能够有助于模板施工，这可能使建设成本较低。

堰板最常见的类型涉及按照 150mm 或 300mm(6in 或 12in)的间隔设置 90°V 型缺口。这种设计容许水面高度相对较低的平衡升高，当流量随着良好的流量分配的不良平衡余量而增加。与此相反，平板堰板如果水平度不完美，或如果表面上风力影响显著时就会易于出现不平衡排放。

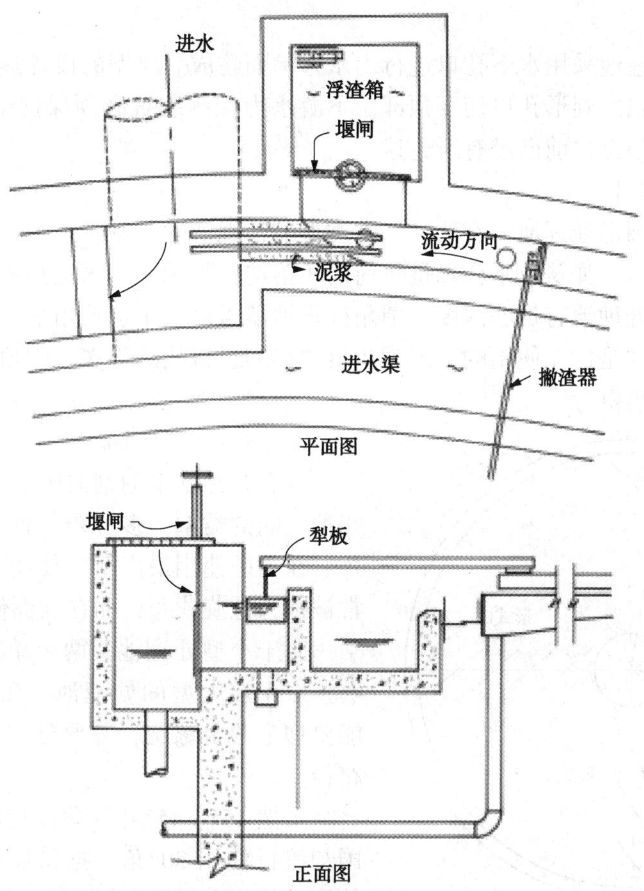

图 14.153 外周进料澄清池有效可变宽度进水渠撇渣设计的平面图和正面图

一些设计师使用方形缺口，从而随着流量变化而导致更宽的水平变化，更容易由于落叶、藻丛和其他碎片而发生部分堵塞。

对槽的尺寸进行合理选择是设计的重要方面。完成此项工作的流体力学公式超出了本文的范围。推荐查阅诸如博伊尔（Boyle，1974）和法伊尔和格伊尔（Fair and Geyer，1963）的文献。

9.5.7.2 悬臂式双或多流水槽

在早年，也可能在现今的某些领域，限制堰负荷至足够低值的法规促使设计师设计利用多个堰，蛇纹堰和其他方式增加给定直径的处理池的堰长度。在近年来在许多设计准则中已经对这些要求放宽。然而，这种悬臂式双流水槽概念仍然维持。这在进入液流将固体带至外部堰之前为其提供了向上沿着墙进行重新沉降的机会。安德森（Anderson，1945）等建议，外部堰距离墙壁至少占处理池半径 25%。

9.5.7.3 悬挂于支架桥的流水槽

对于一些小的圆形处理池，先前讨论的双面流水槽设计从支架桥悬挂。必要的结构桁架经过架设而稳定这种形式的出口。这个概念最广泛地适用于使用螺旋进水设计的外周进料澄清池。外周进料处理池利用孔口进料，常常具有向内突出的流水槽，这种流水槽采用与进料槽共同的墙壁进行施工构建。

9.5.7.4 水下孔口

很少有圆形处理池采用水下孔口进行出水移除而建成。典型的设计具有圆形管道位于墙壁附近，以均匀间隔的圆形孔口切至顶部。下游水力控制装置必须保持于澄清池内的水平。这个概念的优点和缺点先前已经有所论述。

9.5.8 污泥排出

对于活性污泥圆形处理池，有两种基本类型的污泥清除机制——犁式和水力学吸取。

对于方形处理池，弹簧或平衡重量负荷的角落清扫犁用于从固定扫描圆形区域外的角落区收集污泥。如果处理池有足够深度，圆角处理池墙可以用来填补角落而使无角落清扫的圆形机制可以使用。这是优先使用的，因为角落清扫的机械故障很多。六角形、八角形的形状通常也包括相同圆角概念。

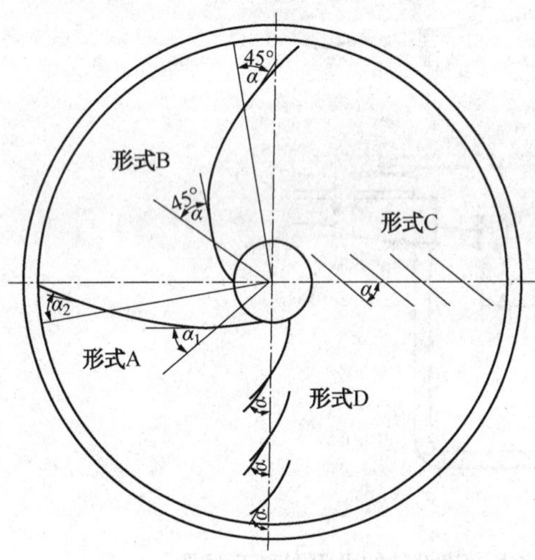

图 14.154 德国的刮泥机构造设计结构(Guenthert，1984)。A 型是“涅斯科拉泽尔(Nierskratzer)”型，其中 $a_1>a_2$。B 型是在45°时为常数的对数螺旋形。C 和 D 型是“窗帘”型刮泥机

9.5.8.1 刮泥机

现有几种基本的刮泥机设计；图 14.154 显示四种不同的类型。多叶犁，使用了直型刮泥机叶片，在美国使用最广泛。使用弯曲叶片的设计通常被称为螺旋式犁，而在欧洲使用了几十年。

对于小型处理池，两个单螺旋通常就已经足够。对于较大型的处理池，在相互成 90°的点可能要加上两个螺旋，并要延伸仅仅部分至墙壁的路径。

虽然 15°~45°叶片角度应经使用，但是在美国却流行使用 30°角。据供应商报道，活性污泥使用的绝大多数新的刮泥机机制，都采用螺旋式设计，这正好与多叶片“窗帘”型相反。

在早年，螺旋刮泥机叶尖速度约 3m/min(10ft/min)。基于几个污水处理厂的改进工程项目，艾伯森等人推荐使用高达 10m/min(30ft/min)的值。这些较快的速度，以及加深的螺旋叶片紧密地靠近处理池中心，给这个系统提供了相对较高的污泥运输和清除能力。较高的速度确实会导致处理池内容物产生一定程度的搅动，特别是在较小型的处理池中，这可能影响澄清作用。有些设计的特征在于采用变速驱动。

9.5.8.2 水力学吸取

对于采用部分或完全硝化的活性污泥处理，澄清池中发生反硝化作用可能会导致固体漂浮和出水质量降低。在 20 世纪 60 年代，水力学吸取的概念就是设计用于协助更快速的污泥清除。金尼尔(Kinnear，2002)证实，这一概念维持较低的污泥层更有效。图 14.155 中所示的数据表明，污泥层深度增加某些情况下会导致出水固体更高，但是，无论污泥层深度如何，足够的清洁水区对于良好的性能都是必要的。

为了抬升污泥，水压头差通过使用泵或可调节阀而将固体移动至收集臂中而建立。现有两种类型基本不同的水力学吸取清除机制。第一种，通常被称为管风琴或立管，具有独立地收集器管用于每一吸取进料孔口。V 型犁将污泥引入这些管内。

其他类型具有延伸跨过处理池全半径的单臂或双臂。这些臂状物是管状的，而具有几个孔口开口。这通常被称为歧管设计，但也被称为管头、管状、或开发者汤文森得和布罗维尔认可的 Tow-Bro。

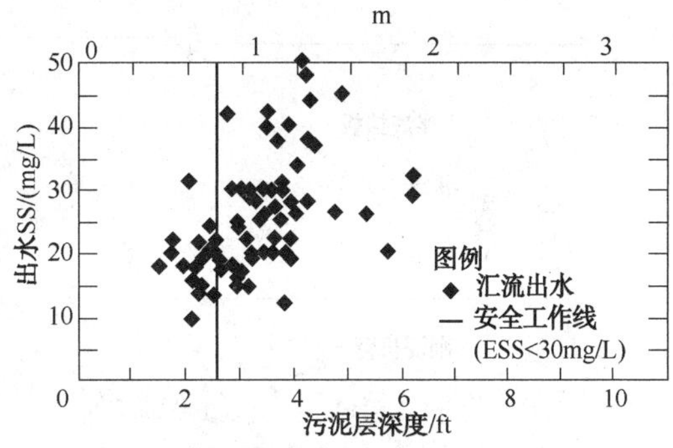

图 14.155　纯氧活性污泥污水处理厂中污泥层深度对出水悬浮固体(ESS)的影响；污泥物量指数=51~166mL/g，平均值为 86mL/g(Ekama et al.，1997；经 IWA Publishing 许可重印)

图 14.156 显示了典型立管澄清池设计。立管水平架设是垂直重叠的——这个取向导致处理池比其水平时能够发挥更大的搅拌作用。大多数设计师更倾向于后者。这一机制的每个立管都配备可调的伸缩堰，移动式套或环排布设计，而使操作员能够对每一吸取进口独立调节流量。在世界经济论坛 MOP FD-8(WEF，2005)中详细地讨论了优点和缺点。

立管设计的特点在于这些管进入收集箱并通过前面的中心进料管端口，这些端口通常位于收集箱正下方。这种干扰作用能够将进入液流折向而可能导致液流一定程度喷射到 EDI 或中心进料井中。管道的相对大小尺寸、取向和这些端口的附近都必须在污水处理厂设计和规范说明中加以考虑。

立管澄清池包括中心柱和每个返流污泥井之间的机械密封。如果密封发生泄漏，则处理池和返流污泥井之间的水位就会损失或降低。较低的水位差就可能导致较低的 RAS 率或无污泥去除。

歧管型水力学吸取机制包含多个沿其径向长度的孔口。一些澄清池具有单管，较大澄清池会具有相互相对的两根管(图 14.157)。

孔口开口在工厂装置内就确定了大小和间距，而获得从底面上收集固体的接近最佳模式。水力学方程和孔口间距标准已经超出了本文的范围。的确做到具有可调节的开口；然而，处理池需要停工才能做出必要的调节。鉴于此，即使可能能够进行调节，大多数操作者并不会更改设置。

采用歧管设计，任何具体孔口堵塞在没有将处理池排水是不能进行检查的。，比较压头损失的流量的仪表就能够用于确定是否发生一定程度的堵塞，而一些 RAS 站设计时会提供反冲洗。

歧管型水力学吸取装置相比于立管方案日益普及。歧管的主要优点在于这种设计能够直接耦合于具有显著压头差异的 RAS 泵或湿井，这使之能够吸取相对稠密的污泥。这种设计的支持者认为较低的 RAS 流量是可行的。据报道，华盛顿的某纸浆和纸品厂并行试验结果表明，歧管型能够获得 1%的 RAS，而并行立管则达到 0.6%(Ekama et al.，1997)。在该装置内，WAS 从装配歧管的澄清池中完全清除。

有关歧管设备的关键设计问题是如何在底部获得良好的密封。这种装置需要两个密封件，一个密封件处于旋转凸缘每一侧随着吸管移动。在某些早期设计中，污泥或砂砾沉积与从 RAS 泵吸取的综合作用，导致密封件频繁磨蚀和磨损。如果磨损过度或吸取充分，则通过这些密封件就能够吸取相对较低 TSS 的水，从而导致水力学吸取的目的失败。这种漏水作用可能稀释 RAS 并最终降低通过孔口的流量。更换密封件需要处理池排水。现有两种或多种成功的现代密封设计。图 14.157(详细见 A)显示了密封件位于地面之上数英寸而降低砂砾磨蚀问题的设计。

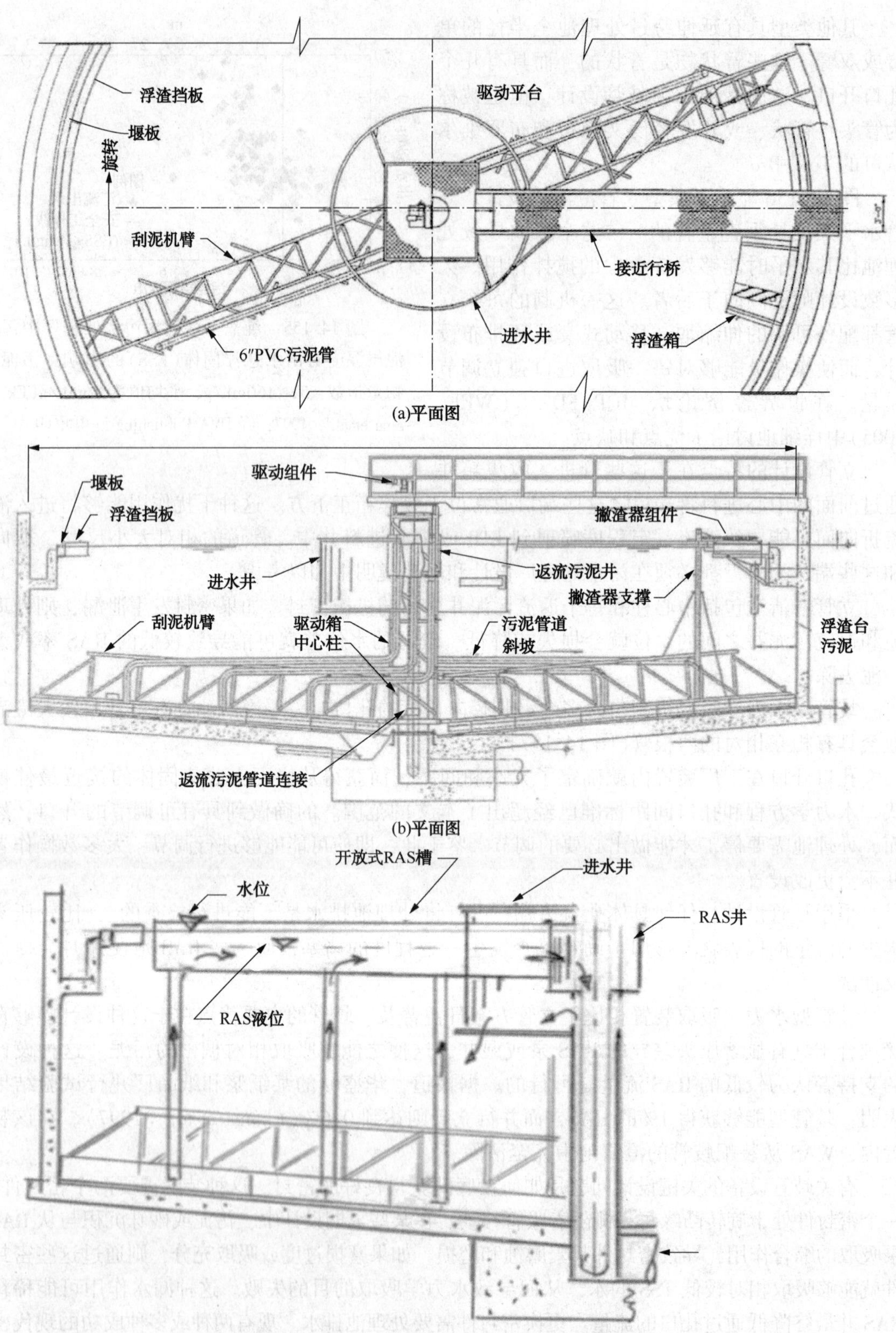

(a)平面图

(b)平面图

(c)重直立管备选方案设计的部分截面图

图 14.156 采用吸取管的水力污泥清除设计

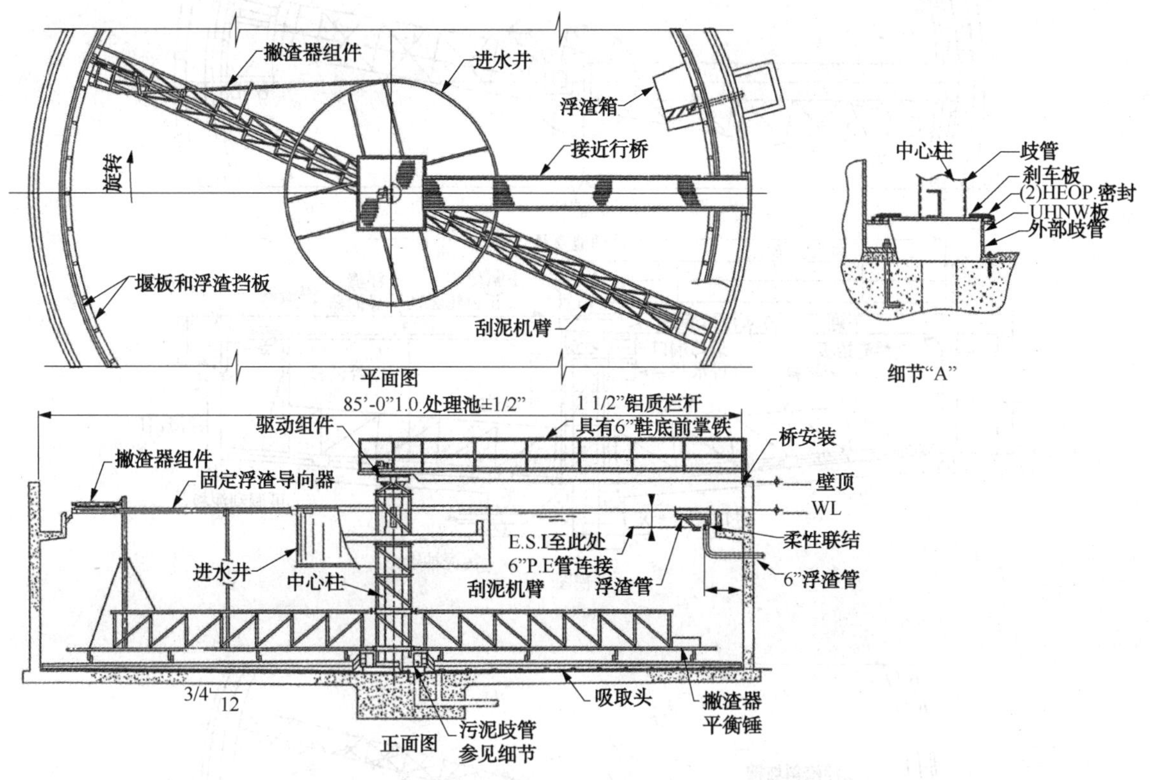

图 14.157　采用典型吸头或吸取管设计的水力学污泥清除

9.5.8.3　料斗

传统上，美国大多数使用刮泥板机制的活性污泥澄清池都配备梯形料斗(图 14.158a)。根据处理池大小而定，这些料斗通常具有几米的深度，而壁具有超过水平线至少 50°的斜坡。其他类型的料斗已经开发出来用于防止 RAS 的"鼠钻洞"和稀释作用。一种类型由如图 14.158b 中所示的深圆锥形或环形污泥斗构成。旋转机制具有伸进环形料斗而防止架桥的箍筋。

另一个设计理念是使污泥斗变得更长更窄而径向延伸出高达处理池半径 25%的距离。具有数个孔口的板子用于在这个较大的径向距离范围内更均匀地排出污泥。这种设计的详细情况请查阅艾伯森和欧凯的论文(Albertson and Okey，1992)。

即使对于具有水力学吸取的处理池，一些工程师在活性污泥澄清池的底部设计了单独的深梯形料斗。他们认为，按照这种方式，能够实现处理更厚的污泥。

9.5.8.4　收集环和鼓型桶

在过去的十年中，污泥鼓型桶和其他变体已经开发出来用于协助清除由螺旋或多个犁型刮泥机向中心翻起的污泥。这两种设备如图 14.159a 和 b 所示。在污泥环形清除设计中，具有多个孔口的环形区域提供用于从围绕中心柱全半径内连续清除污泥。

一些工程师们一直在关注污泥环孔口堵塞的可能，这导致污泥鼓型桶的开发。这种设计仅仅具有两个大的开口，一个开口处于每一螺旋叶片的内部端点。这个开口相对于叶片末端

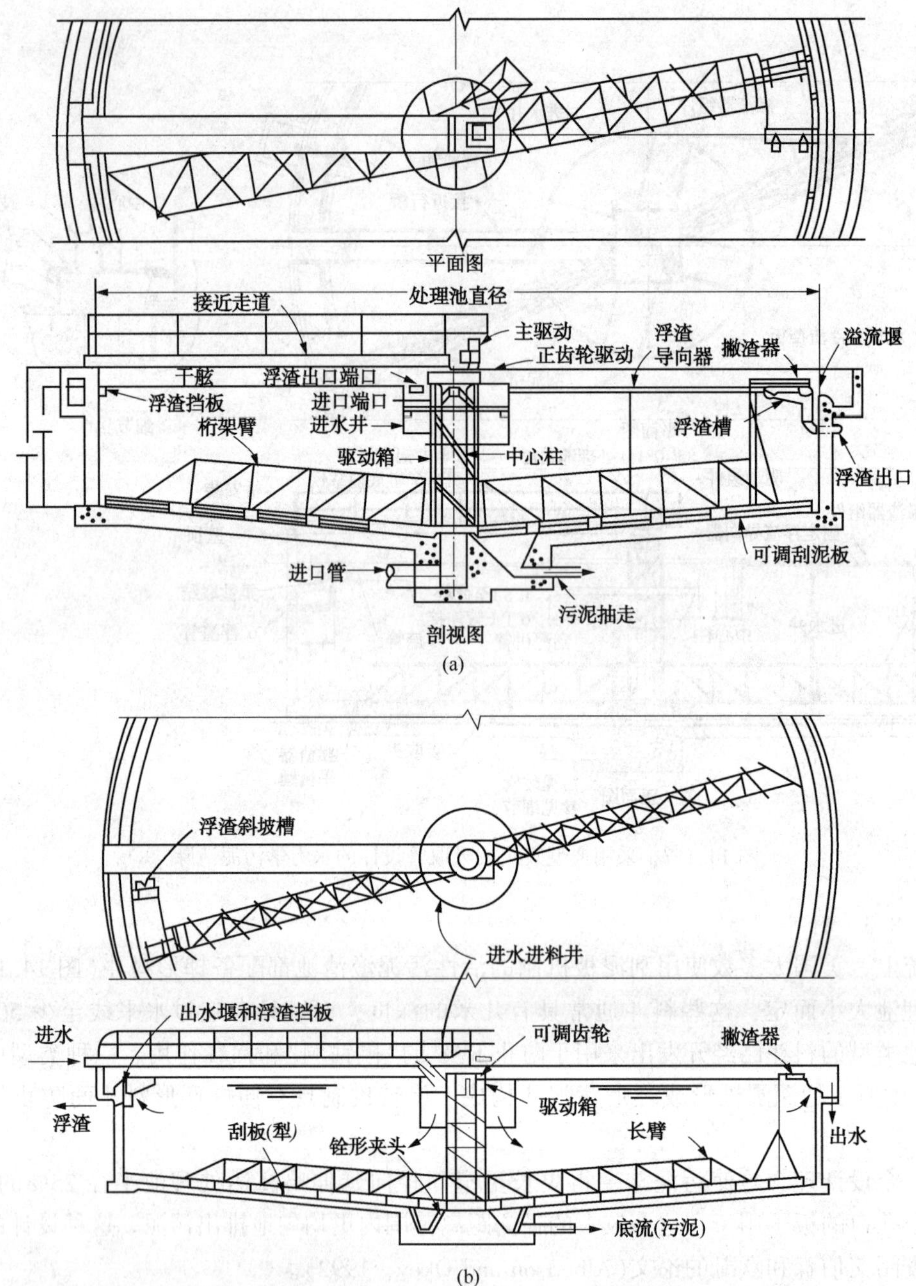

图 14.158 采用(a)梯形和(b)环形污泥料斗方案的圆形澄清池

是固定的而鼓型桶随着这个机械装置而旋转。这种基本设计存在其他细微差别和变化(图14.157)。在这种设计中，仅仅鼓型桶的平面"垫圈形"顶盘发生旋转，而两个倒立U型抬升RAS至鼓型桶中。这些设备有专利授权而相对新颖，但据报道，只有在特定的装置中才是有效的。

9.5.8.5 驱动定位

在美国的大多数澄清池都是由中心柱或横跨处理池全宽度的固定桥提供驱动。在欧洲，

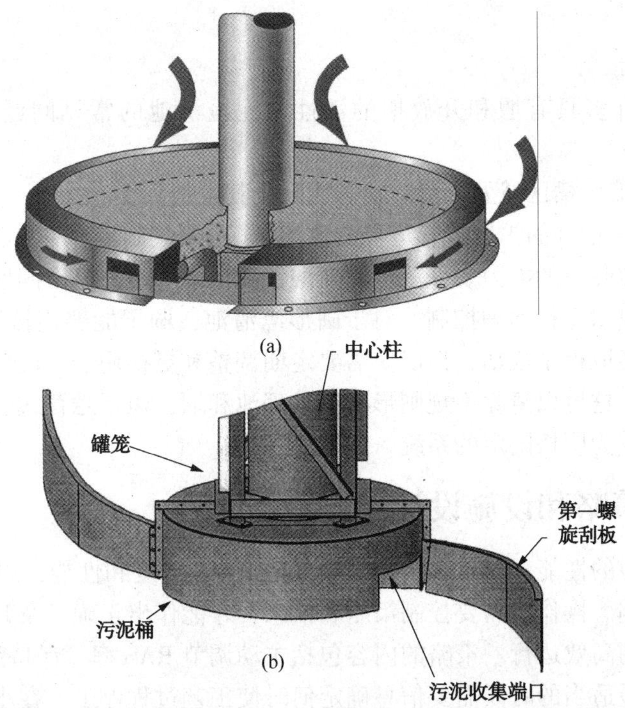

图 14.159　从活性污泥最后澄清池中清除固体的(a)污泥环和(b)污泥鼓型桶

在处理池墙上定位驱动器是很常见的。这为骑在处理池壁顶部的橡胶轮胎提供动力，而使跨越处理池直径中部提供转轴的桥发生旋转。

9.5.8.6　底面斜坡

在美国具有犁或螺旋机械装置的大多数澄清池都具有 1∶12 的恒定底面坡度。艾伯森和欧凯(Albertson and Okey，1992)推广使用双斜坡底面，在较大型的处理池中心提供更陡的斜坡。这更陡的斜坡提供了更大的深度和污泥压实作用。

对于水力学吸取澄清池，能够使用 1∶12 的斜坡度。因为没有必要将污泥推动整个底面，1%或 2%坡度的相对平坦的底面进行排放是常见的。

9.5.9　其他考虑因素

9.5.9.1　返流活性污泥的泵送

对于活性污泥污水处理厂，许多设计师选择将 RAS 泵歧管的吸头侧耦合于活性污泥去除料斗或水力学吸头机械系统。因此，这些泵站并没有湿井。然而，他们并未将混合液体暴露于空气，其中的气味可能会释放或在湿井中可能形成浮渣问题。

单泵—而不是多个泵—连接到每个圆形澄清池是很重要的。这种单一直接管道排布设计防止了混合液体从一个处理池吸出而降低另一个处理池的流量。

一个备选设计是为每个澄清池提供污泥管道而通过流量控制阀的方式向湿井中排放。这种阀使之独立排放污泥而对每一个进行单独控制。然后，RAS 泵在水平控制信号下运行而维持湿井中的所需水平。在具有许多圆形澄清池的污水处理厂中，这种排布设计相比 RAS 泵优点更少。然而，这也产生了湿井维护，及其相关的浮渣和气味问题的缺点。

对称性从来就不是用于平衡平行澄清池料斗排放污泥的可接受的首选。独立控制每个料斗是绝对必要的。

9.5.9.2 藻类控制

藻类的生长是许多具有堰和开放槽的活性污泥澄清池的常见问题。有几种策略可供选择：

• 加盖而保持流水槽区域处于黑暗状态而阻止其生长。

• 定期通过流水槽处的扩散器管道释放氯溶液(由氯气制得)。次氯酸钠有能够疏通碳酸钙堵塞了氯气扩散孔口的能力。低浓度次氯酸钠溶液能够解决这个问题。

• 使用刷子和喷水进行物理控制。对于圆形澄清池，刷子能够连接至旋转撇渣器壁上。这在许多应用中已经取得了成功，但确实需要定期调整和更换刷子。旋转水射流喷洒系统也可用于圆形澄清池。这可以清除不规则形状的处理池和堰，包括悬臂式、双堰流水槽，并能够用于矩形澄清池作为网格固定的系统。

9.6 控制策略和设施设计

活性污泥澄清池的性能，对出水水质、曝气池 MLSS 浓度和性能，以及固体处理设施的效率具有显著的影响。操作者需要控制策略和信息，才能作出正确、及时的决定，而确保活性污泥澄清池系统的高效运行。策略的内容包括主动调节 RAS 率、保持系统平衡的 WAS 率和污泥层高度；在最适当的时候需要信息确定何时使工艺过程停工。在小而保守设计的污水处理厂中，这种工艺方法可以利用相关信息完成。然而，在具有许多并行运行单元装置的大而复杂的污水处理厂中，据发现，通过越来越复杂化的仪器仪表、控制和自动化而使之降低人力最具成本效益。在美国 45 家设施中超过 110 个污水处理厂的近期调查表明，只有 10% 使用初级或二级澄清池污泥层水平监测仪，而约 5%～10% 使用悬浮固体浓度分析仪(Hill et al.，2001)。

二级澄清池仪器仪表和控制的更综合性的论述，可以查阅世界经济论坛有关澄清池设计的 MOP FD-8(2005)和 MOP 11(1996)。

9.6.1 关键参数

为了澄清池固体控制的效率和成本而需要监测的关键工艺过程变量有：

• 出水水质；

• 返流活性污泥率和浓度；

• 废弃活性污泥率和浓度；

• 混合液体固体的可沉降性；

• 澄清池中保留的固体数量(污泥层厚度/体积和浓度的函数)；

• 曝气池中固体的数量；

• 机械装置的速度；

• 机械装置的机械负荷和扭矩；

• 污水处理厂进水流量和污物负荷，包括可能导致大量固体从曝气池向澄清池转移的波动。

出水悬浮固体或浊度的在线测量能够为各个或多个澄清池提供实时性能监测。

在可能的情况下，用于测定和作出调整这些变量的策略和设备涵盖如下。在某些情况下，某些变量的管理仅仅包括监测，除非发出了警报，一般很少作出调整。

9.6.2　返流和废弃活性污泥策略

在澄清池中保留的固体量能够通过频繁的手动或自动测量污泥层深度和 WAS/RAS 固体浓度而进行监测。监测曝气池中保留的 WAS 和 MLSS 的浓度和体积，是所有控制策略的关键部分。MLSS 和 RAS 浓度和 RAS 再循环率的测量适用于日常调整 WAS 排出率和维持恒定的稳态性能。

手动污泥样品收集之后进行重力 TSS 分析，在污水处理厂实验室是最经常用于监测活性污泥 MLSS、RAS 和 WAS 浓度波动的实践方法。通常情况下，污水处理厂的工作人员在全天收集 1~3 个污泥样品，并应用标准实验室方法和程序或使用高速离心机对样品的 TSS 进行分析。标准实验室 TSS 的分析相对费时(一般为 2~3h)，而由于时间所限，在较大型的设施通常每天完成几次而在较小型的污水处理厂经常更小。活性污泥样品通过离心进行的固体测定，只需要 15~20min，而广泛地应用于许多污水处理厂。通过校准的光谱学方法也应用于 TSS 测定。

为了更自动化，几种污泥浓度分析仪已经能够商购获得而进行在线测定和监测 MLSS 和 WAS 浓度。连续固体浓度测量使之能够实时跟踪固体存量波动而获得更准确的系统性能的呈现。此外，自动化固体存量监测避免了人为错误，而降低了采样和样品处理所需的时间。另一方面，在线仪表的安装和操作需要额外费用、传感器校准和更专业操作者维修技能和频繁设备现场测试，才能避免由不精确的读数或仪器仪表漂移而可能造成的错误。因此，这种设备排布设计的适当水平最好基于现场特异性进行定义。

较高程度的自动化活性污泥固体存量控制系统在大中型污水处理厂中已有报道(Ekster, 1998, 2000; Hinton-Lever, 2000; Samuels, 2000; Wheeler et al., 2001)。活性污泥系统的性能优化研究在加拿大安大略省哈尔顿市的 $9.3\times10^4 m^3/d$(25mg/d)伯灵顿天顺(Burlington Skyway)污水处理厂中完成(Wheeler et al., 2001)。结果证明，二次澄清池污泥层水平监测的自动化，结合密切监测和控制活性污泥固体存量，能够在最低额外费用下显著改善出水质量。

在对污泥层、活性污泥固体存量和污水处理厂进水流量变化进行监测的同时，提高了澄清池性能的理解。二级澄清池在典型进水流量下污泥层深度和运行良好的污泥排放泵负荷陡然增加通常表明污泥可沉降性变差。几乎所有的污水处理厂都手工采集样品并对其测定而进行测试，但是在日本于 1990 年已经基于实验实现自动化。

准确的进水流量测量和监测对于有效控制澄清工艺过程是必要的。在许多污水处理厂中，进水流量都作为主要的活性污泥系统的控制参数使用，而 RAS 率按比例进行调节。如果流量均衡或再循环流很显著，初级出水或最终出水流量可能更合适。作为最低要求，推荐在线流量测定用于污水处理厂连续监测进水，RAS 和 WAS 流量。

9.6.3　浓度和密度测定

污泥浓度测量应用于活性污泥处理，而为操作者提供优化工艺性能所需的信息。在过去，污泥浓度的仪器仪表据发现在全规模的污水处理厂中的应用有限，主要是因为不一致性和不准确性。分析仪器仪表问题通常是由于气泡的存在、传感器结垢，或水中的颜色变化。新一代设备已经具有内嵌装置而缓解这些问题，并能够提供一致的和准确的读数。可靠的污泥层浓度分析仪可商购获得而具有证实的良好跟踪记录。

现已使用的几种不同测定方法或类型的设备包括发光(光学的)、超声和核固体分析仪。

表 14.41 总结了实施各种污泥浓度和密度测量技术的关键区域。一些市售的分析仪结合了污泥层水平的检测仪，这一般会夸大自动污泥监测和控制的益处。更多的细节可以查阅 WEF 的 MOP FD-8(2005a)。

表 14.41 污泥浓度和密度测定设备的应用区域

典型的应用	精 度	备 注
发光(光学)分析仪 污泥密度计：具有固体 0.1%～6%的固体浓度的污泥 浊度计：污水浊度为 0.01～10000NTU(TSS 为 1～3000mg/L)	±0.5%全仪表量程	对于以下情况避免使用 • 初级污泥高于 3%的固体； • 增稠的污泥； • 具有可见表观颜色的污水
超声分析仪 具有 0.1%～10%固体的固体浓度的污泥	±0.5%全仪表量程	对于以下情况避免使用 • 污水； • MLSS 浓度小于 2000mg/L
核分析仪 具有固体大于 4%而小于 15%的固体浓度的污泥	±0.5%～1%全仪表量程	对于以下情况避免使用 • 污水 • MLSS，RAS 和 WAS； • 低浓度初级污泥

设备安装取决于仪器仪表类型和推荐的厂商安装细节。在线污泥浓度测定设备的最佳位置是具有上流的垂直线上。固体浓度测量装置必须安装在污泥充分混合且精确代表实际浓度的位置。该仪器仪表的工作范围必须符合所测定固体的浓度范围。测量设备必须位于能够使之很容易接近和维护的位置。分析仪的探头必须是很容易拆卸维护而无需关停工艺管道而干扰污泥泵送系统的运行。

污泥样品管线必须足够大，才能防止堵塞。有人建议在紧接仪表之后提供冲洗水龙头和样品盒，而使之能够在仪表安装点手动收集样品完成校准之目的。

对于大型污水处理厂，优选在各个澄清池的污泥排出管线上安装独立的测定仪而对这些单元的运行和性能获得更好的控制。污泥密度测定仪必须耦合污泥流量测定仪进行安装。污泥浓度和流量测定仪表的显示器位置必须相互毗邻而便于直接观察和比较。

在线固体分析仪用于测量 RAS 和 WAS 浓度。当测量曝气池的 MLSS 浓度时，分析仪的传感器直接浸没于曝气池水下并安装在远离墙壁的固定架上。如果使用壁挂式光学固体浓度分析仪，则传感器应该浸泡于活性污泥法处理池水面以下至少 0.04m(1.5in.)，并应该位于远离曝气池壁最低 0.15m(6in)的位置。如果墙面明亮反光，则从传感器到曝气池墙的距离应该至少 0.3m(12in)。太靠近墙壁安装的光学传感可能会导致红外光逆散射，而导致更高的信号强度。水下悬浮固体分析仪的最佳自清洁通过将传感器表面转向液流方向而实现。

9.6.4 污泥层深度测定

污泥层深度是二级澄清池性能的关键指标。污泥层的深度是从澄清池表面至污泥层顶部的距离。污泥层厚度是从污泥顶部至澄清池底部的距离。污泥层通常因为昼夜流量波动每天在可预见的某些限制范围变化。污泥层深度也可能会因为污水处理厂操作员导致的工艺过程变化而变化。在相对稳定条件下运行的污水处理厂中日间波动相对缓慢，通常仅限于 0.3～0.6m(1～2ft)。澄清池中污泥层深度显著的突然变化通常是由于进水流量大幅度增加(瞬时流量条件)或由污泥收集和/或排出系统的停工或故障所致。这个参数也可能受到几种活性污泥系统的性能变化的影响，而随着时间的推移产生的波动提供了有关活性污泥系统的整体健康状况的关键信息。

全规模处理池污水处理厂的污泥层深度最常见的是利用校准的清洁塑料管(也称为鑽式取样器或污泥采样棒)通过手动测量进行测定。手工测量的主要缺点是，这种离散的样品测量仅仅提供给定时间和地点下污泥层水平的瞬态表象。这些变量，如采样地点和时间，测定时污泥收集机制的位置，管降速度，环境光线条件和操作者读数和取样技能的主观性，都有助于手动污泥层测量实时的有限受益。

手动塑料管取样器的一个主要优点在于这能使之收集的污泥样品中 TSS 浓度代表污泥层的平均固体浓度，这个参数能够用于计算污泥层 SRT，而最终确定最佳污泥排出率。手动塑料管取样器可靠，价格低廉，几乎不需要维护，并且如有损坏，可以很容易更换。此外，一个手动塑料管取样器能够用于监测多个澄清池。

另一类型的污泥层深度测量的手动设备是视镜。这种类型的污泥层探测器由视镜和连接于直径 38mm(1.5in.)铝管的刻度部分下端的光源构成。视镜小心降低插入澄清池而通过清澈液体区域和各个颗粒物直至观察到均匀污泥层的顶部。

对于小型污水处理厂和具有澄清池的污水处理厂，如果污泥层并不随时间显著变化，则手动污泥层深度测定通常就足够满足要求。如果污泥层深度需要用于 RAS 率控制，则手动深度测定在污泥膨胀期间就不足以满足要求，而向曝气池返流固体将会使进水负荷迟滞。

在大中型污水处理厂中，具有更为复杂的活性污泥和固体处理系统，污泥层连续测定仪器仪表装置与二级污泥排出系统的自动控制实现联锁，是值得考虑的。自动化污泥层深度测量对于 WAS 和 RAS 流量控制的益处也已经在许多全规模 WWTP 中记录在案(Bush，1991；Dartez，1996；Ekster，1998 and 2000；Hinton - Lever，2000；Hoffman and Wexler，1996；Rudd et al.，2001；Samuels，2000)。

对于昼夜进水质量和数量变化显著且污泥层水平相应地频繁漂移的 WWTP，推荐使用自动污泥层深度测量。在污泥层水平波动频繁(每天几次超过 0.32m[1ft]的变化)而澄清池相对较浅(不超过 3.66m[12ft])的情况下，推荐使用变频驱动(VFD)电极完成污泥排出泵送。如果使用 VFD 控制电机，则污泥层监测仪器和泵控制设备操作能够实现联锁而自动调节澄清池污泥泵排出率，而将污泥层保持于最佳的近恒定的水平。

大部分市售的污泥层水平检测仪是基于污泥浓度的超声波或光学测量。这些设备为传感器对温度、结垢和老化提供补偿。

超声波污泥层水平分析仪由于未受控硝化作用产生的气泡可能会遭致“致盲”作用。气泡截留于声波传感器表面时会改变读数。因此，超声波传感器必须设计清洁装置。通常情况下，在传感器之上的轨道或传感器上面的右边安装小的多功能水泵。这些泵通常间歇运行而冲洗传感器，保持仪器读数的准确性。

光学污泥层水平测定仪的使用会受到其较高的成本和相对较低的精度限制。光学分析仪会受到分析仪传感器上固体累积和附近物体(光滑墙壁和太阳光反射处理池和设备表面)光反射的干扰。

污泥层水平检测器必须安装于并不会导致污泥收集和清除系统正常工作受到干扰的位置。通常情况下，固定污泥层计量仪安装于澄清池的施工步道或侧轨上。固定的超声污泥层传感器安装于液面下 4~8cm(1.5~3in)。这些装置都具有撇渣防护而保护传感器不受损坏的功能。

测量污泥层深度的最佳位置是实际深度等于平均澄清池深度的位置。在内向斜坡地面的圆形澄清池中，这个点通常是澄清池中心外墙至中部的距离的三分之一处。在矩形澄清池中，常规污泥层测量的最合适的位置通常位于澄清池长度中点处。由于澄清池的构造设计结构、类型和大小尺寸不同，则平均污泥层深度测量最有代表性的位置应该基于沿着澄清池半径或长度的3~5倍的位置进行系列手动污泥层测量。

通常情况下，圆形澄清池的污泥收集臂每隔15~30min旋转大约1次，而污泥收集机制(刮泥机或吸取头)的运动，会干扰污泥层。如果污泥进行手工测量，则深度读数应该在污泥收集机械装置(桥)垂直于测量位置时采集。在这个位置实施污泥层水平测定能够最小化污泥收集机械装置移动的影响。

自动污泥水平分析仪通常需要进行连续(每秒数次)界面水平读数。这使得操作人员能够实时观潮湿污泥层的行为。污泥层深度测量的仪表可以通过以现有的15~60s间隔平均污泥层分布就能够产生一个“平均”污泥层水平或接界面水平，从而消除了由于污泥收集耙通过或暂时短期搅动导致的污泥层水平读数的宽范围变化。

各个自动污泥层水平分析仪推荐安装于污水处理厂的所有澄清池单元，而不是只在一个澄清池内安装。将各个单元的污泥层行为进行对比，就能够有助于识别与澄清池之间不均匀流量分布、污泥收集和排出系统故障或其他导致各个澄清池单元性能不同的现场特异性事件相关的潜在问题。

针对具体应用而选择最合适的仪器仪表，对于澄清池固体浓度和污泥层的可靠监测和控制是很关键的。大多数传感器在厂商用于确定其规格而采用的精度、重复性和其他关键运行参数的理想条件下性能较佳。然而，在这个领域内的传感器性能可能不太令人满意而需要对应用的现场特异性条件进行定期校准和调节(Hill et al.，2001)。仪器仪表的现场测试，能够提供选择最合适设备所需的信息。现场试验，尽管可能是昂贵和费时的，却是选择最佳监控系统的最可靠方式。推荐采用来自专门评价水和WWTP监测设备的组织，如内华达州亨德森的仪器仪表试验协会(Instrumentation Testing Association)的信息。

9.6.5 设备和仪器仪表

监测澄清池驱动单元的仪器仪表为澄清池驱动传动齿轮箱及污泥收集叉斗/臂提供保护。典型的监测参数是扭矩、功率和运动检测。

扭矩压力表或电机功率提供对澄清池污泥浓度的间接监测(Wilkinson，1997)。然而，这种方法是相对简单而不准确的，因为扭矩仪和功率监视器设计目的旨在提供澄清池驱动器机械装置的保护，防止过载，而不是指示固体浓度。

澄清驱动器供应商能够提供驱动扭矩监控仪。高扭矩和高的高扭矩警告，报警和切断开关通常安装于每个澄清驱动机制上。扭矩指示能够从标尺上读取，这表示为最大扭矩负荷的百分数。高扭矩条件由40%~50%的扭矩负荷表示；高的高扭矩为最大设计值的80%~85%。高扭矩条件会报警，而高的高扭矩条件则会停止传动。

一些设备制造商提供澄清驱动器的正向扭矩过载保护，这使之能够产生受控的预设最大扭矩。驱动器将在此转矩下连续运行，但在必要时，将安全产生更高的受控短期运行扭矩而保持固体在澄清池中移动。当具有正向扭矩过载保护的驱动器经受超过高的高(截断)水平以上的负荷要求时，其只需简单滑动而无需过热或过应力。这种类型的驱动器能够克服工艺过程扰乱，而无污泥收集设备损坏之风险。

类似于扭矩，澄清驱动电机功率(测之以瓦计)或电流消耗/电流数(测之以安培计)能够进行监测，而提供电机和驱动器过载保护。

澄清池污泥收集机械装置的运行，也能够进行监控。通常情况下，动量损失的开关安装于澄清池驱动器之前而在其停止移动时进行检测。

10　悬浮生长生物处理系统的实例

以下示例显示了利用本章先前介绍的信息设计活性污泥系统的方法之一。这个例子很简单，并没有解决真正的全规模污水处理厂设计中应包括的分析、关注点和安全因素。第一节提供了能够用于简单硝化和反硝化系统的手动计算。第二节使用了相同标准的 IWA 的 ASM1 模型(Henze et al.，2000)。

现有污水处理厂已接近其设计能力，而需要新的悬浮生长生物处理序列才能容许其处理 20 年计划时期内设计的未来流量。基于流量和负荷预测以及污水处理厂的质量平衡，新的活性污泥系统的设计进水负荷条件为：

流量

日均流量 = 37850m^3/d

最大月流量 = 45420m^3/d

小时峰值流量 = 75700m^3/d

生化需氧量(BOD_5)负荷

平均浓度 = 140mg/L

平均质量负荷 = 5299kg/d

最大月质量负荷 = 6124kg/d

总悬浮固体负荷

平均浓度 = 90mg/L

平均质量负荷 = 3405kg/d

最大月质量负荷 = 3946kg/d

总凯氏(Kjeldahl)氮负荷

平均浓度 = 30mg/L

平均质量负荷 = 1135kg/d

最大月质量负荷 = 1361kg/d

总磷负荷

平均浓度 = 7mg/L

平均质量负荷 = 265kg/d

最大月质量负荷 = 318kg/d

历史数据的分析表明以下条件可适用于这种系统：

- 进水 BOD 的 BOD_{ult}：BOD_5之比为 1.46。
- 进水 TSS 挥发性固体为 80%。
- 进水 VSS 在预期的 SRT 条件下为 40%的非可生物降解物。
- 设计 SVI 为 150 mL/g。

• 工艺过程温度平均为15℃，周最大值为20℃，周最小值为12℃。历史数据表明，最大月的条件可能出现在暖和或寒冷季节。

• 对于在合适扩散器水下条件之下所考虑的扩散曝气系统，请参照表14.42。

表14.42 预期的曝气扩散器特性

每个扩散器的空气流量①/(m^3/h) 扩散器(scfm/扩散器)	扩散器密度，个扩散器/m^2(个扩散器/100 ft^2)	SOTE/%
0.850(0.5)	1.94(18)	29
	2.58(24)	32
	3.23(30)	34
	4.84(45)	38
1.699(1.0)	1.94(18)	27
	2.58(24)	28
	3.23(30)	30
	4.84(45)	32
2.55(1.5)	1.94(18)	26
	2.58(24)	27
	3.23(30)	28
	4.84(45)	30
	1.94(18)	26

① 基于温度23℃和绝对压力101kPa(14.7psia)的美国标准条件，这种条件下的空气密度为1.205 kg/m^3(0.075 lb/cf)。

• 在整个曝气池内，αF 值为0.3，0.4和0.7分别预期出现在第一、中间和最后曝气区。另外，45%的总需氧量施加于第一区，35%施加于第二区，而20%施加于最后区。

• 0.98的值，100kPa(1atm)的压力和10.5mg/L的 $C^*_{\infty 20}$ 适合于污水和现场情况。

在基本情况下，设施具有以下出水要求，这在整个计划时间内是不能预测变化的：

最大月 BOD_5 = 20mg/L

最大周 BOD_5 = 30mg/L

最大月 TSS = 20mg/L

最大周 TSS = 30mg/L

最大月 NH_3-N = 3mg/L

最大周 NH_3-N = 5mg/L

基本情况的分析目标是为新的悬浮生长生物处理系统提供曝气池容积、曝气系统容量和二级澄清池大小尺寸的初步估计值。

10.1 曝气池体积

根据排放限值的审查，目标出水浓度，BOD_5 10mg/L，TSS 15mg/L 和 NH_3-N 2mg/L，将适用于设计计算的目的。

设计工程师应当记录这种模型和所使用的相关参数。在这种情况下，对于异养有机物去除和氨硝化菌转化成硝酸盐，生物活性将会利用具有碎片生产的生长和内源性呼吸过程依据本章介绍的设计方程一致进行建模。表14.43提供了模型参数。这种情况假定了颗粒有机物质水解并不是速率限制性的，而进水有机物质快速地转化成可溶性的组分。

这对于决定和记录反应器模型也是必要的。在这种情况下，假设了单一全混悬浮生长生物反应器之后紧接着是没有悬浮生长的澄清池，类似于图 14.15 所示的反应器构造设计结构。采用这些对生物活性模型和反应器模型的选择，就能够使用本章中介绍的分析解决方案。

由于该系统需要实施硝化，通过整合方程(14.10)和方程(14.11)对硝化的要求计算设计 SRT。将会使用曝气池中 2.0mg/L 的设计溶解氧浓度和 2.0 的最低安全系数。寒冷季节条件将是曝气池容积的约束条件。

$$\frac{1}{SRT_{min}}=(\mu_{aut})\frac{S_{NH_4\text{-}N}}{K_N+S_{NH_4\text{-}N}}\frac{S_{O_2}}{K_O+S_{O_2}}-b_{aut}$$

$$\frac{1}{SRT_{min}}=(0.44)\frac{2}{0.66+2}\frac{2}{0.5+2}-0.06=0.205d^{-1}$$

$$\frac{1}{SRT_{min}}=4.9d$$

$$\frac{1}{SRT_{design}}\geqslant SRT_{min}\times SF=4.9\times 2.0=9.8d$$

使用 $SRT_{design}=10d$。

对于组件的初步大小尺寸确定，假设系统在所有条件下以 10 天 SRT 运行。有机底物和氨的寒冷天气条件出水浓度通过下式计算：

$$S_{b,e}=K_S\frac{1+b_h SRT}{SRT\times(\mu_h-b_h)-1}=20\frac{1+(0.11)(10)}{10\times(3.5-0.11)-1}$$

$$S_{b,e}=1.3\text{mg BOD}_{ult}/L$$

表 14.43　实例问题，参数值

符　号	描　述	单　位	20℃下的值	12℃下的值
μ_h	异养生物质最大比生长速率	g VSS/g VSS d	6.0	3.5
K_S	异养生物质生长速率表达式的半速率系数	$mgBOD_{ult}/L$	20	20
Y_h	异养生物质真实产率	gVSS/gBODult	0.40	0.40
b_h	异养生物质腐败系数	1/d	0.15	0.11
μ_{aut}	硝化菌生物质最大比生长速率	g VSS/g VSS d	0.75	0.44
K_N	硝化菌生物质生长速率表达式的氨半速率系数	mg N/L	1.0	0.66
K_O	硝化菌生物质生长速率表达式溶解氧半速率系数	mg O_2L	0.50	0.50
Y_{aut}	硝化菌生物质真实产率	g VSS/g NH_4-N	0.15	0.15
b_{aut}	硝化菌生物质腐败系数	1/d	0.10	0.06
f_d	碎片(非可生物降解的)部分的系数	g VSS/g VSS	0.15	0.15
$i_{bm,ThOD}$	活性生物质的理论需氧量	g ThOD/g VSS	1.42	1.42
$i_{bm,N}$	活性生物质的氮含量	g N/g VSS	0.12	0.12
$i_{bm,P}$	活性生物质的磷含量	g P/g VSS	0.024	0.024
$i_{X???,ThOD}$	碎片的理论需氧量	g ThOD/g VSS	1.42	1.42
$i_{X???,N}$	碎片的氮含量	g N/g VSS	0.12	0.12
$i_{X???,P}$	碎片的磷含量	g P/g VSS	0.024	0.024
$i_{bm,FSS}$	与活性生物质相关的非挥发性固体	g FSS/g VSS	0.176	0.176
$i_{X???,FSS}$	与碎片生物质相关的非挥发性固体	g FSS/g VSS	0.176	0.176

最大月流量的出水可溶性有机底物质量速率为

$$(45\ 420\ m^3/d)(1.3\ g/m^3)/1\ 000=59\ kg\ BOD_{ult}/d$$

最大月流量的出水氨质量速率为：

$$(45\ 420\ m^3/d)(0.6\ g/m^3)/1\ 000=27\ kg\ NH_4\text{-}N/d$$

$$S_{NH_4\text{-}N,e}=K_N\frac{1+b_{aut}SRT}{SRT\times\left(\mu_{aut}\frac{S_{O_2}}{K_o+S_{O_2}}-b_{aut}\right)-1}=(0.66)\frac{1+(0.06)(10)}{10\times\left(0.44\frac{2}{0.5+2}-0.06\right)-1}$$

$$S_{NH_4\text{-}N,e}=0.6mg\ NH_4\text{-}N/L$$

曝气池大小尺寸的确定将会基于寒冷天气的最大月负荷。最大月的设计固体产量为：

进水的非挥发性固体＝(3 945 kg TSS/d)(1－0.8)＝789 kg FSS/d。

进水的非可生物降解的 VSS＝(3 945 kg TSS/d)(0.8)(0.4)＝1 264 kgVSS/d。

$$P_{x,Xh,e}=\frac{Y_h(\text{Mass BOD}_{ult_{in}}-\text{Mass BOD}_{ult_{out}})}{1+b_hSRT}=\frac{0.4(6124\times1.46-59)}{1+(0.11)(10)}$$

活性异养生物质的产量为

$$P_{x,Xha}=1\ 692\ kg\ VSS/d$$

与异养生物质相关的碎片产量为：

$$P_{x,Xh,i}=\frac{f_d\times b_h\times SRT\times Y_h(\text{Mass BOD}_{ult_{in}}-\text{Mass BOD}_{ult_{out}})}{1+b_hSRT}$$

$$P_{x,Xh,i}=\frac{0.15\times0.11\times10\times0.4(6124\times1.46-59)}{1+(0.11)(10)}$$

$$P_{x,Xh,i}=279kg\ VSS/d$$

通过异养生物活性产生而与之相关的非挥发性固体为：

$$P_{X,Xh,FSS}=(i_{bm,FSS}\times P_{x,Xha})+(i_{i,FSS}\times P_{x,Xh,i})$$

$$P_{X,Xh,FSS}=(0.176\times1\ 692)+(0.176\times279)$$

$$P_{X,Xh,FSS}=347\ kg\ FSS/d$$

异养生物质组分吸收的氮质量速率为：

$$\text{异养生物质吸收的 N}=(i_{bm,N}\times P_{x,Xha})+(i_{iN}\times P_{x,Xh,i})$$

$$\text{吸收的 N}=(0.12\times1\ 692)+(0.12\times279)$$

$$\text{吸收的 N}=236\ kg\ N/d$$

正如上所述，假设了所有的进水 TKN 水解成 NH_4－N。硝化菌所用的氨量则等于进水 TKN 质量速率减去出水质量速率而异养生物质消化的氮为：

$$P_{x,Xha}=\frac{Y_{aut}(\text{Mass NH}_4\text{Nutilized})}{1+b_{aut}SRT}=\frac{0.15(1098)}{1+(0.06)(10)}$$

$$\text{硝化菌利用的 NH}_4\text{-N}=1\ 361-27-236=1\ 098\ kg\ N/d$$

活性硝化菌生物质的产量为：

$$P_{x,Xna}=103\ kgVSS/d$$

与消化菌生物质相关的碎片产量为：

$$P_{x,Xna}=\frac{f_d\times b_{aut}\times SRT\times Y_{aut}(\text{Mass NH}_4\text{Nutilized})}{1+b_{aut}SRT}$$

$$P_{x,Xna}=\frac{0.15\times0.06\times10\times0.15\times(1098)}{1+(0.06)(10)}$$

$$P_{x,Xn,i}=9\ \text{kg VSS/d}$$

通过硝化菌活性产生并与之相关的非挥发性固体为：

$$P_{X,Xn,FSS}=i_{bm,FSS}\times P_{x,Xna}+i_{i,FSS}\times P_{x,Xn,i}$$

$$P_{X,Xn,FSS}=(0.176\times103)+(0.176\times9)$$

$$P_{X,Xn,FSS}=19\ \text{kg FSS/d}$$

寒冷天气最大月 VSS 和 TSS 固体总产量则为

$$\frac{4\ 502\ \text{kg TSS/d}}{6\ 124\ \text{BOD}_5\text{/d}}=0.74\ \text{kg TSS/kg BOD}_5$$

这些结果产生了 74% VSS 含量的废弃污泥固体和混合液体。观察到所得的总产率为：

$$P_{X,VSS}=1\ 264+1692+279+103+9=347\ \text{kg VSS/d}$$

$$P_{X,TSS}=3\ 347\ \text{kg VSS/d}+789+347+19=4\ 502\ \text{kg TSS/d}$$

两个结果都应该对比于污水处理厂运行的历史数据的相似值，才能判断假设的有效性。在某些情况下，当这种情况匹配所提出的假设时，图 14.20 就能够适用于计算作为去除 BOD_5的函数的固体产量。

图 14.19 的审查间接表明 12℃的最大设计 MLSS 为 2800 mg/L 而 SVI 为 150mg/L。对于这种情况，2 500 mg/L 的值将被视为较低的 MLSS，对于曝气池大小尺寸确定是保守的。

使用 SRT 和最大月冷天气的定义

$$\text{SRT}=\frac{\text{VMLSS}}{P_x}$$

所需的曝气池容积能够由下式计算：

$$V=\frac{(10\ \text{d})(4\ 502\ \text{kg TSS/d})}{(2\ 500\ \text{mg/L})}\left(\frac{10^6\text{mg}}{1\ \text{kg}}\right)\left(\frac{1\ \text{m}^3}{10^3\text{L}}\right)=18\ 008\ \text{m}^3\ \text{曝气池容积}$$

这个体积基于平均进水流量对应于 11.4h 的 HRT。回顾表 14.3 中所列出的典型活性污泥设计参数表明，这个值比在典型 CAS 系统中提供的值稍微大一些。

在这一点上，可能值得研究采用 MBR 技术的处理池容积潜在的可能降低。如果在上述确定大小尺寸的计算中设计 MLSS 浓度为 8 000 mg/L，而不是 2500mg/L，则处理池容积为 5 628m^3，而 HRT 则基于 3.6h 的平均进水流量。

10.2　曝气要求

为简便起见，以下将考虑寒冷温度下最大月条件的曝气要求。在实际活性污泥曝气系统的详细设计中，所有温度条件下的峰值日、最大月、平均月和最低月的详细设计，都必须考虑才能建立最大的系统要求，验证合适的下调设计，并确保最低气体流量下能够充分混合。解决整个范围内的扩散曝气系统设计问题的详细实例可以查阅别的文献（Wilford and Conlon，1957）。此外，由约翰逊（Johnson，1996）和约翰逊和麦金尼（Johnson and McKinney，1994）发表的论文介绍了对比各种类型的扩散器及其排布设计而预测性能的模型和技术。

预测 K_La_T的多项式方程作为速度梯度、底面覆盖率、横向间距和每单位体积的空气流量的函数而提出。该模型的系数是基于许多污水处理厂的回归分析。

最大月条件下进入系统的有机底物需氧量当量的质量按下式进行估算：

$$(6\ 124\ \text{kg BOD}_5/\text{d})(1.46\ \text{kg BOD}_{\text{ult}}/\text{kg BOD}_5)=8941\ \text{kg OD/d}$$

利用氮(III)氧化态作为基准，氨和铵具有的理论需氧量为 0 而硝酸盐则具有−4. 57mg ThOD/mg N 当量。因此，需要硝酸盐产量的估计值才能完成整个系统的需氧量平衡。

硝化菌所利用的氨量先前已经如下进行了计算：

$$\text{硝化菌利用的 } NH_4\text{-N}=1\ 098\ \text{kg N/d}$$

这一小部分铵吸收进入硝化菌生物质组分中，吸收进入硝化菌生物质的 NH_4-N 质量速率如下进行计算：

$$\text{吸收进入硝化菌生物质中的 N}=(0.12\times103)+0.12\times9=13\ \text{kg N/d}$$

所产生的硝酸盐量计算为：

$$\text{硝酸盐生产的质量速率}=1\ 098=13=1\ 085\ \text{kg } NO_3\text{-N/d}$$

而作为硝酸盐剩下的理论需氧量为：

$$\text{硝酸盐需氧量}=-4.57\times1085=-4958\ \text{kg ThOD/d}$$

剩余系统中作为有机底物的需氧量质量先前确立为 59 kg BOD_{ult}/d。

剩余系统中作为异养和自养生物质组分的需氧量当量进行如下估算：

$$\text{生物质 ThOD}=i_{\text{bm,ThOD}}\times(P_{\text{x,Xha}}+P_{\text{x,Xna}})+i_{\text{Xi,ThOD}}\times(P_{\text{x,Xhi}}+P_{\text{x,Xni}})$$
$$=1.42\times(1\ 692+103)+1.42\times(279+9)=2\ 958\ \text{kg ThOD/d}$$

在寒冷的天气最大月条件下的曝气要求利用整个系统的稳态需氧量平衡进行计算而同时意识到这个曝气系统在 OTR_f 下提供氧输入而氧具有−1g ThOD/g 氧当量。正如下面的讨论，曝气系统的完整设计需要考虑除了最大月情况之外的其他条件。

在稳态下，系统的需氧量输入等于剩余系统中的需氧量，由此推出以下平衡方程：

$$8\ 941+OTR_f(-1\ \text{g OD/g } O_2)=-4\ 958+59+2\ 958$$
$$OTR_f=8\ 941+4\ 958-59-2\ 958=10\ 882\ \text{kg } O_2/\text{d}$$

这个需氧量通过活性混合液体曝气而满足，而该值代表了方程(14. 33)中对于工艺条件下所考虑系统估计的 OTR_f 值。

利用方程(14. 33)和已知的及假设的条件，就能够对于曝气池的每一区计算 OTR_f：SOTR。

在 12℃下，$\tau=1.19$，和现场条件下，$\Omega=1.0$。工艺过程水溶解氧浓度为 2. 0mg/L，将会应用于每一区。对于第一区：

对于中间区，

$$\frac{OTR_f}{SOTR}=0.4\times1.024^{(12-20)}\frac{(1.19\times0.98\times1.0\times10.5-2.0)}{10.5}=0.32$$

$$\frac{OTR_f}{SOTR}=\alpha F\Theta^{T-20}\frac{(\tau\beta\Omega C^*_{\infty20}-C)}{C^*_{\infty20}}$$

$$\frac{OTR_f}{SOTR}=0.3\times1.024^{(12-20)}\frac{(1.19\times0.98\times1.0\times10.5-2.0)}{10.5}=0.24$$

对于最后区，

$$\frac{OTR_f}{SOTR}=0.7\times1.024^{(12-20)}\frac{(1.19\times0.98\times1.0\times10.5-2.0)}{10.5}=0.56$$

基于历史用氧模式，

第一区，$OTR_f=0.45(10\,882\ kg\ O_2/d)=4\,896\ kg\ O_2/d$；

中间区，$OTR_f=0.35(10\,882\ kg\ O_2/d)=3\,809\ kg\ O_2/d$；

最后区，$OTR_f=0.20(10\,882\ kg\ O_2/d)=2\,176\ kg\ O_2/d$。

则每一区的 SOTR 如此进行计算：

第一区，$SOTR=\frac{4\,896\ kg\ O_2/d}{0.24}=20\,400\ kg\ O_2/d$；

中间区，$SOTR=\frac{3\,809\ kg\ O_2/d}{0.32}=11\,903\ kg\ O_2/d$；和

最后区，$SOTR=\frac{2\,176\ kg\ O_2/d}{0.56}=3\,886\ kg\ O_2/d$；

对于这种条件，扩散器通量等于 1.699 标准 m^3/h/个扩散器。对于第一区选择 4.84 个扩散器/m^2的扩散器密度（SOTE＝32%）；对于中间区选择 3.23 个扩散器/m^2的扩散器密度（SOTE＝30%）而对于最后区选择 1.94 个扩散器/m^2（SOTE＝27%）。则每个区所需的空气流量按照如下进行计算。

第一区，

$$q_s=9584\ m^3/h(\text{标准条件})$$

$$q_s=(20\,400\ kg\ O_2/d)\left(\frac{1\ kg\ \text{空气}}{0.23\ kg\ O_2)}\right)\left(\frac{1}{1.205\ kg/m^3)}\right)\left(\frac{1}{24}\right)\left(\frac{1}{0.32}\right)$$

第二区，

$$q_s=(11\,903\ kg\ O_2/d)\left(\frac{1\ kg\ \text{空气}}{0.23\ kg\ O_2}\right)\left(\frac{1}{1.205\ kg/m^3}\right)\left(\frac{1}{24}\right)\left(\frac{1}{0.30}\right)$$

$$=2164m^3/h(\text{标准条件})$$

则扩散器的数目就能够按照如下进行计算。

第一区，　扩散器$=\frac{9\,584\ m^3/h}{1.699\ m^3/h/\text{扩散器}}=5641$ 个扩散器

中间区，　扩散器$=\frac{5\,965\ m^3/h}{1.699\ m^3/h/\text{扩散器}}=3511$ 个扩散器

最后区，　扩散器$=\frac{2\,164\ m^3/h}{1.699\ m^3/h/\text{扩散器}}=1274$ 个扩散器

在液体深度为 6.0m 下，每一区的底面面积为 1 000 m^2。

则所选的扩散器密度能够如下进行检查。

第一区，　$\frac{5\,641}{1\,000}=5.64$ 个扩散器/m^2

中间区，　$\frac{3\,511}{1\,000}=3.51$ 个扩散器/m^2

最后区，　$\frac{1\,274}{1\,000}=1.24$ 个扩散器/m^2

对于第一区和中间区两个区而言，计算的扩散器密度稍微比假设的扩散器密度高。使用

计算值将提供保守设计，因为在这些高密度下的 SOTE 将高于初始假设的 SOTEs。计算的最后区扩散器密度小于最初的假设，而因此，需要采用迭代法确定合适的扩散器通量和密度。推断已知的扩散器密度和 SOTE 并利用以上的方法，空气流量等于 2364m^3/h(标准条件)，而 1391 个扩散器的密度为 1.39 个扩散器/m^2，这合适最大月条件。

在曝气系统的详细设计中，附加条件也必须进行检查，才能确保足够的峰值容量而提供合适的下调容量。峰值要求可能基于最大月的峰值日，或在某些情况下，基于峰值需氧量。推荐的最低扩散器通量，相关的 SOTE，和所得的 SOTR 在最低需氧量条件(初始年中的最低月)下必须进行比较，才能确定容许扩散器正常运行的最低扩散器通量是否将会控制最低曝气率。此外，运行初始阶段的条件范围都应该予以考虑。

最大月冷天气条件的总空气流量为

$$\text{总的最大月空气流量}=9\ 584+5\ 965+2\ 364=17\ 913\ \text{标准}\ m^3/h$$

正如在先前的小节中对于全地面网格构造设计结构所提及的内容，0.6 L/m^2·s 的值常常用作为了混合目的的目标最低空气流量。假设最低推荐的扩散器通量为 0.58 标准 m^3/h/个扩散器，在最低空气流量条件下所讨论的系统提供

$$\text{第一区,}\quad \frac{(5641\ \text{个扩散器})(0.85m^2/h\cdot\text{个扩散器})\dfrac{1000L}{1m^3}}{(1000m^2)(3600s/h)}=1.3L/m^2\cdot s$$

$$\text{中间区,}\quad \frac{(3511\ \text{个扩散器})(0.85m^2/h\cdot\text{个扩散器})\dfrac{1000L}{1m^3}}{(1000m^2)(3600s/h)}=0.82\ L/m^2\cdot s$$

$$\text{最后区,}\quad \frac{(1391\ \text{个扩散器})(0.85m^2/h\cdot\text{个扩散器})\dfrac{1000L}{1m^3}}{(1000m^2)(3600s/h)}=0.33\ L/m^2\cdot s$$

第一区和中间区表明混合不应该成为控制性的问题。在最后区中，混合要求可能在最低曝气速率方面起到了重要作用。

10.3 二级澄清

回顾图 14.19，就能发现对于 12℃和 150mL/g SVI 的最大设计 MLSS 为 2800 mg/L。曝气池尺寸大小的选择基于 2 500 mg/L 的 MLSS，因为较低的 MLSS 值产生保守的曝气池容积；较高的 MLSS 对于二级澄清池尺寸选择是保守的，而因此，将会使用 2 800 mg/L 的值。这表明，MLSS、曝气池容积和澄清池表面积是相互依存的。然而，通过在澄清池大小尺寸选择中使用比曝气池大小尺寸确定中更大的 MLSS，该系统将能够在设计条件下的设计值更大的 SRT 下运行。备选的工艺过程设计结构，包括分步进料和接触稳定化作用，沿着曝气池会导致混合液体浓度出现空间变化。这可能会导致流向二级澄清池的混合液体浓度较低，而可能会影响到澄清池的大小尺寸确定。

该系统的设计 SVI 已经确立为 150 mL/g。

RAS 泵送容量假设为日均流量的 20%~100%(8000~40000 m^3/d)。

最大可允许的固体负荷率能够由图 14.112(假设报道未搅拌的 SVI)和围绕 RAS 和进水流量的固体平衡而确定。对于第一次迭代，假设 RAS 浓度为 10 000 mg/L。从 SVI 值为

150mL/g 的曲线图上，可允许的固体负荷率为 200 $kg/m^2 \cdot d$(41lb/d/ft^2)而运行的底流为约 0. 849m/h(500 gpd/ft)。在峰值流量和 2 800 mg/L 的 MLSS 下所需的表面积由下式可以计算出

$$\frac{[75\ 700\ m^3/d+(0.849\ m/h\times 24h/d\times SA)]\times 2\ 800\ mg/L\times\dfrac{1\ 000\ L\times 1\ kg}{1\ m^3\times 10^6 mg}}{SA}=200\ kg/m^3\cdot d$$

求解 SA(澄清池表面)= 1483 m^2

则底流为 0. 849 $m^3/m^2 \cdot h\times 1\ 483\ m^2\times 24\ h/d=30\ 200\ m^3/d$，这处于所提供的泵容量范围内。计算中所用的 MLSS 和 RAS 率能够利用围绕进水和 RAS 流量的质量平衡进行检查。47mg/L 是进水非挥发性的和非可生物降解的挥发性固体。

$$(75\ 700\ m^3/d)(47\ mg/L)+(30\ 200\ m^3/d)(10\ 000\ mg/L)$$
$$=MLSS(75\ 700\ m^3/d+30\ 200\ m^3/d)$$
$$MLSS=2\ 885\ mg/L$$

这一发现表明，在设计条件下，如果要维持 MLSS 为 2800mg/L，则需要 RAS 流量小于 30200m^3/d(8 mg/d)，而因此，所计算的表面面积是合适的和保守的。要是计算出的 MLSS 小于设计值，则需要在较高 RAS 浓度下进行第二次迭代。

对于以上计算的澄清池表面积，则平均条件下表面 OFR 为 1. 06 $m^3/m^2 \cdot h$ 而在峰值流量条件下为 2. 13 $m_3/m^2 \cdot h$。这些值略高于平均值，但仍处于可接受值的范围内。如果使用了两个澄清池，则这个符合将相当于每一个直径约 30m(100ft)。应该为每一澄清池停工留出余量。目前，一些州法规和美国环保署建设补助计划指南(construction grant program guidance)推荐在最大单元装置停工时损失的容量不超过设计容量的 25%。如果使用两个处理池，则每个澄清池的表面积可以增加 50%，才能满足这个标准，而每个的直径将相应地增加至约 38m(125ft)。这种冗余度余量将会产生约 2268m^2的总二级澄清池表面面积。对圆形澄清池大小尺寸进行确定的最后一步将会是检查模块尺寸或确定厂商推荐污泥收集系统优先值的可用性，并提供以上计算的那些值中一较大直径的近似大小的处理池。

10. 4　基本情况的总结

新的 37 850 m^3/d(10 mgd)悬浮生长生物处理序列解决了 BOD_5，而氨+铵氮的出水限制具有以下要求：

- 总曝气池容积为 18008m^3；
- 利用总空气流量 17913 标准 m^3/h 的扩散曝气系统满足最大月冷天气条件 10882kg O_2/d 的氧要求；
- 二级澄清表面积为 1 4832 268 m^2，这取决于提供的单元装置数目和可靠性/冗余度合适的程度。

10. 5　营养物质的解决

这种基本情况解决了出水 BOD_5和氨+铵-N 限制系统的设计。在许多情况下，现在也需要活性污泥系统清除氮和磷。如前所述，营养物质去除过程使用的设计结构，具有多个分阶段的厌氧，缺氧和好氧区。营养物去除系统的成功设计和运行要求人们理解和解决众多竞争

工艺过程和组分之间的复杂相互作用。生物活性和反应器行为的复杂性和对营养物质去除变量数目，都要求使用计算机模型求解详细的解决方案。然而，利用简单的手动计算也能够大致估算。

例如，10mg N/L 的总出水氮限制对基本系统的潜在影响能够进行计算。简单的计算能够用于确定需要完成而满足这个潜在的总出水氮限制的脱氮目标。正如先前的计算，出水氨+铵-N 在最大月寒冷天气条件下为 0.6 mg/L。在 80%的 VSS 和 12 % N 的 VSS 下如果允许 15mg TSS/L 的出水固体，会导致出现 1.4mg N/L 的出水颗粒物 N。为了满足总出水氮要求，出水氮硝酸盐浓度必须低于总出水氮限制(10mg/L)减去出水氨氮(0.6mg/L)和出水颗粒物 N 之和。即，许可的出水硝酸盐浓度按照 10mg N/L-(0.6mg N/L+1.4mg N/L)<8mg NO_3-N/L 进行计算。对于最大月流量，该浓度导致 363kg N/d 的硝酸盐离开系统。

产生的硝酸盐量先前计算为 1085kg N/d；该硝酸盐通过出水和 WAS 流离开系统，这等于进水流量。在基本情况下考虑的设计条件之下的出水硝酸盐浓度为：

$$(1085\ \text{kg N/d})/(45420\text{m}^3/\text{d})(10^6\text{mg/kg})/(1\ 000\ \text{L/m}^3)=24\text{mg/L}$$

因此，为了满足总氮限制，出水硝酸盐必须从 24mgN/L 降低至小于 8mg/L，而质量大于 722kgN/d 的硝酸必须进行反硝化。

利用整个好氧区的质量平衡，及其之后的分岔，对于在预缺氧区具有完整硝酸盐去除的预缺氧构造设计结构，返回至缺氧区的硝酸盐质量等于：

$$\text{返回的质量}=\text{产生的质量}\times(Q_{\text{RAS}}+Q_{\text{再循环}})/(Q_{\text{进水}}+Q_{\text{RAS}}+Q_{\text{再循环}})$$

在这种情况下，需要返回的质量、产生的质量和进水流量都是已知的。利用 Q_{RAS} = 30 200 m^3/d，求解 $Q_{\text{再循环}}$ 而获得最低再循环流量 60 139 m^3/d，或 132%的最大月进水流量。

Refling-Stensel 方程，利用温度调节，能够用于计算所需缺氧区容积的初步估计值。以前，设计 MLSS 确定为 2 500mg/L，VSS 含量为 77%，获得所考虑条件下设计 MLVSS 为 1 925 mg VSS/L。

求解 $V_{\text{缺氧区}}$ 得：

$$r_{x,\text{NO},12oC}=[0.03\times(F:M)+0.029]\times 1.06^{(12-20)}$$

$$\frac{722\ \text{kg}\ N/d_{\text{去除}}}{V_{\text{缺氧}}\times 1.925\ \text{kg VSS/m}^3}=\left[0.33\frac{6\ 124\ \text{kg BOD}_5/d}{V_{\text{缺氧}}\times 1.925\ \text{kg VSS/m}^3}+0.029\right]\times 1.06^{(12-20)}$$

$$V_{\text{缺氧}}=\frac{[722\ \text{kg}\ N/d_{\text{去除}}\times 1.06^{(20-12)}]-0.03\times 6\ 124\ \text{kg BOD}_5/d}{0.029\times 1.925\ \text{kg VSS/m}^3}=17\ 323\ \text{m}^3$$

这个容积等于 11.0h 的基于平均进水流量的 HRT，反映了较低的反硝化速率与使用可生物降解缓慢的底物和作为该方程基础而报道的生物质腐败相关(Grady et al., 1999)。如果这个大容积作为基本情况的曝气区之前的非曝气区进行实施，将会影响基本情况的动力学和质量平衡计算结果。一方面这个计算举例说明了新的总氮限制的可能意义，同时应该用作这种条件的重要参考，而不是作为最终的设计或规划值。

设计师也能够使用异养生长速率表达式而估计预缺氧区中最佳点反硝化的潜在最大速率。先前的计算产生了 922 mg VSS/L 的活性异养生物质(即，2 500mg/L×1662 kg VSS/d 活性生物/4505 kg TSS/d，总计=922 mg VSS/L 的活性异养生物质)。方程(14.18)能够用于基于以下三个假设的异养生长利用硝酸盐的最佳点速率：(1)使用基本情况的动力学和化学计量参数；(2)底物(易于生物降解的有机物和硝酸盐)在该区的早期部分并非速率限制性的，并且不存在溶解氧，和(3)一部分异养生物质正利用硝酸盐，$\eta=0.5$。

$$r_{yNO,12oC}=\frac{Y_h\times ibm,\ ThOD-1}{2.86\times Y_h}\times\eta\times h\frac{S_b}{K_s+S_b}\frac{S_{NO_3-N}}{K_{NO_3-N}+S_{NO_3-N}}\frac{K_{a,h}}{K_{a,h}+So}\times X_{ha}$$

$$r_{yNO,12oC}=\frac{0.4\times 1.42-1}{2.86\times 0.4}\times 0.5\times 3.5\times(1)\times(1)\times(1)\times(922\ mg/L)=-605\ mg\ NO_3N/L\cdot d$$

负值结果表明，硝酸盐正被利用，因为浓度正在下降。这个值代表了或许能够实现的可能最大值。由以上 Refling-Stensel 方程计算的相当硝酸盐利用速率为-45mg NO_3-N/L · d。这个练习举例说明了能够利用更复杂的建模工具开发工艺过程结构优化的潜力。

最后能够用于研究预缺氧区反硝化隐含问题的简单计算是对氧要求和曝气系统的影响。如前所述，当选取氮(III)氧化态作为基准时，硝酸盐具有-4.57mg ThOD/mg N 当量。在反硝化作用中，忽略任何轻微的硝酸盐同化的利用，氮气产生与硝酸盐消耗类似，氮气具有-1.71mg ThOD/mg N 当量。因此，随着反硝化工艺过程中硝酸盐消耗的净理论需氧量变化为-2.86mg ThOD/mg N 当量。在这些计算中考虑的而实现 10mg N/L 总出水氮的 22kg N/d 硝酸盐去除率相当于 2065kg ThOD/d。在无反硝化的基本情况下，可以确定的是曝气系统将不得不为所考虑的设计条件提供 10822kg O_2/d。如果实施预缺氧区反硝化，则这可能会降低氧要求和曝气系统使用率约 20%。

如上所述，需要复杂的模型对营养物去除系统进行深入透彻的分析。以下各段举例说明了建模的原理。对于这个例子，将会使用 ASM1 模型(Henze et al. , 2000)。ASM 模型在某些基本方式上不同于以上描述的手工计算：

(1) 这是一个死亡/再生模型。这意味着所用的颗粒物腐败产物的腐败速率和分数要低于传统的莫诺方法。

(2) 这适用于单一全混处理池反应器(CSTRs)。因此，对于长的长宽比处理池，或串联处理池，必须运行多个 ASM 模型才能表征性能。

(3) 这能够以稳态或动态模式运行，取决于项目工程的需要。

(4) ASM1 模型的进水参数主要是 COD。BOD 并不适用于这些模型。因此，进水 BOD 数据必须转换成 COD。

ASM1 矩阵——称之为彼得森(Peterson)矩阵——如表 14.44 所示。在这个矩阵中，速率表达式列于左栏中，而顶部行提供状态变量。表 14.45 提供了速率表达式的形式。这些速率表达式是生长(μ_{max})或腐败(b)项乘以系列莫诺类型项(切换功能)，而根据 CSTR 中提出的条件调节具体的速率。表 14.46 提供了动力学和化学计量学的常量推荐值，这就是将在这个例子中使用的那些值。

为了获得具体组分的摄取速率(mg/L · d)，在组分栏中的所有化学计量系数都乘以那个化学计量系数行中的速率表达式。

这个矩阵方程必须同时求解才能获得那个反应器的出水质量。计算机和数字求解程序适用于求解；这种数学求解能够通过商购和学术仿真进行利用。

表 14.44 活性污泥模型 No.1 化学计量学矩阵(Henze et al., 2000; 经 IWA Publishing 许可重印)

模型组分(i):	1	2	3	4	5	6	7	8	9	10	11	12	13
组分单位:	S_I	S_S	X_I	X_S	$X_{B,H}$	$X_{B,A}$	X_P	S_O	S_{NO}	S_{NH}	S_{ND}	X_{ND}	S_{ALK}
工艺过程(j):	mg COD/L	mg COD/L	mg COD/L	mg COD/L	mg COD/L	mg COD/L	mg COD/L	mg COD/L	mg N/L	mg N/L	mg N/L	mg N/L	meq/L
1. 异养菌好氧生长		$-1/Y_H$			+1			$-(1-Y_H)/Y_H$		$-i_{XB}$			$-_{XB}/14$
2. 异养菌缺氧生长 A		$-1/Y_H$			+1				$-(1-Y_H)/2.86Y_H$	$-i_{XB}$			$\nu_{13,2}$
3. 自养菌好氧生长						+1		$-(4.57-Y_H)/Y_H$	$1/Y_A$	$-i_{XB}-1/Y_A$			$\nu_{13,3}$
4. 异养菌的“腐败”				$1-f_p$		−1	f_p					$i_{XB}-f_p i_{xp}$	
5. 自养菌的“腐败”				$1-f_p$		−1	f_p					$i_{XB}-f_p i_{xp}$	
6. 可溶性有机氮的氨化										+1	−1		+1/14
7. 截留有机物的“水解”		+1		−1									
8. 截留有机氮的“水解”										+1	−1		

化学计量系数(ν_{ij}):

$\nu_{13.2}=(1-Y_H)/(14\times2.86Y_H)-i_{XB}/14$

$\nu_{13.3}=-i_{XB}/14-1/7Y_A$

表 14.45　活性污泥模型 No.1 工艺过程速率表达式
(Henze et al., 2000；经 IWA Publishing 许可重印)

工艺过程	单　位	速率方程
1. 异养菌好氧生长	mg COD/L/d	$\mu_H * \{S_S/(K_S+S_S)\} * \{S_O/(K_{O,H}+S_O)\} * X_{B,H}$
2. 异养菌缺氧生长 A	mg COD/L/d	$\eta_g * \mu_H * \{S_S/(K_S+S_S)\} * \{K_{O,H}/(K_{O,H}+S_O)\} * \{S_{NO}/(K_{NO}+S_{NO})\} * X_{B,H}$
3. 自养菌好氧生长	mg COD/L/d	$\mu_A * \{S_{NH}/(K_{NH}+S_{NH})\} * \{S_O/(K_{O,A}+S_O)\} * X_{B,A}$
4. 异养菌的“腐败”	mg COD/L/d	$b_H * X_{B,H}$
5. 自养菌的“腐败”	mg COD/L/d	$b_A * X_{B,A}$
6. 可溶性有机氮的氨化	mg N/L/d	$k_a * S_{ND} * X_{B,H}$
7. 截留有机物的“水解”	mg COD/L/d	$k_h[(X_S/X_{B,H})/(K_X+(X_S/X_{B,H})] * [\{S_O/(K_{O,H}+S_O)\} + \eta_h * \{K_{O,H}/(K_{O,H}+S_O)\} * \{S_{NO}/(K_{NO}+S_{NO})\}] * X_{B,H}$
8. 截留有机氮的“水解”	mg N/L/d	$[X_{ND}/X_S] * k_h * [(X_S/X_{B,H})/(K_0+(X_S/X_{B,H})] * [\{S_O/K_{O,H}+S_O)\} + \eta_h * \{K_{O,H}/(K_{O,H}+S_O)\} * \{S_{NO}/(K_{NO}+S_{NO})\}] * X_{B,H}$

表 14.46　活性污泥模型 No.1 参数和中性 pH 下的典型值
(Henze et al., 2000；经由 IWA Publishing 许可重印)

符　号	单　位	20℃下的值	10℃下的值
化学计量参数			
Y_A	mg 生成细胞 COD(mg 氧化的 N)$^{-1}$	0.24	0.24
Y_H	mg 生成细胞 COD(mg 氧化的 COD)$^{-1}$	0.67	0.67
f_P	无量纲	0.08	0.08
i_{XB}	mg 生物质中的 N(mg COD)$^{-1}$	0.086	0.086
i_{XP}	mg 生物质产物中的 N(mg COD)$^{-1}$	0.06	0.06
动力学参数			
μ_H	d^{-1}	6.0	3.0
K_S	mg COD L^{-1}	20.0	20.0
$K_{O,H}$	mg $O_2 L^{-1}$	0.20	0.20
K_{NO}	mg NO_3-N L^{-1}	0.50	0.50
b_H	d^{-1}	0.62	0.20
η_g	无量纲	0.8	0.8
η_h	无量纲	0.4	0.4
k_h	mg 可生物降解缓慢的 COD(mg 细胞 COD · d)$^{-1}$	3.0	1.0
K_X	mg 可生物降解缓慢的 COD(mg 细胞 COD)$^{-1}$	0.03	0.01
μ_A	d^{-1}	0.80	0.3
K_{NH}	mg NH_3-N L^{-1}	1.0	1.0
$K_{O,A}$	mg O_2 L^{-1}	0.4	0.4
b_A	d^{-1}	0.05~0.15	0.05~0.15
k_a	L(mg COD · d)$^{-1}$	0.08	0.04

10.5.1　进水的表征和分级

早期介绍的 BOD、TSS 和 VSS 能够用于将污水分级成 COD 部分。相关参数有：

最大月 BOD_5负荷 = 6 124 kg/d

最大月 TSS 负荷 = 3 946 kg/d

挥发性悬浮固体=80%

非可生物降解的 VSS=40%的 VSS

原始污水 BOD_{ult}/BOD_5 比率=1.46

VSS 的化学需氧量=1.42 g COD/g VSS

滤液非可生物降解的 COD(f_{si})=总 COD 的 5%

可溶性快速生物降解的 COD 分数=60%

基于这些参数，VSS(基于质量)由以下流分构成：

总 VSS=3 157 kg/d

可生物降解的 VSS=1 894 kg/d

非可生物降解的 VSS=1 263 kg/d

进水总 COD 按照如下进行计算：

颗粒状非可生物降解的 COD，

$$X_i = \text{非可生物降解的 VSS(kg VSS)} \times \text{VSS 的 COD}$$

$$X_i = 1\,263 \times 1.42 = 1\,793 \text{ kg COD/d}$$

颗粒状可生物降解的 COD，

$$= 1\,894 \times 1.42 = 2\,690 \text{ kg COD/d}$$

总 COD，

$$COD_T = \left(\frac{BOD_5 \times \dfrac{BOD_{ult}}{BOD_5}}{1 - Y_H \times f_d} = X_i \right) \left(\frac{1}{1 - f_{si}} \right)$$

因此，可溶性 COD 部分为：

$$S_i = COD_T \times f_{si} = 12\,545 \times 0.05 = 627 \text{ kg COD/d}$$

$$S_s = COD_T - X_i - X_s - S_i = 12\,545 - 1\,793 - 2\,690 - 627$$

$$= 7\,435 \text{ kg COD/d}$$

ASM1 实际上将部分可溶性的可生物降解 COD 分组到可生物降解缓慢的部分(X_s)中。因此，最后的 X_s 和 S_s 流分为：

$$X_s = 2\,690 + (1 - 0.6) \times 7\,435 = 5\,664 \text{ kg COD/d}$$

$$S_s = 7\,435 \times 0.6 = 4\,462 \text{ kg COD/d}$$

氮的流分分级按照相似的逻辑。与手动计算实例不一样，这有必要确定实际氨浓度为多少时才能使之能够确定颗粒状氮流分。对于该实例，使用了以下参数：

最大月 TKN 负荷=1 135 kg/d

TKN 的氨流分=70%

可溶性非可生物降解的氮=4%

VSS 的氮含量=3%

这些参数产生以下取值：

氨负荷(S_{nh})= 795 kg/d

颗粒状可生物降解的氮(X_{nd})= 57 kg/d

可溶性可生物降解的氮(S_{nd})= 200 kg/d

颗粒状非可生物降解的氮 = 38 kg/d

可溶性非可生物降解的氮 = 45 kg/d

ASM1 模型并未明确处理非可生物降解的氮部分。可溶性非可生物降解的氮简单地通过 CSTR，而加到出水 TKN 中。颗粒状非可生物降解的氮与颗粒状非可生物降解的 COD 有关而能够作为这种物质的一个流分处理。

ASM1 模型并不使用计算中的负荷，意味着这必须转换成浓度。最大月流量 45420m^3/d 产生了如表 14.47 所示的取值。

表 14.47　流量 45 420 m^3/d 下的 ASM1 模型进水

组　分		单　位	取　值	单　位	取　值
$X_{B,H}$	异养生物	kg/COD/d	0	g COD/m^3	0.0
$X_{B,A}$	自养生物	kg/COD/d	0	g COD/m^3	0.0
X_P	颗粒物产物	kg/COD/d	0	g COD/m^3	0.0
X_i	惰性颗粒物	kg/COD/d	1 793	g COD/m^3	39.5
X_S	颗粒有机物	kg/COD/d	5 664	g COD/m^3	124.7
S_S	可溶性有机物	kg/COD/d	4 462	g COD/m^3	98.2
S_{NH}	可溶性氨 N	kg N/d	795	g N/m^3	17.5
S_{NO}	可溶性硝酸盐/亚硝酸盐 N	kg N/d	0	g N/m^3	0.0
S_{ND}	可溶性有机 N	kg N/d	200	g N/m^3	6.2
X_{ND}	可生物降解的颗粒有机 N	kg N/d	57	g N/m^3	1.3
S_O	氧	kg O_2/d	0	g O_2/m^3	0.0
S_{ALK}	碱度	mol/d	220	mol/m^3	4.8

10.5.2　活性污泥模型的腐败速率修正

腐败速率(b)和颗粒状产物分数(f_D)必须进行修正才能反映死亡/再生模型中的用途。这通过以下方程就能够完成：

$$f_{D,asm}=\frac{f_D\times(1-Y_H)}{1-f_D\times Y_H}$$

$$b_{asm}=\frac{b}{1-Y_H\times(1-f_D)}$$

10.5.3　仅有硝化作用

第一设计实例研究了单 CSRT 中的硝化，而产生了 10 天的 SRT 并确定 2500mg/L 的 MLSS 值为目标值。这也假设了再循环活性污泥速率为进水流量的 50%。

通过按照迭代方式改变处理池容积直到获得目标 MLSS 值，则 ASM 模型就产生了 18600m^3的处理池容积，这堪比手动计算的 18008m^3的值。表 14.48 为该模型提供了全部结果。ASM 模型预测了 0.4mg NH_4-N/L；手动计算为 0.6mg NH_4-N/L。此外，ASM 模型预测实际需氧量(AOR)约 10400kg/d；手工计算值为 10800kg/d。所有值都非常好地处于所使用的不同动力学和化学计量参数提供的预期精度范围内。

这个例子随后将好氧区分隔成三个部分而确定曝气系统的分级。对于这将会实际实行的系统，这意味着每个网格相当于单个 CSTR，否则每个网格将会具有相同的曝气需求。因此，ASM 模型采用三个串联处理池构建而更好地确定了系统中分流的氧。所得的结果如表 14.49 所示。

表 14.48　具有硝化作用的单处理池

			进料	反应器浓度					二级出水
				#1	#N/A	#N/A	#N/A	#N/A	
$X_{B,H}$	异养生物	g COD/m^3	0.0	1 077					8.6
$X_{B,A}$	自养生物	g COD/m^3	0.0	74					0.6
X_P	颗粒状产物	g COD/m^3	0.0	510					4.1
X_i	惰性颗粒物	g COD/m^3	39.5	954					7.6
X_S	颗粒有机物	g COD/m^3	126.3	15					0.1
S_S	可溶性有机物	g COD/m^3	100.6	3.8					3.8
S_{NH}	可溶性氨	N g N/m^3	17.5	0.37					0.37
S_{NO}	可溶性硝酸盐/亚硝酸盐 N	g N/m^3	0.0	15					14.9
S_{ND}	可溶性有机 N	g N/m^3	6.2	0.4					0.4
X_{ND}	可生物降解的颗粒有机 N	g N/m^3	1.3	0.9					0.0
S_O	氧	g O$_2$/m^3	0.0	2.0					2.0
S_{ALK}	碱度	mol/m^3	4.8	2.6					2.6
VSS	挥发性悬浮固体	g/m^3		1 850					14.8
TSS	总悬浮固体	g/m^3		2 501					20.0
BOD_5	生化需氧量	g O$_2$/m^3							7.5
氧要求									总计
氧吸收速率		mg/L/h		23					
实际需氧量(AOR)		kg/d		10 367					10 367

表 14.49　具有硝化的三串联处理池

			进料	反应器浓度					二级出水
				#1	#2	#3	#N/A	#N/A	
$X_{B,H}$	异养生物	g COD/m^3	0.0	1 098	1 089	1 068			8.6
$X_{B,A}$	自养生物	g COD/m^3	0.0	74	74.7	74.9			0.6
X_P	颗粒状产物	g COD/m^3	0.0	499	503	508			4.1
X_i	惰性颗粒物	g COD/m^3	39.5	954	953.8	953.8			7.7
X_S	颗粒有机物	g COD/m^3	126.3	30	12.3	8.9			0.1
S_S	可溶性有机物	g COD/m^3	100.6	7.4	2.7	2.0			2.0
S_{NH}	可溶性氨 N	g N/m^3	17.5	2.65	0.3	0.1			0.10
S_{NO}	可溶性硝酸盐/亚硝酸盐 N	g N/m^3	0.0	11	13.9	15.2			15.2
S_{ND}	可溶性有机 N	g N/m^3	6.2	0.6	0.4	0.3			0.3
X_{ND}	可生物降解的颗粒有机 N	g N/m^3	1.3	1.3	0.9	0.8			0.0
S_O	氧	g O$_2$/m^3	0.0	2.0	2.0	2.0			2.0
S_{ALK}	碱度	mol/m^3	4.8	3.2	2.9	2.8			2.8
VSS	挥发性悬浮固体	g/m^3		1 868	1 853	1 839			14.8
TSS	总悬浮固体	g/m^3		2 524	2 504	2 486			20.0
BOD_5	生化需氧量	g O$_2$/m^3							6.4
氧要求									总计
氧摄取速率		mg/L/h		40	18	12			
实际需氧量(AOR)		kg/d		6 009	2 675	1 790			10 475

通过 ASM 模型预测的氧分流为 57%、26%和 17%，堪比设计例子的假设 45%、35%和 20%。这表明，ASM 模型能够提供有关曝气系统设计的更具体的信息。这种分级系统也会产生较低的总出水氨氮水平(相对于单处理池系统的 0.4mg/L，为 0.1mg/L)。

10.5.4　反硝化系统的设计

这个例子还将缺氧区设计到系统中。目标是实现出水 8mg/L 的 TN 值。如果有氧 SRT 保持相同(即 10 天)，则总系统 SRT 必须按照相同的比例构建。硝化的混合液返流速率为进水流量的 132%，保持不变；按照试差法，缺氧区容积增加直至实现所需的 8 mg/L 的 TN 值。所得的缺氧区容积为 3000m^3，堪比设计实例中 17000m^{3}的计算值，而在 11.2d 的总 SRT 下计算的 MLSS 为约 2400mg/L。表 14.50 显示此模拟的结果。为了便于比较，这三个硝酸盐吸收速率如下所示：

- Refling-Stensel 方程的值=-45 mg NO_x-N/L/d
- 第二种方法的值=-605 mg NO_x-N/L/d
- ASM 1 模型的值=-149 mg NO_x-N/L/d

表 14.50　采用 132%硝化再循环的反硝化系统模拟结果

			进料	反应器浓度					二级出水
				#1	#2	#3	#4	#N/A	
$X_{B,H}$	异养生物	g COD/m^3	0.0	961	977	977	969		6.0
$X_{B,A}$	自养生物	g COD/m^3	0.0	70	70.4	70.7	70.8		0.4
X_P	颗粒状产物	g COD/m^3	0.0	527	529	531	534		3.3
X_i	惰性颗粒物	g COD/m^3	39.5	954	953.8	953.8	953.8		5.9
X_S	颗粒有机物	g COD/m^3	126.3	58	27.8	14.0	9.3		0.1
S_S	可溶性有机物	g COD/m^3	100.6	15.4	5.5	3.2	2.3		2.3
S_{NH}	可溶性氨 N	g N/m^3	17.5	6.68	2.2	0.4	0.1		0.12
S_{NO}	可溶性硝酸盐/亚硝酸盐 N	g N/m^3	0.0	0.7	3.8	5.7	6.4		6.4
S_{ND}	可溶性有机 N	g N/m^3	6.2	0.6	0.4	0.4	0.3		0.3
X_{ND}	可生物降解的颗粒有机 N	g N/m^3	1.3	2.0	1.4	1.0	0.8		0.0
S_O	氧	g O_2/m^3	0.0	0.0	2.0	2.0	2.0		2.0
S_{ALK}	碱度	mol/m^3	4.8	5.1	4.6	4.3	4.2		4.2
VSS	挥发性悬浮固体	g/m^3		1 809	1 801	1 792	1 785		11.1
TSS	总悬浮固体	g/m^3		2 444	2 433	2 422	2 413		15.0
BOD_5	生化需氧量	g O_2/m^3							5.0
氧要求									总计
氧吸收速率		mg/L/h			31	19	12		
实际需氧量(AOR)		kg/d			4 736	2 915	1 848		9 500

表 14.50 提供了由于反硝化作用而降低的总 AOR(相对于 10500 kg/d 的 9500 kg/d)；AOR 要求分布因为缺氧区中的可溶性吸收而已经在三个有氧反应器中变平至 50%，31%和 19%。

在这个具体的系统中，反硝化速率受限于缺氧区中可利用的硝酸盐。缺氧区内 0.4mg/L

的硝酸盐水平接近硝酸盐的半饱和值($K_{NO}=0.5$)。因此，额外的反硝化作用通过提高硝化的再循环率(NRCY)而获得。在表14.51中，提高NRCY直至缺氧区硝酸盐达到约1mg/L，产生190%进水流量的NRCY率。这导致在出水总氮下降至7.4mg/L。AOR也下降至9400kg/d。

表14.51 采用190%硝化再循环率的反硝化系统

			进料	反应器浓度					二级出水
				#1	#2	#3	#4	#N/A	
$X_{B,H}$	异养生物	g COD/m^3	0.0	964	976	976	970		6.0
$X_{B,A}$	自养生物	g COD/m^3	0.0	69	69.3	69.7	69.8		0.4
X_P	颗粒状产物	g COD/m^3	0.0	528	530	531	533		3.3
X_i	惰性颗粒物	g COD/m^3	39.5	954	953.8	953.8	953.8		5.9
X_S	颗粒有机物	g COD/m^3	126.3	49	25.6	14.0	9.6		0.1
S_S	可溶性有机物	g COD/m^3	100.6	12.6	5.2	3.2	2.4		2.4
S_{NH}	可溶性氨N	g N/m^3	17.5	5.48	2.0	0.4	0.1		0.13
S_{NO}	可溶性硝酸盐/亚硝酸盐N	g N/m^3	0.0	1.0	3.6	5.2	5.8		5.8
S_{ND}	可溶性有机N	g N/m^3	6.2	0.6	0.4	0.4	0.4		0.4
X_{ND}	可生物降解的颗粒有机N	g N/m^3	1.3	1.8	1.4	1.0	0.8		0.0
S_O	氧	g O_2/m^3	0.0		2.0	2.0	2.0		2.0
S_{ALK}	碱度	mol/m^3	4.8	5.1	4.6	4.4	4.4		4.4
VSS	挥发性悬浮固体	g/m^3		1 804	1 798	1 791	1 785		11.1
TSS	总悬浮固体	g/m^3		2 438	2 429	2 420	2 412		15.0
BOD_5	生化需氧量	g O_2/m^3							5.1
氧要求									总计
氧吸收速率		mg/L/h			30	20	13		
实际需氧量(AOR)		kg/d			4 558	2 955	1 912		9 424

11 参考文献

Abufayed, A. A.; Schroeder, E. D. (1986) Kinetics and Stoichiometry of SBR Denitrification with a Primary Sludge Carbon Source. *J. Water Pollut. Control Fed.*, 58, 398-405.

Abu-gharrah, Z. H.; Randall, C. W. (1991) The Effect of Organic Compounds on Biological Phosphorus Removal. *Water Sci. Technol.*, 23, 585.

Ahn, Y. T.; Kang, S. T.; Chae, S. R.; Lee, C. Y.; Bae, B. U.; Shin, H. S. (2006) Simultaneous High-Strength Organic and Nitrogen Removal with Combined Anaerobic Upflow Bed Filter and Aerobic Membrane Bioreactor. *Desalination*, 202, 114-121.

Aiyuk, S.; Amoako, J.; Raskin, L.; van Haandel, A.; Verstraete, W. (2004) Removal of Carbon and Nutrients from Domestic Wastewater Using a Low Investment, Integrated Treatment Concept. *Water Res.*, 38, 3031-3042.

Albertson, O. E. (1995) Clarifier Performance Upgrade. *Water Environ. Technol.*, 7(3), 56-59.

Albertson, O. E. (2007) The Case for Staging Biological Reactors. *Proceedings of the* 80th *Annual Water Environment Federation Exposition and Conference* [CD-ROM]; San Diego, California, Oct 10-13; Water Environment Federation: Alexandria, Virginia.

Albertson, O. E.; Coughenour, J. (1995) Aerated Anoxic Oxidation Denitrification Process. *J. Environ. Eng.*, 121, 720.

Albertson, O. E.; Okey, R. W. (1992) Evaluating Scraper Designs. *Water Environ. Technol.*, 1, 52.

Alleman, J. E.; Irvine, R. L. (1980) Storage - Induced Denitrification Using Sequencing Batch Rector Operation. *Water Res.* (G. B.), 14, 1483.

American Public Health Association; American Water Works Association; Water Environment Federation (1999) *Standard Methods for the Examination of Water and Wastewater*, 20th ed.; American Public Health Association: Washington, D. C.

American Society of Civil Engineers (1992) *ASCE Standard Measurement of Oxygen Transfer in Clean Water*, ANSI/ASCE 2-91, 2nd Ed.; American Society of Civil Engineers: Reston, Virginia.

American Society of Civil Engineers (1997) *Standard Guidelines for In-Process Oxygen Transfer Testing*, ASCE-18-96; American Society of Civil Engineers: Reston, Virginia.

Anderson, N. E. (1945) Design of Final Settling Tanks for Activated Sludge. *Sew. Works J.*, 17, 50.

Applegate, C. S.; Wilder, B.; Deshaw, J. R. (1980) Total Nitrogen Removal in a Multi-Channel Oxidation System. *J. Water Pollut. Control Fed.*, 52, 568-577.

Arceivala, S. J. (1995) Experiences with UASB for Sewage Treatment in India. *J. Indian Assoc. Environ. Manage.*, 22, 90-94.

Arora, M. L.; Barth, E. F.; Umphres, M. B. (1985) Technology Evaluation of Sequencing Batch Reactors. *J. Water Pollut. Control Fed.*, 57, 867-875.

ATV (Abwassertechnische Vereiningung) (1973) Arbeitsbericht des ATV-Fachausschusses 2. 5 Absetzerfarhen. Die Bemussung der Nächklarbecken von Belebungsanlangen. *Korrespondenz Abwasser*, 20(8), 193-198.

ATV (Abwassertechnische Vereiningung) (1975) *Leh-und Hanbuch der Abwassertechnik*, Wilhelm Ernst & Sohn: Berlin, Germany.

ATV (Abwassertechnische Vereiningung) (1976) Erläuterungen und Ergänzungen zum Arbeitsbericht des ATV-Fachausschusses 2. 5 Absetzverfarhen. Die Bemessung der Nachklärbecken von Belebungsanlangen. *Korrespondenz Abwasser*, 23(8), 231-235.

ATV (Abwassertechnische Vereiningung) (1988) Sludge Removal Systems for Secondary Sedimentation Basins for Aeration Tanks. Working Report of the ATV Specialist Committee 2. 5-Sedimentation Processes. *Korrespondenz Abwasser*, 35(13/88), 182-193.

ATV (Abwassertechnische Vereinigung) (1991) *Arbeitsblatt A* 131-*Bemessung von einstufigen Belebungsanlagen ab* 5000 *Einwohnerwerten*. Abwassertechnische Vereinigung e. V.: St. Augustin, Germany.

ATV (Abwassertechnische Vereinigung) (1995) Bemessung und Gestaltung getauchter, gelochter Ablaufrohre in Nachklarbecken. *Korrespondenz Abwasser*, 42(10), 851-852.

Baillod, C. R.; Crittenden, J. C.; Mihelcic, J. R.; Rogers, T. N.; Grady, C. P. L., Jr. (1990) *Critical Evaluation of the State of Technologies for Predicting the Transport and Fate of Toxic Compounds in Wastewater Facilities*; Final Report Project 90-1; Water Pollution Control Federation Research Foundation: Alexandria, Virginia.

Barker, P. S.; Dold, P. L. (1997a) General Model for Biological Nutrient Removal Activated Sludge Systems: Model Application. *Water Environ. Res.*, 69, 985-991.

Barker, P. S.; Dold, P. L. (1997b) General Model for Biological Nutrient Removal Activated Sludge Systems: Model Presentation. *Water Environ. Res.*, 69, 969-984.

Barnard, J. L. (1973a) Biological Denitrification. *Water Pollut. Control* (*G. B.*), 72, 6.

Barnard, J. L. (1973b) Biological Nutrient Removal without the Addition of Chemicals. *Water Res.* (G. B.), 9(485), 15-104.

Barnard, J. L. (1974) Cut P and N without Chemicals. *Water Wastes Eng.*, 11, 33.

Barnard, J. L. (1975) Nutrient Removal in Biological Systems. *Water Pollut. Control* (G. B.), 74(2), 143.

Barnard, J. L. (1976) A Review of Biological Phosphorus Removal in the Activated Sludge Process. *Water SA*, 2, 136.

Barnard, J. L. (1983a) Background to Biological Phosphorus Removal. *Water Sci. Technol.*, 15, 1.

Barnard, J. L. (1983b) Design Consideration Regarding Phosphate Removal in Activated Sludge Plants. *Water Sci. Technol.*, 15, 287.

Barnard, J. L. (1984) Activated Primary Tanks for Phosphorous Removal. *Water SA*, 10(3), 121-126.

Barnard, J. L. (1994) Alternative Prefermentation Systems. Paper presented at Use of Fermentation to Enhance Biological Nutrient Removal Preconference Seminar of the 67th Annual Water Environment Federation Technical Exposition and Conference, Chicago, Illinois, Oct 15-19; Water Environment Federation: Alexandria, Virginia.

Barnes, D.; Bliss, P. J. (1983) Biological Control of Nitrogen Wastewater Treatment. E. and F. N. Spon, London.

Barnard, J. L.; Stevens, G. M.; Leslie, P. J. (1985) Design Strategies for Nutrient Removal Plant. *Water Sci. Technol.*, 17(11/12), 233-242.

Barnard, J. L.; Fitzpatrick, J. D.; White, J.; Steichen, M. T. (2007) How Importatnt is the EDI in Final Clarifiers? *Proceedings of the 80th Annual Water Environment Federation Technical Exposition and Conference* [CD-ROM]; San Diego, California, Oct 13-17; Water Environment Federation: Alexandria, Virgina.

Barnes, D.; et al. (1983) *Oxidation Ditches in Wastewater Treatment*. Pitman Publishing Inc.: Marshfield, Massachusetts.

Barnhard, E. L. (1985) An Overview of Oxygen Transfer Systems. In*Proceedings from the Semi-*

nar Workshop Aeration System Design, *Testing Operations Control*, EPA – 600 19 – 85 – 005; U. S. Environmental Protection Agency: Cincinnati, Ohio.

Barth, E. F. ; Stensel, H. D. (1981) International Nutrient Control Technology for Municipal Effluents. *J. Water Pollut. Control Fed.* , 53, 1691-1701.

Batchelor, B. (1982) Kinetic Analysis of Alternative Configurations for Single-Sludge Nitrification/Denitrification. *J . Water Pollut. Control Fed.* , 54, 1493-1504.

Baur, R. (2002a) Unified Fermentation and Thickening Process. U. S. Patent 6, 387, 264, May 14.

Baur, R. (2002b) Achieving Low Effluent Phosphorus Concentrations in Activated Sludge Effluent: Chemical vs. Biological Methods. Paper presented at Carbon Augmentation for BNR Preconference Seminar of the 75th Annual Water Environment Federation Technical Exhibition and Conference, Chicago, Illinois, Sep 28-Oct 2; Water Environment Federation: Alexandria, Virginia.

Bisogni, J. J. ; Lawrence, A. W. (1971) Relationships between Biological Solids Retention Time and Settling Characteristics. *Water Res.* (G. B.), 5, 753.

Boon, A. G. ; Chambers, B. (1985) Design Protocol for Aeration Systems: U. K. Perspective. *Proceedings of the Seminar Workshop Aeration Systems Design*, *Testing*, *Operations*, *and Control*, Boyle, W. C. , Ed. , EPA-600/9-85-005; U. S. Environmental Protection Agency, Risk Reduction Engineering Laboratory: Cincinnati, Ohio.

Boyle, W. H. (1974) Design of Basin Collection Troughs. *Water Sew. Works*, R136-137.

Boyle, W. H. (1975) Don't Forget Side Water Depth. *Water Wastes Eng.* , 12(6).

Boyle, W. C. (1996) Fine Pore Aeration: An Update on Its Status. In*Enhancing Design and Operation of Activated Sludge Plants*, Proceedings of the Central States Water Environment Association Seminar, Madison, Wisconsin.

Boyle, W. C. ; Stenstrom, M . K. ; Campbell, H. J. , Jr. ; Brenner, R. C. (1989) Oxygen Transfer in Clean and Process Water for Draft Tube Turbine Aerators in Total Barrier Oxidation Ditches. *J. Water Pollut. Control Fed.* , 61, 1449-1463.

Brdjanovic, D. ; van Loodsdrecht, M. C. M. ; Hooijmans, C. M. ; Alaerts, G. J. ; Heijnen, J. J. (1997) Temperature Effects on Physiology of Biological Phosphorus Removal. *J. Environ. Eng.* , 123(2), 144-153.

Brown, L. C. ; Baillod, C. R. (1982) Modelling and Interpreting Oxygen Transfer Data. *J. Environ. Eng.* , 108, 607.

Budd, W. E. ; Lambeth, G. F. (1957) High Purity Oxygen in Biological Sewage Treatment. *Sew. Ind. Wastes*, 29, 237-257.

Buer, T. (2002) Enhancement of Activated Sludge Plants by Lamellas in Aeration Tanks and Secondary Clarifiers. In*International Waster Association World Water Congress*; International Water Association: London, England.

Buhr, H. O. ; Goddard, M. F. , Wilson, T. E. , Ambrose, W. A. (1984) Making Full Use of Step Feed Capability. *J. Water Pollut. Control Fed.* , 56, 325-330.

Burdick, C. R. (1982) Advanced Biological Treatment to Achieve Nutrient Removal. *J. Water*

Pollut. Control Fed., 54, 1078-1086.

Burdick, C. R.; Moss, O. H. (1980) Operating Experience with the Bardenpho Process at Palmetto, Florida. Paper presented at Annual Joint Technical Conference of the Florida Section American Water Works Association-Florida Pollution Control Association-Florida Water Pollution Control Operators Association; Orlando, Florida.

Bush, D. (1991) Sludge Blanket Monitoring Improves Process Control, Cuts Costs. *Water Eng. Manage.*, 138(9), 26-27.

Cakir, F. Y.; Stenstrom, M. K. (2007) Anaerobic Treatment of Low Strength Wastewater. *Proceedings of the 80th Annual Water Environment Federation Exposition and Conference* [CD-ROM]; San Diego, California, Oct 10-13; Water Environment Federation: Alexandria, Virginia.

Camp, T. R. (1946) Sedimentation and the Design of Settling Tanks. *Trans. Am. Soc. Civ. Eng.*, 3(2285), 895.

CH2M Hill (1988) *Biological Nutrient Removal Study-Operational Data.* Virginia State Water Control Board: Richmond, Virginia.

Chapin, R. W. The Inhibition of Biological Nutrient Removal by Industrial Wastewater Components and High Acetic Acid Loadings. M. S. Thesis, Virginia Polytechnic Institute and State University, Blacksburg, Virginia, 1993.

Characklis, W. G.; Gujer, W. (1979) Temperature Dependency of Microbial Reactors. *Prog. Water Technol.*, Suppl. 1(1), 11.

Chernicharo, C. A. L. (2007) *Anaerobic Reactors.* IWA Publishing: London, England.

Christensen, M. H.; Harremoes, P. (1972) *Biological Denitrification in Water Treatment a Literature Study*, Report. No. 2-72; Department of Sanitary Engineering, Technical University of Denmark.

Christensen, M. H.; et al. (1977) Combined Sludge Denitrification of Sewage Utilizing Internal Carbon Sources. *Prog. Water Technol.*, 8, 589.

Christopher, S.; Titus, R. (1983) New Wastewater Process Cuts Plants Cost 50 Percent. *Civ. Eng.*, 53(5), 39.

Coe, H. S.; Clevenger, G. H. (1916) Determining Thickener Unit Areas. *Am. Inst. Mining, Metal, Petrol. Eng. AIME*, 55, 3.

Collins, M. A.; Crosby, R. M. (1980) Impact of Flow Variation on Secondary Clarifier Performance. Paper presented at the 53rd Annual Water Pollution Control Federation Technical Conference, Las Vegas, Nevada, Sept 28-Oct 3; Water Pollution Control Federation: Alexandria, Virginia.

Crosby, R. M. (1980) *Hydraulic Characteristics of Activated Sludge Secondary Clarifiers*, EPA Contract No. 68-03-2782; U. S. Environmental Protection Agency: Cincinnati, Ohio.

Crosby, R. M. (1984a) *Evaluation of the Hydraulic Characteristics of Activated Sludge Secondary Clarifiers.* U. S. Environmental Protection Agency, Office of Research and Development: Washington, D.C.

Crosby, R. M. (1984b) *Hydraulic Characteristics of Activated Sludge Secondary Clarifiers*, EPA-600/2-84-131; U. S. Environmental Protection Agency: Washington, D. C.

Dague, R. R. (1983) A Modified Approach to Activated Sludge Design. Paper Presented at 56th Annual Water Pollution Control Federation Conference, Atlanta, Georgia; Water Pollution Control Federation: Washington, D. C.

Dague, R. R. Hydraulic of Circular Settling Tanks Determined by Model-Prototype Comparisons. M. S. thesis, Iowa State University, Ames, Iowa, 1960.

Daigger, G. T. (1995) Development of Refined Clarifier Operating Diagrams Using an Updated Settling Characteristics Database. *Water Environ. Res.*, 67, 95.

Daigger, G. T.; Robbins, M. H.; Marshall, B. R. (1985) The Design of a Selector to Control Low-F/M Filamentous Bulking. *J. Water Pollut. Control Fed.*, 57, 220-226.

Daigger, G. T.; Randall, C. W.; Waltrip, G. D.; Romm, E. D. (1987) Factors Affecting Biological Phosphorus Removal for the VIP Process, a High-Rate University of Cape Town Type Process. In *Biological Phosphate Removal from Wastewaters*, Ramadori, R., Ed.; Pergamon Press: Oxford, England.

Daigger, G. T.; Waltrip, E. D.; Romm; Morales, L. M. (1988) Enhanced Secondary Treatment Incorporating Biological Nutrient Removal. *J. Water Pollut. Control Fed.*, 60, 1833-1842.

Daigger, G. T.; Grady, C. P. L., Jr. (1995) The Use of Models in Biological Process Design. *Proceedings of the 68th Annual Water Environment Federation Technical Exposition and Conference* [CD-ROM]; Miami Beach, Florida, Oct 21-25; Water Environment Federation: Alexandria, Virginia.

Dartez, J. (1996) Return Activated Sludge Control. *Water Wastes Digest*, 36(5), 22-24.

Das, D.; Keinath, T. M.; Parker, D. C.; Wahlberg, E. J. (1993) Floc Breakup in Activated Sludge Plants. *Water Environ. Res.*, 65, 138-145.

Dawson, R. N.; Murphy, K. L. (1972) The Temperature Dependency of Biological Denitrification. *Water Res.* (G. B.), 6, 71.

Deakyne, C. W.; Patel, M. A.; Krichten, D. J. (1984) Pilot Plant Demonstration of Biological Phosphorus Removal. *J. Water Pollut. Control Fed.*, 56, 867-873.

deBarbadillo, C.; Barnard, J.; Tarallo, S.; Steichen, M. (2008) Got Carbon? *Water Environ. Technol.*, 20(1), 49-53.

Dick, R. I.; Young, K. W. (1972) Analysis of Thickening Performance of Final Settling Tanks. *Proceedings of the 27th Industrial Waste Conference*; Purdue University: West Lafayette, Indiana.

Dick, R. I.; Ewing, B. B. (1967) Evaluation of Activated Sludge Thickening Theories. *J. Sanit. Eng. Div.*, *Am. Soc. Civ. Eng.*, 93(SA4), 9.

Doyle, M.; Boyle, W. C. (1985) Translation of Clean to Dirty Water Oxygen Transfer Rates. In *Proceedings of Seminar/Workshop Aeration Systems Design, Testing, and Operations Control*, EPA-600/9-85-005; U. S. Environmental Protection Agency: Cincinnati, Ohio.

Draaijer, H.; Maas, J. A. W.; Schaapman, J. E.; Khan, A. (1992) Performance of the 5 MLD UASB Reactor for Sewage Treatment at Kanpur, India. *Water Sci. Technol.*, 25(7), 123-133.

Eckenfelder, W. W., Jr. (1966) *Industrial Water Pollution Control.* McGraw - Hill: New York.

Eckenfelder, W. W., Jr. (1967) Comparative Biological Waste Treatment Design. *J. Sanit. Eng. Div.*; *Proc. Am. Soc. Civ. Eng.*, 93(SA6), 157.

Ekama, G. A.; et al. (1983) Considerations in the Process Design of Nutrient Removal Activated Sludge Processes. *Water Sci. Technol.*, 15, 283.

Ekama, G.; Marais, G.; Siebritz, I. (1984) Biological Excess Phosphorus Removal. In *Theory, Design and Operation of Nutrient Removal Activated Sludge Processes*; Water Research Commission: Pretoria, South Africa.

Ekama, G. A.; Barnard, J. L.; Gunthert, F. W.; Krebs, P.; McCorquodale, J. A.; Parker, D. S.; Wahlberg, E. J. (1997) *Secondary Settling Tanks: Theory, Modeling, Design, and Operation*, Scientific Technical Report No. 6; IWA Publishing: London, England.

Ekster, A. (1998) Automatic Waste Control, Machine Sampling, Calculations; Adjustments Ensure Better Performance of Activated Sludge Systems. *Water Environ. Technol.*, 10(8), 21-22.

Ekster, A. (2000) Automatic Waste Control. *Water* 21, August, 53-55.

Elser, J. K. (1998) *Report on Clarifier Modifications at the City of Los Angeles Hyperion Water Pollution Control Facility*; Report to the City of Los Angeles; CPE Services: Enfield: New Hampshire.

Erdal, U. G.; Erdal, Z. K.; Randall, C. W. (2002) Effect of Temperature on EBPR System Performance and Bacterial Community. *Proceedings of the 75th Annual Water Environment Federation Technical Exhibition and Conference* [CD-ROM], Chicago, Illinois, Sep 28-Oct 2; Water Environment Federation: Alexandria, Virginia.

Erdal, U. G.; Erdal, Z. K.; Randall, C. W. (2003) The Mechanisms of EBPR Washout and Temperature Relationships. *Proceedings of the 76th Annual Water Environment Federation Technical Exhibition and Conference* [CD-ROM], Los Angeles, California, Oct 11-15; Water Environment Federation: Alexandria, Virginia.

Erdal, Z. K.; Erdal, U. G.; Randall, C. W. (2004) Biochemistry of Enhanced Biological Phosphorus Removal and Anaerobic COD Stabilization. *Proceedings of International Water Association, Biennial Conference*; Marrakech, Morocco, September; International Water Association; London, England.

Fair, G. M.; Geyer, J. C. (1963) *Elements of Water Supply and Wastewater Disposal.* John Wiley and Sons: New York.

Filipe, C. D. M.; Daigger, G. T.; Grady, C. P. L., Jr. (2001) Effects of pH on the Rates of Aerobic Metabolism of Phosphate-Accumulating and Glycogen-Accumulating Organisms. *Water Environ. Res.*, 73, 213-222.

Florencio, L.; Takayuki, M.; de Morais, J. C. (2001) Domestic Sewage Treatment in Full-Scale UASBB Plant at Mangueira, Recife, Pernambuco. *Water Sci. Technol.*, 44(4), 71-77.

Foresti, E.; Zaiat, M.; Vallero, M.(2006)Anaerobic Processes as the Core Technology for Sustainable Domestic Wastewater Treatment: Consolidated Applications, New Trends, Perspectives, Challenges. *Rev. Environ. Sci. Biol. Technol.*, 5, 3-19.

Fries, M. K.; Rabinowitz, B.; Dawson, R. N.(1994)Biological Nutrient Removal at the Calgary Bonnybrook Wastewater Treatment Plant. *Proceedings of the 67th Annual Water Environment Federation Technical Exposition and Conference*, Chicago, Illinois, Oct 15-19; Water Environment Federation: Alexandria, Virginia.

Fukase, T.; Shibeta, M.; Mijayi, X.(1982)Studies on the Mechanism of Biological Phosphorous Removal. *Jap. J. Water Pollut. Res.*, 5, 309.

Gaudy, A. F.; Kincannon, D. F.(1977)Comparing Design Models for Activated Sludge. *Water Sew. Works*, 123, 66.

Giraldo, E.; Pena, M.; Chernicharo, C.; Sandino, J.; Noyola, A.(2007)Anaerobic Sewage Treatment Technology in Latin-America: A Selection of 20 Years of Experiences. *Proceedings of the 80th Annual Water Environment Federation Exposition and Conference*[CD-ROM]; San Diego, California, Oct 10-13; Water Environment Federation: Alexandria, Virginia.

Goronszy, M.(1979)Intermittent Operation of the Extended Aeration Process for Small Systems. *J. Water Pollut. Control Fed.*, 51, 274-287.

Grady, C. P. L., Jr.; Daigger, G. T.; Lim, H. C.(1999)*Biological Wastewater Treatment*, 2nd ed.; Marcel Dekker: New York.

Grady, C. P. L., Jr.; Lim, H. C.(1980)*Biological Wastewater Treatment Theory and Applications*; Marcel Dekker: New York.

Grau, P.(1982)Recommended Notation for Use in the Description of Biological Wastewater Treatment Processes. *Water Res.*(G. B.), 16, 1501.

Great Lakes-Upper Mississippi River Board of State and Provincial Public Health and Environmental Managers(2004)*Recommended Standards for Wastewater Facilities*. Health Research Inc.: Albany, New York.

Groves, K. P.; Daigger, G. T.; Simpkin, T. J.; Redmon, D. T.; Ewing, L.(1992)Evaluation of Oxygen Transfer Efficiency and Alpha Factor on a Variety of Diffused Aeration Systems. *Water Environ. Res.*, 64, 691-698.

Gundelach, J. M.; Castillo, J. E.(1976)Natural Stream Purification under Anaerobic Conditions. *J. Water Pollut. Control Fed.*, 48, 1753-1758.

Gunthert, F. W.(1984)Ein Beitrag zur Bemessung von Schlammaraumung und Eindickzone in Horizontal Durchstromten Runden Nachlarbecken von Belebungsanlagen. Berichte aus Wassergutewirtschaft und Gesundheitsingen, Technical University of Munich, 49.

Gunthert, F. W.; Deininger, A.(1995)Final Settling Tanks—New Aspects and Design Approaches. *Proceedings of the 7th IAWQ Conference on Design and Operation of Large WWTPs*. Institute for Water Quality and Waste Management, Technical University of Vienna: Austria.

Guo, P. H. M.; Thirumurthi, D.; Jank, B. E.(1981)Evaluation of Extended Aeration Activated Sludge Package Plants. *J. Water Pollut. Control Fed.*, 53, 33-42.

Haug, R. T. ; Cheng, P. P. L. ; Hartnett, W. J. ; Tekippe, R. J. ; Rad, H. ; Esler, J. K. (1999) L. A. 's New Clarifier Inlet Nearly Doubles Hydraulic Capacity. *Proceedings of the 72nd Annual Water Environment Federation Technical Exposition and Conference*[CD-ROM]; New Orleans, Louisiana, Oct 9-13; Water Environment Federation: Alexandria, Virginia.

Hazen, A. ; Pearsons, G. W. ; Weston, R. S. ; Fuller, G. W. (1904) Discussion on Sedimentation. *J. Assoc. Eng. Soc.*, 1904, 45-88.

Helmer, C. ; Kuntz, S. (1997) Low Temperature Effects on Phosphorus Release and Uptake by Microorganisms in EBPR Plants. *Water Sci. Technol.*, 37(4-5), 531-539.

Henze, M. ; et al. (1987) A General Model for Single-Sludge Wastewater Treatment Systems. *Water Res.* (G. B.), 21, 505.

Henze, M. ; Gujer, W. ; Mino, T. ; Van Loosdrecht, M. (2000) *Activated Sludge Models ASM1, ASM2, ASM2d and ASM3.* IWA Publishing: London, England Henze, M. ; van Loosdrecht, M. C. M. ; Ekama, G. A. ; Brdjanovic, D. (2008) Biological Wastewater Treatment Principles, Modeling and Design. IWA Publishing: London, England.

Hill, B. ; Manross B. ; Nutt, S. ; Davidson, E. ; Andrews, J. ; Haugh, R. ; Reich, R. (2001) State-of-the-Art WWTP Sensing and Control Systems. *Proceedings of the 74th Annual Water Environment Federation Technical Exposition and Conference*[CD-ROM]; Atlanta, Georgia, October 14-18; Water Environment Federation: Alexandria, Virginia.

Hinton-Lever, A. (2000) S表 Mate for STW Bosses. *Water Waste Treat.*, 43, 9.

Hoffman Air and Filtration Systems (1986) *Centrifugal Compressor Engineering*, 3rd ed.; East Syracuse, NewYork.

Hoffman, C. G. ; Wexler, H. M. (1996) A Progressive Approach to the Control of Return Sludge Pumping. *Water Eng. Manage.*, 143(2), 30-31.

Holshoff Pol, L. ; Euler, H. ; Eitner, A. ; Wucke, A. (1997) GTZ Sectorial Project-Promotion of Anaerobic Technology for the Treatment of Municipal and Industrial Wastes and Wastewater. In*Anaerobic Conversions for Environmental Protection, Sanitation and Reuse of Residues; REUR Technology Series*, 51, 98-107.

Holshoff Pol, L. W. ; de Castro Lopes, S. I. ; Lettinga, G. ; Lens, P. N. L. (2004) Anaerobic Sludge Granulation. *Water Res.*, 38, 1376-1389.

Horstkotte, G. A. ; Niles, D. G. ; Parker, D. S. ; Caldwell, D. H. (1974) Full-Scale Testing of a Water Reclamation System. *J. Water Pollut. Control Fed.*, 46, 181-197.

Institute of Water Pollution Control (1980) *Unit Processes: Primary Sedimentation. Manual of British Practice in Water Pollution Control*, ME168JH; Maidstone: Kent, England.

Irvine, R. L. ; Ketchum, L. H. ; Breyfogle, R. ; Barth, E. F. (1982) Summary Report-Workshop on Biological Phosphorus Removal in Municipal Wastewater Treatment.

Annapolis, Maryland. Irvine, R. L. ; et al. (1983) Municipal Application of Sequencing Batch Treatment. *J. Water Pollut. Control Fed.*, 55, 484-488.

James M. Montgomery Consulting Engineers (1984) Technology Evaluation of Sequencing Batch Reactors. U. S. Environmental Protection Agency, Office of Research Development: Cincinnati, Ohio.

Jenkins, D.; Richard, M. G.; Daigger, G. T. (2003) *Manual on the Causes and Control of Activated Sludge Bulking and Foaming and Other Solids Separation Problems*, 3rd ed.; IWA Publishing: London, England.

Jeyanayagam S. S. (2007) So, You Want to Remove Phosphorous? Part 1—Enhanced Biological Phosphorus Removal. *The Buckeye Bulletin*, December 2007.

Johnson, B. R.; Daigger, G. T.; Crawford, G. V.; Wable, M. V.; Goodwin, S. (2003). Full-Scale Step-Feed Nutrient Removal Systems: A Comparison between Theory and Reality. *Proceedings of the 76th Annual Water Environment Federation Exposition and Conference* [CD-ROM]; Los Angeles, California, Oct 11-15; Water Environment Federation: Alexandria, Virginia.

Johnson, B. R.; Daigger, G. T.; Novak J. T. (2008). Biological Sludge Reduction Process Modeling with ASM-Based Models. *Proceedings of the 81st Water Environment Federation Technical Exposition and Conference and Exhibition* [CD-ROM]; Oct 18-21, Chicago, Illinois; Water Environment Research Foundation: Alexandria, Virginia.

Johnson, B. R.; Narayanan, B.; Baur, R.; Mengelkoch, M. (2006) High-Level Biological Phosphorus Removal Failure and Recovery. *Proceedings of the 79th Annual Water Environment Federation Exposition and Conference* [CD-ROM]; Dallas, Texas, Oct 21-25; Water Environment Federation: Alexandria, Virginia.

Johnson, T. L. (1996) Practical Implications of Diffused Aeration System Model for Design and Operation. Paper presented at 69th Annual Meeting Central States Water Environment Association, St. Cloud, Minnesota.

Johnson, T. L.; McKinney, R. E. (1994) Modeling Performance of Full-Scale Diffused Aeration Systems as a Function of Mixing. Paper presented at American Society of Civil Engineers National Conference of Environmental Engineers, Boulder, Colorado; American Society of Civil Engineers: Reston, Virginia.

Johnson, W. K.; Schroepfer, G. J. (1964) Nitrogen Removal by Nitrification and Denitrification. *J. Water Pollut. Control Fed.*, 36, 1015-1036.

Johnson, W. K.; Vania, G. B. (1971) Nitrification and Denitrification of Wastewater. Sanit. Eng. Rep. No. 1755, Univ. of Minn., Minneapolis-St. Paul. Jones, M.; Stephenson, T. (1996) The Effect of Temperature on Enhanced Biological Phosphorus Removal. *Environ. Technol.*, 17, 965-976.

Jördening, H.-J.; Winter, J. (2005) *Environmental Biotechnology: Concepts and Applications*; Wiley-VCH: Weinheim, Germany.

Kalbkopf, K. H.; Herter, H. (1984) Operational Experiences with the Sedimentation Tanks of the Mechanical and Biological Stages of the Emscher Mouth Treatment Plant. *GWF Wasser/Zbwasser*, 125, 200.

Kalyuzhnyi, S.; Gladchenko, M.; Mulder, A.; Versprille, B. (2006) New Anaerobic Process of Nitrogen Removal. *Water Sci. Technol.*, 54(8), 163-170.

Kang, S. J.; Hong, S. N.; Tracy, K. D. (1985) Applied Biological Phosphorus Technology for Municipal Wastewater by the A/O Process. *Proceedings of the International Conference on Management Strategies for Phosphorus in the Environment*; Selper, Ltd. : London, England.

Kang, S. J. ; et al. (1988) Biological Nitrification and Denitrification in the PhoStrip™ Process. Paper presented at 61st Annual Water Pollution Control Federation Conference, Dallas, Texas, Oct 3-7; Water Pollution Control Federation: Alexandria, Virginia.

Kang, S. J. ; Bailey, W. ; Astfalk, T. ; Jenkins, D. ; Aukamp, D. (1990) Biological Nutrient Removal Technologies at the Blue Plains Wastewater Treatment Plant. Paper presented at 63rd Annual Water Pollution Control Federation Conference, Washington, D. C. , Oct 7 - 11; Water Pollution Control Federation: Alexandria, Virginia.

Kawamura, S. (1981) Hydraulic Scale Model Simulation of the Sedimentation Process. *J. Am. Water Works Assoc.* , 73(7), 372-379.

Keinath, T. M. (1985) Operational Dynamics and Control of Secondary Clarifiers. *J. Water Pollut. Control Fed.* , 57, 770-776.

Keinath, T. M. (1990) Diagram for Designing and Operating Secondary Clarifiers According to the Thickening Criterion. *Res. J. Water Pollut. Control Fed.* , 62, 254-258.

Keinath, T. M. ; Ryckman, M. D. ; Dana, C. H. ; Hofer, D. A. (1977) Activated Sludge Unified System Design and Operation. *J. Environ. Eng. Div.* ; *Proc. Am. Soc. Civ. Eng.* , 103, 829.

Kelly, K. (1988) New Clarifiers Help Save History. *Civ. Eng.* , 58, 10.

Ketchum, L. H. ; Liao, P. (1979) Tertiary Chemical Treatment for Phosphorus Reduction Using Sequencing Batch Reactors. *J. Water Pollut. Control Fed.* , 51, 298-304.

Khalil, N. ; Sinha, R. ; Raghav, A. K. ; Mittal, A. K. (2008) UASB Technology for Sewage Treatment in India: Experience, Economic Evaluation and its Potential in Other Developing Countries. *Proceedings of the Twelfth International Water Technology Conference*, *IWTC*12 2008; Egyptian Water Technology Association: Alexandria, Egypt.

Kinnear, D. J. (2002) Evaluating Secondary Clarifier Collector Mechanisms. *Proceedings of the 75th Annual Water Environment Federation Exposition and Conference* [CD-ROM]; Chicago, Illinois, Sept 28-Oct 2; Water Environment Federation: Alexandria, Virginia.

Kinnear, D. J. ; Williams, R. ; Olsen, C. ; Kennedy, K. ; Johnson, H. ; Pollack, E. ; Vitasovic, C. (1998) Theoretical and Field Comparison of Clarifier Feedwell Sizing. *Proceedings of the 71st Annual Water Environment Federation Exposition and Conference* [CD-ROM]; Dallas, Texas, Oct 3-7; Water Environment Federation: Alexandria, Virginia.

Krebs, P. ; Vischer, D. ; Gujer, W. (1995) Inlet Structure Design for Final Clarifiers. *J. Environ. Eng. Am. Soc. Civ. Eng.* , 121(8), 558-564.

Krichten, D. J. ; Hong, S. (1981) Biological Nutrient Control Plant Demonstration. *Proceedings of the Water Forum, American Society of Civil Engineers*; San Francisco, California; American Society of Civil Engineers: Reston, Virginia.

Larsen, P. (1977) *On the Hydraulics of Rectangular Settling Basins*; Report 1001; Department of Water Resources Engineering, University of Lund: Sweden.

Lawrence, A. W. ; McCarty, P. L. (1970) Unified Basis for Biological Treatment Design and

Operation. *J. Sanit. Eng. Div.*, *Proc. Am. Soc. Civ. Eng.*, 96, 757.

Lettinga, G.; Hulshoff Pol, L. W. (1991) UASB-Process Design for Various Types of Wastewaters. *Water Sci. Technol.*, 24(8), 87-107.

Li, X-M.; Guo, L.; Yang, Q.; Zeng, G-M.; Lio, D-X. (2007) Removal of Carbon and Nutrients from Low Strength Domestic Wastewater by Expanded Granular Bed-Zeolite Bed Filtration(EGSB-ZBF) Integrated Treatment Concept. *Proc. Biochem.*, 42, 1173-1179.

Ludzack, F. J.; Ettinger, M. B. (1962) Controlling Operation to Minimize Activated Sludge Effluent Nitrogen. *J. Water Pollut. Control Fed.*, 34, 920-931.

Malina, J., F.; Pohland, F. G. (1992) *Design of Anaerobic Processes for the Treatment of Industrial and Municipal Wastes*; Technomic Publishing: Lancaster, Pennsylvania.

Mamais, D.; Jenkins, D. (1992) The Effects of MCRT and Temperature on Enhanced Biological Phosphorus Removal. *Water Sci. Technol.*, 26(5-6), 955-965.

Matsch, L. C.; Drnevich, R. F. (1987) Biological Nutrient Removal. In*Advances in Water and Wastewater Treatment*; Ann Arbor Science: Chelsea, Michigan.

Mau, G. E. (1959) A Study of Vertical-Slotted Inlet Baffles. *Sew. Ind. Wastes*, 31, 1349-1372.

McCarty, P. L. (1972) Energetics of Organic Matter Degradation. In*Water Pollution Microbiology*, Mitchell, R., Ed.; John Wiley and Sons: New York.

McCarty, P. L. (2001) The Development of Anaerobic Treatment and its Future. *Water Sci. Technol.*, 44(8), 149-156.

McCarty, P. L.; Beck, L.; St. Amant, P. (1969) Biological Denitrification of Wastewaters by Addition of Organic Materials. *Proceedings of the 24th Industrial Waste Conference*; Purdue University: Lafayette, Indiana.

McClintock, S. A.; Randall, C. W.; Pattarkine, V. M. (1991) Effects of Temperature and Mean Cell Residence Time on Enhanced Biological Phosphorus Removal. *Proceedings of the* 1991 *Specialty Conference on Environmental Engineering*, Krenkel, P. A., Ed.; Reno, Nevada, Jul 10-12; American Society of Civil Engineers: Reston, Virginia; 319-324.

McKinney, R. E. (1962) Mathematics of Complete Mixing Activated Sludge. *J. Sanit. Eng. Div.*, *Proc. Am. Soc. Civ. Eng.*, 88, SA3.

McKinney, R. E. (1977) *Sedimentation*, *Tank Design*, *and Operation*. University of Kansas: Lawrence.

McKinney, R. E.; Ooten, R. J. (1969) Concepts of Complete Mixing Activated Sludge. *Transactions of the* 19*th Annual Conference on Sanitary Engineering*; *Bulletin of Engineering and Architecture No.* 60; University of Kansas: Lawrence, Kansas.

Metcalf and Eddy, Inc. (2003) *Wastewater Engineering*: *Treatment and Reuse*, Tchobanoglous, G.; Burton, F. L.; Stensel, H. D., Eds.; 4th ed., McGraw-Hill, Inc.: New York.

Miller, M. A.; Miller, G. Q. (1978) Activated Sludge Settling in High Purity Oxygen Systems-A Full-Scale Operating Data Correlation. Paper Presented at 51st Annual Water Pollution Control Federation Conference; Anaheim, California, Oct 1-6; Water Pollution Control Federation: Washington, D. C.

Mino, T.; Arun, V.; Tsuzuki, Y.; Matsuo, T. (1987) Effect of Phosphorus Accumulation on Acetate Metabolism in the Biological Phosphorus Removal Process. *Proceedings of the IAWPRC Specialized Conference*; Rome, Italy, Sep 28–30; IWA Publishing: London, England.

Monroy, O.; Famá, G.; Meraz, M.; Montoya, L.; Macarie, H. (2000). Anaerobic Digestion for Wastewater Treatment in Mexico: State of the Technology. *Water Res.*, 34(6), 1803–1816.

Mueller, J. A.; Boyle, W. C. (1988) Oxygen Transfer under Process Conditions. *J. Water Pollut. Control Fed.*, 60, 332–341.

Mulbarger, M. C.; et al. (1970) Modifications of the Activated Sludge Process for Nitrification and Denitrification. Paper presented at 43rd Annual Water Pollution Control Federation Conference, Boston, Massachusetts; Water Pollution Control Federation: Washington, D. C.

Murphy, K. L.; Sutton, P. M. (1975) Pilot Scale Studies on Biological Denitrification. *Prog. Water Technol.*, 7, 317.

Narayanan, B.; Johnson, B.; Baur, R.; Mengelkoch, M. (2006) Critical Role of Aerobic Uptake in Biological Phosphorus Removal. *Proceedings of the 79th Annual Water Environment Federation Exposition and Conference* [CD-ROM]; Dallas, Texas, Oct 21–25; Water Environment Federation: Alexandria, Virginia.

Neethling, J. B.; Bakke, B.; Benisch, M.; Gu, A.; Stephens, H. (2005) *Factors Influencing the Reliability of Enhanced Biological Phosphorus Removal.* Water Environment Research Foundation: Alexandria, Virginia.

Nicholls, H. A.; Osborn, D. W.; Pitman, A. R. (1987) Improvements to the Stability of the Biological Phosphate Removal Process at the Johannesburg Northern Works. *Proceeding of the IAWPRC Specialized Conference*; Rome, Italy, Sep 28–30; IWA Publishing: London, England.

Nicolella, C.; van Loosdrecht, M. C. M.; Heijnen, J. J. (2000) Wastewater Treatment with Particulate Biofilm Reactors. *J. Biotechnol.*, 80, 1–33.

Nielsen, M. K.; Bechmann, H.; Henze, M. (2000) Modelling and Test of Aeration Tank Settling (ATS). *Water Sci. Technol.*, 41(9), 179–184.

Novak, J. T.; Chon, D. H.; Curtis, B. A.; Doyle, M. (2006) Reduction of Sludge Generation Using the Cannibal™ Process: Mechanisms and Performance. *Proceedings of the Water Environment Federation Residuals and Biosolids Management Specialty Conference* [CD-ROM]; Cincinnati, Ohio, March 12–14; Water Environment Research Foundation: Alexandria, Virginia.

Noyola, A.; Capdeville, B.; Roques, H. (1988) Anaerobic Treatment of Domestic Sewage with a Rotating-Stationary Fixed Film Reactor. *Water Res.*, 12, 1585–1592.

Noyola, A.; Morgan-Sagastgume, J. M.; Lopez-Hernandez, J. E. (2006) Treatment of Biogas Produced in Anaerobic Reactors for Domestic Wastewater: Odor Control and Energy/Resource Recovery. *Rev. Environ. Sci. Biotechnol.*, 5, 93–114.

Okuno, N.; Fukuda, H. (1982) Analysis of Existing Final Clarifiers and Design Consideration for Better Performance. *Paper Presented at the 1st German-Japan Conference on*

Sewage Treatment and Sludge Disposal; Tsukuba Science City, Japan.

Oldham, K. O.; Rabinowitz, B. (2001) Development of Biological Nutrient Removal Technology in Western Canada. *Can. J. Civ. Eng.*, 28(Suppl. 1), 92-101.

Oldham, W. K.; Stevens, G. M. (1984) Initial Operating Experiences of a Nutrient Removal Process (Modified Bardenpho) at Kelowna, British Columbia. *Can. J. Civ. Eng.*, 11, 474-479.

Oliveira, S. M. A. C.; Parkinson, J. N.; von Sperling, M. (2006) Wastewater Treatment in Brazil: Institutional Framework, Recent Initiatives and Actual Plant Performance. *Int. J. Technol. Manage. Sustainable Dev.*, 5(3), 241-256.

Paepcke, B. H. (1985) Introduction to Biological Phosphorus Removal. *Proceedings of the Seminar on Biological Phosphorus Removal in Municipal Wastewater Treatment*; Penticton: British Columbia, Canada.

Pagilla, K. (2007) *Organic Nitrogen in Wastewater Treatment Plant Effluents. Presentation at Water Environment Research Foundation and Chesapeake Bay Science and Technology Advisory Committee Workshop*; Baltimore, Maryland, Sept 27-28; Water Environment Research Foundation: Alexandria, Virginia.

Palis, J. C.; Irvine, R. L. (1985) Nitrogen Removal in a Low-Loaded Single Tank Sequencing Batch Reactor. *J. Water Pollut. Control Fed.*, 57, 82-86.

Panswad, T.; Doungchai, A.; Anotai, J. (2003) Temperature Effect on Microbial Community of Enhanced Biological Phosphorus Removal Systems. *Water Res.*, 37(2), 409-414.

Parker, D. S. (1983) Assessment of Secondary Clarification Design Concepts. *J. Water Pollut. Control Fed.*, 55, 349-359.

Parker, D. S.; Stenquist, R. J. (1986) Flocculator-Clarifier Performance. *J. Water. Pollut. Control Fed.*, 58, 214-219.

Parker, D. S.; Kaufman, W. J.; Jenkins, D. (1971) Physical Conditioning of Activated Sludge Floc. *J. Water Pollut. Control Fed.*, 43(9), 1817-1833.

Parker, D. S.; et al. (1975) *Process Design Manual for Nitrogen Control*, EPA 62511-75-007; U. S. Environmental Protection Agency: Washington, D. C.

Parker, D.; Brischke, K.; Petrick, K. (1993) Optimizing Existing Treatment Systems. *Water Environ. Technol.*, 5(2), 50-53.

Parker, D. S.; Geary, S.; Jones, G.; McIntyre, L.; Oppenheim, S.; Pedregon, V.; Pope, R.; Richards, T.; Voigt, C.; Volpe, G. Willis, J.; Witzgall, R. (2003) Making Classifying Selectors Work for Foam Elimination in the Activated Sludge Process. *Water Environ. Res.*, 75, 83-91.

Pavlostathis, S. G.; Giraldo-Gomez, E. (1991) Kinetics of Anaerobic Treatment: A Critical Review. *Crit. Rev. Environ. Control*, 21(5/6) 411-490.

Peters, M.; Newland, M.; Seviour, T.; Broom, T; Bridle, T. (2004) Demonstration of Enhanced Nutrient Removal at Two Full-Scale SBR Plants. *Water Sci. Technol.*, 50, 115-120.

Pitter, P.; Chudoba, J. (1990) *Biodegradability of Organic Substrates in the Aquatic Environment*. CRC Press: Boca Raton, Florida.

Plass, R. ; Sekoulov, I. (1995) Enhancement of Biomass Concentration in Activated Sludge Systems. *Water Sci. Technol.* , 32, 151-157.

Price, G. A. ; Clements, M. S. ; Mun, M. L. (1974) Some Lessons from Model and Full-Scale Tests in Rectangular Sedimentation Tanks. *Water Pollut. Control*, 102-113.

Rabinowitz, B. (1994) Criteria for Effective Primary Sludge Fermenter Design. Paper presented at Use of Fermentation to Enhance Biological Nutrient Removal Conference Seminar of the 67th Annual Water Environment Federation Technical Exposition and Conference, Chicago, Illinois, Oct 15-19; Water Environment Federation: Alexandria, Virginia.

Rabinowitz, B. ; Daigger, G. T. ; Jenkins, D. ; Neethling, J. B. (2004) The Effect of High Temperatures on BNR Process Performance. *Proceedings of the 77th Annual Water Envi-ronment Federation Exposition and Conference* [CD-ROM]; New Orleans, Louisiana, Oct 3-6; Water Environment Federation: Alexandria, Virginia.

Ramanathan, M. ; Gaudy, A. F. , Jr. (1971) Steady State Model for Activated Sludge with Constant Recycle Sludge Concentration. *Biotechnol. Bioeng.* , 13, 125.

Randall, C. W. ; Chapin, R. W. (1997) Acetic Acid Inhibition of Biological Phosphorus Removal. *Wat. Env. Res.* , 60(5), 955-960.

Randall, C. W. ; Barnard, J. L. ; Stensel, H. D. (1992) Design and Retrofit of Wastewater Treatment Plants for Biological Nutrient Removal. In*Principles of Biological Nutrient Removal*; Technomic Publishing Co. : Lancaster, Pennsylvania.

Reardon, R. (2004) Clarification Concepts for Treating Peak Wet Weather Wastewater Flows. *Fla. Water Res. J.* , 56(1).

Reed, S. C. ; Murphy, R. S. (1969) Low Temperature Activated Sludge Settling. *J. Sanit. Eng. Div.* , *Proc. Am. Soc. Civ. Eng.* , 95, 747.

Reed, S. C; Crites, R. W; Middlebrooks E. J. *Natural Systems for Waste Management and Treatment*, 2nd ed. ; McGraw-Hill: New York.

Rittmann, B; McCarty, P. (2001) *Environmental Biotechnology: Principles and Applications*. McGraw-Hill: New York.

Rittmann, B. E. ; Langeland, W. E. (1985) Simultaneous Denitrification with Nitrification in Single-Channel Oxidation Ditches. *J. Water Pollut. Control Fed.* , 57, 300-308.

Rohlich, G. A. (1951) *Investigation of Oil-Water Mixtures in Separators: Final Report.* University of Wisconsin: Madison, Wisconsin.

Roxburgh, R. ; Sieger, R. ; Johnson, B. R. ; Rabinowitz, B. ; Goodwin S. ; Crawford, G. V. ; Daigger, G. T. (2006) Sludge Minimization Technologies—Doing More To Get Less. *Proceedings of the 79th Annual Water Environment Federation Exposition and Conference* [CD-ROM]; Dallas, Texas, Oct 21-25; Water Environment Federation: Alexandria, Virginia.

Rudd, D. ; Alaica, J. ; Samules, C. ; Geith, W. (2001) Canada's Largest Plant Uses Ultrasonic Detection and Digital Radio Technology. *Environ. Sci. Eng.* , 13(9), 18-21.

Samuels, C. (2000) Control System Improved Activated Sludge and Sludge Thickening Process. *Environ. Sci. Eng.* , 12(11), 23-27.

Sato, N.; Okubo, T.; Onadera, T.; Ohashi, A.; Harada, H. (2006) Prospects for a Self-Sustainable Sewage Treatment System: A Case Study on Full-Scale UASB System in India's Yamuna River Basin. *J. Environ. Manag.*, 80(13), 198-207.

Schellingkhout, A.; Collazos, C. J. (1992) Full-Scale Application of the UASB Technology for Sewage Treatment. *Water Sci. Technol.*, 25(7), 159-166.

Schwinn, D. E.; Hotaling, J. H. (1988) Modifying Existing Activated Sludge Plants to Achieve Nitrification and Denitrification. Paper presented at 62nd Florida Water Resources Conference.

Seghezzo, L. (2004) Anaerobic Treatment of Domestic Wastewater in Subtropical Regions. Ph. D. Thesis, Wageningen University, Wageningen, the Netherlands.

Sell, R. L. (1981) Low Temperature Biological Phosphorus Removal. Paper presented at 54th Annual Water Pollution Control Federation Conference; Detroit, Michigan, Oct 4-9; Water Pollution Control Federation: Washington, D. C.

Sezgin, M.; Jenkins, D.; Parker, D. S. (1978) A Unified Theory of Filamentous Activated Sludge Bulking. *J. Water Pollut. Control Fed.*, 50, 362-381.

Sharma, B.; Ahlert, R. C. (1977) Nitrification and Nitrogen Removal. *Water Res.* (G. B.), 11, 897.

Silverstein, J.; Schroeder, E. D. (1983) Performance of SBR Activated Sludge Processes with Nitrification/Denitrification. *J. Water Pollut. Control Fed.*, 55, 377.

Smith, G. (1996) Increasing Oxygen Delivery in Anoxic Tanks to Improve Denitrification. *Proceedings of the 69th Annual Water Environment Federation Exposition and Conference* [CD-ROM]; Dallas, Texas, Oct 5-9; Water Environment Federation: Alexandria, Virginia.

Sorenson, P. E. (1979) *Pilot-Scale Evaluation of Control Schemes of the Activated Sludge Process, Contributions from the Water Quality Institute.* Danish Academy of Technical Science: Lyngby, Denmark.

Speece, R. E. (1996) *Anaerobic Biotechnology.* Archae Press, Nashville, Tennessee. Stahl, J. F.; Chen, C. L. (2006) Review of Chapter 8. Rectangular and Vertical Secondary Settling Tanks. *Proceedings of the 79th Annual Water Environment Federation Exposition and Conference* [CD-ROM]; Dallas, Texas, Oct 21-25; Water Environment Federation: Alexandria, Virginia.

Stensel, H. D. (1970) Biological Kinetics of Suspended Growth Denitrification Process. Ph. D. thesis, Cornell University, Ithaca, New York.

Stensel, H. D. (1978) Carrousel Activated Sludge for Biological Nitrogen Removal. In *Advances in Water and Wastewater Treatment Biological Nutrient Removal.* Ann Arbor Science: Chelsea, Michigan. Stensel, H. D. (1991) Principles of Biological Phosphorus Removal. In *Phosphorus and Nitrogen Removal from Municipal Wastewater—Principles and Practice*, Sedlak, R., Ed.; Lewis Publishers: Boca Raton, Florida.

Stensel, H. D.; Loehr, R. C.; Lawrence, A. W. (1973) Biological Kinetics of Suspended Growth Denitrification. *J. Water Pollut. Control Fed.*, 45, 249-261.

Stensel, H. D.; et al. (1980) Performance of First U. S. Full-Scale Bardenpho™ Facility. Paper presented at U. S. EPA International Seminar on Control of Nutrients in Municipal Wastewater Effluents, San Diego, California.

Stenstrom, M. R.; Gilbert, R. G. (1981) Effects of Alpha, Beta; Theta Factors on Specification, Design and Operation of Aeration Systems. *Water Res.* (G. B.), 15, 643.

Stevens, G. M.; Barnard, J. L.; Rabinowitz, B.; (1999) Optimizing Nutrient Removal in Anoxic Zones. *Wat. Sci. Tech.*, 39(6), 113-118.

Streeter, V. L.; Wylie, E. B. (1979) *Fluid Mechanics*, 7th ed.; McGraw-Hill: New York.

Stukenberg, J. F.; Rodman, L. C.; Touslee, J. E. (1983) Activated Sludge Clarifier Design Improvements. *J. Water Pollut. Control Fed.*, 55, 341-348.

Sutton, P. M .; Bridle, T. R. (1980) Biological Nitrogen Control of Industrial Wastewater. *WATER*-1980, *AlCHE Symp. Ser.*, 177.

Sutton, P. M. (1990) Anaerobic Treatment of High Strength Wastes: System Configurations and Selection. Paper presented at Anaerobic Treatment of High Strength Wastes, Milwaukee, Wisconsin, December 3-4; University of Wisconsin: Milwaukee.

Sutton, P. M.; Hurvid, J.; Hoeksema, M. (1975) Low-Temperature Biological Denitrification of Wastewater. *J. Water Pollut. Control Fed.*, 47, 122-134.

Switzenbaum, M. S. (2007) Overview of Challenges in Providing Anaerobic Wastewater Treatment. *Proceedings of the 80th Annual Water Environment Federation Exposition and Conference*[CD-ROM]; San Diego, California, Oct 10-13; Water Environment Federation: Alexandria, Virginia.

Sykes, J. C. (1993) Biological Selector to Minimize Sludge Bulking. *Waterwood Rev.*, Sept/Oct. Tchobanoglous, G.; Burton, F. L.; Stensel, H. D. (2003) *Wastewater Engineering Treatment and Reuse*, 4th ed.; McGraw-Hill: New York.

Tekippe, R. J. (1984) Activated Sludge Circular Clarifier Design Considerations. Paper presented at 57th Annual Water Pollution Control Federation Conference; New Orleans, Louisiana, Sept 30-Oct 1; Water Pollution Control Federation: Washington, D. C.

Tekippe, R. J. (2002) Secondary Settling Tank Inlet Design: Full Scale Test Results Lead To Optimization. *Proceedings of the 75th Annual Water Environment Federation Exposition and Conference*[CD-ROM]; Chicago, Illinois, Sept 28-Oct 2; Water Environment Federation: Alexandria, Virginia.

Tekippe, R. J.; Bender, J. H. (1987) Activated Sludge Clarifiers: Design Requirements and Research Priorities. *J. Water Pollut. Control Fed.*, 59, 865-870.

Ternes, T. A.; Joss, A. (2006) *Human Pharmaceuticals, Hormones and Fragrances; The Challenge of Micropollutants in Urban Water Management.* IWA Publishing: London, England.

Tetreault, M. J.; Rusten, B.; Benedict, A. H.; Kreissl, J. F. (1987) Assessment of Phased Isolation Ditch Technology. *J. Water Pollut. Control Fed.*, 59, 833-840.

Tetreault, M. J.; Benedict, A. H.; Kaempfer, C.; Barth, E. F. (1986) Biological Phosphorus Removal: A Technology Evaluation. *J. Water Pollut. Control Fed.*, 58, 823-837.

Tilche, A.; Bortone, G.; Forner, G.; Indulti, M.; Stante, L.; Tesini, O. (1994) Combination of Anaerobic Digestion and Denitrification in a Hybrid Upflow Anaerobic Filter Integrated in a Nutrient Removal Treatment Plant. *Water Sci. Technol.*, 30(12), 405-414.

Timmermans, P.; Van Haute, A. (1982) Removal of Nitrogen Compounds in Drinking Water and Wastewater-Comparison Between a One-and Two-Sludge System for Denitrification Using Internal Wastewater Carbon. Paper presented at 14th International Water Supply Association Congress and Exhibition, Zurich, Switzerland.

Totzke, D. E. (2008) *Anaerobic Treatment Technology Overview.* Applied Technologies: Brookfield, Wisconsin.

Tracy, K. D.; Flammino, A. (1985) Kinetics of Biological Phosphorus Removal. Paper presented at 58th Annual Water Pollution Control Federation Conference, Kansas City, Missouri, Oct 6-10.

U. S. Environmental Protection Agency (1974a) *Extended Aeration Sewage Treatment in Cold Climates*, EPA-660/2-74-070; U. S. Environmental Protection Agency: Washington, D. C.

U. S. Environmental Protection Agency (1974b) *Process Design Manual for Upgrading Existing Wastewater Treatment Plants*, Technology Transfer Series; U. S. Environmental Protection Agency: Washington, D. C. U. S. Environmental Protection Agency (1979) *Full-Scale Demonstration of Open Tank Oxygen Activated Sludge Treatment*, EPA-600/2-79-012; U. S. Environmental Protection Agency: Cincinnati, Ohio.

U. S. Environmental Protection Agency (1983) *Development of Standard Procedure for Evaluating Oxygen Transfer Devices*, EPA-600/2-83-102; U. S. Environmental Protection Agency: Cincinnati, Ohio.

U. S. Environmental Protection Agency (1985) *Summary Report Fine Pore (Fine Bubble) Aeration Systems*, EPA-625/8-85-010; U. S. Environmental Protection Agency, Water Engineering Research Laboratory: Cincinnati, Ohio.

U. S. Environmental Protection Agency (1987) *Summary Report: Causes and Control of Activated Sludge Bulking and Foaming*, EPA-625/8-87-012; U. S. Environmental Protection Agency: Cincinnati, Ohio.

U. S. Environmental Protection Agency (1989) *Design Manual: Fine Pore Aeration Systems*, EPA-625/1-89-023; U. S. Environmental Protection Agency, Center for Environmental Research Information: Cincinnati, Ohio.

U. S. Environmental Protection Agency (1993) *Process Design Manual for Nitrogen Removal.* U. S. Environmental Protection Agency: Washington, D. C.

Updegraff, K. F.; Boyle, W. C. (1988) *Technology Assessment of Draft Tube Submerged Turbine Aerators*, U. S. EPA Field Evaluation I. A. Seminars; U. S. Environmental Protection Agency: Washington, D. C.

Vaccari, D. A.; Strom, P. F.; Alleman, J. E. (2006) *Environmental Biology for Engineers and Scientists*; John Wiley & Sons, Inc.: New York.

Van der Geest, A. T.; Witvoet, W. C. (1977) Nitrification and Denitrification in Carrousel Systems. *Prog. Water Technol.*, 8, 653.

van Haandel, A. C.; Kato, M. T.; Cavalcanti, P. F. F.; Florencio, L. (2006) Review

Anaerobic Reactor Design Concepts for the Treatment of Domestic Wastewater. *Rev. Environ. Sci. Bio/Technol.*, 5, 21-38.

van Haandel, A. C.; Lettinga, G. (1994) *Anaerobic Sewage Treatment: A Practical Guide for Regions with a Hot Climate.* John Wiley and Sons: Chichester, England.

van Lier, J. B. (2003) *Design and Operation of UASB for Treatment of Domestic Wastewater*; Wageningen University and Lettinga Associates Foundation (LeAF): Wageningen, The Netherlands.

van Lier, J. B. (2008) High-Rate Anaerobic Treatment: Diversifying from End-of-the-Pipe Treatment to Resource-Oriented Conversion Techniques. *Water Sci. Techno.*, 57(8), 1137-1148.

Vieira, S. M. M.; Carvalho, J. L.; Barigan, F. P. O.; Rech, C. M. (1994) Application of the UASB Technology for Sewage Treatment in a Small Community at Sumare, Sao Paulo State. *Water Sci. Technol.*, 30(12), 203-210.

Viessman, W., Jr.; Hammer, M. J. (1985) *Water Supply and Pollution Control*, 4th ed.; Harper and Row: New York.

Vinton, R. H.; Mace, G. R. (1996) Most Open Valve Control and Cascade Control of Multiple Compressors to Improve Aeration Efficiency and Cut Costs. *Proceedings of the 79th Annual Water Environment Federation Exposition and Conference* [CD-ROM]; Dallas, Texas, Oct 21-25; Water Environment Federation: Alexandria, Virginia.

von Sperling, M.; Oliveira, S. C. (2008) Comparative Performance Evaluation of Full-Scale Anaerobic and Aerobic Wastewater Treatment Processes in Brazil. *Proceedings IX Latin American Workshop and Symposium on Anaerobic Digestion*; Easter Island, Chile, Oct 19-23; International Water Association: London.

Wahlberg, E. J. (2001) *WERF/CRTC Protocols for Evaluating Secondary Clarifier Performance*, Project 00-CTS-1; Water Environment Research Foundation: Alexandria, Virginia.

Wahlberg, E. J.; Augustus, M.; Chapman, D. T.; Chen, C. L.; Esler, J. K.; Keinath, T. M.; Parker, D. S.; Tekippe, R. J.; Wilson, T. E. (1994) Evaluation of Activated Sludge Clarifier Performance Using the CRTC Protocol: Four Case Studies. *Proceedings of the 67th Annual Water Environment Federation Technical Exposition and Conference* [CD-ROM]; Chicago, Illinois, October 15-19; Water Environment Federation: Alexandria, Virginia.

Wahlberg, E. J.; Stahl, J. F.; Chen, C. L.; Augustus, M. (1993) Field Application of the CRTC Protocol for Evaluating Secondary Clarifier Performance: Rectangular, CoCurrent Sludge Removal Clarifier. *Proceedings of the 66th Annual Water Environment Federation Technical Exposition and Conference* [CD-ROM]; Anaheim, California, October 3-7; Water Environment Federation: Alexandria, Virginia.

Wahlberg, E. J.; Keinath, T. M. (1988) Development of Settling Flux Curves Using SVI. *J. Water Pollut. Control Fed.*, 60, 2095-2100.

Wang, J.; Park, J. K. (1998) Effect of Wastewater Composition on Microbial Populations in Biological Phosphorus Removal Processes. *Water Sci. Technol.*, 38(1), 159-166.

Ward, D.; Oldham, W.; Abraham, K.; Jeyanayagam, S. S. (1999) Resolution of Capacity

Constraints and Performance Variations in Biological Nutrient Removal Process. *Proceedings of the 72nd Annual Water Environment Federation Technical Exposition and Conference*[CD-ROM]; New Orleans, Louisiana, Oct 9-13; Water Environment Federation: Alexandria, Virginia.

Water Environment Federation (1996) *Operation of Municipal Wastewater Treatment Plants*, Vol. 1, 5th ed.; Manual of Practice No. 11; Water Environment Federation: Alexandria, Virginia.

Water Environment Federation (1998) *Biological and Chemical Systems for Nutrient Removal*, Special Publication; Water Environment Federation: Alexandria, Virginia.

Water Environment Federation (1998b) *Design of Municipal Wastewater Treatment Plants*, 4th ed., Manual of Practice No. 8; Water Environment Federation: Alexandria, Virginia.

Water Environment Federation (2005) *Clarifier Design*, Manual of Practice FD-8; McGraw-Hill: New York.

Water Environment Federation; American Society of Civil Engineers; Environmental and Water Resource Institute (2005) *Biological Nutrient Removal (BNR) Operation in Wastewater Treatment Plants*, WEF Manual of Practice No. 29/ASCE/EWRI Manuals and Reports on Engineering Practice No. 109; McGraw-Hill: New York.

Water Environment Federation (2006) *Membrane Systems for Wastewater Treatment*; McGraw-Hill: New York. Water Environment Federation (2007) *Operation of Municipal Wastewater Treatment Plants*, 6th ed., Manual of Practice No. 11; McGraw-Hill: New York.

Water Environment Federation (2009) *An Introduction to Process Modeling for Designers*, Manual of Practice No. 31; Water Environment Federation: Alexandria, Virginia.

Water Environment Research Foundation (2001) *Membrane Bioreactors: Feasibility and Use in Water Reclamation*. Water Environment Research Foundation: Alexandria Virginia.

Water Environment Research Foundation (2002) *Membrane Technology: Feasibility of Solid/Liquid Separation in Wastewater Treatment*. Water Environment Research Foundation: Alexandria, Virginia.

Water Environment Research Foundation (2006a) *Effects of Biomass Properties on Submerged Bioreactor (SMBR) Performance and Solids Processing*. Water Environment Research Foundation: Alexandria, Virginia.

Water Environment Research Foundation (2006b) *Develop and Demonstrate Fundamental Basis for Selectors to Improve Activated Sludge Settleability*. Water Environment Research Foundation: Alexandria, Virginia.

Water Environment Research Foundation (2007) *Fate of Pharmaceuticals and Personal Care Products trough Municipal Wastewater Treatment Processes*; 03CTS22UR. Water Environment Research Foundation: Alexandria, Virginia.

Water Environment Research Foundation (2008) *Dissolved Organic Nitrogen (DON) in Biological Nutrient Removal Wastewater Treatment Processes*, Water Environment Research Foundation Web site, http://www.werf.org/nutrients/LOTDissolved OrganicNitrogen (accessed May 2009).

Water Pollution Control Federation (1959) *Sewage Treatment Plant Design*, Manual of Practice No. 8; Water Pollution Control Federation: Washington, D. C. Water Pollution Control Federation

(1985) *Clarifier Design*, Manual of Practice No. FD-8; Water Pollution Control Federation: Alexandria, Virginia.

Water Pollution Control Federation(1988) *Aeration*, Manual of Practice No. FD-13; Washington, D. C. Water Pollution Control Federation (1989) Technology and Design Deficiencies at Publicly Owned Treatment Works. *Water Environ. Technol.*, 1(4), 514.

Water Research Commission (1984) *Theory: Design and Operation of Nutrient Removal Activated Sludge Processes.* Water Research Commission: Pretoria, South Africa.

Wentzel, M. C.; Moosbrugger, R. E.; Sam-Soon, P. A. L. N. S, Ekama, G. A.; Marais, G. V. R. (1994) Tentative Guidelines for Waste Selection, Process Design, Operation and Control of Upflow Anaerobic Sludge Bed Reactors. *Water Sci. Technol.*, 30(12), 31-42.

Wentzel, M. C. Ekama, G. A.; Loewenthal, R. E.; Dold, P. L.; Marais, G. R. (1988) Enhanced Polyphosphate Organism Cultures in Activated Sludge Systems. Part 2: Experimental Behaviour. *Water SA*, 15(2), 71-88.

Wheeler, G. P.; Hegg, B. A.; Walsh, C. (2001) Capital Defense. *Water Environ. Technol.*, 13(9), 126-131.

Wiegant, W. M. (2001) Experiences and Potential of Anaerobic Wastewater Treatment for Tropical Regions. *Water Sci. Technol.*, 44(8), 107-113.

Wilford, J.; Conlon, T. P. (1957) Contact Aeration Sewage Treatment Plants in New Jersey. *Sew. Ind. Wastes*, 29, 845-855.

Wilkinson, H. J. (1997) Continuous Online Analyzers Can Help Operators Work More Efficiently. *Oper. Forum.*, 14(7), 16-20.

Wilson, T. E. (1996) A New Approach to Interpreting Settling Data. *Proceedings of the 69th Annual Water Environment Federation Exposition and Conference*[CD-ROM]; Dallas, Texas, Oct 5-9; Water Environment Federation: Alexandria, Virginia.

Wilson, T. E.; Ballotti, E. F. (1988) Gould Tanks, Rectangular Clarifiers that Work. Paper presented at 61st Annual Water Pollution Control Federation Conference, Dallas, Texas, Oct 3-7; Water Pollution Control Federation: Alexandria, Virginia.

Wilson, T. E.; Lee, J. S. (1982) Comparison of Final Clarifier Design Techniques. *J. Water Pollut. Control Fed.*, 54, 1376-1381.

Wuhrmann, K. (1954) High-Rate Activation Sludge Treatment and Its Relation to Sheam Sanitation. *Sew. Ind. Wastes*, 26, 1-27.

Wuhrmann, K. (1964) Nitrogen Removal in Sewage Treatment Processes. *Verhandlungenden Int. Verein Limnol.*, 15, 580.

Yoshioka, N.; Hotta, Y.; Tanaka, S.; Naito, S.; Tsugami, S. (1957) Continuous Thickening of Homogenous Flocculated Slurries. *Chem. Eng. Tokyo*(*Kagaku Kogaku*), 21, 66.

Young, J. C.; et al. (1978) Flow and Load Variations in Treatment Plant Design. *J. Environ. Eng.*, 104, 289.

Young, T.; Crosswell, S.; Wendell, J. (2008) Comparison of Nitrogen Removal Performance in SBR Systems. *Proceedings of the 81st Annual Water Environment Federation*

Exposition and Conference[CD-ROM]; Chicago, Illinois, Oct 18-22; Water Environment Federation: Alexandria, Virginia.

Yuki, Y. (1990) Design of Multi-Story Sewage Treatment Facilities in Osaka City. *Sew. Treat. Works J.*, 110.

Yu, H.; Tay, J.-H.; Wilson, F. (1997) A Sustainable Municipal Wastewater Treatment Process for Tropical and Subtropical Regions in Developing Countries. *Water Sci. Technol.*, 35(9), 191-198.

Yunt, F. W. (1980) *Results of Mixing Efficiency Tests with Norton Dome Aeration System at the LA-Glendale Treatment Plant*, Internal Rep.; Los Angeles County Sanitation District: Whittier, California.

12　推荐读物

Albertson, O. E. (1993) Carbonaceous BOD Test: More Trouble Than It's Worth? *Water Environ. Technol.*, 5(11), 16.

Albertson, O. E. (1995) Circular Secondary Sedimentation Tanks. *In Proceedings of the WERF/IAWQ Secondary Clarifier Assessment Workshop*, Dallas, Texas; Water Environment Research Federation, Alexandria, Virginia.

Albertson, O. E.; Alfonso, P. (1994) Upgrading the Maxson WWTP Clarifier Performance. *Water Environ. Technol.*, 7(3), 56.

Albertson, O. E.; Waltz, T. (1997) Optimizing Primary Clarification and Thickening. *Water Environ. Technol.*, 9(12), 41-45.

ATV (Abwassertechnische Vereiningung) (1991) *Dimensioning of Single Stage Activated Sludge Plants Upwards from* 5000 *Total Inhabitants and Population Equivalents*, ATV Rules and Standards, Wastewater-Waste, UDC 628.356: 628.32.-001.2(083), Issue No. 11/92.

Bain, R. E.; Johnson, W. S. (1988) Probing for Improved BNR, Automating Suspended Solids Control Helps a Plant Maintain Consistent Nutrient Removal. *Oper. Forum*, 15(2), 23-26.

Bassett, B. D.; et al. (1994) Oxidation Ditch Conversation to VIP Process. *Proceedings of the 67th Annual Water Environment Federation Exposition and Conference*[CD-ROM]; Chicago, Illinois, Oct 13-17; Water Environment Federation: Alexandria, Virginia.

Benefield, L. D.; Judkins, J. F., Jr.; Parr, A. D. (1984) *Treatment Plant Hydraulics for Environmental Engineers*. Prentice-Hall: Englewood Cliffs, New Jersey.

Benefield and Randall (1980) *Biological Process Design for Wastewater Treatment*. Prentice-Hall: Englewood Cliffs, N. J.

Bidstrup, S. M.; Grady, C. P. L., Jr. (1988) SSSP Simulation of Single-Sludge Processes. *J. Water Pollut. Control Fed.*, 60, 351-361.

Buchan, L. (1984) Microbiological Aspects. In*Theory, Design and Operation of Nutrient Removal Activated Sludge Process*, Water Research Commission: Pretoria, S. Africa.

Burke, T.; Hamilton, I. M.; Tomlinson, E. J. (1985) Treatment Process Management and

Control, Instrumentation and Control of Water and Wastewater Treatment and Transport Systems. *Proceedings of the 4th International Association on Water Quality (IAWPRC) Workshop*, Houston, Texas; Denver, Colorado; IWA Publishing: London, England.

Buttz, J. (1992) *Secondary Clarifier Stress Test at Laguna WWTP, Santa Rosa, California, Report*. CH2M Hill: Oakland, California.

Buttz, J. (1992) *Estimation of Current Laguna WWTP Capacity and Results of Plant Testing Program*. Memorandum from CH2M Hill to City of Santa Rosa, California.

Camp, T. R. (1936) A Study of the Rational Design of Settling Tanks. *Sew. Works J.*, 8, 742-758.

Camp, T. R. (1953) Studies of Sedimentation Basin Design. *Sew. Ind. Wastes*, 25, 1-758.

Casey, J. P.; et al. (1975) Non - Bulking Activated Sludge Process. U. S. Patent 3, 864, 246.

Cashion, B. S.; Keinath, T. M. (1983) Influence of Three Factors on Clarification in the Activated Sludge Process. *J. Water Pollut. Control Fed.*, 55, 1331-1337.

Chao, J. L.; Trussell, R. R. (1980) Hydraulic Design of Flow Distribution Channels. *J. Environ. Eng. Div.*, *Am. Soc. Civ. Eng.*, 106(EE2), 321-324. Chapman, D. T. (1983) The Influence of Process Variables on Secondary Clarification. *J. Water Pollut. Control Fed.*, 55, 1425-1434.

Chapman, D. T. (1985) Final Settler Performance During Transient Loading. *J. Water Pollut. Control Fed.*, 57, 227-234.

Cherchi, C.; Onnis-Hayden, A.; Gu, A. Z. (2008). Investigation of MicroCTM as an Alternative Carbon Source for Denitrification. *Proceedings of the 81st Annual Water Environment Federation Exposition and Conference* [CD-ROM]; Chicago, Illinois, Oct 18-22; Water Environment Federation: Alexandria, Virginia.

Albertson, O. E. (1987) Discussion of: The Control of Bulking Sludge: from the Early Innovators to Current Practice by Orris E. Albertson. *J. Water Pollut. Control Fed.*, 59, 172-182.

Chudoba, J.; et al. (1973) Control of Activated Sludge Bulking II: Selection of Micro - organisms by Means of a Selector. *Water Res.* (G. B.), 7, 1389.

Copp, J. B.; Dold, P. L.; (1998) Comparing Sludge Production under Aerobic and Anoxic Conditions. *Water Sci. Technol.*, 38(1), 285-294.

Crosby, R. M. (1983) *Clarifier Newsletter*. Crosby, Young, and Associates: Plano, Tex.

Dakers, J. L. (1985) Automation and Monitoring of Small Sewage Treatment Works.

Instrumentation and Control of Water and Wastewater Treatment and Transport Systems. *Proceedings of the 4th International Association on Water Quality (IAWPRC) Workshop*, Houston, Texas; Denver, Colorado; IWA Publishing: London, England.

Daigger, G. T.; Roper, R. E., Jr. (1985) The Relationship Between SVI and Activated Sludge Settling Characteristics. *J. Water Pollut. Control Fed.*, 57, 859-866.

Daigger, G. T.; Robbins, M. H., Jr.; Marshall, B. R. (1985) The Design of a Selector to Control Low-F_ M Filamentous Bulking. J. Water Pollut. Control Fed., 57, 220-226.

Deeny, K. J. ; et al. (1988) Evaluation of Full-Scale Activated Sludge Systems Utilizing Powdered Activated Carbon Addition with Wet Air Regeneration. Paper presented at 61st Annual Water Pollution Control Federation Conference, Dallas, Texas; Water Pollution Control Federation: Alexandria, Virginia.

Deep Shaft Technology Inc. (1988) Manufacturer's Literature. Simmons Group of Companies: Calgary, Alberta, Canada.

Dick, R. I. ; Vesilind, P. A. (1969) The Sludge Volume Index—What Is It? *J. Water Pollut. Control. Fed.*, 41, 1285.

Dittmar, D. (1987) Secondary Sedimentation Evaluation Operating Data Review. Tech. Memo. Municip. Metro. Seattle, Washington.

Dold, P. ; Takacs, I. ; Mokhayeri, Y. ; Nichols, A. ; Jinojosa, J. ; Riffat, R. ; Bailey, W. ; Murthy, S. ; (2007). Denitrification with Carbon Addition—Kinetic Considerations. *Proceedings of the WEF/IWA Nutrient Removal Specialty Conference* [CD-ROM], Baltimore, Maryland; Water Environment Federation: Alexandria, Virginia.

Duncan, D. (2000) Plant Automates Sludge Measurement in Clarifier. *WaterWorld*, 16(2), 34-36.

Eikelbloom, D. H. (1977) Identification of Filamentous Organisms in Bulking Sludge. *Process Water Technol.*, 8, 153.

Eikelbloom, D. H. (1982) Biosorption and Prevention of Bulking Sludge by Means of a High Floc Loading. In*Bulking of Activated Sludge: Preventative and Remedial Methods*, Chambers, B. ; Tomlinson, E. J. , Eds. ; Horwood Ltd. : Chichester, England.

Eikelboom, D. H. ; van Buijsen, H. J. J. (1981) *Microscopic Sludge Investigation Manual.* TNO Res. Inst. Environ. Hyg. : Netherlands.

Ekama G. A. ; Marais, G. V. R. (1986) Sludge Settleability and Secondary Settling Tank Design Procedures. *Water Pollut. Control*, 85(11), 101.

Ekama, G. A. ; et al. (1996) *Theory, Modelling Design and Operation of Secondary Settling Tanks*, Sci. Tech. Rep. Ser. ; International Association of Water Quality: London.

Esler, J. K. (1984) Optimizing Clarifier Performance. Paper Presented at 61st Annual Water Pollution Control Federation Conference, New Orleans, Louisiana; Water Pollution Control Federation: Washington, D. C. .

Franklin, R. J. (2001) Full-Scale Experiences with Anaerobic Treatment of Industrial Wastewater. *Water Sci. Technol.*, 44(8), 1-6.

Garrett, M. T. ; Jr. (2007) How to Avoid a Solids Washout in an Activated Sludge Plant. *Proceedings 10th International Water Association Specialised Conference, Design, Operation and Economics of Large Wastewater Treatment Plants*, Vienna, Austria, Sept. Gaudy, A. F. ; Gaudy, E. T. (1980) *Microbiology for Environmental Scientists and Engineers.* McGraw-Hill: New York.

Gould, R. H. (1943) Final Settling Tanks of Novel Design. *Water Work Sew.*, 90, 133-136.

Gould, R. H. (1950) Wards Island Plant Capacity Increased By Structural Changes. *Sew. Ind.*

Wastes, 22, 997-1003.

Gujer, W.; Henze, M. (1991) Activated Sludge Modelling and Simulation. *Water Sci. Technol.*, 23, 1011.

Gujer, W.; Larsen, T. A. (1995) The Implementation of Biokinetics and Conservation Principles in ASIM. *Water Sci. Technol.*, 31(2), 257.

Hale, F. D.; Garver, S. R. (1983) Viscous Bulking of Activated Sludge. Paper presented at 61st Annual Water Pollution Control Federation Conference, Atlanta, Georgia; Water Pollution Control Federation: Washington, D. C.

Harleman, D.; Murcott, S. (2001a). An Innovative Approach to Urban Wastewater Treatment in the Developing World. *Water*21, June, 44.

Harleman D.; Murcott, S. (2001b). CEPT: Challenging the Status Quo. *Water*21, June, 57.

Henze, M.; Grady, Jr.; C. P. L.; Gujer, W.; Marais, G. V. R.; and Matsuo, T. (1987) Model for the Single-Sludge Wastewater Treatment. *Water Res.* (G. B.), 21, 505.

Henze, M.; Gujer, W.; Mino, T.; Matsuo, T.; Wentzel, M. C.; and Marias, G. V. R. (1995a) *Activated Sludge Model No.* 2., Sci. Tech. Rep. No. 3; International Association of Water Quality: London, England.

Henze, M.; Gujer, W.; Mino, T.; Matsuo, T.; Wentzel, M. C.; and Marias, G. V. R. (1995b) Wastewater and Biomass Characterization for the Activated Sludge Model No. 2: Biological Phosphorus Removal. *Water Sci. Technol.*, 31(2), 13.

IAWPRC Task Group on Mathematical Modelling for Design and Operation of Biological Wastewater Treatment Processes (1995) *Activated Sludge Model No.* 2, Sci. Tech. Rep. No. 3; International Association of Water Quality: London, England.

Jimenez, J. A.; Parker, D. S.; Bratby, J. R.; Schuler, P. F.; Campanella, K. V. and Freedman, S. D. (2005) In the Absence of the Blending Policy: A Novel High Rate Biological Treatment Process. *Proceedings of the 78th Annual Water Environment Federation Exposition and Conference* [CD-ROM]; Washington, D. C., Oct 29-Nov 2; Water Environment Federation: Alexandria, Virginia.

Jenkins, D. (1988) *Selectors—Bulking Control Effective Contemporary Wastewater Treatment Processes.* Workshop note, Dep. Eng. Prof. Develop.; University Wisconsin, Madison, Wisconsin.

Kato, M. T.; Field, J. A.; Lettinga, G. (1997) The Anaerobic Treatment of Low Strength Wastewater in UASB and EGSB Reactors. *Water Sci. Technol.*, 36(6-7), 375-382.

Keinath, T. M. (1976) *Design and Operational Criteria for Thickening of Biological Sludges*, NTIS No. PB-262 967; Springfield, Virginia.

Keller, J.; Schultze, M.; Wagner, D. (2001) Lawrence Kansas: Detailed Design Issues for a Ballasted Flocculation System. *Proceedings of the 74th Annual Water Environment Federation Exposition and Conference* [CD-ROM]; Atlanta, Georgia, Oct 13-17; Water Environment Federation: Alexandria, Virginia.

Kelly, K. F.; O'Brien, D. P.; McConnell, W.; Morris, J. (1995) Two-Tray Clarifiers Yield Positive Results. *Water Environ. Technol.*, 7(12), 35.

Kluitenberg, E. H. ; Cantrell, C. (1994) *Percent Treated Analysis of Demonstration Combined Sewer Overflow Control Facilities Technical Memorandum*, RPO-MOD-TM17. 00; Rouge River National Wet Weather Demonstration Project: Wayne County, Michigan.

Krauth, K. H. (1993) Abwassertechnik. Vorlesungskript. University of Stuttgart: Germany.

Lee, S. E. ; et al. (1982) The Effect of Aeration Basin Configuration on Activated Sludge Bulking at Low Organic Loadings. *Water Sci. Technol.*, 14, 407.

Lettinga, G. ; Hulshoff Pol, W. (1991) UASB - Process Designs for Various Types of Wastewaters. *Water Sci. Technol.*, 24(8), 87-107.

Lettinga, G. ; Rebac, S. ; Zeeman, G. (2001) Challenge of Psychrophilic Anaerobic Wastewater Treatment. *TRENDS Biotechnol.*, 19(9), 363-370.

Lutge, T. V. (1969) Hydraulic Control Utilizing Submerged Effluent Collectors. *J. Water Pollut. Control Fed.*, 41, 1451-1455.

Lynggaard-Jensen, A. ; Harremöes, P. (1996) Sensors in Wastewater Technology. *Water Sci. Technol.*, 33, 1.

McCarty, P. L. (1975) Stoichiometry of Biological Reactions. *Prog. Water Technol.*, 7, 157.

Manning, William T. ; Jr. ; Garrett, M. T., Jr. ; Malina, J. F., Jr. (1999) Sludge Blanket Response to Storm Surge in an Activated Sludge Clarifier. *Water Environ. Res.*, 71, 432-442.

Marais, G. V. R. ; Ekama, G. A. (1984) *Theory, Design and Operation of Nutrient Removal Activated Sludge Processes*. Water Research Commission: South Africa.

McClintock, S. A. ; Randall, C. W. ; Pattarkine, V. M. (1993) Effects of Temperature and Mean Cell Residence Time on Biological Nutrient Removal Processes. *Water Environ. Res.*, 65, 110-118.

McHugh, S. ; O'Reilly, C. ; Mahoney, T. ; Colleran, E. ; O'Flaherty, V. (2003) Anaerobic Granular Sludge Bioreactor Technology. *Rev. Environ. Sci. Bio/Technol.*, 2, 225-245.

McKinney, R. E. (1971) Newsletter of Environmental Pollution Control Services, Inc: Lawrence, Kansas.

Mokhayeri, Y. ; Nichols, A. ; Murthy, S. ; Riffat, R. ; Dold, P. ; Takacs, I. (2006) Examining the Influence of Substrates and Temperature on Maximum Specific Growth Rate or Denitrifiers. *Water Sci. Technol.*, 54(8), 155-162.

Morton, R. ; Henry, B. ; Kriebel, S. (2000) Using Shotcrete for Repair of Concrete Structures in a High-Purity Oxygen Activated Sludge System. *Proceedings of the 73rd Annual Water Environment Federation Technical Exposition and Conference* [CD-ROM], Anaheim, California, October 14-18; Water Environment Federation: Alexandria, Virginia.

Mulbarger, M. C. ; Zacharias, K. L. ; Nazir, F. ; Patrick, D. (1985) Activated Sludge Reactor/Final Clarifier Linkages: Success Demands Fundamental Understanding. *J. Water Pollut. Control Fed.*, 57, 921-928.

Namkung, E. ; Rittmann, B. E. (1987) Estimating Volatile Organic Compound Emissions from Publicly Owned Treatment Works. *J. Water Pollut. Control Fed.*, 59, 670-678.

Narayanan, B. ; Hough, S. G. (2004) Taking the "Waste" Out of Waste Activated Sludge-

New Process Configuration Uses Waste Activated Sludge to Treat Wastewater More Efficiently. *Proceedings of the 77th Annual Water Environment Federation Technical Exposition and Conference* [CD-ROM]; New Orleans, Louisiana, Oct 9-13; Water Environment Federation: Alexandria, Virginia.

Nichols, A. J.; Jinojosa, J.; Riffat, R.; Dold, P.; Takacs, I.; Bott, C.; Bailey, W.; Murthy, S. (2007). Maximum Methanol-Utilizer Growth Rate: Impact of Temperature on Denitrification. *Proceedings of the 80th Annual Water Environment Federation Exposition and Conference* [CD-ROM]; San Diego, California, Oct 10-13; Water Environment Federation: Alexandria, Virginia.

Oliveira, S. C.; von Sperling, M. (2008) Performance and reliability of post-treatment options for the anaerobic treatment of domestic wastewater. *Proceedings IX Latin American Workshop and Symposium on Anaerobic Digestion*, Easter Island, Chile; Oct 19-23.

Oliveira, S. C.; von Sperling, M. (2008) Reliability Analysis of Wastewater Treatment Plants. *Water Res.*, 42, 1182-1194.

Parker, D. S.; Kaufman, W. J.; Jenkins, D. (1970) *Characteristics of Biological Flocs in Turbulent Regimes*. SERI Report No. 70-5; University of California: Berkeley, California.

Parker, D. S.; Barnard, J.; Daigger, G. T.; Tekippe, R. J.; Wahlberg, E. J. (2001) The Future of Chemically Enhanced Primary Treatment: Evolution not Revolution. *Water*21, June, 49.

Parker, D. S.; Esquer, M.; Hetherington, M.; Malik, A.; Robison, D.; Wahlberg, E. J.; Wang, J. K. (2000) Assessment and Optimization of a Chemically Enhanced Primary Treatment System. *Proceedings of the 73rd Annual Water Environment Federation Technical Exposition and Conference* [CD-ROM], Anaheim, California, October 14-18; Water Environment Federation: Alexandria, Virginia.

Pettit, M.; Gary, D.; Morton, R.; Friess, P.; Caballero, R. (1997) Operation of a High-Purity Oxygen Activated Sludge Plant Employing and Anaerobic Selector and Carbon Dioxide Stripping. *Proceedings of the 70th Annual Water Environment Federation Exposition and Conference* [CD-ROM]; Chicago, Illinois, Oct 18-22; Water Environment Federation: Alexandria, Virginia.

Pike, E. B.; Curds, C. R. (1972) The Microbial Ecology of the Activated Sludge Process. In Microbial Aspects of Pollution, Sykes, G.; Skinner, F. A., Eds.; John Wiley and Sons, Inc.: New York.

Popel, F.; Weidner, J. (1963) Ueber einige Einflusse auf die Klarwirkung bon Absetzbecken. *GWF-Wasser/Abwasser*, 104(28), 796-803.

Rich, L. G. (1974) *Unit Operations of Sanitary Engineering*. Clemson University: South Carolina.

Riddell, M. D. R.; Lee, J. S.; Wilson, T. E. (1983) Method for Estimating the Capacity of an Activated Sludge Plant. *J. Water Pollut. Control Fed.*, 55, 360-368.

Roberts, P. V.; Munz, C.; Dandliker, P. (1984a) Modeling Volatile Organic Solute Removal by Surface and Bubble Aeration. *J. Water Pollut. Control Fed.*, 56, 157-163.

Roberts, P. V.; et al. (1984b) *Volatilization of Organic Pollutants in Wastewater Treatment: Model Studies*, EPA-600/2-84-047; U. S. Environmental Protection Agency: Cincinnati, Ohio.

Rusten, B.; Hem, L.; Odegaard, H. (1995a) Nitrification of Municipal Wastewater in Moving-Bed Biofilm Reactors. *Water Environ. Res.*, 67, 75-86.

Rusten, B.; Hem, L. J.; Odegaard, H. (1995b) Nitrogen Removal from Dilute Wastewater in Cold Climate Using Moving-Bed Biofilm Reactors. *Water Environ. Res.*, 67, 65-74.

Rusten, B.; Kolkinn, O.; Odegaard, H. (1997) Moving-Bed Biofilm Reactors and Chemical Precipitation for High Efficiency Treatment of Wastewater from Small Communities. *Water Sci. Technol.*, 35(6), 71.

Rusten, B.; Siljudalen, J. G.; Bungun, S. (1995) Moving-Bed Biofilm Reactors for Nitrogen Removal: From Initial Pilot Testing to Start-Up of the Lillehammer WWTP. *Proceedings of the 68th Annual Water Environment Federation Technical Exposition and Conference*[CDROM]; Miami Beach, Florida, Oct 21-25; Water Environment Federation: Alexandria, Virginia.

Rusten, B.; Siljudalen, J. G.; Nordeidet, B. (1994) Upgrading to Nitrogen Removal with the KMT Moving-Bed Biofilm Process. *Water Sci. Technol.*, 29(12), 185.

Samstag, R. W. (1988) *Studies in Activated Sludge Sedimentation at Metro: Final Report*, In-house Rep.; Municip. Metro. Seattle, Washington.

Seghezzo, L.; Zeeman, G.; van Lier, J. B.; Hamelers, H. V. M.; Lettinga, G. (1998) A Review: the Anaerobic Treatment of Sewage in UASB and EGSB Reactors. *Biores. Technol.*, 65 (1998), 175-190.

Shao, Y. J.; Jenkins, D. L.. (1997) Polymer Addition as a Solution to Nocardia Foaming Problems. *Water Environ. Res.*, 69, 25-27.

Sizcka, J.; Sandino, J.; Onderko, R.; Sigmund, T. (2007) Biologically and Chemically Enhanced Clarification for Improved Treatment of Wet-Weather Flows. *Proceedings of the 80th Annual Water Environment Federation Exposition and Conference*[CD-ROM]; San Diego, California, Oct 10-13; Water Environment Federation: Alexandria, Virginia.

Stephenson, T.; Judd, S.; Jefferson, B. and Brindle, K. (2000) *Membrane Bioreactors for Wastewater Treatment*. IWA Publishing: London, England.

Tekippe, R. J. (1986) *Critical Literature Review and Research Needed on Activated Sludge Secondary Clarifiers*, report prepared for Municipal Environmental Research Laboratory; Office of Research and Development; U. S. Environmental Protection Agency: Washington, D. C.

Torpey, W. N. (1948) Practical Results of Step Aeration. *Sew. Works J.*, 20, 781-788.

Tomlinson, E. J.; Chambers, B. (1979) Methods for Prevention of Bulking in Activated Sludge. *Water Pollut. Control*, 78, 524.

Treybal, R. E. (1968) *Mass Transfer Operations*. McGraw-Hill: New York.

U. S. Army Corps of Engineers (1976) HEC L7520, Generalized Computer Program, Storage, Treatment, Overflow, Runoff Model "STORM" Users Manual; Davis, California.

U. S. Environmental Protection Agency (1977) *Small Community Wastewater Treatment Facilities: Biological Treatment Systems*, EPA Technol. Transfer; U. S. Environmental Protection Agency: Washington, D. C.

U. S. Environmental Protection Agency (1978) *A Comparison of Oxidation Ditch Plants to Competing Processes for Secondary and Advanced Treatment of Municipal Wastes*, EPA-600/2-78-051; U. S. Environmental Protection Agency: Washington, D. C.

U. S. Environmental Protection Agency (1979) *Inspector's Guide: To Be Used in the Evaluation of Municipal Wastewater Treatment Plants*. U. S. Environmental Protection Agency: Washington, D. C.

U. S. Environmental Protection Agency (1980) *Estimate of Effluent Limitations to be Expected from Properly Operated and Maintained Treatment Works*. U. S. Environmental Protection Agency, Office Water Program Operations: Washington, D. C.

U. S. Environmental Protection Agency (1981) *Performance of Activated Sludge Processes: Reliability, Stability, Variability*, EPA-6500/2-81-227; U. S. Environmental Protection Agency: Washington, D. C.

U. S. Environmental Protection Agency (1982) *Technology Assessment of the Deep Shaft Biological Reactor*, EPA-600/2-82-002; U. S. Environmental Protection Agency: Washington, D. C.

U. S. Environmental Protection Agency (1983a) *Design Manual for Municipal Wastewater Stabilization Ponds*, EPA-625/1-83-015; U. S. Environmental Protection Agency: Cincinnati, Ohio.

U. S. Environmental Protection Agency (1984a) *Needs Survey*. U. S. Environmental Protection Agency: Washington, D. C.

U. S. Environmental Protection Agency (1984b) *Technical Support Document for Proposed Regulations Under Section 304 (d) (4) of the Clean Water Act, as Amended*, PB-85-111397; U. S. Environmental Protection Agency, Office Water Program Operations: Washington, D. C.

U. S. Environmental Protection Agency (1986a) *A Perspective on Performance Variability in Municipal Wastewater Treatment Facilities*, EPA-600/D-86-064; U. S. Environmental Protection Agency: Washington, D. C.

U. S. Environmental Protection Agency (1986b) *Summary Report, Sequencing Batch Reactors*, EPA-625/8-86-011; Technol. Transfer; U. S. Environmental Protection Agency: Washington, D. C.

U. S. Environmental Protection Agency (1987a) *Analysis of Full-Scale SBR Operation at Grundy Center, Iowa*, EPA-600/J-87-065; U. S. Environmental Protection Agency: Washington, D. C.

U. S. Environmental Protection Agency (1987b) *Post Construction Performance of Schreiber Counter-Current Aeration Facilities*, EPA-600/2-87-089; U. S. Environmental Protection Agency: Washington, D. C.

U. S. Environmental Protection Agency (1988a) *Status of Oxygen-Activated Sludge Wastewater Treatment*, EPA Technol. Transfer; U. S. Environmental Protection Agency: Washington, D. C.

U. S. Environmental Protection Agency (1988b) *Toxicity Reduction Evaluation Protocol for Municipal Wastewater Treatment Plants*, EPA-600/2-88-062; U. S. Environmental Protection Agency: Washington, D. C.

U. S. Environmental Protection Agency (1990) *Biolac™ Technology Evaluation*, EPA-430/09-90-014; U. S. Environmental Protection Agency: Washington, D. C.

U. S. Environmental Protection Agency (1990a) *A Preliminary Assessment of High Biomass Systems*, EPA-600/9-90-036; U. S. Environmental Protection Agency: Washington, D. C.

U. S. Environmental Protection Agency(1990b) *Assessment of the Biolac™ Technology*, EPA-430/09-90-013. U. S. Environmental Protection Agency: Washington, D. C.

U. S. Environmental Protection Agency(1990d) *Captor Study of Moundsville/Glendale Municipal Wastewater Treatment Works*. Proc. U. S. EPA Municipal Wastewater Treatment Technology Forum. EPA-430/09-90-014. U. S. Environmental Protection Agency: Washington D. C.

U. S. Environmental Protection Agency (1992a) *Evaluation of Oxidation Ditches for Nutrient Removal*, EPA-832/R-92-003; U. S. Environmental Protection Agency: Washington, D. C.

U. S. Environmental Protection Agency (1992b) *Technical Evaluation of the Vertical Loop Reactors Process Technology*, EPA - 832/R - 92 - 007. U. S. Environmental Protection Agency: Washington, D. C.

U. S. Environmental Protection Agency (1993) *Nitrogen Control*, EPA - 625/R - 93 - 010; U. S. Environmental Protection Agency: Washington, D. C.

U. S. Environmental Protection Agency (1996) *Needs Survey*. U. S. Environmental Protection Agency: Washington, D. C.

U. S. Environmental Protection Agency(1997) 1996 *Clean Water Needs Survey Report to Congress*, EPA - 832/R - 97 - 003; U. S. Environmental Protection Agency, Office Water: Washington, D. C.

Van den Eynde, E.; et al. (1982) Relation Between Substrate Feeding Pattern and Development of Filamentous Bacteria in Activated Sludge. In*Bulking of Activated Sludge*: *Preventive and Remedial Methods*, Chambers, B.; Tomlinson, E. J., Eds.; Horwood Ltd.: Chichester, England.

Van der Roest, H. F.; Lawrence, D. P.; van Bentem, A. G. N. (2002) *Membrane Bioreactors for Municipal Wastewater Treatment*, *STOWA*; IWA Publishing: London, England.

van Niekerk, A. M. (1986) Competitive Growth of Flocculant and Filamentous Micro-organisms in Activated Sludge. Ph. D. thesis, University of California, Berkeley, California.

Wahlberg, E. J.; Merrill, D. T.; Parker, D. S. (1995) Troubleshooting Activated Sludge Secondary Clarifier Performance using Simple Diagnostic Tests. *Proceedings of the 68th Annual Water Environment Federation Technical Exposition and Conference* [CDROM]; Miami Beach, Florida, Oct 21-25; Water Environment Federation: Alexandria, Virginia.

Water Environment Federation(1997) *Automated Process Control Strategies*, Special Publication; Water Environment Federation: Alexandria, Virginia

Weber, W. J.; Jr. (1972) *Physiochemical Processes for Water Quality Control*. John Wiley and Sons, New York.

Wheeler, M. L.; et al. (1984) The Use of a Selector for Bulking Control at the Hamilton, Ohio, U. S.; Water Pollution Control Facility. *Water Sci. Technol.*, 16, 35.

White, M. J. D. (1975) *Settling of Activated Sludge*, Technical Report TR11; Water Research Centre: Stevenage, United Kingdom.

White, M. J. D. (1976) Design and Control of Secondary Settling Tanks. *Water Pollut. Control.*, 75(4), 459.

Wilson, T. E.; et al. (1984) Operating Experiences at Low Solids Retention Time. *Water Sci. Technol.*, 16, 661.

第 15 章　集成生物处理

1 集成生物处理的简介

1.1 前言

集成生物处理的工艺过程被称为双级的、串联的、双重的、或耦合工艺过程。然而，在本手册中，集成生物处理这个术语将用于表示(1)至少一反应器是固定生物膜反应器的两个不同反应器的传统串联耦合和(2)集成的固定生物膜活性污泥(IFAS)。

大部分用来描述集成生物处理工艺过程的术语，都涵盖于本手册介绍的各个母工艺的部分中。第13章“生物膜反应器技术和设计”和第14章“悬浮生长的生物处理”，都是常见术语的描述。对于集成生物处理工艺过程常用的缩略语如表15.1所列。

表15.1 集成生物处理工艺过程中使用的常见缩略语

工艺过程名称	缩略语
母(单级)工艺过程	
活性污泥	AS
生物滤池	BF
粗滤器	RF
选择器	S
固体接触	SC
固体再曝气	SR
固体接触和再曝气	SCR
集成(双级)生物处理工艺过程	
活性生物滤池	ABF
生物滤池/活性污泥	BF/AS
集成固定膜活性污泥	IFAS
粗过滤器/活性污泥	RF/AS
滴滤池/活性污泥	TF/AS
滴滤池/固体接触	TF/SC
具有除磷的IBT	
选择器/活性生物滤池	SABF
滴滤池/具有选择器的固体接触	TF/SCS

1.2 集成系统的工艺目标

传统的集成生物处理(IBT)系统使用了与悬浮生长生物反应器(第二级)串联的固定生物膜反应器(第一级)。固定生物膜反应器通常由生物塔构成。而悬浮增长反应器通常是曝气池或小接触渠道。这种组合产生了具有独特设计参数的双级耦合单元工艺过程，所具有的处理效率容量往往超过那些单一母系统。IFAS系统将固定生物膜和悬浮生长组合到同一反应器处理池中。

设计师广泛使用一体化工艺过程，特别是用于弥补系统的缺陷。例如，固定生物膜工艺过程以负荷冲击耐受性、容积效率、低能源需求和维护要求低著称。另一方面，悬浮生长的生物处理过程以其生产高品质的出水和在各种处理模式下运行而实现各种出水水质目标著称。另一个优点是固定生物膜作为生物选择器的作用，提高了活性污泥的沉降特性。

通过将这两种工艺过程进行组合，设计师们充分利用了各个母(单级)工艺过程的优点。污水处理厂升级时，滴滤池或活性污泥工艺过程通过结合到一起产生 IBT 系统，但是许多新污水处理厂都已经使用了这种组合的系统(Parker and Richards，1994)。

固定生物膜主要去除可溶性的五天生化需氧量($sBOD_5$)。活性污泥(悬浮生长)工艺过程能够提供多种功能，包括改善澄清的絮凝作用、去除残留 $sBOD_5$、硝化、脱氮和除磷，而满足高级污水处理(AWT)要求。

虽然每一个工艺过程能够单独设计，但是这些工艺过程必须视为集成系统，而进行相应的开发。去除可生物降解的有机物促进了固定生物膜的设计。然而，悬浮生长则是依据固定生物膜工艺过程中去除的可生物降解的有机物质量进行设计，并建立了絮凝作用所必需的条件。某种程度的絮凝作用将会在固定生物膜中发生；悬浮生长工艺过程必须经过大小尺寸确定才能完成剩余的絮凝工作。通常情况下，固定生物膜有机负荷越高，则意味着需要发生的有机稳定化作用和絮凝作用就越高。

本章并不重复各种已经描述的处理工艺过程—附生(生物膜)处理和悬浮生长生物处理—的设计准则。在本节中重点讲述独立于本手册中其他地方介绍的各个或母工艺过程之外的具体描述，尺寸选择或设计考虑因素。

2　一体化集成生物处理系统的综述

2.1　集成生物处理过程的构造设计结构

许多处理工艺过程序列的组合都是可能的，这取决于所使用的母工艺过程类型，处理单元的负荷，以及生物或再循环固体重新引入到主体液流的位置(Harrison et al.，1984)。传统的集成生物工艺过程分为两类：具有低至中等有机负荷而适用于固定膜反应器的工艺过程和具有高(粗)有机负荷的工艺过程。

这些工艺过程还能够依据从悬浮生长阶段返流的混合液体进行分类。这些工艺过程的示意图如图 15.1 所示，该图图示说明了各种常见的返流二级污泥，或重新曝气的替代方法，并包括由设计师用来区分工艺过程模式的术语。虽然 IFAS 具体地并不一定如图 15.1 所示，但是固定膜和悬浮生长二者都会类似于图中所示而出现在一个反应器中。

2.1.1　滴滤池固体接触

滴滤池固体接触(TF/SC)工艺过程使用了具有低至中等有机负荷的滴滤池，紧接其后采用具有通过絮凝和额外有机物去除精制滴滤池出水的二级澄清池的小曝气固体接触池或渠道(Norris et al.，1982)。由于大多数有机底物在滴滤池中就被去除，则曝气固体接触池或渠道这能够几乎没有丝状微生物生长，因此，TF / SC 絮凝体比传统的活性污泥絮凝体更加脆弱。为此之由，絮凝体澄清池通常与 TF/SC 工艺过程一起使用。

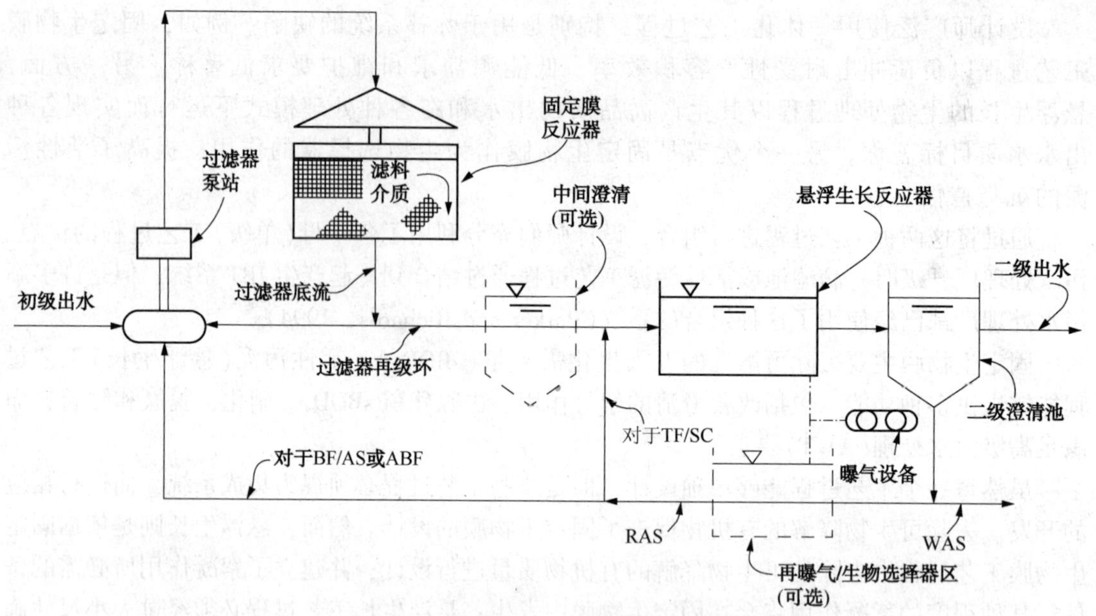

图 15.1 组合工艺过程的流程示意图

（BF=生物滤池；RAS =返流活性污泥；和 WAS =废弃活性污泥）

通过将滴滤池与固体接触池或渠道相结合，滴滤池反应器的尺寸会小于单独使用时的尺寸(Parker and Matasci，1989)。尺寸降低的幅度将取决于具体的应用和出水要求。

传统的 TF/SC 并不包括固体接触池或渠道之前的返流固体重新曝气。然而，据观察，固体接触池之前重新曝气返流污泥能够增强生物絮凝作用，并使之能够使用更小的处理池或渠道。当使用固体重新曝气和固体接触时，可以使用缩略语 TF/SCR。

TF/SC 工艺过程的一个明显优点是因为对滴滤池去除绝大多数 $sBOD_5$ 的依赖程度相对较高，而悬浮生长的功耗要求低。另一个优点是能够通过使用返流活性污泥(RAS)作为生物絮凝剂，而经过精制固定生长生物膜的出水、以升级现有的岩石滴滤池(Krumsick et al.，1984；Matasci et al.，1988)。

2.1.2 粗滤器活性污泥

升级现有活性污泥污水处理厂的常用方法是在活性污泥工艺过程之前安装粗过滤器。

正如图 15.2 所示，TF/SC 和 RF/AS 都具有相同的工艺过程流程示意图。然而，与 RF/AS 一样，使用了小得多的滴滤池，而使悬浮生长的生物反应器必须较大，才能提供 $sBOD_5$ 去除和生物质稳定化作用的大量氧。这不同于滴滤池较大而提供了几乎所有的 $sBOD_5$ 去除，从而使固体接触渠道或处理池更小的 TF/SC 工艺过程，同时这还提供固体絮凝和出水澄清度的增强作用。因为一些 $sBOD_5$ 留给活性污泥池中进行代谢，则丝状菌生长通常采用 RF/AS 工艺过程就足以产生更加稳定的絮凝体。

现有处理单元的利用度，会影响资本和运营费用之间的平衡，通常会有助于确定使用 TF/SC 或 RF/AS 工艺过程是否属于最佳。在负荷降低期间，RF/AS 设施能够作为 TF/SC 运行，从而使得使用的悬浮生长生物反应器容积更小而曝气更少。

RF/ AS 和 TF/ SC 工艺过程典型的负荷率范围将在第 3 节中进行介绍。

2.1.3　活性生物滤池

图 15.2 举例说明了活性生物滤池(ABF)工艺过程的示意图。ABF 采用生物膜反应器处理低至中等有机负荷；最后的澄清池紧随其后，其间没有悬浮生长的生物反应器。

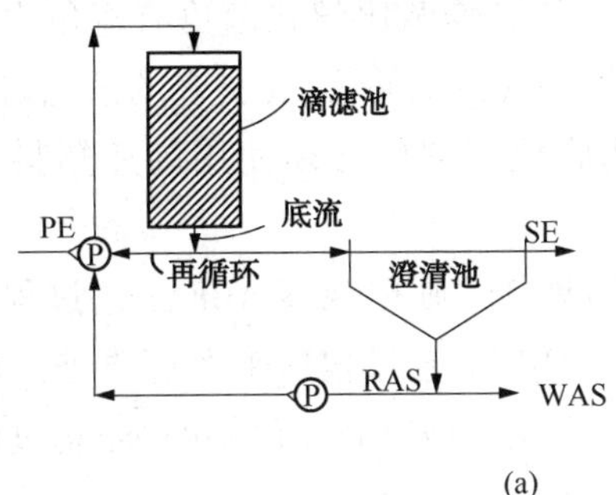

(a)

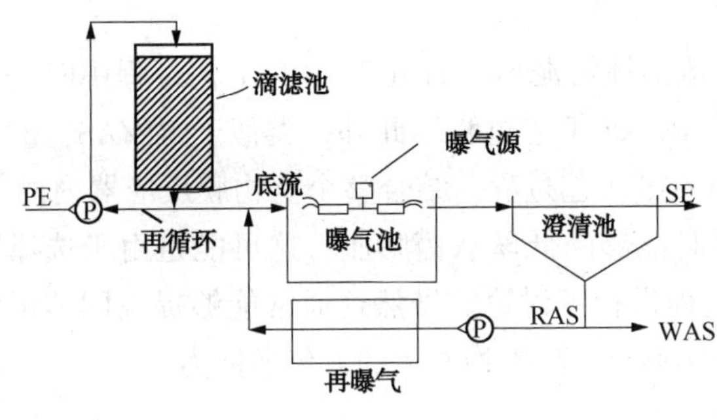

(b)

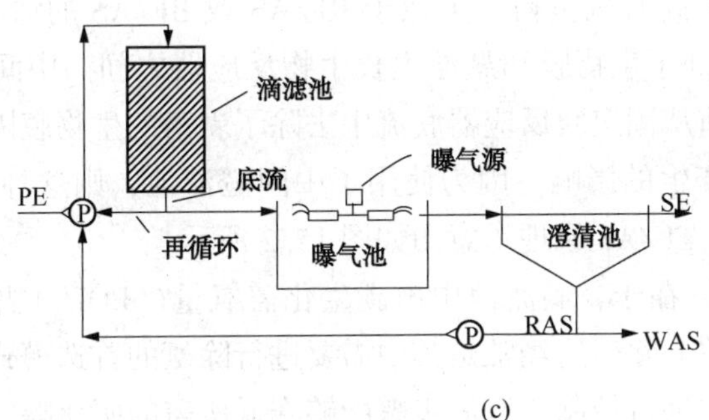

(c)

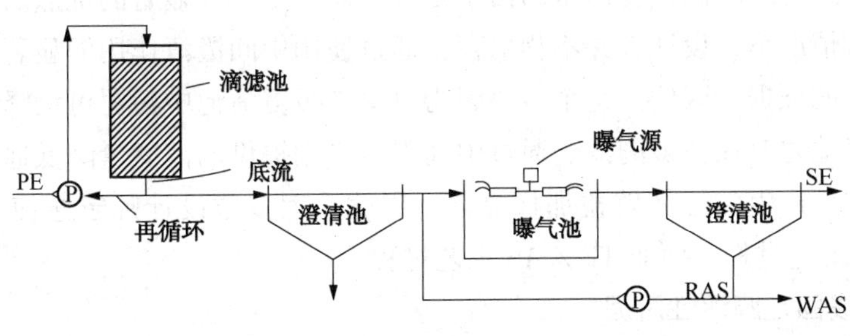

(d)

图 15.2　组合工艺过程的运行

(a)活性生物滤池；(b)滴滤池固体接触和粗过滤器-活性污泥；(c)生物滤池-活性污泥；(d)滴滤池-活性污泥（PE = 初级出水 和 SE =二级出水）

不同于传统的滴滤操作，返流污泥引入初级出水而在整个生物膜介质内再循环。因此，悬浮生长接触随着污泥返流而实现，初级出水经过混合而穿过过生物膜反应器。采用 ABF 工艺过程通常能够改善固体可沉降性。为什么 ABF 会产生低污泥容积指数(SVIs)的理论是，高食物-微生物比(F：M)和过滤池活塞流使异养菌比丝状菌更有竞争力，这类似于采用选择器(好氧、缺氧和厌氧)和纯氧活性污泥法观察到的情况(更多的信息请参阅第 14 章)。由于返流污泥引入初级出水，在 ABF 生物膜反应器中必须使用高速塑料或红木介质而不是岩石。

如果在生物膜反应器之后不使用短期曝气，则据观察 ABF 工艺过程在寒冷的气候条件下性能不佳。因此，为了克服这些问题，ABF 工艺过程后来经过改进，在 ABF 塔下游增加了相对较小的曝气池。这种一体化集成构造结构设计就是已知的“生物过滤器活性污泥(BF/AS)工艺过程”(Harrison and Timpany，1988)。

2.1.4 生物滤器活性污泥

BF/AS 工艺过程，除了返流活性污泥(RAS)处于 ABF 工艺过程中时在整个生物膜反应器中进行再循环之外，类似于 RF/AS 工艺过程。此外，类似于 RF/AS，BF/AS 工艺过程设计适用于高有机负荷。采用 BF/AS 工艺过程，结合整个生物膜反应器内的 RAS 再循环，尤其是对于食品加工废弃物，有时能够降低丝状菌膨胀。这可能是由于选择器影响作用的结果，这在前面结合 ABF 工艺过程进行了讨论。虽然这通常能够提高固体可沉降性，但是污泥在整个生物膜内再循环可能并不会提高生物滤池的氧传递能力。

2.1.5 滴滤池活性污泥

TF/AS 工艺过程设计应用于高有机负荷，类似于 RF/AS 或 BF/AS 的情况。然而，TF/AS 的独特特点在于中间澄清池处于生物膜和悬浮生长生物反应器之间。中间澄清池在固定膜出水进入悬浮生长反应器之前从固定膜反应器底流中去除了剥落的生物膜固体，降低了这些固体可能对悬浮生长动力学产生的影响。因为使用了中间澄清池，则这种 TF/AS 工艺过程并非是一种直接耦合的系统。TF/AS 原理示意图如图 15.2 所示。

TF /AS 集成工艺过程的益处在于，滴滤池中由碳生化需氧量($cBOD_5$)去除产生的固体能够在二级活性污泥处理之前被去除。这经常是其中需要进行除氨的首选模式。这个工艺过程的第二级设计成由硝化微生物进行控制。澄清步骤能够降低所需的硝化曝气量，这对于较大型污水处理厂或处理较高强度污水的污水处理厂而言是一个显著的优点。

然而，通常情况下，设计者并不相信存在通过使用中间澄清作用而显著降低需氧量或改善固体可沉降性的证据。因此，这个步骤因为改善二级澄清池中污泥可沉降性，而在滴滤池直接废弃至曝气池之时往往被淘汰。通过中间澄清作用提供的需氧量降低通常认为不如通过消除中间澄清作用产生的经济效益那样显著。因此，大多数设计师宁愿使用 RF/ AS，BF/AS，或 TF/ SC 工艺过程，而非 TF / AS 工艺过程。

2.1.6 集成固定膜活性污泥

IFAS 通过将附生和悬浮生长环境结合至一个生物反应器系统中而进一步一体化地集成了工艺过程。因为 IFAS 构造结构和设计的独特性，本章中以后内容将会更加详细地进行介绍。

3 传统集成生物处理系统的设计

3.1 设计考虑因素

传统的集成工艺过程的设计考虑因素类似于那些母工艺过程。设计者应该审查合适的母工艺过程和一体化集成的具体设计考虑因素。

集成生物工艺过程的设计是两个生物处理反应器之间的平衡；无论是固定膜还是悬浮生长工艺过程都不能单独确定其尺寸大小。良好的设计，包括总集成设施的考虑因素，这些考虑因素包括所有单元，尤其是二级澄清池之间的相互作用和关系(Harrison and Timpany，1988)。以下描述的几个系统因素在采用组合工艺过程时是值得考虑的。

3.1.1 初级处理

初级固体的数量和特性，可能会影响设计。有研究表明，初级出水中无论是悬浮固体数量还是固体悬浮物的性质，都可能显著影响集成工艺过程的性能和固体产量(Matasci et al.，1986；Newbry et al.，1988)。根据第一级工艺过程中所用的过滤介质类型不同，这种影响作用也将会有所不同。岩石过滤介质(滤料)相对于其他滤料类型具有小空隙。

因此，初级出水中悬浮固体的影响作用会因为进入固体保留时间更长而最小化。添加的固体在岩石滤料中提供的停留，可能会促进厌氧消化而导致总固体降低。初级出水中固体数量和特性也能够影响沉降特性和固体产量。

3.1.2 固体产量

集成工艺过程的固体生产部分依赖于附生生长单元中所用的介质类型。如果设计涉及现有岩石滴滤池的改建，则生物产生的固体量取决于所应用的有机和水力学负荷。对于岩石介质，产生的固体(观察到的产量)通常范围为0.4~0.7kg的总悬浮固体(TSS)/kg BOD_5(kg产生的固体/kg初级出水BOD_5)。如果使用塑料或红木介质滤料，固体消化的量和有效的固体停留时间(SRT)将会降低。这是因为固体停留时间小于使用岩石滤料的停留时间所致，这导致整个系统产量变高。采用合成介质滤料的固体产量范围常常为0.8~1.0kg TSS/kgBOD_5，包括使用一体化集成工艺过程时的情况。

3.1.3 脱皮

发生于固定膜反应器的天然生物脱皮，能够在一定限度内受控于水力润湿率的改变。研究表明，一体化集成工艺过程如果使用小悬浮生长反应器(ABF或TF/SC)，则往往比采用大型悬浮生长反应器(RF/ AS或BF / AS)的集成工艺过程更容易导致混合液体挥发性悬浮固体(MLVSS)产生变化，这可能是由于脱皮所致。然而，一些经营者已经发现，这种设计能够适应甚至极端的脱皮事件，而对出水水质的影响相对较低(Boller and Gujer，1986)。设计师应该参照滴滤池工艺过程设计的章节指导水力学负荷设计而最小化固定膜反应器脱皮产生的显著变化。

3.1.4 固体再循环

中试研究表明，在整个固定膜反应器中再循环生物固体，能够改善固体可沉降性。然而，并没有证据表明，固体再循环将有助于氧传递或降低第二级悬浮生长反应器的大小规格。污泥再循环已经按照ABF和BF/AS集成工艺过程模式广泛应用于食品加工废物的处理中。利用水平红木介质的污泥再循环据观察，相比于塑料介质滤料能够改善性能。这是很重要的，因为水平介质滤料比塑料介质滤料具有较小的比表面积，而如果固体在整个滤料介质中不能进行再循环，则表现出的性能就很差(Harrison and Daigger，1987)。采用垂直塑料介质时使用污泥再循环是受限的，但已经证明能够提供与红木滤料介质相同的污泥可沉降特性的改善。然而，几家污水处理厂已经在 RF/AS 系统中停止使用污泥再循环，原因是气味增加和滤料介质结垢。

3.1.5 分配

集成工艺过程性能可能显著依赖于分配系统的类型。设计师都认为旋转分配器是更有效的，操作起来没有固定喷嘴分配器那么繁琐(Harrison and Timpany，1988)。水平红木或交叉流塑料滤料介质，能够在滤料介质中提供重新分配的能力，有助于防止对固定膜反应器泵送水不均而产生的问题。然而，使用具有这些再分配特性的滤料，不能克服典型固定喷嘴系统初级出水施加显著不均的不利影响。

3.1.6 固定生物膜介质

ABF 和 BF/AS 二者的集成工艺过程设计应该仅限于滤料几乎没有堵塞倾向的应用，如采用水平红木或垂直塑料介质滤料的应用。具体而言，交叉流、随机和岩石介质滤料具有复杂的构造结构，可能会在固体再循环时促进固容积累而造成堵塞。

研究表明，垂直介质的性能能够等于或超过高有机负荷下采用 BF/AS，RF/ AS 和 TF/AS 工艺过程的交叉流表现出的性能(Daigger and Harrison，1987)。在与 TF/SC 工艺过程一起使用的低有机负荷下，交叉流介质性能将会优于其他类型。一些设计师纷纷采用组合介质最小化堵塞，而最大化性能。

例如，几家污水处理厂已经使用交叉流介质作为顶层而最大化分配作用而在大于 1.2m (4ft)的深度适用垂直流介质以减少堵塞。过滤介质的压实，介质的坍塌，或堵塞问题几乎对于所有类型的滤料介质都会发生，这就着重强调需要认真选择、设计和安装(Daigger and Harrison，1987；Richards and Reinhart，1986)。

在为高有机负荷下运行的固定生物膜反应器选择滤料介质时应该特别小心。在高水力或有机负荷下，可能会超过典型模块承载的强度。有证据表明，具有复杂几何形状(交叉流和随机)的滤料介质可能会比形状不太复杂的介质积累更多的重量。滤料介质的平行研究，文献检索，以及有关集成工艺过程滤料介质选择的个案历史，都应当是集成工艺过程设计的一部分。大多数集成工艺过程生物膜反应器都涉及成高速率滤料介质(图 15.3d)，这经常会提供顶层高强度介质的踩踏表面。介质的顶层或踩踏表面应该明确指出而防止水力剪切和紫外线照射退化。许多设计师也指出，应该在介质表面上从近处梯子或过道至中心柱而经常围绕这个中心柱放置格栅，以便能够对分配器进行安全维护。

3.1.7 气味

大多数的气味问题都发生于污水处理厂具有往往易于产生气味的工业负荷或无机成分(氮或硫)的情况。证据表明，气味源于(1)废弃物特性，(2)水力学特性较差，(3)通风不足，和(4)高百分比的某些工业废物。采用固定膜往往比采用悬浮生长反应器气味问题更加严重。设计工程师应该认真考虑设计中气味问题的可能性。

如果气味问题发生于渠首或初级澄清池，则气味控制应该是集成工艺过程中固定膜反应器的重要设计考虑因素。换而言之，具有低至中等负荷的集成工艺过程中固定膜反应器能够

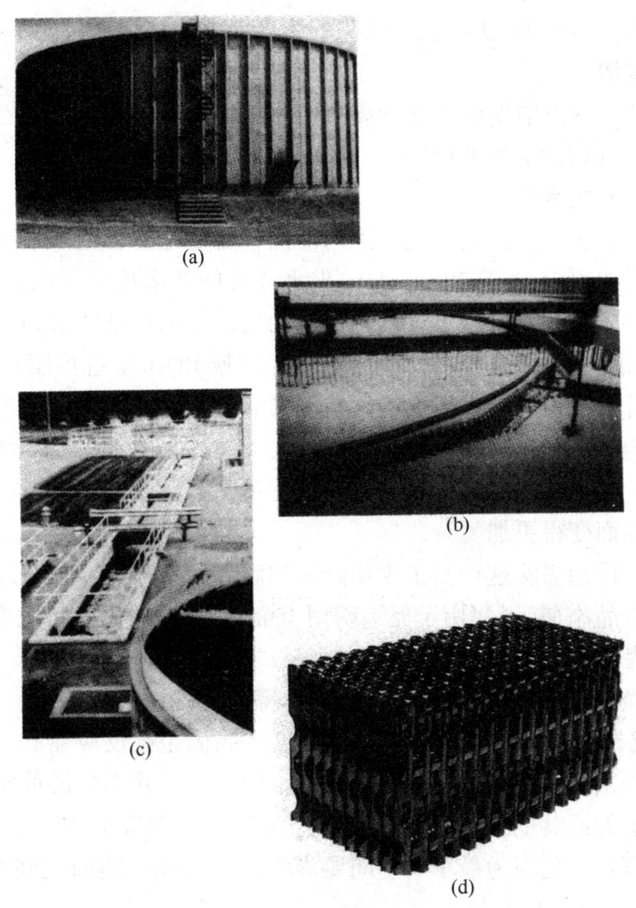

图 15.3　组合工艺过程的设备

(a)生物塔；(b)澄清池；(c)接触渠道；(d)滤料介质

产生许多与采用重度有机负荷的固定膜反应器的集成工艺过程一样的气味。气味问题通常都与引入的污水，较差的水力学性质和介质中过量的生物质，通风不足，或过度的有机负荷有关。据报道固体再循环能够在某些设施中增加气味。

3.1.8　蜗牛

与传统的滴滤池应用一样，蜗牛也可能出现在集成工艺过程的附生生长反应器。然而，集成工艺过程不同于传统的滴滤池应用之处在于蜗牛能够定居于传送结构或曝气渠中，因为那些位置混合能量较低。一些设计师包括倾斜(约 3%)生物膜地面，以在悬浮生长反应器促进蜗牛定居之前将其排出到低速曝气的流量传输箱中而去除(Slezak et al.，1998)。水下无堵塞泵能够将蜗牛污泥泵送至除砂设施。

3.1.9　温度

温度对去除率的影响相比于悬浮生长反应器对于固定膜并没有那么显著。然而，设计者应该考虑在悬浮生长反应器中规定的营养物去除目标时由固定膜反应器产生的温度损失。

尽管硝化对温度非常敏感，但是还没有明确的证据表明，温度在第一级工艺过程选择中起着决定性的作用。去除 $cBOD_5$有助于硝化细菌生长的需要，在工艺过程选择顺序中温度始终更为重要。对于 $cBOD_5$去除，滴滤池温度校正因子(θ)定义为 1.015~1.045，这表示从轻微到显著影响的范围。对于 BOD_5 和氨氮去除的组合滴滤池，温度可能不会是重要的因素。

3.1.10　二级澄清

采用 IBT 系统的二级澄清池中固体分离类似于活性污泥系统中悬浮生长反应器的情况。对于二级澄清池设计的讨论请参见第 14 章。

3.1.11　最后的出水水质

设计师通常赞同，集成工艺过程能够生产即便不是更好的也是等于活性污泥或滴滤池母工艺过程的出水水质。BOD_5 小于 20 mg/L 的出水通常能够采用良好的集成工艺过程设计而实现；10mg/L 的 BOD_5 在某些设施中不采用先进的处理技术也已经达到。

对于大多数集成生物工艺过程，处理后的出水颗粒 BOD_5 量将控制出水质量。因此，在使用现代澄清池设计获得良好出水质量的关键因素如上所述。因为对于实现最高可能的出水水质的问题经常决定了工艺过程的选择，则设计决策往往集中于固定生物膜和悬浮生长反应器大小之间的权衡。当出水水质问题与硝化除磷有关时，设计决策会因为生物脱氮需要大量易于可生物降解的碳而变得更加复杂。

集成工艺过程在优选去除这种易于生物降解的碳方面是很优异的。因此，这些技术的设计分析必须包括化学品添加(甲醇用于氮、磷用于金属盐)相对于生物脱氮的权衡的评价。

3.1.12　场地考虑因素

集成工艺过程经常比其他生物处理工艺过程需要的占地面积略少，是因为以下两个原因：(1)能够建筑成具有 4.9~9.8m(16~32ft)高度的高固定膜反应器和(2)使用了固定膜和悬浮生长系统二者稍微更高的负荷。然而，节省空间，通常并不是最重要的优点，因为这种节省往往是微不足道的或其他工艺过程也能够经过改建而实现类似的空间节省。IFAS 工艺过程能够导致显著省钱，是因为最小的空间要求。这在改建扩建而空间有限的现有设施时，是特别有利的。

3.1.13　能量

从历史上看，设计师认为，采用固定膜反应器的生物处理需要相当于悬浮生长系统能量的 25%~50%。然而，随着细气泡扩散空气和良好悬浮生长设计的出现，设计评价常常表明固定膜和悬浮生长反应器之间的能量差距已经缩短。

采用集成工艺过程，节能一定程度上取决于设备运行的灵活性，例如当单元装置在不到全设计负荷下运行时的下调(Harrison et al.，1984)。通常情况下，高功率比将会倾向于对具有大型固定膜反应器(ABF 或 TF/ SC 工艺过程)的集成工艺过程有利。

3.1.14　现有的处理单元

由使用现有设备产生的潜在成本节约经常决定了选择的集成工艺过程类型。如果现有的曝气池随时可用，则经济学上常常倾向于使用采用大悬浮生长反应器如 BF/AS、RF/AS 或 TF/AS 的集成工艺过程。然而，如果正在升级现有的滴滤池污水处理厂，则经济学上往往倾向于使用具有小的悬浮生长反应器的工艺过程模式，如 TF/ SC 集成工艺过程。

3.2　工艺过程的设计

众多的数学模型，可用于预测固定膜反应器作为生物处理单一方法的性能。市售的工艺过程仿真模型，还包括按照套件选项的集成工艺过程技术。对于集成工艺过程反应器尺寸选择的通用设计实践经常基于中试或全规模试验的信息。

表 15.2 列出了通常设计师进行集成工艺过程尺寸选择所用的设计标准。在所有的情况下，应该应用合理的工艺过程设计方程检查设计，因为从一种情形向另一种情形翻译数据可能并不总是成功的。

表 15.2　集成生物处理工艺过程的一般设计标准

系　　统	合适的设计标准	
	范围	常用值
活性生物滤池		
介质类型	高速	高速
5 天生化需氧量负荷/($kg/m^3 \cdot d$)($lb/d/10\ 00ft^3$)	0.2~1.2(12~75)	0.5 (30)
水力学负荷/($L/m^2 \cdot s$)(gpm/ft^2)	0.5~3.4 (0.8~5.0)	1.4 (2.0)
过滤器混合液体悬浮固体，mg/L	1 500~3 000	2 000
滴滤池/固体接触		
介质类型	岩石或高速	高速
5 天生化需氧量负荷/($kg/m^3 \cdot d$)($lb/d/1000ft^3$)	0.3~1.6 (20~100)	0.8 (50)
水力学负荷/($L/m^3 \cdot s$)(gpm/ft^2)	0.1~1.4 (0.1~2.0)	0.7 (1.0)
渠道混合液体悬浮固体，mg/L	1 500~3 000	2 000
水力停留时间/h	0.2~1.0	0.75
固体停留时间/d	0~2	1.0
返流活性污泥/(mg/L)	6 000~12 000	8 000
扩散空气/($L/m^3 \cdot s$)(scfm/1 000 gal)	250~500 (2 000~4 000)	370 (3 000)
机械/(W/m^3)(hp/mil · gal)	12~26 (60~130)	20 (100)
粗过滤器，滴滤池，或采用活性污泥的生物滤池		
介质类型	高速	高速
5 天生化需氧量负荷/($kg/m^3 \cdot d$)($lb/d \cdot 1000\ ft^3$)	1.2~4.8 (75~300)	2.4 (150)
水力学负荷/($L/m^3 \cdot s$)(gpm/ft^2)	0.5~3.4 (0.8~5.0)	0.7 (1.0)
处理池混合液体悬浮固体，mg/L	1500~4000	2500
水力停留时间/h	0.5~4.0	2.0
固体停留时间/d	1.0~7.0	3.0
食物/生物质/($mg/kg \cdot s$)(lb/d/lb)	5.8~13.9 (0.5~1.2)	10.4 (0.9)
总可用氧/(g/kg)(lb/lb)	600~1 200 (0.6~1.2)	900 (0.9)
通常所用的氧/(g/kg)(lb/lb)	300~900 (0.3~0.9)	600 (0.6)

无法控制相互依存的变量使其无法准确地预测集成工艺过程的性能(Albertson and Eckenfelder, 1984)。设计工程师常常会同时为集成工艺过程选择保守的设计负荷和可变的工艺过程模式，在宽范围的运行负荷下生产出所需的出水质量和固体特性。

3.2.1　设计标准

在 RF/AS、BF/AS 或 TF/AS 工艺过程中的固定生物膜反应器的总生物处理，会消耗通常总生物处理和约 40%~80%进入 $sBOD_5$所需碳需氧要求的 30%~50%。采用 TF/ SC 和 ABF 工艺过程，在滴滤池阶段能够达到的 $sBOD_5$去除程度高得多，基本上消耗了生物处理的所有氧。然而，这种 ABF 工艺过程在恒定实现良好的出水水质(小于 30mg/L 的 BOD 和 TSS)方面并不成功，因为有机物负荷接近 1.0~1.6kg BOD $m^3 \cdot d$(60~100 lb BOD/d/1000ft^3)。

非硝化 RF/AS、BF/AS 或 TF/AS 的集成工艺过程中的悬浮生长反应器所占规模大小为不使用第一级固定生物膜反应器时所需的 15%~50%。采用 TF/SC 和 BF/AS 工艺过程，悬浮生长反应器大小通常是不使用第一级时所需处理池容积的 5%~20%。

对于 TF/SC 工艺过程，接触渠道通常为单独活性污泥曝气池所需尺寸的 10%~15%。通过将固定膜反应器与接触渠道组合，则反应器尺寸将会降低以前使用的滴滤池尺寸的 10%~30%(Krumsick et al.，1984)。

采用 ABF 工艺过程，悬浮生长接触过程通过再循环固体和初级出水混合而穿过过滤池滤料时的水力停留而实现。

3.2.2 固定生物膜反应器处理级

生物塔、滴滤池、或粗过滤器(图 15.3a)是 IBT 系统中使用最常见的固定膜反应器。如果不能获得实际中试污水处理厂的信息，则标准设计实践惯例将会基于具体工艺过程模式的 BOD_5负荷和理论去除率而确定第一级固定生物膜反应的大小。正如表 15.3 所列，集成工艺过程如 ABF 或 TF/SC 的负荷范围可以为 0.2~1.20 $kg/m^3 \cdot d$(10~75 lb $BOD_5/d/1000ft^3$)，但通常平均约为 0.5 $kg/m^3 \cdot d$(30lb $BOD_5/d/1000ft^3$)。对于较高负荷而采用固定生物膜反应器的集成系统如 RF/AS，TF/AS，或 BF/AS 通常会设计成第一级负荷为 1.20~5 $kg/m^3 \cdot d$(75~300lb $BOD_5/d/1000ft^3$)；而平均设计负荷为 2.4 $kg/m^3 \cdot d$(150lb $BOD_5/d/1000ft^3$)。

固定生物膜处理级能够采用计算机模型，如同洛根(Logan)滴滤池(LTF)模型一样，或采用经验方程，如修正的 Velz-Germain 方程，进行设计。第 13 章提供了滴滤池设计方程，第 6 章提供了工艺过程建模信息。另外，也能够使用市售的工艺过程仿真模型。

基于 BOD_5去除率的固定生物膜反应器尺寸确定并不轻松，因为预测 BOD_5去除率非常困难。滴滤池生物质既去除微粒的 BOD_5，也去除可溶性的 BOD_5。然而，传统的经验设计模型通常既不区分颗粒状 BOD_5和可溶性 BOD_5的去除率，还是固定生物膜出水 BOD_5，而仅仅考虑固定生物膜进水 BOD_5和总工艺过程出水 BOD_5。

表 15.3 集成生物处理系统(IBT)中组合总有机负荷(TOL)和固体停留时间(SRT)而实现良好的生物絮凝作用(TF=滴滤池，AS=活性污泥，RF=粗过滤器，SC=固体接触；和 BOD=生化需氧量)

IBT 系统	TF 的 TOL/($kg\ BOD^5/m^3 \cdot d$)	SRT_{SG}/d
传统 AS	无	5~15
RF/AS 和 BF/AS	1.2~4.8(75~300 lb/d/1 000 ft^3)	2~7
TF/SC	0.3~1.6(20~100 lb/d/1 000ft^3)	0.2~2.0
TF/AS	0.6~1.0(40~60 lb/d/1 000ft^3)	1.0

颗粒状 BOD_5，在滴滤池中并未降解，将会极有可能在悬浮生长反应器中降解，这会影响需氧量。因此，为了确定悬浮生长工艺过程所需的氧量，在固定生物膜中降解的颗粒状 BOD_5是至关重要的。通过中试研究，就能够确定整个负荷范围内颗粒状 BOD_5的去除率。随着固定生物膜的 BOD_5负荷下降，应该会降解更多的颗粒状 BOD_5

IBT 系统中固定生物膜反应器的大小是最常用的方法，但是使用水力学负荷检查和验证设计仍然是很重要的。因为较高的有机负荷倾向于使用集成工艺过程，而不是单级固定生物膜反应器，所以 0.7~1.4L/m·s(1~2gal/ft^2)的较高水力学负荷是比较常见的。许多设计师认为，通过在高水力学负荷下以周为基础的短时间运行而控制脱皮问题，是很好的方法。

另一种方法是通过在过滤器臂梁的正面上使用系列反相喷水，而降低分配器的速度。这种设计提供了高的瞬间冲洗，并允许过滤器在低的平均水力学负荷下运行而降低了泵送成本(Albertson，1989a and 1989b)。为了防止塔顶飞溅或过量随风飘荡，墙壁经常延长超过滤料介质 1.5~1.8m(5~6ft)。对于更高的塔，在中心塔处插口的支撑支架设计用于支座替换期间的过滤器臂梁。对于较短的固定生物膜反应器，吊架而不是支撑架通常用于机械装置的抬升。

在确定固定生物膜反应器的大小之后，对于高负荷固定生物膜反应器的另一个设计标准就是合适的空气流通。气味往往是由于污水中的无机化学品，过滤器中定期产生的生物膜脱皮，或工业废物中倾向于产生气味的成分这些因素所致。历史案例的研究表明，过滤器底流对于高速滤料介质甚至在 3.2~4.8kg $BOD_5/m^3 \cdot d$(200~300lb $BOD_5/d \cdot 1000ft^3$)的负荷下将会具有高的氧浓度。

一个滤料介质制造商建议，对于空气对流，每 $100m^3$滤料介质采用 $0.85m^2$的通风孔面积($2.6ft^2/1000ft^3$)。对正在运行的污水处理厂进行的调查表明，在提供每天每 kg 初级出水 BOD_5小于 $0.0004m^2 \sim 0.0006m^2$($2 \sim 3\ ft^2/d \cdot 1000\ lb$ BOD)的通风孔面积时自然，对流通风就可能不够。

适用于集成工艺过程的大多数生物塔都具有自然通风。在寒冷的气候条件下的自然通风通常包括冬月期间关闭通风口或天窗的装置。同样，如果自然和强制通风能力都提供，则通风口必须提供关闭的装置。凡需要强制通风的地方，制造商的建议都会有所不同。

有的滴滤池制造商推荐使用最低 $0.06\ m^3/min \cdot kg$ BOD（1.0 cfm/lb BOD_5）。其他厂商推荐，对于负荷为 3.2~4.8kg $BOD_5/d \cdot m^3$的塔，最低需要 $0.06\ m^3/min \cdot kg$ BOD_5($2.6ft^3$/lb BOD_5)。第 13 章滴滤池这一节提供了基于生物塔中去除的 BOD_5量计算空气要求的方法。对于强制通风，无论用于计算空气流量的方法如何，空气洗涤、覆盖，或同时使用这两种方式，在存在极端气味问题之处或许都会需要。气味的评估和控制的措施对于任何生物塔设计都是强制性的。

3.2.3　悬浮生长生物反应器处理级

一旦选定固定膜反应器大小，一种常见的设计方法是改变悬浮生长反应器的大小，而确保维持任何所需的出水质量或固体可沉降性。集成工艺过程中悬浮生长反应器尺寸选定最常用的方法是基于 SRT 的计算，这涵盖于本章后面的内容中。悬浮生长反应器也可能基于 F：M 或水力停留时间(HRT)进行评估。

还有另一种方法涉及基于 $sBOD_5$去除率的计算。修正的 Velz 方程能够用于预测生物膜出水 $sBOD_5$浓度而确定第二级悬浮生长工艺过程的大小尺寸(Albertson and Eckenfelder, 1984)。然而，在应用于宽范围的设计条件时，这些经验方法，在尺寸确定时可能会产生 100%的误差(Matasci et al., 1989)。这个最后的方法适用于联合 SRT 方法而检查 TF/SC 工艺过程曝气固体接触池中的 sBOD5 临界点。在实践中，这种方法使用并不广泛，因为难以定义的系数范围很广。

如果固定生物膜出水特性能够随时定义，则传统悬浮生长的质量平衡和生物质生长的关系就能够用于确定悬浮生长反应器的尺寸。不幸的是，这不是很容易完成。首先，固定生物膜的设计重点关注底物去率除，而不是生物质的产量。因此，滴滤池出水底物浓度很好定义，但滴滤池活性异养生物浓度却不好定义。其次，滴滤池出水悬浮固体含有很多物质，包括生物质、细胞碎片、惰性物质和未代谢底物。对于质量平衡和生物质生长方程需要这些成分浓度的准确预测，但这是不可能的。第三，无论是有氧和无氧代谢都可以发生于滴滤池的生物膜内，因此每个条件下的生物产量差别很显著。最后，在非稳态速率下累积的生物质会发生脱皮，这可能显著影响混合液体悬浮固体(MLSS)浓度。因此，这是悬浮生长反应器容积的大小确定采用系统净产量，而不是进水底物。

集成工艺过程的设计师必须考虑适当的下调能力，分步进料和不同点的污泥再循环。采用集成工艺过程，下调能力将是提供良好出水质量的关键，而同时污水处理厂并非满负荷。例如，几种集成工艺过程设计，在初始运行期间采取几个处理池中某个停工而进行运行时，往往因为生物塔优于预期，尤其是在暖和温度和有机负荷比原先假设的更有利的情况下。

相反，某些集成工艺过程运行的同时而保持其大的悬浮生长反应器在线，而不是使用小的接触渠道。在至少一种情况下，操作者发现，较大的处理池对于较低的溶解氧浓度和比需要较高浓度的较小接触渠道更少的曝气功率也能运行。在另一情况下，这种操作沿着活塞流第二悬浮生长反应器中路返流污泥而使过量的 *SRT* 不产生硝化或反硝化的问题。在还有的另一个实例中，集成工艺过程仅仅在应用严格的出水标准时按照集成模式才会激活。当应用不太严格的出水标准时，悬浮生长反应器采取脱机或作为无污泥返流的传输结构。在这家污水处理厂中，高冬季流量通过单独使用滴滤池工艺过程就能够适用；这种集成工艺过程适用于临界(低)流量条件期间。

灵活性是悬浮生长反应器设计中的关键。许多具有集成工艺过程的设施都设计成能够在各种模式下运行。通常情况下，几乎不需要额外的资金费用就能够提供 BF/AS 和 RF/AS 两种模式或 TF / SC 和 TF/SCR 下运行的管道架设。一些设计师宁愿在悬浮生长反应器中使用细气泡空气扩散器，而促进生物絮凝作用和防止生物絮凝体发生剪切。

然而，大多数集成工艺过程都采用粗气泡或机械曝气设备进行设计。活塞流反应器是可取的，但并不是集成工艺过程悬浮生长反应器良好设计所必需的。分步进料的装置应该加以考虑，尤其是在硝化作用必须进行控制或高流量期间固体冲洗变得严重之时。此外，悬浮生长反应器中水深度并没有集成工艺过程中那么严格。这尤其适用于集成工艺过程反应器属于混合限制性而不是氧限制性的情况，如 TF/ SC 工艺过程。

3.2.4 固体停留时间

使用确定固定生物膜系统之后的悬浮生长反应器尺寸的 SRT 方法已成为流行的设计方法(Harrison and Timpany，1988)。表 15.3 将总有机负荷(TOL)关联于 SRT。正如表 15.3 所示，TF/ SC 接触渠道中的 *SRT* 可以为 0.2~2 天。对于组合的 BF/AS 污水处理厂，2~7 天的 SRT 可能更为合适。滴滤池使用高有机负荷在组合工艺过程的悬浮生长部分将需要增加 SRT。

通常情况下，*SRT* 计算类似于第 14 章中介绍的内容。即，无论是有意或无意，曝气下的固体质量除以每天从系统中废弃固体的速率。基于仅仅悬浮生长反应器(SRT_{SG})或同时具有的固定生物膜和悬浮生长反应器中总固体停留时间(SRT_{T})就能够计算 SRT。

采用稳态分析能够估算 SRT_{SG}，其中工艺过程废弃悬浮固体的速率必须等于废弃固体生产速率。固体废弃速率取决于固定生物膜和悬浮生长生物反应器二者中发生的生物反应。因此，固体废弃产量的计算必须考虑在整个系统上加载的污染负荷，不仅仅只是滴滤池出水中所含的有机物质。滴滤池中生长的生物质将会脱皮而穿过进入悬浮生长生物反应器中。这种生长必须考虑到总工艺过程固体废弃生产量的计算中。

常见的是利用净工艺过程生产率，Y_n，估算固体产量，正如在第 14 章中进行的计算。即使在滴滤池出水中能够保留可溶性底物，但是在悬浮生长生物反应器中通常也将会被清除。因此，Y_n 能够用于以下方程中计算固体废弃速率：

$$P_x = Q \times Y_n \times BOD_5 \tag{15.1}$$

式中　P_x——废弃的活性固体质量/时间，

Q——容积流量，

Y_n——固体质量/ BOD_5质量，

BOD_5——总进水 BOD_5浓度浓度(质量/容积)。

对于 IBT 系统，可供利用的工艺过程固体生产信息并没有传统活性污泥系统多。然而，由于滴滤池中生物质停留随着 TOL 降低而增加，则固体产量值通常更比悬浮生长生物反应器的 SRT 更受固定生物膜上的 TOL 的影响。随着 TOL 降低，固体产量也下降。固体产量值为约 0.7~0.9mg TSS/mg BOD_5。那么，SRT 就能够利用上述固体废弃速率与 MLSS 的质量和悬浮生长反应器的容积进行计算：

$$SRT_{SG} = X_{SG} \times V_R / P_x \tag{15.2}$$

式中　X_{SG}——悬浮生长反应器中净活性固体（反应器的质量/容积），

V_R——反应器容积，

P_x——废弃活性固体的质量/时间。

对于集成工艺过程，固定膜反应器中活性生物质在计算中再次被忽略不计。对于集成工艺过程，计算的 SRT 是“有效的”SRT，其中悬浮生长反应器中的停留时间对于 TF/SC 工艺过程可能降低至少于 0.5 天；2~3 天的值对于具有高度负荷过滤器的集成工艺过程如 RF/AS，TF/AS，或 BF/ AS 可能就已经足够。在没有悬浮生长反应器的 ABF 情况下，SRT 仅仅对于固定生物膜部分，而在不到 0.6kg $BOD_5/m^3 \cdot d$ 的 TOL 下通常小于 1.0 天。

表 15.4 中的值都显著低于传统活性污泥(CAS)文献中发现的 5~15 天的值。因此，显著降低悬浮生长反应器尺寸是可能的。然而，用于固定生物膜反应器中的滤料介质类型可能显著影响细胞产量而导致需要增加 SRT_{SG}或悬浮生长反应器的尺寸。

表 15.4　总有机负荷(TOL)和食物与微生物之比(F：M)的组合(TF =滴滤池；AS=活性污泥；RF =粗过滤器；SC =固体接触；和 BOD =生化需氧量)

系　统	TF 的 TOL/(kg $BOD_5/m^3 \cdot d$)	F：M/(kg BOD_5/kg MLVSS · d)
AS	无	0.3~0.5
RF/AS，BF/AS，TF/AS	0.6~4.0 (40~250 lb/d/1 000ft^3)	0.7~1.2
TF/SC	0.3~1.6 (20~100 lb/d/1 000ft^3)	0.2~2.0

虽然大部分设计师仅仅使用悬浮生长反应器的 SRT，由哈瑞森和提姆帕尼(Harrison and Timpany，1988)推荐的替代方法是基于所有生物反应器(固定生物膜和悬浮生长反应器)的总生物质质量(SRT_T)设计集成工艺过程。固定生物膜反应器的 SRT(SRT_{FB})和总有机负荷(TOL_{FB})之间的关系能够通过以下方程进行预测(Harrison and Timpany，1988)：

$$SRT_{FB} = X_{FB} / (TOL_{FB} \times Y_{FB}) \tag{15.3}$$

式中　X_{FB}——固定生物膜中的净活性固体（TSS 质量/反应器容积）；

TOL_{FB}——固定生物膜的总有机负荷（BOD_5质量/容积/时间）；

Y_{FB}——固定生物膜的固体产量系数(TSS 质量/初级出水中的 BOD_5的质量)。

污水处理厂的运行数据表明，X_{FB}的取值范围约 1 920~2 560g VSS/m^3(120~160 lb 挥发性悬浮固体(VSS)/1000ft^3)，而 Y_{FB}的取值范围为 0.4~0.6kg VSS/kg BOD_5。然而，由于氧

渗透可能只有 50~200μm，活性生物质可能只有总量的 30%~60%。

集成系统的 $SRT(SRT_T)$，既包含固定生物膜反应器又包含悬浮生长反应器，由以下方程计算：

$$SRT_T = SRT_{FB} + SRT_{SG} \tag{15.4}$$

式中 SRT_{FB}——如上计算的固定生物膜反应器的固体停留时间（方程 15.3）;

SRT_{SG}——如上计算和表 15.3 中提呈的悬浮生长反应器(曝气和再曝气单元两者)的固体停留时间(方程 15.2)。

尽管这种方法在出版的文献中已经推荐使用，但是这种方法还几乎没有全规模的验证。

3.2.5 食物-微生物之比

对于集成工艺过程，食物-微生物之比(F：M)基于初级出水中的 BOD_5(或 cBOD)的量进行计算(忽略通过固定生物膜反应器的去除率)。固体存量，*M*，根据与仅仅悬浮生长反应器中的混合液体量相关的 MLVSS 进行表示。在对于 RF/AS、BF/AS 和 TF/AS 工艺过程的悬浮生长反应器的 F：M 比较中，这些取值比通常 CAS 所用的那些取值高 2~3 倍。F：M 的计算通过并不适用于确定 TF/SC 工艺过程悬浮生长反应器的大小尺寸。

3.2.6 水力停留时间

对于具有 CAS 和集成工艺过程的悬浮生长反应器大小尺寸的选择方面，使用 HRT 的重要性已经降低。作为检查，对于生活污水的处理，4~8h 的 HRTs 通常适用于 CAS。与重度负荷系统的集成工艺过程(BF/AS，TF/AS 或 RF/AS)对应的 HRTs 通常范围为 2~4h(表 15.5)。

表 15.5 总有机负荷(TOL)和水力停留时间(HRT)的组合
(TF=滴滤池，AS =活性污泥，RF=粗过滤器，SC=固体接触，而 BOD=生化需氧量)

系 统	TF 的 TOL/(kg BOD5/m^3·d)	HRT/h
传统 AS	无	4.0~8.0
RF/AS，BF/AS，TF/AS	0.6~4.0 (40~250 lb/d/1 000ft^3/d)	0.7~1.2
TF/SC	0.3~1.6 (20~100 lb/d/1 000 ft^3)	0.5~2.0

接收轻有机负荷的固定膜反应器集成工艺过程(TF/SC)为不到 1h 的 HRT 确定尺寸大小(Parker and Matasci，1989)。然而，对于 ABF 的工艺过程，HRT 并不适用，因为目前还没有具体的悬浮生长反应器。

3.2.7 混合和曝气的要求

最初，集成工艺过程被设计成粗过滤器应用，其中的氧传递是首要的考虑因素而维持固体悬浮的最低混合能量很少或没有进行关注。然而，现代集成工艺过程设计也可以使用 TF/SC 模式。TF/ SC 模式就是混合限制性的，而不需要大量的能量完成氧的传递。

混合的最低曝气要求将取决于悬浮生长反应器的尺寸(见第 14 章)。对于所有的集成工艺过程，混合的要求也应该对满足悬浮生长生物反应器中峰值氧摄取速率(OUR)所必需的氧量进行评估。峰值 OURs 可能成为固定生物膜脱皮的函数，而不是初级出水 BOD_5的消化或内源性呼吸的直接需求。

例如，活性污泥的典型设计可能基于平均 30~50mg O_2/L·h 的 OURs，峰值日为 60~80mg O_2/L·h。高负荷固定膜反应器之后对应的悬浮生长反应器(RF/AS，BF/AS，或 TF/AS)具有的 OURs 将约为 CAS 的 50%。轻度负荷的固定膜反应器之后的悬浮生长反应器，如按照 TF/ SC 模式的那些，通常设计为 10~20mg O_2/L·h 的 OURs(Harrison and Timpany, 1988)。

对 12 家集成工艺过程设施的调查，包括在各种固定生物膜有机负荷下先于第二级工艺过程的悬浮生长反应器中需氧量的计算(Harrison, 1980)。使用合理的方程或图形，例如图 15.4，可能适用于预测各种负荷下的长期平均氧要求。然而，良好的设计实践确保有足够的氧可供满足很宽范围的失控事件，如低流量、脱皮、温度变化、或其他相关的环境变量下，以及在启动期间的需要。

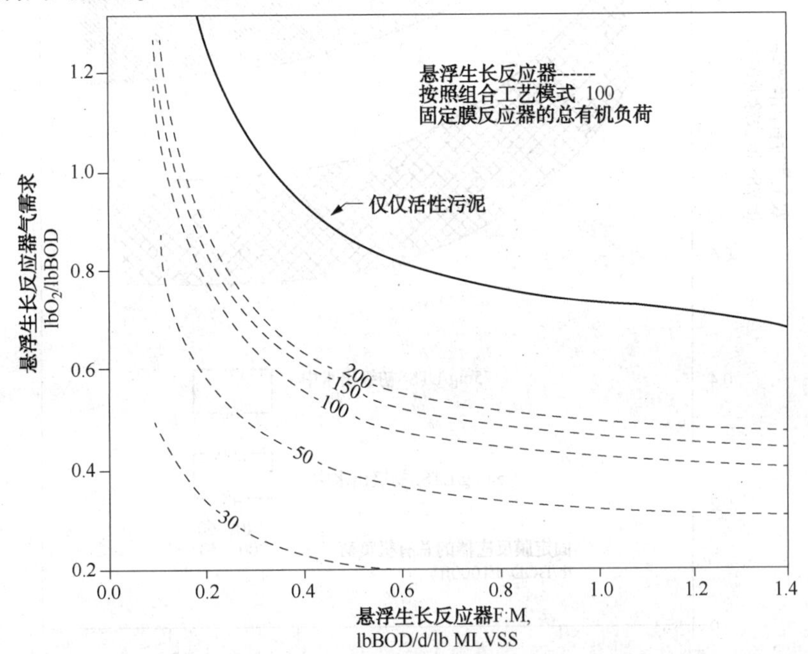

图 15.4　组合工艺过程模式中悬浮生长反应器的氧要求

虚线内的数值表示总有机负荷(lb BOD/d·1000 ft^3，关于固定膜反应器)(lb/lb = kg/kg; lb/d/lb × 11.57= mg/d·1000 ft^3× 0.01602 = kg/m^3·d)(MLVSS=混合液体挥发性悬浮固体; BOD=生化需氧量; F: M= 食物-微生物之比)

3.2.8　固体产量和可沉降性

IBT 系统的固体产率或生产经常是由生物质脱皮和固定生长反应器内的存储事件决定的。初级出水中惰性固体的特性和数量将是确定总集成工艺过程实际产量的因素。

图 15.5 显示了在几个悬浮生长 SRTs 下和在第一级固定生长反应器的低-和高-有机负荷下的各种固体产量(Newbry et al., 1988)。图 15.5 中的上色带出现于初级澄清池的出水悬浮固体比下色带的高出约 50%之时。

图 15.5 还证明了初级出水中非可生物降解的固体可能影响集成工艺过程的净固体产量。这进一步说明了固体产量的显著降低可能并不是简单通过增加 SRT 超过 1~2 天而发生的。例如，一项研究表明，对于 SRT 大于 1.0 天的集成工艺过程，从增加悬浮生长反应器尺寸到降低污泥产量几乎没有多少受益(Newbry et al., 1988)。

对 43 家集成工艺过程污水处理厂的对比表明，平均固体产量为 0.7kg TSS/kg 初级出水 BOD，但这些值介于 0.15~4kg TSS/kg BOD 之间(Harrison et al., 1984)。由此推断，初级

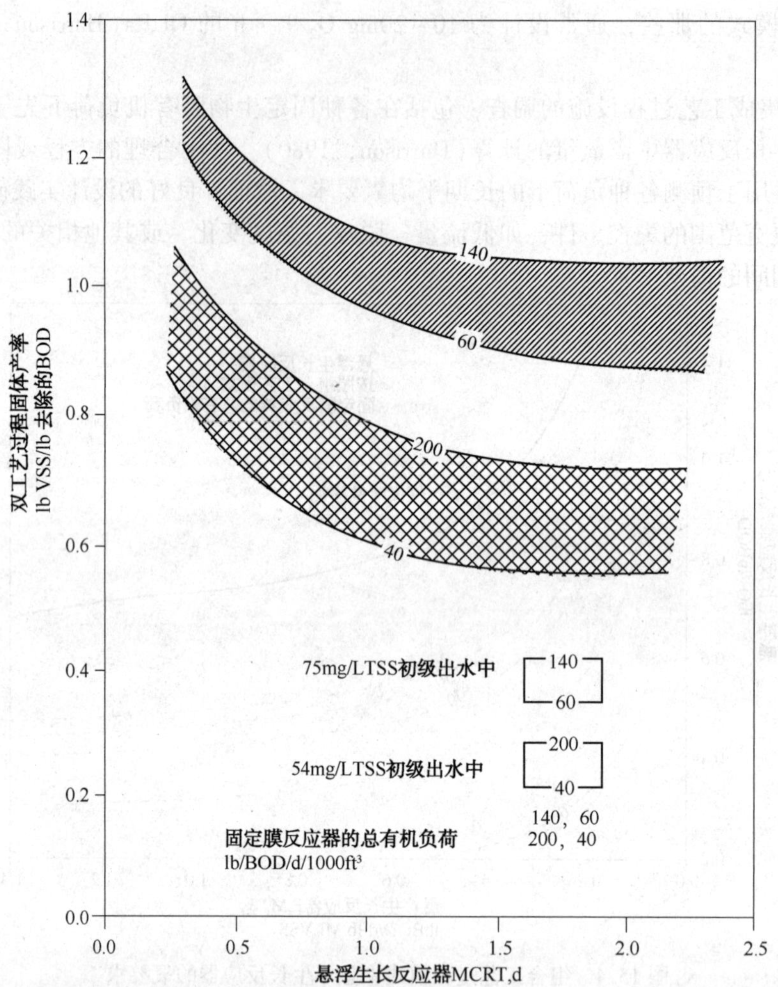

图 15.5　作为悬浮生长反应器平均细胞停留时间(MCRT)和交叉流介质的固定膜反应器的总有机负荷的函数的组合工艺过程的固体产量。固体产量随着污水特性而变化(lb BOD/d · 1000 ft^3，关于固定膜反应器)(lb/lb = kg/kg；lb/d · lb × 11.57 = mg/d · 1000 ft^3 × 0.01602 = kg/m^3 · d)(TSS =总悬浮固体，BOD =生化需氧量，VSS =挥发性悬浮固体)

澄清池的脱皮和性能变化是生产固体易变性的重要原因。此外，个案研究表明，在第一级滴滤池中使用岩石滤料介质的集成工艺过程的固体产量可能是采用高速率滤料介质的系统的35%~50%(Harrison et al.，1984)。

许多设计工程师都考虑集成工艺过程能够比传统悬浮生长系统产生更好的沉降污泥(较低的 SVIs)。虽然集成工艺过程是相对耐冲击负荷的，但是工艺过程的易变性和污泥膨胀问题可能会类似于悬浮生长工艺过程而伴随集成工艺过程出现。这对于容许显著数量的 $sBOD_5$ 进入曝气池的集成工艺过程，是需要考虑的。另一方面，如果这种工艺过程设计于悬浮生长反应器 $sBOD_5$ 负荷始终较低之处，则将会产生良好的沉降污泥并能够使用更高的澄清池固体负荷率(Parker et al.，1993)。

工艺过程设计人员在确定二级澄清池的大小尺寸时应该仔细评估污泥的沉降特性。在集成工艺过程中返流污泥的浓度将会类似于悬浮生长工艺过程的情况。集成工艺过程通常会出现 0.5%~1.5%的返流污泥和平均约 0.8%的 TSS。

3.2.9　生化需氧和总悬浮固体的去除率

比较 0.74 ~3 kg BOD/m^3 · d (46~200 lb BOD/d/1 000 ft^3)范围内各种有机负荷的一项研究表明，处理后的出水中 $sBOD_5$下降而出水质量随着第二级悬浮生长反应器中 SRT 增加而提高(Newbry et al.，1988)。然而，出水 $sBOD_5$浓度经过确定是与第一级固定膜反应器的有机负荷无关。改变固定膜反应器的有机负荷，并不会改变悬浮生长步骤的出水 $sBOD_5$，这如图 15.6 所示。

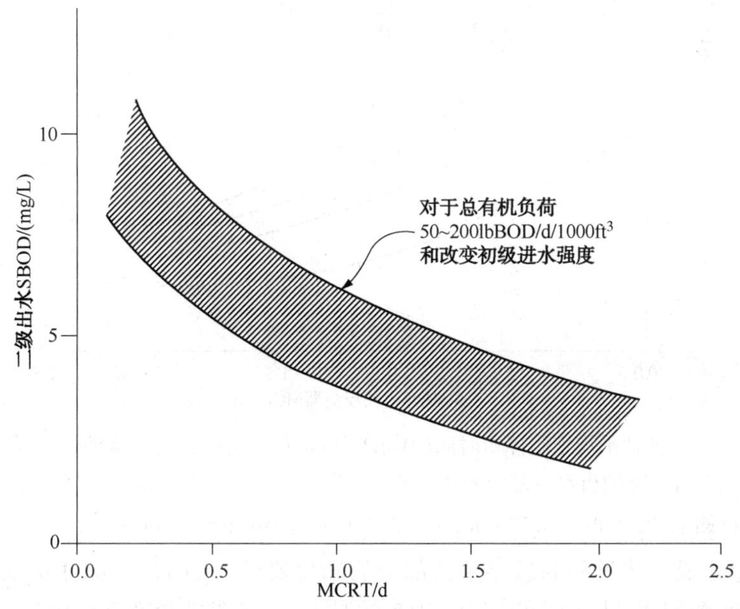

图 15.6　对于各种平均细胞停留时间(MCRT)和总有机负荷，交叉流滤料介质的组合工艺过程的出水可溶性生化需氧量(sBOD)。sBOD 将会随着污水特性而变化(lb/lb = kg/kg; lb/d/lb ×11.57= mg/d · 1000 ft^3× 0.01602 = kg/m^3 · d)

研究人员已经证明，随着固定生物膜反应器的有机负荷增加，导致非可沉降悬浮固体的量增加，如图 15.7 所示(Newbry et al.，1988)。采用集成工艺过程，第二级悬浮生长处理通过增加总系统 SRT 而降低了出水非可沉降悬浮固体的量。由于提供了 1 天的最低 SRT，导致了出水悬浮固体急剧下降，而采用长于 2 天的 SRTs 则很少或无额外降低发生。

3.2.10　脱氮

除了污水处理厂升级之外，集成工艺过程对于获得硝化作用，相比于单级活性污泥工艺过程通常并不经济。这是因为集成工艺过程的悬浮生长部分通常在降低的温度下比单级悬浮生长工艺过程硝化速率更低。然则，硝化作用通常控制反应器容积，因为反应器容积是 SRT 的函数。

集成工艺过程中的硝化作用是一种常见的改建模式，并能够通过使用传统的轻负荷 IBT 系统而实现。硝化作用的 IBT 系统尺寸选择类似于 BOD_5去除的尺寸确定。以下是采用 IBT 系统进行硝化的三种设计方法。

在第一种设计方法中，固定生物膜和悬浮生长处理步骤二者的组合必须提供采用单级工艺过程如活性污泥而实现硝化作用所必要的 SRT_T。“当量”SRT 被分配给固定生物膜反应器，

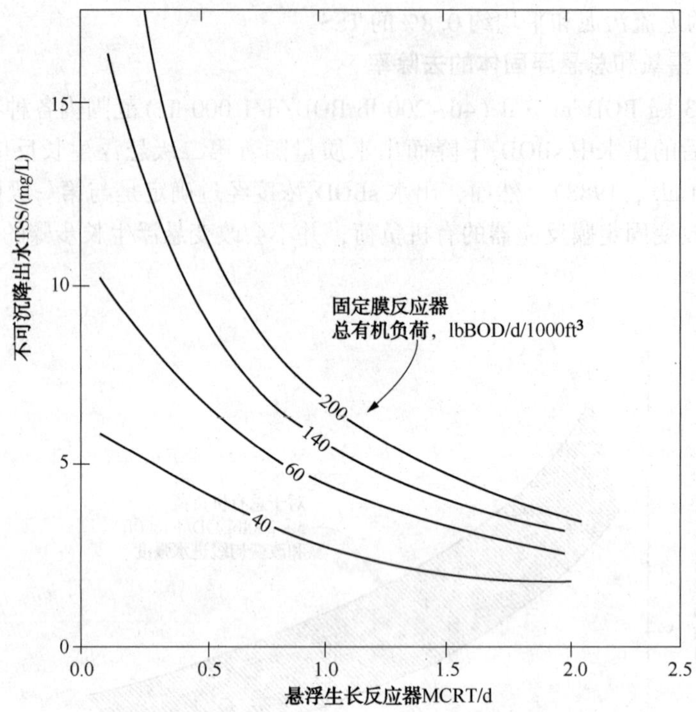

图 15.7 对于各种平均细胞停留时间(MCRT)和总有机负荷，交叉流滤料介质的双重工艺过程非可沉降的出水总悬浮固体(TSS)。非可沉降 TSS 在可沉降固体测试的上清液中进行测定($lb/d/lb \times 11.57 = mg/d \cdot 1000\ ft^3 \times 0.01602 = kg/m^3 \cdot d$)

而使之能够确定集成工艺过程的悬浮生长部分的硝化要求(Harrison and Timpany，1988)。图 15.8 显示了垂直塑料滤料介质的当量 SRT 的估计。该图能够结合 SRT_{SG} 一起使用而获得 SRT_T。

在第二种设计方法中，如果第二级悬浮生长通过中间澄清作用而与固定生物膜这级分开，则 SRT 的计算可能只包括第二级悬浮生长这级，这如同采用 TF/工艺过程的情况。使用上游滴滤池和中间澄清池从污水中去除大部分有机物质。下游的活性污泥系统则设计用于实现硝化。

中间澄清池去除了大部分在滴滤池中生产的生物质，从而使曝气池尺寸大小相比于不提供中间澄清池时显著降低。如果不使用中间澄清作用，基于 SRT 确定尺寸的曝气池将会大致与有或无固定生物膜反应器时相同。

第二种设计方法通常是首选的，因为这种方法提供了确定第二级悬浮生长系统的实际 SRT 更积极的方式。TF/AS 工艺过程避免了第二级系统负担第一系统生物产生的固体，否则这些生物产生的固体将会降低其能力，而使硝化细菌对可利用的底物产生竞争。

如果不使用中间澄清作用，生长于固定生物膜反应器上的硝化细菌可能会脱皮脱掉，仍在下游悬浮生长反应器中成为种子。这将允许所需的悬浮生长反应器 SRT 降低。戴格尔等(Daigger et al.，1993)开发了考虑中等负荷的固定生物膜中的硝化和将硝化菌接种于容许 SRT 要求降低的悬浮生长反应器中的方法(Daigger et al.，1995；Parker and Richards，1994)。

第三种设计方法涉及采用独立的固体复氧池或渠道而完成硝化作用，这有时就如同采用

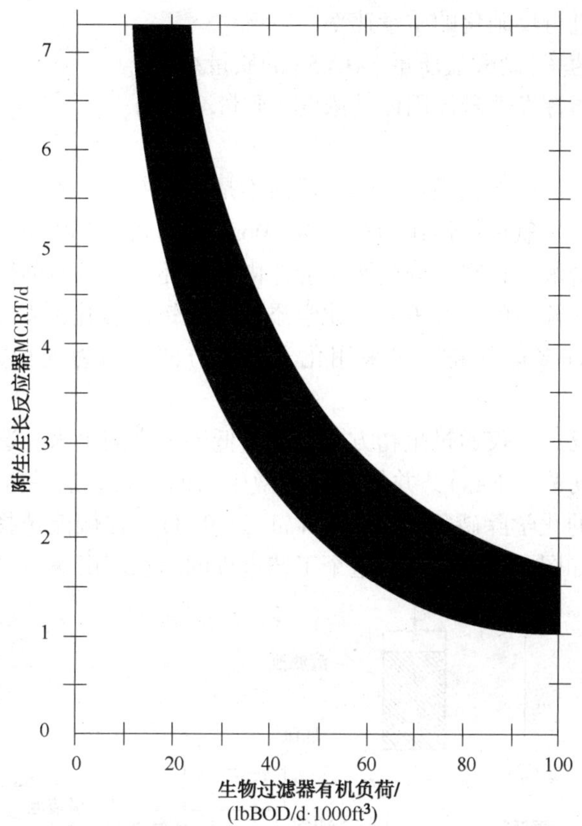

图 15.8 对于垂直塑料滤料介质生物滤池的当量平均细胞停留时间
(MCRT)(lb/d/lb ×11.57= mg/d · 1000 ft^3× 0.01602 = kg/m^3 · d)

TF/SC 工艺过程。固体复氧通常会比通过传统曝气池或渠道接触每单位曝气容积提供 2~4 倍以上的 SRT。在这种情况下，固定生物膜这级的 SRT 不可能在 SRT_T中发挥重要作用。

巴尔默等(Balmer et al.，1998)提出了这三种传统硝化设计方法之外的方法。这种备选方法涉及向缺氧/好氧悬浮生长反应器返流其 100%流量而进行反硝化的三级硝化滴滤池(图 15.9)。

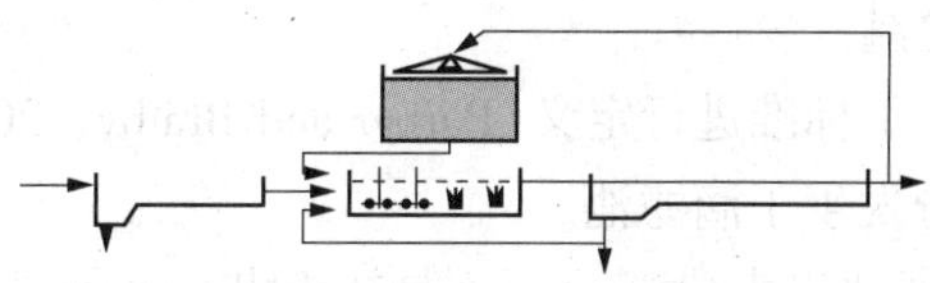

图 15.9 具有三级硝化滴滤池的集成生物处理系统

与所有滴滤池出水都进入活性污泥系统相反的是，部分流量可以引入最后澄清池(Vestner and Gunthert，2001)。使用现有的活性污泥系统提供反硝化作用，就消除了增加额外碳源的需要(这就如同对于滴滤池出水使用独立反硝化工艺过程的情况)。

反硝化速率和硝酸盐还原的反应器容积，取决于可利用的碳源、反硝化反应器的氧入口、硝酸盐浓度和 MLVSS。缺氧池的容积能够通过下式进行计算(Vestner and Gunthert，2001)：

$$V_D = N_D \times 1\,000/r_D \times MLVSS \tag{15.5}$$

式中 V_D——反硝化处理池容积，

N_D——硝酸盐进行反硝化的质量速率，

r_D——反硝化速率(硝酸盐质量/MLVSS 的质量/天)，

MLVSS——混合液体挥发性悬浮固体的浓度（质量/容积）。

3.2.11 除磷

集成系统除磷，在历史上是通过化学手段而不是生物方式完成的。这是因为大多数生物除磷工艺过程要求使用厌氧选择器作为第一级(Morgan et al.，1999)。对于大多数集成工艺过程，这将需要将混合液体在整个固定膜反应器内再循环，这是不可行的或不切实际的。

采用集成工艺过程除磷的研究表明，化学添加氯化铝或氯化铁对生物系统中的 BOD_5 去除影响甚微。因此，许多运营商宁愿采用化学除磷方法，因为这种方法性能更稳定和可预见。

然而，一些技术已经仅仅通过生物方式生产出低磷浓度的出水。这样的一个例子是利用发酵而产生挥发性脂肪酸(VFAs)，并促进除磷微生物的生长。这种方法最大限度地降低或消除了集成工艺过程的化学除磷需要(Kalb et al.，1990)。在侧流选择器中加入 VFAs 进行生物除磷强化的实例如图 15.10 所示。这个工艺过程的示意图由缩写 TF/SCS 标识。

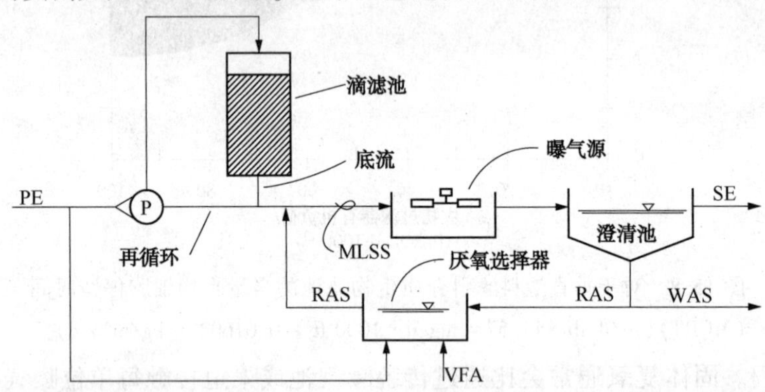

图 15.10 在侧流选择器中添加挥发性脂肪酸的滴滤池固体接触

3.3 IBT 系统的具体工艺过程设计

3.3.1 滴滤池/固体接触

TF/SC 工艺过程通过以下标准进行定义(Parker and Bratby，2001)：

- $sBOD_5$的去除大部分发生于滴滤池。
- 返流污泥固体与滴滤池出水(底流)而不是初级出水进行混合。
- 曝气的固体接触(SC)池的主要功能是增加固体捕获和絮凝作用，并降低颗粒状 BOD_5。
- 固体接触池的 SRT 小于 2 天。
- 固体接触池的水力停留时间基于包括再循环的总流量为 1h 或更少。
- 固体接触池并非设计用于硝化，但是硝化能够在滴滤池中发生。

3.3.1.1 运行模式

当 TF/ SC 工艺过程作为具有固体接触渠道或处理池设计和运行时，就称之为运行模式 I (Parker and Matasci，1989)。当固体曝气和固体接触二者都使用时，就使用缩写 TF/SCR(也称为运行模式 III)(Parker et al.，1994；Slezak et al.，1998)。

图 15.11 显示了运行模式 I 和 III 的图解。当固体接触被淘汰而固体复氧是所用的唯一悬浮生长工艺过程的类型时，就使用缩写 TF/SR 并描述为运行模式 II。这种设计和运行模式并不常用而在图 15.11 中并未显示。

模式 I(仅仅固体接触)通常用于滴滤池的 TOL 如此之高以至于很大一部分 $sBOD_5$剩余在曝气固体接触池中有待去除之时。因此，大多数固体存量必须保持于固体接触池以便去除剩余的 $sBOD_5$。因为曝气的固体接触池在模式 I 中较大，生物絮凝作用和絮凝目标能够同时达成，而不需要返流污泥复氧(Parker et al.，2001)。

3.3.1.2　滴滤池处理级

通常情况下，滴滤池设计用于去除大部分 $sBOD_5$。这方面的基础在于为混合液体保持对滴滤池固体优异的压实质量，这是通过低 SVI 值测定的。在设计中，要计算获得所需 $sBOD_5$去除率所需的滴滤池大小尺寸，而随后检查 TOL，确保其处于经验范围内(Parker et al.，2001)。随着 TOL 增加，$sBOD_5$去除率下降。

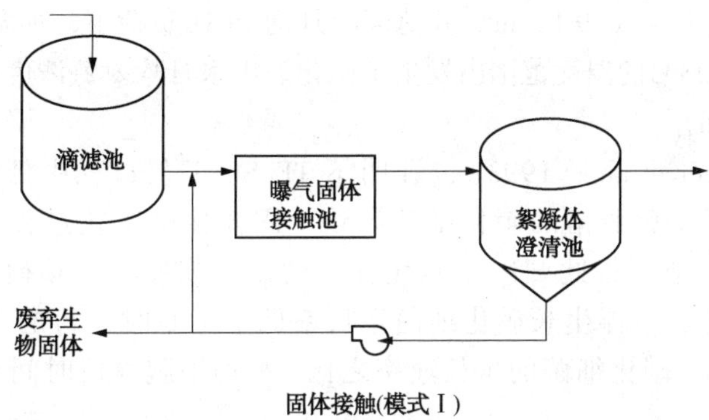

固体接触(模式 I)

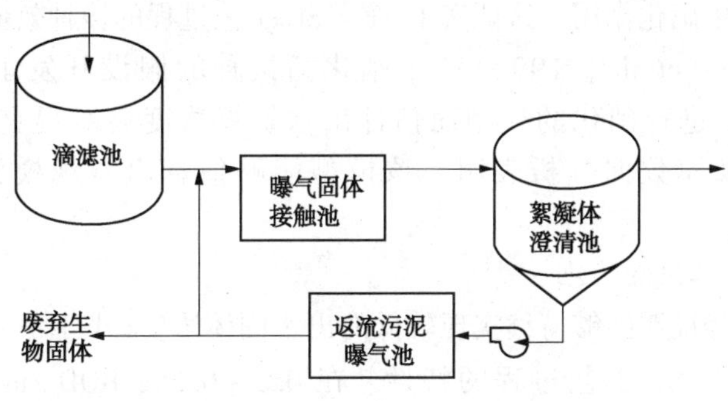

固体接触污泥再曝气(模式Ⅲ)

图 15.11　滴滤池固体接触运行模式

3.3.1.3　固体接触步骤

固体接触池最敏感的设计标准是 SRT。SRT 的计算包括曝气之下的所有固体，包括存在于复氧处理池中的那些(方程 15.2)。据推测，当超过 SRT 标准时，混合液将具有次级污泥压实质量。在大多数污水处理厂中在为期 2 天的 SRT 下运行都很适合。然而，需要采用全规模试验的研究，才能验证更高 TOLs 的 SVI 响应。

3.3.1.4 生物絮凝作用

由固体接触室中的曝气作用产生的混合具有两个重要的功能。首先，这种混合作用创建了限氧滴滤池固体能够产生絮凝作用所需的胞外聚合物(ECP)的环境。其次，这种混合作用增强了进水中精细分散的滴滤池固体和再循环的污泥之间的接触。这将促进有机和无机胶状颗粒的絮凝作用，而以此会获得额外的 BOD 去除率(Parker et al.，2001)。

在莫塔等的工作(Motta et al.，2003)中，空气诱导的 20 s^{-1} 的最低速度梯度在固体接触池中利用细泡曝气系统实现，这始终会产生良好的出水。此外，2.0mg/L 的最低溶解氧值已经成为合适的运行准则。

3.3.1.5 生物脱氮

现有的 TF/SC 系统能够通过增加复氧区而提高 SRT 并作出操作变化而降低固体存量进行升级而实施生物脱氮。硝化可以同时在滴滤池和固体接触池中发生。

当有机负荷足够低至容许碳氧化和硝化生物体都能生长时，硝化也可以在低温下发生于 TF/ SC 工艺过程。在 0.4~0.9 kg/m^3·d 范围的月均 BOD_5 负荷下，加拿大污水处理厂的高密度滴滤池塔在 12~23℃的温度范围内发生了硝化。出水月均氨氮浓度范围为 0.6~2.9mg/L(Parker et al.，1998)。

戴格尔等(Daigger et al.，1993)也证明了 TF/SC 工艺过程中低负荷 TFs 的相似性能。他们指出，从滴滤池脱落的硝化细菌导致了固体接触工艺过程在低于理论 SRT 之下发生了硝化作用。他们将此归因于硝化种子的菌群膨胀。这项研究的结果表明，如果硝化发生于滴滤池，悬浮生长硝化细菌生长率低于 1.0 时运行的 TF/ SC 系统中能够获得显著的氨氮去除(硝化细菌的生长速率之比=平均细胞停留时间/硝化的最小平均细胞停留时间)。

如果硝化细菌没有上游硝化滴滤池接种到这些单元装置中，则在这些条件期间悬浮生长单元装置中将不会发生硝化作用。这证实了 TF / SC 工艺过程的接种效应。

戴格尔等(Daigger et al.，1993)基于硝化菌接种的假设开发了 TF/ SC 工艺过程悬浮生长单元装置中进行硝化的模型而估计出水氨氮浓度。对得克萨斯州 TF / SC 两个污水处理厂的全规模数据分析表明，该模型能够估算出全规模污水处理厂的性能趋势。

3.3.1.6 絮凝剂二级澄清池

絮凝剂澄清池已经证明能够持续实现较低的出水固体浓度(小于 10mg/L)，主要是因为 SVI 值较低，这是 TF/ SC 工艺过程的特性。在 0.2~0.5kg BOD_5/m^3·d(12~31 lb/d/1000ft^2)的低有机负荷下，滴滤池固体很容易在 10~30min 的接触时间内发生絮凝(Parker et al.，1996；Slezak et al.，1998)。对于更具体的絮凝剂澄清池的设计信息，请参阅第 15 章。

3.3.2 粗过滤器活性污泥

RF/AS 工艺过程适用于处理高强度的污水，如工业污水，因为滴滤池上每单位去除的 BOD_5的能耗相对较低，MLSS 沉降特性增强。RF/AS 工艺过程中固定生物膜反应器消耗了大约 40%~70%的进入 $sBOD_5$。由于粗过滤器在去除 $sBOD_5$中起到了生物选择器的作用，则会获得良好的 MLSS SVI 值。

表 15.6　粗过滤活性污泥的工艺过程参数（SRT =固体停留时间，MLSS =混合液体悬浮固体）

滴滤池负荷	1.2~4.8 kg BOD/m^3 · d（75~300 lb/d/1 000ft^3）
活性污泥	
SRT	2.0~7.0 天
MLSS	2 500~4 000 mg/L
最后的澄清池表面溢流率	50~85 m^3/m^2 · d（1 200~2 000 gpd/ft^2）

在 RF/AS 工艺过程中，如果处理过程通过使用滴滤池单独完成，则粗过滤器通常是所需大小的 15%~30%。然而，粗过滤器负荷却比 TF/SC 工艺过程所用的粗过滤器负荷高约 4 倍。由于负荷率更大，RF/AS 工艺过程也具有较长的悬浮生长 SRTs(比其更长高达 85%)和较高的 MLSS 浓度(表 15.6)。在曝气池中的水力停留时间通常是单独使用活性污泥工艺过程所需的水力停留时间的 35%~70%。

3.3.3　滴滤池活性污泥

串联运行的滴滤池工艺过程(具有专用澄清作用)和活性污泥工艺过程就是本手册中所定义的 TF/AS 工艺过程。表 15.7 展示了 TF/AS 工艺过程常见的工艺过程参数。

当 TF/AS 用于硝化时，澄清步骤能够将所需的硝化曝气容积降低 60%~80%。这对于较大型的污水处理厂和/或处理较高强度污水的污水处理厂是一个显著的优点。

表 15.7　滴滤池活性污泥的工艺过程参数(BOD=生化需氧量，SOR =表面溢流率，SRT=固体停留时间，F：M =食物-微生物之比，MLSS =混合液体悬浮固体)

滴滤池负荷	1.0~4.8 kg BOD/m^3 · d(60~300 lb/d/1 000ft^3)
中间澄清池 SOR	50~85 m^3/m^2 · d(1 200~2 000 gpd/ft^2)
活性污泥	
SRT	2.0~7.0 天
F：M	0.2~ 5.0
MLSS	1 500~4 000 mg/L
最后澄清池的 SOR	50~85 m^3/m^2 · d（1 200~2 000 gpd/ft^2）

3.3.4　设计实例

现有的岩石滴滤池必须满足 $cBOD_5$目前的国家污染物排放消除系统的限制。以下参数能够用于确定固体接触池的大小而使滴滤池出水(TF/SC 工艺过程)达到 51mg/L 的 $sBOD_5$。

输入参数

流量= 70 L/s（1.6 mg/d），

水温度= 12 ℃，

滴滤池 TOL =0.48 kg/m^3 · d（30 lb BOD_5/d · 1 000ft^3），

最后出水 BOD_5 = 30 mg/L，

TF 出水 $sBOD_5$ = 15 mg/L，

TSS= 35 mg/L，

VSS = 28 mg/L，

初级出水总 BOD_5 = 140 mg/L。

假设

$Q_{RAS} = 0.25\ Q$，（因此，$R = [1.6 + 0.4]/1.6 = 1.25$）

计算

（1）确定具有 RAS 的固体接触进水渠中的 $sBOD_5$。

固体接触进水 $S_o = [(1.0)(15\ mg/L) + 0.25\ (5\ mg/L)]/(1.0 + 0.25) = 13\ mg/L$

（2）采用以下标准计算接触停留时间（HRT）

$$K_{20} = 3.0 \times 10^{-9} L/g \cdot min$$

$$\theta = 1.035 (at\ 12 \cdot C)$$

$$MLVSS(X_v) = 2000mg/L$$

$$\ln(S_e/S_0) = [-K_{20}\theta^{T-20}X_V] \times HRT$$

$$HRT = \frac{\ln \frac{S_e}{S_0}}{(K_{20}\theta^{T-20}X_e)}$$

$$= \frac{\ln \frac{50}{13}}{-(30 \times 10^{-5})(1.035^{12-20})(2000)}$$

$$HRT = 20min$$

$$HRT\ at\ Q + Q_{RAS} = (20)(1.25) = 25min$$

（3）将所计算的 HRT 与表 15.3 中的经验取值进行对比。使用步骤 2 中计算的 HRT 计算接触池容积。

（4）计算接触池容积。

$$容积 = (25\ min)(60\ s/min)(0.070\ m^3/s) = 105\ m^3(3708\ ft^3)$$

（5）确定每天的净固体产量和固体接触池的 SRT。在岩石过滤池的低负荷下，净产量在 0.50kg VSS/kg 去除的 BOD_5 下进行估算。

净固体产量 = $(0.5\ kg/kg)(0.140\ kg/m^3)(0.07\ m^3/s)(86400s/d) = 423\ kg\ VSS/d\ (931\ lb/d)$

$$SRT = \frac{(105m^3)(2.0kg\ VSS/m^2)}{423kg/d}$$

$$SRT = 0.5 天$$

输出总结

在 Q 下的 $HRT + Q_{RAS} = (20)(1.25) = 25\ min$

固体接触池容积 = $105\ m^3(3708\ ft^3)$

$SRT = 0.5\ d$

4 集成固定膜活性污泥系统的设计

4.1 概述

集成固定膜活性污泥装置能够通过向活性污泥池中加入生物膜支撑介质（生物膜载体颗

粒)，并以显著性水平的 MLSS 运行处理池。IFAS 装置能够使用三类生物膜：固定床生物膜、塑料载体移动床生物膜生物反应器(MBBR)介质和海绵型 MBBR 介质。固定床介质固定于框架上(图 15.12)。塑料载体 MBBR 介质通过缺氧和好氧细胞内的筛网固定于合适的位置(图 15.13，还有第 13 章)。海绵型介质允许在好氧区内轴向移动而与介质循环系统一起再循环返回(图 15.14)。对于 MBBR 塑料载体颗粒，MLSS 的典型范围为 1500 ~3500 mg/L。在固定床中，关于运行 MLSS 的上限就是第二澄清池系统的限制。

IFAS 系统的原理是增强 BOD 去除和脱氮使之超过在相似容积的悬浮生长反应器中使用 MLSS 的去除率。生物膜和混合液之间的相互作用与交换，增加了有关活性污泥和 MBBRs 的设计复杂性。悬浮生长的活性污泥系统不具有生物膜，因此，不需要集成生物膜和活性污泥模型为其进行设计。

IFAS 系统因为生物膜和混合液体之间的相互作用而具有显著的去除率。对于串联的多个处理池(多处理池应用)，这种系统的模型是必要的。设计者应该确保模型的精度已经公开出版或在全规模系统中经过了验证。除了出水质量之外，模型应该能够预测 MLSS 和 MLVSS、底物分布、污泥产量、需氧量和空气流量要求。该模型在预测生物膜生物质的数量方面必须相当精确。

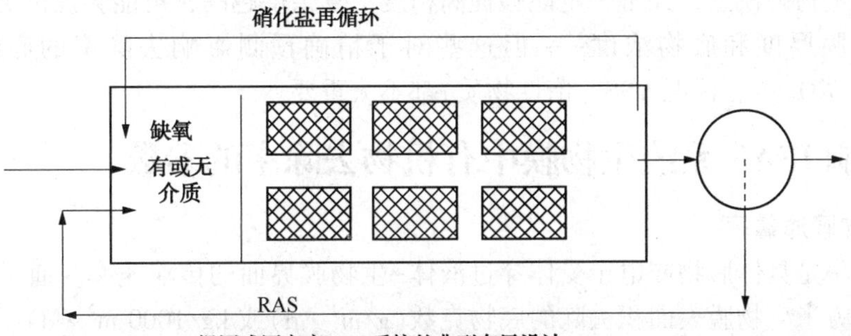

图 15.12　绳或网式固定床介质的集成固定膜活性污泥系统的典型布局设计

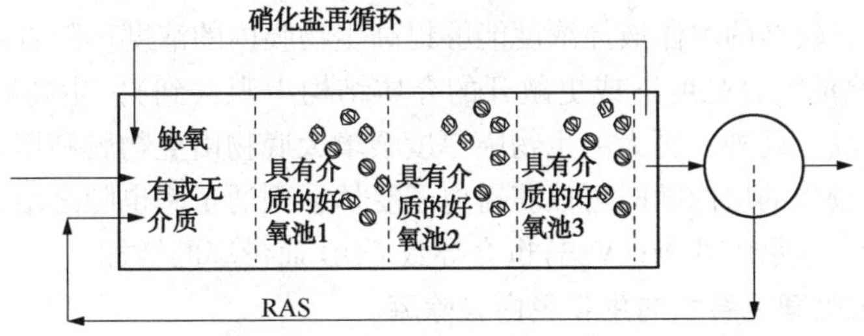

图 15.13　塑料载体介质集成固定膜活性污泥系统的典型布局设计

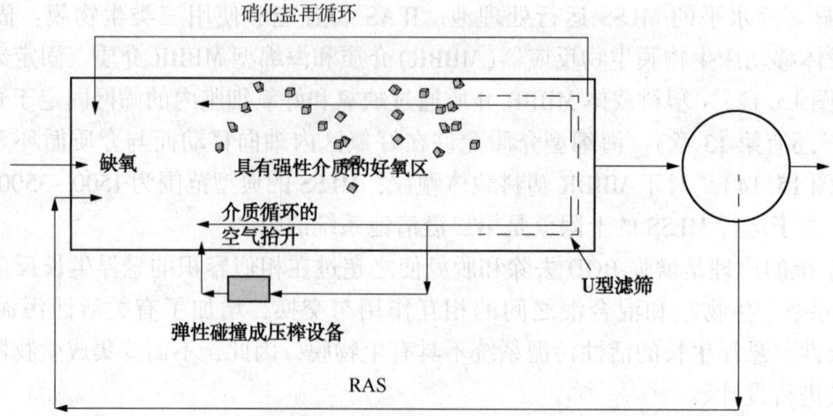

图 15.14 塑料载体介质集成固定膜活性污泥系统的典型布局设计

过度复杂的生物膜模型，并不一定能够提高精度。复杂度越高，可能会提供更多的输出参数——如生物膜厚度和底物浓度——但这些对于精确预测影响去除率的底物通量率（COD、NH_4-N、NO_x-N、污泥 VSS、惰性物质）都不太重要。

4.2 影响 IFAS 系统生物膜中有机物去除率的参数

4.2.1 生物膜通量率

生物膜通量率是具体底物或电子受体穿过液体-生物膜界面的传输速率。通量的典型单位是以每天每平方米生物膜表面积去除的底物克数（$g/m^2 \cdot d$）或 $kg/1000\ m^2 \cdot d$）。生物膜表面积就是介质上发育的生物膜的表面积。这不是裸介质的表面积。通量率可能取决于这些参数，如 COD、溶解氧、铵-氮、氧化的氮、VSS 和惰性固体。

对控制生物膜通量率的因素的理解是很重要的。底物如 COD 的通量率随着混合液体（生物膜外的本体液体）中底物（COD）的浓度和电子受体（溶解氧、氧化的-N 形式）浓度升高而升高。生物膜厚度、生物膜内生物质密度和停滞液体层（边界层）的厚度也影响通量率。

图 15.15 显示了较高的本体液体浓度能够提高生物膜内的浓度。随着停滞液体层厚度降低，（这可能在较高的混合强度下或更敞开的介质结构中观察到），生物膜的底物浓度和底物通量率都随之升高。此外，更大的生物膜厚度会增大底物由生物膜利用而进入生物膜内的深度。如果在这些较深的层内随时可以获得电子受体，则通量率也随之增加。较高的生物质密度（以 mg / L 计，生物膜的 ML VSS）也会导致 COD 通量率的增加。

4.2.2 每单位处理池容积的生物膜内去除率

除了生物膜通量率之外，每单位处理池介质体积产生的去除率取决于生物膜比表面积（m^2生物膜表面积/m^3处理池容积）和介质填充率。

每单位处理池容积的去除率（$kg/m^3 \cdot d$）为：

生物膜通量率（$kg/1000m^2/d$）× 100%介质填充率下生物膜比表面积（m^2/m^3）×介质填充率

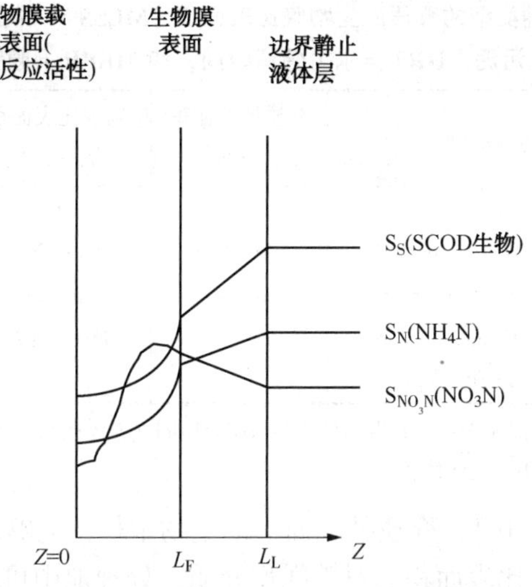

图 15.15　外部底物浓度和停滞液体层对生物膜内部底物浓度(和利用率)的重要作用

介质填充率就是介质填充的活性污泥处理池容积的分数。在 100%的填充下，介质填充率的值等于 1.0。对于固定床介质，介质填充率就是介质底面层的分数乘以由介质框架覆盖的高度。对于移动床的介质，则是填充生物膜载体颗粒的移动床的空处理池容积的分数。

在 100%介质填充率下生物膜比表面积取决于几个因素。这些因素包括：

- 使用的介质类型。在一定的填充容量分数下比表面积随着从固定床介质至某种类型的塑料圆柱形海绵型移动床介质的变化而升高(表 15.8 和第 13 章)。
- 介质上生物膜的厚度随着本体液体中有机底物(可溶性的可生物降解 COD)水平升高而升高。对于大多数介质，当生物膜厚度增加超过某一最优水平时，表面积就会下降(图 15.16)(Sen et al.，2007)。在这些情况下，通过更强烈地混合作用产生更高速率的生物膜剪切作用就能够降低厚度。
- 生物膜覆盖裸介质表面的程度。这能够采用外部 COD 浓度进行改变(图 15.16)。

表 15.8 显示了二级处理的 IFAS 系统中使用的生物膜比表面积和典型填充率。对于移动床介质，填充率的上限通过随介质穿过反应器(处理池)部分的再循环流量和进水流量总和而确定。再循环的存在，增加了正向流量，这就不得不通过好氧混合和介质再循环进行抵消。由于二级系统中存在硝酸盐和 RAS 再循环，则二级系统介质填充率的上限通常低于三级系统(无 RAS)和强化脱氮(ENR)系统(无硝酸盐再循环)的后置缺氧处理池中所适用的上限。

比表面积都是基于具有介质的池(处理池)正常运行的可生物降解溶解性 COD(sCOD)。这种 sCOD 处于 10~25mg/L。如果可生物降解的 sCOD 较高，除非对这种类型的介质增加剪切作用(搅拌或空气冲刷)，否则生物膜厚度将会增加。如果剪切作用不改变，则比表面积在某个范围内可能保持不变，而然后就会降低(Sen et al.，2007)。比表面积保持不变的范围将取决于介质类型。

表 15.8 各种类型的介质的生物膜比表面积（MLSS = 混合液体悬浮固体，IFAS= 集成固定膜活性污泥，HRT =水力停留时间，和 MBBR =膜移动床生物膜生物反应器）

系统类型	介质	介质填充体积百分数①	生物膜比表面积/(m^2/m^3)	推荐的 MLSS/(mg/L)	12℃下最小好氧 HRT（h）
活性污泥	无	0	0	3000	7
IFAS，固定床	Bioweb，Accuweb	70~80	50~100	3 000	5
IFAS，海绵型 MBBR	Linpor，Captor	20~40	100~150	2 500	4
IFAS，塑料载体 MBBR	K1（Kaldnes），Entex，ActiveCell（Hydroxy）	20~65	150~3002	3 500	4

① 绳型固定床介质框架的外部体积；具有生物膜的移动床介质的立方体或圆柱体的外部体积。注意，容积填充率并非是介质替换的活性污泥处理池中的液体体积的分数。

对于塑料介质(图 15.16)，介质外表面上的生物生长，能够增加比表面积，而厚度增加将会降低圆柱体内生物膜比表面积。对于绳型介质，处理池中可生物降解的 sCOD 浓度增加可能导致管状生物膜表面套封环而不是锯齿生物膜表面的发育。这会导致表面积降低。介质设计对于给定的混合水平的可生物降解 sCOD 会影响比表面积的变化。

设计曲线能够由厂商获得，涵盖了预期的可生物降解的 sCOD 范围。例如，在 IFAS 系统中，通过调节参数如增加第一好氧池的标称 HRT，第一池中的介质填充率、再循环率(硝酸盐再循环，污泥再循环)和 MLSS 而能够降低可生物降解的 sCOD。

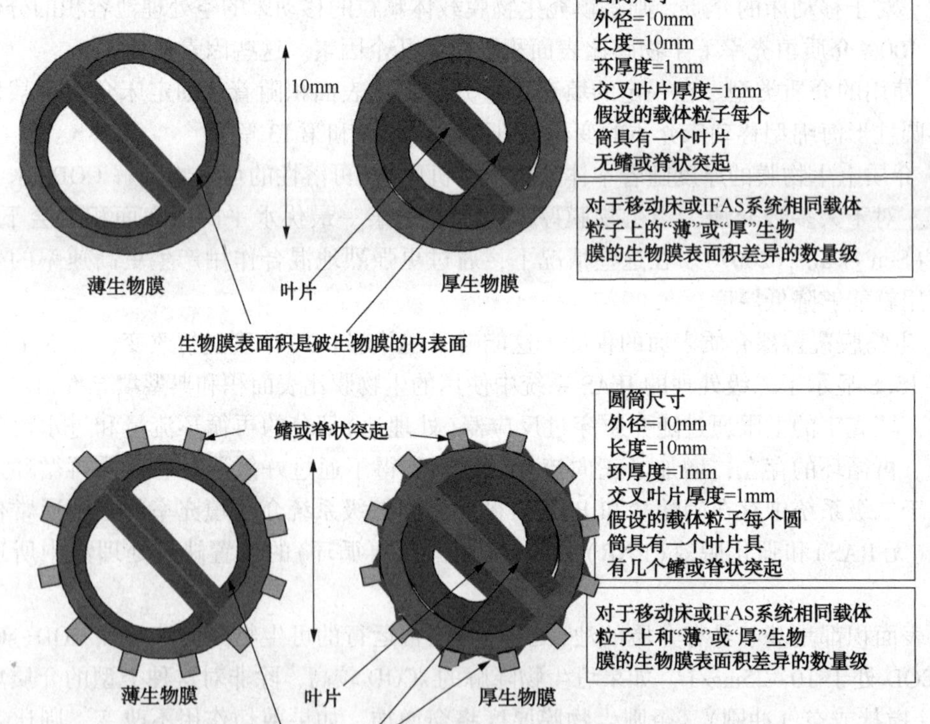

图 15.16 生物膜厚度对生物生长位置和生物膜表面积的影响(Sen et al.，2007)

4.3　混合液体悬浮固体中影响去除率的参数

与活性污泥系统一样，IFAS 系统中每单位处理池体积的 COD 去除率随着 MLVSS、底物浓度(可生物降解的 sCOD)和混合液中的溶解氧(或氧化的 N)增加而增加。对于相同的处理池容积，随着混合液体的 SRT 增加，MLVSS 浓度也会升高。反之，这会提高了 MLVSS 中的 COD 吸收率($kg/m^3 \cdot d$)，从而降低了生物膜不得不去除的 COD 量。其结果是所需的生物膜的表面面积降低。

4.4　混合液体悬浮固体和生物膜之间的相互作用

在 IFAS 系统的设计中，了解生物质和 MLVSS 和生物膜去除的相互依存和相互作用的关系是很重要的。混合液中的去除率增加，正如在较高 MLSS SRT 下所观察到的情况，将会降低沿着好氧区的任何位置的 sCOD 浓度。这将降低该位置的生物膜的 COD 吸收率(通量率)。对于相同的 MLSS SRT，温度上升也有类似的效果。另一方面，降低 MLSS SRT 或降低温度具有不同的效果，而生物膜内的吸收率和 COD 去除的分数将会升高。

此外，在设计 IFAS 污水处理厂时，可以利用现有的澄清池容量，而运行具有较高的 MLVSS 和 MLSS SRT 的系统而降低所需的生物膜量。这可能容许改变较低生物膜比表面积所需的介质类型(见表 15.8)。相比于活性污泥系统和 MBBR，这也可能允许使用较小的曝气池体积。

设计师也应该评估当 MLSS 升高时移动床系统中处理池滤网处泡沫包封的风险。如果该污水处理厂具有累积泡沫的倾向，无论是季节性或由于进水特性变化，设计师可能都要限制 MLVSS 和 MLSS SRT 而不是使用更多的生物膜介质。这在固定床系统中并不是所关注的问题，因为这种系统中并不使用池内筛网(图 15.12)。

4.5　异养菌和硝化菌之间的相互作用

了解异养菌和硝化细菌之间的相互作用(自养)是 IFAS 系统中的一个挑战。与活性污泥系统一样，增加本体液体中可溶性可生物降解的 COD 水平(5 ~20mg/L)的因素导致异养菌相对于硝化菌的生长速率大幅度增加。这就降低了生物膜内硝化菌的分数并对生物膜内的硝化速率有负面影响。

在活性污泥系统中，MLSS SRT 降低至接近硝化细菌冲刷走的 SRT，会降低 MLVSS 中硝化菌的量直到失去硝化作用。生物膜支撑介质的安装，能够以较长 SRTs 承载生物质，将会生长一些硝化菌。生物膜中的硝化细菌数量将取决于可溶性的可生物降解物质的浓度和生物膜外本体液体中溶解氧的水平。

当硝化细菌存在于 IFAS 系统的生物膜内时，生物膜脱皮而接种于混合液体中。在 MLSS SRTs 接近冲刷走的 SRT 时，这种脱皮和接种作用，相比于运行于相同 MLSS SRT 的活性污泥系统，可能会显著提高 MLSS 中硝化菌的数量。因此，生物膜介质的存在有助于增加每单位处理池体积的硝化速率，因为生物膜和混合液中速率升高。如果生物膜内硝化作用没有受到损害，则恢复到满硝化作用所需要的时间相比于活性污泥系统将会缩短。

4.6 设计工具/程序

IFAS 系统设计具有两种类型设计程序：

(1) 基于每一厂商或工艺过程供应商的经验的经验方法；

(2) 依赖于不同的活性污泥一体化水平的工艺过程动力学模型和生物膜动力学(本手册第3章中讨论)。

每个制造商都定制自己的经验方法，这些方法可能部分基于活性污泥和生物膜动力学。通常情况下，生物膜及其动力学的贡献通过厂商或工艺过程供应商基于其对设施的观察而进行简化。

基于经验方法的模型应该谨慎应用。此外，这些模型的应用应该限于介质类型和其开发和测试的系统。例如，如果硝化作用是在低进水 COD 的三级系统中进行观察的，则速率和模型都不应该应用于二级系统。

4.7 经验设计方法

4.7.1 当量污泥龄方法

海绵和塑料介质系统的一些供应商使用当量污泥龄的方法。介质中存在的生物质的量溅入到混合液体中的数量中。当量 SRT 通过总生物质(生物膜和混合液体)除以日废弃速率进行计算。在这种情况下，工艺过程的供应商就会制定具体的曲线而将当量 SRT 等效于污水处理厂的性能。

据推荐，该方法只适用于所对应的介质系统。这些介质具有去除过量生物质的不同方式(挤压海绵，而不是脱皮)。对于所提供的生物膜表面积，相对于塑料移动床介质，其在生物膜内携带了相对较高的生物质的量。这是因为较高的厚度和生物膜密度所致。如果介质允许沿着好氧区的长度移动(图 15.14)，则生物膜内硝化细菌的分数和厚度沿着整个长度是相同。

只要该方法应用于数据收集的相同条件和系统性能，则这种方法就是可靠的。这类似于进行了一项可放大的中试研究，并将结果应用于设计中。

4.7.2 介质数量的方法

固定床介质的一些供应商使用介质数量(长度或网表面积)的方法。介质基于介质长度或其表面积，如网床型绳线介质，进行销售。供应商们在其运行的污水处理厂和中试研究中测定其速率。然后将这些信息应用到其他污水处理厂。

在使用这种方法时应该小心谨慎。这种方法应该限于数据收集的工艺过程条件。设计者应该评估硝化和脱氮的改善是否是因为(1)生物膜内的硝化作用或(2)由于 SVI 改善而能够支持的额外 SVI 和混合液体 SRT。这两个因素可能都有助于固定床介质的额外硝化和脱氮。

在几个污水处理厂中按照介质的安装方法在结合合适的液体和空气流量时已经观察到 SVI 改进。SVI 的降低可能是因为(1)更稠密的生物膜脱皮于固定床介质；和(2)通过在处理池内安装介质产生了活塞流动力学并在引起液体滚动模式时改进了通过介质框的液体的混合作用。这种模式出现于扩散器放置于具有介质的框架之下。此外，改进的曝气作用对沿处理池长度的溶解氧水平提供了更好的控制。在具有介质框的处理池中观测结果表明，放置介质框，降低了沿着处理池长度的来回混合作用，导致产生多 CSTR 或活塞流模式。介质框在处理池长度内能够起到类似于隔间的作用。

4.7.3　基于中试试验研究的速率

另一种方法是使用中试研究代表所提出的全规模应用。如果中试研究数据代表全规模系统的条件，这种方法就会发挥效用。然而，在重复中试研究的固定床介质系统中存在着挑战，因为中试研究不适应全规模系统中将会使用的扩散器类型和深度。

4.8　这些系统的缺点

4.8.1　能量效率

粗泡曝气通常适用于降低进出曝气池的需要和频率。粗泡曝气与细泡曝气的效率并不一样。

4.8.2　红虫

固定介质产物可能需要较高的曝气才能维持脱皮速率。这种较高的溶解氧和固定的静态介质可能会导致红虫在介质中增殖。如果失去曝气或需要进入处理池内，则红虫可能会死，并成为额外的气味源，这对于清理和去除可能难度很大。

4.8.3　介质储存

移动床和固定床的介质产品在曝气池中占据很大的体积。在施工期间，承包商可能需要进行分段运输的大量表面积。在运行过程中，如果需要进出曝气池，则需要一些介质储存的方法或将这些介质运送至邻近处理池或自其运走的方法。

4.8.4　诺卡氏菌发泡

这些系统，特别是具有脱氮构造结构设计的系统，看起来易于出现诺卡氏菌发泡。推荐用于泡沫控制的每一种方法，包括表面氯喷洒、表面废弃、RAS 氯化，重定向所有的浮渣和表面废物而防止补种，以及使用消泡聚合物，都必须在运行时可供采用。

4.9　工艺过程动力学设计的方法(工艺过程模型)

4.9.1　生物膜速率模型

以下方法可用于进行初步尺寸确定。这是建立在全规模和中试研究以及校准工艺过程模型中所观察的速率基础之上。

4.10　定义通量率的范围

COD/TKN 之比为(7.5 ~ 15)：1 的初级出水(反应器进水)在混合液体温度为 15℃而曝气区溶解氧浓度为 3mg/L 时能够使用以下速率：

- 曝气 COD 摄取：0.5 ~5 kg/1 000 m^2 · d
- 硝化：0.05 ~0.5 kg/1 000 m^2 · d

对温度进行速率调节，每 1℃的温度变化能够使用 5%的阿累尼乌斯(Arrhenius)调节系数。这些范围的宽度表明了该系统适应宽范围条件的适应性。

介质位置和应用的通量率实际值将在下一节中进行讨论。

4.11　量化去除率

混合液体和生物膜中量化 IFAS 系统中所需的生物膜表面积的推荐去除分数建立在采用工艺过程动力学模型完成的分析基础之上。这些清除是在 15℃下完成的。

- 在 2 天的 MLSS SRT 下，生物膜上 COD 50%而硝化 80%，其余的则在 MLVSS 内。

• 在 4 天的 MLSS SRT 下，生物膜上 COD 25%而硝化 50%。

• 在 8 天的 MLSS SRT 下，生物膜上硝化 20%。

上面提到的 MLSS SRT 对于温度每升高 1℃，可以升高 3%。

生物膜所需的表面积是 COD 去除率和硝化所需二者之中较高的。基于 BOD 的速率将是基于 COD 的速率的一半。

4.12 基于沿着好氧区的位置选择通量率

据推荐，好氧区被分成三等分。

• 对于好氧区的第一个 1/3、第二个 1/3 和第三个 1/3 分别应用 75%，50%和 25%的最大速率；

• 在定标和出水铵-N 为 1 mg/L 时，对于好氧区第一个 1/3、第二个 1/3 和第三个 1/3 的铵-N 吸收分别应用 25%、50%和 75%的最大速率。

当所需的出水质量小于 1mg/L 时，好氧区中部和最后 1/3 中的硝化速率应该按照混合液体中铵-N 浓度的比例进行降低。例如，在出水铵-N 为 0.5mg/L 时，最后 1/3 中应用的速率应该为 0.75×0.5/1.0=超过 1mg/L 速率的 0.375。

4.13 完成设计的附加分析

本文建议设计师应该使用有关建模章节中讨论的软件模型之一。对于 IFAS 系统，推荐使用多个软件应用程序提高预测的置信水平。

4.14 设计实例：传统活性污泥污水处理厂的升级

IFAS 系统的设计需要使用包括 IFAS 计算系统的设计工具。有关混合系统的水环境研究基金会(Water Environment Research Foundation)的报告(2000)提出了一种几年来一直开发的方法，在布鲁姆菲尔德 IFAS 污水处理厂进行了全规模验证，并已经在公共领域可供使用。

该方法在考虑 IFAS 升级的污水处理厂中以高速 CAS 系统开始。图 15.17 显示了选择和设计合适类型的 IFAS 介质而达到所需出水水质的步骤序列。IFAS 的设计适用于 BOD 和硝化，适应于 MLE 或 ENR 模式中的 BOD 和脱氮，这种模式具有甲烷进料的后置缺氧区。这种方法也能够为生物过量除磷(BEPR)提供脱氮。好氧池可以加入介质。如果 MLSS 中的生物质不足以进行反硝化，也可以添加到缺氧池中。迄今为止，它还没被设置于 BEPR 应用的厌氧池中。然而，对于非 BEPR 应用正在开展研究，尤其是针对北美以外的高强度废水展开研究。

设计工艺过程设计的下一要素是开展对何种类型的介质适合什么地方的充分理解。图 15.18 和表 15.8 显示了固定床和移动床介质的生物膜比表面积(生物膜 SSA，m^2/m^3)如何维系最大填充率(mf)的，而产生采用这种介质可能达到的最大应用比表面积(应用的 SSA，m^2/m^3)。

$$\text{施加的 SSA} = \text{生物膜 SSA} \times mf$$

生物膜 SSA 是介质类型及介质应用环境的特性。虽然对于每一种类型的介质都存在合理的上限(如图 15.18 所示)，但是生物膜外混合液体中较高的可溶性可生物降解 COD(或可溶性的胶状 BOD_5浓度)可能增加生物膜的厚度而降低 SSA(图 15.16)也是可能的。因此，为了保持生物膜最佳运行，将某些物理特性如通过再循环进行混合和稀释囊括在内是很重要的。这种复杂性就是使之有必要使用设计工具提供此信息而将其构建于模型之中的动因。

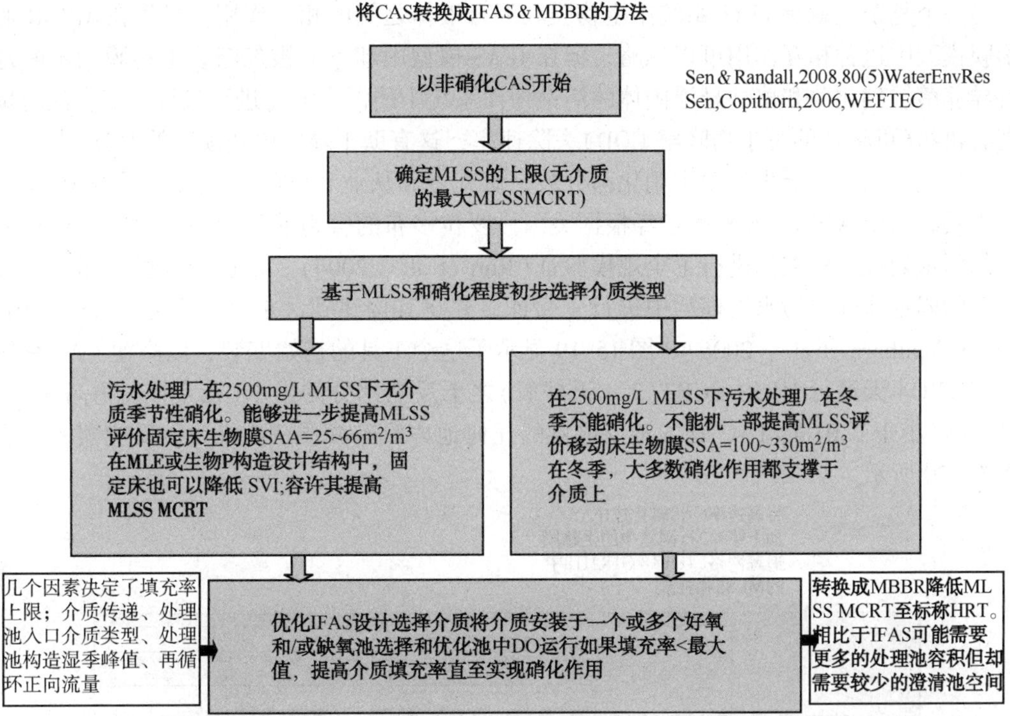

图 15.17　将高速传统活性污泥(CAS)系统设计转换成集成固定床活性污泥(IFAS)和移动床生物反应器(MBBR)的方法(MLSS ＝ 混合液体悬浮固体，MCRT ＝平均细胞停留时间，SSA＝ 比表面积，HRT＝水力停留时间，和 DO ＝溶解氧)(Copithorn et al.，2008)

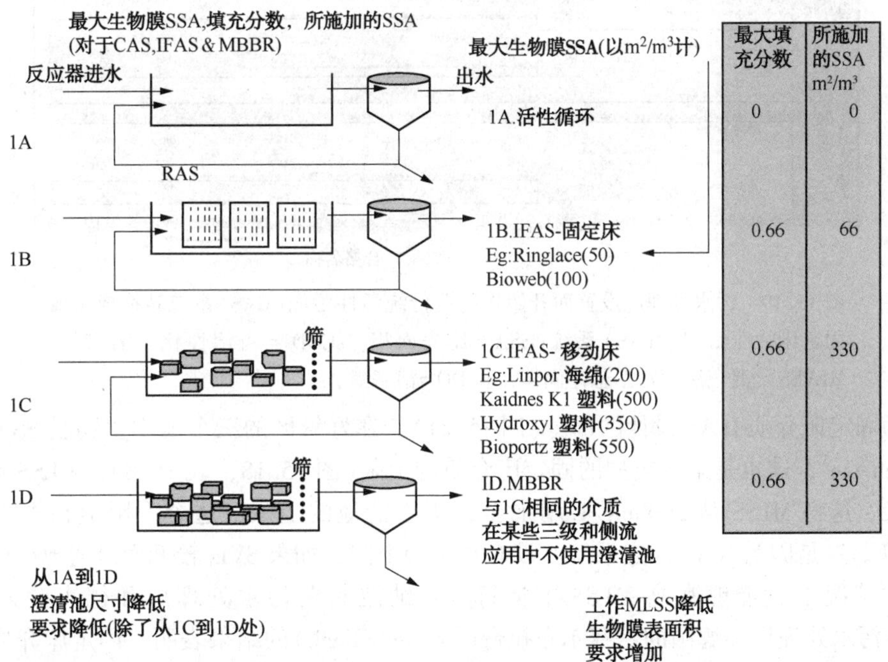

图 15.18　理解最大生物膜 SSA(m^2/m^3)、最大填充率和应用的 SSA(m^2/m^3)之间的关系(IFAS ＝ 集成固定膜活性污泥，MBBR ＝ 移动床生物膜反应器，MLSS ＝混合液体悬浮固体，SSA＝比表面积，和 HRT ＝水力停留时间)(Sen et al，2006)

另一个复杂性就是 IFAS 系统中生物膜和混合液体之间的相互作用。尽管在 MBBR 和纯生物膜模型中这种相互作用可以忽略，但在 IFAS 模型中却不能被忽略。生物膜会不断地对具有异养菌、硝化菌和惰性悬浮固体的活性污泥系统中的混合液体进行接种。混合液有助于提高有机物(可溶性的可生物降解 COD)去除速率，这有助于降低生物膜外的 COD 浓度。

这增强了第一数层生物膜中硝化菌分数。研究者和从业者已经合作发明了 IFAS 系统的设计工具。这个 AQUIFAS 模型已经根据美国科罗拉多布的鲁姆菲尔德最长时间运行移动床介质的污水处理厂的数据进行了全规模验证(Rutt et al.，2006)。在位于马里兰州安纳波利斯最大的固定床介质污水处理厂中进行了验证，并将其构建到污水处理厂的 IFAS 和 MBBR 模型中(Copithorn et al.，2006)。图 15.19 显示了这个工具的初始安装，以高速 CAS 系统开始。在 12℃4 天运行 MLSS MCRT(2.4 天好氧)之下反馈部分的出水(18 行)表明高铵-N 而无硝酸盐(小于 0.01mg/L)。在 5 池反应器的任何池中没有介质(142 行)。反应器的示意图如图 15.20 所示。

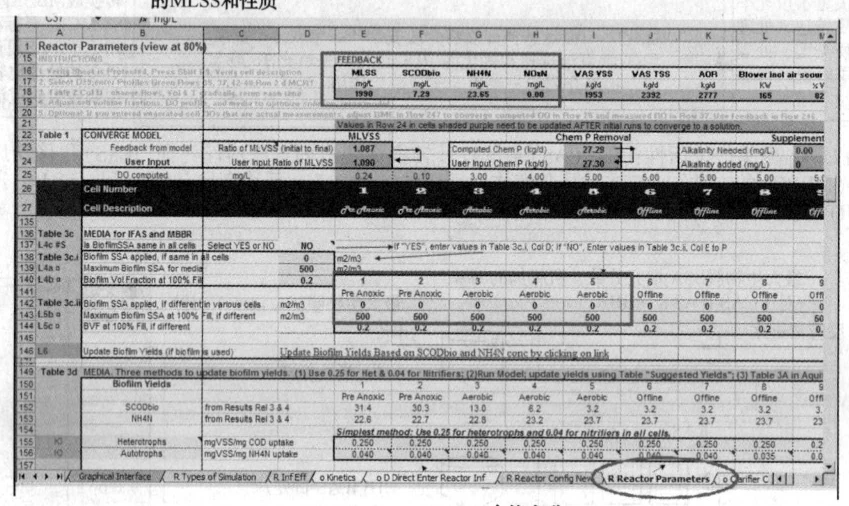

图 15.19 污水处理厂设置而开始将高速传统活性污泥(CAS)系统转换成集成固定床活性污泥(IFAS)系统(SSA = 比表面积，sCOD = 可溶性化学需氧量，MLVSS= 混合液挥发性悬浮固体，和 DO=溶解氧)

作为固定床介质 IFAS 设计的部分(图 15.21)，在好氧区的三个池中生物膜 SSA 逐渐增加至 70 m^2/m^3，这也是某些类型的固定床介质的上限(图 15.18，表 15.8)。MLSS MCRT 增加至 7 天，这将 MLSS 从 2000mg/L 增加至二级澄清池的上限，这个上限值在本实例中为 3600mg/L。这是因为 IFAS 固定系统并没有真正的上限，如果 SVIs 较低而澄清池能够处理这些负荷的情况下就能够在高 MLSS 下运行。安纳波利斯污水处理厂和德克萨斯克罗尼(Colony)污水处理厂和德国的盖赛尔布拉奇(Geisselbullach)的结果表明，固定床介质系统的适当设计降低了 SVI(Coppithorn et al.，2006；Hubbel et al.，2007；Lessel，1994)。对于安纳波利斯的 IFAS 固定床，SVI 从 130 下降到低于 100mg/L，完全消除了采用 RAS 氯化作用进行 SVI 定期控制的需要。IFAS 固定床一旦在运行 10 年之后被拆除，SVI 就会增加。在这个例子中，IFAS 固定床系统能够达到 1mg/L 的出水铵-N 限值和 8mg/L 的总 N，这正是该设计的目标。

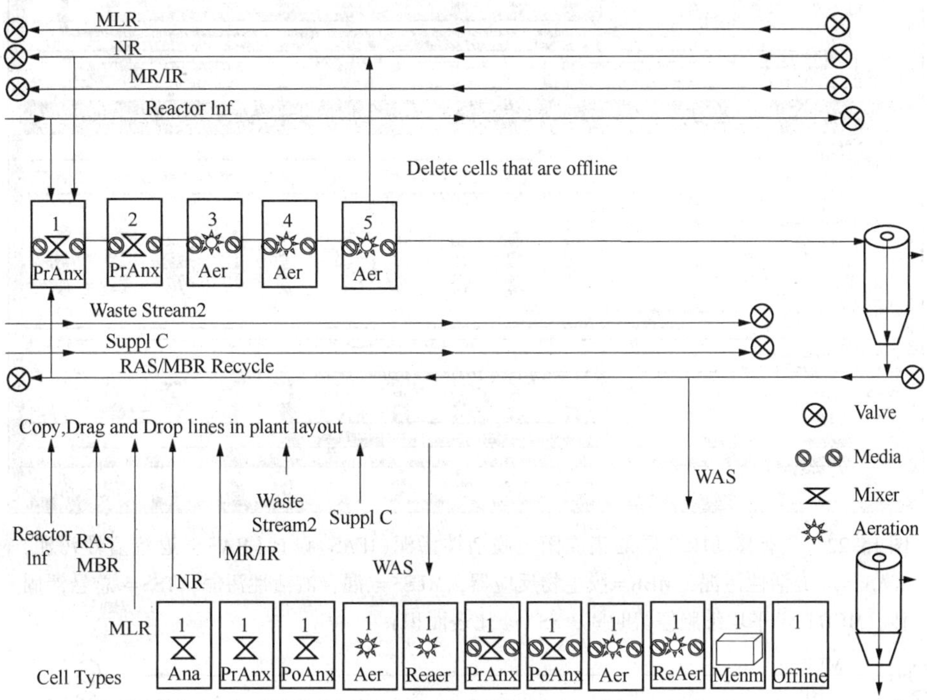

图 15.20　在 Aquifas IFAS 设计工具中创建各种集成固定膜活性污泥布局设计，采用 1~12 个处理池和 1~3 个平行序列进料至第二澄清池(平行序列可能具有不同的曝气、介质和运行模式)(RAS = 返流活性污泥，WAS = 废弃活性污泥，MBR = 膜生物反应器，MLR = 混合液再循环，NR = 硝酸盐再循环，MR/IR = 介质再循环/内部再循环)

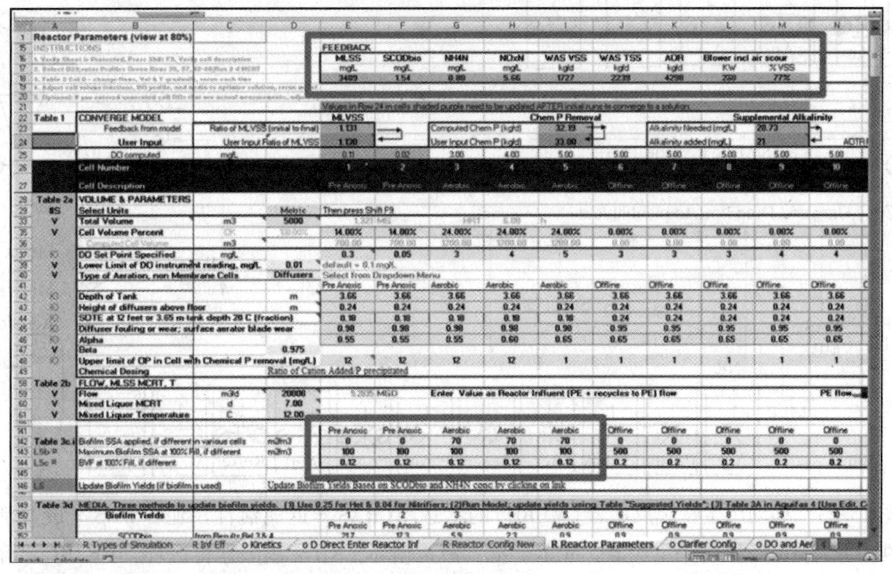

图 15.21　具有固定床介质的集成固定膜活性污泥设计(RAS = 返流活性污泥，WAS = 废弃活性污泥，MBR = 膜生物反应器，MLSS = 混合液活性污泥，TSS = 总悬浮固体，MCRT = 平均细胞停留时间，SSA = 比表面积)

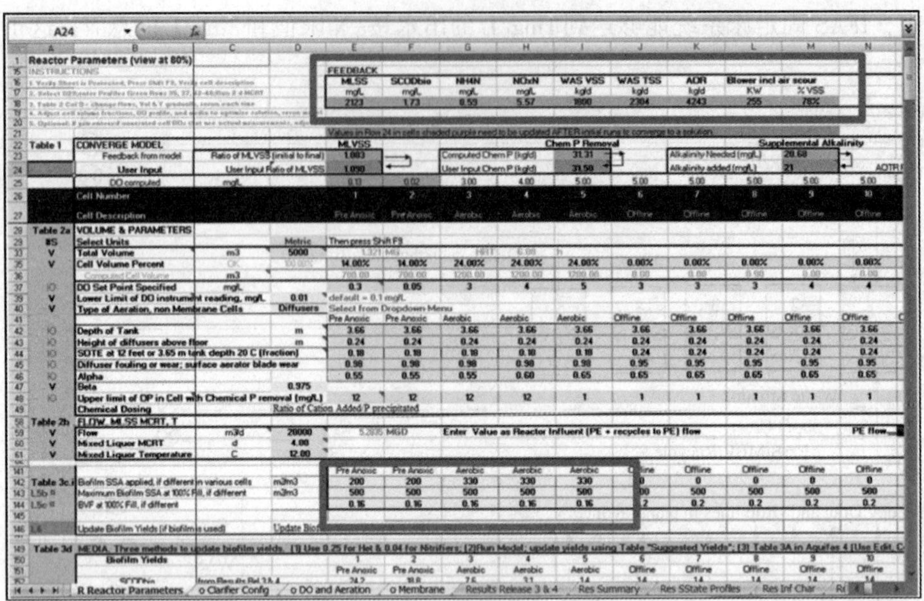

图 15.22 具有移动床介质的集成固定膜活性污泥(IFAS)设计(RAS =返流活性污泥，WAS =废弃活性污泥，MBR=膜生物反应器，MLSS= 混合液活性污泥，TSS= 总悬浮固体，MCRT = 平均细胞停留时间，SSA =比表面积)

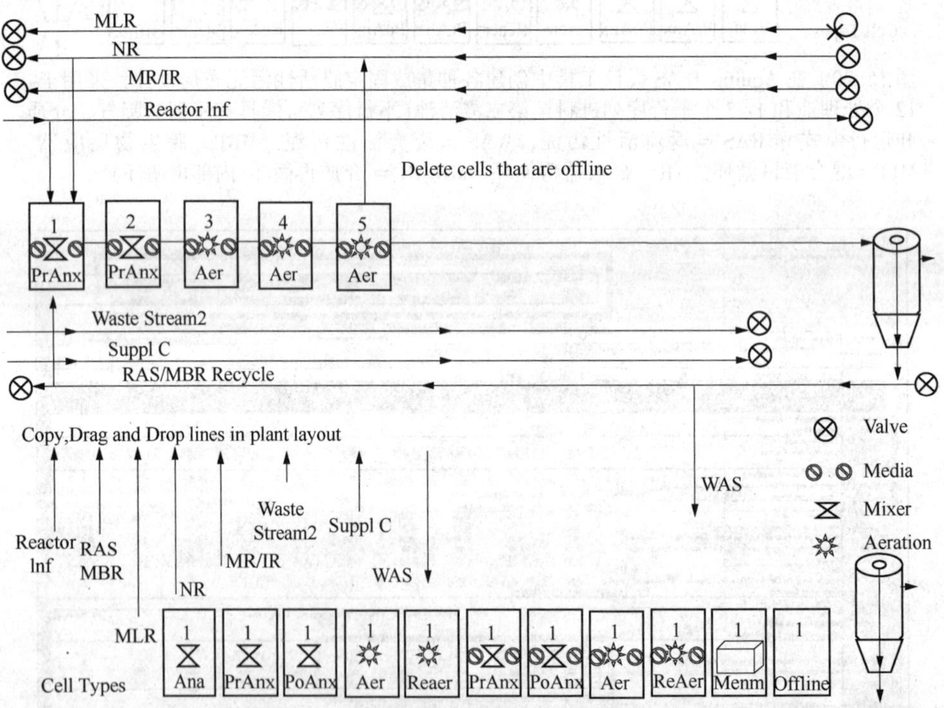

图 15.23 移动床生物膜反应器(MBBR)的示意图(RAS =返流活性污泥，WAS =废弃活性污泥，MBR=膜生物反应器，MLR= 混合液再循环，NR= 硝酸盐再循环，MR/IR = 介质再循环/内部再循环)

图 15.23 显示了相同的设计工具(模型)如何能够用于将 IFAS 转换成 MBBR。MBBR 采

取无 RAS 运行(图 15.23)。MLSS MCRT 等于 HRT。这将降低系统中运行的 MLSS。生物膜的数量(在某些情况下，反应器容积)必须增加而超过 IFAS。然而，澄清池的大小因为较低的 MLSS 而可能降低。

5　参考文献

Albertson, O. E. (1989a) Slow Down That Trickling Filter! *Oper. Forum*, 6 (1), 15.

Albertson, O. E. (1989b) Slow - Motion Trickling Filters Gain Momentum. *Oper. Forum*, 6 (8), 28.

Albertson, O. E. ; Eckenfelder, W. W. (1984) Analysis of Process Factors Affecting Plastic Media Trickling Filter Performance. In the *Proceedings of the Second International Conference on Fixed-Film Biological Processes*, Washington, D. C.

Balmer, P. ; Ekfjorden, L. ; Lumley, D. ; Mattsson, A. (1998) Upgrading for Nitrogen Removal Under Severe Site Restrictions. *Water Sci. Technol.*, 37 (9), 185.

Boller, M. ; Gujer, W. (1986) Nitrification in Tertiary Trickling Filters Followed by Deep Bed Filters. *Water Res.*, (G. B), 20, 1363.

Copithorn, R. R. ; Sen, D. ; Frenkel, V. and Crawford, G. (2008) Upgrading Plants Using IFAS, MBBR, and Membrane Technologies: Process Selection and Operation. *Proceedings of the 81st Annual Water Environment Federation Exposition and Conference* [CD-ROM]; Chicago, Illinois, Oct 18 - 22; Water Environment Federation: Alexandria, Virginia.

Copithorn, R. R. ; Sturdevant, J. H. ; Farren, G. D. and Sen, D. (2006) Case Study of an IFAS System - Over 10 years Experience. *Proceedings of the 79th Annual Water Environment Federation Exposition and Conference* [CD-ROM]; Dallas, Texas, Oct 21 - 25; Water Environment Federation: Alexandria, Virginia.

Daigger, G. ; Harrison, J. (1987) A Comparison of Trickling Filter Media Performance. *J. Water Pollut. Control Fed.*, (59), 679.

Daigger, G. T. ; Norton, L. E. ; Watson, R. S. ; Crawford, D. ; Sieger, R. B. (1993) Process and Kinetic Analysis of Nitrification in Coupled Trickling Filter/Activated Sludge Processes. *Water Environ. Res.*, 65, 750.

Daigger, G. T. ; Norton, L. E. ; Watson, R. S. ; Crawford, D. ; Sieger, R. B. (1995) Closure to Discussion of: Process and Kinetic Analysis of Nitrification in Coupled Trickling Filter/Activated Sludge Processes. *Water Environ. Res.*, 65, 750 (1993)

Harrison, J. R. ; Daigger, G. T. (1987) A Comparison of Trickling Filter Media. *J. Water Pol. Control. Fed.*, 59 (7), 679.

Harrison, J. R. ; Timpany, P. L. (1988) Design Considerations with the Trickling Filter Solids Contract Process. *Proc. Joint Can. Soc. Civ. Eng.*; *Am. Soc. Civ. Eng. Natl. Conf.*; *Environ. Eng.*; *Vancouver, B. C.*; *Can.*

Harrison, J. R. ; Daigger, G. T. ; Filbert, J. W. (1984) A Survey of Combined Trickling

Filter and Activated Sludge Processes. *J. Water Pollut. Control Fed.*, 56, 1073.

Kalb, K.; Williamson, R. R.; Frazier, W. M. (1990) Nitrified Sludge: An Innovative Process for Removing Nutrients from Wastewater. *Proceedings of the 63rd Annual Water Pollution Control Conference*; Washington, D. C., Oct 7 - 11; Water Environment Federation: Alexandria, Virginia.

Krumsick, T. A.; *et al.* (1984) Trickling Filter Solids Contact Process Demonstration, Salt Lake City, Utah. Proceedings of the Annual Conference of the Utah Water Pollution Control Association; Salt Lake City.

Lessel, T. H. (1994). Upgrading and Nitrification by Submerged Bio - Film Reactors - Experiences from a Large Scale Plant. *Water Sci. Technol.*, 29 (10 - 11), 167 - 174.

Matasci, R. N.; Kaempfer, C.; Heidman, J. A. (1986) Full - Scale Studies of the Trickling Filter/Solids Contact Process. *J. Water Pollut. Control Fed.*, 58, 955.

Matasci, R. N.; Clark, D. L.; Heidman, J. A.; Parker, D. S.; Petrik, B.; D. Richards. (1988) Trickling Filter/Solids Contact Performance with Rock Filters at High Organic Loadings. *J. Water Pollut. Control Fed.*, 60, 68.

Matasci, R. N.; Clark, D. L.; Heidman, J. A.; Parker, D. S.; Petrik, B.; D. Richards. (1989) Author's response to discussion of trickling filter/solids contact performance with rock filters at high organic loadings. *J. Water Pollut. Control Fed.*, 61, 371.

Misra, C. and Gupta, S. K. (2001) Hybrid Reactor for Priority Pollutant - Trichloroethylene Removal. *Water Res.*, 35 (1), 160.

Morgan, S.; Farley, R.; Pearson, R. (1999) Retrofitting an Existing Trickling Filter Plant to BNR Standard - Selfs Point, Tasmania's First. *Water Sci. Tech.*, 39 (6), 143.

Motta, E. J. L.; Jimenez, J. A, Josse, J. C.; Manrique, A. (2003) The Effect of Air - induced velocity Gradient and Dissolved Oxygen on Bioflocculation in the Trickling Filter/Solids Contact Process. *Adv. Environ. Res.*, 7, 441.

Newbry, B. W.; Daigger, G. T.; Taniguchi - Dennis, D. (1988) Unit Process Tradeoffs for Combined Trickling Filter and Activated Sludge Processes. *J. Water Pollut. Control Fed.*, 60, 1813.

Norris, D. P.; Parker, D. S.; Daniels, M. L.; Owens, E. L. (1982) Production of High Quality Trickling Filter Effluent Without Tertiary Treatment. *J. Water Pollut. Control Fed.*, 54, 1087.

Parker, D. S.; Matasci, R. N. (1989) The TF/SC Process at Ten Years Old: Past, Present, and Future. *Proceedings of the 62nd Annual Water Pollution Control Federation Conference*, San Francisco, California; Water Pollution Control Federation: Washington, D. C.

Parker, D. S.; Richards, J. T. (1994). Discussion of: Process and Kinetic Analysis of Nitrification in Coupled Trickling Filter/Activated Sludge Processes. *Water Environ. Res.*, 65, 750 (1993).

Parker, D. S.; Brischke, K. V.; Matasci, R. N. (1993). Upgrading Biological Filter EffluentsUsing the TF/SC Process. *J. Inst. Water Environ. Manag.*, 7, 90.

Parker, D. S.; Krugel, S.; McConnell, H. (1994) Critical Process Design Issues in the Selection of the TF/SC Process for a Large Secondary Treatment Plant. *Water Sci. Tech.*, 29 (10 - 11), 209.

Parker, D. S.; Butler, R.; Finger, R.; Fisher, R.; Fox, W.; Kido, W.; Merrill, S.; Newman, G.; Pope, R.; Slapper, J.; Wahlberg, E. (1996) Design and Operations Experience with Flocculator - Clarifiers in Large Plants. *Water Sci. Tech.*, 33 (12), 163.

Parker, D. S.; Romano, L. S.; Horneck, H. S. (1998) Making a Trickling Filter/Solids Contact Process Work for Cold Weather Nitrification and Phosphorus Removal. *Water Environ. Res.*, 70, 181.

Parker, D. S.; Bratby, J. R. (2001) Review of Two Decades of Experience with TF/SC Process. *J. Environ. Eng.*, 127 (5), 380.

Richards, T.; Reinhart, D. (1986) Evaluation of Plastic Media in Trickling Filters. *J. Water Pollut. Control Fed.*, 58, 774.

Rutt, K.; Seda, J.; Johnson, C. H. (2006). Two Year Case Study of Integrated Fixed Film Activated Sludge (IFAS) at Broomfield, CO, WWTP. *Proceedings of the 79th Annual Water Environment Federation Technical Exposition and Conference* [CD - ROM]; Dallas, Oct 21 - 25; Water Environment Federation: Alexandria, Virginia.

Sen, D.; Randall, C. W.; Copithorn, R. R.; Huhtamaki, M, Farren, G, Flournoy, W. (2007) Understanding the Importance of Aerobic Mixing, Biofilm Thickness Control and Modeling on the Success or Failure of IFAS Systems for Biological Nutrient Removal. *Water Pract.*, 1 (5), 1-18.

Sen, D.; Randall, C. W. (2008a). Improved Computational Model (Aquifas) for Activated Sludge, IFAS and MBBR Systems, Part I: Semi - Empirical Model Development. *Water Environ. Res.*, 80 (5), 439 - 453.

Sen, D.; Randall, C. W. (2008b). Improved Computational Model (Aquifas) for Activated Sludge, IFAS and MBBR Systems, Part II: Biofilm Diffusional Model. *Water Environ. Res.*, 80 (7), 624 - 632.

Sen, D.; Randall, C. W. (2008c). Improved Computational Model (Aquifas) for Activated Sludge, IFAS and MBBR Systems, Part III: Analysis and Verification. *Water Environ. Res.*, 80 (7), 633 - 645.

Sen, D.; Copithorn, R. R.; Randall, C. W. (2006). Successful Evaluation of Ten IFAS and MBBR facilities by applying the Unified Model to Quantify Biofilm Surface Area Requirements for Nitrification, Determine its Accuracy in Predicting Effluent Characteristics, and Understand the Contribution of Media. *Proceedings of the 79th Annual Water Environment Federation Exposition and Conference* [CD-ROM]; Dallas, Texas, Oct 21 - 25; Water Environment Federation: Alexandria, Virginia.

Slezak, L. A.; Fries, M. K.; Pickard, L. R.; Palsenbarg, R. A. (1998) Liquid Stream Secondary Treatment Process Design at the Annacis Island Wastewater Treatment Plant of the Greater Vancouver Sewerage and Drainage District. *Water Sci. Tech.*, 3, 51.

Vestner, R. J.; Gunthert, F. W. (2001) Upgrading of Trickling Filters for Biological Nutrient Removal with an Activated Sludge Stage. *GWF Water Wastewater*, 142 (15), 39.

Water Environment Research Foundation (2000) *Investigation of Hybrid Systems for Enhanced Nutrient Control.* Water Environment Research Foundation: Alexandria, Virginia.

第 16 章　高级污水处理的物理化学过程

本章介绍了能够应用于处理生物处理的二级出水而达到水排放、回用、再循环或其他高级处理目的的技术和工艺过程。

工程师常常需要设计污水处理厂实现污染物去除率超过二级处理。例如，污水处理厂营养物如氮或磷的去除率可能要求防止接收水体发生富营养化。5 天生化需氧量(BOD_5)或总悬浮固体(TSS)的低出水浓度，可能需要达到当地的水质标准。有时候，痕量污染物，如重金属或难降解有机物必须降低，因为其对水生生物具有毒性或干扰下游饮用水供应。

对于三种类型的微组分可能具有处理要求：药物活性化合物(PhAC)、内分泌干扰物(EDC)和个人护理品(PCP)。

由于出水毒性重要性增加，新的排放许可或更新可能包括基于毒性的限制。传统的二级处理方法在毒性物质的去除中取得的成功有限。

这些高级污水处理需求，可以作为新的处理工艺流程的组成部分，或作为现有二级处理序列的附加部分讲述。本章介绍了提供出水精制、营养物去除、或有毒组分清除的单元工艺过程的设计信息。所介绍的六个单元工艺过程有过滤、吸附、化学处理、膜工艺过程、空气汽提和断点氯化。出水复氧只是进行了简要介绍。单元工艺过程，如果能够实现这些目标中的一些但尚未受市政污水处理应用所接受，则将不会在本章介绍。

1 工艺过程选择的考虑因素

将每个单元工艺过程添加至传统二级处理工艺过程中而基于所处理的出水限制实现一定的设计目标和功能。此外，也有许多不同的系统和设备。作为最低要求，应考虑下列因素：

- 出水目标，
- 工艺过程容量，
- 与整体处理工艺流程的工艺过程兼容性，
- 运行因素，
- 工艺过程控制，
- 侧流和再循环，
- 固体生产，
- 空气排放，
- 能源要求，
- 空间要求，
- 工人的健康与安全，
- 成本。

将这些考虑因素分配于工艺过程选择和抉择中的相对权重，是项目特异性的。表 16.1 概括了有关每个外接式工艺过程的每个上述标准的备注。筛选出备选工艺过程的可处理性研究通常是很必要的，推荐通过中试研究验证专用系统的性能。

2　二级出水过滤

2.1　背景

在高级污水处理过程中，过滤操作适用于去除二级出水中的残余总悬浮固体(TSS)。因为有众多可供利用的过滤系统，并非所有的系统(其中许多是专利性)都在本章中进行介绍。主要的二级出水过滤技术是深度过滤(涉及使用颗粒状或合成的可压缩性介质)；盘式过滤和膜过滤。本章将会介绍这些过滤技术的设计考虑因素。

表 16.1　外接式工艺过程——一般考虑因素

	工艺过程容量	工艺过程控制	运行因素	侧流和再循环	固体	空气排放	能源要求	空间要求
过滤	悬浮固体去除<10 mg/L	控制通常基于压头损失、过滤器运行时间和浊度实现自动化	压头损失，流量控制，反冲洗和出水浊度	反冲洗水	反冲洗中夹带的固体产生的污泥	无	低至中	低
吸附	溶解的有机物去除率>99%；某些有毒金属的去除	压头损失，流量，和污染突破控制	反冲洗，碳替换的塔停工期	反冲洗水	无①	无	低至中	低
化学处理	磷去除 <1 mg/L；金属去除<1 mg/L，酸 - 碱中和	pH，ORP②；化学品计量	化学品储存，化学品进料，混合	化学污泥脱水产生的排水	碱式碳酸盐，和磷酸盐沉淀；其他化学污泥	化学品处理和储存中产生的粉尘	中至高	中至高
膜工艺过程	TSS，TDS③，微生物，病毒和一些有机化合物的去除	预处理，跨膜压力，浓缩液流量，膜通量	预处理要求，浓缩液处置	浓缩液，洗涤液	MF/UF④工艺过程反冲洗产生的固体	化学品储存和使用中产生的漏料	低至高排放	低至中
空气汽提	挥发性有机碳去除>99% 氨去除>99%	最小的空气-水比最低 pH 和空气-水比		可能的塔子是液体	可能的碳酸盐沉淀	挥发性有机物，氨，或这二者	低至中	低
复氧(后置曝气)	出水溶解氧增加至接近饱和浓度	溶解氧水平	曝气速率	无	无	最低挥发性化学品	中至高	中

① 失效碳再生可能产生空气排放。
② ORP =氧化还原电位。
③ TDS =总溶解固体。
④ MF/UF = 微滤/超滤。

2.1.1　目标

二级过滤的主要目的是降低 TSS 和浊度水平，而遵守更严格的出水规定(相比于二级出水限制)。通常情况下，过滤用于出水 TSS 或浊度限制等于或小于 10 mg/L 或 2 个浊度计的浊度单位(NTU)，或两者同时满足。过滤也可以应用于二级生物处理之后，进一步去除颗粒状 $cBOD_5$和通过明矾、铁、或石灰沉淀二级出水中的磷酸盐而产生的沉淀。过滤的另一个次要目的是通过去除颗粒物，这些可以遮蔽和屏蔽病原体的物质，提高下游消毒的效率。过滤本身也能够实现病原体清除，但效率在很大程度上取决于(1)病原体的类型(例如，贾第虫、隐孢子虫、大肠菌群、肠道病毒)，(2)过滤技术，(3)操作条件，如化学品添加或过滤速率(Vaughn et al.，2004，和 Levine et al.，2004)。

2.1.2　应用

典型的二级出水过滤应用程序包括：(1)排放至要求较高出水标准的接收水体(如小于 10 mg/L 的 TSS 和/或 2 NTU 的浊度)；(2)污水回用(例如，住宅公园、高尔夫球场、粮食作物的灌溉、地下水补给)和(3)进一步高级处理的预处理，如碳吸附、膜过滤、或反渗透(Tooker et al.，2004)。

2.1.3　工艺流程图

过滤已经在许多处理序列中用于市政污水的处理。过滤常用于各种组合的二级生物处理之后降低 TSS 和浊度。过滤之后可能是另一种高级处理(例如，向下流的碳吸附塔或斜发沸石氨交换塔)。从过滤再循环的仅仅工艺过程水是过滤器反冲洗污泥水，这通常被再循环返回至初级澄清阶段。一些引入了采用不同反冲洗要求的过滤技术的工艺流程设计有：

- 二级生物处理之后是过滤设施，这种过滤设施包括反冲洗污泥水储存池和反冲洗供水水池，之后是消毒。
- 二级生物处理之后是过滤器，这种过滤器不需要反冲洗污泥水储存池或反冲洗供水水池。过滤之后是消毒。
- 二级生物处理之后是过滤设施，这种过滤设施包括反冲洗污泥水储存池，但无反冲洗供水水池。过滤流下游是碳吸附塔和消毒。

2.2　设计考虑因素

一个有效的过滤设施设计要实现三个目标。

(1) 当处理具有易变 TSS 浓度而表现出广谱颗粒粒径和组成的进水时，要恒定获得所需的滤液质量。

(2) 在各种负荷和过滤条件下维持持续工作。

(3) 成功清除滤料介质而回收干净滤料介质的压头损失和固体存储条件。

在下一节中将会讨论过滤系统设计的考虑因素。

2.2.1　二级出水特性

当过滤二级出水而不使用化学絮凝作用时 TSS 去除的程度取决于二级处理过程中实现的生物絮凝程度，如表 16.2 所示。例如，藻类大量存在妨碍了氧化沟出水的过滤。采用初级混凝剂或溶气浮选的预处理被认为是氧化沟出水过滤的常见方法。在二级处理中使用化学沉淀磷酸盐(例如，使用明矾、铁、或石灰)时，相比于无磷酸盐的化学沉淀时要滤出的颗粒行为可能完全不同。在设计过滤设施时考虑上游二级出水的生物处理类型和特性是很重要的。在过滤设计中发挥重要作用的二级出水特性有 TSS，粒径分布(PSD)和絮凝体的强度和静电荷。

表 16.2　二级出水过滤的典型日均出水浓度

过滤器进水类型	无化学品添加		有化学品添加		
	出水 TSS/(mg/L)	浊度/NTU	出水 TSS/(mg/L)	PO_4/(mg/L)	浊度/NTU
高速滴滤池出水	10~20	4~10	0~3	0.1	0.1~2
两级滴滤池出水	6~15	2.5~8	0~3	0.1	0.1~2
接触稳定化出水	6~15	2.5~8	0~3	0.1	0.1~2
传统活性污泥出水	3~10	1~5	0~5	0.1	0.1~2
延长曝气出水	1~5	0.5~3	0~5	0.1	0.1~2
曝气的/兼性氧化沟出水	10~50	4~20	0~30①	0.1	N/A①

① 较差的去除效率可能是因为存在藻类的氧化沟出水过滤所致。

二级出水 TSS 通常为 4~30mg/L，这取决于许多因素，如二级处理的类型和污水处理厂的物理和运行条件。TSS 的分析很简单，但可能会非常耗时。因此，浊度常常用来估计 TSS 浓度。通常二级出水的 TSS-浊度之比为 2~3，这取决于所用的分析方法和仪器以及二级出水的 PSD。

过滤去除的机理——如沥滤、拦截和沉降——受到粒径的显著的影响。二级出水 PSD 通常是双模的。对于 1 μm 粒径的过滤去除效率是不同于 50 μm 颗粒的过滤去除效率的。因此，二级出水的 PSD 对于过滤器的去除效率具有直接的影响。

二级出水絮状体强度随着生物处理工艺过程的类型和运行模式而变化。例如，二级出水过滤，相对于非硝化装置，因为絮状体强度随着固体的停留时间增加而增加，更适合硝化装置。还据观察，纯氧装置出水的过滤是更具挑战性的。这可以归因于 PSD、絮状体强度和其他二级出水的物理/化学特性。

2.2.2　滤后出水质量特性

主要的设计目标是恒定地获得所需的滤液质量。滤后出水水质可以依据浊度和 TSS 二者进行定义。典型的过滤出水浊度要求对于污水回用应用为 2NTU。相同的出水浊度要求，也适用于内陆地表水排放应用。滤后出水 TSS 要求通常为 5~10mg/L。滤后出水的 PSD 也会影响下游的消毒效率。

2.2.3　过滤去除机理

过滤去除机理有三个主要的去除机理：

(1) 物理机理——沥滤(机械和随机接触)、沉淀、惯性碰撞和拦截；

(2) 物理和化学吸附(粘合和化学相互作用)和物理吸附(静电和范德华力)；

(3) 生化机理——表面生物吸附。

这些去除机理的相对重要性将根据二级出水的特性，过滤条件(例如，空隙速度，运行条件)和滤料介质的性质而不同。

2.2.4　滤料介质的性质

有很多滤料介质可供不同的技术使用。本节将会讨论每种滤料介质的最主要介质属性，包括：

- 颗粒有效尺寸、均匀系数、形状和密度(在颗粒滤料介质的过滤器情况下)；
- 有效孔口或收集器的尺寸；

- 孔隙度；
- 床深度(在深度过滤的情况下)；
- 底料。

介质选择可能是过滤设计中最重要的考虑因素，因为这会影响整个设计和所有运行因素，包括去除效率、水力学、占地面积要求、以及资本和运营成本。

2.2.5 反冲洗要求

过滤循环在整个滤料压头损失达到预设最大容许水平(通常简称为终止压头损失)或出水水质变差而达到不可接受的水平(通常简称为突破点)。在任何时候为了保持所需的出水质量，当终止压头损失条件达到时，过滤器都要设计进行反冲洗。反冲洗污泥水返回到初级澄清池，但如有必要，也能够返回到渠首或二级处理设施，这要根据现场具体条件而定。在一天内总反冲洗污泥水与总过滤的水之比是很重要的，因为反冲洗污泥水需要进行再次处理。反冲洗污泥水之比能够低至1%，而能够高达20%～25%，这要根据过滤技术和现场具体的过滤条件而定。频率、周期、流量和反冲洗污泥水比率都需要进行考虑，因为这些因素对污水处理厂的运营成本和容量都具有影响。其他反冲洗相关的处理池或组件要求，如反冲洗污泥水储存池(通常称为泥井)和反冲洗供水水池，也基于过滤技术而各不相同。

2.2.6 场地要求

现有的二级污水处理厂的布局设计——包括过滤设施的可用空间——是第一设计考虑因素之一。过滤单元装置所需的空间取决于设计过滤速度，过滤器构造结构和驱动力。设计过滤速率取决于过滤技术类型和现场条件。如果需要，过滤泵站或反冲洗相关的设施(如储存池，供水池)也应该考虑到空间要求中。反冲洗和渠首的要求也都依赖于技术类型(过滤技术的更详细介绍将在本章后续内容中进行)。

无论是重力过滤器或是压滤器可能都使用驱动力。应该指出，各州对于过滤工艺过程都有设计标准和监管规定，在开始初步设计之前就应该进行审查。在可行性研究或初步设计阶段结合设计过滤速率考虑占地面积要求是很重要的，因为设计过滤速率根据过滤技术不同而变化显著[例如，从80～120 $L/m^2 \cdot min$($2\sim3gal/ft^3$)至1200～1600 $L/m^2 \cdot min$($30\sim40gal/ft^3$)不等]。

在大型污水处理厂中，具有足够的资本资源，可能优选采用多重重力过滤器。多重过滤单元装置也允许用于反冲洗或维修过程中进行连续处理。单元装置数量通常必须最小化，才能降低管道和施工成本，但应该避免过量反冲洗流量，以确保流量不超标。

2.2.7 水力学要求

过滤设计中应该包括的水力学标准，包括二级处理装置的水力学分布，滤料介质的压头损失发展和过滤器终止压头损失的取值。过滤器进料泵站的需要将会基于该装置的可用压头和过滤系统所需的额外压头。二级处理装置的水力学分布在设计过程的早期阶段需要进行更新并包括过滤设施，要考虑过滤器压头损失的发展和终止压头损失的取值。

2.2.8 过滤器控制和附件

过滤器运行的一般类型和控制包括本地手动、远程手动和全自动。可用的控件能够接收高过滤器压头损失(或过滤器出水浊度)的触发信号，使过滤器停工而开始反冲洗(也可能需要冲洗循环之末的过滤至废弃的时间，这也要根据具体监管要求或过滤技术而定)，并将过滤器返回进行工作。在循环中的任何延误或故障中断这个过程，将会发出警报。

控制应该进行编程而使备用过滤池不能同时进行反冲洗。这些控制还应该具有灵活性，而允许对最佳反冲洗排序和单元操作的速率持续期(例如，1min 增量)进行现场编程。应该通过永久安装而可运行待机的单元装置确保所有设备如鼓风机、压缩机、泵的机械功能。

每个过滤器，至少需要对压头损失(过滤器的进水和出水侧上的压力或压头损失)、浊度、进水、反冲洗水和空气的流量进行计量。反冲洗水和空气应该具有流速控制器。如果使用旋转表面清洗设备(对于颗粒介质)，则设计中应该包括外部指示器而显示洗冲洗臂实际上在反冲洗期间正在旋转。浊度计进行连续监测，按照优先顺序将提供有关出水、进水和冲洗水质的有价值的信息。粒度分布的分析对于监控或改善过滤性能的重要性已经充分证明(Miska et al.，2006；Caliskaner and Tchobanoglous，2005a；Naddeo and Belgiorno，2007)。对于在线连续 TSS 和 PSD 分析仪的仪器仪表技术在近年来已取得了进展。如果可能，基于项目预算和规模，以及增加的运营和维护要求，应该使用这些分析仪提高性能效率。设计师需要考虑的是计量仪必须定期校准和清洁，才能避免仪器仪表中生物生长和颗粒物的堵塞。

2.2.9　过滤辅助(化学品)的预处理/使用

每种二级出水过滤都是不同的。工艺过程流的中试装置研究，可以提供二级出水可过滤性的模拟；然而，这些研究并不能精确重复全规模的应力条件。无论记录在案的过滤性能如何，一般都要容许过滤器之前的沉淀池上游和过滤器进水二者中添加有机或无机混凝剂。

二级澄清池和过滤器进水中加入的有机聚电解质剂量为 0.5~1.5mg/L。尽管如此，实验室小试试验仍然推荐用于确定具体污水的最佳混凝剂用量。过量可能与不加混凝剂一样或超量都会损害运行，因为在滤床中可能形成泥球。

使用适当的混凝剂剂量通常经过合适的滤料介质选择能够预期产生 TSS 为 5mg/L 或更小的出水。如果日均过滤器进水 TSS 的浓度小于 40mg/L 实际上是不能预料的(进水平均 125mg/L 或更小是最佳的)，则设计工程师应该考虑上游预处理设施要包括化学混凝、絮凝和沉淀或气浮。如果预计过滤器平均进水质量会较好(TSS 低于 15mg/L)或达到平均(TSS 为 15~25mg/L)，则快速混合或在线静态混合型化学品添加设施就可能无需絮凝设施就已经足够。此外，在一天和一年中的某些时期内，过滤器进水的 TSS 浓度可能显著超过设计的平均浓度。因此，设计工程师应该评估在应力负荷条件下的过滤性能。应该小心谨慎，才能防止由于化学品的加入而产生介质堵塞。介质堵塞的常见原因包括化学品选错，过剂量和过长的化学品添加持续时间。

2.2.10　设计优化

中试装置和计算机模拟研究通常能够完成优化或设计改善。在整个滤料介质中去除性能和压头损失的发展会受到许多因素，包括粒度分布、TSS 和二级出水的絮状物强度，以及滤料介质的孔隙度、深度和流量的影响。目前还没有一般化的设计规则实现某些出水标准，因为不同应用之间的这些参数差异相当大。因此，通常推荐进行中试装置研究，而在全规模过滤设施设计之前证明或改善初步设计标准。中试过滤研究的一个主要目的是具体参照出水水质要求(例如，河流排放、污水回用标准)评估过滤器性能。一些其他的典型目的是：(1)量化运行特性；(2)根据过滤进水质量和流量变化的影响评价过滤器的可靠性和性能；(3)确定反冲洗水的比例；(4)评估/证实设计和运行的标准；(5)确定化学辅助的要求(例如，化学品的种类，剂量，应用长度)。运行备选的中试过滤平行研究还能够有助于知晓最终技术的选择。中试过滤研究的时间长度通常会降低项目总成本，并改善设计。中试研究的时间长度通常是由项目预算和进度决定的。如果中试研究需要在短期内进行，例如1~2个星期，则对于中试结果的统计性应该谨慎看待。改变过滤条件的试验，对于短期中试试验是不推荐的。设计工程师应确定和测试短期中试试验中的最典型设计条件，而获得统计学上有效的性能测试结果。推荐进行长期中试研究(即，大于4~6周)获得不同设计条件下的统计学上有效的中试性能测试结果。中试研究的周期也是另一个重要的考虑因素，因为可过滤特性在不同季节之间通常会发生改变。

计算机建模能够帮助设计工程师将相互相关的设计考虑因素与以上讨论的许多过滤因素相互关联。有关工艺过程变量和去除机理的各种方程能够在文献中查阅。表征过滤的方程通常会考虑(1)初始传输阶段，在这个阶段通常将颗粒引入与过滤介质表面接触，和(2)物理化学阶段，其中颗粒物粘接并驻留于滤床本体内。有前景的建模结果已获得而准确预测了污水中出现的实际条件(非均相的，絮凝悬浮液，不同TSS浓度)下过滤器性能(Caliskaner and Tchobanoglous，2005b)。应当指出，利用这些模型可能具有挑战性，需要精确的过滤数据(例如，PSD、TSS、浊度、滤料介质性质)。因此，使用更复杂的模型，需要根据项目的规模、预算、进度和可用资源进行合理判断。由于项目的具体情况，设计工程师还可以选择使用要求较少的简单模型，这可以提供某种程度的近似。在缺乏中试或建模研究的情况下，该项设计必须基于设计工程师对于其他装置的类似过滤器进水的经验才能完成。

2.2.11 保护性结构

过滤单元装置应该设计适用于预期的温度条件。一般，主控制站和所有辅助管道和阀门应位于加热和通风的环境内，以便操作和维护。然而，有关这种结构的成本增加和运行/维护要求是需要考虑的。这些可能包括供暖、通风和空调系统、气味控制或载体毛细吸引力的增加。如果过滤器位于户外和暴露于寒冷的天气，则可能要考虑覆盖结构而便于过滤器检测。从过滤器顶部至覆盖结构之间最低2.1m(7ft)的间隙是推荐采纳的。最小间隙的要求，针对不同的过滤技术可能会有所不同。

2.2.12 典型设计缺陷

在过滤系统中最常见的设计缺陷，列举如下：

- 在反冲洗期间丢失滤料介质(对于颗粒滤料而言)。这可能是由于不恰当的反冲洗设计所致的严重的持续问题。
- 由于长过滤行程时间、不充分的反冲洗或二者兼有之而形成泥球。这能够通过调整反冲洗速率和向进水中加氯进行修正。
- 对快速波动的考虑不周(尤其是小型污水处理厂)。
- 昆虫问题。如果预计会出现昆虫，则可以考虑定期向过滤器进水中加氯或杀虫剂。
- 加氯系统对过滤器进水流、反冲洗水或这二者进行氯化(偶尔按需进行)不充分。氯化能力对于避免生物生长和泥球形成是势在必行的。
- 与出水阀节流(如果用于流量控制)相关的不当设计和管道构造结构设计。
- 过滤介质选择错误。在专利性系统中，对于同样的技术制造商之间的过滤介质却可能显著不同。当使用专利系统进行设计时，应当谨慎选择滤料介质。
- 反冲洗污泥水设施的设计不足(例如，反冲洗污泥水储水池，或当多个过滤器需要同时反冲洗反冲洗泵/管道不够大而无法应对最糟糕的情况)。
- 不足底流排水设计，这可能导致水力学和运行/维修问题。

- 水力学设计缺陷(例如，未设计含所有的压头损失组件)，这会导致可用压头不足以满足所需的压头值。
- 过滤设施上游或下游可能需要的泵送设施的设计考虑不周。
- 过滤技术特异性的整体高度要求的考虑不周。
- 流量分布不均匀。当设计多个单元装置而反冲洗开始是基于处理池水位时，每个过滤器都有其自己的进水堰或上游分流器堰箱以使流量能够均匀分配而每个单元装置可以独立运作是很重要的。
- 未来扩建或升级考虑不周。
- 控制阀和流量计的选用不当(即，不能满足设计流量范围)。

2.3　技术类型

现有几种污水过滤技术用于除去残留于二级澄清池出水中的 TSS。备用的过滤技术包括根据这些技术类型而使用由各种过滤介质构成的过滤床。这些技术包括使用颗粒状或人工合成的可压缩滤料介质的深度过滤技术；和使用布或金属材料的盘式过滤技术。无论所用的何种技术，过滤的基本原理是相同的。通过将污水通过多孔过滤介质颗粒而实现颗粒物的去除。由于悬浮液流过过滤介质，颗粒物被传送到收集介质的表面，在那里由各种机制将其移除。

2.3.1　深度过滤

深度过滤设计使用颗粒型或合成的可压缩型介质。

2.3.1.1　颗粒状滤料介质过滤

颗粒状滤料介质过滤可以根据流动方向、类型和构成床的介质数目、驱动力和流量控制方法进行分类。

2.3.1.1.1　流动方向

顺流系统是市政应用最常见的过滤工艺过程。一些专利系统采用上流通过滤料介质，而其他的则称为双流系统，结合了顺流和上流。这三个变体的原理图如图 16.1 所示。顺流的备选构造设计结构开发用于应对更高的固体负荷而实现整个床深度过滤。在单介质过滤器中，分层出现于反冲洗之后而在床上部分中的精细成粒的滤料介质浓度防止了床深度的渗透和满负荷利用。上流是一种实现更充分地利用床的方式。另一种方法涉及使用双滤料介质或多种滤料介质床。

2.3.1.1.2　驱动力

过滤的推动力可能是重力或通过泵送而施加的压力。重力过滤器通常用于大型污水处理厂压滤器通常用于工业污水应用，而可以考虑应用于较小型的市政污水处理厂。压滤器可容纳较高的水力负荷率[例如，410 $L/m^2 \cdot min$($10gal/ft^3$)]和较高的终端压头损失[例如，9m (30ft)]。从理论上而言，这导致了较长的过滤器运行而降低了反冲洗要求。然而，这些优势可能会被能源需求增加和运行与机械的复杂性所抵消。在空间限制严重的小型污水处理厂中，压滤器可能是更好的选择。然而，压滤器必须谨慎选择，因为内部检查、维护和更换介质都会因为大小和空间限制，以及照明及通风系统的并发问题而复杂化。在实践中，市政应用使用压滤器是不常见的；然而，压滤器在工业污水处理应用中会更频繁地出现。

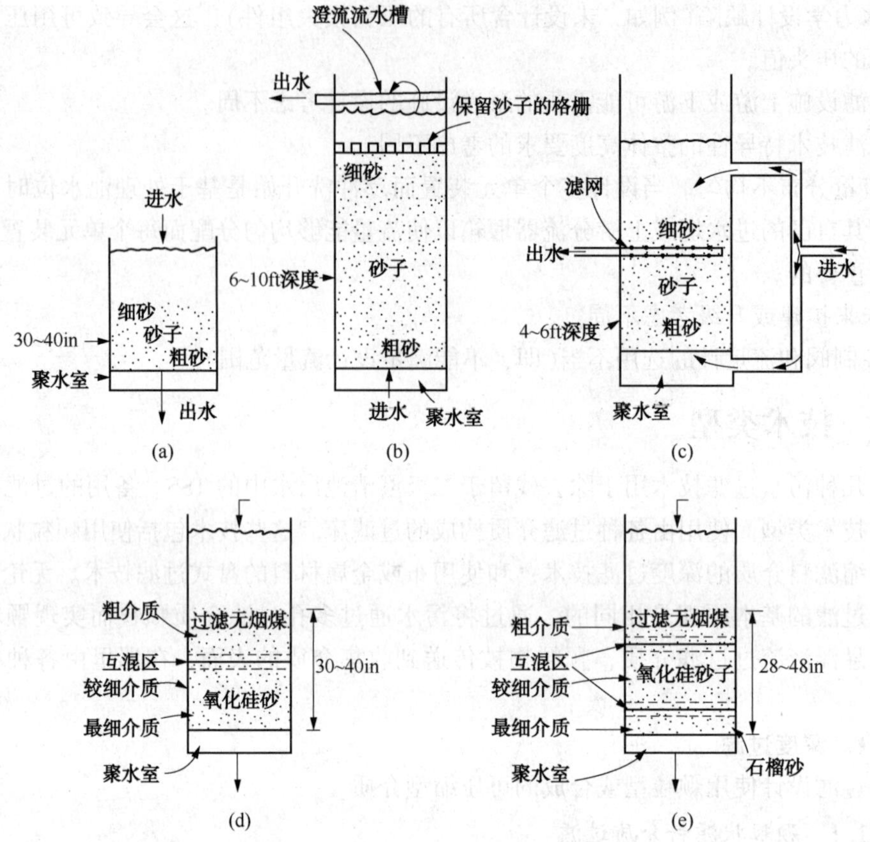

图 16.1 过滤器的构造设计结构

(a)单滤料介质的传统式；(b)单滤料介质的上流式；(c)单滤料介质的双流式；(d)双滤料介质的传统式；(e)混合滤料介质的传统式(ft × 0.3048 =m；in × 25.4 = mm)(U.S. EPA，1971c)

2.3.1.1.3 过滤速率

过滤速率根据颗粒过滤技术的类型而显著变化。在慢砂过滤中，速率为约 1~2 L/m^2·min(0.02~0.05gal/ft^3)。对于快速砂滤而言，过滤速率通常范围为 80~240 L/m^2·min(2~6gal/ft^3)。对于三级处理据报道流量高达 800 L/m^2·min(20gal/ft^3)，但在高速颗粒过滤应用中通常标称的最大施加速率范围为 200~250 L/m^2·min(5~6gal/ft^3)。重力过滤器，涉及使用颗粒介质，已经证明能够在较高的过滤速率下成功实施[300 L/m^2·min(7.5gal/ft^3)]，特别是采用优化的化学品添加时更是如此(Holden et al.，2006；Williams et al.，2007)。

2.3.1.1.4 流量控制方法

恒压，恒速和可变的递减速率是流量控制的三种基本方法(Cleasby and Baumann，1974)。恒压过滤产生真实的递减速率过滤。过滤在阻力较低时以高速开始，而速率随着压头损失的增大而降低。在恒速过滤中，出水流量控制阀保持过滤速率恒定或水位不变。可变的递减速率过滤具有采用进水流量分流的恒速过滤的类似优点。

2.3.1.2 颗粒介质的选择和特性

在介质选择期间，应该考虑滤料介质尺寸、形状、组成、密度、硬度、粒径与深度的关系，以及这些特性对过滤性能和运行的影响。

2.3.1.2.1　粒径

固体渗透至过滤器中的深度取决于过滤介质的大小。过滤器运行持续期，水力负荷，介质形状和介质粒径分布都是次重要性的。如果介质太大，则将会产生较差滤液。如果介质太小，则滤液质量会更好，但表面附近会驻留去除的固体，而会导致过滤器运行期缩短。

2.3.1.2.2　形状

滤料介质的形状会影响过滤和反冲洗。尖锐角状颗粒可能会出现互锁而需要增加反冲洗压力。非均匀的滤料介质增加了反冲洗渠道化的倾向。圆形颗粒分离和流化更容易，也往往在反冲洗期间发生旋转，冲刷邻近颗粒而释放附着的固体。具有平坦平面的角状颗粒倾向于相互粘结，抵抗旋转，并可能在用空气反冲洗期间浮出系统。滤砂应该具有约 0.9 的球度比；过滤用无烟煤应该具有约 0.7 的球度比。

2.3.1.2.3　组成

无烟煤，主要是有机的滤料介质，具有优先吸附其他有机物质，如脂肪和油的表面。这将产生一种油性膜，可以抵御传统清洗技术的去除作用，由此加速形成结块，如果在反冲洗期间没能从过滤器中冲刷掉，就会降低了系统效率。由于无烟煤相对较软，尤其是在反冲洗期间由于磨损作用而易于劣化。这种劣化作用可能会产生更小的粒子，如果在反冲洗期间没有失去，则将降低床内的固体渗透率。油性薄膜和沉淀使用比无烟煤更低的冲刷强度就能够从石英砂中除去。

2.3.1.2.4　密度

用作滤料介质的材料的相对密度，对于石榴砂而言为 4.2，石英砂为 2.6，而无烟煤为 1.6。较轻的滤料介质需要更大的干舷才能将其截留于过滤池中。然而，较大的干舷也增加了工艺过程重固体保留于过滤池中的可能。

2.3.1.2.5　硬度

石英砂的莫氏硬度为 7，无烟煤的为 3.0~3.75。对于有效的过滤器清洁需要高强度的冲刷，才能去除通常在污水出水中能够发现的顽黏性固体，但是又往往磨蚀滤料介质颗粒。这自然减损作用，如果过度，将会缩短过滤器的运行，增加反冲洗损失，而导致介质的不断扩大粒径分级。因此，具有最大硬度的材料最适于污水过滤。

2.3.1.2.6　粒径和深度的关系

过滤介质的有效粒径和所需的深度是相互关联的。通常情况下，具有较小的颗粒粒径和较高的滤料介质深度的滤液质量较好。一般最精细的滤料介质的最低深度至少有 150mm（6in）。最低滤料介质颗粒径至少为 0.35mm（0.4~0.5mm 对于二级出水过滤应用中的最低尺寸是更典型的）。还没有有关 TSS 去除的滤料介质尺寸和深度的具体准则。然而，运行的系统通常具有表 16.3 中所示的滤料介质深度和尺寸范围。如果要求出水 TSS 残余 10mg/L 或更低时，市政污水处理过滤器几乎没有比 2.0mm 更粗的滤料介质。

图 16.2 举例说明了作为美国标准筛尺寸直径的函数的典型颗粒粒度分布。介质规格一般包括有效粒径和均匀系数。均匀系数定义为通过 60%砂重量的筛孔尺寸除以通过 10%砂重量的筛孔尺寸的比值。图中所示的滤料介质有效尺寸为 0.5mm（0.02in），具有均匀系数为 1.5。在一般情况下，不超过 1.7 的均匀系数除了需要一定程度的相互混合作用的那些过滤器，对于所有过滤器都是最佳的。均匀的滤料介质或均匀系数小于 1.3 的滤料介质，除了深床单滤料介质过滤器以外，尤其是如果该床采用气刷清洁时，都是不必要的。

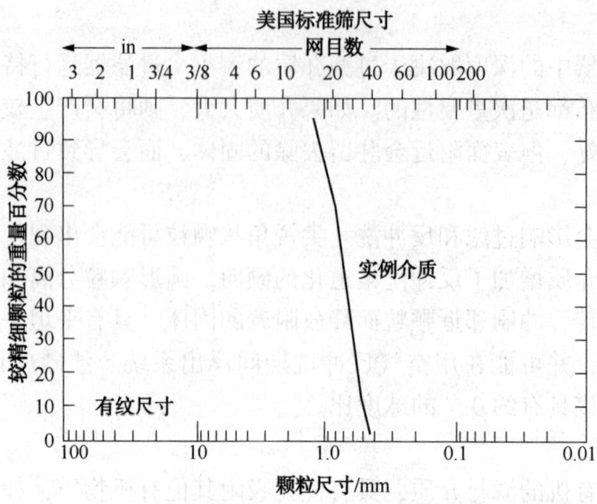

图 16.2 颗粒粒径分布图

滤床由分层形式的单一滤料介质、不分层的单滤料介质、双滤料介质和多滤料介质组成。单滤料介质分层床，在过去使用，已经不再设计用于市政污水处理应用，因为这种设计具有不利的压头损失积聚特点。现在使用的不分层单滤料介质床具有的床深度，通常高达2.0m(6.5ft)。随机孔径允许整床深度贯通，而在压头损失累积需要反冲洗之前而产生更长的过滤行程。单滤料介质的不分层形式，能够通过使用单或可变粒径的滤料介质以组合空气-水反冲洗而实现。组合的空气-水反冲洗冲刷掉滤床的累积物质而不会完全流化滤料介质。这避免了非均匀滤料介质的分层。

表 16.3 双滤料介质和多滤料介质过滤器的介质特性

特　性	取　值	
	范　围	典型值
双滤料介质		
无烟煤		
深度/mm①	300~600	450
有效粒径/mm	0.8~2.0	1.2
均匀系数	1.3~1.8	1.6
砂子		
深度/mm	150~300	300
有效粒径/mm	0.4~0.8	0.55
均匀系数	1.2~1.6	1.5
过滤速率/(m/h)②	5~24	12
多滤料介质		
无烟煤（四滤料介质过滤器的顶层）		
深度/mm	200~400	200
有效粒径/mm	1.3~2.0	1.6
均匀系数	1.5~1.8	1.6
无烟煤（四滤料介质过滤器的第二层）		
深度/mm	100~400	200
有效粒径/mm	1.0~1.6	1.2

续表

特　性	取　值	
	范　围	典型值
均匀系数	1.5~1.8	1.6
无烟煤（三滤料介质过滤器的顶层）		
深度/mm	200~500	400
有效粒径/mm	1.0~2.0	1.4
均匀系数	1.4~1.8	1.6
砂子		
深度/mm	200~400	250
有效粒径/mm	0.4~0.8	0.5
均匀系数	1.3~1.8	1.6
石榴石或钛铁矿		
深度/mm	50~150	100
有效粒径/mm	0.2~0.6	0.3
均匀系数	1.5~1.8	1.6
过滤速率/(m/h)	5~24	12

① mm × 0.039 37 = in。

② m/h × 0.409 2 = gpm/sq ft。

使用两层或两层以上的滤料介质，每层具有不同的密度，就能防止分层而促进过滤具有固有的更长的过滤行程。在双滤料介质床中所用的典型滤料介质组合包括

- 无烟煤和沙，
- 活性炭和沙，
- 树脂床和沙，
- 树脂床和无烟煤，
- 石榴石或钛铁矿(常常用于多滤料介质床)。

表 16.3 列出了一些颗粒状滤料介质的典型特性。表 16.4 介绍了设计使用颗粒状滤料介质的深度过滤器的设计实例。

2.3.1.3　颗粒状滤料介质过滤技术的类型

半连续和连续运行粒状滤料介质过滤这两种技术都适用于二级出水过滤。本节中介绍了传统和一些半连续和连续运行的颗粒过滤器。

表 16.4　二级出水过滤设计实例

输入参数	单位	设计值/考虑因素
年均流量	m^3/d	19 000
峰值日流量	m^3/d	38 000
峰值小时流量	m^3/d	57 000
设计流量的基础①		峰值日流量
进水浊度范围	NTU	2~10
平均进水浊度	NTU	5
进水 TSS 范围	mg/L	5~25
平均进水 TSS	mg/L	12
最大设计过滤速率	$L/m^2 \cdot min$	200

续表

输入参数	单位	设计值/考虑因素
平均水生产率	百分数	90
反冲洗水污泥水比率范围	百分数	5~15
平均反冲洗水污泥水比率	百分数	10
过滤器出水开始化学品添加的浊度限值	NTU	1.8
冗余度要求	提供最大过滤单元装置停工时的过滤容量	
设计输出		
普通		
过滤类型		深度
过滤周期内的流动方向		顺流
反冲洗周期内的流动方向		上流
单元尺寸选定		
所需的最低总过滤表面积	m^2	130
过滤单元装置数		8
过滤表面积，宽度（每个过滤器单元）	m	4.25
过滤表面积，长度（每个过滤器单元）	m	4.25
每个过滤器单元的过滤表面积	m^2	18
提供的总过滤表面积	m^2	145
过滤速率		
年均流量	$L/m^2 \cdot min$	90.0
峰值日流量	$L/m^2 \cdot min$	180
年均流量，一个过滤器停工	$L/m^2 \cdot min$	105
峰值日流量，一个过滤器停工	$L/m^2 \cdot min$	210
峰值日流量，一个过滤器停工而另一个过滤器反冲洗	$L/m^2 \cdot min$	240
滤料介质性质		
滤料介质类型	单滤料介质~砂，未分层	
滤料介质深度	Mm	1 200
有效粒径	Mm	2.00
均匀系数	无单位	1.20
孔率	百分数	40
反冲洗要求		
反冲洗类型	组合的空气-水反冲洗	
设计的反冲洗平均速率，水	$L/m^2 \cdot min$	400（连续）
设计反冲洗速率范围，水	$L/m^2 \cdot min$	200~600
附属空气冲刷速率	$L/m^2 \cdot min$	2 000
反冲洗周期	min	20
假设的反冲洗频率，平均负荷	h	18
假设的反冲洗频率，峰值负荷	h	6
所需的总日反冲洗水，平均负荷	m^3/d	1 500
所需的总日反冲洗水，峰值负荷	m^3/d	4 600
反冲洗污泥水比率，平均条件	百分数	8%
反冲洗污泥水比率，峰值条件	百分数	12%
清洁井容积（两次反冲洗的足够容积）	m^3	290
反冲洗污泥水 TSS 浓度范围	mg/L	50~250
反冲洗污泥水典型 TSS 浓度	mg/L	150
反冲洗污泥水储存池容积（6 次过滤反冲洗的足够容积）	m^3/d	900

续表

输入参数	单位	设计值/考虑因素
TSS/浊度去除		
出水浊度，平均条件	NTU	<1.6
出水浊度，超过时间不能大于该个时间的 5%	NTU	4
出水浊度，任何时间都不能超过	NTU	8
出水 TSS，平均条件	mg/L	<4
出水 TSS，每日最大	mg/L	15
压头损失发展		
在最大设计过滤速率下干净滤料介质压头损失	m 水塔	1
最终压头损失	m 水塔	3
所需的附属单元装置		
化学品添加		
假设的化学品添加要求(与总运行时间之比)	百分数	15%
化学品的储存	天数	30
混合方法		在线静态混合器
化学品泵类型		机械隔膜泵
泵速控制		变速
化学品类型		聚合物
剂量范围，假设值	mg/L	0.1~1.5
典型剂量，假设值	mg/L	0.3
化学品类型		混凝剂
剂量范围，假设值	mg/L	2.5~25
典型剂量，假设值	mg/L	10.0
气洗风机	无（工作负荷，冗余）	1 + 1
在线浊度分析仪	无（工作负荷，备用）	2 + 1

① 在该设计实例中，假设大于峰值日流量在过滤设施上游进行了均化。TSS =总悬浮固体。

2.3.1.3.1　半连续运行式传统过滤器

半连续运行式过滤器能够按照滤料介质特性如滤料介质的数目、分级和混合作用进行分类。

2.3.1.3.1.1　单一未分级滤料介质过滤器

在慢砂过滤中，过滤速率为约 $1\sim2L/m^2\cdot min(0.02\sim0.05gal/ft^3)$。慢砂过滤器通常由 150~380mm(6~15in)深度的沙层放置于平铺于地漏系统上的较粗糙材料构成。慢砂过滤器通过将保持闲置一定时间然后手动清洗而再生。这种方式通常可以实现从含 20~90mg/L TSS 的滴滤池出水中去除 60%的悬浮固体。虽然构造简单，但是慢砂过滤器却具有较高的维护和空间要求。这种过滤器还对温度敏感而易迅速堵塞。由于这些过滤器与 TSS 去除的其他技术并不具有竞争力，因此很少使用。

快速砂滤通常包括高达 600mm(24in)由滴层砾石床或多孔板支撑的沙子。沉积的固体渗透深度取决于滤料介质尺寸。对于沙子粒径小于 1.0mm，渗透深度平时很少超过 150mm (6in)。渗透深度随着粒径越小而降低，随着负荷率升高而增加。在较高的负荷率下，出水 TSS 可能略有增加。在污水应用中，因为其易于快速堵塞，则应该避免传统的快速砂过滤。

加州大学戴维斯分校采用了相同的活性污泥污水处理厂对几种过滤技术进行了中试试验。图 16.3 总结了这些中试试验期间获得的进水和出水浊度的值。

图 16.3 中出水浊度值会由于二级出水特性的影响，对于不同的活性污泥污水处理厂会有所不同。图 16.4 描述了由达拉斯中南部污水处理厂(WWTP；硝化活性污泥)中单滤料介质过滤器获得的过滤器进水和出水 TSS 浓度的概率分布。单滤料介质过滤器使用了 910mm (36in)厚的 1.2mm 无烟煤。过滤器进水和出水 TSS 浓度分别平均为 4.4mg/L 和 2.2mg/L。图 16.3 和图 16.4 所示的结果是在无化学品添加的情况下获得的。浊度和 TSS 值可以采用优化的化学品添加(即，正确的化学品类型、剂量和添加持续时间)而进一步降低 50%~70%。

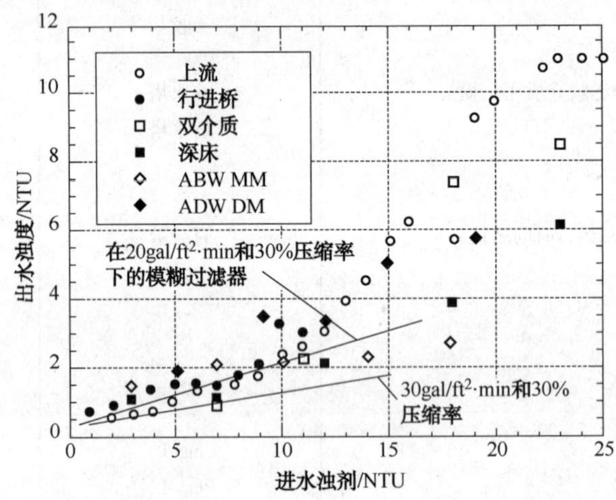

图 16.3 对于在 820L/m² · min 和 1223L/m² · min 下运行的 Fuzzy 过滤器出水与进水浊度之间的对比，床压缩 30%，几种过滤器通常用于 205L/m² · min 下运行的出水过滤(Caliskaner et al，1999)

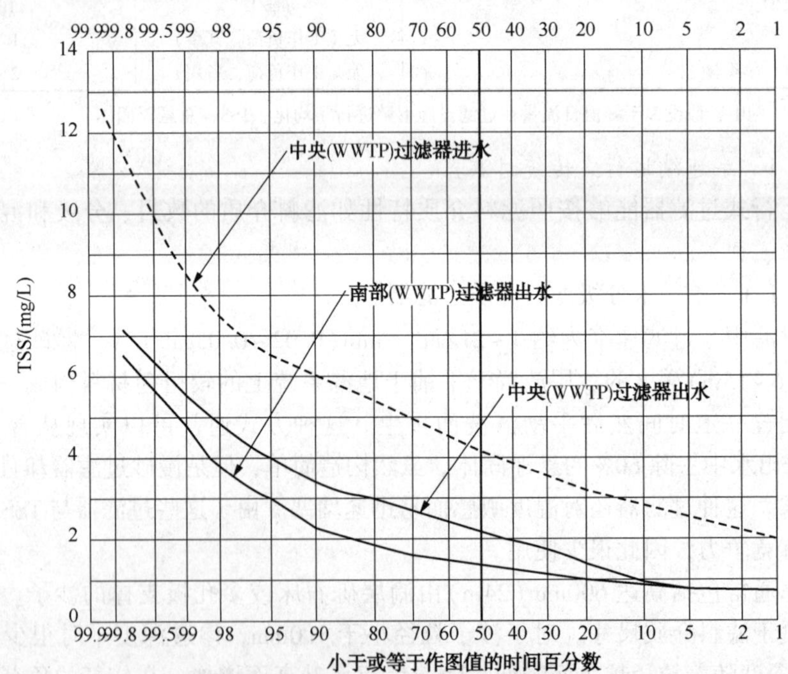

图 16.4 在达拉斯中南部污水处理厂(WWTP，硝化活性污泥)中对于过滤器进水和出水 TSS 浓度的概率分布函数

深床粗滤料介质过滤器通常涉及深度 1.2~1.8m(4~6ft)的单滤料介质床。砂滤料介质

最佳尺寸取决于污水水质和所需的出水质量。粒径为 1.5mm 或更大，典型适用于二级出水过滤。高度均匀的砂(均匀系数 1.1)最适合容许床满荷使用。流量高达 800 L/m^2·min(20gpm/ft^3)据报道用于三级处理；标称最大施加速率通常为 200~240 L/m^2·min(5~6gpm/ft^3)。

有效床清洗和反冲洗水经济体积的早期问题似乎已经通过使用 0.015~0.025 m^3/m^2(3~5 scfm/ft^3)的空气反冲洗和 240~320 L/m^2·min(6~8gpm/ft^3)的水漂洗而得到解决。每次冲洗的单位过滤器表面的总冲洗水消耗处于 4000~8000 L/m^2(100~200gal/ft^3)不等，而通常为约 6000 L/m^2(150gal/ft^3)。

粗滤料介质最小化了水力学压头损失，并提供了更高的固体存储容量。深床过滤理想地适用于压滤，但这种过滤形式需要更深的过滤隔间，这也是一个缺点。即使在重力过滤应用中，总隔间深度可能超过 3.7m(12ft)。图 16.5 为典型的单一未分级的滤料介质过滤器原理图。

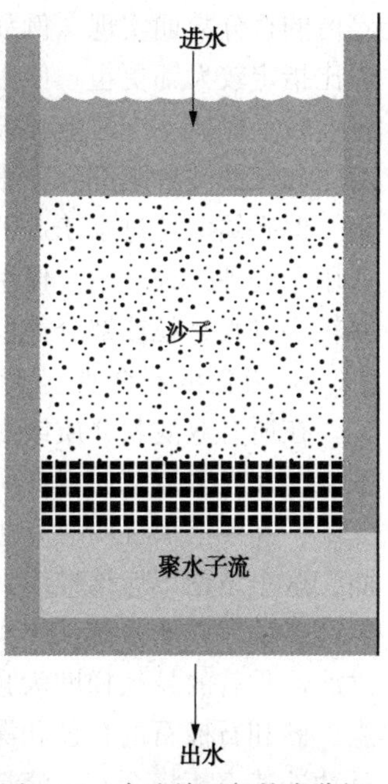

图 16.5　半连续运行的未分级单滤料介质过滤器

2.3.1.3.1.2　双滤料介质和多滤料介质过滤器

双滤料介质和多滤料介质过滤器床是市政污水处理厂最常见的过滤系统。这些系统由两种或两种以上的滤料介质，如无烟煤和沙子分层构成(图 16.6)。无烟煤层可能是独立的，或与沙子混合。无烟煤的相对密度通常为 1.6，石英砂为 2.65。石榴砂，通常多滤料介质系统采用，相对密度约 4.2。

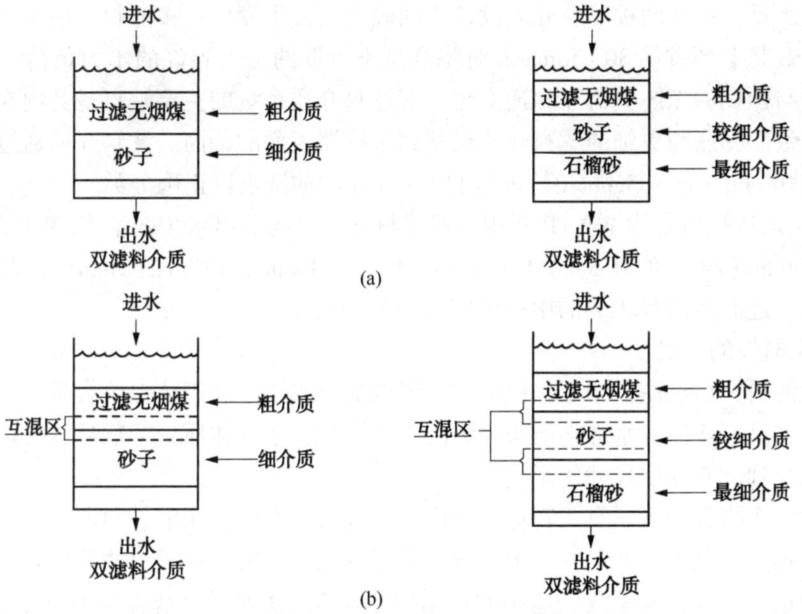

进水
过滤无烟煤　粗介质
砂子　细介质
出水
双滤料介质

进水
过滤无烟煤　粗介质
砂子　较细介质
石榴砂　最细介质
出水
双滤料介质

(a)

进水
过滤无烟煤　粗介质
互混区
砂子　细介质
出水
双滤料介质

进水
过滤无烟煤　粗介质
互混区
砂子　较细介质
石榴砂　最细介质
出水
双滤料介质

(b)

图 16.6　双滤料介质和多滤料介质过滤器的构造设计结构

(a)非互混的滤料介质；(b)互混的滤料介质

A. 非互混滤料介质

市售的非互混滤料介质最低均匀系数为 1.3。较低的均匀系数通过指定邻近筛子尺寸上停留的百分数而实现。例如，10%~15%可能允许比指定的细筛更精细；10%~15%可能允许比指定较大筛更粗。使用具有低均匀系数的滤料介质，对于同等程度的床膨胀当滤料介质有效粒径保持不变时能够极大地节省反冲洗水。这种均匀滤料介质的优点仅仅存在于床完全流化和床清洗要求部分膨胀之时。可以使用高达240~320 L/m^2·min(6~8gpm/ft^3)的过滤速率，但必须保持进水TSS低于10mg/L。通常情况下，最大流量为200 L/m^2·min(5gpm/ft^3)适用于处理二级出水。使用窄的尺寸范围，会产生过滤器不稳定性的可能，这会通过不能捕获较小进水颗粒或部分截留的物质脱落而显现出来。

B. 互混滤料介质

在所有双滤料介质或多滤料介质系统中除非严格维持低均匀系数，都会发生一定程度的互混。在大多数双滤料介质系统中，滤料介质都在其边界层部分地发生互混。在至少一项研究中，互混已被证明双介质系统几乎不能提供切实的受益(Baumann and Huang，1974)；然而，这个结论不应该推广到混合滤料介质系统。

多滤料介质系统试图实现随着过滤深度增加而孔隙空间理想地均匀降低。通常情况下，过滤器具有的粒径梯度为顶部粒径约2mm(0.08in)至底部粒径为0.15mm(0.006in)。无烟煤、砂和石榴石的粒径和深度将会作为负荷和将要去除的固体强度的函数而变化。适当选择反冲洗速率，将会产生滤料介质层的互混，而使过滤器的孔隙大小从顶部至底部稍微有所均匀降低[美国土木工程师学会(American Society of Civil Engineers)(ASCE)，1986]。

多滤料介质过滤通常宣称具有理论优点。然而，一些研究表明三级过滤应用中单滤料介质和多滤料介质设计之间的TSS或浊度去除率几乎没有差异(Brown and Caldwell，1978；Russell et al.，1980；and Tchobanoglous and Eliassen，1970)。然而，运行参数，如运行时间和反冲洗耗水量，在这两种滤料介质设计之间确实会发生变化。多滤料介质单元如果应用的二级出水TSS将会超过约30~50mg/L时将会是不可取的。可容许的水力负荷，如同所有过滤器一样，与预期的TSS负荷互为逆变化。多滤料介质系统的主要缺点是其内在需要的高反冲洗速率导致床膨胀和更细的滤料介质迁移到过滤器表面的趋向。滤料介质通过在反冲洗时间之后以200L/m^2·min(5gpm/ft^3)进行的1~2min的冲洗进行正确分类。

图16.7是达拉斯南侧WWTP所用的双滤料介质过滤器出水TSS浓度的时序图。这些过滤器采用600mm(24in)的0.5mm(0.02in)沙子之上300mm(12in)的1mm(0.04in)无烟煤作为过滤介质。过滤器出水TSS的中值浓度大约为2mg/L。

C. 压头损失的发展

在粒状滤料介质过滤器中压头损失的发展取决于水力学和固体保留容量。在任何时候的总压头损失就是干净床的水力学压头损失与由于沉积污水固体所致的额外压头损失之和。二者都极大地受到滤料介质尺寸的影响。

水力学压头损失涵盖了有关管道、阀门、计量仪、弯管、压缩、地漏、收集系统和滤料介质的压头损失。其中，滤料介质床构成了主要的压头损失。对于过滤器滤料介质标准运行条件出现的层流条件，基于浅层速率的雷诺数小于3，而通过过滤器滤料介质的压头损失，直接随着流速而变化(American Water Works Association，1990)。对于任何滤料介质过滤系统，作为过滤速率的函数的干净水压头损失发展曲线能够由中试试验研究或直接由厂商获得。

对于一个给定的水力负荷干净水压头损失曲线受滤料介质类型、大小、均匀度和深度的

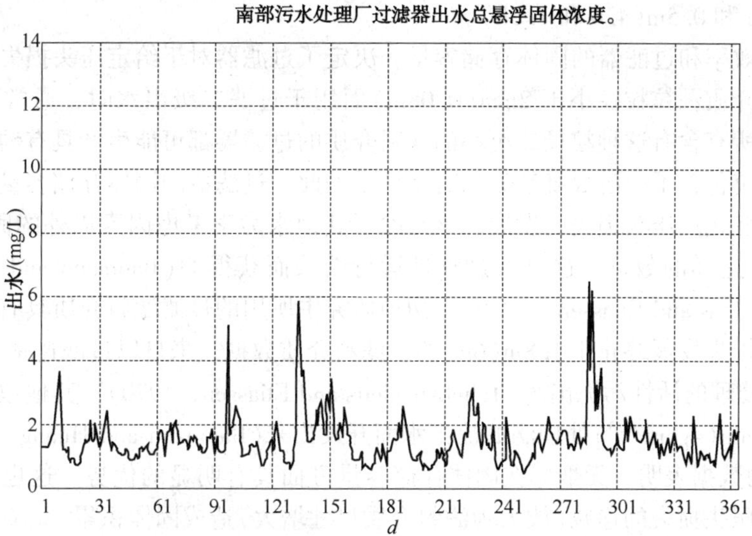

图 16.7　南部污水处理厂过滤器出水总悬浮固体浓度

影响。图 16.8 显示了随着过滤速率增加，干净水压头损失也增加，而过滤运行的可用压头损失发展降低。过滤行程长度直接关系到干净过滤器的压头损失和最终压头损失值之间的差值。如果图中表征的过滤器以 1.5m(5ft) 的最终压头损失运行，则反冲洗周期将在过滤循环以稍微大于 400L/m² · min(10gpm/ft²) 的水力负荷开始时几乎同时开始。

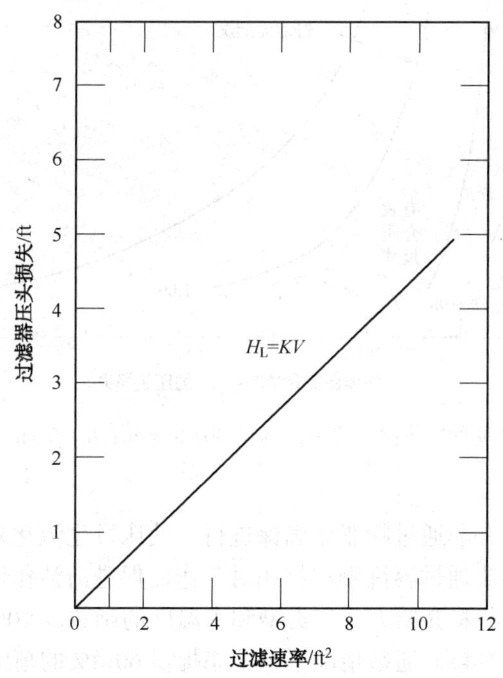

图 16.8　颗粒滤料介质过滤器的典型清洁水压头损失发展曲线

(ft × 0.304 8 = m；gpm/ ft²× 2.444 = m/h)

在过滤速率为 160 和 320 L/m² · min(4 和 8gpm/ft²) 下，相应的可用压头损失发展值将分别约为1.4m和0.5m(4.6和1.6ft)。

固体捕获效率和过滤器的固体存储容量，决定了过滤器对于给定压头损失的有效运行时间。如果滤料介质颗粒粒径小于2mm(0.08in)而用于过滤二级出水时，通常不会发生显著的固体漏过。所有含有这种粒径或更小的滤料介质的过滤器都可能生产具有约5mg/L TSS的水，如果该系统包含了上游混凝剂添加时则更是如此。过滤器的固体存储容量将随着所施加的固体性质而变化。压头损失的发展应该与除了其他水力学考虑因素以外的固体积累有关。图16.9显示了这样的数据，这是通过整理运行结果而获得的(Baumann and Huang，1974，和Tchobano - glous and Eliassen，1970)。两项研究中所用的过滤滤料介质具有接近均一的均匀系数。压头损失发展终止于1.8m(6ft)的砂滤料介质数据，来自以过滤速率240L/m^2·min(5.8gpm/ft^3)处理的活性污泥出水(Tchobanoglous and Eliassen，1970)。其他数据由以过滤速率160L/m^2·min(4gpm/ft^3)处理滴滤池出水而开发出来(Baumann and Huang，1974)。

图16.9的数据表明，无烟煤在固体存储容量方面具有明显的优势。这也表明实现了由于较高过滤器压头损失的递减(放大为滤料介质尺寸增大)造成固体积累。

图16.8和图16.9显示的信息，如果以固定的总容许压头损失要求和相应的安全系数的方式使用，则提供了开发示差方法求解过滤器最大许可水力负荷率的基础。

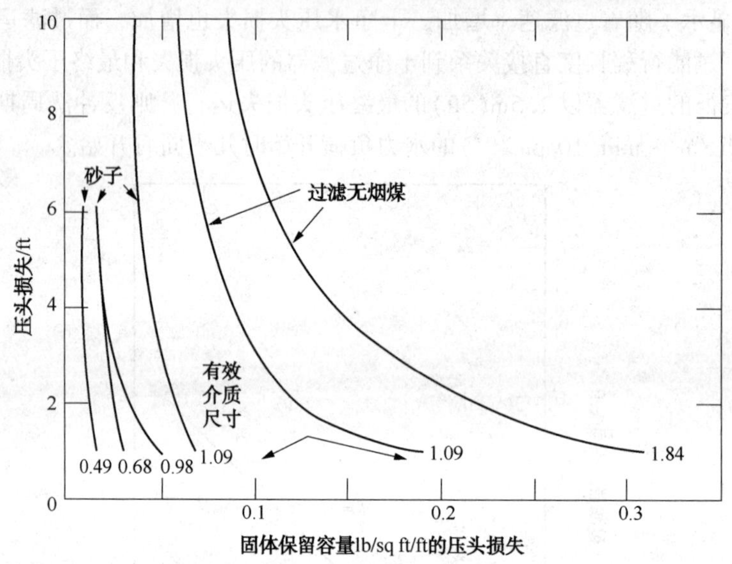

图16.9 过滤器滤料介质的固体储存容量(ft × 0.304 8 = m；lb/ ft^2/ft × 16.02 = kg/m^2·m)

D. 反冲洗和清洁

有效的滤料介质清洗并非通过膨胀床确保进行。使床发生流化是为了让夹陷的颗粒从滤料介质中冲洗掉。稍微膨胀通过容许颗粒物相对工作而促进清洁作用，从而磨掉更顽固的固体。图16.10显示了作为滤料介质大小、类型和水温度的函数的10%床膨胀反冲洗速率要求(Cleasby and Baumann，1974)。通常情况下，速率提供60wt%的精细粒子粒径高达10%的膨胀。清洗槽底部被用作引流槽，对应于有效粒径预期的近似上升。

大多数运营商尝试实现过滤床30%~50%的膨胀，而没有使用补充空气冲洗。图16.11提供了采用1.6mm(0.063in)无烟煤的典型混合滤料介质过滤器的床膨胀数据。在不同水温下所需用于实现相同床膨胀的反冲洗水的流量方面还有重大差异。因此，控制反冲洗水的流

量，必须在预期的最高反冲洗水温度下提供适度的床膨胀。

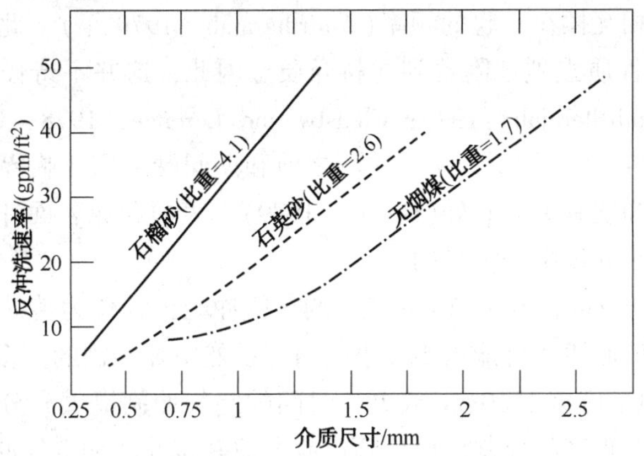

图 16.10　25℃(77℉)下 10%床膨胀的最低反冲洗速率(gpm/ft²× 2.444 =m/h)

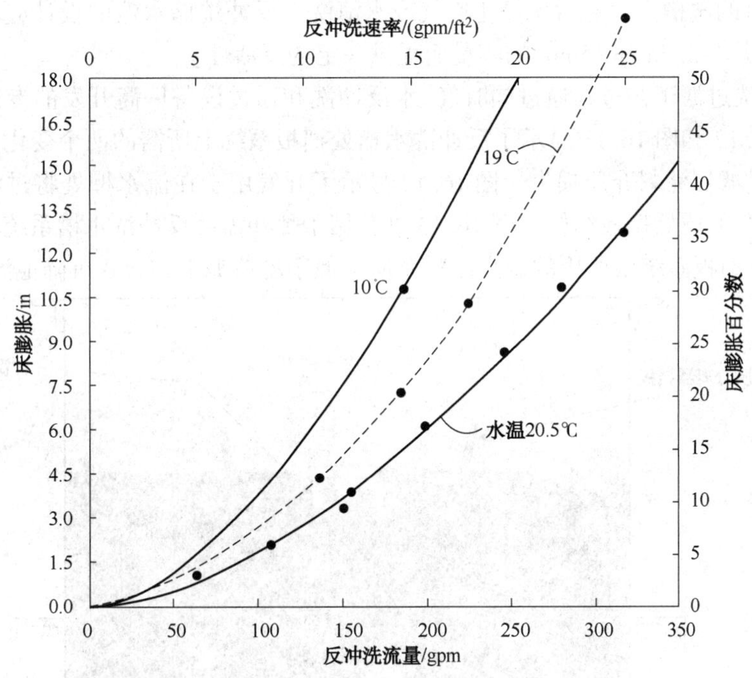

图 16.11　在 19 和 29.5℃下沙子/无烟煤过滤器的床膨胀

(gpm ×3.785 = L/min；in. × 25.4 =mm；gpm/sq ft ×2.444 = m/h)

一些研究人员建议从 90%的更精细滤料介质尺寸选择最大的反冲洗率(Cleasby and Baumann，1974)。反冲洗泵规格的选择应该考虑预期的最温暖水温。总反冲洗要求通常为约 4 000~10 000 L/m²(100 ~ 250gal/ft³)，而在很大程度上与反冲洗率无关(Cleasby and Baumann，1974)。这种观察结果通常是针对滤料介质之上边间距约 0.9m(3ft)以上的传统美国冲洗槽。这项规定不应适用于专利性系统，因为这类系统不要求严格的审查。双滤料介质和多滤料介质过滤器的组件选择相关粒径时，通常应该允许床组件之间均衡流化。如果不能提供均衡流化作用，则可能会导致的随意互混，或在最糟糕的情况下发生床翻覆。

仅仅依靠向上流动的水清洗颗粒过滤器是不够的，因为粒子间的磨料行为是反冲洗期间最有效的清洁机制(Babbitt et al., 1962; Fair and Geyer, 1954)。流化的滤料介质被水流分隔，从而降低了粒子相互揉在一起的频率(Amirtharajah, 1979 年)。此外，在二级出水中的生物固体因为“黏”的性质强烈地附着到滤料介质。因此，这并不奇怪，单独的流化作用不能有效地清洗床(Amirtharajah, 1979; Cleasby and Lorence, 1978; Cleasby et al., 1975, 1977)。许多研究者已经报道和引证了反冲洗之前和期间既采用亚临界反冲洗速率又采用流化反冲洗速率的空气冲洗有关的好处(Huang, 1979)。表面和亚表面冲洗或搅拌设备也用于辅助清洗，而在表面水处理中是常见的。

约 0.015~0.025 $m^3/m^2 \cdot s$(3~5scfm/ft^3)的空气冲刷推荐作为传统系统的最低值；更深的床可能需要更大的值而浅床可能需要较小的值。虽然空隙冲刷的大多数有利行为将会出现在前 2min 期间内，但是应该为 10min 或更长时间的空气冲刷提供充分的操作灵活性，而对所施加的速率采取一定程度的控制。设计师也应考虑并流冲洗和空气冲刷。这需要将过滤池排放至正好高于其表面的能力，接着进行简短的同时期空气-水反冲洗，直至水达到 150~200mm(6~8in)的洗槽内。然后，停止空气或水清洗。反冲洗储水池的设计应该通过在最大反冲洗速率下提供 3min 和 15min 的容量而提供一定的灵活性。

同时反冲洗过滤工艺过程通过同时气-水反冲洗和通过设备厂商开发的专门设计的挡板而维持。图 16.12 和图 16.13 显示了反冲洗水槽处挡板系统上所需的两个变化，防止同时气-水冲洗期间过滤器滤料介质损失。图 16.12 显示了开发用于在流水槽处将过滤器滤料介质与空气气泡分开的原始挡板结构。图 16.13 推荐用于那些需要反冲洗水槽系统较短侧面的设施。在流水槽/挡板系统中所用的分离滤料介质类似于澄清池中的管式沉降池滤料介质。

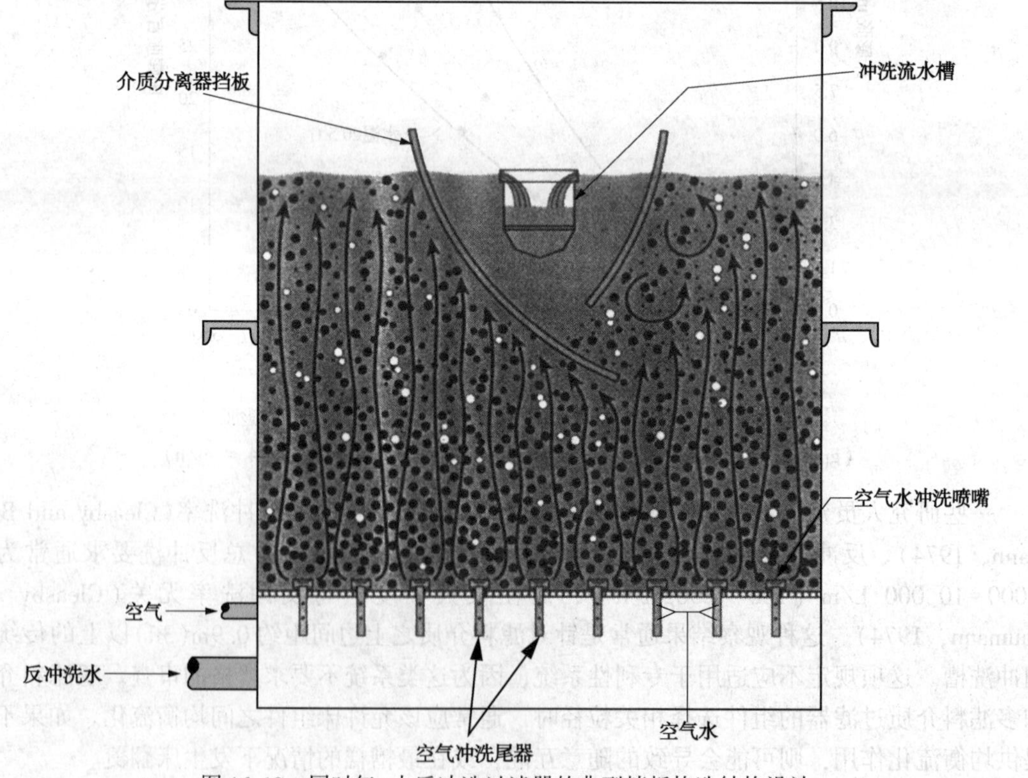

图 16.12 同时气-水反冲洗过滤器的典型挡板构造结构设计

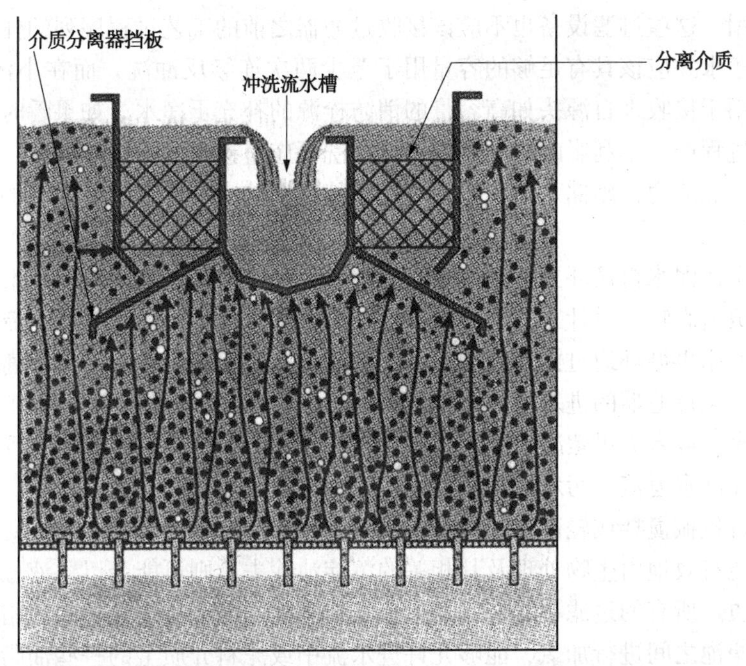

图 16.13　具有低侧面流水槽和挡板系统的同时气–水反冲洗过滤器的交替挡板构造结构设计

为了启动反冲洗，将水以亚流化的速率引入而空气以足以将滤料介质传送至表面的速率引入。空气冲刷增加了系统的能量，降低了反冲洗水速率。例如，1.5mm（0.059in.）的无烟煤用速率 480 L/m^2 · min 的水和速率 70m/h（4scfm/ft^3）的空气进行冲洗 。有效粒径 1.5mm 的砂滤料介质用 600 L/m^2 · min（15gpm/ft^3）的水和 110m/h（6scfm/ft^3）的空气冲洗。如果这些滤料介质只使用水进行冲洗，则反冲洗率将分别为 1200 L/m^2 · min（30gpm/ft^3）和 1800 L/m^2 · min（45gpm/ft^3）。空气–水同时反冲洗消除了速率限制，允许大滤料介质按照需要适当使用。

使用空气–水的联合冲洗的一个优点是比用水或空气冲刷之后用水冲洗能够更有效地清洗。这种改进的清洗方式的优点由磨蚀试验的结果证明，这种磨蚀试验要测量反冲洗之后过滤器滤料介质中剩余的 TSS。结果表明，相比于水冲洗或空气冲刷之后用水冲洗过滤器，在组合冲洗的过滤器中保留了 10%的固体。

另一个好处在于，同时反冲洗使滤床不分层。传统的水冲洗或空气冲刷系统使滤床发生分层。分层的床在床表面上具有小粒径颗粒，而在床底部具有大粒径颗粒。这会导致床表面固体迅速积累，缩短了过滤行程长度。不分层过滤床在整个过滤器滤床中具有均匀的滤料介质颗粒粒径，允许 TSS 深床渗透，显著增加了过滤器的过滤行程。这也增加了过滤后的水净产量。

当使用两个或两个以上的过滤器滤料介质时，旋转式表面下冲洗能力看起来是最必要的。表面下冲洗器位于膨胀界面的预期深度。旋转式表面清洗设施通常设计 280 ~ 340kPa（40 ~ 50psig）的水压和 40 ~ 120 L/m^2 · min（1 ~ 3gpm/ft^3）的供水。表面冲洗线内具有 3mm（0.1in）钻孔的粗滤器可以防止喷射堵塞。

过滤器出水通常是反冲洗水之源。氯接触池经过大小确定之后能够提供反冲洗要求所需足够容量的便利储水池。适用于氯化接触的干净井不应该位于过滤设备之下，因为这可能对其产生腐蚀作用。这些过滤设备也不应该接收过滤器之前的工艺过程序列的任何旁路未经处理的液流。干净水井应该具有足够的容量用于至少两次连续反冲洗，而在小污水处理厂中，这个能力还要用于接收来自源头如高容量的消防栓源的补充干净水。如果瞬时再循环速率可能对处理工艺过程产生不利影响时，过滤器反冲洗不应直接返回到污水处理厂。如果提供反冲洗污泥水的存储能力，则储水池应该针对最长持续期的完全连续过滤冲洗的最大过滤进行设计。

后续反冲洗污泥水再循环至污水处理厂，应该延长一段足够长的时间，最小化对污水处理厂的液压和负荷影响。设计工程师还应该考虑分开处理这种反冲洗污泥水流，以避免可能出现轻固体和油脂再循环通过污水处理厂。如果反冲洗水接收固体和液体分离处理，则就能安全地直接返回至过滤器的进水中。否则，就可能会返回到最近的上游单元工艺过程，如二级沉淀池的进水，或者如果絮凝作用缺乏是所关注的问题时，则返回至生物反应器中的某些中间点。将反冲洗水返流至污水处理厂前面，则并未提供显著有意义的优点。反冲洗污泥水储存池应该进行机械搅拌或轻微曝气而防止固体沉积和浮渣层形成。

油脂，不能有效地由生物处理及其相关的沉淀池除去，则可能会以乳液悬浮保留，涂覆过滤池滤料介质。所有的过滤单元装置都应该安装去除过滤介质中累积的油脂的装置和运行仪器仪表。过滤池之间进行加氯，能够允许进水流中或滤料介质上的一些油脂通过过滤器而进入污水处理厂的最终出水中。油脂去除可以通过超剂量加氯、次氯酸钠、或市售的工业清洗溶液而完成。这使之能够向滤床施加浓缩的或适当稀释的溶液，允许其静置，而随后强力反冲洗床。弱酸已成功地用于滤床除去有关上游使用金属盐或石灰进行除磷的结垢。

E. 收集和分配系统(聚水)

在传统的顺流过滤器中，聚水系统收集滤液和分配反冲洗水。后者的功能控制着该设计。传统系统在滤床下面使用数层分级的砾石而在过滤器地面上安装支路汇管。这种汇管，配备许多孔口，提供了反冲洗水的初步分配。最终分配随着水向上渗透通过砾石而出现。管道地漏系统的典型砾石床设计能够在标准参考文献中查阅到，这也提供了管侧聚水系统设计的准则(ASCE et al.，1969；Eliassen and Bennett，1967；Fair et al.，1968；和 Weber，1972)。砾石管侧系统的缺点是砾石与过滤滤料介质因为反冲洗期间的高局部速率而发生互混的趋势，将空气引入到反冲洗系统中，或过量的反冲洗流量。砾石管道系统还需要大的垂直空间。

其他聚水系统已经开发用于消除砾石支撑床的需要。各种尺寸和形状的塑料或钢喷嘴可供利用。喷嘴插入预制渠道，现浇钢筋混凝土，或钢板中，而设计成内置孔口，均匀分配反冲洗水和空气。空气-水反冲洗系统选择的喷嘴应该确保空气和水均匀分配并确保最精细的过滤器滤料介质不通过或堵塞孔口。在使用前必须认真清洗滤网下面的聚水系统增压室，以防止累积的灰尘或杂物堵塞在反冲洗期间堵塞滤网。在最低限度下，堵塞的喷嘴可能会导致不均衡的反冲洗；在最坏的情况下，过度升高的压力可能会导致聚水板或平板发生结构失效。

聚氯乙烯(PVC)喷嘴的早期型号在安装或滤料介质铺放期间容易破裂；然而，最近的设计提高了喷嘴的机械完整性。三氧化二铝或不锈钢制成的多孔板也可以使用。多孔板提供更完善的反冲洗分配，但易受堵塞(Culp and Culp，1978)。氯化的反冲洗水适用于防止多孔板中的生物生长。

清洗水经过床之后通过流水槽从过滤器流出。为了防止流动不均匀，流水槽之间的最大入口间距通常设置为 1. 8m(6ft)。流水槽，由矩形渠道构成，通过假设合适的宽度和利用流水槽中的回水曲线动量分析计算深度同时加上干舷 50~80mm(2~3in)而确定尺寸。因为无烟煤倾向于漂浮出过滤器，则设计工程师应该谨慎采用将辅助空气冲刷系统与双滤料介质或多滤料介质过滤器相结合。机械表面和表面之下冲洗的设备，可以提供更好的备选方案。如果没有，则设计师应该考虑滤料介质清洗的顺序模式，采用略低于过滤水面的单一空气冲刷，接着以所需的速率进行反冲洗，直到过滤器干净。

橡胶底座固定的蝶阀，具有电动马达或空气激活的液压操作器，几乎完全取代了液压激活和操作的闸阀，这种闸阀多年来就是标准的轻便过滤阀。蝶阀小巧，轻便，易于安装，节流工作更佳，并可以安装在任何位置。底座材料应该进行检查以防其暴露于清洗液时产生的腐蚀和磨损易感性。电动电磁启动器和气动或电机操作阀也更频繁地使用于过滤应用中。

每个过滤器应该具有在完全独立于其他并行工作单元时的操作能力。通常情况下，对于正确的操作，过滤器包括进水阀、出水、洗涤水供应、冲洗排水、表面冲洗，而在一些设施中，还有过滤器至废弃废物的管线。过滤进水导入滤床上，而使滤料介质表面不受干扰。这就要求将进水流引入初始汇流管中，在进水阀上使用节流控制，或使用一系列分配流水槽和防溅板，而耗散速度头。过滤器至废物的连接，如果使用，就应该具有正空气间隙保护回虹吸，而防止过滤器排干至底。出水冲洗供水和初滤排水管线通常采用过滤地漏系统并联歧管化完成常见的连接。

球墨铸铁和煤焦油、搪瓷衬里的焊接钢管和管件，适用于过滤管器管道回廊。易于安装、运行和维护，使之有必要对管道和阀门的细节仔细研究。空间、入口、隔离和照明，也都值得特别注意。使用抽屉式接头使用的修整器连接件能够协助施工和修理拆除阀门期间实现管道对齐。在承重墙上，使用墙套管或软管接头，防止不均匀沉降导致管道破裂。推荐过滤器管道进行颜色编码，使之外观悦目而便于识别。

钢筋混凝土水槽和箱式管道和混凝土浇注管，可以用于洗涤水排水渠或其他地面管线，但并不推荐采取架空使用，因为存在裂缝和漏水难题。管道回廊应该有正排水，通风良好，光线充足，并可能需要除湿，空调和供暖设备。过滤管道和其他管道、阀门、以及闸门通常要进行表 16. 5 中所示的速率和流量设计(ASCE et al.，1969)。

F. 流量控制方法

过滤系统的设计需要充分了解系统的运行和要求及常见问题。恒压和恒速及可变的递减率是过滤器运行的三个基本方法(Cleasby and Baumann，1974)。

恒压过滤产生真实的递减率过滤。过滤以低阻力高速开始，随着压头损失发展速率递减。这种系统需要大量的上游存储能力而很少以重力过滤器方式使用[U. S. Environmental Protection Agency (U. S. EPA)，1971c]。

在恒速过滤中，出水流量控制阀保持恒定的过滤速率或水位。流量控制阀在过滤器运行的开始时几乎关闭，随着过滤器变得堵塞而慢慢打开。当阀门完全打开时，运行结束。这种系统的缺点包括速率控制系统的初始和运行成本，这可能需要频繁的维护。真正的恒速过滤不适用于上游无存储的污水处理。恒速过滤应用于卫星污水处理厂和侧流过滤设施(如侧流处理时限中水回用)。

作为备选方案，设计中断压头损失之上的进水堰箱可以用于实现恒率过滤。这种堰箱对所有运行的过滤器单元装置近似等量分流，并通过改变水位而平稳调整流量变化和压头损失。可变的递减率过滤有类似于恒速过滤采取进水流量分流的优点。超过过滤滤料介质表面高度的出水控制堰，可以防止意外床脱水和因为气体逸出溶液所致的气缚作用在过滤器中产生负压头的可能性。这样排布设计和前者之间的主要差异在于恒速方法进水排布设计的位置和类型，最大化了工作压头损失。

表 16.5 设计速率和流量

流动描述	速率①/(ft/s)	每单位过滤面积的最大流量②/(gpm/ft^2)
进水	1~4	3~8
出水	3~6	3~8
冲洗水供应	5~10	15~25
冲洗水排水	3~8	15~25
初滤排水	6~12	1~6

① ft/s × 0.304 8 = m/s。

② gpm/ft^2 × 2.444 = m/h。

过滤进水行进穿过与其他过滤器共享的共同引水渠道，而在低于冲洗流水槽水位之下进入。通过合适的垂直挡流板，进水流发生恒速过滤直至过滤器中的水位升高超过冲洗流水槽和挡流板水位；此后，该单元装置提供可变的递减率过滤。水位将会在任何时间的所有运行过滤器中相同，但过滤速率在这些过滤器中随时间变化而变化，这要取决于每个过滤器中的压头损失累积情况而定。推荐在出水管道中提供流量限制阀或孔口，防止在过滤器干净时过滤速率过大的。如果过滤器出水质量倾向于朝着运行末端变差时，可变的递减率操作有时会比恒速过滤产生更好的过滤器出水质量。此外，可变递减率的构造结构设计因为过滤速率朝着过滤器运行末端下降而需要较少的可用压头损失。

通常情况下，递减速率过滤器提供重力过滤器操作的最佳模式，除非设计终端压头损失超过 3m(10ft)。在这种情况下，压力过滤器的恒水位控制可能是一个更经济的选择。然而，这种前瞻性的经济，必须对潜在的不利因素进行权衡，因为终端压头损失条件同时发生于所有过滤器中。除非在终止条件之前反冲洗始终如一地启动，或提供上游储水池，或两者同时发挥作用，这可能在递减率过滤模式下导致系统故障。图 16.14 显示了进水分流的恒速和可变递减率过滤这两种操作的典型过滤器和干净井排布设计。

2.3.1.3.2 半连续操作的单分级滤料介质的上流过滤器

上流式过滤器充分利用了通过含有相同密度不同粒径分级的颗粒物的滤料介质而依据水力学实现的自然级配。上流式过滤器滤料介质的一个实例由 100mm(4in)直径 30~40mm(1.25~1.5in)的砾石，250mm(10in)直径 10~16mm(0.38~0.63in)的砾石，300mm(12in)直径 2~3mm(0.05~0.08in)的砂砾，和 1.5m(60in)直径 1 ~2mm(0.03-0.05in)的沙子构成。均匀系数对于该系统是次重要性的。更重要的是稍微嵌埋的抑制性栅格，容许砂拱形成，而提供紧密的床。约 41 个分配喷嘴/m^2($4/ft^3$)供应进水。图 16.15 提供了上流式单滤料介质过滤器的示意图。

滤床通过排水(约 4min)，接着按需施加打破沙拱(3min)的低压空气和冲洗水反冲洗(10min)而进行清洗。在一些装置中，空气也应用于冲洗周期。反冲洗供应是进水进料流。经过速率选择而提供上层沙层 7%~10%的膨胀。温度将决定获得这种膨胀所必要的哪种速

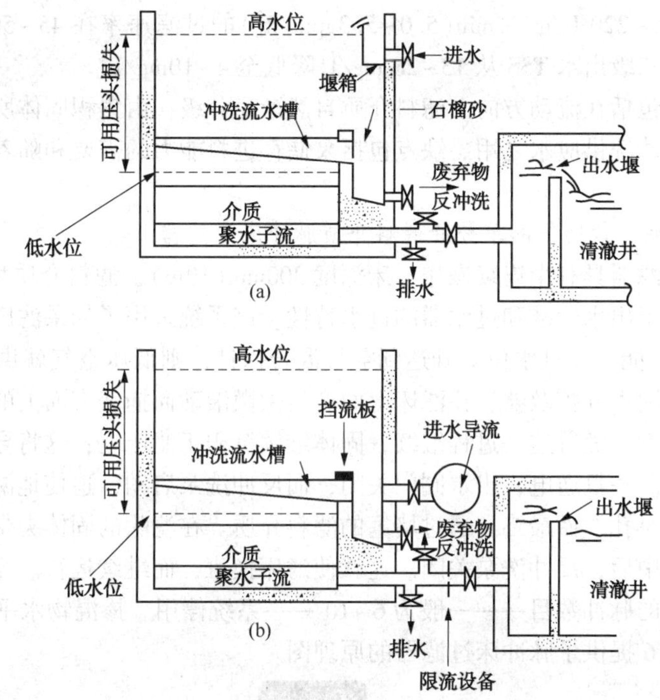

图 16.14　(a)进水分流的恒速过滤和(b)可变递减率过滤的典型过滤器和清洁井排布设计的正面图

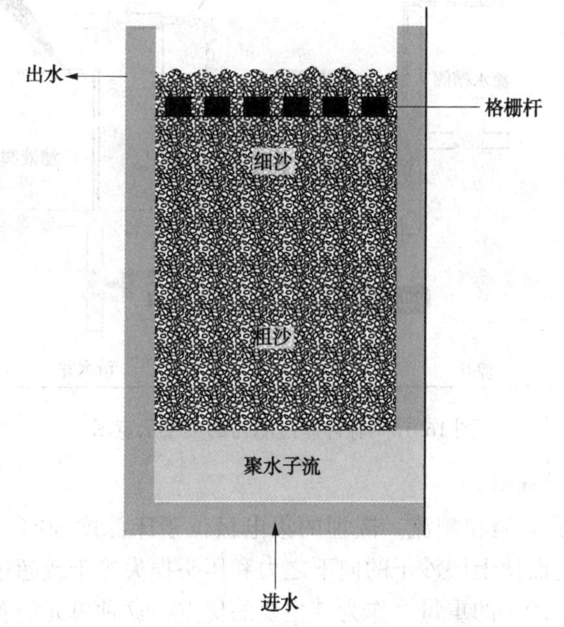

图 16.15　半连续运行式上流单滤料介质过滤器

率。例如，20℃(68℉)下 560 L/m^2 · min(14gpm/ft^3)的反冲洗速率对应于 36℃(97℉)下的 800 L/m^2 · min(20gpm/ft^3)的速率。反冲洗之后，容许进行 5min 沉降分类期。然后，在单元回归工作之前通过 10min 预过滤运行而构建出水清澈度。

有人报道过 240~500 L/m^2 · min(6~12gpm/ft^3)的典型流速率。芝加哥汉诺威污水处理厂的研究表明，205~220 L/m^2 · min(5.0~5.3gpm/ft^3)的过滤速率在45~50h的运行时间内成功地将无限制的二级出水TSS从13~28 mg/L降低至4~10mg/L。

该系统的优点包括在流动方向上滤料介质自然渐变分级，由累积固体所致的最小压头损失，和进水作为反冲洗供应水之用。缺点包括泵储存进料能力的需要和随着昼夜流量变化的固体排污需要。

2.3.1.3.3 半连续操作的单分级滤料介质脉冲床过滤器

典型脉冲床过滤器具有半连续操作，床深度300mm(10in)，滤料介质均匀系数1.5。滤料介质的选择取决于出水标准和过滤器的进水特性。该系统采用了如果滤床变得堵塞时运行空气-脉冲混合的功能。一旦水位上升达到空气混合探针，则低压空气就供给至略高于床表面的扩散器。细气泡离开扩散器，在滤床上面产生微微滚动而捕获表面上的大颗粒并维持其悬浮以延长过滤周期。随着这一过程继续，固体继续沉积于滤床上；这将导致运行的水位上升到脉冲混合探针。一旦通电，出水阀门关闭，而反冲洗泵启动，迫使地漏中截留的空气通过各个子隔间中的小孔，而最终，通过堵塞的滤料介质。在滤除的固体夹带至滤床表面之上微微滚动的混合物中后，反冲洗泵关闭。这就使滤床换班，而继续运行。当脉冲混合系统蓄能器最终达到预设的脉冲数目——一般为6~10 ——系统停用。掺混物水平上升而激活真正的反冲洗。图16.16提供了脉冲床过滤器的原理图。

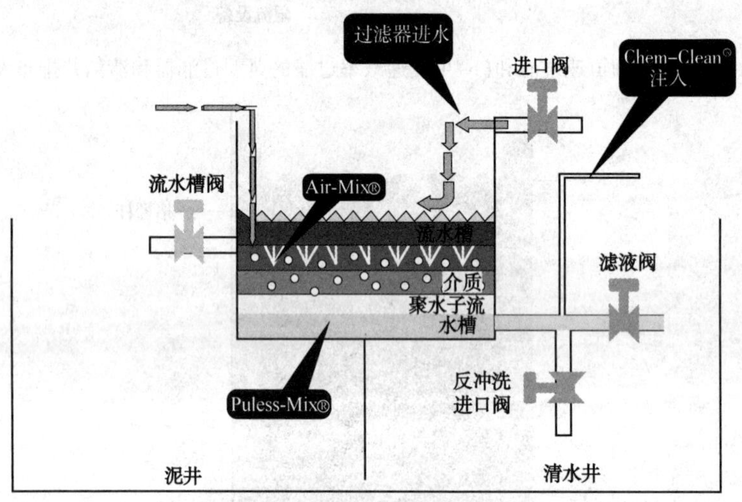

图16.16 脉冲床过滤器的典型示意图

2.3.1.3.4 双流过滤器

双流过滤器使用了上流和顺流。嵌埋的集电极位于床深度30%~50%的工作床表面之下。输入流量经过平衡而使上层沙子的向下之力和压头损失等于或超过由压头损失产生的向上之力减去滤床下部分沙子的重量。作为其主要的优点，这种单元装置使过滤面积加倍。这些过滤器的应用是有限的。操作会因为不同压头损失发展特性和合适的流量分配几近连续的搜索而变得复杂。图16.17显示了双流过滤器的示意图。

2.3.1.3.5 连续运行式非分级滤料介质过滤器

现有的几种非分级滤料介质的连续操作过滤器的结构设计专用于污水处理操作。这些系统大多数都具有一些专利性的功能而在本节中将会简单地介绍少数几种。这些过滤工艺中最

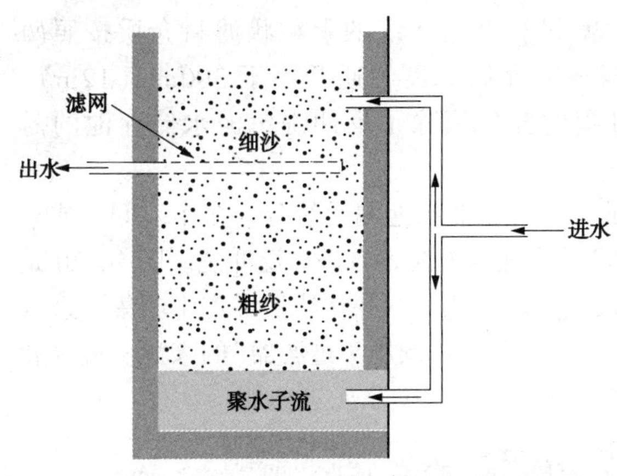

图 16.17　双流过滤器的典型示意图

常见的是自动反冲洗过滤器(ABW)和移动床过滤器(MBF)。

移动床过滤器提供无反冲洗清洁循环中断的过滤水连续供应。在典型顺流构造设计结构中，进水进入过滤器的顶部而向下流经越来越细的沙层。在排放出来之前，过滤后的水被收集在中央滤液室中。在过滤床中捕获的固体与砂滤一起向下被吸入空气抬升泵中。在空气抬升下向上湍流提供了倾析作用而在排放至过滤器冲洗箱中之前有效分离出沙子和固体。冲洗箱是一种加挡流板而容许洗净的沙子从浓缩污物固体中进行重力分离的隔间。从冲洗箱出来，再生砂返回至滤床顶部，而固体和反冲洗污泥水经过管道输送到合适的处置场所。过滤器滤料介质的尺寸大小，针对个别应用需求进行精选细定，有效粒径范围为 0.6~1.0mm(0.02~0.04in)。

在一个典型的上流式移动床过滤器中，进入过滤器底部的进水向上流动通过一系列立管。污水通过进口分配罩的开放底面而均匀地铺展到沙床中并随着固体移除通过向下移动的沙床向上流动。干净的滤液排出砂床并经过堰溢流而离开过滤床。同时，沙床，随着固体累积，被向下吸入位于过滤器中心的空气抬升管。少体积量的压缩空气引入空气抬升管底部。沙、灰尘和水通过管道向上以约 8 000 L/m^2 · min(200gpm/ft^3)速度激涌。这种剧烈湍流向上流动，冲刷砂中的杂质。一旦空气抬升到达顶，脏泥浆溢出进入中央污泥水隔间。沙子通过容许快速沉降的沙子渗透而不容许脏液体穿过的重力冲洗分离器返回至滤床。滤床连续地进行清洗，同时产生滤液和污泥水流。移动床过滤器的示意图如图 16.18 所示。

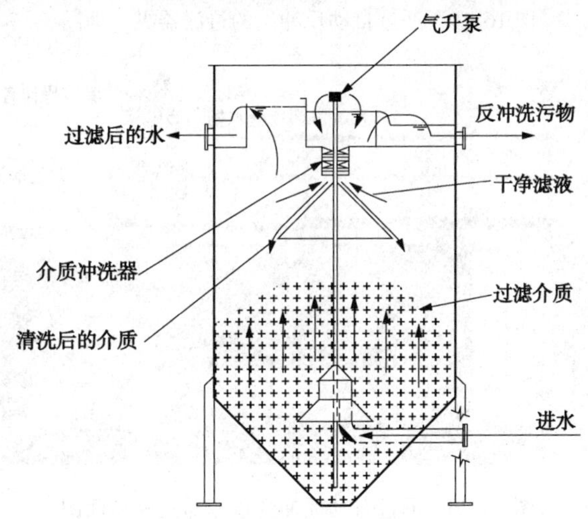

图 16.18　移动床过滤器的典型示意图

自动反冲洗过滤器(ABF)——这通常被称为行桥过滤器、连续反冲洗过滤器、或低压头过滤器——通常是按模块构建，宽 4.9m(16ft)。这种单元长度和单元数量，然后调整单元数量而提供所需的过滤表面积。ABW 过滤器由传统的颗粒状滤料介质按照两种重要方式而变化。这种过滤器使用相对较浅的介质深度，通常小于 300mm(12in)，而过滤器采取相对连续的反冲洗。反冲洗过程的变化消除了反冲洗污泥水储存池的需要，并降低了资本成本。

图 16.19 显示了通过 ABW 过滤器的纵切面图。过滤器的地漏系统分为多个隔间，或小池，每个小池随着行进桥和反冲洗罩位于待清洗的小池上方时各自进行反冲洗。图 16.20 是通过 ABW 过滤器的截面图。水通过进水渠进入，流入过滤箱，并在滤液渠道中收集。进水渠至出水渠的压头损失，通常小于 1.5m(4.9ft)，这是术语“低压头过滤器”的来源。进水和滤液渠道的典型构造结构设计如所示。

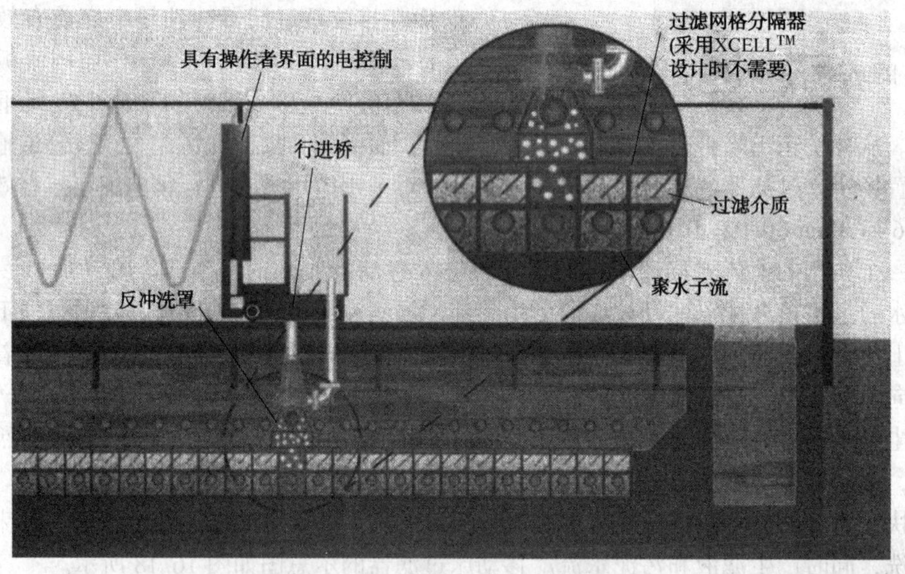

图 16.19　通过自动反冲洗的过滤器纵剖面图

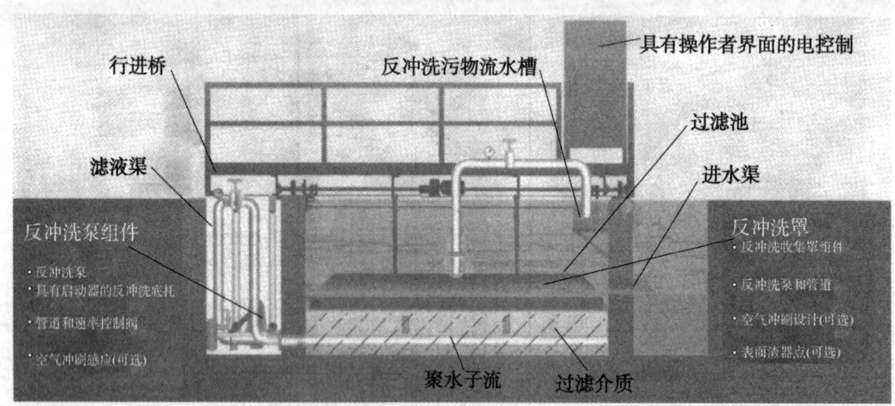

图 16.20　通过自动反冲洗过滤器的横截面图

ABW 过滤器的原始设计并未引入补充洗涤机制，如空气洗涤或表面清洗，而过滤器主要作为表面过滤器实施。这导致对 TSS 负荷相当敏感；过滤器进水中 TSS 浓度到超过 40~50mg/L，经常会导致溢流。在添加化学品期间应该给予特殊考虑，因为 ABW 过滤器对于化学品过剂量非常敏感。现代设计引入了空气清洗机制，提高了 ABW 过滤器的性能。图 16.21 给出了得克萨斯州休斯敦污水处理厂(氧活性污泥工艺)使用的行进桥过滤器出水 TSS 浓度的时间序列图。图 16.22 是出水 TSS 的浓度数据的概率分布函数。

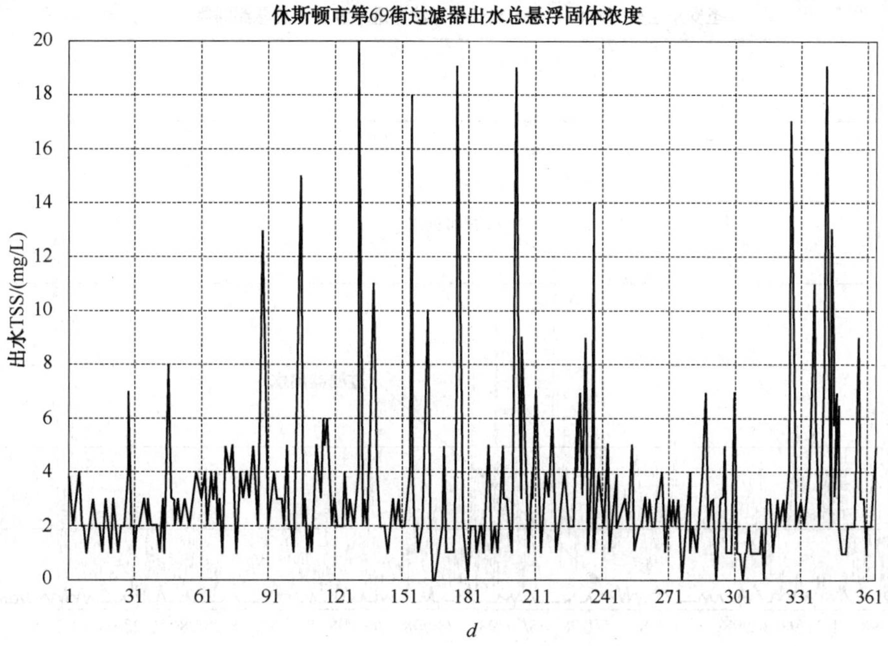

图 16.21　休斯顿市第 69 街污水处理厂过滤器出水总悬浮固体浓度

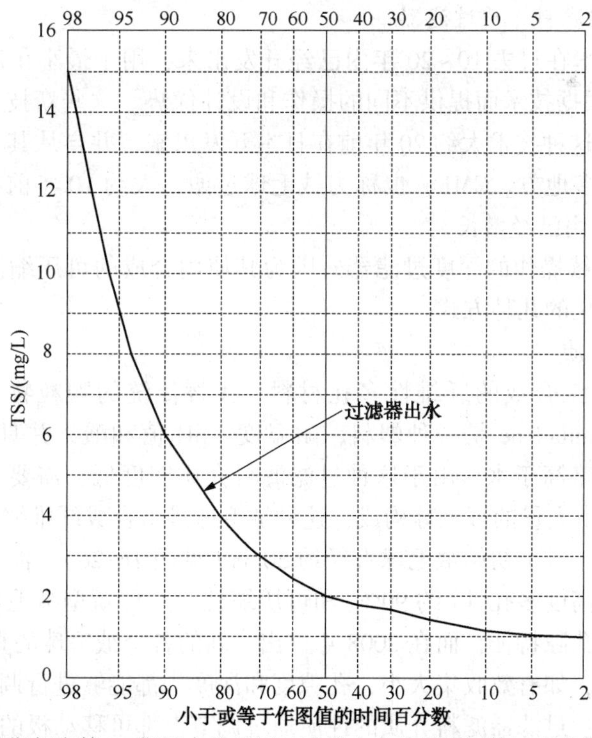

图 16.22　休斯顿市第 69 街污水处理厂过滤器出水总悬浮固体浓度的概率分布函数

图 16.23 是德克萨斯州圣安东尼奥污水处理厂(硝化活性污泥法)所用的 ABW 过滤器进水和出水 TSS 浓度的时间序列图。图 16.24 是过滤器进水和出水 TSS 浓度的概率分布函数。两个污水处理厂之间的性能差异强调了上游生物处理工艺过程对过滤效率的重要性和影响

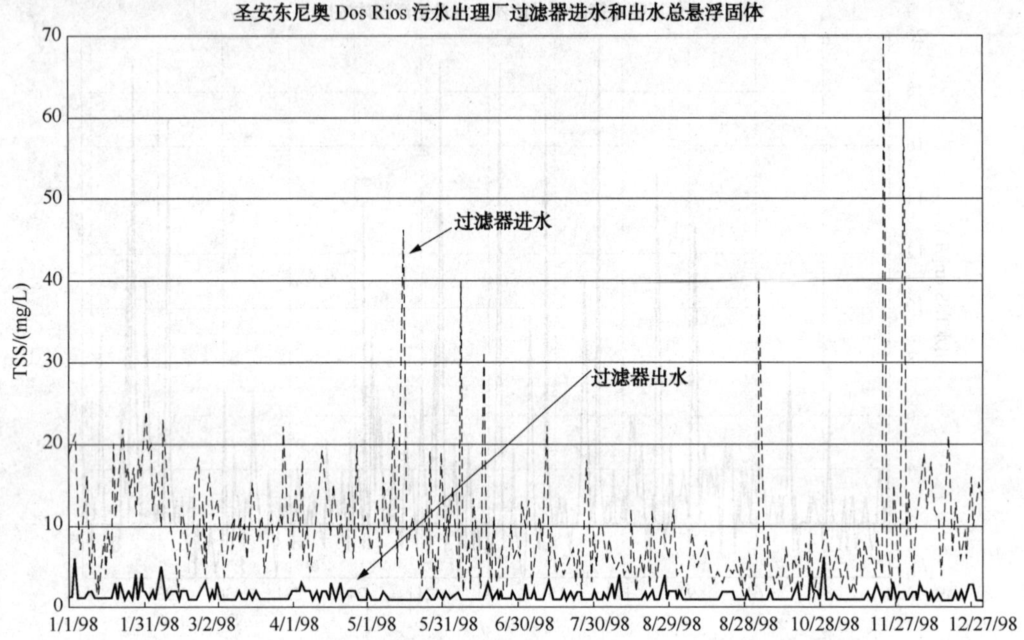

图 16.23 圣安东尼奥 Dos Rios 污水处理厂过滤器进水和出水总悬浮固体浓度

2.3.1.4 可压缩滤料介质过滤器

几种新型过滤技术在过去 10~20 年内已经开发出来，用于最小化反冲洗操作和反冲洗水-污泥水之比，并根据技术而提供不同的操作和设计优势。这些新技术之一就是可压缩滤料介质过滤(CMF)，这种技术大约 20 年前在日本开发出来，并自从其开发出来之日起已扎根于日本和欧洲的许多地方。CMF，也称为绒毛球过滤，大约 10 年前在美国首次推出，而在过去 5~7 年内其应用已经增长。

CMF 是一种半连续操作的深度过滤器。因为其使用合成的可压缩滤料介质代替颗粒状滤料介质，这是不常见的几种方式。

A. 滤料介质的性质

CMF 涉及使用人工合成的纤维性多孔材料，代替传统的颗粒物质(Caliskaner et al., 1999)。所用的 polyvaniladene 是一种塑料，耐温度、pH 值和酸，并具有良好的记忆特性。这种滤料介质的密度略高于水。由于这种过滤滤料介质密度低，需要夹陷于两穿孔板之间(见图 16.25)。滤床由大量的绒毛球构成，这种绒毛球是由合成纤维缩成的半球形形状而形成的复杂的编织结构。各个初始绒毛球直径约 30mm(见图 16.26)。滤料介质的确具有一些不寻常的特性，包括高度多孔性(约 90%)和可压缩性。一种新型绒毛球，具有最初的绒毛球类似的可压缩性和孔隙特征，而在 2008 年推出。新的各个绒毛球的直径约 40~50mm。过滤器滤料介质的性质，如有效收集大小，孔隙度和深度，都能够进行调整，因为其可压缩性适应进水条件的变化。过滤器滤料介质的性质通过调节上部可移动板的位置而进行改变。滤料介质的压缩比通过使用以下简单表达式进行计算：

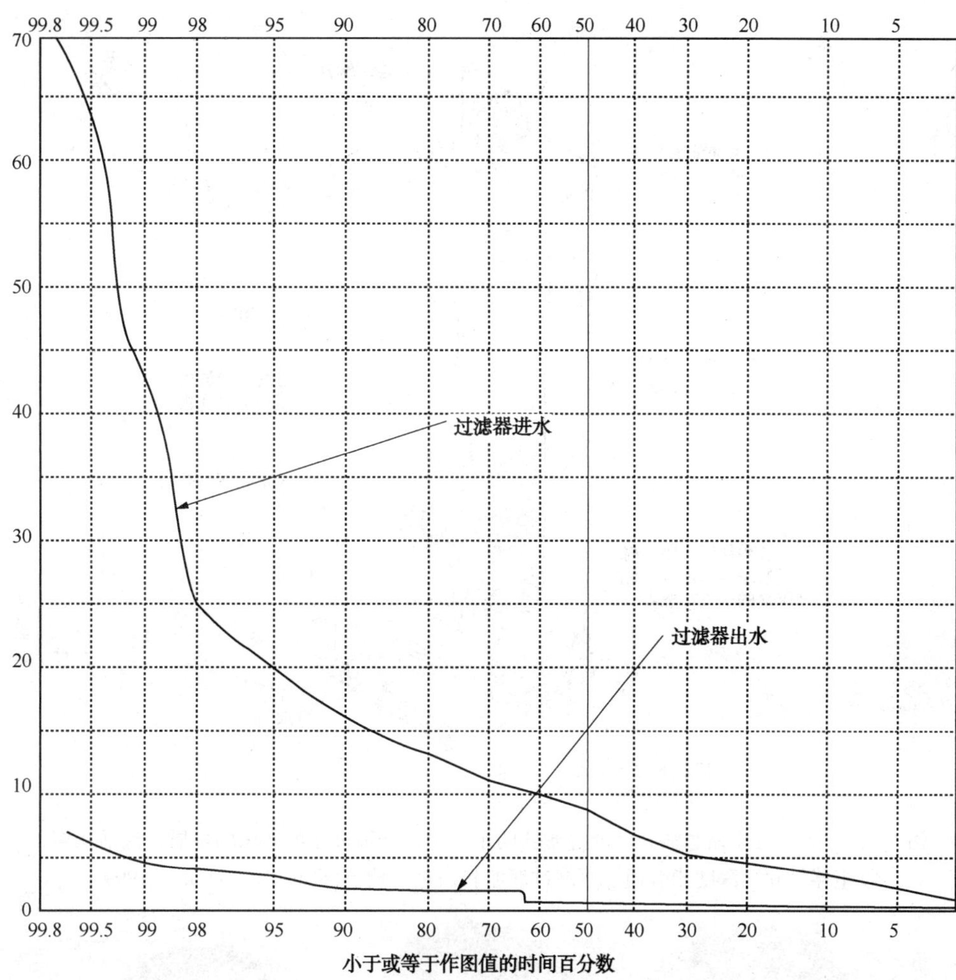

图 16.24　圣安东尼奥 Dos Rios 污水处理厂过滤器进水和出水总悬浮固体浓度的概率分布函数

$$1 - \frac{\text{压缩后的介质深度}}{\text{未压缩的介质深度}} \tag{16.1}$$

二级出水过滤典型的未压缩滤料介质深度为 760mm(30in)。例如，为了压缩滤料介质 40%(相对于深度的平均值)加压钢板下降，直到滤料介质厚度变为 460mm。滤料介质的性质，如孔隙率、收集器尺寸(空隙的尺寸)和深度，都应该随着所施加的压缩比增加而降低。滤料介质的相应孔隙度、深度和收集器大小值，按照不同的滤料介质压缩比而列于表 16.6 中。

表 16.6　不同滤料介质压缩比下的滤料介质性质

床压缩/%	孔率/%	深度/mm	有效收集器尺寸/mm
0	90	760	0.44
15	88	645	0.38
30	86	530	0.23
40	83	460	0.17

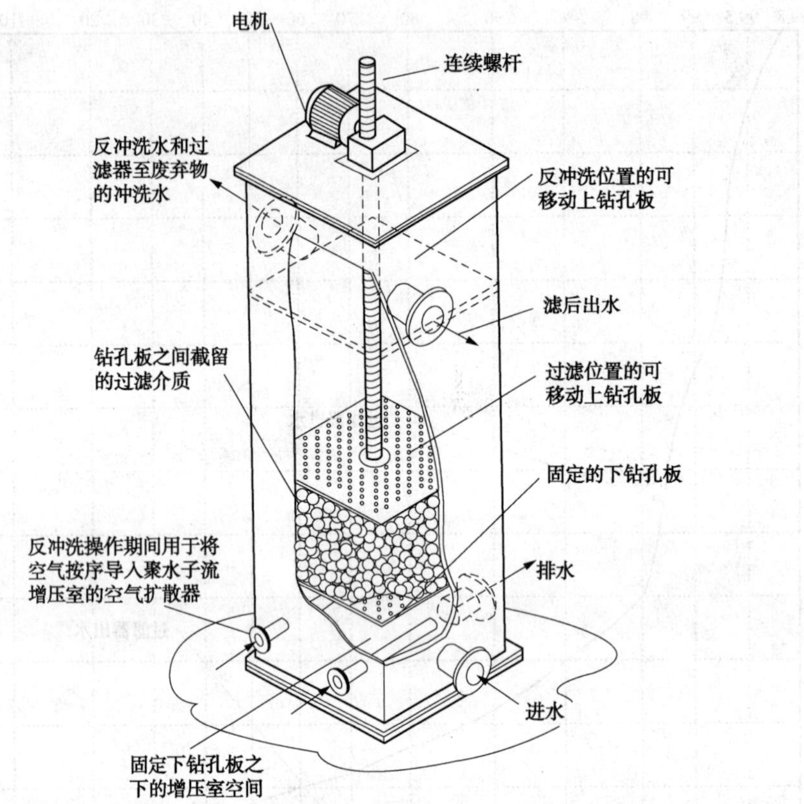

图 16.25　采用可压缩滤料介质的过滤器的示意图。这种过滤器滤床的性质，包括孔率，收集器尺寸和深度能够通过压缩过滤滤料而进行调节（Caliskaner et al.，1999）

图 16.26　可压缩过滤器滤料介质（Caliskaner et al.，1999）

B. 负荷率

CMF 能够在高过滤速率［例如，800～1600 L/m^2·min（20～40gpm/ft^3）］下运行，因为这种滤料介质的高孔率导致压头损失发展降低。典型的最大设计过滤速率为 1200 L/m^2·min（30gpm/ft^3），但过滤器能够在高达 1600 L/m^2·min（40gpm/ft^3）下成功运行（Caliskaner et al.，1999）。相比于颗粒滤料过滤，因为高过滤速率而占地要求显著降低（约 75%）。进出水浊度值和压头损失的发展曲线（不含化学品添加）如图 16.27 所示（Caliskaner et al.，1999）。对如图 16.27 所示的过滤周期，滤料介质压缩比为 40%。去除性能可以采用化学品添加而提高约 50%～70%。化学品的种类、剂量和添加持续时间应该谨慎选择，才能防止滤

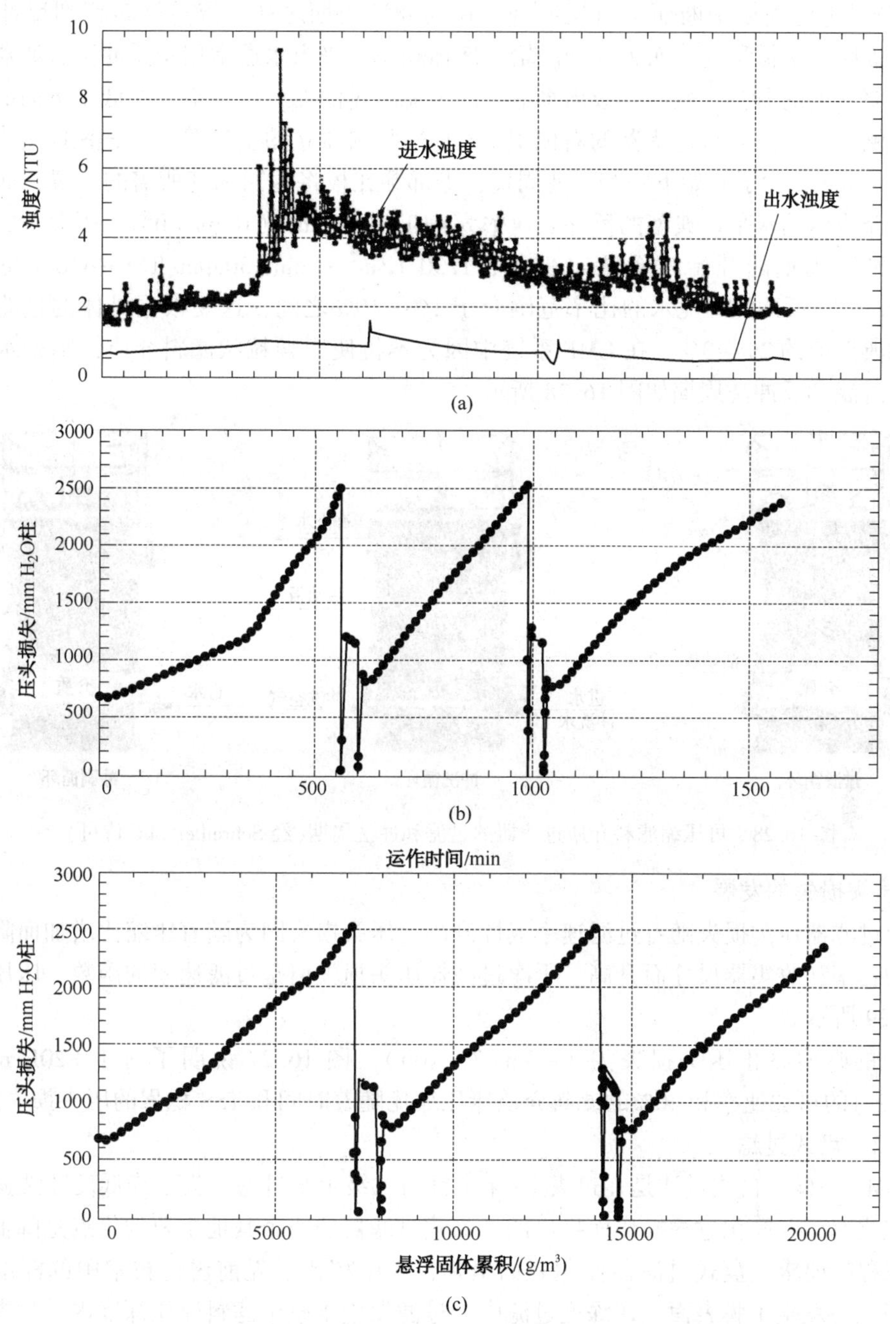

图 16.27　可压缩过滤器滤料介质以 820L/m² · min 过滤速率的典型性能

（a）相对于时间的进水和出水浊度数据；（b）相对于时间的压头损失发展，

和（c）相对于悬浮固体累积的压头损失发展（Caliskaner，1999）

料介质致堵塞。

C. 过滤和反冲洗周期/反冲洗要求

在过滤周期内，二级出水在过滤器底部引入到增压室。进水污水向上流动通过过滤器的滤料介质，而从过滤器顶部排出。基于定期运行，当达到终止压头损失或临界点(按照出水浊度测定)时过滤周期中断而进行反冲洗。在反冲洗周期之初，流量被转移到反冲洗水管路，而上板向上机械移动，而为反冲洗增加床体积。二级出水通常用于反冲洗过滤器而消除了干净水储水池的需要。虽然二级出水继续向上流经过滤器，但是空气在低于下面的穿孔板首先从左侧引入，然后从过滤器的右侧引入(通过两侧独立的空气管)。完整的反冲洗周期大约需要 20min。为了开始下一个过滤周期，上部穿孔板将返回到其所需的位置，而获得所需的滤料介质压缩水平。典型的反冲洗速率为 410 $L/m^2 \cdot min$(10gpm/ft^3)，因此，二级进水流量在反冲洗周期的开始时降低[(例如，1230 $L/m^2 \cdot min$(30gpm/ft^3)~410 $L/m^2 \cdot min$(10gpm/ft^3)]。反冲洗污泥水的比率范围介于 1%~10%之间，这要根据具体的过滤条件而定，平均典型值约 2%~3%。在 CMF 系统中因为不再使用颗粒状滤料介质，则聚水系统也被取消。过滤和反冲洗周期如图 16.28 所示。

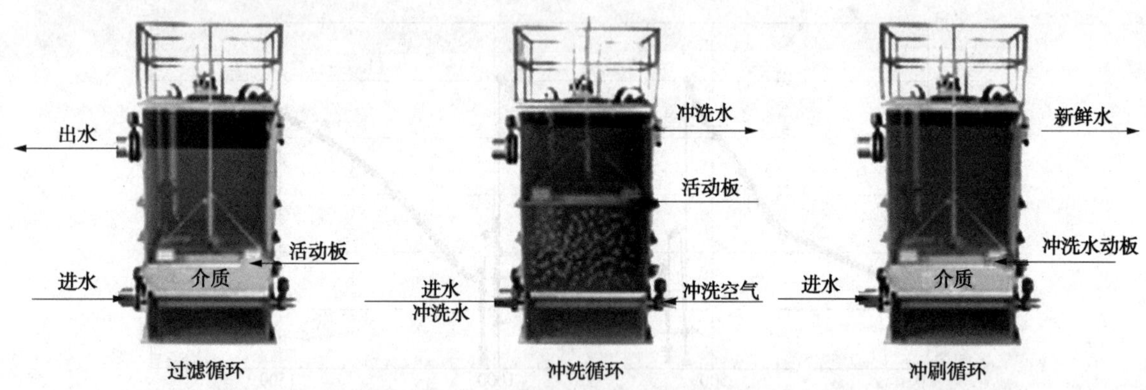

图 16.28　可压缩滤料介质过滤器的过滤和冲洗周期(经 Schreiber LLC 许可)

D. 压头损失的发展

干净过滤器压头损失随着过滤速率线性升高。压头损失因为随着压缩比增加而降低的滤料介质的孔率和收集器尺寸而升高。干净过滤器压头损失值是过滤速率的函数。床压缩程度如图 16.29 所示。

CMF 的典型终止压头损失为 1~3m(3~10ft)。图 16.27 说明了对于 820$L/m^2 \cdot min$(20gpm/ft^3)的过滤速率和 40%的滤料介质床压缩比随着时间和 TSS 积累的压头损失发展。

2.3.2　盘式过滤

像 CMF 一样，盘式过滤是在过去 10 年中针对二级出水过滤，为了降低反冲洗操作的要求和污泥比率，并简化过滤操作而推出的。盘式过滤器的两个其他主要的优点是降低了空间和渠首工程的要求。盘式过滤器使用表面机理，其中相比于先前讨论技术中的深度过滤机理，过滤主要发生于膜表面。在深度过滤中，过滤发生于整个滤料介质深度内，根据所用的技术，可能为从 0.3~2.1m(1~7ft)不等。现在存在几种专利性的盘式过滤器用于二级出水过滤，采用了不同的构造结构设计和滤料介质。设计工程师应该检审现有的技术，因为不同厂商之间的设计、操作和过滤特性是不同的。

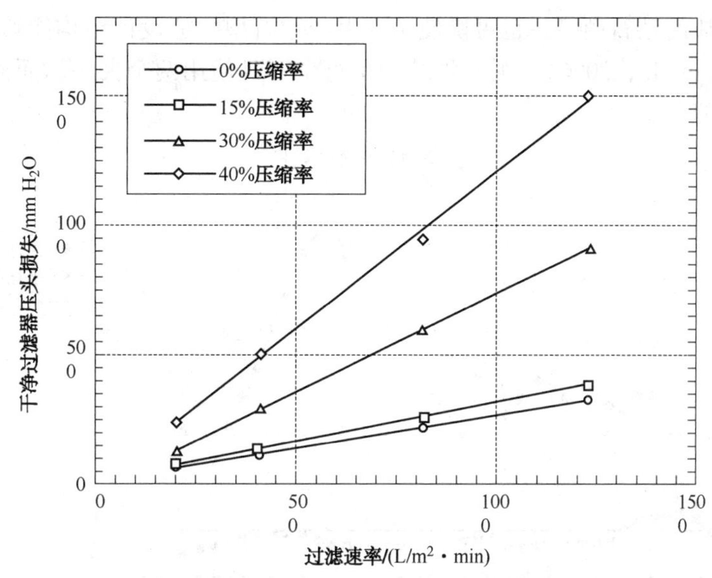

图 16.29 相对于过滤速率和滤床压缩的整个过滤器滤料介质内的初始干净床压头损失(Caliskaner and Tchobanoglous, 2005a)

2.3.2.1 完全浸没的盘式过滤器

完全淹没的盘式过滤器使用多孔结构的不同类型的布材料(如尼龙纤维、织造涤纶)分离残留于二级出水中的 TSS。完全淹没的盘式过滤器是一种连续操作的过滤器，是二级出水过滤最常见的构造结构设计之一。

不同类型的布质滤料介质根据厂商而使用。厂商还可能根据现场具体条件，如耐氯性，不同孔径特性，提供不同的布料的滤料介质。一种常见的布滤料介质是尼龙纤维材料制成的。这种布膜是随机织造面料，用于分离需要过滤流体中的颗粒物。颗粒物大多数都在布料膜表面附近被除去，这是典型的膜过滤去除特性。过滤布的密度和厚度也可能根据进水污水特性点和所需的出水质量而进行选择。布滤料介质可以具有高达约 5mm(0.2in)的厚度，除了表面过滤之外，这将会容许一定程度的深度过滤发生。布滤料介质的孔径随机织造材料构织而并非固定的。最常见的布滤料介质标称孔径为 10m。

大多数盘式过滤器可能够在高达 240~280 L/m^2 · min(6~7gpm/ft^3)下运行，最大设计过滤速率为 240~260 L/m^2 · min(6~6.5gpm/ft^3)。平均设计过滤速率介于 120~170 L/m^2 · min(3~4gpm/ft^3)之间。对于 135~270L/m^2 · min(3.25~6.5gpm/ft^3)的过滤速率进水和出水浊度值如图 16.30 所示(Furuya et al., 2005)。图 16.30 中提呈的出水浊度结果是在无化学品添加时获得的。去除性能能够随着化学品的添加而增加约 50%~70%，但应慎重选择化学品的种类、剂量和添加持续时间，才能防止滤料介质致堵。盘式过滤器去除性能类似于可压缩滤料介质过滤器。尽管设计过滤速率类似，但是占地要求相比于颗粒状过滤器却相对较少。过滤盘的垂直构造设计在小占地面积内提供了相对较大的过滤表面积(参见图 16.31)。像 CMF 一样，占地要求相比于颗粒物过滤器通常低 70%~75%(Haecker and Healy, 2006)。单个过滤器可以包含 1~12 个滤盘。过滤器单元装置内的滤盘数目取决于设计流量和过滤器负荷率和单个滤盘的大小。各个滤盘直径为 0.8m(2.8ft)~2.1m(7ft)，这要取决于滤盘制造商、型号、设计流量和负荷率。正如图 16.31 所示，不同的构造结构——如使用相同类型的布过滤器滤料介质的钻石型——也可供使用。生产钻石型构造设计结构能够应对低外形/浅池设计(Baumann et al., 2006)。另一种结构是每个滤盘使用两个夹头，而使每个夹头能够单独隔离进行维修。

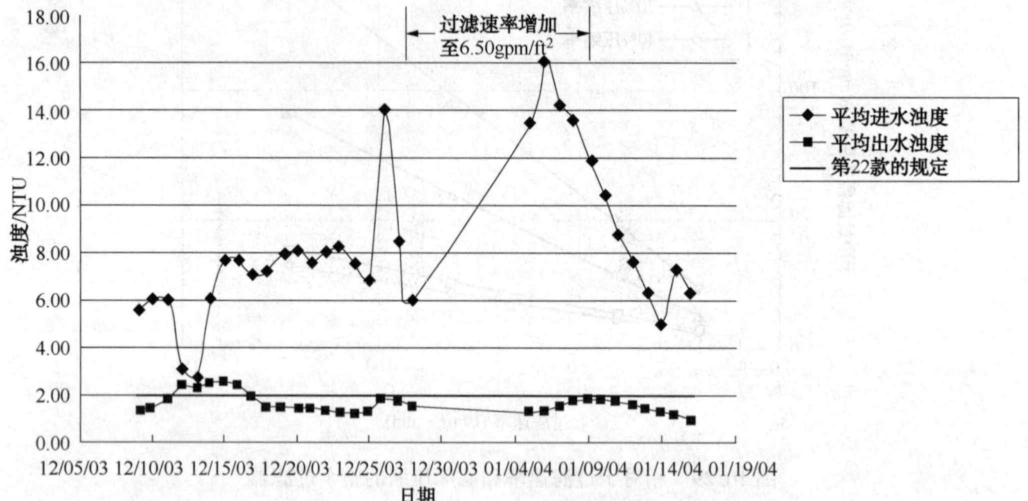

图 16.30 Manteca WQCF 中试过滤器研究的日均进水和出水浊度(Furuya et al., 2005)($gpm/ft^2 \times 2.444 = m/h$)

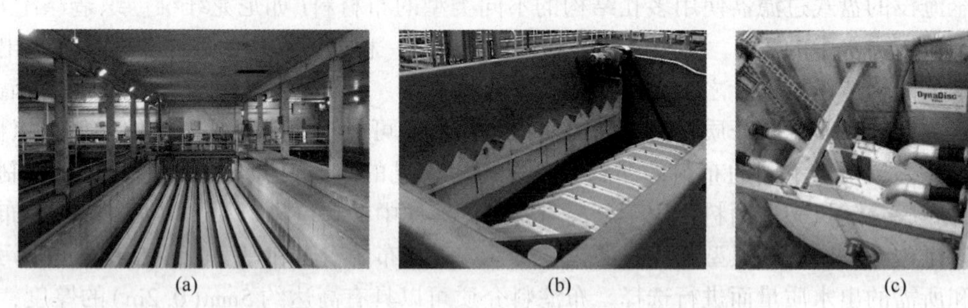

图 16.31 单个过滤池中的全淹没式过滤器

(a)混凝土池中的钻石型构造设计结构和(b 和 c)预装件混凝土系统中盘式构造设计结构

[(a)和(b)经 Aqua-Aerobics Systems, Inc. 许可;(c)经 Parkson Corp. 许可]

在过滤周期内，污水流量在大多数全淹没式系统中都是从滤盘外到内流动。几种由布膜覆盖的滤盘垂直安装于常见的中空管，这些管从过滤器中传送过滤后的出水。污水通过重力穿过布膜而进入通过中空管连接至出水管道的过滤盘内。这种过滤器在过滤操作期间静止不动，允许较大的颗粒沉降至处理池底部。优先沉降的较大粒径的颗粒物降低了需要过滤的固体数量。沉降的固体定期泵送至渠首(或固体处理设施)。这种设计应该采取应对滤盘之外过滤池中的漂浮和沉降物质的措施。

反冲洗操作在终止压头损失或某一运行时间达到之时就会开始。盘式过滤器反冲洗因为低压头运行特性和低终止压头损失设计值而更加频繁。累积的颗粒物通过施加至滤盘每侧的吸液作用而从布膜表面移出。真空装置安装于过滤器滤盘的每个侧吸面上进行吸液反冲洗。根据盘式过滤技术，布式滤盘或真空反冲洗设备在容许每个滤盘段抽真空的反冲洗期间以约

1r/min 的速率慢慢旋转。布盘式过滤器系统的结构如图 16.32 所示。

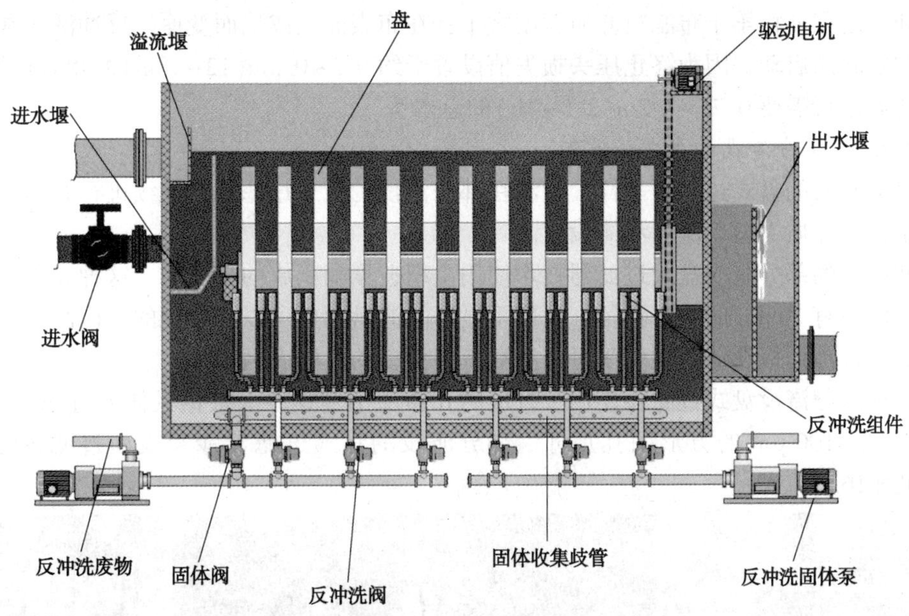

图 16.32　全淹没布膜介质的盘式过滤系统的典型构造设计结构(经 Aqua-Aerobics Systems, Inc. 许可)

过滤操作是连续的，因为每次只有一定数量的滤盘——通常一个或两个——进行反冲洗，但是余下的滤盘继续过滤。在反冲洗周期期间各个滤盘继续过滤。与真空设备接触的滤盘部分(约 5%)将会被清洗，而滤盘其余部分继续进行过滤。滤后的水用于反冲洗；因此，不需要单独的干净水储水池。采用盘式过滤技术会因为连续过滤操作而也将取消了反冲洗污泥水储存池的需要。反冲洗污泥水的比率范围为 2%~10%，典型值 1%~5%，这要取决于具体的过滤条件(Bourgeous et al., 2003)。图 16.33 说明了过滤和反冲洗周期，及其过滤介质类型。

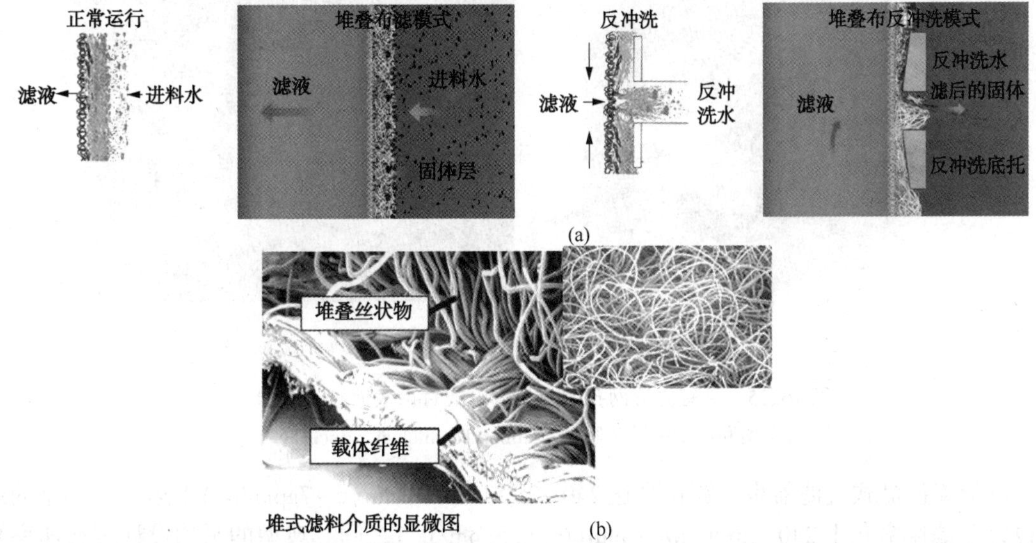

图 16.33　在(a)过滤模式，(b)反冲洗模式，和(c)一种类型的布质滤料介质的显微观察期间的滤料介质(经 Aqua-Aerobics Systems, Inc. 许可)

干净介质的压头损失范围为5~10cm(2~4in)。跨膜的压力损失随着颗粒物主要积累于表面上和一定程度积累于布滤料介质深度之中；在布表面上成毡而变厚。反冲洗通常基于压头损失的发展而启动，因为终止压头损失值设置于约0.3~0.5m(12~18in)的相对较低水平。盘式过滤器运行需要0.75~1.2m(2.5~4ft)的总水头。

2.3.2.2 部分淹没的盘式过滤器

像完全淹没的盘式过滤器一样，过滤在部分淹没的盘式过滤器中连续进行。两者之间的主要区别在于介质类型、流向和淹没度。

一些常见的部分淹没盘式过滤器技术使用由织造聚酯制成的布介质。这种介质看起来像膜材料，而具有10 μm的绝对孔径，深度不显著。滤盘面板可以是平坦的或褶面的，这取决于制造商。百褶面板设计提供用于每张滤盘获得更多的过滤表面积。

另一种部分淹没盘式过滤器使用了方形网孔覆盖不锈钢段。根据具体的过滤设计要求，可以选择10~100 μm的方形网孔尺寸。部分淹没的盘式过滤器涉及表面过滤特性(见图16.34和图16.35)。

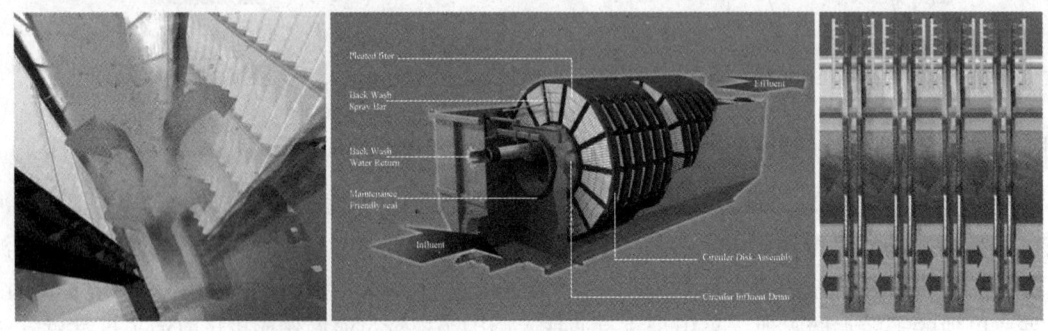

图16.34 部分淹没的百褶表面盘式过滤器(经Siemens Water Technologies许可)

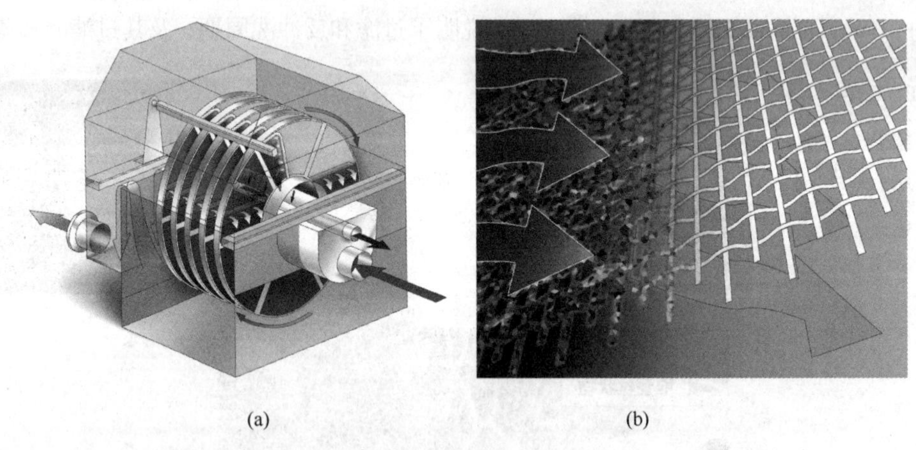

(a) (b)

图16.35 具有方形网孔的部分淹没式百褶表面盘过滤器(a)示意图和(b)滤料介质(经Huber Technology, Inc. 许可)

部分淹没盘式过滤器也能够在高达240~280 L/m^2·min(6~7gpm/ft^3)下运行，典型的最大设计过滤速率介于240~260L/m^2·min(6~6.5gpm/ft^3)之间。典型的平均设计过滤速率介于120~170 L/m^2·min(3~4gpm/ft^3)之间。过滤盘的垂直构造设计在较小的占地面积内提供了相对较大的过滤面积(见图16.36)。占地面积要求类似于完全淹没的盘式系统。

相比于完全淹没式系统，进水污水通过重力从中心进水收集鼓流入过滤器滤盘内。安装于滤盘两个侧面上的过滤材料分离固体。过滤器滤盘保留固体，而干净水流出滤盘之外而流进出水收集池中。采用这种排布设计，只有干净水通过流出盘式过滤器。在正常运行过程中，直到进口渠道的水位上升到某一具体点，如终止压头损失值，滤盘都处于静止状态。当达到终止压头损失时，反冲洗周期自动启动。过滤后的出水用作冲洗水，省去了独立的清洁水源或附加的清洁水池需要。这种干净的出水泵送到反冲洗喷头和喷嘴，随着滤盘旋转而将固体冲洗到收集槽中。在正常运行中，约 60%~65%的滤盘(根据盘式过滤器制造商而定)淹没。反冲洗污泥水储池的需要，由于连续过滤操作而被消除。典型的反冲洗污泥水比率为 1%~5%。部分淹没的盘式过滤器去除性能类似于完全淹没的盘式过滤器。

图 16.36　单个过滤器单元中的部分淹没盘式过滤器

(经 Kruger, Inc., a Veolia Water Solutions & Technologies Company 许可)

穿过过滤介质的压头损失随着更多颗粒物累积于滤盘表面上而增加。干净过滤器压头损失值类似于完全淹没的盘式过滤器。根据这种技术，终止压头损失值介于 0.3~0.6m(2ft)。运行的总水头要求通常为 0.75~1.2m(4ft)。

2.3.2.3　其他新兴的盘式过滤器

盘式过滤器的几个变体已经出现在污水处理行业中。一个新兴的盘式过滤器采用织造不锈钢作为过滤介质，代替布材料。钢盘式过滤器 2000 年在欧洲已经首次用于二级过滤，而其应用自推出以来已在全球得到推广。在过去两年内已经引入美国。

钢滤料介质盘式过滤器是一种如同其他盘式过滤器的连续运行过滤器。二级出水从滤盘中心引入。过滤器的滤盘保留固体，而过滤后的水流出滤盘而进入收集井中。随着过滤继续，颗粒物累积于不锈钢介质的表面上，增加了压头损失。当压头损失增加至预设终止压头损失限制时，就开始反冲洗。每张滤盘上都有一个专门的反冲洗喷头。反冲洗污泥水收集至常用的不锈钢槽而通过不锈钢排水漏排出过滤器。还有一些其他设计差异：

- 终止压头损失值通常因为使用钢过滤介质而较高。
- 典型的平均和最大设计过滤速率分别为约 205L/m^2·min(5gpm/ft^3)和 500 L/m^2·min(12.0gpm/ft^3)。

• 过滤盘连续旋转，转速可变而提供运行操作调节。

3 活性炭吸附

活性炭在污水处理系统中的使用是一种去除有机化合物的成熟工艺。活性炭可用于吸附水中的残余氯，但这并不是主要的应用。活性炭可以采用两种形式应用：颗粒活性炭(GAC)；和粉末化活性炭(PAC)。

可用于污水处理的活性炭有三种类型：

(1)椰子壳——小孔径，适用于低分子量的有机物去除。

(2)煤——中等孔径，适用于中等分子量的有机物去除。

(3)褐煤——大孔径，适用于大有机物的去除。

作为三级处理法，活性炭吸附和再生已用于处理生活污水好几年了，这些生活污水都被有机成因的工业污水和生物处理后的污水污染。设计和操作方面的考虑因素已明确界定，并有文献记载(Culp and Culp，1978；U.S. EPA，1970，1973)。活性炭也用于使用化学品絮凝和过滤除磷和去除 TSS 而碳吸附去除有机物的物理化学处理装置。化学物理工艺过程在某些情况下似乎是生物系统的替代方案。然而，为了确定全规模工艺过程的要求，实验室研究和中试塔试验应该纳入设计过程。

在污水处理中使用 PAC 在过去被忽视，部分原因是缺乏既定的操作方法。然而，回收和再生 PAC 的新技术和新应用在污水处理设施中的使用或许会增加。

3.1 工艺过程的描述

活性炭通过吸附极性较低的分子、过滤较大的颗粒和在活性炭的外部表面上部分沉积的胶状材料的综合作用而从水中除去有机物质(Snoeyink et al.，1969；U.S. EPA，1970；Weber，1972)。通过吸附作用去除可溶性有机物的程度，取决于颗粒物向碳外表面的扩散作用和多孔吸附剂内部的扩散作用。对于胶状颗粒，因为颗粒粒径大小内部扩散作用相对不太重要。有机物质难于吸附，这意味着穿过碳的溶解分子包括强亲水性有机分子如碳水化合物和其他高含氧有机化合物。

两个因素导致吸附作用发生：(1)导致可溶性有机物质附着于颗粒物表面上的吸附力；和(2)许多有机物质的有限水溶性。活性炭由于活化过程而具有大的高活性表面积；这将在碳颗粒物中产生无数孔道，并在毛孔表面产生活性位点。

吸附作用会发生三个基本步骤：膜扩散、孔扩散和溶质分子碳表面的附着。液膜扩散是溶质分子被吸附物质通过碳粒子表面薄膜的吸附渗透。在分子水平上，被吸附分子克服碳离子的阻力而进行传质；孔扩散涉及溶质分子迁移通过碳孔道而达到吸附位点；随后在溶质分子附着于碳孔道表面时而产生附着。

理论表明，吸附过程是一个动态过程而不是静态的过程；或吸附/脱附作用随着不同有机分子或溶质接近吸附颗粒物表面上的吸附位点而持续发生。更简单地，吸附是一种选择性的过程，因为不同的有机分子或结构，以不同程度上键连至碳。松散结合的有机结构能够在吸附位点被具有更紧密附着至碳的官能团的分子置换。因此，当更优先的溶质物种被吸附时，被置换出来的溶质发生了“解吸”，或被碳释放。

据假设，有两种类型的吸附作用。当溶质分子通过范德华力松散地固定于碳表面上。理论认为分子在碳表面上是活动的和迁移的。化学吸附作用会因为受吸附物的分子官能团和碳发生相互作用，而形成稳定的碳键。解吸更适用于物理吸附的而不是化学吸附的那些受吸附物质。

活性碳通常认为是由微晶刚性簇构成，其中每个都是由石墨平面堆叠而成。具体的平面内的每一个碳原子都键连这四个相邻的碳原子；在石墨平面的边沿的碳原子具有高度反应性(活性)自由基位点。在这些位点上，包含基面的多相混合物和微晶边沿，吸附发生于此。当活性位点被填满时，吸附达到平衡，出水水质变差而到达不可接受的水平。随后，碳就被认为失去效能，移出到再活化炉中进行再生。

碳运输和再生系统负责失效碳进出碳再生炉、碳再生和系统中补充碳的输入和输出的迁移。再生颗粒炭的方法包括：

- 低压蒸汽穿过碳床而蒸发和去除吸附的溶剂；
- 用溶剂提取吸附的物质；
- 通过热手段进行再生；
- 将碳暴露于氧化性气体。

活性炭再生主要是通过热手段完成(Hassler，1963，1974)。最广泛使用的两种重新活化的方法是使用回转窑和多膛炉。在回转窑中，碳相对燃烧气体和过热蒸汽混合物逆流移动。据报道，类似于新碳的吸收容量，再生碳回收了超过 90%~95%的吸附容量。

多膛炉加热到一定温度而足以燃烧掉通过再生反应产生的一氧化碳和氢气。具有耙齿的杆轴连续地将碳移动而将新鲜的颗粒物带到表面上而将碳向炉膛出口开口处传送。因此，碳可以从一个炉膛向另一炉膛传送。

在多膛炉中严格控制加热是从活性炭中去除吸附有机物最成功的方法和过程。活性炭在再生过程中的流失是一个重要的设计问题。

如果本地炉可供利用，则典型的再生计划包括：

- 水力运输碳浆至再生单元装置，
- 碳脱水并进料至炉中，挥发和氧化吸附的杂质，
- 碳水冷却，
- 水冲洗而去除细碎颗粒，
- 水力将碳传送回到再利用塔中，
- 炉尾气的洗涤。

在异地再生的情况下，失效碳通常直接通过水力学方式从吸附器传送至等候的卡车或其他封闭车辆中。然后，新鲜的，或原生的碳从第二封闭车辆通过水力传送至空的吸附器而取代失效的碳。失效碳则运输至商业再活化设施而提供原生碳的车辆返回至生产设施而重新装载原生碳。

3.2　应用

在污水处理中应用 GAC 的两种基本方法是(1)作为传统的二级处理之后的三级工艺过程(图 16.37)；和(2)作为包含化学-物理处理的几个单元工艺过程之一(图 16.38)。

3.2.1 三级处理

活性炭处理是能够应用于高级污泥水处理的许多工艺过程之一。活性炭上游的工艺过程通常设计用于去除二级出水中有关悬浮固体的所有可溶性的可生物降解有机物。化学澄清作用在碳吸附步骤之前。

在三级处理中，活性炭的作用就是去除相对少量的难降解有机物和无机化合物，如氮、硫化物和经过充分处理的污水中残余的重金属(Pretorius，1972；Sollo et al.，1976；U.S. EPA，1973)。出水无机物浓度可能大于进水中的浓度。这种现象能够通过加气增氧或在硫化物的情况下加氯并通过加入补充的反硝化碳源而克服。

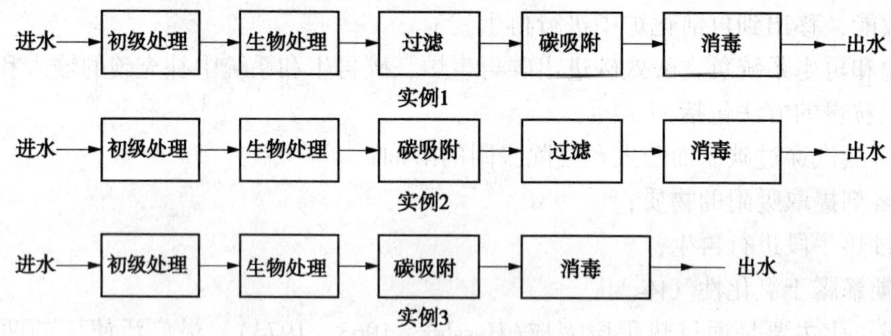

图 16.37 具有碳吸附的三级处理典型流程图

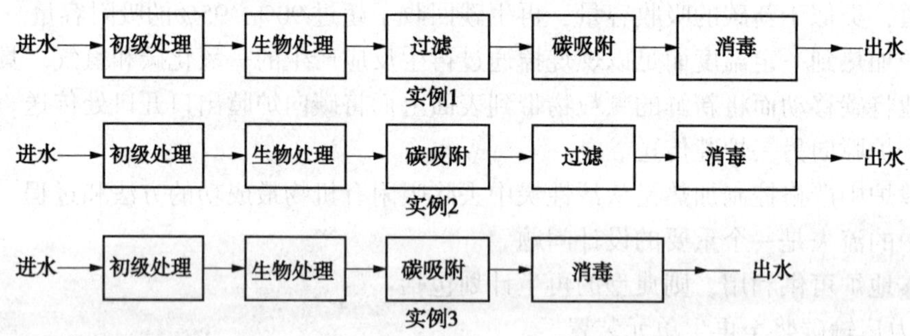

图 16.38 具有碳吸附的物理-化学处理的典型流程图

3.2.2 化学品

活性炭能够用于化学-物理处理之后去除可溶性有机物。物理-化学处理系统通常依赖于化学混凝、沉淀和过滤而从初级处理后的污水中去除悬浮固体及相关有机物质。通常情况下，采用活性炭的化学-物理系统设计用于产生采用三级处理而实现的相同出水水质。纯粹的化学-物理处理，目前尚未应用于全规模的市政污水处理。

3.3 设计考虑因素

3.3.1 污水水质

市政污水处理的活性炭吸附的实用性和有效性取决于递送的污水水质和数量。为了实现有效性，活性炭处理单元装置的进料污水应该是均匀质量和恒定流量。污水中可能导致潜在问题的成分是悬浮固体、BOD_5、有机物、如亚甲基蓝活性物质或酚类、以及溶解氧。重要的环境参数，包括 pH 值和温度。

悬浮固体对碳的效率和寿命的确切影响作用尚属未知；尽管如此，因为较高的局域化速度，可能会发生成渠和短路而降低床寿命和增加碳损失。碳吸附容量由于以下因素而可能降低：(1)孔道开口的限制，或(2)碳的热再生作用产生的灰分和孔道结构中其他物质的累积，这是由于胶体物质的存在所致。这种限制或累积现象干扰了扩散过程或降低了有效吸附位点。为了避免或最小化这种减损作用，需要向活性碳塔中进料最高澄清度的预处理污水。

在无法控制污水进水的情况下，碳单元装置的性能可能会受到影响。如果进水悬浮固体浓度(二级出水中 20 mg/L 和更大的浓度)较高，就可能在碳颗粒上沉积固体而形成絮状物，导致压力损失和流量开渠或堵塞。此外，如果二级处理中不能维持高水平可溶性有机物去除率，则可能需要更加频繁的碳再生。同样，pH 值、温度和流量缺乏恒定就可能不良影响活性碳吸附。由于这些原因，一般是在活性碳处理之前采用颗粒滤料介质进行过滤。

3.3.2 碳特性

通过碳吸附能够从污水中去除的物质量取决于提供最佳吸附作用的条件。有关溶液中将被吸附的杂质含量的有用表达式是经验推导的弗罗因德利希(Freundlich)方程：

$$x/m = kc^{1/n} \tag{16.2}$$

式中 x ——吸附杂质的重量；

m——吸附物质(碳)的单位重量；

c——残留于溶液中的未吸附杂质浓度(平衡浓度)；

k——常数[log(x/m)的截距]；

n——常数[其中 l/n 是 lg(x/m)对 lg c 作图的曲线斜率]。

为了使用这个方程，针对许多进水浓度测定 x/m 的量。对于每一进水浓度进行 lg(x/m)对 lg c 的描点作图，并确定常数 k 和 n。这将产生吸附等温线，允许确定通过碳吸附过程实现的除去程度和碳的吸附容量(Liptak，1974；U. S. EPA，1973)。

然而，等温线数据是通过实现平衡条件得到的，而现场吸附系统却运行于并不一定处于平衡的动态环境中。因为平衡和动态条件之间存在吸附容量的差异，则等温线数据通常高估工作系统的容量。

在吸附等温线的开发过程中，应该考虑可供利用的活性炭类型(表 16.7)(U. S. EPA，1973)。由不同的基材和通过不同活化工艺过程产生的活性炭都会改变吸附容量(AWWA，1974；Mattson and Kennedy，1971；U. S. EPA，1971a，1971b)。某些影响碳-液界面上的吸附作用的因素有

表 16.7 市售碳的性质

性质和规格	ICI America Hydrodarco 3 000	Calgon Filtrasorb 300 (8 ×30)	Westvaco Nuchar WV—L (8 × 30)	Witco 517 (12 × 30)
表面积/(m^2/g)	600~650	950~1 050	1 000	1 050
表观密度/(g/cm^3)	0.43	0.48	0.48	0.48
密度，反冲洗的和排出的①/(lb/ft^3)	22	26	26	30
真实密度/(g/cm^3)	2.0	2.1	2.1	2.1
颗粒密度/(g/cm^3)	1.4~1.5	1.3~1.4	1.4	0.92
有效尺寸/mm	0.8~0.9	0.8~0.9	0.85~1.05	0.89
均匀系数	1.7	≤1.9	≤1.8	1.44

续表

性质和规格	ICI America Hydrodarco 3 000	Calgon Filtrasorb 300 (8 ×30)	Westvaco Nuchar WV—L (8 × 30)	Witco 517 (12 × 30)
孔道体积/(cm^3/g)	0.95	0.85	0.85	0.60
平均颗粒直径/mm	1.6	1.5~1.7	1.5~1.7	1.2
筛子尺寸（美国标准系列）				
大于 No. 8，最大值/%	8	8	8	—
大于 No. 12，最大值/%	—②	—	—	5
小于 No. 30，最大值/%	5	5	5	5
小于 No. 40，最大值/%	—②	—	—	—
碘值	650	900	950	1 000
磨损量，最小值	未获得	70	70	85
灰分/%	未获得	8	7.5	0.5
填充湿度，最大值%	未获得	2	2	1

① $lb/ft^3 \times 16.02 = kg/m^3$。

② 不适用于这种碳尺寸。

- 碳对溶质的吸引作用，
- 碳对溶剂的吸引作用，
- 溶剂对溶质的溶解能力
- 缔合作用
- 电离作用
- 溶剂在界面对方向取向的影响，
- 多种溶质存在下对界面的竞争作用，
- 共吸附作用，
- 系统中分子的分了尺寸，
- 碳的孔径分布，
- 碳的表面积，
- 组分的浓度。

当可吸附的溶质分子(被吸附物)接触碳表面上的空置吸附位点，分子附着几乎是瞬间的。随着溶液通过颗粒碳床，吸附速率最初是快速的，随后就会变慢。颗粒活性炭比粉碎或粉末化碳达到其吸附能力的耗尽需要更多的时间。0.5~1.00mm(12 ×30 目)碳使用其总吸附容量的绝大部分的时间增量可能是数小时；如果混合充分，则粉末化碳将会在 1h 内就能够达到其吸附潜力。

除了活性炭的吸附行为之外，在设计吸附系统时还应该考虑其他性质。所关心的物理性质包括包括密度、颗粒粒径分布、孔隙度、表面积、硬度、着火温度和总灰分。其他特性，如保油率，电导率和碳组成，根据不同的应用也可能值得考虑。

商业 GAC 中有两种典型的尺寸范围可供利用：8×30 目，12×30 目。颗粒状活性炭也能够购买小至 20×50 目的尺寸或大至 4×6 目的尺寸。在大多数情况下，8×30 目碳适用于上流式填充(固定)床和顺流式碳塔，而最小化运行的压头损失。为此相同的原因，12×30 目碳通常适用于上流式膨胀碳塔。

3.3.3　碳吸附单元装置的类型

有几种类型的活性炭接触器系统适用于污水处理厂的设计。压力型或重力型的活性炭吸附塔能够用于采用填充或膨胀碳床运行的上流式逆流类型，或用于具有两个或三个串联塔的上流或顺流式固定床单元装置。

3.3.3.1　上流塔

上流塔经过排布设计而使液体垂直向上流动。污水入口设置于塔底部而液体出口在顶部。由于活性炭吸附有机物，碳颗粒物的表观密度会增加，促进较重或更多的失效碳向塔底部迁移。上流塔因为倾向于喷张而不是压缩碳，可能比顺流塔在出水中具有更多的碳细颗粒。床膨胀时因为碳粒子碰撞，导致颗粒磨损，而产生精细颗粒物。这些精细颗粒物，随后通过膨胀床产生的的通道逃离。

3.3.3.2　顺流塔

顺流碳塔通常由一串联运行的两个或三个塔构成。为塔架设管道和阀门而容许接触器按照逆流模式运行。这种设计的运行优势在于其两个过程——有机物吸附和悬浮固体的过滤——能够在一个单一步骤中完成。声称顺流塔成本低，是值得怀疑的，因为这种类型的碳塔需要大量的互连阀门和管道才能允许吸附系统中各个接触器交换相对位置。此外，由于仅由碳组成的过滤器是一种表面型过滤器，则经常导致更频繁地进行反冲洗而增加了压头损失。最后，悬浮物质物理堵塞碳孔道可能要求碳过早移出进行再生而增加了灰尘积聚的可能性，从而降低了碳的使用寿命。

3.3.3.3　固定床和膨胀床

工艺用水流动通过钢或混凝土接触器床时，碳颗粒在顺流模式下仍然保持固定或在上流模式下碳分离而形成膨胀床。固定床去除微粒物(如污水进水中存在颗粒物)，因此需要反冲洗处置积累的颗粒物质。通常情况下，固定床采用向下流动，而降低颗粒物质积累于床底部的机会，否则将难以通过反冲洗去除。放置于过滤器拦网上的砂和砾石，形成了顺流接触器的支撑介质。

上流塔导致污水向上流动通过正在下降的碳固定床时导致床的移动扩大，或脉冲。当塔底部的碳吸附能力耗尽时，就将其移出，而向塔顶部加入等量的再生或原生碳。

膨胀床提供了类似于固定床实现的有机物去除程度，但这种床需要较少的泵送压力和停机时间。碳表面也能够更容易提供曝气。

3.3.3.4　逆流吸附

当难以吸附的杂质以浓度较大时，单级单元装置的去除效率要求可能注定了要使用比实际更多的碳。然而，逆流技术能够降低碳的用量，因为与部分处理的污水稀溶液平衡的碳能够从浓缩的污水中去除更多的污染物。

这个工艺过程的运行原理涉及使用两个单独的碳床(有时使用两个以上的碳床)。一定量的污水通过一次性碳进行部分处理。这种两次用碳将被丢弃，而一次处理过的污水采用足够的原生或再生碳进行第二层处理而产生所需的出水水质。然后对于另外的污水重复这个过程。通过将碳暴露于不同浓度的污水组分，单位重量的碳保留的物质量就会增加，从而降低了所需的碳量。

3.3.4　单元装置的尺寸确定

碳接触器的规格确定基于四个因素：接触时间、水力负荷率、碳深度和接触器的数量。

碳接触的时间，通常基于活性炭填充的塔体积进行计算，通常范围为15~35min，这要取决于这种应用，污水成分和所需的出水水质。对于三级处理应用，15~20min的接触时间通常适用于化学需氧量（COD）要求10~20mg/L的出水水质限制；对于要求COD为5~15mg/L的情况下要求使用30~35min的接触时间。对于化学和物理处理污水处理厂，通常使用20~35min的接触时间。

标准塔（图16.39）是一种具有平坦而呈圆锥形的或碟形头和保留碳的筛子以及安装于底部的支撑栅格。这种塔的最低高度-直径之比通常为2∶1。

床截面10~20m/h（4~10gal/ft³）的水力负荷率通常适用于上流式碳塔。对于顺流式碳塔，能够采用7~12m/h（3~5gal/ft³）的水力负荷率。对于每0.3m（1ft）的床深度实际工作压力很少超过7kPa（1psi）。

床深度主要根据碳接触时间，一般在3~12m（10~40ft）的范围内变化。3m的最低碳深度是推荐使用的。典型的总碳深度为4.5~6m（15~20ft）。碳深度必须加上干舷才能在反冲洗或膨胀床操作期间容许床膨胀10%~50%。碳颗粒的粒径和水温决定获得所需床膨胀水平所需的反冲洗水量。

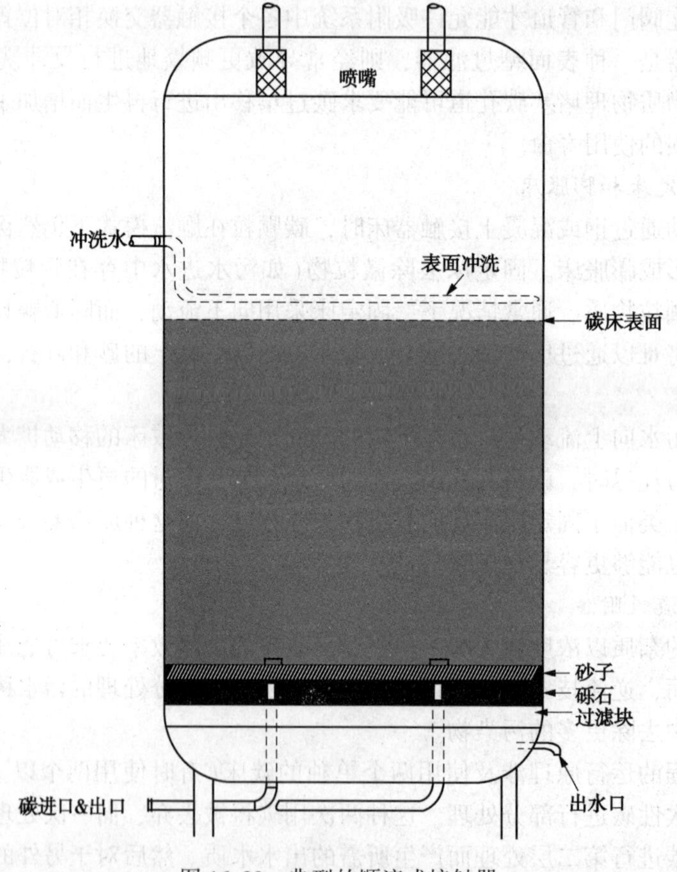

图16.39 典型的顺流式接触器

对于任何规模的污水处理厂，都有必要具有最低两个并行的碳接触器。两个串联的单元也推荐使用而容许在污水处理厂保持运行的同时移出失效的碳单元。接触器的数量应该足以确保有足够的碳接触时间而保持出水水质，同时一个塔离线移出失效的碳进行再生或维护。

3.3.5　反冲洗

反冲洗包括将塔介质暴露于足以移出累积于床内或通过磨蚀行为产生的固体。反冲洗的速率和频率取决于水力负荷、污水中悬浮固体的性质和浓度、碳粒径和吸附器类型(膨胀或固定床)。反冲洗频率可任意指定(每一天在指定的时间进行)，或根据运行标准(压头损失或浊度)。反冲洗时间通常为 10~15min。反冲洗和控制所使用的设备类似于颗粒介质过滤系统中使用的设备。

碳接触系统的替代方案之一是污水顺流通过碳床(图 16.40)(Pretorius，1972)。在选择顺流接触器的主要原因是碳吸附有机物和过滤悬浮物的双重用途。与顺流系统相关的缺点是必须定期提供反冲洗床而由于悬浮固体积累引起压降释放。否则，连续运行几天而没有彻底进行反冲洗最终会压实床或出现床结垢。反冲洗水的正常量小于 0. 8m(2. 5ft)深的过滤器产生的水量的 5%，而小于 4. 5m(15ft)深度的过滤器产生水量的 10%~20%。对于 8×12 或 12×30 目颗粒状活性炭典型的反冲洗流量为 29~50m/h(12~20gpm/ft^3)(U. S. EPA，1973)。

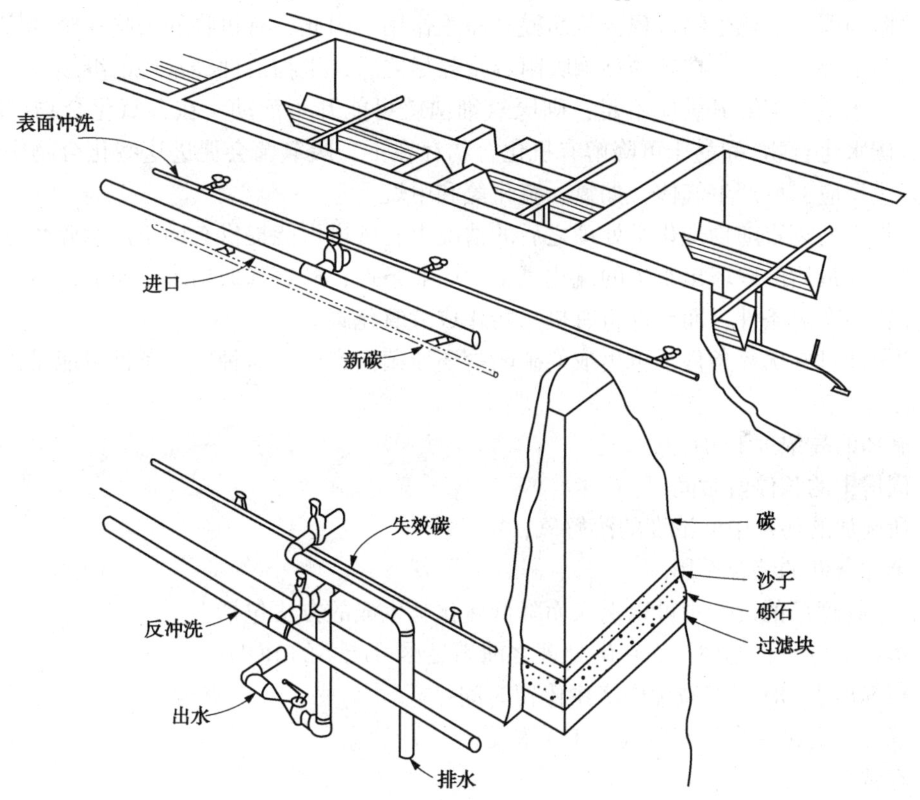

图 16. 40　典型的顺流式重力接触器(U. S. EPA，1973)

在填充的上流式床中包夹固体的去除可能需要两个步骤：(1)通过临时按照顺流模式运行床而释放底部表面的堵塞；和(2)通过夹陷于床中部的悬浮固体膨胀而冲洗出。当上流式过滤器进行反冲洗时，可能需要额外的时间和更高质量的水成比例的较大体积，才能避免堵塞深床底部。通常情况下，过滤之前的填充上流式碳接触器反向流，仅仅包括正常接触器流量加倍 10~15min(U. S. EPA，1973)。

3.3.6　阀和管道要求

上流式和下流式接触器的阀门和管道的要求很类似。上流式单元装置经过管道设置而作为上流或顺流单元装置运行，并容许实施反冲洗。顺流单元装置经过管道设置而顺流串联运行。每一塔通过阀控而单独进行反冲洗。此外，顺流串联接触器通过阀门和管道设置而使各个接触器的各自位置能够互换，这通常称之为领滞(lead lag)构造结构设计。

3.3.7　仪器仪表

各个碳塔应该配备流量和压头损失测量设备。流量测量用于均衡化通过各个碳塔的流量并确定实际的碳接触时间。

3.3.8　生物活性的控制

吸附现象和某些方面的生物学行为之间的密切关系已被观察到，因为生物质和活性炭二者都能够吸附和去除污水中的某些溶解的物质。因此，在全规模塔中比实验室小试预测的有机物去除率要高出 50%~100%，并非是不寻常的，因为生物质会累积于塔中。

碳吸附剂能够催化生物过程，从而提高积累作用。因此，有机物的去除在全规模塔中经常超过实验室评价结果。在碳的预测吸附容量耗尽之后，生物活性经常还能继续。

如果污水中的溶解氧供应不足，则厌氧细菌就可能开始活动。在含氧化合物(硝酸盐、硫酸盐、碳水化合物)和易于可降解有机化合物存在下，厌氧菌会促进这些化合物中的氧与有机物发生反应，而产生气体，如氮、硫化氢和甲烷。

在活性炭处理跟随物理化学处理之后的情况下，碳塔可能提供有助于产生硫化氢气体的环境条件。在最后的碳塔出水中的硫化氢指示厌氧条件，产生降低出水水质的需氧量。在碳吸收器中需要有氧条件，而允许将有机物转化成二氧化碳。

硫化氢通过在厌氧条件下再生成的硫酸盐还原菌而产生，这种厌氧条件可能是由于以下原因所致

- 施加的高浓度 BOD_5，
- 碳塔中的长停留时间，
- 所施加的污水中低浓度的溶解氧，
- 上述条件的综合作用。

在污水处理厂的设计中可以引入而降低硫化氢生成的方法包括：

- 提供上游生物处理，而在碳处理之前满足尽可能多的 BOD；
- 根据出水 DO 浓度减少碳塔中停留时间；
- 确保碳塔进水中具有较高的 DO 浓度；
- 经常性反冲洗塔；
- 碳塔进水加氯(这并非是首选的替代方案，因为氯碳反应会破坏碳，从而增加碳用量)；和
- 在上游膨胀床中引入氧源如空气或过氧化氢而保持这些塔处于有氧状态。(在膨胀的上流式塔中，一些生物生长经过冲洗而通过床，如果有必要，可以通过下游的过滤器或沉淀池除去。通过引入气态或液态氧的化合物产生的细胞团块，其他化学添加剂用作电子受体而代替填充柱中的氧是值得考虑的。)

3.3.9　碳运输

失效的碳必须从碳吸附器中移出。在顺流式接触器中，移出装置比较简单，因为所有的

碳都会同时移出而塔填充新的或再生碳。应该小心防止顺流式接触器中使用的砾石或石头支撑介质进入碳运输系统。

在上流式脉冲床中，在任何给定的时间内只有 5%~25%的总碳体积移出，而达到最大负荷。失效的碳从容器底部移出，而填充的新碳，体积等于移出的失效碳体积，加到容器顶部。此过程确保了新鲜的碳在其离开吸收器之前处于合适的位置而“精制”出水，并确保含有最多被吸收物的绝大部分失效碳移出进行再生。在碳床的整个水平表面积内实现均匀地卸出失效碳，是很重要的。在碳塔基部的锥形头上采用水喷，就能够实现均匀的碳移出(图 16.41)(Pretorius，1972)。

活性炭通常采用水力运输传送，如图 16.42 所示。失效碳从碳塔中传输出来而在池中脱水。脱水的碳随后通过倾斜螺旋输送机传送至活性炭再生炉。在这种螺旋输送机中，随着碳沿着倾斜传送机从底部向顶部传送，也会产生额外的脱水作用，使水对着碳运输方向反向流动。从底部经螺旋输送机传送的水返回至工艺过程中，而同时脱水的碳排放至炉顶。再生碳退出炉而进入淬火槽中，将碳冷却、加湿、而随后运输至碳脱细粉的罐中。在除去碳细粉之后，碳返回至碳塔。补充碳引入到料浆槽中。一旦碳调成料浆，就被运输至脱细粉的罐中，随后传送至碳塔中。

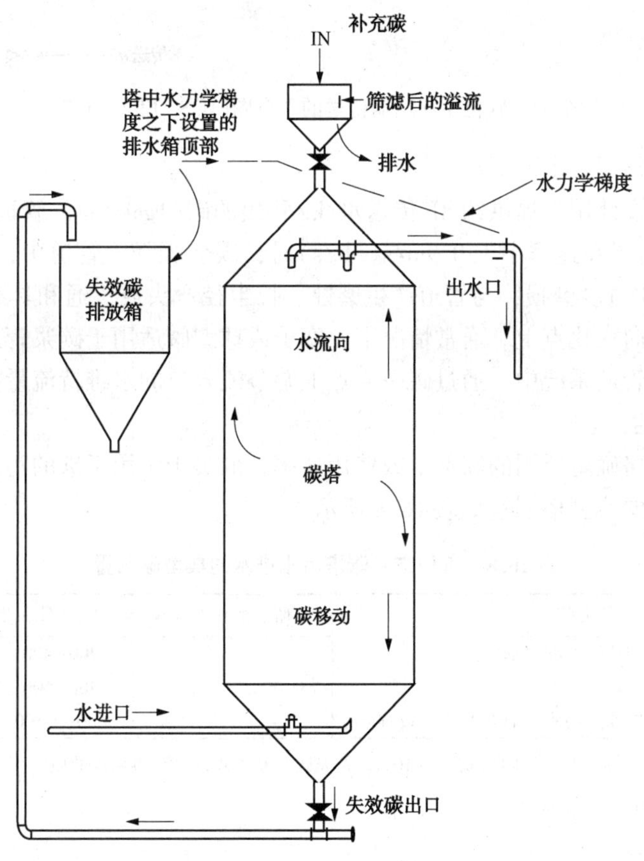

图 16.41　上流式塔工作中的碳传递(U.S. EPA，1973)

作为泵送碳浆的备选方案，动机水能够用于传送碳。碳浆可以采用水或压缩空气、离心泵或隔膜泵进行输送。所选的机动设备的类型要求综合考虑所有者喜好、塔控制能力、资本

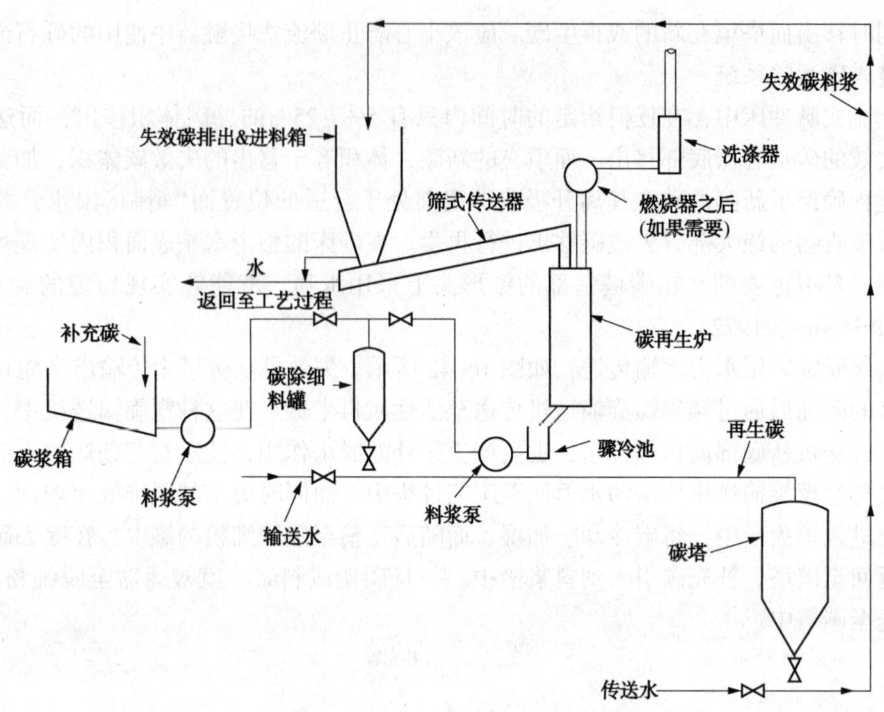

图 16.42　碳再生和运输传送的示意图(U.S. EPA，1973)

和维修费用，以及扬程要求。

碳浆管道系统设计用于提供约 8L 传送水/kg 移出的碳(1gal/lb)。管道速率最好为 0.9~1.5m/s(3.5~5ft/s)。在速率小于 0.9m/s(3ft/s)时，碳会沉降于管道中；当速率大于 3m/s(10ft/s)时，碳发生过度磨损，与管道产生磨蚀。长半径弯头或三通和具有清洗孔的交叉头都应该用于管道方向变化点上。通常情况下，塞子或球型阀适用于碳浆管道系统。节流阀绝不应该安装于料浆管道系统中。通过碳引入点上游节流入口的水维持流量控制。

3.3.10　碳再生

碳再生设备规格确定所用的碳剂量或使用速率，取决于施用于碳的污水强度和所需的出水水质。市政污水的典型塔剂量如表 16.8 所示。

表 16.8　各种市政碳塔污水进水的典型碳剂量

处理之前	所需的典型碳剂量/mil. gal 体积生产量①/lb/mil gal②
混凝，沉降，和过滤后的活性污泥出水	200~400
过滤后的二级出水	400~600
混凝，沉降，和过滤后的原始污水(物理-化学的过程)	600~1 800

① 每个再生循环期间的碳损失率通常为 5 %~10%。补充碳量基于碳剂量和再生碳的质量而定。

② lb/mil · gal × 0.119 8 = g/m^3。

3.3.10.1　碳脱水

失效碳浆在进行热再生之前的脱水作用通常会在排水容器中完成。排水容器中的筛滤容许输送水从碳中流出。重力排水容器能够将碳脱水至 40%~55%水分含量。通常情况下，提供两个排水处理池就能容许对再生炉实现连续碳进料。

脱水螺杆机也可用于将活性炭脱水至约 50%的水分含量。这种系统必须包括一个料斗，才能向螺杆机提供连续的碳供应而维持炉上的正作用密封。

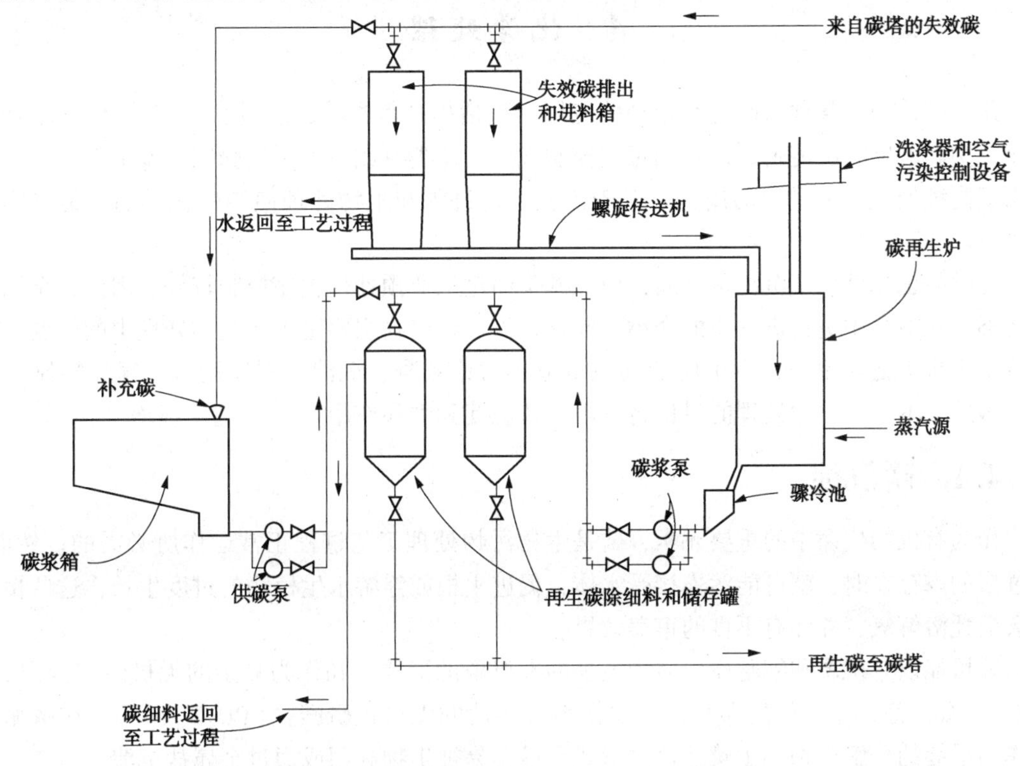

图 16.43　碳再生系统的示意图(U. S. EPA, 1973)

3.3.10.2　再生炉

部分脱水的碳可以采用配备变速驱动而精确控制碳进料速率的螺旋输送机进料至再生炉中(图 16.43)(Bishop et al., 1967; U. S. EPA, 1973)。碳进料速率是受控制的，因为水分含量和吸附的有机物含量是各不相同的。

预计的碳用量决定再生炉的理论容量。对于多膛炉而言，每天每克(干重)碳需要约 $5mm^2$的炉膛面积($0.025ft^3/d/lb$)。实际炉容量通常包括炉停机在内，超出理论容量 40%的余量。

基于两个全规模设施的运行经验，这种再生炉应该具有添加约 1kg 蒸汽/kg 再生碳(1lb/lb)的装置。如果再生三级和二级出水应用的失效碳时，再生炉燃料的要求是 7 000kJ/kg 碳(3000 Btu/lb)。对于该值而言，如果需要，蒸汽和补燃器的能量要求也应该加上。

这种再生炉能够控制碳进料速率，耙齿臂的速度和炉膛温度。再生炉的废气必须保持在可接受的空气污染标准。空气污染控制设备，设计成再生炉的一个组成部分，包括去除碳细粉的洗涤器和补燃器而确保气体完全燃烧。再生的碳从炉底排出而进入淬火槽中。淬火槽冷却再生碳，并提供再生炉的正作用密封。在淬火槽内提供水喷射，而有助于再生碳的移除，这将随后传送至脱细粉碳的罐中。

在碳运输和再生系统中碳损失有很大的差别。系统碳损失率每个再生周期通常为 5%～10%，这要根据装置的规模和炉型而定。在再生过程中炉的损失率可能从 3%～7%不等，这也根据炉型和运营效率而定。

4 化学处理

化学品适用于各种市政污水处理的应用，包括提高絮凝/沉淀作用、调节固体、增加营养物、中和酸碱、沉淀磷、以及消毒或控制气味、藻类、或活性污泥膨胀。本节介绍了化学品用于高级处理工艺过程的用途。对于传统工艺过程和生物处理使用的化学品，请参阅第9章。

化学品也能够用于沉淀重金属，但在源头通过工业预处理程序控制较好。因此，金属沉淀将不会在本章中进行进一步的介绍。同样，添加营养物主要是工业废物处理中的问题，在本章中也将不会讨论。在本手册的其他章节中讨论絮凝、沉淀、固体调节、气味控制和消毒。因此，本章中化学处理的讨论将仅限于磷沉淀和中和作用。

4.1 磷沉淀

作为有机物代谢中的重要元素，磷是生物污物处理工艺过程正常运作所必需的。然而，当过多的磷存在时，就可能污染接受水体，促进生根或浮游水生植物的过度生长，这些植物就会消耗溶解氧，并伴有不良的审美效果。

磷可能以有机质和细胞原生质中发现的有机磷的形式，和作为复杂的无机磷酸盐(聚磷酸盐)，如洗涤剂中使用的那些，以及作为可溶性的无机正磷酸盐(PO_4^{3-})出现。在磷循环中作为最终的分解产物，正磷酸盐的形式是最容易被生物利用或通过金属盐沉淀。

当考虑从污水中去除磷时，磷的形式和溶解度是很重要的。磷有三种形式进入污水处理厂。在处理过程中，大部分有机磷酸盐和复杂的磷酸盐都转化为无机正磷酸盐。在已经由生物过程处理的污水中，磷大部分都是可溶的形式，但是少量的不溶性有机磷也以细胞原生质体的形式存在。例如，在无化学处理的市政污水滴滤池出水中排放的正磷酸盐平均含量据估计约24mg/L PO_4^{3-}(8 mg/L 磷)(Griffith et al., 1973)。在具有化学沉淀除磷的污水处理厂的出水中，残留的磷大部分是不溶的形式(磷酸钙、铝或铁)。不溶性磷化合物通常不会将磷释放于污水处理厂的其他单元装置或接受水体中。

在活性污泥法中，所需的最低磷 BOD_5之比据估计为1∶100，对于其他生物处理过程预期具有类似的比率。市政污水所具有的 BOD_5范围为75~250 mg/L，而磷含量为3~5mg/L，或更高，从而超过了好氧生物处理的营养需求。

4.1.1 除磷的方法

除磷可能是初级、二级或三级处理工艺过程的一部分。物理和化学处理技术包括磷的化学沉淀和絮凝，接着是沉淀、浮选、或过滤。生物处理工艺过程中附带摄取的磷，除非系统专门设计除磷，通常只占磷去除中相对较少的部分。第14章介绍了生物除磷的方法。

4.1.2 沉淀

磷沉淀通常需要加入化学品，并能够使用广泛使用的混凝助剂(絮凝剂)和混凝剂(Daniels，1975a，1975b)。通常用于磷沉淀的化学品有石灰、明矾、铝酸钠、氯化铁、硫酸亚铁和多氯化铝。以下所示的是使用石灰、明矾、铝酸钠和氯化铁时的一些化学反应实例。

4.1.2.1　石灰

除了与碳酸盐物种的反应之外，根据以下的化学计量反应，石灰能够与正磷酸盐反应而生成羟基磷灰石沉淀：

$$5Ca^{2+}+4OH^{-}+3HPO_4^{-} \longrightarrow Ca_5OH(PO_4)_3+3H_2O$$

钙–磷的理论摩尔比为 5∶3。上述方程具有代表性，但并不确切，因为磷灰石沉淀物的组成是变化的。因此，钙–磷摩尔比可能为 1.3~2.0。羟基磷灰石的溶解度随 pH 值升高而迅速下降；通常情况下，磷去除率随 pH 值升高而增大。如果 pH 值大于 9.5，则几乎所有的正磷酸盐都会转化为不溶形式。

沉淀给定量的磷酸盐所需的实际 pH 值，以及将 pH 值提高至预期水平所需的石灰用量，随着污水组成而变化。这些参数应该通过实验室小试试验进行确定。图 16.44 显示了磷去除率作为石灰剂量的函数的典型曲线。

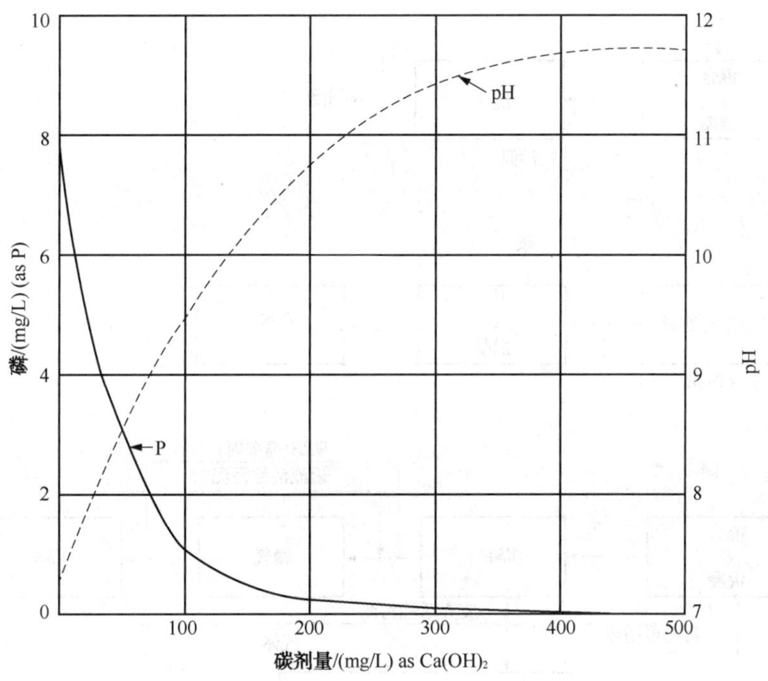

图 16.44　假设以 P 计的污水进水中磷浓度为 10mg/L 时的典型除磷曲线

影响除磷的石灰剂量的主要变量是污水的碱度。除非使用高 pH 值、低碱度（150mg/L 或更低）的水将会形成可沉降性较差的絮凝体，因为致密的碳酸钙（$CaCO_3$）沉淀分数较小。足量的碳酸钙起到了增强羟基磷灰石沉降的絮凝剂作用。对于具有高碱度的污水，pH 值 9.5~10 能够实现极佳除磷。

镁硬度也会影响除磷效率。在较高的 pH 值下，根据以下反应沉淀出氢氧化镁：

$$Mg^{2+}+Ca(OH)_2 \longrightarrow Mg(OH)_2+Ca^{2+}$$

这个反应开始于 pH 值为约 9.5 之时，而在 pH 值为 11 时完全。氢氧化镁沉淀是胶状的而随着其沉降后而去除细微的悬浮固体。然而，这些相同的凝胶状属性可能对固体脱水不利。

由于化学品的要求占据了与除磷相关的主要运行成本，则适量的化学剂量对于工艺过程的经济学而言是至关重要的。达到给定的出水磷水平所需的石灰剂量与进水磷浓度无关。除磷的程度，是 pH 值的函数。达到所需 pH 值的石灰要求相比于任何其他变量与污水碱度更加紧密相关。对于其他磷沉淀剂(明矾或铁盐)而言，化学品的要求与进水磷浓度成正比。相比之下，除磷很显然对于所有化学品都是非化学计量的。

4.1.2.1.1 工艺过程-处理序列的考虑因素

对于除磷，现存各种石灰沉淀方案(图 16.45)。石灰可以在生物处理装置的初级沉淀池之前加入。因为过高的 pH 值会干扰生物处理工艺过程，则将石灰加入活性污泥系统之前的初级沉淀池中，会将 pH 值限制于约 9.0，而使磷最大约 80%不溶解。在限定的 pH 值下，剩余 2~3mg/L 的可溶性磷是很常见的。如果必要，通过使用明矾或铁加入曝气池或最后的沉淀池中就可以出去另外的磷。初级处理中使用石灰，会增加提高初级沉淀池中有机物和悬浮物去除效率的优势，从而降低曝气系统的负荷。

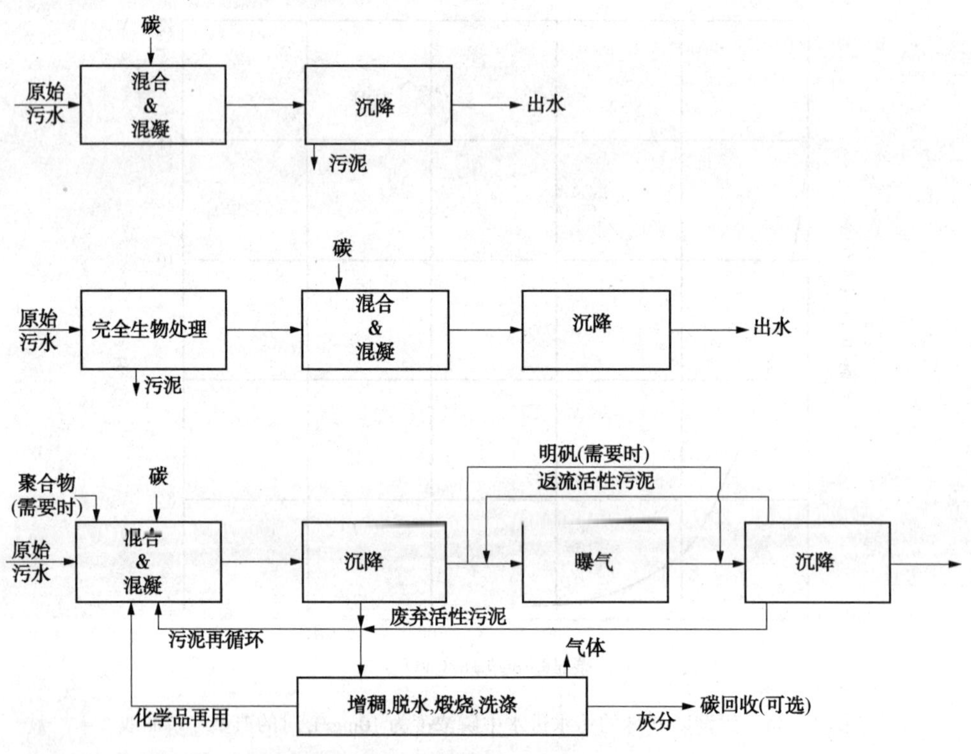

图 16.45 单级石灰沉淀除磷的各种方案

第二个备选方案包括生物处理之后的石灰处理。二级出水除磷确保曝气阶段有足够的磷满足生物絮凝体的养分需求。此外，生物系统将许多复杂的磷酸盐分解成更易于沉淀的正磷酸盐形式。然而，返回的固体高 pH 值可能会影响生物处理。

三级石灰处理系统可能是单级或双级类型。对于单级和双级处理系统的典型工艺流程图如图 16.46 和图 16.47 所示。具体工艺过程的选择取决于所需的磷去除程度，污水碱度和石灰反石灰化程度。通常情况下，当需要高百分比的磷去除率或污水碱度较低时，就会要求工艺过程高 pH 值。高磷去除率要求使用双级工艺过程，因为这种工艺过程容许回收碳酸钙污泥进行冲洗煅烧石灰化。双级去除也容许更佳控制澄清作用。对于低碱度水，在第一级中甚至采用高 pH 也可能很难实现固体沉降。第二级的沉淀池，随着碳酸钙致密沉淀，可能有助于消除固体的传载带出。

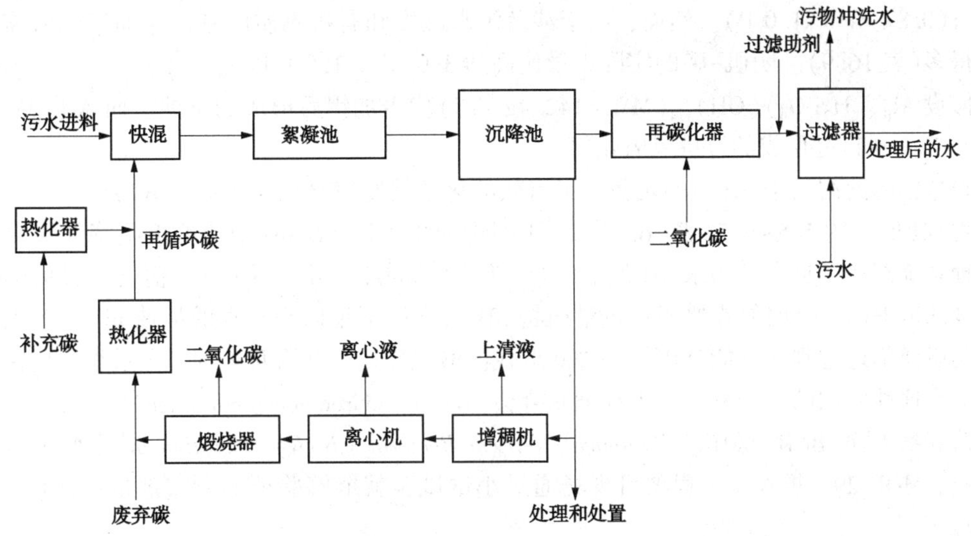

图 16.46　单级石灰处理系统

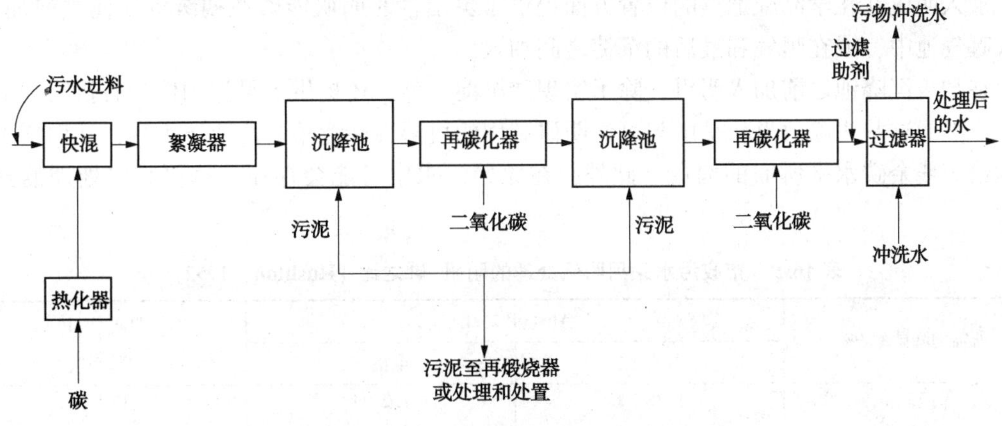

图 16.47　双级石灰处理系统

双级工艺过程的变体涉及从第二级将沉降的固体在第一级沉降之前再循环至混合池中。再循环的固体起到了对低碱度污水(作为 $CaCO_3$ 小于 150mg/L)尤其有效的增重剂作用。

4.1.2.1.2　剂量和去除率

磷的石灰沉淀可能需要过滤，才能确保持续满足出水要求，甚至对于工艺过程 pH 值高达 11.4，出水仍可能含有一定的残余磷。虽然高 pH 值确保实际上几乎所有磷不溶，但是出水总磷却取决于悬浮固体去除率。在沉淀絮状物难以沉降的情况下，颗粒滤料介质过滤能够确保悬浮固体和磷去除率达到极高的程度。通常情况下，采用颗粒滤料介质过滤能够达到残余磷浓度 0.1~0.2mg/L。

4.1.2.2　明矾

通过与大多数矿物盐混凝剂，包括铁和铝的盐，进行化学反应，磷能够从污水中沉淀出来。在磷沉淀中铝的主要来源是硫酸铝，通常被称为明矾。该化学反应的理论化学计量学为

$$Al_2(SO_4)_3 \cdot (14H_2O) + 2H_2PO_4^- + 4HCO_3^- \longrightarrow 2AlPO_4 + 4CO_2 + 3SO_4^{2-} + 18H_2O$$

硫酸根离子保留于溶液中，而 pH 值降低。根据上述方程，明矾-磷的重量比计算值为 9.6∶1(0.87 Al ∶ 1.0 P)。然而，由于涉及污水碱度和有机物质的副反应而实际所需明矾要多得多(表 16.9)。明矾-磷的实际重量比高达 3.0 Al ∶1.0 P 以上。

假设 $Al_{0.8}(H_2PO_4)(OH)_{1.4}$(MW = 142.4g/mol)代表加铝后形成的沉淀，而 $Al(OH)_3$(分子量 = 78g/mol)是形成的过量氢氧化铝。

磷酸铝的溶解度是 pH 值的函数。最有效的化学品使用出现在接近最低溶解度范围的工艺过程 pH 值，约 5.5~6.5(表 16.10)。因为明矾的使用导致 pH 值小幅度下降而大多数现有处理系统都在接近中性污水 pH 值下运行，则明矾的加入几乎导致 pH 值处于最低磷酸铝溶解度的范围内。有时候需要明矾过量而将 pH 值降低至足以到除磷的最佳 pH 值范围。过量的明矾简单地起到或许能够用另一种酸取代的酸之作用。在石灰处理工艺过程之后使用明矾，就是这种应用的一个例子。水环境联合会(Water Environment Federation)的《污水处理厂生物营养物去除(BNR)操作》(*Biological Nutrient Removal (BNR) Operation in* 污水 *Treatment Plants*)，MOP 29，推荐了工程项目现场通过小试试验就能够验证的所需剂量(WEF et al.，2005)。

4.1.2.2.1 工艺过程-序列的考虑因素

加入明矾在化学品施加点的位置方面提供了灵活性。明矾能够在初级沉淀池之前加入，加入曝气池中，或在曝气和最后的沉淀之间加入。

在初级沉降池之前加入明矾，除了实现磷沉淀之外，还提供了悬浮固体和有机物的额外去除。然而这些去除效果，是由与可供明矾利用的可溶性磷竞争的反应产生的，从而增加了达到给定残余磷水平所需的剂量。此外，在原始污水中可能会存在一些更难以处理的聚磷酸盐。

表 16.9 市政污水采用明矾处理的明矾-磷之比(Rushton，1952)

所需的降磷率/%	Al ∶ P 之比		明矾 ∶ P
	摩尔比	重量比	重量比
75	1.38∶1	1.2∶1	13∶1
85	1.72∶1	1.5∶1	16∶1
95	2.3∶1	2.0∶1	22∶1

表 16.10 磷酸铝相对于 pH 值的溶解度(Rushton，1952)

pH	$AlPO_4$ 的近似溶解度/(mg/L)
5	0.03
6	0.01
7	0.3

在活性污泥曝气池中提供明矾，允许使用为那种系统已经提供的混合设备。活性污泥装置明矾的最佳加入点很可能是将混合液体传送至最后的沉降池的曝气池出水渠道。在该渠道中的湍流可充分混合化学品。

在生物系统之后加入明矾，充分利用了复杂磷酸盐水解成更易于反应的正磷酸盐的污水稳定化作用。图 16.48 举例说明了加入点对铝除磷去除率的影响。

4.1.2.2.2 剂量和去除率

水环境联合会的 MOP 29 介绍了有关剂量和去除率的实用方法的信息，其基本内容提供

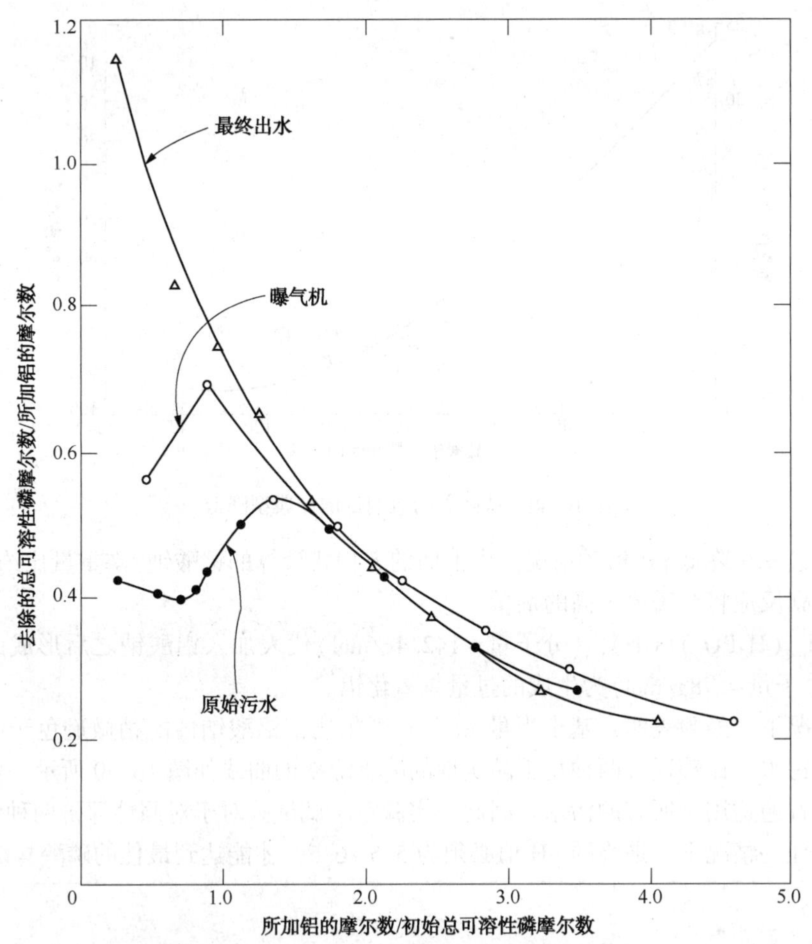

图 16.48　加入点对铝除磷的磷去除率的影响

如下。确定明矾和其他矿物沉淀的化学剂量的出发点是所涉及反应的化学计量学。就石灰的情况而言，除磷的程度直接取决于系统的 pH 值。对于铝和铁盐而言，除磷效率直接随化学品剂量变化直至满足磷酸盐沉淀和副反应的摩尔要求(以任何具体化合物的克分子量)的程度。因为所涉及反应的模糊性，最佳剂量不容易计算。因此，实验室小试试验可以用于确定实际的化学品要求(图 16.49)。明显的絮凝作用往往发生于加入充足的混凝剂去除所有磷并将 pH 值降低至小于 6.5 之时。关于所需剂量更详细的信息能够查阅 WEF 及其他机构出版的有关营养物去除的文献。

4.1.2.3　铝酸钠

关于采用硫酸铝沉淀磷的大多数讨论也适用于其他矿物沉淀。本文介绍了铝酸钠的一些差异。铝酸钠能够用作磷沉淀的铝源。颗粒状的三水合物是铝酸钠的商业销售形式之一。磷沉淀的理论化学计量反应是：

$$Na_2Al_2O_4+2H_2PO_4^-+4CO_2 \longrightarrow 2AlPO_4+2NA^++4HCO_3^-$$

溶解的二氧化碳或其他酸度必须提出才能避免 pH 值增加而超出最佳区域。如果出现了这种情况，则单靠铝酸钠作为磷酸盐沉淀剂并不令人满意。相比于降低 pH 值的明矾，加入铝酸钠反而导致 pH 值略有增加。因此，使用这种化学品可能适用于污水 pH 值已经很低，

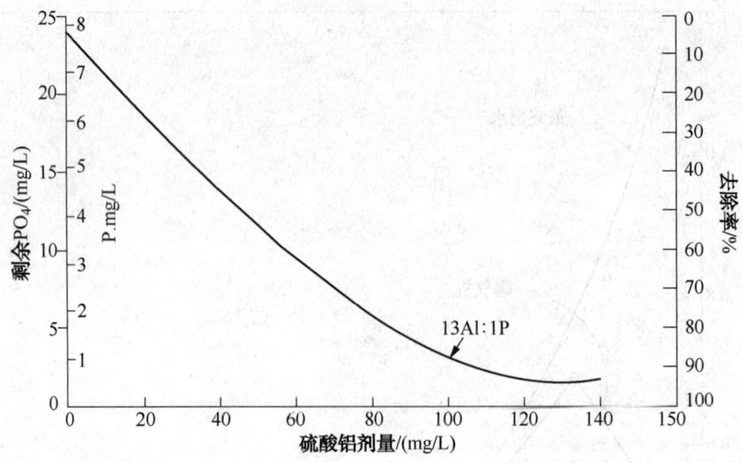

图 16.49 磷随着明矾剂量增加典型降低

而必须避免进一步降低 pH 值的情况。由上面的方程式计算的铝酸钠-磷重量比约为 3.6∶1。在实践中，副反应将会需要更高的剂量。

假设 $Al_{0.8}(H_2PO_4)(OH)_{1.4}$(分子量 = 142.4g/mol)代表加入铝酸钠之后形成的沉淀，而 $Al(OH)_3$(分子量 = 78g/mol)为生成的过量氢氧化铝。

通常情况下，经验表明，基于当量 Al ∶P 摩尔比，铝酸钠性能稍微逊色于明矾。对于中等碱度的污水，比较通过两种化学品实现的磷去除率的曲线如图 16.50 所示。然而，所示的影响并不普遍适用于所有的污水。因此，实验室小试试验对于对照性评价两种铝化合物是必要的。在任一情况下，最终的 pH 值必须为 5.5~6.5，才能达到最佳的磷酸盐沉淀效果。

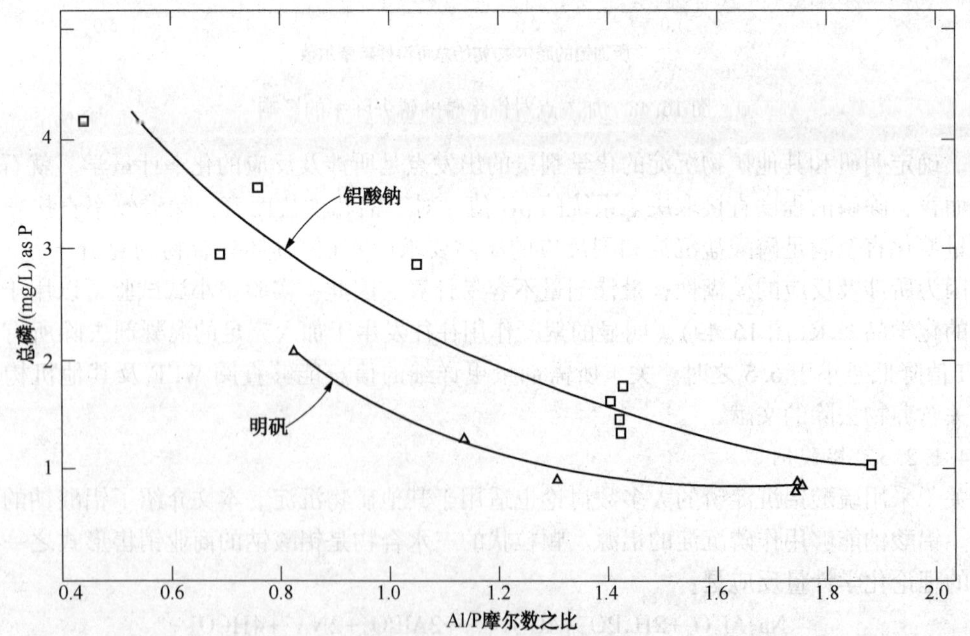

图 16.50 明矾和铝酸钠的磷去除效率的对比

4.1.2.4 氯化铁

铁和亚铁化合物二者都适用于磷化学沉淀。虽然这两种化合物产生相同的效果，但是三氯化铁更常用。

氯化铁和磷之间主要的理论化学计量反应据信类似于磷与明矾的反应：

$$FeCl_3 \cdot (6H_2O)+H_2PO_4^-+2HCO_3^- \longrightarrow FePO_4+3Cl^-+2CO_2+8H_2O$$

这个方程式表明，要求铁-磷摩尔比为 1∶1。这相当于铁-磷重量比 1.8 ∶ 1。然而，类似于明矾，实际需要的三氯化铁用量更大，才能满足副反应产生 $Fe(OH)_3$ 的碱度。碱度反应是因为充分絮凝的氢氧化铁沉淀有助于胶体磷酸铁沉降而发生的。

经验表明，高效除磷需要化学计量的铁补充，至少 10mg/L 的铁用于形成氢氧化物。通常情况下，市政污水的铁用量要求以 Fe 计，为 15~30mg/L(三氯化铁为 45~90mg/L)，才能降低 85%~90%的磷。剂量随着进水磷浓度而变化。磷的铁沉淀最佳 pH 值范围为 4.5~5.0。与铝盐一样，铁盐能够在初级、二级或三级处理期间加入。铁-磷的实际重量比高达(10.0~15.0)Fe ：1.0 P 以上。

假设 $Fe_{1.6}(H_2PO_4)(OH)_{3.8}$(分子量=251g/mol)代表加入氯化铁之后形成的沉淀，而 $Fe(OH)_3$(分子量=106.8g/mol)就是形成的过量氢氧化铁。

铝和铁的盐二者都用作磷沉淀剂时，将会污水处理厂出水中的溶解固体。在固体捕获较差的污水处理厂，三价铁可能会使出水产生轻微偏红的颜色。

4.1.3　固体考虑因素

加入矿物盐进行磷沉淀，可能因为生成金属-磷酸盐沉淀和金属氢氧化物而显著提高所生成的固体量，改善悬浮固体的去除(U.S. EPA，1987)。

如前所述，磷酸盐形式 $Fe_{1.6}(H_2PO_4)(OH)_{3.8}$ 和 $Al_{0.8}(H_2PO_4)(OH)_{1.4}$ 可以用来估计磷沉淀产生的固体量。其余金属根据这些反应而作为氢氧化物沉淀：

$$Al^{3+}+3\ H_2O \times Al(OH)_3+3\ H^+$$

$$Fe^{3+}+3\ H_2O \times Fe(OH)_3+3\ H^+$$

初级澄清池上游加入金属，导致初级污泥质量因为磷酸盐和氢氧化物沉淀和提高的悬浮固体去除而增加 50%~100%。固体产量的增长可以几乎等同归咎于悬浮固体捕获和额外的化学污泥生成增多(Knight et al.，1973)。整个污水处理厂固体质量的增加较少是因为初级去除改善而降低了二级污泥的产量。例如，整个污水处理厂通常增加 60%~70%。

对于向二级处理工艺过程中加入金属，污物混合的液体固体质量可能增加 35%~45%，而整个污水处理厂的固体质量增加可能为 5%~25%[Water Pollution Control Federation(WPCF)，1983]。初级或二级处理单元装置加入金属，不仅提高了固体质量，而且也增加了固体体积，因为澄清池中沉降的固体浓度固体浓度可能降低高达 20%之多(WPCF，1983)。

正如先前的两个反应所示，超出磷沉淀量以外的每摩尔阳离子应该与 3mol 水反应而生成 1mol 金属氢氧化物和 3mol 氢离子。因此，1mg 明矾，$Al_2(SO_4)_3 \cdot 14H_2O$，将会反应生成不溶性的氢氧化铝 0.26 mg，同时消耗 0.5 mg/L 以碳酸钙计的碱度。1mg 三氯化铁($FeCl_3 \cdot 6H_2O$)将生成约 0.4mg 氢氧化铁而消耗以碳酸钙计的碱度 0.56mg。碱度降低是低碱度水或消化出水的重要设计考虑因素。在硝化过程中，会发生显著的碱度降低，进一步降低碱度的额外化学处理应该认真评估。

4.2　pH 值的调节

在生活污水处理设施中使用的化学处理工艺过程最常见的方法就是 pH 值的调节。pH

值的调节，通常适用于混凝和磷沉淀，就是简单地将 pH 值提高或降低至更可接受的值。例如，过于酸性或碱性的污水在收集系统、污水处理厂和天然水流都是有害而令人反感的。通过加入化学品去除过量的酸性或碱性而提供最终约为 7 的 pH 值，被称之为中和。大多数出水必须在排放之前中和至 pH 值 6~9。

任何 pH 控制系统都具有三个关键要素：反应器中的混合强度或周转时间、控制系统的响应时间、化学计量系统匹配工艺过程要求的能力。如果这些要素中任何之一设计不合理，则系统性能就可能产生重大问题。

使 pH 值控制系统的设计复杂化的其他因素，包括污水中的缓冲能容量、氢离子质量流量的变化和污水流量或温度的变化。

在设计 pH 值控制系统之前，应该进行彻底的污水特性表征研究。如果没有明确定义这些特性，就应该考虑另外采样和分析。然而，几乎在所有情况下，应该制定滴定曲线而提供有关化学品需求和消耗方面的权威数据。

pH 值调节的方法要基于整体成本进行选择，因为材料成本和设备的需求千差万别。需要中和或部分去除的酸或碱的体积、种类和数量也是影响化学剂选择的变量。

适用于处理酸性污物的碱性试剂的中和能力是千差万别的。为了便于比较，每种碱可能会分配一个碱性因子，定义为单位氧化钙(CaO)酸中和能力的当量具体碱的重量。更常见的碱性试剂的碱性因子如表 16.11 所示。为了正确确使用本表，中和能力和试剂的溶解度在比较碱性试剂时必须考虑。pH 值和酸性之间不存在直接关系。通过加入碱性试剂调节酸性工艺过程的 pH 值或进行中和，都需要制定滴定曲线(American Public Health Association, 1989)。根据滴定曲线，对于任何所需的 pH 水平就可以确定为以碳酸钙毫克每升(mg/L)计的酸度值。例如，为了确定将酸性工艺过程污水流中和至 pH 为 7 所需的碱用量，要使用 pH 值为 7 的端点处的酸度。表 16.11 所示的各种碱性试剂的浓度因子，随后就能够用于每一种试剂的设计中和系统。

表 16.11 常见酸碱试剂的中和因子

化学品	化学式	中和 1 mg/L 所需的酸度或碱度(表示为 $CaCO_3$)/(mg/L)	中和因子，假设所有化合物纯度 100%
			碱度
碳酸钙	$CaCO_3$	1.0	1.0/0.56=1.786
氧化钙	CaO	0.560	0.56/0.56=1.000
氢氧化钙	$Ca(OH)_2$	0.740	0.740/0.56=1.321
氧化镁	MgO	0.403	0.403/0.56=0.720
氢氧化镁	$Mg(OH)_2$	0.583	0.583/0.56=1.041
白云石(Dolomitic quickline)	$[(CaO)_{0.6}(MgO)_{0.4}]$	0.497	0.497/0.56=0.888
白云石水和石灰	$[Ca(OH)_2]_{0.6}[Mg(OH)_2]_{0.4}$	0.677	0.677/0.56 =1.209
氢氧化钠	NaOH	0.799	0.799/0.56=1.427
碳酸钠	Na_2CO_3	1.059	1.059/0.56=1.891
			酸度
硫酸	H_2SO_4	0.98	0.98/0.56=1.75
盐酸	HCl	0.72	0.72/0.56=1.285
硝酸	HNO_3	0.63	0.63/0.56=1.125

在这些证明氢离子质量流速显著变化的过程中，经常有必要使用 2~4 级的级联中和过

程。这就是工业污水处理中最经常遇到的问题；然而，如果需要严格控制 pH 值，则级联控制能够为工艺过程控制和可靠性提供显著改善。

4.2.1　酸度的中和

许多可接受的方法都可以用于中和或调节原始污水或工艺过程污物流中的过度酸性。这些方法包括：

（1）混合酸性和碱性的污水，而使净效应近中性 pH 值。

（2）将酸性污水通过石灰石床（如果污水流并不含覆盖石灰石上的金属盐或硫酸或盐酸）。

（3）用石灰浆或白云石石灰泥浆混合酸性污水。

（4）将适量的浓烧碱（NaOH）、纯碱（Na_2CO_3）或氢氧化镁 $Mg(OH)_2$ 加入酸性污水中。

通常在市政设施中将酸性和碱性污水混合是不可能的，而使用石灰石床需要更换床，这是明显的缺点。因此，只有第三和第四种方法应用于市政污水处理，并在本文中介绍。

4.2.1.1　*石灰碱*

酸中和与 pH 值调节最常用的石灰碱含有高钙石灰或生石灰（氧化钙）；水合或熟石灰［$Ca(OH)_2$］、和白云石石灰、混合物、或钙、镁氧化物或氢氧化物的复合物。

氧化钙和氧化镁相比钠碱价格低廉而应用更为广泛。因为这些氧化物仅仅中度溶于水，通常只能调浆。由于其有限的溶解度，与污水流接触必须在搅拌下维持所需反应进行的较长时间。许多通过中和反应形成的不溶性钙盐覆盖于未反应的石灰颗粒上，从而阻止了这些试剂不能完全反应。产品的不溶性导致了大量的固体形成，这些固体必须沉降或过滤掉，然后回收或处置。然而，这种污泥的形成，也能够作为混凝剂而截留有机或胶状物质，从而消除污染物。

4.2.1.2　*钠碱*

烧碱和纯碱是两种关注的主要钠碱。两者都是高度易溶于水；因此，处理和进料方便，容易适应自动控制。这两种碱与酸性污水流反应迅速。

当大多数酸混合时，钠碱产生水可溶性的中性盐，和远低于其他中和碱性试剂产生的污泥。这种优势被其较高的成本抵消。烧碱碱性比纯碱强，而可用于污水流中产生高 pH 值。然而，无论何种碱，都适用于去除游离酸度。烧碱能够以无水形式或不同浓度的溶液以供使用。纯碱能够以干燥的颗粒物质购买。烧碱需要处理时避免接触烧伤的预防措施。纯碱是一种温和的碱，但在处理和使用中也需要一定的防护措施。

无水烧碱可供使用，但通常并不考虑应用于水中和污水处理中。因此，这种碱将不会进一步进行介绍。

4.2.1.2.1　*烧碱*

烧碱系统的设计者必须考虑液体烧碱溶液的性质（黏度、蒸汽压力、浓度、溶解度、凝固温度和混合放热）及其运输、卸货、存储、传输（管道）和进料系统。液体烧碱按照 50%～73%的浓度生产和运输——百分比表示氢氧化钠的近似含量。在不同温度下溶液会发生固化，因此在装卸，处置和贮存方法方面会有一定的不同。最通常使用的液体烧碱含有约 50%的实际氢氧化钠；这个浓度实际上处于 48%～52%之间。液体比水重约 50%，具有的相对密度随温度从 10～100℃（50～212℉）升高而从 1.53 降低至 1.47。因为按照市售 50%的溶液实际氢氧化钠浓度可能高达 52%，则如果需要储罐时，这些储罐应该保持温度高于 21℃

(70℉)。在16℃(60℉)下，50%-级别将包含0.784kg NaOH/L烧碱溶液(6.54lb/gal)。

50%和73%的液体烧碱能够通过大宗槽车和罐车配送。铁路运输是充分保温的30 000 ~ 38000L(8 000~10 000gal)的油槽车，内衬耐腐蚀性材料，防护在运输过程中化学品受到污染。大多数汽车都配备了蒸汽加热线圈。散装液体烧碱，采用卡车运输，可以按照11 000~13200L(3 000~3 500gal)的容量提供。由于卡车通常只适用于离生产点300km(200mi)内交货，则不需要蒸汽加热的线圈。

大多数液体烧碱运输用的槽车能够通过延伸至罐车底部减压室的内部虹吸管的方式经由通过底部卸料喷嘴或穹隆结构卸料。这种溶液能够通过重力流动通过底部而排放至泵或在有无空压辅助之下直接排放至储存罐。通常通过内部的虹吸管辅助卸货。

当装卸烧碱液体时，应当遵守适当的防护和安全措施。因为50%的烧碱溶液在约12℃(55℉)下开始凝固而73%的烧碱溶液在约62℃(144℉)下开始凝固，则可能需要蒸汽加热(通常在最大172 kPa［25 psig］的压力下)，才能帮助槽车卸料。为了方便卸货，在“50%的罐车”中烧碱温度应该超过21℃(70℉)，而在“73%的罐车”中则应该超过77℃(170℉)。通常情况下，立式圆柱形钢罐能够最小化加热，保温和现场架设问题，则适用于储存通常为50%溶液的液体烧碱。在储罐位于室内的情况下，有限的顶空或其他设备的存在可能决定要使用预制的水平储罐，通常要限制不超过80000L(20000gal)的容量。

由于烧碱的发热和腐蚀性质，传输管线、接头、泵、换热器和进料管线都应该慎重选择。液体烧碱低于储存强度的进一步稀释，对于通过体积计量的进料器进料可能是比较理想的。典型的进料系统如图16.51所示。

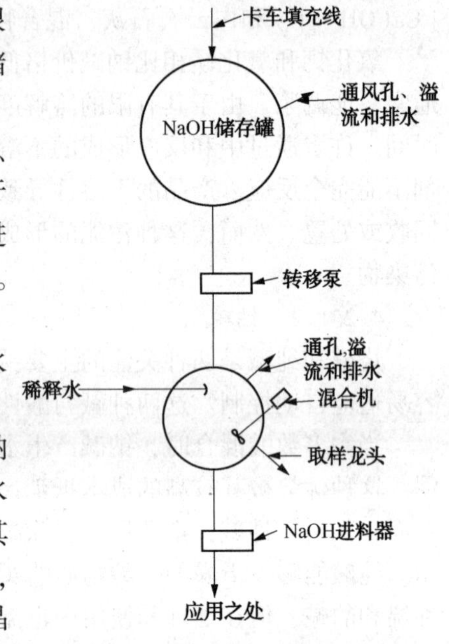

图16.51 典型的烧碱进料系统

4.2.1.2.2 碳酸钠(纯碱)

市售四种形式的碳酸钠是无水、一水、七水、十水合物。市售的只有固体形式。

碳酸钠单水合物，$Na_2CO_3 \cdot (H_2O)$，含有碳酸钠85.48%和结晶水14.52%。在高于36℃(96℉)的饱和水溶液中能够分离出小的晶体。当加热时就会失水，而其溶解度随着温度的升高略有下降。碳酸钠七水合物，$Na_2CO_3 \cdot (7H_2O)$，含有碳酸钠45.7%和结晶水54.3%。

碳酸钠十水合物，$Na_2CO_3 \cdot (10H_2O)$，通常称为洗涤碱，含有碳酸钠37.06%和结晶水62.94%。从低于32℃(90℉)而高于2℃(28℉)的饱和水溶液中能够结晶析出或在该温度范内以计算的水量润湿纯碱。晶体在干燥空气中容易风化，主要形成单水合物。

碳酸钠系统的设计者必须考虑碳酸钠溶液的性质(黏度、浓度、溶解度、结晶、生成热)、运输、存储、传输和进料。

在水中溶解无水碳酸钠或单水合物的形式会产生热量。当七水或十水水合物形式溶解时，将会吸热。放热或吸热的热量取决于溶液的浓度。在水中碳酸钠的溶解度随温度发生不规则变化。碳酸钠溶液的密度随温度的升高而降低。

市售纯碱按照 50kg(100lb)包装袋或散装卡车、漏斗车、或驳船可供利用。一般采用铁路散装运输。漏斗车的尺寸范围从装载 32000kg(70000lb 轻质纯碱)或 64 000kg(140 000lb)重质纯碱的 $60m^3$($2000ft^3$)，至最多可装载 82 000kg(180 000lb)轻或重质纯碱 90 000kg(200 000lb)的大于 $140m^3$($5\ 000ft^3$)不等。大多数漏斗车通过重力卸料。

处理袋装纯碱的最佳方式是通过传送带或使用叉车的货盘上完成。重力输送、气动或真空系统都可以处理散装纯碱。

对于数量巨大的纯碱，可以使用箱柜或仓库。仓库可以通过开放平底螺旋输送机或纵向跨顶设计的这种传送带系统填充。这些传送机从一个仓库末端至另一仓库行进装载。仓库的顶盖或顶棚应该密封。在仓库位置可能要为整个传送系统提供粉尘控制。

出厂时，商业纯碱包含 99. 2%的碳酸钠。纯碱公认的商业标准按照当量氧化钠，Na_2O，含量表示。按重量百分比，100%的碳酸钠含有 58. 5%氧化钠。因此，99. 2%的纯碱相当于 58. 0%氧化钠。

当纯碱以浆料储存时，直接通过管道从卸货点向储罐泵送经常是比较方便的。含有 35%～40%的悬浮固体物(50%～60%总纯碱)的料浆能够通过泵送。比较常见的浓度为 10%～20%。

含 5%～6%的溶解纯碱的稀溶液可以像水一样进行处理。强度高的溶液，20%～32%的浓度范围，需要特殊处置(防止热损失)才能避免结晶。

袋装纯碱不应该存放在潮湿或湿润的地方。在存储区域应避免过多的空气流通。如果袋装纯碱长期储存于不利条件下，则货栈应该通过密不可透的板覆盖。大量散装纯碱通常存储于钢箱或仓库中。这种箱柜建造时通常长大于其宽度。

架拱、架桥或中心管道现象——当储存轻质纯碱时会碰到——可以在箱底部外侧正好高于出口安装电动或气动振动器来避免。对于重质纯碱，使用振动器是不可取的。

料浆储存系统的基本组成部分，包括槽，散装纯碱调浆和将其传送至存储的装置，和从槽中回收溶液并对其补充水的装置。浆料储存系统成功运行最重要的要求之一是对于 10%的料浆保持工作温度高于 9℃(30℉)而对于 20%的料浆保持高于 23℃(74℉)。在浆态床中的冷却器温度可能会导致形成七水合物和十水合物的形式，这很难重新回收。运行系统所使用的水应该预热。加热螺线管可以浸没于浆料槽底部。如果浆料槽位于户外，保暖也可能是必要的。

管道传送强纯碱溶液(30%～32%，最低 32℃[90℉])应该绝热。在使用点远离储罐而使用速率较低或属于间歇性使用时，管道可以作为连续的环构建，大部分溶液再循环至储罐。

纯碱将从硬水中沉淀不溶性化合物。如果硬水用于处理料浆和溶液，可能会产生结垢。

对于连续进料干纯碱，可以使用体积计、重量计或失重重量计的机械进料器。溶液进料可以采用泵送。

4. 2. 2　碱度的中和

在某些情况下，下调污水流的 pH 值是必要的。排放出水 pH 值超过 8. 5 通常是不可取的，在许多情况下，也是不容许的。在市政污水中高 pH 值通常是由于工业污水的原因，或在处理过程中使用的石灰除磷所致。通过加入二氧化碳(重新化合)或酸可以降低 pH 值。重新化合在本文中并不介绍，因为这在市政污水处理中很少涉及。

硫酸(H_2SO_4)、盐酸(HCl)、硝酸(HNO_3)或磷酸(H_3PO_4)适用于污水中和。硫酸使用最广泛，但考虑到经济因素可能有会使用盐酸。硝酸的使用因为出水营养原因而会受到限制。虽然下面的讨论通常是基于对硫酸系统的需求，但是稍加改进就能适用于其他酸。

碱度和pH值之间没有直接的关系存在。因此，为了设计目的而确定酸的要求，利用典型待处理污水样品，应该使用pH计的实验室滴定曲线和标准化当量浓度酸滴定(APHA et al.，1989)。通常情况下，总碱度测定中滴定终点pH值大约7或8，而不是pH为5。为了中和1.0mg/L的碱度，100%的酸所需用量，对于硫酸为0.98mg/L，对于盐酸为0.72 mg/L，而对于硝酸为0.63mg/L。因为酸可以按照各种强度商购获得，则这些数字必须根据酸的强度依据一定稀释因子调节。使用的市售酸浓度：硫酸93.19%，盐酸31.45%，而硝酸67.2%。

4.2.2.1 硫酸

在污水处理中所用的硫酸可能是60°B，77.7%的浓度，或66°B，93.2%的浓度(相对密度约1.83)。这种酸是黏性的，在10℃下评级约0.035N/m^2(0.350 Pa)。当用水稀释时，显著产生的热量需要预防措施。具体而言，这种酸必须始终是加入水中，而不能反之行事。

铁不容易受到66°B的硫酸侵蚀。因此，这种酸可存储于具有配备干燥机的通风口孔的无衬钢罐中。如果溶液浓度超过66°B，则建议使用特殊罐衬里。

在小型污水处理厂中，酸试剂通常是供应和存储于酸瓶、易拉罐、或桶中。在较大型的污水处理厂中，这些酸试剂通常通过公路或铁路罐车配送并通过重力、空压机、或泵传送至储罐。

4.2.2.2 盐酸

盐酸，22°B，平均相对密度1.17，而含量为33%。聚氯乙烯罐或加衬钢罐可用于存储22°B的盐酸。采用聚酯玻璃作为额外防护可以从外部增强聚氯乙烯罐。

4.2.2.3 酸系统设计考虑因素

加酸系统或设备的方案，包括按均衡进料或恒速、重力或加压进料，以及浓酸的进料或稀酸进料。均衡进料器可根据流量或pH值采用适当的计量和控制设备进行控制。许多变量都会影响酸进料系统的设计，包括进料的酸类型和数量、购销和安装成本、劳动力需求和控制方法。

恒定速率酸进料系统可能包括用于少量酸如8 ~11L/d(2~3gpd)的简单滴液或虹吸设备。过滤器，最好是玻璃棉，应该包含于衬里中，因为商业酸通常包含一些悬浮物，可能会堵塞滴液进料系统。耐酸材料如未增塑的聚氯乙烯制成的引导单元也适用于少量酸的恒定进料。

更大容量的系统，从储罐至污水流的排放点通过使用可控的空压或通过各种专用酸进料泵进行酸流量调节。所有直接接触酸的材料必须是耐酸腐蚀性。

具有各种强度的商购酸是以19L(5gal)玻璃瓶、罐车或铁路槽车运输的。由于浓酸的危险和腐蚀性性质，需要特殊处理。

4.3 快速混合

与每种类型的化学处理工艺过程相关的是一系列的化学品。在大多数情况下，化学工艺过程的成功取决于化学试剂在整个污水流中经过混合而快速分散。

通常情况下，独立的混合池是化学品混合的首选。如果工艺过程中没有单独的混合池，则必须在加入化学品的位置提供足够的搅拌作用和混合时间。泵吸和排放管线已经应用于这个工艺过程。

从工程师的角度而言，混合可以被定义为用于将水或污水与混凝化学品或其他物质掺混或混合，而产生近乎均匀的单相或多相系统的单元操作。快速混合就是设计用于产生快速响应的简单操作。这个操作经常在絮凝操作之前。计算机化的流体力学(CFD)模型可以用于设计和选择混合器并估算化学品的剂量。

4.3.1　叶轮式混合器

污水处理最常见的混合设备类型是旋转叶轮混合器。常用三种叶轮混合器：桨叶、涡轮、或螺旋桨。这些之中，只有涡轮和螺旋桨混合器适用于快速混合的应用。

4.3.1.1　涡轮混合器

淹没于液体之下的涡轮式叶轮混合器，如图 16.52 所示，运行时像无外壳的离心泵。大多数涡轮混合器类似于具有短叶片的多叶片桨式混合器，这些短叶片在通常位于混合室中的杆轴上高速转动。图 16.53 给出涡轮混合器的几种变体。叶片可以是直的或曲的、倾斜的或或垂直的。叶轮可能是开放式、半封闭式的、或套管式的。叶轮直径通常为混合容器直径的 30%~50%。

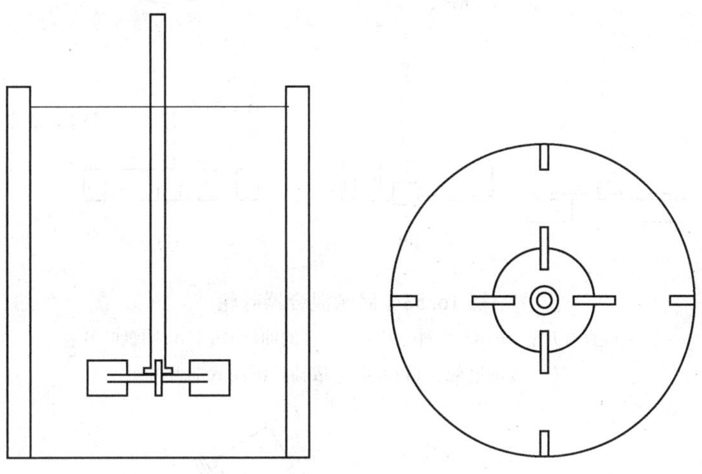

图 16.52　挡流混合池中的涡轮式混合器

在稀液体，如生活污水中，涡轮混合器产生强涌流而持续整个混合室。叶轮附近是快速涌流、高湍流和强烈流体剪切区域。主要涌流是径向和切向的。切向组分导致涡旋和涡流，对于高效运行而言，这必须通过挡流板或扩散器环才能停止。

4.3.1.2　螺旋桨式混合器

螺旋桨式混合器，类似于如图 16.54 所示的混合器，具有高速叶轮，而适用于稠厚的溶液。小型螺旋桨式混合器以电机以 1750 r/min 旋转；较大的混合器以 400~800 r/min 的转速旋转。螺旋桨产生的涌流，主要是轴向的而持续在给定方向上通过液体，直到液流偏转或达到混合室的墙壁。螺旋桨桨叶强力切割或剪切液体。

螺旋桨式混合器直径小于叶轮式或涡轮式混合器，无论混合室尺寸如何，直径很少超过 460mm(18in)。在深混合室中，两个或两个以上的螺旋桨可安装在同一轴上；这些螺旋桨通

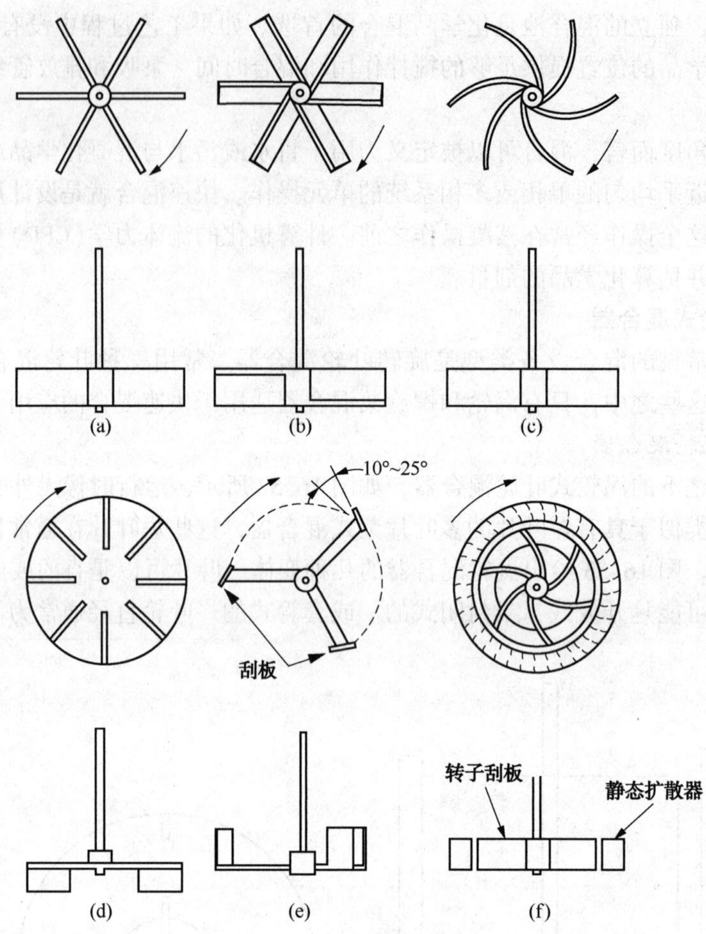

图 16.53 涡轮混合器叶轮

(a)直叶片；(b)45 度斜叶片；(c)直的曲叶片；(d)圆盘叶片；
(e)径向叶轮；(f)具有扩散器环的闭式曲叶片

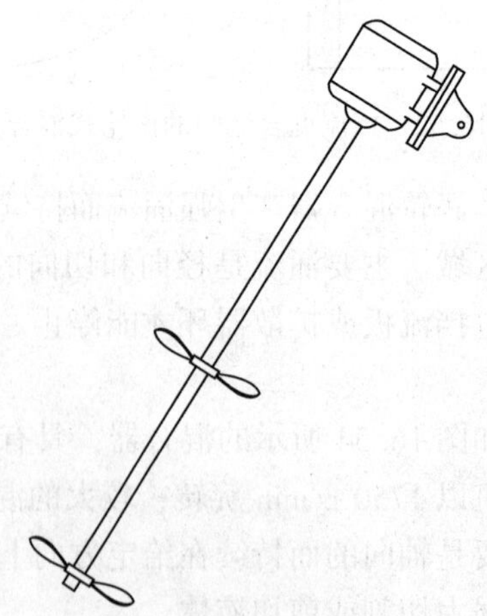

图 16.54 螺旋桨式混合器

常在同一方向上引导液体。

4.3.2　其他混合设备

混合过程能够通过几种其他设备完成，包括挡流渠道、水跃式混合器，通过注入压缩空气的气动混合和连续静态分流混合器。

挡流渠道和气动混合比快速混合更适合絮凝操作。连续静态分流混合器经常应用于快速混合，但这些混合器具有两个缺点：压头损失通常高达 0.9m(3ft)，而时均速度梯度，G，不能进行改变而满足不同的要求，而是通过该单元装置的流量的函数。

4.3.3　流态类型

术语"流态类型"是指流动模式和运动流体中现有的质量流量剪切关系的整体总和。在混合室中的流类型取决于叶轮类型、流体特性、处理池、挡板，以及混合器的尺寸和比例。处理池内任何点上的流体速率具有三个组成部分；在处理池中的总体流动模式取决于点到点的这三个速率分量的变化。

三个正交分量——径向、纵向和切向——有助于定义流动模式。在叶轮轴的垂直方向上是径向分量发挥作用；在轴平行方向上是纵向分量发挥作用；而在绕轴圆形路径的切向方向上是切向或旋转分量发挥作用。

切向分量由旋转的叶轮产生，促进了绕叶轮轴旋转，或涡旋。这种涡旋作用通过降低叶轮相对于液体的速度阻碍混合过程。最小化这种涡旋作用的最适宜方法是安装挡流板，阻止旋转流，而不干涉径向和轴向流动。简单而有效的挡流作用，可以通过安装垂直于处理池壁的垂直条带而实现。通常情况下，除了在大型混合室中之外，四个挡流板就足以防止涡旋形成。对于涡轮混合器，挡流板的宽度不需要超过处理池直径的 8.3%；对于螺旋桨式混合器，挡流板宽度应为混合池直径的 5.5%或更小。采用侧向进入，倾斜，或偏离中心的螺旋桨，则就可能不需要挡流板。

如果移动流体速度分量的综合效应产生了层流，则除了扩散作用产生的混合作用之外流体内没有产生混合作用。如果流态是湍流，则流体粒子向所有方向移动而混合作用主要来自流动的持续替换作用。这些与这种替换作用相关的动量传递在流体内产生了强烈的剪切应力。几乎所有的污水混合流态都处于湍流流动的范围内。

4.3.4　设计考虑因素

功能上和经济学上可行的快速混合系统设计需要考虑：功率要求、实验室规模放大、间歇和连续式系统、水力停留时间、容器几何形状、高低速混合器、螺旋桨式和涡轮式混合器、混合器安装、顶进式涡轮和侧进式螺旋桨混合器，以及单螺旋桨和多螺旋桨式混合器。

4.3.4.1　*功率要求*

以下公式开发用于确定叶轮式混合器维持湍流水力条件(雷诺数大于 105)的功率要求(Rushton，1952)：

$$P = \rho K_T n^3 D^5 / g_c \qquad (16.3)$$

式中　P——功率要求，N/m · s 或瓦特(ft/lbf · s)；

ρ——流体质量密度，1 000 kg/m^3(62.4 lb/ft^3)(对水而言)；

n——每秒叶轮转数，s^{-1}；

D——叶轮直径，m (ft)；

g_c——重力加速度因子，$\frac{19.79\text{m/kg}32.17\text{ft/lb}}{\text{N}\cdot\text{s}^2\quad\text{sec}^2\cdot\text{lb}}$；

K_T——常数。

K_T取决于叶轮的形状和大小，用于消除涡旋的挡流板数，以及其他并未包含于功率方程中的变量。表16.12给出了圆柱形容器中心线上旋转混合叶轮的K_T值，这种圆柱形容器是平底的，容器壁上具有四个挡流板，挡流板宽度等于容器直径的10%，液体深度等于混合池的直径，叶轮直径等于混合池直径的30%，而叶轮安装于混合池底面之上一个直径的位置。

表16.12 用于确定叶轮功率要求的K_T值

叶轮类型	K_T	叶轮类型	K_T
螺旋桨式(方形，三叶片)	0.32	扇形涡轮(6个叶片)	1.65
螺旋桨式(两间距，三叶片)	1.00	平桨(双叶片)	1.70
涡轮(6个平叶片)	6.30	闭式涡轮(6个曲叶片)	1.08
涡轮(6个曲叶片)	4.80	闭式涡轮(有定子，无挡流板)	1.12
涡轮(6个箭头叶片)	4.00		

现已开发了几个经验参数描述快速混合单元操作的性能特性。这些参数包括功耗函数、时均速率梯度、混合机会参数和混合负荷参数。

功耗函数，或混合器单位体积的输入功率，提供了系统混合效率的粗略度量，因为输入功率越大，产生的湍流就越大，而较大的湍流就能产生更好的混合作用。时均速度梯度，G (s^{-1})，描述了该系统的混合程度。随着G升高，混合程度也会增加。在生活污水处理中，G值范围对于快速混合而言通常为300~1 500 s^{-1}。功耗函数表示为：

$$P/V=\mu G \tag{16.4}$$

以W/m^3(或$\text{ft/lbf}\cdot\text{s}\cdot\text{ft}^3$)计

式中 V——混合室容积，$\text{m}^3(\text{ft}^3)$

μ——流体绝对黏度，$\text{N/s}\cdot\text{m}^2(\text{lb/s}\cdot\text{ft}^2)$。

混合机会参数在某种意义上就是功率所致流动速率与水力所致流动速率之比。在生活污水处理中，这个参数对于快速混合而言一般为9 000~180 000(无量纲)。混合机会参数表示为：

$$G_{td}=(PV/\mu)^{0.5}/Q \tag{16.5}$$

式中 t_d——混合池的水力停留时间，s，

Q——设计流量，m^3/s。

混合负荷参数是指混合单元装置的水力负荷不仅是其水力停留时间的函数，而更为显著地，也是输入功率和黏度的函数。在生活污水处理中，这个参数的值通常范围为0.03~0.0075s^{-1}。混合负荷参数可以表示为(方程16.5)：

$$t_d^{-1}=Q/V=G/(PV/\mu)^{0.5}\quad 以\ \text{s}^{-1}计 \tag{16.6}$$

4.3.4.2 实验室规模放大

由实验室或小试试验混合操作"规模放大"至全规模单元装置，在混合器设计上还会引起一个重要问题。采用相似的几何形状，在实验室实验中一个步骤就能够确定水力停留时间、功耗函数和功率函数值。这些值随后就用于全规模单元装置的设计。

通常情况下，水力停留时间和功耗函数可以直接确定。功率函数和雷诺数的曲线图也可

以基于实验室小试试验进行准备。对应于表示最佳混合的雷诺数的功率函数可以通过以下方程确定：

$$功率函数(O) = Pg_c/\rho n^3 D^5 \quad (16.7)$$

$$雷诺数\ (N_{Re}) = \rho n D^2/\mu' \quad (16.8)$$

式中　μ'——流体绝对黏度（$lb_m/ft \cdot s$）。

利用 O 和 N_{Re} 的实验室数据和计算，工程师可以确定全规模单元装置的功率要求，容积，混合器速度和混合机直径

4.3.4.3　间歇式和连续式系统

间歇式混合系统通常适用于化学品溶液的混合。选择合适的混合室尺寸，在很大程度上取决于混合所需的体积和容许的时间。对于需要快速混合的具体化学品溶液的混合，应该咨询化学品厂商，才能获取较经济的体积和推荐的混合时间。

对于混合工艺过程污水流，几乎总是需要连续式系统。凡是在生活污水处理中所需之处，应该使用多个并行的快速混合室。

4.3.4.4　水力停留时间

混合反应器中的水力停留时间一般为 0.5～2min。应该小心谨慎，防止混合不充分或过度混合。混合不充分会导致添加剂分散不足而剂量不均。过度混合可能会打破已经存在于污水流中的固体或导致新形成的絮凝体过度分散。

4.3.4.5　容器的几何形状

处理池的形状和大小往往取决于工艺过程的考虑因素。通常，圆形混合池对于快速混合比正方形或长方形处理池更有效。对于圆形处理池而言，一般处理池直径等于液体深度。

对于容量低于 4 000 L(1 000gal)的处理池，便携式或紧凑型涡轮混合器是最实用的。对于较大型的处理池，通常使用重型顶进式涡轮混合器。

蹲伏式处理池，就是顶部尺寸大于液体的深度的处理池，具有一个或多个彼此相邻定位的侧入混合器。对于矩形处理池而言，混合器应该通过混合室的窄壁之一进入。对于所有的处理池，能够使用一个或多个侧入混合器，避免使用具有极长轴的顶入式混合器。

4.3.4.6　高速和低速混合器

修改螺旋桨的大小或间距，即使在速度发生变化时，能够有助于保持功率恒定。通常情况下，等功率的高速或低速混合器之间的抉择取决于其应用环境。高速搅拌机最适合生活污水，如低黏度的混合液体。低速混合器最适合具有强起泡倾向的厚稠高黏性流体或溶液。

4.3.4.7　螺旋桨式和涡轮式混合器

螺旋桨式混合器是采用低马力运行的高速混合器。这种类型的混合器最好用作侧进式混合器，因为这种类型对流量的优化超过流体剪切作用。螺旋桨转速范围为 400～1750r/min。当混合器安装正确时，流动是轴向的，产生良好的顶部至底部的溶液翻转。如果用作顶进式混合器，则螺旋桨应该偏心或以一定角度安装。挡流板不需要安装角度，但对于垂直中心安装是必不可少的。通常情况下，会使用通刃型螺旋桨。

涡轮主要用于低速应用环境，那种环境需要巨大的能量。涡轮转速范围为 56～125r/min。主要流态是径向，而在挡流的处理池中提供了良好的顶至底的翻转。涡轮混合器通常垂直安装于混合室的中心，离混合室底面 50%～100%个直径的距离。

4.3.4.8 混合器的安装

在需要顶进式之处，螺旋桨混合器要倾角偏心安装。在需要侧入式之处，混合器水平安装，偏离处理池中心线。流动应该平行处理池长轴。功率必须产生足以达到对面处理池壁的强流动速率，而所具动量足以在所到达的处理池壁上的该点之处产生流体流动。对于超大容量，应该在同一容器内安装两个或两个以上的混合器。

涡轮混合器总是精确垂直安装。在无挡流处理池中，该单元装置偏心安装。在挡流处理池中，该单元装置中心安装。

4.3.4.9 顶进式涡轮和侧进式螺旋桨混合器

对于小于4 000L(1 000gal)的开放式小处理池，顶进式混合器是最好的。在这种情况下，任何倾角安装的螺旋桨式混合器或垂直安装的涡轮混合器都能达到要求。

顶进式涡轮混合器可以应用于容量超过4 000L的处理池。侧进式混合器通常用于非标准几何形状的处理池和较大型的处理池。

4.3.4.10 单螺旋桨和多螺旋桨式混合器

螺旋桨的大小和间距影响输出功率。采用单或双螺旋桨可以维持相同的功率水平。对于相同的容积，容器形状决定了单或多螺旋桨的选择。

通常情况下，单螺旋桨适用于低速较大型处理池尺寸和高速流动的应用环境。双螺旋桨或多螺旋桨适用于高速处理池而容器直径较小、液体深度/处理池顶尺寸之比大于1的情况。

4.3.5 化学品进料系统

进料系统对于以固体、液体或气体相污水流中按照受控速率加入试剂是必要的。化学品进料系统的设计必须考虑每一种需要进料的化学品的所需状态及其具体的物理和化学特性，最大和最小的污水流流量和进料装置的可靠性。表16.13提供了普通的化学品进料系统。对于某些化学工艺过程特异性的信息可参见本章磷沉淀小节和其他文献中(Daniels，1975b；Novak and O'Brien，1975；Priesing，1962；Stumm and Morgan，1962；和U.S. EPA，1975b)。

市政污水处理厂所用的化学品可能是以液体或固体形式接收的。固体形式的混凝剂通常在进入污水流之前转化成溶液或料浆。干进料器具有许多形式，能够处理较宽范围的化学品特性，进料速率和所需的精度。混凝剂溶液进料，主要取决于液体的体积和黏度。

水溶性混凝助剂可以是干颗粒粉末或浓缩液，与大多数通常在自来水中发现的低浓度溶解无机盐是相容的。制备絮凝溶液的水应该有较低的悬浮固体含量，才能避免化学污泥形成。混凝剂和絮凝剂的浓缩溶液不应该在相同容器中连续制备，除非残留物在二者使用间隙彻底除去。干混凝助剂应给予足够的时间完全溶解，因为长而缠绕的分子必须在其充分水合之后才能完全解开。干颗粒最初均匀分布而无大块时，制备的时间就会减少。然后，在分散之后只需要最低搅拌作用就能确保形成均匀的溶液。与主混凝剂不一样，絮凝剂的溶液是黏性的，并表现出非牛顿流体特性。因此，普通的调节装置是不够的，而泵和管道不应该基于牛顿流体特性确定规格。

化学品进料系统的容量是储存和进料的重要考虑因素。存储容量的设计必须根据施工成本和化学品随时间变质的缺点而考虑批量购买的经济学。可能的延迟和化学品的使用速率也值得认真考虑。化学品的储仓或槽的设计必须考虑化学品座落角度及其必要的环保要求，如温度和湿度。进料管线的规格和斜度和建筑材料是其他的重要考虑因素。

表16.13 化学品进料器的类型

进料器类型	用途	设备限制		
		普通限制	容量/(m^3/h)①	进料速率范围②
干式进料器				
体积计量				
振动板	任何物质，颗粒或粉末		0.001~3.1	40~1
振动喷嘴(通用)	任何物质，任何粒径		0.002~9.0	40~1
旋转盘	大多数物质，包括：NaF，颗粒或粉末	使用盘式卸料器进行架拱		
转鼓(星型)	任何物质，颗粒或粉末		0.7~180 0.65~27.0	20~1或 100~1
螺杆	干的自由流动物质，粉末或颗粒物		0.005~1.7	20~1
条带式	干的自由流动物质，粉末，颗粒物，或团块		0.0002~0.015	10~1
传送带	直径高达40mm(1.5in)的干的自由流动物质，粉末或颗粒物		0.009~270	10~1
重量计				
连续带和称	干的自由流动颗粒物质或可浸物质	使用料斗搅拌器维持恒定密度	0.002~0.18	100~1
失重	大多数物质——粉末，颗粒物，或团块		0.002~7.2	100~1
溶液进料器				
非正排量				
滗析器(降液管)	大多数溶液，轻质料浆		0.009~0.9	100~1
孔口	大多数溶液	不适用料浆	0.015~0.45	10~1
转子流量计(校准阀)	清澈溶液	不适用料浆	0.0005~0.015 0.0002~0.018	10~1
失重(有控制阀的混合池)	大多数溶液	不适用料浆	0.0002~0.018	30~1
正排量旋转铲斗	大多数溶液或料浆		0.009~2.7	100~1
配比隔膜泵	大多数溶液(5%料浆的特殊单元)③		0.0004~0.014	100~1
活塞	大多数溶液，轻质料浆		0.0001~15.3	20~1

① 因为化学品密度必须已知才能指定质量进料容量，因此提供体积计进料容量。

② 这些范围适用于购买的设备。总进料范围能够进行更宽的扩增。

③ 对于料浆要使用专用头和阀。

化学品进料器必须能够适应最小和最大进料速率。手动控制的进料器具有20~1的通用范围，但这个范围采用双控系统可能会增加至约100~1。化学品进料器控制可能是手动的，自动配比流量，依赖于某种形式的工艺过程反馈，或任何这二者的组合。如果有可供利用的合适传感器，更复杂的控制系统也是可行的。对于每种所用的进料器类型，都应该包括备用的待机单元。对于正确操作的灵活性而言，化学品加入点和相关的管道架设应该能够应对剂量模式的所有可能变化。

化学品必须始终在主动搅拌区域而不是盲区进入系统。化学品所加入的位置不应该位于其进行完全混合和反应之前而可能逃逸而进入出水流之处。通过在高于接受液体的表面之上排放，能够实现试剂可视流动，对操作者有利。然而，许多设计师喜欢表面之下排放，以促进更快和更完全的混合作用。这两个目标可以通过进料至连接低于表面进入之管道的漏斗而实现。

4.3.5.1　干式进料

干式进料器(图 16.55)(U.S. EPA，1975b)主要由料斗、进料机和溶解罐构成。所有这三个单元的尺寸都是根据污水量、处理速率和化学品进料和溶解的最佳时间长度而确定的。干式进料系统的最佳应用，具有高处理速率，更稳定的化学品和更流化的物质。能够处理的流体物质较少，而需要进料器配件。由于粉化或颗粒物质可能在料斗中架拱或架桥，则需要进行振动才能实现连续流动。为了防止一些太过自由流动的粉末铺出，低于料斗出口的转子能够确保实现流量控制。

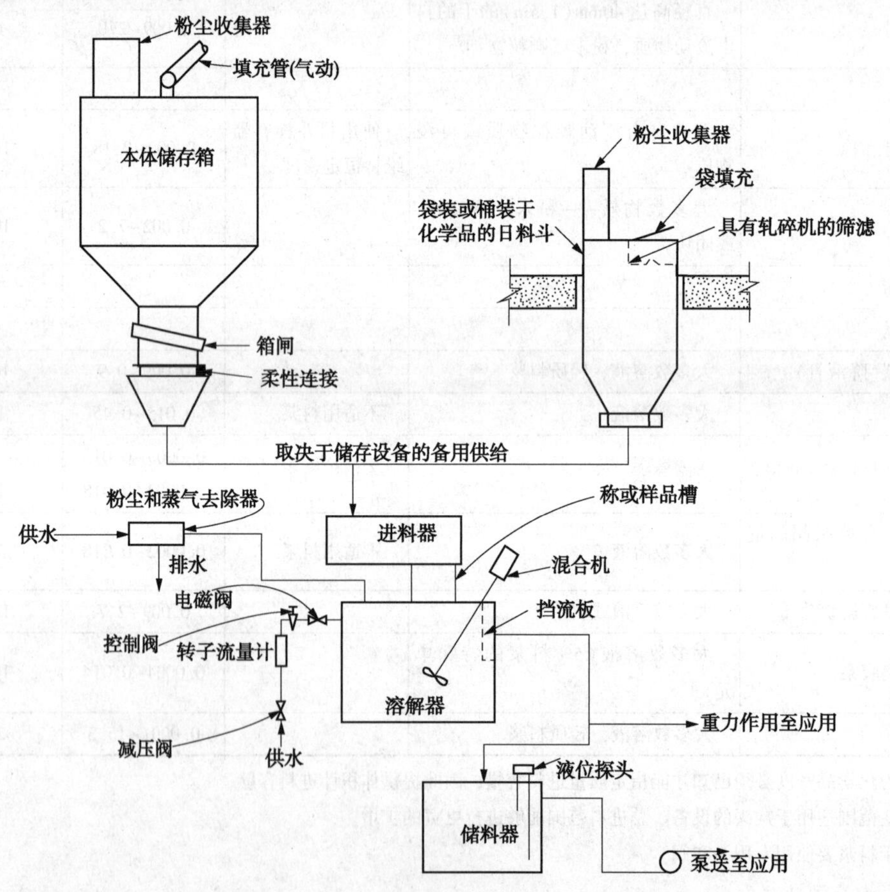

图 16.55　干化学品的典型进料系统

干进料器有体积计或重量计型。大多数体积进料器是正排量类型，引入了某种形式的特定或可变尺寸的移动空腔。精确进料，取决于每单位体积具有恒定密度的化学品。在运行时，化学品通过重力滑落到空腔中而随后关闭并从料斗进料中独立出来。腔室的大小及其移动速度决定了物质的进料速率。

体积计的干进料器类型都包含具有特定宽度而从料斗之下移动至溶解池的连续传送带。机械闸门调节传送带上的物料深度，而进料速率受传送带速度、闸门开启高度，或这两者控制。料斗通常配备振动机械装置，而降低粉状化学品架拱。诸如明矾的颗粒化学品就不需要振动。这种类型的进料器不适合容易流化的物质。

另一种类型体积计量进料器，使用了放置于直径稍大于开口的管道中的料斗底部螺杆或螺旋。螺杆或螺旋旋转的速度决定进料速率。

体积计量进料器的主要缺点是其无法弥补材料密度的变化，这通过修改体积计量设计而包含重量计量或失重控制器就可以避免。这种修改允许连续称量其进料的材料。梁平衡控制器测量材料的实际质量。这特别是经过一段长时间，要比弹簧重量计量设计更加准确得多。重量计量进料器适用于经济学要求进料精度为约 1%的情况，这正如在大规模运行的那种情况，以及物料按照小而精确的量使用的情况。许多体积计量的进料器能够通过在磅秤上放置整个进料器配衡抵消进料器重量而转换成失重设备。

采用干进料器，溶解操作是至关重要的。无数细小的颗粒比大颗粒或团块溶解更迅速。温水和有效混合，往往会提高溶解速度。然而，过多的热量，可能会导致过量蒸气而妨碍干化学品流动。在溶解某些化学品时必须考虑溶液温度。

溶解器的容量基于停留时间，这直接关系到化学品的润湿性，或溶解速度。因此，溶解器必须足够大，才能为最大进料速率的化学品和水提供必要的停留时间。在较低的进料速率下，离开溶解器溶液强度较低，但停留时间大致相同，除非溶解器供水减少。任何溶解器的供水降低而形成恒定强度的溶液时，溶解器内进行机械混合是必要的，因为混合喷射并未提供低速率流动的足够功率。

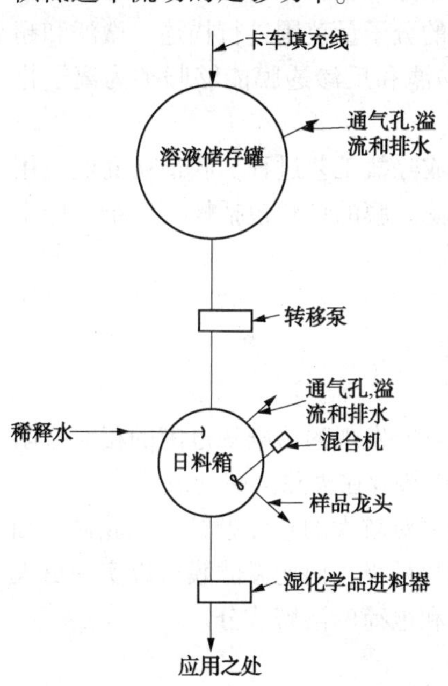

图 16.56　湿化学品的典型进料系统

4.3.5.2　溶液进料

液体进料系统最适合采用较低处理速率对不太稳定的化学品的化学处理。作为液体进料化学品，避免了处理粉尘性或更危险的化学品，或最适合液体物质(图 16.56)(Huang，1979)。

液体进料单元，包括活塞、正排量隔膜泵和平衡隔膜泵和液体重力进料器(旋转汲取器)。最适合具体应用环境的单元装置取决于进料压力、化学品腐蚀性、处理速率、所需精度、流体黏度和比重、其他液体性质，以及控制类型。

活塞-柱塞正排量泵可供压力高达 41 000kPa(6 000 psig)的低至高容量使用。黏度高达 10 N/s · m^2(100 P)的液体可以通过柱塞泵处理，这要取决于进料速率。

机械启动隔膜泵设计用于小于 830kPa(120psig)的低排放压力，可处理 0.076 L/s(72gal)的容量，但是工艺过程流体仅限于黏度低于 0.1 N/s · m^2(1P)的液体。

液压驱动的均衡隔膜泵能够以高达 21 000kPa(000 psig) 的排放压力运行。这种类型的泵可以处理高达 0.4L/s(400gal) 的容量，而黏度为 1 N/s · m^2(10P) 以上的液体能够在较低的流量下进行处理。

液体重力进料器(旋转吸取器)可以处理 100～1 范围内而流量高达 1.90L/s(1800gal) 的酸、碱和料浆。

简单的自制设备能够构建于污水处理厂内而提供液体试剂进料。带孔口的罐，由恒位进料罐和孔口构成，就是这样的设备。苏特罗氏(Sutro)堰能够根据通过测定堰或其他控制设备指示的液体流量进行手动或自动变化。

5　膜工艺过程

5.1　工艺过程的描述

膜工艺过程可以是压力或真空驱动的或依赖于电势梯度、浓度梯度、或其他驱动力。

目前正商业化使用的四种主要膜类型，是按照分离的粒子或物质的大小划分的，并可以按照微米(μm)和/或道尔顿分子量截止值(Da MWCO)表示的(Frenkel，2004)：

- 微滤分离 0.1～10.0 微米(μm)的颗粒(>100000Da)；
- 超滤排阻 0.01～0.1 微米(μm)的物质(2000～100000Da)；
- 纳滤排阻 0.001～0.01 微米(μm)的物质(200～1000Da)；和
- 反渗透大小范围小于 0.001 微米(μm)的分子(<200Da)。

所列的前两个，微滤和超滤膜，是低压膜(LPM)，而最后两个，纳滤和反渗透，是高压膜(HPM)。

这四种类型的膜主要基于每种类型将会从水或污水中去除的颗粒粒径范围而建立。这种特性依据微滤和超滤膜标称的孔径并通过纳滤和反渗透膜的分子量范围进行描述。微滤和超滤膜通常用作粒子(悬浮及胶状物质)分离工艺过程，而纳滤和反渗透膜能够归类为离子排阻工艺过程。

膜工艺过程最初开发于 20 世纪 60 年代初而作为淡化或除盐工艺过程。膜最初商业应用于反渗透中，而随后在 20 世纪 90 年代开发用于微滤和超滤。膜的形状包括螺旋缠绕、中空纤维、平板和管状。

基于驱动压力现有两种主要膜类型(Frenkel，2008)：

- 压力驱动——低压微滤、超滤和高压纳滤和反渗透；
- 沉浸的真空驱动——仅仅低压微滤，超滤。

图 16.57 说明了膜的四种类型对于在二级污水出水中可能发现的污染物范围的相对排阻性质。LPM 设计用于从水中去除悬浮和胶状物质，而 HPM 却旨在去除溶解的成分。

相比于其他膜，微滤膜具有最大孔径而设计用于去除相对较大的悬浮颗粒，如胶体，细菌、孢囊和其他物质。通常超滤膜比微滤膜孔径要小 1 个数量级，而比微滤膜可以实现更大的病毒清除量。纳滤和反渗透膜用于从水中去除不同尺寸和电荷的溶解成分。

5.1.1　低压膜：微滤和超滤

膜分离过程是一种有效地去除 TSS 而生产高品质出水的过程。如果选择合适，膜能够去除病原微生物，包括细菌、病毒、原生动物和胞囊。此外，膜过滤过程还能够去除某些有机物种，条件是分子尺寸和膜孔径要正确确定。如图 16.57 所示，分离过程中所用膜的孔径，要比反渗透过程中所用的膜孔径大许多数量级。

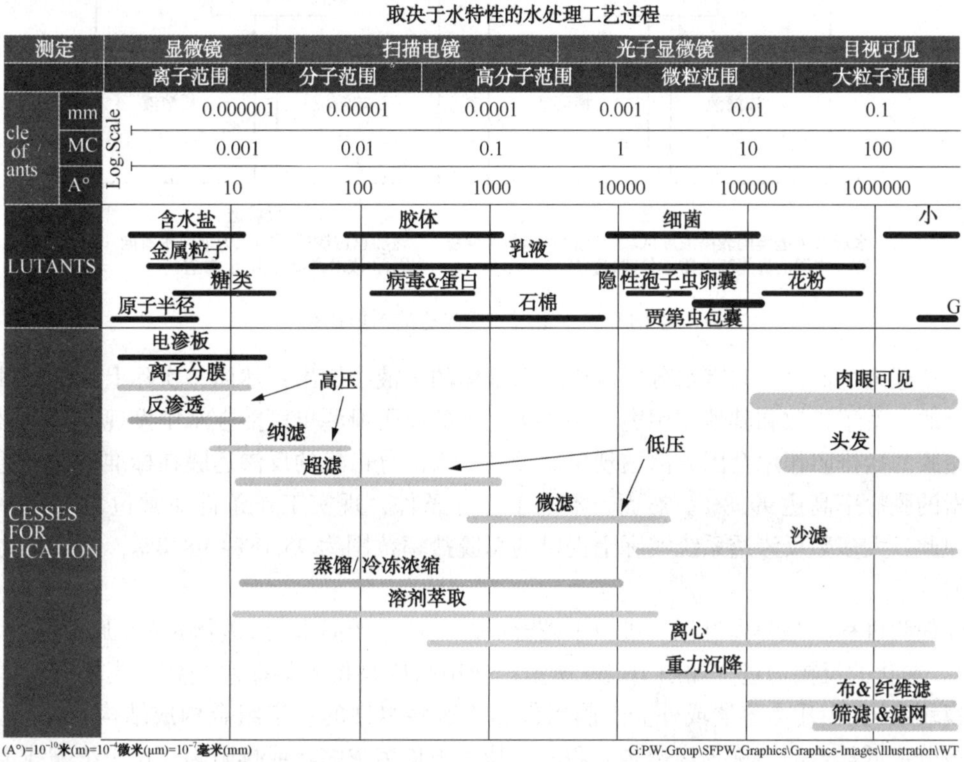

取决于水特性的水处理工艺过程

图 16.57 各种处理工艺过程和膜分离的尺度范围(经 Val S. Frenkel，Kennedy/Jenks Consultants 许可)

5.1.2 高压膜：纳滤和反渗透

两种 HPM 类型是相似的过程，而基本上都使用相同或类似的膜材料。有时纳滤被称为“松的”反渗透，因为这些膜设计用于比反渗透更低的盐排阻。纳滤膜主要开发用于降低由微溶性粒子或二价离子如钙和镁所致的水硬度，并消除由有机物产生的颜色。为简单起见，以下仅仅介绍反渗透过程。

当纯水从稀盐溶液中通过膜流出而进入更高浓压溶液中时就会发生自然渗透现象。图 16.58 说明了这种渗透现象。半透膜放置于两个隔间之间。一个隔间是高度浓缩的盐溶液而另一隔间中是低浓度盐溶液，膜将容许水渗透通过。这种系统将倾向于达到平衡，而使水从低浓度溶质流向高浓度溶质，直到高度浓缩的溶质中渗透压与高度浓缩的溶质中的水柱重量达到平衡。达到平衡的唯一可能方式是水从低浓度的溶质隔间流出通过膜进入高度浓缩的溶质隔间。这个过程是自然渗透。

图 16.58 也表明渗透作用可能会导致盐溶液的高度升高。这个高度将会升高直至水柱(盐溶液)压力高至使水柱重量阻止水流动。该水柱高度的平衡点根据对膜的压力被称为渗透压。

通过向高盐溶液施加大于渗透压的压力就可以逆转水流动通过膜的方向。这就是术语“反渗透”的基础。请注意，这种逆转的流动理论上能够从盐溶液中生产纯净水，因为渗透压会将离子(阳离子和阴离子)保持在高度浓缩的溶质中；水在超过渗透压的压力下排放出

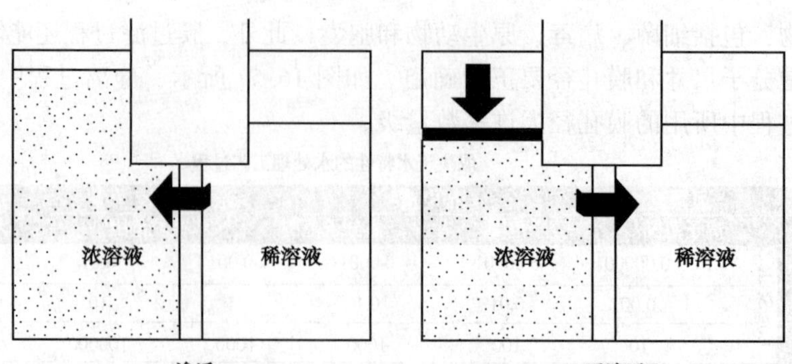

图 16.58 渗透和反渗透的图形描绘

溶质。从理论上而言，只有水分子应该从高浓缩的溶液中排出；然而，实际上，这个过程是更复杂的。由于扩散和其他作用力，除了水之外的离子泄漏也可能在水中发现。而且，通过反渗透膜的盐排阻作用会因为渗透现象而较高。大部分市售的反渗透膜在标准条件下通过单一元素的脱盐率高达 99.8%。然而，不同于标准条件，现实工作条件通常包含不只一种元素。因此，大多数反渗透系统实际上提供的总脱盐率范围为 95.0%~98.0%，这被认为是相当高的。

任何膜过程就是分离过程。进料水被分成两个流：产品水(渗透物)、污泥水(盐水、浓缩液)。简化的反渗透过程如图 16.59 所示。使用高压泵将进料盐水进料至模块系统中。在这个模块系统(由压力容器或外壳、膜组件、或这些组件的一定组合构成结构)中，这些进料水被分成低盐产品，称为渗透物，和高盐盐水被称为浓缩液或排阻物。位于浓缩线上的流量调节阀控制将会进入浓缩液流和将会从进料水中获得的渗透物中的进料水百分比。渗透物流相比于进料流量而表示为百分数，反映了该系统的回收率。作为一个实例，当某个系统进料 22.7m^3/h(100gal)而生产 17m^3/h(75gal)的渗透液时，该系统的回收率就是 17m^3/h(75gal)：22.7 m^3/h × 100% = 75%(100gpm ×100% = 75%)。

表 16.14 总结了四种主要的膜过程，包括差异、应用和通过每种膜过程去除的物质。跨膜压力(TMP)就是工艺过程中进料流和产品流之间的压差。通常情况下，TMP 随着膜孔径变小而升高。TMP 比 LPM 更适用，这并非是 HPM 的特性，因为渗透压在数量级上要比 TMP 高得多。

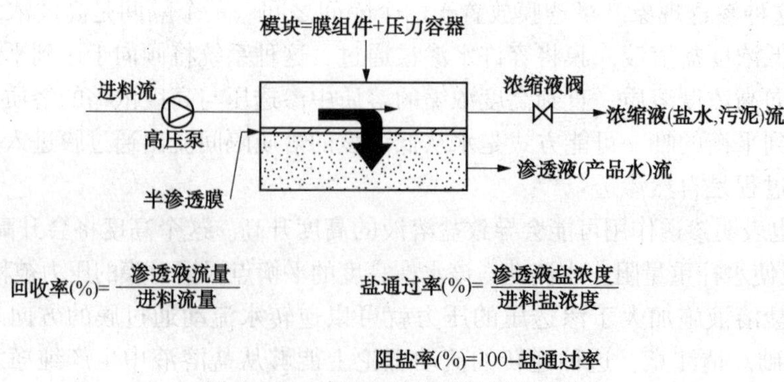

图 16.59 渗透和反渗透的图形描绘

表 16.14　膜过程的对比

过程	去除的物质	应用	跨膜压力/kPa(psi)
微滤	悬浮固体和大胶体	去除细菌、絮凝物质和 TSS	69-173(10-25)
超滤	胶体、蛋白质、微生物污染物和大有机分子	病毒去除，胶体和一些有机分子的去除	
纳滤	分子量大于 200~400 的有机分子，降低一些 TDS①	脱色、降低 TOC②、硬度、Radon 和 TDS	345-1550(50-225)
反渗透	溶解的盐、无机分子，分子量大于 100 的有机分子	脱盐、污水回用、食品和饮料加工、工业工艺过程水	1379-6895(200-1000)

① TDS = 总溶解固体。

② TOC =有机总碳。

5.1.3　电流驱动膜

电流驱动膜代表电渗析和反向电渗析(EDR)技术，这些技术分离低至小于 10Da MWCO 单位的离子和分子，并有效去除溶解固体(TDS)，硬度和其他带电离子污染物(Frenkel, 2002)。

电渗析和 EDR 是能够从流体(水、污水或工业流体)中分离出溶解离子的电压驱动膜分离过程。电渗析和 EDR 过程使用电压电势，代替压力，驱动盐离子通过半透膜。EDR 膜对于多价离子，如钙、镁(硬度)具有高去除效率，也能够去除单价盐，如钠和氯，这取决于电压电势和 EDR 膜的选择性。

电渗析和 EDR 过程如图 16.60 所示。电渗析/ EDR 膜的分离表面是制成平板的薄合成聚合物。这种平板膜组装成膜栈、隔膜和电极。随着低压源水通过电渗析/ EDR 栈，电压电势吸引离子通过膜而从水源中分离出来。这些离子都浓缩到污泥流，而源水作为低 TDS 产品水排出系统。与反渗透和纳滤分离过程不一样，电渗析/ EDR 系统的产品水不会通过膜。

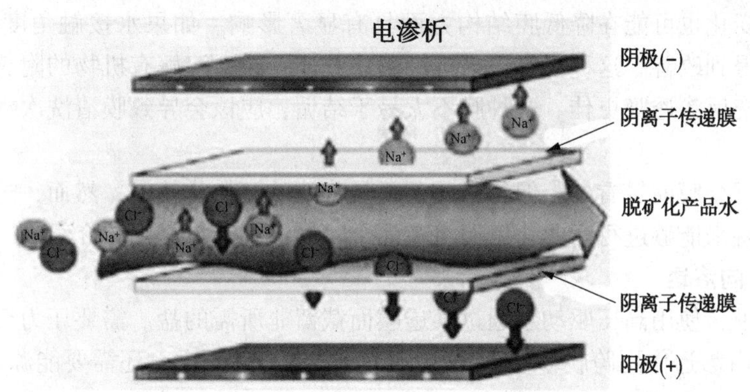

图 16.60　电渗析的示意图(经 Val S. Frenkel, Kennedy/Jenks Consultants 许可)

栈内的平板膜和电极膜是可更换的。电渗析/EDR 栈可以是方形或圆柱形，并可能具有不同尺寸和高度，而适应不同的流量或水质。电渗析/EDR 栈通过串联成组而达到所需的除盐量，并支撑和多管路汇流至共同的管道、阀门和仪器仪表，形成综合的单元或序列。电渗析/ EDR 的处理序列具有独立的流量控制，能够进行化学清洗，并作为完整的单元装置运行。多个电渗析/ EDR 的序列并联汇流至库，满足系统的整体容量要求。

电渗析/ EDR 膜需要在膜之前进行预处理，保护其免受固体损伤并防止膜表面结垢。尽管 EDR 膜并没有反渗透膜对颗粒物结构那么敏感，但是大固体必须在该系统之前除去。根据水源水质不同，通常使用微滤和/或滤筒过滤。加入酸或阻垢剂，或同时加入两者，能够降低膜表面结垢。根据水化学和系统运行参数，平均咸水电渗析/EDR 回收率为 75%~85%。

5.1.4 纳米复合膜工艺过程

目前的膜都是非凡的工程材料。但是这些膜都有几个明显的缺点，其中包括能源密集型的趋势，非选择性和容易结垢。这就是为什么一些研究已开始就如何改进膜性能如渗透性的原因之一，这种渗透性反映了水产量、能源需求和结垢的倾向。由于反渗透膜是膜技术中最能量密集型的，大多数研究侧重于提高反渗透膜的性能。目前反渗透膜由薄聚酰胺制成，能够在单程通过膜后将污染的水转化成干净的水。相比于由快速降解和丧失性能的醋酸纤维材料制成的第一代反渗透膜，聚酰胺膜取得了巨大进步。聚酰胺化学中的一个致命缺陷是由聚酰胺中氮/碳键与用于控制水中生物生长的氯基化学品之间的不相容性所致。聚酰胺结构发生的断裂，导致膜孔径增加而污染物排阻作用丧失。因此，现在同时使用薄膜复合物(TFC)和醋酸纤维素膜。

纳米技术应用的方法之一就是通过将沸石分子筛纳米粒子引入到聚酰胺薄膜中改性聚酰胺反渗透膜。因此，聚酰胺纳米粒子膜一旦形成，纳米粒子就增加了膜吸引水的能力。这些纳米复合膜含有聚合物和超亲水性纳米粒子的交联矩阵。纳米粒子的加入使反渗透膜变得更亲水，带更多的负电荷，并更加平滑。据预测，超亲水性多孔纳米粒子为水渗透提供优先的流路，而同时继续排阻污染物。纳米粒子就如同海绵一样吸水，而同时其所带负电荷比聚合物膜更加有效地排斥污染物。

纳米复合膜技术的显著优势在于其能够微调纳米粒子化学和孔结构、聚合物化学、膜结构厚度的能力。该技术应该与现有的生产基础设施相容，并能够用于直接替代传统反渗透膜。

亲水性的变化也可能在降低膜结构方面具有显著影响。如果水接触角度降低至约 40°，耐结垢性可望得到改善。这种膜可以抵抗细菌、胶体颗粒、溶解有机物的附着，在这方面比目前使用的传统反渗透膜更佳。这种膜不太易于结垢，应该会导致膜清洗次数更少，因而延长了膜寿命。

尽管纳米复合膜前景看好，但是目前还不是公认的商业化技术。然而，这种纳米复合膜可能在不久的将来能够进行商业化，而将在那个时候会进行更详细的介绍。

5.1.5 正向渗透

在反渗透中，使用高压驱动水通过半透膜而截留非所需的盐。需要压力反作用或克服低盐(清洁)水经由渗透作用跨膜移动稀释盐水(海水)的自然倾向。还需要能源克服跨膜压降。

正向渗透系统利用了这种自然倾向。渗透压高的水坐落于膜的一侧，而相反一侧的低渗透压水通过加入氨(NH_3)和 CO_2转化成高浓度的溶液。水从渗透压较低的水自然流向现在的“拉平溶液”中，这种溶液可能具有高达低渗透压水溶质浓度 10 倍的溶质浓度。一旦达到一定的稀释度，拉平溶液随后加热到约 58℃ 而蒸发 CO_2和 NH_3实现回用，留下从低渗透压水中提取的干净水。有几家公司正在开发正向反渗透系统处理污水而净化垃圾填埋场的浸出水。近来研究人员报道而阻碍正向渗透商业化应用的重大挑战如下：

- 膜双面结垢(相比于反渗透，出现双面结垢)。

• 相比于反渗透，通量低。低通量就会要求膜面积更高才能实现相同的生产量，并可能导致拉平溶液中的微组分累积，而在蒸发后保留于干净水中，这可能在下游需要额外的处理。

虽然正向渗透前景光明，但还不是一种成熟的商用技术。然而，这种技术可能在不久的将来实现商业化，到那时将会更详细地进行介绍。

5.1.6　膜生物反应器

膜生物反应器(MBR)是一项处理污水的革命性技术，这种技术采用低压膜、微滤和超滤代替了生物活性污泥工艺过程中的二级澄清池。由于微滤/超滤截留和从水中分离出活性污泥的独特功能，MBR 通常运行于比传统工艺过程更高的混合液悬浮固体(MLSS)，因此有若干显著的优点。本章并不深度介绍 MBR 工艺；第 14 章提供了更多的细节。

5.1.7　自养膜-生物膜反应器(MBfR)

膜生物膜反应器(MBfR)是一种相对较新的技术，其中氢气作为电子供体提供于自养细菌，将 HNO_3^-或其他氧化的污染物还原，并使用膜作为细菌积累和生物膜形成的场所。本节介绍了 MBfR；第 13 章提供了这些工艺过程及其应用更详细的介绍。H_2-基 MBfR 将 H_2提供给自然累积于无泡膜外部表面上的的生物膜。虽然 MBfR 已经试验证明能够还原硝酸盐、高氯酸盐、饮用水和地下水中的其他组分，但是也可用于污水处理的高级脱氮。通过使用 H_2作为电子供体促进反硝化作用，MBfR 过程可能消除加入的有机电子供体，克服重大问题。这些问题包括：过量生物质发电的大量增加，供体剂量过量或不足，安全问题和对专用产甲烷菌的依赖。此外，MBfR 可能适用于三级反硝化或应用于预反硝化过程之中。

自养膜生物反应器(MBfR)在污水处理中应该实现两个目标：

• 消除了外来有机电子供体的加入，这将最小化污泥的过量生产和化学品成本，消除了使用专门的产甲烷菌的需要，并除去了过剂量的供体。

• 提供一种很容易集成到现有污水处理系统的简单系统。

MBfR 可以按照两种独特的方式集成到现有的或新的活性污泥设计中：

(1)于对三级反硝化使用 MBfR 或使用 MBfR 去除传统生物处理如预反硝化之后剩余的 NO_3^-。

(2) 直接将 MBfR 单元放置于预反硝化系统中提高其性能，而无需构建三级处理工艺过程。

虽然前景看好，但是 MBfR 还不是一种成熟的商用技术，但在不久的将来很可能会被商业化，在那时将会更详细地进行介绍。

5.2　工艺过程的目标

两组膜的主要应用有：(1)低压膜——去除悬浮及胶体物质；(2)高压膜——去除水中溶解的物种。

膜工艺过程的目标基于设施、位置和水质目标将有很大的不同。能够制成排阻许多不同物种的膜，而在项目开发阶段的早期就确定处理目标是很重要的。典型的工艺过程目标可能包括：

• 通过微滤或超滤作为纳滤或反渗透的预处理工艺过程去除 TSS 和微生物；

• 通过纳滤或反渗透为中水回用应用去除 TDS 或去除污迹阳离子和阴离子；

- 通过纳滤或反渗透为工业用水质量管理问题去除特定的有机化合物；
- 通过微滤或超滤为工业回用应用生产相对无微生物的产品水；
- 通过纳滤或反渗透去除某些微组分。

以下总结了四个膜分类代表性膜的平均特性：

参　　数	反渗透	纳滤	超滤	微滤
截留分子量(MWCO)/Da	<100	100~1000	1000~100000	>100000
平均孔径范围/μm(mc)	<0.0001	0.0001~0.001	0.001~0.01	0.1~0.5
工作压力/psi①	150~1200	70~250	35~50	20~40
工作回收率，平均/%	60~80	75~85	85~95	85~95
处理/去除水平	TDS	硬度，部分 TDS	病毒	悬浮固体，细菌，病原体
排阻/去除率/%	高达 99.7% TDS	高达 50% TDS，>80%硬度	高达 99.9999%的粒子，高达 99.99%的病原体和病毒	高达 99.9999%的粒子，高达 99.99%的病原体和高达 99%的病毒
膜形状/类型	螺旋缠绕	螺旋缠绕	中空纤维，平板	中空纤维，平板
膜材料	TFC，聚砜(PSF)，醋酸纤维素(CA)	TFC，CA	PVDF，PSF，聚四氟乙烯(PTFE)，聚醚砜(PES)	PVDF，PSF，PTFE，PES，聚丙烯，尼龙

① psi× 6.895 = kPa。

5.3 预处理

除了显著性差异之外，LPM 相比于 HPM，对于某些应用环境可能只需要最低预处理或根木不需要预处理，因为 HPM 不能耐受悬浮和胶状固体，而其性能甚至在出现短悬浮固体和/或胶体峰值时也会发生显著退化。

各种膜工艺过程的预处理要求千差万别。HPM 工艺过程的预处理最苛刻，而将在下面进行讨论。通常情况下，LPM 要求不太高，但每种应用环境的需要，都应该仔细审查。

为了提高膜工艺过程的效率和寿命，对于纳滤/反渗透进料水需要进行有效的预处理(Dow Chemical Co.，1995)。选择适当的预处理，能够最小化污染，结垢和膜退化。这会导致产品质量、脱盐率、产品回收率和运行成本得以优化。

膜行业公认膜污染具有四个类别：

(1) 无机结垢——采用阻垢剂、系统回收进行控制；

(2) 颗粒物污染——最小化进料水浊度和淤泥密度指数(SDI)；

(3) 有机污染——最小化进料水的溶解有机物；

(4) 生物污染——采用通量、冲击加氯(shock chlorination)进行控制。

膜污染是指诸如铁絮状物或淤泥微粒的包埋作用；结垢是指难溶性盐如硫酸钙($CaSO_4$)和硫酸钡($BaSO_4$)在系统内沉淀和沉积。

进料水预处理，必须涉及连续和可靠运行的总系统方法。进料水正确的处理方案将取决于：

- 进料水源，
- 进料水组成，
- 系统运行的方案，
- 应用环境。

一旦进料水源已经确定，则应该进行完整而准确的进料水分析。这一分析的重要性怎么强调也不过分。因为这在确定合适的预处理和纳滤/反渗透系统设计方面是至关重要的。

应用环境往往决定了纳滤/反渗透预处理的类型或程度。

5.3.1　结垢控制

膜结垢可能会出现于难溶或二价离子浓缩超出其溶解度极限的情况。例如，如果某个工艺过程以 50%回收率运行时，则浓液流中离子浓度将近为进料流中浓度的 2 倍。随着污水处理厂回收率提高，结垢风险也升高。因此，必须小心应对而不超过微溶性盐的溶解度限制，否则沉淀和结垢就可能发生。系统回收率是控制结垢形成的参数之一。二氧化硅(SiO_2)是控制许多水域系统回收率的因素之一。

下面讨论的实践惯例已知用于控制膜结垢。

5.3.1.1　*加酸*

加酸控制纳滤/反渗透工艺过程结垢，是最古老的方法之一。许多水都几乎饱和了碳酸钙。碳酸钙的溶解度取决于 pH 值，因为其在较高的 pH 值下不太溶解。

因此，通过加入 H^+作为酸，平衡就向低 pH 值方向移动而保持碳酸钙溶解。由于安全和安保问题，结垢抑制剂(阻垢剂)就是一种控制纳滤/反渗透结垢的新方法。

5.3.1.2　*结垢抑制剂的添加*

结垢抑制剂(阻垢剂)能够用于控制碳酸钙结垢、硫酸盐结垢和氟化钙结垢。阻垢剂具有阈值效应，这是指少量特异性地吸附于微晶表面，从而防止进一步的晶体生长和沉淀。现在市场上从几个供应商可以获得许多类型的阻垢剂。

有机聚合物就是日益盛行的阻垢剂类型之一。然而，对于聚电解质或多价阳离子如，例如，铝或铁，就可能发生沉淀反应。这可能产生类胶质产物，很难从膜组件去除。

5.3.1.3　*用强酸性阳离子交换树脂软化*

用弱酸阳离子交换树脂软化就是可以用于控制难溶离子，如钙、镁离子发生结垢的一种技术。

当使用强酸性阳离子交换树脂时，结垢形成的阳离子如 Ca^{2+}，Ba^{2+}和 Sr^{2+}就被除去，而被 Na^+取代。该树脂在硬度临界点时必须采用氯化钠进行再生。通过这种处理，进料水的 pH 值不改变。因此，下游不需要除气器而汽提过量的二氧化碳(CO_2)。只有少量的二氧化碳从原水通过而进入产品水中，产生导电性。软化过程消耗碳酸氢盐碱度。

5.3.1.4　*石灰软化*

石灰软化能够通过加入熟石灰而如下去除碳酸盐硬度：

$$Ca(HCO_3)_2+Ca(OH)_2 \longrightarrow 2CaCO_3+2H_2O$$

$$Mg(HCO_3)_2+2Ca(OH)_2 \longrightarrow Mg(OH)_2+2CaCO_3+2H_2O$$

通过加入碳酸钠(纯碱)能够如下进一步降低非碳酸钙硬度：

$$CaCl_2+Na_2CO_3 \longrightarrow 2NaCl+CaCO_3$$

采用石灰软化，钡、锶和有机物质也显著减少。这个过程要求反应器具有高浓度沉淀的颗粒物作为结晶核。这通常通过固体接触澄清池而完成。这个工艺过程的出水需要介质过滤而去除颗粒物后调节 pH 值，随后才进行反渗透工艺过程。采用或不采用高分子絮凝剂(阴离子和非离子型)的铁或其他混凝剂，都可用于增强固-液分离。

5.3.1.5 预防性清洗

在某些应用环境中，结垢通过预防性膜清洗进行控制。这使得系统无需采用软化或剂量化学品就能够运行。通常情况下，这些系统都在低回收率或25%的回收率下运行，而在1~2 年后就更换膜组件。因此，这些系统通常适用于小的单组件污水处理厂处理自来水或海水作为饮用水之用。最简单的清洗方法是通过打开浓缩液阀使用低气压正向冲洗。短的清洗间隔要比长清洗间隔更有效，例如，每 30min 进行 30s 清洗要比每 60min 清洗 1min 更有效。

5.3.1.6 调节运行变量

当其他控制方法不起作用时，必须调节装置运行变量，防止结垢。通过降低系统回收率保持浓度低于溶解度限制，就能够避免溶解盐发生沉淀。

溶解度还取决于温度和 pH 值。在二氧化硅的情况下，随着温度和 pH 值的升高，其溶解度也升高。二氧化硅通常是考虑调整运行变量作为控制结垢方法的唯一缘由；所有的调节手段都存在经济弊端(能量消耗)或其他结垢风险(高 pH 值下的碳酸钙)。

对于小型系统，低回收率和预防性清洗方案，都可能是一种控制结垢的便捷方式。

市场上还有许多结垢抑制剂，而容许水中二氧化硅达到过饱和，而同时保持相对较高的反渗透装置回收率。

5.3.2 胶体污染的预防

膜组件发生胶体结垢，可能会严重损害其性能，降低生产力，有时还会降低盐排阻能力。胶体结垢的早期迹象往往是整个系统的压差升高或产品流量降低。

反渗透进料水中的淤泥或胶体源各不相同，通常包括细菌、黏土，胶状二氧化硅和铁腐蚀产物。用于澄清池中的预处理化学品，如明矾、三氯化铁或阳离子聚电解质，如不及时在澄清池中或通过适当的介质过滤去除，也可能引起胶体结垢。此外，阳离子聚合物可能与带负电荷的阻垢剂发生共沉淀而使膜结垢。

确定反渗透进料水发生胶体结垢潜势的最简单而最广泛使用的技术是淤泥密度指数(SDI)，有时也被称为结垢指数(fouling index)。这是设计反渗透预处理系统之前和运行期间的定期测量的一项重要测量。

衡量胶体结垢还有几种方法，而大多数都与 SDI 测量相关。这就是为什么 SDI 测量仍然是使用最多的技术的原因。

5.3.2.1 介质过滤

通过介质过滤除去悬浮和胶状粒子都是基于其在过滤滤料颗粒表面上的沉积作用。过滤器通常能够处理 SDI 相对较低而进料反渗透系统可接受的水。对于滤料介质过滤的更多细节，请参阅第 16 章的初始部分。

5.3.2.2 在线过滤

如果进料水中的胶体在过滤之前或期间发生混凝或絮凝，则介质过滤降低 SDI 值的效率就可以显著提高。在线过滤，也称为在线混凝或在线混凝/絮凝，在 ASTM 标准 D4188 中有介绍。混凝剂注入原始水流中，经过有效地混合而立即通过介质过滤除去形成的微絮凝体。

硫酸铁和三氯化铁用于破坏表面带负电荷的胶体，而将其包埋于新形成的氢氧化铁微絮凝体中。铝混凝剂也很有效，但是，因为残余铝可能结垢而不推荐使用。

快速分散和混合混凝剂是极其重要的。推荐采用在线静态混合器或增压泵吸侧注入。最佳用量通常为 5~30mg/L，但应该分情况逐个确定。

5.3.2.3　混凝/絮凝作用

对于进料水含有高浓度的悬浮物，导致高或甚至不可测量的 SDI 的情况下，经典混凝/絮凝过程是首选的。这允许氢氧化物絮凝体生长而沉降于专门设计的反应室中。除去氢氧化物污泥后通过介质过滤，对上清液水进一步处理。

对于混凝/絮凝过程而言，无论是固体接触式澄清池还是紧凑的混凝/絮凝反应器都可以使用。

5.3.2.4　交叉流微滤/超滤

通过微滤或超滤膜进行交叉流过滤，能够除去几乎所有的悬浮物。因此，采用设计良好而正确维护的微滤或超滤系统能够达到 SDI 低于 3.0。同时，较高的微滤/超滤系统回收率和高比渗透流量是经济上有利的。这些目标通常通过定期清洗如正向冲洗或优选反冲洗而实现。如果使用耐氯的膜材料——例如，聚偏氟乙烯、聚砜或陶瓷膜——则能够向冲洗水中加氯而防止生物污染。

加利福尼亚州奥兰治县的水区，已经进行了污水回用问题的研究，包括在自来水厂使用微滤作为反渗透工艺过程的预处理工艺过程的研究(Leslie et al., 1998)。这项研究发现，作为反渗透的预处理的微滤性能和经济学是有利的(Leslie et al., 1998)。其中最重要的一个观测结果是，微滤显著降低了反渗透工艺过程的工作压力。基于过去几年收集的积极经验，奥兰治县水区在 2007 年启用了 265ML/d(70mgd)的新超滤-反渗透容量。

5.3.3　生物污染的预防

所有出水都含有微生物，如细菌、藻类、真菌、病毒等。大部分微生物，都能够视为精细胶体物质，而能够按照先前的讨论通过反渗透的预处理而去除。这些活体粒子在其繁殖能力方面不同于非生物粒子，而能够在有利条件下形成生物膜。

微生物大肆繁育于水溶解有机营养物集中的膜表面上。膜的生物污染可能会显著影响系统性能。生物污染可能会导致进料至浓缩物的压力差升高，从而可能导致膜组件的机械损伤和膜通量下降。有时，生物污染出现于渗透液侧，从而污染产品水。

生物膜难以去除，因为它保护其微生物免受剪切力和消毒化学品的作用。未完全去除的生物膜会迅速再生。

因此，预防生物污染，就是预处理的主要目的。生物污染的潜势对于出水而言因为高营养物含量而比其他水高。下面将会讨论生物污染的潜势和可能的预防措施的评价。

5.3.3.1　加氯

氯的有效性取决于氯的浓度、暴露(接触)时间和水的 pH 值。作为膜预处理的氯化处理通常应用于需要生物污染预防之处。氯以摄入量加入，应该允许 15~30min 的反应时间。在整个预处理管线内应该保持游离残余氯浓度 0.5~1.0mg/L。然而，纳滤或反渗透膜上游的脱氯对于保护膜不受氧化作用是必需的。

5.3.3.2　脱氯

纳滤或反渗透膜的进料必须经过脱氯，才能防止膜被氧化。通过活性炭或化学还原剂就能够将残余的游离氯还原成无害的氯化物。

活性炭床根据以下反应而能够有效地对进料水脱氯：

$$C+2Cl_2+2H_2O \longrightarrow 4HCl+CO_2$$

5.3.3.3 焦亚硫酸钠

焦亚硫酸钠(SMB)通常用作生物稳定或结合游离氯。还有其他化学还原剂如二氧化硫。尽管脱氯本身较快，但是还是需要良好的混合，才能确保完全；因此，推荐使用静态混合器。理想的情况下，注射入点位于预处理过滤器下游，而保护其免受氯的影响。在这种情况下，SMBS 溶液应该通过单独的过滤筒在注入反渗透进料之前进行过滤。脱氯的水一定不能储存于罐池之中。

是否存在氯的情况应该在混合管道的下游采用氧化-还原电位(ORP)电极进行监测。当检测到残余或游离氯时，电极信号关闭高压泵。

5.3.3.4 氯胺处理

氯胺处理已经成为生物污染控制的流行技术。氨如果以大于氯化折点而确保水中无游离氯存在的浓度注入氯水时，就能防止游离氯损坏纳滤或反渗透膜。当按照这种方式形成氯胺时，氯胺就不会损坏纳滤或反渗透膜而有助于控制纳滤和反渗透膜的生物污染。

5.3.3.5 冲击处理

冲击处理是指在正常污水处理厂运行期间于有限的时间内向进料流中加入杀生物剂。亚硫酸氢钠，就是实现这一目的最通常使用的杀生物剂。在典型应用中，亚硫酸氢钠按照 500~1000 mg/L 的浓度剂量加入约 30min。

5.3.3.6 微滤/超滤

微滤/超滤的优点包括，能够去除颗粒物、微生物和藻类，而这种藻类有时很难通过标准技术去除。微滤/超滤允许生产具有较低 SDI 值的反渗透工艺过程进料水，从而降低运营成本。然而，这些膜应该对其具体应用进行认真评价。

5.3.3.7 臭氧

虽然臭氧是一种比氯更强的氧化剂，但是它很容易分解。必须保持一定的臭氧水平，才能杀死所有微生物。必须考虑建筑材料的耐臭氧性。通常情况下，要使用不锈钢。必须小心采取除臭氧处理才能保护这些膜。紫外线照射已经成功地用于这一目的。另外，通常还需要使用热销毁单元装置进行臭氧废气处理，以满足当地环境空气质量的要求。

5.3.3.8 紫外照射

已知 254 nm 的紫外照射具有杀菌作用。已经投入使用，尤其是在小型污水处理厂中已经应用。不添加任何化学品，而设备除了定期清洗或更换汞蒸气灯以外，也很少需要关注。

表 16.15 列出了各种预处理方案的图形总结(Dow Chemical Co.，1995)。

5.3.3.9 高级氧化处理

高级氧化技术将过氧化物注入与紫外线照射或臭氧处理结合，而产生自由基。高级氧化处理也能够使用过氧化物处理并结合臭氧处理和紫外照射，后者是降低水中某些有机物浓度最有效、最经济的技术之一。

5.4 膜系统

虽然具有渗透特性的天然半透膜在生物体中是常见的，但直到 1962 年，才开发出具有商业化可能的人工合成反渗透膜。

对于反渗透膜，有两种属性是很重要的。透水性决定了每单位膜面积脱盐之水的生产速度，通常称为通量并按照 gal/ft^2 · d(gfd)或 L/m^2 · h(LMH；1gfd≈1.7LMH)计。脱盐率决定了膜排阻溶解固体的能力。脱盐率通常通过浓度之比、进料中盐浓度/盐水(浓盐水)中盐的浓度(以百分比表示)表示。

表 16.15　反渗透膜工艺过程的预处理备选方案的总结

预处理	$CaCO_3$	$CaSO_4$	$BaSO_4$	$SrSO_4$	CaF_2	SiO_2	SDI	Fe	Al	细菌	氧化剂	有机物
加酸	●①							○②				
阻垢剂	○	●	●	●	●	○						
IX 软化③	●	●	●	●	●							
IX 去烷基化	○	○	○	○	○							
石灰软化	○	○	○	○	○	○	○	○				○
预防性清洗	○					○	○	○	○	○		○
运行参数调节		○	○	○	○	●						
介质过滤						○	○	○	○			
氧化-过滤							○	●				
在线混凝							○	○	○			
混凝-絮凝						○	●	○	○			●
微滤/超滤						●	●	○	○	○		●
筒式过滤						○	○	○	○	○		
加氯										●		
脱氯											●	
冲击处理										○		
预防性消毒										○		
GAC④过滤										○	●	●

① ● = 非常有效。

② ○ = 可能。

③ IX = 离子交换

④ GAC = 粒状活性炭。

最初的反渗透设计困难之一是与工艺过程相关的巨大水力压力的控制。多年来，已开发出几种新型设计应对这个问题。

第一种设计，就是已知的管状构造结构设计(见图 16.61)，采用了多孔壁管，在内壁上插入或浇铸膜。盐水在管内轴向流动，同时产品水流径向流动通过膜和多孔结构。这些管通常排列成束状，每一束称为一个模块。所有模块管束串联连接而使该模块只有一个盐水入口和出口。产品水在流水槽或外壳中收集。这些管道直径约 13mm(0.5in)，并采用了钻孔或由环氧树脂结合的玻璃纤维、织造尼龙或聚酯，或其他具有足够强度承受水压的多孔材料制成。

第二种设计是螺旋缠绕的或螺旋包裹的结构(见图 16.62)。如果有人将其可视化成膜制成的密封包膜，则包膜内侧具有多孔支撑材料。随着进料水施加于包膜外侧，产品水就穿过膜而在薄膜内的多孔材料内收集。沿着粘结至塑料收集管的一端开口边沿流出产品水。管侧面上的孔洞提供了产品水的入口。同一管道连接至一个或多个包膜(最多 30 个)。在薄膜每一侧放置盐水侧分离器筛滤之后，整个装置绕着收集管道卷绕。卷起的单元(圆柱形模块)

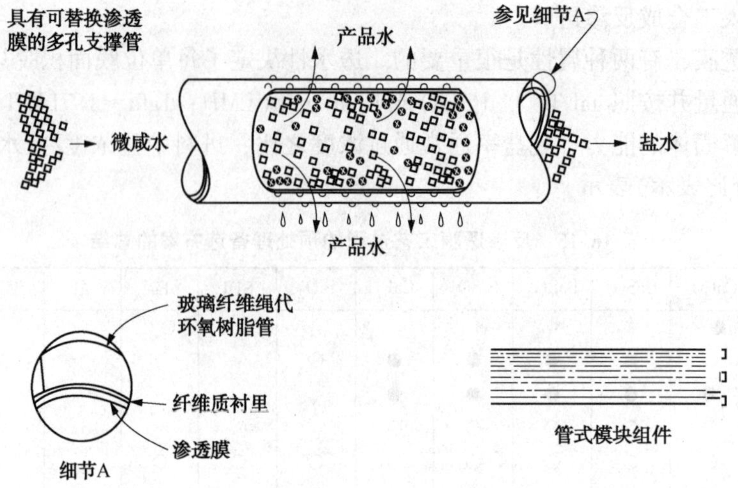

图 16.61 反渗透管束式模型的构造设计结构(Cohen, 1971)

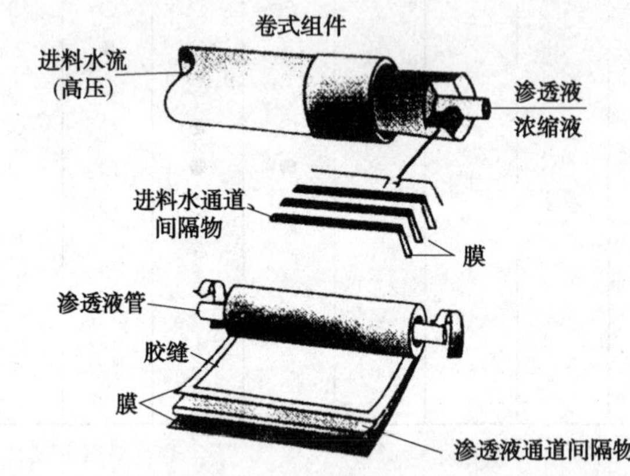

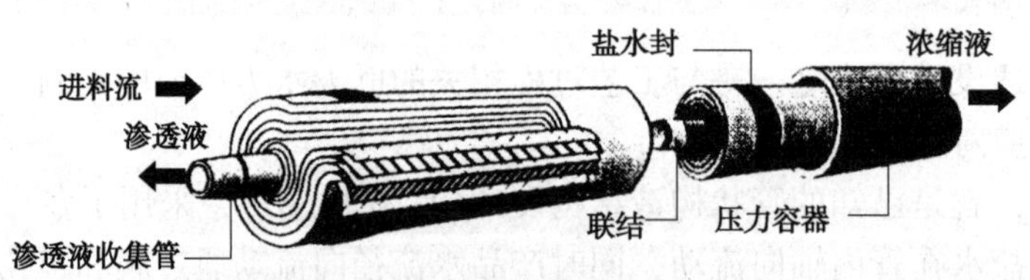

图 16.62 螺旋缠绕的模块构造设计结构

随后放置于压力容器中。压力容器是在端部具有进料水入口和盐水出口的塑料内衬管道。产品水出口位于一端的中心。几个模块通常在压力容器内端并端放置而使用 O 形圈连接器一起安装产品收集管。在每个模块的外部缠绕和管道内侧之间提供密封。进入管道的进料水引向模块中的盐水侧分离器滤筛而外层缠绕的密封层防止模块周围出现短路盐水流。盐水流以分离器筛滤方式轴向流动通过模块。产品收集管充分密封而使之不可能出现盐水交叉泄漏而发生污染。

第三种设计是中空细纤维构造结构设计，如图 16.63 所示。顾名思义，这是由直径 25~

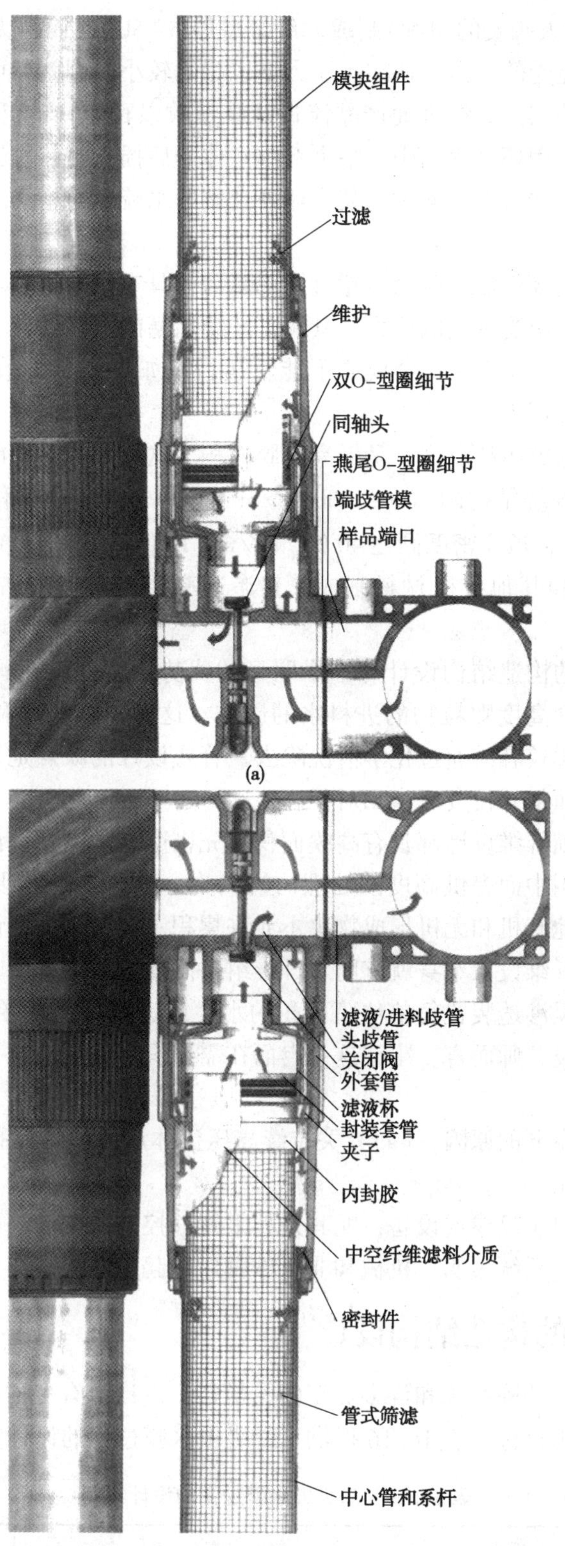

图 16.63　中空纤维组件构造设计结构

(a)下半部分。中空纤维组件构造设计结构；(b)上半部分

250μm 的中空纤维(约人头发的粗细)制成。纤维壁厚 5~50μm 而由无支持膜材料构成。因为纤维直径较小，而经受的应力即使在高压力下也相对较小，则就有可能使用无支撑膜。在原始设计中，盐水从外部流入纤维而产品流过纤维。数以百万计的纤维打环成 U 形，末端插入作为管板之用的专用环氧树脂中。整个纤维本体随后插入封装容器。进料水在压力之下进入容器一端而在另一端流出。通过封装容器外壳侧的水流，与中空纤维内侧的产品水流逆向流动。

对于为什么纤维外部的盐水压力会超过内部压力，具有几个原因：首先，纤维壁在压缩作用下将比张力作用下承受更大的压力。其次，纤维堵塞的可能性较小，而这种结构更容易清洗。此外，这种设计在故障-安全模式下能够运行。如果纤维失效，则通过外部压力关闭，从而防止产品水被污染。

中空细纤维设计的突出特点之一是极高的膜面积，这种高膜面积能够安装于相对狭小的空间内。相比于螺旋缠绕结构的 300~1000 m^2/m^3(100~300 ft^2/ft^3)和管式设计的 130~300 m^2/m^3(40~100 ft^2/ft^3)，填充密度高达 40 000 m^2/m^3(10 000ft^2/ft^3)是可能的。中空细纤维能够由聚酰胺，聚丙烯和其他有机材料制成。其渗透率要比典型的醋酸纤维素低约两个数量级。

管式设计比其他的构造结构设计有一个明显的优势。这种设计具有较大的明确流动通道，而因此，不太受含高度颗粒物的进料水的影响，这意味着堵塞和沟流的倾向较低。此外，黏质泥和结垢都比较容易通过化学清洗除去。管式设计的缺点是每单位表面积需要数额巨大的管道和配件，而初始投资成本相对很高。

螺旋缠绕和中空细纤维设计都具有高膜面积填充密度和防漏操作记录的优点。当使用这些设计用于反渗透应用中而提供高度预处理(过滤)时，这是至关重要的。必须密切关注预处理，而黏质泥和其他有机和无机形成物决不允许累积。螺旋缠绕设计使膜现场更换轻松方便。类似地，中空细纤维设计本身就有助于纤维组件的现场更换。

在操作过程中，反渗透装置每单位膜面积的水生产速率(通量)在工作压力保持恒定时趋向于下降。这对于设计师而言，牢记这一点而在需要恒定的产水速率之处提供额外的容量是很重要的。

通量下降有两个主要的原因：(a)有关持续高压流体压碎膜的多孔亚结构的膜压实和压缩，和(b)膜污染结垢。

脱盐下降率通常对于反渗透设备，尤其是如果能够控制从盐水至产品的交叉泄漏时，并不严重。目前在市场上系统表明，机械和非机械密封看起来已经很充分。

5.5 膜组件的构造结构设计

因为还有几种类型的膜系统和许多类型的膜材料，设计师有多种设计构造膜组件的不同方式而完成所需的处理目标。表 16.16 提供了二级出水膜过滤的设计实例。

表 16.16 二级出水膜过滤的设计实例

输入参数	单位	设计值/考虑因素
年均流量	m^3/d	19000
峰值日流量	m^3/d	38000

续表

输入参数	单位	设计值/考虑因素
WWTP 的峰值时流量	m^3/d	57000
均衡池处理的峰值时流量	m^3/d	26500
进水浊度范围	NTU	2~10
平均进水浊度	NTU	5
进水 TSS 范围	mg/L	5~25
平均进水 TSS	mg/L	12
平均设计膜通量	$L/m^2 \cdot h$	34
平均水生产速率(系统回收率)	%	90
排阻盐水率范围	%	5~15
平均排阻盐水率	%	10
冗余度要求	提供一个膜单元装置停工下的过滤容量	
设计输出		
概要		
膜类型		微滤
膜系统构造设计结构		淹没式，出-进
反冲洗循环期间的流动方向		进-出
单元装置的规模确定		
所需的最低总活性膜面积	m^2	22500
一个膜组件的活性面积	m^2	31
膜组件总数	数字	735
膜池总数	数字	5(4+1)
一个膜池中膜组件的数目	数字	147
一个膜池中活性膜面积	m^2	4500
过滤速率		
年均流量，5 个池工作	$L/m^2 \cdot h$	34
年均流量，4 个池工作	$L/m^2 \cdot h$	425
WWTP 的峰值时流量	$L/m^2 \cdot h$	N/A
均衡池至 WWTP 的峰值时流量，5 个池工作	$L/m^2 \cdot h$	47.6
均衡池至 WWTP 的峰值时流量，4 个池工作	$L/m^2 \cdot h$	59.5
膜特性		
膜材料	聚偏氟乙烯	
标称孔径	微米	0.04
清洗方案		
反脉冲	每 0.5h 进行 1min	
化学品强化清洗		每 24h 进行 1 次
恢复性清洗		每 3 个月进行 1 次
跨膜压力(真空度)		
容许的最大值	Bar-真空	-0.8
典型操作时	Bar-真空	<-0.7
TMP 下推荐的恢复性清洗	Bar-真空	-0.3
所需的附件单元		
化学品添加		
假设的化学品添加要求(对总工作时间的比率)	百分数	15%
化学品储存	天数	30
混合方法		在线静态混合机

续表

输入参数	单位	设计值/考虑因素
化学品泵类型		机械隔膜泵
泵速控制		变速
化学品类型		聚合物
剂量范围，假设值	mg/L	0.1~1.5
典型剂量，假设值	mg/L	0.3
化学品类型		混凝剂
剂量范围，假设值	mg/L	2.5~5
典型剂量，假设值	mg/L	3.0
膜气体冲刷鼓风机	无(功率，冗余度)	4+1
在线浊度分析仪	无(功率，余量)	4+1

注：在该设计实例中，假设了超过峰值日的流量在过滤设施上游进行了均衡化，而膜负荷不超 26.5 L/min(0.7mg/d)；WWTP＝污水处理厂，TSS＝总悬浮固体。

5.6 微滤或超滤的膜分离

如图 16.64 所示的典型膜分离工艺过程适用于反渗透工艺过程除盐之前二级出水的预处理。在这个例子中，二级出水在进入膜组件之前泵送通过过滤器。膜产生两个分流：(1)滤液，将被泵送至反渗透工艺过程；(2)污泥水或冲洗水流，通常返回至渠首。在这个例子中的膜使用了压缩空气进行反冲洗操作而移出的水在返回至渠首之前盛装于反冲洗水缓冲罐中。

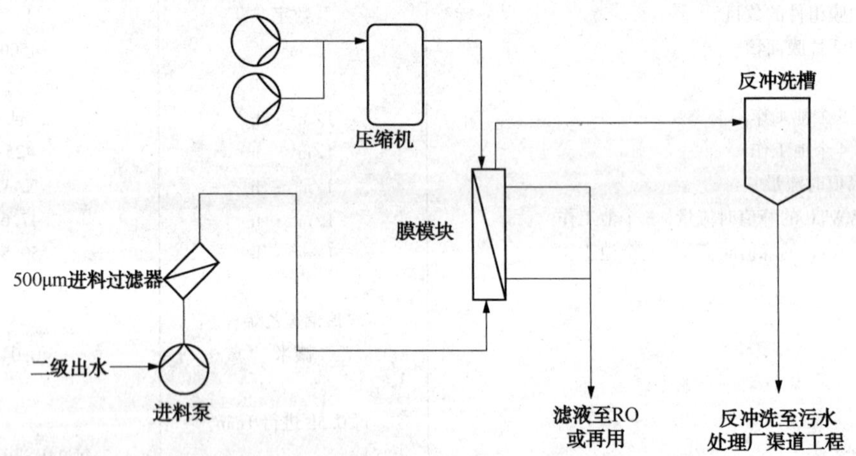

图 16.64　作为反渗透工艺过程的预处理的微滤工艺过程的简化工艺过程示意图

膜生物反应器技术使用了三级处理工艺过程中所用的相同或类似的微滤或超滤膜，提供的水质堪比生产三级出水时的微滤或超滤膜。MBR 技术在第 14 章中已经进行了详细介绍。

5.7 反渗透

图 16.65 显示了采用三个膜组件的简单阵列反渗透工艺过程。进料水在经过预处理并通过高压泵提升至所需压力之后通过反渗透处理。膜组件产生两股过程流：(1)渗透液，这就是产品水，和(2)浓缩液或排阻盐水，这是污物流。采用浓缩液控制阀节流作用控制渗透液

与排阻盐水的比率。渗透液流量与进料流量之比称之为系统回收率，并以百分比表示。

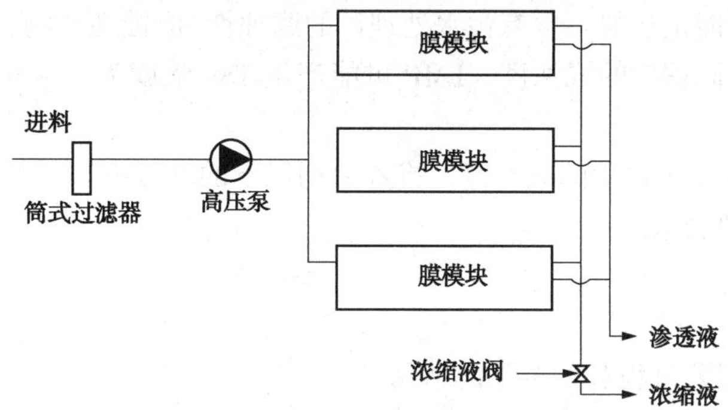

图 16.65　单阵列反渗透工艺过程的简化示意图

图 16.66 显示了典型双阵列反渗透装置的布局设计，这些模块组件排布于两个平台上。引入的进料水经过预处理、过滤，并采用高压进料泵提升至设计压力。随后，进料水进入而流动通过四个模块组件(阵列 1)，并随后流动通过两个模块组件(阵列 2)，这被称为锥形流动模式。锥形流动能够随着产品水移出而保持盐水的速度。浓缩液阀门降低浓盐水模块组件的压力。

锥形构造设计的一个显著优点是相比于单级操作提高了产品回收率。如果阵列 1 运行时产生 75%的回收率，而阵列 2 使用阵列 1 的排阻盐水作为其进料，运行时产生了 75%的回收率，则全过程的回收率将约为 94%。这就导致双阵列构造设计的 6%排阻盐水流与单阵列工艺过程的 25%。在澳大利亚已有几个污水回用应用涉及这些工艺过程的变体，也有人进行了相应的介绍(Williams，1998)。

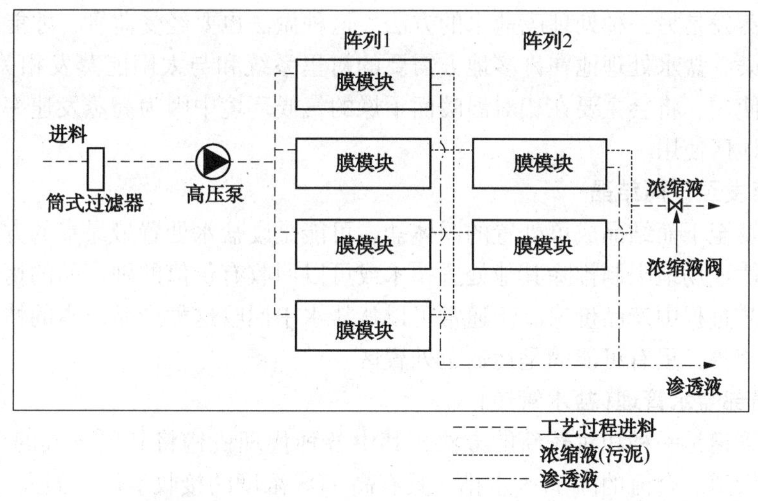

图 16.66　双阵列反渗透工艺过程的简化示意图

5.8　污泥水/盐水处置要求

污水盐水的处置是重大工程和经济问题。向溪流、河流、海洋、池塘，或地下水库随意排放废弃盐水的老办法，现今已经被严格监管。

HPM 废盐水浓度可能会有所不同，为 2 000~20 000 mg/L 的 TDS 或更高不等。根据不同的工艺，盐水也可能是热的，含有污水处理厂的腐蚀性-磨蚀性产物，具有 4~9 的 pH 值，含氧量较低，或有不同程度的混浊度。LMP 可能产生 TSS 浓度为 50~1000mg/L 或更大的废盐水。

对于高 TDS 脱盐工艺过程的废物流，推荐使用以下的处置方法：

- 直接排放至地表水，
- 深井注入，
- 蒸发池处置，
- 通过独立的工艺过程蒸发至干而结晶，
- 盐水管道，
- 与其他流掺混。

5.8.1 向地表水排放处置

通常情况下，未经处理而直接排放溪流、湖泊或其他水体，会降低水质。排放许可将需要充分研究和分析排放对水质的影响。排放和受纳水体之间的密度差异，可能要求使用三维水质模型。

5.8.2 深井注入

注入地下岩层，是一种处置废弃盐水很有前途的方法。石油和天然气行业已经广泛使用这种方法。这种处置方式，只有在接受这种盐水的合适地下构造之处才是可行的，而每一个潜在的场所必须进行评估。国家机构要监管盐水处置井。正确设计的系统应该基于合理的工程和地质原理，并应该防止这些废弃物对淡水和自然资源造成不良影响。

5.8.3 蒸发池

地表池塘蒸发是另一种处理废盐水的方法。这种做法也要经受监管，才能防止地下和地表环境受到污染。盐水处理池在许多地方需要的衬里系统和与太阳能蒸发相关的土地成本。盐水处理池的使用，将会主要在相对温暖而干燥的气候环境中因为高蒸发速率、水平地形和低土地成本的地区使用。

5.8.4 蒸发至干而结晶

废盐水蒸发至干而结晶成可处置的固体盐，可能是废盐水处置最昂贵的方法。这种方法将仅仅用于法律或场地限制排除其他处置技术或可以回收有价值的副产品的情况。这种方法适用于工业工艺过程中产品价值高于通常可以从盐水中回收这种产品成本的情况。生产的固体盐要么进行销售，更有可能的是运输至处置区。

5.8.5 局部盐水管理(盐水管道)

利用盐水管道是一种相对较新的方法，其中各种代理机构将其要排放的高 TDS 流汇合于常见的盐水管道。合流的高 TDS 水排入具有高 TDS 浓度的接收水体，如大海或海洋。

5.8.6 与其他流的掺混

与其他流进行掺混，能够在汇流的掺混水 TDS 浓度低于接受流之时进行实施。有一个例子，就是将高 TDS 流在将其排放至具有高于掺混水 TDS 浓度的接受水体之前与排放水进行掺混。

5.8.7 盐水回收反渗透

盐水回收反渗透(BRRO)是一种降低浓缩液流的有效技术。这个理念就是采用 BRRO 处理初级反渗透液流而降低所产生的浓缩液的体积。大多数设计的 BRROs 能够以 40%～60% 的回收率运行。例如，初级反渗透的排阻盐水的排放体积能够降低 40%～60%，最小化了对盐水处置的影响，同时不会改变排放固体的质量平衡。

6　空气汽提除氨

6.1　工艺过程概述

在适当控制的条件下，空气汽提可以从污水中去除氨氮（NH_4-N），因为氨（NH_3）在高 pH 水平下主要以非离子的气态形式存在。在美国还没有常规氨汽提设施。现有的设施因为全年标准，空气排放限制和维护困难已经废弃。尽管如此，本章还是简要地总结了氨氮的汽提，因为这个工艺过程在温和的气候条件下结合高石灰除磷在某些地区还是可以考虑的。本节专门介绍通过空气汽提塔除氨（Sawyer et al.，2003）。

在大多数污水中，氨氮是以铵离子形式存在。通过提高 pH 值，溶液中的离子将会转化成分子形式：

$$NH_4^+ \longrightarrow NH_3 + H^+$$

图 16.67 说明了 pH 值和温度对铵离子转化成氨气的影响。在 pH 值为 7 时，几乎所有的氨氮都是以铵离子的形式存在；而在 pH 值为 12 时，几乎所有的氨氮都是以溶解氨气的形式存在。为了优化空气汽提除氨，根据液体的温度，污水 pH 值必须提升到 10.8～11.5，才能确保氨是气态形式。在汽提之后，随着液体传递至下一个单元过程，出水 pH 值通过重新碳酸化或加酸而降低。

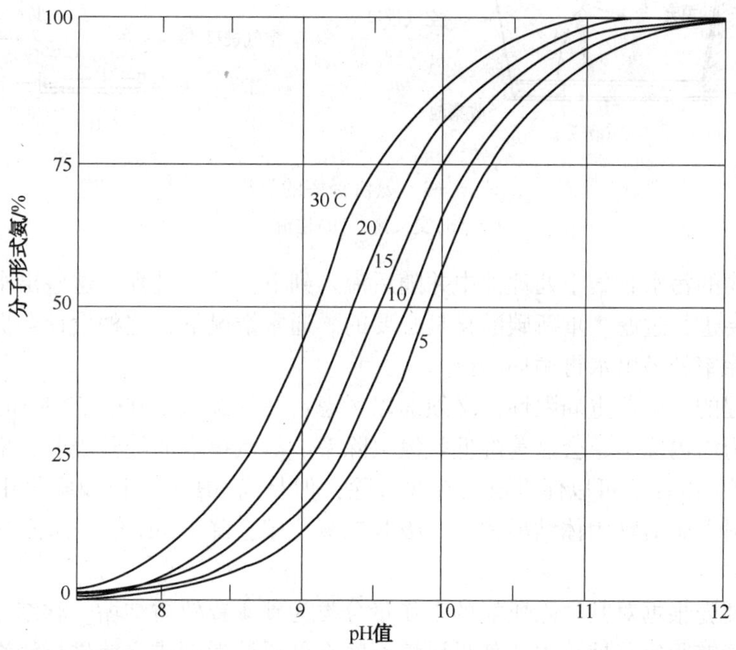

图 16.67　水溶液中 pH 值和分子或游离挥发形式的氨百分比之间的关系

如果氨是气态形式，则通过将液体传送通过汽提塔而氨就能够从溶液中释放出来。溶解的氨气向空气中传输的速率取决于空气和水界面上的表面张力和水与空气之间的氨浓度差。

当形成表面膜时，水滴中的表面张力最小。在液滴形成瞬间，氨释放最大。在水滴完全形成之后很少发生额外的氨气释放。空气包围的水滴中氨浓度通过将空气循环通过塔而最小化。

氨汽提过程主要相容于污水的物理和化学处理如高石灰混凝过程，因为这些处理过程提供了下游汽提塔所需的高 pH 值。纯物理和化学处理则很少应用于市政污水处理中，但氨汽提可以适用于磷酸盐沉淀的双级石灰过程或通常使用的生物除磷(PhoStrip)工艺过程。

然而，在一个生物工艺过程处于氨汽提工艺过程之前的情况下，生物工艺过程中决不能发生硝化作用。如果确实发生了硝化，则氨将会通过硝化细菌的氧化作用而转化为亚硝酸盐和硝酸盐，从而降低了溶液中分子氨的量。这个氮转化过程限制了汽提塔总的混合氮去除能力。因此，如果需要降低总氮，则采用生物硝化，其他脱氮技术，如厌氧反硝化，都能够去除硝酸盐。

如图 16.68 所示，空气汽提塔可能是逆流(空气入口在基部)，或交叉流(空气入口沿着整个填充深度)。安装于塔顶部或底部的风扇迫使空气通过塔内填充物。位于塔顶附近的漂浮物清除器提供了压头损失而使空气均匀分布于整个塔中。

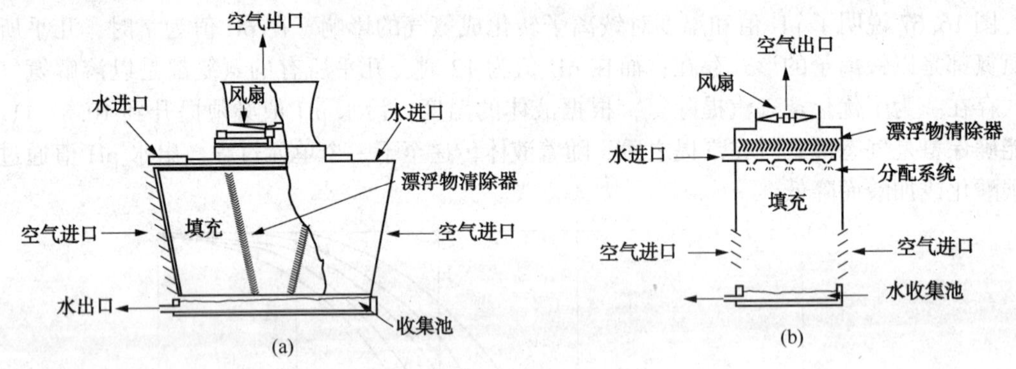

图 16.68 氨汽提塔的类型

(a)交叉流；(b)逆流

离开填充物的污水收集于处理池中并随后流入到下一单元过程。这些出水因为碳酸钙污泥沉淀可能需要进行过滤。重新碳酸化是必要的。通常情况下，这种设计会提供寒冷天气期间提高氨氮去除率的塔出水再循环的能力。

氨汽提过程的一个严重局限性，必须加以考虑：在气温低于 0℃(27℉)时运行汽提塔是不可能的，因为塔内冻结，会显著降低氨氮去除率。氨汽提塔的经验表明，塔介质结垢是令人烦恼的。尽管高 pH 值可以促进氨氮有效去除，但是高 pH 值，以及空气中二氧化碳的吸收，导致塔填料上碳酸钙固体结垢累积。吸收二氧化碳会降低 pH 值，从而导致水系统失去稳定。

所产生的硬壳根据对其去除所需的工作量分类为硬质或软质结垢。软结垢可以采用轻喷雾嘴或酸洗就能够很容易地除去。如果塔填充物在硬质结垢形成之前进行清洗，则塔填料能够恢复至其原始状态和工作效率。如果硬垢形成之后，往往有必要拆除塔填料进行清洗。通过使用逆流而不是交叉流塔并对塔填料进行排布设计而有助于拆除清洗，能够部分解决结垢问题。该工艺过程的性能可靠性要求可能有必要使用备用的相同设备。

6.2　设计考虑因素

氨汽提塔设计参数的选择，取决于脱氮所需的水平。在氨汽提塔设计中要考虑的关键要素包括塔填料的选择、空气与水的流速、水力负荷率、空气和液体的温度，以及工艺过程控制措施。

6.2.1　塔填料

几种不同类型的氨汽提塔填料可以商购获得。填料包括 10mm×38mm(0.4in×1.5in)的木板条、塑料管、或聚丙烯栅格。还没有建立具体的填充间距。通常情况下，各个搅棒水平间距为 38~100mm(1.5~4in)，而垂直间距为 50~100mm(2~4in)。采用更紧密的间距能够实现更高的氨去除率水平，而更宽的间距用于较低的氨氮去除率水平是可以接受的之处。由于需要大量的空气，则塔应该设计成总空气压头损失低于 50~80mm(2~3in)水柱。通常采用 6~7.6m(20~25in)的填充深度，最小化电力成本。

6.2.2　负荷

氨汽提塔中使用的可允许水力负荷取决于各个搅棒的类型和间距。尽管氨汽提塔中使用的水力负荷率范围为 2~7m/h(1~3gal/ft^2)，去除效率在大于 9m/h(2gpm/ft^2)的负荷率下已显著下降。随着液体通过汽提塔，合适的水力负荷率允许在每一搅拌处形成水滴。过量的水力流量会产生水薄膜，而降低氨氮去除率。

6.2.3　空气-水之比

大量的空气必须穿过塔，而达到高水平的氨氮去除率。所需的空气-水的比率范围为(2200：1)~(800：13)。塔填充 6~7.6m(20~25ft)，通常会产生 0.12~0.37kPa(0.5~1.5in 水柱)的压降。表 16.17 举例说明了采用 7.3m(24ft)的 38~50mm(1.5~2in)木料填充实现氨氮去除率达到不同水平的氨氮去除率所需的空气要求的实例(Slechta and Culp，1967)。

表 16.17　空气和水力负荷对氨氮去除率的影响

NH_4-N 去除率/%	空气供给/cfm/gpm 污水①	水力学负荷②/(gpm/ft^2)③
80	200	3.9
85	210	3.5
90	250	3.0
95	400	2.0
98	800	0.8

① cfm/gpm×7.48× 10^{-6} = m^3/min 的空气/m^3/d 的污水。

② 填充深度等于 24 ft (7.2 m)；进水 pH 升高至 11.5；而污水温度为 20℃。

③ gpm/ft^2×2.444 = m/h。

6.2.4　温度

空气和液体温度影响氨汽提塔的设计。最低工作温度和相关的空气密度在确定风扇和空气鼓风机规格时应该进行考虑，才能提供所需的空气供应量。液体温度也会影响氨氮去除率水平。表 16.18 举例说明了填充深度 7.3m(24in)、水力负荷率 9m/h(2gpm/ft^2)和空气-水之比为 3600：1 时塔出水温度的影响(Smith and Chapman，1967)。

表 16.18　水温对氨氮去除率的影响

出水水温/℃	NH_4-N 去除率/%	出水水温/℃	NH_4-N 去除率/%
17	91	9	71
12	79	3	67

7　折点加氯的氨氮去除

7.1　工艺过程理论

氯氧化作用能够从污水中去除氨，这个过程，被称为折点加氯，实际操作中仅作为污水精制技术，而不用于去除高水平的进水氮。当向含氨氮污水中加氯时，氨最初与次氯酸反应而生成氯胺。在游离氯生成的“折点”之后继续加氯，就会将氯胺转化成氮气。以下系列反应代表了氨氮氯氧化成氮气的过程：

$$Cl_2+H_2O \longrightarrow HOCl+HCl$$

$$NH_4^++HOCl \longrightarrow NH_2Cl+H_2O+H^+$$

$$2NH_2Cl+HOCl \longrightarrow N_2+3HCl+H_2O$$

各种氯胺形成的程度取决于 pH、接触时间、温度和反应物浓度。总反应可以表示为：

$$2NH_3+3Cl_2 \longrightarrow N_2+6HCl$$

典型折点加氯曲线如图 16.69 所示。折点出现在氨气降低到零之时，总的残余氯最小，而可以检测到游离氯。理论上将 1mg/L 氨氮氧化成氮气所必要的氯用量为 7.6 mg/L 的氯。

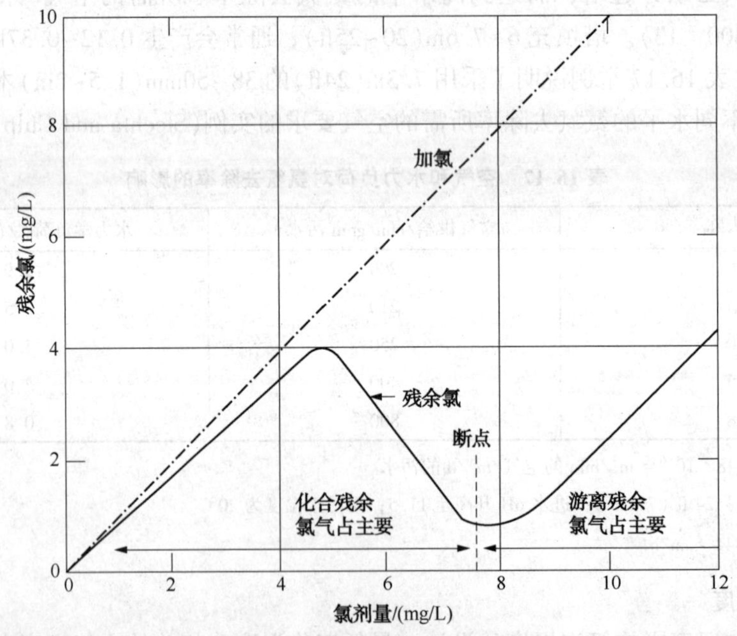

图 16.69　折点加氯的典型曲线

以上反应直至完成所需的时间取决于 pH 值、每种反应物的浓度和温度。在实际反应中对于每 1mg/L 的氨氮需要大约 900mg/L 的氯。典型的污水需要大量的氯，略微抑制 pH 值。

在较低的 pH 值下反应速度较慢；高含量氨氮的污水需要将 pH 值缓冲至约为 7，才能在短接触时间下达到折点。因此，如果折点加氯是氨氮去除率的唯一手段，这个过程对于高氨氮污水可能是行不通的。除了改变所需的接触时间之外，诸如 pH 值、温度、氨氮浓度和所加的氯量这些变量都会影响氯胺反应产物的性质。例如，低 pH 值有利于形成有毒的恶臭三氯化氮(NCl_3)。因此，有效的折点反应室设计必须提供对这些变量的控制。尽管工艺过程中残余游离氯时具有病毒灭活和脱氮的双重目的，但是加氯室的设计必须提供折点出现所需的反应时间和进行消毒所需的接触时间。

在折点加氯过程中可能发生两个不良反应。第一个反应是单氯胺(NH_2Cl)能够与次氯酸(HOCl)反应而形成二氯胺($NHCl_2$)，并最终形成有害气体三氯化氮(NCl_3)。在 pH 值小于 6.5 时根据以下反应而生成三氯化氮：

$$NHCl_2+HOCl \longrightarrow NCl_3+H_2O$$

第二个反应是氨氮氧化成硝酸根离子。超过折点的加氯促进硝酸根离子的生成而不是氮气(U. S. EPA，1975a)：

$$NH_3+4Cl_2+3H_2O \longrightarrow HNO_3+8HCl$$

7.2　设计考虑因素

折点加氯系统的机械部件设计相对简单。在相同的快速搅拌机下必须同时加入氯和足够的碱。pH 值的控制问题是至关重要的。对于每 1mg/L 的氨氮必须存在约 30mg/L 的碱度，才能将 pH 值维持于合适的范围内。氨和氯之间的第一个反应迅速发生，而除了确保氯和污水完全而均匀地混合，不存在必需的具体设计特性。良好的混合最好采用在线混合机或反混反应器完成。一般采用最少 10min 的接触时间。

产氯和进料设备的规格确定，取决于进水氨氮浓度和所接收的污水处理程度。随着折点的进水质量提高，所需的氯量降低，接近理论上氨氮氧化所需的用量(7.6 mg/L 的 Cl_2：1mg/L 的 NH_3-N)。表 16.19 基于操作经验和推荐的设计容量总结了所需的氯用量。这些比率适用于预期的最大进水氨浓度。如果所加的氯量不足以达到折点，则不会形成氮，而形成的氯胺必须在排放之前破坏掉。设计还应该包括对连续加氯之后的出水监测游离氯的残余量，并调整氯进料设备的步速而维持设定点的游离氯残余量。

表 16.19　三种污水类型所需的氯用量

污水类型	达到折点的氯：NH_3-N 之比	
	实验值	推荐的设计容量
原始污水	10：1	13：1
二级出水	9：1	12：1
石灰沉降和过滤的二级出水	8：1	10：1

用于折点加氯进行氨氮去除的化学品进料装置，应该在加氯系统的初步设计中进行考虑，包括加氯实施之前、期间和之后。根据该系统中各点连续加氯的用途，对于氨氮去除系统，一定程度上值得考虑使用备用加氯设备。当确定设备规格时，还应该审查可靠性需求和各个施加点的最大剂量要求。

折点加氯工艺过程的其他设备需求源自某些污水并未被中和而形成过量的酸和通过脱氯而从出水中消除活性氯残余量的情况。从理论上而言，需要作为碳酸钙的 14.3mg/L 碱度才能中和 1 mg/L 氨氮气体氧化所产生的盐酸。为了保持 pH 值大于 6.3，需要至少两倍的理论碱度。除了具有高碱度的污水和加氯之前使用石灰混凝的处理系统之外，这些设计通常包括进料碱性化学品而保持 pH 值处于适当的范围的装置。此外，测定和调整碱性化学品进料泵步速而将 pH 值保持于所需范围的方法也是必要的。请注意，如果氯碱加入步速不一致，则整个工艺过程就会发生混乱。如果 pH 值瞬间降低而使三氯化氮形成，则提高 pH 值也无济于事，不能更正此问题；如果 pH 值升高而高于 8，则折点出现缓慢。如果使用次氯酸钠代替氯，则碱度要求将会降低 75%。

脱氯（第 13 章）可能是折点加氯所需的伴随工艺过程。设备需求取决于所选择的处理方法。

8 出水再氧化

如果许可限制要求高溶解氧浓度时，处理后的污水出水常常有必要进行再氧化。两种主要类型的再氧化系统是级联再氧化和机械或扩散空气再氧化。

8.1 级联再氧化

这些系统取决于堰溢流、流水槽、溢洪道和类似的水力学结构处的空气和水界面。氧供应量（质量）或溶解氧变化的精确测量值是很难获得的。这个过程也难以控制。通常情况下，这些系统能效也不高，但如果水头充足且设计不能修改而保存压头或将其用于其他更有效的目的时，这些系统运行良好，成本低廉。

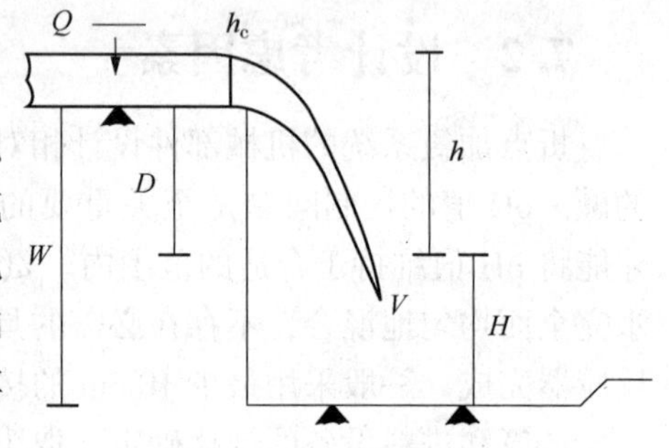

图 16.70 级联再曝气方程中各项的图解表示法（Nakasone，1987）

在堰系统中，再曝气发生于在水-表面形成期间的堰顶，而通过池下部的气泡夹带和飞溅增强。中曾根康弘的研究（Nakasone，1987）表明，单堰之上的再曝气可以通过下列方程进行估算（见图 16.70）。

$$\ln r_{20} = 0.0785(D+1.5H_c)^{1.31}q^{0.428}H^{0.310} \tag{16.9}$$

对于 $(D+1.5H_c) > 1.2$ m 而 $q </= 235\ m^3/m \cdot h$

$$\ln r_{20} = 0.0861(D+1.5H_c)^{0.861}q^{0.428}H^{0.310} \tag{16.10}$$

对于 $(D+1.5H_c) </= 1.2$ m 而 $q > 235\ m^3/m \cdot h$

$$\ln r_{20} = 5.39(D+1.5H_c)^{1.31}q^{-0.363}H^{0.310} \tag{16.11}$$

对于 $(D+1.5H_c) > 1.2$ m 而 $q > 235\ m^3/m \cdot h$

$$\ln r_{20} = 5.92(D+1.5H_c)^{0.816}q^{-0.363}H^{0.310} \tag{16.12}$$

式中 D——滴落高度，m；

H_c——堰上的临界水深度；

q——每单位堰宽度的排放速率，$m^3/m \cdot h$；

H——具有水平床的下游渠道之下游水深度，m；

r_{20}——20℃下的氧亏率。

对于其他水温(T)下的氧亏率，可以使用以下方程(Gameson et al.，1958)

$$\ln r_T = \ln r_{20}[1 + 0.0168(T - 20)] \quad (16.13)$$

用于确定所需级联高度的另一种方法则基于巴洛特等(Barrett et al.，1960)提出的以下方程：

$$H = R - 1/0.361ab(1 + 0.046T)\text{(SI 单位)} \quad (16.14)$$

$$H = R - 1/0.11ab(1 + 0.046T)\text{(美国常用单位)} \quad (16.15)$$

式中　R——氧亏率 = C_s & C_0/C_s & C；

C_s——温度 T 下污水的溶解氧饱和浓度，mg/L；

C_0——后曝气的溶解氧浓度，mg/L；

C——后曝气进水之后所需的最终溶解氧水平，mg/L；

a——污水处理厂出水水质参数 = 0.8；

b——堰几何结构参数(对于堰而言，b = 1.0；对于阶梯而言，b = 1.1；对于阶梯堰而言，b = 1.3)；

T——水温,℃；

H——水下落高度，m (ft)。

该方法应用中的关键要素是影响溶解氧饱和浓度，C，的临界污水温度的正确选择。

8.2　机械/扩散空气再氧化

这些技术涵盖了机械辅助再氧化系统的广泛范围，包括机械表面曝气(固定的或浮动的)、射流扩散、泵增氧机、搅拌器喷射系统、U 型管增氧机和扩散空气(粗或细气泡)系统。这些系统要接受工程设计分析，并可能通常要受控节能，防止过度曝气，还要降低成本。第 10 章包含了这些技术的讨论。

8.3　与其他单元工艺过程的关系

通常情况下，再氧化应该是处理工艺过程中的最后一步骤。在没有令人信服的反面考量时，出水过滤器上游的再氧化是不可取的，因为

- 某些过滤器设计允许在过滤器介质中出现负压头。未过滤出水中的高溶解气体可能从滤床溶液中逸出，产生气泡和气缚。
- 对于非硝化的出水，过滤器滤料介质中附生生物生长的硝化作用能够消耗再氧化出水中的溶解氧，至少部分抵销这种再氧化作用。

8.4　文献和设计的方法与步骤

有两篇文献提供了各种可供利用的再氧化系统的有用描述和介绍(U.S. EPA，1971d；WPCF，1988)。这两篇文献都含有估算级联再氧化系统工作变量的计算方法。在其他文献中也介绍了机械/扩散空气系统的计算方法和步骤(Kormanik，1969 and 1970；Lin，1979；Pincince，1999)。

9　参考文献

American Public Health Association；American Water Works Association；Water Pollution

Control Federation (1989) *Standard Methods for the Examination of Water and Wastewater*, 17th ed.; American Public Health Association: Washington, D. C.

American Society of Civil Engineers; American Water Works Association, Conference of State Sanitary Engineers. (1969) *Water Treatment Plant Design*. American Society of Civil Engineers: Denver, Colorado.

American Society of Civil Engineers (1986) Tertiary Filtration of Wastewater. *J. Environ. Eng.*, 112 (6), 1008.

American Water Works Association (1974) *Standards for Granular Activated Carbon*, No. B604-74; American Water Works Association: Denver, Colorado.

American Water Works Association (1990) *Water Quality and Treatment*, 4th ed.; McGraw-Hill: New York.

Amirtharajah, A. (1979) Discussion of "Effectiveness of Backwashing for Wastewater Filters", by J. L. Cleasby and J. C. Lorence. *J. Environ. Eng.*, 105 (EE2), 59.

Babbitt, H. E.; Doland, J. J.; Cleasby, J. L. (1962) *Water Supply Engineering*, 6th ed.; McGraw-Hill: New York.

Barrett, M. J.; Gameson, A. L. H.; Ogden, C. G. (1960) Aeration Studies of Four Weir Systems. *Water Water Eng.*, 64 (9), 407.

Baumann, E. R.; Huang, J. Y. C. (1974) Granular Filters for Tertiary Wastewater Treatment. *Water Pollut. Control*, 46 (8), 1958.

Baumann, P.; Kieffer, C.; Morrall, T.; Bauer, R (2006) Fox Metro Water Reclamation District Solves Filtration Problems with Innovative Aquadiamond Cloth Media Filter. *Proceedings of the 79th Annual Water Environment Federation Technical Exposition and Conference* [CD-ROM]; Dallas, Texas, Oct 21 - 25; Water Environment Federation: Alexandria, Virginia.

Bishop, D. F.; Marshall, L. S.; O'Farrell, T. P.; Dean, R. B.; O'Connor, B.; Dobbs, R. A.; Griggs, S. H.; Villiers, R. V. (1967) Studies on Activated Carbon Treatment. *Water Pollut. Control*, 39 (2), 188.

Bourgeous, K.; Riess, J.; Tchobanoglous, G.; Darby, J (2003) Performance Evaluation of a Cloth-Media Disk Filter for Wastewater Reclamation. *Water Environ. Res.*, 75 (6), 532 - 538 (7).

Brown and Caldwell (1978) West Point Pilot Plant Study, Volume V, Granular Media Filtration. Prepared for Municipal Metropolitan Seattle, Washington; Brown and Caldwell: Walnut Creek, California.

Caliskaner, O. (1999) Depth Filtration of Activated Sludge Effluent Using a Synthetic Compressible Medium. Doctoral Dissertation, University of California at Davis.

Caliskaner, O.; Tchobanoglous, G. (2005a) Investigation of the Effects of the Filtration Parameters on the Removal Performance of the Compressible Medium Filter. *Proceedings of the 78th Annual Water Environment Federation Technical Exposition and Conference* [CD-ROM]; Washington, D. C., Oct 29 - Nov 02; Water Environment Federation: Alexandria, Virginia.

Caliskaner, O.; Tchobanoglous, G. (2005b) Modeling Depth Filtration of Activated Sludge

Effluent Using a Compressible Medium Filter. *Water Environ. Res.*, 77, 3080.

Caliskaner, O.; Tchobanoglous, G.; Carolan, A. (1999) High-Rate Filtration of Activated Sludge Effluent with a Synthetic Compressible Media. *Water Environ. Res.*, 71 (6), 1171.

Cleasby, J. L.; Baumann, E. R. (1974) *Wastewater Filtration Design Considerations*, U. S. Environmental Protection Agency Technology Transfer Seminar Publication; U. S. Environmental Protection Agency: Washington, D. C.

Cleasby, J. L.; Lorence, J. C. (1978) Effectiveness of Backwashing Wastewater Filters. *J. Environ. Eng.*, 104 (EE4), 749.

Cleasby, J. L., Stangl, E. W.; Rice, G. A. (1975) Developments in the Backwashing of Granular Filters. *J. Environ. Eng.*, 101 (5) (EE5), 713.

Cleasby, J. L.; Arboleda, J.; Burns, D. E.; Prendiville, P. W.; Savage, E. S. (1977) Backwashing of Granular Filters. *J. Am. Water Works Assoc.*, 69 (2), 115.

Cohen, J. M. (1971) Demineralization of Wastewaters. *Water Reuse Symp.*, Dallas, Tex., sponsored by U. S. EPA.

Culp, R. L.; Culp, G. L. (1978) *Handbook of Advanced Wastewater Treatment*, 3rd ed.; Van Nostrand Reinhold Co.: New York.

Daniels, S. L. (1975a) *Coagulation/Flocculation: State-of-the-Art.* Dow Chemical Co.: Midland, Michigan.

Daniels, S. L. (1975b) Solid Liquid Separation by Coagulation and Flocculation. In *Particle Science and Solid Fluid Separation.* Chemical Engineering Department, University of Houston: Houston, Texas.

Dow Chemical Co. (1995) *Filmtec Membranes Technical Manual.* Dow Chemical Co.: Midland, Michigan.

Eliassen, R.; Bennett, G. (1967) *Progress Report, Reclamation of Re-Usable Water from Sewage*, Federal Water Pollution Control Association Demonstration Grant WPD 21-05; U. S. Department of the Interior: Washington, D. C.

Fair, G. M.; Geyer, J. C. (1954) *Water Supply and Waste-water Disposal.* John Wiley and Sons: New York.

Fair, G. M.; Geyer, J. C.; Okun, D. A. (1968) *Water and Wastewater Engineering*, vol. 2; Wiley & Sons: New York.

Frenkel, V. (2002) Use Pre-Treatment to Improve Process Water Treatment. *Chem. Eng. Mag.*. New York.

Frenkel, V. (2004) *Membranes vs. Conventional Treatment in Municipal and Industrial Applications.* Paper presented at American Membrane Technology Biennial Conference, San Antonio, Texas; Aug 5 - 7.

Frenkel, V. (2008) *Membrane Technologies: Past, Present and Future: North American Perspectives.* Plenary Keynote Presentation, International Water Association Conference, Moscow, Russia; June 2 - 6.

Furuya, A.; Calciano, G.; Richard, D.; Caliskaner, O.; Govea, P. (2005) Evaluation and Design of a Cloth Disk Filter to Meet Title 22 Reuse Criteria. *Proceedings of the 78th Annual Water Environment Federation Technical Exposition and Conference* [CD-ROM]; Washington, D. C., Oct 29 - Nov 02; Water Environment Federation: Alexandria, Virginia.

Gameson, A. L. H.; Vandyke, K. G.; Ogden, C. G. (1958) The Effect of Temperature on Aeration. *Water Water Eng*. (G. B.), 62 (753), 489.

Griffith, E. J.; Beeton, A.; Spencer, J. M.; Mitchell, D. T., Eds. (1973) *Environmental Phosphorus Handbook*. Wiley a&nd Sons: New York.

Haecker, S.; Healy, J. (2006) Innovative Technology to Implement a Reuse Water Program. *Proceedings of the 79th Annual Water Environment Federation Technical Exposition and Conference* [CD-ROM]: Dallas, Texas, Oct 21 - 25; Water Environment Federation: Alexandria, Virginia.

Hassler, J. W. (1963) *Activated Carbon*. Chemical Publishing Co.: New York.

Hassler, J. W. (1974) *Purification with Activated Carbon: Industrial, Commercial, Environmental*. Chemical Publishing Co.: New York.

Holden, B.; Nelson, K.; Crook, J.; Cooper, R. C.; Williams, G.; Kouretas, T.; Sheikh, B. (2006) Higher Filter Loading Rates for Greater Water Reuse Capacity. *Proceedings of the 79th Annual Water Environment Federation Technical Exposition and Conference* [CD-ROM]; Dallas, Texas, Oct 21 - 25; Water Environment Federation: Alexandria, Virginia.

Huang, J. Y. C. (1979) Filter Backwashing by Ejector. *J. Environ. Eng.*, 105 (EE5), 915.

Knight, C. H.; Mondox, R. G.; Hambley, B. (1973) Thickening and Dewatering Sludges Produced in Phosphate Removal. *Proceedings of the Phosphorus Removal Design Seminar, May* 28-29 *Toronto. Conference No.* 1, *Canada - Ontario Agreement on Great Lakes Water Quality*. Training and Technology Transfer Division (Water), Environmental Protection Service, Environment Canada: Ottawa, Canada.

Kormanik, R. A. (1969) Simplified Mathematical Procedure for Designing Post Aeration Systems. *Water Pollut. Control*, 41 (11), 1956.

Kormanik, R. A. (1970) Design of Plug-Flow Post-Aeration Basins. *Water Pollut. Control*, 42 (11), 1922.

Leslie, G. (1998) Status of Research on the Use of Microfiltration for Reclamation. *Proceedings of the Joint American Water Works Association/Water Environment Federation Reuse Conference*, Lake Buena Vista, Florida, Feb 1 - 4; American Water Works Association: Denver, Colorado; Water Environment Federation: Alexandria, Virginia.

Leslie, G. L.; Mills, W. R.; Dunivin, W. R.; Wehner, M. P.; Sudak, R. G. (1998) Performance and Economic Evaluation of Membrane Processes for Reuse Applications. *North American Biennial Conference and Exposition: American Desalting Association*, Williamsburg, Virginia; Aug 2-6, 1998; American Desalting Association: Sacramento, California.

Levine, A.; Harwood, V.; Scott, T; Rose, J. (2004) Effectiveness of Secondary Effluent Filtration for Removal of Bacteria, Enterovirus4es, and Protozoan Pathogens in Wastewater Reclamation Facilities. *Proceedings of the 77th Annual Water Environment Federation Technical Exposition and Conference* [CD-ROM]; New Orleans, Louisiana, Oct 4 – 7; Water Environment Federation: Alexandria, Virginia.

Lin, S. H. (1979) Axial Dispersion in Post – Aeration Basins. *Water Pollut. Control*, 51, 985.

Liptak, B. G. (1974) *Environmental Engineers' Handbook*, Volume I; Chilton Book Co.: Radnor, Pennsylvania.

Mattson, J. S.; Kennedy, F. W. (1971) Evaluation Criteria for Granular Activated Carbon. *Water Pollut. Control*, 43 (11), 2210.

Miska, V.; Van Der Graaf, J. H. J. J.; De Koning, J. (2006) Improvement of Monitoring of Tertiary Filtration with Particle Counting. *Water Sci. Technol.*, 6 (1), 1 – 9.

Naddeo, V.; Belgiorno, V. (2007) Tertiary Filtration in Small Wastewater Treatment Plants. *Water Sci. Technol.* (*Small Water and Wastewater Systems VII*), 55 (7), 219.

Nakasone, H. (1987) Study of Aeration at Weirs and Cascades. *J. Environ. Eng.*, 113 (1), 64.

Novak, J. T.; O'Brien, J. H. (1975) Polymer Conditioning of Chemical Sludges. *Water Pollut. Control*, 47 (10), 2397.

Pincince, A. B.; Paschka, M.; Ghosh, R.; Dzombak, D. (1999) Effect of Multiple Compartments on Oxygen Transfer in Postaeration Tanks. *Water Envi. Res.*, 71 (6) 1129.

Pretorius, W. A. (1972) *The Complete Treatment of Raw Sewage with Special Emphasis on Nitrogen Removal*, Sixth International Water Pollution Research Conference, June 21: International Association on Water Pollution Research and Control; 685.

Priesing, C. P. (1962) A Theory of Coagulation Useful for Design. *Ind. Eng. Chem.*, 54 (8), 38.

Rushton, J. H. (1952) Mixing of Liquids in Chemical Processing. *Ind. Eng. Chem.*, 44 (12), 2931.

Russell, J. S.; Micclebrooks, E. J.; Reynolds, J. H. (1980) *Wastewater Stabilization Lagoon: Intermittent Sand Filter Systems*, EPA-600/2-80-032; U. S. Environmental Protection Agency: Cincinnati, Ohio.

Sawyer, C. N.; McCarty, P. L.; Perry, L.; Parkin, G. F. (2003) *Chemistry for Environmental Engineering and Science*. McGraw-Hill: New York.

Slechta, A. F.; Culp, G. L. (1967) Water Reclamation Studies at the South Tahoe Public Utility District. *Water Pollut. Control*, 39 (5), 787.

Smith, C. E.; and Chapman, R. L. (1967) *Reco of Coagulant, Nitrogen Removal, and Carbon Regeneration in Wastewater Reclamation*, Final Report of South Tahoe Public Utilities District to Federal Water Pollution Control Administration, Demonstration Grant WPD-85; South Tahoe Public Utilities District: South Lake Tahoe, California.

Snoeyink, V. L.; Weber, W. J., Jr.; Mark, H. B., Jr. (1969) Sorption of Phenol and Nitrophenol by Active Carbon. *Environ. Sci. Technol.*, 3 (10), 918.

Sollo, F. W., Jr.; Mueller, H. F.; Larson, T. E. (1976) Communication: Denitrification of Wastewater Effluents with Methane. *Water Pollut. Control*, 48 (7), 1840.

Stumm, W.; Morgan, J. J. (1962) Chemical Aspects of Coagulation. *J. Am. Water Works Assoc.*, 54 (8), 971.

Tchobanoglous, G.; Eliassen, R. (1970) Filtration of Treated Sewage Effluent. *J. Sanit. Eng. Div., Proc. Am. Soc. Civ. Eng.*, 96 (SA2), 243.

Tooker, N.; Darby, J.; Tchobanoglous, G.; Mikkelson, K.; Johnson, L. (2004) A Pilot Study Designed to Define the Operating Protocol for a Multiple Barrier Membrane System. *Proceedings of the 77th Annual Water Environment Federation Technical Exposition and Conference* [CD-ROM]; New Orleans, Louisiana, Oct 2 - 6; Water Environment Federation: Alexandria, Virginia.

U. S. Environmental Protection Agency (1970) *Carbon Column Operation in Waste Water Treatment*, Project No. 17020 DZO, WPCR Series 11/70; U. S. Environmental Protection Agency: Washington, D. C.

U. S. Environmental Protection Agency (1971a) *Effect of Porous Structure on Carbon Activation*, Project No. 17020 DDC, WPCR Series 06/71; U. S. Environmental Protection Agency: Washington, D. C.

U. S. Environmental Protection Agency (1971b) *Improving Granular Carbon Treatment*, Project No. 17020 GDN, WPCR Series 07/71; U. S. Environmental Protection Agency: Washington, D. C.

U. S. Environmental Protection Agency (1971c) *Process Design Manual for Suspended Solids Removal*, Contract No. 14-12-930, Technology Transfer; U. S. Environmental Protection Agency: Washington, D. C.

U. S. Environmental Protection Agency (1971d) *Process Design Manual for Upgrading Existing Wastewater Treatment Plants*, Technology Transfer, Program No. 17090 GNQ, Contract No. 14-12-933; U. S. Environmental Protection Agency: Washington, D. C.

U. S. Environmental Protection Agency (1973) *Process Design Manual for Carbon Adsorption*, EPA - 625/1 - 71 - 002a, Technology Transfer; U. S. Environmental Protection Agency: Washington, D. C.

U. S. Environmental Protection Agency (1975a) *Nitrogen Control*, Technology Transfer; U. S. Environmental Protection Agency: Washington, D. C.

U. S. Environmental Protection Agency (1975b) *Process Design Manual for Suspended Solids Removal*, EPA-625/1-75-003a, Technology Transfer; U. S. Environmental Protection Agency: Washington, D. C.

U. S. Environmental Protection Agency (1987) *Design Manual Phosphorus Removal*, EPA-625/1-87-001, Technology Transfer; U. S. Environmental Protection Agency: Cincinnati, Ohio.

Vaughn, S. D; Hurley, W.; Madhanagopal, T.; Kunihiro, K.; Slifko, T. (2004) Effect of Hydraulic Loading and Chemical Addition on Filter Performance and Protozoa Removal; a Side-by-Side Comparison. *Proceedings of the 77th Annual Water Environment Federation Technical Exposition and Conference* [CD-ROM]; New Orleans, Louisiana, Oct 02 - 06; Water Environment Federation: Alexandria, Virginia.

Water Environmental Federation; American Society of Civil Engineers; Environmental and Water Resource Institute (2005) *Biological Nutrient Removal (BNR) Operation in Wastewater Treatment Plants*, WEF Manual of Practice No. 29/ASCE/EWRI Manuals and Reports on Engineering Practice No. 109; McGraw-Hill: New York.

Water Pollution Control Federation (1983) *Nutrient Control*, Manual of Practice No. FD-7; Water Pollution Control Federation: Washington, D. C. Water Pollution Control Federation (1988) *Aeration*, Manual of Practice No. FD-13; Water Pollution Control Federation: Washington, D. C.

Weber, W. J., Jr. (1972) *Physiochemical Processes for Water Quality Control.* Wiley-Interscience: New York.

Williams, R. (1998) Urban Water Reuse in Australia: A Selection of Case Studies and Demonstration Projects. *Proceedings of the Joint American Water Works Association/Water Environment Federation Reuse Conference*, Lake Buena Vista, Florida, Feb 1-4; American Water Works Association: Denver, Colorado; Water Environment Federation: Alexandria, Virginia.

Williams, G.; Sheikh, B.; Holden, R.; Kouretas, T.; Nelson, K. (2007) The Impact of Increased Loading Rate on Granular Media, Rapid Depth Filtration of Wastewater. *Water Res.*, 41 (19), 4535 - 4545.

第17章 侧流处理

1 概 述

侧流定义为通常是生物固体处理期间产生而含有营养物质、固体和污水处理厂内产生的有机或无机组分的液流。常见的侧流包括重力增稠器的溢流、带式压滤器(BFP)或重力带式增稠机(GBT)的滤液、离心机上清液、或焚化炉滗水器水。虽然过滤器反冲洗水和其他含有固体的侧流不应该在质量平衡中忽视，但是本章侧重于更关键的设计考虑因素：消化的生物固体脱水期间产生的富营养侧流。间歇性地返回到污水处理厂渠首的离心分离液或滤液(例如，8h 换班期间)，可能显著提高污水处理厂的氮磷负荷。设计必须考虑到主流处理工艺过程或侧流处理中的负荷。包括其生物固体处理的主流处理装置和侧流处理之间的概念示意图如图 17.1 所示。

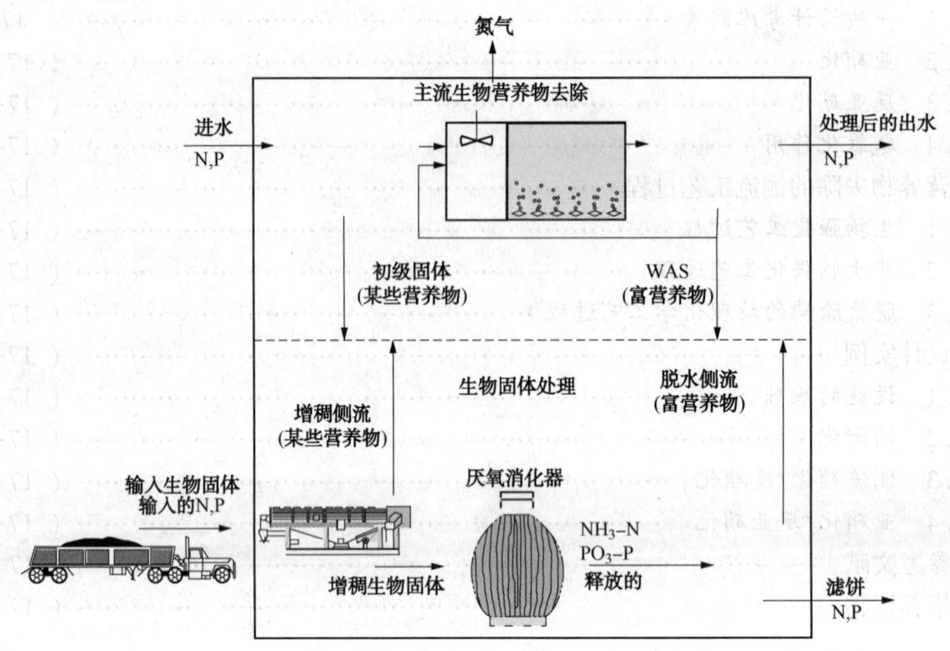

图 17.1 典型污水处理厂概念上的质量平衡和侧流源

1.1 侧流营养物管理

设计师解决富营养物侧流有几个方案：主流工艺过程中进行管理、输出或处理。所选的策略将取决于排放限值；如果污水处理厂只需要去除生化需氧量(BOD)和总悬浮固体(TSS)，则受到侧流负荷的影响不如具有严格的总氮和总磷限制的污水处理厂那么严重。成本也在侧流管理策略中扮演着重要角色。制定整个污水处理厂的质量平衡并在作出任何决策之前评估资本和生命周期成本，是很重要的。

1.1.1 负荷管理

在处理主流处理装置的侧流时，考虑对所有的处理工艺过程的影响，特别是如果侧流间歇返回时的影响是很重要的。虽然侧流的 BOD 负荷可能不会显著增加该装置的负荷或对液体序列处理池的大小要求，但是根据氨氮负荷返流的时间，其可能会影响曝气需求和出水水质。生物营养物去除(BNR)设施，如果长时间存储生物固体而短时间内大量脱水和很短的时间内大量污泥脱水，将会耗损严重。在这种情况下，如果 BNR 工艺过程没能设计处理宽范围的营养物负荷，或如果操作者并没对这个工艺过程作出调整，则可能很容易地因为离心分离液(或滤液)而过载。侧流对硝化作用、反硝化作用和除磷的潜在影响总结于表 17.1 中。

侧流流量均衡化往往最简单但却是最具成本效益的管理侧流方式。虽然均衡化不一定要打破养分循环，但是这却能够使运营商以可控的方式返流侧流而管理额外的负荷。均衡化在操作上通过连续脱水时间表(每天 24h，每周七天)，或通过引入流量均衡池在那里储存侧流并逐渐返流而能够完成均衡化。

采用侧流均衡化池，污水处理厂就具有完成主流负荷均衡化策略的灵活性。大多数污水处理厂都会经历日间低流量和晚间负荷，而操作必须作出调整，才能避免过度曝气。然而，如果污水处理厂具有侧流均衡池，则运营商能够在夜间选择返回更多的侧流而缓冲日间引入的污水流。然而，这一策略需要在 BNR 装置仔细监控，因为在晚间返回高氨氮负荷可能引入与反硝化要求相关的碳限制条件。工艺过程的优化强烈推荐使用在线分析仪。

均衡化池处理方案，也能够为污水处理厂提供接收其他污水处理厂的侧流输入、垃圾填埋场的垃圾渗滤液，或其他高强度营养物负荷的机会。储存的污物流能够在非峰值处理时间期间内进料至处理设施。

1.1.2 负荷的输出

在某些情况下，侧流负荷可能需要送到另一个污水处理厂进行处理，如送至地区性生物固体处理设施，在那里单个处理厂处理来自两个或多个污水处理厂的生物固体。在这种情况下，侧流负荷可能是生活营养物负荷的 2 倍或甚至 3 倍。如果无法管理侧流量时，则可向邻近污水处理厂运走部分侧流负荷进行处理。对于地区性生物固体处理和侧流管理而言，研究各种方面，结合处理升级而找到最低成本的方案，这是必要的。另一考虑因素就是如何在所参与的污水处理厂中分配资本和运营成本。

表 17.1 侧流的主流处理清单

主流处理工艺过程	侧流对设计和运行的影响
硝化	□氨负荷(来自厌氧曝气硝化)提高曝气要求，这会影响鼓风机的设计和运行
	□氨负荷影响扩散器系统的设计
	□氨负荷影响碱度要求，但是后曝气硝化的侧流通常含有的碱度浓度是氨浓度的 2~3 倍
	□可能出现的出水氨峰值浓度可能不良影响出水水质
反硝化	□硝酸盐负荷(来自好氧硝化)影响反硝化；可能需要额外的碳或缺氧区曝气区停留时间才能实现目标出水氮水平。
	□额外的反硝化会产生影响化学品进料和储存设施的净氧信任额度
	□额外反硝化会产生化学品进料和储存设施的净碱度信任额度
生物除磷	□额外的磷负荷影响厌氧区的尺寸
	□额外的磷负荷将会提高生物除磷所需的挥发性脂肪酸或易于生物降解的 COD 量，这可能导致塔补充的需要(直接乙酸补充或构建发酵器)而实现出水的目标磷浓度
	□侧流硝酸盐负荷(来自好氧硝化)一定不能再循环至厌氧区

续表

主流处理工艺过程	侧流对设计和运行的影响
化学除磷	□额外的磷负荷增加了化学需氧量
	□增加更多的除磷化学品会消耗额外的碱度，这可能会影响硝化
	□增加更多的除磷化学品会产生更多的提高澄清池和生物固体处理单元的化学污泥

具有严格养分限制的污水处理厂也可以选择向具有不太严格限制的污水处理厂，或向具有更好地配备处理额外营养物负荷的污水处理厂输入侧流负荷。侧流输出远远不如侧流管理常见，但在一定的情况下侧流输出也是一种办法。

1.1.3 负荷处理

对于某些项目，实施侧流处理可能是更具成本效益的。侧流处理设施可以是有或无化学品添加的小型活性污泥系统，或更先进的专用系统。

在考虑侧流处理时，必须面对几个基本事实。如果是厌氧消化和脱水产生的侧流，将含有比一般污水更高浓度的氨、TSS、颗粒状 BOD、碱度和磷。然而，这些浓度并不在正常生物处理的平衡中。虽然有旨在降低化学品添加的新侧流处理工艺过程，但是完全硝化将可能需要增加碱度控制 pH 值；完全反硝化将始终需要添加一些碳。因为在离心分离液中很少有易于生物降解的 COD(RBCOD)，则侧流处理系统中化学品沉淀磷远比生物除磷更加实用。

侧流处理的一个优势和可能的问题是离心分离液温度升高。在 30℃下，硝化速率达到最大，但温度高于 36~38℃时，硝化速率就会受到抑制。由于采用生物脱氮反应会产生大量的热量，则温度控制就变得很重要：夏季冷却而冬季供热，这要取决于消化池运行条件和装置现场。

侧流固体加工处理是污水处理中的一种新型而发展迅速的技术领域。在选择侧流处理工艺过程之前，用户必须了解市场上的专利性专有工艺方法，才能避免工艺供应商免受专利侵权索赔。

1.2 侧流营养物去除的定义

科学家们早就知晓氮循环中的几个重要步骤：氮气(N_2)从大气经过氮固定而作为有机氮固定于土壤和水中；有机氮经过氨化成铵离子(NH_4^+和 NH_3)；氨氮在经过中间氧化步骤成亚硝酸盐(NO_2)之后经过硝化变成硝酸盐(NO_3)；而硝酸盐经过反硝化而返回变成氮气。对于更多的科学记载，据信，生物脱氮可能仅仅在缺氧条件下通过异养细菌完成(这就需要生物生长的有机碳源)。

在 20 世纪 90 年代发现了厌氧氨氧化细菌使氮循环原理得到重要补充，这也导致了一些术语发生混淆，因为这些自养细菌能够将氨氧化成氮气，亚硝酸盐作为电子受体。由于厌氧氨氧化菌属于自养菌，并不需要有机底物进行生存和繁衍，其增殖仅仅可能利用无机底物(亚硝酸盐的存在下的氨)而合成新的有机细胞。为了正确界定所涉及的步骤，现在要使用新的术语：

- 亚硝酸盐型硝化：硝化第一步；氨通过氨氧化菌(AOBs)自养转化成亚硝酸盐。
- 硝酸盐型硝化：硝化的第二步；亚硝酸盐氧化菌(NOBs)将亚硝酸盐自养转化成硝酸盐。

- 硝化：亚硝酸盐型硝化+硝酸盐型硝化。
- 硝酸盐型反亚硝化：亚硝酸盐异养转化成氮气；需要有机底物。
- 硝酸盐型反硝化：硝酸盐异养转化为亚硝酸盐；需要有机底物。
- 反硝化：硝酸盐型反亚硝化+硝酸盐型反硝化。
- 厌氧氨氧化(ANAMMOX)：氨自养转化成氮气，使用亚硝酸盐作为电子受体。
- 脱氨：部分亚硝酸盐型硝化(一些氨转换成亚硝酸盐)之后进行厌氧氨氧化反应(氨+转化成氮气的亚硝酸盐)。

侧流除磷最好在化学上通过生成鸟粪石(磷酸铵镁，$MgNH_4PO_4 \cdot 6H_2O$)而完成。因为离心分离液含有高浓度的氨和磷酸盐，则镁往往就是限制试剂而必须加入到磷酸盐回收系统中。鸟粪石通常被视为一个麻烦问题，是因为其能够在厌氧消化工艺过程下游加剧形成，在管道内和脱水设备上形成沉淀，堵塞管道而造成设备损坏。然而，如果按照可控制的方式沉淀，鸟粪石的形成有益于侧流处理和磷回收。磷也能够沉淀成磷酸钙，$Ca(PO_4)_2$，或作为蓝铁矿[水合磷酸亚铁，$Fe(PO_4)_2 \cdot 8H_2O$]。

1.3　侧流处理的动因

对于某些项目，实行侧流处理比在现有装置处理营养物负荷或输出负荷可能更具成本效益。下面将会讨论侧流处理的一些潜在的动因。

1.3.1　化学品需求的降低

本章讨论的侧流处理工艺过程，设计用于促进特定微生物生长，降低化学品需求。这些利用温度和 pH 控制促进亚硝化单胞菌选择(而不是硝化菌)的工艺过程，可能比容许硝化菌完成向硝酸盐的硝化作用的工艺过程需要较低的碱度添加。另外，因为厌氧氨氧化可以自养反硝化，相比于使用通常的异养菌进行反硝化作用的系统，可以降低碳加入量。节约运营成本必须针对资本成本进行评估，因为侧流处理工艺过程往往需要额外的设备，如热交换器和仪器仪表以及工艺过程优化的控制。

1.3.2　能量节约

一些侧流处理工艺过程，相比于主流处理工艺过程中处理这些营养物负荷，可能需要的能量较低。侧流处理技术，如果仅仅限制氨向亚硝酸盐的转化(而不是所有转化成硝酸盐的方式)，则需要较少的氧气，从而降低了风机要求。其他工艺过程的目标则针对低残余溶解氧浓度。侧流处理工艺过程通常具有相对恒定的设计负荷率，从而降低了与主流处理工艺中的日间风机效率低下的问题。在更广的全球范围内，降低甲醇消耗的工艺过程，降低了化学品生产和运输所用的能源。

1.3.3　设施碳足迹降低

与侧流处理工艺过程相关的化学与电力成本的节约潜力，还一直没有完备的记录。随着设施努力降低其碳影响，则所有的变量都需要考虑。侧流处理的工艺过程，如果有助于发生部分硝化，则可能会产生比全硝化的工艺过程更多的 N_2O(一种温室气体，超过二氧化碳 300 倍)。另一方面，约 75%的所有甲醇生产设施使用蒸汽重整工艺过程，而生产每摩尔甲醇则产生 1.16mol CO_2(European Commission, 2008)。在评估设施的真实碳影响时，需要采取“从摇篮到坟墓”的做法，在这种评价方法中，进入工厂的所有材料的起源和剩余残余物的处理都要进行测定和计算。

1.3.4 低温容量提高

一些侧流处理工艺过程具有生物强化优势，通过采用硝化菌接种能够促进主流处理工艺过程中的硝化作用。最终的结果是，主流工艺过程完全能够在较低的固体停留时间内进行硝化，这相当于提高了处理容量。这种现象对于在寒冷的气候要采用冬季硝化时是非常有用的。无生物强化时，曝气池在寒冷的气候条件下不得不选取相比于采用生物强化技术更大的曝气池。

1.3.5 出水营养物限制

对于必须符合“技术限制”的排放标准的(3.0mg/L总氮和0.3mg/L总磷或更低)设施，日复一日的日常运行必须近乎完美，因为丝毫的氨或磷流失，都可能导致违反许可。侧流营养物负荷往往是违反许可的元凶，尤其是污水处理厂采用换班脱水时间表时更是如此。通过消除主流工艺过程的这些营养物可变的“冲击负荷”，侧流处理消除了这种不确定性，可以降低每天的工艺过程调整次数。

1.3.6 生物固体处理

污水处理厂的生物固体处理类型可能是侧流处理的最大动因，仅次于出水营养物限制。地区性生物固体处理设施，或稳定多家污水处理厂不同生物固体的处理设施，具有显著的侧流负荷，可能需要单独处理。如果地区性设施消化多家生物除磷装置的污泥，则侧流营养物负荷可能会影响主流工艺中的营养物去除。另一个要考虑的因素是生物固体工艺过程的类型。一些高级消化工艺过程方案比传统的消化具有更强的挥发性物质破坏性和更高的沼气产量，但却带来了更高的侧流营养物负荷。

2 侧流氮磷去除的设计考虑因素

2.1 一般设计考虑因素

在评估富营养物侧流的处理方法时的一个重要考虑因素是营养物负荷对液体流的影响。如上所述，将侧流返流至液体流进行处理是合理的；然而，营养物的数量和返流策略会影响首选的处理工艺过程。对于采用连续脱水时间表而氮负荷低于厂进水负荷10%~15%的设施，将侧流直接返流至进行处理的液体流中是合理的。如果发生间歇性脱水，则侧流流量进行均衡化而使之能够在24小时内或在优化的时间内进料至液体流中，可能是一种处理方案。如果侧流氮负荷超过进水氮负荷的15%，则特别是如果该污水处理厂要求出水氮浓度低于8mg/L时应该着重考虑侧流处理。地区性处理厂如果接收主流液体流处理外部设施的固体时通常具有超过15%的进水氮负荷，这使其有可能成为侧流营养物降低的备选方案。

2.1.1 侧流特性

厌氧消化产生的侧流相比于典型的污水，具有高氨氮、BOD、碱度和磷浓度。然而，营养物浓度是消化和上游固体处理与液体流工艺过程类型的函数。例如，营养物浓度将会在一种或多种以下条件下升高：(1)液体流采用生物除磷，(2)污水性污泥(WAS)预处理方法用于增强消化作用，和(3)采用高级厌氧消化技术增强对挥发性固体的破坏。

为了正确选择和设计侧流处理工艺过程，需要进行污水特性的深入研究。许多侧流处理工艺过程都是基于生物处理的，因此，碱度、pH 值和温度是必须确定的关键要素。例如，厌氧消化的典型侧流可能具有 1 000mg/L 的 BOD 浓度，1 000 mg / L 的氨氮浓度，3 500 mg/L 的碱度浓度和 500 mg/L 的磷浓度。如果选择侧流处理工艺过程提供完全硝化作用，则将会形成约 1 000mg/L 的硝酸盐并消耗 7100mg/L 的碱度。该碱度大约一半将会存在于侧流中，而将不得不加入约 3 500mg/L 的碱度才能维持稳定的 pH 值。对于各种液体和固体处理情况可能观察到的典型侧流特性如表 17. 2 所示。

表 17. 2　污泥加工处理的侧流特性(BOD =生化需氧量，TSS = 总悬浮固体)
(U. S. Environmental Protection Agency，1987)

来源	BOD_5/(mg/L)	TSS/(mg/L)	氨/(mg NH_3-N/ L)	正磷/(mg P/L)
增稠作用				
重力增稠上清液	100~1 200	200~2 500	1~30	1~5（如果是生物磷则更高）
溶气浮选下层清夜	50~1 200	100~2 500	1~30	1~5
离心分离液	170~3 000	500~3 000	1~30	1~5
稳定化作用				
好氧消化倾析液	100~2 000	100~10 000	1~50	2~200
厌氧消化上清液	100~2 000	100~10 000	300~2000（对于预处理的/膏剂工艺过程则端值更高）	50~200
焚烧洗涤水	30~80	600~10 000	10~50	1~5
脱水				
带式压滤滤液	50~500	100~2 000	1~1 500	2~200
离心分离水	100~2 000	200~20 000	1~1 500	2~200
污泥干燥床地漏液	20~500	20~500	1~1 500	2~200

当各种侧流量共混时，必须小心才能避免稀释或冷却厌氧消化的生物固体脱水水流。进水浓度降低，或甚至试图在宽的浓度范围内运行，可能对某些结构有害。侧流处理的主要优点之一是这些工艺过程能够在升高的液体温度下运行，这种加热的效果提供了厌氧消化，这通常要运行于 35℃下才能进行嗜温厌氧消化。嗜热厌氧消化将会在 55℃下运行。对于氮氧化而言，硝化速率在 30~35℃下达到最大；然而，如果超过 35℃运行，将开始抑制硝化速率。因此，具有温控而容许侧流处理工艺过程最好在 30~35℃下运行的能力是至关重要的。采用嗜温厌氧消化，在脱水过程中将会发生的自然冷却，应该产生 30~35℃的侧流温度。然而，对于嗜热处理工艺过程，冷却步骤必须集成于固体处理或侧流处理工艺过程中。在脱水分离液温度低于 20℃的实际应用中，可能需要考虑加热侧流才能保持最佳的工作温度。通过生物反应，特别是使用补充碳的工艺过程中产生的热量，可能需要冷却进水流或反应器内容物。

2. 1. 2　侧流设施的均衡化要求

流量均衡化往往是最简单而最具成本效益的管理侧流方式。虽然流量均衡化并不一定会打破营养物循环，这却能够使运营商通过以可控方式返流侧流而管理额外的营养物负荷。均衡化在操作上能够采用连续脱水时间表(每天 24h，每周 7 天)，或藉以通过引入流量均衡化池的设计完成。一些污水处理厂已制定出操作策略，藉此使侧流在本日内低负荷期间进行再循环。对于采用间歇性脱水作业的设施，应该考虑提供均衡化作用而允许向侧流处理工艺过程连续进料。所选择的侧流操作类型将取决于该操作是间歇性进料还是连续进料。那些使用间歇操作的工艺过程，可能会受益于间歇性进料；然而，将侧流进料时间表结合脱水时间表将会很具挑战性，并可能限制运行灵活性。因此，虽然可能允许降低所需要的均衡化池数量，但是仍需要一定水平的均衡化。

2.1.3 厌氧消化器进料固体

进料固体浓度影响厌氧消化工艺过程的运行。传统上而言，进料固体浓度经过控制而将总固体浓度控制于 3%~4%。然而，在较高的固体浓度下运行，消化池容积会降低。因此，一些消化池的设计，可以基于较高的固体含量，如 5%~6%。由于消化池内固体浓度增加，则产生的氨浓度也大幅度增加。例如，固体浓度增加 4%~6%，则氨浓度可能会增加 1000~1500mg/L。消化池中观察到的氨浓度增加是通过离心分离液流完成的，而随之是侧流处理流。氨氮浓度较高而离心分离液体积降低，可能影响首选的处理策略。

2.1.4 能源的影响

侧流处理的能源需求依赖于氨氧化的氧要求。对于在大多数固体处理侧流中出现的高氮负荷，将 1kg(lb)氨氧化成硝酸盐氮所需的 2.07kg(4.57lbs)的氧，会产生相当数量的能源需求。侧流工艺过程的设计，相对于稀释主处理装置流中的脱水流和提供相关氮负荷的硝化和反硝化，可能会显著降低能源需求。侧流设计可能容许工艺过程：

- 将氨氧化限制于亚硝化(氨氧化成亚硝酸盐氮)
- 允许低溶解氧含量(低于 0.5mg/L)运行增强氧传递效率；
- 使用诸如需要将氨氧化成亚硝酸盐的半氨去氨化作用的工艺过程设计。

总之，侧流处理工艺过程的能源需求可以降低至处理主装置流中相同负荷所消耗能源的 20%~30%。

2.1.5 化学品的要求和影响

可能需要多种化学品，而这将取决于降低固体处理侧流中营养物所用的处理类型和程度。化学品除磷主要依据可溶性磷(正磷酸盐)转化成能够采用固体分离工艺过程除去的不溶性盐的原理。常用于形成这种不溶性物质的三种金属离子有：铁、铝或钙。将可溶性磷酸盐去除至非常低浓度的能力，是通过这种金属离子形成的金属磷酸盐溶解度的函数。加入金属离子而降低磷浓度，将会现场产生固体量，而根据所使用的化学品，这可能导致 pH 值降低，这也将需要补充碱度才能最小化对下游生物工艺过程的不利影响。

对于氮降低而言，所用的侧流处理工艺过程的类型决定了化学品的要求。对于这些基于实现氨氧化(经由亚硝化或硝化)的工艺过程，即使采用反亚硝化/反硝化用，仍可能需要碱度补充才能平衡碱度消耗。这对于使用化学品如磷酸铵三氯化铁进行鸟粪石控制的情况还会加剧。通常情况下，厌氧消化污泥水中有机质含量显著低于允许反亚硝化或反硝化所需的数量。因此，对于那些需要反硝化或反亚硝化的工艺过程而言，需要使用外部碳源补充。最常见的碳补充是甲醇；然而，在高温下的运行情况，会允许使用各种碳源。

对于外加碳而言，总会存在计量化学品剂量时反硝化要求过量的可能。过剂量的碳可能导致碳代谢和相关固体量增加的曝气要求提高。

2.1.6　脱水的影响

所用脱水设备的类型，直接影响侧流的数量和质量。一个例子就是带式压滤机，其中大部分的脱水流是喷水。虽然营养物循环负荷保持不变，但是滤液营养物浓度却比离心污泥脱水低得多。诸如带式压滤机的脱水方案，将会向滤液中加水，可能增加侧流相关的水体积。这可能会导致因为最低水流停留时间和侧流温度降低而增加侧流处理设施的规模。

2.1.7　在线仪器仪表

几种侧流处理策略，尤其是在不使用流量均衡化的情况下，能够通过使用在线仪器仪表进行优化。在线监测和控制能够用于控制侧流返流流量的类型包括呼吸计法、营养物分析、pH 值和电导率。一些额外的考虑因素包括：

- 脱水侧流的颜色可能影响分光光度测量的可靠性。
- 高总溶解固体（TDS）可能导致水下组件如离子选择性电极、pH 和溶解氧探头产生误差和过早出现故障。
- 诸如鸟粪石和蓝铁矿可能发生无机物沉淀而堵塞油管和自动阀门。

2.1.8　安全

侧流处理设施中的安全考虑因素类似于大多数活性污泥 BNR 工艺过程。在需要碳补充的工艺过程中，通常会遇到的高温会容许该工艺过程灵活性使用一定范围的补充碳源，包括甲醇、乙醇和废有机产品的范围。可燃性碳源如乙醇、甲醇或可燃性有机废产品使用之处，还需要灭火系统。还必须小心选择暴露于补充碳源和进水脱水液体的储存罐、管道、仪表仪表组件的的施工材料。

虽然侧流处理设施的气味通常最小，但是流动曝气启动处应该提供空气收集和气味控制，因为挥发性有机物将迅速从液流中汽提出来。高氧传递效率的系统，能够最小化曝气速率，以及曝气之前将进水暴露于缺氧处理的工艺过程，都可能有助于最小化挥发性有机物和氨的汽提作用，最小化或消除了气味控制的要求。

2.1.9　施工材料

根据正在使用的工艺过程，可能需要对施工材料作出特殊考虑。加入化学品如三氯化铁防止鸟粪石沉淀，可能加速罐池内部如金属和塑料的腐蚀。所使用的较高工作温度会影响整体水下设备的材料选择。

2.1.10　引入灵活性而满足新兴要求

厌氧消化脱水流的侧流处理提供了处理所关注的有机化合物的范围。然而，侧流处理的工艺过程，也可能引进限制污水处理厂氮-二氧化物排放的新挑战。

疏水性微污染物，如药品，优先分配进入污泥，而相对于主装置流，能够在生物固体脱水流中以高浓度存在。应该考虑从营养物去除工艺过程下游的消化脱水流中去除和破坏这种化合物。

脱水流中可溶性的胶状非可生物降解有机物水平升高，尤其是已使用热污泥加工处理之处，可能对于必须满足严格氮排放许可的设施构成了挑战。这种脱水流进行预或后处理，能够降低非可生物降解有机氮的水平，而最小化对污水处理厂的影响。

2.2 亚硝化

在高氨侧流处理中将氨氧化过程限制于亚硝酸(亚硝化)，而不是完成氨氧化成硝酸盐(硝化)，能够显著降低能量油耗，而在使用补充碳的情况下还能降低化学品的需求。从历史上看，在保持基于亚硝化的工艺过程稳定性方面遇到了困难。开发向亚硝酸盐-氧化细菌施加选择性压力的工艺过程，已经容许低溶解氧水平的稳定氨氧化作用。可供使用的亚硝化为基础的工艺过程已经证实的稳定性，容许降低设计曝气容量和化学品储存要求。

2.3 反亚硝化

采用有机碳将亚硝酸盐还原成氮气，使用比硝酸盐还原成氮气更少的有机碳(COD)就能够实现。反亚硝化，如同反硝化一样，会产生碱度，这能够适用于诸如厌氧消化污泥脱水液体的欠缺流。不像亚硝化作用那样，特别是遇到空间限制或温度变化的情况下，固定膜系统却能够很容易应用于反亚硝化和反硝化作用。

2.4 氨氧化作用

与亚硝化和反亚硝化不一样，因为这两种作用都需要氨转化为亚硝酸盐而随后亚硝酸盐转化成氮气，这些使用氨氧化型细菌[浮霉状菌群(planctomycetes)特异性菌株]的工艺过程要求，仅仅一半的氨经由亚硝化作用氧化成亚硝酸盐。微生物利用剩余的氨，而将产生的亚硝酸盐还原成氮气。这个反应不需要有机碳，而使用了该工艺过程中现成的碳酸氢根，类似于氨氧化自养细菌。

不像反亚硝化工艺过程，在使用氨氧化的工艺中并不需要补充碳，因为通过生物质使用氨而还原亚硝酸盐。氨氧化工艺过程的主要优点有两个：(1)消除了补充碳系统及其相关的运行成本和环境成本，和(2)降低了曝气系统的规模，从而降低电力需求峰值(传统硝化为基础的工艺过程中所用的约35%的电力能源)。消除补充碳，也将显著降低该系统中的发热。然而，如果通过反亚硝化/反硝化反应产生的热量用于维持反应器中温度时，这可能是一个缺点。冷却换热器，将需要对传统硝化/反硝化或亚硝化/反亚硝化工艺过程中的反应器进行降温。

3 营养物去除的侧流工艺过程

3.1 生物强化工艺过程

有几个包括某些形式的硝化细菌生物强化作用的侧流离心分离液处理方案，因为随着离心分离液的处理同时产生了硝化细菌，而随后接种到主流液体处理序列中支持硝化作用。类似的工艺能够适用于反硝化菌接种于生长缓慢的甲醇降解反硝化菌生长之处，并接种于主工艺过程。生物强化工艺过程是总目标如下的脱水侧流处理的常见选择：

• 主流性能的提高。接种于侧流系统的硝化菌将为主流生物反应器容量不足以实现可靠的全年硝化的装置提供增强的氨去除性能。这种接种还能获得更可靠的性能，因为这能够完全防止硝化细菌冲走。此外，如果因为装置紊乱而需要重新接种加速装置稳定，则侧流硝化能够提供硝化细菌。

- 无额外增容。硝化菌接种也可以容许主流硝化要求在显著较低的固体停留时间(SRTs)下实现。在生物反应器容量限制整个装置容量的系统中，生物强化技术可以允许无额外生物反应器容量时实现处理能力增加。
- 脱氮的升级。类似于前述内容，生物强化技术可以允许在主流生物反应器中纳入缺氧区而同时保持生物反应器的硝化容量。

根据离心分离液处理的附带目标(例如，节能)和现有可供利用的基础设施，这些工艺过程可以包括部分或全部的氨氧化或完整的脱氮。

3.1.1 氨氧化工艺过程

循环流的氨氧化工艺过程是第 14 章中介绍的主流液体处理中使用的相同工艺过程的缩略版。然而，诸如污染物浓度和温度的再循环流特性，相比于原始污水则差别很大。这可能会导致在主流处理设计中不常见的处理容量和约束条件，如底物或产品抑制或氧气传递限制，进行非常规的尺寸决策。

如前所述，通过限制氨氧化成亚硝酸盐而不是硝酸盐能够显著降低能耗。已经有一些采用亚硝化的全规模生物强化技术。由于设计的设施数量有限，以下小节仅仅提供一般的设计准则。

3.1.2 亚硝化和硝化工艺过程

采用部分硝化的全规模亚硝化工艺过程，其中只有部分亚硝酸盐转化为硝酸盐，目前专有和公开的工艺都可供利用。专有工艺的一个实例是增强生物技术间歇强化(或 BABE)的工艺过程(见图 17.2)。

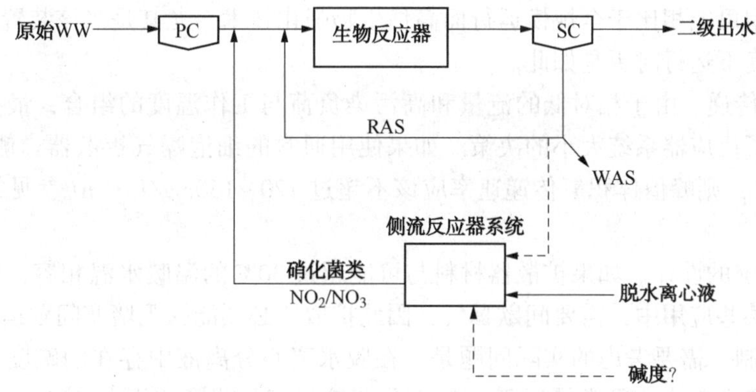

图 17.2 生物强化技术间歇强化(BABE®)的工艺流程图

(WW =污水；PC = 初级澄清池；SC=二级澄清池；RAS =返流活性污泥；WAS =废弃活性污泥)

一种流行的反应器结构是序批式反应器(SBR)，这种反应器允许水力停留时间(HRT)和固体停留时间(SRT)不相关。SBR 在典型的周期内运行，这个典型周期包括填充、混合/曝气、混合、沉降和滗水。

这个工艺过程包括将部分主流返流活性污泥(RAS)输入侧流系统中的氨氧化作用。向侧流系统中加入 RAS，旨在促进由于硝化细菌生长于来自主流 RAS 的絮凝体中而改善的生物强化效果，这就提供了防止更高级生物嗜食的保护作用。此外，硝化细菌在系统之间的连续交换，更好地确保硝化细菌能够在这两种环境中都能生长。

侧流生物反应器中的温度依赖于 RAS 渗流与离心分离液流量之比，工作温度通常为 20~25℃。虽然在反应器中的确会出现一定程度转化为硝酸盐，但是生物反应一般都停在亚硝酸盐。这主要归因于氨氧化菌相比于亚硝酸盐氧化菌在升高的温度下的较高生长速率。

虽然这些工艺过程能够经过设计和运行而通过加入补充碱度(例如，纯碱、石灰)或碱度恢复或采用外部碳源(如甲醇)的反硝化步骤实现完全氨氮去除，但是这还没有全规模实践。相反，该系统却能够利用离心分离液和 RAS 渗流液流现有的碱度运行，最大化侧流系统中可能的氨去除程度。主流硝化菌则管理其余离心分离液的氨。

2002 年全规模试验的 BABE 系统在荷兰格罗宁根的加墨沃尔德(Garmerwolde)污水处理厂(WWTP)进行了试验测试；2005 年 9 月在斯海尔托亨博斯启动了第一个全规模系统。

3.1.3 关键的设计考虑因素

对于包括生物强化作用的侧流处理系统，还有几个设计考虑因素：

• 底物/产物的抑制。高游离氨和高亚硝酸浓度可以抑制硝化细菌，尤其是亚硝酸盐氧化细菌，已经有充分的文献记载。有些工艺过程(如 AT-3，这将在下一节中介绍)利用了这种抑制作用而将该生物反应停留于亚硝酸盐。

• 系统设计的工艺过程建模。在使用工艺过程模型进行规模大小决策时应该小心谨慎，因为

—模型中提供的缺省动力学值，尤其是硝化细菌最大比生长速率、衰败参数和温度敏感性，可能并不代表全规模侧流系统。

—这些模型可能并不足以解释，尤其是高温下和如上提及的抑制作用期间的氨和亚硝酸盐氧化细菌之间的生长速率变化。

—这些模型可能相比于全规模运行而高估生物强化技术，尤其是当该装置在显著低于侧流反应器的温度下运行时更是如此。

• 最大氧传递。由于相对低的流量和高污染负荷与工作温度的组合，最大的氧气传递速率往往决定了反应器系统大小的决策。如果使用通常的细泡曝气扩散器，侧水深度 4.9~6.1m(16~20ft)，则峰值体积氧传递速率应该不超过 120~150mg/L · h(参见第 14 章“曝气系统设计”)。

• 曝气系统的设计。如果扩散器材料与可能超过 30℃的温暖水温相容，则就能够使用扩散曝气。在某些应用中，需要间歇曝气，因此扩散器必须能够无堵塞间歇运行。

• 碱度限制。需要考虑的实际问题是，在脱水离心分离液中存在的碱度不足时要能容许该侧流进行完全硝化。通常情况下，离心分离液仅仅提供所需要的 50%。可以考虑诸如补充碱度或反硝化/反亚硝化的策略。

• 泡沫控制。如果在脱水工艺过程中使用聚合物，则离心分离液中可能存在一定量残留物，这可能会导致泡沫产生。这个问题可能在包括异养生物繁殖的侧流系统(例如，包括 RAS 渗液)中通过将离心分离液进料至侧流工艺过程中的缺氧区，辅助异养生物摄取和去除聚合物而得到缓解。

• 气味控制。对于侧流处理系统通常不需要气味控制，因为相对较低的 pH 值(中性或微酸性)往往会抑制氨汽提。此外，离心分离液中存在的硫化氢在侧流处理系统中都很容易被氧化。

• 主流 SRT 操作。将氨氧化细菌大量接种于主流处理的工艺过程需要负责可能存在于

二级出水中的亚硝酸盐，因为这可能会影响加氯的氯化作用。这可以通过在最低 SRT 下运行主流活性污泥系统才能确保亚硝酸盐氧化细菌的充分生长。

3.1.4　脱氮的生物强化工艺过程

在 20 世纪 90 年代中期纽约市环境保护部(NYCDEP)开发了使用亚硝化的生物强化工艺。这个工艺过程专门利用侧流系统中的游离氨和亚硝酸毒性，而迫使发生亚硝化作用并防止污泥水中的氨生物转化成硝酸盐。在侧流反应器中产生的硝化生物质用于主流装置接种，导致氮去除率大于 50%，而同时实现低 SRTs(1～3 天)运行主流装置。NYCDEP 第 26 行政区水污染控制装置，称之为 AT-3，已经使用了这个工艺十余年。这个工艺过程的更详细综述，包括运行性能，可以查阅卡特修斯等的论文(Katehis et al.，2002)。在此工艺过程的设计分子探测表明了生物强化工艺过程发挥作用时，主流处理装置反应器的活性污泥中氨氧化物种多样性降低了(Ramalingam，2007)。

活塞流反应器是成功实施所必需的。沿着反应器的长度必须能够在多个位置引入补充碱度并响应季节性温度变化和进水负荷条件而修改反应器的曝气部分中。反应器末端至渠首的内部再循环，用于再循环富亚硝酸盐流，这结合操作 pH 设定点，容许控制生物强化反应器内的游离氨水平。

然而，维持有利于主流活性污泥工艺过程产生硝化细菌的条件，导致了亚硝化效率降低。通常情况下，在生物强化工艺过程中，相比于那些没有生物强化的情况，60%～80%的氨转化成亚硝酸盐，而其余的则转化成硝酸盐。

使用活性污泥模型的方程组进行生物工艺过程建模，对于确定支持生物强化反应器系统的规模大小是很必要的，因为侧流生物强化反应器的性能将是主流装置中生物反应器运行的函数。所需的 HRT 和 SRT 会根据向该反应器提供的 RAS 滑流(slipstream)中硝化细菌菌群而有所不同。图 17.3 显示了 AT-3 生物强化工艺过程。

这种系统的关键设计标准将包括：

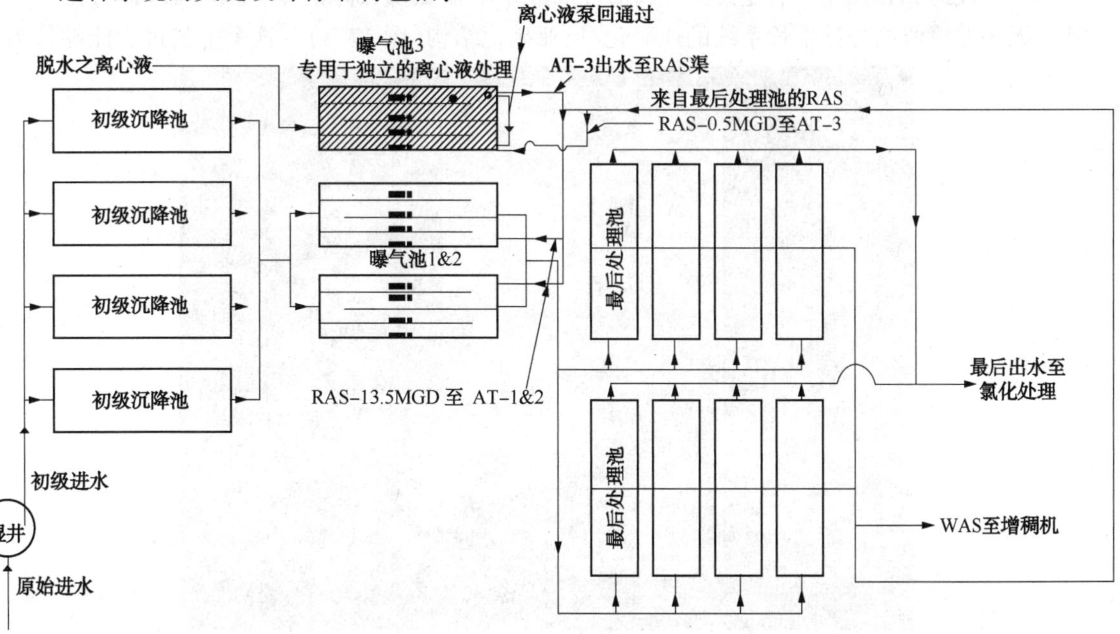

图 17.3　AT-3 生物强化工艺过程

- 总的可溶性总凯氏氮(TKN)与硝化菌质量之比(mg N / mg VSS)不大于5∶1；
- 可溶性TKN负荷率为0.3~0.4 kgN/m^3·d；
- 实际HRT(种子生物质流量+脱水离心分离液流量)为1.5天；
- 最小侧流反应器温度17℃；
- 对完全氧化成硝酸盐定制的曝气系统；
- 四点pH值控制系统；
- 多点自动补充碱度加入系统。

3.2 非生物强化工艺过程

使用各种独立侧流亚硝化和反亚硝化工艺过程组合的几种非生物强化工艺过程，能够解决离心分离液中的额外氨负荷。这些工艺过程侧重于高浓度离心分离液液流中氮的有效降低，将不会提供生物强化的受益。

3.2.1 亚硝化/反亚硝化作用

体积、温度和与侧流相关的污水组分将会导致容量和化学进料系统规模采取非常规确定。再循环流相对于氨浓度而具有相对较低的有机物质含量，需要补充碳。

将氨氧化成亚硝酸盐接着进行反亚硝化作用，相比于传统的硝化/反硝化工艺过程节能显著。使用亚硝化/反亚硝化作用的工艺过程主要有两种；而两者都是基于相同的动力学；第一种工艺过程是采用悬浮生长生物学工艺过程的直通(pass-through)(恒化器)结构。不存在二级澄清池或RAS泵送要求。侧流处理工艺过程的出水返流至液体流工艺过程。在直通系统中，HRT和SRT是相等的。后者基于SBR的使用，因此，允许独立运行SRT和HRT。这两个系统将在下面进行介绍。

3.2.2 无污泥停留的悬浮生长

专利性的SHARON® 工艺过程(高活性的亚硝酸盐氨氮去除的单一反应器系统)是一种基于无污泥停留的悬浮生长系统的亚硝化/反亚硝化结构(图17.4)。这个工艺过程能够作为

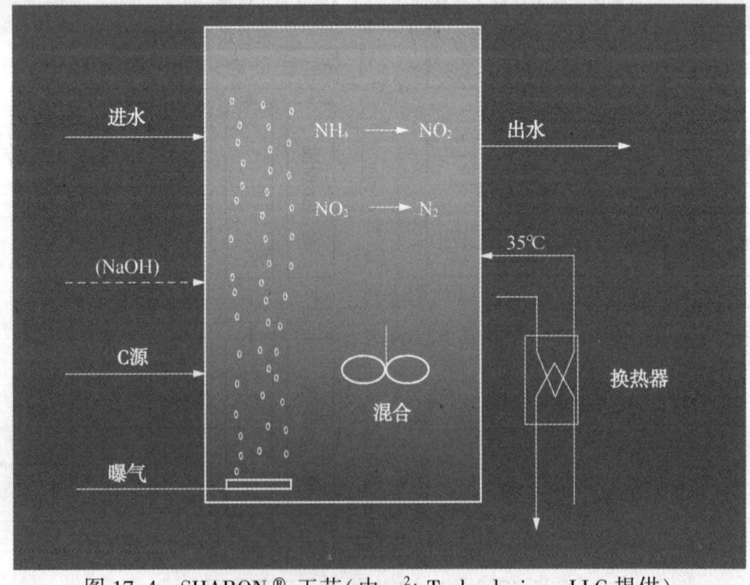

图17.4 SHARON® 工艺(由m^{2}t Technologies，LLC提供)

无再循环的单级反应器，或作为具有高度再循环的多级反应器运行，实现利用外部碳源将氨氧化成亚硝酸盐并进行反亚硝化。这个工艺利用了厌氧消化污泥再循环流的高温而将氨氧化成亚硝酸盐并随后进行反亚硝化，主要生成惰性的氮气。

侧流处理工艺过程通常由两个或两个以上的并行处理序列构成。每个处理序列可能包括：(1)两个独立的曝气区，接着是一个使用混合液体再循环连接这两个区的缺氧区，或(2)好氧和缺氧条件之间振荡的单个罐池而实现相同程度的氮控制。根据上游的处理工艺过程和当地的气候，可能需要进水加热或冷却而保持生物反应器在 30~40℃下运行。

在无污泥停留的连续流系统中，SRT 等于 HRT。通过在最小 SRT 下运行，比亚硝酸盐氧化菌(硝化杆菌)繁殖更快的氨氧化菌(亚硝化单胞菌)，将会在该系统中幸存而同时硝化杆菌被冲走。这将会降低所需的氧量，因为相对于将氨氧化成硝酸盐而氧化成亚硝酸盐将会节省 33%的需氧量。所产生的亚硝酸盐随后就在缺氧区中利用碳补充而进行反亚硝化，并产生碱度。对于多池反应器而言，需要再循环流从缺氧区将碱度返回至好氧反应器。这种再循环流采用了 6~9 倍进水流量的低压头混合液体再循环泵送。因为亚硝酸盐被还原，则反硝化步骤采用 40%的碳就能够完成。

基于荷兰的几个全规模污水处理厂的运行数据，亚硝化/反亚硝化工艺过程对于进水氨浓度 400~1500mg NH_4-N/L 可以达到 85%~98%的氨去除率。成功运行的关键在于曝气和未曝气时间、溶解氧和 pH 值的控制。结合 0.5~0.75 天的未曝气时间，最佳曝气时间为 1~2 天(Mulder，2006)。曝气时间是限制性的，因为曝气对限制性的硝酸盐形成是至关重要的。专用的好氧区必须进行监测，而在进水流量降低而导致好氧时间超过所需的曝气时间的情况下关闭空气。在好氧区的溶解氧浓度应该限制于 2~2.5；pH 值应该保持于 6.8~7.4，才能优化氨氧化菌的动力学(Warakomski，2007)。

为了实现反亚硝化作用，因为进料流中碳源通常不足，应该提供外部碳源。由于甲醇的可用度和高质量，最常见补充碳是甲醇。备用碳源如生物燃料生产的副产物或污泥干燥、初级污泥或工业废物都能够使用。碳源应该基于任何适应要求，碳浓度的恒定性，强度和有害成分如重金属或其他有毒物质的存在进行选择。

3.2.3 具有污泥停留的悬浮生长

亚硝化/反亚硝化作用采用高污泥龄的序批式反应器(SBR)结构就能够实现。SBR 操作类似于第 14 章中讨论的液体流处理的 SBR 操作。该系统开发于 20 世纪 90 年代初的奥地利并称之为 STRASS 工艺工程(Wett et al.，1998)。采用 SBR 结构，该系统中的 SRT 通常大于 20 天。此外，固体浓度较高，这将容许反应器体积降低时提高反亚硝化速率。所处理的脱水液体，这将在 SBR 滗水阶段的期间排放，却能够应用于渠首和初级澄清池中的气味和腐蚀控制，因为它并不含高固体负荷(Katehis et al.，2006)。

采用 SBR 结构和长期 SRT，必须控制 pH 值和溶解氧才能限制该系统中的亚硝酸盐氧化菌。需要结合低溶解氧的 pH 值控制系统，才能最小化硝酸盐的形成。该系统通常在 25~35℃运行。

在 SBR 之前可能需要预沉淀工艺过程处理侧流而降低进料至侧流处理工艺过程的固体，特别是采用离心脱水的情况更是如此。正如以上讨论的反亚硝化作用，此处的反硝化作用也需要碳补充。另外，产生的亚硝酸盐能够用于渠首或初级澄清池的气味控制，降低或消除出水反硝化作用的需要。

3.2.4 设备要求

对于任何亚硝化/反亚硝化系统，曝气和混合对于成功运行都是很关键的。采用射流曝气或扩散曝气能够提供曝气作用。表面曝气通常是不推荐使用的，因为对于开放式处理池结构和表面曝气机将可能发生温度损失。如果扩散器材料与温暖的水温度相容，则就能够使用扩散曝气。此外，在大多数应用中，需要间歇曝气，因此扩散器必须能够无堵塞间歇运行。

在反硝化期间需要机械混合作用。采用射流曝气时，如果使用单反应器，该系统能够无需空气就能够运行而实现混合。另外，水下机械搅混合机或顶入式混合机都能够用于搅拌混合。混合的能源需求类似于 BNR 处理池缺氧区所需的能源要求。

另一个关键因素是控制系统。该工艺过程应该使用各种在线分析仪进行自动操作。如上所述，pH 值、温度和溶解氧有效抑制了亚硝酸盐氧化菌的能力。对于 STRASS 工艺过程，采用 pH 值控制系统控制间歇曝气系统（Wett et al.，1998；Katehis et al.，2006）。系统运行于所定义的范围内而利用 pH 值开启曝气，使氨氧化并关闭曝气诱导反亚硝化。这一策略容许曝气自我调节时间和频率，而适应进水侧流流量和氮负荷的变化。为了优化氮降低，也可能需要使用在线氨和亚硝酸盐与硝酸盐分析仪并结合溶解氧和温度监测的附加工艺过程控制系统。

3.2.5 亚硝化/厌氧氨氧化

使用亚硝化和厌氧氨氧化组合的多种专有工艺主要应用于欧洲。这些反应器可以是连续的（工艺过程基于亚硝化接着厌氧氨氧化），或能够在相同的处理池中完成，两种类型的生物质同时存在。

当生物质保留于同一反应器中时，就使用 SBR 型反应器。这种工艺使用了序批式反应器和间歇曝气的鲁棒控制，而避免了有毒亚硝酸盐浓度累积。这种基于 pH 值的控制系统依据所产生的氢离子或亚硝酸根而决定了曝气时间间隔的长度（Wett，2005）。在后续曝气中断期间，所产生的亚硝酸盐自养耗尽。在至少 25 天的 SRT 下运行该工艺过程，能够防止这些缓慢生长的厌氧氨氧化菌被冲走。氨部分亚硝化（约 50% 的氨氧化成亚硝酸盐），结合低溶解氧运行水平（小于 0.5mg/L），相对于传统硝化为基础的工艺过程，导致了曝气能耗降低超过 70%。

采用自养生物的后续去氨化作用消除了对外部底物如甲醇的需要。在奥地利斯特拉斯污水处理厂全规模成功试验后，这一工艺过程已经在欧洲三家设施中全规模实施。

3.3 脱氮除磷的物理化学工艺过程

3.3.1 氨汽提和回收

去除氨的物理处理方法，就是热风或蒸汽汽提，其中涉及从溶液中以高温气态形式去除氨并在酸性洗涤器中回收。为了从污水中汽提氨，氨就必须是分子形式（NH_3），而非铵离子形式（NH_4^+）。通常情况下，通过将 pH 值提高至约 10 或 11 就能够实现。如果采用加石灰提高 pH 值，则也可以实现同步除磷。无论是热风或蒸汽都能够用于汽提氨。

挪威的 Vestfjorden Avløpsselskap（VEAS）污水处理厂已成功地使用空气汽提从采用石灰调节的厌氧消化污泥的真空滤液中除去和回收氨。加入石灰调节化学和真空过滤器，提供了低固体滤液，提高了 pH 值。汽提塔介质的定期酸洗，对于防止结垢是很必要的。

通过 NYC DEP 完成的工作表明，蒸汽汽提甚至在不采取 pH 升高时也能够达到约 90%

的氨氮去除率(Gopalakrishnan，2000)。为期一年的试验都在 pH 值 7～7.5 运行。在蒸汽汽提塔中使用的高气-液之比(300：1)确保了运行成功。良好的固体去除率是侧流蒸汽汽提的另一关键的成功因素。需要过滤-沉降组合保护换热器和汽提塔。图 17.5 提供了显示采用蒸汽汽提氨的各个工艺过程组件的示意图。

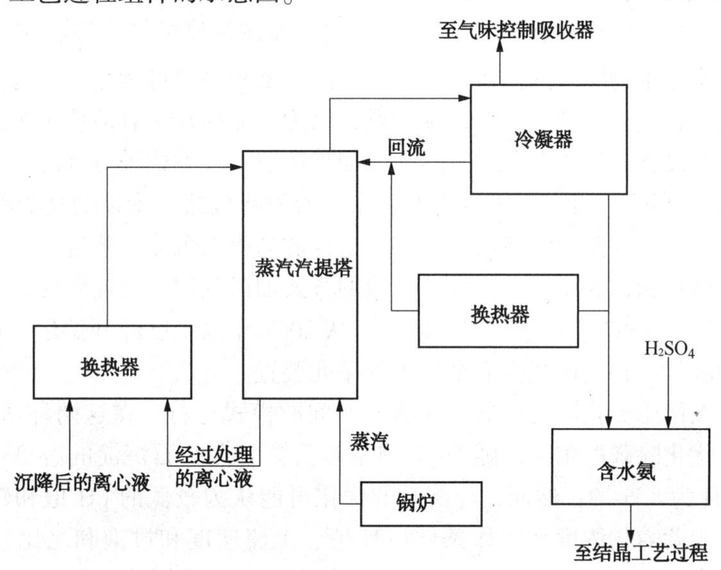

图 17.5　氨的汽提(Gopalakrishnan et al.，2000)

蒸汽汽提具有高的能源要求，而高温度会导致钙结垢，这对于操作人员是一个难题。如果氨释放到大气中，而不是回收，这在两个污水处理厂中都是突出问题，则该设施就可能受到美国环境保护局(U. S. EPA)的监管，因为根据排放到大气中的氨量，氨气是一种有害空气污染物(HAP)。

虽然氨汽提在技术上是可行的，但其资本与实施和运营和维护成本限制了其在大多数生物固体工艺过程设施中的用途。如果在上游工艺过程中提供了 pH 值调节，正如 VEAS 污水处理厂的情况，或者如果蒸汽在其他现场工艺过程一应俱全地可供蒸汽汽提工艺过程利用，则另当别论。

3.3.2　磷的化学沉淀

采用铁(作为氯化铁，$FeCl_3$)或铝[作为明矾，或 $Al_2(SO_4)_3 \cdot 12H_2O$]化学除磷，是众所周知的成熟技术，可以很容易地应用到侧流处理(U. S. EPA，1987)。化学剂量的设计参数类似于第 16 章中讨论的液体流处理要求。磷酸盐沉淀可以在小澄清池或其他固体分离装置中去除。另外，如果反应生成磷沉淀具有足够的反应时间时，化学品能够在脱水工艺过程之前加入。侧流化学除磷的好处之一就是所加的每部分金属盐都具有高除磷程度。如果侧流中磷浓度很高而去除要求只有 80%～90%时，就能够使用低的分子比率而达到所需的性能。

使用氯化铁而不是明矾，具有几个好处。从处置的角度而言，铁具有农艺学的价值，因为植物能够吸收铁。三氯化铁不会导致 pH 值调整。而如果化学品加入出现在脱水的上游，则铁将会增强脱水性能，而相反，明矾往往会降低脱水性能。

石灰也能够用于沉淀磷。对于有效的沉淀作用，侧流的 pH 值必须提高到 8.5 或 9。由于厌氧消化池侧流中的高碱度，必须加入大量石灰才能提高 pH 值，这导致生成大量的污泥。

使用化学沉淀除磷的最大挑战是由于化学品成本和污泥产量升高所致的更高运营和维护成本。此外，使用化学除磷进行侧流处理可能被视为 BPR 优势受损，而没有提供任何协同降氮。

3.3.3 脱氮除磷的鸟粪石沉淀控制

鸟粪石(磷酸铵镁，$MgNH_4PO_4 \cdot 6H_2O$)是由等摩尔浓度的镁、铵、磷酸盐构成的晶体物质。特别是在实施生物除磷的污水处理厂中，因为氨和磷会过量存在，鸟粪石沉淀通常受限于镁浓度。鸟粪石通常被视为一个麻烦问题，因为其能够在厌氧消化工艺过程的下游蔓延并在管道中和脱水设备上形成沉积物。然而，如果按照可控方式进行沉淀，则鸟粪石的形成对于 BNR 装置是有利的，因为它从溶液中去除了氨和磷酸盐。受控的鸟粪石沉淀最大化了鸟粪石的形成并将其形成限制于所需的位置。受控的鸟粪石沉淀工艺过程，通常作为通过回收鸟粪石进行再循环和作为肥料销售的磷回收的方式加以利用。受控鸟粪石沉淀的全规模工艺过程，在日本自从 1987 年以来和在加拿大自从 2007 年以来已经开始运营(Scanlan et al.，2005)。截至 2008 年，在美国还没有全规模的单元装置。

现有技术要么使用流化床反应器，要么按照间歇模式运行。在这两种情况下，采用 pH 值调节和加镁，优化除磷摩尔比。随着 pH 和温度升高，鸟粪石沉淀的潜势增加。基于磷氨回收的最适宜 pH 为 8.5~9；然而，经济学的优化可能认为较低的 pH 值和较低的回收率是合理的。根据进水营养物浓度和工作条件(pH 值、上流速度和过饱和之比)，75%~95%的除磷率，能够结合 10%~50%的脱氨率而实现。加拿大埃德蒙顿的全规模设施分别达到了平均 85%和 15%的磷和氨氮去除率。图 17.6 中提供的工艺过程示意图说明了受控鸟粪石回收的一个可能的工艺。

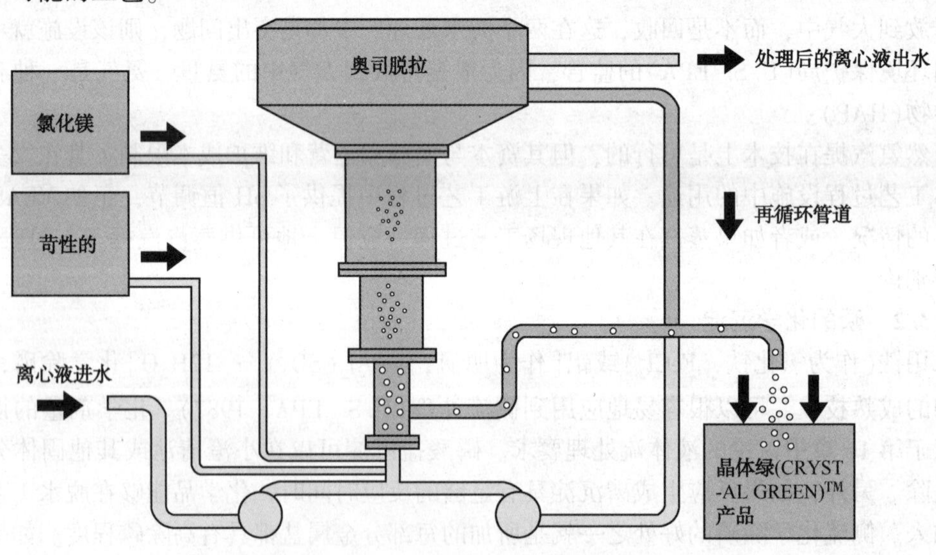

图 17.6 奥司脱拉的 PEARL™ 营养物再循环工艺过程

(由 Ostara Nutrient Recovery Technologies，Inc. 提供)

通过二氧化碳去除率控制沉淀，已经展开研究。通过泵送或脱水产生的湍流，倾向于从生物固体中汽提二氧化碳，导致 pH 值上升，而鸟粪石沉淀的潜势更大。

通过使用真空或空气汽提而除去二氧化碳的处理工艺过程，将可望增强鸟粪石的形成。

虽然预测鸟粪石形成量还是很困难，而在 BNR 应中鸟粪石形成也能够受控，但是这种理念却大有潜力。然而，消化的生物固体中存在的镁将会限制营养物降低的水平。

3.3.4　磷酸钙沉淀除磷

磷回收也能够通过形成磷酸钙而实现。这种结晶的技术是在荷兰开发的，包括采用石灰乳处理侧流，并将其通过 $Ca_3(PO_4)_2$颗粒上流式流化床。随后磷酸钙发生沉淀，并已经在反应器中片状析出磷酸钙晶体，产生低磷浓度的出水。最终产品可以进行水洗和装袋而进行销售或分配，从而消除了处置成本。这种系统采用了高约 102 $m^3/m^2 \cdot h$(60000 gpd /ft^2)的上流速率，因为析出的晶体沉积于晶种上，则不需要进行混合和絮凝。极细的砂子连续加入而起到晶体生长的晶种作用。结晶过程如图 17.7 所示。

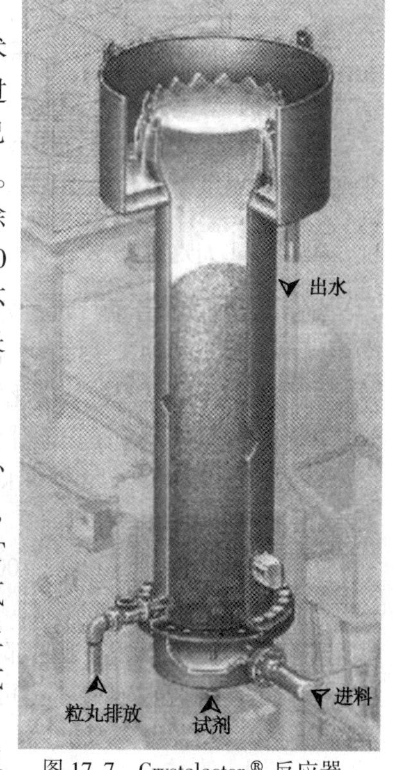

图 17.7　Crystalactor® 反应器

3.3.5　集成的处理反应器

因为侧流处理能够增强脱氮的可靠性，设计师一直醉心于开发能够在生物强化和非生物强化模式之间转换的设施，如上所述。类似的反应器容积要求支持这方面的开发(HRT 约 2~2.5 天)。对亚硝化、反亚硝化以及逐渐增长的厌氧氨氧化工艺过程的基本微生物学理解的深入，已经导致操作上的改进，而使污水处理厂能够从一种运行模式向另一种模式转换运行(Katehis，2006)。

设计实例强调这种能够适用于均衡化或作为通流生物反应器的设施的方法。

4　设计实例

4.1　设施的基础/假设

一个主要服务于住宅和商业地区的 189ML/d(50mg/d)的 WWTP 正在考虑侧流处理。该污水处理厂的液体处理序列包括采用具有扩散曝气活性污泥的初级沉降和 BNR。污泥处理包括厌氧消化和生物固体离心脱水。进水低碳-氮比，需要使用甲醇，才能达到每月平均排放限值(85%总去除率)。

确定储罐容量，关键工艺过程的设备，以及以下备选侧流处理方案的能源和化学品要求：

- 脱水液体流的均衡化和主装置中采用碳补充的处理；
- 经由硝化/反硝化的脱氮；
- 经由亚硝化/反亚硝化的脱氮；
- 经由亚硝化/厌氧氨氧化的脱氮。

在平日里，每天脱水操作进行 12h。过量的消化和离心脱水容量可供用于周末累积的生物固体脱水。

设计流量，Q_{DEW} = 1 500 m^3/d（0.4 mg/d）

脱水液体(离心分离液)的特性：

TKN_{DEW} = 1000 mg N/L NH_3-N_{DEW}，800 mg N/L

TSS_{DEW} = 500 mg/L（55% 挥发性物质）

$cBOD5_{DEW}$ = 300 mg/L COD_{DEW}，1100 mg/L

碱度$_{DEW}$ = 3600 mg/L，作为 $CaCO_3$

维持的温度 = T_{MIN} = 25 ℃，T_{MAX} = 36 ℃

4.2 均衡化

氮和可溶性 BOD 的日负荷分析表明，脱水的离心分离液流量能够在旁晚和清晨的 12h 的时间内进料至生物工艺过程，而最大化脱氮。

处理方法是进行流量均衡化并在 12h 的时间内渗流至初级处理工艺过程。

脱水液体生产速率采用设计流量和脱水作业时间表进行确定：

1 500（m^3/d）× 7（d/W · K）/ 5（d/W · K）= 2 100 m^3/d

均衡化池的容积：

2 100（m^3/d）× 1 d = 2 100 m^3

为均衡化池提供气味控制，并为沉降的固体再悬浮提供随选的机械混合。粗气泡曝气不能用于混合，因为在处理池内部存在鸟粪石沉淀的高潜势。

假设所有的脱水 TKN 都是可生物降解的而在初级处理池中无 TKN 去除，在主装置中去除氮负荷的递增甲醇年要求为：

$$C_{甲醇} = 2.47\ (Q_{DEW} \times TKN_{DEW}) \times 365 = 2.47 \times 1500\ (m^3/d)$$

$$\times 1000\ (mg/L) \times 365\ (d/a) = 1\ 352\ 300\ kg\ 甲醇$$

其中经由硝化和反硝化作用去除的每 kg TKN 所需的甲醇为 2.47kg。请注意，依据出水的甲醇损失和通过样从内部循环中清除的甲醇，已经采用了较高的剂量。

曝气研究发现，在该污水处理厂的曝气系统现场传递效率，N，为 1.1kg O_2/kW · h。去除侧流氮负荷所需的递增年曝气能源为：

$$E_{AER} = 4.57\ (kg\ O_2/kg\ TKN) \times Q_{DEW} \times TKN_{DEW}/N = 4.57\ (kg\ O_2/kg\ TKN)$$

$$\times 1\ 500\ (m^3/d) \times 1\ 000\ (mg/L) \times 365\ (d/y)/(1.1\ kg\ O_2/kW \cdot h) = 2\ 275\ 000\ kW \cdot h$$

上述补充碳和曝气能源需求代表了均衡化的脱水液体发送至主装置时对其处理所需的数量。

4.3 侧流硝化/反硝化

假设使用由三个全混隔间串联而成的反应器的氮去除率为 85%。在这个例子中，第一个隔间是缺氧区，第二个是好氧区，第三个是缺氧区。内部再循环流从最后的缺氧区至第一缺氧隔间提供引入离心分离液中有机物氧化所需的硝酸盐。没有澄清，因此没有污泥停留。

即使进水最低温度为 25℃，该反应器仍在 30℃ 下确定尺寸大小，因为内容物将会通过生物反应进行加热。进水流量将会等于脱水液体生产速率 2100m^3，反应器在周末将会闲置。

在 30℃ 下硝化细菌的生长和衰败速率：

$$\mu_N = 0.9\ (d^{-1}) \times 1.08^{(30-20)} = 1.94\ d^{-1}$$

$$k_{D,\ N} = 0.17\ (d^{-1}) \times 1.029^{(30-20)} = 0.23\ d^{-1}$$

硝化细菌的设计平均细胞停留时间：

$$\theta_{C,\ N} = OF_N \times (1/\mu_N - k_{D,\ N}) = 2.2 \times 1/(1.94\ d^{-1} - 0.23\ d^{-1}) = 1.3\ d$$

其中 OF_N是由经验选定的运行系数，而平均细胞停留时间等于水力停留时间。工艺过程建模常常用于确定设施的合适运行系数。

在 30℃下甲醇降解菌生长和衰败速率：

$$\mu_M = 1.3\ (d^{-1}) \times 1.072^{(30-20)} = 2.61\ d^{-1}$$

$$k_{D,\ M} = 0.04\ (d^{-1}) \times 1.029^{(30-20)} = 0.05\ d^{-1}$$

甲醇降解菌的设计平均细胞停留时间：

$$\theta_{C,\ M} = OF_M \times (1/\mu_M - k_{D,\ M}) = 2.5 \times 1/(2.61\ d^{-1} - 0.05\ d^{-1}) = 0.98\ d$$

以下需要提供：

- 脱水的进水有机物和 H_2S 氧化的第一缺氧区内的 0.125 天缺氧区停留时间(经验确定)= 263 m^3；
- 31.3 天硝化的好氧区停留时间= 2 730 m^3；
- 0.98 天加甲醇的第二缺氧区内的缺氧区停留时间：2058 m^3。

对于出水硝酸盐浓度不超过 100mg N/L 而氨浓度不超过 50mg/L 的 85%的去除率(基于可溶性的无机物)，则内部再循环速率必须为：

$$R = [(TKN_{DEW} - NH_3 - N_{EFF})/(NO_3 - N_{EFF})] - 1 = [(1\ 000 - 50)/100] - 1 = 8.5$$

从第二缺氧区之末至第一缺氧区之首需要 850%的内部循环。

忽略同化消耗的氮，而对于甲醇，需求将保持在每年 1352300kg 甲醇。这个需求包括在主装置中消耗而反硝化侧流工艺过程的 100mg N/L 出水硝酸盐的甲醇，而脱氧损失的补充碳并不显著。

假设相同的现场氧转传递条件成立，则曝气能源需求与先前提出的相同，为 2275000kW · h/a。

反应器内容物的冷却可能是必要的，这能够避免温度超过 35℃，导致生物工艺过程中降低或损失。应该进行详细的热平衡计算，评估冷却的需要。对于硝化/反硝化系统，除非进料脱水流温度低于 20℃，不太可能需要加热反应器内容物。

4.4　亚硝化/反亚硝化

假设使用由三个全混隔间串联而成的反应器的氮去除率为 85%。第一个隔间是缺氧区，第二个是好氧区，第三个是缺氧区。内部再循环流从最后的缺氧区至第一缺氧隔间提供引入离心分离液中有机物和硫化氢氧化所需的亚硝酸盐。

反应器规格大小的确定类似于前面所述的内容；应该提供容许处理池闲置所致运行因子或防止亚硝酸盐氧化生物增殖的工作溶解氧(至小于 1mg/L)降低的灵活性。

补充碳的要求将会从 2.47 倍硝酸盐氮负荷降低至 1.53 倍的亚硝酸盐氮负荷。甲醇要求将为：

$$C_{甲醇} = 1.53\ (Q_{DEW} \times TKN_{DEW}) \times 365 = 1.53 \times 1500\ (m^3/d) \times 1\ 000\ (mgN/L)$$

$\times 365\ (d/a) = 838\ 000\ kg$ 甲醇/a

其中去除每千克亚硝酸盐氮所需的甲醇为1.53kg。

曝气要求通过将TKN水解为氨而降低，随后将氨氧化停止于亚硝酸：

$$E_{AER} = 3.43\ (kg\ O_2/kg\ TKN) \times Q_{DEW} \times TKN_{DEW}/N = 3.43\ (kg\ O_2/kg\ TKN)$$
$$\times 1\ 500\ (m^3/d) \times 1\ 000\ (mg\ N/L) \times 365\ (d/a)/(1.1\ kg\ O_2/kW \cdot h)$$
$$= 1\ 707\ 000\ kW \cdot h$$

反应器内容物的冷却可能是必要的，这能够避免温度超过35℃，导致生物工艺过程降低或损失。应该进行详细的热平衡计算，评估冷却的需要。因为亚硝化/反亚硝化的反应热比硝化/反硝化低约40%，如果脱水液体温度下降低至20℃时，也可能有必要加热反应器内容物。

5 参考文献

European Commission (2008) Science for Environment Policy, News Alert Issue 108, *European Commission DG Environment News Alert Service*, The University of the West of England, Bristol, May 22.

Gopalakrishnan, K.; Carrio, L.; Abraham, K.; Stinson, B. (2000) Design and Operational Considerations for Ammonia Removal from Centrate by Steam Stripping. *Proceedings of the 73rd Annual Water Environment Federation Exposition and Conference* [CD-ROM], Anaheim, California, Oct 14 - 18; Water Environment Federation: Alexandria, Virginia.

Henze, M.; van Loosdrecht, M. C. M.; Ekama, G. A.; Brdjanovic, D. (2008). *Biological Wastewater Treatment: Principles, Modelling and Design.* IWA Publishing: London, England.

Katehis, D.; Stinson, B.; Anderson, J. Gopalakrishnan, K.; Carrio, L.; Pawar, A. (2002) Enhancement of Nitrogen Removal Thru Innovative Integration of Centrate Treatment. *Proceedings of the 75th Annual Water Environment Federation Exposition and Conference* [CD-ROM], Chicago, Illinois, Sept 21 - 25; Water Environment Federation: Alexandria, Virginia.

Katehis, D.; Murthy, S.; Wett, B.; Locke, E.; Bailey, W. (2006) Nutrient Removal from Anaerobic Digester Sidestream at the Blue Plains AWTP. *Proceedings of the 79th Annual Water Environment Federation Exposition and Conference* [CD-ROM], Chicago, Illinois, Oct 21 - 25; Water Environment Federation: Alexandria, Virginia.

Mulder, J. W.; Duin, J. O. J.; Goverde, J.; Poiesz, W. G.; van Veldhuizen, H. M.; van Kempen, R.; Roeleveld, P. (2006) Full-Scale Experience with the Sharon Process through the Eyes of the Operators. *Proceedings of the 79th Annual Water Environment Federation Exposition and Conference* [CD-ROM], Chicago, Illinois, Oct 21 - 25; Water Environment Federation: Alexandria, Virginia.

Ramalingam, K.; Thomatos, S.; Fillos, J.; Katehis, D.; Deur, A. (2007) Bench and Full Scale Evaluation of an Alternative Sidestream Bioaugmentation Process. *Proceedings of the 80th Annual Water Environment Federation Exposition and Conference* [CD-ROM], San Diego, California, Oct 13 - 17; Water Environment Federation: Alexandria, Virginia.

Scanlan, P. ; Crump, F. ; Southern, J. ; Carr, S. (2005) Struvite control and Implications for Thermal Drying. *Proceedings of the Water Environment Federation Biosolids Management Conference*, Denver, Colorado; Water Environment Federation: Alexandria, Virginia.

U. S. Environmental Protection Agency (1987) Sidestreams in Wastewater Treatment Plants. EPA Design Information Report. *J. Water Pollut. Control. Fed.*, 59 (1), 54 - 59.

Warakomski, A. ; van Kempen, R. ; Kos, P. (2007) Microbiology and Biochemistry of the Nitrogen Cycle Process applications: SHARON®, ANAMMOX AND InNitri®. *Proceedings of the Water Environment Federation/International Water Association Nutrient Removal Specialty Conference*, Baltimore, Maryland, March; Water Environment Federation: Alexandria, Virginia.

Wett, B. (2005) Solved Scaling Problems for Implementing Deammonification of Rejection Water. (2005) *Proceedings of the International Water Association Specialty Conference on Nutrient Management*, Krakow, Poland; IWA Publishing: London, England.

Wett, B. ; Rostek, R. ; Rauch, W. ; Ingerle, K. (1998): pH-Controlled Reject Water Treatment. *Water Sci. Technol.*, 137 (12), 165 - 172.

Wett, B. ; Murthy, S. ; Takacs, I. ; Hell, M. ; Bowden, G. ; Deur, A. ; O'Shaughnessy, M. (2007) Key Parameters for Control of Demon Deammonification Process. *Proceedings of the Water Environment Federation/International Water Association Nutrient Removal Specialty Conference*, Baltimore, Maryland, March; Water Environment Federation: Alexandria, Virginia.

6 推荐读物

Constantine, T. ; Murthy, S. ; Bailey, W. ; Benson, L. ; Sadick, T. ; Daigger, G. (2005) Alternatives for treating high nitrogen liquor from advanced anaerobic digestion at the Blue Plains AWTP. *Proceedings of the 78th Annual Water Environment Federation Exposition and Conference* [CD-ROM], Washington, D. C., Oct 29 - Nov 2; Water Environment Federation: Alexandria, Virginia.

Hellinga, C, Schellen, A. A. J. C. ; Mulder, J. W. ; van Loosdrecht, M. C. M. ; Heijnen, J. J. (1998). The SHARON Process: An Innovative Method for Nitrogen Removal from Ammonium-Rich Wastewater. *Water Sci. Technol.*, 43 (11), 135 - 142.

Henze, M. ; van Loosdrecht, M. C. M. ; Ekama, G. A. ; Brdjanovic, D. (2008) *Biological Wastewater Treatment: Principles, Modelling and Design.* IWA Publishing: London, England.

Kampschreur, M. J. ; Tan, N. C. ; Kleerebezem, R. ; Picioreanu, C. ; Jetten, M. S. ; Van Loosdrecht, M. C. (2008) Effect of Dynamic Process Conditions on Nitrogen Oxides Emission from a Nitrifying Culture. *Environ. Sci. Technol.*, 42 (2), 429 - 435.

Kuai, L. ; Verstraete, W. (1998). Ammonium Removal by the Oxygen-Limited Auto trophic Nitrification-Denitrification System. *Appl. Environ. Microbiol.*, 64 (11), 4500 - 4506.

Phillips, H. ; Kobylinski, E. (2007) Sidestream Treatment vs. Mainstream Treatment of Nutrient Returns when Aiming for Low Effluent Nitrogen and Phosphorus *Proceedings of the Water Environment Federation/International Water Association Nutrient Removal Specialty Conference*,

Baltimore, Maryland, March; Water Environment Federation: Alexandria, Virginia.

Sagberg, P. and Grundnes Berg, K. (1999). Cost Optimisation of Nitrogen Removal in a Compact Nitrogen and Phosphorus WWTP. *Reprint from 8th IWA Specialised Conference on Design, Operation and Economics of Large Wastewater Treatment Plants*, Budapest, Hungary, September; IWA Publishing: London, U. K.

第18章　自然系统

1 历史沿革

污水处理的自然系统，包括土壤吸收、池塘、土地处理、漂浮水生植物和人工湿地。凡是有条件的情况下，这些自然系统对于建设和运营可能都是最具成本效益的方案。这些自然系统通常更适合于小型社区和农村地区。自然系统从小至 $1m^3/d$（264gpd）个人住房土壤吸收系统到大至诸如佛罗里达州奥兰多市 $19\times10^4m^3/d$（50gpd）的快速渗透土地处理系统不等。

污水处理的自然生态系统的常见要素是由提供所需处理的“自然”环境的组成部分所作出的重大贡献。通常情况下，这些由植被、土壤、微生物（陆地和水生）和有限程度内的高级动物生活作出的反应以其“自然”的速率延续着。

表 18.1 列出了五种类型的自然系统和每个类别中现有系统的数量。非水载自然系统，如环保厕所，在其他文献中有介绍（Leverenz et al.，2002）。

表 18.1 美国自然污水处理系统的数目

（U.S. Environmental Protection Agency，2002，2004；Wallace and Knight，2006）

系统类型	系统数目	系统类型	系统数目
现场土壤吸收	26 000 000	浮游水生植物	20
土地处理	1 287	人工湿地	497
池塘	8 614		

2 土壤吸收系统

这些系统通常仅限于约 $190m^3/d$（0.05 mgd）或更少的污水流量。以下两节将介绍这些系统；其他出版物介绍了系统的设计［Crites and Tchobanoglous，1998；U.S. Environmental Protection Agency（U.S. EPA），2002］。

2.1 预处理

化粪池通常用于提供初级处理而去除可能导致土壤吸收系统加速堵塞的固体、油和油脂。根据该系统污水分散的类型和特殊的排放要求，包括从简单出口筛滤至封闭高级处理系统的任何东西构成的额外处理，都能够是土壤吸收前的预处理部分。

2.2 典型吸收系统

典型吸收系统是化粪池之后的一系列砾石填充的壕沟。化粪池出水经重力作用而流入壕沟内，这经常称为沥滤槽或疏水管路。这种系统设计的基础在于所施加污水渗透而随后渗过土壤剖面的能力。传统的渗透测试措施有横向和纵向双向渗流速率，并可能高估实际的垂直渗透速率。

污水管理最常见的自然系统是地下土壤吸收系统，约 20%的美国家庭依靠其进行污水处理和处置（U.S. EPA，2002）。

虽然大部分土壤吸收系统服务于个人住宅，但是近年来，小型社区已经开始采用该技术。几个小型城镇会使用社区化粪池，接着是大型土壤吸收系统。例如，加利福尼亚州的泰勒斯维尔社区(人口400)就使用了社区化粪池和系列沥滤槽用于其污水处理和处置系统。许多大型社区仍然依赖于各个污水管理的现场系统。

2.3 替代系统

常规沥滤槽在不利场地条件下不能充分发挥作用。然而，有人已经开发的替代系统，可以克服这种不利的现场条件(参见表18.2)。

表18.2 替代土壤吸收系统

替代系统	在其他限制性条件下的适用性
土堆	高地下水；浅层不透水层；低渗透率土壤；浅层土壤剖面
同一水平面上	浅层裂缝的基岩；高地下水
深槽，床，或渗流坑	在土壤剖面内浅(而可裂缝的)不可渗透层，而之下是更具渗透性的土壤(一定不能具有高地下水)
内衬砂床和填充系统	浅层裂缝的基岩；高渗透性土壤
蒸散床	净正年蒸发量；高地下水；低渗透性土壤；浅层裂缝基岩；监管机构不允许的渗透

如果适当选址、设计和建造，土堆系统会运行良好。在大型(超过25个当量单家)的土堆系统中，已经发现了与拙劣设计、施工和渗滤液流考虑不足的问题[Water Environment Federation(WEF，2001)]。

“同一水平面上”的替代系统，除了粒料(砾石对分配管道包层)底部位于耕种土壤表面之外，类似于土堆系统。经常使用的粒料深度包括0.3m(1ft)合成纤维织物拔顶和0.3m(1ft)的土壤。采用每天1~4次计量的压力分配，通常适用于所有类型的土壤吸收系统(WEF，2001)。

砂子内衬的床和填充系统能够用于裂缝基岩或高渗透性土壤之上，而改善污染物的去除。典型的沟槽或床采用0.6m(2ft)砂子围绕并低于分配系统加衬。

蒸散吸收系统适用于年蒸发量超过降水量的地方。蒸散床通常填充0.6~0.75m(2.5in)的细砂并用表土层和植被覆盖，污水通过毛细管作用力从砂层底(位于蒸散系统的衬里之下)吸至土壤和植物表面，随后在那里蒸发。

2.4 滴灌应用

使用地下滴灌进行土壤吸收系统的污水扩散，能够实现浅层深度(0.1~0.3m[0.33~1in])的污水低负荷率。低负荷率和浅层应用深度，相比于大多数其他土壤吸收系统，为处理提供的土壤停留时间增加，而为水和营养物吸收提供了更大的机会。滴灌管线通常采用间距0.3~0.6m(1~2ft)的振动或錾式犁安装[电力研究协会(EPRI)和田纳西流域管理局(TVA，2004)]。滴罐管线根据设计每天计量剂量2~12倍。对于最小化滴灌系统中的堵塞，预处理过滤和专为地下污水扩散设计的滴灌管道的使用是很重要的。滴灌应用系统如图18.1所示。

图 18.1 地下滴灌管线的安装

2.5 土壤吸收系统设计实例

本节概述了如何确定砾石填充壕沟模式的重力土壤吸收系统的尺寸。许多假设都是基于州立卫生管道工程法规或地方条例的：

假设：

Q = 设计流量 = 1.9 m^3/d(500 gpd)(估算或源自基于服务的建筑物的规范)；

土壤 = 沙壤土；

R = 设计应用速率 = 0.025 m/d(0.6 gpd/ft^2)(基于土壤类型和/或渗透测试)；

A = 渗透面积 = Q/R = (1.9 m^3/d)/(0.025 m/d) = 76 m^2(820 ft^2)；

W = 砾石填充壕沟宽度 = 0.91 m(3 ft)(源自规范和施工便利)；

S = 侧壁渗透深度 = 0.3 m(1 ft)(源自规范和施工便利)；

L = 所需的总壕沟深度 = A/(W+2S) = 76/[0.91+2(0.3)] = 50 m(164 ft)；

排水沟 = 假设每条壕沟一个排水管道；

$D_{最大}$ = 最大排水管道长度 = 30 m(100 ft)(源自规范和/或水力学)；

N = 排水管道数 = $L/D_{最大}$ = 50 m/30 m = 1.67(四舍五入至 2)；

I = 各个排水管道的长度 = L/N = 50 m/2 = 25 m(82 ft)；

X = 排水管道间距(心-心距) = 2.4 m(8 ft)(最小值源自规范)；

粗沥滤域面积 = (N)(I)(X) = 2(25 m)(2.4 m) = 120 m^2(1290 ft^2)。

重力土壤吸收系统通常使用 0.1m(4in)直径的分配管道，每 0.1m(4in)具有直径 0.01m(0.5in)的孔。砾石填充沟槽式加压分配系统的尺寸将按照重力系统同样的方式确定，但使用基于摩擦损失计算选择的而具有 3.1mm(0.125in)开口的较小管道。加压分配系统能够使之具有更大的布局设计灵活性和更加更均匀的分配。

3　池塘系统

第二个最流行的自然系统是污水处理池。污水池能够基于其深度和在池中发生的生物反应进行分类。使用这种分类法，池塘具有四个主要类型：

- 好氧型；
- 兼性寄生型；
- 曝气型；
- 厌氧型。

好氧池相对较浅，一般深度范围为0.3~0.6m(1~2ft)。通过浮游生物在光合作用和风辅助表面曝气期间而提供氧。这些池塘经常通过再循环进行混合，而维持整个深度内的溶解氧。好氧池塘通常受限于温暖的阳光明媚的气候，主要适用于美国南部和气候相似之地(Crites et al., 2006; U.S. EPA, 1983)。

兼性寄生型池塘，是最普遍的池塘类型，也被称为氧化塘。这些池塘通常1.5~2.5m(5~8ft)深，停留时间从25天至180天以上不等。深度保持1.5m或以上，才能避免挺水植物生长。池塘表面层好氧而接近底部是厌氧层。表面曝气和光合作用的藻类提供氧。兼性寄生型池塘采用至少三个处理池串联设计而降低短路。兼性寄生型池塘的主要问题是产生藻类，而保留于出水中，有时会造成出水悬浮固体超过排放要求。

曝气池塘能够部分或完全混合。通过浮动机械增氧机或扩散曝气供给氧。曝气池塘通常3~4m(10~20ft)深，停留时间5~30天不等。曝气池塘接受比兼性寄生型池塘更高的生化需氧量(BOD)，不太易于产生气味，而通常需要较少的土地。曝气池塘可以建设于兼性寄生型池塘或沉降池(为期一天或更少的停留时间)之后，而在排放之前降低悬浮固体。

厌氧池塘具有有机重负荷，没有好氧区，深度2.5~6m(8~20ft)，具有20~50天的停留时间。如果相比于混合的厌氧消化池，生物活性通常较低。厌氧池塘适用于作为兼性寄生型或好氧池塘，对于强工业污水和源自工业如食品加工的有机负荷的农村社区污水的预处理。这种类型的池塘并没有在美国广泛应用于市政污水。因此在本章中并不进一步进行介绍。

池塘分类的另一种方法则基于其出水排放的持续时间和频率：

- 无排放池塘；
- 受控排放池塘；
- 水位控释池塘；
- 连续排放池塘。

无排放池塘或蒸发池塘只适用于每年蒸发降水量超过降水量的气候。受控排放的概念是在流条件满意时每年只排放一次或两次。水位控释(HCR)池塘，是控制排放的概念的变体，采用与流的流量相关的排放速率进行设计。至于控制排放池塘，HCR池塘仅仅在流流量高于某些可接受的最低值时进行排放。大多数控制排放和HCR池塘都是兼性寄生型。在连续排放池塘中，出水按照进水污水流量相同的速率(不太蒸发和渗漏)进行。

以下小节介绍了兼性寄生型和曝气池塘的性能和设计标准，这两种类型的池塘在污水处理中最为常见。这一节还包括控制排放池塘的信息。

3.1 兼性寄生型池塘

兼性寄生型池塘通常会接受的预处理无外乎是筛滤；因此，这种类型的池塘在第一或初级池塘中储存重固体和砂砾。尽管将原始污水排放至不同的池塘而将处理之后的出水再循环回到初级池塘的灵活性值得考虑，但是典型的做法是串联运行三个或更多的池塘。

3.1.1 处理性能

兼性寄生型池塘通常设计用于将 BOD 降至约 30mg/L；然而，典型的性能范围为 30~40mg/L。沉淀能够去除进水悬浮固体。然而，藻类会贡献 40~100mg/L 通常在最大藻类生长期间发现的出水悬浮固体。

兼性寄生型池塘因为停留时间长而能够去除大量的氮和病原体(U. S. EPA，2009)。氮去除率一般为 40%~95%(Crites et al.，2006)。磷去除率较低，通常低于 40%。沉淀，掠食、自然死亡和吸附都会去除细菌和病毒。表 18.3 给出了兼性寄生型和部分混合曝气池塘的粪大肠菌群去除率的数据。

美国环保局中试研究发现，兼性寄生型和曝气池塘中有毒有机化合物的去除率根据化合物的挥发性而变化。兼性寄生型池塘能够去除 77%~96%的挥发性有机物(平均 86%)，而曝气的池塘去除 61%~80%(平均 68%)。

半挥发性化合物通过这两种系统的相应去除率据发现分别为 25%~80%和 22%~77%。只有活性污泥工艺才能去除更多的有机化合物(Hannah et al.，1986)。

表 18.3 池塘系统中粪大肠菌的去除率(Reed et al.，1995，and U. S. EPA，1983)

位 置	细胞数	停留时间/d	粪大肠菌/(No./100 mL)	
			进水	出水
兼性寄生型池塘				
犹他科琳娜	7	180	1.0×10^6	7.0×10^0
堪萨斯尤多拉	3	47	2.4×10^6	2.0×10^2
密西西比吉尔迈克尔	3	79	12.8×10^6	2.3×10^4
新罕布什尔州彼得伯勒	3	37	4.3×10^6	3.6×10^5
部分混合曝气池塘				
威斯康辛埃杰顿	3	30	10^6	3.0×10^1
密西西比格尔夫波特	2	26	10^6	1.0×10^5
伊利诺伊伯尼	3	60	10^6	3.3×10^1
宾夕法尼亚温博	3	30	10^6	3.0×10^2

表 18.4 不同兼性寄生型池塘设计方法的设计标准的对比(U. S. EPA，1981)

方法	停留时间/天①	表面积/ha②	有效深度/m	BOD 负荷率/(kg/ha · d②)
表面负荷率	180	22.3	1.4	17
Gloyna	140	26.5	1.0	14
Marais an/d Shaw	74	5.6	2.4	68
Plug flow	180	22.3	1.4	25
Wehner and Wilhelm	80~132	10.8~17.9	1.4	30~48

① 整个系统使用四个串联池塘。

② 流量= 1 893 m^3/d(0.5 mgd)，二级处理目标：进水 BOD = 200 mg/L，温度= 5℃，轻强度的足够总悬浮固体=250 mg/L。

3.1.2　设计过程与步骤

至少有五种方法已被用于设计兼性寄生型池塘(见表 18.4)(U.S. EPA, 2009)。对于每种方法，表 18.4 列出了流量为 1900m³/d(0.5mgd)，BOD 为 200mg/L，温度为 0.6℃(33℉)(临界期水温度)时计算的停留时间、面积、深度和 BOD 负荷率。

表面负荷率，通常是最保守的设计方法，能够适用于具体的标准。表 18.5 列出了基于冬季平均气温的推荐 BOD 负荷率。

为了计算兼性寄生型池塘所需的面积，设计师必须用 BOD 负荷(kg/d)除以表 18.5 或具体州标准的合适负荷率。系列池中的第一处理池不应该负荷超过 100kg/ha·d(90 lb ac·d)[对于温暖气候，冬季平均气温高于 15℃(48℉)]和 40kg/ha·d(36lb/ac·d)[对于寒冷气候，平均气温低于 0℃(27℉)]。当长时间形成冰雪覆盖时，兼性寄生型池塘如同厌氧冷池塘，通过以几乎没有生物活性的沉降而去除颗粒状 BOD。

表 18.5　兼性寄生型池塘生化需氧负荷率(U.S. EPA, 1975)

平均冬季温度/℃	深度/m	BOD 负荷率/(kg/ha·d)
<0℃	1.5~2.1	11~22
0~15℃	1.2~1.8	22~45
>15℃	1.1	45~90

兼性寄生型池塘的水面表面积能够如下进行计算：

$$A=\frac{(\mathrm{BOD})(q)}{(1\,000)(\mathrm{LR})} \tag{18.1}$$

式中　A——兼性寄生型池塘的面积，ha；

BOD——污水中 BOD 浓度，mg/L；

q——污水流量，m³/d；

1 000——克换算成千克；

LR——对合适平均冬季气温从表 18.5 中选择的 BOD 负荷率。

正确设计的入口和出口，通过为其配备歧管或扩散器，并使这些歧管或扩散器尽可能间距较远，或通过包括多套设备，而能够有助于避免水力学短路。池塘内置挡板和多个串联池塘，一般三个或四个，将会降低短路情况。从最后一个池塘再循环至第一个池塘有助于分配，也降低了短路问题。

3.1.3　受控排放池塘

这些都是停留时间为 120 天或更长的典型兼性寄生型池塘。季节性排放的池塘已在美国中北部按照以下设计标准运行(Crites et al., 2006)

- 总有机负荷 22~28kg/ha·d(20~25lb/ac·d)；
- 第一池塘水深 2m(6.5ft)或更浅而在随后 2~3 个池塘中水深 2.5m(8ft)；
- 超过最低深度 0.6m(2ft)的最短停留时间为 6 个月(加拿大阿尔伯塔省，和其他气候寒冷地区，所需的停留时间通常为 1 年，而优先秋季排放并满足二级出水标准)。

3.1.4　水位控释池塘

一个受控排放池塘的概念变体已经开发出来用于接收水体中优化池塘出水。出水基于水流流量排放而随实际水流流量进行变化——超过一定最小流量(Zirschky, 1986)。约 19 个 HCR 系统运行于阿拉巴马州和密西西比州。

3.2 部分混合曝气池塘

部分混合曝气池塘设计的基本方程如下(WEF, 2001):

$$\frac{C_n}{C_o}=\frac{1}{[1+(kt/n)]^n} \quad (18.2)$$

式中 C_n——处理池 n 的出水 BOD_5, mg/L;

C_o——进水 BOD_5, mg/L;

k——一级反应速率常数(0.14~0.3), d^{-1};

t——停留时间, d;

n——串联池塘数。

方程18.2基于相同温度下的3个等规格池塘。停留时间针对每一池塘。

在部分混合曝气池塘系统中，并不试图完全混合该池塘。曝气要求经过计算而提供充足的氧供应，通常提供1~1.5kg或更高的BOD负荷。因此，部分悬浮固体，以及一些颗粒状BOD沉降于底部，并发生厌氧降解。因为这种底部反应与兼性寄生型池塘相同，则部分混合池塘常常被称为兼性寄生型曝气池塘。

反应速率常数 k 取决于池塘的温度(参见第10章的温度系数)。在20℃(68℉)下，适用于生活污水的典型 k 值为0.276；在1℃(34℉)下，k 值应该降低至0.14(Crites et al., 2006; U.S. EPA, 1983)。

对于大多数市政系统，停留时间范围为5~30天，而水深度范围为3~6m(10~20ft)。典型的生化需氧量为100~400kg/ha · d(90~356lb/d · ac)。停留时间0.5~1天的沉降池塘通常串联于最后的部分曝气池塘之后。处理池塘的数目范围为3~5个或更多。处理性能通常较好，出水BOD值范围为20~40mg/L而出水悬浮固体值范围为20~60mg/L。以下方程能够用于计算部分混合曝气池塘所需的平均水面面积:

$$A=\frac{(q)(t)}{(10\,000)(d)} \quad (18.3)$$

式中 A——池塘平均面积, ha;

q——污水流量, m^3/d;

t——停留时间, d(由方程18.2计算);

10 000——平方米换算成公顷;

d——平均深度, m(3~6 m)。

计算的面积应该增加而包括池塘护堤的边坡。在部分混合曝气池塘中，曝气要求基于污水需氧量，而不是为约3 W/m^3(15hp/mil · gal)的池塘混合要求。氧要求和曝气系统的要求可以查阅其他文献(Crites and Tchobanoglous, 1998)。

大多数现有的处理池塘都不加衬里，但却具有最小化渗透作用的土壤条件。污水池塘设计的趋势将是包括衬里，而最小化渗透。现在一些州要求沿着池塘梯度向下的地下水监测井具有永久性障碍。内衬使用的典型材料是当地黏土、膨润土改性的土壤、土工合成黏土衬垫和土工膜。许多州都参照《污水处理厂推荐标准》的规定，衬里的渗透性不得超过由以下方程推导的值(Great Lakes, 2004):

$$k=FL$$

$$k = 3.0 \times 10^{-9}(L) \tag{18.4}$$

式中 k——渗透率，cm/s；

F——3.0×10^{-9}，s^{-1}；

L——密封层有厚度，cm。

对于水平衡计算，要注意到每单位面积的渗透率和渗流速率是不同的。渗漏速率能够采用达西(Darcy)定则计算：

$$Q = \frac{kAh}{L} \tag{18.5}$$

式中 k——渗透率，cm/s；

L——密封层厚度，cm；

Q——通过衬里的流量，cm^3/s；

A——内衬面积，cm^2；

h——衬里之上的水力压头，cm。

池塘内衬的安装如图 18.2 所示。为了防止黏土或膨润土衬里发生磨蚀和干燥，池塘的内斜坡应该有土壤覆盖和防冲乱石。池塘水面之上和之下的推荐最低标准是 0.5m(1.6ft)或两倍于对预期的 2 倍风速计算的冲击波高度。采用表面曝气机，则处理池可能需要防护受到下面的曝气机的涡轮或其他冲刷作用。曝气机上的混凝土板、抗蚀板、或 150mm(6in.)碎石能够提供足够的保护。兼性寄生型池塘斜坡上侵蚀控制的防冲乱石如图 18.3 所示。

最小宽度 2.5m(8ft)的大堤顶部容许维修车辆进出。大堤外坡通常被设计为不陡于 3：1 才能容许草生长和拖拉机割草。实践中最小干舷 0.6m(2ft)。

图 18.2　池塘衬里安装

图 18.3　具有侵蚀控制的防冲乱石的氧化池塘

3.3　高性能曝气池塘

高性能曝气池塘系统(HPAPS)的概念也是已知的——作为双动力多池(DPMC)曝气池塘——就是组合系列部分混合池塘。第一个池塘深度 3m(10ft)，而采取 6W/m^3(30hp/mil · gal)速率的表面曝气。随后三个池塘采用 1W/m^3(5 hp/mil · gal)速率曝气。第一个池塘中停留时间为 1.5~2 天，而所有四个池塘的总停留时间为 4.5~5 天(Rich，1980)。

曝气池塘完全混合需要 15~30 W/m^3(75~150hp/mil · gal)，通常为 20 W/m^3(100 hp/mil · gal)的曝气。推荐的 6 W/m^3超过了 2 W/m^3(10 hp/mil · gal)的大多数部分混合曝气池

塘。然而，这却小于保持所有固体悬浮所需的混合作用。两种水平的曝气组合满足生物转化氧要求的同时，通过混合湍流作用最小化了藻类生产。许多 DPMC 系统已经在南加州运行（Rich，1996；U. S. EPA，2009）。

3.4 高级综合性池塘系统

高级综合性塘系统的概念，采用再循环组合多个池塘（Oswald，1991）。该系统由深的初级兼性寄生型池塘，接着是浅的好氧池塘构成。初级池塘具有发酵坑用于沉降固体的厌氧处理。发酵坑一定不能进行曝气和混合，而将作为上流式厌氧消化池。以下提供高级综合性池塘系统的一个例子，举例说明这个概念。

加州圣赫勒拿岛市，位于旧金山以北的纳帕谷，在 1996 年安装了一个综合池塘系统处理 1900m^3/d(0. 5mgd)。三个浅的浮动曝气机添加到初级池塘中补充再循环的载藻池塘，提供初级池塘上的好氧覆盖层。第三池塘串联用于沉降，而所处理的出水在灌溉前进行氯化。第四和第五个池塘是熟化，或储存池塘。圣赫勒拿系统的设计因素和性能总结于表 18. 6 中。基于设计流量速率和 300 mg/L 的典型进水 BOD 的 BOD 负荷率为 387kg/ha · d(345lb/d · ac)。

经过 27 年的运行，在初级池塘中几乎没有固体积累。从池塘里没有进行特意移除任何固体而在 1993 年其累积深度平均约 0. 3m(1ft)，接近污水出口的最大累积约为 1. 2m(4ft)。

表 18. 6 加州圣赫勒拿高级综合性氧化池系统的设计因素和性能

（源自 Crites，R. W.，Tchobanoglous，G.，*Small and Decentralized Wastewater Management Systems*. 版权 . 1998，经 McGraw-Hill Companies，New York，N. Y. 许可）

设计因素[a]	取值	设计因素[a]	取值
设计流量/mgd	0. 5	Area/ac	5. 1
平均流量(1994)/(mg/d)	0. 4	停留时间/d	10
初级氧化池		沉降氧化池	
曝气/hp	5	深度/ft	9
BOD 负荷/(lb/d · ac)	345	面积/ac	2. 5
深度/ft	10	停留时间/d	15
面积/ac	3	BOD_5 进水(1994)/(mg/L)	250~ 300
停留时间/d	19	BOD_5 出水(1994)/(mg/L)	15~40
高速曝气氧化池		TSSb 进水(1994)/(mg/L)	200~250
深度/ft	3	TSS 出水(1994)/(mg/L)	20~40

3.5 池塘设计实例

这一节将介绍两个池塘设计实例。参见图 18. 4 和图 18. 5。

设计标准：

- 880 m^3/d(232 000 gpd)年均流量(AAF)；
- 2 320 m^3/d(612 000 gpd)峰值小时流量(PHF)；
- 冬天水温约为 0℃(32°F)。

污染负荷：

- 180 kg/d(395 lb/d) BOD_5(~205 mg/L 和 AAF)；

- 293 kg/d(646 lb/d)总悬浮固体(TSS)(~240 mg/L)；
- 23 kg/d(50 lb/d)氨(~25 mg/L)；和
- 35 kg/d(77 lb/d 总氮)(~40 mg/L)。

设计标准：

- 25 mg/L BOD(月均)和 45 mg/L(日峰值)；
- 30 mg/L TSS(月均)和 45 mg/L(日峰值)。

设计计算：

- 两个序列双级运行和单序列四级运行的装置设计。

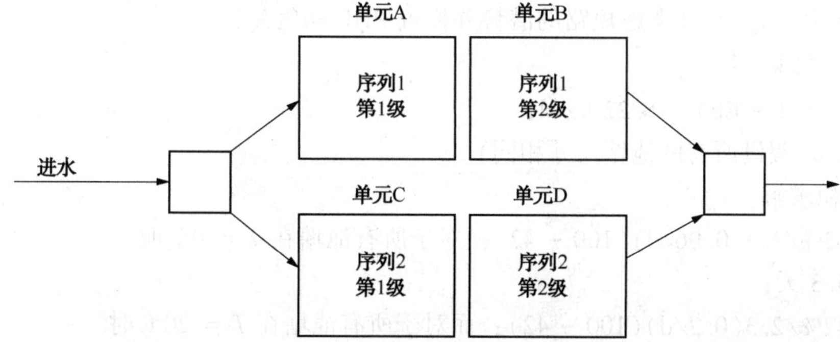

图 18.4　方案 1：并行双序列运行

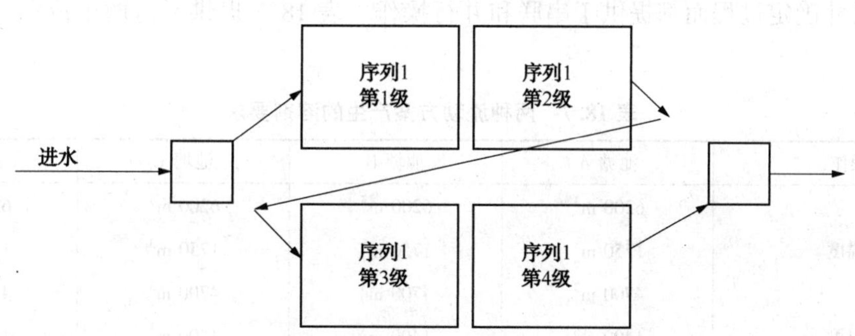

图 18.5　方案 1：串联单序列运行

实现 BOD 去除率的总效率求解：

BOD_{In}(进水 BOD) = 180 kg/d；

BOD_{Eff}(出水 BOD) = 22 kg/d [=(880 m^3/d × 25 mg/L)/1 000]；

$BOD_{In}(1-出水)^2 < BOD_{Eff}$；

[180 kg/d$(1-出水)^2$] < 22 kg/d；

Eff ~66 %。

其中

Eff =该级中 BOD 去除的所需效率，表示为$(Co-Cn)/Co$。

T= 温度

由方程 18.2，k = BOD 降低系数(在 T = 0℃下为 0.06/d 而在 T = 20℃时为 0.20/d)。请注意该效率与方程 18.2 组合并对停留时间(DT)求解。

对容积求解：

DT = 66%/2.3(0.06/d)(100 - 66)；而在 T = 0℃下

= 14.1 天

因此，对于每一级的氧化沟尺寸约为 6200 m^3。

DT = 66%/2.3(0.2/d)(100 - 66)；而在 T = 20℃下

= 4.2 天

因此，对于每一级的氧化沟尺寸约为 1750 m^3。

对总效率求解而获得 BOD 去除率：

BOD_{In} = 180 kg/d，（考虑短路的潜势并检查 PHF 和负荷）；

BOD_{eff} = 22 kg/d；

$[180\ kg/d(1-Eff)^4] > 22\ kg/d$；

Eff ~42%（假设所有的池塘尺寸相同）。

对于容积求解：

DT = 42%/2.3(0.06/d)(100 - 42)；对于所有池塘在 T = 0℃时

= 5.3 天；

DT = 42%/2.3(0.2/d)(100 - 42)；而对于所有池塘在 T = 20℃时

= 1.6 天

检查尺寸确定过程而都提供于串联和并行操作。表 18.7 提供了这两个流动方案的容积要求。

表 18.7　两种流动方案产生的溶剂要求

操作	池塘 A	池塘 B	池塘 C	池塘 D
并行，冷	6200 m^3	6200 m^3	6200 m^3	6200 m^3
并行，平均温度	1750 m^3	1750 m^3	1750 m^3	1750 m^3
串联，冷	4700 m^3	4700 m^3	4700 m^3	4700 m^3
串联，平均温度	1400 m^3	1400 m^3	1400 m^3	1400 m^3

该系统已经于 1993 年运行。最初，这个系统包括机械表面曝气，并且在本文中包括了标准的独立混合设计（曝气采用 1.5kg O_2/kg BOD 而混合采用 3 W/m^3）。在这种情况下，每个池塘提供 4 个 3.73kW(5hp) 的表面曝气机和 1 个 7.46kW(10hp) 的浮动混合机。除了与春秋"流通量"相关的定期 TSS 漂移（单日值接近 50mg/L）和正常的维修保养问题之外，氧化沟都在许可下成功运行。

4　土地处理系统

土地处理是以与在土壤之上和之中发生的自然物理、化学和生物过程相容的速率向土地控制施加污水。三种类型的土地处理系统包括：

- 慢速，
- 坡面漫流，
- 快速渗透。

每一处理池以 4700m^3确定大小尺寸而提供典型条件下的运行灵活性，同时允许在寒冷的冬季月份中串联运行。

在慢速和快速渗透系统中，污水随着渗透通过土壤而进行处理。在坡面漫流中，在缓慢可渗透土壤上构建的草坡薄膜内发生处理。这三种类型的土地处理特性提供于表 18.8 中。

表 18.8　土地处理系统的特性

特　　性	慢　　速	坡面漫流	快速渗透
处理目标	二级或高级污水处理，零排放	二级处理，脱氮	二级、高级污水处理，地下水重填，零排放
植被	是，各种作物	是，耐水性草	仅仅用于土壤稳定化
气候限制	冷天气和强降水需要进行储存	冷天气需要进行储存	当进行正确设计和运行时不需要存储
水力负荷/(m/a)	0.5~6	3~20	6~100
所需面积/ha①	23~280	7~46	1.4~23

① 针对 3 785 m^3/d(1mg/d)的设计流量。

三种类型的土地处理中，慢速系统通常达到最高级别的处理。尽管降雨导致的地表径流通常容许离开现场，但是在现场上通过还包含地表径流。如果典型的负荷率为 1~2m/a(3~7ft/a)，则尤其是在干旱气候下，大多数所施加的污水可能损失而进入蒸散量中。该技术类似于农作物灌溉的情况，从喷头至表面施加而情况各异。

坡面漫流系统，类似于其他固定膜生物处理系统，去除了大量 BOD，悬浮固体和氮。然而，磷、微量元素和病原体却未能完全去除。水力负荷率范围为 3~20m/a(10~70ft/a)。坡面漫流最适合渗透缓慢的固体，能够将这些固体分级至缓坡(2%~8%)而种植耐水性草。坡面漫流产生的出水优于二级质量，这要取决于施加的速率。这项技术出现于 20 世纪 70 年代的美国，现在已经相当先进，但是在东南或西南地区以外仍然很少使用。

快速渗透(也已知为土壤含水层处理)，这被认为是一种成熟的处理技术，由污水间歇性地向其施加的可渗透土壤中浅层铺展池构成。每个处理池处理为期 1~7 天，然后停歇 6~20 天。处理通过物理、化学和生物方式随着污水通过表面渗透并浸透土壤而完成。快速渗透系统向地下水排放或可能成为暗河。

以下小节介绍了三种土地处理系统的应用前处理、现场要求、设计标准和预期性能。

4.1　应用前处理

从历史上看，土地处理系统提供的方法是将处理后的水处理和分散至环境中的方法。由于这些系统的性能文献记录充分而能够更好理解，需要对施加前处理进行重新检查。表 18.9 列出了美国环保局对于土地处理系统推荐的施加前处理准则。

慢速系统，尤其是当现场出入不受控制或使用私有农场主合同时，通常需要最高水平的施加前处理。在这些情况下，二级处理和消毒通常在慢速施加之前完成。

对于坡面漫流，已成功使用了为期 1 天停留时间的部分曝气池塘。这种池塘去除了较大的固体并向污水中增加溶解氧。短期停留最小化了藻类生长，否则这些藻类生长将不会被有效地去除。

表 18.9 美国环保局土地处理系统的最低施加前处理准则(U. S. EPA，1981)

土地处理系统	准 则
慢速系统	初级处理对于公众限制出入的隔离地区和限制作物不用于直接人类消费时是可接受的。 利用池塘的生物处理或粪大肠菌群处理加上控制至低于 1 000 MPN/100mL，对于除了生食用的人用粮食作物之外的受控农业灌溉是可接受的。 池塘生物处理或按照美学及消毒的粪大肠菌群计数对数平均值 200 MPN/100mL 所需而具有附加 BOD 或悬浮固体控制的厂内工艺过程对于公共场所如公园和高尔夫球场的应用是可接受的。
坡面漫流系统	过筛或粉碎对于无公众出入的隔离之地。 过筛或粉碎①+曝气控制在存储或应用期间的气味对于无公众出入的市区之地是可以接受的。
快速渗透	初级处理对于限制公众出入的隔离之地是可接受的 池塘生物处理或厂内工艺过程对于限制公众出入的市区之地是可接受的。

① 在该原始美国环保局准则(1981 年)中提到了粉碎。在第 9 章中介绍了粉碎的当前考虑因素。

快速渗透系统能够利用初级或英霍夫(Imhoff)罐池出水而全年运行。好氧或兼性寄生型池塘除非出水悬浮固体浓度(藻类)进行控制或在设计中是容许的(需要较大的土地面积)，否则在快速渗透之前是不推荐使用的。藻类可能会堵塞渗透表面。

4.2 场地要求

表 18.10 列出了土地处理系统合适场地的要求。慢速和坡面漫流(坡度和土壤渗透性)的合适场地特性稍微有一定程度的重叠，这一点正如慢速和快速渗透(土壤深度和渗透性)的情况一样。

表 18.10 土地处理工艺过程的场地要求

特性	慢速	坡面漫流	快速渗透
土壤深度/m	>0.6	>0.3	>1.5
土壤渗透性分类范围	慢至中等快速	非常慢至中等慢速	快速
土壤渗透性/(mm/h)	1.5~500	<5.0	>50
地下水深度/m	0.6~1	不严格①	洪水周期期间 1 ②；干旱周期期间 1.5~3
坡度/%	可耕地上<20；在非耕地上<40	0~15；休整坡度 2~8③	<10；过度坡度需要大量的土工作业

① 应该考虑更多的可渗透固体对地下水的影响。

② 暗渠可能适用于维持具有高地下水层位置的这个高度。

③ 坡度低至 1%而可以考虑高至 10%。

场地研究在选择最合适的土地处理过程和最佳可供利用的场地方面是很重要的(U. S. EPA，2006)。对于慢速系统而言，这些研究侧重于地形制图、土壤类型、地下水深度和地面排水功能。如果可以获得详细的土壤调查，则初步土壤调研通常只限于实地考查。如果详细的调查无法获取，则推荐进行土壤现场评价。这些评价可能包括通过土壤科学家或经验丰富的土地处理专家采用土壤剖面现场分析的反铲坑道。凡被认为慢速场地的渗流速度显著的情况下，推荐对设计进行现场分析。

对慢速系统所列出的相同场地特点对于坡面漫流系统是很重要的。土壤深度和坡度对于坡面漫流比渗透性更为重要，因为场地分级成均匀的斜坡是很必要的，并不希望出现深层渗透。

对于快速渗透系统而言，最重要的场地特点是土壤深度和渗透性与地下水的深度。应该进行现场勘测，确定土壤深度、地下水深度，以及，最重要的是，土壤剖面中限制性土层的渗透速率。实地调查可能需要超出所提议的应用场地，而确保渗透液将从应用点流走，而不会在不需要的位置出现表面渗流。

4.3　慢速系统

慢速系统在污水处理中是有效的。这一小节将会介绍其性能、设计目标、作物选择，负荷率和土地面积要求。

4.3.1　处理性能

表 18.11 总结了慢速系统对于 BOD，氮和磷的处理性能。过滤、土壤吸收和细菌氧化都能去除 BOD。慢速系统能够以 500kg/ha · d(450lb/ ac · d)和以上的负荷率有效去除 BOD(Jewell et al.，1978)。对于表 18.11 中的系统，BOD 负荷率范围为 3~11kg/ha · d(2.7~10lb/ac · d)，这是显著低于 500kg/ha · d(450lb/ ac · d)的负荷率。对于负荷高达 500kg/ha · d 的慢速系统而言，能够预测其有效的 BOD 去除率(90%以上)(Crites et al.，2006)。对于超过 300kg/ha · d(270lb/ ac · d)的有机负荷，应该实行细致的管理，才能避免产生异味。在实践中，市政慢速率系统负荷将会很少超过 100kg/ha · d(90lb/ac · d)。

表 18.11　慢速系统中生物需氧量、氮和磷的去除率(Reed et al.，1995 和 U. S. EPA，1981)

地　点	BOD/(mg/L)		总氮/(mg/L)		总磷/(mg/L)	
	施加的	渗透液	施加的	渗透液	施加的	渗透液
北达科他迪金森	42	<1	11.8	3.9	6.9	0.05
新罕布什尔汉诺威						
初级出水	101	1.4	28.0	9.5	7.1	0.03
二级出水	36	1.2	26.9	7.3	7.1	0.03
密歇根马斯基根	34	1.3	8.2	2.5	3.8	1.10
新墨西哥罗斯维尔	43	<1	66.2	10.7	8.0	0.39
马萨诸塞雅茅斯	85	<2	30.8	1.8	12.0	0.04

在慢速系统中，植物吸收、反硝化和土壤存储的综合作用去除氮。土壤吸附和化学沉淀去除磷。吸附、化学沉淀、离子交换和络合作用去除金属。土壤过滤、吸附、干燥、辐射、掠食和暴露于其他不良环境条件去除病原体。

光降解、挥发、吸附和生物降解去除痕量有机物。在密歇根州马斯基根县，缓慢系统接收许多工业源的稳定有机物，并有效地从污水中将其去除(U. S. EPA，2006)。在市政污水中确定的这 59 种有机污染物中，渗透液仅仅含有 10 种有机化合物，所有的有机物含量水平都较低(1~10μg/L)(U. S. EPA，2006)。基于这些结果，慢速系统看起来对于去除痕量有机物是有效的。

4.3.2　设计目标

慢速系统，根据设计目标进行分类，有 1 型(缓慢渗透)或 2 型(农作物灌溉)之分。1 型系统的目标是污水处理。1 型系统的设计是基于限制性设计因素的，这些限制性的因素通常要么是土壤渗透性，要么是具体的污水成分如氮的允许负荷率。1 型系统通常发现于美国湿润地区，而由市政污水机构管理。

2 型系统的目标是水和养分回用。作物生产是 2 型系统的首要目标而污水处理是次要目标。2 型系统的设计基于施加足够的水而满足农作物灌溉的水和养分要求。2 型系统通常发现于美国干旱地区，并由市政污水机构，通过农民合同租赁，或由私人农场主进行管理。

4. 3. 2. 1 农作物的选择

农作物的选择在慢速系统设计中是一个重要的早期步骤，因为作物可能会影响施加前处理的水平、分配系统的类型和水力负荷率。对于 1 型系统，相容性农作物具有高氮吸收能力和蒸散率而能够耐受水分和污水成分。1 型系统的农作物包括多年生牧草、草坪草、一些树类物种和一些农田作物。表 18. 12 提供了各种农作物的农作物年氮吸收率。

表 18. 12 所选农作物的氮吸收率(U. S. EPA，1981)

农作物	氮吸收率/(kg/ha · a①)	农作物	氮吸收率/(kg/ha · a①)
饲料作物		大田作物	
紫花苜蓿②	225~675	大麦	125~160
无芒雀麦	130~224	玉米	175~250
加州草	2 000	棉花	75~180
沿海百慕达草	400~675	高粱	135~250
草地早熟禾	200~270	燕麦	115
果园草	250~350	甜菜	255
茅草	235~280	小麦	160~175
里德金丝雀草	335~450	木本植物	
黑麦草	200~280	混合硬木(东部)	220
草木樨②	175~300	混合硬木(南部)	340
高羊茅	150~325	杂交杨树(湖州)	155
梯牧草	150	杂交杨树(西部)	300~400
紫云英	390	具有地被层植物的南方松	320

① 范围表示产量的变化。

② 豆类在氮供肥时将从大气中摄取最少量的氮。

对于 2 型系统，可以考虑更广泛的农作物品种，包括表 18. 12 中介绍的那些。双季稻能够增加收入潜力。在温暖的气候中，夏季短季作物(如玉米或高粱)能够结合冬季谷物(如大麦、燕麦或小麦)。

4. 3. 2. 2 分配系统

分配系统的选择取决于农作物、地形和土壤。自动喷水系统通常应用于污水施加，因为这种系统能够适应不同的土壤和地形条件。自动喷水系统的变体包括固定的冲击式喷头，连续移动(中心枢纽和线性的)系统和动-停式系统(轮线和行进枪)(Crites et al.，2000)。设计准则可查阅其他文献[灌溉协会(Irrigation Association，1983)；国家水资源控制委员会(SWRCB)(State Water Resources Control Board，1984)]。地面灌溉是一种低成本劳力密集的技术，通常与土地级别有关(Hansen et al.，1979)。闸控管道系统能够实现自动化而无需过多劳动力控制地面灌溉。滴灌能够使用 2 型慢速系统中过滤后的出水(Reed et al.，1995)。

4.3.2.3　水力学负荷率

对于 1 型系统而言，水力学负荷率能够由以下水平衡方程进行计算：

$$L_w = ET - P + W_p \tag{18.6}$$

式中　L_w——基于土壤渗透性的污水水力学负荷率，m/a；

ET——设计蒸散率，m/a；

P——设计降水率，m/a；

W_p——设计渗透率，m/a。

设计蒸散率是所选农作物的平均蒸散率的估计值。设计降水率通常是在 10 年期间降雨量最多的这年的总量。设计渗透率应该采用圆筒渗流计，喷灌渗流计，或流域洪水技术进行现场测定(U.S. EPA，2006)。

对于 2 型系统，具体作物的水力学负荷率方程为：

$$L_w = (ET - P)(1 + LR/100)(100/E_u) \tag{18.7}$$

式中　L_w——年污水负荷率，m/a；

ET——作物蒸散率，m/a；

P——降雨量，m/a；

LR——沥滤要求，15%～25%；

E_u——灌溉效率，65%～85%。

具体作物及其对污水总溶解固体的敏感性，决定了沥滤要求，可能的范围为 10%～40% 不等，但通常为 15%～25%。表 18.13 对不同产量列出了作物和所施加污水的电导率(ECw)的名录(SWRCB，1984)。

喷头的灌溉效率从 70% 至 80% 不等；对于地面灌溉而言，其范围从 65% 至 85% 不等。总渗滤率为沥滤分数和灌溉无效分数的综合结果($1 - E_u/100$)。

4.3.2.4　氮负荷率

如果慢速系统渗滤液进入饮用水地下水含水层，则渗滤液的氮含量往往限制于 10mg/L 或更低(如硝酸盐氮)。氮平衡为：

表 18.13　导致作物产量降低的电导率值(Ayers and Westcot，1984)

作物	对于作物产量降低的 ECw 值，mmhos/cm(所施加污水的电导率)		
	0	25%	100%
饲料作物			
紫花苜蓿	1.3	3.6	10.3
百慕达草	4.6	7.2	15.0
苜蓿	1.0	2.4	6.7
玉米(草料)	1.2	3.5	10.3
野茅	1.0	3.7	11.7
黑麦草	3.7	5.9	12.7
高羊茅	2.6	5.7	15.3
野豌豆	2.0	3.5	8.0
高麦草	5.0	8.9	21.0
大田作物			
大麦	5.3①	8.7	18.8

续表

作物	对于作物产量降低的 ECw 值，mmhos/cm(所施加污水的电导率)		
	0	25%	100%
玉米	1.1	2.5	6.7
棉花	5.1	8.7	18.0
土豆	1.1	2.5	6.7
大豆	3.3	4.1	6.7
糖甜菜	4.7	7.3	16.0
小麦	4.0[a]	6.3	13.3

① 大麦和小麦在萌芽和幼苗阶段期间耐受性不高，此时 EC_W 不应超过 2.7 mmhos/cm。

$$L_n = \frac{U + 0.001 C_p P_w}{1 - f} \tag{18.8}$$

式中 L_n——氮负荷率，kg/ha · a；

U——源自表 18.12 的作物氮摄取率，kg/ha · a；

f——所施加的氮对反硝化、挥发和土壤储存所损失的分数；

C_p——渗透液的硝酸盐氮浓度，mg/L；

P_w——渗流液的流量，m/a。

f 值取决于施用季节期间气温下污水中 BOD-氮之比。高强度的污水(BOD：N)具有最高的 f 值，如表 18.14 所示；较低的 f 值，适用于寒冷的气候。

表 18.14 市政污水的 f 值范围

污水类型	f 值	污水类型	f 值
高强度	0.5~0.8	二级出水	0.15~0.25
初级出水	0.25~0.5	高级处理出水	0.10~0.15

通过将水平衡和氮平衡方程组合，则基于氮限制的水力学负荷率可以如下进行计算：

$$L_{wn} = \frac{C_p(P - ET) + 0.1U}{(1 - f)C_n - C_p} \tag{18.9}$$

式中 L_{wn}——基于氮限制的水力学负荷率，m/a；

C_n——污水的氮浓度，mg/L。

对于 1 型系统，设计限制性负荷率是这两个计算值，L_w 或 L_{wn}，中较低的那个值。

4.3.2.5 土地要求

慢速场地所需的土地面积包括场地施加面积加上公路、缓冲地带和任何所需储存的空间。场地面积表示为：

$$A = \frac{365Q + V_s}{10\,000 L_1} \tag{18.10}$$

式中 A——场地面积，ha；

Q——污水流量，m^3/d；

V_s——在储存的污水体积中因为在储存池塘中的蒸发、渗流或降水而产生的净损失或增益，m^3/a；

L_1——限制性水力负荷率，m/a。

4.3.2.6　储存要求

大多数慢速系统需要在冷或湿天气期间储存污水。此外，施加速率在整年内会有所不同，而同时保持污水供应相对稳定。只要可容许的施加速率低于平均值，存储池塘能够存储过量的污水。基于气候数据所需的存储，能够由地图或利用国家海洋和大气管理局的计算机程序进行估算(U.S. EPA，2006；U.S. EPA，1976)。详细的水平衡对于最终设计进行存储量确定是很必要的。储存设施的设计细节能够查阅其他文献(Crites et al.，2000)。

4.3.3　慢速土地处理设计实例

基于378m³/d的年平均流量和2.5m/a的限制性水力负荷率，假设为期100天的存储和3000m³储存池塘的蒸发和渗流的水净损失，以下方程可以用于确定慢速土地处理现场的土地面积要求。

求解为：

$$A = \frac{365Q + V_s}{10\,000L_1} \tag{18.11}$$

$$= [365(378\ m^3/d) - 3\,000\ m^3]/2.5\ m/a(10\,000\ m^2/ha)$$

$$= 5.4\ ha$$

4.4　坡面漫流系统

坡面漫流系统能够设计用于实现二级处理、高级处理或脱氮。除磷需要前置或后置应用处理。

4.4.1　处理性能

表 18.15 描述了地面流中的 BOD、TSS 和氮的去除率。正如表 18.15 所示，所处理的径流中 BOD 和悬浮固体浓度在原始的、初级和二级出水应用中几乎没有差别。大多数坡面漫流系统不能从池塘出水中有效去除藻类(Witherow and Bledsoe，1983)。对于俄克拉何马州阿达的原始污水和初级出水应用，脱氮率优于二级出水应用。这主要是因为二级出水(1∶1)相比于原始污水(6.4∶1)和初级出水(3.7∶1)，BOD∶氮之比较低。坡面漫流中脱氮的主要机理是硝化-反硝化作用，这要求 BOD∶N 之比为 3∶1 才会有效(Crites et al.，2000)。

表 18.15　坡面漫流系统的处理性能

地点	BOD/(mg/L)		SS/(mg/L)		总氮/(mg/L)	
	施加的	出水	施加的	出水	施加的	出水
俄克拉荷马州阿达(原始污水)	150	8	160	9	23.6	2.1
俄克拉荷马州阿达(初级出水)	70	8	56	7	19	5
俄克拉荷马州阿达(二级出水)	18	6	12	5	16	8.5
南卡罗来纳州伊斯利(原始污水)	200	23	186	8	30.5	7.7
南卡罗来纳州伊斯利(池塘出水)	28	15	60	40	6.7	2.1
新罕布什尔州汉诺威(初级出水)	72	9	74	10	45	9.4
澳大利亚墨尔本(初级出水)	507	12	233	19	55.6	39.7

注：SS =悬浮固体；BOD =生化需氧量。

土地处理需要彻底的土壤-水接触，才能提供磷、重金属和病原体的有效去除。因为土壤接触有限，坡面漫流去除磷约 40%~60%，痕量金属 60%~90%，细菌和病毒 99%(U. S. EPA，2006)。痕量有机物通过同慢速系统相同的机理而在坡面漫流中充分去除。

4. 4. 2 设计因素

坡面漫流的设计因素包括施加速率、坡长、坡度和施加时间。施加速率以 m^3/h 表示，适用于坡面顶部或露台，其范围为 0. 03~0. 37$m^3/m^2 \cdot h$(0. 04~0. 5gpm/ft)。斜坡或露台的长度通常为 30~60m(100~200ft)。坡度为 1%~12%，首选的范围为 2%~8%。施加时间一般为 6~12h/天，5~7 天/星期。表 18. 16 列出了坡面漫流系统的设计因素。

表 18. 16 坡面漫流系统的设计因素(U. S. EPA，1981)

地点	施加的污水	施加速率/($m^3/h \cdot m$)	坡长/m	坡度/%	施加时间/(h/d)	负荷率[①]/(mm/d)
俄克拉荷马州阿达	原始污水	0. 075	36	4	8~12	11. 6
	初级出水	0. 065	36	4	12	25
	二级出水	0. 12~0. 2	36	4	12	42
南卡罗来纳州伊斯利	原始污水	0. 22	55	6	6	24
	氧化沟出水	0. 23	46	6	7	36
汉诺威	初级出水	0. 075	30. 5	5	5	12. 5
新罕布什尔州	二级出水	0. 075	30. 5	5	5	12. 5
密西西比尤迪卡	氧化沟出水	0. 032~0. 13	46	4	6~18	12. 7~50. 8
澳大利亚墨尔本	初级出水	0. 24	250	0. 3	24	23

① 负荷率为总的日流量除以总场地亩数。

4. 4. 3 设计方法与步骤

下列方程给出了 BOD 去除率和施加速率之间的关系，这个关系已经通过现有的示范项目进行了开发和验证(U. S. EPA，2006)。

$$\frac{C_z - R}{C_o} = A\exp(-KZ/q^n) \tag{18.12}$$

式中 A ——常数；

C_z——z 点处出水 BOD 浓度，mg/L；

R——斜坡末端的残余 BOD，mg/L；

C_o——施加的 BOD 浓度，mg/L；

Z——斜坡长度，m；

q——施加速率，$m^3/m \cdot h$；

K，n——经验常数。

图 18. 6 是方程的图形化图，这已经对过筛的原始污水和初级出水进行了验证，但并未对高强度工业污水进行验证(U. S. EPA，1984)。该图适用于找出所需的 BOD 剩余分数并在验证范围内寻找合适的最长坡长，并标注出由这些线族指示的施加速率。作为良好的实践惯例，施加速率能够在计算场地面积之前通过除以 1. 5 的安全系数而降低。

4. 4. 3. 1 悬浮固体负荷

除了藻类之外，污水固体通常不会在坡面漫流系统设计中受到限制。悬浮固体，因为速

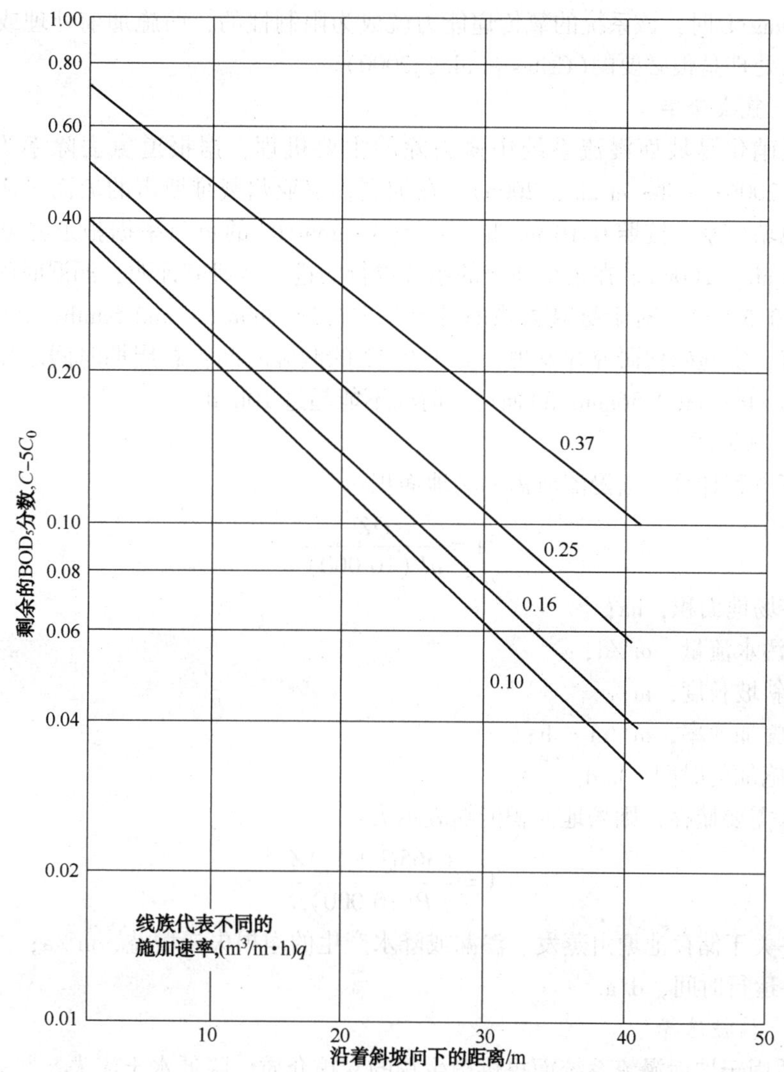

图 18.6 初级出水坡面漫流处理相对于下坡距离的的剩余生化需氧量分数

率较低和流动深度较浅而在坡面漫流斜坡上能够有效去除。对于高强度高固体含量的污水而言，喷淋应用将会在斜坡的上部 65%内均匀分配悬浮固体。

坡面漫流的藻类去除率，基于施加速率和藻类的类型和浓度是不同的。去除率范围为 45%~83%(Witherow and Bledsoe，1983)。漂浮或游动藻类能够抵御沉淀或过滤的去除作用(WEF，2001)。在使用兼性寄生型池塘作为预处理的情况下，坡面漫流斜坡上的负荷率应该不会超过 0.09m³/m² · h(0.12gpm/ft)。如果藻类浓度导致 TSS 值超过 100mg/L，则坡面漫流系统将不会将 TSS 降低至低于 30mg/L。在这些情况下，按照非排放模式运行坡面漫流系统，则有可能采用反复的短时期(15~30min)施加进行，接着进行 1~2h 的停工。坡面漫流系统在俄克拉何马州希夫纳和密西西比州的萨姆洛尔在藻类大量繁殖期间都按照非排放模式运行。

4.4.3.2 生化需氧量负荷

高达 100kg/ha · d(90lb/ ac · d)生化需氧量负荷已成功地应用于坡面漫流系统。当

BOD 超过 800mg/L 时，该系统的氧传递能力就成为限制性的，而施加前处理或出水再循环可能对于成功处理是很必要的(Crites et al.，2000)。

4.4.3.3 氮去除率

硝化和反硝化是坡面漫流系统中氮去除的主要机理，据报道氮去除率为 60%～90%(U.S. EPA，2006；Crites et al.，2006)。在加利福尼亚州戴维斯市的坡面漫流场地上，施加的是氧化池塘出水，按照 0.10 m^3/h · m(0.13 gpm/ft)的负荷率据报道氨氮去除率高达 90%(Crites et al.，2006)。在戴维斯市的系统进行的进一步研究证明，润湿时间：总周期时间较低(小于 0.5：1)，对于氨氮去除率是至关重要的(Johnston and Smith，1988)。德克萨斯州的加兰市，实施硝化研究并发现，对于 0.42 的润湿时间：总周期时间之比，需要负荷率小于 0.43m^3/h · m(0.56gpm/ft)而运行时间不能超过 10h/d。

4.4.3.4 土地要求

采用以下方程计算坡面漫流所需的场地面积：

$$A=\frac{QZ}{qP(10\,000)} \tag{18.13}$$

式中 A——场地面积，ha；

Q——污水流量，m^3/d；

Z——斜坡长度，m；

q——施加速率，m^3/m · h；

P——施加的时间，h/d。

如果污水需要储存，则场地面积能够表示为：

$$A=\frac{(365Q+V_s)Z}{q\,P(10\,000)D} \tag{18.14}$$

式中 V_s——关于储存池塘由蒸发、渗漏或降水产生的净损失或增益，m^3/a；

D——运行时间，d/a。

4.4.3.5 植被选择

耐水草适用于坡面漫流系统而提供微生物的支撑介质，降低水土流失，并去除氮。作物要定期轧切而作为干草或绿色碎屑除去或者保留于斜坡上。通常选择诸如芦苇金丝雀草的成草皮草。其他冷季型草包括高羊茅、多年生黑麦草和红顶草。暖季型草包括常见的沿海百慕达草和百喜草。

4.4.3.6 分配系统

市政污水可以采用闸控管道应用于坡面漫流系统；然而，工业污水应该采用喷头喷淋施加。市政污水的自动喷水系统应位于斜坡向下 30%的距离。从喷头润湿直径边缘至径流收集沟的距离范围为 15～20m(50～65ft)。斜坡之顶的分配方法，除了闸控管道之外，还包括低压喷雾、气泡孔和穿孔管(Crites et al.，2000)。

4.4.4 坡面漫流土地处理的设计实例

对于坡面漫流土地处理场地所需的土地面积的确定，可以采用计算完成。施加速率、斜坡长度、润湿时间和处理所需面积都能够通过计算完成。

基于年均流量 378m^3/d，如果施加二级出水而实现硝化作用，则施加速率应该大于 0.43m^3/m^2 · h。如果选择 0.40m^3/m^2 · h 作为施加速率，润湿时间就为 8h/d，而斜坡长度为 50m，则就可以对所需面积求解：

$$A = QZ/qP(10\ 000) = (378\ m^3/d)(50\ m)/(0.43\ m^3/m \cdot h)(8\ h/d)(10\ 000)$$
$$= 0.55\ ha$$

4.5　快速渗透系统

快速渗透系统要求深的可渗透土壤用于污水处理。本节介绍了预计的处理性能、设计方法与步骤、水力负荷率、有机负荷率和土地需求。

4.5.1　处理性能

快速渗透系统通过过滤、吸附和细菌分解而有效去除 BOD 和悬浮固体。生化需氧量负荷和快速渗透的去除率列于表 18.17 中。悬浮固体通常能够去除至较低水平，接近 1mg/L。

表 18.17　快速渗透系统中的生化需氧量(BOD)负荷和去除率

位　置	施加的污水 BOD		渗透液/(mg/L)	去除率/%
	kg/ha · d	mg/L		
南达科他州布鲁金斯	13	23	1.3	94
马萨诸塞州德文斯堡	87	112	12	89
加州霍里斯特	177	220	8	96
纽约乔治湖	53	38	1.2	97
亚利桑那州凤凰城	45	15~30	0~1	93~100

快速渗滤系统的氮去除率因为生物反硝化作用从 40% 至 90% 不等。重要的设计标准是 BOD : N 之比，水力负荷率和水浸与干燥时间之比。设计目标是管理这些因素而获得硝化/反硝化作用并容许氮作为气体逸出。BOD : N 之比应该大于 3 : 1，才能有效脱氮。负荷率，如果保持在 15~30m/a(50~100ft/a)，则应该在土壤剖面内提供足够的停留时间，才能有效脱氮(Crites，1985)。土壤剖面应该为 3m(10ft)或更深，才能在 30m/a(100ft/yr)负荷下确保足够的停留时间。润湿和干燥对于脱氮也是至关重要的(Crites，1985；U.S. EPA，2006)。表 18.18 总结了快速渗透系统中的脱氮率。图 18.7 显示了典型的迅速渗透处理池。

通过吸收和化学沉淀法能够完成除磷。停留时间—对于化学沉淀至关重要——是通过土壤和含水层的渗透速率和至监测点的流动距离的函数。表 18.19 总结了快速渗透系统中的除磷率。尽管除磷随着时间的推移而下降，但是去除率可能保持高位运行多年。例如，在密歇根的卡柳梅特，88 年后除磷率为 99%(Crites，1985)。

快速渗透系统也能有效去除重金属、病原菌和痕量有机物(U.S. EPA，2006)。在亚利桑那州菲尼克斯，90%~99%的病毒都能通过土壤在 0.1m(0.3ft)行进中去除；在行进通过 9m(30ft)土壤之后去除率达 99.99%(Gilbert et al.，1976)。

4.5.2　设计目标

快速渗滤系统的设计目标包括：

- 通过排放至地下水而进行处理，避免直接排放到地表水。
- 处理和地下水补给。
- 通过地下水拦截而进行水流处理和补给。
- 通过井或暗渠回用而对所处理的水进行处理和回收。
- 在含水层处理和临时储存水。

表 18.18 快速渗透系统的总氮去除率(源自 Crites, R. W. [1985] Nitrogen Removal in Rapid Infiltration Systems, *J. Environ. Eng.*, 111, 865, 经 American Society of Civil Engineers, Reston Virginia 许可)

位置	施加的总氮		渗透液氮/	施加的	去除率/
	/(kg/ha·a)	/(mg/L)	(mg/L)	BOD:N之比	%
南达科他州布鲁金斯	1 330	10.9	6.2	2:1	43
密执安的卡鲁梅	4 170	24.4	7.1	3.4:1	71
马萨诸塞的德文斯堡	15 250	50.0	10~20	2.4:1	60~80
加州霍里斯特	6 110	40.2	2.8	5.5:1	93
纽约乔治湖	6 960	12.0	7.5	2:1	38
亚利桑那州凤凰城	16 710	27.4	9.6	1:1	65

注: BOD =生化需氧量。

图 18.7 快速渗透处理池

表 18.19 快速渗透系统的除磷率(源自 Crites, R. W. [1985] Nitrogen Removal in Rapid Infiltration Systems. *J. Environ. Eng.*, 111, 865, 经 American Society of Civil Engineers, Reston, Virginia 许可)

位置	运行年数	施加浓度/(mg/L)	至采样点的距离/m	渗透液浓度/(mg/L)	去除率/%
南达科他州布鲁金斯	5	3.0	0.8	0.45	85
密执安的卡鲁梅	88	3.5	1 700	0.03	99
以色列的丹地区	7	2.1	150	0.03	99
马萨诸塞的德文斯堡	31	9.0	45	0.10	99
纽约乔治湖	38	2.1	600	0.014	99
亚利桑那州凤凰城	15	5.5	30	0.37	93
新泽西的瓦恩兰	50	4.8	530	0.27	94

4.5.3　设计方法与步骤

以下将给出设计的基本方法与步骤的概述：

(1) 确定现场实测的渗透速率。

(2) 预测所处理水的水力通路。

(3) 确定总处理要求。

(4) 选择合适水平的施加前处理。

(5) 计算年水力负荷率。

(6) 计算所需的场区。

(7) 检查地下水筑堤的潜力。

(8) 选择最终的水力负荷周期。

(9) 计算施加速率。

(10) 确定所需的各个处理池数目。

(11) 定位监测井。

如果需要脱氮，则要添加以下六个步骤：

(1) 计算在土壤中的阳离子交换位点上能够吸附氨氮的质量(Lance，1984)。

(2) 计算能够使用而不超过基于氨氮浓度和日常施加速率第 1 步的质量负荷的负荷时间。

(3) 将铵和有机氮负荷率对比于 70kg/ha · d(60lb/ac · d)的最大硝化速率而检查完全硝化的可行性(美 U. S. EPA，2006)。

(4) 基于步骤 2 和表 18. 20 中的准则选择负荷时间。

(5) 检查施加的污水中 BOD：N 之比。

(6) 考虑限制渗透速率(通常约 30~45m/[100~150ft/a])。

表 18. 20　快速渗透的负荷周期(U. S. EPA，1981)

目标	施加的污水	季节	施加时间/d	干燥时间/d
最大化渗透速率	初级出水	夏季	1~2	6~7
		冬季	1	7~12
	二级出水	夏季	1~3	4~5
		冬季	1~3	5~10
最大化硝化作用	初级出水	夏季	1~2	6~7
		冬季	1	7~12
	二级出水	夏季	1~3	4~5
		冬季	1~2	7~10
最大化脱氮	初级出水	夏季	1~2	10~14
		冬季	1~2	12~16
	二级出水	夏季	7~9	10~15
		冬季	9~12	12~16

中等渗透速率有利于更高的脱氮率(Water Pollution Control Federation，1983)。如果脱氮率的要求很严格(5 mg/L 或更低或超过 80%的去除率)，则需要中试研究进行优化。

4. 5. 3. 1　水力负荷率

设计水力负荷率依据土壤渗透速率、地下水流量、或 BOD 或氮负荷。这些负荷率每一种都必须进行计算，而对于设计必须选择最低值。

基于渗透速率计算水力负荷的方法与步骤，包括将每小时渗透速率转化成年渗透率(乘以8760h/a)并将结果乘以针对润湿和干燥周期、土壤可变性和渗透速率现场测试的类型的系数。在设计中使用的现场实测的渗透率是在测试结束时的1h或更长时间期间内的稳态速率。年度设计负荷率的计算方程为

$$L_w = al \tag{18.15}$$

式中 L_w——年设计负荷率，m/a；

a——范围为0.02~0.15的设计系数；

l——测定的稳态渗透速率，m/a。

设计系数对于小规模试验应该为0.02~0.04(圆筒渗透计或空气进入渗透仪)。对于较大规模的水浸池试验，设计系数能够提高到0.07~0.15，具体值取决于土壤变化性，测试结果的数量，以及所使用的保守程度而定。设计系数不得超过处理池进行水浸淹没的负荷周期的分数。例如，如果施加期限为一天而干燥周期为9天(共10天周期)，则设计系数必须小于0.10。

4.5.3.2 有机负荷率

对于市政快速渗透系统，BOD负荷率通常将为10~200 kg/ha·d(9~180 lb/ac·d)(参见表18.17)。推荐的最大速率为670 kg/ha·d(598 lb/ac·d)(Crites et al.，2000)。表18.17中的BOD负荷为成功运行系统的典型值。

4.5.3.3 土地要求

方程18.16能够用于计算处理池底部的面积。处理池堤岸、公路、缓冲带或扩建区必须加以考虑。

$$A = \frac{365\,Q}{10\,000L_w} \tag{18.16}$$

式中 A——净场地面积，ha；

Q——污水设计平均流量，m^3/d；

L_w——限制性的负荷率，m/a。

4.5.4 快速渗透的设计实例

以下的实例计算了处理378 m^3/d二级出水的快速渗透系统的场地面积。采用处理池渗透试验确定土壤剖面最低渗透速率为0.10m/h。水力负荷率采用7%设计系数进行计算：

$$L_w = aI = 0.07(0.10\ m/h)(24\ h/d) = 0.168\ m/d$$

以下计算确定了所需的场地面积：

$$A = Q/L_w = 378\ m^3/d/(0.168\ m/d) = 2\ 250\ m^2$$

5 浮游水生植物系统

浮游水生植物在几个工艺过程中已经应用于污水处理，包括升级的兼性寄生型池塘出水。在这种情况下，污水处理厂根据负荷和管理可以达到高级污水处理的程度。水葫芦和浮萍是大多数研究和使用的浮游植物。

在污水处理中使用浮游水生植物的概念，部分源自试图在好氧和兼性寄生型池塘排放中控制固体悬浮物浓度而提出的。浮游植物屏蔽水的阳光，并降低藻类的生长。浮游植物系统

还可以降低 BOD、氮、金属和痕量有机物(Crites and Tchobanoglous，1998)。

5.1　水葫芦

水葫芦系统已经在夏威夷的拉奈岛；阿拉巴马州的黑德兰和德克萨斯州的圣贝尼托应用于全规模系统。寒冷的天气限制了水葫芦的生长，限制其对温暖气候的适应性。浮萍更耐寒，而在大多数美国地区至少能季节性存活下来。植物如果在当地无法获得时可能需要从认证的厂商获取。

水葫芦使其成为具有吸引力的细菌生物支撑介质的主要特性是其广泛的根系统和较快的生长速率。限制其广泛使用的主要特性是其温度敏感性(也就是说，在霜冻条件下能够被迅速杀死)。如果在当地无法获得时可能有必要通过认证的供应商购买。

水葫芦已在佛罗里达应用于脱氮(U. S. EPA，1988)。脱氮可以通过优化硝化/反硝化及作物收获而完成。通常由水葫芦除磷是不实用的。

5.2　浮萍系统

浮萍(浮萍科)系统已经进行单独和连同水葫芦一起在混养系统中进行研究。浮萍的主要优点是其寒冷气候敏感性较低；浮萍的主要缺点是其浅根系统和对风移动作用敏感。表 18.21 总结了几个项目，这些项目提供了水葫芦和浮萍系统的宝贵性能数据。

表 18.21　水生植物系统污水处理性能的总结

工程项目	流量/(m^3/d)	植物类型	水力负荷率/(m^3/ha · d)	进水/出水 BOD_5/(mg/L)	进水/出水 SS/(mg/L)
加州圣迭戈	378	水葫芦	590	130/10	107/10
密西西比 NSTL	8	浮萍和铜钱草	504	35. 5/3	47. 7/11. 5
德克萨斯奥斯丁	1 700	水葫芦	140	42/12	40/9
密西西比的 N. 比洛克西，(杉湖)	49	浮萍	700	30/15	155/12
佛罗里达的迪斯尼世界	30	水葫芦	300	200/26	50/14

注：SS =悬浮固体；BOD =生化需氧量；NSTL = 国家空间技术实验室。

5.3　水葫芦和浮萍系统的设计标准

水葫芦系统的设计标准列于表 18.22 中而浮萍系统的设计标准列于表 18.23 中。在加利福尼亚州圣迭戈采用水葫芦的试点工程已经产生了再循环、分步进和长矩形处理池的包裹结构的开发(Crites et al.，1988)。圣迭戈的工程也已经证明使用补充曝气系统的无异味和无蚊蝇的条件，而克服了源自筛滤污水中高硫酸浓度的厌氧条件(Tchobanoglous et al.，1989)。夏威夷拉奈岛的柯艾雷运行情况如图 18.8 所示。

6　人工湿地

人工湿地，是市政和工业污水处理的新兴技术，经过设计而采用挺水植物，如香蒲，芦苇和蒲草处理污水。人工湿地的应用，包括暴雨水、酸性矿井废水、垃圾渗滤液、农业径流和食品加工污水的处理(Crites et al.，2006；Kadlec and Wallace，2009)。

表 18.22 水葫芦系统的设计标准(WEF, 2001)

因　素	二级处理(未曝气)	高级二级处理(曝气)	营养物去除(未曝气)
设计标准			
进水污水源	过筛滤的，沉降的，或氧化沟出水	过筛滤的或沉降的	二级
进水 BOD_5/(mg/L)	130~180	130~180	30
BOD_5负荷率/(kg/ha·d)	40~80	150~300	10~40
水深度/m	0.5~0.8	0.9~1.2	0.6~0.9
停留时间/d	10~36	4~8	6~18
水力负荷/(m^3/ha·d)	200~800	550~1 000	<800
收获时间表	年度	连续每月两次	连续每月两次
预期的出水水质/(mg/L)			
BOD_5	<30	<15	<10
悬浮固体	<30	<15	<10
总氮	<15	<15	<5
总磷	<6	<6	<1~2

注：BOD =生化需氧量。

表 18.23 采用浮萍处理系统进行出水精制的设计标准和出水水质(WEF, 2001)

项　目	取　值	项　目	取　值
设计标准		BOD_5	<30
污水输入	兼性寄生型氧化沟出水	悬浮固体	<30
BOD_5负荷/(kg/ha·d)	22~28	总氮	<15
水力负荷/(m^3/ha·d)	22~28	总磷	<6
水深度/m	1.5~2.0	营养物去除/(mg/L)	
水力停留时间/d	20~25	BOD_5	<10
水温度/℃	>7	悬浮固体	<10
收获时间表	二级处理每月，营养物去除每周	总氮	<5
预期出水水质		总磷	<1~2
二级/(mg/L)			

注：BOD =生化需氧量。

6.1 人工湿地的类型

人工湿地主要有三种类型：自由水面(FWS)、潜流(SSF)和垂直流(U.S. EPA, 1999; U.S. EPA, 2000)。对于 FWS 湿地，施加污水流的路径在土壤表面之上。对于 SSF 湿地，流路横向通过根区和介质，从砂子至粗砾石至岩石。对于垂直流湿地，施加应该通过喷雾或表面水浸完成，而流路径向下通过介质并通过暗河流出。

6.2 自由水面湿地

自由水面系统比 SSF 系统得到越来越广泛的使用，并于美国各地都有应用，包括加州的古斯丁和阿克塔、俄勒冈州的坎农海滩、肯塔基州本顿、科罗拉多州的乌雷和北达科他州迈诺特。该技术仍处于发展阶段。当处理目标没有得到满足，或当污水的特点很独特时，要在大型全规模设计实施之前实施中试。图 18.9 说明了典型的 FWS 湿地系统。

图 18.8　夏威夷拉奈岛上柯艾雷的水葫芦处理

6.3　潜流湿地

潜流系统包括填充砾石、沙子或其他透水介质并种植挺水植物的床或渠道。随着污水水平通过介质/植物过滤器而被处理。SSF 湿地的替代术语包括岩石/芦苇过滤器和草木淹没床。

有几个研究中的试规模和全规模设施正在评估潜流湿地的性能。加利福尼亚州桑蒂进行的较为完整的研究测试之一使用了砾石填充壕沟。全规模系统位于路易斯安那州本顿和霍顿，内华达州的梅斯基特，和肯塔基州的哈丁。潜流湿地欠普及，主要是因为这种湿地是最近才在美国证实有效(Reed et al.，1995)。1993 年美国环保局才对此完成了技术评估(U.S. EPA，1993b)。

图 18.9　华盛顿克里埃勒姆的自由水面人工湿地

6.4 垂直流湿地

垂直流湿地是一种间歇性填充床过滤技术的变体。进水，如果已经获得(至少)初级沉淀处理，则引入再循环处理池，在那里与已经在湿地中经过处理的水混合。计量泵间歇性地将水从再循环水罐池中送至位于湿地表面上的分配管道网络。施加的水垂直浸透通过湿地的豌豆砾石介质。在介质上生长的湿地植被，改善了填充床过滤器的美学，同时经由植物根系向豌豆砾石介质中的细菌提供少量的氧。水在湿地池的底部收集并返回阀控出水水流的再循环罐池。

垂直流湿地能够实现 BOD_5和 TSS 浓度小于 10mg/L，并除去了约 50%的总氮。因为水间歇计量提供而介质连续排水，垂直流湿地在将氨转化成硝酸盐(硝化)时比自由水面有效得多。串联设计的垂直流湿地，能够达到完全硝化，即使是高浓度的氨也是如此(Crites et al.，2006)。

6.5 人工湿地的性能

表 18.24 总结了所选的 FWS 人工湿地系统的性能。自由水面系统采用附生于植物和植凋落物的细菌去除 BOD。悬浮固体通过在植被和沉淀中夹带而去除。在 SSF 系统中，过滤是悬浮固体去除的主要机制。表 18.25 总结了 SSF 湿地的 BOD 和 TSS 去除率。

脱氮，取决于施加前处理、停留时间和负荷率，在这两种类型的人工湿地中都是有效的。在寒冷的天气下，当水温下降到 5℃以下时，硝化能力就会下降(Crites et al.，2006)。当植物进入衰老时，营养物质就会释放到水体中。在大多数 FWS 湿地系统中除磷并不太有效，因为污水和土壤之间的接触有限。对于 SSF 湿地而言，除磷的潜力大于 FWS 系统，这要取决于介质和停留时间。

表 18.24 FWS 人工湿地中观察到的典型 BOD 和 TSS 去除率(源自 Crites，R. W.，and Tchobanoglous，G.，*Small and Decentralized Wastewater Management Systems*. 版权 . 1998，经 McGraw-Hill Companies，New York，N. Y. 的许可)

位　置	BOD/(mg/L)			TSS/(mg/L)
	进水	出水	进水	出水
加利福尼亚的阿克塔	26	12	30	14
肯塔基的本顿	25.6	9.7	57.4	10.7
俄勒冈的坎农海滩	26.8	5.4	45.2	8.0
阿拉巴马迪波西特堡	32.8	6.9	91.2	12.6
加州的古斯丁	75	19	102	31
宾夕法尼亚的艾斯林	140	17	380	53
安大略省的里斯托尔	56.3	9.6	111	8
科罗拉多州的乌雷	63	11	86	14
密西西比的西杰克逊有限公司	25.9	7.4	40.4	14.1
加州的萨克拉门托公司	23.9	6.5	8.9	12.2

注：BOD=生化需氧量；TSS =总悬浮固体。

表 18.25 潜流湿地中观察到的总生化需氧量去除率

位　置	预处理	浓度/(mg/L)		去除率/%	标称停留时间/d
		进水	出水		
肯塔基的本顿①	氧化沟	23	8	65	5
内华达的梅斯基特②	氧化沟	78	25	68	3.3
加州的桑提③	初级	118	1.7	88	6
澳大利亚的悉尼④	二级	33	4.6	86	7

① 从 1988 年 3 月至 1988 年 11 月以 80mm/d 全规模运行(Watson et al.，1989)。

② 全规模运行，1994 年 1 月至 1995 年 1 月。

③ 中试规模运行，1984，以 50 mm/d 运行 (Gersberg et al.，1985)。

④ 在澳大利亚接近悉尼的新南威尔士里士满以 40mm/d 从 1985 年 12 月至 1986 年 2 月中试规模运行(Bavor et al.，1987)。

6.6 土地要求

方程 18.17 能够用于计算 FWS 湿地的所需面积：

$$A_{fw}=\frac{q(\ln C_o-\ln C_e)}{k_t dn(10\ 000)} \tag{18.17}$$

式中 A_{fw}——FWS 湿地的表面积，ha；

q——污水流量，m^3/d；

C_o——进水 BOD 浓度，mg/L；

C_e——出水 BOD 浓度，mg/L；

n——孔率，分数；

k_t——一级速率常数，d^{-1}。

污水流量是进水和出水流量平均值。孔率作为一个小数，可能的范围为对于重植被湿地的 0.70 至轻植被湿地的 0.9。20℃下的 k 系数为 0.678/d；θ 系数为 1.06。

方程 18.18 能够用于计算 SSF 湿地的面积：

$$A_{sf}=\frac{q(\ln C_o-\ln C_e)}{k_t dn(10\ 000)} \tag{18.18}$$

式中 A_{sf}——SSF 湿地面积；ha；

q——流量，m^3/d；

C_o——进水 BOD 浓度，mg/L；

C_e——出水 BOD 浓度，mg/L；

k_t——一级速率常数，d^{-1}；

d——介质深度，m；

n——可排水空隙，分数；

10 000——平方米换算成英亩。

对于粗砾石介质床而言，k_{20}的典型值为 1.1 而 n 的典型值为 0.38(Crites et al.，2006)。SSF 湿地典型床深度范围为 0.5~0.75m(20~30in)。设计细节可以查阅其他文献(Crites and Tchobanoglous，1998；Kadlec and Knight，1996；Crites et al.，2006)。

里德等(Reed et al.，1995)已经对比了 FWS 和 SSF 处理所需的面积，并发现 FWS 湿地对于相同温度、相同性能和流量比潜流湿地大 1.52 倍。

自由水面湿地可以提供大量的野生动物栖息地(U.S. EPA, 1993a)。水域深(大于 1m)浅(小于 0.6m)交替，可提供好氧处理的补充氧，为水禽提供开放的水域，并降低了挺水植物种植和收获的需要。

向 FWS 湿地分配水，应该设计成歧管或等效的方法。出口能够通过歧管或堰，而容许水深度产生变化。

FWS 湿地的蚊子控制是必要的。然而，采用 SSF 湿地，水不暴露于成年蚊蝇。蚊子的控制方法，包括化学和生物控制、水位管理，以及增加捕食者(Williams et al., 1996)。

6.7 湿地设计实例

以下是基于几个假设的湿地设计的实例：

- 温度 = 15℃；
- 流量，Q = 1136 m^3/d(414 640 m^3/a)；
- 湿地之前是化粪池或某些其他初步沉降池；
- BOD 进水 = 175 mg/L。

采用基本的动力学模型：

$$A = \frac{q(\ln C_o - \ln C_e)}{k_f dn(10\ 000)} \qquad (18.19)$$

$$K_T = K_{20}(\theta)^{(T-20)} \qquad (18.20)$$

式中 C_o——湿地进水浓度，mg/L；
C_e——湿地出水浓度，mg/L(对于该实例，假设 C_e = 25 mg/L)。
K_T——温度 T 下的反应速率常数；
θ——温度系数(假设 θ = 1.06)；
K_{20}——20℃下的反应速率常数，0.678；
A——湿地的处理面积，m^2；
q——年进水污水流量，m^3/a；
d——0.6 m；
n——0.8。

为了对于温度校正反应速率常数，使用了以下的转换关系：

$$K_T = K_{20}(\theta)^{(T-20)}$$

$$K_T = 0.678(1.06)^{(15-20)}$$

$$K_T = 0.507$$

基于以上的方程和假设，处理所需的面积为 A = 0.91ha。

7 参考文献

Ayers, R. S.; Westcot, D. W. (1984) Water Quality for Agriculture. Irrigation and Drainage Paper No. 29. Food and Agriculture Organization of the United Nations (FAO), Rome,

Italy.

Bavor, H. J. ; Roser, D. J. ; McKersie, S. A. (1987) Nutrient Removal Using Shallow Lagoon - Solid Matrix Macrophyte Systems. In*Aquatic Plants for Water Treatment and Resource Recovery*; Reddy, K. R. , Smith, W. H. , Eds. ; Magnolia Publishing: Orlando, Florida; 228.

Crites, R. W. (1985) Nitrogen Removal in Rapid Infiltration Systems. *J. Environ. Eng.* , 111 (6), 865, American Society Civil Engineers, Reston, Virginia.

Crites, R. W. ; Tchobanoglous, G. (1998) *Small and Decentralized Wastewater Management Systems*; McGraw-Hill, Inc. : New York.

Crites, R. W. ; Kruzic, A. P. ; Tchobanoglous, G. (1988) Aquatic Treatment Systems for Wastewater Management. *Proceedings of the Joint Canadian Society of Civil Engineers and the American Society of Civil Engineers National Conference on Environmental Engineering*; Vancouver, British Columbia, Canada, Jul 13 - 15; University of British Columbia: Vancouver, British Canada.

Crites, R. W. ; Middlebrooks, E. J. ; Reed, S. C. (2006) *Natural Wastewater Treatment Systems*; CRC Press: Boca Raton, Florida.

Electric Power Research Institute; Tennessee Valley Authority (2004) Wastewater Subsurface Drip Distribution: Peer Reviewed Guidelines for Design, Operation, and Maintenance; Electric Power Research Institute: Palo Alto, California; Tennessee Valley Authority, Chattanooga, Tennessee.

Gersberg, R. M. ; Elkins, B. V. ; Lyons, R. ; Goldman, C. R. (1985) Role of Aquatic Plants in Wastewater Treatment by Artificial Wetlands. *Water Res.* (G. B.), 20, 363.

Gilbert, R. G. ; Gerba, C. P. ; Rice, R. C. ; Bouwer, H. ; Wallis, C. ; Melnick, J. L. (1976) Virus and Bacteria Removal from Wastewater by Land Treatment. *Appl. Environ. Microbiol.* , 32, 333.

Great Lakes Upper Mississippi River Board of State Sanitary Engineering Health Education Services (2004) *Recommended Standards for Sewage Works*; Great Lakes Upper Mississippi River Board of State Sanitary Engineering Health Education Services: Albany, New York.

Hannah, S. A. ; Austern, B. M. ; Eralp, A. E. ; Wise, R. H. (1986) Comparative Removal of Toxic Pollutants by Six Wastewater Treatment Processes. *J. Water Pollut. Control Fed.* , 58 (1), 27.

Hansen, V. E. ; Israelsen, O. W. ; Stringham, G. E. (1979) *Irrigation Principles and Practices*, 4th ed. ; Wiley & Sons: New York.

Irrigation Association (1983) *Irrigation*, 5th ed. ; Pair, C. H. , Ed. ; Irrigation Association: Silver Spring, Maryland.

Jewell, W. J. (1978) *Limitations of Land Treatment of Wastes in the Vegetable Processing Industries*; Cornell University Press: Ithaca, New York.

Johnston, J. ; Smith, R. (1988) Operating Schedule Effects on Nitrogen Removal in Overland Flow Treatment Systems. Proceedings of 61st Annual Conference of the Water Pollution Control Federation; Dallas, Texas, Oct 3 - 6; Water Pollution Control Federation: Alexandria, Virginia.

Kadlec, R. H. ; Knight, R. L. (1996) *Treatment Wetlands*; Lewis Publishers: Boca Raton,

Florida.

Kadlec, R. H. ; Wallace, S. D. (2009) Treatment Wetlands, 2nd ed.; Taylor and Francis: Boca Raton, Florida.

Lance, J. C. (1984) Land Disposal of Sewage Effluents and Residue. In*Groundwater Pollution Microbiology*; Britton, G. ; Gerba, C. P. , Eds. ; John Wiley and Sons: New York.

Leverenz, H. ; Tchobanoglous, G. ; Darby, J. (2002) *Review of Onsite Technologies for the Onsite Treatment of Wastewater in California*, Report to the California State Water Resources Control Board, Center for Environmental and Water Resources Engineering, 2002 - 1; University of California Davis: Davis, California.

Oswald, W. J. (1991) Introduction to Advanced Integrated Wastewater Ponding Systems. *Water Sci. Technol.* , 24 (5), 1.

Reed, S. C. ; Crites, R. W. ; Middlebrooks, E. J. (1995) *Natural Systems for Waste Management and Treatment*, 2nd Ed. ; McGraw-Hill: New York. Rich, L. G. (1980) *Low-Maintenance Mechanically Simple Wastewater Treatment Systems*; McGraw-Hill: New York.

Rich, L. G. (1996) Low - Tech Systems for High Levels of BOD and Ammonia Removal. *Public Works*, 127 (4), 41.

State Water Resources Control Board (1984) *Irrigation with Reclaimed Municipal Wastewater A Guidance Manual*, Report 84-1; Pettygrove, G. S. , Asano, T. , Eds. ; State Water Resources Control Board: Sacramento, California.

Tchobanoglous, G. ; Maitski, F. ; Thompson, K. ; Chadwick, T. H. (1989) Evolution and Performance of City of San Diego Pilot-Scale Aquatic Wastewater Treatment System Using Hyacinths. *J. Water Pollut. Control Fed.* , 61 (11/12), 1625.

U. S. Environmental Protection Agency (1975) *Wastewater Treatment Lagoons*; EPA-430/ 9-74-001; MCD-14; U. S. Environmental Protection Agency: Washington, D. C.

U. S. Environmental Protection Agency (1976) Use of Climatic Data in Estimating Storage Days for Soil Treatment Systems, EPA-600/2-76-250; U. S. Environmental Protection Agency, Office of Research and Development: Cincinnati, Ohio.

U. S. Environmental Protection Agency (1981) *Process Design Manual Land Treatment of Municipal Wastewater*; EPA - 625/1 - 81 - 013; Cent. Environmental Research Inf. ; U. S. Environmental Protection Agency: Cincinnati, Ohio.

U. S. Environmental Protection Agency (1983) *Design Manual on Municipal Wastewater Stabilization Lagoons*, EPA-625/1-83-015; Center for Environmental Research Information, U. S. Environmental Protection Agency: Cincinnati, Ohio.

U. S. Environmental Protection Agency (1984) *Process Design Manual for Land Treatment of Municipal Wastewater: Supplement on Rapid Infiltration and Overland Flow*, EPA-625/ 1-81-019a; Center for Environmental Research Information, U. S. Environmental Protection Agency: Cincinnati, Ohio.

U. S. Environmental Protection Agency (1988) *Constructed Wetlands and Aquatic Plant Systems for Municipal Wastewater Treatment*, EPA-625/1-88-022; Center for Environmental Research Information, U. S. Environmental Protection Agency: Cincinnati, Ohio.

U. S. Environmental Protection Agency (1993a) *Constructed Wetlands for Wastewater Treatment and Wildlife Habitat*, EPA - 832R/93 - 005; U. S. Environmental Protection Agency: Washington, D. C.

U. S. Environmental Protection Agency (1993b) *Subsurface Flow Constructed Wetlands for Wastewater Treatment: A Technology Assessment*, EPA-832/R-93-008; U. S. Environmental Protection Agency, Washington, D. C.

U. S. Environmental Protection Agency (1999) *Free Water Surface Wetlands for Wastewater Treatment: A Technology Assessment*; Office of Water Management, U. S. Environmental Protection Agency: Washington, D. C.

U. S. Environmental Protection Agency (2000) Constructed Wetlands Treatment of Municipal Wastewater, EPA/625/R-99/010; Office of Research and Development, U. S. Environmental Protection Agency: Cincinnati, Ohio.

U. S. Environmental Protection Agency (2002) *Design Manual Onsite Wastewater Treatment and Disposal Systems*, EPA-625/R-00/008; Center for Environmental Research Information, U. S. Environmental Protection Agency: Cincinnati, Ohio.

U. S. Environmental Protection Agency (2004) Needs Survey, 2004. Office of Water Management; U. S. Environmental Protection Agency; Washington, D. C.

U. S. Environmental Protection Agency (2006) *Process Design Manual Land Treatment of Municipal Wastewater Effluents*, EPA - 625/R - 06/016; Center for Environmental Research Information, U. S. Environmental Protection Agency: Cincinnati, Ohio.

U. S. Environmental Protection Agency (2009) *Design Manual: Municipal Wastewater Stabilization Ponds*, *Office of Research and Development*; U. S. Environmental Protection Agency: Cincinnati, Ohio.

Water Environment Federation (2001) *Natural Systems for Wastewater Treatment*, Manual of Practice No. FD-16; Water Environment Federation: Alexandria, Virginia.

Water Pollution Control Federation (1983) *Nutrient Control*, Manual of Practice No. FD-7, Water Pollution Control Federation: Alexandria, Virginia.

Water Pollution Control Federation (1989) Technology and Design Deficiencies at Publicly Owned Treatment Works. *Water Environ. Technol.*, 1 (4), 515.

Watson, J. T.; Reed, S. C.; Kadlec, R. H.; Knight, R. L.; Whitehouse, A. E. (1989) Performance Expectations and Loading Rates for Constructed Wetlands. In*Constructed Wetlands for Wastewater Treatment*; Hammer, D. A., Ed.; Lewis Publishers: Chelsea, Michigan; 319.

Williams, C. R.; Jones, R. D.; and Wright, S. A. (1996) Mosquito Control in a Constructed Wetland. *Proceedings of the 69th Annual Water Environment Federation Technical Exposition and Conference* [CD-ROM]; Dallas, Texas, Oct 5 - 9; Water Environment Federation: Alexandria, Virginia.

Witherow, J. L.; and Bledsoe, B. E. (1983) Algae Removal by the Overland Flow Process. *J. Water Pollut. Control Fed.*, 55 (10), 1256.

Zirschky, J. (1986) Hydrograph Controlled Release Lagoons. Process Field Evaluation Innovative and Alternative Technology, Technology Transfer Seminar; U.S. Environmental Protection Agency: Washington, D.C.

8 推荐读物

Bavor, H. J.; Roser, D. J.; and McKersie, S. A. (1987) Nutrient Removal Using Shallow Lagoon-Solid Matrix Macrophyte Systems. In *Aquatic Plants for Water Treatment and Resource Recovery*. Reddy, K. R.; Smith, W. H., Eds.; Magnolia Publishing, Inc.: Orlando, Florida.

Gersberg, R. M.; Elkins, B. V.; Lyons, R.; Goldman, C. R. (1985) Role of Aquatic Plants in Wastewater Treatment by Artificial Wetlands. *Water Res.* (G. B.), 20, 363.

Mitsch, W. J. (1994) *Global Wetlands: Old World and New*. Elsevier: Amsterdam, Holland.

Mitsch, W. J.; Gosselink, J. G. (2000) *Wetlands*, 3rd ed.; John Wiley & Sons: New York.

Reed, S. C. (1991) Constructed Wetlands for Wastewater Treatment. *BioCycle*, 32, 44.

Reed, S. C.; Crites, R. W. (1984) *Handbook of Land Treatment Systems for Industrial and Municipal Wastes*; Noyes Publications: Park Ridge, New Jersey.

Tchobanoglous, G.; Crites, R.; Gearheart, R.; Reed, S. C. (2003) A Review of Treatment Kinetics for Constructed Wetlands. In *The Use of Aquatic Macrophytes for Wastewater Treatment in Constructed Wetlands*; Dias, V.; Vymazal, J., Eds.; Instituto da Conservacao da Natureza and Instituto Nacional da Agua: Lisbon, Portugal.

U.S. Environmental Protection Agency (1975) *Wastewater Treatment Lagoons*, EPA-430/9-74-001, MCD-14; U.S. Environmental Protection Agency: Washington, D.C.

Water Environment Research Foundation (2006) Small-Scale Constructed Wetland Treatment Systems, Water Environment Research Foundation: Alexandria, Virginia.

Watson, J. T.; Reed, S. C.; Kadlec, R. H.; Knight, R. L.; Whitehouse, A. E. (1989) Performance Expectations and Loading Rates for Constructed Wetlands. In *Constructed Wetlands for Wastewater Treatment*; Hammer, D. A., Ed.; Lewis Publishers: Chelsea, Michigan.

第19章 消　　毒

1 概 述

本章的目的是为工程师、科学家和污水处理厂(WWTP)运营商提供比较、选择、设计和运行各种常用的污水消毒工艺过程的准则。消毒是污水处理保护公众健康的最重要组成部分。不当消毒的水和污水，在发展中国家和发达国家是疾病爆发的主要原因。由于水资源枯竭而随着水回用逐渐增加，免疫功能受损的人群也在增加，而随着不断增长的世界人口密度，正确的消毒已变得更加重要。

水生性疾病因为水污染而发生，会涉及几十种潜在的病原体，包括致病性病毒、细菌或原虫。消毒设计中的关键概念是指标生物或目标病原体——其浓度作为其他病原存在的保守指示的生物，是消毒成功或水相对安全的标准。目标病原体，适用的监管标准，和所采用的处理技术已在近几年得到发展，因此人们对于与各种病原相关风险的理解越来越深入。在美国，1972 年联邦水污染控制法修订案，提供了确定二级处理标准的统一基础，包括通过建立粪大肠菌群标准而规定的消毒标准。然而，越来越多的其他指标物种已被认为是消毒较为保守的指标，因而正越来越多地用作监管限制和消毒设计的基础，包括大肠埃希氏菌(大肠杆菌)、肠球菌、总大肠菌群、病毒和原虫。

粪大肠菌群已被广泛用作指标生物，而可能存在的其他微生物(肠道细菌和病毒)，这些都可能会对公众健康产生风险。其他人类病原体，包括病毒和原生动物鞭毛虫和隐孢子虫，可能在没有大肠菌群指标存在下存在，且不能使用标准的消毒过程灭活。因此，规定粪大肠菌群限制的法规可能无法完全保护公众健康不受传统处理中幸存下来的寄生虫带来的危害。通过多种技术，能够完成污水处理出水的消毒。其中主要的是采用氯基化学品和紫外线照射进行处理。

与出水消毒决策相关的风险可能延伸到公众健康和自然资源领域。因为一些消毒剂的负面影响，在某些情况下，可能已经证明消毒工艺过程需要降低或甚至终止。

2 病原体、疾病和监管的要求

消毒的设计是受系统必须满足的出水限制所决定的。因为出水规定在众多监管机构和国家内广泛不一，这就必须遵循国家、州、县、地方和部落的监管要求，而对给定的消毒系统建立设计标准和监测要求。许可证要求可能是季节性的，而可能取决于污水是否回收或排放，并可能在目前或可预见的未来条件下适用于平均或峰值流量。受纳水体(例如，美国的水域或受损水体)的状态，其下游用途、地理位置，以及当前的水质都可能影响许可证的规定。

批准机构可能限制细菌和病毒生物指标的最高容许浓度。目前，监管机构正在使用许多方法监测和控制市政污水处理厂的消毒工艺过程，而使之保持遵守设计标准。从历史上看，这些标准已经指向加氯消毒系统的控制。当高度消毒是必需时，这些标准包括停留时间(这可能从平均干燥天气流量的 2h 到峰值流量下的 20min 不等)，混合要求，剂量或残留的要求，以及浊度和上游工艺过程规范的限制。此外，在 WWTP 排放许可中通常要求遵守具体的水质排放或受纳水体的限制。这种限制会有所不同，但通常包括200或400最或然值(MPN)的粪大肠菌群(FC)/100mL，240 MPN的总大肠菌群(TC)/100mL，或2.2MPN TC/100mL的大肠菌群浓度。此外，在美国的许多地区已然有出水余氯和毒性的限制。

许多不同的消毒方法已经在实践中应用而用于改善后续下游应用的水质。受纳污水出水消毒不充分的溪流或其他水体可能会受到病原(致病)生物的污染。人类通过饮用，食用贝类，灌溉作物或参与接触活动，如游泳或钓鱼而可能暴露于这些病原体中。

现代消毒技术已经有助于降低这些水源性疾病的蔓延。为了进一步降低这种威胁，监管机构限制污水出水中指标微生物或病原体的最高容许浓度。许多机构通过要求出水大肠菌群监测而控制消毒工艺过程；少数几个州已经开始使用大肠杆菌作为主要接触水的细菌指标。在1L原始生活污水中存在百万计的大肠菌群和粪链球菌。这些指标生物的数量根据污水而不同，而在具体的污水和处理的二级出水中也会不同，如表19.1中所述。

表19.1 典型污水进水病原性和指标生物的浓度范围

(Casson et al.，1990；Rose，1988；和U.S. EPA，1979)

生 物	最小值/(MPN/100 mL)	最大值/(MPN/100 mL)
总大肠菌群	1 000 000	—
粪肠菌群	340 000	49 000 000
粪链球菌	64 000	4 500 000
病毒	0.5	10 000
隐胞菌卵囊	85	1 370
贾第鞭毛虫包囊	80	320

表19.2 水源性疾病和传播途径(Pipes，1982，和Sorvillo et al.，1992)

水源性疾病	如美国报道的传播途径		
	饮水	康乐用水	贝类动物
细菌性疾病			
细菌性痢疾（志贺氏菌）	是	是	否
霍乱(霍乱孤菌)	否	否	是
腹泻（肠致病性大肠埃希氏菌）	是	否	否
钩端螺旋体病(钩体菌)	是	是	否
沙门氏菌病(沙门氏菌属)	是	是	是
伤寒(伤寒沙门氏杆菌)	是	是	否
兔热病（土拉热弗朗西丝菌）	是	否	否
耶氏菌症（假结核菌）	是	否	否
病因不明			
腹泻，急性未分化	是	是	是
胃肠炎，急性、良性、自限性①	否	是	否
胃肠炎（诺沃克型剂）	是	否	否
A型肝炎（乙肝病毒）	是	是	是
寄生虫病			

续表

水源性疾病	如美国报道的传播途径		
	饮水	康乐用水	贝类动物
阿米巴痢疾（痢疾阿米巴）	是	否	否
蛔虫病（蛔虫）	否	否	否
小袋虫痢疾（结肠小袋虫）	否	否	否
贾第虫病(篮氏贾第鞭毛虫)	是	否	否
隐性孢子虫病（肠球虫）	是	是	否

① 并非呈报疾病，但是已经通过流行病学研究证实是经由休闲之水传播。

人们最关注的源自污水污染环境的生物是肠道细菌、病毒和肠道寄生虫。通过水饮用和/或接触而传播的疾病可能是很严重的，而有时是极限而临界的。细菌性疾病(如沙门氏菌病、霍乱、肠道大肠杆菌和志贺氏菌所致的肠胃炎)和病毒性疾病(肝炎病毒、脊髓灰质炎病毒、柯萨奇病毒 A 和 B、埃可病毒、呼肠孤病毒和腺病毒引起的)通过与之接触或饮用污水污染的受纳水体而可能感染。表 19. 2 总结了这些疾病和各自的传播途径。污水消毒和饮用水加氯，实际上在美国已经消除了伤寒、霍乱和痢疾的病例。

表 19. 1 和表 19. 3 中分别对比了未经处理的出水和二级出水的浓度，证实生活污水未经消毒的传统处理不足以在市民使用和身体发生接触之地去除和控制病原体。

表 19. 3　消毒之前病原性和指标生物的二级出水范围(U. S. EPA，1986a)

生　　物	最小值/(MPN/100 mL)	最大值/(MPN/100 mL)
总肠菌群	45 000	2 020 000
粪大肠菌群	11 000	1 580 000
粪链球菌①	2 000	146 000
病毒	0. 05	1 000
沙门氏菌属	12	570

① 假设粪链球菌的去除效率类似于粪大肠菌群的去除效率。

2. 1　美国联邦标准

1972 年、1977 年和 1987 年，美国国会颁布了美国历史上最全面的水污染管制法规，“清洁水法”，以恢复和维持国家水资源的化学、物理和生物的完整性。为了实现这些目标，以科技为本的污水排放标准的实施，规定了工业和市政污水排放。凡需要更高级别保护的情况下，场地特异性的水质标准，可以用于升级更新出水限制。按照这些技术为基础的标准，二级处理是污水处理厂所需的最低水平。

围绕消毒的问题，作为二级处理工艺过程的一部分，侧重于加氯做法的不良后果，即氯及其反应副产物对淡水、河口和海洋生物的毒性影响，以及可能形成致癌物(U. S. EPA，1986a)。

2. 2　州标准

在美国，制定水质标准的责任落在相应的州政府机构身上。然而，由美国环境保护署(Washington，D. C.)(U. S. EPA)和其他联邦机构提供准则。美国公共卫生局(马里兰州罗克维尔市)在1968年进行的研究表明，在具有中值总大肠菌群密度2300 TC/100mL的水中游泳的人比具有比总对照人群显著更大的患病率，所述总对照人群是指在具有中值总大肠菌群密度小于1200 TC/100mL的水中游泳的人(U. S. EPA，1979，1984)。1968年，国家技术咨询委员会(NTAC)提出使用粪大肠菌群指标，因为它是人类粪便污染(因此，成为健康风险)的指标且不太发生变化。美国公共卫生局的研究表明，约18%的总大肠菌群是粪大肠菌群。这个百分比用于确定2300 FC/100mL的当量(观察到统计学上显著性地与游泳有关的胃肠道疾病的密度)为约400 MPN FC/100mL。NTAC建议，可检测的风险是不可取的，并提出了公众健康风险发生的密度在50%时的阈值。

1972年美国环保局的研究(U. S. EPA，1992b)结果是基于胃肠炎患病率和细菌指标密度之间的关系的强度。肠球菌已经证明对于在海洋和淡水中游泳相关的胃肠炎具有很强的相关性。大肠杆菌表现出与淡水中胃肠炎具有强烈的关系，但在海水中并没有表现出强烈的关系。粪大肠菌群和总大肠菌群在海洋和淡水中都呈弱相关性(U. S. EPA，1992b)。

美国环保局的研究结果反映于少数几个都使用大肠杆菌和肠球菌作为指标的州水质标准中。缅因州和新罕布什尔州使用大肠杆菌作为其淡水指标而使用肠球菌作为其海水指标。佛蒙特州、印第安纳州和俄亥俄州都是还没有海洋环境并仅仅使用大肠杆菌作为其淡水系统的细菌指标的州(U.S. EPA，1992b)。

一些州对于平均出水粪大肠菌群水平已经采纳了比200 MPN/100mL更加严格的消毒要求。加州水回用、污水非限制性康乐用途和接近贝类地区浅海排放的标准，规定7天中中值总大肠菌群值为2.2 MPN/100mL或更低。

总之，不同州都具有粪大肠菌群的标准，其范围从小于2.2 MPN/100mL至高达5 000 MPN/100mL，而总大肠菌群标准从2.2 MPN/100mL至高达10 000 MPN/100mL不等。18个州(缅因州、佛蒙特州、宾夕法尼亚州、阿拉巴马州、佐治亚州、肯塔基州、印第安纳州、明尼苏达州、俄亥俄州、新墨西哥州、俄克拉何马州、衣阿华州、密苏里州、内布拉斯加州、北达科他州、南达科他州、怀俄明州和爱达荷州)具有只适用于游泳季节期间的季节性消毒要求。这些消毒标准已经相对于排放溪流水的水质，最常见的标准是粪大肠菌群200 MPN/100mL(全身体接触)至1000 MPN/100mL(二级)的限制。40多个州有相对于排放溪流水水质标准的多级消毒标准，最常见的标准是200MPN FC/100mL。仅仅五个州(纽约州、罗德岛州、康涅狄格州、南达科他州和犹他州)都有粪大肠菌群和总大肠菌群的消毒标准。六个州(缅因州、新罕布什尔州、佛蒙特州、印第安纳州、俄勒冈州和俄亥俄州)已通过了淡水的大肠杆菌标准。

2.3 病原性生物

通过在各种类别之下基于其一些常见的微生物特性进行广谱分类，多种微生物能够引发疾病。这些类别有细菌、病毒、原虫、寄生虫、藻类和真菌。最常见的类型：细菌、真菌、原生动物和病毒，将在下面进行介绍。

2.3.1 细菌

细菌包括一大类缺乏与植物一样的叶绿素和膜结合的核的微观单细胞生物。这些微生物经常是运动的，通过鞭毛运动，并以其三种主要的形态——球形(球菌)、棒状(芽孢杆菌)、和螺旋(螺旋状菌)出现。细菌能够基于与细胞壁结构相关的革兰氏染色反应而分为两种主要群体，革兰氏阳性和革兰氏阴性菌(Gaudy and Gaudy，1980)。细菌的大小尺寸范围通常从小于0.2μm到大至15μm不等(Metcalf & Eddy，2003)。

2.3.2 真菌

真菌是多细胞的非光合异养生物。真菌能够通过裂变、芽殖或孢子形成而进行有性或无性繁殖。真菌生长的主要形式是丝状(Metcalf & Eddy，2003)。

2.3.3 原生动物

原生动物是单细胞的微观真核生物。大多数原生动物是好氧异养生物，但是也有少数是厌氧的。有些属于光合自养型。有四类原生动物：鞭毛虫、孢子虫、纤毛虫和根足虫。这些原虫通常比细菌大而经常将细菌当作能量来源而食用细菌(Gaudy and Gaudy，1980；Metcalf & Eddy，2003)。

2.3.4 病毒

病毒是亚微观实体，主要由核蛋白构成，并能够穿过过滤细菌的过滤器。病毒具有活体生物体的许多特性(例如，它们能够在活细胞中生长和增殖)(Gaudy and Gaudy，1980)

2.4 病原体和疾病

饮用水、接触性休闲用水和贝类中相关的疾病遵照肛门-口腔的传播途径。细菌所致疾病范围从轻微肠胃不适至伤寒。在一般情况下，数目众多的肠道致病菌由很小比例的人群在粪便中散发。病原体的散发通常持续几个星期，但对于沙门氏菌属和志贺氏菌已经观察到了载体状态。健康人群的肠道细菌感染剂量通常超过10 000个细胞。然而，较低水平的志贺氏菌和伤寒沙门菌也能够引起感染(Water Pollution Control Federation，1984)。

几个星期内，肠道病毒在粪便中就能够高水平散发。据报道为109/g~1010/g的水平(Banatvala，1981)。为确定必须摄入引起感染的肠病毒确切数量，已进行了大量的研究。感染的潜势是值得关注的，但是感染并不总会导致疾病。

由原生动物引起的水源性疾病主要与阿米巴虫、贾第鞭毛虫(贾第虫)和隐性芽胞虫有关。从1978年到1981年，贾第虫，这种会导致严重肠胃不适的原虫，就是最经常被认定与水源性疾病相关的病原体。在1981年，28%(32例中9例)的报告疫情都是由鞭毛虫引起的。在1991年和1992年间，贾第鞭毛虫占疫情爆发中34例中的4例(Moore et al.，1994)。由阿米巴虫所致的水源性阿米巴性痢疾在美国一段时间内尚未见报道(Water Pollution Control Federation，1984)。

仅在过去的三十年内原生动物寄生虫隐性芽胞虫已被确定为一种重要的致病剂。在1980年之前，全球只有11例隐孢子虫病的介绍(Curds，1992)。最新的证据涉及到隐性芽胞虫作为最常见的寄生虫世界范围发现于患有腹泻的患者中(Curds，1992)。在1991年和1992年内，隐性芽胞虫在美国涉嫌3次水源性疾病爆发(Moore et al.，1994)。然而，过去的隐孢子虫病爆发可能一直未被认知(Moore et al.，1994)。美国在1999年和2003年之间，就出现了10次与饮用水相关的隐性芽胞虫病爆发和49次与休闲用水相关的隐性芽胞虫病爆发(Asano et al.，2007)。

携带隐孢子虫病的免疫性健康的人群通常在不到20天内就具有症状，但在腹泻期间隐性芽胞虫的囊泡(称为卵囊)可以分泌两次(Fayer and Ungar，1986)。污水中据报道的值为170个卵囊/100mL(Rose et al.，1989)。饲养研究已表明，对人类的感染剂量为约 130 个卵囊，在 5 个主体中有 1 个主体只要 30 个卵囊就能导致感染(DuPont et al.，1995)。

在美国，由蠕虫动物(蠕虫)在水中传播的疾病发生传播是罕见的。寄生性蠕虫必须通过许多障碍，才能导致人类出现感染和疾病(Water Pollution Control Federation，1984)。

为确定人类免疫缺陷病毒(HIV)导致的免疫缺陷综合症(AIDS)的环境影响，已有相关研究。HIV 包含于体液(如血液和精液)和感染者的排泄物中；因此，它可以存在于原始污水中。卡森等(Casson et al.，1992)报道，HIV 接种到初级出水和未加氯的二级出水中在实验室能够稳定 12h 之久，但在 48h 内感染力下降了 2~3 logs。里格斯(Riggs，1989)指出，HIV 对热、干燥和消毒剂如含氯的敏感性，使之高度不可能发生这种疾病的水源性传播。为了确定是否 HIV 能够通过常见的消毒剂灭活，已经进行了若干研究。斯派尔等(Spire et al.，1984)发现，HIV 的灭活类似于其他包膜病毒的灭活。次氯酸钠(NaOCl)就是 HIV 的一种有效消毒剂(McDougal et al.，1985)。0.1%(*v/v*)的家用漂白剂溶液(52mg NaOCl/ L)在 10~20s 内就能够将 HIV 浓度降低 4 logs。斯派尔等(Spire et al.，1985)发现，UV 消毒以超过 500 mJ/cm^2的剂量，就能有效杀灭 HIV。

2.5　病原体和指标生物

由于污水中可能存在众多的病原性微生物，则常规监测所有类型的生物将非常昂贵。因此，可根据病原性微生物的存在、不存在或存在数量主要利用指标生物，如总大肠菌群、粪大肠菌群，大肠杆菌，或链球菌等进行估计。其中，污水处理中的总大肠菌群和粪大肠菌群已广泛使用。对于这些生物的实验室检测可以利用各种方法，如膜过滤和多管发酵。这些技术的细节可以查阅《水与污水检测的标准方法》(*Standard Methods for the Examination of Water and* 污水)(APHA et al.，2005)或各种美国 EPA 出版物。

原始污水及其消毒之前病原性或指标生物的水平，对于污水消毒系统的设计而言，属于关键参数。这些生物在污水处理厂原始污水进水中的的典型水平列于表 19.1 中。

病原性和指标生物在污水中由于不利的环境因素，如温度变化、pH 值、化学成分、能够自然死亡。捕食、裂解和寄生都是这些生物体自然死亡的其他可能机理。这些因素，再加上物理去除机制，如沉淀和过滤，降低了病原性和指标生物体在消毒步骤之前整个各污水处理步骤中的水平。

估计的二级处理出水浓度列于表 19.3 中。生活污水中通过初级和二级处理的生物密度范围和降低程度汇总于表 19.4、表 19.5 和表 19.6 中。

表 19.4　生活污水中的细菌密度

污水	百万生物/100 mL			
	总大肠菌群	粪肠菌群	粪链球菌	FC：FS 之比
“A”	17.2	17.20	4.00	4.3
“B”	33.0	10.90	2.47	4.4
“C”	1.94	0.34	0.064	5.3
“D”	6.30	1.72	0.20	8.6

表 19.5 各种污水处理步骤之后生活污水中大肠菌群的典型水平(Hubley et al.，1985)

污　　水	总大肠菌群/(数目/100 mL)	粪肠菌群/(数目/100 mL)
原始污水	$10^7 \sim 10^8$	$10^6 \sim 10^7$
初级出水	$10^7 \sim 10^8$	$10^6 \sim 10^7$
二级出水	$10^5 \sim 10^6$	$10^4 \sim 10^5$
过滤的二级出水	$10^4 \sim 10^5$	$10^3 \sim 10^5$
硝化的出水	$10^4 \sim 10^5$	$10^3 \sim 10^5$
过滤硝化的出水	$10^4 \sim 10^5$	$10^3 \sim 10^5$

数据表明，大肠菌群可能并不足以作为原生动物污染水的指标使用(Moore et al.，1994)。虽然在88%与细菌、病毒和未知致病剂相关的水源性疾病爆发中检测到大肠菌群，但是大肠菌群仅仅存在于33%的原生动物相关的病例中。

如果有人假设病原性微生物按照指标生物(总大肠菌群和/或粪大肠菌群)的比例去除，则当水要被有益地重用或发生身体接触时，传统处理的生活污水未经消毒就不能认为足以去除和控制人体病原(Crockett，2007；U.S. EPA，1986a)。

2.6 环境中病原体的存活率

暴露(接触)病原微生物的可能，随着时间的推移而降低，由于环境条件(例如，热、日光、干燥和其他微生物的捕食)破坏了污水和固体中的病原体(U.S. EPA，1992a)。表19.7总结了土壤中和植物上四种类型的病原微生物的存活率。虽然温度对原生动物包囊的消毒效果已有文献记录(Bingham et al.，1979；Fayer，1994)，但是其他研究表明，包囊寄生虫在这种环境中生命力很强(Robertson et al.，1992)。污水和固体中的原虫对公众健康和动物的危险可能很高；然而，可供利用的长期数据有限。细菌、病毒和寄生虫(特别是蠕虫卵，是寄生虫生命周期中最耐的形式)而倍受关注(U.S. EPA，1992a)。

表 19.6 通过传统处理工艺过程降低微生物(U.S. EPA，1986a)

微生物	初级处理去除率/%	二级处理去除率/%
总大肠菌群	<10	90~99
粪肠菌群	35	90~99
志贺氏菌属	15	91~99
沙门氏菌属	15	96~99
大肠杆菌	15	90~99
病毒	<10	76~99
痢疾阿米巴虫	10~50	10

表 19.7 土壤中和植物表面上的病原体存活时间(U.S. EPA，1992a)

病　　原	土　　壤		植　　物	
	绝对最大值①	常见最大值	绝对最大值	常见最大值
细菌	1年	2月	6月	1月
病毒	1年	3月	2月	1月
原虫孢囊②	10天	2天	5天	2天
蠕虫卵囊	7年	2年	5月	1月

① 在异常条件如恒定低温或高的受保护条件(例如，低于休耕土壤的蠕虫卵)下可能存活时间更长。

② 即使存在，也很少有关于鞭毛虫孢囊和隐孢子虫存活时间的数据可供利用。

浅野等(Asano et al., 2007)指出，在这种环境中死亡90%，对于贾第虫可能需要长达143天，对于大肠杆菌可能需要4天，对于肠道病毒可能需要6天。克罗克特(Crockett, 2007)指出，传统的观点——即，满足典型污水出水排放限值200粪大肠菌/100mL就足够防止下游微生物的影响——受到最近关于新出现病原体的长死亡时间的研究挑战(例如，隐孢子虫和贾第鞭毛虫)，这些病原都耐受标准水和污水处理工艺过程。污水排放器可能能够缓解这种潜在的影响，并通过使用过滤和紫外线消毒系统优化而实现新出现病原体6logs的清除和灭活。

2.7　水源性疾病的暴发

疾病控制中心(佐治亚州亚特兰大市)、美国环保局和州与地方卫生机构共享水源性疾病的数据。真正的发病率可能比所报道的要高，因为这些数据只适用于那些已向医疗机构报告的疫情。此外，市政污水只占人类废物处置有关的许多病原体的来源之一。其他来源包括但不限于，化粪池排放、堆浸场故障、个人接触和交叉连接。

2.7.1　休闲用水

1980年和1981年与康乐活动有关的水源性疾病爆发如表19.8所示。皮肤病是与休闲用水相关的最常见疾病爆发。然而，在1980年报道了四次爆发杆菌性痢疾和一次急性胃肠道疾病。

表19.8　在1980年和1981年期间与休闲用水相关的疾病爆发(WPCF, 1984)

疾病或致病剂	1980		1981	
	爆发	病例	爆发	病例
皮炎①	5	78	7	642
志贺氏菌病	4	335	NR②	NR
急性胃肠炎病	2	83	NR	NR
腺病毒	1	15	NR	NR
军团杆菌	NR	NR	1	34
总计	12	511①	8	676

① 四次皮炎暴发归咎于绿脓杆菌而暴发的致病剂未定。

② NR =未报道。

卡贝利(Cabelli, 1977)和卡贝利等(Cabelli et al., 1975a、1975b、1976)进行的研究表明，肠道疾病通过休闲接触而传播，疾病的水平与污染程度有关，这种污染程度由肠球菌密度指示(Water Pollution Control Federation, 1984)。近日，韦德等(Wade et al., 2006)报道了采用肠球菌的快速方法获得休闲水质和在游泳之后的胃肠道疾病之间的关联。在这项研究中，对沙滩迷问询了关于游泳等沙滩活动并在10~12天以后，问询胃肠道症状的发作。采用定量聚合酶链反应方法对水样肠球菌物种进行了测定。这发现，在两个海滩之间胃肠道疾病增加和肠球菌之间存在显著的相关性。

游泳期间的摄入导致1989~1990年中13起和1991~1992年中11起肠胃炎大爆发(Moore et al., 1994)。尽管爆发次数类似于1980年和1981年报道的情况，但是最常见与疾病有关的致病剂却发生了变化。与往年不同的是，当仅仅牵连到细菌和病毒剂时，55%的后来报告疫情与原生动物鞭毛虫和隐孢子虫有关。最近的数据证实了原生动物在水源性疾病爆发中的主导作用，特别是隐孢子虫。例如，2005~2006 年记载的与休闲用水相关的 48 次水源性胃肠炎暴发中，32 起爆发的病原体被确定为隐孢子虫，2 起爆发确定为鞭毛虫，4 起爆发确定为诺沃克病毒，而在 6 个病例中是细菌(志贺氏菌和大肠杆菌 O157：H7)(Center for Disease Control，2008)。

2.7.2 甲壳类水生动物

保护贝类收获区域是污水消毒的一个重要原因。病原性细菌、病毒、寄生虫种群的降低，污水处理厂排水口附近非收获缓冲区的规定，以及现代贝类卫生计划实施的综合作用，已成功地削减了一些有关贝类动物食用的疾病爆发数目(Water Pollution Control Federation，1984)。目前，污水处理厂排水口周围禁止贝类区都处于州政府司法管辖范围，但受美国食品和药物管理局(马里兰州银泉)和国家贝类卫生计划(NSSP)的监督。对于贝类封闭区的评估，NSSP 规定了要考虑“不利情况”(例如，在工厂发生的故障或混乱)并在排水口附近病原体的归趋建模中要进行评价。

2.7.3 小结

污水消毒，降低了污水处理厂排放的致病微生物数量，并最小化了其受纳水体中传播。消毒降低了对下游污水处理厂的微生物负荷。流行病学研究表明，娱乐活动与传播疾病显著相关(Moore et al.，1994；Water Pollution Control Federation，1984)。实行污水消毒，保护了后续下游使用的水质。污水消毒不充分的受纳水体，可能被病原生物污染。疾病可能源自使用公共供水源或进行洗浴，生产的贝类，或作物灌溉。

虽然污水消毒对人体健康的影响似乎由许多研究进行了充分表征，但是布拉特琪里等(Blatchley et al.，2005)重新研究了与污水消毒相关的假设并提供了常见消毒剂对五家污水处理厂的污水中细菌和噬菌体的影响的详细表征。以氯和紫外线辐射消毒方法为重点，这个研究小组研究了常见的污水细菌，依据其对消毒剂接触暴露的初步反应，研究了接触后细菌群落的变化，以及由于暴露于这些消毒剂所致的细菌生理损害的性质和程度。在一般情况下，(能存活的)细菌数量由于消毒剂的接触而立即呈现下降；然而，消毒的样本在设计用于模拟接收流条件的条件下培养，导致总细菌群落的大幅回升。经过 5 天的潜伏期，消毒样本中总细菌群一般大于或等于未消毒的对照样品中的细菌群。应当指出，旨在评估细菌由于接触氯或紫外线造成损害的性质和程度的非培养为基础的分析检测显示了损伤的程度，正如这些分析检测的定义，倾向于是远远超出常规细菌存活率分析的定义，如膜过滤。

2.8 所选其他国家中污水消毒的监管规定

2.8.1 加拿大

在本节中，提供了加拿大对市政污水消毒要求的概述。消毒和监测要求规定于各省/领土的准则或法规。此外，一些省份具有指定最低要求的设计标准。在加拿大，消毒的需要是以逐案为基础进行考虑。一般来说，细菌质量标准，表示为总大肠菌群和/或粪大肠菌群计数，适用于确定消毒的需要。受纳水体指标生物的允许水平依赖于水的使用。在使用氯气的情况下，设计标准往往要求对总残余氯(TRC)浓度进行采样和测定。

在艾伯塔省，峰值流量下接触 20min 之后，必须保持 2.0mg/L 的 TRC 浓度。在新斯科舍省和新不伦瑞克省，平均流量下 30min 的接触时间之后，要求维持 0.5mg/L 的 TRC 浓度。萨斯喀彻温省要求 TRC 浓度为 0.5~2.5 mg/ L。

一些省份正在考虑受纳流域中自我净化过程对于豁免进行消毒需要的可能基础。在安大略省，如果充分稀释出水和重用之前的间隔时间较长，则消毒可能是不必要的。例如，正确设计和运行的池塘处理系统出水可能不需要进行消毒。

基于逐案评价，可能容许消毒全部(整年)或季节性放宽。如果没有足够的背景资料，则可能必须要实施监测方案。如果季节性放宽是允许的情况下，万一消毒成为必要之时，经常要求全年消毒的能力。萨斯喀彻温省、阿尔伯塔省、魁北克省和爱德华王子岛省并不赞成使用氯消毒。在不列颠哥伦比亚省，如果使用了氯气，就需要强制性脱氯，而消除对鱼类的毒性作用。在其他省份和地区，脱氯的需要要以逐案为基础进行评估。在纽芬兰，脱氯可能需要在出水中达到 1mg/L 的最大容许 TRC。

2.8.2 欧洲国家

欧盟最近已修订和更新了洗浴用水水质保护的病原体标准而通过了新的《2006 洗浴用水指令》(2006 Bathing Water Directive)。内陆水域的限制根据指定受纳水体的质量而不同，对于肠球菌为 200~400 菌落形成单位(CFU)/100mL 肠球菌而对于大肠杆菌为 500~1 000 CFU/100mL。沿海水域和过渡水域的限制根据指定的受纳水体质量而不同，对于肠球菌为 100~200 CFU/100mL，对于大肠杆菌为 250~500 CFU/100mL。

2.8.3 中国

直到最近，中国的设计标准还没有市政污水消毒的强制性规定。1996 年的标准，GB 8978—1996，并未将消毒分类为一项基本控制参数，20 世纪 80 年代末至数年前之间修建的许多市政 WWTP 还没有消毒设施。一些确实安装了加氯设施的污水处理厂因为成本和安全问题也很少使用这些消毒系统。许多具有加氯消毒设施的污水处理厂的设备却不再处于工作状态。

2002 年颁布的新标准规定了微生物标准作为基本控制参数之一。这个新标准还提倡所有污水处理厂必须安装消毒系统处理其出水。2002 年年底和 2003 年初之间的严重急性呼吸系统综合症爆发促使该国政府发出了一项要求所有污水处理厂使用氯、紫外线或臭氧实施消毒的法令。这些污水处理厂能够使用任何一种适合其自身的实际情况的措施，但其排出水中粪大肠菌群计数必须低于 10000 CFU/L。自 2003 年以来，消毒系统在中国的数量大幅增加。

3 污水消毒技术的简介

3.1 消毒技术的类型

消毒是一种操作，通过这种操作，活的潜在传染性生物体被杀害或使之无法在人体内造成感染或增殖。地表水处置和回用应用的消毒系统设计可能具有挑战性，因为这可能会有一些最终用途，每一种都有其自身的一套合适目标病原体和整体消毒要求。以下小节将提供各类消毒系统的简要介绍。

3.1.1 氯气

气态氯在美国是污水消毒最常见的手段。这种设备相当可靠，操作方便，许多污水处理人员对它都很熟悉，因为它是最常见的消毒措施。典型的氯气设施包括配备吊架、磅秤、气体探测器和桥式起重机的圆筒形储存器构成。蒸发器和加氯机将氯从气瓶转移到污水中并将这种化学品按剂量分散于污水中。一般而言要安装应急洗涤器捕捉和中和任何泄漏氯气。氯接触池提供用于确保消毒进行足够的时间。尽管这种消毒措施有其有效性，但是氯的使用近来由于数种原因已受到质疑，这些原因包括以下几种：

- 氯从化学品制造商运输到使用的地方带来了相当大的风险，
- 氯气有毒而存在安全风险，
- 次氯酸溶液有腐蚀性，
- 污水处理厂出水中残留氯可能危害水生生态系统，
- 向污水中加氯可能导致形成不良的消毒副产物(DBPs)。

从历史上看，用氯气消毒，通常具有比其他方法较低的运营成本。因此，在过去，很少或没有经济激励公用事业转换另一种方法。当各种选择的成本相似时，非经济因素就会促进公用事业单位远离使用氯气/二氧化硫气体的消毒。

3.1.2 次氯酸钠

次氯酸钠是一种液体消毒剂，已被证明能够可靠灭活病原体。次氯酸钠能够达到氯气的同等性能水平。在溶液中，次氯酸钠形成次氯酸，这种如同氯气引入溶液时形成的相同消毒剂。典型的次氯酸钠进料系统由散装储罐、日储罐、计量泵和用于调节与计量泵同步的校准柱组成。次氯酸钠通常以10%~15%的溶液浓度大宗交付。因为随着时间的推移，其溶液浓度缓慢下降，大宗大批量通常存储时间不会超过60天。为了确定最低批量容量存储需求，通常在年平均流量条件下采用15~30天的储存期。

3.1.3 现场生成次氯酸钠

现场生成次氯酸钠一直公认为是自20世纪30年代以来的技术。这个工艺过程使用盐或盐溶液和电力而产生氯气。如果使用盐，则将其溶解于较稀的盐水溶液中，而然后采用电极横跨低压电流通电。在此过程中产生的次氯酸范围为0.8%~12.5%的溶液。现场生成次氯酸钠需要建设盐水箱、整流器、电解槽、产品罐、计量泵和控制台。这项技术的最新改进，使之能够产生12.5%的溶液，导致了采用这种现场发生的设施增加。

3.1.4 加氯的替代消毒方案

替代消毒剂，如紫外光、臭氧、二氧化氯和氯胺，经常考虑用于许多应用，包括中水回用和地下水重填。通常情况下，选择这些替代方法解决残余氯和/或DBP问题，如三卤甲烷(THM)，卤乙酸和亚硝基二甲胺(NDMA)的形成。下面将是消毒技术和一些关于中水回用和地下水回填应用方面的关注问题的简要讨论。

- UV。已在许多装置中都使用紫外线消毒，但水必须相对没有吸收波长为254 nm的紫外光的物质，才能确保消毒。采用紫外线的关键限制之一是处理之后无残留的消毒剂。然而，许多分配系统和最终用户可能需要残余消毒剂，而避免再生。紫外线照射并不会导致THMs的形成，而属于几种降低NDMA的成熟技术之一。当UV用于处理NDMA时，所需的剂量约为1 000 mJ/cm^{2}的，这明显高于中水回用中(60~140 mJ/cm^2)和二级出水(20~40 mJ/cm^2)消毒所用的剂量范围(Mitch et al.，2003)。

- 二氧化氯。二氧化氯不促进形成THMs，而是一种高效的杀菌剂和杀病毒剂。它已成功地多年用于水生产设施的消毒替代方案。这种技术最大限度地降低了DBPs的形成。文献综述表明，尽管二氧化氯是有效的，但是其成本大大超过氯，而因此并没有广泛地应用于WWTP作为消毒剂。

- 臭氧。臭氧还没有被广泛用于污水处理厂的污水消毒。然而，除了其消毒性能之外，由于其降解痕量有机化合物的潜势，对使用臭氧的关注近来已经增加。在 20 世纪 70 年代初，美国的公共事业结构首先尝试用臭氧进行污水消毒。早在 1981 年，研究人员就已经开始研究臭氧应用作为中水回用过程中的一部分。许多早期设施的浓度/时间(CT)值介于 20 至 150mg/L · min 之间。据发现，影响臭氧剂量要求最重要的因素是出水化学耗氧量(COD)(溶解的 COD)，进水细菌密度和目标出水细菌密度。据研究发现，采用臭氧化作用能够形成溴酸盐(有毒 DBP)。正在完成的进一步研究用于优化无溴酸盐形成的细菌去除。

• 氯胺化。单氯胺是一种有效的消毒剂，是通过氯与氨反应形成的。在充分硝化的活性污泥系统中，通过在加氯之前控制用量加入氨(NH_3)就能够迅速形成。氯胺的好处在于：(1)立即用氨固定氯，而防止形成有机氯胺，这是非杀菌剂；和(2)氯胺最小化 TUMs 和其他潜在的 DBPs 的形成。唯一的例外是 NDMA，这已确定为采用氯胺和加氯产生的潜在副产物。纳吉姆和特鲁塞尔(Najm and Trussell，2000)发现，采用氯胺消毒时，能够观察到 NDMA 浓度为 700ng/L 或更高。

• 过氧乙酸。过氧乙酸是一种很有前途的新消毒剂，已经更频繁地被评为消毒的替代方案。这将在其他消毒方法的小节中进行更详细地介绍。

考虑由监管机构规定的设计标准的重要性，无论如何强调也不过分。此外，水质参数的变化，如温度、pH 值、悬浮固体、氨氮和有机氮的浓度，以及工业的贡献，都必须加以考虑。许多工艺过程，如果能够圆满实现 200 MPN FC/100mL(大约相当于 1 000 MPN TC/100mL)可能并不适合更严格的要求。在平均水质条件下性能良好的设计，可能在水质参数达到其正常范围的边缘值时会产生故障。

在评估排放要求和设计标准时，必须考虑出水的毒性。氯消毒，如果不实行脱氯操作，则通常会对暴露于出水的鱼和其他水生生物产生高水平的急性毒性。如果稀释缓解这种影响不够充分，或出水标准要求排放点的残留氯为零或近零时，则就需要采用出水脱氯，或使用替代方法，如紫外线消毒。

3.2　消毒技术选择的趋势

李昂等(Leong et al.，2008)进行了目前污水消毒技术的调查并评价了消毒的发展趋势。实践调查确定了 4 450 家美国设计流量超过 $3600m^3/d$(0.95 mgd)的主要公有污水处理工厂(POTWs)。加氯消毒，几乎 75%的污水处理厂都使用，是最常见的消毒形式。然而，这种措施的使用在过去 20 年内一直呈下降趋势。具体而言，使用气体氯已显著下降；次氯酸水溶液的使用显著增加；而现场产生已成为某些 POTWs 的可行替代方案。

紫外线的使用在过去 10 年内已经突飞猛进，而在所有主要的 POTWs 消毒技术中占约 21%。自 2001 年以来，已经安装而目前在用的所有紫外线系统超过 40%。只有一小部分(<1%)的 POTWs 目前在使用臭氧，但是这种技术是通常用于饮用水处理的成熟技术(Leong et al.，2008)。

3.3　可持续性的考虑因素

随着可持续发展意识的提升，改进污水消毒实践做法的兴趣也越来越高，同时人们仍在继续开发有效而可负担得起的低影响替代方案。将可持续发展原则应用于消毒系统，对于对技术的考虑因素，不仅是能满足监管要求，而也要能达到该项目的经济，社会和环境目标。

可持续性的消毒设计考虑因素包括合理利用资源，如能源、土地、混凝土、及化学品。如有可能，应该最小化能源需求，系统占地面积，以及化学品的用量。对受纳水体质量的影响和潜在的回收或回用出水也应予以考虑。将可持续发展引入消毒设计的实例是流量步速调节和和化学品的计量。如果同时使用时，二者都能够降低所使用的和存储的化学品量和残留的潜势以及 DBP 的形成及其后续对受纳水体质量的影响。

当比较消毒技术之时，许多消毒技术可能会基于占地面积大小、资金成本、或不能满足监管要求而被剔除。一旦备选方案范围缩小，就应该应用能够"测量"可持续发展性的决策工具，确定最佳的解决方案。生命周期评估方法是一种评价设计可持续发展性的广为接受的工具。在第 5 章中已经提供了有关可持续性和生命周期评估方法的更多信息。

3.4 微生物灭活的机理

3.4.1 氯

氯看起来引起了一系列与细胞包封活性相关的事件(Camper and McFeters，1979；Haas and Englebrecht，1980；Venkobachar et al.，1975，1977)，破坏核酸，并甚至可能导致基因突变(Water Pollution Control Federation，1984)。病毒灭活是通过破坏核酸、病毒外壳蛋白或这两者而实现的(Dennis et al.，1979；Kim and Min，1979；O'Brien and Newman，1979；Olivieri et al.，1980；Tenno et al.，1980)。

氯的不同形式具有不同的微生物灭活速率。在高 pH 值(>8.5)的氯水主要是次氯酸根的形式(OCl^-)，其有效性不如非离子形式，次氯酸(HOCl)，这主要存在于低 pH 值污水(小于 pH 值 6.5)。次氯酸和次氯酸盐都被称为游离氯。氯与氨在水和污水中反应而形成氯胺(单，二和三氯胺)或化合氯，其也是具有不同效力的消毒剂，但效力低于次氯酸。含有机氮(包括氨基酸和蛋白质)的化合物也已知能够与氯发生反应，而形成有机氯胺化合物，这被认为是相对较弱的消毒剂。

尽管向水中以足量而恒定的水平加氯对于贾地鞭毛虫消毒可能相当有效(Hoff，1986)，但是这对于隐性芽胞虫菌却不那么有效(Sterling，1990)。柯瑞琪等(Korich et al.，1990)发现，单氯胺和氯，即使为 80mg/L 时，需要 90min 的接触时间才能实现隐性芽胞虫菌 90%失活。二氧化氯(1.3mg/L)在 1h 后就能够实现 90%失活。氯化合物的加入作为单一方法从饮用水中去除原虫囊胞不大会成为可接受的方法，还需要其他辅助方法，如过滤(Moore et al.，1994，Rose，2004)。

3.4.2 UV 照射

UV 光灭活微生物的主要机理是直接破坏细胞的核酸(Bridges，1976；Setlow，1965)。当 UV 能量被微生物的遗传物质吸收时，形成嘧啶二聚体并结合紧邻的胞嘧啶或胸腺嘧啶部分而形成环丁烷环(Bridges，1976)。这些二聚体都是紫外线辐射致命的诱变效应的主要原因。嘧啶二聚体防止 DNA 复制，从而导致细胞死亡(Witkin，1976)。

波长 265nm 的紫外线照射能够引起大多数细胞破坏(Gates，1929；Nagy，1964)。该波长与核酸最大吸收波长密切吻合。低压、低强度、汞放电灯发出的光约 92%波长为 254 nm(Nagy，1964；Yip and Konasewich，1972)。因此，这些灯是接近理想的紫外线照射发生器(Water Pollution Control Federation，1984)。

当一些受伤的微生物暴露于波长 310nm 和 500 nm 之间的光能量时，酶就被激活，嘧啶二聚体发生裂变，恢复原来的碱基序列，而生物体就可以正常复制。这种现象被称为光复活，这于1949年由杜尔贝科(Dulbecco，1949)和凯尔勒(Kelner，1949)独立发现。重新复活绝不完整，只有小部分受影响的生物恢复(Lamanna et al.，1973)。复活的程度，是由单一酶介导，与时间、曝光强度和温度成正比。从紫外线灭活中恢复也可能发生于黑暗中(Water Pollution Control Federation，1984)。

3.5　消毒动力学

消毒是一种时间依赖性的过程。细菌和病毒破坏的结果是一系列能够通过简单动力学近似表达的物理、化学和生化行为的结果。

除了时间(通常被称为接触时间)之外，消毒也取决于用于微生物灭活的物理量强度或化学品浓度。接触时间和强度(或浓度)的产品被称为剂量。在化学品消毒的情况下，因为使用的化学品经常是氧化剂，则部分计量的化学品通常与存在于污水中的还原剂发生反应而消耗。这种反应通常较为迅速。因此，应用的剂量总量并不都为消毒所用。在外部化学反应中消耗的那部分化学品，被称为需求量。满足这个需求量剩余而可用于消毒的计量化学品部分被称为残余量。因此，微生物灭活的动力学表达式应该基于残余量，而不是所施加的剂量。在UV消毒中，存在有点类似的情况，其中所施加剂量被吸收(被除了病原体以外的其他成分)的部分是需求量。然而，并不存在持久不变的残余量。

在污水氯消毒中，剂量、残留量和需求量的概念因为氯与氨反应而导致形成其他消毒剂，统称化合氯(如，单氯胺)的事实而变得复杂。这种反应已知依赖于氨氯浓度之比。剂量-残余量的关系已知是非线性的而能够通过折点曲线描述。氯消毒的动力学也因为氯与氨反应产生的各种氯物种具有不同微生物灭活效力的事实而变复杂。

3.5.1　消毒的动力学模型

设计消毒系统所需要的信息，包括目标生物体通过消毒剂灭活的速率知识。具体而言，消毒剂浓度对消毒速率的影响将会决定接触时间和使用的消毒剂剂量的最有效的综合作用。消毒动力学的主要规则首次由奇科(U.S. EPA，1986b)阐明。奇科推测，消毒速率可以按照以下方式进行描述：

$$-\frac{dN}{dt} = kN \qquad (19.1)$$

式中　dN/dt——生物群落降低的速率；

k——生物死亡速率常数；

N——给定时间 t 时刻存活的生物数目。

该方程的求解遵循一级动力学，而经常称之为"奇科定律"(*Chick's Law*)。

瓦特森(Watson，1908)分析了具有不同消毒剂浓度的数据，并证实了消毒剂浓度和平均反应速度之间的明确对数关系。他提出了以下方程而将灭活速率常数关联于消毒剂浓度(U.S. EPA，1986a)：

$$k = k'C^n \qquad (19.2)$$

式中　C——消毒剂浓度，mg/L；

n——稀释系数；

k——校正的死亡速率常数，假定与 C 和 n，生物数目无关。

方程 19.1 和方程 19.2 相结合而得到下式:

$$-\frac{dN}{dt} = k'NC^n \tag{19.3}$$

消毒过程受温度影响，而在直接热失活并非显著因素时，能够利用阿雷尼乌斯(Arrhenius)方程预测温度的影响(U.S. EPA，1986a):

$$k'_T = k'_{20}B^{(T-20)} \tag{19.4}$$

式中 k'_T——温度为 T(℃)时的速率常数;

k'_{20}——20℃时的速率常数;

B——与活化能和普适气体常数相关的经验常数。

通过批量实验经常观察到，甚至当消毒剂浓度保持不变时，生物的灭活并不遵循方程 19.1 预测的指数衰减模式(U.S. EPA，1986a)。有人已作出各种尝试，完善奇科定律或奇科-瓦特森模型。霍盟(Hom，1972)基于方程 19.1 和方程 19.2 的修正开发出了灵活而有高度经验性的动力学公式，具有如下形式:

$$-\frac{dN}{dt} = k'Nt^mC^n \tag{19.5}$$

式中 m——经验常数。

对于改变消毒剂浓度，所观察到的消毒效率通常通过以下关系式进行近似(Fair et al.，1968):

$$C^n t_p = 常数\ t \tag{19.6}$$

式中 n——稀释的系数或反应级数的度量;

t_p——产生死亡恒定百分数所需的时间。

这种观察方法已演变成一个 CT 的概念，目前正在用于饮用水处理的规定中，以确保一定百分比鞭毛虫、病毒、隐性芽胞虫菌和其他生物体死亡。灭活(“杀灭”)百分比依据初级出水的 log 清除率进行表示。其原始模型随后基于中试研究进行了修正(Collins et al.，1974)，其表示如下(White，1992):

$$N = N_o(1 + 0.23Ct)^{-3} \tag{19.7}$$

科林斯(Collins)模型随后又进一步修正如下(White，1992):

$$N = N_o(Ct/b)^{-n} \tag{19.8}$$

式中 b 和 n——经验常数;

N_o——未消毒样品中的生物数。

塞莱克等(Selleck et al.，1978)开发的模型如方程 19.9 所示(Water Pollution Control Federation，1984)。

$$\lg(N/N_o) = -a[\lg(1 + Ct/b)] \tag{19.9}$$

式中 a——常数。

请注意，尽管 N, No 和 t 是常见的项，但是在上述不同的方程中使用的类似经验常数，可能并不相互关联。在上述方程中，常量是污水性质化学物质，以及对于氯的情况下，氯剂量与氨之比的函数，所有这些都限制了该模型的有效性(Water Pollution Control Federation，1984)。

3.5.2 再生长现象

事实上，由于消毒剂损伤的生物体通过修复机制，在有限的范围内，无论有光还是黑暗中，能够重新复活，而使消毒动力学变得复杂化。由于复活决不会完全，而只有小部分受影响的生物恢复(Lamanna et al.，1973)，则复活的问题可能并不严重。

原虫寄生虫隐性芽胞虫菌和贾第鞭毛虫作为卵囊和包囊分别发现于其动物宿主之外。一旦处于合适的宿主内，就会脱囊而形成引起胃肠道感染的传染性滋养体而进行繁殖。

氯消毒污水的再生长已被证明与长期排放管道，如排水口中的黏液生长有关(Calmer et al.，1994)。这种再生长在残余氯保持于排水口渠管中的情况下并不常见，但在脱氯点的下游发展非常迅速。

3.6 污水处理厂的消毒控制

WWTP 的消毒控制必须考虑影响消毒功效和动力学的不同变量。尽管普适消毒动力学模型尚未获得，但用于消毒的主要控制变量是消毒剂残留量(或剂量，如果适用)和需要达到一定出水微生物浓度的接触时间，这是很明确的。接触时间往往通过消毒设施的设计和施工与设施的流量进行固定，但是并行多个反应器的存在，可能按需投入运行，能够提供接触时间的控制。残余量(或在紫外线消毒的情况下，是剂量)是消毒设施的主要控制变量。在加氯的情况下，残余量的手动和自动控制都可以利用。为了实现自动控制，经常要使用控制算法。这些算法及其各种消毒技术中的应用将在下面几节中讨论。

3.7 消毒剂的残余毒性

污水处理厂经常在污水中保持一定的残余量而确保化学品消毒期间的细菌灭活作用。因为消毒通常是污水处理厂排放前的最后一道工艺过程，则残余量可能随着处理后的污水排放而被转移。人们早已知晓氧化性消毒剂的残余量对受纳水体中的水生生物，包括鱼类是有毒的。一些消毒工艺过程产生有害副产物，这被怀疑是致癌物质(例如，THMs)，或引发对人体其他并发症。紫外线消毒，不留残余，而通常被认为对于水生生物无毒。最近，监管机构已针对一些测试生物对出水急性和慢性毒性设定了限制。

各种消毒技术关于对鱼的毒性、产生有害副产物、残余量的持久性和其他因素方面的对比分析，列于表 19.9 中。

4 污水类型和特性的影响

4.1 污水的类型和质量

水质对污水处理行业中使用的消毒系统的设计和运行方面具有重大影响。污水的消毒，适用于二级处理后的污水，再生水和潮湿天气的污水流。

4.1.1 二级处理的出水

各种类型的二级处理出水产生不同类型的水质。在文献已经确立了使用氯(气体或散装次氯酸盐)的要求，而将在本章稍后进行讨论。应当指出，那些使用氯进行消毒的希冀应该进行氯需求量测试，才能建立设计要求。氨对所需氯用量的影响是很显著的。未硝化的出水可能需要氯的剂量高达20mg/L，才能达到200粪大肠菌群的30天几何平均数。

表19.9 备选消毒技术的适用性（U.S. EPA，1986a)

考虑因素	加氯	加氯/脱氯	氯化溴	二氧化氯	臭氧化	UV照射
厂规模	各种规模	各种规模	各种规模	小至中等	中至大	小至中等
消毒之前可适用的处理水平	所有水平	所有水平	二级	二级	二级	二级
设备可靠性	良好	较好至良好	?	?	较好至良好	较好至良好
工艺过程控制	发达	相当发达	问题重重	无经验	相当发达	相当发达
技术的相对复杂性	简单至中等	中等	中等	中等	复杂	简单至中等
安全问题	是	是	是	是	是	否
现场运输	基本上	基本上	基本上	基本上	最小	最小
杀细菌	良好	良好	良好	良好	良好	良好
杀病毒	差	差	较好至良好	良好	良好	良好
杀囊胞	差	差	?	较好	良好	低效
鱼毒性	有毒	无毒	微微至中等	有毒	无预测	无毒
危险副产物	是	是	是	是	是	否
持久残留	长	无	短	中等	无	无
接触时间	长	长	中等	中等至长	中等	短
贡献溶解氧	否	否	否	否	是	否
与氨反应	是	是	是	否	是（仅仅高pH)	否
除色	中等	中等	?	是	是	否
增加溶解固体	是	是	是	是	否	否
pH依赖性	是	是	是	否	稍微（高pH)	否
运行和维护敏感性	最小	中等	中等	?	高	中等
腐蚀性	是	是	是	是	是	否

测试也建议用于其他类型的消毒系统。二级处理出水大范围透光率值已经观察到为约45%~75%。如此之宽范围的透光值可能对UV消毒系统的大小和能力有很大的影响。其他消毒系统的剂量确立应该展开实验室规模研究，而确立设计值。

4.1.2 再生水

通常情况下，再生水比消毒前的二级出水具有较低的总悬浮固体(TSS)和病原体水平。美国环保局还没有对美国再生水系统的设计建立全国性的设计要求。通常情况下，由加州卫生署(CDHS)使用的消毒方法也用于其他州或国家进行再生水的消毒。CDHS建议在氯消毒系统90min的模态接触时间之后采用5mg/L的残余量。国家水研究所(加利福尼亚州泉谷)(NWRI，2003)已建立了再生水的UV消毒准则。这些程序已经由CDHS和其他州作为再生水UV消毒的标准要求而被采纳。

4.1.3 潮湿天气

潮湿天气的污水流，包括汇流的下水道溢流，通常较稀而容量较高；这种污水流通常会绕流正常的二级污水处理系统。在许多州，还没有确立潮湿天气出水消毒应用的设计要求。许多机构，如国家科学基金会(弗吉尼亚州阿灵顿)(通过美国EPA的环境技术认证[ETV]项目)，已经开发出潮湿天气应用中使用的消毒系统的测试程序。这些程序一般都没有被正式被国家监管机构采纳。

4.2 上游工艺过程的影响

上游工艺过程，包括生物处理的类型(悬浮生长、固定膜等)，工艺过程参数(固体停留时间[SRT]、水力停留时间[HRT]、硝化等)和固液分离方法(澄清、过滤等)，都对消毒系统的设计和潜在的成功具有重大影响。这些影响作用将稍后在本章中对每一消毒过程的具体设计准则进行讨论。

4.3　工业和污水处理厂化学品的影响

工业排放的某些化合物会与消毒剂发生反应和/或吸收紫外线，据发现在通过污水处理厂时干扰消毒作用。这种现象和控制机制，将在本章后面进行更详细的讨论。

5　反应器设计考虑因素

5.1　反应器动力学

污水消毒效率可能会受到很多变量影响，这些变量可能一般源自以下三个类别：

- 污水和其他周围的条件(化学/物理)，
- 消毒剂性质(动力学)，
- 反应器容器的水力学特性。

至于大多数市政污水处理工艺过程，第一类很难或无法进行控制，因为其常常是进水和其他自然特性的函数。污水的处理和周围环境条件应该通过消毒上游的工艺过程解决，而不能通过消毒过程进行解决。第二类主要取决于所选的消毒剂类型。消毒药剂在其反应速率，衰变反应和生物灭活机理方面有所不同。本节重点介绍了反应器容器的水力学特性(第三类)，并揭示了这些特征如何能够影响消毒效率，因此，应该在设计和操作水平上进行考虑。

反应器的水力特性通过示踪剂试验进行确定。示踪剂数据分析的基本原理在第 6 章进行了介绍。

5.2　典型污水消毒的反应器

适用于氯接触室和某些臭氧接触器的蛇形流反应器(见图 19.1)经过设计而接近活塞流条件，但可能会包含返混(尤其是在入口区)、短路和死区的分区。据发现，这种类型的构造设计结构，在长宽比超过 10∶1 时依据接近活塞流条件方面，是最成功的。长宽比为

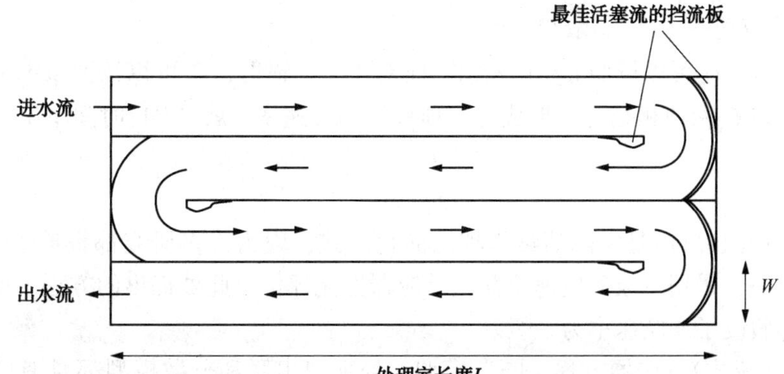

图 19.1　蛇形流反应器(该反应室中的流长度为反应室长度的 4 倍)(White, 1992)

40：1或更高是首选的(Metcalf & Eddy，2003)。推荐改建长宽之比较低的现有单元装置而改善水力学模式(Hart，1979；Louie and Fohrman，1968)。

UV 消毒的单元装置，如果具有高的长宽比，经过设计而密切遵循活塞流流动模式。这些反应器的入口和出口条件因为反应器单元中相对较短的停留时间而变得很重要(White，1992)。最大化径向混合(垂直流混合)，是这些消毒单元装置的所需特性。这对于 UV 照射反应器是很独特的，因为辐射剂量与辐射源的距离成正比。因此，监测 UV 剂量是很困难的。

5.3 初始混合

蛇形接触室(特别是氯和臭氧消毒工艺过程)入口之前的混合条件是非常有益的，因为这将确保化学品的均匀分布(Calmer，1993)。在下面的章节中将会提供混合系统的更多信息。

5.4 示踪剂分析和消毒动力学的组合

一种预测污水消毒反应器效率的有用分析方法是假设反应器依据简化模型(例如，理想的活塞流或全混合、隔离、分散、或串联处理池模型)运行。通过将描述这些简化模型的方程与定义消毒动力学的方程进行组合，就可以预测污水流动通过这个过程时这种模型将如何控制消毒过程。

5.5 动力学方程

大多数经常用于描述污水消毒动力学的方法是应用奇科-沃森(Chick-Watson)方程。该方程表示如下：

$$\frac{I}{I_0}=e^{-k'C_x t_i} \tag{19.10}$$

式中 I——t_i时刻的微生物群落；

I_0——0 时刻的微生物群落；

t_i——时刻，s；

C_x——消毒残余量；

K'——反应速率 (1/[剩余时间])，s^{-1}。

对于氯而言，C_x可以按照 mg/L 表示，而对于 UV 辐射，C_x可以按照 $\mu W/cm^2$表示。通常情况下，K'和 C_x两项相结合而形成另一项一级消毒速率，k，以 1/时间单位计。

$$\frac{I}{I_0}=e^{-k'ti} \tag{19.11}$$

当然，方程(19.11)是实际消毒机理的简化形式，因为许多研究都报道了奇科-沃森方程的偏差。然而，采用一级反应速率简化反应器性能评价，此处提出的方程中所用的所有消毒反应 k 值都假设了反应速率为一级。

理想(活塞流式)反应器方程、隔离模型、处理池串联和分散模型都对消毒建模的推导相关，但超出了本章的范围(参见 2009 年 WEF 和其他参考文献)。

5.6　影响消毒效率的因素

水力学特性影响后续消毒效率的方式，在评价和设计消毒反应器时侧重于水力学的显著性。显然，许多其他参数可能对反应器的性能具有影响。本节和其他本章中提到的小节确定了氯接触室，臭氧接触器和 UV 反应器的这些参数中的一些参数。在动态污水条件下，余氯将会衰败。因此，停留时间长的反应器(例如，氯接触室)将不会简单地根据假设 C_x 是常数的奇科-沃森方程运行，而将受到 C_x 值变化的影响。

在 UV 反应器中，设计者基于光学物理定律试图最大化照射效率。《市政污水消毒设计手册》(*Municipal 污水Disinfection Design Manual*)(U. S. EPA，1986a)和《最终长期 2 加强表面水处理规则的 UV 消毒指导手册》(*Ultraviolet Disinfection Guidance Manual for the Final Long-Term 2 Enhanced Surface Water Treatment Rule*)(U. S. EPA，2006)详细介绍了这个主题。

5.7　化学消毒剂的反应器设计

本节介绍了使用化学消毒剂如氯和臭氧的典型消毒反应器的重要设计方面。用于非化学消毒剂如紫外光的反应器设计，在针对那些消毒剂的小节中已经进行了讨论。

对于典型的简化污水处理工艺流程图的消毒反应器的位置及其相关功能如图 19. 2 所示。相关的功能及其设计将在单独的章节中讨论。本节重点讨论消毒反应器。

对于典型化学消毒反应器设计的关键问题就是在污水设施设计用于容纳的出水流量范围内(即，从清晨启动条件下的低流量至峰值设计流量)确保将出水暴露于消毒剂设计残余浓度，C，达到设计接触时间量，T。因为消毒反应器的设计强调出水与消毒剂之间的已知接

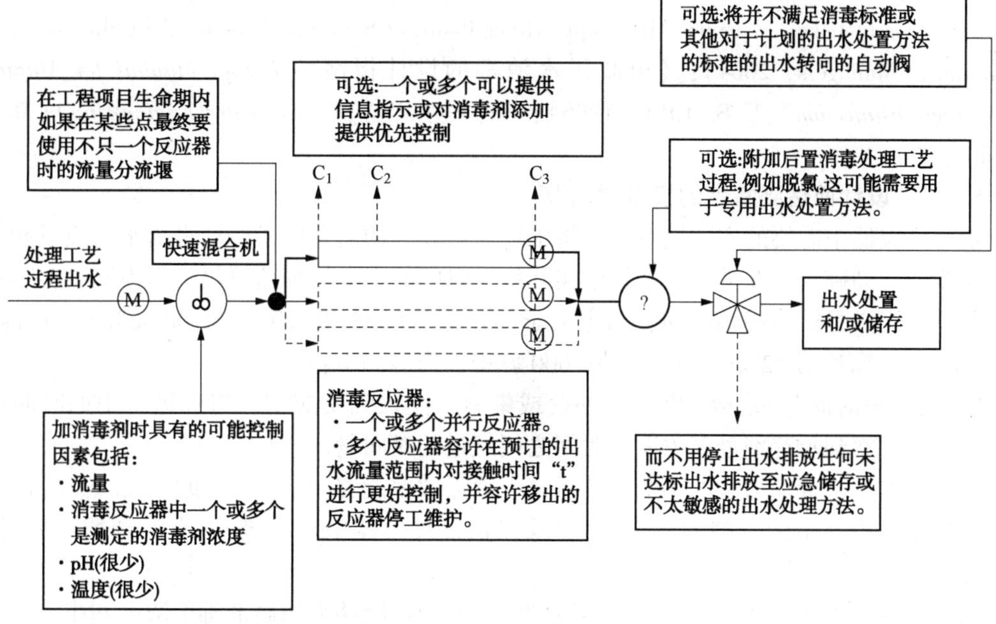

图 19. 2　相对于有关工艺过程的消毒反应器位置

触时间量，则这些反应器也称之为接触池和接触室。在本章的其他小节中，讨论了如何将设计浓度 C 的消毒递送至出水。本节中也讨论了提供出水和消毒剂之间的接触时间设计量，t。

出水/消毒剂在消毒反应器中混合的实际模态接触时间，T，因为现场条件下液压系统的复杂性而小于反应器的理论 HRT。这些复杂性可能包括热诱导流、风诱导流、惯性、水黏度和流动水中和流动水与消毒器壁之间的摩擦。这些因素导致反应器中出现死区、返混和通过反应器的吝形化，所有这些都会造成水力学短路，即，反应器实际 HRT 停留时间小于理论 HRT 的条件。

消毒系统，包括反应器，必须经过设计而在所有操作条件下运行，从启动时的低流量至设计条件下的峰值流量都能够正常工作。大部分消毒反应器的设计都涉及作为反应器设计过程的一部分，采用流体力学和方法建模和/或评价反应器的设计和性能，无论是反应器建成之后的现场，抑或是水力学实验室设置。

(1)设计而实现特定的接触时间，“t”；

(2)设计而有利于反应器维护；

(3)设计而最小化向出水中重新引入微生物；

(4)设计而控制 DBP 的形成；

(5)反应器建模和计算的流体力学(CFD)；

(6)反应器评价的方法。

这些方面将在下面的章节中进一步讨论。

关于消毒反应器设计的专业交叉文献包括《污水消毒(*Wastewater Disinfection*)，实践指南 FD-10》(WEF，1996)；《加氯和其他消毒剂手册》(*Handbook of Chlorination and Alternative Disinfectants*)(White，1999)；《污水设施的推荐标准》(*Recommended Standards for Wastewater Facilities*)(Great Lakes - Upper Mississippi River Board of State and Provincial Public Health and Environment Managers，2004)；《市政污水消毒的设计指南》(*Design Manual for Municipal Wastewater Disinfection*)(U. S. EPA，1996)；和《污水工程》(*Wastewater Engineering*)(Metcalf & Eddy，2003)。

5.7.1 设计而达到特定的接触时间“t”

消毒反应器中需要的实际接触时间将由项目特异性的监管因子、消毒出水的质量和要使用的化学消毒剂确定。在消毒反应器中实际接触时间的定义根据监管机构而不同。实际接触时间的常见定义是模态接触时间，而定义于加州监管法规(California Code of Regulations)的第 22 条(以下简称第 22 条)，第 60301.600 款中，内容如下：

“模态接触时间”，是指示踪剂，如盐或染料，注入到反应室入口处进水中的时间和反应室出水中观察到示踪剂最高浓度的时间之间经过的时间量。

正如在本章消毒动力学的小节中的讨论，消毒效率能够(在一定限度内)根据 C_t(消毒反应器末端出水中残余消毒剂的浓度，C，乘以消毒反应器中消毒剂/出水混合的接触时间，t)进行近似。

基于这种消毒效率估算方法学，同级别的出水消毒能够采用高消毒剂浓度和小消毒反应器或低消毒剂浓度和大消毒反应器而实现。怀特(White，1999)已开发出估算消毒剂浓度，C，(影响运营成本)和接触时间，t，(影响消毒反应器尺寸，资金成本)之间最具成本效益的平衡的方程。在实践中，化学消毒剂之间的最低接触时间的一般准则，推荐用于较小的项目，这种项目中实施环境特异性中试研究消毒剂效能和消毒反应器水力学是不符合成本效益的。这些准则的例子包含于表 19.10 中。

表 19.10　化学消毒剂之间最低接触时间的一般准则的实例

文　献	准　　则
White，1999	采用氯 $t_i \geq 30$ min，其中 t_i 是出水在消毒反应器中保留的最低(非模态)时间。这适用于出水总大肠菌群消毒标准。 因为在水臭氧的不稳定性，采用臭氧则 t ~5min。
GLUMRB，2004	峰值流量下采用氯 $t_i = 15$ min，适用于出水粪大肠菌群消毒标准
Metcalf and Eddy，2003	采用氯 $t \geq 15 \sim 90$ min
(Metcalf and Eddy)，2003	采用臭氧 t ~15 min
CDHS，Title 22	基于峰值干季流量 $t \geq 90$ min 模态时间；而在所有流量下 $C_t \geq 450$ mg · min/L 而满足“消毒的三级再循环水”标准。

为了达到尽可能小的消毒反应器中的设计接触时间，t，需要将消毒反应器设计成具有活塞流式水力学，而降低水力学短路。对于氯消毒剂，由于接触时间很长而因此反应器尺寸较大(且昂贵)，则这种反应器应该设计成包含几个降低水力学短路的功能。这些设计功能特性最重要的是反应器的长度-宽度-深度之比。氯接触反应器的长宽比和宽深比的准则列于表 19.11 中。加州推荐长度-宽度-深度几何为 40：1：1 的氯接触反应器应该提供反应器理论 HRT 至少 75%的模态接触时间，t。这种反应室属性最可能影响反应器的活塞流性质和对低分散数的轴向速率之需。

表 19.11　氯接触反应器长度-宽度-深度之比的准则

文　献	比率	准则
Metcalf and Eddy，2003	长宽比	如果使用挡流板控制水力学短路，至少 20：1，优选 40：1
White，1999	长宽比	>40：1；然而，优选 70：1
	深宽比	1：1①
WEF，1996	深宽比①	1：1①

① 实际上，这对于渠道深度超过其宽度的情况并非不常见。

马思科和博伊尔(Marske and Boyle，1973)发现，水流的长-宽比为 72：1 的纵向挡流室能够提供 95%的活塞流。纵向挡流板也发现优于横向挡流板，因为横向挡流板导致更多的返混。其他人也研究了挡流板的改型以期改善停留时间分布和分散指数(Hart，1979；Tchobanoglous and Burton，1991)。

氯消毒系统所需的长而窄的消毒反应器几何特性，正如怀特(White，1999 年)和美国 EPA(U.S. EPA，1986a)指出，间接表明了使用管道作为消毒反应器的可能性。美国环保署推荐管道反应器中的最低速度为 0.3m/s(1ft/s)，以避免粒子在反应器中沉淀。正如将进行的讨论，消毒反应器中沉降的粒子是一种严重的问题，关系到向出水中偶发或慢性重新引入微生物。沉降的粒子，尤其是当总大肠菌群，而不是粪大肠菌群作为消毒指标生物进行监管(而如果监管限制比较严格，例如，无限制回用)时，可能会导致出水消毒要求超标。

如果将要考虑管道氯接触反应器，则推荐对以下几个原因进行非常仔细地考虑。

• 管道反应器难以清理。微生物膜/黏液将生长于管道反应器壁内表面上，如果黏液没有定期清除，可能会导致向出水中偶发或慢性重新引入微生物。

• 管道反应器可能有大的润湿表面积-体积比，而使之每单位反应器体积存在更多的微生物膜/黏液，即，存在更多的潜在微生物重新引入问题。

• 圆形管道反应器，如果在所有时间内不能维持足够的冲刷速度，往往会在管道内颠倒之处浓缩任何沉降的粒子(或从管道表面脱落的微生物黏液)。

在开始管道氯接触反应器设计之前，应该研究在出水水质类似于正要设计设施的区域内运行管道反应器。这项研究的目的是要确定什么管道反应器设计和运行措施在绝大部分类似于正在设计设施的现场条件下能够和不能够发挥作用。

典型的氯接触反应器是矩形渠道或内由挡流板细分而在槽内产生蛇形渠道的槽。挡流槽的方法一般是更具成本效益的，因为所用于产生给定渠道长度的材料较少，因为内部挡流板是双延伸渠道的共用壁。

渠道和附近的景观应该经过设计而最小化表面材料和进入渠道的风吹起杂物的数量。渠道壁可能拔高而超过邻近的坡度，而形成路缘，以防止物体和碎片落入渠道。渠道周围的景观应该仅限于草坪。在某些情况下，可能有必要栽种防风林而降低从场外植被进入渠道的风吹碎片数量。

如果从快速混合器水力传送到反应器渠道(见图 19.1)导致出水非均匀流量(即具有速度梯度)进入渠道，则应该考虑安装跨渠分散挡流板而用于：(1)耗散出水进入渠道的任何水力学惯性，(2)大致将出水流量分配于整个渠道截面。

反应器的出口通常是跨渠堰，这也可以起到流量计量装置的作用(例如，控制脱氯)。出口堰上游，可以安装表面浮渣挡板捕捉形成或落入反应器的漂浮碎片。挡板收集的浮渣量应该不多，而使之能够手动撇除这些浮渣一般是可以接受的做法。

与渠道反应器相关的问题是出水沿着渠道壁或地表面流动通过整个反应器。这些表面往往成为微生物膜/黏液生长的位点，而需要更多的氯。因此，出水沿着渠道壁和地面流动，存在高微生物浓度的固有可能性。这个潜在的问题通过设计这种反应器而使之没有一股出水水流在邻近壁或地面流动并通过整个反应器而得以缓解。采用蛇形渠道反应器设计，就没有这个问题，因为在这个渠道的每一弯曲之处，渠道内的所有水流都在向下流到下一渠道之前而微微混合。如果渠道设计成直渠道，则沿着壁和地面的出水流量可能被安装于壁和地面上的挡板中断。这些挡板也是反应器清洗时的障碍；因此，其使用或排除都应该慎重考虑。

为了最小化水力学在渠道弯道处短路，应该在弯道处考虑使用水流重定向叶片。典型的一套水流重定向叶片，如图 19.3 所示的，使水绕着弯道流动而不会产生较大的水力学静区(导致水力学短路和颗粒物沉积)。使用的弯曲叶片，具有相同的基本构造设计结构。需要紧接内部挡板下游末端上的“尾巴片”重定向下流到渠道下一段的部分水流，而不容许在图 19.3 中所示位置形成静态区。在渠道弯道的外角中的室也降低了容许沉积颗粒物的水力学静区。

另一个设计师应该考虑的因素是深度与宽度之比。基于克莱默和亚当斯(Calmer and Adams，1977)、瑟普和包(Sepp and Bao，1980)和特鲁瑟尔和曹(Trussell and Chao，1977)的研究，深宽比应该为 1.0 或更小。模态接触时间和流动通过氯接触反应器的流路长度确定了反应器中典型的水流速度。关于氯接触反应器中水流速率的一般准则列于表 19.12 中。

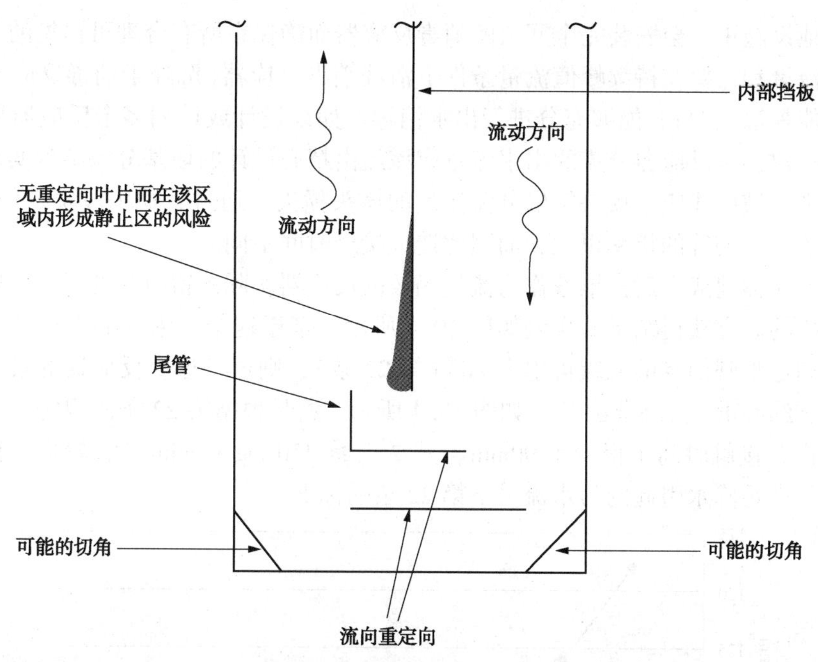

图 19.3 典型的水流重定向叶片

表 19.12 氯接触反应器中有关水速率的一般准则

文献	准 则
U. S. EPA，1986a	• 对于管式反应器速度为 0.3 m/s（1 ft/s） • 渠道反应器中的速度大于出水粒子的冲刷速度，而最小化反应器的固体累积。
Metcalf and Eddy，2003	• 渠道反应器中的速度理想地为 2 ~ 4.5 m/min（6.5~15 ft/min），但是实际上一般并不可能实现。预期要定期从反应器底面清除沉降的固体。

水的流速标准是要求之外的一个目标，因为速度不足的主要后果是粒子沉降而在反应器底面上的相关固体累积。固体积累是一个问题，因为这可能导致向出水中重新引入微生物。通过更频繁地清洗反应器能够缓解这个问题。

消毒-反应器设计的另一个方面是确定包含于设计中的水力学独立反应器的数目。关于这个问题的一般性准则列于表 19.13 中。

表 19.13 包含于消毒反应器设计中的水力学独立反应器数确定的一般准则

文献	准 则
U. S. EPA，1986a	• 两个平行反应器
GLUMRB，2004	• 反应器加倍或采用其他手段清洗反应器而不会导致出水不达标
Metcalf and Eddy，2008	• 两个或更多个反应器

这方面的设计非常具体。在一些设施中，足够的存储要在消毒系统之前就已经可供使用，而使单个消毒反应器能够可靠发挥功能。二级出水存储于消毒系统之前，而同时清洗消毒反应器。在其他设施中，这些条件使之安装两个平行的消毒反应器并确定规格大小而在两个反应器同时工作时能够对峰值流量进行消毒。每个反应器经过大小尺寸抉择而都能够对典型流量消毒，这使之在多数时间内，一个反应器可以停工进行清洁，而另一个反应器仍然在

运行。在其他设施中，会安装完全冗余的消毒反应器而确保在所有合理可预见的条件下，包括持续峰值流量和需要在持续峰值流量条件下清洗消毒反应器(沉降于消毒反应器底面上的固体负荷可能是最大的)，能够充分进行出水消毒。如果设计或计划多个反应器用于所设计项目的后续扩建，则反应器分流的出水流量应该经由精心设计的堰基分流结构实现。整个工艺过程的水力学坡度线应该反映精确分流流量的压头损失。通过其他手段实现的流量分流，引起反应器流量不均等的机率很大，而因此造成接触时间不同。

在消毒反应器建成之后，推荐作为流量函数的反应器实际停留时间通过示踪剂研究进行确定。从这样的研究获得结果的实例如图 19.4 所示。基于这个结果，如果这种反应器能够经过设计而满足加州消毒的三级再生水标准(第 22 条)，则通过这个反应器的最大干燥天气流量将限制于约 66L/s(1.5 mg/d)，如图 19.4 所示。这是根据第 22 条的规定，干燥天气峰值流量期间模态接触时间不得少于 90min。只要 $C_t \geqslant$ 450 mg · min/ L，较低的模态接触时间可提供用于满足降水引起的污水流量下第 22 条的标准。

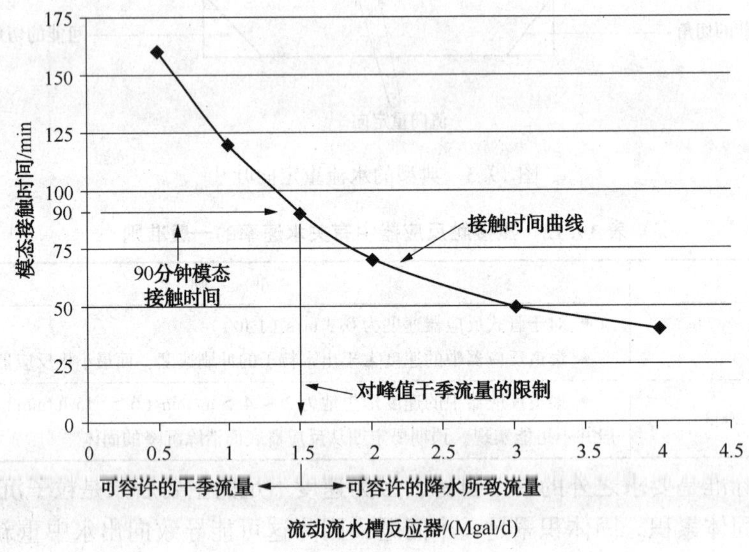

图 19.4 模态接触时间曲线的实例(mg/d × 43.83 = L/s)

接触时间曲线也适用于将氯剂量设备的运行编程为流量的函数。作为图 19.4 的数据的例子，当流过反应器的流量为约 44L/s(1.0mg/d)时，模态接触时间为 120min。如果设计目标保持 C_t为 450 mg · min / L 时，必须按照反应器末产生残余氯 3.8mg/L(450 mg · min / L ÷120min = 3.8mg/L)的速率加氯。如果该出水在 120min 的接触时间内氯需求量为 3.0mg/L 时，则氯的剂量将需要 6.8mg/L(3.8 mg /L 残余量 + 3.0mg/L 需求量 = 6.8 mg / L 剂量)。为了按照 44L/s(1.0mg/d)的流量提供该剂量，则需要 25.7kg/d(56.7lb/d)(即，6.8mg/L × 1.0mg/d × 8.345 = 56.7lb/d；56.7lb/d × 0.4536 = 25.7kg/d)氯。在大约 65.7L/s (1.5mgd)的流量下，导致模态接触时间为 90min，则必须按照反应器之末产生的残余氯为 5.0 mg/L(450 mg · min/L÷ 90min = 5.0mg/L)的速率加氯。如果该出水在 90min 内的氯需求量为 2.8mg/L，则氯剂量将需要 7.8mg/L(5.0 mg/L 残余量 + 2.8mg/L 需求量 = 7.8mg/L 剂量)。为了按照 65.7L/s(1.5mg/d)的流量提供该剂量，则需要约 44.3kg/d(97.6lb/d)(即，7.8mg/L × 1.5mg/d × 8.345 = 97.6 lb/d；97.6 lb/d × 0.4536 = 44.3kg/d)氯。如果

在这种情况下加氯基于65.7L/s(1.5mg/d)流量下的7.8mg/L剂量进行编程而直接正比于流量，则在44L/s(1.0mg/d)流量下的剂量也将为7.8mg/L，而不是所需的6.8mg/L。这1.0mg/L的非所需的过量氯增加了设施运行成本，增加了出水的盐量，并提高了DBPs的产率。因此，在这种情况下，对建成的反应器产生反应器接触时间曲线就能够用于对氯剂量设备编程，而降低非所需的氯用量及其相关问题。

如果示踪剂研究表明所建成的反应器具有的实际接触时间不足时，则向渠道横截面增加穿孔挡流板能够用以增加反应器的模态接触时间。穿孔挡流板在渠道中的最佳位置如下：

- 如果并未安装成最初设计的一部分，则接近反应器进口，而更好地分散进水流量；
- 正好在反应器出口堰的上游；
- 正好在渠道中每个弯曲部分的下游。

麦卡夫 & 爱迪(Metcalf & Eddy，2003)提出，穿孔挡板的开孔要占挡流板淹没横断面面积的6%~10%。对穿孔挡流板的需要，应该以逐案为基础进行考虑，因为在反应器渠道内存在穿孔挡流板往往会阻碍对这些渠道的清洗。

氯接触反应器施工的典型材料是传统用钢铲修平的结构级混凝土，无钢铲痕迹和任何参差不齐。抛光饰面使反应器清洗更轻松。如果使用内部挡板，则这些挡流板可以是混凝土，玻璃纤维，或其他光滑耐氯的材料，这在结构上稳定，适用于预期用途而不会对出水引入关注的污染物(例如，在具体情况下的某些金属和塑料)。应该避免使用木质挡流板，因为木材的多孔粗糙表面有助于微生物膜/黏液生长，而更难以清洗。反应器中使用的所有材料(例如、挡流板、支架、阀门和导槽)需要耐受水、氯和阳光(即，UV)的降解退化作用。

5.7.2　设计要有助于反应器维护

与消毒反应器相关的主要维护活动是保持反应器相对无微生物膜/黏液和沉降颗粒的累积。在设计大型氯接触反应器中所使用的原理适用于小得多的臭氧反应器。以下氯接触反应器的设计特点，有助于操作者保持反应器相对无微生物膜、黏液和沉降颗粒物：

- 反应器使用的材料和表面必须光滑而方便清洁，如采用高压水射流和刮式擦刷工具。
- 反应器渠道底面应该都向一个方向上倾斜，才能方便清洗水和碎渣从渠道墙壁和地板排出。每个渠道中的倾斜地面可以形成斜沟槽而冲下每个通道的中部，而使清洗水和固体从渠道壁流走而流向渠道中心，并随后下坡流向位于每一渠道下端的开槽排泥阀。
- 高压供水(通常消毒的出水)应该在渠道的较高一端可供利用，才能有助于从每一渠道向其污泥排泥阀向下水力冲刷和冲洗黏液和沉降颗粒物。
- 在反应器中固体可能倾向于沉积和/或累积的区域(例如，角落)能够在设计期间消除(但是，这可能会增加混凝土和/或施工成本)。应该考虑，设计一些区域带有倒角，以降低累积和有助去通过高压水射流冲刷而去除任何确实产生的累积物。

一旦反应器经过清洗而恢复工作，通过反应器的初始流量可能因为清洗中残留于反应器中的散落碎片并不符合出水消毒要求。将刚清洗的消毒反应器的初始流引向应急储存或污水设施的排水系统可能是合适的。

5.7.3　设计要最小化向出水中重新引入微生物

出水消毒限制，尤其是严格的限制，例如适用于水回用的情况，发生超标的一个主要的原因是，出水消毒工艺过程期间向出水中重新引入微生物。这些微生物的来源包括以下方面：

(1) 将会生长于反应器墙壁上的微生物膜/黏液,

(2) 反应器地面上的沉积颗粒物,

(3) 反应器中的鸟排便,

(4) 坠落到反应器中的风吹碎片。

许多最小化向出水重新引入微生物的设计步骤，都类似于先前的讨论内容。其他建议包括以下内容:

• 反应器渠道中包括弯曲或挡流板，打破了部分出水沿着反应器地面或壁直接通过消毒反应器的任何可能。

• 设计这种反应器而使之能够很方便清洗。在反应器设计中包括排泥阀、高压清洗水源等，并在操作和维护(O&M)手册中规定进行反应器定期清洗。

• 在反应器出水堰之前包括浮渣挡板。

• 围绕反应器顶部设计较低的路缘，而防止树叶、泥土、工具等落入反应器中。

• 保持反应器远离可能向反应器中散落碎片或提供鸟类重要栖息地的美化景观。

• 通过使用扶手过顶堰防止鸟类栖息(并且如果水禽着陆于反应器水面上时，可能地使一些线绳拉于反应器的顶部)，驱逐鸟类而防止其频繁光顾消毒反应器区域。

如前所述，消毒反应器渠道上的封盖一直都是不建议使用，因为这些封盖会妨碍反应器的清洗过程。

5.7.4 设计要控制消毒副产物的形成

将 DBP 形成降低至可行程度的设计考虑因素包括以下方面:

• 避免加入超过必要实现所需出水消毒水平(即，C_t)的消毒剂。这是比反应器设计本身更适合对消毒剂剂量系统进行编程的问题，但反应器的设计及其产生的接触时间曲线会影响编程。

• 一旦反应器进行设计，则反应器的运行需要进行规范(或如果是自动化，则进行编程)，以避免不必要的消毒剂接触时间过长。具有多个并行的消毒反应器，为操作者对作为出水流量的函数的接触时间 t 提供控制。这种控制作用可以防止 t 在低流量(例如，启动时)变得太大，这可能会导致过量 DBP 形成。

5.7.5 反应器建模和计算的流体力学

CFD 建模技术和计算机硬件能力长足进步，而使得消毒反应器采用 CFD 建模变得价格可承受而方便。因此，CFD 模拟正日益用于改善消毒设计的工艺过程，并优化反应器的设计。在过去，工程师们通过对其反应器设计强加一个高安全系数而到达微生物灭活，相比于消毒所必需的条件，造成占地面积较大，化学品剂量过高，而接触时间过长。随着对 DBPs 认识日益提高和监管严格，CFD 模拟正在改变工程师设计消毒系统的方式，而使之能够承担得起费用地优化反应器设计，最小化 DBP 的形成。

CFD 模型属于指定的边界条件内固定域内质量和动量通量的雷诺数平均的纳维尔-斯托克斯(Navier-Stokes)方程。描述离散粒子轨迹的方程用于模拟系统内的物质传输。作为消毒设计过程的部分，CFD 模型可以通过在入口边界引入被动示踪物质并报告粒子在出口边界的停留时间而模拟示踪剂研究。通过模拟采用保守化合物的示踪剂研究，CFD 建模能够精确确定反应器的接触时间。除了示踪粒子之外，CFD 模型可以跟踪微生物的行踪，而利用此信息确定其消毒剂在整个模型域(接触室)内的暴露(接触)时间。

当结合辐照度建模时，CFD 能够跟踪各个微生物的踪迹，并计算由此产生的 UV 剂量（能量密度）。按照这种方式使用 CFD，能够最小化 UV 反应器的过剂量，从而降低紫外线系统的施工和运营成本（Nisipeanu and Sami，2004）。在本章其他地方也提供了 UV 消毒设计工艺过程中的 CFD 建模作用的更详细介绍。

因为 CFD 模型能够产生全面的水力学特性，包括整个模型域内的压力、速度和湍流，则 CFD 可以用于研究而确定现有系统运行不正确的问题。计算流体动力学尤其适用于改造设计，因为现有反应器的构造设计可以进行物理测试而实际验证 CFD 模型。这使得设计人员能够根据模型结果对所有提议的构造设计的对比而选择最佳的改型设计。用于设计新的消毒系统或改造现有系统的模型结果，应该相对于实际数据进行验证。读者应该参考关于本文中其他地方提出的建模信息，或在其他来源的情况下，使用建模软件作为设计工具时应该考虑的其他设计考虑因素。

5.8　周边条件

首先混合加氯消毒和臭氧化作用的重要性，将本章稍后介绍。这可以在进口区同时使用静态和机械混合器完成。

在开放式渠道反应器中，设计师可能需要考虑可能会导致表面流、短路和可接受的活塞流条件中断的风的影响作用。当使用单氯胺作为消毒剂时，室内的湍流应进行最小化，因为湍流可能会导致返混，而降低挥发性单氯胺的浓度（White，1999）。

6　加氯

氯是污水消毒最广泛使用的化学品。它可以作为气态氯（单质氯，Cl_2）、次氯酸盐化合物，或二氧化氯进行使用。

6.1　氯作为消毒剂的化学

当氯加入水或污水中时，就会发生水解，并形成次氯酸和盐酸的混合物。反应（方程式 19.12）是 pH 值和温度依赖性的，在几毫秒内就能够完成，是可逆的。形成的次氯酸是弱酸并离解或离子化而形成次氯酸和次氯酸根离子（OCl^-）的平衡溶液（方程式 19.13）。当 pH 值超过 8.5 时平衡接近 100%解离（$H^+ + OCl^-$），当 pH 值低于 6.0 接近 100%的次氯酸。如图 19.5 所示的 pH 值曲线图上举例说明了这种物种形成。

$$Cl_2(g) + H_2O \rightleftharpoons HOCl + H^+ \ Cl^- \quad pK_a = 7.\ 537 \text{ at } 25℃(77℉) \tag{19.12}$$

$$HOCl \rightleftharpoons H^+ + OCl^- \quad pK_a = 7537 \text{ at } 25℃(77℉) \tag{19.13}$$

对于水和污水，次氯酸和次氯酸根离子都是氧化剂而提供消毒作用。次氯酸钠和次氯酸钙的次氯酸盐溶液在水中也能够离解而形成次氯酸根离子（方程式 19.14 和 19.15），在本质上，获得与氯气相同的化学性质。加氯气会降低 pH 值，因为氯气能够同时形成次氯酸和盐酸（方程式 19.12），然而次氯酸钠和次氯酸钙的溶液对 pH 值的影响都很小。因为相同的原因，氯气也会降低碱度，多达 2.8 份氯/份碳酸钙（$CaCO_3$）。

$$NaOCl \rightleftharpoons Na^+ + OCl^- \tag{19.14}$$

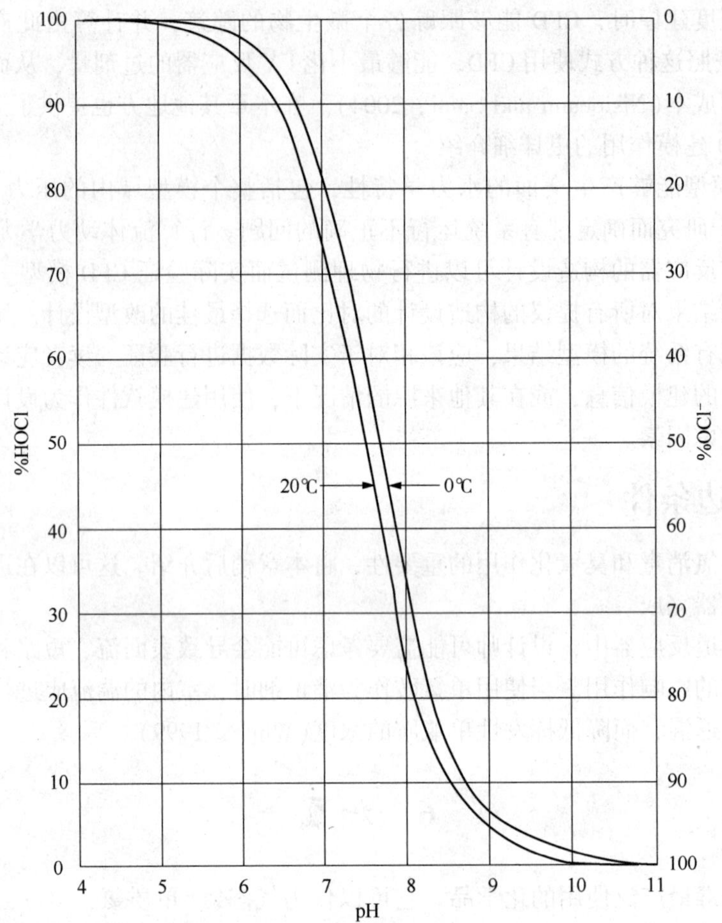

图 19.5 氯，次氯酸：相对于 pH 的次氯酸根的分布（AWWA，1973）

$$Ca(OCl)_2 \rightleftharpoons Ca^{2+} + 2OCl^- \tag{19.15}$$

同时以次氯酸和次氯酸根离子出现的氯定义为游离的可供利用的氯，或简称为游离氯。

6.1.1 无机反应

除了氧化和灭活病原体，氯化合物将与污水中存在的许多无机化合物反应而将其氧化，这些化合物包括硫化氢（H_2S）、亚硝酸盐（NO_2^-）、亚铁离子（Fe^{2+}）、和二价锰（Mn^{2+}）。这些还原剂占据了氯需求量，并迅速与游离氯反应。

当将氯加入含硫化氢或亚硫酸盐化合物的水中时，这些化合物被氧化成单质硫或硫酸盐，这根据反应条件而定。亚硝酸盐被氧化成硝酸盐（NO_3^-）、亚铁离子氧化成铁离子（Fe^{3+}）、二价锰离子氧化成锰离子（Mn^{4+}）。反应中的氯产物就是氯离子。

6.1.1.1 氯胺

氯胺是在污水中氯与氨氮反应的反应产物。氨氮可能以相对较大的量，一般为 10～40mg/L，要么是以溶解的氨气（NH_3），要么是以铵离子（NH_4^+）形式，存在于污水中。氨-铵平衡（方程式 19.16）是 pH 依赖性的。

$$NH_3(g) + H_2O \rightleftharpoons NH_4^+ + OH^- \quad pK_a = 9.24 \quad \text{在 } 25℃(77℉) \text{ 下} \tag{19.16}$$

在稀水溶液中次氯酸与铵反应开始时，按照逐步过程形成三种氯胺——单氯胺（NH_2

Cl)、二氯胺($NHCl_2$)、三氯胺或三氯化氮(NCl_3)(方程式 19.17~ 19.19)。氯和氨反应也能够发生反应而产生氮气(方程式 19.20)，但是该反应不应该视为反应机理的图示。

$$NH_3 + HOCl \rightleftharpoons NH_2Cl + H_2O \tag{19.17}$$

$$NH_2Cl + HOCl \rightleftharpoons NHCl_2 + H_2O \tag{19.18}$$

$$NHCl_2 + HOCl \rightleftharpoons NCl_3 + H_2O \tag{19.19}$$

$$2NH_3 + 3HOCl \rightleftharpoons N_2(g) + 3HCl + 3H_2O \tag{19.20}$$

这些逐步反应进行多远而每种化合物形成多少，取决于 pH 值、温度、接触时间，以及铵离子和次氯酸的浓度。在一般情况下，低 pH 值水平和高氯-氨比率有利于二氯胺($NHCl_2$)的形成。在 pH 值大于约 8.5 时，几乎完全是单氯胺(NH_2Cl)。pH 值在 8.5~5.5 时，单氯胺和二氯胺同时存在；pH 值处于 5.5~4.5 时，几乎完全是二氯胺。在 pH 值小于 4.4 时，将产生三氯化氮(Jafvert and Valentine，1992)。氯胺具有消毒性能而是综合可利用的氯(CAC)测定的部分，也称之为总氯。氯胺与次氯酸钠相比是较弱的氧化剂，而更具特异性。其应用于消毒一般仅限于提供饮用水分配系统的消毒剂残留物，因为它们并不能有效地用作主要消毒剂。

6.1.1.2　折点现象

折点加氯是使用氯氧化能力而氧化氨的工艺过程。尽管折点加氯是水处理中在氨氮存在下用于获得游离残余氯的做法，但并不用于传统的污水处理，因为需要大量的氯(氯-氨氮质量比约 10：1)。如果 WWTP 明知或未知地硝化了其大多数氨氮时，剩下少量或不存在氨形成氯胺时，这就成为了一个例外。在这种情况下，加氯就能够产生折点反应。在折点加氯中，氨被逐步氧化，直到达到某点，超过该点，结合氯或氯胺和氨就会与氯反应而产生氮气，而过量的氯作为游离氯存在。在这种情况下，氨不再作为氨气或铵离子存在，而仅仅极少以总氯形式存在。

折点反应以高度 pH 敏感性的速度进行。在 pH 值 7~8 而当氯-氨氮质量比为 5：1 或更少时，所有的游离氯转化为氯胺。在较低的 pH 值下，形成二氯胺。当施加的氯-氨氮比超过 5：1 时，总氯残余量下降，而接近折点，氮气(N_2)作为产物。当折点达到(8~10)：1]的氯-氨质量比时，氨氮被氧化，而游离氯开始少量地以所得的残余氯出现。图 19.6 和 19.7 显示了所选择出水典型的折点曲线。

6.1.1.3　其他氯/氮反应

当氯与氨基酸、蛋白质物质和其他有机氮形式反应时，就会形成有机氯胺。有机氯胺并不是有效的消毒剂，而有机氮的存在，除了干扰游离和化合形式之间的歧化之外，可能会占据相当大氯需求量。与氨或有机氮氯胺化学结合而存在的氯被称为结合的有效氯(CAC)。

6.1.2　有机反应

氯化有机化合物，或含氯有机物，在污水中通过氯作用于有机碳而形成，正如有机氯胺是有机氮部分氯化的产物一样。有机氮化合物，除了碳原子之外，还含有氮原子，而包括脲，氨基酸和蛋白质。氯和有机物之间的大多数反应都会产生不再具有氧化潜力的化合物，并不会贡献 CAC。

三卤甲烷是氯与一组已知为腐殖酸的氨基酸发生复杂化学反应的 DBPs 中的一些副产物。THMs 是含有三个以各种化合态存在的卤原子的单碳分子。也称为卤代形式，THMs 能够图解表示如下：

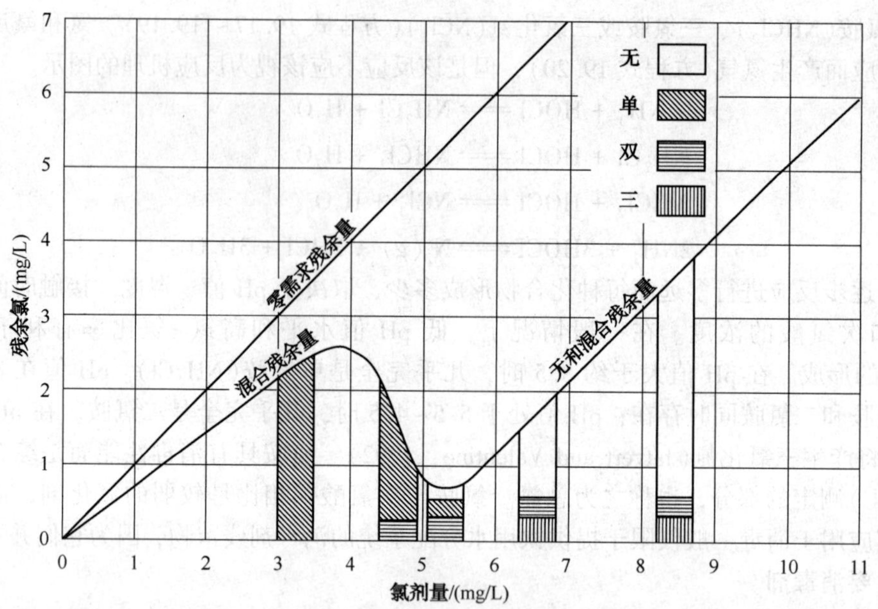

图 19.6　对于氨氮的氯残余量(White，1992)

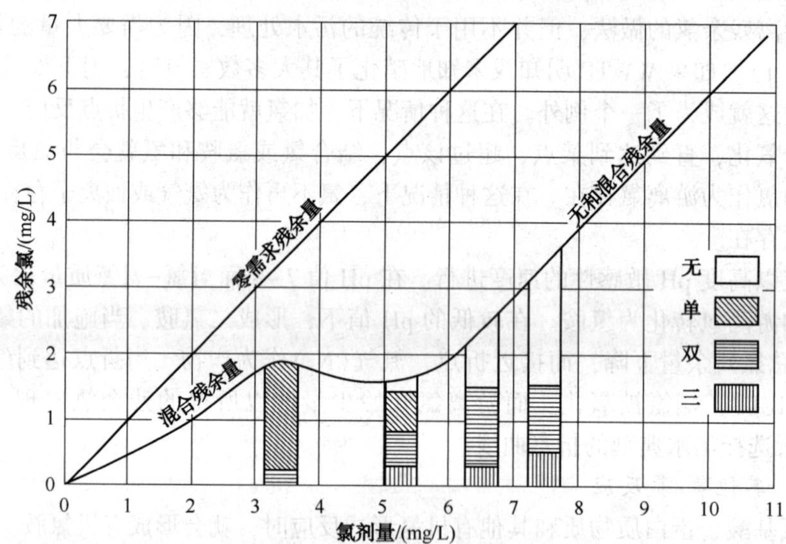

图 19.7　对于氨氮和有机氮的氯残余量(White，1992)

$$HCX_3 \tag{19.21}$$

X= Cl^-或 Br^-原子，包括氯仿、溴代二氯甲烷、氯代二溴甲烷和溴仿。

因为 THMs 和其他 DBPs 对环境和人体健康的影响，还存在有关这些化合物形成的关注问题。众所周知的 THM，是有文献记载的动物致癌物，而所有的卤代形式据信都能以类似的方式发生作用。美国环保署颁布了饮用水行业的条例(《安全饮用水法》(Safe Drinking Water Act))，主要针对最小化公众对这一类化合物的暴露(接触)。现行法规要求饮用水中最大总 THM 浓度为 0.08/L。

6.2 加氯和脱氯化学品

6.2.1 单质氯

在标准条件下，氯气(Cl_2)是一种黄绿色气体。当分别冷却并压缩到-34.5℃(-30.1℉)和100kPa(1atm)时，氯气就冷凝为清澈琥珀色液体。商业氯气被列为不可燃的有毒压缩气体。它通常采用钢瓶运输而按照严格的政府法规进行设计、施工和处理。

6.2.1.1 物理性质

在气体状态下，氯气是空气重量的2.5倍。在液态状态下，氯约为水重量的1.5倍。液氯能够迅速蒸发。1体积的液体产生约450体积气体。因此，1.0kg(2.2lb)的液体蒸发成约0.31m^3(11ft^3)的气体。氯仅仅微溶于水，在100kPa(1atm)下，9.6℃(49.3 ℉)时最大溶解度约10000mg/L(1%)而在25℃时最大溶解度为6 500 mg / L。像所有的气体一样，氯的溶解度随着温度的升高而降低(Chlorine Institute，1986)。实际溶解度约为理论溶解度的50%。

6.2.1.2 化学性质

氯气是高反应活性的，而在特定条件下，氯能迅速与许多化合物和单质反应而将其氧化。由于其对氢的亲合力，而氯能够从一些化合物脱氢，正如与硫化氢的反应中根据氯-硫比和反应条件而形成单质硫(S)或硫酸根离子(SO_4^{2-})。当氨或其他含氮化合物与氯反应时就形成氯胺。

6.2.2 次氯酸盐

次氯酸盐是次氯酸的盐类。次氯酸钠(NaClO)是目前使用的唯一液体次氯酸盐形式。还有几种有效的品级。次氯酸钙[$Ca(OCl)_2$]就是主要的干形式。

6.2.2.1 物理性质

次氯酸钠，经常称之为漂白液，是可商购获得的仅有的液态形式，通常有效氯浓度5%~15%。

次氯酸钙，有时也被称为漂白粉，是一种干料，通常包含65%的有效氯。通常被称为优质次氯酸盐(HTH)，1kg(2.2lb)相当于0.65kg(1.43lb)单质氯。

6.2.2.2 化学性质

次氯酸盐是强氧化剂。所有的次氯酸钠溶液都是不稳定的。热、光、存储时间和杂质，如铁，都会加速产品变质。次氯酸盐对木材具有破坏性作用，能够腐蚀大多数常见的金属，并能影响皮肤、眼睛和其他与之接触的身体组织。干燥的形式(次氯酸钙)在标准大气条件下是不稳定的。可能会自发地与许多化学品反应，包括松节油、油、水和纸张。因此，次氯酸钙应存放在干燥的地方，只适用于采用无有机物的设备进行使用。当使用这种物质时，存在严重的火灾和爆炸的隐患。

大多数常见的金属在标准温度下不会受到干燥的其他或液态氯气(干燥的氯气通常包含小于150mg/L的水)影响。然而，氯能够与钛反应而在温度超过232℃(450℉)时点燃碳钢。

6.2.2.3 毒性

氯气是一种呼吸道刺激剂，并归类为有毒气体。空气中浓度大于约1.0mg/L(1.0 ppm体积浓度)时，因为其特有的气味就可以被大多数人嗅出来。氯导致不同程度的皮肤、黏膜和呼吸系统过敏。液氯接触会导致皮肤和眼睛灼伤。如前所述，当泄漏时液氯迅速汽化而产生气体同样的效果。

在轻微而短期暴露于氯之后能够完全恢复。目前 OSHA 容许的暴露水平是 0. 5mg/L(0. 5 ppm)，短期暴露水平是 1. 0mg/L(1. 0 ppm)，而立即危及生命或健康的水平是 30mg/L(30ppm)。较高的浓度可能是致命的(U. S. EPA，1993)。氯水溶液的腐蚀性可能会产生处置问题。大多数氯水溶液，除了金、银、铂和某些专用合金之外，对常见的金属都具有腐蚀性。硬质橡胶，未塑化聚氯乙烯(PVC)，内衬金属管，以及某些其他塑料对氯水溶液也具有耐腐蚀性。

6. 2. 3　二氧化硫

二氧化硫常用于脱氯。二氧化硫列为不可燃的腐蚀性液化气，并以钢瓶进行商业运输，而按照严格的政府法规进行设计、施工和处理。

6. 2. 3. 1　物理性质

在气体状态下，二氧化硫是无色的，有令人窒息的刺鼻气味，而约为空气重量的 2. 25 倍。液体二氧化硫约为水重量的 1. 5 倍。商业二氧化硫作为加压的无色液化气供应。二氧化硫气体在水中的溶解度(约比氯大 20 倍，)在 0℃(32℉)下约 18. 6%。在溶液中，二氧化硫水解形成亚硫酸(H_2SO_3)的稀溶液。亚硫酸根据方程式(19. 22)和(19. 23)解离。

$$H_2SO_2 \rightleftharpoons H^+ + HSO_3 - pK^a = 1.\ 76 \quad (19.\ 22)$$

$$HSO_2 \rightleftharpoons H^+\ SO_3^{-2} pK^a = 7.\ 19 \quad (19.\ 23)$$

其中的解离常数(pK_a)是 25℃(77℉)下的解离常数。

在 pH 值大于 8. 5 时，95%溶解于水的二氧化硫气体都以亚硫酸根(SO_3^{2-})离子存在。二氧化硫在水中的溶解度随温度升高而降低。

6. 2. 3. 2　化学性质

干二氧化硫(液体或气体)不太腐蚀钢和大多数其他常见的金属。然而，镀锌金属不应该用于处理二氧化硫，而在充足的水分存在下，二氧化硫对大多数常见的金属都具有腐蚀性。因为二氧化硫不燃烧或支持燃烧，则不存在火灾或爆炸的危险。

6. 2. 3. 3　毒性

二氧化硫是一种刺激性极强的气体。这种气体可能因为亚硫酸的形成而对眼睛、鼻子、喉咙和肺部的黏膜造成不同程度的刺激作用。接触液体会导致皮肤冻伤，因为液体从皮肤中吸收潜热而汽化。工人暴露，8h 时间加权平均值，目前受限于 OSHA 的空气中浓度 5mg/L(5 ppm 的体积浓度)，或约 13 mg/m^3。浓度为 500mg/L(500 ppm)会急性刺激上呼吸道系统而在几次吸入后造成窒息之感(Compressed Gas Association，1988)。

6. 2. 4　亚硫酸盐

亚硫酸钠(Na_2SO_3)、亚硫酸氢钠($NaHSO_3$)和焦亚硫酸钠($Na_2S_2O_5$)也适用于脱氯。一旦溶解于水中，这些盐会产生相同活度的离子，亚硫酸根离子($SO_3{}^{2-}$)。所有这三种化合物每公斤(磅)活性还原剂(形成亚硫酸根)通常都要比二氧化硫更昂贵；然而，这三种之中，焦亚硫酸钠比亚硫酸钠和亚硫酸氢钠成本更低，更稳定。

6. 2. 5　二氧化氯

在美国二氧化氯由于其性质不稳定以及其声称所需的危险化学品处理的常规问题而很少作为消毒剂用于二级或三级污水出水。然而，最近通过将亚氯酸钠和盐酸化合而现场产生消毒剂的二氧化氯发生系统取得进展和引入，有助于减少这些关注的问题。

一些测试表明，二氧化氯作为杀菌剂仅略优于氯，但却是一种非常优良的杀病毒剂

（White，1999）。二氧化氯对于抗原虫，包括在污水流中的贾第虫包囊和隐性芽胞虫菌卵囊也证明比氯更有效。二氧化氯也已被证明能够有效杀灭其他传染病菌，如金黄色葡萄球菌和沙门氏杆菌。

除了是一种强效杀病毒剂之外，通过二氧化氯进行污水消毒，提供了如下超过加氯的其他受益：

- 在 6~9 的 pH 值范围内，具有相对恒定的杀生物剂效能；
- 它易溶于水；
- 它能够增强混凝作用；
- 能够降低有机卤代化合物，包括 THMs 的形成。

使用二氧化氯的缺点包括以下方面：

- 它可以形成潜在的有毒 DBPs，如亚氯酸盐和氯酸盐；
- 生产成本较高；
- 二氧化氯必须现场生成，因为二氧化氯是高度爆炸性气体；
- 二氧化氯在阳光下发生分解；
- 在二氧化氯生成中使用的化学品都是危险性的。

6.2.5.1 性质

二氧化氯（ClO_2）是氯为Ⅳ氧化态的中性化合物。二氧化氯是相对较小的挥发性高能分子，甚至在稀水溶液中都以自由基形式存在。在高浓度时，它与还原剂发生剧烈反应。然而，它在无光的密闭容器的稀溶液中是稳定的（AWWA，1990）。亚氯酸根离子，亚氯酸平衡的 pK_a，pH 值 1.8 是非常低。这表明，亚氯酸根离子将在饮用水中以优势物种存在。一些氧化还原的关键反应如下（Handbook of Chemistry and Physics，1990）：

$$ClO_2(aq) + e^- = ClO_2^- \quad E° = 0.954V \tag{19.24}$$

其他重要的半反应如下：

$$ClO_2^- + 2H_2O + 4e^- = Cl^- + 4OH^- \quad E° = 0.76V \tag{19.25}$$

$$ClO_3^- + H_2O + 2e^- = ClO_2^- + 2OH^- \quad E° = 0.33V \tag{19.26}$$

$$ClO_3^- + 2H^+ + e^- = ClO_2 + H_2O \quad E° = 1.152V \tag{19.27}$$

二氧化氯最重要的物理性质之一是其在水中，尤其是在冷水中的溶解度很高（U.S. EPA，1999a）。相比于氯气在水中的水解，二氧化氯在水中并不会水解至任何明显的程度，而在溶液中仍然保持为溶解气体（Aieta and Berg，1986）。超过 11~12℃时，在气体形式中发现了自由基。当配制溶液并在管道工程中确定合适注入点时，这一特性可能影响二氧化氯的效能。另一个值得关注的问题是难以对所处理的溶液实施化学分析。

6.2.5.2 生成法

二氧化氯不能作为气体进行商业压缩或储存，因为在压力下容易爆炸。因此，二氧化氯决不能进行运输。在空气中二氧化氯体积浓度超过 10%就认为可能爆炸，而在分压下其着火点温度为约 130℃（266℉）（National Safety Council Data Sheet 525 - ClO_2，1967）。二氧化氯浓水溶液将会以可能超过临界浓度的水平向溶液上方的封闭气氛中释放气态二氧化氯。一些较新的发生器连续产生 100~300mm 汞柱（绝对压力）的稀气态二氧化氯，而不是以水溶液形式。

通过利用氧化剂或酸源活化亚氯酸钠而生产二氧化氯。亚氯酸钠通过二氧化氯发生器转化为二氧化氯并作为稀溶液供给。二氧化氯溶液应该在合适的点而按照允许充分混合和均匀分配的方式应用于处理系统。进料点应该远低于水位，而防止二氧化氯的挥发。应该采取预防措施，避免二氧化氯与石灰或粉状活性炭的同时进料。

大多数商业发生器使用亚氯酸钠($NaCiO_2$)作为常见的前体原料制备二氧化氯。然而，由氯酸钠($NaClO_3$)生产二氧化氯最近作为新一代方法推出，其中氯酸钠通过浓过氧化氢(H_2O_2)和浓硫酸(H_2SO_4)的混合物还原。基于氯酸盐的系统传统上已用于纸浆和纸张的应用中，但最近已经在美国两家市政水处理厂中进行了全规模试验(U. S. EPA，1999a)。然而，最近水环境研究基金会(Water Environment Research Foundation)(弗吉尼亚州亚历山德里亚市)(WERF)研究发现，还没有大型市政污水处理厂使用二氧化氯作为主要消毒剂(Leong et al.，2008)。

残余二氧化氯浓度必须通过专用于二氧化氯的鉴定方法进行测定。两种方法——*N*,*N*-二乙基-p-苯二胺(DPD)甘氨酸法和电流分析法——已经公布于《水和污水检测的标准方法》(*Standards Methods for the Examination of Water and Wastewater*)中(APHA et al.，2005)。

6.3 次氯酸钠的现场生成

现场发生系统对于污水消毒逐渐盛行，并包括整合的和独立的电解池系统

6.3.1 整合电解池系统类型及其工作原理

整合电解池系统可分为两种基本类型——电解盐水和电解海水。分类基础是原料来自于盐水系统的结晶盐或是电解海水系统的海水。虽然每种系统的产物都是相同的次氯酸钠消毒剂，但是因为进料原料的钙质硬度和其他性质的变化而电解法中存在差异。由于结晶盐经过溶解而用于电解盐水系统，则钙质组分的控制可能利用水软化，或通过选择所需的结晶盐质量而实现。海水使之不能采取方便的钙质组分控制的方法。因此，完全不同的电解方法适用于电解海水系统。

为了电解盐水产生次氯酸钠，盐水电解池设计为非常低的盐水进料流量和狭窄的电极间隙，而产生接近1%的次氯酸钠浓度。海水系统的方法将会适用高的海水流量和宽的电极间隙，而产生的次氯酸钠浓度小于0.3%，以减少阴极上沉积物的形成速率。盐水系统具有65%的平均电流效率，而海水系统的平均电流效率大于80%。这种电流效率的差异会影响电力消耗，而对于盐水系统而言，还会影响盐消耗量。

盐水系统适用于任何需要氯或氯胺作为消毒方案的一部分应用。这些系统几乎总是内陆安装，经过设计而提供相当数量的存储次氯酸钠。这些系统一般设计配置以下组件：水软化机、盐溶解器、电解池或多个电解池、直流整流电源、储罐、氢稀释鼓风机、配备剂量控制的计量泵、电解池清洗系统和中央控制面板。

电解池可以设计成具有单极或双极电极构造结构，并可能包括板式电极设计和/或管式电极设计，或具有板式电极的管式电解池。电解池模块由一组水力和电学串联连接至一起，形成一个完整单元电路的电解池结构。此外，必须防止腐蚀，因为湿度和盐雾都将会在微小而直至发生时才看见的狭缝中产生电化学问题。

6.3.2 独立电解池系统(膜系统)及其工作原理

在独立电解池中产生次氯酸钠的整个过程由两部分工艺过程构成；第一部分涉及烧碱溶液和氯气的同时生成，接着这两种化学品重新化合而生成最终产品。膜电解池工艺过程是在

氯碱工业中的最新技术。在这个工艺过程中，半透膜作为该过程阳极和阴极部分之间的物理屏障，如图 19.8 所示。这种设计允许钠离子从阳极通过孔道进入阴极。氢氧根离子，由电解水形成，而在阴极与钠离子结合而生成烧碱溶液。

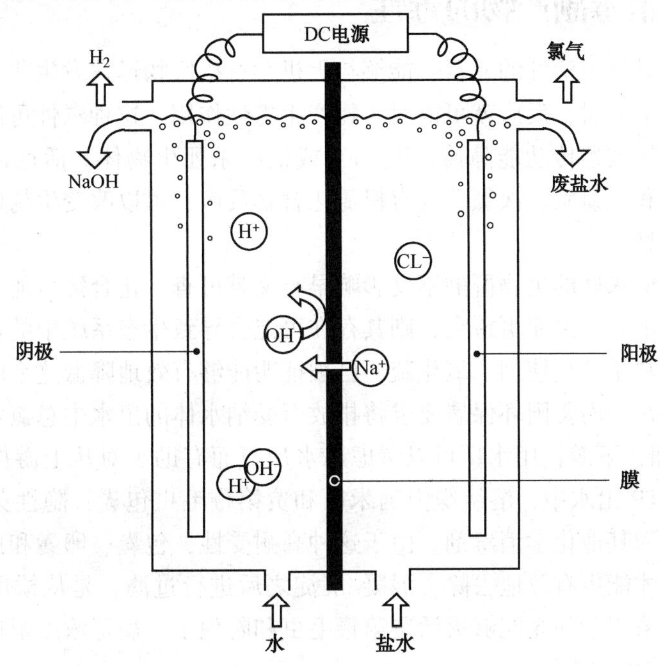

图 19.8　典型的独立电解池原理图

盐水通过阳极室入口进料。随着电流施加，进料盐的一部分被电解成氯和钠离子。氯离子在阳极上作为氯气分子被电解出来而随着剩余的盐水排出。钠离子在电势影响下通过膜进入阴极室。在阴极室，烧碱的稀溶液通过进料管道进料。进入的烧碱溶液中部分水被电解成氢和氢氧根离子。由于与氢氧根离子相关的负电荷，则氢氧根离子试图通过膜而传送至阳极。然而，膜是离子选择性的，只允许正电性的钠离子通过。它将任何氢氧根离子都折返回阴极室。

从理论上而言，1 法拉第的电能应该在阳极产生 1 当量的氯气，在阴极产生 1 当量的氢气，而在阳极室产生 1 当量的钠离子。随着钠离子从从阳极向阴极传送，电解池应该在阴极室中产生 1 当量的氢氧化钠。在实际中，即使有最好的膜设计，也并非所有的氢氧根离子都能够保留于阴极室内。电流效率定义为产生的总氢氧根离子中通过膜进入阳极液的分数。

进料盐的纯度会影响盐水的质量，这对膜的性能和使用寿命都具有很大的影响。因此，隔膜式电解池需要使用高纯度盐作为为原料。对于给定的烧碱和氯的生产速率，电解池装置的耗电量是两个电操作变量——工作电流和需要使电流通过电解池的跨电解池电压降的函数。

通过增加阳极液盐水的浓度，本体溶液中钠离子浓度就会增加，这将提高钠离子穿过膜的传输速率，因此，也提高了电流密度。然而，盐水浓度越高，在将其进料至电解池中之前需要进行纯化的程度也越高。因此，对于进料和进入而离开阳极室的失效盐水确定一套最佳的浓度是很必要的。

氧化还原电位(ORP)是一个相对于氯给定用量而确定要添加的烧碱溶液用量的可靠监测参数。

6.4 氯和消毒副产物的毒性

氯气是一种极具反应活性的元素，能够与无机和有机底物迅速发生化学反应。当有机底物是活有机体的一部分时，反应就可能对生物产生毒性作用。这种毒性可能会影响生物体增殖或代谢的能力，导致遗传功能障碍(突变)，或最终杀死生物体。活性剂是次氯酸、次氯酸根离子、单氯胺和二氯胺。次氯酸与有机氮化合物反应，可以改变生物体有机物质的化学结构而改变遗传信息。

加氯消毒对受纳水体的生物群的不良影响早有文献可查。化合氯可能存在于出水中，而因为这种形式的氯不太活泼而更持久，则其存在可能会导致生态系统中的鱼类死亡和其他破坏作用。脱氯，最常见的是使用二氧化硫，已被证明能够有效地降低这个问题。大多数州现在已经规定要求脱氯，而美国环保署要求将排放至受纳水体的出水中总氯水平通过脱氯而小于0.05mg/L。然而，下游饮用水厂可以考虑出水加氯而有助于对从上游排放的疾病源产生额外障碍。在WWTP出水中，溶组织内阿米巴和贾第鞭毛虫包囊，隐性芽胞虫菌卵囊和寄生蠕虫卵，都耐氯和其他化学消毒剂。由于这种高耐受性，包囊、卵囊和虫卵可能通过除了氯消毒之外的方法才能更有效地去除。混凝/沉淀之后进行过滤，是从饮用水中去除这些生物体的主要方法。采用紫外光能够灭活贾第鞭毛虫和隐孢子。病毒浓度根据三种处理方式发生的典型降低如表19.14所示。

表19.14 出水中预期病毒的浓度

处理	预期去除率/%	出水中的病毒浓度/(no./L)①
初级沉淀(不采用化学品)	0	7 000
二级处理		
滴滤池	50	3 500
活性污泥	90	700
物理/化学处理		
磷和悬浮固体的沉淀	90	
活性碳吸附	10	630

① 假设原始污水中病毒浓度为7 000/L。

6.5 再生生物

在接收水流中，排放加氯出水之后会发生一些生物体的再生长。这些效应的程度，主要受控于出水中生物学可氧化物质的量。在接受加氯出水的水体中观察到的再生生物据推测是因为加氯破坏的大量原生动物所致。这使之未受原生动物掠食而幸存的细菌，如纤毛虫和鞭毛虫，随后成倍增殖。当出水加氯氯化时，细菌群初始降低越多，则在幸存生物体繁殖变得明显之前的迟滞时间就越长。

6.6 安全与健康

6.6.1 氯气

使用氯气最重大的缺点或许是安全风险。氯气如果吸入是有害的或致命的。在 1988 年，《统一消防规范》(Uniform Fire Code)(UFC)(International Fire Code Institute, 1994)经过修订，而包括了这项规定：如果在一个给定的时间储存超过 68kg(150lb)氯，则该设施必须配备氯气偶然泄漏的情况下封闭和处理氯气的安全系统。1992 年，职业安全与健康管理局(Occupational Safety and Health Administration)(华盛顿特区)(OSHA)提出了气体氯系统工艺过程安全管理规则的规定。除了 UFC 和 OSHA 规定之外，氯气还受《美国环保署紧急规划和社区知情风险管理计划条例》(U. S. EPA's Emergency Planning and Community Right-to-Know Risk Management Program regulations)的监管。

氯气在低浓度水平就具有可检测的气味，并在较高浓度下具有浅黄绿色。空气中的氯气量低于 0. 1mg/L(0. 1 ppm)，则除了仪器之外是无法检测的。由 OSHA 确立的氯气最大污染物水平为 1mg/L(1 ppm)，时间加权平均为 8h 以上。在约 5mg/L(5 ppm)和更高时，氯气暴露(接触)的有害影响开始变得明显。然而，在 5~10mg/L(5~10 ppm)下，通常会暂时出现这些影响(窒息、咳嗽、泪眼、皮肤轻度刺激和肺刺激)。在浓度较高时，这种效应更加持久，而可能会导致严重的健康后果或死亡。

氯的所有常用形式，都是危险化学品。每一种化学品所必需的预防措施是不同的。污水处理厂的管理人员应制定和实施安全程序。其中应该包括使用自给式呼吸器、修理包、中和程序，以及人员疏散计划，并在计划中应该涉及其他地方机构，如消防、警察和卫生与紧急医疗服务部门。处理氯气的人员必须充分培训。化学品供应商和其他设备制造商通常会提供人员和物资帮助完成这种培训。氯研究所(Chlorine Institute)(华盛顿特区)也为此目的制作了培训短片和有用信息。

高容量储存和运输设施应该设在偏远地区，并配备洗涤器。设计者应参考最新版的《氯手册》(*Chlorine Manual*)(Chlorine Institute, 1986)；压缩气体协会(Compressed Gas Association)(弗吉尼亚州尚蒂伊市)数据；美国交通部(U. S. Department of Transportation)(华盛顿特区)和 OSHA 的合适规定；和任何适用的消防法规，包括地方法规和《统一消防规范》,《标准的防火规范》(Standard Fire Prevention Code)和《国家消防规范》(National Fire Code)。美国交通部法规控制罐装车，卡车和 900kg(1t)储罐的使用。根据《清洁空气法》(Clean Air Act)的补充规定也规定了某些工厂的风险管理计划。

6.6.2 次氯酸盐

眼睛防护和应急洗眼器和淋浴都推荐用于次氯酸钠处理的操作者。至于任何形式的次氯酸钠，这种未稀释的化学物质可能会引起皮肤和衣物严重灼伤。据推荐，与任何次氯酸盐打交道的操作者都应该穿防护服。如果对这种粉末进行运输或与水混合时，操作者应该带上护目镜和防尘口罩。暴露于次氯酸盐的所有区域都应该彻底冲洗。如果使用压缩的 HTH 饼，则推荐橡胶手套提供对手的保护。

6.6.3 运输和处置

使用危险化学品的 WWTP 的操作者必须完全熟悉美国交通部关于这些化学品运输的法规。次氯酸钙被列为腐蚀性和快速氧化剂。次氯酸钠是一种腐蚀剂。氯气和二氧化硫是不易燃而具有腐蚀性、毒性的加压液化气体。各种亚硫酸盐的溶液都被列为腐蚀性的。

6.6.3.1 气瓶

在设计期间应该观察到以下对于氯或二氧化氯钢瓶的防护措施：

• 所有起重机对于满载都必须进行评级，包括空容器的重量和起重滑车吊、电缆或链决不能磨损或损坏。

• 存储区域必须按照地方、州和联邦法律和法规正确张贴标志。

• 对于新的设施或进行重大改建的设施，氯气和二氧化硫应该存放在单独的房间。常见的洗涤器系统都能够用于这二者的空间。

• 气瓶温度绝不能超过或接近 70℃(158℉)。这个温度正是保险塞熔化从而防止流体静力断裂的温度。

• 所有容器必须存放在通风良好的地方，远离外部的热源，避免阳光直射。

• 设计应该要求将自持式呼吸器和氯钢瓶修理包存储于与气体储存区域隔离的安全区内。

• 关于应急工具包，处理系统(洗涤器)，自动喷淋系统的使用，都应该查询目前的《国家消防规范》,《标准防火规范》和《氯研究所指南》。

• 应该审查适用的地方、州和国家法规。

• 所有储存和使用氯气和二氧化硫气体的区域都推荐使用这两种气体的探测器。通常使用当地的报警灯或声音设备。对于无人值守的设施，推荐将警报连接至外部值班地点。

6.6.3.2 容器

氯气和二氧化硫都是以 45kg 和 70kg(100lb 和 150lb)的钢质带压容器和 900kg(1t)的容器、罐车和槽车，以及驳船供应。对于大型 WWTP 而言，可以提供滑轨或固定的散装储罐。

70kg(150lb)钢瓶都是按照直立位置进行移动，存储和使用。钢瓶阀门都在其本体上配备保险塞。这个塞子设计成 70℃和 73.9℃(158 和 165℉)之间发生熔化，而防止气瓶的流体静力断裂。

900kg(1t)储槽按照水平位置移动、存储和使用。储槽阀类似于直立标准钢瓶阀，但是没有保险塞。900kg 储槽每端都有三个保险塞。900kg 储槽上的每一阀都连接到该储槽内部的管道。这些容器上的阀门必须按照垂直位置对齐，能够从上部阀排出气体而从下部阀排出液体。

6.6.3.3 设施设计

《污水设施推荐标准》(*Recommended Standards for Wastewater Facilities*)(Great Lakes - Upper Mississippi River Board of State and Provincial Public Health and Environment Managers, 2004)是氯气设施设计的一个良好参考文献。所有处理设施必须设计有足够的空间，用于装载或卸载气瓶或 900kg 的储槽。用于运输气瓶的车辆，必须配备直立气瓶架，气瓶固定链和升降门。如果车辆上没有升降门，则设施应该建立提升的装卸平台和内部坡道而使气瓶无需手工起重就能够运输。

正确设计的处理设施，在所有的门上都有警示或逃生硬件。储存或使用区域的所有入口都应该自建筑物外部进入，而所有门都应该设计成向外打开。在氯气或二氧化硫的设施中储存或使用氯气或二氧化硫的每一房间，都必须以每分钟 1 个空气变化的负压通风并具有气体探测器。因为这些气体比空气重，推荐使用排气风机和地面筛漏通风孔。气体探测器应该与风机和音频或视频警报联锁。正确的设计也将允许从储藏室外面观察气体探测器。目前可用的气体探测器使用的远程传感器容许指示器/传送器安装于存储区域之外而远至 300m (1000ft)的距离。

如果未配备气体洗涤器，设施的大门应该具有电气联锁而在入口前的房间中当门打开时自动开启照明灯和排气扇。操作灯和风扇的手动开关也应该位于门附近的外墙上。一些州规定通风风扇应该与检漏仪联锁，而锁定风扇的运行，以降低氯向大气分散。气密性窗户应该安装于设施的至少一个大门上，而使之能够在进入前观察内部情况。也应该考虑外部紧急淋浴和洗眼站的随时可用性。

许多司法管辖区要求安装氯气和二氧化硫储藏室的气体洗涤设备。这些规定正在迅速变化，并经历当地司法解释的广泛变化。这种设施的规划和设计应该仔细与地方当局协调。

OSHA 认可的合适警示标志应该张贴于入口处和任何暴露侧面上。合适的容器修理工具包和自持式呼吸器都应该设在方便的外部位置。

气体储存和使用区域应该是专用房间。在这些设施中，不应该存放任何东西，而不能开展任何不与处理氯或二氧化硫直接相关的工作。典型设计要求氯进料设备应该位于独立于气体储藏室的其他专用房间。在使用蒸发器的情况下，则通常放置于气体储藏室，而使所有带压气体都位于单个房间里。储氯和氯进料器室必须光线充足，有足够的机动面积。这些房间内要不存在共用的排水、通风系统，或门。气体储存或气体处理空间与其他人员滞留空间(办公室、商店或其他工作场所)也不应该存在门。

处理 70kg(150lb)钢瓶的设施应该配备至少一个气瓶车。气瓶不应该在地面边沿上倒地滚动。气瓶架或合适的支撑必须对所有气瓶都提供，而气瓶架必须安全地固定至设施的墙壁或地板。

依靠氯气和二氧化硫气体直接放出的设施，应该提供足够的供暖系统，才能达到 18~43℃(64.4~110℉)之间的温度水平。

建议气瓶储存氯气或二氧化硫设备应该设在单独的隔离室。应该使用远程真空调节器将气体在源头转化成真空。这将房间内任何气体管道都保持于真空状态下，从而提高安全性，将允许从调节器至进料设备和喷射器都使用塑料管道，如 SCH 80 的 PVC。为了便于操作，气密性观察窗应该提供于存储/真空调节室之间的共用壁上。

6.6.3.4　900kg(1t)储槽

处理 900kg(1t)容器的设施，必须满足处理气瓶设施相同的要求：足够空间、安全设备、光和通风。正确设计的处理 900kg 储槽的设施，也将具有高架单轨起重机和容量至少 1800kg(2t)的电动小车。低速起重机通常用于放置这些容器不平衡运动。目前不使用的容器可以存储于耳轴或存储架上。任何容器标度和在用容器，都必须安装带辊的耳轴作为其设计的部分。耳轴是储存和在用容器所必需的，才能使容器在泄漏事件的情况下旋转，而使泄漏地方处于容器的顶部，导致气体释放，而不是液体泄漏。耳轴对于容许容器旋转而使 900kg 容器上的阀门处于垂直位置都是必要的。每个容器的压紧链，无论是储存和在用(包括那些标度的)，特别是在地震多发地区，都推荐使用而防止储槽移动。

管道和连接器必须保持走道和工作区清洁。电气装置应该是气密性的和耐腐蚀的。带密封环的独立排放应该提供于设施中的每一个门。

6.6.3.5 蒸发器设施

蒸发器，有时简称为气化器，对于氯和二氧化硫而言，通常是包含加压气化室的电加热水浴。蒸发器因为要经受液氯或液体二氧化硫中发现的杂质的积累，因而必须定期清洁。必须提供足够的垂直空间，才能使之移走水浴和清洗单元装置室。根据蒸发器不同的类型或厂商，可能没有必要去除清洗室。清洗频度是液体进料速率和化学品质量的函数。

如果需要液氯或液体二氧化硫从900kg容器进料，则推荐仅从一个容器进料。然而，如果液体进料需要采用歧管从多个容器进料，则每个容器的气阀也必须具有歧管，才能均衡各个容器的压力。氯研究所建议，气压均衡化歧管适用于900kg带歧管容器的液体连接(图19.9)。液体切换系统允许液体进料向工艺过程连续供给。这些在需要100%待机时都能够使用(图19.10)。

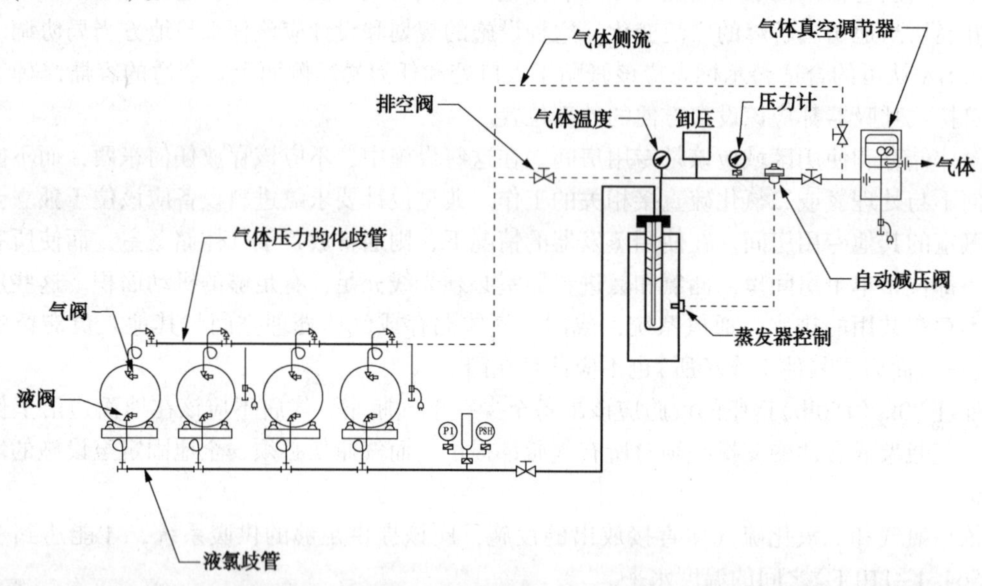

图19.9 900kg(1t)储槽带有可选气体旁路的液氯排出歧管

氯或二氧化硫液体管道系统应尽可能短。大多数氯用管道直径为19mm(0.75in)或30mm(1in)，并使用1400kg(3000lb)的额定配件。使用SCH 80的无缝碳钢能够满足氯研究所的要求。在可能通过截止阀隔离的液体管线上必须提供具有防爆膜的膨胀室。合适的仪器仪表和警报接触器必须包括在内而提供膨胀室隔离防爆膜破裂的预警。在大量液体泄漏事件中，应该提供某种形式的氯或二氧化硫中和设备或快速分散液氯的装置。

6.7 残余氯的分析检测

加氯工艺过程控制的一个重要方面是残余氯的精确测量。读者谓之标准方法的当前版本(APHA et al., 2005)具有测试的全部细节。这些分析方法中许多已经成功地适应于在线工艺过程控制，这在第6.11节中进行了讨论。

6.8 游离氯与化合氯残余

毒性与目标生物各自的敏感性有关。残留毒性也与这种化合物化学反应活性的程度有关。游离残余氯、次氯酸和次氯酸根离子是比化合残余氯、氯胺和二氯胺化合物化学反应性

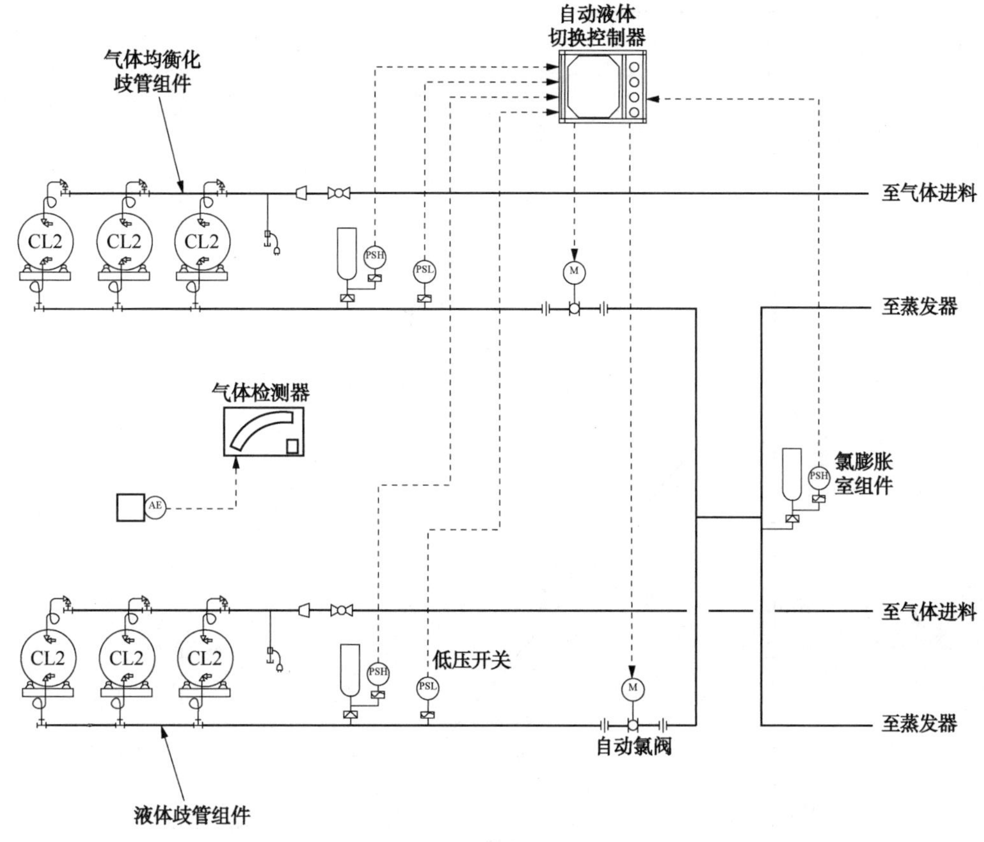

图 19.10　自动压力切换系统

更强的化合物。图 19.11 涉及大肠杆菌这种典型大肠菌群 99%破坏的残余浓度和接触时间。图 19.11 中的数据均来自纯水的研究。虽然污水需要显著较高的氯剂量，但是各种残余量的相对效能之间的关系依然存在。

游离残余氯、次氯酸和次氯酸根离子仅仅暂时存在于加入含有氨氮的污水中之时。因为氨是大多数出水的一个重要的组分，而氯能够形成氯胺，这之后，通常主要是单氯胺的化合氯残余量，将负责加氯出水中的大部分杀菌活性。

游离氯氯化作用并不一定会导致消毒效果提高。据推测，反应性游离残余氯在有机反应中耗散，而即使它作为游离残余量滴定，也不再可用于消毒作用。化合残余氯不进行这样的不良副反应，而保持消毒作用。游离残余氯比化合残余氯更具反应性，但是其会在有机反应中消耗，而不利于消毒。游离氯和化合残余氯能够产生有害副产物，这可能对人体或接收流的生物群落有害；化合残余氯也能杀死接受流中的生物群。

6.9　工艺过程的设计要求

6.9.1　混合

将氯迅速混合至污水流中而有助于获得活塞流特性的重要性，已经为人所知好长一段时间。活塞流混合系统中横截面的每个部分都被视为接受同等处理，实现超过了具有流动流短路的返混系统的大肠菌生物体浓度降低约 2log。每当需要大肠菌群或其他微生物大量而可靠

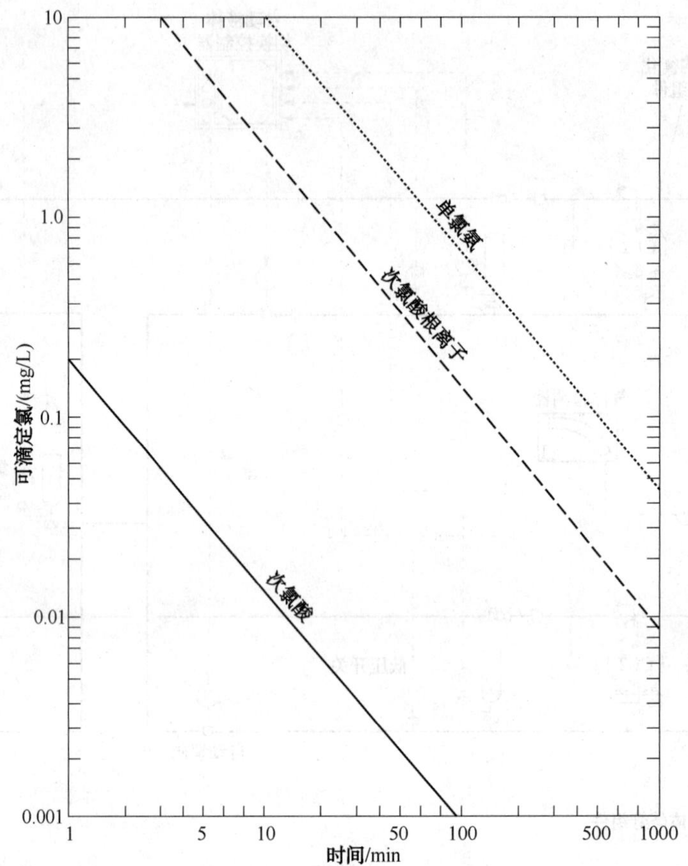

图 19.11 相对于残余氯浓度的大肠杆菌杀灭时间(Clarke et al., 1964)

的降低时，将氯和次氯酸钠溶液与污水流混合的优化作用是至关重要的。混合是脱氯工艺过程中的重要组成部分，因为快速混合将有助于反应完全，并有助于优化化学品的消耗。

正确搅拌的目的是为了通过促进氯溶液六种游离氯尽可能迅速地与氨发生反应而增强消毒作用。这种反应对于形成单氯胺而避免可能促进其他消毒杀菌无效或低效的氯化化合物形成的长时间氯浓度梯度，是很必要的。理想的情况下，混合设备应该能够实现氯和污水流在几分之一秒的时间内就完全混合。

完成正确混合方案另一个原因是，尽快将氯溶液流中的分子氯(Cl_2)转化成游离氯(次氯酸或次氯酸根离子)。传统加氯消毒设备的氯溶液排放所具有的 pH 值小于 2。在此 pH 值时，2000 mg/L 的氯溶液在 1atm 下可能含有高达 38%的分子氯。在合适的混合系统中，分子氯转化成次氯酸可能在几分之一秒就完成。这也最小化了扩散器处因为扩散器经历负水头的情况下氯气形成废气的可能。

6.9.1.1 闭路导管

适当混合可以在具有湍流的闭路管道中通过将正确设计的氯扩散器放置于导管流动场横截面中心而实现。设计考虑因素包括建筑材料、穿孔设计和流速。然而，这与机械混合器或专有水下螺旋桨/涡轮直接气体混合系统相比，通常被认为不太有效。

6.9.1.2 水力设备

简单的水跃可能是理想的混合设备。氯扩散器，穿孔并垂直于水流安装，能够设在由水力中断产生的湍流区上游的静水区或直接设置于湍流区。将扩散器设置于湍流区中的缺点是当流量变化时这个湍流区位置会发生漂移。如果使用水跃，扩散器的淹没度不应该小于水面之下和最低流量下水跃之前的 230mm(9in)。水跃通常在压头损失超过 0.6m(2ft)时才是有效混合。对于管道流推荐最低 1.9×10^4 的雷诺数，而对于明渠推荐 4.5~9 的弗劳德(Froude)数(U.S. EPA，1986a)。

因为它们提供了水力中断，则帕歇尔(Parshall)水槽已经结合正确设计的扩散器使用而实现混合。外部混合设备，如螺旋桨式混合机，也可以使用。专属氯气和二氧化硫真空诱导和混合的装置，结合了高效文丘里管的产真空能力和高速泵的混合能力。在接触室紧接上游使用，能够提供紧密接触必要的混合作用，并已经取代了通常提供氯化和磺化设备的文丘里喷射器(图 19.12)。

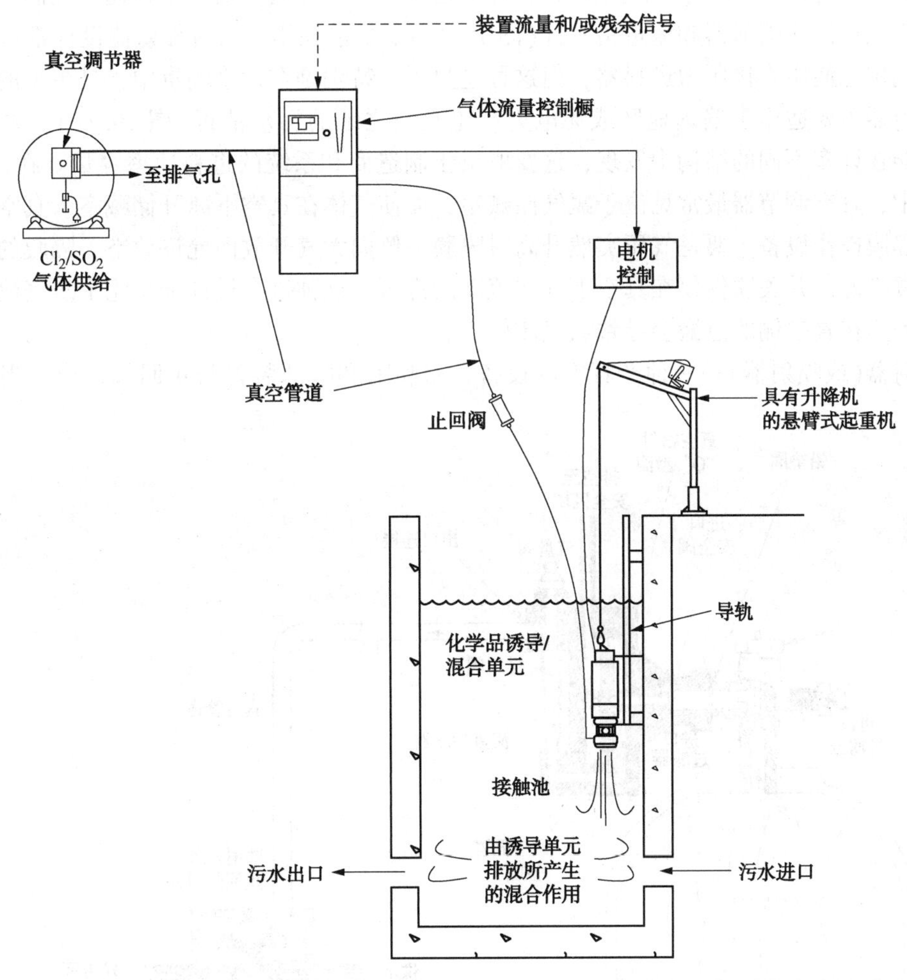

图 19.12 其他诱导/混合设备示意性图

6.9.2 接触

接触是独立于混合的单独工艺过程。这两个过程都需要处于优化的消毒系统中，而这两个工艺过程都不能相互替代。接触的目的是进一步增强通过消毒工艺过程进行的微生物灭活作用。这个目的通过维持污水流中微生物之间紧密接触和指定时间内的最低氯浓度而实现。氯接触设备通常采取管道或蛇形室的形式；无论设备是否满意，只要短路实现最小化，则活塞流条件就能近似达成，边角圆润而减少死流区，而接触流的速度最小化接触室或管道中的固体沉积。关于氯接触槽设计的准则将提供于本章"反应器设计考虑因素"这一节中。

6.10 设备的设计和选择

6.10.1 加氯器

氯气进料器被称为加氯器，将其与进料次氯酸盐溶液的次氯化器区别开。因为在处理氯气中会有危险，则气罐存放于污水处理厂充分防护的地段，这是并不直接负责这个区域O&M的污水处理厂职员不易出入之地。

加氯器具有以下几个基本组件：具有外部通风口的真空调节器，进料速率控制，具有止回阀的文丘里操作喷射器和流量指示计(图19.13)。目前在用的所有加氯器设计都包括这些组件。偶尔也使用直接压力进料器，但这种进料器，特别是在污水消毒中，是少见的。直接压力进料器主要适用于偏远地区或无电力产生真空之地的污水消毒(图19.14)。真空调节器，可能在许多不同的结构中发现，这要取决于制造商和系统的进料速率容量。在污水-消毒系统中，真空调节器最常见位于氯气储藏室，而使气体在真空下离开储藏室。真空调节器是一种隔膜操作设备，要是气压突然升高时隔膜一侧向大气开放而允许放空。隔膜的另一侧连接到真空源，并关联仅仅在真空下气体流动的许可。这种排布设计最小化了氯气泄漏的可能性，因为在真空侧的泄漏会导致氯气流停止。

注射器(或喷射器)是一种产真空的设备，由喷嘴和喉部装置与止回阀构成。当设计水

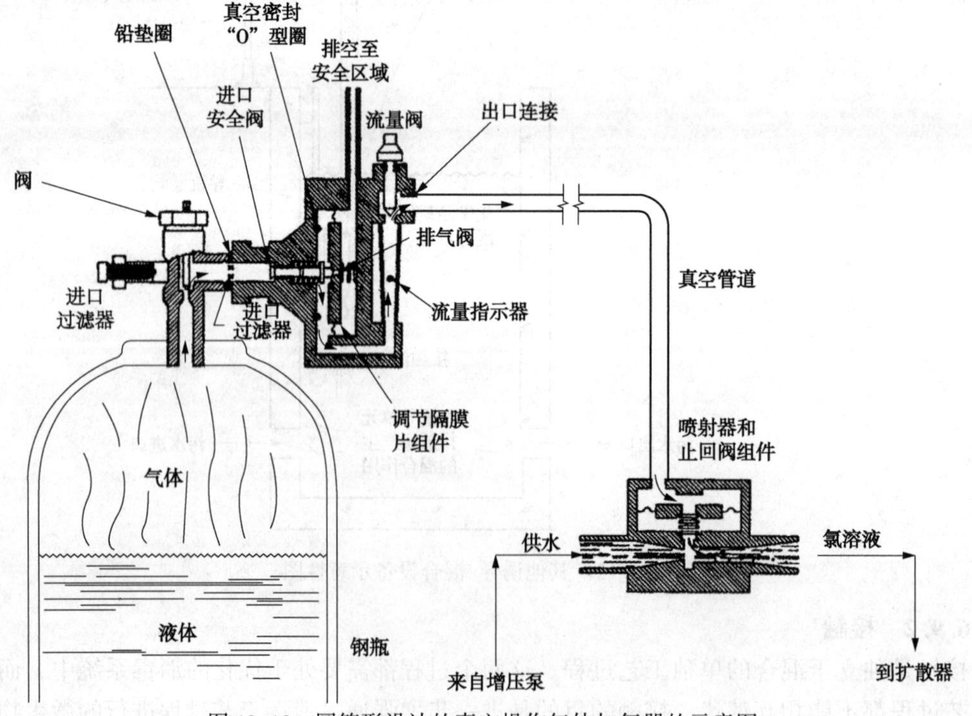

图19.13 圆筒形设计的真空操作气体加氯器的示意图

流通过文丘里管或孔口时，该设备就产生真空。这个物理原理就是已知的伯努利原理(*Bernoulli principle*)。当水流停止时，单向阀关闭而防止水进入加氯器。为了提高氯处理中的安全性，并改善流或残余氯变化的响应速度，气体真空管线更长通常优于溶液管线加长方案。因此，将注射器尽可能接近加氯点，这在每个装置中都应该考虑。

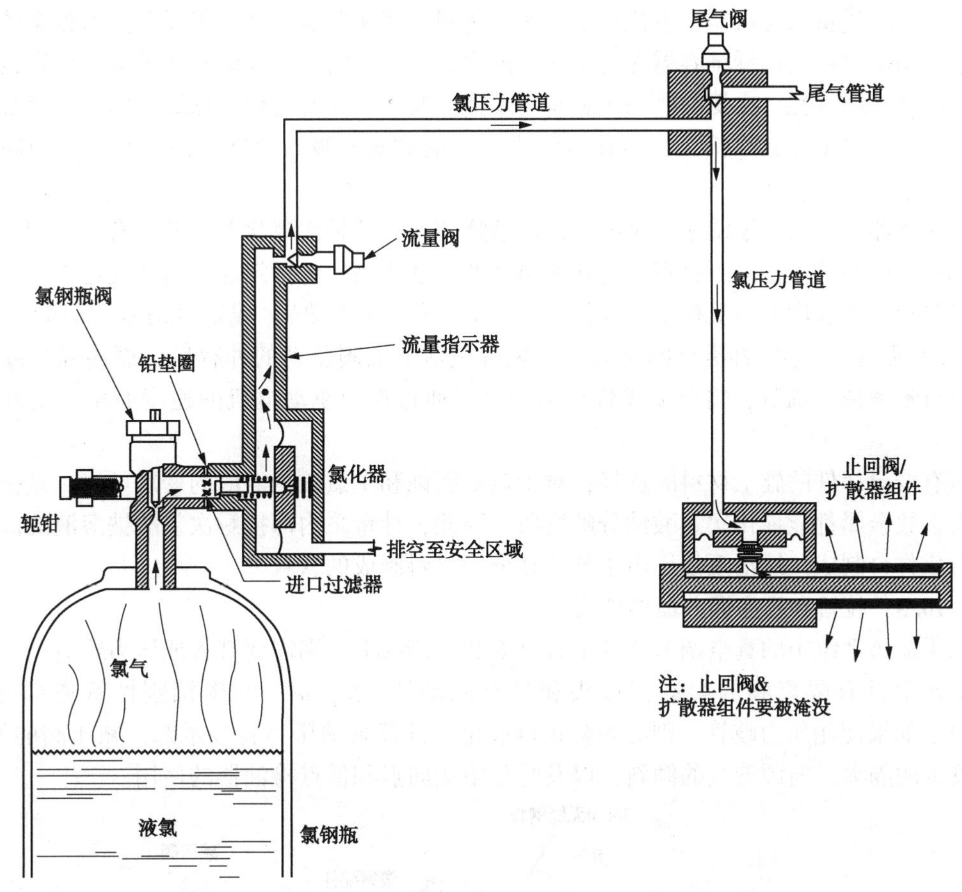

图 19.14　直接压力操作的气体进料器示意图

喷射器是加氯器关键部件有两个原因——第一，其水力元件创建该系统运行的真空；第二，其将气体与补充水混合而产生注入污水中的溶液。该装置的设计必须考虑注入点的压力和注射器所需的供给压力。必须选择出设计用于提供精确水流量和压力的增压泵。

如果向管道内加入，则注射配件包括止回阀、溶液管道和管道总开关装置。溶液管道通过管道总开关而进入管路。如果是向明渠中加入，则注射器连接至位于接触室中的扩散器。使用的化学感应单元能够代替这些设备的使用(图 19.12)。

氯溶液的强度及其施加速率通过出水流量和通过扩散器的接触室末端的所需残余氯浓度而确定。施加速率能够通过调整气体和高压水二者的阀门进行控制。该阀门可以自动或手动控制，这将在下一节中进行详细介绍。

进料速率控制设备可能是简单的手动操作阀，或自动控制的电动阀门。转子流量计通常用作气体流量计。

6.10.2 化学进料次氯酸盐溶液

在氯气的运输、储存和处理中涉及的风险，已经迫使许多污水处理厂从气态氯使用转向次氯酸盐溶液的应用。通常情况下，向处理后的出水中加入次氯酸钠或次氯酸钙溶液是通过称之为次氯化器的一套化学进料泵完成的。基本组件是次氯酸盐溶液的储液池或混合槽；计量泵，包括正排量泵送机制、电机或电磁阀和进料速率调节装置和注射设备。根据系统的大小，常使用塑料或玻璃纤维容器存放低强度的次氯酸盐溶液。次氯酸盐溶液对储罐建设中常用的金属具有腐蚀性。次氯酸钙的进料将需要混合装置，通常是位于储罐中的电动螺旋桨或搅拌器。在储罐中还有连接至次氯化器吸入进口的脚阀和吸入滤网。混合在单独的储罐中进行。

次氯化器泵本身位于罐架或泵站上的溶液罐顶部。这种次氯化器包括具有入口和出口止回阀和驱动机制的正排量隔膜室。有几种类型的驱动机制，包括定速电机和变速电机。变速电机和自动冲程长度调整受控于输入信号——流量信号(前馈)，残余氯信号(反馈)，或这两者(复合循环)。第三种类型的驱动单元装置包括电磁阀驱动的冲程轴，而冲程长度和电磁阀运行频率独立调节。蠕动泵或软管泵也可以通过控制驱动电机的速度而用于精确流量控制。

所有浸湿部件的施工材料的选择，对于避免腐蚀和次氯酸钠溶液的变质可能，是很重要的。大多数金属都能催化次氯酸钠分解变质。因此，计量泵内部接触次氯酸钠溶液的部件应该由合成材料制成。蠕动泵使用由柔软的高分子材料制成的软管。

6.10.3 歧管和真空调节器的位置

如果加氯系统中的真空调节器并不直接安装于钢瓶上，则需要歧管或压力管道。气体歧管包括通常具有隔离阀的柔韧铜接头和具有检油器(drip leg)的碳钢刚性管道部分(图 19.15)。如果使用压力歧管，则必须防止再液化。推荐采纳压力管线示踪，减压阀的使用，压力管道的隔离，向源管线的倾斜，以及管路中变向点和低点检油器的使用。

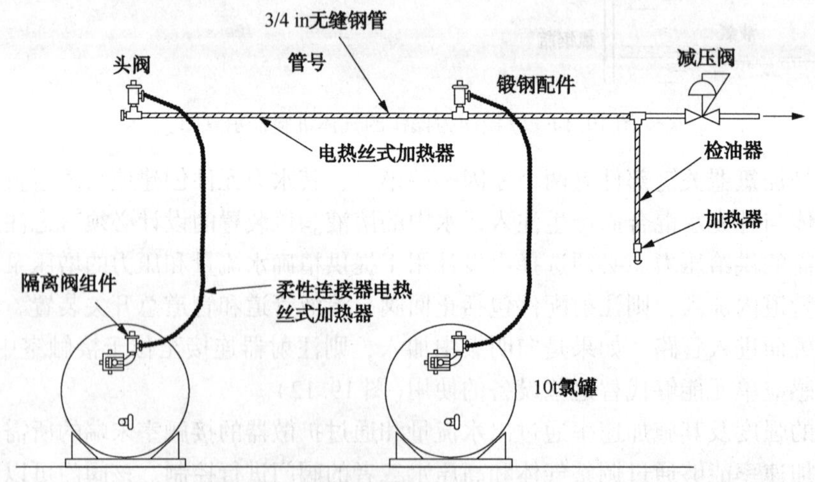

图 19.15 带加热器的典型气体歧管(in× 2.54 = mm；ton × 907.2=kg)

通常情况下，对于长距离延伸(超过 6m[20ft])的压力管道，在气体过滤器之后设置减压阀可能是有益的。如果压力/真空调节器位于尽可能接近容器之处时，这项规定并非必要的。管道尺寸的确定应该进行计算，才能使调节器管道内压力满足调节器运行的最低要求。

在真空系统中，压降应该能够使进料速率控制器紧接下游的真空度对于声控进料系统大于371mm(14.6in)，而对于非声控系统大于150mm(6in)。

装置设计应该包括100%备用设备和从在线向备用设备自动切换的使用。推荐使用真空操作的自动切换设备，而从空量氯供给向满量氯供给切换(图19.16)。这些设备有效运行速率高达80kg/h(4000lb/d)，而经常建成真空调节器。当要求超过这些值时，则要使用压力型切换系统。

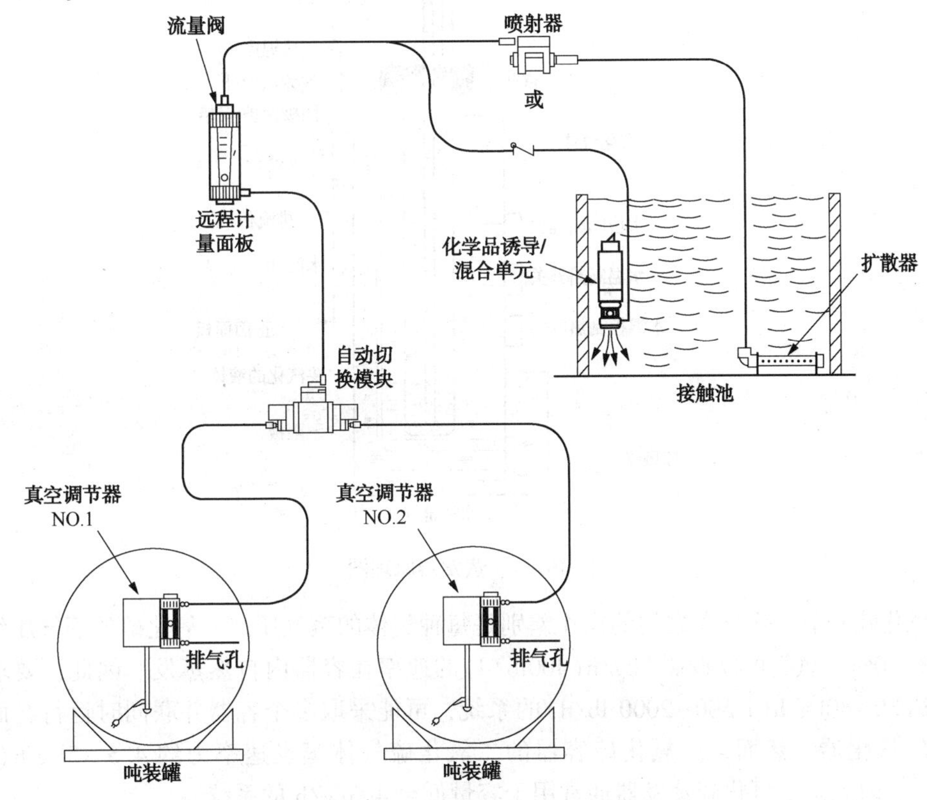

图19.16 自动真空切换系统

6.10.4 蒸发器

氯气和二氧化硫(用于脱氯)的汽化器很类似，都将在本节中讲述。当氯气或二氧化硫仅仅在罐车中供给，或地面空间不足以容许足够数量的罐装容器进行同时操作时，液氯或二氧化硫，必须在蒸发器中转化成气体。

此外，由于容器的最大连续排气速率对于氯气为约8kg/h(400lb/d)而对于二氧化硫为约4.5kg/h(225lb/d)时，则必须确定所需的进料速率，才能在系统设计期间能够确定同时操作储罐的选择或蒸发器的使用。氯气或二氧化硫蒸发器(图19.17)包括液化气体向其中引入的内室和作为水浴运行的外室。

水浴通过水下加热器而保持于高温之下。这种蒸发器具有水位、水温控制和水浴阴极保护。内室液体的氯气或二氧化硫蒸气通过过热挡板(在某些设计中)，穿过防爆膜保护的安全阀和自动控制的减压阀而排出蒸发器，进入气体进料器。蒸发器出口管道中推荐使用气体过滤器。

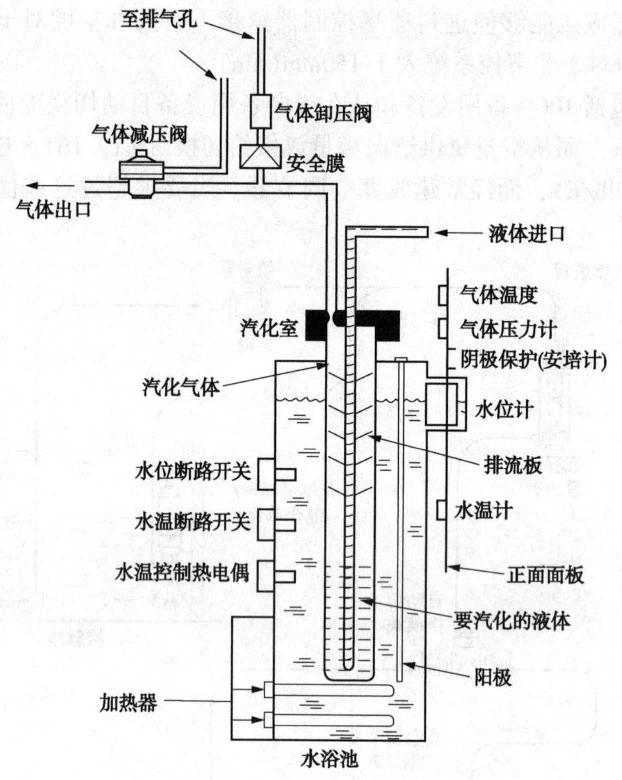

图 19.17 蒸发器原理图

二氧化硫和氯气汽化器之间的操作差别是每种气体的蒸气压。二氧化硫的蒸气压约为氯蒸气压的50%。氯气可以按照 8kg/h(400lb/d)的速率在容器内自然蒸发。因此，要求进料速率高达 30~40kg/h(1 500~2000 lb/d)的系统，可能采取多个容器并联同时运行，而并不需要氯气汽化器。然而，二氧化硫容器的二氧化硫气体蒸发速率为约 4.5~5kg/h(225~250lb/d)。因此，二氧化硫蒸发器通常用于容量低至 4.5kg/h 的系统。

另外，两个或两个以上的 900kg 容器可以并联一起而实现所需的气体流量，而不诉诸于液氯或二氧化硫蒸发器的使用。

6.11 进料控制的策略

有几种方法控制氯气或次氯酸盐溶液的进料速率——手动控制、自动流量配比或开路循环控制、自动残余氯或闭环控制、或结合流量和残余氯信号改变气体进料速率的自动复合环控制。流量配比，有时也被称为前馈控制，而残余氯控制有时也被称为反馈控制。流量调步是基于按照流量按比例改变氯进料速率将会提供任何流量下的足够氯用量的这样一个概念。

一些污水处理厂中发现的典型排布设计涉及使用帕歇尔槽测量二级澄清池出水流量并将流量信号发送至自动控制器，而有效地控制次氯酸钠或氯水溶液计量泵的调步。然而，在污水中，这并不总是正确的。氯需求量将随着流量而变化，并可能独立于流量而变化，这取决于污水中的组分。

残余氯控制涉及基于控制器上设定点的浓度偏差而改变氯进料速率。对于流量以每日为基础接近恒定或严格属于季节性的系统，这种类型的控制系统工作良好。对于流量经常变化而需求量也是可变的系统，残余氯控制可能不如流量调步那样有效，因为残余氯控制系统还不能在很短的时间内充分响应流量的大变化。这些方法能够应用于基于游离残余氯，总余氯，或 ORP 的控制。ORP 值已被用来作为采用氧化剂消毒的控制变量。这种控制方法的支持者认为，因为不同消毒剂有不同消毒效力，则将残余氯浓度与微生物灭活率关联可能是不可靠的。氧化还原电位一直能够作为一个消毒强度的综合替代参数。

复合闭环路控制提供了同时使用流量和残余氯输入控制气体进料的能力。流量是主要的驱动力，而残余氯则用于微调气体进料。当复合闭环控制系统中的设定值进行进一步自动控制时，则这种构造结构设计被称为级联控制（*cascade control*）。级联控制需要使用复合闭环控制仪下游的另一分析仪。级联控制仪的输出用于调节复合闭环控制器。具体装置的控制策略选择是以监管要求，现有设施，污水处理系统设计，经济学，成本效益和所需系统的维护为基础的。选定的控制系统越复杂，则其服务要求就越有可能更加严格，因此，将需要更多培训提高操作人员的技能水平。

6.11.1　手动控制

氯进料的手动控制是最简单的策略，因为其简单，则往往可能是最有效的方法。手动控制系统比任何形式的自动控制需要较少的维护和操作者专门技术知识。基本加氯器以预定恒定的进料速率进料氯，这通过操作者按需要改变加氯速率。在次氯化作用的情况下，化学剂量速率通过手动调节泵冲程长度和/或电机速率而控制于所需水平。

手动控制具有较低的资本成本，但却很容易出现氯进料过量或不足，因此出现过量脱氯，消毒不足，或过量氯化。手动控制系统适用于流量和需求都相当稳定之处。这可能适合之处的一个例子是池塘处理系统的排放。

6.11.2　半自动控制

手动控制系统中使用相同的设备往往可以用于部分自动化系统的操作。这样一个系统就是开关控制。加氯器可能响应信号，如湿井水平或泵启动，而自动打开或关闭。进料器能够通过以下方面的控制而打开和关闭：增压泵、注射器或喷射器进水管道中的电磁阀，或位于速率控制阀和注射器之间的气体真空管线中的电磁阀。

半自动控制的另一种方案就是已知为带控制（*band control*）的方法。在这种技术中，两个氯气流量计量管结合两个真空管线电磁阀和残余氯分析仪而用于气体真空管线中。分析仪，或接收分析仪信号的记录仪，配备两个设点警报接触器。接触器预设残余氯最高和最低水平点。这些接触器如下启动真空电磁阀：

- 当残余氯低于设定下限值时，两个阀门都打开；
- 当残余氯高于设定上限值时，两个阀门都关闭；
- 当残余氯处于两个设定值之间时，一个阀门关闭。

上述控制操作也可以在次氯化器的情况下，通过响应控制器的信号而打开或关闭计量泵而实现。

6.11.3　按流量比例进行控制

在大多数 WWTP 中，流量是可变的，而施工构建均衡化池，是不可能的或不切实际的。因此，加氯进料控制经常会按流量比例进行设置，这使之需要通过调整剂量而改变这个比率。在这一策略中，流量信号通过主要流量元件传输至加氯器，在加氯器中根据来自流量计的信号水平（通常为 4～20 mA 直流电流）而自动阀门打开或关闭。

按流量比例的加氯器通过确立每小时以克计（lb/d）的氯进料速率的设计剂量而确定尺寸

规格。这种设计按照1∶1的比率设定了最大污水流量和最大氯流量剂量。这意味着，在污水流量计的10%的信号下，加氯器流量计将读取总标度的10%；在90%的污水流量下，将加氯流量计将读取90%；等等。按流量比例的控制器采用剂量控制的调节，而允许操作者从10∶1下调至1∶4上调而改变设计剂量率。

次氯化器的流量测量通常通过帕歇尔水槽完成，而信号连续记录并通过流量指标发射机发送至可编程逻辑控制器(PLC)。控制器发送控制信号至计量泵的转速控制器，而按照出水流量递送所需用量的次氯酸盐溶液。响应输入信号(出水流量)的输出(次氯酸盐溶液的泵送速率)之间的数学关系被编程至PLC中，如此使控制器按照流量比例而维持剂量速率。控制器的设定值是试图维持的输入和输出之间的流量比例。

6.11.4 残余氯控制

残余氯控制系统成功设计的标准之一是最小化延迟时间。延迟时间由以下四个主要组成部分：

(1) 从注入点流动至采样点所需的时间，

(2) 从采样点流动至分析仪所需的时间(包括分析仪的响应速度)，

(3) 氯气或氯溶液到达扩散器所需的时间，

(4) 加氯器控制阀的响应速度。

延迟时间的第一组分取决于流量和注入点与采样点之间的距离。为了限制延迟时间，应该最小化这个距离。对于最优控制而言，采样点应该设在对应最大流量下距离注入点约90s行程的距离处。

从采样点至分析仪的距离和分析仪的响应速度，也可以通过将分析仪尽可能靠近接触室和取样点而实现最小化。因为重新校准是不必要的，而且并不需要进行样品管线清洗，则能够使用专用分析仪产生一致的快速读数。样本管线应该包括采用高氯浓度定期清洗的能力，而消除任何藻类和黏泥。此外，样品管线的大小应该以保持约3m/s(10ft/s)的样品速率，最小化延迟时间而提供活塞流为宜。

当注射器和控制阀位于扩散器位置时，任何由控制信号请求的氯进料变化都能迅速读出，因为这最小化了至加入点的距离。在加氯器中控制阀的响应速度相比于其他三种因素是相对微弱的。这种讨论并未暗示氯化反应需要90s，或最低30min的接触是不必要的。相反，其含义是，在90s后，氯化反应足够完全而满足控制目的进行的测量过程，而如果控制系统正常运行，则接触30min后的残余氯可以通过人工取样和分析而获得。

如果手动取样不足以提供消除不当消毒的足够安全保障时，附加的专用残余氯分析仪能够安装于注入点下游至少30min停留的采样点。使用专用分析仪可以连续测量和控制，而附加成本相比于获益是微不足道的。

当使用次氯化器时就采用典型反馈控制回路获取残余氯浓度，分析仪探头和信号分析指标发射机将信号发送到PLC。控制器将会发送计量泵调步的信号，调整剂量速率，而使之保持所需的残余氯浓度，这就是控制器的设定值。

6.11.5 复合闭环控制

由于氯需求量并非精确地与流量成正比并因为常常是不可能将流量调节达到手动或残余氯控制系统那样实际的程度，许多WWTP会配备加氯系统，同时结合采用按流量比例粗略调节的优点和残余氯控制的优点(图19.18)。

复合闭环系统包括两个联锁控制回路——流量回路和残余氯回路。这些回路可以按照几

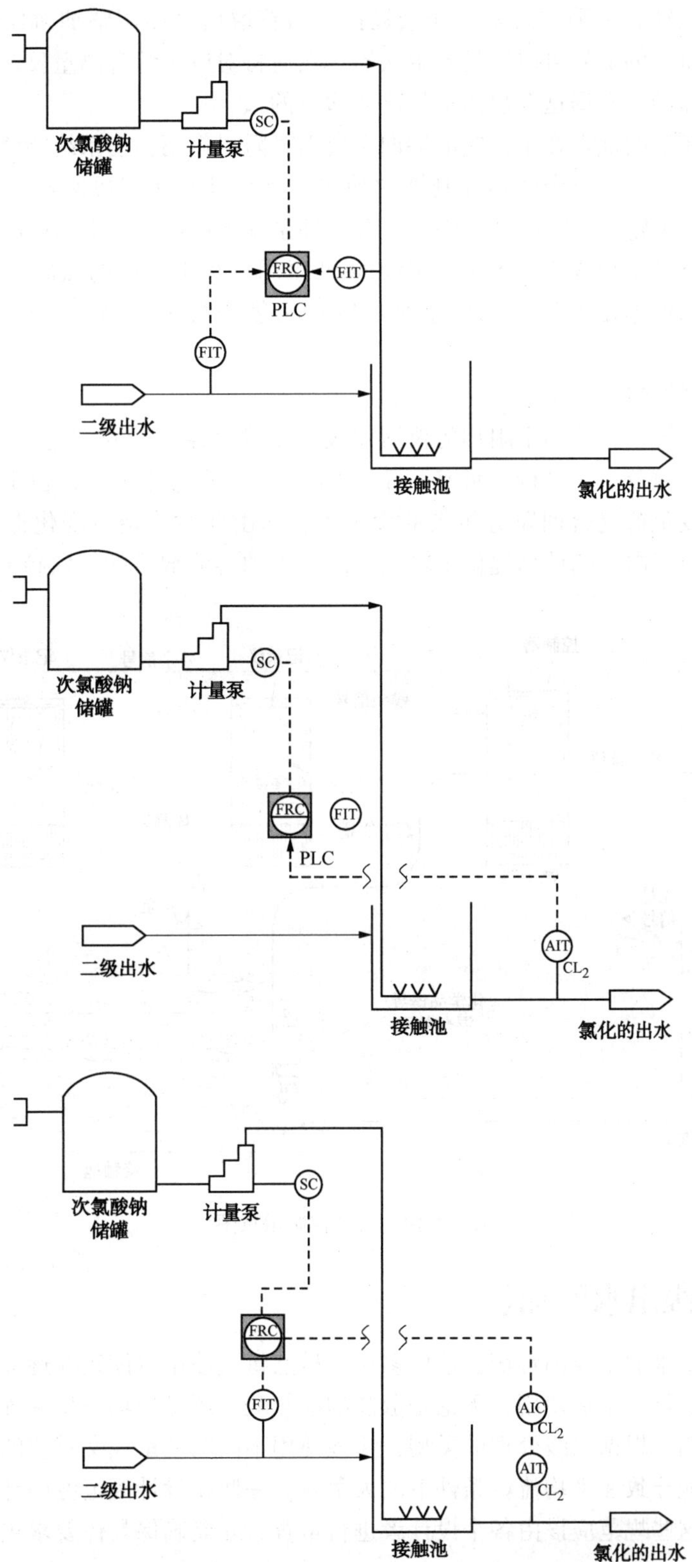

图 19.18　次氯酸钠进料复合控制的示意性过程和仪器仪表图

种方式之一进行联锁。一种方式是从残余氯控制器获取信号而调整加氯器的剂量调节。另外，分析仪和流量计的信号可以发送至乘法器，然后将对应于综合测量反馈的复合信号发送至加氯器。加氯器随后根据这个总体信号注入适量的氯。

复合回路控制器的优点在于，它能够向系统引入阻尼作用，使系统能够避免由于过量延迟时间所致的失控振荡。复合回路控制器的乘法器类型具有能够快速响应残余氯(而因此，需求量)迅速变化的优点。在 WWTP 中，复合闭环系统不仅提供了更精确的控制，而且，同样重要的是，通过最小化操作员进料过量和降低氯用量和出水中的氯副产物，可以节省成本。图 19.18 表示根据出水流量和残余氯浓度对次氯酸盐溶液剂量进行控制的复合控制回路。

6.11.6 级联控制

在级联控制系统中，使用了附加的仪器仪表，测量和控制计划的输入。在这个系统中，向提供附加的残余氯分析仪进行接触室采样(图 19.19)。第二个分析仪位于接触室排放之处或附近，通过改变负荷复合回路分析仪的设定点，而由此对残余氯变化提供额外的阻尼影响，这第二个分析仪向控制计划提供了输入。次氯酸钠溶液剂量的级联控制回路如图 19.19 所示。

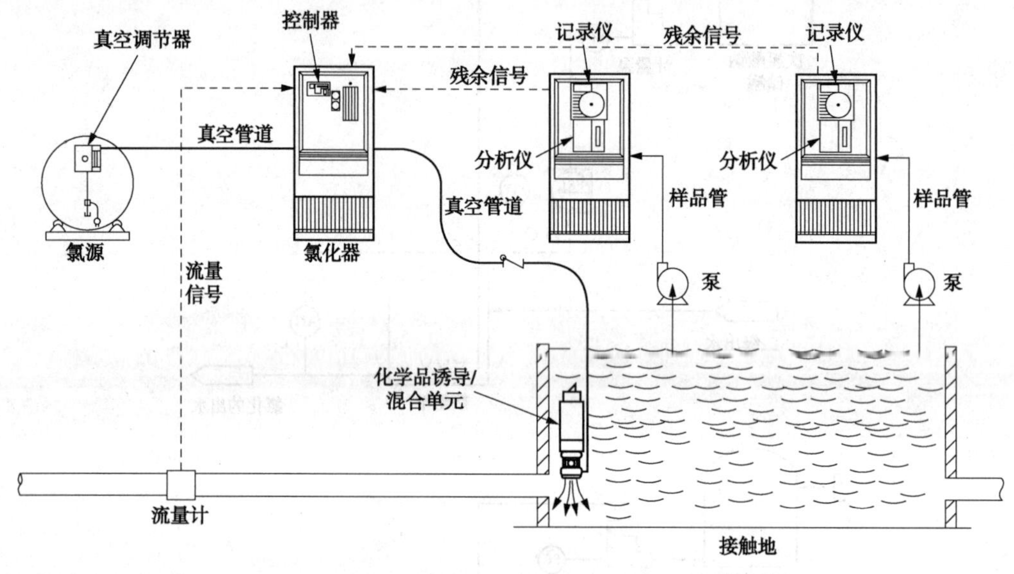

图 19.19 级联控制示意图

6.12 二级出水的加氯

氯作为污水出水的主要消毒剂已使用多年。虽然氯气使用可能正在逐渐减少，但是在美国大多数污水系统仍然正在使用，无论是散装的次氯酸盐还是现场发生系统。

文献普遍表明，根据二级处理的类型，应该使用不同的剂量。文献值的使用往往会导致保守设计，并可能导致在平均流量条件下的大翻新。一些州设计规范专门针对二级出水使用氯的设计要求。这些规范应该由各个设计者进行审查，才能确保具体要求包括于该系统的设计之中。

制定氯需求量和提高效率，可能需要额外的测试。测试表明，文献值可能是保守的，导致使用了比可能需要的量更多的化学品。这些实验室规模的测试，能够帮助操作人员优化化学品添加系统。

6.13　再生水的加氯

在《加州法典》(California Code of Regulations)第 22 条管辖加州再生水处理并提供了全国再循环水监管的模型。第 22 条规定，再生水消毒实践方法导致病毒降低最低 5logs (99.999%)，这是脊髓灰质炎病毒的标准。第 22 条的规定是以不采用介质过滤而提供 4logs 脊髓灰质炎病毒杀灭和采用介质过滤而提供 5logs 脊髓灰质炎病毒杀灭的 450 mg · min/L 氯化 CT(残余氯及模态接触时间的组合)为基础的。因此，第 22 条规定如下：

- 澄清的二级出水批准的介质过滤之后在 CT 为 450 mg · min/L 下加氯(游离氯或化合氯)；
- 其他过滤/消毒过程，导致 MS2(在接种研究中使用的非致病性指标病毒)或脊髓灰质炎病毒 5log 灭活。

6.14　影响加氯效能的因素

在一般情况下，污水处理厂运行越有效率，出水消毒就越容易。任何未能提供充分处理的情况，都会增加病原体的水平和氯的要求。高固体含量会增加氯的要求，同样高可溶性有机负荷也会增加氯的要求。例如，在将消化池上清液返回至初级处理池时应该特别小心。这种上清液如果到达氯接触室，将增加氯需求量。

在进水污水中工业废弃物的比例增加，将会增加充分消毒所需的氯用量。在电解电镀废弃物中的氰化物就是一种特别棘手的组分。在一般情况下，当污水进水中包含的工业废弃物百分比漂浮不定时，维持进料氯而确保能够遵守指定的细菌标准的难度可想而知。氯消毒普通生活污水的近似氯要求列于表 19.15 中。混合、接触和最大化加氯效率的控制策略，都是值得考虑的重要因素。

表 19.15　各种文献中所列的普通生活污水消毒的氯设计要求

处　理	氯设计剂量/(mg/L)	
	Great Lakes (1997)	White (1992)
预加氯 (机械清洁槽)	20~25	—
原始污水，取决于陈化时间	—	8~15 15~30
初级出水	20	8~15
滴滤池出水	15	3~10
活性污泥出水	8	2~8
沙滤出水	6	1~5

因为稳定化池塘或塘处理系统的出水流量是恒定的而经常是渠道引出，则这些处理工艺过程产生的出水，可能在消毒工艺过程中产生严重问题。在后面的章节中将会讨论几个有关池塘处理系统的加氯出水挑战的问题。在冰盖存在的地方，出水可能因为积水条件而产生过高的氯需求。

在最近的一项研究中，龚(Gong，2002)对四种不同的污水处理设施出水进行了实验。

龚观察到，污水出水往往在消毒工艺过程之后，根据再生长的潜势，如果以粪大肠菌群作为指标，则变得不如未消毒样品那么稳定。换句话说，粪大肠菌群的再生长潜势对于消毒的WWTP出水比未消毒的出水高得多。然而，在消毒后的样品中粪大肠菌群的浓度，甚至在再生长之后，一般会比未消毒的样品低。龚还观察到，加入底物没有显著增加再生长潜势。这项研究涵盖了加氯/脱氯和UV消毒的工艺过程。

在硝化的某些工艺条件下，将亚硝酸盐转化为硝酸盐的第二个步骤可能变得比第一个步骤慢得多，导致亚硝酸根离子的积累，导致“亚硝酸盐锁”。这可能会发生于影响亚硝酸盐氧化细菌的生长和活性的各种生化条件下。亚硝酸盐氧化成硝酸盐是热力学有利的反应，而在不存在酶途径的情况下，亚硝酸根离子要寻求其他的路径转化成硝酸盐。向含有大量亚硝酸根离子的处理污水中加入而进行消毒的氯将会氧化亚硝酸盐而部分被亚硝酸盐氧化反应消耗，反应式如下：

$$NO_2^- + OCl^- \longrightarrow NO_3^- + Cl^- \qquad (19.28)$$

从化学计量学上而言，1个亚硝酸根离子要消耗一个次氯酸根离子(一分子氯产生)才能完成氧化反应。约14gNO_2^--N消耗71g氯气。因此，当每升几个mg的亚硝酸盐氮在出水中出现时，在获得任何残余量之前需却需要大剂量的氯。

内华达州拉斯维加斯市的水污染控制设施(Water Pollution Control Facility)在1997年经历过亚硝酸盐锁，而不得不使用氯胺才能最终将亚硝酸盐氧化细菌的菌群数提高而恢复将亚硝酸盐转化为硝酸盐。华盛顿州费多威市的拉科塔污水处理厂也经历过消毒故障而导致亚硝酸盐锁。该污水处理厂通过机械改造控制溶解氧并在较短SRT下运行才控制住这种局势。

由于在处理工艺过程中环境不断变化，池塘处理系统可能呈现复杂的加氯问题。这些问题通常包括以下方面：

• pH值变化。池塘处理系统的pH值会因为生化需氧量(BOD)的去除，藻类的生长和硝化作用的发生而随季节，每天，甚至每小时都在发生变化。与pH值变化相关的问题，最常见的是导致藻类生长。大量藻类生长会导致提供pH值缓冲作用的无机碳物种分布出现昼夜变化。每日最大pH值大于或等于9.5，在池塘处理系统中藻类大量繁殖期间是很常见的。这会影响消毒作用，因为高pH会导致次氯酸离子变成存在的优势形式，而作为消毒剂变得不太有效。

• 不完全硝化/反硝化。亚硝酸盐氧化成硝酸盐的速率随着碱度消耗或随着温度降低而降低。由于亚硝酸盐积累而对氯设置了高需求，维持残余氯浓度可能变得很困难。

• 池处理系统的环境在不同深度和一天的时间内可能产生低或无氧区，而可能导致亚硝酸盐的积累。在这些区域内，即使温度高于17℃，任何硝酸盐都将会还原成亚硝酸盐，并在随后还原成氮气(N_2)。第二步是最慢的，特别是在碳源是限制生长因素时可能导致快速亚硝酸盐积累。

• 藻类生长所致高出水TSS。池塘处理系统具有丰富氮和磷；当这个因素结合长HRTs时，为藻类生长就提供了最佳环境。通常情况下，碱度(无机碳)是唯一可能限制藻类生长的营养物。高出水TSS，由于藻类大量繁殖，则可能会干扰消毒作用。

在氯注入点进行快速混合是非常重要的，而能够提高消毒的有效性。混合作用对于加氨形成氯胺都是至关重要的。氯接触池应检测短路的明显迹象，并采用示踪剂试验确定是否提供了足够的接触时间。美国环保署《市政污水消毒设计手册》(*Municipal Wastewater Disinfection Design Manua*)(U. S. EPA, 1986a)提供了一些分析停留时间和分布曲线的方法。

池塘处理系统中的藻类水平会影响氯消毒工艺过程的效率。池塘处理系统内不同深度的藻类浓度(和/或 BOD 或 COD 或 TSS 浓度)昼夜变化的研究可能会证明是有益的。清理池塘处理系统底部的淤泥堆积，应该有助于降低作为藻类食物源而正在释放的营养物。定期监测池塘处理系统利于藻类生长的营养物，对于确定污泥塘处理系统内与污泥积累和季节变化相关的周期循环是很有用的。其他控制机制，如混合，也可以保证这种研究是长期的解决方案。

根据亚硝酸盐的含量，碱度添加可以季节性使用而防止亚硝酸盐锁。出水氨氮，亚硝酸盐和硝酸盐，都应该定期测试而确定硝化/反硝化的周期。

7　脱氯

大多数人都一直对加氯出水的毒性作用非常重视。无论是游离氯和氯胺残留物，即使浓度小于0.02mg/L，都对鱼类和其他水生生物有毒，虽然鱼受低水平氯排斥而经常不会受到伤害，但是食物链上的其他水生生物可能会被氯排放杀死。脱氯——去除剩余的氯——在大多数州都有规定。已建立的流域标准，在全国的大部分地区，都限制 TRC。然而，致癌性的加氯副产物将不会因为脱氯而降低。

7.1　脱氯反应和动力学

游离和化合余氯能够有效地通过二氧化硫和亚硫酸盐降低。亚硫酸根离子与游离和化合氯反应迅速。当二氧化硫或亚硫酸盐溶解于水时亚硫酸根离子是活性剂。其脱氯反应是相同的。亚硫酸盐瞬间就能与游离和化合氯反应，方程式如下(方程式 19.29 和 19.30)：

$$SO_3^- + HOCl \longrightarrow SO_4^{2-} + Cl^- + H^+ \tag{19.29}$$

$$SO_3^{2-} + NH_2Cl + H_2O \longrightarrow SO_4^{2-} + Cl^- + NH_4^+ \tag{19.30}$$

反应产生少量的酸度，被污水碱度中和(每毫克氯降低消耗 2.8mg 碳酸钙碱度)。根据以上方程，每份氯所需的二氧化硫量是 0.9 份，但通常的实践惯例是使用 1∶1 的比率。

应当指出，以往的研究(Helz and Nweke, 1995)已经证明完全脱氯是不可能实现的，或在单氯胺存在下会受到延迟。

粒状和粉状炭可用于脱游离余氯，以及某些化合的余氯。脱氯的碳要求通常通过现场中试确定。具有重要意义的参数包括碳的平均粒径(接触器内的压降)和进水水质(pH 值，有机物和胶体)。对于典型市政出水，成本较高。据报道，剂量范围为 30~40mg/L。

虽然属于土地密集型，但是在排放之前的最后氯化出水的存储能够有效地降低氯的浓度。

7.2　二氧化硫

二氧化硫在水中比氯更易溶于水。亚硫酸钠和亚硫酸氢钠，通常以溶液形式提供，是如同二氧化硫一样的还原剂。关于所有化学品安全处理程序的详细信息可以由各个化学品供应商提供。二氧化硫的处理和使用的所有人员的培训都能够由压缩气体协会(Compressed Gas Association, 1988)和各大厂商提供。

7.3 运输和处理的安全

二氧化硫气体在类似于氯所用的罐装容器中进行运输，并需要遵循类似的安全预防措施进行如以上对于氯气所述的罐装容器的处理。同样，这些容器处理和储存设施的设计应该具有如以上所述的氯容器相同的要求。

二氧化硫气瓶应该设置于单独的房间，并储存于通风良好而温度受控的区域，而使其温度保持于18~37℃。在存储区域和磺化器区域必须有气体泄漏探测器。紧急洗眼器和自持式呼吸设备也应该提供。所有人员都应该接受应急培训。设施如果现场存储二氧化硫超过454kg(1000lb)，就必须遵守OSHA规定的工艺流程管理安全标准(Process Management Safety Standard)(OSHA, 1996)。

7.4 设备的设计和选择

二氧化硫气体进料器，称为磺化器。该系统包括以下四个基本组成部分：(1)具有气瓶之间自动切换装置的充足气体供给；(2)计量系统，通常由真空调节器和进料速率控制的转子流量计；(3)一个或多个具有止回阀的注射器；和(4)残留分析仪，测量和传输与样品流中残余氯量成比例的连续信号。

二氧化硫气体进料器(磺化器)在设计和构建施工方面类似于加氯器，但有时由不同的材料构成。磺化器设计和选择的标准类似于加氯器，如前所述，要考虑适当的二氧化硫剂量，而不是氯量。对于有关汽化器的信息，请参阅关于氯汽化器的上一章节。

7.5 脱氯控制

在一般情况下，许多确定加氯系统的相同原则，也适用于脱氯系统。亚硫酸盐残留量的连续测量，可以直接或间接地完成。普遍接受的实践惯例是使用残余氯分析仪并通过加入已知量的氧化剂(氯)而转换零点。这使之能够确定残留的氯或二氧化硫，而供控制方案使用。另外，兰顿(Renton)系统，这是一个零点切换仪的变体，已经成功地应用于某些领域(Finger et al., 1985)。最后，专利性的分析仪可供使用碘偏差(iodine bias)，使之可能连续测量非常低的残余氯。

经常会采用两种类型的磺化控制系统。在不需要对其出水进行完全脱氯的WWTPs中，有可能使用反馈控制系统(图19.20)，由此分析仪测定注入和混合二氧化硫之后短时间内的残余氯量。注入点和采样点之间的延迟时间最小，因为脱氯反应几乎是瞬间完成的。设定点的信号用作逆控制器；随着残余氯量的增加，二氧化硫的进料速度也会增加。

在那些必须对其出水完全脱氯而并没有偏置或直接读数分析仪的污水处理厂，反馈控制系统可能不实用。此类污水处理厂可以基于接触室末端的分析仪的信号使用正馈系统，采用乘法器将质量流量信号发送至磺化器。将气体流量变送器安装于磺化器的真空线中而修改的标准正馈系统设计，也能够使用。变送器测量通过进料器的二氧化硫流量，而将这个信号传送到比率控制器。控制器将放大的信号，以在水中的氯每小时的公斤数(每天的磅数)计，对比于测得的二氧化硫进料速率，而提供与恰当脱氯的值成比例的控制信号输出。

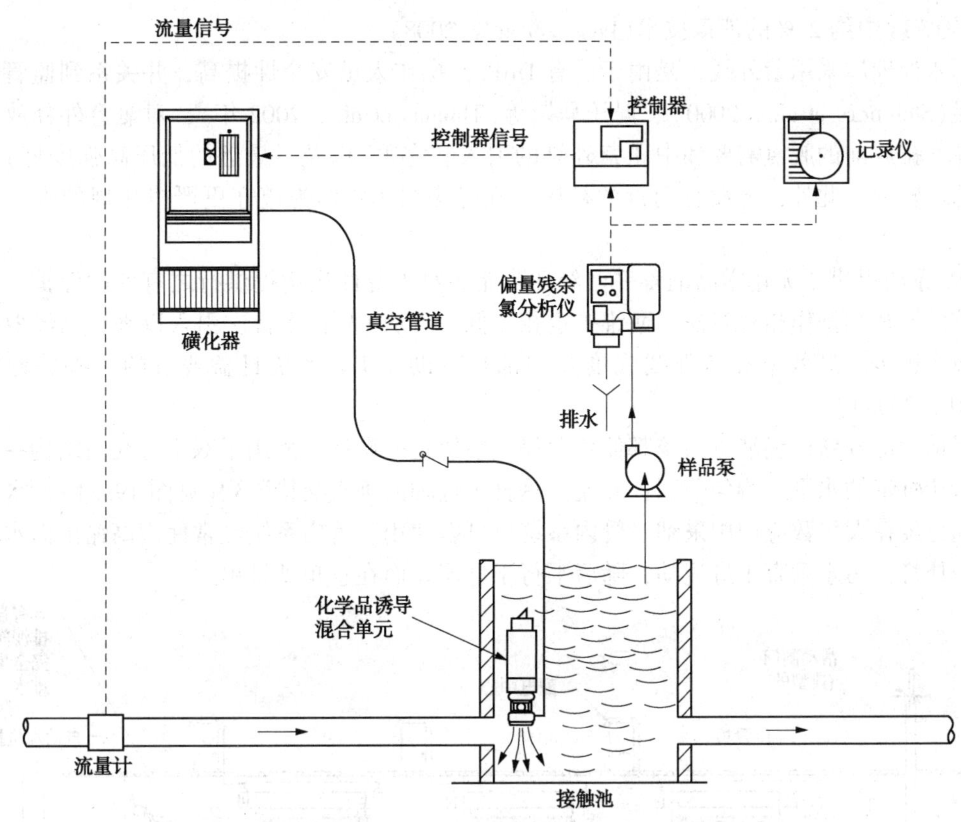

图 19.20　脱氯反馈控制示意图

8　UV 消毒

自从 20 世纪初以来，加氯已经成为大多数污水消毒操的实际选择。虽然加氯仍然应用于大多数消毒应用中，但是人们正在逐渐偏向于选择替代工艺方法。UV 辐射已成为北美污水加氯消毒最常见的替代方法。在 20 世纪 80 年代中期，美国环保署将 UV 消毒称为污水消毒的"最佳可用技术"(Jeyanayagam and Cotton，2002)。

UV 照射作为重要的污水消毒替代方法出现，可以归因于传统加氯消毒的缺陷，UV 技术改进和 UV 工艺深入理解的进展。与加氯相关的主要问题是出水的毒性和安全性。游离和化合氯会在极低浓度下就能导致鱼类和水蚤产生毒性反应(U. S. EPA，1986a)。残余氯通过脱氯能够有效地消除(这正是最新排放许可的规定)，但出水的毒性在某些情况下仍将存在(Rein et al.，1992)。脱氯和封闭设施的要求增加了氯-基消毒工艺的成本。与此同时，明渠的开发和应用，系统模块化，都降低了 UV 消毒的成本。因此，这两种工艺过程的成本都能够与新设施媲美(Putnam et al.，1993)。

可能是响应这些事态发展，选取用于 UV 消毒的频率最近几年有所增加。在美国的污水处理厂中，在 1986 年只有大约 50 个使用紫外线消毒。这些设施大多具有相对较小的流量($Q<40000m^3/d$)。到 1990 年，有 500 多个污水处理厂已采用了 UV 消毒，其中显著较大的一部分是大型设施($Q>40\times10^4m^3/d$)。到 2007 年，UV 消毒技术急剧增长，而占据了所有主要的 POWTs 中约 21%的消毒技术(Leong et al.，2008)。

污水处理厂采用紫外线，是由于没有 DBPs，操作人员安全性提高，并关系到监管要求的满足(Steinberg et al.，2000)。据托马斯等(Thomas et al.，2002 年)，对氯意外释放环境的关注，排放前的脱氯需要和中压紫外灯的引入和完善(以及，最近的低压高强度灯)都加速了这一转变。此外，还没有消毒的社区正在考虑将 UV 作为遵守更严格法规的唯一可行手段。

UV 系统提供了无化学品消毒并已经证明能够对水源性疾病提供行之有效的保护。紫外线系统的安装和操作相对容易，而维护也相当低。自从 UV 技术首次引入以来，已经取得了许多技术进步。灯效率和紫外线强度监测都是有助于 UV 系统日益普及的一些关键特性(WERF，2008)。

目前大部分紫外线消毒系统都使用明渠式模块化的设计。采用了双主灯几何结构——流向平行于灯轴的水平式均匀阵列；和流向垂直于灯轴的垂直交错阵列(见图 19.21)。水平式灯取向已经在大多数应用中采纳。管内系统也可以使用。管内系统经常使用高输出而水平放置的中压灯。污水垂直于灯流动，随后平行于灯流动而在直角处排出。

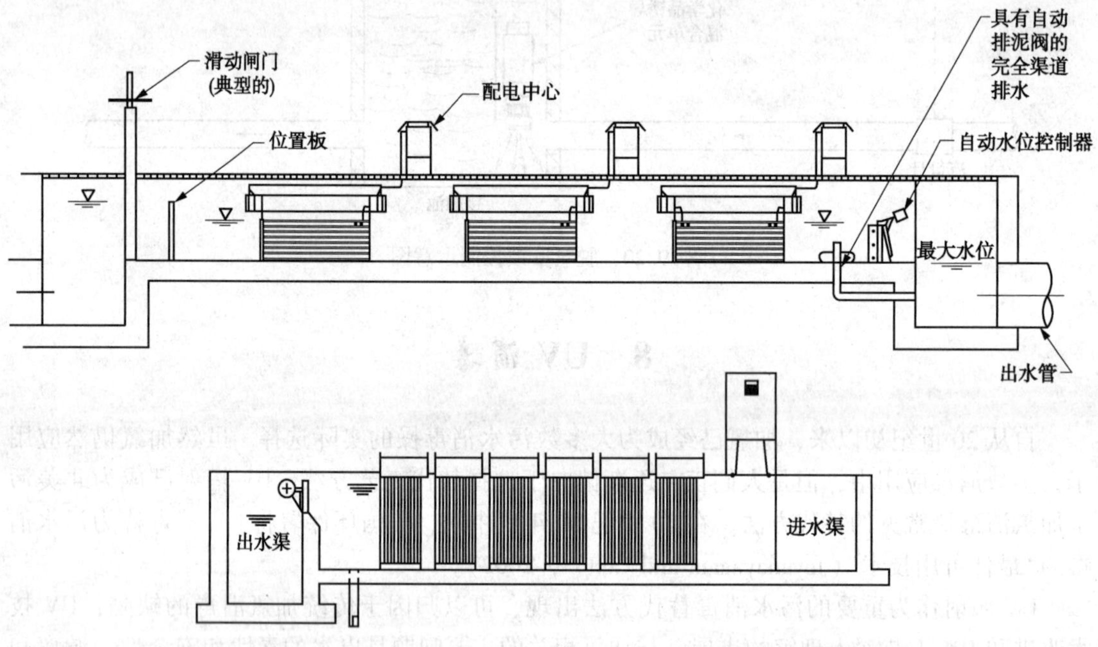

图 19.21 具有水平灯构造设计的明渠 UV 消毒的顶部示意性图解说明；具有垂直灯构造设计结构的明渠 UV 消毒的底部示意性图解说明

紫外线消毒最初仅用于高水质的水(高透光率和低 TSS)，或在非严格低风险的监管情况。凭借技术和现有设备的改善，对水质较差出水的更高程度处理是可能的。目前紫外线消毒常规用于再生水，经过处理而排放到直接接触的休闲用水的污水，以及类似敏感的应用。

8.1 UV 消毒的概述

紫外线照射是一种物理消毒过程，因此，具有几个基本特征有别于化学消毒过程，如加氯消毒。紫外线照射能够通过导致微生物内发生光化学变化而实现消毒。在最低限度，必须满足以下两个条件才能发生光化学反应：

- 必须提供足够的辐射能量改变化学键，
- 这种辐射被目标分子（生物）吸收。

在大多数 UV 消毒应用中，选择低压、低强度汞弧灯作为 UV 辐射源。这些灯约 85%的输出是波长（λ）253.7nm 的单色输出（见图 19.22）。低压、低强度汞弧灯的输出光谱中其他几条谱线是显而易见的。在 185 nm 处存在谱线代表能量高于 253.7 nm 的辐射，但因为罩住灯的石英外套和水性组件的吸收，这条线在大多数应用中都是微不足道。几条小的谱线在可见光范围内（λ≥400nm）是显而易见的。这些辐射线对于消毒是无效的，而表现出了低压低强度灯显示的淡蓝色。

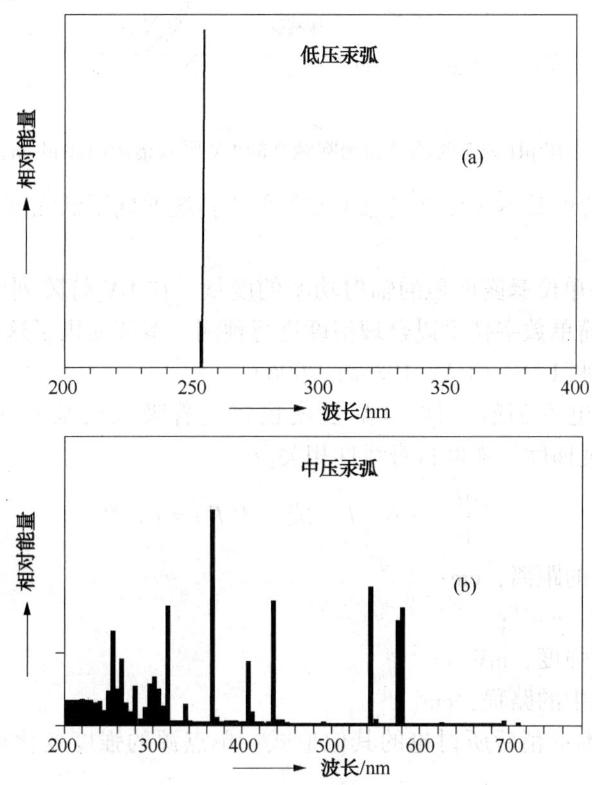

图 19.22　由（a）低压和（b）中压水银弧灯产生的辐射功率输出（Meulemans，1987）

光化学变化仅仅只有当辐射能量被吸收时才变得可能的。广泛的研究表明，核酸（如 DNA 和 RNA）和蛋白质就是 UV 辐射的有效吸收剂（Jagger，1967）。具体而言，这些物质强烈吸收范围为 240~260nm（见图 19.23）。由于低压低强度汞弧灯发出的波长绝大多数都处于在此范围内，则它们都可以有效地诱导微生物产生光化学变化。

核酸链上相邻碱基（尤其是胸腺嘧啶）的二聚体已经证实是主要的 UV 灭活机理（Jagger，1967）。

UV 辐射的其他源也正在越来越多地用于消毒工艺过程。具体而言，中和低压高强度的灯在过去 10 年内已越来越多地应用。中压灯的输出谱图，基本上不同于传统的低压低强灯的谱图（见图 19.22）。从这些灯发出的辐射占紫外光谱的很大一部分。因此，微生物对这些灯辐射的响应可能会比微生物对低压低强度灯辐射暴露所引起的响应更加复杂。然而，使用

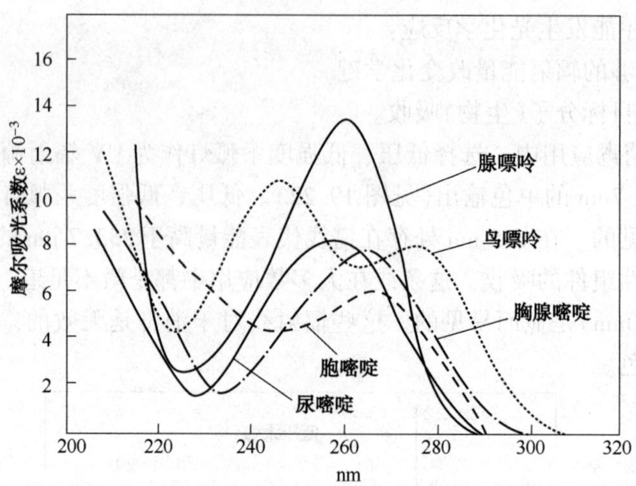

图 19.23 在 pH 为 7 时嘌呤和嘧啶碱基的 UV 吸收谱图(Davidson, 1969)

这些灯的消毒工艺过程的基本操作在概念上却类似于传统的低压低强度汞弧灯。

8.1.1 强度

UV 照射强度是每单位暴露面积的辐射功率的度量。在 UV 灯阵列中的强度分布是高度不均的，但能够采用简单数字技术以合理精度进行预测。本节提供了这些技术的总结；其他信息可以查阅其他文献(U.S. EPA, 1986a; 2006)。

正如任何形式的电磁辐射一样，UV 强度也将随着吸收机制不同而变化。比尔定律(Beer's Law)认为强度梯度与强度自身线性相关。

$$-\frac{\mathrm{d}I}{\mathrm{d}x}=-\alpha\cdot I \quad 或 \quad I(I')=I_0\mathrm{e}^{-\alpha l} \tag{19.31}$$

式中 x——辐射方向的距离，cm；

α——吸光系数，cm^{-1}；

I_0——入射辐射强度，mW/cm^2；

l——吸收介质中的路程，cm。

比尔定律具有在本章稍后所讨论的其他形式。单点源的强度变化被认为是两种现象所致——耗散和吸收。

波长 $\lambda=253.7$ nm 的紫外线辐射会被罩住灯的石英外罩吸收而水也将会被辐射。这两种介质的吸收行为可以采用类似于方程 19.32 的表达式解释。系统的总吸收能够如下进行量化：

$$I=I_0\exp[-(\alpha_q l_q+q_l l_l)] \tag{19.32}$$

式中 α_q——石英的吸收系数，cm^{-1}；

α_l——液体的吸收系数，cm^{-1}；

l_q——石英中的吸收路程长度，cm；

l_l——液体中的吸收路程长度，cm。

则在任何位置接收的总强度估计为系统中所有点的强度贡献之和，表示如下：

$$(r,\ z)=\sum_{i=i}^{n}I(r,\ z)_i \tag{19.33}$$

方程(19.33)的变体已广泛用于预测 UV 阵列内的强度分布。反应器中的平均强度通过单点强度估计值平均而进行计算。除此之外，必须进行调整才能将灯的老化和能量发射通过的石英表面的结垢考虑在内。点源求和应用的最简单系统将涉及单盏灯。

灯阵列内的强度场能够通过将系统内的所有灯的贡献相加而进行计算。图 19.24 给出了三种不同的透射条件($T=40\%$，$T=65\%$，和 $T=90\%$；路程长度=1.0cm；而 $\lambda=253.7$nm)的这样分析结果。透射效果通过以下预测的强度分别进行证明：低 T 值将会产生的强度分布，包含大面积低强度；高 T 值即使离阵列内灯的距离相对较大，也容许高强度值。

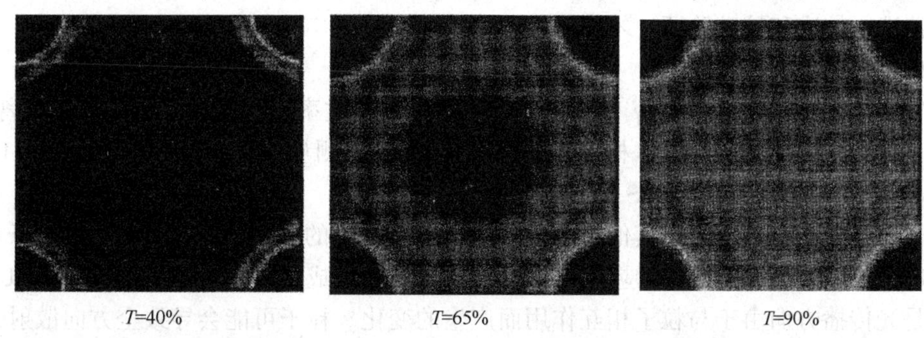

图 19.24　在四灯阵列中通过点源求和计算的强度场，轴处于 7.6cm×7.6cm (76mm×76mm)的正方形的角上；场显示了 40%，65%和 90%的水透过率。

低强度区域代表 UV 系统内的潜在问题，因为生物体接收到的 UV 剂量是发送辐射强度的函数。因此，低透射值可能会导致紫外线消毒应用困难或不可能实现。

即使在具有高透过率(T)和长灯的系统中，强度梯度仍然存在于紫外灯阵列中。由于从灯罩表面的最远点，最低强度区域也会与最高平均速度区域重合。因此，对于容许某些微生物既经受低强度又经受短期暴露的流动模式就存在这种潜势，而同时其他生物则经历高强度和长期暴露。这种模式从微生物灭活的角度而言，将会导致紫外线辐射使用无效。

如果系统内的流体流动允许在整个强度梯度内发生混合，则以上描述的情况产生的效应能够最小化。定性而言，混合作用通过紊流条件能够提高。因此，UV 系统应该在足够高的接近速度下运行，才能确保湍流条件。应当指出，尽管湍流条件有利于混合过程，但是这些条件不能够保证在 UV 灯阵列中任何方向产生完全混合条件。塞韦林等(Severin et al.，1983；1984)证实，需要极具主动性的机械搅拌才能实现实验室小规模试验系统的完全混合条件。明渠 UV 系统内的流态是不太可能允许充分扰动而实现完全混合条件。

UV 系统的设计人员应该注意，系统的 UV 强度场并不守恒。如上所述，水质的变化(换言之，UV 透过率[UVT])将会改变强度场。同样重要的方面还有灯的老化和灯结垢的影响。这两方面因素综合起来而降低施加到要消毒的水上的 UV 辐射量。

点源求和(PSS)的方法能够用于估算给定的一套条件下的平均强度。从概念上讲，这种方法涉及通过 PSS 的阵列中强度场的计算。这些数据都集中在照射区的整个体积内而提供阵列内平均强度的估计值。计算机程序 UVDIS 3.1(Hydroqual，新泽西州马瓦)于 1992 年开发出来而利用 PSS 方法进行 UV 系统设计和分析。虽然 UVDIS 3.1 是一种实用工具，但是其并不能精确解释水力学和其他影响 UV 消毒性能的关键设计和运行问题的影响，尤其是需要高 log 清除率(例如，回用水)时更是如此。正如下面所讨论，生物分析一般已公认能够提供超级的剂量定量。

8.1.2 UV 强度测定

UV 强度传感器类似用于连续监测加氯系统性能的在线残余氯分析仪；UV 强度传感器通过提供反应器内各个位置 UV 强度相关的信息而测定递送的辐射剂量。在具体点的测量值反映与灯功率设置、灯老化、石英套管结垢和老化等有关的输出功率变化和 UVT 的变化(WERF，2008)。在实践中，由于设计问题，精度差、结垢、缺乏坚固耐用性、清洁洗涤无效和标定挑战问题，在污水中使用强度传感器已经充分证明存在问题。至少，强度传感器需要经常清洗、校准和校准验证，才能提供准确的结果。

8.1.3 透过率

UV 透过率是水能够传输 UV 的能力。污水样品的透过率一般作为光在指定的距离内(通常为 1cm)通过物质(例如，污水样品)的光的百分比进行测量。在评价污水质量时，UVT 是包括吸收和散射效应的参数(U.S. EPA，2006)。

吸收是在光通过物质时向其他能源形式的转化。物质的 UV 吸收率随着光的波长(λ)而变化。UV 反应器组件和通过反应器的水，根据其物质组成，能够不同程度地吸收 UV。光的散射是光传播方向由于与粒子相互作用而产生的变化。粒子可能会导致全方向散射，包括向入射光源(背散射)(U.S. EPA，2006)。

许多天然有机和无机成分(如，天然溶解的有机物，铁和硝酸盐)，都能够吸收和/或散射 UV 波长内的能量，从而降低水的透过率。这导致透过率降低而由此降低消毒效率。

UV 吸收的程度取决于存在的悬浮固体和溶解物质的种类和浓度。吸收通过参数 UV 吸光度(UVA)和 UVT 表征(方程 19.34 和 19.35)，这两个量由方程 19.36 关联。在实践中，分析仪器一般提供 UVA 或 UVT 值，因此并不会独立报告光强度(I_0和 I)(WERF，2008)。

$$\mathrm{UVT}_{\lambda}(\%) = \frac{I}{I_0} \times 100 \tag{19.34}$$

$$\mathrm{UVA}_{\lambda} = \log_{10} \frac{I_0}{I} \tag{19.35}$$

$$\mathrm{UVT}_{\lambda} = 10^{-\mathrm{UVA}_{\lambda}} \times 100 \tag{19.36}$$

式中 I_0——初始光强度，W/cm^2；

I——通过样品之后的光强度，W/cm^2；

UVA——波长 λ 处的 UV 吸光度(以吸光度单位[a.u.]计)；

UVT——波长 λ 处的 UV 透过率，%。

UVT 低的水会吸收更多的 UV 光，而因此对于所需的灭活作用需要更高的能量；因此，资金和 O&M 成本更高。灯间距也可能需要降低，这将导致在横穿 UV 系统的压头损失更高。这可以通过改进导致水 UVT 升高的二级工艺过程和/或三级过滤中的组分去除率而缓解(WERF，2008)。需要消毒的污水 UVT 是确定 UV 消毒效能中最重要的参数之一。因此，频繁监测 UVT 对于具有可变出水透过率的污水处理厂中 UV 系统成功运行是至关重要的。

8.1.4 UV 剂量(积分通量)

UV 剂量，也称为积分通量，定义为提供于病原体的强度和曝光时间的乘积。因为 UV 反应器中对于每个流体小区或粒子 UV 强度和曝光时间都在变化，剂量存在一定分布，则剂量并不能直接测定。

8.1.5 UV 剂量估算方法

在一般情况下，有四种方法用于估计流过反应器的 UV 剂量；前两种方法是计算模型，而后两种方法是经验性的。模型需要进行验证，因为它们仅仅是对实际 UV 剂量条件的数学表达(WERF，2008 年)。

8.1.5.1 UV 剂量估算的点源求和模型

PSS 分析的数据经常用于估算通过连续流动系统递送的 UV 剂量，如下所示：

$$Dose = I_{avg} \cdot \theta \tag{19.37}$$

式中 *Dose*——递送的平均 UV 剂量，mW · s/cm^2；

I_{avg}——PSS 阵列平均的强度，mW/cm^2；

θ——照射区域内的平均 HRT，s。

在 PSS 模型中，假设了管型灯的总照射是由一系列沿着线的照射点构成。进一步假设，光径向发射而在每点全方向发射，而递送的总能量等于所有较小的“点”源之和。对于具有几个灯的反应器，则需要对沿着反应器轴的照射进行另外求和，这使公式变复杂。

UV 剂量的确立随后必须考虑灯的功率、辐射度(就是照射区域内的辐射功率)和影响从灯至关注点或至粒子的通路的因素(U.S. EPA，1999a)。

8.1.5.2 计算的流体动力学建模

第二种方法使用 CFD，通过照射区域内的流速分布曲线和 UV 强度分布积分而获得反应器内的紫外线剂量分布。关于使用 CFD 进行消毒的一般信息已经提供于前面的章节中，下面将提供有关 UV 具体应用的其他信息(Nisipeanu and Sami，2004；WERF，2008)。

8.1.5.3 光能测定仪的应用

第三种方法，光能测定仪，能够单独使用或用于 CFD 模型的验证(WERF，2008)。光能测定仪是用于测量辐射加热功率的仪器。光能测定仪使用化合物，如草酸铁钾或尿苷，在暴露于 UV 光时而发生化学反应(Linden，2000)。UV 所致反应的程度经过测定而用于计算递送的光剂量。还需要更多的工作来证明这种做法是可行的而能够准确地预测紫外线反应器的性能(WERF，2008)。

8.1.5.4 生物检验

第四种方法是利用生物检验而确定递送的 UV 剂量，并逐渐成为使用最广泛的设计方法(WERF，2008)。这种方法如图 19.25 所示。指标生物的剂量响应行为首先采用准直 UV 源进行分批照射(图 19.25，左)而进行量化(图 19.25，右)。通常情况下，使用枯草芽孢杆菌孢子或 MS-2 噬菌体，但其他生物，包括本生细菌，也可用于此目的(Blatchley and Hunt，1994)。

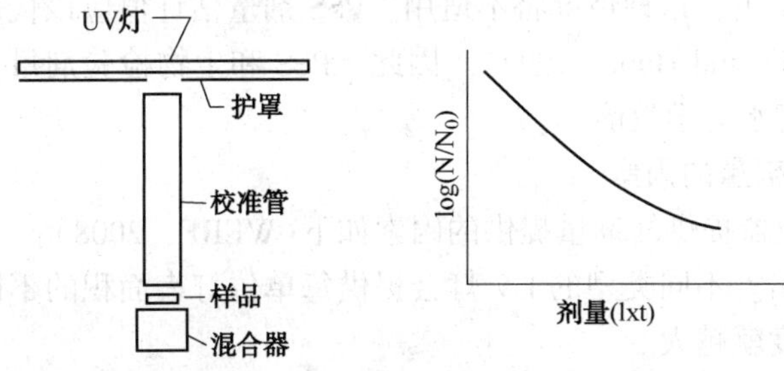

图 19.25 生物检定方法的示意图(左，计量仪；右，剂量-响应标度)(U.S. EPA，1986a)

校准的生物体随后连续注入测试系统的进水流中。一旦达到稳定状态，对进水和出水取样，而测定生物体的反应。由此，递送剂量能够利用早期开发的剂量响应标度间接表示。在整个流量条件范围内重复这个过程，产生 UV 设备具体部件的剂量-流量关系。这种方法适用于比较不同系统的构造结构设计而审查具体修改的影响(例如，间距、水力学和灯输出功率)。然而，应该小心谨慎地了解这种测试的固有变异性和测试结果的推断，以确保使用的方案符合一般惯例。

剂量估算的每种方法都有优点和缺点。PSS 方法相对便宜而应用简单，并能够与许多其他场地的剂量估计值进行比较。生物检验的主要优点是，测试采用微生物进行，并提供了实际微生物响应的测定值。这两种方法的缺点是，当实践上实际 UV 系统将提供不同的 UV 剂量分布时只采用单一数值(“剂量”)表征系统。此外，这两种剂量的物理意义根本不同。因此，这两种方法的剂量估计值即使同一时间应用于同一系统，可能也是不同的。

使用 PSS 法和生物检验方法在剂量估计上的差异应该归咎于每种方法所用的假设。由布拉奇里和汉特(Blatchley and Hunt，1994)提出了这些假设及其在 UV 系统中的物理意义的详细讨论。PSS 方法使用单一的强度值(I_{avg})和单一曝光时间(Q)表征系统递送的剂量。在现实的 UV 系统中，任何流体元件的暴露强度将是一个取决于照射区域内流体元件的物理位置迅速变化的函数。此外，流体元件将显示停留时间的分布。PSS 法的剂量估计值并不能提供 UV 系统递送的剂量分布的信息；它只能提供平均剂量估计值。这一点很重要，因为具有相同的平均 UV 剂量的两个系统未必提供相同的 UV 剂量分布或实现相同程度的微生物灭活。

平均剂量可以用来准确地表征连续流系统的唯一情况是，能够实现理想的活塞流条件(即，完全径向混合和纵向零色散)的情况。基于同时应用 PSS 法和生物检验法的反应器性能的比较证实，理想的活塞流条件在明渠 UV 系统中不能为了剂量估计之目的而进行假设。事实上，这些明渠系统已经观察到的行为，通过理想的全混反应器模型比通过理想活塞流反应器模型能够更准确地描述。

生物检验依赖于分批剂量-响应数据与连续流系统中所观察的灭活情况的对比。分批数据代表了系统中的灭活，由此 UV 剂量能够通过单一数字进行表征。然而，观察到的灭活数据取自通流系统，这种系统提供了剂量的分布。因此，由生物检验产生的剂量估计值提供了递送理想(均匀)剂量的系统，如全混间歇反应器或理想的活塞流反应器所需的当量剂量的度量。

PSS 和生物检验的剂量估计值应该与能够通过单一剂量进行完全表征的系统中的情况是相同的。在连续流系统中，这种情况将不适用，PSS 剂量估计值应该代表的生物检验所采取的上限估计值(Blatchley and Hunt，1994)。因此，PSS 和生物检验剂量估计值之间的紧密一致性表明了 UV 系统的水力学效能。

8.1.6 影响 UV 剂量的因素

已知影响 UV 反应器提供的剂量提供的因素如下(WERF，2008)：

(1) 灯的能量输出。不同类型的 UV 灯会提供每单位灯表面积的不同能量输出。能量输出越高，灯表面的强度就越大。

(2) 灯的功率设置。如果灯在低于最大功率(电子镇流器调制)下运行，UV 强度就会较低。

(3) 灯泡的寿命。经过初期烧炙期之后，灯泡输出功率和由此产生的 UV 强度通常逐渐向灯的使用寿命终点降低。

(4) 石英套管的质量和寿命。石英套管的吸收程度取决于其质量并能够随套管的年龄增加而增加。

(5) 石英套管上的污垢。有机或无机污垢能够降低 UV 辐射传输至污水中。

(6) 污水的 UVT。随着 UV 光通过污水，其强度不断降低，因为污水中的物质吸收了一些 UV 光。

(7) 固体悬浮物的类型和粒径。悬浮固体浓度及其粒径分布会影响微生物接收的紫外线强度，因为悬浮固体可以吸收和散射 UV 光。

(8) 粒子屏蔽。粒子能够屏蔽微生物而免受紫外线辐射。预计自由流动的微生物接收的 UV 强度将大于嵌埋于相同位置的颗粒物中的微生物接收的强度。

(9) 距离灯中心的距离。UV 强度随距离灯的距离增加而降低，因为 UV 能量随着距离灯的距离增加而要在更大的区域内分布。

(10) 水力学。死腔会降低有效反应器容积而缩短 HRT。此外，如果径向混合较差，微生物可能在灯之间通过 UV 反应器，而暴露于低于平均的 UV 剂量。

8.1.7 UV-灭活动力学

本节提供了 UV 灭活动力学的总结；更详细的讨论可以查阅其他文献(U.S. EPA 1986a; 2006)。用于估计灭活剂量-响应行为(动力学)实验方法与步骤，涉及微生物群落在已知的时间期间内对可测定的辐射源的暴露，接着定量微生物的生存力。在大多数情况下，辐射源是平行光束。准直仪实例如图 19.26 所示。准直仪的目的是使产生的辐射，几乎是平行的而能够垂直于平面表面。这是很必要的，因为在这些实验中使用的辐射计设计都是垂直于检测器表面进行辐射强度定量的。

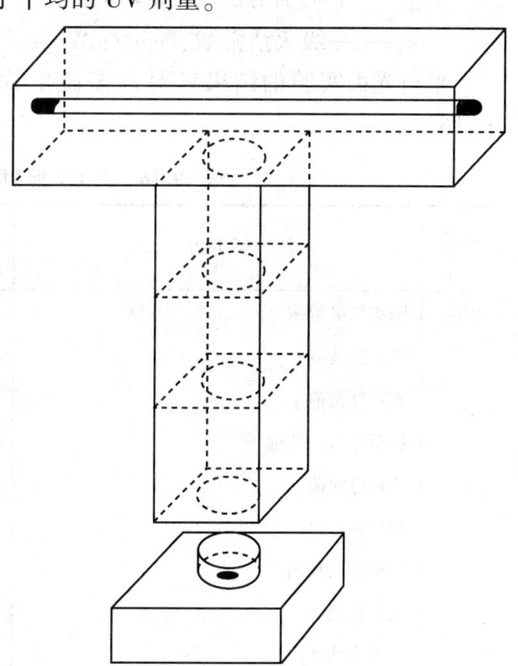

图 19.26 UV 暴露实验准直仪的示意图

微生物辐射照射通过在准直光束中放置浅培养皿而完成。水深度一般保持在 10mm 或更低，而含有微生物群落的液体通过使用微磁搅拌棒而保持充分混合。混合的目的是为了确保在液体中的微生物接收均匀照射。

因为辐射能可以被其中悬浮微生物的介质吸收，则介质中实际强度将会从其顶表面向下而降低。既然这种辐射场是非均匀的强度场，则就有必要计算整个照射体积内深度平均的强度。强度随深度的变化可以通过利用比尔定律而进行如下计算：

$$I_x = I_0 e^{-\alpha x} \tag{19.38}$$

式中 I_x——深度 x 处的辐射强度，mW/cm^2；

I_0——入射辐射强度，mW/cm^2；

α——吸收系数，cm^{-1}；

x——深度，cm；

H——液体深度，cm。

(注意：比尔定律的更完整描述在标题为“强度”的小节中提供)。

该方程可以如下在整个流体深度内进行积分而得到整个反应器深度平均的强度：

$$\frac{dN}{dt} = -kI_{avg}N \tag{19.39}$$

如果反应器内的液体保持较浅(H=1cm)并充分混合，则I_{avg}能够用于表征整个介质，而几乎没有误差。作为第一次近似，充分混合的浅培养皿中的灭活动力学能够作为一级光化学反应进行如下建模：

$$\frac{dN}{dt} = -kI_{avg}N \tag{19.40}$$

式中 N——活体生物的浓度，个生物/L；

t——时间，s；

I_{avg}——平均辐射强度，mW/cm^2；

k——一级灭活常数，cm^2/mW·s。

平行光束实验的结果针对许多微生物进行报告。所报告的剂量-响应行为总结于表19.16中。

表 19.16 由 UV 照射报告的微生物剂量-响应行为

分组	微生物	90%灭活所需剂量/(mW·s/cm^2)	一级灭活常数/(cm^2/mW·s)	文献
细菌	嗜水气单胞菌	1.54	150	1①
	炭疽杆菌	4.5	0.51	2②
	炭疽杆菌孢子	54.5	0.0422	2
	枯草芽孢杆菌孢子	12	0.19	2
	空肠弯曲菌	1.05	2.19	1
	破伤风	12	0.19	2
	白喉棒状杆菌	3.4	0.68	2
	大肠杆菌	1.33	1.73	1
	大肠杆菌	3.2	0.72	2
	大肠杆菌	3	0.77	3③
	土生克雷伯氏菌	2.61	0.882	1
	嗜肺军团菌	2.49	0.925	1
	嗜肺军团菌	1	2.3	2
	嗜肺军团菌	0.38	6.1	3
	微球菌球菌	20.5	0.112	2
	结核分枝杆菌	6	0.38	2

续表

分组	微生物	90%灭活所需剂量/(mW·s/cm²)	一级灭活常数/(cm²/mW·s)	文献
细菌	绿脓杆菌	5.5	0.42	3
	绿脓杆菌	5.5	0.42	2
	沙门氏肠道杆菌	4	0.58	3
	肠炎沙门氏菌	4	0.58	2
	甲型副伤寒沙门菌	3.2	0.72	2
	伤寒杆菌	2.26	1.02	1
	伤寒杆菌	2.1	1.1	2
	伤寒杆菌	2.5	0.92	3
	鼠伤寒杆菌	8	0.29	2
	痢疾志贺氏菌	2.2	1.05	2
	痢疾志贺氏菌	0.885	2.60	1
	痢疾志贺氏菌	2.2	1.05	3
	志贺氏痢疾杆菌	1.7	1.4	3
	副痢疾志贺氏菌	1.7	1.4	3
	宋内志贺氏菌	3	0.77	3
	金黄色葡萄球菌	5	0.46	2
	金黄色葡萄球菌	4.5	0.51	3
	粪链球菌	4.4	0.52	2
	化脓性链球菌	2.2	1.0	2
	霍乱孤菌	0.651	3.54	1
	霍乱孤菌	3.4	0.68	3
	逗点孤菌	6.5	0.35	2
	小肠结肠炎耶尔森氏菌	1.07	2.15	1
病毒	大肠杆菌噬菌体	3.6	0.64	3
	大肠杆菌噬菌体 MS-2	18.6	0.124	1
	F-特异性噬菌体	6.9	0.33	2
	A 型肝炎	7.3	0.32	1
	A 型肝炎	3.7	0.62	3
	流感病毒	3.6	0.64	2
	脊髓灰质炎病毒	7.5	0.31	2
	脊髓灰质炎病毒 1	5	0.5	3
	脊髓灰质炎病毒 1 型	7.7	0.30	1
	轮状病毒	11.3	0.204	2
	轮状病毒 SA-11	9.86	0.234	1
	轮状病毒 SA-11	8	0.3	3

续表

分组	微生物	90%灭活所需剂量/（mW·s/cm²）	一级灭活常数/（cm²/mW·s）	文献
原虫	鼠贾第虫	82	0.028	3
	卡氏棘阿米巴虫	35	0.066	3

① 1 = Wilson et al.（1992）。

② 2 = Cairns（1991）。

③ 3 = Wolfe（1990）。

应当指出，表 19.16 的灭活数据是由不同研究人员采用不同技术完成的大量独立实验编撰而成。因此，由这些实验进行结果的直接字面对比，有时可能会产生误导。尽管如此，这些数据还是揭示了 UV 照射微生物灭活的几个有趣的特性。

许多污水消毒工艺过程是通过水大肠菌群的生存力进行调节的。大肠菌群广泛地用作指标生物，评价出水中微生物的活性。从历史上看，大肠菌群已被用于此目的，因为，据发现，在氯-基消毒工艺过程中，充分灭活大肠菌群所需的条件也将实现其他微生物的充分灭活，而防止传染性疾病的传播。一级模型代表了 UV 剂量响应行为的合理一级近似。对于小生物(如病毒)，在高达 5log 灭活的范围内已经观察到一级行为(Harris et al.，1987)。通常对于细菌中的次要灭活也观察到了一级行为(例如，3log 灭活或更少)。然而，已经有人观察到一级行为的两个重要偏差(见图 19.27)。首先，在低剂量下有时也注意到微生物灭活的迟延；其次，在高剂量下观察到剂量-响应曲线的斜率下降(拖尾)。

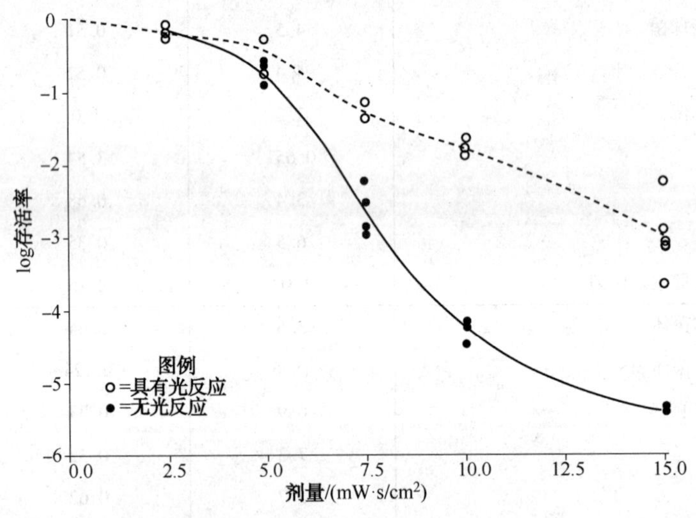

图 19.27　所观察的 UV 照射理想一级剂量-响应行为的偏差(Harris et al.，1987)

人们已经提出了几种假设用于描述这种行为。这种迟延可能归咎于微生物能够吸收并在用于量化其生存力的分析过程中未显示出任何不良影响的亚致死剂量辐射的能力。其他消毒工艺过程中也已经注意到了这样的阈值存在。

拖尾可能是微生物群落中异质性的结果所致。有些生物可能较弱，否则相对容易受到紫 UV 照射而灭活，而相同的菌群中其他生物可能耐受这种暴露。拖尾的另一可能原因是颗粒物的存在。颗粒物可能通过对入射 UV 照射提供不透明表面而简单地屏蔽了微生物，或这些颗粒物能够通过将活体生物引入粒子基质内而使生物免受 UV 照射。

许多研究人员已经研究了颗粒物对 UV 照射的细菌灭活的影响。奎尔斯等(Qualls et al. , 1983)制定了未过滤的二级出水中大肠菌群的剂量—响应曲线。对通过 8 或 70μm 过滤器的相同二级出水的独立子样本也制定了剂量—响应曲线。这些水的剂量—响应曲线如图 19. 28 所示。

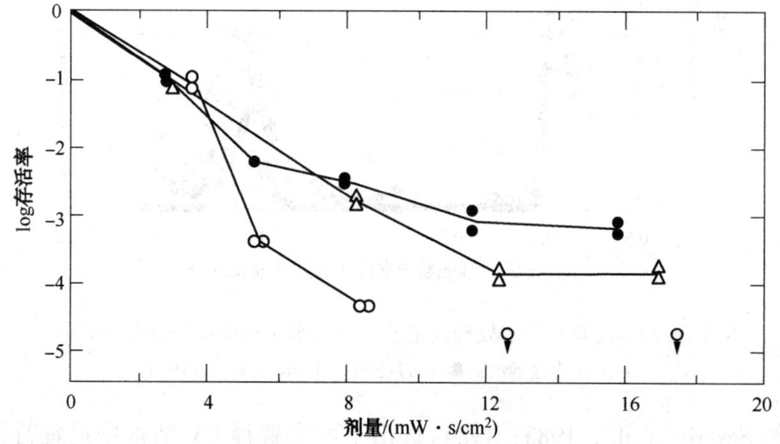

图 19. 28　过滤对污水出水中大肠菌群存活率的影响；箭头表示检测限
(○ =通过 8μm 过滤器过滤；△ =通过 70-μm 过滤器过滤；● = 未过滤)(Qualls et al. , 1983)

由于大肠菌群大小为 1 ~ 2μm，只有单个细菌或较小的细菌团块允许通过 8μm 的过滤器。70μm 过滤器能够容许通过一些比较大的颗粒物。通过 70μm 过滤器的过滤，相比于未过滤样品，达到杀灭作用的最低改善；而通过 8μm 过滤器的过滤实现了灭活作用的较大改善。这项工作的结论是，相对较大的颗粒物(*dp* 约 70μm)去除能够实现消毒作用的显著改善，因为这些颗粒物能够驻留许多细菌而有效地遮蔽 UV 照射。

达比等(Darby et al. , 1993)检测了砂滤和未过滤二级出水中的大肠菌群杀灭情况。在这两种水中进行的颗粒物粒径分布(PSD)的分析显示出接近粒径 1μm 和 35μm 的峰附近存在双峰分布。过滤能够实现对 0. 6 ~ 1. 3μm 直径范围内的颗粒物 40%的去除率，15. 8 ~ 63μm 直径范围内的颗粒物 64%的去除率(见图 19. 29)。大肠菌群的杀灭作用在过滤后的出水中比未过滤的出水始终保持较高。这种改善作用可能是由于较大颗粒物(直径 15. 8 ~ 63μm)的去除所致，否则这些颗粒物就可能掩蔽(遮挡)UV 照射。在随后的工作中，达比(Darby, 1999)指出，超过 10μm 的颗粒直径经常会由于这种遮蔽作用而导致准直光束试验中产生拖尾。

应当指出的是，对颗粒物及其对微生物灭活的影响的绝大多数研究都集中于大肠菌群。这些研究的结论就是，大颗粒物能够保护细菌(通常粒径约 1μm)免于 UV 暴露。其他所关注的微生物(例如，病毒，典型粒径约 0. 01μm)有可能将会定性地显示出类似的行为。然而，保护病毒免于 UV 照射的严格颗粒粒径还是未知的。

人们已经开发出许多模型用于解释 UV 剂量-响应行为中的非理想因素。以下将简要地介绍几个这些模型，而向读者提供关于这一主题的背景。其他细节可以从其各自的文献获得。

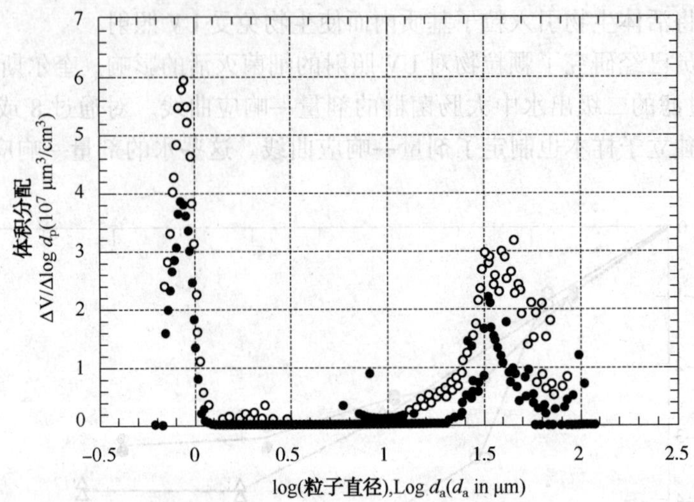

图 19.29 过滤对污水处理设施的二级出水颗粒物粒径分布的影响

(○ = 未过滤的;● = 过滤的)(Darby et al.,1993)

塞韦林等(Severin et al.,1983;1984)提出了两个解释 UV 消毒中迟延行为的模型。基于以下假设开发出了多目标模型:单个生物或生物团块将会包含有限数目(n_c)的关键目标;所有关键目标必须受到 UV 辐射光子的撞击而使生物体(或团块)在随后的分析过程中表现出灭活。任何关键目标在照射下存活的概率假设由如下一级关系式确定:

$$P(0) = e^{-kIt} \tag{19.41}$$

式中 $P(0)$——目标存活的概率;

k——速率常数,cm^2/mWs;

I——辐射强度,mW/cm^2;

t——暴露时间,s。

如果所有的目标假设都是随机分布和光化学当量的,则辐射菌群的存活分数可以通过以下关系式描述:

$$\frac{N_s}{N_I} = 1 - (1 - e^{-kIt})^{n_c} \tag{19.42}$$

式中 N_s——照射样品中活体生物的浓度,FCU/100 mL;

N_I——未照射样品中活体生物的浓度,FCU/100 mL。

请注意,当 n_c=1 时多次轰击模型就降低至简单的一级模型。参数 k 和 n_c 的值对于每一生物和给定的一套环境条件是特异性的。通过最小二乘法将分批灭活数据拟合至方程 19.42 中而完成参数估算。

该系列事件的模型在生物体(或颗粒)组件失活按照系列模式发生的假设之下进行开发。直到达到阈值,生物都将会保持存活,由此生物的 n 个组件已经灭活。这种系列事件的模型当 n_c=1 时也降低成简单的一级动力学。这种用于开发柯林斯-塞莱克模型(Collins-Selleck)的半经验方法,能够预测迟延和拖尾行为。

8.1.8 光复活和黑暗修复

微生物已经演化而发展出有效的生化系统，用于修复由于恶劣环境条件，如接触消毒剂，所致损伤的修复。亚致死损伤的修复和恢复已知发生于所有消毒操作之后。消毒过程的设计者和操作者应该了解这些过程及其潜在的后果。在某些情况下，由 UV 照射所致的生物光化学损伤能够被修复。这些修复机制，使 UV 灭活的微生物在消毒工艺过程之后能够重新获得生命力。两个主要的修复机制光复活和黑暗修复——相对于 UV 消毒具有重要意义。

光复活是微生物内核酸二聚体藉此催化修复为其原始单体形式的过程。林德诺尔和达比(Lindenauer and Darby，1994)总结了关于当前光复活机制的理论，并提出在所用的剂量水平($60\sim80mW\cdot s/cm^2$)下光复活的影响是相对微不足道的。然而，WWTPs 的大多数设计工作都是在不到 $40mW\cdot s/cm^2$ 的水平下进行的，在这一点上，(经由静态光/暗瓶技术)已经检测到残余物密度显著增加(U.S. EPA，1986a)。

莱勒和卡波利(Lehrer and Cabelli，1993)指出，最常见的水源性疾病的病原体是诺沃克类病毒。许多这些病毒被认为是不能进行 UV 损伤修复的。惠特比和帕尔梅特(Whitby and Palmateer，1993)提出，复活现象并未原位观察到。使用标记的大肠杆菌，他们证明了释放至接收水体之后 UV 照射的污水出水中缺乏复活。这些相同的细菌已经证明当在受控条件下暴露于足量的光复活照射时就会发生光复活。

一种已采取的设计方法是通过使用采样技术，使之能够测定没有发生光修复的大肠菌群而隔离光修复效应，然后通过在透明瓶中将其暴露于可见光而测量其可能发生修复的程度。这种系统设计的尺寸确定要以未修复为基础进行估算而随后增加以适应一定的修复水平。虽然这是保守的设计方法，但确实提供了对一些实际问题的保护。

关于在 UV-消毒系统设计中有关修复的内容在工程、科学或监管社区内不存在共识。尽管许多运行的污水处理厂无论考虑或未考虑修复都已设计和成功运行，但是应该小心的是，这并不意味着没有发生光修复，但这可能被过量设计，低于正常使用(污水处理厂往往在远低于其设计容量下运行)和取样/分析技术而掩盖。

8.2 UV-系统反应器设计和测试

8.2.1 系统水力学

紫外线消毒系统的水力学行为，对于确保足够的 UV 消毒性能是一个关键因素。水力学行为影响各种穿过复杂 UV-强度分布剖面的流体组分的停留时间，因此，直接影响 UV 的剂量。水力学条件不足是 UV 消毒系统发生故障的最常见原因。

重要的水力学影响包括纵向和径向混合和湍流、进口结构、出口结构和通过系统的压头损失。在以下章节中，对每一因素都将进行讲述。

8.2.1.1 纵向分散，轴向分散和湍流

UV 消毒系统的特点之一是具有非均匀的内部 UV 强度分布。纵向和轴向的分散和湍流(本文中统称为混合)影响各种流体组分的保留时间和相关的强度分布。只有实验室小试规模的 UV 消毒系统(例如，平行光束)能够在所有流体组分中近似施加单一恒定的 UV 剂量，而能够确保不存在外部水力学影响。市政规模系统受到纵向和轴向混合影响。所得的 UV 剂量分布可能受到影响，而不能避免，并且任何对具体水力学条件分配单一 UV 剂量的努力仅仅只是为了监管、营运或设计之便。

制造商在其努力工作之中使用了许多工具，包括生物检验和 CFD 模型，而在其系统安装之前优化与之相关的纵向和轴向混合条件，最大化消毒性能。进口和出口结构（稍后讨论）之外，影响纵向和轴向混合的设计主要限于维持通过该系统的合适速度，而使其性能与制造商所期望的性能一致。设计者应考虑按照某种方式进行中试试验，而确保设施设计中充分解决了纵向和径向混合的效应。事实上，对于 NWRI 公布的准则，都需要进行全规模安装之前具有放大限制的中试试验，产生适合无限制回用的再循环水（NWRI，2003）。UV 消毒系统无论预定消毒目标如何，如果已不是第一次进行某种类型的性能验证过程，则不应该对其进行设计/规定。此验证过程可能是正式的（如，基于 NWRI 准则）或是非正式的（例如，参考其他类似的运行设施或现场中试试验）。然而，性能测试的目的主要是为了尽力确保对全规模设计中将会存在的纵向和轴向混合进行充分考虑。

这可能很直观地就假设，通过给定 UV 消毒系统的流量降低将导致施加的 UV 剂量增加，而由此导致 UV 消毒系统中的 HRT 增加。然而，还有无数的例子是 UV 消毒系统随着通过系统的流量降低而变差，因为流量降低也降低了了径向混合，而使许多流体组分受限于流经低 UV 强度的微环境。使用制造商提供的或作为通过系统的速度的函数而开发的中试试验推导的设计曲线，是迄今为止确保充分考虑 UV 消毒系统设计中纵向和径向混合的最佳方式。

当设计 UV 消毒设施时，确保运行期间预期的宽范围水力学条件在设计过程中进行评估，是很重要的。单靠峰值流量的设计是不够的，因为有时低流量可能显著影响消毒性能，如上所述。例如，除了设施扩建时评价峰-时型流量之外，还应该评价污水处理厂远低于水力学设计容量时昼夜低流量期间产生的速率和相应的剂量，这期间也可能出现于设备启动之时。另外，还应该评价中间流量。渠道数目和这些渠道的运行计划方案都应该进行选择，才能确保设施按照试验时采用的那种方式的速率运行，而提供足够的 UV 剂量。在极低流量事件期间，如果有必要将 UV 消毒系统的出水再循环至 UV 消毒系统前端，而确保维持可接受的速度条件，也是可能的。

最后，设计师应该考虑上游处理工艺过程的水力学因素对 UV 消毒系统的影响。均衡化池/池塘可能是有利的，因为这些设施能够最小化水力波动，而使消毒性能更加稳定。相反，一些过滤器能够产生脉冲而保持过滤效果，而这种脉冲作用可能在很短的时间间隔内产生非常高的流量。这些脉冲可能会显著损害 UV 消毒的性能。如果存在反冲洗或过滤床维护所产生的脉冲，则在其介入 UV 消毒系统之前必须进行阻尼抑制。

8.2.1.2 进口结构

进口流量调节能够经由消力池板和潜坝的使用而实现。这些结构使系统进水的能量损失得以控制，并有效地实现了通过所有渠道的动量均匀分布。通过将进口结构设置于暴露 UV 区上游足够远的位置，由进口结构引起的流量无规则的行为有足够的时间发生耗散，从而使之对第一组 UV 灯施加了均匀的流速分布。

8.2.1.3 出口结构

类似的逻辑也适用于出口结构；离开照射区的流态应该是均匀的。出口结构也必须允许预期流动条件范围内进行液位控制。有几种备选方案已经用于实现这些性能目标，包括加长堰和舌瓣闸门（见图 19.30 和图 19.31）或自动调制溢流堰闸门。舌瓣闸门通常用于不能使用加长堰的较大系统。加长堰具有不含机械部件的优势，而也潜在地有利于具有低过夜流量的系统，因为这种设计比舌瓣闸门系统更加不可能容许渠道排水。

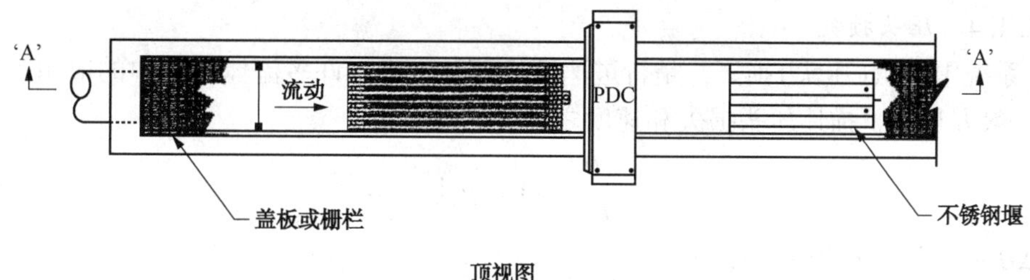

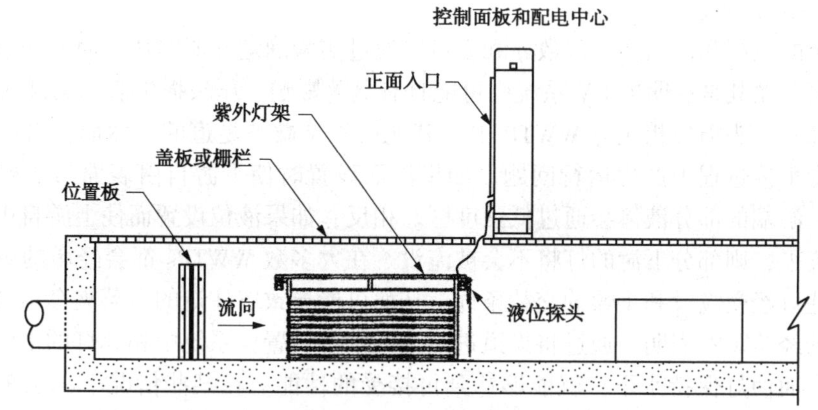

图 19.30 具有流量调节的消力板和液位控制的加长堰的 UV 消毒系统的示意图

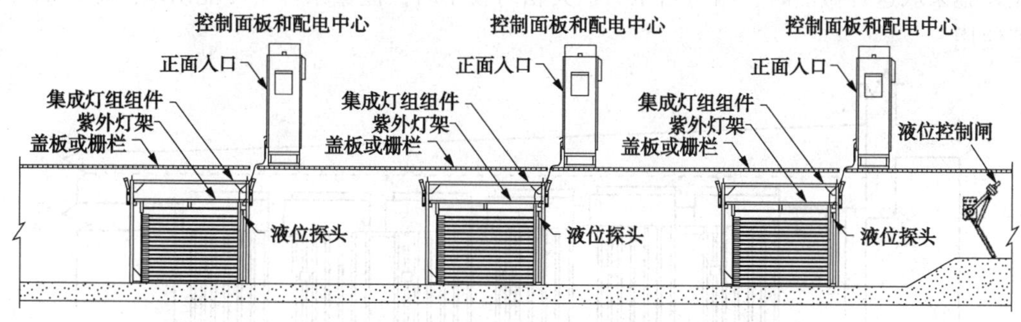

图 19.31 加拿大阿尔伯塔省卡尔加里市波尼布鲁克(bonnybrook)
污水处理厂用作出口结构的舌瓣闸门和潜坝的示意图

综上所述，相对于灯阵列的进口和出口结构位置，对于实现流量均匀分布是至关重要的。全规模系统中速率分布的测量(Blatchley et al.，1995)间接表明，在进口/出口结构和最近的灯阵列之间应该距离最低约 2m(6ft)。这些进口/出口区内设置的灯阵列，可能因为水流结构中产生异常而低效使用。

在多渠道系统中，防水设备在不使用时用于隔离渠道，也是很关键的。定期在线和离线(例如，响应流量变化的渠道)通常含有污水，因为这些渠道在离线时并未排水。即使不当密封的阀/闸门周围或过堰出现最少量的泄漏，都可能有碍于监管目标的遵守，特别是对与再生水型系统相关的最严格的监管要求的遵守(例如，2.2 TC/100mL)。

8.2.1.4　压头损失

UV 系统中能量(压头)损失，是行进速度的函数。正如许多流体力学中的应用一样，能够采用一般方程如下描述压头损失和速度之间的函数关系：

$$\frac{\Delta H}{L} = aV + b_{\rho}V^2 \tag{19.43}$$

式中　ΔH——压头损失，cm；

L——表示 ΔH 的渠道距离，cm；

V——行进速率，cm/s；

ρ——液体密度，g/cm^3；

a，b——经验常数。

对于给定的系统几何结构，常数 a 和 b 可以通过实验确定并能够从厂商处获取。

压头损失，尤其是在明渠 UV 系统中可能具有显著影响。压头损失表示为通过系统的自由水面的下降。压头损失相比与 WWTP 中的其他损失是微不足道的。然而，自由水面的下降可能在消毒工艺过程中产生运行问题。如果液面设置时使下游自由表面与照射区顶部齐平，则系统上游端的部分液体会通过低强度区。相反，如果液位设置而使上游自由表面与照射区的顶部齐平，则部分下游的灯将不会被淹没。在大多数 WWTPs 都会经历的昼夜流量波动，而使某些灯经受淹没和干燥的交替条件，从而可能导致罩住灯的石英夹套出现结垢。对水平灯系统的经验观察表明，通过将渠道进口处的水位设置成系统中相邻灯的半距离而限制总压头损失，而使灯保持水下，就能够达到可接受的性能。在某些情况下，压头损失的影响，可以通过构建阶梯渠道而最小化(见图 19.32)。设计者在对预期出现宽范围的昼夜流量变化设施采取这种做法时，因为当压头损失相对较小时低流量条件下可能出现洪泛，而应该谨慎使用。

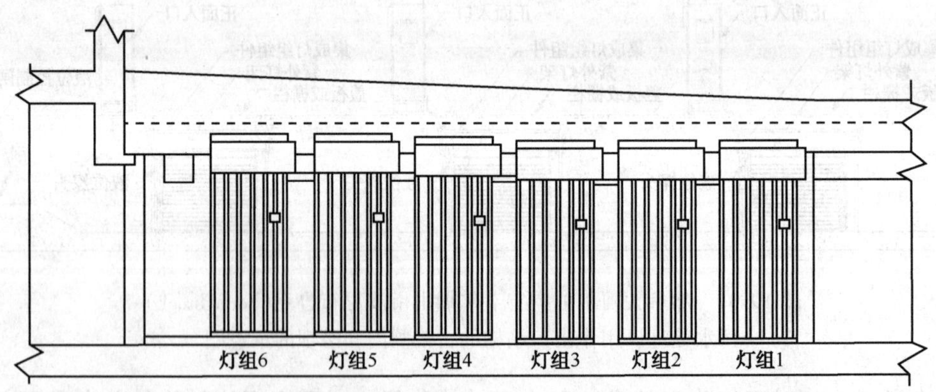

图 19.32　使用阶梯渠道最小化压头损失在明渠 UV 消毒系统中的影响

8.2.2　影响 UV 灯输出功率的因素

汞弧灯的 UV 输出功率是作为时间的函数而变化。随着灯运行，灯的输出功率就会降低。灯以相对高的输出功率开始，而随后在第 1000h 至 2000h 的运行期间产生急剧下降。约 2000h 的运行后，灯的输出功率会逐渐下降，直到称之为灯寿命之点，或灯的设计最低 UV 输出功率(见图 19.33)。汞弧灯灯制造商推荐的低压低强度汞弧灯工作寿命，通常为 7500~

8000h；然而，灯总是能够有效运行相当长的时间。

如果每天超过3~4次地重启灯，则灯寿命就会受到影响。一项针对30家正在运行设施的调查表明，对于低压低强度汞弧灯，预期会具有超过1.4万小时的工作寿命(U.S. EPA，1992c)。对于此项研究，用于确定灯更换时间的控制因素主要是出水粪大肠菌群浓度。在实践中，这个决策应该基于灯更换成本的对比和运行老化灯的附加成本。

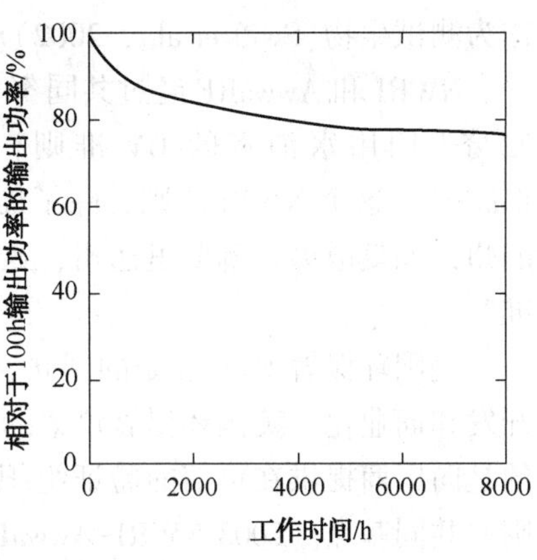

图19.33 作为时间的函数的典型UV灯输出功率

低压高输出汞-汞合金灯厂商保证的灯寿命通常有12 000h。中压高强度的灯通常具有5000h的保证灯寿命。对于低压低强度的灯，厂商可能为灯提供内部涂层，而降低灯壁对汞的吸收速率。这一技术进步，据发现能够显著降低灯输出功率的下降，而提高了工作寿命。通过实施分阶段更换灯的时间表而能够保持系统的输出功率相对均匀。

如果按照逻辑和有序的方式实施，具有分阶段换灯的系统能够提供相对稳定的UV输出。灯的壁温会影响灯的输出功率，而最佳工作温度范围为35~50℃(U.S. EPA，1986a)。通常壁温为45~50℃时观察到最大灯输出功率。壁温是石英套管直径(即，石英套管壁与灯壁之间的气体间隙厚度)、水温和灯供电功率的函数。石英管直径越小，灯在标准液体温度范围5~30℃运行时冷却越快。温度15~25℃的液体通常会产生最佳灯输出(大于85%的灯最大输出功率)。

石英套管由于有机和无机污染和结垢可能会产生堵塞，而显著降低通过套管的UV能量。因为老化或质量较差的套管能够吸收UV光，石英套管年龄和质量也可能会影响通过套管的UV能量。当石英套管堵塞或吸收UV能量时，灯壁温度可能会上升，并可能会影响灯的输出功率。

电子镇流器提供可变的输入功率而调节灯泡输出功率。通过调制输出功率，UV灯能够在低于最大功率和较低UV强度下运行。在液体温度恒定时，较高的电流能够驱动灯温度升高或下降，导致灯的输出功率波动。电子镇流器可以通过优化宽运行条件范围内的灯输出功率而抵消这种影响。电子镇流器赋予设计师通过设计预期的液体温度范围而更好地控制灯输出功率影响因素的能力。

8.2.3 UV反应器的验证和放大

UV系统进行生物检验的技术和标准已经成为许多最新研究和争论的主题。对于反应器的验证，两个主要的方案在美国环保署的ETV计划中浮出水面——《二级出水和水回用消毒应用的通用验证草案》(*Generic Verification Protocol for Secondary Enffluent and Water Reuse Disinfection Applications*)(2002年)和《饮用水和回用的紫外线消毒准则》(*Ultraviolet Disinfection Guidelines for Drinking Water and Reuse*)(2003)，由NWRI和美国水务协会研究基金会(American Water Works Association Research Foundation)(科罗拉多州丹佛市)(AwwaRF)制订。二者都有类似的测试要求，使用MS-2作为试验生物，并对透过率、速度分布曲线、设计剂量、灯老化因素和套管结垢因素提供了类似的准则。还存在其他草案，包括饮用水的德国

DVGW 标准(DVGW，2006)，其显著不同于 NWRI-AwwaRF 和 ETV 准则，并使用枯草杆菌作为测试生物(Swift et al.，2002)。

NWRI 和 AwwaRF 经过共同努力，对这些准则进行了一次扩充和修订，通称为《“加州 22 条”回用水消毒的 UV 准则》(“California Title 22” *UV Guidelines for Disinfecting Reuse Waters*)。这个 NWRI 准则，除了加州之外，以某种形式在其他几个采取积极污水回用激励的州，如夏威夷、佛罗里达州、亚利桑那州、华盛顿和得克萨斯州，已经成为非官方的“标准”。

美国环保署 ETV 计划的创立，利用质量保证数据通过第三方验证，加速了环境技术的开发和商业化。美国环保署草案的撰写完全模仿了 UV 系统的 NWRI-AwwaRF 准则草案。目的是向厂商提供在可信的验证组织和程序范围之下验证其各自声称遵守 NWRI-AwwaRF 准则的共同基点。2003 NWRI-AwwaRF 准则和 EPA ETV 草案，使制造商能够证明其设备满足出水回用 UV 消毒的新兴行业标准。

该草案的一个重要组成部分是生物检验。因为出水回用应用中 UV 消毒的目标通常是灭活 99.999%或更多的目标病原体，则未能提供低至 0.001%污水流量的足够剂量，就可导致出水监管超标。

UV 反应器中的剂量通常通过数学模型(逐渐通过 CFD 建模进行补充)进行估算，但生物检验普遍被认为是确立最准确剂量的手段而经常用于开发校准和验证 UV 反应器模型数据。

生物检验通过采用平行光束设备在实验室将合适的指标生物(通常是细菌病毒或噬菌体(例如，MS-2))经受不同 UV 剂量的这些技术上可靠的测试方法间接地估算反应器中的递送剂量。这些平行光束设备经过设计而使之能够精确测定 UV 强度和可控的离散曝光时间，由此分析者能够测定每个剂量下所定义的生物响应(例如，log 存活率)。

“校准”测试的有机体，随后引入运行的 UV 反应器，而反应器的剂量根据生物在反应器和实验室中响应的对比进行推断。

根据 NWRI-AwwaRF 准则，生物检验通过测量整个 UV 系统中非病原性生物(MS-2 大肠杆菌噬菌体)的浓度降低(灭活)而进行实施。为了完成此项工作，测试人员将 MS-2 加入 UV 系统之前的污水(或模拟的污水)中，然后对 UV 进水(在 MS-2 注入点下游充分混合的位置)和出水取样。随后，试验人员对 MS-2 样品进行分析，并将 MS-2 的降低与平行光束试验的 MS-2 降低进行比较，而利用这些数据确定 UV 系统递送的剂量。

使用 MS-2，是因为这种生物比其他生物能够提供几个优点，包括以下几个方面：

- 采用标准技术很容易大量培养和计数；
- 对紫外线抗性相对强，因此能够制定出涵盖大多数消毒应用中所需的剂量水平的剂量响应关系；
- 对 UV 光的响应稳定；
- 对人类并非是病原性的，而在水生环境中无害。

8.2.4 回用的设计标准——NWRI-AwwaRF 准则

NWRI-AwwaRF 准则是以各种流量下 UV 系统性能测试为基础，获得剂量(通过 UV 反应器递送的)-水力负荷率(通常以 L/min·每盏灯表示)的关系。

对应所需剂量的水力负荷率用于设计 UV 系统。其他 NWRI-AwwaRF 设计因素包括污水的水质和可变性、遵守许可证的置信水平，以及灯和灯罩的老化和结垢特性。

设计条件也必须承认出水条件(例如，使用 UVT 的第 5 或第 10 百分位)和验证测试(例如，传感器的不确定性和剂量-负荷关系的第 75 百分位)的可变性。有些人批评这种衰减因素的复合过于保守，导致设计安全系数太高(再者，如果进行验证，则可能要求交替运行的因素)。

在 NWRI-AwwaRF 准则中的最低设计剂量、缺省设计透过率和最大浊度，都是以准则作者对几家设施的观察为基础的。剂量要求根据工艺过程出水中预期的病毒密度而变化。所提供的不同透过率值都是以现场观察为基础的。NWRI-AwwaRF 设计剂量和透过率值包括，对于采用介质过滤处理为出水 100 mJ/cm^2 和 UVT 55%，对于膜过滤为 80 mJ/cm^2 和 UVT 65%，以及反渗透的 50 mJ/cm^2 和 UVT 90%。

对于水质特性超出所需限制的再生水设施，将需要在现场特异性的条件下测试 UV 反应器的性能，而验证 UV 系统是否充分对出水进行了消毒。如果该设施拟采用高于该表所示的设计 UVTs(254 nm 处)，则需要 6 个月的出水分析才能证明较高的值(根据收集数据的第 10 个百分位)是合理的。

NWRI 准则适用于 UV 系统的设计、验证和运行，包括以下要求：

• 至少有两个反应器(定义为单个或多个串联灯组的独立组合)在任何单个反应器序列(串联反应器的组合)中必须同时运行。

• 流量、UV 强度、UVT 和浊度必须连续监测。如此行事也将使之能够连续监测所计算的剂量(另一个准则要求)。

• 紫外线强度监视器必须至少每月校准。UVT 和浊度监视器必须按照制造商推荐进行校准，而必须每周使用 UVT 实验室测定核实在线透过率监控设备的准确性。

• 当水回用特性对处理和消毒设施最严格时，出水必须针对大肠菌群和其他微生物进行采样。

• 操作员必须在用于性能验证时的相同速度范围和每盏灯的流量下以小于等于设备验证试验期间测定的总压头损失运行 UV 系统。

水再生设施的操作者还必须满足其州的具体水回用要求，通常包括以下内容：

• 出水水质标准(例如，7 天中值总大肠菌群小于 2.2MPN/100mL)；

• 工艺过程的要求(例如，连续混凝，过滤和消毒)。

8.2.5　回用的验证试验——NWRI-AwwaRF 准则

NWRI 准则之下的验证试验，可以用于比较竞争性的 UV 消毒技术和验证制造商的性能声明，包括以下步骤：

(1) 选择有代表性的试验用水。

(2) 选择系统的构造设计结构。

(3) 如果验证试验是在小于将要使用的全规模应用的单元装置上进行，则需要测试系统的水力学性能。水力学试验的目的是记录行进和排出速率分布曲线；类似的进水和出水分布曲线在全规模系统中都将会需要。

(4)获取用于测试该系统所需的最低传感器读数。反应器性能将在最低传感器读数下于指定的满速率工作范围内进行评价(该准则将反应器定义为具有常见故障模式的单个或多个串联灯组的独立组合，如电系统、冷却系统或清洗系统)。由于传感器读数可能受到多种因素的影响，包括污水透过率或灯输出功率，则必须确定导致最低 UV 剂量应用的传感器读数运行条件。这个最小(临界)读数通过测试用水的首次 UVT 降低而确定，而同时 UV 灯在全功率输出下运行，而随后按照指定用于出水消毒的设计 UVT 降低灯的输出功率。这两种方法进行比较，而产生至少 MS-2 灭活的那一个就被视为传感器灵敏度的限制因素，而用于随后的反应器试验(参见"当前的验证问题"这一款中的第 3 项"传感器的问题")。

(5) 通过 UV 测试灯组作为水力负荷率的函数量化病毒指标的灭活。

(6) 同时对试验用水实施平行光束测试，而确定作为所施加 UV 剂量的函数的病毒指标的灭活。

(7) 检验实验室平行光束的剂量-响应测试数据的准确性。

测试数据必须落入由以下两个方程界定的区域内：

$$-\lg(N/N_0) = 0.040 \times [\text{UV dose, mJ/cm}^2] + 0.64 \quad (19.44)$$

$$-\lg(N/N_0) = 0.033 \times [\text{UV dose, mJ/cm}^2] + 0.20 \quad (19.45)$$

(8) 基于平行光束测试期间作为所施加 UV 剂量的函数而测定灭活数据，将 UV 剂量赋值于该反应器。这通过在提供如同中试中观察到的相同 log 降低值的平行光束曲线上找到该剂量而完成。

8.2.6 采用 NWRI-AwwaRF 准则的设计实例

假设厂商提供四灯组的中试 UV 消毒系统(三个工作灯组和一个冗余灯组)进行测试。UV 系统将用于采用颗粒物过滤介质过滤的再生水消毒，因此设计剂量必须大于或等于 100 mJ/cm^2。测试将需要确定可容许的流量。

8.2.6.1 中试设备

新灯安装于进行测试的中试设施中并"烧"1 000h。为了模拟 UV 灯在其保证寿命之末的性能，使用了准则中的以下安全系数：灯管老化 0.5 而灯结垢 0.8。

测试针对水回用设施的三级出水进行。三级出水的正常透过率为 75%。将速溶咖啡注入工艺过程水流中将透过率降低至 55%——这是这种类型的出水推荐的设计透过率。

厂商规定 UV 消毒系统应该对 6.25~82.5 L/min · 灯 · 灯组范围内的水力负荷率进行测试。性能测试的病毒指标(MS-2 大肠杆菌噬菌体)从商业实验室获得，而滴定量(浓度)据报道为 1×10^{11} 个噬菌体/mL。该系统在表 19.17 所列的条件下进行测试。

表 19.17 UV 中试试验的条件

水力负荷率/(L/min · 灯 · 灯组)	中试设施流量/(L/min)①	病毒滴定浓度/(噬菌体/mL)②	病毒滴定注射流量/(L/min)③	工艺过程流量中近似所得的病毒浓度/(噬菌体/mL)
6.25	25	1×10^9	0.25	1×10^7
12.50	50	1×10^9	0.5	1×10^7
5.00	100	1×10^9	1.0	1×10^7
6.25	225	1×10^9	2.25	1×10^7
2.50	330	1×10^9	3.33	1×10^7

① 中试系统包含每灯组四灯。因此，在 6.25 L/min · 灯 · 灯组的水力负荷率下，中试设施的工艺过程需要(4 灯)(6.25L/min · 灯)= 25L/min。而且，要测试的流量范围以两个测试流量之间最大间隔不超过 150%最低流量——2003 NWRI-AwwaRF 准则"测试和采样要求"款下的要求("反应器验证测试"小节)为基础进行选择。

② 滴定量为 1×10^{11} 个噬菌体/mL 由实验室提供。2003 NWRI-AwwaRF 准则的"试验装置的要求和设置"这一款("测试需求"小节)提出，添加剂(如噬菌体)的混合比应该约为 1~100，而最小化实验误差。稀释的噬菌体滴定量反映了维持

工艺过程水流中 1×10^7 滴定量而同时以与推荐值一致的速率注入噬菌体的意愿。

③ 工艺过程水流中 1×10^7 个噬菌体/mL 的滴定量，允许高达 5log 灭活，而同时剩余至少 100 个噬菌体/mL 的残余滴定量，这是 2003 NWRI-AwwaRF 准则的“试验和采样要求”款中列出的要求(“平行光束仪剂量-响应曲线”分款)。因此，在 25 L / min 的中试设施流量下，含有病毒的溶液都必须以 0. 25L/min 的速率注入而获得所需的滴定量。

8. 2. 6. 2 系统的测试

每一流量都进行随机测试，而对 UV 系统进口和出口处的每一速率收集三不同的平行试验样品。随后对于每一流量测定进口和出口处的病毒指标浓度(参见表 19. 18)。对于所有的流量，测试工作中的运行灯组之一，但是 330L/min 除外，因为在此流量下，有两个灯组处于工作之中。

表 19. 18 中试测试的平均进口和出口 log-转化浓度

流量/(L/min)	测定的进口浓度/(噬菌体/mL)	log-转化进口浓度/log (phage/mL)	平均 log-转化进口浓度/log (噬菌体/mL)	出口浓度/(噬菌体/mL)	log-转化出口浓度/log(噬菌体/mL)
25	1.12×10^7	7. 05		1.29×10^3	3. 11
25	9.77×10^6	6. 99	7. 07	3.80×10^2	2. 58
25	1.48×10^7	7. 17		3.72×10^2	2. 57
50	1.12×10^7	7. 05		2.51×10^3	3. 40
50	1.15×10^7	7. 06		2.34×10^3	3. 37
50	9.55×10^6	6. 98		2.88×10^3	3. 46
100	1.07×10^7	7. 03		3.47×10^3	3. 54
100	7.76×10^6	6. 89	6. 91	3.55×10^3	3. 55
100	6.46×10^6	6. 81		7.41×10^3	3. 87
225	1.00×10^7	7. 00		3.02×10^4	4. 48
225	1.17×10^7	7. 07	7. 00	2.57×10^4	4. 41
225	8.51×10^6	6. 93		1.78×10^4	4. 25
330	1.74×10^7	7. 24		6.03×10^2	2. 78
330	1.45×10^7	7. 16	7. 04	5.25×10^2	2. 72
330	5.25×10^6	6. 72		3.89×10^2	2. 59

在这个实例中测试一灯组灯是必要的，因为典型的最大进口噬菌体检测浓度为 1×10^7 个噬菌体/mL，而需要至少 100 个噬菌体/mL 的残余后浓度，才能防止噬菌体/粒子影响导致生物检验结果偏移。要是同时测定更多的灯组，则残余噬菌体浓度将因为施加的 UV 剂量较高而将会低于所容许的准则。

然而，中试设施必须包括全规模装置中存在的所有灯组，除非该设施由其中各灯组水力学上是独立(依据该准则[NWRI and AwwaRF，2003]的第 2 章和第 3 章)最低两个灯组串联)的模块化排布设计构成。这将会确保正确考虑了由于与更多灯组相关的较高压头损失所致的水位变化对消毒效果的影响。

经过测试，病毒指标灭活的程度(log 灭活)，表示为进口与出口浓度之比的对数(较低的 75%置信度水平)，对于每一研究流量进行测定(请参阅表 19. 19)。

随后进行所需平行光束试验，而结果进行作图(参见表 19. 20)。随后将结果与准则中提供的质量-控制范围进行对照。所有的结果都落入可接受的范围内(参见图 19. 34)。

然后将剂量分赋予每一水力负荷率(参见表 19. 21)。

8.2.6.3 传感器读数和流量

随后确定对应于所施加剂量的临界传感器读数。这通过进行其他生物检验而完成，其中新灯的剂量人为地降低而达到老化和结垢计算的剂量，并随后读取传感器读数。UVT降低，而同时灯全功率输出运行，直到观察到老化和结垢的剂量。随后关注传感器的读数。然后，降低灯输出功率，而同时维持设计UVT，直到再次观察到年龄和结垢的剂量。再次关注传感器读数。两种方法的传感器读数进行比较，最敏感的读数用于监测目的。

表19.19 每一流量下的灭活程度

流量/(L/min)	重复实验	log灭活	平均log灭活	样品标准偏差	75%置信度
					log灭活
25	1	3.96[①]			
25	2	4.49	4.32	0.31	4.03[②]
25	3	4.50			
50	1	3.63			
50	2	3.66	3.62	0.05	3.57
50	3	3.57			
100	1	3.37			
100	2	3.36	3.26	0.19	3.08
100	3	3.04			
225	1	2.52			
225	2	2.59	2.62	0.12	2.51
225	3	2.75			
330	1	4.26			
330	2	4.32	4.34	0.10	4.25
330	3	4.45			

① 样品计算。由前表，观察到的平均进口log浓度为7.07。因此，对于平行测试样品1的log灭活为7.07-3.11=3.96。

② 样品计算。对于25L/min的流量，75%的置信水平计算如下：

$$\text{较低的75\%置信限} = \bar{x} - t_{0.125}\left(\frac{s}{\sqrt{n}}\right) = 4.32 - 1.6\frac{0.31}{\sqrt{3}} = 4.03$$

表19.20 平行光束测试结果

剂量	存活浓度/(噬菌体/mL)	log存活率/log(噬菌体/mL)	log灭活
0	1.00×10^7	7.00[①]	0.0
20	1.12×10^6	6.05	0.95[②]
40	6.76×10^4	4.83	2.17
60	1.95×10^4	4.29	2.71
80	4.37×10^3	3.64	3.36
100	1.20×10^3	3.08	3.92
120	7.08×10^1	1.85	5.15
140	1.48×10^1	1.17	5.83

① 样品计算。$\log_{10}(1.00\times10^7) = 7.00$。

② 样品计算。log灭活 = 7.00 − 6.05 = 0.95。

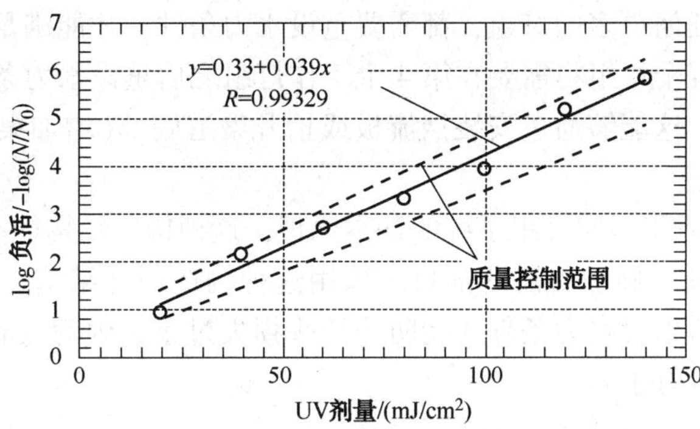

图 19.34　平行光束测试结果

表 19.21　中试试验中各个水力负荷率下单个 UV 灯组提供的剂量

流量/(L/min)	水力负荷率/(L/min·灯·灯组)	灯组之后 75% 置信度 log 灭活		单灯组当量 UV 剂量/(mJ/cm²)	
		一	二	理想条件	老化和结垢条件
25	6.25	4.03		94.9①	38.0
50	12.5	3.57		83.1①	33.2
100	25	3.08		70.5①	28.2
225	56.3	2.51		55.9①	22.4
330	82.5		4.25	46.0②,③	18.4④

① 由单灯组结果直接确定该流量的灭活。

② 由双灯组结果对该流量的灭活进行内插值替换。因为采用了双灯组测试确定灭活性能，则单灯组的失活就假设为采用两个工作灯组观察到的灭活的 50%。

③ 样品计算。采用由平行光束测试推导的线性回归表达式，在 330L/min 的流量下的当量 UV 剂量按照如下进行计算：

$$\text{UV dose}=\frac{(\text{log inactivation})-0.33}{0.039}$$

$$\text{Dose, mJ/cm}^2=\frac{\text{log inactivation}-0.33}{0.039}=\frac{\frac{4.25}{\text{2banks}}-0.33}{0.039}=46.0\text{mJ/cm}^2$$

④ 样品计算。采用了缺省灯老化系数(0.5)和灯结垢系数(0.8)，每灯组设计剂量计算如下：

每灯组设计剂量，$\text{mJ/cm}^2=(46.0\ \text{mJ/cm}^2)(0.5)(0.8)=18.4\ \text{mJ/cm}^2$

在测试过程中的最后步骤涉及确定该系统在临界设计条件下能够递送 100 mJ/cm² 剂量的流量范围。对于具有 1 个、2 个、3 个、4 个或 5 个灯组的 UV 消毒系统，这分别相当于 100mJ/cm²，50mJ/cm²，33.3mJ/cm²，25mJ/cm² 或 20 mJ/cm² 的单灯组递送剂量。

基于"老化和结垢"的数据，该系统能够如下施加 100 mJ/cm² 的剂量：

- 三灯组。任何小于 12.5L/min·灯·灯组的水力负荷率将提供大于 33.3 mJ/cm² 的剂量。因此，该系统已通过验证而能够施加 6.25~12.5L/min·灯·灯组的所需剂量。该准则规定，所有将在全规模装置中使用的灯组——包括冗余灯组——必须存在于验证测试中。四灯组系统用于验证；因此，三灯组系统能够用于全规模设计，而第四个是冗余灯组。
- 四灯组。通过在 25~56.3L/min·灯·灯组条件之间插值，就能够确定该系统能够通过高达 42.24L/min·灯·灯组，并以每灯组 25mJ/cm² 提供所需的剂量。因此，该系统能够按照 12.5~42.24L/min·灯·灯组的速率施加所需剂量。请注意，因为仅仅只验证四灯组系统，串联增加任何更多的灯组，都需要重设水力条件，才能满足该准则。在全规模设施中，使用备用的第五个灯组将需要在第 4 个工作灯组之后重设水力条件，才能防止通过该系统的压头损失过多。这能够通过安装挡流板或抬升渠道底部(增加渠道底部高度，而提供最佳水位水平)而完成。

• 五灯组。采用适用于四灯组系统的基本原理，这种构造结构能够按照 42.24~72.0L/min · 灯 · 灯组的负荷率施加所需的剂量。采用这种构造设计结构，也需要在全规模设施中的第四工作灯组之后重设水力条件才能防止压头损失过量，因为没有试验六灯组系统(第六个灯组作为备用的五灯组)。

8.2.6.4　评价

如图 19.35 所示，回顾作为水力负荷率的函数的所施加的剂量表明，水力影响决定系统性能。尽管高流量应该会导致较低的剂量，但 13：1 的流量变化(330：25L/min)只产生了所施加的剂量 1：2 的变化(18.4：38mJ/cm^2)。

请注意，水力负荷率已经标准化成每灯和每灯组为基础。这确保了中试反应器和全规模反应器之间正确应用这些数据。对应任何灭活程度的速度在中试和全规模系统之间根据该准则的第 2 章必须相对恒定(NWRI and AwwaRF，2003)。

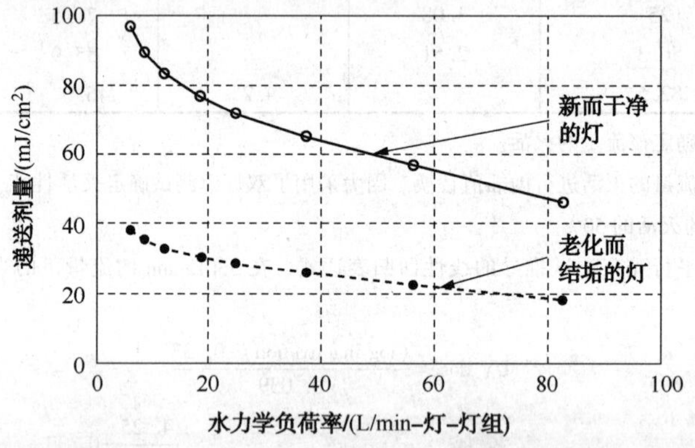

图 19.35　表示为水力负荷率的函数的递送剂量

8.2.7　当前的验证问题

以下是基于现场特异性的一些可能需要解决的问题：

(1) 根据 1993 准则(NWRI，1993)设计的系统可能需要进行改造，才能遵守当前的知识状态。2003 准则特别规定，行业不断发展，而设计师在规划消毒设施时应该考虑潜在的改造和扩建。

(2) 该准则只允许全规模设施，使用中试中使用的灯数最多 10 倍的灯数量。这一规定导致厂商试图在中试中采用尽可能大的设施，才能使之考虑最大可能的全规模设施。伯洛蒙和爱默瑞克(Borroum and Emerick，2005)报道，较大型的设施看起来比中试设施运行更良好，条件是两个设施之间的理论速度保持不变。较大型的设施可能运行更好是因为较大型的设施利用了更大的灯阵列，而表现出较更高的内部 UV 强度(或相比于整个照射体积，围绕灯阵列的外部表面的表面周围的灯阵列外表面的表面体积比更小)。他们报道的问题是，可能比中试测试的装置更小的全规模装置将不会提供中试测试期间所观察到的当量剂量。

(3) 据观察，准则中描述的传感器读数和相关的校准要求一直存在问题，往往却被忽视。这部分是因为具有同等水质的装置中所观察到的传感器读数之间存在很大变化的结果所致。现在，许多设施在新设施启动之时就记录传感器的读数，在设施缺乏显著的灯老化或结垢时，而对那些传感器读数应用该准则规定的安全系数进行警报控制。因此，传感器的读数成为现场特异性的运行控制工具。校准或传感器的更换仅仅出现于传感器触发报警之时。

(4) 这个准则规定了流速分布的测定，无论是作为验证测试的部分还是全规模装置启动的部分。据观察，流速分布的测定提供了很少有用的信息，而成本高贵。此外，并未观察到中试和全规模装置之间速度分布的差异显著影响 UV 消毒的性能，条件是要维持中试和全规模装置之间的理论平均速度。爱默瑞克和伯洛蒙(Emerick and Borroum，2005)报道了直接在全规模设施实施病毒灭活的抽样检测而不是测定流速分布取得的成功。这种抽查方法允许直接观察中试规模推导的设计曲线是否适用于全规模装置。

8.3 数学模型

斯凯伯勒(Scheible，1987)提出了基于许多化学工程教科书(Levenspiel，1972)中介绍的非理想反应器(Levenspiel，1972 年)理论预测 UV 工艺过程性能的模型。该模型的详细介绍可以查阅《市政污水消毒设计手册》(*Municipal Wastewater Disinfection Design Manual*)(U.S. EPA，1986a)。模型的控制方程如下：

$$N = N_0 \exp\left\{\frac{ux}{2E}\left[1 - \left(1 + \frac{4E(\alpha I_{avg}^b)}{u^2}\right)^{(1/2)}\right]\right\} + cSS^m \qquad (19.46)$$

式中 N——照射之后的细菌密度，菌落形成单位[CFU]/100 mL；

N_0——照射前的细菌密度，CFU/100 mL；

u——污水速度，cm^2/s；

x——流动方向上的照射区长度，cm；

E——纵向分散系数，cm^2/s；

I_{avg}——照射区内空间平均的 UV 强度，通过 PSS 估算，mW/cm^2；

SS——出水悬浮固体浓度，mg/L；

a、b、c、m——经验系数。

该模型考虑了纵向分散，UV 灯输出功率和悬浮固体的存在。因此，该模型应该能够提供工艺过程性能变化的合理预测，因为工艺过程性能的变化是由于水力负荷、灯老化、灯结垢、或出水悬浮固体的变化等因素造成的。模型经验间接提供了在约 1 个数量级内预测出水大肠菌群密度的能力(Scheible，1987)。该模型已成功地应用于 UV 设施的设计(Gilbert and Scheible，1993)。

斯凯伯勒(Scheible)模型的一个显著缺点是需要确定四个经验系数(a，b，c 和 m)的代表值。参数 a 和 b 用于将平均强度关联于微生物灭活率。参数 c 和 m 用于关联出水中悬浮固体浓度和粒子相关的活微生物浓度。这些系数可以用实验方法确定，但却属于现场特异性的。

斯凯伯勒模型的优点是其合理的基础和可测量可解释项的列入，并在 UV 系统中具有物理意义。模型中所有剩余的项都能够采用标准技术进行测定。UV 系统中测定 I_{avg} 和 E 的合适方法先前已在本节中进行了介绍。

虽然美国环保署的模型已被广泛采用，但是其他模型也已经开发用于预测通流系统的消毒效能。爱默瑞克和达比(Emerick and Darby, 1993)提出了以下形式的经验模型：

$$N = f(\mathrm{dose})^n \tag{19.47}$$

式中 N——出水大肠菌群浓度，MPN/100 mL；

f——水质因子；

dose——平均 UV 剂量，通过 PSS 估算，$\mathrm{mW \cdot s/cm^2}$；

n——与 UV 剂量相关的经验系数。

该模型的基本假设是，灭活能够根据 UV 剂量的掌握和水质的测定(即，水质因子，f)进行预测。一个经验关系式如下假设而用于描述水质因子：

$$f = A(SS)^a (T)^b (\beta)^c (N_0)^d \tag{19.48}$$

式中 SS——悬浮固体浓度，mg/L；

T——254 nm 处未过滤透过率，%；

β——粒子粒径分布系数；

N_0——进水大肠菌群浓度，MPN/100 mL；

A、a、b、c、d——经验系数。

双参数幂律函数通常用于描述天然水和处理系统中的 PSDs，如下：

$$\frac{\Delta N}{\Delta d_p} = \alpha d_p^{-\beta} \tag{19.49}$$

式中 N——粒子数浓度，个数/$\mathrm{cm^3}$；

d_p——粒径，mm；

α、β——经验系数。

卡瓦纳夫等(Kavanaugh et al., 1980)提出了这种幂律函数及其应用的综合描述。

系数 β 提供了小粒径和大粒径的颗粒分布的度量。大 β 值表示以小颗粒为主的 PSDs，而小 β 值是以大颗粒为主的 PSDs。在微生物 UV 照射的遮光和屏蔽方面粒径被认为发挥了关键作用。因此，β 作为参数列入水质因子中，看起来是很合理的。

利用两个污水处理厂的中试测试数据，多元线性回归分析表明参数 N_o 和 β 是统计学上无意义的。作者推测，N_o 无统计学意义的原因是出水水质(由 N 衡量)的限制并不是强加于系统的微生物总数，而相反却是粒子相关的微生物数量。虽然分散的生物体容易灭活，但是与胶状物质相关的那些却难以通过 UV 照射灭活。此外，将 SS 列入方程，被假设能够将粒子相关生物考虑在内。

用于执行回归分析的数据涵盖了 SS，T 和 N_o 值的广泛变化。然而，只使用了窄范围的 PSD 系数。因此，β 对出水大肠菌群浓度的影响并不能采用开发该模型的数据库进行评价。

鉴于此信息，用于描述水质因子的函数关系简化如下：

$$f = \mathrm{A}(SS)^a (T)^b \tag{19.50}$$

方程 19.50 的图形表示如图 19.36 所示。随后出水大肠菌群的存活力(N)就可以利用水质因子和 UV 剂量的掌握进行预测(见图 19.37)。该模型已经证明，相比于美国环保署模型稍微能够改善预测大肠菌群灭活的能力。重要的是要认识到，这种比较是以仅由两个设施模型中试试验数据的爱默瑞克和达比模型(Emerick and Darby, 1993)的应用为基础的。该模型可以应用于将来的其他设施，这应该能够对其功能进行更彻底的评价。这种向其他设施的拓展，也可能使之能够列入该模型的 PSD 信息。

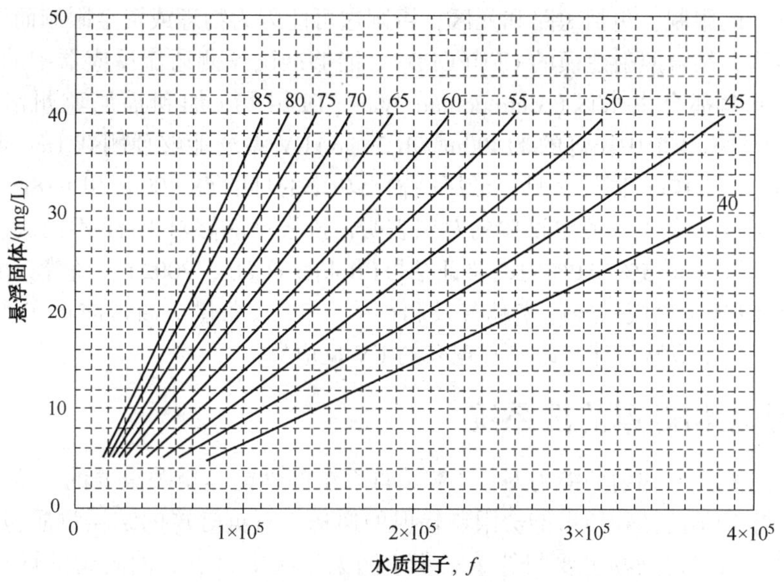

图 19.36　图解方式确定水质因子(f)；该图中指示了恒定的透过率的线
(λ =253.7nm，而路径长度 = 1.0cm[10mm])(Emerick and Darby，1993)

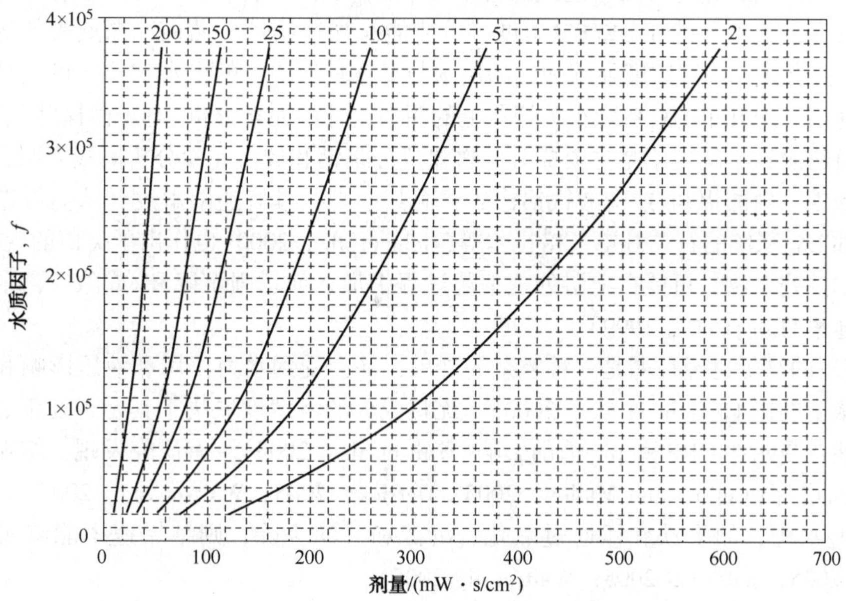

图 19.37　图解方式确估计出水大肠菌群的存活力(N)；
图中的线是指预测的活体出水大肠菌群浓度(Emerick and Darby，1993)

8.4　UV 设计中计算流体力学的作用

计算流体动力学建模越来越成为 UV 反应器设计的重要工具，因为它可以克服与物理原型制作和过设计相关的限制。虽然目的并非是要取代物理原型，但是 CFD 使设计师在构建原型(虚拟原型制作)之前能够测试替代设计和操作场景。计算流体力学能够用于强制故障模式而找出设计的限制，包括短路和死区，否则这可能因为物理或资金限制而无法测试。

有研究表明，结合照射建模的 CFD(CFD-i)能够准确预测通流反应器中的 UV 剂量(或通量)。南加州大都会供水区(Metropolitan Water District)(加利福尼亚州洛杉矶)发现，CFD-i建模对于具有 4 个中压灯的 11400m^3/d(3mgd) UV 系统能够预测 0.1log 降低的验证结果(Mofidi et al.，2004)。同样，具有低压高输出功率的灯的 68 000m^3/d (18mg/d) UV 反应器的 CFD-i 建模与生物剂量测定试验的对照表明，该模型能够对 10 个不同流量，灯功率和 UVT 条件预测其实际值 5%～20%内的验证结果(Rokjer et al.，2002)。随着其最新验证的精度，工业应用 CFD-i 建模已经越来越普及和接受。UV 设备供应商目前正在使用 CFD-i 模型，开发新的 UV 反应器设计和改善其现有的 UV 反应器。

8.5 结垢和灯罩清洗系统

从源头向目标递送辐射的能力对于 UV 消毒系统的性能是至关重要的。罩住 UV 灯的石英灯罩表面，累积不溶性物质可能会限制辐射的递送。石英灯罩的结垢物质包括有机的和/或无机的成分。有机污染物主要归咎于累积于明渠系统中自由表面附近的灯罩上的漂浮物质。有机污染物的控制，能够通过上游工艺过程中去除这些污水组分而强化。

结垢污染物质的无机成分将会积累于石英灯罩的整个润湿表面。从化学上而言，这些物质类似于无机结垢，这能够在管道或加热表面(如，加热元件)上形成。灯罩污垢的观察表明，水中含有较高的硬度和/或高铁浓度，可能能够加速结垢。然而，斯威夫特等（Swift et al.，2001)指出，一些高浓度硬度和铁的出水与显著较低浓度的出水相比，可能具有显著较低的结垢速率。对几个 UV 系统石英灯罩上的污垢进行的元素分析(电子微探针)表明，污垢主要是无机物。铁、磷、铝是主要成分，次要成分是钙和硅。元素分析间接表明，污垢可能主要由磷酸铁、磷酸铝和/或磷酸铁铝构成，而其中一些具有逆溶解度，从而可以沉淀于温暖表面，如 UV 系统的石英灯罩。格霍尔等(Gehr et al.，2000)也作出了类似的观察结果。

铁和铝的残余物，可能在上游处理工艺过程中加入而增强沉降和/或除磷，则可能显著加速结垢速率(Lin et al.，1999)。

UV 灯罩的结垢已经证明是一种复杂的现象，并会受到水力作用和液压影响和出水中其他成分的浓度的影响(Gehr et al.，2000)。无机成分的溶解度取决于其是否处于氧化或还原态，这可能是受水的 ORP 和 pH 值的影响(Wait et al.，2005)。有研究发现，结垢速率随着 ORP 升高而增加(Collins and Malley，2005；Derrick，2005；Wait et al.，2005)。在具有高 ORP 的某些水中，如果铁和锰通过氧化、沉淀和过滤去除，则结垢速率能够实现最小化(Derrick，2005；Jeffcoat，2005；Wait et al. 2005)。

结垢的潜力是难以预料的，但各种清洗技术能够用于去除污垢沉淀。中试规模的试验能够确定结垢的潜势和合适的清洗方法(US EPA，2006)。

灯结垢的控制是通过各种技术实现的。有几种目前使用的灯罩清洗方案。

- 手动清洗策略，这需要定期拆除灯罩，浸泡于化学浴中或手动采用化学清洁剂擦拭灯罩；
- 自动在线清洗策略，这要使用机械清洗设备，经常擦拭，并要求定期手动化学清洗；
- 自动化学/机械清洗系统。

化学除垢通过将稀酸(pH 值大约为 1～3)施加于结垢的表面而实现。酸可以通过各个灯的擦拭或将整个灯模块浸泡进行施加。浸泡技术可能对于除垢更为有效。对于大型系统，模块浸泡硬件是必要的。

几种不同的酸溶液已经应用于化学清洗，包括柠檬酸、磷酸和市售的浴室清洁剂。选择合适的酸，将取决于现场特异性的要求，但失效酸的处置应该要纳入决策之中。对于大型系统，应该考虑使用食品级柠檬酸或磷酸，而使含有失效的酸的中和液体能够递送至 WWTP 的渠首。

许多物理过程结合使用而减轻结垢。短期在渠道底部引入气泡，仅仅以一定频度(例如，10min/d)，已经证明能够有效缓解污垢形成(Blatchley et al.，1993)。此过程并不会消除清洗出现污垢设施的需要，但将会有效增加清洗之间的时间间隔。

柠檬酸、磷酸、专利性混合物和市售的浴室清洁剂都最常见于灯罩清洗。通常情况下，WWTPs 应该使用易处理和易处置的市售廉价清洁剂。如果实施原位清洗则应该要考虑材质问题(例如，腐蚀)。小试的通流单元装置能够通过试差法和最佳清洗频率评价多种试剂。报道的清洗频率是高度现场特异性的，而范围从每周到每年不等，中值清洗频率约每月一次(U. S. EPA，1992c)。

自动机械清洗技术通常由金属刷、橡胶或合成橡胶刷，或聚四氟乙烯圈构成，用于机械清除灯罩污垢。仅仅机械清洗对于所有出水并不有效，而在某些情况下，可能需要定期离线化学清洗。化学/机械自动清洗系统，采用磷酸基的清洗溶液已被证明是非常有效的(Salveson et al.，2004)。

自动化学和/或机械清洗能够有助于消除大多数结垢物质。然而，某些沉积物清洗后可能会永久保留于石英灯罩之上。一些研究表明，在长期自动清洗系统中使用的清洁刷可能会损坏灯罩表面而划伤灯罩或产生孔洞，因此夹陷污垢，这就会与划痕表面附着更加紧密。在具体情况的研究中，除了机械清洗之外的化学清洗能够比单独的机械清洗更有效地清除污垢而避免永久沉积物的累积(WERF，2008)。

8.6　安全与健康

UV 系统的操作者应该熟悉其 O&M 手册和任何安全要求。操作者应当遵守设备制造商建议的安全防范措施和程序，OSHA 规定和州关于 UV 消毒反应器操作的准则和条例。除了针对 WWTP UV 消毒系统操作建立的标准和程序之外，还有以下的安全问题具体涉及 UV 系统的设计(U. S. EPA，2006)：

(1) UV 光的暴露；

(2) 电气危险。

8.6.1　UV 灯的暴露

为了最小化暴露的危险，应该张贴有关 UV 辐射的警示标志。对于明渠系统，渠道应该覆盖方格板，而保护对工人的危害。灯具不应该在空气中运行，以防止过度将皮肤和眼睛暴露于 UV 线辐射。这是指 UV 系统应该配备安全联锁装置而如果这些灯模块被取出 UV 系统的反应器或水位下降至低于反应器中的灯顶部时自动关闭灯模块(WERF，2008)。对于在线系统，如果提供观察端口，则应该配备 UV 过滤窗口。

8.6.2　触电的危险

为了防止触电危险，由《国家电气规范》(National Electric Code)(National Fire Protection

Association and American National Standards Institute, 2008), OSHA, 地方电气规范和UV厂商规定所有的安全和操作的注意事项，都应该遵守而包括以下的预防措施(U.S. EPA, 2006)：

- 正确的接地，
- 锁定/断电程序，
- 使用合适的电绝缘体，
- 安全截止切换的装置。

根据美国环保署《终长期2加强表水处理规则的UV消毒的指导手册》(*Ultraviolet Disinfection Guidance Manual for the Final Long-Term 2 Enhanced Surface Water Treatment Rule*)(2006)，正确接地和电器元件绝缘对于保护操作者防止电击和保护设备是至关重要的。为了最小化触电危险，应该为每个模块提供接地故障中断(GFI)电路。为了使GFI正常运行，UV反应器的镇流器的变压器决不能与地面绝缘。

使UV反应器能够绝缘而在维护时锁定的规定，无论是水力的还是电气的，都应该包括在设计中。所有锁定系统的控制应该就地保持。

8.7 UV系统设计的一般考虑因素

目前，UV系统的设计依赖于过去的经验、小试和中试；以及数值模拟相结合。每一个因素是相关的，而每个因素的使用程度经常取决于正在考虑的系统规模、预算和时间表。在明渠构造设计结构中使用低压低强度灯目前是在许多正在运营的污水处理厂及主要UV供应商的传统做法。对于小系统(约10000m^3/d)，低压低强度灯的系统通常是最低生命周期成本的选择方案。对于中型系统(约10000~100000m^3/d)，经常选择低压高输出功率灯的系统。对于某些非常大的系统和当地的条件对其有利的情况下，可能选择中压高强度灯的系统。在较小的系统中，除非与典型市政污水存在明显的差异，否则将设计建立在预期污水特性和传统实践的基础之上可能就足以满足要求。可接受的数值模型可以与设计参数和系数的合适默认值一起使用。冗余度应该纳入设计之中，而大小尺寸的确定应该是相对保守的。

对于中至大型设施的设计，资本和运营成本可能是巨大的，在这种情况下，将设计的规模定位建立在相关的现场特异性的污水特性的基础上是很重要的。尤其要考虑先进的非常规UV系统时，推荐进行中试试验。

8.8 设计考虑因素和参数

8.8.1 设施要求

UV设施的规划基于所需的消毒情况应该包括足够的空间分配。UV系统通常较小，而比其他消毒方法需要更少的空间。使用渠道的UV设施，通常位于户外。管内系统能够设在建筑物外或内均可。关键的设计考虑因素之一，是渠道(或管道)进出良好，便于维修，特别是灯的拆卸。还应该有足够的空间用于清洗和化学品的基础设施，电源可用性和位置，以及应急电源的装置。起重设备应提供用于方便灯，模块和灯组的拆卸。电气设备的足够空间，包括控制面板，都需要进行考虑，需要假定UV反应器和电气控制装置之间的最大许可的间隔距离。

8.8.2 系统冗余度

在大多数设计中，UV 设施将包括多个(至少两个)平行渠道或相同容量的管道。每个渠道都将配备相同容量的多个灯组。有关 UV 渠道(序列)所需数量的决定应该包括足够的冗余度，要考虑最大 UV 反应器停工时能够提供满消毒容量。

8.8.3 洪泛条件的旁渠道和设计

UV 系统旁渠道的装置应该纳入设计之中而防止 UV 渠道发生潜在的洪泛。

8.8.4 反应器的考虑因素

反应器设计应该考虑在低流量和峰值流量条件下的运行。双渠道(或管道)系统推荐用于流量变化巨大之时。操作的灵活性应该允许在各种渠道(管道)和选取每个 UV 序列(渠道或管道)停工之间的方便分流。为此目的，闸门或阀门应该提供于每个 UV 序列的上游和下游。UV 渠道应该用花纹板覆盖。在确定花纹板大小尺寸之时，应该考虑这些花纹板通过操作者很便利地处理之需，也就是说，限制花纹板的尺寸和重量是很重要的。花纹板应该紧密啮合渠道，而防止灯的 UV 照射并限制阳光穿透进入渠道，因为这可能导致 UV 渠道壁上的生物生长。

在 UV 反应器中的 UV 灯，在任何时候都应该处于水下，而防止过热和工人潜在地暴露于 UV 照射之下的危险和 UV 设备损坏。为了保持 UV 灯处于淹没状态，能够使用以下水位控制装置之一(U.S. EPA，2006)：

- 流量控制结构(例如，堰或孔口)，位于紫外线反应器的紧接下游或确保通过 UV 反应器的满管条件(管内系统)或保持 UV 系统渠道内相当恒定液位的另一个位置。对于安装于渠道之内的 UV 反应器，最常用的是出水堰。
- 流量控制阀/闸，监测和维护水力梯度线。

8.8.5 模块抬升

设备，如起重机，推荐用于抬升 UV 灯组而吊出渠道。在小至中型的设施中，通常使用旋臂起重机。对于大型设施，桥式起重机是有利的。起重机的装置，需要认真规划空间和进出通道。应该为起重机操作提供足够的垂直净空。

8.8.6 备件

操作者应当保持足够的备用零件，包括镇流器、灯和石英灯罩。在一般情况下，备件库存将根据厂商的建议，运营商的偏好和设施的规模而定。

8.8.7 电源和谐波失真

UV 设备需要相当数量的电力，点亮 UV 灯；因此，准确评价电力分配系统的可用容量是很重要的。为了确保连续工作，UV 消毒系统应该连接到足够大小的应急电源(发电机或不间断电源)(WERF，2008)。如果电源质量的变化并不频繁，简单的备用电源(发电机)可能就足够。由于电力质量波动可能危及消毒，则应该对电源进行评估，而确定电力调节的最佳方法(U.S. EPA，2006)。

UV 系统也需要可靠的连续供电。在设计备用电源时，应该考虑到电源中断的频率和持续时间。如果污水处理厂还存在现有的加氯系统，只要在紧急情况下容许使用氯，则可能还要考虑备用消毒。

8.8.8 电源(电压)

合适的电源电压和总负荷要求应该与 UV 厂商应进行协调。此外，UV 反应器组件的电力需求可能会有所不同。例如，UV 反应器可能需要 3 相，480V 的供电，而同时在线 UVT 分析仪可能需要单相，110 伏供电(U.S. EPA，2006)。

8.8.9 谐波失真

由于电子镇流器的高频率，可能诱发电压和电流的谐波失真。UV 系统的选择应该包括设备引起谐波失真的潜力分析。UV 设施的设计和 UV 设备应该遵守电气和电子工程师学会(Institute of Electrical and Electronic Engineers)(新泽西州皮斯卡塔韦)《519 标准》，其中涉及到谐波。为了控制谐波，能够使用三角星形连接的变压器将 UV 反应器与 WWTP 电力系统的其余部分隔离开。如果 UV 反应器采用独立变压器是不切实际的，则能够为 UV 反应器电源增加谐波滤波器，而控制失真(U.S. EPA，2006)。

8.8.10 功率调节

如果电源的质量受到损害，则可以考虑以下系统：联机或脱机不间断电源(UPSs)，其能够在电压骤降或中断的情况下提供连续供电；或主动串联补偿器，这能够通过提高电压而保护电气设备免受瞬时电压骤降或中断。在线 UPS 耗资最多，且占地面积最大。主动串联补偿器成本最低，而占地面积最小(U.S. EPA，2006)。

8.9 UV 设备现状

自从 20 世纪 80 年代 UV 消毒系统的第一次大规模商业化发展以来，已经长足发展和多样化。由供应商提供的原始系统，包括使用水下灯系统或非接触式灯泡系统的封闭室。技术演化发展到安装于明渠中的模块化水下灯系统，从而显著地改善了系统的维护并提供了更好的水力学。在 20 世纪 90 年代，使用传统的低压低强度汞弧蒸气灯的模块化明渠 UV 系统已经成为行业标准。在这十年中，其他高强度 UV 源，分为两个基本类别(低压高强度灯系统和中压灯系统)，已变得越来越普遍。灯物理方面的变化，使这些系统运行时，相比于传统低压低强度灯系统，所用灯的数目大幅度降低。

8.9.1 低压低强度灯系统

低压低强度汞弧灯的原理适用于杀菌和标准荧光灯照明灯具。二者都是通过在负压(0.007mmHg[torr])下汞蒸气和氩气混合物放电的方式产生。对于 UV 灯而言，这发生于透明管中，而荧光灯采用磷光体涂层管，而将 UV 光转换成可见光。

低压低强度汞蒸气灯一直是用于污水消毒的最常见的灯。它拥有三种主要灯类型的最长历史。这种灯自从引入 UV 消毒系统以来就成为工业标准，并在 20 世纪 90 年代末占据了美国和加拿大的大多数 UV 装置。

两种标准的灯长度通常应用于常规消毒系统——0.9m(0.7m 弧长)(36in[30in 弧长])和 1.6m(1.5m 弧长)(64in[58in 弧长])。二者都常用于垂直灯系统中，而 1.6m 的灯通常适用于水平灯系统。

UV 灯的镇流器包括电子和电磁镇流器。一些电子镇流器具有使灯变暗的能力，有可能允许 UV 系统更好和更具成本效益的流量调速。尽管低压低强度的灯在产生高效杀菌辐射方面有效，但是其输出强度相对较低。UV 输出为 0.18W 的 UV/cm 弧长(0.46W/in)。这分别由 13.8W 和 26.7W 的 0.9m 和 1.6m 新灯就能够获得标准输出(254 nm)。在相对密集填充的灯组中需要相对大量的这些灯(50~125mm[2~5in]间距)。

低压低强度的灯系统从操作和性能的角度而言已经相当可靠。这些灯能够以相对低廉的成本广泛获得。有效灯寿命已经证明超过1.3万小时。低压低强度的灯系统可以按照几个明渠模块化的构造结构设计获得。然而，闭壳和非接触式的低压低强度灯系统对于污水应用是罕见的。明渠系统主要分为两种类别——水平式和垂直式。

8.9.2 水平UV系统

明渠模块化的水平UV灯构造结构设计自从20世纪90年代以来在市政污水行业已经成为最流行的系统。水平灯系统由平行于渠道壁的平面每模块化支架悬挂的灯束构成。在这个类别中大多数供应商都会为系统提供平行于工艺过程水流流动方向的灯。灯束，简称为灯组，由跨渠道宽度的许多模块构成。由于其模块化的性质，灯组可以包含任意数量的模块。这种模块由金属支撑框架构成，通过这些框架按照任意数量均匀间隔的石英加罩的灯进行布线。在大型系统中，模块通常拥有8或16盏灯，而较小的系统保持2~6盏灯/模块。大型系统将提供的UV灯组安装于“笼子”中，而使整个灯组能够拆卸进行清洗。相反，在大多数规模较小的系统中，各个模块度能拆下来进行清洗或维修。水平系统通常是多灯组和多渠道设计。这允许经济性地使用全自动流量调速而为系统提供灵活性，允许在不损失系统性能的情况下完成清洗和维护任务。

UV灯安装于双开端式管或单开端式管的试管状壳的石英管中。灯/石英组件通过O型圈和接插件固定于模块机架上。当前系统采用各自隔离的灯设计；这在个别灯故障或破损的情况下能够保持系统的完整性。目前，低压低强度系统的行业标准灯间距是75mm(3in)，按照均匀的灯阵列排布。对于低压高强度的系统，这种间距往往会稍大。

液位控制在水平系统中是一个重要概念。目前在用的水位控制装置经过设计而将目标水位维持于约6mm(0.25in)。目标水位通常就是至顶端灯的高度，加上等间距的半高度。这有利于正接受处理的所有流体组分呈现相对均匀的剂量分布。液位控制装置还可以防止液面下降低于顶部灯组，如果出现这种情况，则可能导致安全和运行问题。最常见的液位控制装置包括抵消舌瓣闸门的固定堰和机动堰。

水平系统的灯清洗，无论是通过灯组还是模块拆卸，都是移送流动或专用清洗站完成。清洗的复杂程度，可以从配备固定架、软管和清洗溶液液的排水区至具有架空吊出入的大型灯组的自动空气喷射或超声波浸泡槽不等。

系统的控制范围从最小到全自动不等。全自动系统使系统能够远程控制，如中央操作中心。系统控制通常最低限度会提供系统电源，系统时间和灯状态指示器。全自动的设计可以综合水流和污水条件并通过灯暗调，关闭灯组或停工渠道的择选而调节UV系统步速。

8.9.3 垂直UV系统

明渠模块化的垂直UV系统自1987年以来一直都在市政污水领域运行。这种立式灯系统由固定在开放矩形框中的灯束构成。这个框架在直立位置处于渠道底部(位于其短面之一上)，而使灯垂直于渠道地面。立式灯系统模块通常由按照8×5的灯阵列安装于框架单元内的40个灯构成。传统上，这些模块使用交错的灯阵列，其中交替的灯行相互平行，但基本上异相半个灯间距。在理论上而言，这种设计应该会导致径向湍流增加而轴向湍流增加最小。一些垂直系统制造商也使用均匀的灯阵列。

灯模块可以肩并肩或首尾排列而形成灯组。这种模块需要渠道架空桥吊进行拆除。一个重要的特点是这种单元装置能够使模块就位重新安装灯，这与水平灯模块不一样。然而，整个模块通常能够断电而容许安全服务。在小型污水设施中的垂直系统使用较短的0.9m

(36in)灯，而1.5m(60in)灯已足以适用于较大型的系统。灯的长度确定了所需的液体深度，这基本上比采用水平系统时的深度更深。

灯清洗通常按照水平系统类似的方式完成。当前的方案包括浸泡槽和空气冲刷系统，这能够在工艺条件之下适位啮合。这个方案是用于提高化学灯清洗周期之间的间隔，这能够原位(隔离渠道)完成或通过将模块传送至浸泡槽。

液位控制和系统的监测与控制都类似于水平灯系统。固定堰和机动堰基本上与水平系统中使用的情况相同，但是倾向于深而窄的渠道的趋势将需要较长的固定堰和更活动的机动堰。在平衡舌瓣闸门系统中的差异使基础墙通常提供垂直系统。早期系统能够提供较好的流量步速调节潜力，因为灯行可以关闭。为了最大化这种优势，垂直系统制造商提供快速启动灯，而允许比水平低压低强度系统中所使用的瞬时启动灯更频繁的开-关周期。水平系统流量步速调节需要关停整个灯组，才能发挥节能之效。

8.9.4 中压汞弧灯

除了在显著较高的灯压和温度下进行汞蒸气排放之外，中压灯类似于低压灯。中压灯工作在102 ~ 104mmHg(torr)的范围，达到或接近大气压下运行。灯的工作温度范围为600~800℃，这比低压低强度灯的标准工作温度范围40~60℃高得多。与低压低强度灯不同的是，污水温度对中压灯的工作温度没有影响。

中压灯中的汞发生蒸发。压力保持不变，而由灯中的汞量固定。中压灯每单位弧长的UV-C(杀菌的UV能量100~280nm)输出功率比低气压低强度灯的输出功率高50~80倍。UV输出功率通常大约9.1~14.2W/cm弧长(23~36W/in)。然而，产生的辐射是多色的而范围从杀菌范围的下端(200nm)至红色可见光(约700nm)不等。UV-C产能效率是17%~18%。然而，当包含不同波长下的能量杀菌效率时，相比于低压低强度等的30%~35%，中压灯的杀菌能量转换效率降低至约10%~15%(Altena et al.，2001)。

中压灯的典型弧长约为标准1.6m(1.5m弧长)(64in[58in弧长])低压低强度灯的1/5。当将较短的灯长度、较高的强度和较低的杀菌能量转化率都计算在内时，理论UV输出功率比低压低强度灯高8~16倍。

中压灯的额定寿命4000h，但经验表明预期寿命会超过8000h。实际的灯泡寿命取决于灯管的负载功率。负载功率越高，灯温度就越高，而灯寿命就越短。因为其市场更加有限，因而这种灯明显较昂贵，而其可用性通常有限(仅仅来自厂家)。中压系统的主要优点是安装资本成本潜在较低。通过降低施工和安装成本而能够实现成本节约。设备成本从或多或少地较低至略高不等。一个优点是灯清洗的需求减少，导致灯数量显著减少。此外，这些系统的制造商提供灯自动清洗系统，从而进一步减少了清洁工作。主要缺点是高O&M成本(不计灯清洗)。基于直接连接至每一UV系统电源的功率检测仪表的功率测定结果，据发现中压系统能耗每百万加仑处理量是低压系统能耗的3~4倍，这是由于其无效的多色杀菌辐射能量转换所致。此外，更换灯的成本也较高。然而，换灯的劳力低于低压系统(Swift et al.，2000)。

中压系统通常提供自动就地清洗系统(擦拭器)。单个系统能够将机械和化学清洗结合至一个单元装置中。该系统运行的同时，不影响消毒性能。这通过50mm(2in)循环带压清洁溶液的擦拭器机制沿着灯长度移动时完成清洁过程。中压灯系统的监测和控制类似于低压低强度系统。该灯具有不只一个动力装置，这使之能够提高流量步速调节能力和灯寿命。

8.9.5 低压高强度系统

低压高强度的灯之目的是为了综合传统的低压低强度和中压灯系统的有益特性——尤其是传统低压低强度灯产生的近单色杀菌光和中压灯的高强度水平特性。因此，低压低强度系统已在近几年快速普及。低压高强度灯使用了高电流放电技术，这使之能够在 $10^{-2} \sim 10^{-3}$ mmHg(torr)的工作压力范围内运行。实际工作压力超过传统的对应部分高达 40%。高强度灯的工作温度为 180~200℃——大大低于传统的灯。高强度灯由高达 5 安培的电流驱动，这比传统的低压力低强度灯高出 10~15 倍。

8.10 水质和设计污水特性的影响

为了获得出水水量和水质的彻底表征，应该进行数据收集工作。对于现有设施，应该实施直接取样和测试，同时应该解决季节性和昼夜的变化。如果是新设施，应该努力制定类似 WWTPs 和收集系统的设计出水特性。

在设计阶段期间就要评价的关键数据包括流量、UVT、悬浮固体(最好包括 PSD 信息)和活体指标生物(例如，大肠菌群细菌)浓度。通常情况下，在出水通过 0.45μm 过滤器过滤后，二级出水 UVT 将大于 60%，但是已经观察到了较低的值(约 50%)。在某些情况下，工业出水可能会贡献具有很高的 UV 吸收的组分，这可能会强烈影响汇流后的生活和工业污水的 UVT。当收集 UVT 数据时，对于过滤和未过滤的样品都要测定这个参数而确定溶解的成分是否吸收 UV 光是很重要的(Swift et al.，2001)。透过率越低，尺寸要求就会越高。在某些情况下，特别是在低透过率水平下，降低灯间距或考虑使用先进的高强度系统而克服水的低透过率可能是非常必要的。

悬浮固体会影响 UV 透过率，遮蔽细菌，而一般会干涉 UV 消毒工艺过程，很大程度上会超过化学消毒系统。实际上，这就确立了由 UV 能够完成的消毒效能的限制。这种限制是出水中颗粒物的函数。

当然，人们都能预料这种影响会发生变化，因为这取决于颗粒物类型和颗粒粒径分布。在含有高水平无机物质或自然土壤固体(例如，在汇流的下水道溢流和雨水中)的污水流中，与颗粒物质相关的活体生物的浓度可能相对较小。然而，在典型市政污水和生物处理污水中，这些浓度可能会很显著，而基本上占据了澄清后最终出水的所有残余大肠菌群。出于这个原因，需要高程度的过滤，包括(在某些情况下)胶状固体的化学混凝，才能达到消毒高效能。这就是加州 22 条款回用规定的情况，其中总大肠菌群的目标水平要求低于 2.2 CFU/100mL。

斯凯伯勒(Scheible，1987)提出了处理的市政出水 UV 消毒之后采用悬浮固体预测颗粒状大肠菌群水平的关系式，如下：

$$N_p = cSS^m \tag{19.51}$$

式中 N_p——颗粒状大肠菌群密度，cfu/100 mL，

c，m——分别表示提供高 UV 剂量之后采用测定的出水大肠菌群进行悬浮固体 log-log 回归分析的截距和斜率的系数。

这是美国环保署描述模型的部分(U.S. EPA，1986a)。斯凯伯勒(Scheible)(Hydroqual，Inc.，1994)进一步由各种研究汇编了粪大肠菌群和悬浮固体的数据并进行回归分析，如上所述。线性回归(变形)获得以下表达式：

$$N_p = 0.69SS^{1.6} \tag{19.52}$$

相关系数（r_2）为0.67。

这些数据如图19.38所示。这种变化较宽，但这种相关性起到了有用的筛检工具之用，而能够用于估计与二级出水中颗粒物相关的粪大肠菌群。

初始细菌浓度是关键的设计因素。在大多数情况下，系统是基于指标生物进行设计的，如总大肠菌群和粪大肠菌群、大肠杆菌、以及肠球菌。系统尺寸的确定，或施加剂量，是这个初始浓度的正函数。由此，这取决于消毒之前处理的程度。二级出水中粪大肠菌群浓度通常为约104~106 cfu/100mL，同时三级处理将导致数量级较低而初级处理出水将导致数量级较高。由于预期的初始生物浓度不能单从处理消毒前工艺过程类型进行预测，因此上述数值应该仅仅用作指导。应该进行直接测试，才能更准确地表征具体位置的初始浓度。

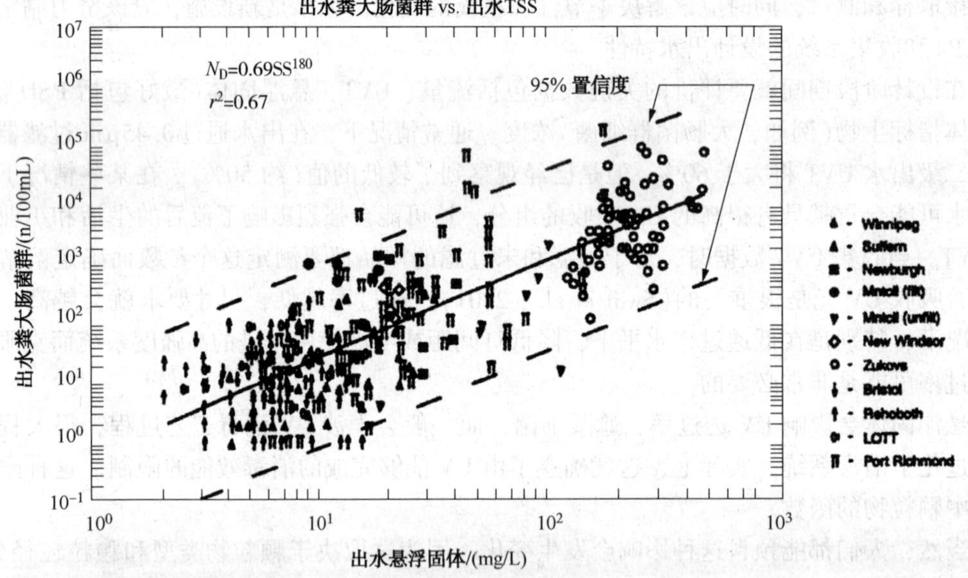

图19.38 由UV消毒系统几项研究汇编的所观察出水粪大肠菌群浓度对悬浮固体浓度的回归分析（HydroQual Inc.，1994）

设计污水特性的制定必须考虑到有关水质参数和针对的出水目标的变化。如果设施许可的要求，例如，是依据每日最高7天和/或30天的平均值进行规定的，则系统的设计参数，必须也以此为基础进行制定。如果进水特性是基于每日最大为基础设计用于满足30-天最大平均出水大肠菌群浓度，则这种进水特性只会造成系统尺寸显著过大。此外，要注意相关水质参数和流量的最大值（每日，7天，30天等）通常保持一致是很重要的。这在采用两家设施的大型数据库完成的研究中已经证明（HydroQual，Inc.，1992）。因此，人们可以预期，高流量期间将伴随着高固体和大肠菌群的浓度和低UVTs。这在考虑UV消毒系统的大小规模时是一个重要的因素。

随着UV系统设计进一步表征，微生物的剂量-响应行为的平行光束试验是有价值的。这些数据还可以直接关系到具体UV设备构造设计结构存在的所施加剂量的相关性，而能够用于估计大小尺寸确定要求的近似值。

8.10.1 上游工艺过程的影响

上游处理工艺过程对二级出水的消毒作用具有显著影响。由于"屏蔽作用"，粒子相关的大肠菌群(PACs)常常难以灭活至回用所需的水平(例如，2.2 的总大肠菌群)。此外，某些上游工艺过程，如固定膜生物处理，会产生具有大颗粒高浓度 PAC 的棘手出水。罗格(Loge et al, 1999)报道，随着平均细胞停留时间(MCRTs)升高，发现 PACs 成指数下降。影响 PAC 形成的因素包括颗粒浓度，分散的(非粒子相关)大肠菌群细菌浓度和 MCRT。据发现，分散的大肠菌群细菌浓度随着 MCRTs 升高而下降。下降速率大于典型归因于内源性衰亡的半衰期，这表明其他因素(例如，原生动物捕食)也影响分散的大肠菌群细菌浓度而随之影响 PAC 的形成(Loge et al.，1999)。

8.10.2 工业和生活污水处理装置的化学品影响

许多行业因为存在不易于降解的有机化合物已涉及排放具有高 UV 吸收(低过滤 UVT)的污水(Swift et al.，2007)，包括防晒霜、咖啡、药物和化学品的制造商；垃圾集中处理设施；和印刷电路板制造商。因为由于存在难熔有机化合物通过 WWTP 并降低出水 UVT 而有可能违反出水消毒标准，几家污水处理厂已经有记录在案。污水中会降低出水 UVT 的化合物可能被认为是源控制计划"关注的污染物"，从而适合通过利用采用类似于其他污染物所用的最大许可渠首负荷评价而建立的地方限制进行监管控制(Swift et al.，2007)。

8.11 小试和中试试验

8.11.1 小试试验

正如早些时候的报道，全规模装置的厂商报道的 UV 剂量是最常用的人工单值，而不是实际发生的所有流体组分上整个 UV 剂量分布。这个由厂商报告的单值剂量通常是基于平行光束 UV 消毒反应器中观察到的当量消毒性能的赋值。平行光束试验的结果是依据生物特异性剂量-响应曲线进行报道的。NWRI 准则(NWRI and AwwaRF，2003)提供了 MS-2 噬菌体剂量-响应曲线的参考质量保证/质量控制范围。剂量-响应曲线的形状将作为目标微生物的函数而显著不同。

因为目前最常用的监管指标是总大肠菌群或粪大肠菌群，而这两种类型的生物关于剂量-响应都表现出拖尾现象，则确定设计所需的现场特异性剂量是很重要的。现场特异性剂量能够经由平行光束研究进行确定。理想的情况下，对于特殊应用，这在约 1 年的时间内以定期时间间隔进行这种研究是有益的；然而，这些研究由于成本和时间的限制因素而经常在相当短的时间内完成。如果是在潮湿天气事件期间进行部分这种研究而使之能够制定足以反映现场存在的固有可变性的数据集，则是很有用的。即使是在施加与产生再循环水而进行未限制回用应用相关的非常高的 UV 剂量(例如，100 mJ/cm^2)时，因为某些处理工艺过程序列并不允许所有目标生物充分灭活而使之能够坚定遵守监管目标，则总大肠菌群或粪大肠菌群的现场特异性研究可能是很合理而被认可的。

8.11.2 中试试验

中试试验涉及所制造系统的临时装置，要小于全规模安装的装置，目的是模拟全规模的性能。实际污水(或人工污水)现场通过该系统，UV 消毒性能是工艺操作的函数。污水可能特意添加特定成分(例如，透过率降低化学品、病毒或细菌)形成峰值，而评价对 UV 消毒性能的影响。

辅助全规模设施设计的全规模中试试验(即，并非是 UV 系统验证工艺过程的部分)仅仅批准用于粒子和系统水力学的协同效应可能决定消毒性能的情况或需要现场特异性操作经验之时。例如，当池塘处理系统的 WWTP 出水预想进行 UV 消毒时就可能要慎重进行中试试验。池塘处理系统的 WWTP 出水通常的特点是高浊度。高浊度经常转换成非常低的 UVT(例如，40%或更低)，而低透过率就会最大化渠道内低 UV 强度的区域。如果径向混合不足时，则这些低 UV 强度区域就可能导致系统效率低下。

中试试验经常用于设施设计之前制定灯清洗的间隔。结垢问题可能只需要采用实际工作条件之下的现场特异性水就能够充分表征。

8.12 系统尺寸确定和构造结构设计的考虑因素

UV 消毒系统的设计需要在以下 10 个步骤：

(1) 确定设计 UVT；

(2) 确定目标病原体；

(3) 确定监管目标；

(4) 评估上游处理工艺过程的适合性；

(5) 确定设计 UV 剂量；

(6) 确定采购程序；

(7) 获取厂商-/系统-特异性的生物检验为基础的流量和剂量曲线；

(8) 应用安全因素推导设计曲线；

(9) 设计布局渠道、灯组和灯；

(10) 解决附属设施。

以下进行这些项目的简短讨论。

(1) 确定设计 UVT。在一般情况下，透过率数据越多，情况越好，因为这使之能够实现季节性的、昼夜性的变化和工业排放的捕获。无限制性回用的准则提供于 NWRI 准则(NWRI and AwwaRF，2003)之中。

(2) 确定目标病原体。目标病原体通常是监管的目标(例如，总的或粪大肠菌群菌或脊髓灰质炎病毒)。

(3) 确定监管目标。对于监管目标应该查阅排放或再生许可。所有平均周期都应该进行评价(例如，最大日或每周中值)。

(4) 评价上游处理工艺过程的适用性。UV 消毒并不适合所有水质量的目标病原体。处理工艺过程应该适合 UV 光消毒的出水调节是至关重要的。

(5) 确定设计的 UV 剂量。

(6) 确定采购程序。因为大多数 UV 消毒系统彼此不同，而往往是难以在不需要重大预设计努力的情况下对竞争系统进行有竞争力投标。预先量化具体系统并基于工程师推荐的大小规模确定情况对每一系统进行竞标常常是有益的。选择合适的 UV 消毒系统并不总是基于整套设备的最低成本，因为其他因素(例如，渠道长度、渠道深度、能源成本和清洗要求)通常对总系统生命周期成本产生更大的影响。

(7) 获取厂商-/系统特异性的、生物分析为基础的流量和剂量曲线。通常情况下，只有能够产生经过测试的设计曲线的制造商，才应该予以考虑。

(8) 应用安全系数，推导设计曲线。剂量递送必须考虑灯老化和结垢的影响。灯老化系数通常从制造商获取。灯结垢系数通常是通过观察具有类似水质的设施性能或通过现场灯防污研究推导。NWRI 准则(NWRI and AwwaRF, 2003)关于过滤的再循环水设施提供了一些指导。

(9) 布局设计渠道、灯组和灯。在该文献的其他小节中能够查到值得关注的考虑因素。所有流量条件下，保持渠道中足够的速度是至关重要的。

(10) 处理附属设施。设计必须基于现场特异性的因素考虑到监控、警报、冗余度和清洗充分性。

8.12.1 最终设计

全规模 UV 系统的最终设计将包括满足设计条件下消毒要求所需的灯数量及其构造设计结构的确立。通常情况下，灯组串联排布设计——对于水平灯系统为 2 个或 3 个而对于传统的垂直灯系统为 3~6 个。优选设计具有相对长而狭窄的渠道以促进活塞流而降低短路的系统。作为典型二级出水的筛选准则，经常使用 37 个传统每百万加仑每天(mgd·[3.785×10^3] =m^3/d)峰值流量的 1.5m 灯(U.S. EPA, 1992c)。当然，这个平均值是基于一个宽泛范围的，而任何具体的 WWTP 大小规模都将取决于现场条件和出水质量。

水力设计是在布局设计全规模系统时要考虑的更关键因素之一。低效的水力设计，可能导致系统不能满足消毒要求。使用传统灯的闭壳系统，尽管广泛地用于早期 UV 装置，而因为水力行为较差而经常会招致性能问题。目前设计开放式的长而窄渠道的方法会缓解这些问题。

在安装 UV 模块的渠道设计中，将合适的进口和出口结构包括在内并考虑行进和排出条件是很重要的。如果具有足够的压头可用，则在上游能够安装钻孔的消力池板(stilling plate)。这能够分配流量并将渠道横截面上的速度均衡化。消力池板应该放置于第一个灯组之前至少 1.5m(5ft)处。否则，渠道应该具有两到三个灯长度的原状直线通路。灯组之间应该具有所容许的足够距离(0.5~1m[2~4ft])，最后灯组和下游水位控制设备之间应该具有2~3个灯长度。

合适的设计实践，特别是对于大型系统，需要考虑多渠道构造设计结构。在这种情况下，进口结构必须满足促进流量均匀并允许流量在工作渠道内均匀分配的双重要求。渠道入口结构也应该允许低流量和例行维护期间各个渠道之间的水力隔离。从运行角度上而言，多渠道设计应该进行控制，而维持通过任何一个渠道的最低速度。

在传统的低压低强度灯系统中，渠道内的污水必须保持恒定的水平，几乎不会产生波动。大多数设计在灯组下游都会使用机械的背压阀。这些设计在特殊流量范围内运行时都是成功的。然而，在低流量或无流量期间已经出现了问题。背压阀在这些问题都能够避免的污水处理厂中是最合适的。在合适的流量范围能够通过按需打开和关闭渠道进行维持时就可以应用多渠道系统。在较小型的污水处理厂中，固定的或可调节的堰可能更为合适。必须提供足够的堰长度，才能避免频繁的水位波动。

系统控制应该是污水处理厂的系统类型和规模的函数。控制应该简单，控制目标应该确保能够维持该系统负荷，而在保存灯工作寿命的同时能够完成消毒。这在较大型的系统中变得越来越重要。在较小型的系统中，随时在运行中具有全部单元装置可能是最好的，这排除了引入设计的冗余单元装置。随着系统在规模大小上的增加而应该能够获得手动控制和灵活性，使操作者能够将系统的部分(例如，渠道和灯组)按照需要引入和隔离出来，而针对流量或水质发生的变化进行调节。这种行为的自动化随着系统变得更大和引入多渠道而越来越有利。

正如本章中所讨论的那样，围绕电气危险和UV辐射暴露防护，安全在UV工艺过程的设计和操作中尤为重要。对正确维护UV反应器的着重关注将会保持所有辐射必须通过的表面清洁而完全对UV辐射透明。表面结垢的预防是至关重要的；清洁不充分往往可能成为具体系统性能失常的主要原因。正确的设计应该包括灯模块清洁和其他维护任务的便利通道。UV系统应该安装于维护活动和取出渠道之时进行模块处理所需的足够大的区域。

目前的UV系统都提供了各种清洗方法。对于小型的传统低压低强度单元装置，手动清洗就足够。各模块的浸渍槽和支架都应该提供手动清洗。在较大型的系统中，这些模块按照灯组移出而在浸渍槽中清洗。在这种情况下，需要滑动吊车拆除和处理模块。机械刷，无论有无化学清洗功能，都会为某些系统提供。

反应器、渠道和相关的储罐应该配备排水，而使之能够完全而迅速地进行脱水。排水应该返回到污水处理厂的渠首。干净水系统应该能够永久地满足冲洗和清洁之需。应考虑到，特别是在具有季节性消毒要求的污水处理厂中，应该考虑提供围绕UV系统的旁路。

在UV单元装置的上游应该考虑筛滤而从污水中去除任何碎片。具体而言，藻类已经造成了上游澄清池和渠道掉皮的问题。树叶和塑料碎片也已观察到。这些物质往往粘连灯具而造成麻烦。清洗可能会产生维护问题。筛滤可能采用能够手动移出和维持的简单筛网插入到自清洁机械移动筛滤。

8.12.2 扩建考虑因素

许多污水处理厂都放弃了氯化消毒而转成UV消毒。现有的氯接触室提供了成本有效地安装UV设备的机会。只需要改建下层地板和渠道间壁就能够接受这些设备。通常情况下，只有部分接触室满足此目的所需，而其余部分可能适用于未来扩建。在改建应用中经常遇到的最显著的液压约束条件就是可用的水头；这个因素在系统设计中应该仔细地进行考虑。此外，氯接触池经常相对较宽。设计者应该考虑将氯接触池分成多个渠道，而提供高的长宽比，这有利于形成活塞流。

改造往往并非成本最低的方案。以下约束条件必须进行仔细评价：

- UV消毒渠道将需要电气导管和UV设备的电源。
- 对于UV消毒系统渠道耐受度比加氯消毒系统严格得多。
- 通常情况下，氯接触池中的混凝土并没有浮现出足够的表面而防止微生物的嵌埋和再生，因此需要加衬。
- 通过氯接触池的流量比通过UV消毒系统的流量低得多。因此，渠道深度和宽度通常必须改变。

氯接触池往往不允许具有充足的入口或出口结构而优化水力学性能。

8.12.3 二级出水的UV消毒

紫外线消毒对于二级处理出水是增长最快的技术之一。UV光已被成功地用于各种悬浮生长工艺过程的出水消毒。采用UV对固定膜工艺过程的出水进行消毒更具挑战性，因为在这种出水中透过率较低(50%~60%)而较大颗粒浓度较高。池塘处理系统出水的紫外线消毒也具有挑战性，因为在藻类繁盛和固体冲走期间透过率较低(通常低至40%~50%)。

8.12.4 再生水的消毒

UV 消毒往往因为 UV 能够灭活广谱病原体的能力且与再生水相关的粒子含量低和高透过率而理想地适用于再生水的生产。

8.12.5 设计准则

UV 系统设计用于过滤后的出水再生水系统最常用的设计准则，如前所述，是 2003 年 NWRI-AwwaRF 准则。2003 准则基于生物活性验证测试(如本章前面所述)而由此观察病毒的灭活。

旧版 NWRI 准则(1993)是以 PSS 模型为基础的。PSS 方法据观察，按惯例会比生物分析为基础所观察到的性能作出高估。因此，对于某些污水处理厂，即在 1993 准则下的设计剂量为 140 mJ/cm^{2}而 2003 准则下设计剂量为 100 mJ/cm^2，则 2003 准则的生物分析也会将 UV 消毒设施的大小规模提高约 100%(即，作为一个粗略的一般规则，2003 准则下设计的某些系统会具有 1993 准则下设计的类似系统的两倍灯数量)。在审查现有系统的运行数据时，确定其设计之基础是很重要的。在考虑提供历史文献(例如，NWRI，1993；U.S. EPA，1986a)时，在现代设施的设计中谨慎使用也是很重要的。可供升级更新的最佳设计准则现存于文献 NWRI-AwwaRF(2003)和 Metcalf & Eddy (2003)之中。

对于中水回用还有另外的消毒准则。例如，美国 EPA ETV 中水回用的方案就类似于 NWRI-AwwaRF(2003)准则。他们也有类似的测试要求，使用 MS-2 作为测试生物，并提供类似的透光率准则、速度分布分析、设计剂量、灯老化系数和结垢系数。

最后，NWRI-AwwaRF 准则(2003)参考速度分布分析而规定整个横截面测量的实际速度不得偏离理论速度的 20%以上。在实践中，这一规定是很难(如果并非不可能)可靠地在通过渠道的整个流量范围内实现。爱默瑞克和伯洛蒙(Emerick and Borroum，2005)报道了成功采用全规模设施的抽查验证代替速度分布分析。抽查验证包括将 MS-2 以比验证测试部分大幅减少的频率在适当位置传递通过全规模设施。成功的基础在于，抽查测试表现出的灭活水平等于或大于验证工作中观察到的水平。

8.12.6 透过率监测

除了水力学之外，UVT 可能是确定消毒效果最重要的水质参数。如果 UV 消毒系统设计成 65%的水透过率下进行工作，并观察到 55%的实际透过率，则该系统运行时性能可能降低 33%或更多。工业排放和潮湿的天气事件往往会表现出对 UVT 产生显著影响。

重要的是，要注意通过人眼是不能分辨 UVT 的变化。正是因为水表现出颜色(例如，水藻产生的淡绿色色调)并不表示这种水也将会表现出低的 UVT。相反，某些化学物质是无色的，但却具有很高的 UV 吸收特性，这会导致对 UVT 产生显著影响。简单地因为水是清澈的，就不能表明 UVT 高。

UVT 最好采用现场特异性测定法确定，而不是依靠 NWRI-AwwaRF 准则(2003)所提供的默认值。过滤的二级出水往往表现出 UVT 远高于 NWRI(NWRI and AwwaRF，2003)推荐的默认值 55%，这可能会导致以相当大的花费取得显著过度的设计。确定设计 UVT 的最好方式是通过每天以三次取样频率监测 6 个月的最小时间周期，包括湿天气期间。对于某些设施，这种监测程度在采用实验室分光光度计进行手动完成时是过于繁琐的。

在设计和安装 UV 消毒设施之前考虑安装在线透过率监控设备，而确定合适的设计透过率可能是很明智的。

应当指出，为 NWRI-AwwaRF 默认 UVT 设计的设施由于缺乏 6 个月 UVT 数据(例如，在具有上游新工艺设施的污水处理厂)可能在设施启动后收集完 6 个月数据之后要对较高的流量进行重新评级。通常情况下，测定透过率的第 10 个百分点会显著高于默认值，导致重新评级之后设计流量大幅增加。在操作过程中，可能响应 UVT 而调节剂量递送。另一种方案是该系统设置在最低设计 UVT 下运行并使用在线透过率监控而触发警报。

8.12.7 强度监测

由于紫外线消毒系统内非均匀的紫外线强度分布，强度监测主要用于报告性能上的相对差异。在估计随时间推移的灯老化或结垢影响时，强度传感器是很有用的。传感器读数在新灯和未结垢条件下进行记录，随着时间的推移而进行传感器读数的后续记录。传感器读数能够进行清洗前后对照比较而估计清洗效果。它们也可以对清洁的系统随时间推移进行对照比较，而辨别换灯之需。

传感器读数的可靠性在污水 UV 消毒系统已经成为重大问题。由于传感器可能随着时间推移而发生漂移，如果对其进行校准并进行日常例行维护，则其提供的信息是最有用的。校准通常包括保持单个未使用的传感器作为参考标准并偶尔将该传感器插入代替工作传感器而测定漂移。当工作传感器漂移过多时，这些工作传感器可能需要维修或更换。

通常情况下，传感器读数只报告单个位置的紫外线强度。他们并不报告整个系统内的平均强度，除非厂商从策略上进行安装。一些制造商已经为系统显示目的而开发出剂量算法，这已经对传感器读数进行了校准。

8.12.8 流量和剂量的步测

流量和剂量的步测通常由厂商引入紫外线系统。控制器经常设计用于循环工作灯组和渠道，而试图使所有灯都以类似速率老化。设计者应该检查所编程的算法并验证已经有效的速度。

8.13 新兴 UV 消毒方法

许多新兴 UV 消毒方法正在处于实验室小试和示范规模的测试中。这些方法包括微波和脉冲功率 UV 系统。此外，正在进行发光二极管 UV 和电子束技术的研究。这些技术的出现前景看好；然而，在将其预备用于污水市场的广泛使用之前需要进行大量的研究。

9 臭氧消毒

氯或氯化合物是最常用的污水消毒氧化剂；然而，由于高 DBP 形成风险，其他消毒技术正在获得越来越多的关注。脱氯的常见要求已经提高了采用氯作为消毒剂的成本。臭氧成为能够降低受关注的消毒水的毒性的更有前景和更有效的化学消毒技术之一。

臭氧是一种比氯氧化剂(氧化还原电位 = +0.136V)强得多的氧化剂(氧化还原电位 = +0.207V)，而能够更有效地杀灭病毒和细菌。

臭氧化作用需要的接触时间较短，而且，因为臭氧在水中能够迅速分解，则在处理之后没有需要清除的有害残留物。臭氧在水中不稳定；因此，需要现场产生，这可能降低了运输和相关处理的安全问题。臭氧化作用提高了出水中溶解氧浓度。除了消毒作用之外，臭氧也能够有效降低污水气味。

尽管其有众多的优势，而且臭氧在欧洲饮用水水消毒中已经流行几十年，但是所涉及的资本和运营成本相比于加氯消毒和紫外线消毒在美国却不太受欢迎。其他因素，如工艺过程的复杂性、操作的专门技术、臭氧毒性、对含高水平溴化物的水形成溴酸盐的担忧，以及基于基质的组成(悬浮固体，BOD 和 COD)改变消毒效率，都进一步妨碍臭氧用于污水消毒的应用。

利昂等(Leong et al.，2008)报道，目前在美国有七大 POTWs 对于中值设计流量 37 900m^3/d(10mgd)和流量范围 11 400～129 000m^3/d(3～34mgd)使用了臭氧。在过去 10 多年中已经安装了两个新的臭氧设施——一个除色而另一个处理向饮用水源排放的出水。其余五个设施自 1989 年一直运行，而所有的都经历了至少一次升级。到 2010 年，据估计将会有 10 大 POTWs 使用臭氧。四个新的臭氧系统正在设计或处于规划阶段，而一个系统将改为 UV 消毒。早期臭氧技术被许多 POTWs 采纳，但维护和运营问题导致大部分设施放弃了臭氧。然而，臭氧技术自从那时起已经改进，几个 POTWs 正在规划或设计臭氧消毒设施，部分是因为其在典型消毒剂量下能够部分或完全消除微量有机化合物(Leong et al.，2008)。

9.1 臭氧消毒的概述

臭氧依据以下四个机理能够起到有效消毒剂的作用：

(1) 通过细胞壁的氧化作用而导致导致细胞溶解；

(2) 分解嘌呤和嘧啶，这些核酸的基石；

(3) 拆解碳-氮键，导致有机分子的解聚；

(4) 在水中产生羟基自由基，这是更强效的氧化剂。

消毒的整体效果取决于臭氧浓度，接触时间和基质的组成。

臭氧是一种极不稳定的气体；因此，采用臭氧发生器现场产生。

当高能量源(紫外线或电晕放电)将氧分子分解成氧原子而与其他氧分子碰撞形成臭氧时，就产生了臭氧。大部分污水处理厂采用高压电流作为能量源实现臭氧化，因为这比 UV 光效率更高而成本更低。高电压交流电(6～20kV)施加于含氧源的介电放电间隙。水分的存在可能导致臭氧发生器发生腐蚀；因此，应该采取预防措施而使氧源极度干燥。

空气或纯氧适用于作为进料气源，而对其流量进行监测。进料气体的露点必须小于 60℃或更低(U.S. EPA，1999a)。电晕放电提供分子氧形成氧原子所需的能量，而这些氧原子由此与未解离的氧分子结合形成臭氧(0.5%～3%，按产品气体的重量计)。污水的全规模臭氧处理设施一般都具有超过 0.5kg/h 的臭氧发生能力(Gottschalk and Saupe，2000)。

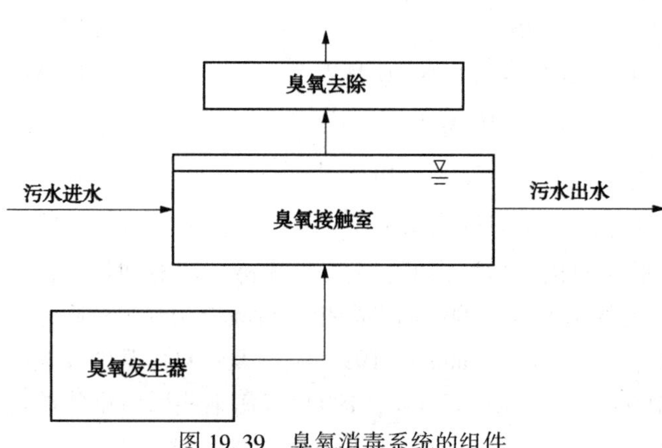

图 19.39 臭氧消毒系统的组件

臭氧消毒系统的其他组件包括臭氧接触室和在将尾气排放至大气之前将臭氧移出并破坏掉的衬里。整个臭氧消毒工艺过程的示意图如图 19.39 所示。

产生的臭氧随后进料至含有需

要消毒污水的臭氧接触室。全规模污水臭氧化系统最常用的接触器是配备扩散器或文丘里管注射器的泡沫柱反应器，大多数都按照串联反应器逆流连续模式运行。为了实现高臭氧质量传递速率，臭氧反应器在高压（2～6bar）下运行，从而提高消毒效率（Gottschalk and Saupe，2000）。

9.2 臭氧测定的分析方法

臭氧浓度的测定是重要的，因为消毒效率取决于所施加臭氧的浓度。有很多种分析方法可用于气相和液相测定臭氧。以下列出了这些方法。

（1）碘量法（Gottschalk and Saupe，2000）。

（2）UV 吸收（Gottschalk and Saupe，2000）。

（3）靛蓝法（标准方法，APHA et al.，2005）。

（4）DPD 方法（Gottschalk and Saupe，2000）。

（5）化学发光法（Chung et al.，1992）。

（6）膜臭氧电极法（Gottschalk and Saupe，2000）。

9.3 反应动力学

水溶液中的臭氧是非常不稳定的，一旦解离就会产生羟基自由基和氧气。因此，臭氧能够通过涉及臭氧的直接途径或通过涉及羟基自由基的间接途径氧化污染物。羟基自由基（氧化还原电位=+0.280V）是比臭氧更强效的氧化剂。

9.3.1 间接途径

在引发剂如氢氧根离子存在下，臭氧会迅速消散于水中而形成氢氧自由基。羟基自由基能够非选择性地瞬间与溶质发生反应（$k = 10^8 \sim 10^{10}\ M^{-1}s^{-1}$）（Hoigne and Bader，1983a，1983b）。基于文献（Staehelin and Hoigne，1983）和 Tomiyasu et al.，1985）的模型，这些反应涉及的自由基途径，如下所示。

$$O_3 + OH^- \longrightarrow O_2^{\cdot -} + HO_2^{\cdot} k_1 = 70 M^{-1}s^{-1} \tag{19.53}$$

$$HO_2^{\cdot} \rightleftharpoons O_2^{\cdot -} + H^+ \ pK_a = 4.8 \tag{19.54}$$

$$O_3 + O_2^{\cdot -} \longrightarrow O_3^{\cdot} + O_2 k_2 = 1.6 \times 10^9 M^{-1}s^{-1} \tag{19.55}$$

$$HO_3^{\cdot} \rightleftharpoons O_3^{\cdot -} + H^+ \ pK_a = 6.2 \tag{19.56}$$

$$HO_3^{\cdot} \longrightarrow OH^{\cdot} + O_2 k_3 = 1.1 \times 10^8 M^{-1}s^{-1} \tag{19.57}$$

$$O_3 + OH^{\cdot} \longrightarrow HO_4^{\cdot} k_4 = 2 \times 10^9 M^{-1}s^{-1} \tag{19.58}$$

$$HO_4^{\cdot} \longrightarrow O_2 + HO_2^{\cdot} k_5 = 2.8 \times 14^4 M^{-1}s^{-1} \tag{19.59}$$

这些化合物，能够促进这种由臭氧进行连续的链式反应所需的超氧自由基 $HO_2^{\cdot}$ 的形成，被称为引发剂，而那些抑制 $HO_2^{\cdot}$ 形成的化合物称为抑制剂。腐殖酸、伯醇和仲醇，以及烷基取代的芳族化合物，都是一些常见的引发剂实例；而碳酸盐、磷酸盐和叔丁醇则起到抑制剂作用（Staehelin and Hoigne，1983；Xiong and Graham，1992）。涉及羟自由基的反应的速率常数根据文献（Chramosta et al.，1993）和（Haag and Yao，1992）采用某些微污染物的竞争动力学进行确定。

9.3.2 直接途径

与自由基途径相比，臭氧直接氧化是一个缓慢的选择性机理制，典型速率常数范围为 $1 \sim 10^3\ M^{-1}s^{-1}$(Gottschalk and Saupe，2000)。臭氧会与含有不饱和键的化合物反应。臭氧能够与许多水中污染物，包括产生味道和气味的脂环化合物、烯烃和芳族化合物发生反应，这些化合物携带供电子取代基，如酚羟基。臭氧对于有机化合物的离子化或解离形式比中性形式更具有反应活性。

化合物直接臭氧化的反应速率常数能够通过在反应中阻断间接反应途径并测定随时间该化合物的损失量而进行测定。常用的羟基自由基清除剂有叔丁醇，*n*-丙醇，甲基汞(pH>4)，或碳酸氢盐(pH<7)。这个过程的细节可查阅文献(Andreozzi et al.，1991)，(Hoigne and Bader，1983a)和(Staehelin and Hoigne，1985)。

直接途径对酸性条件(pH<4)时是更主要的，而 pH 高于 10 时则间接途径占主要(Staehelin and Hoigne，1983)。由于大多数污水处理厂在中性 pH 附近运行，则直接和间接途径都会发挥重要作用。

9.3.3 臭氧浓度在本体液体中的影响

本体液体中臭氧浓度的增加将导致直接反应(Bellamy et al.，1991；Prados et al.，1995)和间接反应(Prados et al.，1995)的反应速率常数增加。这将导致臭氧反应的速率常数整体增加。然而，为了确定实现有效臭氧化的最佳剂量，必须考虑臭氧从气体向本体液体发生质量传递的限制。

9.3.4 温度的影响

一般而言，基于阿累尼乌斯方程，温度升高将会加快臭氧反应速率，但会降低臭氧在液相中的溶解度。

9.3.5 pH 的影响

对于间接臭氧化，氢氧根离子起到引发链式反应引发剂的作用。因此，升高 pH 将增加臭氧分解和羟基自由基生成的速率。据发现，pH 升高将会提高臭氧与去离子水基质中微污染物的总反应速率(Adams and Randtke，1992)。然而，pH 超过 8 时，氢氧根离子增加的将抵消被作为清除剂的碳酸氢盐浓度的增加，而在 pH 约为 8 时达到最佳反应速率(Gottschalk et al.，2000)。

9.3.6 无机碳的影响

无机碳，以碳酸氢盐的形式，根据以下反应而起到羟基自由基清除剂的作用：

$$HCO_3^- + OH^0 \longrightarrow H_2O + CO_3^{-0} \tag{19.60}$$

$$CO_3^{2-} + OH^0 \longrightarrow CO_3^{-0} + OH^- \tag{19.61}$$

生成的碳酸根自由基对于大多数有机物都不具有反应活性。碳酸盐是比碳酸氢盐更强效的清除剂；因此，在较高的 pH(超过 8)下，反应速度因为碳酸盐对羟自由基的清除作用而将会变慢。污水无机碳含量升高将会降低反应速率。

9.3.7 有机碳的影响

由于污水含有大量的有机碳，则其对臭氧反应之影响的重要性需要纳入考虑。有机碳在促进或抑制链式反应中的确切作用比无机碳更复杂。例如，天然有机物可以起到链式反应的清除剂或促进剂的作用，这要取决于其浓度情况。在一项研究中，由于水中腐殖酸浓度的升高，导致了反应速率降低(Xiong and Graham，1992)。

9.4 污水臭氧消毒的建模

污水的臭氧化是一种复杂的现象，因为污水含有大量能与臭氧和羟基自由基反应的化合物。污水中存在许多清除剂，促进剂和引发剂，这使得对反应建模很困难。臭氧衰变在污水中比去离子水中显著更快。为了保持恒定的臭氧浓度，需要高传质速率，这可能会导致反应器中出现高浓度梯度。因此，在对污水臭氧化进行反应动力学建模时需要考虑传质速率(Gottschalk and Saupe，2000)。

由于污水表征的复杂性，很难基于臭氧化期间污水中发生的化学和物理过程构建数学模型。贝尔特兰等(Beltran et al.，1992)与惠特洛和罗斯(Whitlow and Roth，1988)使用了经验方法对污水臭氧化进行了建模。对于所有目标污染物，该表达式通过使用第 n 级的总体速率定则如下提供：

$$-\frac{dM}{dt}=k'(M)^n \tag{19.62}$$

式中 k'=总体速率系数，这与“显著可观察的系统系数”(Whitlow and Roth，1988)相关。

在该表达式中，组合了臭氧与污水中存在的有机化合物发生的所有反应，而臭氧衰变通过改变 pH 值的影响整体引入。

9.5 工艺过程的设计

臭氧化工艺过程的三个重要组成部分是臭氧发生器、臭氧接触器和臭氧废气的销毁。

9.5.1 臭氧发生器

在臭氧发生器中通过用氧气或空气作为进料气体而产生臭氧。进料气体穿过产生电晕的载高压(6000~20 000 V)电极时，进料气转化成臭氧，而效率取决于进料气体类型——空气(1%~4%)或氧(1%~10%)。使用纯氧产生的臭氧为4%~12%。约80%~95%的能量将转化为热能，必须在接地电极处去除，通常通过冷却水完成。操作变量是所施加的功率、发生器效率、进料气体流量和温度。

进料气的处理应该经过设计而从这种进料气体中去除水分。这是至关重要的，因为水分会在臭氧发生器中的臭氧化期间产生硝酸，这可能会显著缩短发生器的寿命。进料气体的露点应该使用干燥剂或制冷剂将其保持低于38℃以下，而如果该单元装置暴露于大气时发生器应该采用干燥空气在运行之前吹扫几个小时，或如果它处于脱机状态很短的时间需要吹扫几分钟。离线的臭氧发生器应该保持正压之下，以防止外界水分进入发生器内。发生器中推荐的水分浓度按重量计应该小于1mg/L(<1ppm)(Rakness et al.，2005)。

9.5.2 臭氧接触器

对于要完成其消毒和氧化工作的臭氧，必须通入水中并尽可能精细地分散。这一般通过位于挡板室内或涡轮型接触器中的细泡扩散器完成。挡板室扩散器，正如图19.40所示，看起来是最普遍的。挡板室数量、几何形状、扩散器系统及其运行、基于系统设计者的决策不同污水处理厂之间也是不同的。

典型的臭氧接触器有几个隔间，采用串联设计，气泡扩散器位于底部。在第一个隔间中，水相对于上升气泡而向下流动，在第二隔间中，水向上流动。接触室加罩设计，而防止臭氧逸出并提高接触器中臭氧的分压。外加接触室紧接其后，确保臭氧和水之间的必要接触时间。每个接触室具有取样口而使之能够测定每个室内的臭氧浓度。这需要计算浓度和停留时间的乘积，才能获得所需的 CT 值。

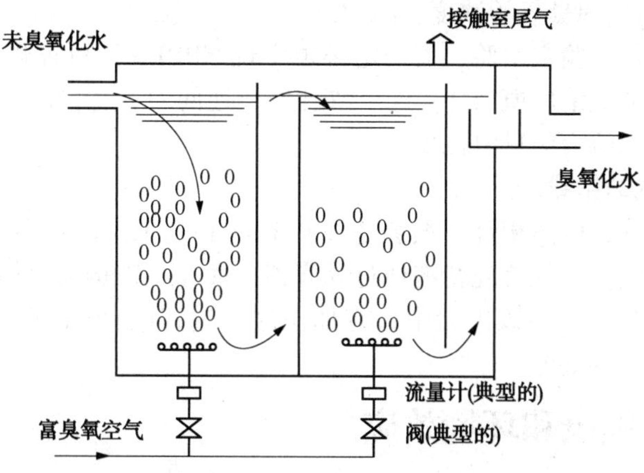

图 19.40 挡板室(Deininger et al.，2008)

图 19.41 显示涡轮扩散器接触器，通过这种接触器将臭氧和水混合。接触室必须按照接触时间建立。

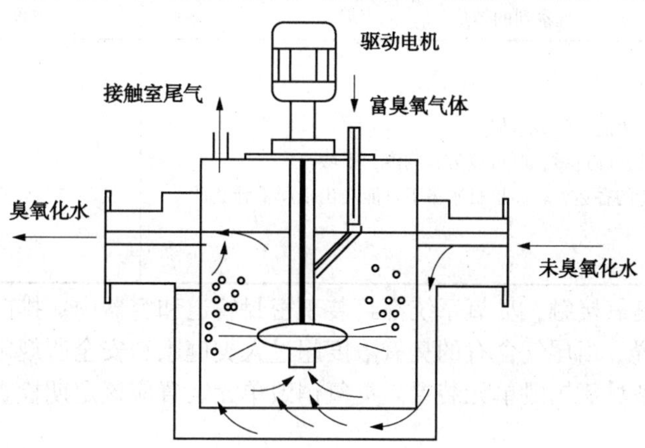

图 19.41 涡轮扩散器(Deininger et al.，2008)

9.5.3 臭氧的需求和吸收

污水应用的臭氧需求和吸收因为以下原因而很难确定：

(1) 最佳接触时间还并未形成共识；

(2) 臭氧残留的测量并不可靠；

(3) 臭氧如此具有反应活性，以至于接触器中 3~5min 之后即使还有臭氧，其实际臭氧残留极低。

韦诺萨(Venosa，1983)研究了各种臭氧剂量对粪肠菌群和/或总大肠菌群破坏效果之间的关系。针对尾气中臭氧浓度也对相同的关系进行了研究。有了这些数据，就有可能对给定的国家污染物排放消除系统(NPDES)许可证的规定建立所需的臭氧施加剂量(White，1999)。

所需的臭氧吸收剂量(C)能够如下进行计算：

$$C = (Q_G/Q_L) \times (C_1 - C_2) \quad (19.63)$$

式中 Q_G和Q_L——载气和液体的流量，L/min；

C_1和C_2——尾气中臭氧的浓度，mg/L。

污水样品能够进行实验室实验，而确定必须实现 NPDES 许可证规定所必需的理想对数去除率所要求的吸收臭氧浓度值(C)。这个浓度值，连同Q_G、Q_L和C_2的值，能够用于确定接触气体流中有效消毒所需的臭氧浓度。

9.5.4 臭氧尾气的销毁

臭氧接触器的尾气，以体积计一般会超过 0.1mg/L(0.1 ppm)的 OSHA 限；因此，剩余臭氧必须再循环或销毁。尾气首先传递通过除雾器，而在不锈钢网上捕集小水滴。然后气体加热而通过销毁单元装置，在该单元中含有加快这一过程的催化剂。电源要求为 1~3kW/100 scfm 气体流量($3m^3$/min)。

9.6 安全，健康和环境效应

臭氧小剂量下对人具有微微的刺激作用，但在较大剂量下可能是危险的而甚至是致命的。表 19.22 显示了人对臭氧的接触限。

表 19.22 臭氧的接触限(Rakness et al., 2005)

观察到的效应	浓度/(mg/L)(ppm)
气味检测阈值，正常人	0.01~0.04
最大 8 小时平均人接触限	0.1
眼、鼻喉轻微刺激作用；头痛，呼吸急促	>0.1
呼吸功能障碍，氧耗降低，肺过敏，严重疲劳，胸疼，干咳	0.5~1.0
头疼，呼吸道过敏和可能的昏迷；较高接触水平下可能会出现严重肺炎	1~10
2h 内小动物致死	15~20
几分钟内致死	>1700

为了尽量减少臭氧接触，臭氧系统都封装于密封管道和容器中。排向大气的区域应该配备臭氧销毁单元装置。当尾气含有的臭氧浓度超过人类健康和安全所规定的浓度时，反应器尾气排放口也应配备臭氧销毁单元装置。臭氧销毁单元装置应该定期检查性能，确保尾气臭氧水平没有问题。

臭氧设施也应该配备集成通风系统和环境空气臭氧监测，确保工作环境中的臭氧浓度保持接触限值以下。如果臭氧浓度超过 0.1mg/L(0.1 ppm)，通风系统就能够要求提供室内通风。如果臭氧水平不断提高，监视器就可能产生报警。警报能够集成到厂监控和数据采集系统中，而能够用于关闭臭氧系统。

泄漏的潜在位置，包括管道、配件和设备。小泄漏很容易通过漏处附近气味而发现。泄漏可以通过使用以下技术进一步查证(Rakness et al., 2005)：

- 便携式臭氧检测仪，
- 漏区施加肥皂溶液，
- 化学检测(饱浸白色布条或纸巾的碘化钾[2%KI]溶液在臭氧存在下将会变褐色。

9.7 运输和处理安全

尽管臭氧用于污水处理很有限，但是美国水务协会(科罗拉多州丹佛市)(AWWA)出版了臭氧消毒系统的操作、维护和优化的信息。这些出版物包含了工作人员能够用于辅助系统运行的详细列表。以下组织建议，臭氧浓度应该进行监测而对于给定的时间内应该低于其现行标准：

- OSHA；
- 美国国家标准研究所(华盛顿特区)/ ASTM 国际(宾夕法尼亚州西康舍霍肯)；
- 美国政府行业卫生协商会(American Conference of Governmental Industrial Hygienists)(俄亥俄州辛辛那提市)；
- 美国行业卫生协会(弗吉尼亚州费尔法克斯市)。

臭氧安全的要求类似于其他氧化剂。美国环保局建议，臭氧系统要与处理设施的其余部分隔离。臭氧发生器应设在室内进行防护而不受环境影响，以防泄漏或系统故障，而保护人员安全。应该要提供通风，防止发生器室温度过度升高和在万一发生泄漏时对该室进行换气。

臭氧系统如果使用氧气，也存在安全考虑因素。氧气是一种氧化剂，而因此支持易燃材料燃烧。氧气的安全信息能够从压缩气供应商获得。臭氧系统，如果使用液态氧(LOX)，则也存在与压缩液体相关的低温危险。

氧气可能运送至臭氧设施。氧气必须采取适当的措施处理，以防接触压缩可燃气体。使用液态氧(LOX)的氧气系统，通常具有特殊的低温设备并利用有资质的人员在服务合同之下通过专业供应商进行液氧递送。

10　其他消毒方法

在美国大多数消毒系统都采用加氯或 UV 消毒方法。然而，也存在其他技术，要么是世界其他地区的常用方法，要么是作为新兴技术而存在。这些新兴技术的存在，对于设计人员而言也可以考虑引入污水处理厂中。这些技术中的某些技术直接源自饮用水应用；一些技术则是新近开发的；而另外一些则是传统的物理或化学单元工艺过程的组合。这些新兴技术将在下面的章节中讨论。

10.1　过乙酸

过乙酸(CH_3COOOH)(PAA)，又称为过氧乙酸，乙烷过氧酸或氢氧化乙酰，是一种强氧化剂。有人正在进行实验室研究而确定这种强氧化剂相比于其他消毒单元工艺过程的消毒作用和成本有效性。过乙酸是通过乙酸和双氧水混合形成的混合物而生成的。因为此混合物不太稳定，PAA 必须现场发生，而一旦生成则不能运送。过氧乙酸是具有广谱抗微生物活性的强消毒剂。

由于过乙酸杀菌的效力，将过氧乙酸用作污水出水的消毒剂使用近年来已经吸引了越来越多的关注和兴趣。PAA 消毒活性是在活性氧释放之时出现还是羟自由基释放之时出现，研究人员还有争议。无论如何，它是一种有效的消毒剂，而不会致突变或致癌；发生分解而形成无害的醋酸、氧气和水；因此，不会产生有害的 DBPs。此外，并不需要后续工艺过程(例如，脱氯)。

过氧乙酸进行污水消毒的优点就是潜在的低资本成本，广谱杀菌效能，不存在持久毒性或诱变残余物或副产物，无淬灭要求(例如，无脱氯)，低 pH 值依赖性和短接触时间。与过氧乙酸消毒相关的主要缺点在于残留的醋酸而由此出现潜在的微生物再生长(乙酸本已存在于混合物中，也因为过氧乙酸分解而生成)。使用过氧乙酸的另一个缺点是成本高，这部分是由于世界范围内的产能有限。

过乙酸一直主要用于向海域排放之水，相比于再利用和回灌要求，所具有的排放限制还不太严格。PAA 如果需要高剂量时可能并不具有成本竞争性(即，满足加州 2.2 CFU/100mL 总大肠菌群和>5 log 脊髓灰质炎病毒灭活的回用标准)。据证实，在一定条件下(高 PAA 剂量，足够的接触时间和最终出水中足够的有机和无机组分浓度)，卤化副产物的形成可能会构成障碍。

水生生物毒性问题和全规模运行的成本，都还没有充分的文献记录。尽管 PAA 作为消毒剂前景看好，但是仍有许多问题在其全规模应用之前有待解答。

10.2 溴

溴是一种与氯具有类似性质的化学物质。溴在水中的氧化形式，已经用于消毒目的，包括氯化溴(BrCl)、1-溴-3-氯-5,5-二甲基乙内酰脲(BCDMH)和氯水活化的溴化钠(NaBr)(Boner et al.，2002)。溴和氯二者都属于卤族化学品而在水和污水中发生类似反应。然而，氯和溴在氨-和氮-基化合物存在时于高 pH 值下可能给发生不同反应。

虽然氯和溴在氮基化合物存在下形成氯胺和溴胺，但是溴胺(单和二溴胺)相比于氯胺和游离溴，已经证明是有效的消毒剂(Mills，1973；Wyss and Stockton，1947)。此外，溴胺在水和污水中相比于氯胺能够迅速衰变(Green，1981)。如果溴胺用作污水消毒剂时，这种快速衰变可能会导致对水生生物和人类健康的影响更低。

此外，次溴酸解离成次溴酸根离子受 pH 值的影响并不如氯的类似反应那么强。因此，溴在比氯更大的 pH 范围内仍然保持作为有效消毒剂的活性。溴相比于氯还不太易受高温和氮污物的影响(Boner et al.，2002)。1-溴-3-氯-5，5-二甲基乙内酰脲(BCDMH)是一种很少用于污水处理行业中消毒剂。它已被用于冷却水系统的消毒。然而，有关 BCDMH 消毒效果的报道却有些令人迷惑而争议重重(Boner et al.，2002)。波纳等(Boner et al.，2002)的研究已经研究了使用溴和 BCDMH 用于汇流下水道溢流(CSO)消毒的效能。这些研究表明，溴的氧化形式可能适用于日常出现流量宽泛变化的 CSO 消毒。

10.3 高铁酸盐

高铁酸盐处理技术有限责任公司(Ferrate Treatment Technologies，LLC)(佛罗里达州奥兰多市)拥有高铁酸盐的专利，这是一种强氧化剂和消毒剂，并正在研究水和污水处理系统中的用途。除了消毒性质之外，高铁酸盐也可能是一种有效的混凝剂。

实验室正在进行研究，确定高铁酸盐作为污水设施中消毒剂的有效性。这些研究结果将使设计师能够决定是否值得进行中试规模的研究。

10.4 电子束照射

电子束照射是 20 世纪 90 年代的新兴技术之一。这个工艺过程使用了高能电子流对准水的薄膜。电子将分解水分子，并产生大量高活性的化学物种。这个单元工艺过程曾一度被认为是化学消毒过程的竞争者。然而，这种技术已经不再被视为一种可行的污水消毒工艺过程。

10.5 太阳能消毒

太阳能消毒最常用于缺乏需要实施常规消毒系统所需的资金和技术资源的发展中国家。由于太阳能消毒是一种天然消毒方法，则其有效性和可靠性受环境因素，包括天气和水透过率的影响。

太阳能消毒被列为高级氧化过程(AOP)。像所有 AOPs 一样，太阳能消毒会产生羟基自由基和其他活性氧物种(ROS)，而通过破坏细胞组成灭活微生物。在太阳能消毒中，太阳辐射产生 ROS，从而能够导致污水中的病毒和细菌病原体都失活(Kohn and Nelson，2007；Kohn et al.，2007)。

太阳能消毒灭活病原体在不同物种之间能力不同。大肠杆菌作为消毒量化指标已经被广泛接受，而易于受太阳辐射灭活。然而，据证实，肠球菌灭活却不太迅速，而一些细菌和囊胞却完全抗太阳 UV 照射(Blanco-Galvez et al.，2007)。另一方面，有人证明，MS-2 大肠杆菌噬菌体，这种人类肠道病毒的代替物，能够通过太阳光照射施加于地表水而将其灭活(Kohn and Nelson，2007)。

10.6 池塘处理系统的微生物衰亡

在污水池塘处理系统中，自然过程，包括饥饿、捕食、毒性、阳光诱导应力和沉淀，都能够导致粪大肠菌群和致病菌死亡(Richard，2001)。要排放至地表水的最终出水的最常见限制是 200FC/100mL 或 400FC/100mL。当停留时间和温度变化正确地考虑到设计中时，池塘处理系统能够达到消毒的这一水平。

通过维持水温度高于 15℃和至少 80 天的停留时间，兼性寄生池塘处理系统能够生产小于 200 FC/100mL 的出水。然而，当平均气温低于 10℃时，停留时间需要更长，才能实现这一相同的处理水平。因为微生物衰亡严重受到温度变化的影响，则池塘处理系统应该采用冬季水温进行设计。

除非池处理系统出水预定采用化学消毒，则池塘处理系统通常针对需要提供所需粪大肠菌群降低水平的 HRT 确定大小尺寸。池塘处理系统的微生物衰亡能够通过使用串联多池并维持好氧条件而增强(Richard，2001)。

10.7 巴氏杀菌法

巴氏杀菌法利用发动机驱动的机组单元的废热作为热源而灭活病原体。巴氏杀菌法最近在加州的消毒 22 条中获得批准，连同加氯和 UV 都成为批准的技术。这个过程也促进了热电联产。

巴氏消毒法，1865 年在路易 · 巴斯德之后开发和命名，是加热液体而杀灭细菌、原生动物、霉菌和酵母的过程。这个过程的有效性在很大程度上取决于液体的温度和接触时间。巴氏杀菌法，应用于食品行业对像牛奶、鸡蛋、酒这些产品中微生物的灭活已经很多年。其他应用还包括污水污泥处理和污水消毒。

CDHS 已经批准按照 22 条的规定使用特殊巴氏杀菌技术进行再生水消毒。22 条批准使用“快速巴氏杀菌法”技术(短接触时间和较高温度)对处理后的污水进行消毒。污水采用燃气涡轮机和换热器对微生物加热一段时间而将其灭活。燃气轮机由天然气供能。外部天然气源能够辅以现场厌氧消化产生的甲烷气体。在合适的应用中，涡轮机也能够用于热电联产，而为独立于电网的工厂提供电力。工艺过程的废热能够用于通过提高厌氧消化池的温度而提高厌氧消化效率(Leong et al.，2008)。

目前几乎没有使用巴氏杀菌消毒对环境影响的有关信息。然而，却能预知没有 DBPs 形成，因为在这个过程中没有使用化学品，预计影响微乎其微。在一些地区，因为受纳水体是温度敏感性的或该排放占据接收流的绝大部分，则加热后的出水可能对具有温度总最大日负荷、严格溶解氧限制或热排放计划的接收水体构成问题(Leong et al.，2008)。初步经济分析表明，批准巴氏杀菌消毒过程的 22 条可能与加氯消毒和 UV 消毒技术构成竞争(Ryan Pasteurization & Power，2006)。

10.8 三级过滤和膜处理

消毒经常因为液固处理工艺过程，包括澄清、三级过滤和膜处理而有区别。然而，这些工艺过程能够有效去除病原体，而经常能够导致下游消毒过程的规模降低。浅野等(Asano et al.，2007)报道各种病原体的 log 去除率，对于初级沉淀处理>0.1~1.7，对于二级处理>0.1~2.0，对于深度过滤为 0~4，对于微滤为 0~6，而对于反渗透则为 4~7(在所研究的细菌、原虫和病毒中肠道病毒的表现出的去除率最差)。在其他章节中将会更详细地讨论了这些工艺过程及其病原体去除特性。

10.9 高级氧化

在水再生系统中，高级化学氧化工艺过程日渐上升地用于去除痕量有机污染物。然而，这些氧化技术尚未在污水处理中发现广泛用途。通常情况下，这些工艺过程都使用高剂量的 UV 光和化学氧化剂，如臭氧或过氧化物。实例如下：

- 过氧臭氧氧化(臭氧+过氧化氢)，
- 臭氧+紫外线，
- 过臭氧氧化+紫外线，
- 过氧化氢+紫外线，
- 过氧化氢+金属催化剂+紫外线，
- 芬顿(Fenton)试剂，
- 阳光+金属催化剂。

使用这些技术，除了化学氧化外，往往会导致高水平消毒，因为化学氧化所需的剂量往往比消毒作用高。高级氧化在第 16 章中进行详细讨论。

10.10 组合工艺过程

处理序列中采用两种或两种以上的消毒工艺过程进行组合，具有一定的优势。如前所述，UV 和各种氧化剂的组合可能导致高级氧化工艺过程去除痕量有机污染物。此外，串联的多个工艺过程能够通过额外的 log 去除率而提供附加的安全裕度；如果病原体并未随其通过某个工艺过程而灭活，则下一工艺过程可以将其灭活。最后，组合的工艺过程可能会提供互补性的病原体灭活，而使提供某些类型的病原体灭活而对其他病原体却未能提供灭活的工艺过程由已知对其他病原体有效的另一工艺过程补充。

罗斯等(Rose et al.，2004)评价了6家污水处理厂和水再生设施的负荷条件、工艺设计和运行参数对各种病原体的去除/灭活的相对影响。对于高水平的混合液体悬浮固体和较长MCRTs并在硝化条件下，生物处理的操作往往会导致病原体去除率提高。

11 参考文献

Adams, C. D.; Randtke, S. J. (1992) Removal Of Atrazine From Drinking-Water By Ozonation. *J. Am. Water Works Assoc.*, 84 (9), 91 - 102.

Aieta, E. M.; Berg, J. D. (1986) A Review of Chlorine Dioxide in Drinking-Water Treatment. *J. Am. Water Works Assoc.*, 78 (6), 62 - 72.

Altena, F. W.; van Overveld, J. B. J.; Geller, H. (2001) Technological Advances in Disinfection Lamps Leading to More Compact UV Sources. Presented at the *First International Congress on Ultraviolet Technologies*, Washington, D. C., June 14 - 16; International Ultraviolet Association: Scottsdale, Arizona.

American Public Health Association; American Water Works Association; Water Environment Federation (2005) *Standards Methods for the Examination of Water and Wastewater*, 21st ed.; American Public Health Association: Washington, D. C.

American Water Works Association (1973) *Water Chlorination Principles and Practices*, M20, American Water Works Association: Denver, Colorado.

American Water Works Association (1990) *Water Quality and Treatment*, 4th ed.; American Water Works Association: Denver, Colorado.

Andreozzi, R. A.; Insola, V. C.; D'Amore, M. G. (1991) Ozonation of Pyridine in Aqueous-Solution- Mechanistic and Kinetic Aspects. *Water Res.*, 25 (6), 655 - 659.

Asano, T.; Burton, F. L.; Leverenz, H. L.; Tsuchihashi, R.; Tchobanoglous, G. (2007) *Water Reuse: Issues, Technologies, and Applications*; Metcalf & Eddy: New York.

Banatvala, J. E. (1981) Viruses in Feces. In *Proc. Conf. Viruses Wastewater Treatment.* Goddard, M., Butler, M. (Eds.); Pergamon Press: Oxford, United Kingdom.

Bellamy, W.; Awad, J., et al. (1991) In-Line Ozone Dissolution Demonstration-Scale Evaluation. *Ozone Sci. Eng.*, 13 (5), 559 - 591.

Beltran, F. J.; Encinar, J. M.; et al. (1992) Kinetic-Study Of The Ozonation Of Some Industrial Wastewaters. *Ozone-Sci. Eng.*, 14 (4), 303 - 327.

Bingham, A. K.; Jarroll, E. L.; Meyer, E. A.; Radulescu, S. (1979) Induction of *Giardia* Excystation and the Effect of Temperature on Cyst Viability as Compared by Eosin-Exclusion and In Vitro Excystation. In *Waterborne Transmission of Giardiasis*, EPA-600/9-79-001, Jakubowski, W., Hoff, J. C. (Eds.); U. S. Environmental Protection Agency: Cincinnati, Ohio.

Blanco-Galvez, J.; Fernάndez-Ibάn_ ez, P; Malato-Rodri_ guez, S. (2007) Solar Photocatalytic Detoxification and Disinfection of Water: Recent Overview. *J. Solar Energy Eng.*, 129, 4

- 14.

Blatchley, E. R. III; Bastian, K. C.; Duggirala, R.; Hunt, B. A.; Alleman, J. E.; Wood, W. L.; Moore, M.; Anderson, B. L.; Gasvoda, M.; Schuerch, P. (1993) Large-Scale Pilot Investigation of Ultraviolet Disinfection. *Proceedings of the Water Environment Federation Specialty Conference: Planning, Design, and Operation of Effluent Disinfection Systems*, Whippany, New Jersey, May 23 - 25; Water Environment Federation: Alexandria, Virginia, 417.

Blatchley, E. R. III; Gong, W. L.; Rose, J. B.; Huffman, D. E.; Otaki, M.; Lisle, J. T. (2005) *Effects of Wastewater on Human Health*, Water Environment Research Foundation Report 99-HHE-1; Water Environment Research Foundation: Alexandria, Virginia.

Blatchley, E. R. III; Hunt, B. A. (1994) Bioassay for Full Scale UV Disinfection Systems. *Water Sci. Technol.*, 30 (4), 115 - 123.

Blatchley, E. R. III; Wood, W. L.; Schuerch, P. (1995) UV Pilot Testing: Intensity Distributions and Hydrodynamics. *J. Environ. Eng.*, 121, 258 - 262.

Boner, M.; Kim, J. Y.; Muller, R. J. (2002) Is Bromine Disinfection a Viable Wet Weather Solution? *Proceedings of the Water Environment Federation Disinfection Specialty Conference*, St. Petersburg, Florida, Feb 17 - 20; Water Environment Federation: Alexandria, Virginia.

Bridges, B. A. (1976) Survival of Bacteria Following Exposure to Ultraviolet and Ionizing Radiations. In*The Survival of Vegetative Microbes*, Gray, T. R. G., Posgate, J. R. (Eds.); Cambridge University Press: Cambridge, United Kingdom.

Cabelli, V. J. (1977) Indicators of Recreational Water Quality. In*Bacterial Indicators/ Health Hazards Associated with Water*, Technical Publication 635, Hoadley, A. W., Dutka, B. J. (Eds.); ASTM International: West Conshohocken, Pennsylvania.

Cabelli, V. J.; Dufour, A. P.; Levin, M. A.; Haberman, P. W. (1976) The Impact of Pollution on Marine Bathing Beaches: An Epidemiological Study. In *Middle Atlantic Continental Shelf and the New York Bight*, *Limnology and Oceanography*, *Special Symp.*, Vol. 2, Gross, G. (Ed.); American Society of Limnology and Oceanography: Waco, Texas, 424.

Cabelli, V. J.; Dufour, A. P.; Levin, M. A.; McCabe, L. J.; Haberman, P. W. (1975a) Relationship of Microbial Indicators to Health Effects at Marine Bathing Beaches. Paper presented at *Annual Meeting of the American Public Health Association*, Chicago, Illinois: American Public Health Association: Washington, D. C.

Cabelli, V. J.; Levin, M. A.; Dufour, A. P.; McCabe, L. J. (1975b) The Development of Criteria for Recreation Water. In *Discharge of Sewage from Sea Outfalls*, Gameson, A. L. H. (Ed.); Pergamon Press: New York.

Cairns, W. L. (1991) *Ultraviolet Disinfection: An Alternative to Chlorine Disinfection.* Trojan Technologies, Inc.; London, Ontario, Canada.

California Department of Health Services (2006) California Wastewater Reclamation Criteria; Title 22, Division 4, Chapter 3, of the California Code of Regulations.

Calmer, J. C. (1993) Chlorine Mixing Energy Requirements for Disinfection of Municipal Effluents. *Proceedings of the Water Environment Federation Specialty Conference: Planning, Design, and Operation of Effluent Disinfection Systems*, Whippany, New Jersey, May 23 - 25; Water Environment Federation: Alexandria, Virginia.

Calmer, J. C. ; Adams, R. M. (1977) *Design Guide Chlorination-Dechlorination Contact Facilities*; Kennedy/Jenks Engineers: San Francisco, California.

Calmer, J. C. ; et al. (1994) Dynamics of Coliform Regrowth in a Dechlorinated Secondary Effluent. *Proceedings of the 67th Annual Water Environment Federation Technical Exposition and Conference* [CD-ROM], Chicago, Illinois, Oct 15 - 19; Water Environment Federation: Alexandria, Virginia.

Camper, A. K. ; McFeters, G. A. (1979) Chlorine Injury and the Enumeration of Waterborne Coliform Bacteria. *Appl. Environ. Microbiol.*, 37, 633 - 641.

Casson, L. W. ; Sorber, C. A. ; Palmer, R. H. ; Enrico, A. ; Gupta, P. (1992) HIV Survivability in Wastewater. *Water Environ. Res.*, 64, 213 - 215.

Casson, L. W. ; Sorber, C. A. ; Sykora, J. L. ; Gavaghan, P. D. ; Shapiro, M. A. ; Jakubowski, W. (1990) Giardia in Wastewater— Effect of Treatment. *J. Water Pollut. Control Fed.*, 62, 670 - 675.

Center for Disease Control (CDC) (2008) CDC Surveillance for Waterborne Disease and Outbreaks Associated with Recreational Water Use and Other Aquatic Facility-Associated Health Events— United States, 2005 - 2006, CDC website, CDC, Atlanta, Georgia.

Chlorine Institute (1986) *The Chlorine Manual*, 5th ed. ; Chlorine Institute: Washington, D. C. Chramosta, N. ; Delaat, J. ; et al. (1993) Rate Constants for Reaction of Hydroxyl Radicals with S-Triazines. *Environ. Technol.*, 14 (3), 215 - 226.

Chung, H. K. ; Bellamy, H. S. ; Dasgupta, P. K. (1992) Determination of Aqueous Ozone for Potable Water-Treatment Applications by Chemiluminescence Flow-Injection Analysis— A Feasibility Study. *Talanta*, 39 (6), 593 - 598.

Clarke, N. A. ; Berg, G. ; Kabler, P. W. ; Chang, S. L. (1964) *Human Enteric Viruses in Water: Source, Survival and Removability, Advances in Water Pollution Research*, Vol. 2; Pergamon Press: London, United Kingdom, 523.

Collins, H. F. ; Selleck, R. E. ; White, G. C. (1971) Problems in Obtaining Adequate Sewage Disinfection. *Am. Soc. Civ. Eng. J. Sanit. Eng. Div.*, 97, 549 - 562.

Collins, H. F. ; White, G. C. ; Sepp, E. (1974) *Interim Manual for Wastewater Chlorination and Dechlorination Practices*; California State Department of Health: Sacramento, California.

Collins, J. ; Malley, J. P. (2005) The Use of Native Biodosimetry to Validate MPHO and LPHOUV Reactors. *Presented at the 3rd International Congress on Ultraviolet Technologies*, Whistler, British Columbia, Canada, May 24 - 27; International Ultraviolet Association: Scottsdale, Arizona.

Compressed Gas Association (1988) *Sulfur Dioxide*, 4th ed., Pamphlet G-3; Compressed Gas Association: Chantilly, Virginia.

Crockett, C. S. (2007) The Role of Wastewater Treatment in Protecting Water Supplies Against Emerging Pathogens. *Water Environ. Res.*, 79, 221 - 232.

Curds, C. R. (1992) *Protozoa in the Water Industry*; Cambridge University Press: Cambridge, United Kingdom.

Darby, J.; Emerick, R.; Loge, F.; Tchobanoglous, G. (1999) *The Effect of Upstream Treatment Processes on UV Disinfection Performance*; Water Environment Research Foundation: Alexandria, Virginia.

Darby, J. L.; Snider, K. E.; Tchobanoglous, G. (1993) Ultraviolet Disinfection for Wastewater Reclamation and Reuse Subject to Restrictive Standards. *Water Environ. Res.*, 65, 169 - 180.

Davidson, J. N. (1969) *The Biochemistry of the Nucleic Acids*, 6th ed.; Methuen and Company: London, United Kingdom.

Deininger, R.; Myers, A.; Stanford, L.; Skadsen, J. (1998). *Ozone*. Proceedings from the Symposium on Water Quality: Effective Disinfection, Oct. 27 - 29. Pan American Health Organization, Washington D. C.

Dennis, W. H.; et al. (1979) Mechanism of Disinfection: Incorporation of 36Cl Into f2 Virus. *Water Res.*, 13, 363.

Derrick, B. (2005) Inorganic Fouling and Effects on Intensity in Groundwater Applications of Ultraviolet Photoreactors. M. S. Thesis, School of Civil Engineering, Purdue University: West Lafayette, Indiana.

Dulbecco, R. (1949) Reactivation of Ultraviolet - Inactivated Bacteriophage by Visible Light. *Nature*, 163, 949 - 950.

DuPont, H. L.; Chappell, C. L.; Sterling, C. R.; Okhuysen, P. C.; Rose, J. B.; Jakubowski, W. (1995) The Infectivity of *Cryptosporidium parvum* in Healthy Volunteers. *N. Engl. J. Med.*, 332, 855 - 859.

DVGW (2006) UV Devices for the Disinfection for Drinking Water Supply; German Association for Gas and Water; Bonn, Germany.

Emerick, R. W.; Borroum, Y. (2005) Bioassay Comparison Of Similar Pilot- And Full-Scale Uv Disinfection Systems, *Proceedings of the 78th Annual Water Environment Federation Technical Exposition and Conference* [CD-ROM], Washington, D. C., Oct 31 - Nov. 2; Water Environment Federation: Alexandria, Virginia.

Emerick, R. W.; Darby, J. L. (1993) Ultraviolet Light Disinfection of Secondary Effluents: Predicting Performance Based on Water Quality Parameters. *Proceedings of the Water Environment Federation Specialty Conference: Planning, Design, and Operation of Effluent Disinfection Systems*, Whippany, New Jersey, May 23 - 25; Water Environment Federation: Alexandria, Virginia, 187.

Fair, G. M.; Geyer, J. Ch.; Okun, D. A. (1968) Water Purification and Wastewater Treatment and Disposal. In *Water and Wastewater Engineering*, Vol. 2; John Wiley and Sons, Inc.: New York.

Fayer, R. (1994) Effect of High Temperature on Infectivity of *Cryptosporidium parvum* Oocysts in Water. *Appl. Environ. Microbiol.*, 60, 2723 - 2735.

Fayer, R.; Ungar, B. L. P. (1986) *Cryptosporidium* spp. and Cryptosporidiosis. *Microbiol.*

Rev., 50, 458 – 483.

Finger, R. E.; Harrington, D.; Paxton, L. E. (1985) Development of an On-Line Zero Chlorine Residual Measurement and Control System. *J. Water Pollut. Control Fed.*, 57, 1068-1073.

Gates, F. L. (1929) A Study of the Bactericidal Action of Ultraviolet Light II. The Effects of Various Environmental Factors and Conditions. *J. Gen. Physiol.*, 13, 249 – 260.

Gaudy, A. F.; Gaudy, E. T. (1980) *Microbiology for Environmental Scientists and Engineers*; McGraw-Hill: New York.

Gehr, R.; Pinto, D.; Santamaria, M.; Brenner, B. G. (2000) Fouling of UV Lamps with Varying Influent Water Quality. *Proceedings of the 2000 Water Environment Federation Disinfection Specialty Conference*, New Orleans, Louisiana, March 15 – 18; Water Environment Federation: Alexandria, Virginia.

Gilbert, S.; Scheible, O. K. (1993) Assessment and Design of Ultraviolet Disinfection at the LOTT Wastewater Treatment Plant, Olympia, WA. *Proceedings of the Water Environment Federation Specialty Conference: Planning, Design, and Operation of Effluent Disinfection Systems*, Whippany, New Jersey, May 23 – 25; Water Environment Federation: Alexandria, Virginia, 137.

Gong, G. (2002) Ph. D. Dissertation, Department of Civil and Environmental Engineering, Purdue University: West Lafayette, Indiana.

Gottschalk, C.; Libra, J. A.; Saupe, A. (2000) *Ozonation of Water and Waste Water*; Wiley-VCH: Weinheim, Germany.

Great Lakes – Upper Mississippi River Board of State Sanitary Engineering Health Education Service, Inc. (1997) *Recommended Standards for Wastewater Facilities*; Health Education Services: Albany, New York.

Great Lakes – Upper Mississippi River Board of State and Provincial Public Health and Environment Managers (2004) *Recommended Standards for Wastewater Facilities*; Health Education Services: Albany, New York.

Green, D. J. (1981) An Alternative Wastewater Disinfectant. *Water Eng. Manage.*

Haag, W. R.; Yao, C. C. D. (1992) Rate Constants for Reaction of Hydroxyl Radicals with Several Drinking-Water Contaminants. *Environ. Sci. Technol.*, 26 (5), 1005 – 1013.

Haas, C. N.; Englebrecht, R. S. (1980) Physiological Alterations of Vegetative Micro organisms Resulting from Aqueous Chlorination. *J. Water Pollut. Control Fed.*, 52, 1976 – 1989.

Handbook of Chemistry and Physics (1990), 71st ed.; Lide, D. L., Ed.; CRC Press: Boca Raton, Florida.

Harris, G. D.; Adams, V. D.; Sorensen, D. L.; Curtis, M. S. (1987) Ultraviolet Inactivation of Selected Bacteria and Viruses with Photoreactivation of the Bacteria. *Water Res.*, 21, 687 – 692.

Hart, F. (1979) Improved Hydraulic Performance of Chlorine Contact Chambers. *J. Water Pollut. Control Fed.*, 51, 2868 – 2875.

Helz, G. R.; Nweke, A. C. (1995) Incompleteness of Wastewater Dechlorination. *Environ.*

Sci. Technol. , 29, 1018 - 1022.

Hoff, J. C. (1986) *Inactivation of Microbiological Agents by Chemical Disinfectants*, EPA-600/S2-86-067; U. S. Environmental Protection Agency: Cincinnati, Ohio.

Hoigne, J. ; Bader, H. (1983a) Rate Constants of Reactions of Ozone with Organic and Inorganic-Compounds in Water. 1. Non-Dissociating Organic-Compounds. *Water Res.* , 17 (2), 173-183.

Hoigne, J. ; Bader, H. (1983b) Rate Constants of Reactions of Ozone with Organic and Inorganic-Compounds in Water. 2. Dissociating Organic-Compounds. *Water Res.* , 17 (2), 185-194.

Hom, L. W. (1972) Kinetics of Chlorine Disinfection in an Eco-System. *Am. Soc. Civ. Eng J. Sanit. Eng. Div.* , 98, 183 - 194.

Hubley, D. ; et al. (1985) *Risk Assessment of Wastewater Disinfection*, EPA-600/2-85-037; U. S. Environmental Protection Agency: Cincinnati, Ohio.

HydroQual, Inc. (1992) *Users Manual for UVDIS Version* 3.1. *UV Disinfection Process Design Manual*, draft; U. S. Environmental Protection Agency: Washington, D. C.

HydroQual, Inc. (1994) *Disinfection Effectiveness of Combined Sewer Overflows*, draft report; U. S. Environmental Protection Agency: Washington, D. C.

International Fire Code Institute (1994) Uniform Fire Code. International Fire Code Institute: Austin, Texas.

Jafvert, C. T. ; Valentine, R. L. (1992) Reaction Scheme for the Chlorination of Ammoniacal Water. *Environ. Sci. Technol.* , 26, 577 - 586.

Jagger, J. (1967) *Introduction to Research in Ultra-Violet Photobiology*; Prentice-Hall, Inc. : Englewood Cliffs, New Jersey.

Jeffcoat, S. , CH2M Hill, Inc. (2005) Personal communication with Christine Cotton, Malcolm Pirnie, Inc. , regarding fouling in Clayton County. Tucson, Arizona, December.

Jeyanayagam, S. ; Cotton, C. (2002) Practical Considerations in the Use of UV Light for Drinking Water Disinfection. *Proceedings of the CASE/ASCE Joint Conference: An International Perspective on Environmental Engineering*. Kavanaugh, M. C. ; Leckie, J. O. (1980) Use of Particle Size Distribution Measurements for Selection and Control of Solid/Liquid Separation Processes. In *Particulates in Water*.

Advances in Chemistry, No. 189; American Chemical Society: Washington, D. C. Kelner, A. (1949) Effects of Visible Light on the Recovery of*Streptomyces griseus* Conidia from Ultraviolet Irradiation Injury. *Proc. Natl. Acad. Sci.* , 35, 73 - 79.

Kim, C. K. ; Min, K. H. (1979) Inactivation of Bacteriophage f2 with Chlorine. *Misaengmul Hakhoe Chi*, 16 (2), 62.

Kohn, T. ; Grandbots, M. ; McNeill, K; Nelson, K. (2007) Associations with Natural Organic Matter Enhances the Sunlight - Mediated Inactivation of MS2 Coliphage by Singlet Oxygen. *Environ. Sci. Technol.* , 41 (13), 4626 - 4632.

Kohn, T. ; Nelson, K. (2007) Sunlight-Mediated Inactivation of MS2 Coliphage via Exogenous Singlet Oxygen Produced by Sensitizers in Natural Waters. *Environ. Sci. Technol.* , 41 (1),

192 - 197.

Korich, D. G.; Mead, J. R.; Madore, M. S.; Sinclair, N. A.; Sterling, C. R. (1990) Effects of Ozone, Chlorine Dioxide, Chlorine and Monochloramine on *Cryptosporidium parvum* Oocyst Viability. *Appl. Environ. Microbiol.*, 56, 1423 - 1428.

Lamanna, C.; Malette, F. M; Zimmerman, L. N. (1973) *Basic Bacteriology*; Williams and Wilkins: Baltimore, Maryland.

Lehrer, A. J.; Cabelli, V. J. (1993) Comparison of Ultraviolet and Chlorine Inactivation of *F* Male-Specific Bacteriophage and Fecal Indicator Bacteria in Sewage Effluents. *Proceedings of the Water Environment Federation Specialty Conference: Planning, Design, and Operation of Effluent Disinfection Systems*, Whippany, New Jersey, May 23 - 25; Water Environment Federation: Alexandria, Virginia, 37.

Leong, L. Y. C.; Kuo, J.; Tang, C. (2008) *Disinfection of Wastewater Effluent— Comparison of Alternative Technologies*; Water Environment Research Foundation: Alexandria, Virginia.

Levenspiel, O. (1972) *Chemical Reaction Engineering*, 2nd ed.; John Wiley and Sons, Inc.: New York.

Lin, L.; Johnston, C. T.; Blatchley E. R. III (1999) Inorganic Fouling at Quartz: Water Interfaces in Ultraviolet Photoreactors— I. Chemical Characterization. *Water Res.*, 33 (15), 3321 -3329.

Linden, K. G. (2000) UV Dose Verification Using Chemical Actinometry and Biodosimetry Methods. *Proceedings of UV* 2000: *A Technical Symposium.*

Lindenauer, K. G.; Darby, J. L. (1994) Ultraviolet Disinfection of Wastewater: Effect of Dose on Subsequent Photoreactivation. *Water Res.*, 28, 805 - 817.

Louie, D.; Fohrman, M. (1968) Hydraulic Model Studies of Chlorine Mixing and Contact Chambers. *J. Water Pollut. Control Fed.*, 40, 174 - 184.

Marske, D. M.; Boyle, V. D. (1973) Chlorine Contact Chamber Design— A Field Evaluation. *Water Sewage Works*, 120, 70 - 77.

McDougal, J. S.; et al. (1985) Immunoassay for the Detection and Quantification of Infectious Human Retrovirus, Lymphadepathy-Associated Virus (LAV). *J. Immunol. Methodol.*, 76, 171.

Metcalf and Eddy (2003) *Wastewater Engineering: Treatment and Reuse*, 4th ed., Tchobanoglous, G., Burton, F. L., Stensel, H. D. (Eds.); McGraw-Hill: New York.

Meulemans, C. C. E. (1987) The Basic Principles of UV-Disinfection of Water. *Ozone Sci. Eng.*, 9, 299 - 313.

Mills, J. (1973) The Disinfection of Sewage by Chlorobromination. *American Chemical Society, Division of Water, Air and Waste Chemistry*: Dallas, Texas.

Mitch, W. A.; Sharp, J. O.; Trussell, R. R.; Valentine, R. L.; Alvarez-Cohen, L.; Sedlak, D. L. (2003) N-Nitrosodimethylamine (NDMA) as a Drinking Water Contaminant: A Review. *Environ. Eng. Sci.*, 20 (5), 389 - 404.

Mofidi, A. A.; Momtaz, S. W.; Coffey, B. M. (2004) Predicting Large-Scale Ultraviolet

Reactor Performance Using Computational Fluid Dynamics and Irradiance (CFD-i) Modeling. *American Water Works Association Annual Conference and Exposition*, Orlando, Florida, June 13-17; American Water Works Association: Denver, Colorado.

Moore, A. C.; Herwaldt, B. L.; Craun, G. F.; Calderon, R. L.; Highsmith, A. K.; Juranek, D. D. (1994) Waterborne Disease in the United States, 1991 and 1992. *J. Am. Water Works Assoc.*, 86, 87 - 98.

Nagy, R. (1964) Application and Measurement of Ultraviolet Radiation. *Am. Ind. Hyg. Assoc. J.*, 25, 274 - 281.

Najm, I.; Trussell, R. R. (2000) NDMA Formation in Water and Wastewater. *Proceedings of* 2000 *WQTC*, Salt Lake City, Utah. National Fire Protection Association; American National Standards Institute (2008) *National Electrical Code, an American National Standard*, NFPA No. 70-2008 ANSI C1-2008; National Fire Protection Association: Quincy, Massachusetts.

National Water Research Institute (1993) *UV Disinfection Guidelines for Wastewater Reclamation in California and UV Disinfection Research Needs Identification*; National Water Research Institute: Fountain Valley, California.

National Water Research Institute; American Water Works Association Research Foundation (2003) *Ultraviolet Disinfection Guidelines for Drinking Water and Reuse*; U. S. Environmental Protection Agency: Washington, D. C.

Nisipeanu, E.; Sami, M. (2004) Lighting the Way to Better Disinfection. *Environ. Prot.*, 15 (8).

O'Brien, R. T.; Newman, J. (1979) Structural and Compositional Changes Associated with Chlorine Inactivation of Polioviruses. *Appl. Environ. Microbiol.*, 38, 1034 - 1039.

Occupational Safety and Health Administration (1996) Process Safety Management of Highly Hazardous Chemicals, Regulation 1910. 119. 57*Fed. Regist.* 23060, June 1, 1992; 61 *Fed. Regist.* 9227, March 7, 1996.

Olivieri, V. P.; et al. (1980) Reaction of Chlorine and Chloramines with Nucleic Acids under Disinfection Conditions. In*Water Chlorination: Environmental Impact and Health Effects*, Vol. 3, Jolley, R. L., Brungs, W. A., Cumming, R. B., Jacobs, V. A. (Eds.); Ann Arbor Science: Ann Arbor, Michigan.

Pipes, W. O. (1982) *Bacterial Indicators of Pollution*; CRC Press: Boca Raton, Florida. Prados, M.; Paillard, H.; Roche, P. (1995) Hydroxyl Radical Oxidation Processes for the Removal of Triazine from Natural Water. *Ozone Sci. Eng.*, 17 (2), 183 - 194.

Putnam, L. B.; et al. (1993) Pilot Testing UV Disinfection on Secondary Effluent at CCCSD. *Proceedings of the Water Environment Federation Specialty Conference: Planning, Design, and Operation of Effluent Disinfection Systems*, Whippany, New Jersey, May 23 - 25; Water Environment Federation: Alexandria, Virginia, 175.

Qualls, R. G.; Flynn, M. P.; Johnson, J. D. (1983) The Role of Suspended Particles in Ultraviolet Disinfection. *J. Water Pollut. Control Fed.*, 55, 1280 - 1285.

Rakness, K. L.; Najm, I.; Elovitz, M.; Rexing, D.; Via, S. (2005) Cryptosporidium

Log-Inactivation with Ozone Using Effluent CT10, Geometric Mean CT10, Extended Integrated CT10 and Extended CSTR Calculations. *Ozone Sci. Eng.*, 27 (5), 335 - 350.

Rein, D. A.; Jamesson, G. M.; Monteith, R. A. (1992) Toxicity Effects of Alternate Disinfection Processes. *Proceedings of the 65th Annual Water Environment Federation Technical Exposition and Conference* [CD-ROM], New Orleans, Louisiana, Sept 20 - 24; Water Environment Federation: Alexandria, Virginia.

Richard, M. (2001) Wastewater Pond Treatment System Operations Troubleshooting and Upgrade Workshop, Marysville, Washington, July 18; Pacific Northwest Pollution Control Association Northwest Washington Operators Section, Everett, Washington.

Riggs, J. L. (1989) AIDS Transmission in Drinking Water: No Threat. *J. Am. Water Works Assoc.*, 81, 69 - 70.

Robertson, L. J.; Campbell, A. T.; Smith, H. V. (1992) Survival of*Cryptosporidium parvum* Oocysts Under Various Environmental Pressures. *Appl. Environ. Microbiol.*, 58, 3494 - 3500.

Rokjer, D.; Valade, M.; Keesler, D.; Borsykowsky, M. (2002) Computer Modeling of UV Reactors for Validation Purposes. *Proceedings of WQTC Conference*, Seattle, Washington, Nov 10 - 14.

Rose, J. B. (1988) Occurrence and Significance of *Cryptosporidium* in Water. *J. Am. Water Works Assoc.*, 80, 53 - 58.

Rose, J. B.; Farrah, S. R.; Harwood, V. J.; Levine, A. D.; Lukasik, J.; Menendez, P.; Scott, T. M. (2004) *Reductions of Pathogens, Indicator Bacteria, and Alternative Indicators by Wastewater Treatment and Reclamation Processes*, Water Environment Research Foundation Report 00-PUM-2T; Water Environment Research Foundation: Alexandria, Virginia.

Rose, J. B.; Landeen, L. K.; Riley, K. R.; Gerba, C. P. (1989) Evaluation of Immunofluorescence Techniques for Detection of*Cryptosporidium* Oocysts and *Giardia* Cysts from Environmental Samples. *Appl. Environ. Microbiol.*, 55, 3189 - 3196.

Ryan Pasteurization & Power (2006) RP&P Wastewater Pasteurization System Validation Report Submitted to the California Department of Health and Hospitals. Ryan Pasteurization & Power: Geyserville, California.

Salveson, A.; Oliver, M.; Bourgeous, K.; Mahar, E. (2004) Has Something Gone Foul with Your UV? The Impact of Sleeve Fouling on Delivered UV Dose. *Proceedings, of the Water Environment Federation 77th Annual Technical Exposition and Conference* [CD-ROM], New Orleans, Louisiana, Oct 2 - 6; Water Environment Federation: Alexandria, Virginia.

Scheible, O. K. (1987) Development of a Rationally Based Design Protocol for the Ultraviolet Light Disinfection Process. *J. Water Pollut. Control Fed.*, 59, 25 - 31.

Selleck, R. E.; Collins, H. F.; Saunier, B. M. (1978) Kinetics of Bacterial Deactivation with Chlorine. *J. Environ. Eng.*, 104, 1197 - 1212.

Sepp, E.; Bao, P. (1980) *Design Optimization of the Chlorination Process, Vol. I, Comparison of Optimized Pilot System with Existing Full-Scale Systems*; California Department of Health

Services.

Setlow, J. K. (1965) The Molecular Basis of Biological Effects of Ultraviolet Radiation and Photoreactivation. *Curr. Topics Radiol. Res.*, 2, 197 - 248.

Severin, B. F.; Suidan, M. T.; Englebrecht, R. S. (1983) Kinetic Modeling of UV Disinfection of Water. *Water Res.*, 17, 1669 - 1678.

Severin, B. F.; Suidan, M. T.; Englebrecht, R. S. (1984) Mixing Effects in UV Disinfection. *J. Water Pollut. Control Fed.*, 56, 881 - 888.

Sorvillo, F. J.; Fujioka, K.; Nahlen, B.; Tormey, M. P.; Kebabjian, R.; Mascola, L. (1992) Swimming-Associated Cryptosporidiosis. *Am. J. Public Health*, 82, 742 - 744.

Spire, B.; Dormont, D.; Barré-Sinoussi, F.; Montagnier, L.; Chermann, J. C. (1985) Inactivation of LAV by Heat, Gamma Rays and Ultraviolet Light. *Lancet*, 1, 188 - 189.

Spire, B.; Montagnier, L.; Barre-Sinoussi, F.; Chermann, J. C. (1984) Inactivation of LAV by Chemical Disinfectants. *Lancet*, 2, 899 - 901.

Staehelin, J.; Hoigne, J. (1985) Decomposition of Ozone in Water in the Presence of Organic Solutes Acting as Promoters and Inhibitors of Radical Chain Reactions. *Environ. Sci. Technol.*, 19 (12), 1206 - 1213.

Staehelin, J.; Hoigne, J. (1983) Mechanism and Kinetics of Decomposition of Ozone in Water in the Presence of Organic Solutes. *Vom Wasser*, 61, 337 - 348.

Steinberg, L. J.; Albrecht, J. M.; Basolo, V. (2000) The Diffusion of Environmental Technology: A Case Study of Ultraviolet Disinfection for Wastewater. *Proceedings of the 73rd Annual Water Environment Federation Technical Exposition and Conference* [CD-ROM], Anaheim, California, Oct 14 - 18; Water Environment Federation: Alexandria, Virginia.

Sterling, C. R. (1990) Waterborne Cryptosporidiosis. In *Cryptosporidiosis of Man and Animals*, Dubey, J. P., Speer, C. A., Fayer, R. (Eds.); CRC Press: Boca Raton, Florida.

Swift, J. L.; Emerick, R.; Scheible, K.; Soroushian, F.; Putnam, L. B.; Sakaji, R. (2002) Treat, Disinfect, Reuse: New Guidelines for Water Reuse are Intended to Ensure that Ultraviolet (UV) Disinfection Systems are Effective. *Water Environ. Technol.*, Nov.

Swift, J. L.; Wilson, J. P.; Hunter, G. (2007) Implementing Local Limits for the Control of WWTP Effluent Ultraviolet Transmittance. *Proceedings of the 80th Annual Water Environment Federation Technical Exposition and Conference* [CD-ROM], Anaheim, California, Oct 13 - 17; Water Environment Federation: Alexandria, Virginia.

Swift, J. L.; Wilson, J. P.; Johnson, M.; Jacobsen, B., (2001) The Impact of UV-Absorbing Wastewater from a Printed Circuit Board Manufacturing Facility on the Performance of a Municipal UV Disinfection System. *Proceedings of the 74th Annual Water Environment Federation Technical Exposition and Conference* [CD-ROM], Atlanta, Georgia, Oct 13 - 17; Water Environment Federation: Alexandria, Virginia.

Swift, J. L.; Wilson, J. P.; Welch, D.; Johnson, M.; Conley, P.; Bowman, B. (2000) An Assessment of Operation and Maintenance Costs for Ultraviolet Disinfection Systems. *Proceedings of the 73rd Annual Water Environment Federation Technical Exposition and Conference* [CD-ROM],

Anaheim, California, Oct 14 – 18; Water Environment Federation: Alexandria, Virginia.

Tenno, K. M.; Fujioka, R. S., Loh, P. C. (1980) The Mechanism of Inactivation of Poliovirus by Hypochlorous Acid. In *Water Chlorination: Environmental Impact and Health Effects*, Vol. 3, Jolley, R. L., Brungs, W. A., Cumming, R. B., Jacobs, V. A. (Eds.); Ann Arbor Science: Ann Arbor, Michigan.

Thomas, L.; Hajda, P.; Zehner, S. (2002) To UV or Not to UV, Is That the Question? Or is It: When is Clear Water Not Transparent? *Proceedings of the 75th Annual Water Environment Federation Technical Exposition and Conference* [CD-ROM], Chicago, Illinois, Sept 28 – Oct 2; Water Environment Federation: Alexandria, Virginia.

Tomiyasu, H.; Fukutomi, H.; Gordon, G. (1985) Kinetics and Mechanism of Ozone Decomposition in Basic Aqueous-Solution. *Inorganic Chem.*, 24 (19), 2962 – 2966.

Trussell, R.; Chao, J. (1977) Rational Design of Chlorine Contact Facilities. *J. Water Pollut. Control Fed.*, 49, 659 – 667.

U. S. Environmental Protection Agency (1979) *Health Effects Criteria for Fresh Recreational Waters*, EPA-600/1-84-004; U. S. Environmental Protection Agency: Cincinnati, Ohio.

U. S. Environmental Protection Agency (1984) *Ambient Water Quality Criteria for Bacteria*, EPA-44D/5-84-002; U. S. Environmental Protection Agency: Cincinnati, Ohio.

U. S. Environmental Protection Agency (1986a) *Municipal Wastewater Disinfection Design Manual*, EPA-625/1-86-021; U. S. Environmental Protection Agency: Cincinnati, Ohio.

U. S. Environmental Protection Agency (1986b) *Quality Criteria for Water*, EPA-440/5-86-001; U. S. Environmental Protection Agency: Washington, D. C.

U. S. Environmental Protection Agency (1992a) *Control of Pathogens and Vector Attraction in Sewage Sludge*, EPA – 625/R – 92 – 013; U. S. Environmental Protection Agency: Washington, D. C.

U. S. Environmental Protection Agency (1992b) Draft Report, March 1992. U. S. Environmental Protection Agency: Washington, D. C.

U. S. Environmental Protection Agency (1992c) *Ultraviolet Disinfection Technology Assessment*, EPA-832/R-92-004; U. S. Environmental Protection Agency: Washington, D. C.

U. S. Environmental Protection Agency (1993) *Code of Federal Regulations*, Title 29.

U. S. Environmental Protection Agency (1996) *Design Manual for Municipal Wastewater Disinfection*; . S. Environmental Protection Agency: Washington, D. C.

U. S. Environmental Protection Agency (1999a) *Alternative Disinfectants and Oxidants Guidance Manual*; U. S. Environmental Protection Agency: Washington, D. C.; Chapter 4.

U. S. Environmental Protection Agency (1999b) *Inactivation of Cryptosporidium parvum oocysts in Drinking Water, Calgon Carbon Corporation's Sentinel™ Ultraviolet Reactor*, EPA-600/R-98-160; U. S. Environmental Protection Agency: Washington, D. C.

U. S. Environmental Protection Agency (2002) *Generic Verification Protocol for Secondary Effluent and Water Reuse Disinfection Applications*. U. S. Environmental Protection Agency: Washington, D. C.

U. S. Environmental Protection Agency (2006) *Ultraviolet Disinfection Guidance Manual for the Final Long-Term 2 Enhanced Surface Water Treatment Rule*, EPA-815/R-06-007; U. S. Environmental Protection Agency: Washington, D. C.

Venkobachar, C.; Iyengar, L.; Rav, A. V. S. P. (1975) Mechanism of Disinfection. *Water Res.*, 9, 119 - 124.

Venkobachar, C.; Iyengar, L.; Rao, A. (1977) Mechanism of Disinfection: Effect of Chlorine on Cell Membrane Functions. *Water Res.*, 11, 727 - 729.

Venosa, A. D. (1983) Effectiveness of Ozone as Municipal Wastewater Disinfectant. *Proceedings of the 56th Annual Water Pollution Control Federation Technical Exposition and Conference* [CD-ROM], Atlanta, Georgia, Oct 2 - 6; Water Environment Federation: Alexandria, Virginia.

Wade, T. J.; Calderon, R. L.; Sams, E.; Beach, M.; Brenner, K. P.; Williams, A. H.; Dufour, A. P. (2006) Rapidly Measured Indicators of Recreational Water Quality are Predictive of Swimming-Associated Gastrointestinal Illness. *Environ. Health Perspect.*, 114, 24 - 28.

Wait, I.; Johnston, C.; Schwab, A.; Blatchley, E. R. Ⅲ (2005) The Influence of Oxidation/Reduction Potential on Inorganic Fouling of Quartz Surfaces in UV Disinfection Systems. Presented at the*American Water Works Association Water Quality Technology Conference*, Quebec City, Quebec, Canada, Nov 6 - 10; American Water Works Association: Denver, Colorado.

Water Environment Federation (1996) *Wastewater Disinfection*, Manual of Practice FD-10; Water Environment Federation: Alexandria, Virginia.

Water Environment Federation (2009) *An Introduction to Process Modeling for Designers*, Manual of Practice No. 31; Water Environment Federation: Alexandria, Virginia.

Water Environment Research Foundation (2008) *Disinfection of Wastewater Effluent—Comparison of Alternative Technologies*, Report No. 04-HHE-4; Water Environment Research Foundation: Alexandria, Virginia.

Water Pollution Control Federation (1984) *Wastewater Disinfection, A State-of-the-Art Report*; Water Pollution Control Federation: Alexandria, Virginia.

Watson, H. E. (1908) A Note on the Variation of the Rate of Disinfection with Change in the Concentration of the Disinfectant. *J. Hyg.*, 8, 536 - 542.

Whitby, G. E.; Palmateer, G. (1993) The Effects of UV Transmission, Suspended Solids, Wastewater Mixtures and Photoreactivation in Wastewater Treated with UV Light. *Proceedings of the Water Environment Federation Specialty Conference: Planning, Design, and Operation of Effluent Disinfection Systems*, Whippany, New Jersey, May 23 - 25; Water Environment Federation: Alexandria, Virginia, 24.

White, G. C. (1992) *The Handbook of Chlorination and Alternative Disinfectants*, 3rd ed.; John Wiley and Sons, Inc.: New York.

White, G. C. (1999) *The Handbook of Chlorination and Alternative Disinfectants*, 4th ed.; John Wiley and Sons, Inc.: New York.

Whitlow, J. E.; Roth, J. A. (1988) Heterogeneous Ozonation Kinetics Of Pollutants In

Waste-Water. *Environ. Progress*, 7 (1), 52 - 57.

Wilson, B. ; et al. (1992) Coliphage MS-2 as UV Water Disinfection Efficacy Test Surrogate for Bacterial and Viral Pathogens. Poster presented at *Water Quality Technology Conference of the American Water Works Association.*

Witkin, E. (1976) Ultraviolet Mutagenesis and Inducible DNA Repair in *Escherichia coli. Bacteriol. Rev.*, 40, 869 - 907.

Wolfe, R. L. (1990) Ultraviolet Disinfection of Potable Water. *Environ. Sci. Technol.*, 24, 768 - 773.

Xiong, F. ; Graham, N. J. D. (1992) Removal of Atrazine Through Ozonation in the Presence of Humic Substances. *Ozone Sci. Eng.*, 14 (3), 263 - 268.

Yip, R. W. ; Konasewich, D. E. (1972) Ultraviolet Sterilization of Water— Its Potential and Limitations. *Water Pollut. Control*, 14, 14 - 18.

12　推荐读物

Aieta, E. M. ; Berg, J. D. ; Robert, P. V. ; Cooper, R. C. (1980) Comparison of Chlorine Dioxide and Chlorine in Wastewater Disinfection. *J. Water Pollut. Control Fed.*, 52 (4), 810-822.

American Water Works Association (1973) *Water Chlorination Principles and Practices*, Manual M-20; American Water Works Association: Denver, Colorado. Asbury, C. ; Coler, R. (1980) Toxicity of Dissolved Ozone to Fish Eggs and Larvae. *J. Water Pollut. Control Fed.*, 52, 1990-1996.

Ashley, R. M. ; Souter, N. ; Butler, D. ; Davies, J. ; Dunkerley, J. ; Hendry, S. (1999) Assessment of the Sustainability of Alternatives for the Disposal of Domestic Sanitary Waste. *Water Science Technol.*, 39 (5), 251 - 258.

Beltran, F. J. ; Encinar, J. M. ; Garcia-Araya, J. F. ; Alonso, M. A. (1992) Kinetic Study of the Ozonation of Some Industrial Wastewaters. *Ozone Sci. Eng.*, 14 (4), 303 - 327.

Blatchley, E. R. III; Duggirala, R. ; Chiu, K. P. ; Noesen, M. ; Jaques, R. ; Schuerch, P. (1994) Macro-Scale Hydraulic Behavior in Open Channel UV Systems. *Proceedings of the 67th Annual Water Environment Federation Technical Exposition and Conference* [CD-ROM], Chicago, Illinois, Oct 15 - 19; Water Environment Federation: Alexandria, Virginia.

Blatchley E. R. III; Schmude, B. M. ; Cole, K. A. ; Hamilton, D. (2000) Analysis of Process Performance in Polychromatic UV Disinfection Systems. *Proceedings of the 73rd Annual Water Environment Federation Technical Exposition and Conference* [CD-ROM], Anaheim, California, Oct 14 - 18; Water Environment Federation: Alexandria, Virginia.

Boliden Intertrade (1979) *Sulfur Dioxide Technical Handbook*; Boliden Intertrade: Atlanta, Georgia.

Cabelli, V. J. (1980) *Health Effects Quality Criteria for Marine Recreational Waters*, EPA-600/1-80-031; U. S. Environmental Protection Agency: Cincinnati, Ohio.

Chick, H. (1908) An Investigation of the Laws of Disinfection. *J. Hyg.*, 8, 92 - 158.

Collins, H. F. ; Selleck, R. E. (1972) *Process Kinetics of Wastewater Chlorination*, SERL

Rep. 72-5; University of California: Berkeley, California.

Comptroller General of the United States (1977) Unnecessary and Harmful Levels of Domestic Sewage Chlorination Should Be Stopped, CED-77-108, Report to Congress; U. S. General Accounting Office: Washington, D. C.

Craun, G. F. (1988) Surface Water Supplies and Health. *J. Am. Water Works Assoc.*, 80 (2), 40 - 52.

Emerick, R.; Loge, F.; Ginn, T.; Darby, J. (2000) Modeling the Inactivation of Particle-Associated Coliform. *Water Environ. Res.*, 72, 432 - 438.

Emerick, R.; Loge, F.; Thompson, D.; Darby, J. (1999) Factors Influencing UV Disinfection Performance— Part 2: Association of Coliform Bacteria with Wastewater Particles. *Water Environ. Res.*, 71, 1178 - 1187.

Emerick, R.; Salveson, A.; Tchobanoglous, G.; Sakaji, R.; Swift, J. L. (2003) Is It Good Enough for Reuse? New Guidelines for Water Reuse Spell Out How to Test and Design Ultraviolet Disinfection Systems. *Water Environ. Technol.*, April.

Fogler, H. S. (1993) *Elements of Chemical Reaction Engineering*; Prentice Hall: Englewood Cliffs, New Jersey.

Francey, D. S.; Hart, T. L.; Virostek, C. M. (1996) Effects of Receiving Water Quality and Wastewater Treatment on Injury, Survival and Regrowth of Fecal Indicator Bacteria Implications, *Water Resources Investigation Report* 96-4199; U. S. Geological Survey: Reston, Virginia.

Giuliano, L. (1997) Nitrite Lock Phenomenon. Power Point Presentation, City of Las Vegas Water Pollution Facility: Las Vegas, Nevada.

Green, D. E.; Stumpf, P. K. (1946) The Mode of Action of Chlorine. *J. Am. Water Works Assoc.*, 38, 1301 - 1305.

Haas, C. N.; Hornberger, J. C.; Anmangandla, U.; Heath, M.; Jacangelo, J. G. (1994) A Volumetric Method for Assessing *Giardia* Inactivation. *J. Am. Water Works Assoc.*, 86, 115-120.

Haas, C. N.; Rose, J. B.; Gerba, C. P. (1999) *Quantitative Microbial Risk Assessment*; John Wiley and Sons, Inc.: New York.

Hunt, B. A. (1992) *Ultraviolet Dosimetry Using Microbial Indicators and Theoretical Modelling*. M.S. Thesis, School of Civil Engineering, Purdue University: West Lafayette, Indiana.

HydroQual, Inc. (1992a) A Review of UV Disinfection Process Design Consideration, draft, U. S. Environmental Protection Agency: Washington, D. C.

Jacob, S. M.; Dranoff, J. S. (1970) Light Intensity Profiles in a Perfectly Mixed Photo-reactor. *Am. Inst. Chem. Eng. J.*, 16, 359 - 363.

Kreft, P.; Scheible, O. K.; Venosa, A. (1986) Hydraulic Studies and Cleaning Evaluations of Ultraviolet Disinfection Units. *J. Water Pollut. Control Fed.*, 58, 1129 - 1137.

Lev, O.; Regli, S. (1992) Evaluation of Ozone Disinfection Systems: Characteristic Time T. *J. Environ. Eng.*, 118, 268 - 285.

Linden, K. G.; Oliver, J. D.; Sobsey, M. D., Shin, G. (2004) *Fate and Persistence of*

Pathogens Subjected to Ultraviolet Light and Chlorine Disinfection, Water Environment Research Foundation Report 99-HHE-1; Water Environment Research Foundation: Alexandria, Virginia.

Loge, F.; Emerick, R.; Thompson, D.; Nelson, D.; Darby, J. (1999) Factors Influencing UV Disinfection Performance— Part 1: Light Penetration Into Wastewater Particles. *Water Environ. Res.*, 71, 377 - 381.

Masten, S. J.; Davies, S. H. R. (1994) The Use of Ozonation to Degrade Organic Contaminants in Wastewaters. *Environ. Sci. Technol.*, 28 (4), A180 - A185.

Moore, B. (1954a) A Survey of Beach Pollution at a Seaside Resort. *J. Hyg.*, 52, 71 - 86.
National Fire Protection Association (2008) National Fire Codes. National Fire Protection Association: Quincy, Massachusetts.

Nieuwstad, T.; Havelaar, A. H.; Van Olphen, M. (1991) Hydraulic and Microbiological Characterization of Reactors for Ultraviolet Disinfection of Secondary Wastewater Effluents. *Am. Soc. Civ. Eng. J. Water Resour. Plann. Manage. Div.*, 25, 775 - 783.

Oliver, B. G.; Cosgrove, E. G. (1975) The Disinfection of Sewage Treatment Plant Effluents Using Ultraviolet Light. *Can. J. Chem. Eng.*, 53, 170 - 174.

Oliver, M. (2002) UV Cleaning System Performance Validation. *Proceedings of the* 2003 *Water Environment Federation Disinfection Conference*, Saint Petersburg, Florida; Water Environment Federation: Alexandria, Virginia.

Ongerth, J. E.; Stibbs, H. H. (1987) Identification of*Cryptosporidium* Oocysts in River Water. *Appl. Environ. Microbiol.*, 53, 672 - 676.

Petri, B.; Sealey, L.; Mohamed, O. (2007) Validated CFD Models of UV Disinfection; *Proceedings of the Water Environment Federation Disinfection Specialty Conference*; Pittsburgh, Pennsylvania, Feb 4 - 7; Water Environment Federation: Alexandria, Virginia.

Rokjer, D.; Valade, M.; Keesler, D.; Borsykowsky, M. (2003) Computer Modeling of UV Reactors for Validation Purposes. *American Water Works Association Annual Conference and Exposition*, Anaheim, California, June 15 - 19; American Water Works Association: Denver, Colorado.

Rose, J. B.; Gerba, C. P.; Jakubowski, W. (1991) Survey of Potable Water Supplies for*Cryptosporidium* and *Giardia*. *Environ. Sci. Technol.*, 26, 1393 - 1400.

Sabin, A. B. (1957) Properties of Attenuated Poliovirus and Their Behavior in Human Beings. In*Cellular Biology*, *Nucleic Acids and Viruses*, Vol. 5; New York Academy of Sciences: New York.

Santoro, D.; Bartrand, T.; Greene, D.; Farouk, B; Haas, C.; Notarnicola, M.; Liberti, L. (2005) Use of CFD for Wastewater Disinfection Process Analysis: *E. coli* Inactivation with Peroxyacetic Acid (PAA). *Int. J. Chem. Reactor Eng.*, 3 (A46), 1 - 12.

Schulz, C. R.; Knatz, C. L.; Yelpo, J. (2004) Optimizing the Design of a Medium Pressure UV Reactor Using Computational Fluid Dynamics and Irradiance Modeling. *Proceedings of the American Water Works Association Water Quality Technology Conference*, San Antonio, Texas, Nov 14 - 18; American Water Works Association: Denver, Colorado.

Severin (1980) Disinfection of Municipal Effluents with Ultraviolet Light. *J. Water Pollut.*

Control Fed., 52, 2007 - 2018.

Sobsey, M.; Olsen, B. (1983) Microbial Agents of Waterborne Disease. In*Assessment of Microbiology and Turbidity Standards for Drinking Water*, EPA-570/4-83-001; U. S. Environmental Protection Agency: Washington, D. C.

Southern Building Congress International (1991) Standard Fire Prevention Code. Southern Building Congress International: Birmingham, Alabama.

Teefy, S.; Singer, P. (1990) Performance and Analysis of Tracer Tests to Determine Compliance of a Disinfection Scheme with the SWTR. *J. Am. Water Works Assoc.*, 82, 88 - 98.

U. S. Environmental Protection Agency (1976) *Disinfection of Wastewater*, EPA-430/9-75-012; U. S. Environmental Protection Agency: Washington, D. C.

Water Pollution Control Federation (1991) *Biological Hazards at Wastewater Treatment Facilities*. Special Publication, Water Pollution Control Federation: Alexandria, Virginia.

Wyss, O.; Stockton, J. R. (1947) The Germicidal Action of Bromine. *Arch. Biochem.*, 12, 267 - 271.

Xin, Z. (2004) *Disinfection Development: The Rise of UV in China*; IWA Publishing: London, United Kingdom.